"十三五"国家重点出版物出版规划项目
国家科技基础性工作专项重点项目
国家社会公益研究专项项目
中国农业科学院科技创新工程

中国土壤剖面数据集

·安徽卷

主　编　张维理

本卷主编　张怀志　辛景树　任　意　武淑霞

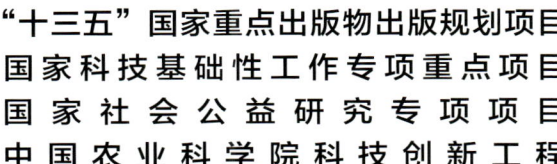

浙江科学技术出版社·杭州

版权所有　侵权必究

图书在版编目（CIP）数据

中国土壤剖面数据集. 安徽卷 / 张维理主编；张怀志等本卷主编. -- 杭州：浙江科学技术出版社，2024.6. -- ISBN 978-7-5739-1265-7

Ⅰ．S152.2

中国国家版本馆CIP数据核字第2024RA2622号

书　　名	中国土壤剖面数据集·安徽卷
主　　编	张维理
本卷主编	张怀志　辛景树　任　意　武淑霞
出版发行	浙江科学技术出版社
	杭州市拱墅区环城北路177号　邮政编码：310006
	办公室电话：0571-85152719
	销售部电话：0571-85176040
排　　版	杭州万方图书有限公司
印　　刷	浙江新华数码印务有限公司
经　　销	全国各地新华书店
开　　本	787 mm × 1092 mm　1/8　　　印　张　62
字　　数	1095千字
版　　次	2024年6月第1版　　　印　次　2024年6月第1次印刷
书　　号	ISBN 978-7-5739-1265-7　　　定　价　500.00元
地图审核号	GS浙（2024）312号

策划组稿	詹　喜　章建林	**责任编辑**	赵雷霖	**特邀编辑**	杨　覃
责任校对	张　宁	**责任美编**	金　晖	**责任印务**	吕　琰

如发现印、装问题，请与承印厂联系．电话：0571-85155604

《中国土壤剖面数据集》
编委会

主　　任　赵其国

副 主 任　张维理

委　　员（按姓氏笔画排序）

　　　　　毛达如　　史学正　　刘　旭　　刘先林　　刘更另
　　　　　孙　睿　　孙九林　　孙铁珩　　杨　鹏　　张洪江
　　　　　张维理　　周健民　　赵其国　　陶　澍　　黄鸿翔
　　　　　黄德明　　傅伯杰

《中国土壤剖面数据集·安徽卷》
编写人员

主　　编　张维理

本卷主编　张怀志　　辛景树　　任　意　　武淑霞

本卷编委（按姓氏笔画排序）

　　　　　王道中　　田有国　　史学正　　任　意　　余　忠
　　　　　辛景树　　张认连　　张怀志　　张维理　　陈佑启
　　　　　武　际　　武淑霞　　钱国平　　钱晓华　　徐爱国
　　　　　郭熙盛　　黄鸿翔　　程文龙　　雷秋良　　冀宏杰

土壤大数据整合与数字制图

设　　计　张维理

制　　作　徐爱国　　张认连　　冀宏杰

程序编制　贾　萌　　吴章生　　严　豪

地图编辑　中国地图出版社集团有限公司

内容提要

本数据集以分县主要土壤类型与土壤剖面点分布图、土壤剖面理化性状表的形式，提供了我国各地详尽的土壤资源与质量的科学数据。全集共25卷，收录了全国2200多个县（市、区）的分县土壤图和6万多个土壤剖面的分层理化性状数据。根据各省级行政区土壤剖面数量和地域关联特征，既有一个省（自治区）的单卷，也有多个省（自治区、直辖市、特别行政区）的合订卷。各卷内容包含分县主要土类说明、主要土壤类型与土壤剖面点分布图、中心区气候特征图表，还含有全国和各卷所涉省级行政区的土壤图、土壤有机质含量图与地势图，以便读者在全国、省级和县级不同视角和尺度上，了解土壤资源与质量状况及其空间分布特征，以及土壤类型、土壤肥力与气候条件、地势、地貌之间的相互关联。

安徽省地处长江、淮河中下游，长江三角洲腹地，平原、台地（岗地）、丘陵、山地等地貌类型齐全，全省可分成淮河平原区、江淮台地丘陵区、皖西丘陵山地、沿江平原、皖南丘陵山地五个地貌区。安徽省在气候上属暖温带与亚热带的过渡地区，淮河以北属暖温带半湿润季风气候，淮河以南属亚热带湿润季风气候。年平均气温为14—17℃，年平均降水量为773—1670mm。主要土壤类型有水稻土、砂姜黑土、红壤、潮土、黄褐土、粗骨土、黄棕壤、石灰（岩）土、紫色土、棕壤、黄壤、石质土等12个土类。本卷收录了安徽省72个县（市、区）2864个典型土壤剖面的分层理化性状数据，便于读者了解安徽省主要土壤类型的分布特征及剖面特征，可作为农业、林业、环境、气象、国土、水利、经济等领域的科研、管理和技术人员的工具书和参考书，也适合高等院校研究生参考使用。

序

万物土中生，有土斯有粮。土为万物之本，土壤的重要性是怎么强调都不为过的。现在，土壤相关数据已成为农业、林业、环境、气象、国土、水利等各部门、各行业的基础数据。土壤研究最基础、最重要的表现形式是土壤剖面数据，其反映了不同层次的土壤理化性状。然而，长期以来，我国一直缺乏一套完整的系统性表现全国各区域土壤性状的剖面数据。

中华人民共和国成立以来，我国曾开展了两次全国性土壤普查，其中20世纪70年代末开始的全国第二次土壤普查是迄今为止最完整的。当时全国挖掘了550余万个剖面，各地分县完成了大比例尺土壤图，数据完整且可靠性高；然而，限于种种因素，当时仅完成了全国范围小比例尺土壤类型图和养分图的汇总，未及时完成全国土壤剖面库的整理。这些纸质资料散落于各地，并且年代久远，面临丢失、损毁的风险。这些宝贵数据具有时空尺度的唯一性，一旦出现问题，将对国家和社会各层面造成无法挽回的损失。

自2001年起，在国家社会公益研究专项项目资助下，张维理研究员带领团队，在全国范围开始对分散存留各地的土壤调查资料进行抢救性收集和整理。2006年，科技部启动了国家科技基础性工作专项项目，"我国1:5万土壤图籍编撰及高精度数字土壤构建"项目被列入首批重点项目并连续获得两期资助。该项目由中国农业科学院农业资源与农业区划研究所牵头，全国近20个科研单位（两期）共同承担任务，极大地加快了土壤数据抢救的进程，为编制本数据集奠定了基础。在参与本数据集编制的土壤科技工作者20年的持续努力下，在2019年度国家出版基金的资助下，在中国农业科学院科技创新工程的持续支持下，本数据集终于得以面世。

本数据集以涵盖全国2200多个县的土壤剖面分层数据为主体，首次同时展示了分县土壤图与典型土壤剖面分布图，描述了影响土壤发生的气候特征、主要土类的性状等，内容丰富，兼具专业性和科普性。全集共25卷，既有一个省、自治区的单卷，也有多个省、自治区、直辖市、特别行政区的合订卷。鉴于其数据的完整性、系统性、科学性，本数据集可成为我国资源环境领域的必备工具书之一。

本数据集至少可以应用于以下几个方面：

第一，直接服务于农业生产，保障粮食安全和食品安全。全国分县的不同土壤类型分层养分数据、土壤质地信息，可为科学施肥、土壤培肥与耕作措施的制定提供决策依据。

第二，为水利、环境、建筑、旅游等行业提供便捷、直观的土壤分层次基础信息。信息后标有剖面点经纬度，便于查询获取。

第三，对于土壤质量演变、耕地地力演变、碳储量、面源污染、气候变化等多学科研究具有土壤科学起始点数据意义。

我国疆域辽阔，编制本数据集需要对各地分县完成的大比例尺土壤图和土壤调查资料进行数字化整合，创建覆盖我国全域的高精度数字土壤，再进行分县土壤剖面表的提取与分县土壤图的缩编。本数据集的总数据处理量达到 TB 级且数据来源多而复杂、专业性强、处理难度大，按常规方法，需数万人历时多年方能处理完成。张维理研究员创造性地将数据科学、人工智能与人机交互设计原理引入土壤学范畴，首创土壤大数据方法，以土壤科学需求设计统领其他各层级设计，以智能化、自动化、人机交互式的数据分析流程替代人工流程，高效、精准地完成了土壤大数据的时空整合和表达，这一巨著才得以面世。作为两期项目的专家组组长，我亲历了整个项目的全过程，对张维理研究员勇于创新、踏实、勤奋、务实、敬业、有担当的优秀品质印象深刻，也深感钦佩！

本数据集的完成前后历时 20 年之久，直接参与数据收集、编撰人数近百人，涉及我国各省（自治区、直辖市）的土壤肥料相关单位。正是他们的付出和努力，才使得本数据集得以面世。衷心希望本数据集能在农业、林业、环境、气象、国土、水利以及肥料工业等领域发挥积极作用，更好地服务于我国经济和社会发展。

中国科学院院士 赵其国
2021 年 12 月

前 言

土壤是农业的基础，是陆地生态系统生命过程的基础，也是维持地球上能量与水的交换、生命元素循环的重要基础。《中国土壤剖面数据集》首次以分县土壤图和土壤剖面理化性状表的形式，提供了我国陆域全覆盖的土壤资源与质量的科学数据，为农业、林业、环境、气象、国土、水利等部门和相关行业精准了解各地土壤资源分布与质量状况，科学利用土壤资源，发展绿色农业、特色农业和节水农业，进行耕地保育、科学施肥、面源污染防治和基本农田保护等提供了科学依据；也为农业科学、环境科学及地学、气象、测绘、水利等多个学科领域的科研工作者研究陆地生态系统生产力演变、地球物质循环、气候与环境变化提供了基础数据。

编入本数据集的分县土壤图和土壤剖面理化性状表主要源于对全国第二次土壤普查（以下简称"二普"）调查资料的收集、整理、提取与汇总。二普是我国现代规模最大的以查清土壤资源和土壤肥力为主要目标的土壤资源综合调查，既完成了我国迄今为止最详尽的土壤分类调查，也首次在全国范围进行了较高密度的土壤采样化验，开启了我国用土壤理化性状量化指标描述土壤资源与土壤质量状况的时代。二普地面调查采样实施于1979—1987年，通过550万个土壤剖面观测和采样，分县完成了1∶5万比例尺土壤图绘制和10万余个土壤剖面的分层采样、化验、记录，其中的土壤质量稳定性要素，如土体构造、质地、母质、成土条件、土壤类型等时效性长，CRT值（土壤特性响应时间，characteristic response time）达上千年，可长久使用；土壤有机质含量，氮、磷、钾含量，酸碱度，耕层厚度等土壤质量变化性要素为了解土壤与环境质量演变提供了重要信息。无论从数量还是质量上看，二普获取的土壤科学数据至今都是我国最详尽、最有价值的土壤资源基础数据，其精度与质量超过许多发达国家的土壤资源基础数据。

20世纪末期以来，全球性人口和经济快速增长导致的人均土地资源与水资源紧缺、环境污染、气候变化、粮食安全危机，使科学界对土壤及其形成过程的关注度不断提高，关注重点也从了解土壤与环境质量现状转变为弄清演变趋势、引致变化的内在机理和驱动因素。土壤圈处于地球大气圈、水圈、生物圈和岩石圈的交会处。土壤层中的生物过程和物质循环过程既活跃，又具有一定的稳定性，能较好地反映地球水圈、土壤圈、大气圈、生物圈及岩石圈五大圈层动态交互作用的结果。只要对近年来国际上关于碳足迹、气候变化的研究进展稍加关注，就可知晓具有时空维度的土壤科学数据对于阐明土壤与环境过程并弄清其驱动因素、预测未来土壤与环境质量变化具有无可替代的作用。本数据集编入的土壤质量数据既是我国在全国范围内首次完成的土壤理化性状的科学记载，也是40多年前对我国土壤质量变化性要素的客观记录，能帮助我们了解改革开放以来经济、农业高速发展以及农用化学品投入量高速增长对土壤与环境质量的影响，对了解我国土壤与环境质量时空演变亦具有起始点土壤科学数据的意义。本数据集编入的起始点数据使我们对全国土壤及相关过程的认识延伸了40多年。历史上的土壤调查结果不能被新的调查结果替代，这一不可替代性使得本数据集将成为我国农业与环境领域最具影响力的工具书和参考书之一。

本数据集既是我国老一辈土壤与农业科研工作者在全国土壤普查工作中取得的成果，也是数据集编制人员长期以来默默耕耘的结晶。二普完成的大比例尺土壤图件和土壤剖面理化性状主要为手绘纸质图件和非正式出版的铅印或油印资料，份数少且由各地自行保存。二普结束后，随着各地机构调整与人员变动，土壤调查资料被损毁或丢失严重，难以发挥作用。在我国多位知名科学家的倡议和推动下，"十一五"期间，"我国1∶5万土壤图籍编撰及高精度数字土壤构建"项目（2006—2017）被列为国家科技基础性工作专项重点项目。其目的是对各地宝贵的土壤科学数据进行抢救性收集、数字化和整合，提升我国科学研究与管理基础数据的条件。为实现这一目标，项目组研究人员首先对各地分散存留的纸质分县土壤调查资料进行了全面的收集、修复和整理。针对国际范围内缺少对异源、异质、异构、异形土壤大数据的提取、整合方法的难题，项目组研究人员积极探索、勇于创新，融合应用土壤学、地理信息系统技术、数据科学、人工智能、人机交互设计方法，创建了土壤大数据方法，以层级化的流程设计实现土壤科学层面的需求设计统领体系架构、数据流程及模块设计，以独立于数据流程的监控设计实现土壤科学家对全流程的掌控和人工干预，以智能化、人机交互式数据流程替代人工流程，优质、高效地完成了对各地异源土壤资料的审核、提取、过滤、分类、整合与表达，完成了覆盖我国全陆域的1∶5万比例尺土壤图绘制与土壤剖面点空间数据库建设工作。为满足各行各业准确了解我国各地土壤资源与质量状况的广泛需求，编者通过对1∶5万比例尺土壤图数据的缩编表达与10万余个土壤剖面理化性状数据的进一步提取，最终完成了本数据集的编制。

本数据集共25卷，收录了全国2200多个县（市、区）的分县土壤图和6万多个土壤剖面的理化性状数据。根据各省级行政区土壤剖面数量的多寡和地域关联特征，既有一个省（自治区）的单卷，也有多个省（自治区、直辖市、特别行政区）的合订卷。为便于读者了解全国及各省级行政区土壤资源与质量的分布特征，特别编制了全国及各省级行政区土壤图、土壤有机质含量图与地势图三个序图，读者可以方便地查询全国及各省级行政区任何地区拥有的主要土壤类型，了解其土壤有机质含量及地势、地貌特征。在各分卷中，分县土壤资源与土壤质量性状由主要土类说明、中心区气候特征图表、分县主要土壤类型与土壤剖面点分布图以及土壤剖面理化性状表共同呈现。

本数据集既可作为工具书、参考书，供农业、林业、环境、气象、国土、水利、经济等领域的管理人员和技术人员使用，也适合高等院校相关专业研究生参考使用。

我国幅员辽阔，从收集、整理全国分县土壤调查资料，到完成覆盖我国全境的 1∶5 万比例尺土壤图籍，再到完成本数据集的编制，来自全国近 20 家研究机构的科研人员组成项目组，辛苦工作了 20 多年。其间，本项工作得到了国家社会公益研究专项项目、国家科技基础性工作专项重点项目的长期、连续资助和在项目实施年限上给予的充分理解，同时得到了中国农业科学院科技创新工程的资助，全国 50 多家国家级及省级土壤、测绘、农业科研与管理机构的大力支持以及我国老一辈土壤科学家自始至终的关心和鼓励。在整个项目实施期间，有 9 位院士和 7 位长期从事土壤科学、农业资源环境研究的专家给予了直接和全程的指导。近 20 年间，项目组研究人员一方面要承担艰难而繁重的科研任务，另一方面要顶着多年没有科研产出的压力，没有他们的坚持和付出，就没有本数据集的面世。在此，谨向所有参加数据集编制的科研人员及对本项工作给予支持的部门和人员一并表示衷心的感谢！

由于本数据集包含的数据量庞大，且不限于土壤学本身，尽管我们在编撰过程中极尽斟酌，仍难免存在不足之处，敬请读者批评指正，以便今后修订完善。

中国农业科学院研究员 张维理

2021 年 12 月

目 录

第一编　编制说明与序图

编制说明

编制目的	002
土壤数据基础知识	002
数据集内容	005
土壤数据来源	005
编制方法——土壤大数据方法	006
中国土壤图、中国土壤有机质含量图与中国地势图编制	007
分省土壤图、分省土壤有机质含量图与分省地势图编制	009
县域中心区气候特征图表编制	011
分县主要土壤类型与土壤剖面点分布图编制	012
分县土壤剖面理化性状表编制	012
土壤专题图与土壤剖面数据可靠性检验	017
参编单位	019

序　图

中国土壤图	020
中国土壤有机质含量图	022
中国地势图	024
安徽省土壤图	026
安徽省土壤有机质含量图	028
安徽省地势图	030

第二编　分县土壤图与土壤剖面数据

合 肥 市

市辖区	034	肥西县	047
长丰县	037	庐江县	053
肥东县	042	巢湖市	061

芜 湖 市

市辖区	068	南陵县	084
湾沚区	071	无为市	090
繁昌区	078		

蚌 埠 市

市辖区	099	五河县	111
怀远县	104	固镇县	117

淮 南 市

市辖区	122	寿县	130
凤台县	125		

马 鞍 山 市

市辖区	135	含山县	146
当涂县	139	和县	152

淮 北 市

市辖区	160	濉溪县	163

铜 陵 市

市辖区	169	枞阳县	176

安 庆 市

怀宁县	183	岳西县	213
太湖县	192	桐城市	216
宿松县	199	潜山市	221
望江县	207		

黄 山 市

屯溪区	228	休宁县	242
黄山区	231	黟县	250
歙县	234	祁门县	255

滁 州 市

市辖区	261	凤阳县	287
来安县	266	天长市	293
全椒县	271	明光市	298
定远县	279		

阜 阳 市

太和县	303	界首市	314
颍上县	309		

宿 州 市

市辖区	318	灵璧县	333
砀山县	323	泗县	339
萧县	328		

六 安 市

市辖区	344	金寨县	364
霍邱县	350	霍山县	369
舒城县	357		

亳 州 市

市辖区 ················ 375　　蒙城县 ················ 387
涡阳县 ················ 380

池 州 市

东至县 ················ 393　　青阳县 ················ 408
石台县 ················ 402

宣 城 市

市辖区 ················ 415　　旌德县 ················ 440
郎溪县 ················ 423　　宁国市 ················ 447
泾县 ················· 431　　广德市 ················ 454
绩溪县 ················ 434

附　　录

附录1　安徽省县级行政区及分县主要土壤类型与土壤剖面点分布图
　　　 地域名对照表 ··· 464
附录2　专题图基础地理要素图例 ·· 466
附录3　土壤图土类图例 ··· 467
附录4　中国主要土壤类型简表 ·· 469
附录5　安徽省主要土壤类型表 ·· 474
附录6　分省土壤有机质含量图有机质含量分级图例 ························· 475
附录7　安徽省典型剖面0—20cm土层土壤理化性状中位数与平均数
　　　 ··· 476
附录8　安徽省主要土地利用类型0—30cm土层土壤有机质含量 ··············· 477
附录9　安徽省耕地、园地、林地和草地中主要土壤类型占比 ·················· 478
附录10　《中国土壤剖面数据集》参编单位 ································ 479

参考文献 ··· 481

第一编 | 编制说明与序图

编制说明

编制目的

土壤是农业的基础，也是维持地球碳、氮、硫、磷等重要生命元素正常循环的基础。肥沃的土壤促进了人类文明的诞生和繁荣。科学研究表明，地球上种类繁多、形态各异的土壤是在气候、生物、地形、时间、成土母质五大成土因素共同作用下形成的。北京社稷坛铺设的青、白、红、黑、黄五种不同颜色的土壤（五色土），分别代表我国东、西、南、北、中五大区域的典型土壤。不同类型的土壤性状差别很大。例如，南方红壤呈酸性，易缺乏钾离子、钙离子、镁离子等阳离子，农业生产上要注意调酸和补充富含钾、钙、镁的肥料；而西部土壤有机质含量低，施用有机肥料和秸秆还田对提高地力至关重要。我国人均土地资源紧缺，要实现粮食安全、环境安全和可持续发展，需要精准掌握各地土壤资源与质量状况，做到因土制宜，科学管理。

《中国土壤剖面数据集》是国家自然资源基本资料之一，其首次以分县土壤图和土壤剖面理化性状表的形式，提供了我国各地详尽的土壤资源与质量科学数据，为农业、林业、环境、气象、国土、水利等部门了解各地土壤质量状况，科学利用土壤资源，发展绿色农业、特色农业和节水农业，进行耕地保育、科学施肥、面源污染防治和基本农田保护提供了基础数据，也为农业科学、环境科学及地学、气象、测绘、水利多个学科领域的科研工作者研究陆地生态系统生产力及其演变、地球物质循环、气候与环境变化提供了科学依据。

本数据集编入的土壤质量数据亦是我国在全国范围内首次完成的土壤理化性状的科学记载，对了解我国土壤与环境质量时空演变具有起始点数据的意义。通过这些数据，科研工作者可以追溯我国全国范围土壤与环境相关过程至20世纪80年代，分析和了解导致土壤质量变化的环境和人为因素，并对土壤与环境质量演变趋势进行预报与预警。历史上的土壤调查结果不能被新的调查结果替代，这一不可替代性使得本数据集将成为我国农业与环境领域最具影响力的工具书和参考书之一。

土壤数据基础知识

本数据集收录的土壤数据源于土壤调查。为便于读者了解和应用这些数据，本节对土壤调查的目标、内容与主要方法，土壤数据的时空维度特征，土壤数据的应用领域与时效性做一简要介绍。

（一）土壤调查的目标、内容与主要方法

土壤调查的主要目标是查清一个区域内土壤资源与质量状况及其空间分布特征。19世纪末期至20世纪中后期，各国土壤调查的主要目标是查清土壤类型及分布特征[1-2]。由于不同土壤类型最典型的区别是成土过程中形成的土壤剖面特征，因而在传统的土壤调查中，需要在调查区域内进行多点采样，并在每个采样点对0—1—2m深土体的土壤剖面进行分层采样、观测、理化性状分析，记录剖面各分层土壤理化性状，据此进行土壤

分类、命名，并最终依据多点调查结果完成土壤图的绘制。

20世纪末期以来，全球人口及经济快速增长导致人均土地资源和水资源紧缺、环境污染、气候变化与粮食安全危机，不同行业及学科领域对土壤生产功能和环境功能的关注度不断提高，土壤调查的核心内容也逐步从查清土壤类型分布特征转为土壤功能调查。土壤功能调查的目标是了解土壤生产力、土壤环境质量和土壤健康质量等。例如，为了耕地保育和科学施肥，需要进行土壤有效养分含量状况、土壤障碍因素调查；为了了解环境质量，需要进行土壤污染状况、土壤环境容量调查；为了发展节水农业，需要进行土壤保水性状调查；为了控制水污染，需要进行流域农田土壤氮、磷流失特征与风险调查。土壤功能调查的内容主要为可量化的，或含义单一且明确、易于被其他学科和行业认知的土壤功能性指标，如土壤有机碳含量、土壤重金属含量、土壤质地类型、耕层厚度等。在土壤功能调查中，也需要在调查区进行多点采样，并根据调查目标的不同，选择适宜的采样深度。例如，当调查目标是了解土壤有效养分供应量或农田土壤污染物含量时，通常仅对耕层土壤进行采样；当调查目标是了解土壤保水性能、土壤水土流失与养分流失性状时，则需要对较深的土壤剖面进行分层采样和观测。

较早的土壤调查主要通过地面多点采样来了解一个区域土壤资源与质量性状的空间分布特征。近年来，随着遥感技术、地理信息系统（GIS）技术、模拟技术与大数据技术的发展，土壤质量相关数据（如数字高程、土地覆盖、植被数据等）产生量急剧增长，这使得在大区域尺度内通过多类型相关信息精确地捕捉和表达土壤质量性状以及相关过程成为可能。在国际上，地面采样调查与辅助信息结合的方法——数字土壤制图方法（digital soil mapping）已成为土壤调查的重要方法[3]。该方法能利用采样设计、辅助信息、推理模型与地统计检验，大幅度减少地面采样和土壤理化性状测试分析的工作量。与传统方法相比，采用数字土壤制图方法进行土壤调查，可缩短调查周期，降低调查成本，提高用土壤专题地图表征土壤资源与土壤质量性状空间分布特征的可靠性和精度，从而提高土壤调查的效率与质量。

（二）土壤数据的时空维度特征

在现代社会，农业、环境等领域的专业工作者要了解最新的土壤调查结果，更需要掌握未来土壤质量变化趋势，以便根据变化趋势、自然与人为要素对土壤质量的影响，制定具有针对性的政策与技术措施，实现高产、稳产和环境安全。要精确进行土壤与环境质量预测和预警，就需要对重要的土壤质量性状进行周期性的采样、调查、记录，构建具有时空维度的土壤质量数据。这意味着历史上完成的土壤调查不能被新的调查所替代，所以其结果十分宝贵。

土壤数据最重要的特征之一是时空维度特征。通过历史上的土壤调查结果记录，构建具有时间序列的土壤质量科学数据，能将土壤质量现状与土壤质量演变过程相关联，并以此对土壤质量演变趋势和导致其变化的因素进行分析、预测。而土壤数据标有空间坐标，便于科研工作者将土壤调查结果与其他类别的要素和过程，如与气候、地形、土地利用情况有关的变化信息，以及随施肥投入农田的碳、氮、硫、磷数据等相关联，从而进一步提高分析的精度和预测、预报的可靠性。

土壤圈处于地球大气圈、水圈、生物圈和岩石圈的交会处。土壤层中的生物过程和物质循环过程既活跃，又具有一定的稳定性，能较好地反映地球水圈、土壤圈、大气圈、生物圈及岩石圈五大圈层动态交互作用的结果。具有时空维度的土壤科学数据对于阐明土壤与环境过程并弄清其驱动因素、预测未来土壤与环境质量变化具有不可替代的作用。

近年来，具有地理坐标的土壤剖面点数据受到科学界的广泛关注。剖面数据记载了土体构造、剖面分层土壤理化性状，是了解成土过程的基础，也是构建推理模型，量化表征区域尺度土壤过程、流域水土流失与氮磷流失特征、碳氮循环与环境质量演变的基础。在过去的半个世纪中，尽管完成了大量的土壤剖面调查，但由于在较早的土壤调查中尚未使用全球定位系统（GPS）设备，各国在构建地理坐标的土壤剖面点数据库上差别较大。目前，美国完成了约2万个有地理位点标识的土壤剖面数据[4]，澳大利亚已完成约16万个有地理坐标的土壤剖面数据[5]，欧盟各成员国共享使用的土壤剖面数据库含4000个剖面的分层土壤理化性状数据[6]。本数据集则汇集了我国总计6万多个有地理坐标的土壤剖面数据。

（三）土壤数据的应用领域与时效性

表1汇总了本数据集编入的土壤理化性状及其主要影响因素与过程、时间变化特征、所关联的土壤质量性状和应用领域。

表1　土壤理化性状及其主要影响因素与过程、时间变化特征、所关联的土壤质量性状和应用领域

土壤理化性状	主要影响因素与过程	时间变化特征	所关联的土壤质量性状	应用领域
土壤类型	成土过程	变化慢	土壤肥力与环境质量	农业、水利、环境、建筑、肥料工业等
剖面深度（指剖面各土层厚度的总和）	成土过程	变化慢	土壤肥力、土壤环境容量、土壤保水和保肥性能、土壤持水性能	农业、环境等
土体构造（指土壤剖面各发生层有规律的组合，是土壤剖面最重要的特征）	成土过程	变化慢	土壤肥力、土壤环境容量、土壤保水和保肥性能、土壤持水性能、土壤透水性能	农业、水利、环境等
母质	成土因素	变化慢	土壤肥力、土壤矿物组成、矿质养分含量、土壤质地	农业、水利、环境、肥料工业等
质地	成土过程、母质	变化慢	土壤肥力、土壤环境容量、土壤持水性能、土壤耕性、土壤有机碳与养分含量、土壤重金属吸附性能等	农业、水利、环境、建筑等
颜色	土壤氧化还原、淋溶等成土过程，土壤有机质累积过程	变化较慢	土壤肥力、土壤有机碳与养分含量	农业
土壤结构	成土过程、耕作措施	耕层：变化快；深层：变化慢	土壤水分、通气与养分供应状况，土壤持水性能、土壤透水性能、土壤阳离子交换量、土壤孔隙度、土壤松紧度、土壤耕性等多个土壤肥力相关性状	农业
有机质含量	成土过程、质地、土地利用、施肥、轮作等	变化较慢	与多项土壤肥力与环境指标密切相关，是土壤肥力最重要的指标	农业、环境、肥料工业等
全氮含量	成土过程、土地利用、施肥、轮作等	变化较慢	土壤肥力、土壤供氮性能	农业、环境等
全磷含量	成土过程、母质等	变化较慢	土壤肥力、土壤供磷性能	农业、环境等
全钾含量	成土过程、母质等	变化较慢	土壤肥力、土壤供钾性能	农业、环境等
pH	成土过程、酸雨、土壤调理剂施用等	变化快	土壤肥力、土壤养分有效性、土壤结构及重金属吸附性能	农业、环境、肥料工业等
碱解氮含量	土地利用、施肥等	变化快	土壤供氮性能、土壤氮素流失特征	农业、环境、肥料工业等
有效磷含量	土地利用、施肥等	变化快	土壤供磷性能、土壤磷素流失特征	农业、环境、肥料工业等
速效钾含量	土地利用、施肥等	变化快	土壤供钾性能、土壤钾素流失特征	农业、环境、肥料工业等
阳离子交换量	成土过程、黏粒、有机质含量、盐分含量	变化较慢	土壤供肥和保肥性能、土壤重金属吸附性能	农业、环境等

在表1中，主要影响因素与过程指对某项理化性状起主要作用的过程和因素。例如，土壤类型、土壤剖面深度、土体构造、母质、土壤质地类型主要由成土过程或成土条件决定；土壤有机质含量和土壤全氮含量则受成土过程、施肥及轮作等农业技术措施的共同影响；在耕地土壤上，施肥等农业技术措施对土壤碱解氮、有效磷、速效钾等土壤有效养分含量的影响很大。

土壤理化性状的现势性主要取决于其影响因素与过程的时间尺度。自然条件下，成土过程通常需要数万年。受成土过程影响的土壤类型、土层厚度、土体构造、土壤质地类型、母质等土壤理化性状变化很慢，CRT值（土壤特性响应时间，characteristic response time）达上千年，可称为土壤稳定性要素或慢变化性状，其相关数据时效性很长，可长久使用。而农田土壤有效养分含量、酸碱度、耕层厚度等土壤质量性状受施肥和耕作等农业措施影响大，变化较快。例如，农田土壤有效磷、速效钾养分含量，在大量施用磷、钾肥条件下，10余年后可成倍提升。这些土壤理化性状亦可称为土壤变化性要素或快变化性状。

不同土壤理化性状的应用范围既取决于其现势性、时空维度特征，又取决于其所关联的土壤质量性状。土壤剖面深度、土体构造、质地、有机质含量等与土壤持水、保肥、通气和透水性能密切相关，可供农业、水利、环境、金融等行业用于农田稳产、高产性能，农田排灌设施规划与灌溉定额编制，农田水土流失风险分级，流域农田蓄水容量与降雨后流失水量分级，农田水、旱灾害风险分级，农田环境容量测算等各方面的地力评价。土壤有效养分含量、pH与土壤需肥性状和调酸性状密切相关，可供农业、肥料生产和销售部门用于科学施肥和土壤改良。土体构造和质地、土壤结构、土壤有效养分含量还影响流域农田土壤养分流失特征，农业和环境部门在进行农业面源污染防控时，可利用这些土壤性状与其他要素共同编制流域污染源解析与控制类型区分布图，以便对农业面源污染采取分类型、分区段的源头控制措施。土壤有机质含量变化也是了解气候变化和碳减排措施效果的基础，对于环境管控和环境外交具有重要意义。

数据集内容

本数据集全集共25卷，收录了我国2200多个县（市、区）的分县土壤图和6万多个土壤剖面的理化性状数据。根据各省级行政区土壤剖面数量的多寡和地域关联特征，既有一个省（自治区）的单卷，也有多个省（自治区、直辖市、特别行政区）的合订卷。

为便于读者了解各地土壤资源与质量分布概况及其主要特征，编者为各分卷编制了省级行政区的土壤图、土壤有机质含量图与地势图三图。读者可通过分省三图查询各省级行政区任何地区拥有的主要土壤类型，了解其土壤有机质含量及其地势、地貌特征。此外，编者还编制了全国土壤图、土壤有机质含量图与地势图三图附于各分卷，供读者比较和了解各省级行政区土壤资源及质量特征同全国其他地区的区别和关联。

各分卷的第二部分为分县土壤图与土壤剖面数据。在每个省级行政区内，各分县按四部分展示土壤及其相关信息，即分县主要土类说明、本区域中心区气候特征、主要土壤类型与土壤剖面点分布图以及土壤剖面理化性状表。在本卷目录中，分县按民政部于2022年3月发布的《2021年中华人民共和国行政区划代码》中的地级、县级行政区顺序排序。各分卷目录中仅收录了县域内有土壤剖面数据的县级行政区，无土壤剖面数据的县级行政区未纳入分卷目录中，并在附录1中对其进行了标注。

土壤数据来源

编入数据集的分县土壤图与土壤剖面理化性状数据主要源于全国第二次土壤普查（以下简称"二普"）。二普是我国现代规模最大的、以查清土壤类型和土壤肥力为主要目标的土壤资源综合调查。二普之前，我国土壤调查以观测性调查和定性评价为主，很少有采样化验。在总结之前国内外土壤调查经验的基础上，二普不仅完成了我国迄今为止最为详尽的土壤分类调查，也首次在全国范围进行了高密度土壤采样化验，开启了我国用土壤理化性状量化指标描述土壤资源与土壤质量状况的时代。

二普地面采样调查实施于1979—1987年，调查区域基本覆盖我国全陆域。二普不仅地面采样密度高，科学性和系统性也比较突出。全国百余名长期从事土壤研究的科研工作者共同制定了全国土壤分类系统和统一的土壤调查技术规程[7]。在地面调查中，各地以1∶1万比例尺地形图作为工作底图，以乡为调查单元进行野外采样作业，全国共挖取土壤观察剖面550余万个，记录了1—2m深土体各发生层形态和特征，并根据土壤分类标准对土壤进行了分类和命名。对边远区、高寒区和无人区应用遥感解译方法，填补了之前土壤调查及成图中上述地区土壤数据的空白。在大量剖面土体观测和采样调查的基础上，完成了全国绝大部分分县1∶5万比例尺土壤图的绘制，牧区和边疆地区完成了1∶20万—1∶10万比例尺土壤图的绘制。二普还完成了10余万个典型剖面的分层采样，化验分析了剖面分层质地，有机质含量，大量、中量和微量元素含量，pH，阳离子交换量，土壤矿物组成等多项土壤理化性状，编制了分县土壤志。二普通过野外实地调查、采样和测试获取的土壤科学数据，至今仍是我国最详尽、最有实用价值的土壤资源基础数据，其精度与质量超过许多发达国家的土壤资源基础数据[8]。

如图1所示，收录于本数据集的土壤质量数据是对我国40多年前土壤质量状况的客观记录，亦是我国在全国范围内首次完成的土壤理化性状的科学记载，其中的土壤稳定性要素现势性较长，可在今后若干年间长期使用；而土壤变化性要素对了解我国土壤与环境过程的作用亦不可替代。这些数据使我们用现代科学手段研究各地土壤及相关过程的历史可上溯至20世纪80年代。

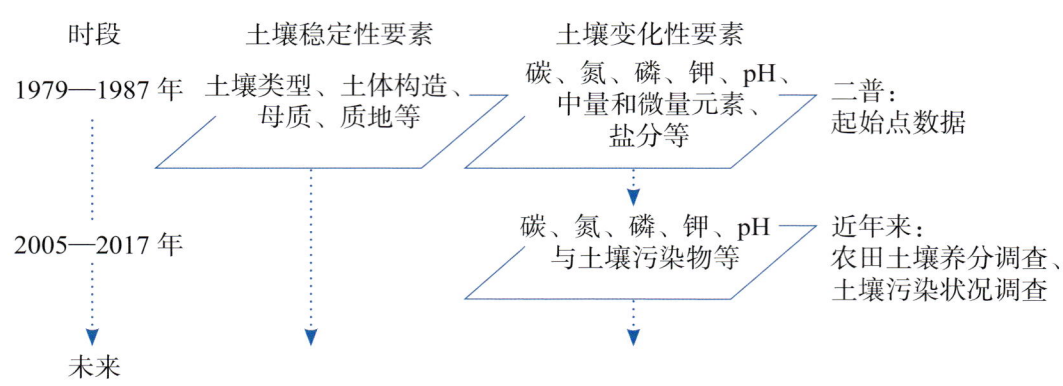

图1 全国性土壤调查所覆盖的时段

受历史条件限制，二普完成的大比例尺土壤图和土壤剖面理化性状主要为手绘纸质图件、非正式出版的铅印或油印资料，份数少且由各地自行保存。二普结束后，随着各地机构调整与人员变动，土壤调查资料被损毁或丢失严重。2000年以来，编者开始对各地分散存留的纸质分县土壤调查资料进行系统性收集、修复与整理，通过对宝贵的土壤科学数据的提取、整合和表达，我国科学研究与管理基础数据的水平得到了提升。本数据集收录的分县土壤图和剖面数据主要源于对全国分县土壤图、分县土种志和分省土种志的整理、提取、汇总与表达（表2）。

表2 数据集主要土壤资料与数据来源

资料类型	资料名称及数量
土壤图（纸质）	1∶5万分县土壤图，总计约1600个县
	1∶100万—1∶50万省级土壤图，总计570个县
土壤剖面资料（纸质）	分县土种志：约2200册，计约2200个县；分省土种志：28册
土壤有机质含量图（纸质）	全国、分省土壤有机质含量图
农区土壤耕层采样数据（电子）	2005—2017年在全国农区采集的、含GPS坐标定位的1000万个采样点耕层有机质含量数据

为编制全国与分省土壤有机质含量分布图，本数据集还使用了我国于二普期间完成的全国、分省土壤有机质含量图纸质图件和于2005—2017年在全国采集的1000万个具有GPS坐标定位的采样点耕层有机质含量数据[9]。

编制方法——土壤大数据方法

我国幅员辽阔，不同地区土壤的土壤类型及其质量状况和分布特征差别较大，各地土壤调查技术条件和水平差别也较大，因此各地分县完成的图件和剖面资料在形式和内容上有较大差异。在用异源土壤数据生成新数据时，新数据的科学性既取决于各异源数据本身的科学性和可靠性，也取决于数据整合采用方法的科学性和可靠性。例如，对分县剖面资料进行整合时，对国标上未出现过的土壤类型名进行归并需要有土壤分类学上的依据；用新的土壤调查数据对原有土壤有机质含量图进行更新，也需要有进行合并表达的科学依据。编制本数据集需要对海量异源数据进行提取、分析、整合、缩编与表达，数据分析流程复杂。同时，在数据分析过程中，土壤专业问题、非标准化数据问题、计算机硬、软件平台系统问题和数据分析员、程序员疏漏问题等可能引致多类别数据分析错误。若既要准确无误地完成各项数据分析技术任务，又要在繁复的数据分析流程中有效贯彻科学原则、实现数据分析科学目标，这就需要一套科学的方法体系。为此，本数据集编者通过研究异源非标准土壤数据特征，融合应用土壤学、数据科学、人工智能、人机交互设计方法与地理信息系统技术，创建了土壤大数据方法[10-11]。

土壤大数据方法是专门供土壤科研工作者使用的一种设计方法，是对经典土壤学研究方法的补充，主要适用于对海量异源土壤数据信息的提取、筛选、分析与表达。通过土壤大数据方法的使用，科研工作者能够分析、认识和阐明土壤性状及相关过程和规律。土壤大数据方法的主要设计规则为以层级化的流程设计实现土壤科学层面的需求设计统领体系架构设计，界定各分段流程目标和关联，部署低层级分段流程、模型和功能模块；以独立于数据流程的监控设计实现土壤科学家对全流程的掌控和人工干预。土壤大数据方法的设计内容包括数据科学分析目标与科学基础界定，数据流程体系架构，流程及软件工具设计，数据流程监控设计。设计中，所有节点均采用双命名制命名，对流程中各节点数据同时进行土壤科学内涵命名和函数代码命名。应用以上设计方法编制设计文档，能在庞杂的异源、异质、异形、异构大数据分析中，实现以科学目标引领数据分析流程，以自动化、人工智能、人机交互式的数据流程替代人工流程，提高大数据分析效率。

在本数据集编制过程中，编者需要完成图件与资料数字化、矢量化，元数据构建，信息提取、过滤、分类、赋码，土壤空间数据逻辑结构、存储结构归一化，统计检验，数据整合、缩编表达、输出等多项数据分析任务，分段流程达1500余个，需要存储的重要节点数据超过2000个，数据量超过20TB。采用土壤大数据方法，编者自主设计和完成了6个土壤大数据分析工具软件包，其中包含157个功能模块（表3），设计文档的科学和工程目标实现率超过99%，为准确、高效完成数据集编制提供了保障，也为土壤学研究提供了新的方法。

表3 系列化土壤大数据分析软件包及其主要功能与模块数

软件包	主要功能	模块数/个
IMAT2.0（intelligent mapping tools）智能化制图工具	异源土壤空间数据的要素提取、过滤、分类、赋码、坐标转换，空间库要素与字段的编辑，图幅与图层的编辑，土壤要素空间库外挂属性表编辑与管理等	35
IMAT-big（intelligent mapping tools for big data）智能化大数据制图工具	超大土壤及相关要素空间数据的要素筛选、图层拆分、数据整合、节点监控、逻辑结构重组等分析	37
IMAP（intelligent map presentation）智能化地图表达工具	土壤大数据地图制图表达与输出	30
ISPA（intelligent soil profile data analysis）智能化土壤剖面数据分析	异源土壤剖面数据的信息提取、过滤、赋码、坐标匹配、检验、整合与统计等	22
ISPP（intelligent soil profile presentation）智能化土壤剖面表达	土壤剖面图表及辅助信息的表达	12
IMAT-SOM（intelligent mapping tools-SOM）土壤有机质图制图工具	异源土壤有机质数据整合与表达	21

中国土壤图、中国土壤有机质含量图与中国地势图编制

编制全国三图的目的是便于读者在全国视角和尺度上了解我国各地区土壤资源与质量状况空间分布特征，土壤类型和土壤肥力与地势、地貌之间的相互关联。其中，土壤图用于展示土壤资源分布状况及与成土过程相关的土壤质量状况；土壤有机质含量图用于直观反映土壤肥力情况；地势图便于读者了解不同类型和肥力水平土壤的地势、地貌特征。全国三图的制图比例尺为1:1300万。

全国三图中采用的境界、城市等基础地理信息要素源于中国地图出版社出版的《第一次全国地理国情普查地图集》[12]和《中国地图集》[13]。全国三图中，境界、水系、居民地、地级以上城市等基础地理信息要素的图示与图例表达见附录2。

（一）中国土壤图

由于制图比例尺小，中国土壤图是在二普完成的1∶400万比例尺全国土壤图的基础上进行矢量化和缩编表达获得的。在缩编表达过程中，土壤类型仅保留了我国土壤分类系统中的第三层级——土类。

在土壤图中，土类颜色主要根据不同土类在其成土因素、发育程度下形成的典型颜色进行设计（附录3）。红色系供土壤富铝化程度高的土壤选用，如红壤、砖红壤、赤红壤等；黄色系、棕色系供干旱区发育程度低的土壤选用，如黄绵土、灰漠土、灰棕漠土等。受灌水、耕作和地下水影响大的土壤采用绿色系，如水稻土、灌淤土、潮土、草甸土等，表示土壤肥力较高，绿色植物生长茂盛；黑土、黑钙土、栗钙土、棕壤、褐土、黄棕壤、紫色土等分别选用深棕色系、褐色系、紫色系；盐土、碱土、沼泽土等植物生长有障碍的土类采用暗色系，如暗紫色系、灰褐色系、青灰色系等，表示土壤生产力低下，植物生长较差。这一颜色设计与国标相关规定一致[14]。

在图例中，按照我国主要土壤类型从南到北、从东向西的地带性分布规律对土类进行排序，附录4所列中国主要土壤类型的排序也按此规则编排。

（二）中国土壤有机质含量图

土壤有机质含量是指土壤中各种含碳有机物质的总和。土壤有机质主要包括土壤腐殖质、半分解的动植物残体、与土壤黏粒和细粉粒紧密结合的有机物质、土壤微生物体所含的有机物质等。以动植物残体形式进入土壤的有机物质成为土壤生物的食物，供养土壤生物的生命活动；在土壤生物，特别是土壤微生物作用下生成的土壤腐殖质，能够促进土壤团聚体形成，提高土壤保水、保肥、供水、供肥性能，提高土壤肥力，并大幅度提高耕地土壤高产、稳产性能。因此，土壤有机质含量是最重要的土壤质量指标之一。土壤有机质碳量是大气总碳量的2倍，是地球植被总碳量的3倍，参与地球陆域碳循环总碳量中80%的碳以土壤有机质碳的形式存在。研究显示，土壤有机质含量实质上是土壤有机碳投入和分解之间动态平衡的表现，影响这一平衡的主要因素为气候、土壤质地与土地利用方式，施肥和耕作等农业技术措施对其影响则相对较小。当影响平衡的主要因素未发生变化时，土壤有机质含量也比较稳定[15]。

中国土壤有机质含量图由各分省土壤有机质含量图（0—30cm土层）合并编制生成。制图用源数据和编制方法在分省土壤有机质含量图编制说明中加以叙述。

为展示全国范围的土壤有机质含量空间分布特征，编者在中国土壤有机质含量图的图示和图例表达中采用了有机质含量范围的非等距划分分级方式，将我国土壤有机质含量分为7个等级（表4），各分级所占我国陆域面积的比例也列于表中。其中，占我国陆域面积29%的"很低"和"低"两个分级的土壤（有机质含量小于10g/kg）主要分布于西北干旱地区，而"较高""高""很高"三个分级的土壤（有机质含量大于25g/kg）主要分布于东北、西南地区，这些地区森林覆盖率较高，雨量充沛，温度适宜，有利于土壤有机质的累积。

表4 中国土壤有机质含量（0—30cm土层）分级

分级	分级释义	有机质含量/（g/kg）	换算系数	有机碳含量/（g/kg）	占陆域面积/%
1	很低	≤5	1.724	≤2.9	5
2	低	5—10（含）	1.724	2.9—5.8（含）	24
3	较低	10—15（含）	1.724	5.8—8.7（含）	18
4	中	15—25（含）	1.724	8.7—14.5（含）	19
5	较高	25—35（含）	1.724	14.5—20.3（含）	9
6	高	35—45（含）	1.724	20.3—26.1（含）	16
7	很高	>45	1.724	>26.1	6

（三）中国地势图

地势图是表示制图区域地貌特征的专题地图，强调表现地面的高低起伏、倾斜程度及其区域对比关系，以及与地形密切相关的河流、湖泊等水系要素分布特征，显示出制图区域山河分布的脉络体系、结构形式、各种地貌类型的形态特征。地势是影响土壤类型的重要因素，地势图也是编制土壤图、气候图、植被图等的基础。

中国地势图的地貌晕渲图采用 SRTM3 DEM（shuttle radar topography mission，digital elevation model，2003）数据，考虑我国地势呈三级阶梯状分布的特点，按 0—50—100—200—500—800—1000—1200—1500—2000—2500—3000—3500—5000m 及以上设计高度表，以深绿色—黄绿色—棕色—紫色色调的象征色表示海拔由低向高过渡。其他矢量数据来源于中国地图出版社编制的 1:400 万《中国地形图》[16]。河流参照中国地图出版社编制的《中国河流、水运资料图》进行选取、表达，三级及以上河流全部选取，二级及以上河流标注名称，低级别河流适当选取以反映区域水系特点；成图面积 4mm^2 以上湖泊和水库全部表示，但仅标注大型湖泊名称，小面积湖泊适当选取以反映区域特点，如青藏高原湖泊群分布；山脉、山峰参照中国地图出版社编制的《中国山脉资料图》选取，三级及以上山脉全部选取、表达，二级山脉主峰及知名山峰标注名称和高程，我国主要高原、平原、盆地和沙漠均选取、表达；自然地理要素分级参考中国地图出版社采用的地图编制分级系统；根据版面载负量情况选取省会、部分地级市和少量县级居民点（主要位于西部地区），居民地主要用于定位参照。

分省土壤图、分省土壤有机质含量图与分省地势图编制

编制分省土壤图、分省土壤有机质含量图与分省地势图三图的主要目的是使读者了解各省级行政区内不同地区土壤类型、土壤肥力与地貌的主要分布特征及其相互关联。其中，土壤图用于展示土壤资源分布状况及与成土过程相关的土壤质量状况；土壤有机质含量图用于直观反映土壤肥力情况；地势图便于读者了解不同类型和肥力水平土壤的地势、地貌特征。为便于比较，每个省级行政区的分省三图采用的比例尺相同，制图则采用幅面固定、各省级行政区制图比例尺自适应方法。

分省三图中采用的境界、城市等基础地理信息要素源于中国地图出版社出版的《第一次全国地理国情普查地图集》[12] 和《中国地图集》[13]。分省三图中，境界、水系、居民地、地级以上城市等基础地理信息要素的图示与图例表达见附录 2。

（一）分省土壤图

为编制数据集用分省土壤图，编者对二普完成的纸质分省土壤图（原图比例尺主要为 1:50 万）进行了地理校正、空间要素提取、图层与分级码标准化、土壤学专业校正、属性表制作、挂接和专题图缩编表达。在缩编表达过程中，制图比例尺一般在 1:200 万—1:100 万之间。由于制图比例尺较小，土壤类型仅保留了我国土壤分类系统中的第三层级——土类。各土类颜色与中国土壤图中采用的土类颜色相同（附录 3）。在分省土壤图中，按照我国主要土壤类型从南到北、自东向西的分布规律对图例中的土壤类型进行排序。附录 4 所列中国主要土壤类型的排序也按此规则编排。附录 5 列出了安徽省主要土壤类型及其占省级行政区域面积百分比。

（二）分省土壤有机质含量图

1. 数据源说明

本数据集中，土壤剖面理化性状表给出了有确切时间和空间坐标的剖面信息。分省土壤有机质含量图的主要作用是便于读者直观了解各省级行政区最重要的土壤肥力指标——土壤有机质含量的空间分布特征。

二普中，受当时技术条件限制，全国仅完成了比例尺为1∶400万的纸质土壤有机质含量分布图的绘制，19个省、自治区、直辖市完成了比例尺为1∶250万—1∶50万的纸质分省土壤有机质含量分布图的绘制。直接采用小比例尺纸质图矢量化生成的土壤有机质含量等级划线图作为分省土壤有机质含量图，存在有机质含量分级的级差大、信息均化、图斑大、制图精度不够等问题，难以精细表现一个省级行政区域内土壤有机质含量的空间分布特征。

2005—2017年，我国在农区进行了测土施肥，农田耕层采样点达到1000万个。这批数据的主要优点是采样密度大且有空间坐标，通过对这批数据进行空间插值分析，可较精细地展示各地农田土壤有机质含量分布特征；其缺点是采样点主要集中于占陆域面积不到20%的农田，仅采用这批数据难以绘制覆盖全域的土壤有机质含量分布图。考虑到土壤，尤其是林地、草地土壤的有机质含量变化较慢，在制图中采用了混合时段数据合并表达的方式。对无测土数据的林地、草地等，仍然采用从小比例尺土壤有机质含量等级划线图中提取的数据；对有测土数据的农田，则采用2005—2017年间耕层采样数据，对原有数据进行了更新。通过对两源数据的提取、土层转换、合并、插值，最终生成各省级行政区土壤有机质含量分布图（土层厚度0—30cm），这样既可较精细展示出各省级行政区土壤有机质含量的空间分布特征，也能保证所做专题图有很强的现势性。

三个数据源制图表达结果比较显示，采用异源数据合并表达的方式制图，各分省图展示的有机质含量空间分布特征与二普小比例尺图相近，但制图精度有较大改进，一个省级行政区域内土壤有机质含量的空间分布特征更为清晰（表5）。

表5　三个数据源制图表达结果比较

数据源	土壤有机质含量图制图表达效果	
	优点	存在问题
采用二普完成的手绘图	小比例尺手绘图中，土壤有机质含量地带性分布特征十分明显；基本无数据空区	局部地区图斑大，制图精度不够
采用新的测土数据插值生成	有数据的区域制图精度高	占陆域面积约80%的林地、草地和一些县域无新的测土数据，难以通过采样点插值生成覆盖全域的有机质含量图
异源数据合并表达	基本无数据空区；制图精度有较大改进；小比例尺图中土壤有机质含量的地带性分布特征被保留	用混合时段数据表达全陆域土壤有机质含量分布状况，其中林地、草地数据主要源于20世纪80年代采样数据，农田数据更新至2017年

表6汇总了分省土壤有机质含量图的主要制图信息。制图采用异源数据合并表达的方式，生成的分省土壤有机质含量图所代表的时间段为1979—2017年，图中核算土壤有机质含量的土层厚度为0—30cm。

表6　分省土壤有机质含量图制图信息

制图数据	异源数据合并表达
采样时间	草地、林地及其他非农田土壤采样时间段为1979—1987年，农田土壤采样时间段为2005—2017年
土层厚度	0—30cm（对采样深度不足0—30cm的耕层采样数据，用剖面数据进行了土层厚度转换，统一转换为0—30cm）
制图方法	普通克利金插值（ordinary Kriging）
网格尺寸	200m

2. 制图表达说明

我国地域辽阔，各地土壤有机质含量差异极大。西北部地区降水量少，土壤粗砂粒含量高，风沙土、漠土大量分布，占我国陆域总面积的12.6%，其0—30cm土层内有机质平均含量不到10g/kg；东北部地区雨量充沛，气候、植被有利于土壤有机碳累积，其0—30cm土层有机质平均含量在40g/kg以上。另外，一些省级行政区的土壤有机质含量变化范围很宽，如内蒙古土壤有机质含量主要为4—70g/kg；而北京、山东等地土壤有机质含量变化范围很窄，为7—17g/kg。

为使各省级行政区域内土壤有机质含量空间分布特征均能得到充分展示，编者在分省土壤有机质含量图的图示和图例表达中对有机质含量范围进行等距划分分级，根据各省级行政区土壤有机质含量分布特征，将有机质含量分为 7—14 个等级。各分级的颜色设计及其 RGB 与 CMYK 色码见附录6。

（三）分省地势图

根据各省级行政区的成图比例尺和地形特点，选取合适精度的数字高程模型（DEM）栅格数据，确定设色原则和色层表进行分层设色，编制彩色晕渲的分省地势图。图中的河流水系及山峰、山脉等地理要素基于中国地图出版社研制的多尺度中国地图数据库选取，按各省级行政区地图设定的投影参数和比例尺投影转换后进行数据融合处理，再进行图形化编辑和地图整饰，最后输出成图。各省级行政区的彩色地貌晕渲图，按 0—50—200—500—1000—1500—2000—3000—4000—5000—6000m 及以上设计统一的高度表，但对一些低海拔平原地区，如天津、山东、上海等省、直辖市，则增添了 20m 等高距。确定统一的设色原则，建立色层表，以深绿色—黄绿色—棕色—紫色色调的象征色过渡方式表示海拔由低向高过渡，低海拔地区以绿色为主，中海拔地区以棕色为主，高海拔地区的高寒地带则用冷色调紫色。地势图中的其他地理要素，地级市及以上级别居民地全部选取，县级居民地根据图面载负量情况酌情选取；河流按等级选取以反映地域水系结构特点，主要河流加注名称；成图面积 4mm² 以上的湖泊和水库全部选取，大型湖泊、水库加注名称，适当选取小面积湖泊以反映区域分布特点；山脉按等级选取，仅标注主要山脉主峰和知名山峰。

县域中心区气候特征图表编制

气候是五大成土因素之一，也是土壤质量的重要影响因素。为便于读者了解各地土壤资源与质量状况及其与气候特征的关联，编者编制了各县域中心区（位于各县域中心点、代表面积约为 400km² 的区域）气候特征值表、月平均气温与月平均降水量分布图。各县域中心区气候特征值是通过对 160 个中国地面国际交换站的气象年值、月值以及日值数据的计算和空间分析获得的。气象数据的相关用语也采用中国地面国际交换站所用的表达方式。鉴于各地气候特征值需要依据多年气象观测数据分析和提取，而二普采样时段为 1979—1987 年，因此采用了 1971—2000 年共计 30 年的年值、月值和日值气象数据，气象数据时段覆盖二普采样时段。

在分县气候特征值编制过程中，先从相应的各数据源中提取出各站点年值、月值以及日值数据，再按照表 7 所示计算方法，计算 160 个站点的各项气候特征值并对其分别进行插值计算，获得覆盖我国全域、网格尺寸约为 20km 的网格化气候特征年值与月值数据，最后再与县域中心点图层叠加，提取出各县中心区气候特征值。各县所处气候带则是通过县域中心点图层与中国气候区划图叠加后提取获得的[17]。

表 7　县域中心区气候特征值的计算方法与数据来源

县域中心区气候特征	计算方法	气象数据来源
年平均气温 /℃	30 年的年值平均	中国地面国际交换站气候标准值年值数据集（160 个站点，1971—2000 年）
年平均最高气温 /℃		
年平均最低气温 /℃		
年降水量 /mm		
年平均相对湿度 /%		
年日照时数 /h		
月平均气温 /℃	30 年的月值平均	中国地面国际交换站气候标准值月值数据集（160 个站点，1971—2000 年）
月平均降水量 /mm		
≥10℃的积温 /℃	一年中日平均气温≥10℃的温度值加和	中国地面国际交换站气候资料日值数据集（160 个站点，1971—2000 年）
干燥度	修正的谢良尼诺夫公式：$$\text{干燥度} = 0.16 \times \frac{\text{全年} \geq 10℃\text{的积温}}{\text{全年} \geq 10℃\text{期间的降水量}}$$	
气候带	提取	1∶3200 万中国气候区划图

分县主要土壤类型与土壤剖面点分布图编制

编制分县主要土壤类型与土壤剖面点分布图的主要目的是使读者在一个较小的图幅上也能大致了解一个县域内主要土壤类型概况。编者通过对全国1∶5万土壤图的缩编表达，为有土壤剖面数据的县级行政区编制了分县主要土壤类型图。受地图幅面限制，在分县土壤图中，仅保留了我国土壤分类系统中的第三层级——土类，通过缩编滤掉了亚类、土属、土种信息。

各分县主要土壤类型与土壤剖面点分布图的制图采用幅面固定、制图比例尺自适应的方法，制图比例尺一般为1∶35万—1∶20万，自适应制图由编制者自行设计的软件模块自动完成。

在分县主要土壤类型与土壤剖面点分布图中，各土类颜色与中国土壤图中采用的土类颜色相同（附录3）。图中各土类在图例中的排序则按各土类占本县县域面积比例从大到小的顺序排列，便于读者了解本县内主要土壤类型的分布。

在分县主要土壤类型与土壤剖面点分布图中，为便于读者查找，剖面点按照其在图面的位置，先左后右、先上后下顺序编码，编码过程也由ISPP软件包（表3）中的模块自动完成。

分县主要土壤类型与土壤剖面点分布图中的基础地理底图来源于国家基础地理信息中心提供的1∶25万DLG（公众版）数据（使用许可协议编号：非2011-1011），基础地理信息要素的图示与图例表达主要参照相关国标（详见附录2）。为保证本数据集中主要土壤类型与土壤剖面点分布图的内容和土壤剖面数据表对应，分县主要土壤类型与土壤剖面点分布图中的市级界线、县级界线均采用二普时的普查界线，并以此作为分县主要土壤类型与土壤剖面点分布图的分幅标准。为兼顾地名位置定位准确性和图书实用性，地图中乡镇级及以上居民地分别根据新版《中华人民共和国行政区划简册》和各省级行政区地图册进行了更新，现势性截至2021年12月。为更好地表现全书的系统性与协调性，在地图下方加注说明县级行政区划变更情况，部分市辖区图幅的图名根据图上县级居民点进行了更新。为保证与全国土壤普查成果一致性，本书插图沿用土壤普查时点的行政界线，在第二次全国土壤普查时期，安庆市和池州市还未成立，因此本书中不包含两个市辖区相关图幅。

二普后，随着城市化的加快，城市周边土地利用情况变化很大，居民地面积大幅增加，导致一些分县土壤图中的土壤面积占县域面积比例和分县主要土类说明中的一些土类面积占县域面积比例较二普时均有下降。在一些大城市周边县（市、区），土地利用情况的变化使各类土壤总面积不到县域面积的60%。

二普时，分县完成了1∶5万比例尺土壤图编绘后，还通过省级汇总和缩编制图，完成了1∶50万比例尺省级土壤图。在省级汇总中，对一些分县土壤图中原有土壤类型名进行了修订。例如，浙江在进行省级汇总时，将分县土壤图中原命名为侵蚀型红壤亚类的大部分土属划归粗骨土类；安徽、湖北等省在省级汇总时将黏盘黄棕壤亚类改为黄褐土类。在对二普调查成果的数字整合中，编者仅收集到约1600个县的大比例尺土壤图（表2）。对大比例尺图数据缺失的县，则以省级土壤图裁切方式进行了补全。这种补全虽有利于完成覆盖我国全域的高、中精度土壤图，但也引起了在一个省级行政区里源于分县和分省的两类土壤图中土壤分类命名不统一的问题，编者在尽量保持调查资料原始记载的前提下，对这类问题进行了力所能及的修订。

分县土壤剖面理化性状表编制

分县土壤剖面理化性状表是本数据集的主体内容。前文已对各项土壤理化性状应用范围以及从分县纸质土种志中进行信息提取、表达和制作的方法做了说明，本节仅对土壤理化性状测试方法、剖面点坐标匹配方法与土壤剖面分类名的修订加以说明。

（一）土壤理化性状测定方法

本数据集所列土壤理化性状的测定方法见表8。其中，土壤有机质含量，土壤氮、磷、钾全量与有效态含量，pH，土壤阳离子交换量的测定方法以及土壤分类方法均为国标方法。剖面理化性状表中的土壤全氮、全磷、全钾、碱解氮、有效磷、速效钾含量均以N、P、K纯养分量计。

在二普中，我国大多数地区土壤质地分级采用了卡庆斯基制，仅极少数地区采用了国际制。其中，卡庆斯基制采用了简制，将土壤质地分为3组9种类型；国际制将土壤质地分为12种类型（表9）。由于两种分级制中的质地分级名并无重复，因此在分县土壤剖面理化性状表中未对两种分级制的分级名进行合并。

表8　土壤理化性状的测定方法

土壤理化性状	测定方法
有机质	湿灰化或干灰化消化后，重铬酸钾滴定法测定（丘林法）
全氮	凯氏定氮法测定
全磷	酸溶或碱熔消化后，钼锑抗比色法测定
全钾	碱熔或酸溶消化后，火焰光度法或四苯硼钠比浊法测定
pH	水浸提法，水土比为5∶1或2∶1
碱解氮	扩散吸收法（康惠法）测定
有效磷	中性及石灰性土壤：Olsen法测定；酸性土壤：Bray法测定
速效钾	醋酸铵浸提后，火焰光度法或四苯硼钠比浊法测定
阳离子交换量	醋酸铵法测定

表9　卡庆斯基制与国际制土壤质地分级名

等级序号	卡庆斯基制[1)]土壤质地分级名	等级序号	国际制[2)]土壤质地分级名
1	松砂土	1	砂土
2	紧砂土	2	壤质砂土
		3	砂质壤土
3	砂壤土	4	壤土
4	轻壤土	5	粉砂质壤土
		6	砂质黏壤土
5	中壤土	7	黏壤土
6	重壤土	8	粉砂质黏壤土
7	轻黏土	9	砂质黏土
		10	壤质黏土
8	中黏土	11	粉砂质黏土
9	重黏土	12	黏土

注：1）卡庆斯基制指按卡庆斯基粒径分级的质地分类。该分类制有简制和详制两种。简制有3组9种质地，其主要特点是将土粒分为物理性黏粒和物理性砂粒两级；按物理性黏粒或物理性砂粒的数量进行质地分类，而不是按照砂粒、粉粒、黏粒三个粒级的质量比分组。详制是在简制的基础上，把9种质地进一步细分为39种质地类别，把含量最多和次多的粒组作为冠词，顺序放在简制名称前面，主要用于土壤基层分类及大比例尺制图。卡庆斯基还提出根据石砾含量而定的附加分类，也可作为质地分类的冠词，主要应用于山地土壤的质地分类。

2）国际制土壤质地分类在第二届国际土壤学会上通过，根据砂粒（粒径0.02—2mm）、粉粒（粒径0.002—0.02mm）、黏粒（粒径小于0.002mm）三粒组含量的比例，通过国际制土壤质地分类三角图，以黏粒含量为主要标准，小于15%者为砂土质地组和壤土质地组，15%—25%者为黏壤组，黏粒含量大于25%者为黏土组，划定12种质地类别。

（二）土壤剖面点的坐标匹配

含地理坐标的剖面数据可直观展示该土壤剖面点所代表土壤的土层厚度、土体构造及理化性状等特征，也是构建推理模型，进行土壤及其理化性状数字制图的基础。

二普完成的分县土种志中虽无典型剖面地理坐标记载，却有关于剖面采样地点、景观和土壤剖面分类命名的详细记录，如乡镇名、村名、高程和土类、亚类、土属、土种名等。从1∶5万土壤类型图与1∶5万基础地理信息数据库中也能提取出上述信息。在1∶5万比例尺空间数据库中，空间对象分辨率可达到100m×100m精度，折合为1hm²。在全国性土壤调查中，对于选择、确定典型剖面采样点点位，通常要求其所代表的土壤类型在面积上能代表采样点周围100亩（1亩≈666.7m²）以上的土壤，通过这种匹配方法获得的点位对实际采样点点位有较高的代表性。

为了使分县土种志中记载的剖面数据获得坐标，编者构建了多要素土壤剖面点坐标匹配模型，无空间坐标的土壤剖面从1∶5万土壤类型图和基础地理信息数据库中获得空间坐标。坐标匹配模型工作机制如图2所示。首先，从分县土种志中提取出A源数据，即每个剖面隶属的土类、亚类、土属、土种名及剖面采样点地名、采样点高程等多要素信息；然后，用分县1∶5万土壤图与多要素基础地理信息数据库叠加，生成含土类、亚类、土属、土种名和村名、乡镇名、高程等要素信息的空间数据，即B源数据；最后，利用多要素匹配模型，逐县对A、B两源数据进行匹配。当A源数据中某剖面点土类、亚类、土属、土种名和采样点地名、高程与B源数据中某土壤要素空间对象的四个土壤分类名、地名、高程等多要素信息一致时，该剖面点获得B源数据中土壤要素空间对象中心点坐标。若一个县域内，某剖面点与B源数据中多个空间对象存在配对关系，则取其中面积最大的空间对象的中心点坐标。

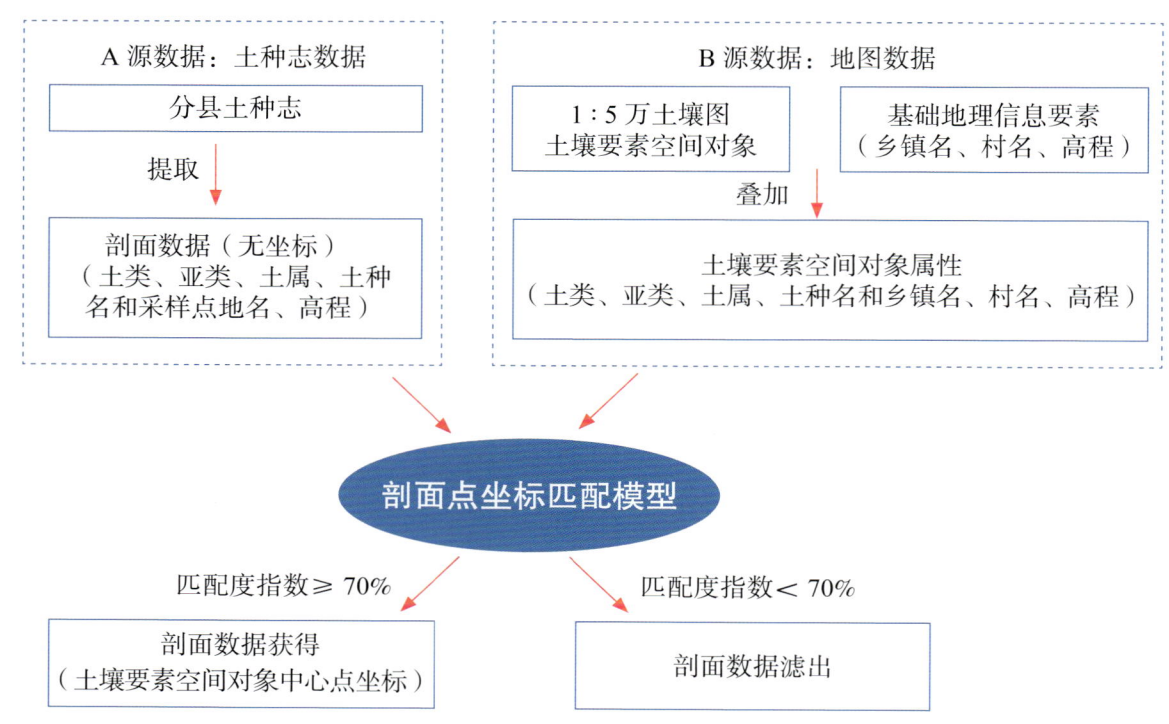

图2　土壤剖面坐标匹配模型工作机制图

为衡量每个土壤剖面坐标匹配的质量，在匹配模型中植入了匹配度评价模型，分析和提取每个土壤剖面点坐标匹配中多要素信息的吻合度。匹配度指数较高，代表两源数据中的土类、亚类、土属、土种名和地名、高程等多要素信息一致性高；匹配度指数较低，代表A、B两源多要素信息存在一些不一致性；匹配度指数小于70%的剖面数据会被滤出，该剖面也会从分县土壤剖面理化性状表中删除（表10）。利用坐标匹配模型，从分县土种志中提取出的10万余个剖面数据中，有6万多个获得了地理坐标并被收录于本数据集的分县土壤剖面理化性状表中，有约3万个由于匹配度指数较低被滤出。

表10　坐标匹配的匹配度指数及释义

匹配度指数/%	释义
90—100	匹配度高：A（分县土种志）、B（地图）两源数据中乡镇名、村名和三个以上土壤分类名（土类、亚类、土属、土种）、高程均一致
80—90	匹配度较高：A、B两源数据中乡镇名、村名和两个土壤分类名（土类、亚类）、高程一致
70—80	具有一定匹配度：A、B两源数据中乡镇名、村名、土类名、高程一致
＜70	匹配度较低：A、B两源数据中地名和土类名不能全匹配

为检验通过匹配模型获得地理坐标的剖面对当地土壤类型是否具有代表性，编者自 2008 年以来，在河北、山东、黑龙江、宁夏、海南等地挖取了 300 余个校验剖面，进行了比对研究。比对研究结果显示，校验剖面与二普完成的剖面记载在土壤类型、土体构造、母质、质地等土壤质量慢变化性状上都有很好的一致性。

（三）土壤剖面分类名的修订

分县土壤剖面理化性状表列出了每个土壤剖面的分类名。土壤分类名是对某一类土壤资源的抽象概括和表达，表述了各类土壤的主要成土过程以及各类土壤综合性的典型特征。如黑土是指在温带半湿润地区草甸草原植被条件下形成的具有深厚均匀腐殖质层的土壤，呈黑色，富含有机质和各种养分；褐土是指在暖温带半湿润地区形成的具有弱腐殖质表层和黏化层的土壤，盐基饱和度较高，呈棕褐色。土壤分类名既具有典型性，又具有综合性，是土壤最基本的属性。

二普中，我国基于全国第一次土壤普查经验制定了六等级土壤分类系统，这也是目前的国标系统。该系统中的六等级分别为土纲、亚纲、土类、亚类、土属和土种，从高级到低级，不同层级之间为隶属关系。其中，土纲用于界定水、温等主要的土壤成土条件，亚纲用来进一步区分土纲内成土条件与过程的差异，土类反映成土条件引致的最典型土壤特征，亚类反映土类内成土条件引致剖面特征的进一步分异，土属反映母质等成土条件引致亚类剖面的分异，土种反映同一土属中土壤的分异或当地群众对该土壤的命名。

在对各地土壤调查数据进行全国汇总时，编者发现，从全国 2200 多个分县土壤剖面资料中提取出的土壤分类名与我国在 1998—2009 年发布的三版《中国土壤分类与代码》国标差异较大[18-20]。国标发布的土类、亚类、土属、土种名数量分别为 60 个、229 个、663 个和 3246 个，而从 2200 多个分县土壤图件与剖面资料中提取出的土类、亚类、土属、土种名数量分别为 312 个、1520 个、12150 个和 43200 个。对国标上从未出现的土壤类型名进行审核和归并需要有土壤分类学上的依据。通过对俄罗斯、美国、加拿大、澳大利亚、德国、英国等各国土壤分类研究及发展状况的研究，编者总结了我国和其他世界各国过去半个世纪中在土壤分类方面的经验，确定了土壤剖面分类名的修订原则[1]。

研究显示，我国国标分类系统中的第三层级——土类（附录 4），能很好地反映我国主要土壤类型形态上的典型特征。通过土类及其隶属的 12 大土纲可清晰展现出我国 60 个土类受温度、海拔、降雨、土壤发育度、地下水盐运动、耕种垦殖等主要成土条件影响而形成的地带性分布特征。另外，土类本身属于高层级分类，数目有限，命名符合汉语语言特征，易于专业及非专业人员掌握。通过土类名，读者能够辨识各种土壤类型，了解其成土过程、土壤质量与肥力特征。因此，在土壤剖面分类名的修订中，应重视维护土类名的稳定性。根据这一原则，在对分县资料中土壤分类名的编审中，编者将国标发布的 60 个土类名进行了归并，对亚类及以下的中、低级分类名称则在尽量保留现场获取的一手土壤调查信息的前提下进行适度归并与整合。

为便于读者了解我国目前采用的土壤分类名与国际土壤学会推荐的土壤分类名（world reference base for soil resources，WRB）[21]之间的关联，附录 4 中还给出了由史学正研究员通过剖面比对建立的 WRB 土组名与我国 60 个土类名的关联及 WRB 土组名对我国土类名的最大可参比性[22]。

（四）剖面土层代码

在形成过程中，由于物质迁移和转化，土壤会分化成一系列组成、性质和形态各不相同的层次，称为发生层或土层。土壤剖面各土层的顺序和变化情况，反映了土壤形成过程及土壤性质。

目前各国尚无统一的土层命名。1967 年国际土壤学会提出将土壤剖面划分成 O 层（有机层）、A 层（腐殖质层）、E 层（淋溶层）、B 层（淀积层）、C 层（母质层）和 R 层（基岩）等 6 个主要土层。全国土壤普查办公室编制出版的《中国土种志》（6 卷）[23-28]、《中国土壤》[29]则将自然土壤剖面划分成 O 层（凋落物有机质层）、A 层（表层）、B 层（淀积层）、C 层（母质层）、D 层（岩石碎屑层）和 R 层（坚硬岩石层）等 6 个主要土层；将旱地农田土壤划分成 A（耕层）、C_1（心土层）和 C_2（底土层）等几个主要土层；将水田土壤划分成 Aa（耕作层）、Ap（犁底层）、P（渗育层）、W（潴育层）和 G（潜育层）等 5 个主要土层。

由于分县土种志中，土层代码和释义与以上文献给出的土层码不尽相同，因此在数据集编制中，编者主要保留了 2200 多个分县土种志中实际采用的土层代码和释义（表 11）。为便于读者参考，编者在附录 4 中列出了引自《中国土壤》部分土类典型剖面的土体构造及其关联的土层代码[29]。

表 11　土壤剖面土层代码和释义[1]

代码		释义
自然土壤与旱地土壤	Ao	位于土表的枯枝落叶层
	A	自然土壤指表土层，耕地土壤指耕作层
	B	心土层，受成土作用形成的淋溶淀积层
	C	底土层，受成土作用少的母质层，较紧实，通常不受耕作、施肥影响
	D	未风化的母岩层，岩石碎屑层
水田土壤	A	耕作层，亦称淹育层和作物栽培层
	P	犁底层，位于耕作层下，经机械耕作和黏粒淀积，结构较为紧实
	W[2]	潴育层，位于犁底层下，水田在干湿交替作用下，铁、锰淋溶淀积形成斑纹层，使水稻土有较好的通透性，渗水而不漏水，渍水而不滞水
	G	潜育层，存在于水稻土、沼泽土和泥炭土中。土体长期积水，通透性不良，在还原状态下形成青灰色土层又叫青泥层，作物受还原性物质危害。若在其他土层出现，可用 g 表示，如 Pg、Wg
	E	漂洗层，侧渗作用下黏粒、有机质被淋洗，铁质溶脱，形成灰白色或白色漂洗层

注：1）表中土层代码和释义主要根据全国各分县土种志中实际采用代码和释义进行综合与汇总。土体构造中，两个字母并列表示过渡层土壤，例如 AB 层、BC 层等。
2）一些地区将潴育层细分为 W_1（渗育层）和 W_2（淀积层）两层。渗育层指有明显水化铁层，多见黄色锈斑；淀积层指明显有铁锰淀斑或铁锰结核的土层。

（五）其他

分县土壤剖面理化性状表中，空格代表本项无数据。

若土壤剖面的土层码为数字，则表示调查中未对该剖面的各分层进行土层代码赋码。对这类剖面，编者按从地表至底土顺序赋土层序号 1、2、3……。土层序号不具有土壤发生学上的含义，仅表达每一土层的顺序。

分县土壤剖面理化性状表中土层厚度的上、下边界表示该土层采样范围。例如：土层厚度为 0—17cm，表示土层采自剖面 0—17cm 部位；土层厚度为 50—100cm 表示采自剖面 50—100cm 部位。一些剖面底土的土层厚度仅有上界而无下界。例如：85—，表示该土层采自剖面 85cm 至更深部位。

个别剖面上、下土层的上、下边界相互不衔接，例如：两个土层厚度分别为 0—10cm、30—35cm，表示该剖面的采样为不连贯采样，每个土层只选取了该土层的代表性层段。

一些剖面分层样本上、下土层的上、下边界相互不衔接，例如：按从地表至底土顺序，6 个土层采样范围分别为 0—13cm、13—18cm、18—40cm、18—32cm、32—100cm、50—100cm，其中第三个土层 18—40cm 为额外增加的采样层。在土壤调查中，当调查者认为需要对某些区域或土类的特定土层进行单独采样和分析时，往往会出现这一情形。为了最大限度保持第一手调查资料的完整性，编者将这类土层也编入了分县土壤剖面理化性状表中。

本卷收录的安徽省典型土壤剖面共计 2864 个。通过对剖面数据的土层厚度转换，附录 7 给出了这些典型剖面 0—20cm 土层土壤理化性状中位数与平均数。二普剖面采样为典型土类采样，而非网格化采样。0—20cm 土层土壤理化性状中位数与平均数不代表本省土壤理化性状平均状况。但二普是我国最早的大样本量调查，附录 7 所示的 0—20cm 土层土壤理化性状中位数与平均数对了解安徽省 20 世纪 80 年代土壤肥力性状量化指标具有一定参考价值。

附录 8 列出了安徽省耕地、园地、林地、草地和湿地 0—30cm 土层土壤有机质含量的平均值。该值由安徽省土壤有机质含量图和自然资源部土地科学数据中心编制的 2019 年 1∶100 万比例尺全国土地利用缩编图通过叠加、计算生成。其中，耕地包括水田、水浇地、旱地 3 种土地利用类型；园地包括果园、茶园和其他园地 3

种土地利用类型；林地包括有林地、灌木林地和其他林地 3 种土地利用类型；草地包括天然牧草地、人工牧草地和其他草地 3 种土地利用类型；湿地包括沼泽地、沿海滩涂和内陆滩涂 3 种土地利用类型。鉴于安徽省土壤有机质含量图源于大样本量地面采样，土壤有机质含量亦为变化较慢的土壤质量性状[15]，附录 8 对了解安徽省耕地、园地、林地、草地和湿地的土壤有机质含量状况及演变具有较高的参考价值。为便于读者了解安徽省耕地、园地、林地和草地 4 种土地利用类型中受成土过程影响而形成的各主要土壤类型及其在各土地利用类型中的占比情况，附录 9 给出了主要土壤类型在这 4 种土地利用类型中的占比。

土壤专题图与土壤剖面数据可靠性检验

该检验目的是对数据集中的土壤专题图和土壤剖面数据能否真实反映土壤资源与土壤理化性状及其空间分布特征给出科学、客观的评价。另外，数据集中的土壤专题图和土壤剖面数据主要源于 1979—1987 年间的二普和 2005—2017 年在全国测土配方施肥项目中的土壤养分调查，因此，该检验也是对我国两次全国性土壤调查所获成果的质量评估。

对土壤专题图及含地理坐标的剖面数据的检验涉及地图制图学、测绘科学、土壤学、地统计学等多学科内容，而对于不同的学科，数据检验的目标和内容也不同。对于地图制图，精度检验十分重要；而在土壤学范畴，可靠性检验更为重要。精度检验方面，本数据集剖面坐标是通过 1∶5 万比例尺地图数据匹配获得，匹配用地图精度直接影响剖面数据坐标精度。可靠性检验方面，土壤专题图和土壤剖面数据均属于土壤学范畴，还需要从土壤学角度给出科学评价。借助目前仍在发展中的地统计方法，编者最终给出了合理的可靠性检验方法。为便于读者理解，本节将重点说明两点：一是地图精度与土壤专题图制图的关联；二是土壤专题图和剖面数据的地统计检验结果。

在地图制图中，地图精度用于衡量某一地物点或地物轮廓点的平面位置和高程位置偏离其真实位置的平均误差。这里的地物点或地物轮廓点可以是测量控制点、水准点、道路交叉点、境界线方向变化点、山脚点、山顶等。地图精度与地图投影、比例尺、制作方法和工艺有关。地图比例尺不同，误差控制要求也不同。一般来说，地图比例尺越大，误差越小，精度越高。换言之，地图精度或比例尺主要反映对地图中基础地理信息要素，如测量控制点、河流、道路、等高线、境界的误差控制要求。

在土壤专题图制图中，需要用基础地理信息要素标识土壤要素空间位置。在较早的土壤调查中，没有 GPS 设备，通常用纸质地形图为底图标识采样点位置。地面土壤采样调查完成后，根据底图标记的采样点位置和实测获得的土壤要素值，由经验丰富的土壤科学家依据土壤及相关要素的空间分布、空间相关性和空间依赖性规律进行人工综合判图，在底图上手工完成土壤专题图的勾绘和制图。我国的二普与欧美各国在 20 世纪 80 年代之前进行的全国性土壤调查基本均采用这一方法进行土壤专题图编绘。二普为大样本量土壤调查，采样密度高，采用 1∶1 万大比例尺地形图为工作底图，全国共挖取土壤观察剖面 550 余万个，采集 0—20cm 土壤表层样本 200 余万个，通过综合判图和人工勾绘，最终完成分县 1∶5 万比例尺土壤图和各类土壤养分含量图的编制。土壤专题图比例尺不代表地图中对土壤要素的误差控制要求，客观上，地面采样中应用大比例尺的工作底图，采样密度高，土壤采样点均衡分布于调查区域中，以此为依据编制的土壤专题图能精细表达调查区域内土壤要素的空间变化特征。采样密度低的土壤调查结果则不适合编制大比例尺土壤专题图。

近年来，随着 GPS 和 GIS 技术的发展，地统计方法已较多用于反映和研究土壤要素的空间变化规律。地统计方法不仅提供了利用含地理坐标的土壤采样点数据制作土壤专题图的地统计模型，还提供了对模拟结果进行不确定性检验的方法。地统计检验的主要目的是了解模拟结果对真实情况反演的客观性和可靠性，而不是评价地图中土壤要素的精度或误差控制。检验结果既受地面采样原则、采样量的影响，也受所选模型类型、建模过程中是否引入协变量等因素的影响。

由于二普完成的土壤图和养分含量图中没有采样点标注，难以对其进行地统计检验。为此，编者同时对我国在全国测土配方施肥项目中完成的、有 GPS 定位坐标的农田耕层土壤有机质含量数据进行了地统计分析和检验。与二普相似，全国测土配方施肥项目也按网格化均匀分布原则进行大样本量、高密度土壤采样，全国总计完成 1000 万个农田土壤耕层样本的采集。

检验方法为：首先，在我国东、南、西、北、中不同地域选取 7 个代表性片区，每片区包含地域相连、域内无大面积剖面点缺失的多个行政县,且含土壤剖面点 500 个以上。其次,提取 7 个片区源于二普剖面 0—20cm 土层和源于 2005—2017 年 0—20cm 农田耕层采样的土壤有机质含量数据。二普剖面数据的采样特征为在优先选取典型土壤类型的前提下,尽量均衡分布;样本量较小,全国有 6 万多个具有匹配坐标的剖面。2005—2017 年农田养分调查数据为网格化均衡分布的大样本量,全国完成了 1000 万个有 GPS 定位坐标的耕层样本。最后,用普通克利金插值(ordinary Kriging)方法进行地统计分析和检验。在每片区剖面点和耕层采样点的数据中分别随机选取 80% 作为训练样本集,20% 作为验证样本集,同时进行建模;将验证样本预测值与实测值进行线性回归,计算 R^2(决定系数)和 RMSE(均方根误差),以此评价两组数据表达土壤要素空间分布特征的可靠性和误差。选择土壤有机质含量作为检验指标的原因为该指标是最重要的土壤质量性状之一,且可量化表达,便于进行地统计检验。

二普剖面数据的检验结果显示,在 7 个代表性片区,剖面点数据表达的有机质含量分布状况可靠性均达极显著水平(见表 12)。这表明,尽管二普典型剖面数据为非网格化采样,含地理坐标样本量较少,需采用匹配坐标替代原点坐标,但在一个由多县组成的片区内,当剖面样本量达到一定数量后,即使未引入可极大改进 R^2 的地形、土地利用类型等辅助变量,用普通克利金插值仍然能比较真实、可靠地反演土壤要素空间分布特征。2005—2017 年耕层采样点数据的检验结果显示,与二普剖面点数据相比,大部分片区的有机质含量分布数据 R^2 更大(达到中等相关至强相关),RMSE 更小,可靠性和预测精度明显更优,这说明就表征土壤要素空间分布特征而言,网格化均衡分布的大样本量采样得到的数据可靠性和精度相对较高。这为二普大比例尺土壤专题图数据(土壤图和土壤 pH、有机质、氮、磷、钾养分含量图)的地统计检验特征提供了佐证。二普大比例尺土壤专题图数据均源于网格化均衡分布的大样本量地面调查,其可靠性和精度应优于二普剖面点数据。

两组数据地统计检验结果还显示,尽管相隔近 30 年,两时段调查的土壤有机质含量也有一定变化,但各片区土壤有机质含量的空间分布规律总体相近。图 3 展示了东北片区两组数据通过普通克利金插值获得的土壤有机质含量分布图。可以看出,尽管二普土壤剖面样本数(546)远少于农田耕层土壤样本数(45182),20% 校验集所获 R^2 较低,预测值与实测值偏差较大,但两组数据展示的土壤有机质含量空间分布格局相近,均为东北角最高,西南角最低。另外,该片区 2005—2017 年的农田耕层有机质含量均值为 36.41g/kg,低于 1979—1987 年间的二普采样结果(40.53g/kg),这一结果与东北地区所做长期定位试验结论一致。这表明,本数据集剖面数据可为了解土壤质量时空演变规律提供可靠的数据支持[9]。

表 12　二普典型土壤剖面数据和 2005—2017 年耕层采样点数据的地统计检验结果

编号	片区名	县数	面积/km²	二普剖面土壤有机质含量[1]			耕层土壤有机质含量[2]		
				样本量	R^2 [3]	RMSE[3]	样本量	R^2 [3]	RMSE[3]
1	东北片区	19	72353	546	0.329**	14.77	45182	0.689**	6.32
2	冀鲁豫片区	64	50071	881	0.363**	5.65	256341	0.429**	3.47
3	江浙片区	53	63003	1312	0.334**	8.83	51759	0.666**	4.05
4	湖北片区	10	21044	515	0.286**	20.21	60545	0.281**	11.09
5	四川片区	39	98052	1283	0.380**	9.20	206682	0.344**	7.08
6	粤闽赣片区	27	58745	801	0.223**	13.33	51759	0.285**	6.42
7	陕甘片区	47	109010	990	0.296**	7.20	256341	0.558**	2.48

注:1)数据源于二普土壤剖面(1979—1987 年采样,0—20cm 土层)数据库,土壤有机质含量单位为 g/kg。
2)数据源于 2005—2017 年农田耕层(0—20cm)土壤养分调查数据库,土壤有机质含量单位为 g/kg。
3)20% 验证样本所获预测值与实测值的线性回归 R^2(决定系数,其中 ** 表示 1% 水平显著)和 RMSE(均方根误差)。

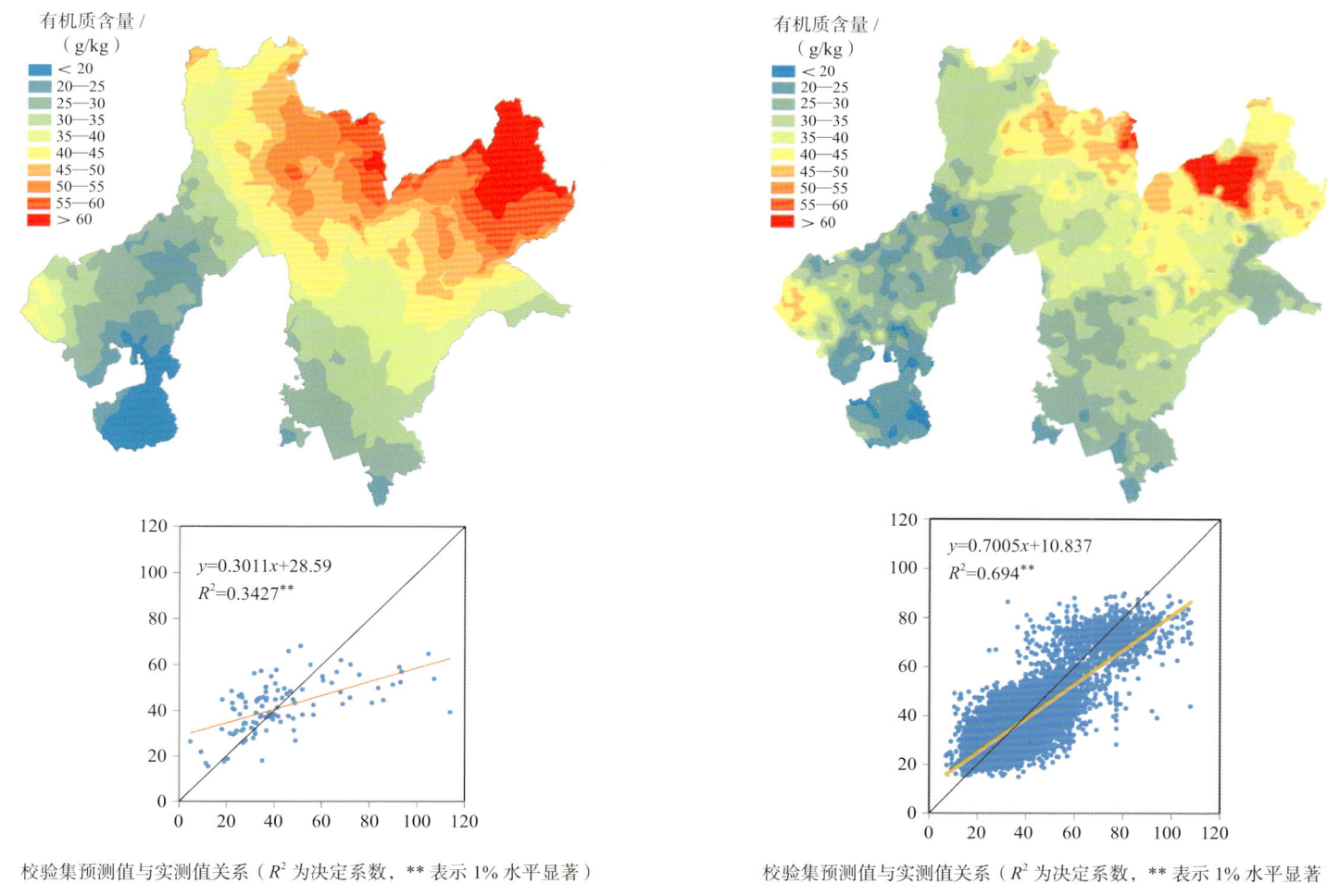

校验集预测值与实测值关系（R^2 为决定系数，** 表示 1% 水平显著）
1979—1987 年二普典型剖面采样，土层厚度 0—20cm

校验集预测值与实测值关系（R^2 为决定系数，** 表示 1% 水平显著）
2005—2017 年农田耕层土壤采样，土层厚度 0—20cm

图 3　东北片区土壤有机质含量分布图及地统计检验结果

参编单位

《中国土壤剖面数据集》的编制工作始于 1998 年。其编制过程主要分为以下两个阶段：

第一阶段为全国 1∶5 万土壤图编制和中国剖面数据库构建阶段。20 世纪末，随着现代科学研究与管理对土壤时空信息的迫切需要和大数据技术的发展，利用土壤调查结果构建我国土壤资源与质量时空数据库日益显现出可行性和必要性。1998 年，我国土壤科技工作者开始对二普分县土壤图件和资料进行系统收集和整理，这项工作曾得到国家社会公益性研究专项的资助。"十一五"期间，"我国 1∶5 万土壤图籍编撰及高精度数字土壤构建"被列为国家科技基础性工作专项重点项目。在全国各地农业、国土、档案等多家单位的大力配合和各地土壤科技工作者的支持下，项目组汇聚全国土壤科学、农业、测绘与环境领域多家专业科研院所的科研力量，深入 31 个省、自治区、直辖市以及数百个县的原始图件与资料存放部门，完成了 2200 多个县的分县大比例尺纸质土壤图与土种志的收集。同时，项目组还收集了 31 个省、自治区、直辖市的分省土壤图、土壤有机质含量图等多类别土壤专题图和分省土壤调查资料，并在此基础上，项目组研究人员通过融合多学科方法创建土壤大数据方法，以方法创新带动异源非标准海量土壤信息的时空整合与表达，至 2017 年，完成了我国 1∶5 万土壤图的整合表达和中国土壤剖面数据库的构建，为编制《中国土壤剖面数据集》奠定了科学基础、方法基础和数据基础。

第二阶段为《中国土壤剖面数据集》编制阶段。为满足我国农业、林业、环境、气象、国土、水利等各部门对公众版土壤资源与质量信息的迫切需求，项目组于 2017 年启动了数据集编制工作。在数据集编制过程中，项目组一方面利用土壤大数据方法进行数据的审核、土壤专题图的缩编与剖面数据表的表达等多项工作，另一方面组织了各省级土壤专业科研院所参与各分卷内容的审核和修订工作。数据集的编制还得到了中国农业科学院科技创新工程的资助。

本数据集的最终面世离不开多家科研单位在过去 20 多年时间里的共同付出。这些单位包括国家科技基础性工作专项重点项目"我国 1∶5 万土壤图籍编撰及高精度数字土壤构建""我国 1∶5 万土壤图籍编撰及高精度数字土壤构建二期工程"主持与参加单位、参加数据集各分卷审核和修订工作的土壤专业科研单位以及参与分县大比例尺纸质土壤图与土种志收集的各地相关管理与科研部门（附录 10）。

（张维理、徐爱国、张认连、冀宏杰）

序图

中国土壤图
1:13 000 000

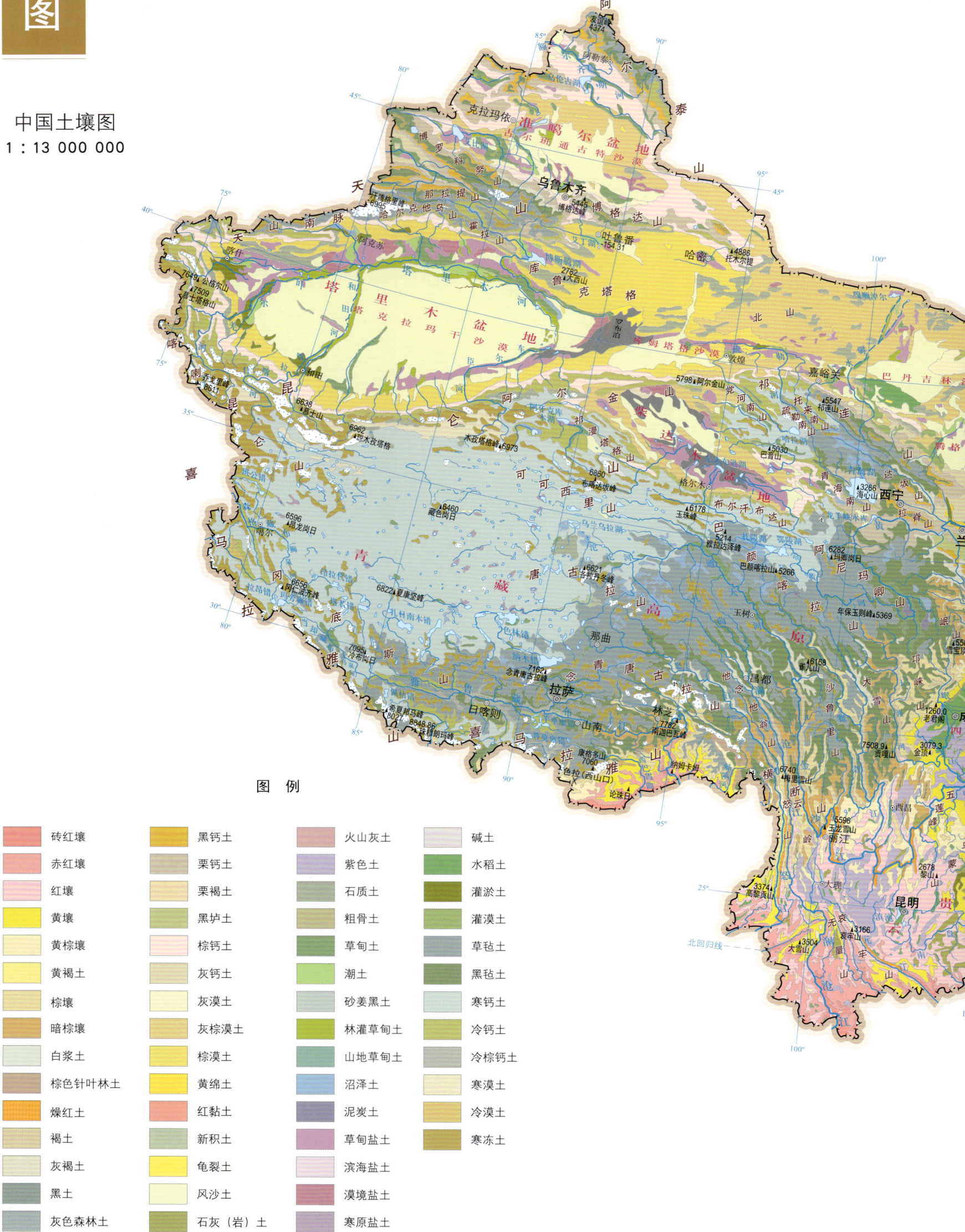

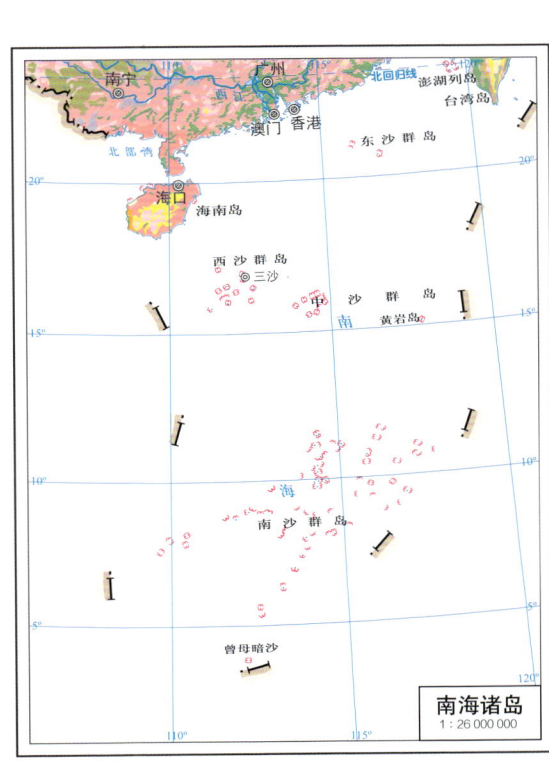

南海诸岛
1:26 000 000

中国土壤有机质含量图
1∶13 000 000

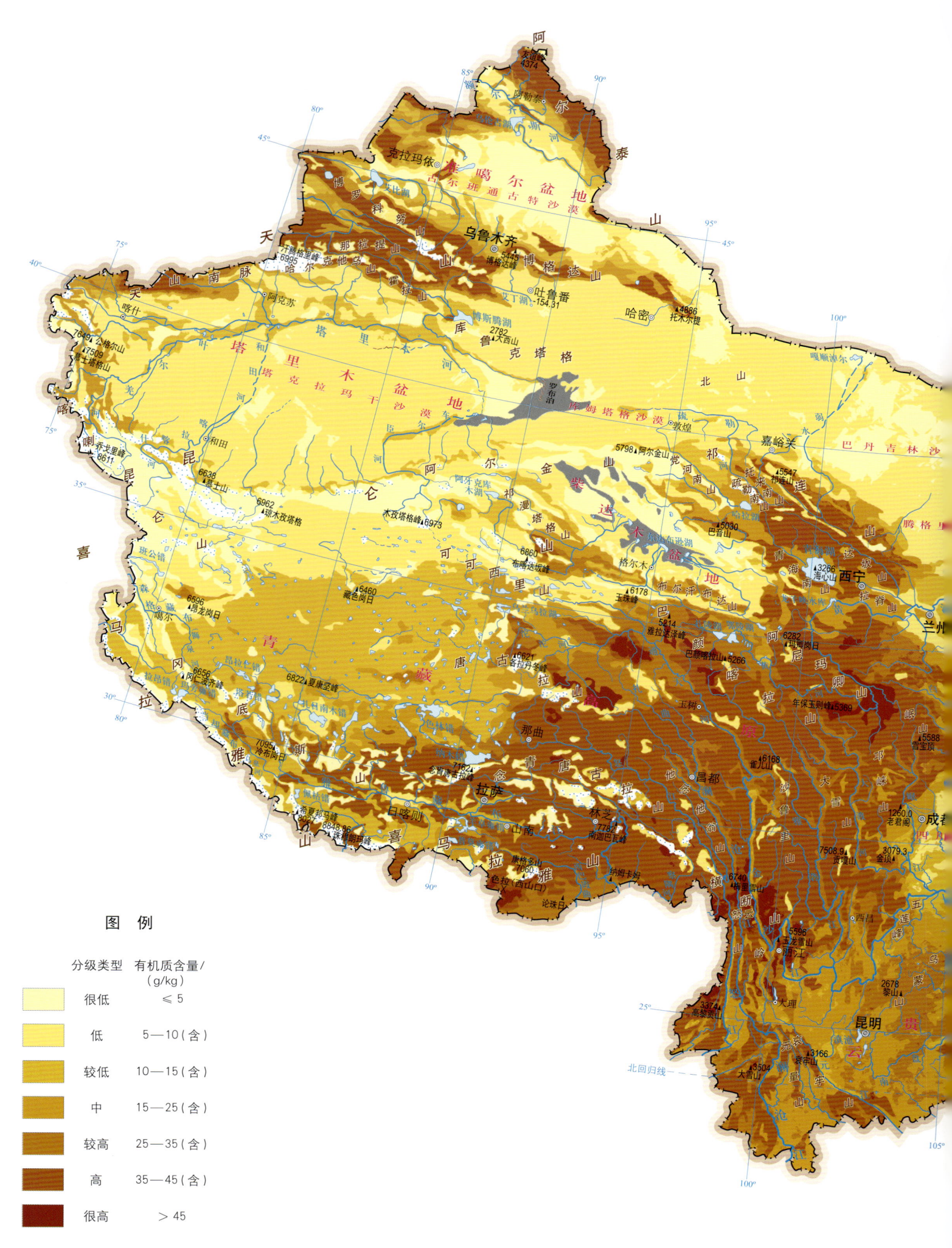

图例

分级类型	有机质含量/(g/kg)
很低	≤5
低	5—10（含）
较低	10—15（含）
中	15—25（含）
较高	25—35（含）
高	35—45（含）
很高	>45

注：土层厚度为0—30cm。

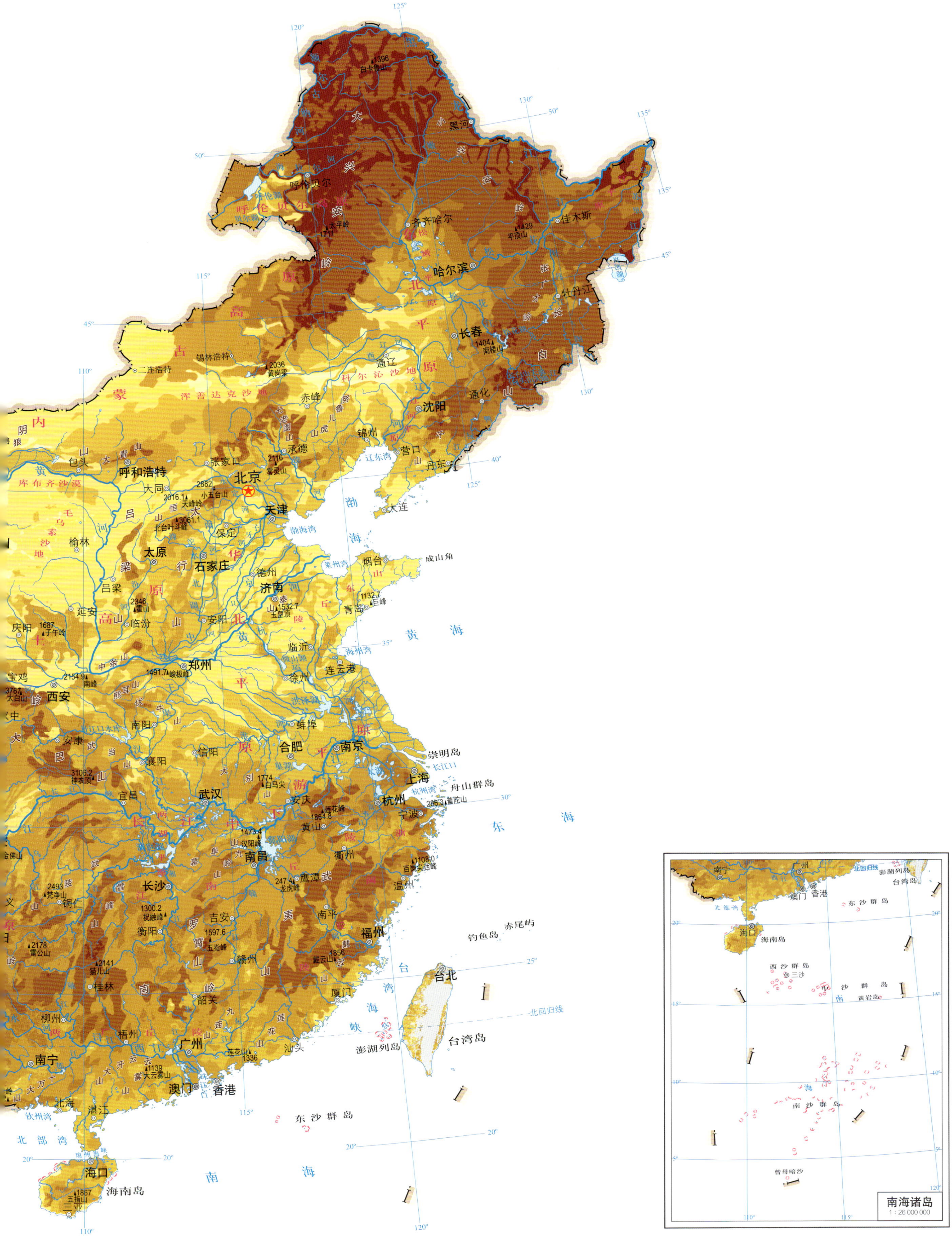

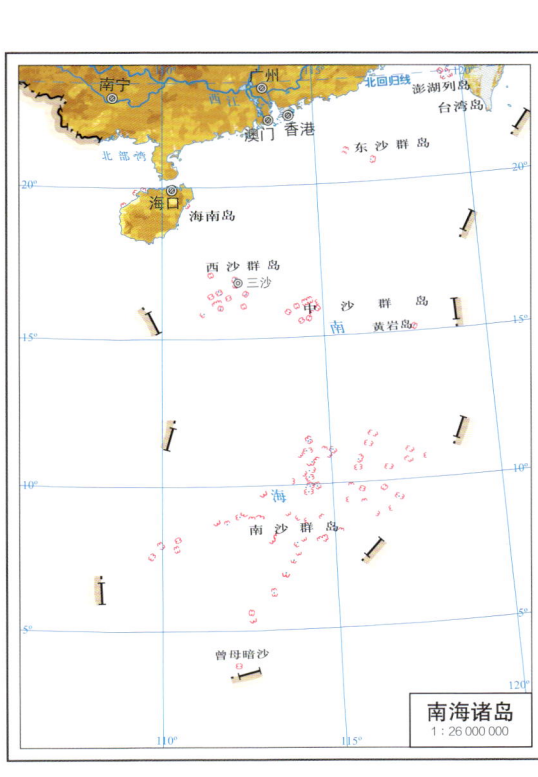

中国地势图

1 : 13 000 000

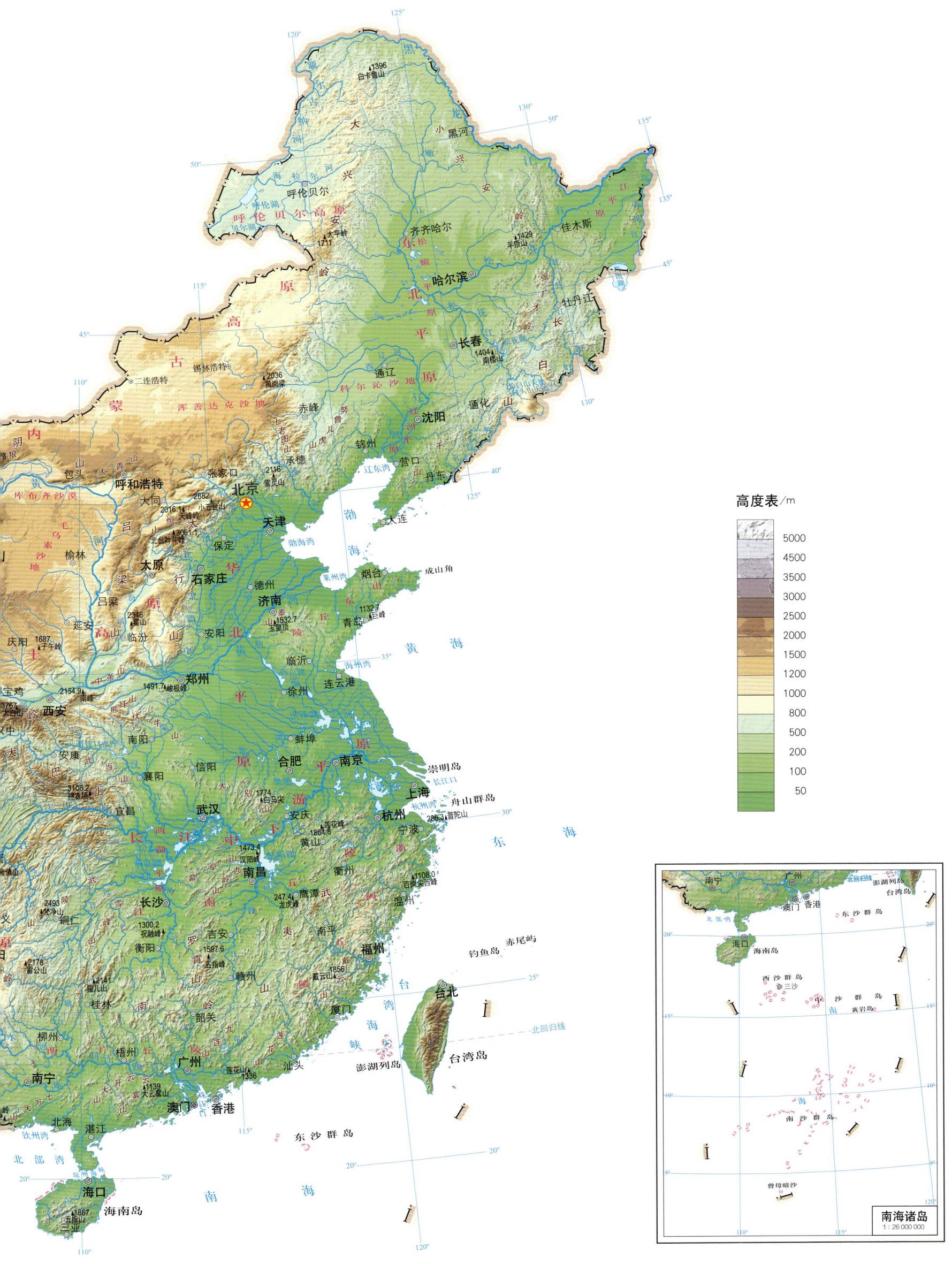

第一编 编制说明与序图 | 025

安徽省土壤图

1∶1 400 000

图 例

| 石质土 | 粗骨土 | 潮土 | 砂姜黑土 | 山地草甸土 | 水稻土 |

| 红壤 | 黄壤 | 黄棕壤 | 黄褐土 | 棕壤 | 石灰（岩）土 | 紫色土 |

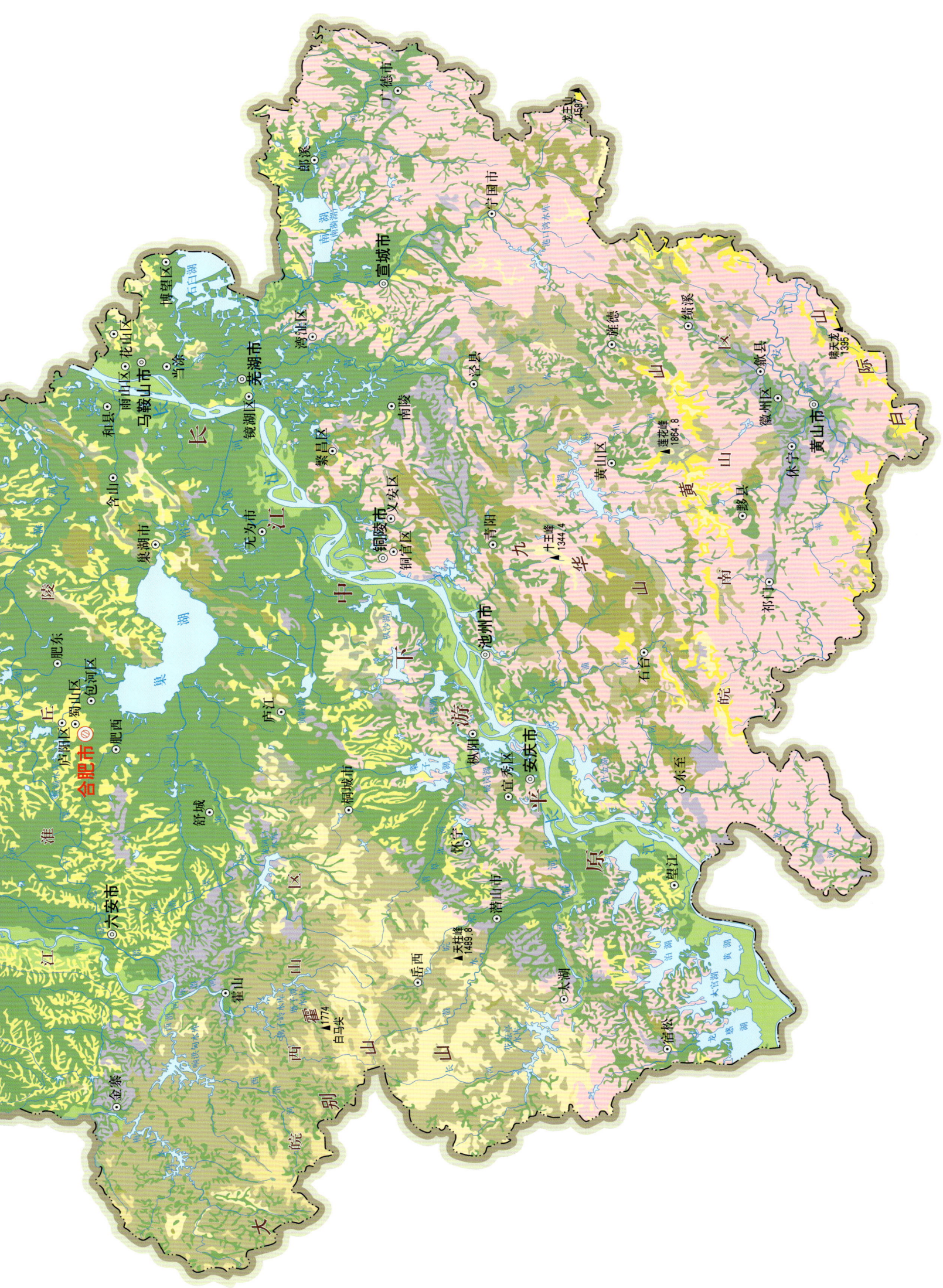

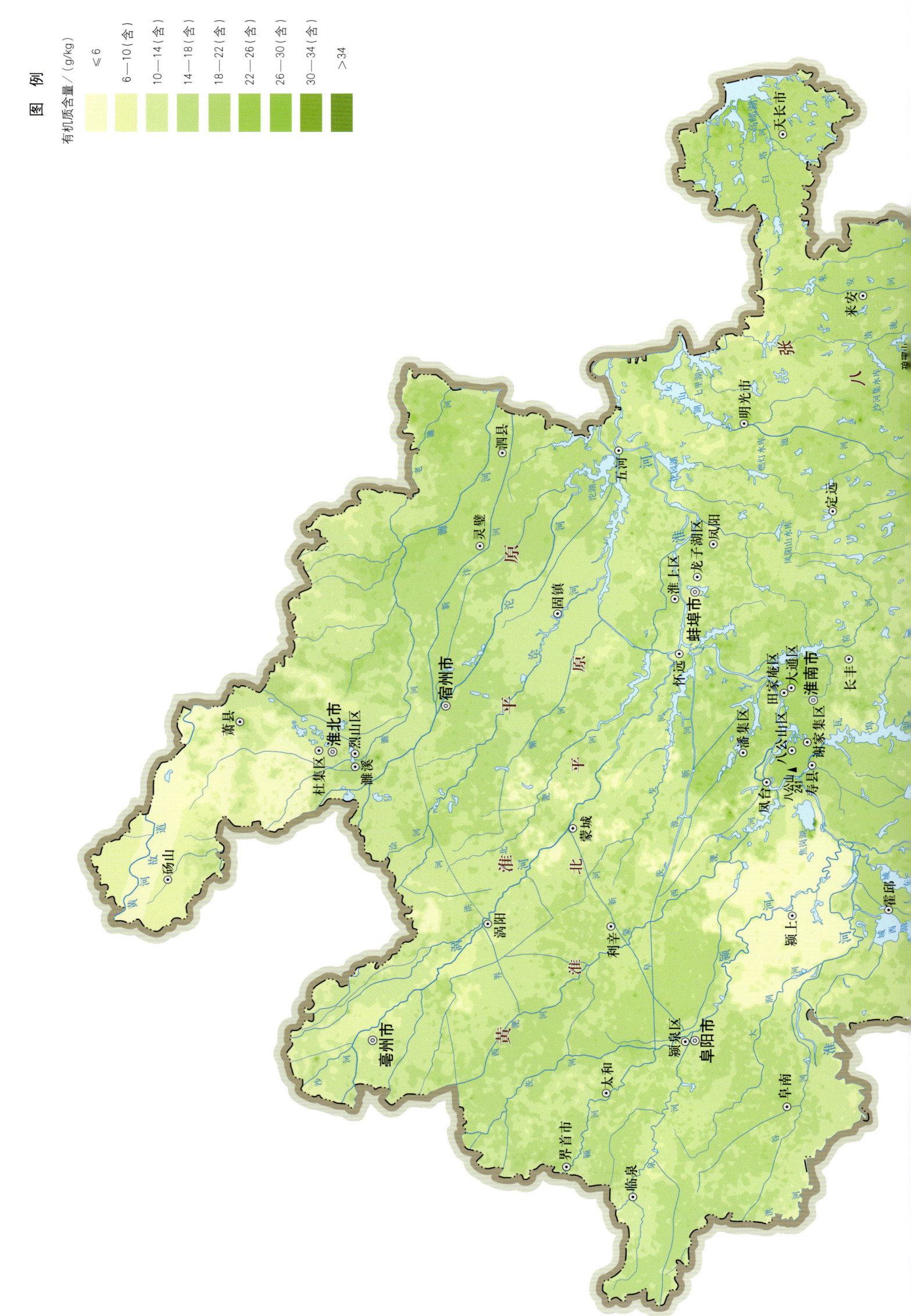

安徽省土壤有机质含量图
1:1 400 000

注：土层厚度为0—30cm。

第一编 编制说明与序图 | 029

安徽省地势图

1:1 400 000

高度表/m: 1500 | 1000 | 500 | 200 | 50

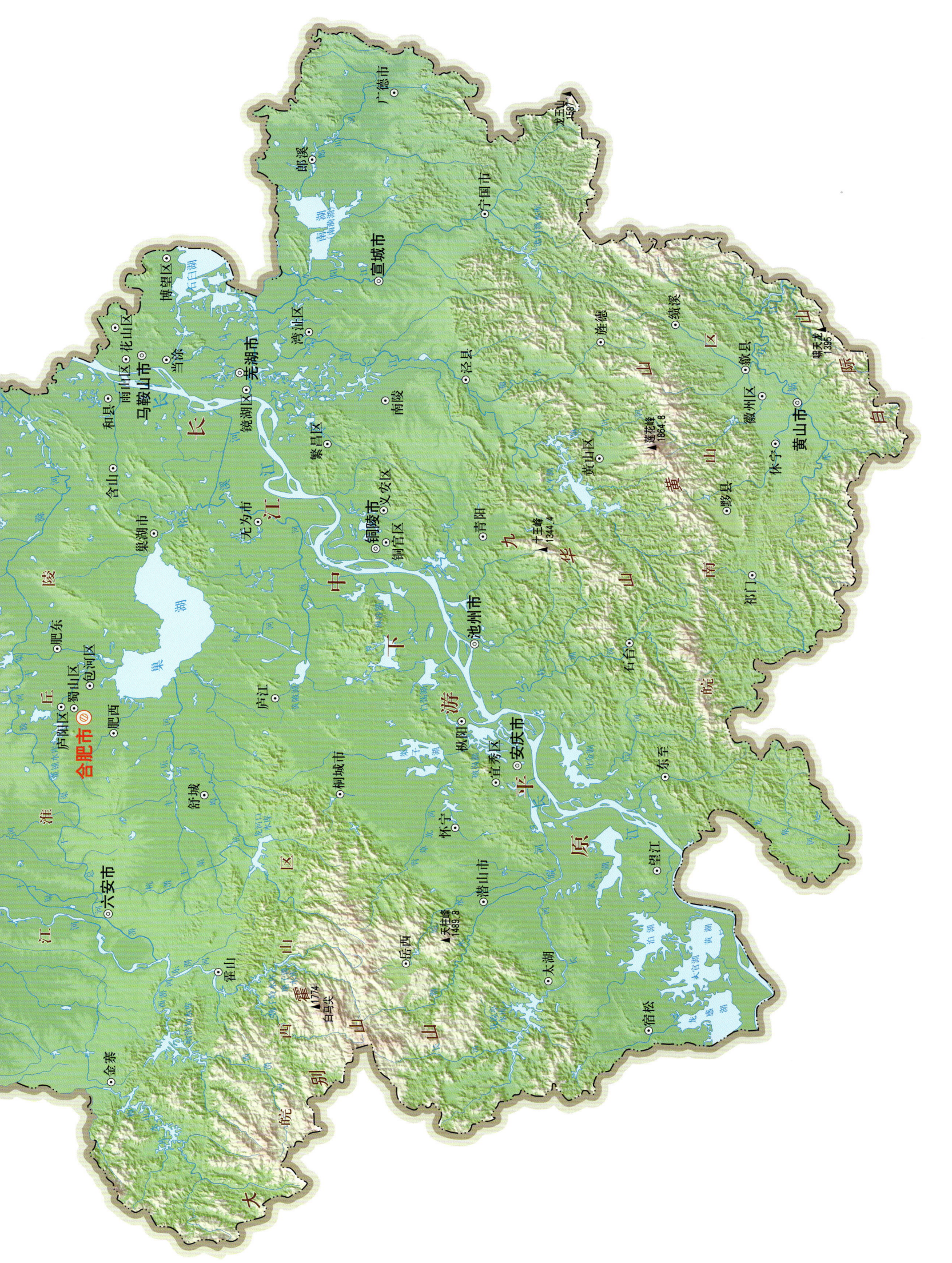

中国土壤剖面数据集·安徽卷

第二编 | 分县土壤图与土壤剖面数据

中国土壤剖面数据集·安徽卷

合 肥 市

市 辖 区

主要土类说明

水稻土是合肥市主要土壤类型，占本市地域面积的54%。由于植稻季节长期淹水，土壤季节性干湿交替，土体中交替发生氧化与还原反应，有机物、无机物迁移与淀积，以及有机质分解与积累，在原有土壤基础上形成由特定发生层构成的剖面，如耕作层、犁底层、渗育层、潴育层、潜育层、漂洗层。这些发生层的形态因发育强度及母质属性而异，随土壤水分运行情况、土壤发育阶段附加成土过程不同，发育成由特定的发生层构成的土体构型，如 A-Ap-P-C、A-Ap-P-W-C、A-Ap-G、Ae-Ap-P-C 等。

黄褐土是合肥市第二大土壤类型，占本市地域面积的18%。黄褐土发育在特定的黄土母质上，多分布在地势较高的缓岗、坡地，地下水位低，土体深厚，质地黏重。表土层往往因淋溶及雨季地表径流漂洗影响，质地为轻壤土至黏土。心土层以棕色为主，呈棱柱状或棱块状结构，结构体表面有棕色胶膜和数量不等的铁锰结核。钾、钠、钙、镁、铁、锰向下迁移显著，淋溶系数为0.84，黏粒硅铝率为3.36。由于水分淋溶下渗，黏粒下移，黏粒的淋溶聚集过程较为强烈，以致在心土层部位形成黏盘层（小于0.001mm 的黏粒含量大于30%）。黏盘层影响着地下水上升和地表水下渗，使土壤储水能力降低，不利于抗旱。在一些剥蚀严重的岗坡上，黏盘层往往裸露于地表，影响耕作和作物根系伸展，不利于作物生长。本市黄褐土只有黏盘黄褐土一个亚类。

本区域中心区气候特征

本区域中心区气候特征值
Regional climate characteristics in central area of the region

气候带：北亚热带湿润气候 Climate region: North subtropical humid climate	
年平均气温 /℃ Annual average temperature /℃	15.8
年平均最高气温 /℃ Annual average maximum temperature /℃	20.3
年平均最低气温 /℃ Annual average minimum temperature /℃	12.2
年降水量 /mm Annual precipitation /mm	1009
≥10℃的积温 /℃ Daily temperature accumulated in a year (≥10℃) /℃	5772
年日照时数 /h Annual sunshine /h	1905
年平均相对湿度 /% Annual average relative humidity /%	79
干燥度 Dryness	0.93

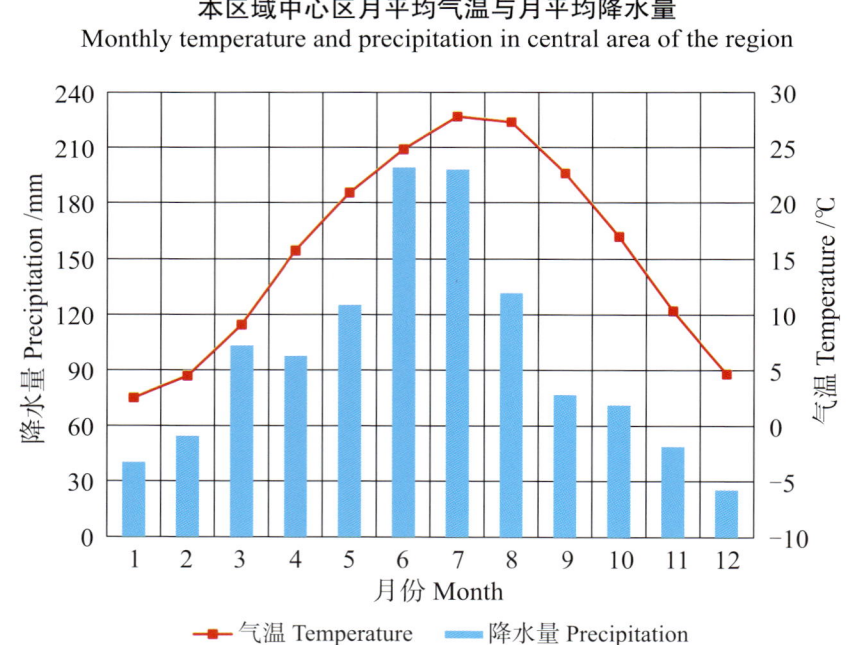

本区域中心区月平均气温与月平均降水量
Monthly temperature and precipitation in central area of the region

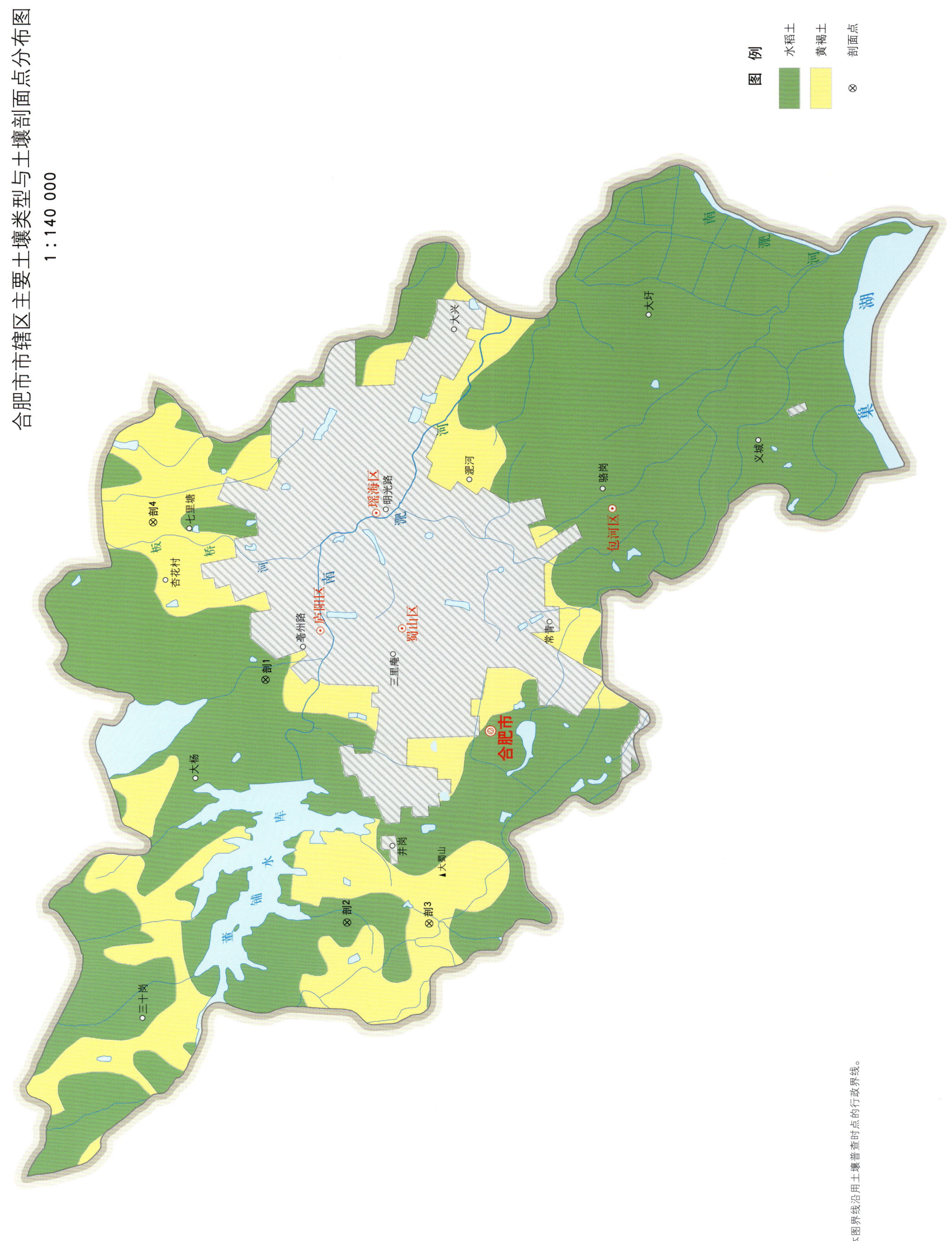

合肥市土壤剖面理化性状表

剖面号 Soil profile	土纲 Soil order	亚类 Soil subgroup	土属 Soil genus	土种 Soil species	土层码 Layer code	土层厚度 Depth/cm	颜色 Soil color	质地 Soil texture	土壤结构 Soil structure	pH	有机质 OM/(g/kg)	全氮 TN/(g/kg)	全磷 TP/(g/kg)	全钾 TK/(g/kg)	有效磷 AP/(mg/kg)	速效钾 AK/(mg/kg)	阳离子交换量 CEC/(cmol/kg)	土壤母质 Parent material	剖面点坐标 Profile coordinate	匹配指数 Matching index/%
剖1	人为土	淹育水稻土	浅马肝田	浅马肝田	A	0—13	浊黄色	黏土	块状	7.2	10.2	0.76	0.24	14.2	2.0	119	33.4	下蜀黄土	E 117°14′22.2″ N 31°53′35.8″	81
					Ap	13—20	黄橙色	黏土	大块状	7.0	4.8	0.44	0.18	16.3	≤1.0	146	32.0			
					C_1	20—45	浊黄色	黏土	大棱块状	7.4	5.3	0.48	0.18	16.6	≤1.0	151	30.3			
					C_2	45—100	浊黄色	黏土	棱块状	7.4	6.7	0.58	0.20	17.4	2.0	116	26.0			
剖2	人为土	淹育水稻土	浅马肝田	晓星马肝田	Aa	0—13	浊黄色	黏土	块状	7.0	10.2	0.80	0.30	14.2	2.0	119	33.4	下蜀黄土	E 117°09′03.7″ N 31°52′10.0″	95
					Ap	13—20	黄棕色	黏土	大块状	7.0	4.8	0.40	0.20	16.2			32.0			
					C_1	45—100	浊黄色	黏土	块状	7.4	5.3	0.50	0.20	16.6			30.3			
					C_2	20—45	浊黄色	黏土	块状	7.4	6.7	0.60	0.20	17.3	2.0		26.0			
剖3	淋溶土	黏盘黄褐土	马肝土	张洼菜园马肝土	A	0—18	暗灰色	壤质黏土	小棱块状	6.0	16.0	0.79	0.22	14.3	6.0	158	29.4	下蜀黄土	E 117°09′01.6″ N 31°50′41.8″	95
					Ap	18—26	棕灰色	黏土	棱块状	6.3	8.4	0.48	2.40	15.5	≤1.0	101	24.6			
					Bv	26—53	棕灰色	黏土	棱块状	6.3	8.1	0.54	0.18	16.4	≤1.0		27.4			
					Bvc	53—100	棕灰色	黏土	棱块状	6.4	6.3	0.41	0.22	18.7	≤1.0	124	24.6			
剖4	淋溶土	黏盘黄褐土	黄白土	中星菜园黄白土	A	0—22	黄灰色	黏壤土	屑粒状	6.3	27.4	0.83	0.71	15.1	≥100.0	54	11.2	下蜀黄土剥蚀、堆积物	E 117°17′49.0″ N 31°55′35.7″	95
					Ap	22—54	黄灰色	黏壤土	小块状	6.9	8.1	0.40	0.77	14.9	≥100.0	41	12.2			
					Bv	54—100	黄灰色	黏壤土	棱块状	6.7	4.5	0.38	0.77	15.5	62.0	64	12.1			

长 丰 县

主要土类说明

水稻土是长丰县主要土壤类型，占本县地域面积的 55%。水稻土是在长期淹水种植水稻条件下发育而成的。在长期的稻麦两熟、稻油两熟或一年一稻的耕作条件下，季节性的淹水、周期性的水耕旱作交替进行，土壤中的氧化还原反应十分频繁，剖面中物质的淋溶、淀积作用强烈，在剖面形态上表现出土层的分化，形成各种特定的剖面发生型。受地形、母质、水分运动、轮作制度、培肥措施和耕作年代长短等影响，水稻土剖面中各层次的发育又有明显的差异。根据不同地形、水文地质状况，本县水稻土分为四个亚类：淹育型、潴育型、潜育型和侧漂型。

黄褐土是长丰县第二大土壤类型，占本县地域面积的 35%，主要分布在海拔 25—75m 的起伏岗地上。其成土母质为下蜀黄土，地势较高，地下水位低，土层深厚，质地黏重。心土层为棕色，一般呈棱块状或棱柱状结构，结构体表面被覆棕色或棕灰色胶膜和数量不等的铁锰结核。因雨水下渗，黏粒下移，黏粒的淋溶聚积过程较为强烈，很多形成黏盘。黏盘层对保水保肥有利，但也由于滞水而常造成渍害。有的黏盘层出现部位较高，甚至裸露地表，影响耕作和根系向下伸展，不利于作物生长。黏粒随着雨水向下移动，矿物风化而释放出来的低价铁、锰也随之向下淋溶，到达质地黏重、滞水性强的心土层后便不再移动，待水分蒸发完毕，低价的铁、锰与其他残留物发生强烈的氧化作用和络合反应，从而形成铁锰结核和包被土粒表面的胶膜。有的在心土层以下出现以方解石等为核心的石灰结核。经过长期旱耕熟化发育的旱地土壤，剖面构型一般为 A-P-B-C。本县黄褐土只有黏盘黄褐土一个亚类。

小于本县地域面积 3% 的土壤类型还有砂姜黑土、潮土、石灰（岩）土、紫色土等。

本区域中心区气候特征

本区域中心区气候特征值
Regional climate characteristics in central area of the region

气候带：北亚热带湿润气候 Climate region: North subtropical humid climate	
年平均气温 /℃ Annual average temperature /℃	15.5
年平均最高气温 /℃ Annual average maximum temperature /℃	20.3
年平均最低气温 /℃ Annual average minimum temperature /℃	11.7
年降水量 /mm Annual precipitation /mm	977
≥ 10℃的积温 /℃ Daily temperature accumulated in a year (≥ 10℃) /℃	5602
年日照时数 /h Annual sunshine /h	1955
年平均相对湿度 /% Annual average relative humidity /%	75
干燥度 Dryness	0.95

本区域中心区月平均气温与月平均降水量
Monthly temperature and precipitation in central area of the region

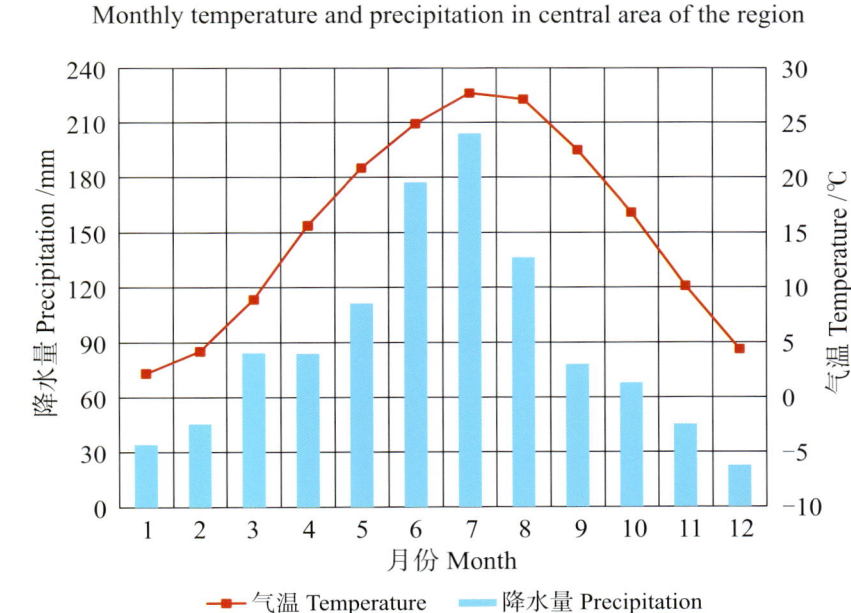

长丰县主要土壤类型与土壤剖面点分布图
1:250 000

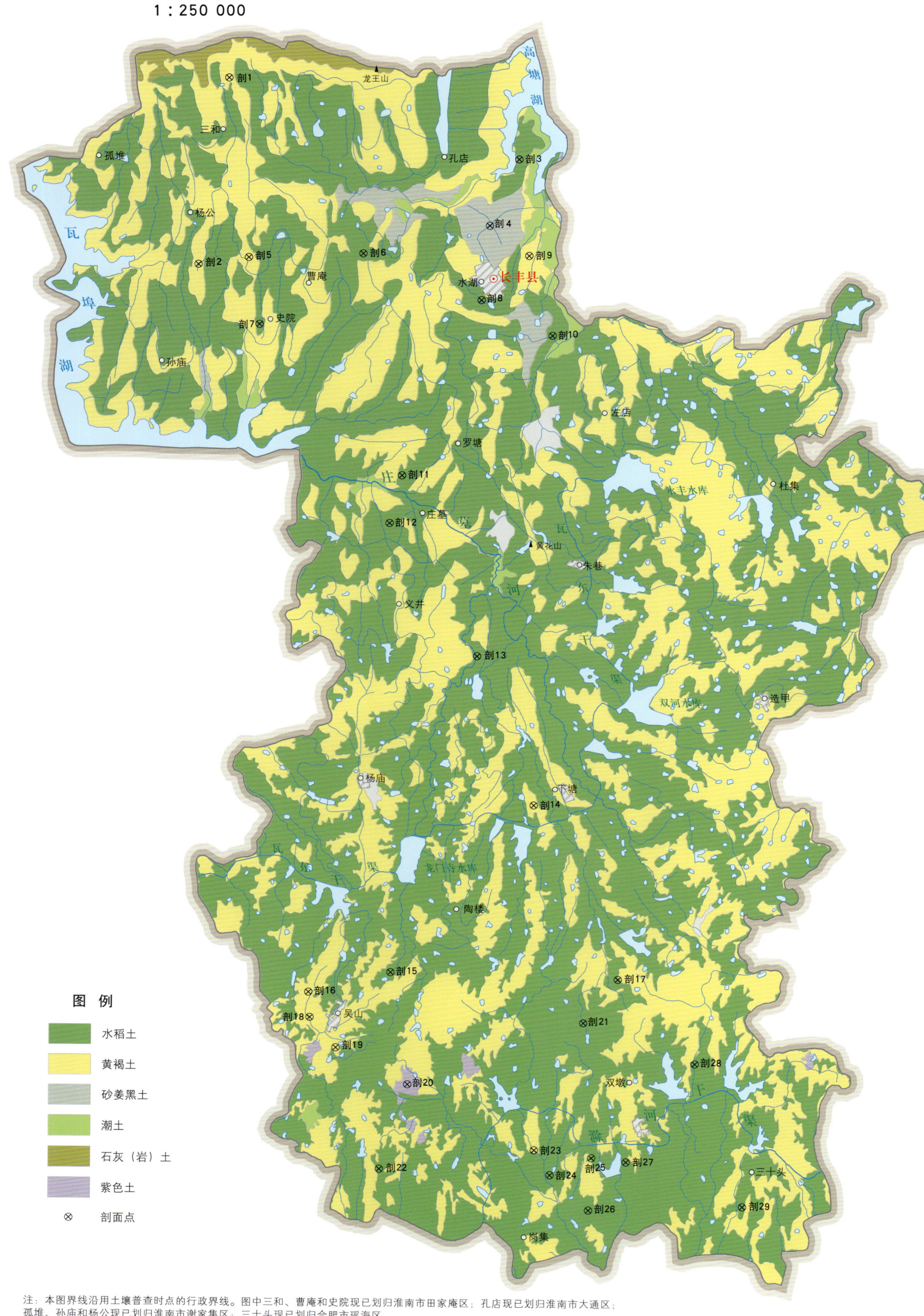

注：本图界线沿用土壤普查时点的行政界线。图中三和、曹庵和史院现已划归淮南市田家庵区；孔店现已划归淮南市大通区；孤堆、孙庙和杨公现已划归淮南市谢家集区；三十头现已划归合肥市瑶海区。

长丰县土壤剖面理化性状表

剖面号 Soil profile	土纲 Soil order	土类 Soil great group	亚类 Soil subgroup	土属 Soil genus	土种 Soil species	土层码 Layer code	土层厚度 Depth/cm	颜色 Soil color	质地 Soil texture	土壤结构 Soil structure	pH	有机质 OM/(g/kg)	全氮 TN/(g/kg)	全磷 TP/(g/kg)	全钾 TK/(g/kg)	有效磷 AP/(mg/kg)	速效钾 AK/(mg/kg)	阳离子交换量 CEC/(cmol/kg)	土壤母质 Parent material	剖面点坐标 Profile coordinate	匹配指数 Matching index/%
剖1	淋溶土	黄褐土	黏盘黄褐土	黄白土	上位黏盘黄白土	A	0~21	黄白色	中壤土	粒状	5.9	9.3	0.67	0.29	16.3	4.2	92	14.5	下蜀黄土	E 116°59′39.4″ N 32°35′39.2″	98
						P	21~31	灰色	重壤土	块状	6.2	7.4	0.55	0.21	18.3	4.2	104	18.9			
						Bv	31~58	黄棕色	重壤土	棱块状	7.0	4.5	0.43	0.18	16.2	2.1	93	19.1			
						C	58~110	灰黄棕色	重壤土	棱块状	7.3	3.6	0.32	0.18	16.1	2.2	71	17.6			
剖2	淋溶土	黄褐土	黏盘黄褐土	马肝土	马肝土	A	0~15	黄棕色	轻壤土	小块状	6.7	11.8	0.81	0.33	16.0	9.5	166	26.9	下蜀黄土	E 116°58′30.4″ N 32°29′25.4″	98
						P	15~25	淡棕色	重壤土	块状	7.2	9.9	0.55	0.23	15.9	2.9	124	15.6			
						Bv	25~65	棕色	重壤土	棱块状	7.5	9.1	0.52	0.22	18.7	2.1	197	15.3			
						C	65~100	暗棕色	中壤土	棱块状	7.3	7.1	0.33	0.21	18.5	1.6	176	12.8			
剖3	人为土	水稻土	潴育水稻土	砂姜黑土田	瘦黑粒土田	A	0~12	灰灰色	中壤土	粒状									黄土性古河流沉积物	E 117°10′41.9″ N 32°32′54.2″	95
						P	12~21	暗灰色	重壤土	块状											
						W	21~57	暗棕色	中壤土	棱块状											
						Bv	57~100	灰棕色	轻黏土	棱块状											
剖4	半水成土	砂姜黑土	砂姜黑土	黑粒土	黑粒土	A	0~10	灰棕色	重壤土	粒状	6.7	16.4	1.05	0.42	17.3	10.5	246	23.2	黄土性古河流沉积物	E 117°09′34.7″ N 32°30′41.8″	97
						P	10~21	暗灰色	中壤土	块状	7.2	12.1	0.82	0.35	17.7	4.3	235	29.8			
						Bv	21~37	暗青灰色	中壤土	棱块状	7.9	12.1	0.49	0.29	16.1	4.2	179	24.6			
						C	37~100	暗青灰色	轻黏土	棱块状	7.8	6.8	0.44	0.26	16.1	2.8	236	30.4			
剖5	淋溶土	黄褐土	黏盘黄褐土	马肝土	菜园马肝土	A	0~20	暗棕色	重壤土	粒状	7.5	29.7	1.50	0.85	18.1	8.5	202	24.0	下蜀黄土	E 117°00′25.1″ N 32°29′39.1″	97
						P	20~30	暗棕色	重壤土	块状	7.5	27.3	1.21	0.72	18.0		194	22.9			
						Bv	30~82	棕灰色	重壤土	块状	7.5	7.4	0.65	0.36	18.2		124	19.7			
						C	82~100	棕灰色	重壤土	棱块状	7.6	6.9	0.40	0.35	19.2		155	26.0			
剖6	人为土	水稻土	潴育水稻土	马肝土田	沈潜马肝土田	A	0~9	淡灰色	轻壤土	糊状	7.3	18.0	1.06	0.29	19.5	3.7	170	25.0	下蜀黄土	E 117°04′46.0″ N 32°29′46.6″	95
						P(g)	9~17	棕灰色	轻黏土	糊状	7.6	17.0	0.92	0.30	20.7	2.8	176	28.6			
						W	17~42	青灰色	重黏土	块状	7.6	16.2	0.69	0.31	20.6	2.5	171	27.4			
						Bv	42~100	暗灰色	轻黏土	块状	8.2	5.1	0.39	0.29	22.3	2.5	175	23.2			
剖7	水稻土	水稻土	潴育水稻土	马肝土田	黑马肝土田	A	0~12	暗棕色	轻黏土	小块状	6.8	19.5	1.05	0.42	19.1	7.3	197	30.8	下蜀黄土	E 117°00′49.4″ N 32°27′25.9″	95
						P	12~23	暗棕色	重黏土	块状	7.2	15.8	0.98	0.42	20.3	4.7	218	31.8			
						Bv	23~57	暗灰色	重黏土	块状	7.2	9.5	0.53	0.45	18.3	3.4	161	30.7			
						C	57~100	暗棕色	重黏土	棱块状	7.3	5.8	0.43	0.26	18.4	2.1	135	24.2			
剖8	人为土	水稻土	潴育水稻土	马肝土田	沈潜黑马肝土田	A(g)	0~13	暗灰色	重黏土	糊状	7.9	19.5	1.17	0.39	17.4	8.7	224	27.0	下蜀黄土	E 117°09′15.2″ N 32°28′14.0″	95
						P(g)	13~19	暗灰色	中黏土	糊状	8.0	16.7	1.04	0.38	17.3	4.3	208	31.3			
						W	19~70	暗青灰色	重黏土	块状	8.0	6.9	0.47	0.38	16.8	4.3		27.9			
						Bv	70~100	暗青色	中壤土	块状	7.9	4.4	3.30	0.61	16.9	2.2	172	26.7			
剖9	淋溶土	黄褐土	黏盘黄褐土	黄白土	黄白土	A	0~14	黄棕色	中壤土	粒状	7.2	10.3	0.62	0.33	14.8	10.7	113	15.4	下蜀黄土	E 117°11′04.5″ N 32°27′41.5″	99
						P	14~24	黄灰色	重壤土	块状	7.2	6.3	0.48	0.35	14.9	6.5		16.0			
						Bv	24~42	黄棕色	重壤土	棱块状	7.1	6.1	0.48	0.36	16.2		200	20.9			
						C	42~100	黄棕色	轻黏土	粒状	7.2	5.5	0.41	0.38	18.0		218	26.9			
剖10	人为土	水稻土	漂洗水稻土	白马肝土田	白马肝土田	Ae	0~14	灰白色	中壤土	粒状	6.4	9.1	0.55	0.23	12.7	4.6	80	12.3	下蜀黄土	E 117°11′57.8″ N 32°27′02.4″	95
						P	14~24	黄白色	轻壤土	块状	7.2	7.8	0.50	0.20	12.8	4.7	54	20.8			
						Bv	24~36	淡黄色	轻黏土	棱块状	7.6	4.4	0.36	0.16	13.9	2.8	67	25.2			
						C	36~100	灰棕色	重壤土	棱块状	7.3	3.7	0.32	0.16	15.0	2.9	114	21.8			

续表 Continued

剖面号 Soil profile	土纲 Soil order	土类 Soil great group	亚类 Soil subgroup	土属 Soil genus	土种 Soil species	土层码 Layer code	土层厚度 Depth/cm	颜色 Soil color	质地 Soil texture	土壤结构 Soil structure	pH	有机质 OM/(g/kg)	全氮 TN/(g/kg)	全磷 TP/(g/kg)	全钾 TK/(g/kg)	有效磷 AP/(mg/kg)	速效钾 AK/(mg/kg)	阳离子交换量CEC/(cmol/kg)	土壤母质 Parent material	剖面点坐标 Profile coordinate	匹配指数 Matching index/%
剖11	人为土	水稻土	漂洗水稻土	白马肝田	漂白土田	Ae	0—15	灰白色	轻壤土	粒状	6.3	6.8	0.43	0.25	13.9	2.1	46	9.2	下蜀黄土	E 117°06′15.5″ N 32°22′23.2″	99
						P	15—28	淡黄色	轻壤土	块状	8.0	4.8	0.40	0.23	13.6	2.1	47	7.0			
						Bv	28—50	灰黄色	轻黏土	棱块状	8.4	4.7	0.25	0.34	19.2	2.1	13	7.8			
						C	50—100	黄棕色	轻黏土	棱块状	8.5	3.0	0.18	0.51	20.0	2.1	121	9.7			
剖12	人为土	水稻土	潜育水稻土	青黑粒土田	青黑粒土田	Ag	0—14	棕褐色	轻壤土	糊状	6.4	17.2	1.03	0.29	19.9	4.3	246	26.5	黄土性古河流沉积物	E 117°05′47.3″ N 32°20′48.0″	99
						G	14—26	青黑色	重壤土	糊状	6.7	14.2	0.85	0.28	19.8	2.2	231	17.1			
						Bv	26—60	暗褐色	轻黏土	棱块状	6.9	10.8	0.65	0.23	19.3		225	30.0			
						C	60—100	暗棕色	轻黏土	棱块状	7.3	87.9	0.45	0.35	18.2		187	26.1			
剖13	人为土	水稻土	潜育水稻土	黄白土田	黄白土田	A	0—20	黄白色	轻黏土	粒状	5.1	11.8	0.79	0.22	15.1	4.1	101	15.0	下蜀黄土	E 117°09′06.8″ N 32°16′21.2″	95
						P	20—28	淡黄色	中壤土	块状	6.4	9.8	0.57	0.57	16.0		98	12.5			
						W	28—46	黄黄色	轻黏土	棱块状	6.7	8.4	0.54	0.54	17.2		112	25.5			
						Bv	46—100	灰棕色	轻黏土	棱块状	7.0	4.7	0.46	0.46	19.4		121	25.6			
剖14	淋溶土	黄褐土	黏盘黄褐土	黄白土	灰黄白土	A	0—19	暗灰白色	重壤土	粒状	6.2	17.3	0.97	0.42	15.3	10.5	94	15.1	下蜀黄土	E 117°11′17.3″ N 32°11′23.9″	98
						P	19—29	暗黄色	中壤土	小块状	6.6	11.9	0.71	0.35	14.5		79	15.3			
						Bv	29—62	黄灰色	重黏土	块状	6.9	6.6	0.41	0.33	15.1		64	20.7			
						C	62—100	暗黄棕色	重黏土	棱块状	7.1	3.5	0.25	0.30	16.1		73	22.5			
剖15	人为土	水稻土	潜育水稻土	马肝田	厚层马肝田	A	0—12	灰黄色	重壤土	粒状	5.2	17.3	1.20	0.39	18.2	10.9	194	18.7	下蜀黄土	E 117°05′53.6″ N 32°05′48.1″	95
						P	12—21	暗黄色	重壤土	块状	5.3	16.6	1.18	0.38	17.8	4.2	212	18.2			
						W	21—67	黄灰色	重黏土	棱块状	7.3	6.9	5.50	0.30	16.2	6.2	132	16.2			
						Bv	67—100	暗黄棕色	轻壤土	棱块状	7.3	5.5	5.80	0.26	19.3	1.7	143	25.6			
剖16	淋溶土	黄褐土	黏盘黄褐土	黄白土	砂泥土田	A	0—14	暗黄棕色	轻壤土	粒状	6.4	6.5	0.49	0.25	14.2	4.1	92	9.8	下蜀黄土	E 117°02′47.5″ N 32°05′08.2″	98
						P	29—82	黄棕色	重壤土	块状	6.6	4.9	0.36	0.17	18.2	2.1	206	22.3			
						C	82—100	灰棕色	重壤土	棱块状	7.8	3.8	0.34	0.27	19.6	2.1	210	30.7			
剖17	人为土	水稻土	潜育水稻土	砂泥田	砂泥土田	A	0—10	灰灰色	中壤土	粒状	5.2	7.4	0.53	0.29	16.0	10.2	82	12.3	淮河及其支流河沉积物	E 117°14′29.8″ N 32°05′34.8″	96
						P	10—17	棕灰色	中壤土	块状	6.2	6.6	0.49	0.28	14.7	8.2	69	9.4			
						W	17—58	黄灰色	中壤土	块状	6.5	3.7	0.33	0.22	16.2	6.2	75	9.9			
						Bv	58—100	棕色	中壤土	小块状	6.8	3.4	0.30	0.22	15.2	6.2	69	13.2			
剖18	淋溶土	黄褐土	潜育水稻土	黄白土	中层白土	Ae	0—20	白色	中壤土	小块状	5.4	11.3	0.63	0.18	15.7	2.8	90	11.0	下蜀黄土	E 117°02′50.6″ N 32°04′17.4″	97
						P	20—28	淡灰色	中壤土	块状	6.4	5.2	0.38	0.17	15.3	2.1	72	11.2			
						Bv	28—64	黄灰色	中壤土	块状	6.4	5.3	0.32	0.15	16.5	1.4	94	12.7			
						C	64—100	灰黄色	重壤土	块状	6.6	4.3	0.26	0.15	18.3	1.5	100	20.0			
剖19	淋溶土	黄褐土	潜育水稻土	马肝田	瘦马肝田	A	0—12	棕色	中壤土	块状	7.2	5.3	0.35	0.48	20.9	2.1	174	21.5	下蜀黄土	E 117°03′50.1″ N 32°03′16.5″	98
						P	12—18	黄棕色	中壤土	块状	7.4	4.0	0.34	0.51	21.7	2.1	145	19.8			
						Bv	18—75	黄黄棕色	中壤土	块状	7.5	2.8	0.26	0.38	20.6	2.1	179	19.4			
						C	75—140	暗黄棕色	重壤土	棱柱状	7.7	2.3	0.25	0.23	17.5	1.6	151	30.1			
剖20	初育土	紫色土	中性紫色土	猪血土	猪血土	A	0—12	紫色	重壤土	粒状	6.9	12.7	0.71	0.48	17.8	4.2	112	17.4	紫色岩类残积物、坡积物	E 117°06′33.5″ N 32°02′04.0″	97
						Bv	12—62	紫红色	重壤土	粒状	7.2	6.2	0.45	0.69	23.3		73	14.3			
						C	46—100	黄黄色	轻壤土	块状	5.0	14.5	0.84	0.33	16.2	9.6	138	18.8			
剖21	人为土	水稻土	淹育水稻土	浅色白土田	浅色白土田	A	0—18	暗灰色	轻黏土	粒状	6.6	9.0	0.52	0.30	17.5	4.7	161	16.9	下蜀黄土	E 117°13′11.6″ N 32°04′07.3″	97
						P	18—26	灰色	轻黏土	块状	7.1	7.5	0.45	0.22	19.1	3.8	169	21.2			
						W	26—46	黄棕色	轻黏土	棱块状	6.9	5.5	0.36	0.21	21.3	3.2	165	25.6			
						C	46—100	暗黄棕色	轻黏土	粒状	7.0	24.9	1.48	0.45	17.3	16.2	172	25.4			
剖22	人为土	水稻土	潜育水稻土	砂姜黑土田	黑粒土田	A	0—11	灰黑色	轻黏土	块状	6.9	24.9	1.46	0.42	16.7	16.1	182	26.2	黄土性古河流沉积物	E 117°05′30.1″ N 31°59′16.5″	95
						P	11—29	灰黑色	轻黏土	棱块状	6.9	24.6	1.42	0.41	16.6	5.1	191	26.7			
						W	26—40	灰黑色	轻黏土	棱块状	7.4	13.5	0.68	0.39	16.1	5.1	186	26.3			
						Bv	40—100														

续表 Continued

剖面号 Soil profile	土纲 Soil order	土类 Soil great group	亚类 Soil subgroup	土属 Soil genus	土种 Soil species	土层码 Layer code	土层厚度 Depth/cm	颜色 Soil color	质地 Soil texture	土壤结构 Soil structure	pH	有机质 OM/(g/kg)	全氮 TN/(g/kg)	全磷 TP/(g/kg)	全钾 TK/(g/kg)	有效磷 AP/(mg/kg)	速效钾 AK/(mg/kg)	阳离子交换量CEC/(cmol/kg)	土壤母质 Parent material	剖面点坐标 Profile coordinate	匹配指数 Matching index/%
剖23	淋溶土	黄褐土	黏盘黄褐土	马肝土	灰马肝土	A	0—11	灰黄色	重壤土	粒状	6.3	16.5	1.05	0.33	19.3	4.2	167	20.2	下蜀黄土	E 117°11′21.6″ N 31°59′55.0″	97
						P	11—24	灰棕色	重壤土	块状	6.2	15.0	0.98	0.33	19.0	3.7	164	15.0			
						Bv	24—59	暗灰棕色	重壤土	块状	6.8	7.4	0.52	0.25	19.0	2.0	138	19.5			
						C	59—100	暗棕色	壤质黏土	棱状	6.9	6.4	0.46	0.23	11.8	1.7	208	20.3			
剖24	人为土	水稻土	渗育水稻土	渗黑姜土田	黑黏土田	Aa	0—11	黄灰色	黏土	小块状	6.9	24.9	1.50	0.50	17.3			25.4	古黄土性沉积物	E 117°11′57.1″ N 31°59′05.8″	95
						Ap	11—26	黄灰色	黏土	块状	8.0	24.9	1.50	0.40	16.7			26.2			
						P	26—50	棕黑色	黏土	棱块状	6.9	24.6	1.40	0.40	16.6			26.7			
						C	50—100	棕黑色	黏土	棱块状	7.4	13.5	≤0.10	0.40	16.1			26.3			
剖25	人为土	水稻土	漂洗水稻土	白马肝田	白土心马肝田	A	0—13	黄棕色	轻黏土	粒状	5.0	15.7	1.10	0.40	18.3	6.1	164	21.9	下蜀黄土	E 117°13′31.7″ N 31°59′39.7″	97
						P	13—28	灰棕色	中壤土	块状	5.8	15.7	0.97	0.39	17.2		149	15.0			
						E	28—60	淡灰棕色	中壤土	块状	6.8	6.5	0.44	0.26	17.1		147	14.6			
						Bvc	60—100	黄棕色	轻黏土	棱块状	7.0	5.7	0.41	0.27	21.3		194	22.8			
剖26	人为土	水稻土	漂洗水稻土	漂马肝田	澄白土田	Aae	0—15	淡灰棕色	壤土	屑粒状	6.3	6.8	0.40	0.30	13.8	2.0	46	8.3	下蜀黄土	E 117°13′25.1″ N 31°57′56.4″	95
						Ape	15—28	淡灰棕色	壤土	块状	7.0	4.8	0.40	0.20	13.6	2.0	47	9.0			
						P	28—50	灰棕色	壤黏黏土	棱块状	7.4	4.7	0.30	0.50	19.1	2.0	113	28.4			
						C	50—100	黄棕色	壤黏黏土	棱块状	7.5	3.0	0.20	0.50	19.9	2.0	121	27.5			
剖27	人为土	水稻土	潜育水稻土	紫砂泥田	紫泥田	A	0—13	紫色	重壤土	粒状	5.6	17.1	1.00	0.50	23.1	10.7	129	20.8	紫色岩类残积物、坡积物	E 117°14′49.9″ N 31°59′31.9″	95
						P	13—26	紫棕色	中壤土	块状	6.2	14.4	0.78	0.40	22.2	4.2	104	18.8			
						W	26—60	紫棕色	中壤土	块状	5.9	7.3	0.55	0.50	22.1	8.4	111	19.9			
						Bv	60—100	淡红棕色	中壤土	棱块状	6.3	5.5	0.51	0.42	22.2	4.2	75	14.7			
剖28	人为土	水稻土	潜育水稻土	青马肝田	高位中潜青马肝田	Ag	0—18	青灰色	重壤土	糊状	5.9	21.7	1.28	0.38	16.8	8.5	121	19.6	下蜀黄土	E 117°17′25.3″ N 32°02′46.3″	97
						G	18—26	青灰色	重壤土	糊状	6.8	19.1	1.06	0.34	16.3		123	21.0			
						W	26—50	暗灰黄色	轻壤土	块状	7.4	7.5	0.64	0.35	20.5		238	25.5			
						Bv	50—100	黄棕色	中壤土	块状	7.1	5.7	0.58	0.23	16.9		155	24.2			
剖29	人为土	水稻土	潜育水稻土	黄白土田	灰黄白土田	A	0—16	黄白色	中壤土	粒状	6.4	14.5	0.92	0.34	15.6	10.4	99	16.2	下蜀黄土	E 117°19′14.4″ N 31°58′04.8″	95
						P	16—24	灰黄色	中壤土	块状	7.2	10.6	0.72	0.21	16.5	4.1	103	15.4			
						W	24—67	淡黄灰色	重黏土	块状	7.4	5.8	0.46	0.19	14.0	2.1	88	17.3			
						Bv	67—100	灰黄色	轻黏土	棱块状	7.4	5.4	0.37	0.25	14.7	2.2	216	27.7			

肥 东 县

主要土类说明

水稻土是肥东县主要土壤类型，占本县地域面积的 71%，遍及各乡镇，多分布在海拔 50m 以下地方，其中中南部的波状、滨湖平原地区最为广泛。水稻土是在种稻淹水条件下，因人为活动和自然因素的双重影响而产生水耕熟化和氧化还原交替过程，原来成土母质或母土的特性发生重大改变，形成的有特殊剖面形态特征的土壤。它不受地域性限制，各种成土母质在种稻淹水后，经过了一系列作用均可发育成水稻土。水稻土既继承成土母质的若干性质，又受其发育过程的影响，发育时间越久，这种影响就越深刻。本县水稻栽培历史悠久，土壤在漫长的植稻历史过程中，周期性干旱、季节性淹水、干湿交替、地下水升降等，使土壤剖面氧化与还原、淋溶与淀积活动十分频繁，各个层段发育比较完全，渗育层和斑淀层特征明显。在耕作层中，还原性的铁、锰与有机质分解的氧化物常形成血红色的"鳝血斑"块淀积，这也是水稻土的重要形态特征。由于分布位置、排灌条件、地下水位等存在差异等，本县水稻土划分为淹育型、潴育型、潜育型和漂洗型四个亚类。

黄褐土是肥东县第二大土壤类型，占本县地域面积的 18%。其成土母质为下蜀黄土，主要分布在一些无水灌溉的岗地上，地势较高，地下水位低，土层深厚，质地黏重，但表土层往往因地表水漂洗影响，质地砂黏不一。心土层以棕色为主，呈棱柱状或块状结构，结构体表面有棕灰色胶膜。由于雨水下渗，黏粒下移，黏粒的淋溶聚集过程较为强烈，以致形成黏盘层。黏盘黄褐土的 pH 一般在 5.5—7.5，并由上往下递增。本县黄褐土仅有黏盘黄褐土一个亚类。

小于本县地域面积 3% 的土壤类型还有粗骨土、黄棕壤、石灰（岩）土、紫色土和潮土。

本区域中心区气候特征

本区域中心区气候特征值
Regional climate characteristics in central area of the region

气候带：北亚热带湿润气候 Climate region: North subtropical humid climate	
年平均气温 /℃ Annual average temperature /℃	15.8
年平均最高气温 /℃ Annual average maximum temperature /℃	20.3
年平均最低气温 /℃ Annual average minimum temperature /℃	12.1
年降水量 /mm Annual precipitation /mm	1014
≥ 10℃的积温 /℃ Daily temperature accumulated in a year（≥ 10℃）/℃	5742
年日照时数 /h Annual sunshine /h	1929
年平均相对湿度 /% Annual average relative humidity /%	76
干燥度 Dryness	0.93

本区域中心区月平均气温与月平均降水量
Monthly temperature and precipitation in central area of the region

肥东县主要土壤类型与土壤剖面点分布图
1:260 000

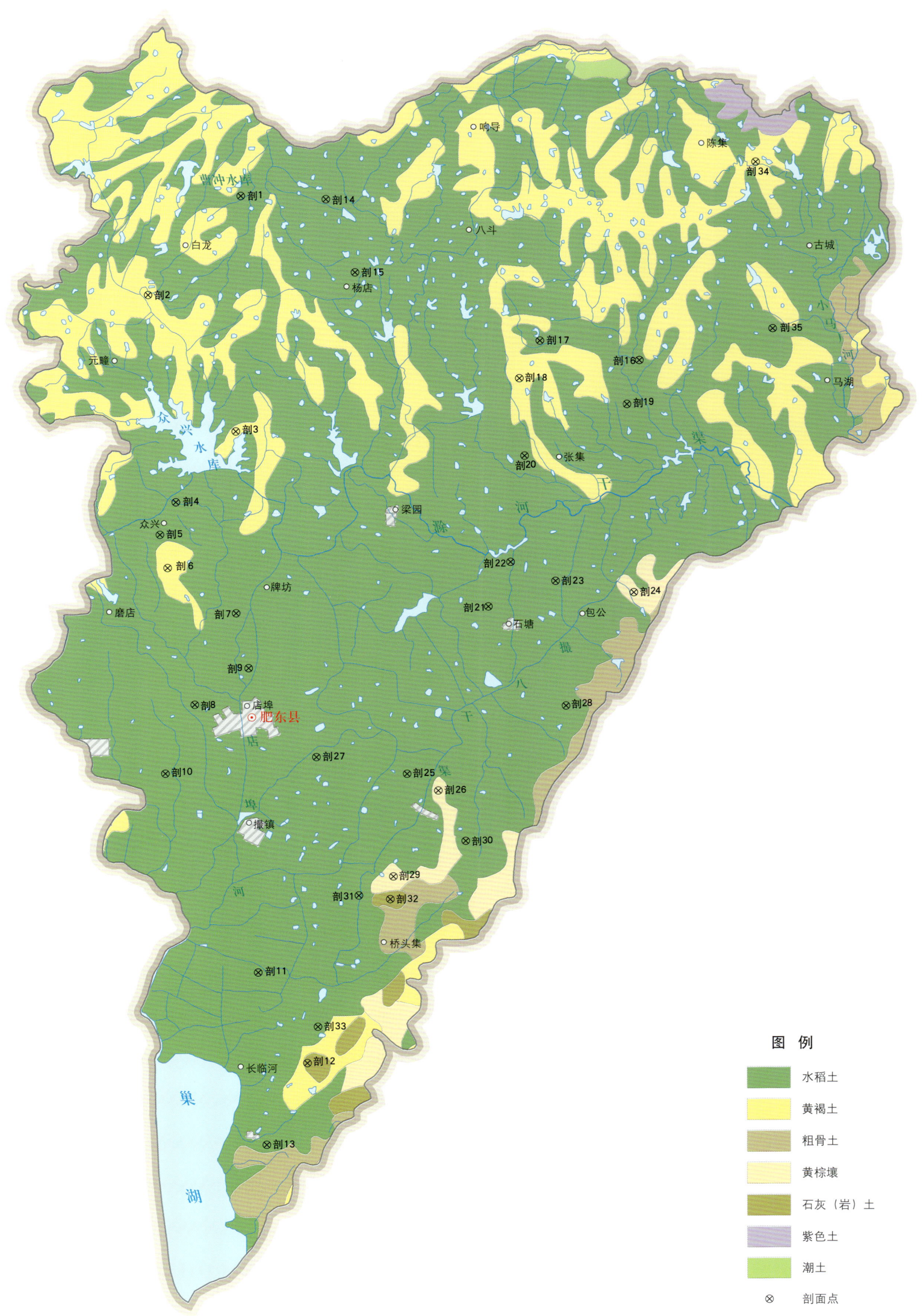

图 例
- 水稻土
- 黄褐土
- 粗骨土
- 黄棕壤
- 石灰（岩）土
- 紫色土
- 潮土
- ⊗ 剖面点

注：本图界线沿用土壤普查时点的行政界线。图中磨店现已划归合肥市瑶海区。

肥东县土壤理化性状表

剖面号 Soil profile	土纲 Soil order	土类 Soil great group	亚类 Soil subgroup	土属 Soil genus	土种 Soil species	土层码 Layer code	土层厚度 Depth/cm	颜色 Soil color	质地 Soil texture	土壤结构 Soil structure	pH	有机质 OM/(g/kg)	全氮 TN/(g/kg)	全磷 TP/(g/kg)	全钾 TK/(g/kg)	有效磷 AP/(mg/kg)	速效钾 AK/(mg/kg)	阳离子交换量CEC/(cmol/kg)	土壤母质 Parent material	剖面点坐标 Profile coordinate	匹配指数 Matching index/%
剖1	人为土	水稻土	漂洗水稻土	白马肝田	澄白土田	Ae	0–13	白色	轻壤土	粒状	6.0	9.5	0.58	0.17	15.8	≤1.0	62	9.9	下蜀黄土	E 117°27′31.2″ N 32°10′36.5″	95
						Pe	13–18	灰白色	中壤土	块状	6.4	4.6	0.33	0.13	15.4	≤1.0	41	12.2			
						W	18–52	灰黄色	重壤土	棱柱状	7.2	3.6	0.69	0.13	18.7			31.5			
						C	52–100	棕黄色	重壤土	棱黄色	7.2	4.3	0.51	0.28	36.5			34.5			
剖2	淋溶土	黄褐土	黏盘黄褐土	黏黄泥土	夏岗白黄土	A_{11}	0–15	淡灰色	壤土	屑粒状	6.0	8.4	0.60	0.30	10.6		72	8.2	下蜀黄土	E 117°23′59.3″ N 32°07′19.4″	95
						A_{12}	15–22	灰黄色	黏土	块状	6.2	4.1	0.30	0.30	11.4	3.0	31	11.0			
						Bv_1	22–65	灰黄色	砾质黏土	棱块状	7.1	4.9	0.30	0.30	16.5			28.7			
						Bv_2	65–100	棕色	砾质黏土	棱块状	7.3	4.1	0.40	0.30	13.7			27.8			
剖3	淋溶土	黄褐土	黏盘黄褐土	黄白土	下位坚盘黄白土	P	0–14	淡黄色	中壤土	粒状	6.6	5.9	0.49	0.16	15.5	2.0	145	17.3	下蜀黄土	E 117°27′18.7″ N 32°02′44.7″	92
						Bv	14–22	淡黄色	中壤土	棱块状	7.2	4.0	0.42	0.20	18.8	≤1.0	85	26.3			
							22–57		重壤土	棱块状	7.2	5.6	0.31	0.19	20.6			33.2			
						Bv_2	57–100		黏土	棱块状	7.4	3.9	0.35	0.18	20.2			25.7			
剖4	人为土	水稻土	潴育水稻土	砂泥田	油砂泥田	A	0–16	黄灰色	轻壤土	粒状	5.6	13.1	0.73	0.25	27.3	3.0	41	11.4	河流冲积物	E 117°25′01.8″ N 32°00′23.7″	95
						P	16–24	黄灰色	中壤土	小块状	6.2	11.1	0.74	0.24	28.1	6.0	31	11.6			
						W	24–64	淡黄灰色	轻壤土	棱柱状	6.8	7.3	0.58	0.21	23.5			15.4			
						Bv	64–100	淡棕黄色	中壤土	棱块状	7.5	4.0	0.33	0.24	22.7			22.3			
剖5	人为土	水稻土	淹育水稻土	浅马肝田	浅灰马肝田	A	0–16	灰黄色	中壤土	屑粒状	6.4	17.2	1.23	0.21	14.1	4.0	162	18.5	下蜀黄土	E 117°24′25.6″ N 31°59′17.7″	95
						P	16–23	淡黄灰色	中壤土	棱块状	6.8	14.0	0.96	0.30	18.7	9.0	146	23.3			
						C	23–100	暗棕黄色	重壤土	棱块状	7.2	6.8	0.50	0.16	21.9			30.1			
剖6	淋溶土	黄褐土	黏盘黄褐土	马肝土	夹砾砂马肝土	1			中壤土	粒状		10.1				3.0	105		下蜀黄土	E 117°24′42.8″ N 31°58′10.8″	74
						2			重壤土	块状											
						3				棱块状											
						4															
剖7	人为土	水稻土	淹育水稻土	浅马肝田	浅黄白土田	A	0–14	灰黄色	中壤土	屑粒状	6.5	11.8	0.81	0.22	22.3	6.0	83	17.8	下蜀黄土	E 117°27′18.2″ N 31°56′39.2″	95
						P	14–23	淡灰黄色	重壤土	棱块状	7.3	10.0	0.58	0.21	22.6	4.0	74	20.9			
						C	23–100	淡棕黄色	黏土	棱柱状	7.7	5.8	0.38	0.30	29.1			32.0			
剖8	人为土	水稻土	潴育水稻土	马肝田	血马肝田	A	0–18	暗黄棕色	中壤土	屑粒状	6.5	15.3	1.06	0.22	19.5	7.0	172	18.9	下蜀黄土	E 117°25′42.9″ N 31°53′37.0″	95
						P	18–22	浅灰黄色	重壤土	块状	7.0	7.4	0.51	0.17	20.1	5.0	161	21.6			
						W	22–53	棕灰色	重壤土	棱柱状	7.1	6.1	0.35	0.17	16.6			17.3			
						Bv	53–100	淡黄棕色	中壤土	粒状	7.3	3.4	0.35	0.21	15.9			19.2			
剖9	人为土	水稻土	潜育水稻土	青砂泥田	低位强潜砂心青砂泥田	Ag	0–15	浅灰黄色	砂壤土	块状	7.0	30.5	1.65	0.23	20.1	≤1.0	132		河流冲积物	E 117°27′46.2″ N 31°54′49.4″	75
						Pg	15–25	蓝灰色	砂壤土	糊状											
						Sg	25–55		黏土	糊状											
						G	55–100			糊状											
剖10	人为土	水稻土	潜育水稻土	青砂泥田	高位强潜青马肝田	A	0–12	淡灰黄色	黏土	屑粒状	6.8	16.0	0.94	0.30	16.9	3.0	117	30.8	下蜀黄土	E 117°24′35.9″ N 31°51′19.2″	95
						G	12–53	青灰色	黏土	块状	7.2	15.7	0.91	0.25	18.4	5.0	140	33.2			
						C	53–100	淡黄灰色	黏土	块状	7.5	5.0	0.28	0.44	16.4			31.2			
剖11	人为土	水稻土	潴育水稻土	湖泥田	粉砂底湖泥田	A	0–14	暗黄棕色	黏土	屑粒状	6.0	23.0	1.49	0.23	16.7	3.0	172	24.7	湖相沉积物	E 117°28′04.0″ N 31°44′37.2″	95
						P	14–22	暗黄棕色	黏土	块状	6.3	18.8	1.42	0.23	16.6	2.0	186	21.0			
						Bv	22–68	灰黄色	重壤土	棱柱状	6.8	6.0	0.28	0.31	18.8	5.0	137	28.5			
						S	68–100	灰白色	砂土	粒状	7.2	5.1	0.14	0.25	11.1	≤1.0	64	3.1			
剖12	初育土	石灰(岩)土	棕色石灰土	棕色石灰土	粗骨性棕色石灰土	A	0–10	棕色	中壤土		7.5	13.4							石灰岩	E 117°29′54.2″ N 31°41′35.3″	74
						C	10–30		轻壤土		8.0										

续表 Continued

剖面号 Soil profile	土纲 Soil order	土类 Soil great group	亚类 Soil subgroup	土属 Soil genus	土种 Soil species	土层码 Layer code	土层厚度 Depth/cm	颜色 Soil color	质地 Soil texture	土壤结构 Soil structure	pH	有机质 OM/(g/kg)	全氮 TN/(g/kg)	全磷 TP/(g/kg)	全钾 TK/(g/kg)	有效磷 AP/(mg/kg)	速效钾 AK/(mg/kg)	阳离子交换量CEC/(cmol/kg)	土壤母质 Parent material	剖面点坐标 Profile coordinate	匹配指数 Matching index/%
剖13	人为土	水稻土	潜育水稻土	黄白土田	鳝血黄白土田	A	0—17	淡灰色	壤土	屑粒状	6.9	23.5	1.60	0.92	12.9	25.0	94	19.4	下蜀黄土	E 117°28′20.5″ N 31°38′54.5″	81
						Ap	17—22	淡灰色	黏质黏土	块状	7.2	13.1	1.03	1.01	13.7	26.0	83	15.4			
						W	22—100	淡黄色	壤质黏土	棱柱状	7.2	5.3	0.47	0.86	14.9			17.7			
剖14	人为土	水稻土	潜育水稻土	黄白土田	油白土田	A	0—17	灰白色	中壤	团粒状	6.9	23.5	1.60	0.92	12.9	25.0	94	19.4	下蜀黄土	E 117°30′45.4″ N 32°10′29.8″	95
						P	17—22	灰白色	中壤	块状	7.2	13.1	1.03	1.01	13.7	26.0	83	15.4			
						W	22—100	淡黄色	中壤	棱柱状	7.2	5.3	0.47	0.86	14.9			17.7			
剖15	人为土	水稻土	潜育水稻土	砂泥田	砂底黏盘田	A	0—14	淡灰黄色	轻黏土	屑粒状	6.0	9.7	0.66	0.16	14.6	13.0	72	9.0	河流冲积物	E 117°31′51.4″ N 32°08′03.5″	95
						P	14—22	淡灰黄色	中壤	块状	6.5	5.4	0.41	0.12	14.5	10.0	41	14.4			
						Bv	22—62	淡灰黄色	中壤	棱块状	6.9	3.7	0.76	≤0.10	14.7			12.3			
						S	62—100	暗黄色	砂土	屑粒状	7.1	3.1	0.41	0.12	16.1			2.8			
剖16	人为土	水稻土	潜育水稻土	青马肝田	次生潜育青马肝田	Ag	0—12	淡灰色	重壤土	粒状	5.9	16.3	0.98	0.23	18.6	7.0	118	34.3	下蜀黄土	E 117°42′38.4″ N 32°05′04.6″	95
						Pg	12—33	青灰色	黏土	糊状	7.0	10.0	0.69	0.21	20.3	3.0	141	28.2			
						Bv₁	33—55	灰灰棕色	黏土	棱块状	6.6	9.6	0.65	0.13	20.0			27.0			
						Bv₂	55—100	灰灰棕色	重壤土	棱块状	6.8	5.0	0.85	0.29	20.0			24.7			
剖17	人为土	水稻土	潜育水稻土	马肝田	瘦马肝田	A	0—13	灰黄色	重壤土	粒状	6.8	13.2	1.01	0.22	15.7	3.0	6	25.3	下蜀黄土	E 117°38′51.6″ N 32°05′44.2″	95
						P	13—20	淡黄色	中壤	块状	7.5	9.7	0.68	0.16	16.4	3.0	115	22.5			
						W	20—50	淡黄色	重壤土	棱柱状	7.7	5.6	0.80	0.13	16.5			34.1			
						Bv	50—100	淡黄色	黏土	棱块状	7.7	3.0	0.53	0.13	15.9			30.2			
剖18	淋溶土	黄褐土	黏盘黄褐土	黄白土	上位黏盘黄白土	A	0—13	暗黄色	中壤	粒状	5.7	13.4	0.86	0.14	12.3	6.0	124	18.6	下蜀黄土	E 117°38′05.1″ N 32°04′29.1″	80
						P	13—25	淡黄色	黏土	块状	7.0	10.1	0.65	0.12	12.9	3.0	115	22.8			
						Bv₂	25—100	暗黄色	黏土	棱块状	7.4	6.1	0.39	0.17	16.1			30.6			
剖19	人为土	水稻土	漂洗水稻土	白土田	白土田	A	0—12	灰白色	轻壤土	粒状	6.0	7.8	0.78	0.19	15.2	3.0	41	4.8	下蜀黄土剥蚀物、堆积物	E 117°42′09.9″ N 32°03′36.2″	95
						Ae	0—12	浅灰白色	中壤	团粒状	6.4	5.7	0.67	0.17	15.2	3.0	41	13.8			
						Pe	12—22	暗黄棕色	重壤土	棱块状	6.7	5.3	0.45	0.25	19.2			12.7			
						W	22—56	浅灰棕色	重壤土	棱块状	7.2	3.3	0.38	0.18	18.8			25.6			
剖20	人为土	水稻土	潜育水稻土	马肝田	鳝血黄黄	A	0—13	灰黄色	黏土	屑粒状	6.4	21.1	1.25	0.34	15.2	3.0	128	25.3	下蜀黄土	E 117°38′51.6″ N 32°05′44.2″	95
						P	13—21	棕灰色	黏土	块状	6.8	15.9	0.94	0.31	15.2	3.0	139	26.8			
						W	21—43	淡灰黄色	黏土	棱柱状	7.7	8.8	0.49	0.30	15.6			25.4			
						Bv	43—100	暗黄棕色	中壤	小块状	7.8	3.2	0.50	0.21	14.6			23.1			
剖21	人为土	水稻土	潜育水稻土	黄白土田	砂心砂泥田	A	0—16	灰白色	轻壤土	屑粒状	6.1	14.9	0.90	0.25	23.3	3.0	115	11.8	河流冲积物	E 117°36′51.8″ N 31°56′50.6″	95
						P	16—26	暗黄棕色	重壤土	块状	7.7	6.4	0.38	0.18	25.0	3.0	82	13.7			
						S	26—68	淡黄棕色	砂土	粒状	7.2	4.3	0.36	0.12	34.3			25.4			
						C	68—100	灰灰白色	砂土	屑粒状	7.4	2.3	≤0.10	0.24	15.1			5.4			
剖22	人为土	水稻土	潜育水稻土	黄白土田	黄白土田	A	0—14	暗黄色	中壤	屑粒状	5.6	15.2	0.93	0.27	13.6	8.0	31	24.2	下蜀黄土	E 117°37′43.0″ N 31°58′20.4″	95
						P	14—24	淡黄色	重壤土	块状	6.1	5.2	0.52	0.12	16.8	3.0	42	12.3			
						Bv	24—100	淡黄棕色	重壤土	棱柱状	7.3	7.9	0.59	0.13	14.4			17.4			
剖23	人为土	水稻土	潜育水稻土	砺石砂泥田	砺砂田	A	0—16	暗黄棕色	轻壤土	屑粒状	6.3	6.6	0.92	0.21	24.2	4.0	63	14.6	花岗岩残积物、坡积物	E 117°39′25.0″ N 31°57′41.6″	95
						P	16—24	暗黄棕色	砂壤	块状	6.5	12.5	1.01	0.46	22.6	15.0	62	12.5			
						W	24—50	淡黄棕色	砂壤	棱柱状	6.8	7.8	0.51	0.39	23.4			20.3			
						Bv	50—100	淡棕黄色	砂壤	棱块状	5.0	5.2	0.49	0.31	22.5			19.0			
剖24	淋溶土	黄棕壤	黄棕壤性土	黄棕壤性扁石土	薄层黄棕壤性扁石土	A	0—10	淡黄色	砂壤土	粒状	5.4	11.8	0.68	≤0.10	20.8	≤3.0	61	19.7	泥质岩类残积物、坡积物	E 117°42′23.3″ N 31°57′17.5″	75
						C	10—21	淡黄色	砂壤土	片状	5.8	9.2	0.62	≤0.10	21.3	≤1.0	30	18.0			
剖25	人为土	水稻土	淹育水稻土	浅麻石砂泥田	浅麻砂田	A	0—17	暗黄棕色	砂壤土	粒状	5.8	8.0	0.84	0.28	33.4	2.0	31	9.1	酸性结晶岩类坡积物	E 117°33′45.0″ N 31°51′16.0″	95
						P	17—29	淡棕色	砂壤土	团状	6.1	5.5	0.51	0.24	33.7			16.3			
						C	29—100	黄棕色	砂壤土	粒状	7.0	2.2	0.19	0.24	33.1	≤1.0	31	14.9			

续表 Continued

剖面号 Soil profile	土纲 Soil order	土类 Soil great group	亚类 Soil subgroup	土属 Soil genus	土种 Soil species	土层码 Layer code	土层厚度 Depth/cm	颜色 Soil color	质地 Soil texture	土壤结构 Soil structure	pH	有机质 OM/(g/kg)	全氮 TN/(g/kg)	全磷 TP/(g/kg)	全钾 TK/(g/kg)	有效磷 AP/(mg/kg)	速效钾 AK/(mg/kg)	阳离子交换量CEC/(cmol/kg)	土壤母质 Parent material	剖面点坐标 Profile coordinate	匹配指数 Matching index/%
剖26	淋溶土	黄棕壤	普通黄棕壤	麻石黄棕壤	石灰性麻石黄棕土	A		暗棕灰色	中壤土		6.8	16.9	1.21						酸性结晶岩类风化坡积物、残积物	E 117°34′55.4″ N 31°50′41.6″	95
						P				块状	7.0										
						B					7.3										
						C					7.0										
剖27	人为土	水稻土	潴育水稻土	砂泥田	砂泥田	A	0–15	灰黄色	砂壤土	粒状	7.0	6.0	0.36	0.20	20.4	2.0	62	12.3	河流冲积物	E 117°30′19.6″ N 31°51′50.7″	95
						P	15–24	淡灰黄色	砂壤土	片状	7.0	5.1	0.30	0.20	20.1	2.0	41	13.9			
						Bv	24–52	暗黄黄色	砂壤土	棱块状	7.3	4.2	0.25	0.25	20.6			13.1			
						C	52–100	黄棕色	轻壤土	块状	7.0	3.2	0.19	0.16	19.9			14.9			
剖28	人为土	水稻土	潜育水稻土	青钙泥田	高位潜育底青钙泥田	Ag	0–17	淡灰色	重壤土	粒状	8.1	24.8	1.56	0.63	20.5	12.0	117	28.6	石灰岩类坡积物、洪积物	E 117°39′47.4″ N 31°53′31.4″	95
						G	17–27	深灰色	重壤土	糊状	8.2	16.7	1.17	0.61	20.4	13.0	117	27.0			
						W	27–56	灰灰色	中壤土	棱柱状	8.2	10.1	0.63	0.46	19.7			26.2			
						S	56–100	黄棕色	砂土	粒状	7.4	4.1	0.21	0.51	18.2			3.4			
剖29	淋溶土	黄棕壤	普通黄棕壤	麻石黄棕壤	麻石黄棕土	A	0–14	暗黄棕色	砂壤土	粒状	6.4	9.9	0.67	0.32	35.0	22.0	41	6.7	酸性结晶岩类坡积物、残积物	E 117°33′12.6″ N 31°47′48.0″	75
						P	14–20	淡棕色	砂壤土	粒状	6.4	5.9	0.40	0.28	32.9	18.0	31	17.3			
						Bv	20–40	淡黄棕色	砂壤土	粒状	6.8	4.3	0.37	0.21	25.9			20.0			
						C	40–70	淡棕色	砂土	片状	6.0	3.9	0.26	0.21	19.1			21.9			
剖30	人为土	水稻土	潴育水稻土	马肝田	马肝田	A	0–14	淡棕灰色	重壤土	屑粒状	6.6	14.7	1.14	0.22	20.4	3.0	≤5	25.0	下蜀黄土	E 117°35′57.1″ N 31°48′59.0″	95
						P	14–22	暗灰黄色	黏土	块柱状	7.1	9.9	0.90	0.21	17.2	3.0	≤5	29.1			
						W	22–43	灰黄色	黏土	棱柱状	7.5	4.3	0.40	0.13	20.3			29.4			
						Bv	43–100	淡黄色	重壤土	棱块状	7.6	2.9	0.48	0.34	23.6			23.9			
剖31	人为土	水稻土	淹育水稻土	浅马肝田	浅黄马肝田	A	0–12	淡黄色	重壤土	粒状	6.0	10.5	0.78	0.17	20.9	2.0	115	28.9	下蜀黄土	E 117°31′53.9″ N 31°47′10.7″	95
						P	12–18	淡棕色	黏土	块状	7.4	5.1	0.51	0.13	21.0	4.0	140	38.2			
						Bv	18–100	淡棕色	黏土	棱块状	7.2	5.4	0.40	0.15	18.8			33.1			
剖32	初育土	石灰（岩）土	红色石灰土	红色石灰土	厚层红黄色石灰土	A	0–21	棕红色	中壤土	粒状	6.8	13.2	1.07			3.0	51		碳酸岩类残积物、坡积物	E 117°33′04.9″ N 31°47′03.0″	74
						Bv	21–95	棕红色	重壤土	棱块状	6.8										
						C	95–				6.8										
剖33	人为土	水稻土	潜育水稻土	青砂泥田	高位潜育青砂泥田	A	0–14	棕色	中壤土	粒状	7.2	21.3	1.09	0.32	24.2	7.0	83	11.7	河流冲积物	E 117°30′19.1″ N 31°42′48.2″	95
						Pg	14–24	棕色	中壤土	糊状	7.3	19.4	1.28	0.32	23.3	8.0	94	21.4			
						G	24–42	蓝棕色	重壤土	糊状	7.6	16.5	1.07	0.24	22.4			20.5			
						Bv	42–100	暗棕色	重壤土	棱块状	6.2	14.7	0.98	0.25	20.8			14.8			
剖34	淋溶土	黄褐土	黏盘黄褐土	黄白土	夏岗白土	Ae	0–15	灰白色	壤土	粒状	6.0	3.4	0.57	0.15	12.8	≤1.0	72	3.2	下蜀黄土	E 117°47′05.6″ N 32°11′42.7″	95
						Ape	15–22	灰白色	黏壤土	块状	6.2	4.1	0.31	0.12	13.7	3.0	31	11.0			
						Bv	22–65	灰黄色	壤质黏土	棱块状	7.1	4.9	0.33	0.13	19.9			28.7			
						Bvt	65–100	褐黄色	壤质黏土	棱块状	7.3	4.1	0.35	0.12	16.5			17.8			
剖35	人为土	水稻土	潜育水稻土	青湖泥田	高位潜育青湖泥田	A	0–14	灰灰色	黏土	粒状	5.6	32.7	1.83	0.34	18.4	3.0	122	29.8	湖相沉积物	E 117°47′42.7″ N 32°06′07.5″	95
						Pg	14–22	淡灰色	黏土	块状	6.2	25.4	1.47	0.21	19.1	≤1.0	126	30.9			
						G	22–67	青灰色	黏土	糊状	6.6	22.2	1.30	0.18	19.5			24.9			
						C	67–100	暗灰棕色	重壤土	棱块状	7.1	7.6	0.59	0.20	17.4			23.0			

肥 西 县

主要土类说明

水稻土是肥西县分布最广、面积最大的一个土类，占本县地域面积的68%，广泛分布于岗塝冲地区的台田、塝田和冲田以及圩区的圩畈田。人们因地制宜地在不同起源的土壤类型上挖沟筑堤、修建梯田，实行季节性排灌。土体的发生发育处于氧化还原交替过程，人为地创造了还原淋溶和氧化淀积的物质移动条件，形成了水稻土所特有的诊断层。水稻土形成过程主要由水耕施肥和还原淋溶、氧化淀积等方面组成。水耕施肥包括平田垫土、翻耕耘耥及施用肥料，特别是施用有机肥料。还原淋溶和氧化淀积包括机械淋溶、还原淋溶、络合和铁解作用等。机械淋溶是黏粒随水沿孔隙的机械迁移，被溶解的物质主要是钾、钙和镁等，尤其是钾，由表土层至底土层，全钾、速效钾含量渐增。还原淋溶主要是指变价元素由高价变为低价的迁移，其中主要是铁、锰，还有钴、镍等。络合则是叠加于还原作用之上并有加强铁锰淋溶的作用；铁解作用是指氧化还原交替条件下，黏粒分解破坏以及铝进入黏土矿物间层的过程。

黄褐土是肥西县第二大土壤类型，占本县地域面积的19%。本县地处北亚热带，黄褐土由较细粒的黄土状母质发育而成，多组成丘岗。该土壤土体中游离碳酸钙已不复存在，呈灰黄棕色，具A-B-C或A-Bt-C剖面构型。在底部可散见圆形石灰结核。土壤黏化淀积明显，B层黏聚，有时呈黏盘，黏粒硅铝率在3.0左右。表层pH为6.0—6.8，底层pH为7.5，盐基饱和度由表层向底层逐渐趋向饱和。

紫色土是肥西县第三大土壤类型，占本县地域面积的4%，呈条带状分布于本县丘陵地带。其成土母质为红紫色页岩、灰紫色粗面质凝灰岩、凝灰角砾岩等风化残积物、坡积物。成土过程中以物理风化为主，化学风化为辅。所形成的土壤颜色、粒度等方面都不同程度地保留了原母岩的特征。土体薄，多属A-C或A-D型。土体处于幼年发育阶段，土壤颜色有紫红色、灰紫色、暗紫色、紫色等，质地为轻壤土至中壤土。由于长期受雨水淋洗，岩石虽有石灰反应，但形成的土壤无石灰反应。pH为6.5—7.0，阳离子交换量在10 cmol/kg左右。本县紫色土仅有中性紫色土一个亚类。

本区域中心区气候特征

本区域中心区气候特征值
Regional climate characteristics in central area of the region

气候带：北亚热带湿润气候 Climate region: North subtropical humid climate	
年平均气温 /℃ Annual average temperature /℃	15.8
年平均最高气温 /℃ Annual average maximum temperature /℃	20.4
年平均最低气温 /℃ Annual average minimum temperature /℃	12.1
年降水量 /mm Annual precipitation /mm	1068
≥10℃的积温 /℃ Daily temperature accumulated in a year（≥10℃）/℃	5776
年日照时数 /h Annual sunshine /h	1889
年平均相对湿度 /% Annual average relative humidity /%	77
干燥度 Dryness	0.89

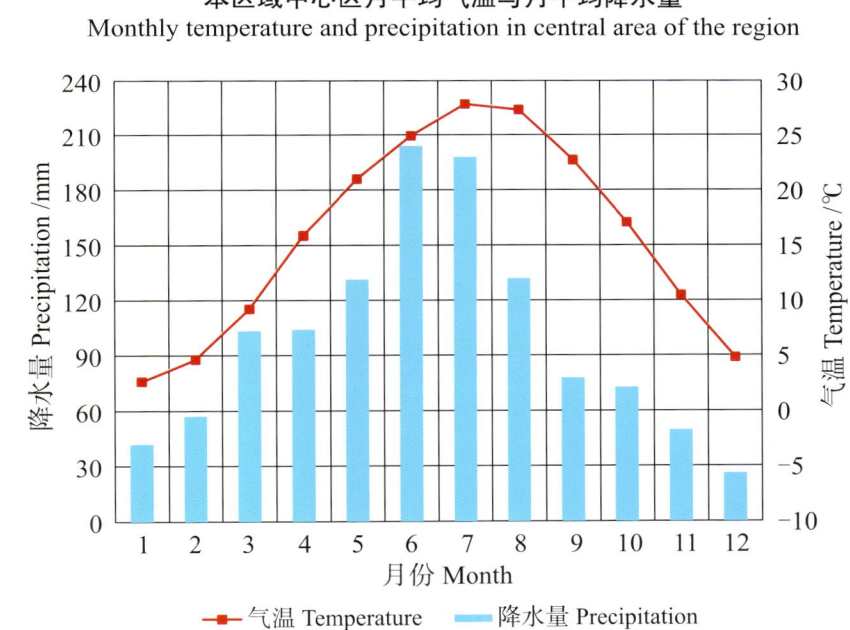

本区域中心区月平均气温与月平均降水量
Monthly temperature and precipitation in central area of the region

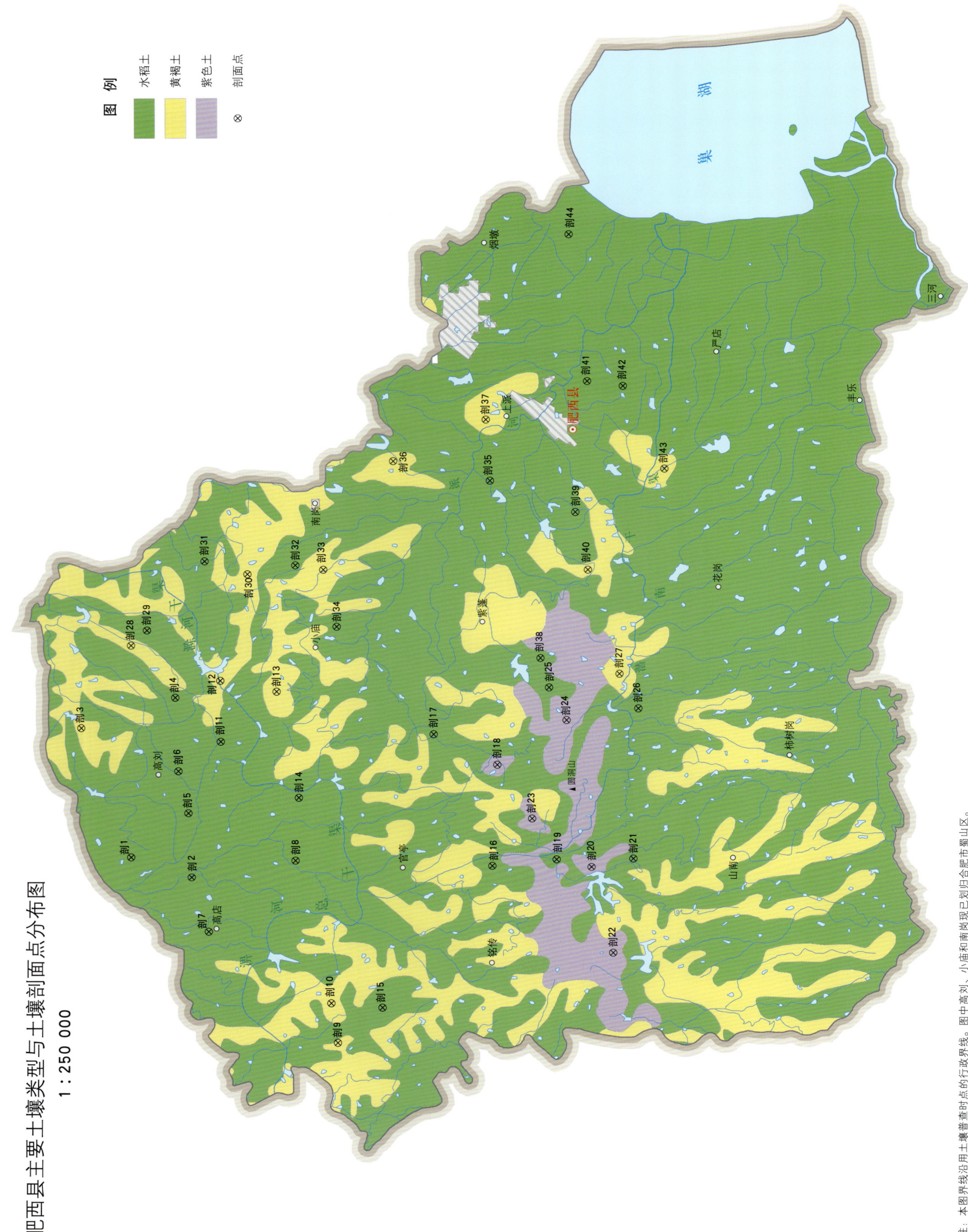

肥西县土壤剖面理化性状表

剖面号 Soil profile	土纲 Soil order	土类 Soil great group	亚类 Soil subgroup	土属 Soil genus	土种 Soil species	土层码 Layer code	土层厚度 Depth/cm	颜色 Soil color	质地 Soil texture	土壤结构 Soil structure	pH	有机质 OM/(g/kg)	全氮 TN/(g/kg)	全磷 TP/(g/kg)	全钾 TK/(g/kg)	有效磷 AP/(mg/kg)	速效钾 AK/(mg/kg)	阳离子交换量 CEC/(cmol/kg)	土壤母质 Parent material	剖面点坐标 Profile coordinate	匹配指数 Matching index/%
剖1	人为土	水稻土	潴育水稻土	马肝田	上位黏盘马肝田	A	0—16	棕黄色	轻黏土	小块状	5.6	17.2	1.17	0.42	17.1	10.0	142	18.0	下蜀黄土	E 116°52′25.8″ N 31°56′59.1″	95
						P	16—23	棕黄色	轻黏土	块状	6.1	13.6	0.85	0.45	17.4	10.0	145	20.0			
						W	23—46	黄棕色	轻黏土	棱块状	6.6	4.6	0.36	0.23	13.2	≤1.0	162	22.0			
						Bv₂	46—120	棕褐色	轻黏土	棱柱状	6.6	5.2	0.39	0.21	18.4	≤1.0	140	23.0			
剖2	人为土	水稻土	潴育水稻土	砂泥田	砂底砂泥田	A	0—16	黄灰色	重黏土	小块状	5.4	23.6	1.72	0.31	22.1	3.0	59	16.9	河流冲积物、湖相沉积物	E 116°51′38.3″ N 31°55′00.7″	95
						P	19—22	黄灰色	重黏土	块状	5.5	24.9	1.52	0.28	16.5	6.0	58	16.6			
						W	22—43	黄灰色	重黏土	棱块状	6.7	9.6	0.62	0.20	18.8	5.0	52	16.1			
						Bv	43—60	灰黄色	轻黏土	棱块状	6.7	5.6	0.40	0.18	29.4	9.0	70	16.6			
						S	60—115	浅灰黄色	砂黏土	无结构	6.7	2.9	0.22	0.42	19.2	≤1.0	42	8.6			
剖3	淋溶土	黄褐土	黏盘黄褐土	马肝土	上位黏盘马肝土	A	0—14	黄棕色	重黏土	屑粒状	5.1	13.3	0.84	0.34	16.5	4.0	118		下蜀黄土	E 116°57′32.5″ N 31°58′36.1″	92
						P	14—21	棕褐色	轻黏土	块状	5.4	8.9	0.64	0.20	18.0	2.0	97				
						Bv₂	21—50	棕褐色	中黏土	棱块状	6.1	7.9	0.51	0.20	19.6	3.0	114				
剖4	人为土	水稻土	潴育水稻土	马肝田	马肝田	A	0—15	灰黄色	重黏土	小块状	4.5	19.0	1.50	0.28	16.8	8.0	103	24.0	下蜀黄土	E 116°58′44.5″ N 31°55′33.4″	95
						P	15—23	棕黄色	重黏土	块状	4.8	14.0	1.20	0.33	15.2	9.0	160	24.0			
						W	23—55	棕褐色	重黏土	棱块状	6.8	6.4	0.90	0.18	15.3	3.0	95	28.0			
						Bv	55—74	棕褐色	轻黏土	棱块状	6.1	6.0	0.91	0.19	25.9	2.0	89	19.0			
						C	74—120	灰黄色	轻黏土	棱柱状	6.3	5.5	0.46	0.42	27.5	2.0	78				
剖5	人为土	水稻土	漂洗水稻土	漂马肝田	白土心田	Aa	0—16	灰黄色	黏土	小块状	5.7	13.1			14.6	3.0	56	12.2	下蜀黄土	E 116°54′11.7″ N 31°55′07.7″	95
						Ap	16—24	灰黄色	黏土	碎块状	6.5	6.6			14.4	8.0	50	11.4			
						E	24—49	灰色	黏质土	块状	6.5	3.7			13.8	3.0	54	9.5			
						C	49—100	灰黄色	增质黏土	棱块状	6.4	3.6			15.1		64	15.2			
剖6	人为土	水稻土	潴育水稻土	马肝田	下位黏盘马肝田	A	0—17	黄黄色	重黏土	小块状	5.8	13.6	0.79	0.19	16.8	5.0	87	18.0	下蜀黄土	E 116°58′51.1″ N 31°55′27.2″	95
						P	17—23	黄黄色	重黏土	棱块状	6.6	8.9	0.55	0.19	14.6	≤1.0	94	16.0			
						W	23—58	黄棕色	重黏土	棱块状	6.6	9.6	0.64	0.18	18.0	≤1.0	142	26.0			
						Bv₂	58—100		重黏土	棱柱状	6.8	6.4	0.42	0.18	19.3	≤1.0	141	25.0			
剖7	人为土	水稻土	潴育水稻土	黄白土田	弱次潜黄白土田	A	0—20	青灰色	黏土	无结构	5.2	17.3	0.88	0.18	15.3	3.0	78	12.0	下蜀黄土	E 116°49′29.4″ N 31°54′27.4″	95
						Pg	20—30	青灰色	中黏土	块状	5.9	15.5	≤0.10	≤0.10	14.9	≤1.0	68	13.0			
						W	30—78	黄黄色	中黏土	棱块状	6.1	5.8	0.12	0.12	15.2	≤1.0	67	13.0			
						Bv	78—120	浅黄黄色	轻黏土	棱柱状	6.7	3.4	0.14	0.14	15.0	≤1.0	71				
剖8	人为土	水稻土	潴育水稻土	马肝田	弱次潜马肝田	A	0—17	浅黄棕色	黏土	块状	6.0	21.2	1.31		15.3	3.0	151	28.0	下蜀黄土	E 116°52′19.1″ N 31°51′39.4″	95
						P	17—25	青灰色	中黏土	黏粒状	6.5	18.3	1.07	0.21	16.4	2.0	173	26.0			
						W	25—65	黄黄色	轻黏土	棱块状	6.4	9.7	0.54	0.20	16.4	3.0	149	20.0			
						Bv	65—100	黄棕色	轻黏土	棱柱状	6.5	8.8	0.51	0.18	13.2	2.0	145	20.0			
剖9	淋溶土	黄褐土	黏盘黄褐土	黏盘黄褐土	夹砂黏盘黄褐土	A	0—12	黄棕色	重黏土	小块状	6.1	14.5	0.60	0.34	14.6	≤1.0	96	19.0	下蜀黄土	E 116°45′08.3″ N 31°50′15.1″	78
						Bv	12—45	棕棕色	轻黏土	棱块状	6.3	11.4	0.55	0.32	16.3	≤1.0	91	17.0			
						Bv₂	45—100	灰黄棕色	轻黏土	棱柱状	6.3	8.3	0.48	0.14	16.9	≤1.0	117	22.0			
剖10	淋溶土	黄褐土	黏盘黄褐土	马肝土	马肝土	A	0—17	灰黄色	重黏土	小块状	5.7	10.8	0.79	0.32	14.6	6.0	98	17.0	下蜀黄土	E 116°46′41.0″ N 31°50′28.3″	92
						Bv	17—26	黄棕色	重黏土	块状	6.1	8.8	0.61	0.14	16.3	≤1.0	90	28.0			
						C	26—70	灰黄棕色	重黏土	块状	6.4	3.4	0.36	0.27	16.9	≤1.0	165	26.0			
							70—120	灰黄色	重黏土	小块状	6.9	2.7	0.32	0.24	14.5	4.0	156	14.0			
剖11	人为土	水稻土	潴育水稻土	黄白土田	上位黏盘黄白土田	A	0—17	灰黄色	重黏土	小块状	5.0	18.4	1.05	0.17	14.4	3.0	43	16.0	下蜀黄土	E 116°57′00.9″ N 31°54′05.0″	95
						P	17—25	灰黄色	重黏土	块状	5.9	12.4	0.69	0.16	15.3	2.0	73	13.0			
						W	25—42	灰黄色	重黏土	棱块状	6.3	4.5	0.36		20.0	≤1.0	76	22.0			
						Bv₂	42—120	黄黄棕色	轻黏土	棱柱状	6.2	3.8	0.37				153				

续表 Continued

剖面号 Soil profile	土纲 Soil order	土类 Soil great group	亚类 Soil subgroup	土属 Soil genus	土种 Soil species	土层码 Layer code	土层厚度 Depth/cm	颜色 Soil color	质地 Soil texture	土壤结构 Soil structure	pH	有机质 OM/(g/kg)	全氮 TN/(g/kg)	全磷 TP/(g/kg)	全钾 TK/(g/kg)	有效磷 AP/(mg/kg)	速效钾 AK/(mg/kg)	阳离子交换量CEC/(cmol/kg)	土壤母质 Parent material	剖面点总坐标 Profile coordinate	匹配指数 Matching index/%
剖12	淋溶土	黄褐土	黏盘黄褐土			1	0—15	棕黄色	重壤土	棱块状	5.9									E 116°59′24.1″ N 31°54′06.2″	71
						2	15—35	棕黄色	重壤土	棱柱状	6.2										
						3	35—100	暗棕黄色	轻黏土	棱柱状	6.5										
剖13	淋溶土	黄褐土	黏盘黄褐土	马肝土	夹砂黏盘马肝土	A	0—9	棕黄色	重壤土	屑粒状	5.7	15.4	0.96	0.30	18.4	5.0	194	17.0	下蜀黄土	E 116°58′58.9″ N 31°52′16.5″	92
						P	9—13	棕黄色	轻黏土	块状	5.6	13.6	0.92	0.27	16.8	5.0	124	24.0			
						Bv	13—25	暗棕色	重黏土	棱柱	6.1	8.5	0.55	0.18	16.4	2.0	105	30.0			
						Bv₂	25—100	暗棕色	轻黏土	棱柱状	6.4	6.7	0.42	0.20	17.3	4.0	96				
剖14	人为土	水稻土	漂洗水稻土	漂马肝田	高庄白土田	Aae	0—18	淡黄色	壤土	小块状	6.5	6.0	0.40	0.40	17.3	3.0	42	6.6	黄褐土测蚀再积物	E 116°54′48.7″ N 31°51′33.0″	95
						Ape	18—28	淡黄色	壤土	小块状	7.2	7.0	0.40	0.30	11.5	≤1.0	34	8.8			
						E	28—62	淡灰色	壤土	棱柱状	7.5	4.6	0.30	0.30	10.9	≤1.0	42	19.0			
						C	62—100	淡棕色	黏土	棱块状	7.9	2.6	0.30	0.30	14.4	≤1.0	62				
剖15	人为土	水稻土	潜育水稻土	青马肝田	强次潜马肝田	A	0—16	灰灰色	轻黏土	小块状	6.0	21.7	1.24	0.24	16.6	4.0	122	23.0	下蜀黄土	E 116°46′31.0″ N 31°48′49.0″	95
						Pg	16—22	青灰色	轻黏土	糊状	6.3	16.5	0.99	0.30	17.5	7.0	140	22.0			
						G	22—58	青灰色	重壤土	糊状	7.3	2.7	0.41	0.28	16.2	4.0	84	17.0			
						Bv	58—100	黄灰色	轻黏土	棱块状	6.9	10.0	0.78	0.30	16.8	6.0	125	20.0			
剖16	人为土	水稻土	潜育水稻土	紫砂泥田	弱次潜紫砂泥田	A	0—20	红紫色	轻黏土	屑粒状	5.8	18.5	0.91	0.25	18.4	3.0	98	1.5		E 116°52′07.5″ N 31°45′16.2″	95
						P	20—30	青灰色	重壤土	块状	5.8	15.9	0.70	0.19	18.5	3.0	109	1.3			
						W	30—71	灰紫色	重壤土	块状	5.8	6.4	0.54	0.17	13.5	2.0	88	9.4			
						Bv	71—120	红紫色	重壤土	块状	6.2	3.8	0.34	0.14	17.3	2.0	58				
剖17	人为土	水稻土	潜育水稻土	马肝田	夹砂马肝田	A	0—16	浅红紫色	重壤土	小块状	5.4	21.8	1.23	0.35	19.4	4.0	99	14.9	下蜀黄土	E 116°57′18.7″ N 31°47′11.2″	95
						P	16—24	浅红紫色	重壤土	棱块状	6.4	14.3	0.82	0.33	18.8	3.0	99	15.8			
						W	24—65	黄棕色	重壤土	棱块状	7.1	4.8	0.41	0.28	18.8	2.0	92	25.4			
						Bv	65—115	浅灰黄色	重壤土	棱块状	7.1	3.6	0.44	0.18	17.6	≤1.0	162				
剖18	初育土	紫色土	中性紫色土	猪血砂土	厚层猪血砂土	A	0—15	黄灰色	中壤土	屑粒状	6.1	11.8	0.66	0.22	16.4	3.0	75	12.0	紫色砂岩、砂页岩、砂砾岩风化物	E 116°56′07.1″ N 31°45′07.1″	75
						Bv	15—22	深黄灰色	中壤土	块状	6.0	12.9	0.35	0.19	18.4	≤1.0	63	13.0			
						C	22—67	黄棕色	中壤土	棱柱状	6.5	6.1	0.42	0.13	16.2	≤1.0	68				
剖19	人为土	水稻土	潜育水稻土	紫砂泥田		A	0—19	棕红色	中壤土	屑粒状	5.3	13.4	0.74	0.16	18.1	4.0	56	8.5		E 116°52′23.6″ N 31°43′11.2″	95
						P	19—29	红紫色	中壤土	棱块状	6.0	9.0	0.59	0.12	17.6	2.0	38	11.0			
						W	29—72	红紫色	中壤土	棱块状	7.0	2.5	0.28	0.13	18.4	3.0	53	8.6			
						Bv	72—120	红紫色	中黏土	棱块状	6.9	1.3	0.17	≤0.10	16.3	2.0	44				
剖20	初育土	紫色土	中性紫色土	猪血砂土	薄层紫血砂土	A	0—14	红紫色	砂壤土	屑粒状	6.2	13.4	0.68	0.18	15.2	5.0	50	10.0		E 116°52′05.1″ N 31°42′03.6″	75
						C	14—30	浅灰黄色	砂壤土	无结构	6.5	25.7	1.37	0.21	14.6	2.0	94	16.0			
剖21	人为土	水稻土	潜育水稻土	黄白土田	黑黏底黄白土田	A	0—19	深黄灰色	重壤土	小块状	5.2	28.0	1.40	0.34	22.7	6.0	148	17.0		E 116°52′25.6″ N 31°40′42.2″	95
						P	19—29	黄灰色	重壤土	棱块状	5.7	9.8	0.63	0.28	15.8	3.0	64	19.0			
剖22	初育土	紫色土	中性紫色土	紫砂土	薄层紫砂土	A	0—10	浅红紫色	中壤土	屑粒状	6.9	10.0	0.70	0.20	15.5	2.0	52	12.0	紫色砂岩、砂页岩、砂砾岩风化物	E 116°48′42.8″ N 31°41′21.3″	95
						C	10—16	浅红紫色	中壤土	小块状	6.5	11.5	0.56	0.19	14.7	7.0	52	12.0			
剖23	初育土	紫色土	中性紫色土	猪血砂土	中层猪血砂土	P	15—23	浅红紫色	中壤土	棱块状	6.8	5.6	0.19	0.31	13.2	3.0	44		紫色砂岩、砂页岩坡积物、残积物	E 116°53′59.9″ N 31°43′59.5″	95
						Bv	23—36	紫色	轻壤土	无结构	6.0	8.9	0.57	0.42	20.0	59.0	6	8.7			
						C	36—70	紫色	轻壤土	块状	6.0	28.3	1.27	0.26	20.0	58.0	6				
剖24	初育土	紫色土	中性紫色土	紫砂土	中层紫砂土	A	0—13	紫灰色	轻壤土	棱块状		24.0	1.04						紫色砂岩、砂砾岩坡积物、残积物	E 116°57′52.3″ N 31°42′52.6″	95
						Bv	13—45	紫灰色	轻壤土	棱块状											
						C	45—		轻壤土	棱块状											

续表 Continued

剖面号 Soil profile	土纲 Soil order	土类 Soil great group	亚类 Soil subgroup	土属 Soil genus	土种 Soil species	土层码 Layer code	土层厚度 Depth/cm	颜色 Soil color	质地 Soil texture	土壤结构 Soil structure	pH	有机质 OM/(g/kg)	全氮 TN/(g/kg)	全磷 TP/(g/kg)	全钾 TK/(g/kg)	有效磷 AP/(mg/kg)	速效钾 AK/(mg/kg)	阳离子交换量CEC/(cmol/kg)	土壤母质 Parent material	剖面点坐标 Profile coordinate	匹配指数 Matching index/%
剖25	人为土	水稻土	漂洗水稻土	白马肝田	白土心白土田	A	0—16	灰黄色	重壤土	小块状	5.7	13.1	0.22		14.7	3.0	56	12.2	下蜀黄土	E 116° 59′ 08.5″ N 31° 43′ 26.8″	95
						P	16—24	灰黄色	重壤土	块状	5.5	6.6	0.16		14.4	8.0	50	11.4			
						E	24—39	浅黄色	重壤土	棱块状	6.0	3.7	0.18		13.9	3.0	54	9.5			
						Bv	39—55	棕褐色	重壤土	棱块状	6.4	3.6	0.19		15.2	2.0	64	10.2			
						C	55—115	棕褐色	轻黏土	屑粒状	6.8	5.3	0.46		19.4	7.0	150	24.0			
剖26	人为土	水稻土	漂洗水稻土	白土田	中层白土田	Ae	0—19	灰白色	中壤土	块状	6.0	11.8	0.71		16.7	2.0	56	8.9	沟滏堆积物	E 116° 58′ 19.5″ N 31° 40′ 33.2″	95
						Pe	19—28	灰黄色	中壤土	块状	7.2	5.0	0.38	0.13	13.1	3.0	54	10.0			
						E	28—56	灰黄色	重壤土	块状	7.3	3.4	0.31	0.13	14.4	2.0	62	12.0			
						Bv	56—100	黄黄色	轻壤土	棱柱状	7.3	4.9	0.47	0.16	17.2	2.0	81				
剖27	淋溶土	黄褐土	黏盘黄褐土	黏盘黄褐土	下位黏盘黄褐土	A	0—17	灰黄色	中壤土	块状	5.7	22.1	1.02	0.16	14.8	2.0	86	20.8	下蜀黄土	E 116° 59′ 40.4″ N 31° 41′ 10.0″	78
						Bv	17—59	黄棕色	中壤土	棱柱状	6.0	13.0	0.68	0.21	13.6	≤1.0	78	23.3			
						Bv₂	59—100	棕褐色	重壤土	棱柱状	6.8	7.6	0.48	0.13	14.8	2.0	106				
剖28	淋溶土	黄褐土	黏盘黄褐土	黄黏土	上位黏盘黄白土	A	0—15	黄黄色	中壤土	小块状	6.3	10.8	0.50	0.16	12.6	4.0	64	9.0	下蜀黄土	E 117° 00′ 47.6″ N 31° 56′ 59.6″	92
						Bv	15—25	黄灰色	中壤土	块状	6.0	9.5	0.67	1.80	12.4	4.0	54	7.5			
						Bv	25—45	棕黄色	重壤土	块状	6.3	6.7	0.67	0.25	12.6	4.0	53	8.7			
						Bv₂	45—95	棕黄褐色	轻黏土	棱块状	6.8	6.0	0.56	0.16	17.8	≤1.0	112	23.0			
剖29	人为土	水稻土	潴育水稻土	黄白土田	下位黏盘黄白土田	A	0—17	灰黄色	中壤土	小块状	5.1	15.6	0.91	0.30	14.5	5.0	65	23.0	下蜀黄土	E 117° 01′ 23.5″ N 31° 56′ 28.8″	95
						P	17—24	灰黄色	重壤土	块状	6.0	10.9	0.85	0.32	14.1	5.0	58	22.0			
						W	24—45	灰黄色	轻壤土	棱柱状	6.7	3.3	0.76	0.36	16.9	3.0	95	22.0			
						Bv	45—66	棕黄色	轻壤土	棱柱状	6.8	4.4	0.37	0.17	19.0	2.0	148	24.0			
						Bv₂	66—115	黄灰色	轻黏土	棱柱状	6.0	5.9	0.45	0.32	17.2	4.0	118				
剖30	淋溶土	黄褐土	黏盘黄褐土	马肝土	李岗(耕种)马肝土	A	0—16	油黄棕色	中壤土	屑粒状	7.1	7.8	0.54	0.28	15.9	2.9	152	25.7	下蜀黄土	E 117° 03′ 37.4″ N 31° 53′ 13.3″	95
						Ap	16—23	黄棕色	黏土	块状	7.7	3.4	0.31	0.18	17.1	≤1.0	148	35.4			
						Bv	23—72	黄黄色	黏土	棱块状	7.9	2.4	0.27	0.15	18.1	≤1.0	143	33.1			
						Bvt	72—94		黏土		7.9	1.3		0.21	18.9			32.9			
						Bvc	94—140	棕色	黏土		7.9	1.4		0.26	19.3			30.9			
剖31	人为土	水稻土	潴育水稻土	砂泥田	砂底淹育土田	A	0—15	黄灰色	中轻黏土	小块状	4.6	29.7	1.34	0.31	15.5	3.0	86	21.0	河流冲积物、湖相沉积物	E 117° 04′ 08.2″ N 31° 54′ 36.8″	95
						P	15—22	黄灰色	轻黏土	块状	5.7	18.7	1.56	0.30	16.0	2.0	75	19.0			
						W	22—60	灰黄棕色	中黏土	棱块状	6.1	11.3	1.07	0.27	16.6	≤1.0	104	24.0			
						S	60—85	灰白色	砂壤土	无结构	5.2	2.4	0.87	0.25	22.8	4.0	56	11.0			
剖32	人为土	水稻土	潴育水稻土	黄白土田	黄黏土田	A	0—12	暗黄色	中壤土	片状	5.7	15.6		0.31	13.0	9.0	55	13.2	下蜀黄土	E 117° 03′ 58.4″ N 31° 51′ 40.2″	81
						P	12—21	浅黄色	重壤土	块状	6.9	13.2		0.28	12.2	7.0	52	11.9			
						W	21—57	黄黄色	重壤土	棱块状	6.8	4.1		0.25	12.4	4.0	42	10.2			
						4	57—70	棕黄色	中壤土	棱块状	6.7	3.8		0.20	12.7	2.0	58	10.5			
						C	70—100	黄棕色	轻壤土	块状	7.1	4.4		0.16	18.2	3.0	130	24.7			
剖33	淋溶土	黄褐土	黏盘黄褐土	黏黄泥土	肝土	A₁₁	0—16	油黄褐色	黏土	屑粒状	7.4	7.8	0.50	0.46	12.5	3.0	152	25.7	下蜀黄土	E 117° 03′ 47.7″ N 31° 50′ 45.4″	81
						ABv	16—24	暗黄色	黏土	小块状	7.4	3.4	0.30	0.27	17.0	34.0	148	35.4			
						Bv	24—73	黄黄色	黏土	棱块状	7.5	2.4	0.30	0.20	18.0	34.0	143	33.1			
						Bvt	73—100	黄黄色	黏土	大棱块状	7.9	1.3		0.20	18.8	18.0		32.9			
剖34	人为土	水稻土	潴育水稻土	砂泥田	油砂泥田	A	0—17	暗黄色	中壤土	屑粒状	6.0	15.5	0.90	0.46	12.5		80	10.0	河流冲积物、湖相沉积物	E 117° 01′ 32.1″ N 31° 50′ 19.7″	95
						P	17—24	暗黄色	中壤土	小块状	5.8	13.9	0.77	0.27	16.8	34.0	68	9.6			
						ABv	24—72	黄黄色	轻壤土	块状	6.7	3.4	0.20	0.59	13.0	18.0	88	7.6			
						Bv	72—120	黄灰色	中壤土	块状	6.9	3.8	0.26	0.37	11.4	2.0	70	8.3			

续表 Continued

剖面号 Soil profile	土纲 Soil order	土类 Soil great group	亚类 Soil subgroup	土属 Soil genus	土种 Soil species	土层码 Layer code	土层厚度 Depth/cm	颜色 Soil color	质地 Soil texture	土壤结构 Soil structure	pH	有机质 OM/(g/kg)	全氮 TN/(g/kg)	全磷 TP/(g/kg)	全钾 TK/(g/kg)	有效磷 AP/(mg/kg)	速效钾 AK/(mg/kg)	阳离子交换量CEC/(cmol/kg)	土壤母质 Parent material	剖面点坐标 Profile coordinate	匹配指数 Matching index/%
剖35	人为土	水稻土	潴育水稻土	砂泥田	弱次潜砂泥田	A	0–18	黄灰色	重壤土	小块状	5.1	23.2	1.18	0.23	16.0	4.0	103		河流冲积物、湖相沉积物	E 117°07′16.3″ N 31°45′21.5″	95
						P	18–27	青灰色	轻黏土	糊状	5.9	17.2	0.94	0.22	16.0	4.0	91				
						W	27–60	灰黄色	轻黏土	棱块状	6.5	3.5	0.32	0.31	17.2	8.0	73	21.0			
						Bv₁	60–85	浅黄灰色	轻黏土	棱块状	6.5	5.0	0.36	0.38	14.0	3.0	70	21.0			
						Bv₂	85–115	浅黄棕色	轻黏土	棱块状	6.1	3.7	0.32	0.27	16.4	4.0	130	26.0			
剖36	淋溶土	黄褐土	黏盘黄褐土	黏盘黄褐土	黏盘麻黄褐土	A	0–20	浅黄棕色	轻黏土	小块状	6.1	10.3	0.55	0.34	17.4	4.0	150	19.0	下蜀黄土	E 117°08′02.7″ N 31°48′29.4″	78
						Bv	20–70	黄棕色	轻黏土	棱块状	6.3	5.2	0.34	0.18	17.2	4.0	140	28.0			
						C	70–100	黄黄色	轻黏土	棱柱状											
剖37	淋溶土	黄褐土	黏盘黄褐土	黏盘黄褐土	上位黏盘黄褐土	A	0–10	棕黄色	重壤土	棱块状	6.6	4.6	0.36	0.22	13.8	2.0	129	26.0	下蜀黄土	E 117°09′39.8″ N 31°45′29.3″	78
						Bv	10–20	棕黄色	重壤土	棱块状	6.5	4.1	0.35	0.20	14.2	2.0	127	22.0			
						Bv₂	20–100	暗棕黄色	轻壤土	棱柱状	6.6	2.7	0.34	0.16	15.0	3.0	146	24.0			
剖38	人为土	水稻土	渗育水稻土	渗马肝田	江夏马肝田	Aa	0–17	灰黄色	黏土	小块状	5.5	18.4	1.00	0.30	14.4	3.0	43	14.0	下蜀黄土	E 117°00′17.5″ N 31°43′43.3″	82
						Ap	17–25	灰黄色	黏土	块状	5.9	12.4	0.70	0.30	14.4	4.0	73	16.0			
						P	25–42	灰棕色	黏土	棱块状	6.3	4.5	0.40	0.20	15.2	2.0	76	13.0			
						C	42–100	黄黄色	黏土	块状	6.3	3.8	0.40	0.20	19.9			22.0			
剖39	人为土	水稻土	漂洗水稻土	白马肝田	白土底盘黄白土田	A	0–18	灰黄色	重壤土	小块状	5.7	13.7	1.10	0.70	13.1	5.0	84	16.2	下蜀黄土	E 117°06′02.5″ N 31°42′35.6″	95
						P	18–23	灰黄色	黏土	棱块状	5.7	12.6	0.78	0.18	13.0	13.0	76	15.2			
						W	23–74	灰棕色	轻黏土	棱块状	6.9	3.6	0.31	0.13	13.5	11.0	78	14.0			
						E	74–100	灰白色	重壤土	棱块状	6.7	3.6	0.31	0.13	13.4	7.0	85	13.0			
剖40	淋溶土	黄褐土	黏盘黄褐土			1	0–10	浊黄黄色	黏土	屑粒状	7.1									E 117°03′47.0″ N 31°42′11.1″	71
						2	10–30	黄黄色	黏土	块状	7.7										
						3	30–50	黄黄色	黏土	棱块状	7.9										
						4	100–500		黏土		7.1										
剖41	人为土	水稻土	潴育水稻土	砂泥田	砂泥田	A	0–18	灰黄色	中壤土	小块状	5.3	23.5	1.15	0.33	22.5	3.0	60	16.0	河流冲积物、湖相沉积物	E 117°11′09.8″ N 31°42′12.3″	95
						P	18–25	浅黄棕色	中壤土	块状	6.1	19.7	1.17	0.25	19.7	3.0	53	18.0			
						W	25–70	棕黄色	重壤土	块状	6.5	5.6	0.40	0.14	17.0	2.0	59	15.0			
						Bv	70–115	棕黄色	轻黏土	棱块状	6.7	6.1	0.48	0.32	15.0	4.0	72				
剖42	人为土	水稻土	潴育水稻土	砂泥田	黏底麻砂泥田	A	0–15	黄黄色	黏土	小块状									下蜀黄土	E 117°10′58.6″ N 31°41′02.3″	95
						P	15–22	灰黄色	黏土	块状											
						W	22–40	灰棕色	重壤土	棱块状											
						Bv	40–85	灰棕色	重壤土	块状											
剖43	淋溶土	黄褐土	黏盘黄褐土	黄白土	黄白土	A	0–14	浅黄灰色	中壤土	片状	5.9	10.4	0.64	0.25	11.7	12.0	111	13.8	下蜀黄土	E 117°07′43.6″ N 31°39′42.5″	92
						P	14–20	浅黄黄色	重壤土	块状	6.4	4.4	0.33	0.13	11.2	2.0	63	15.8			
						Bv	20–32	灰黄色	重壤土	棱块状	6.2	3.7	0.34	0.11	13.3	≤1.0	73	34.4			
						C	32–100	棕黄色	轻壤土	块状	6.1	4.1	0.35	0.14	15.4	≤1.0	149	15.3			
剖44	人为土	水稻土	潴育水稻土	砂泥田	铁盘心砂泥田	A	0–17	黄灰色	中壤土	屑粒状	5.0	17.4	1.10	0.57	12.0	7.0	110	16.3	河流冲积物、湖相沉积物	E 117°16′55.6″ N 31°42′46.6″	95
						P	17–23	黄灰色	中壤土	块状	6.7	10.0	0.66	0.79	12.0	3.0	68				
						W	23–51	褐色	中壤土	块状	7.1	2.3	0.42	0.12	11.7	4.0	85				
						C	51–100	黄白色	中壤土	块状	7.0	1.7	0.28	0.24	10.4	3.0	63	13.7			

庐江县

主要土类说明

水稻土是庐江县主要土壤类型，占本县地域面积的69%。水稻土分布于冲、圩、畈、塝及低岗，是由自然土壤和旱地土壤经水耕熟化发育而成的。受自然成土因素和人为耕种的深刻影响，土体中存在着有机质的合成与分解，盐基的淋溶与复盐基，黏粒的淋失、漂洗与淀积等错综复杂的过程，成土母质或母土的形态因此发生了重大变化，逐步形成了水稻土所特有的特征。水稻土的水气热状况稳定，氧化还原电位较低，以嫌气微生物为主，有机质累积较多，分解不彻底，淹水后，酸性土壤pH升高，碱性土壤pH降低。水稻土的基本层次有A、P、W、B、G、C。A层18—20cm，疏松，多孔，多锈纹、锈斑。P层位于A层之下，是久经农具挤压，比较致密的层次，多呈扁平的棱块状结构，一般6—8cm厚。W层是水稻土突出的指示层，它在承受A层下淋物质淀积的同时，也淋失了本身的一些物质，发育良好的W层厚50—70cm，结构体表面有灰色胶膜，内部布满锈纹、锈斑，垂直节理明显。B层是久经淋溶而出现的铁、锰、黏粒等相对淀积的层次，发育程度好的B层较厚，并产生铁、锰的分化淀积，同时铁、锰盐基和黏粒等淀积也十分明显。G层土壤长期积水，铁、锰还原，剖面呈蓝灰色或黑灰色，亚铁反应强烈，土粒分散无结构或呈软块状。C层仅见于地带性土壤起源的地下水位低、发育程度弱的剖面中。

黄棕壤是庐江县第二大土壤类型，占本县地域面积的10%，分布于低山、丘陵等地。其母质包括中性结晶岩类、硅质岩类、泥质岩类残积物、坡积物。黄棕壤上层土壤盐基不饱和，呈酸性至微酸性，铁、锰移动明显；心土层多棕色，呈棱柱状和块状结构，多呈微酸性。因雨水渗透，黄棕壤有不同程度的黏粒积累过程。土壤脱硅富铝化作用微弱，土层厚薄不一。

黄褐土是庐江县第三大土壤类型，占本县地域面积的6%，发育在特定的下蜀黄土母质上，分布于丘岗等地。土体主要为黄棕色，表层黏粒淋洗，损失较多；淀积层黏粒含量高，往往形成坚实的黏盘层，厚几十厘米或1—2m。土壤结构不良，透水性差，剖面中下层有大量的铁锰结核，表土呈微酸性，中下部近中性，侵蚀明显。

石质土占庐江县地域面积的4%，广泛分布于侵蚀严重、岩石裸露的石质山地、侵蚀残丘，以及丘顶、山脊、山坡等陡峻的地形部位。表层岩石裸露，风化层浅薄，一般小于10cm，风化度低，富含砾石，多碎屑岩粒，属A-R型土。

粗骨土占庐江县地域面积的3%，广泛分布在河谷阶地、丘陵、低山和中山等多种地貌单元和地形部位。属于A-C型。A层发育不明显，与母质土层性状相似，略显有机质累积。母质层富含砾石。

小于本县地域面积3%的土壤类型还有紫色土、石灰（岩）土、红壤。

本区域中心区气候特征

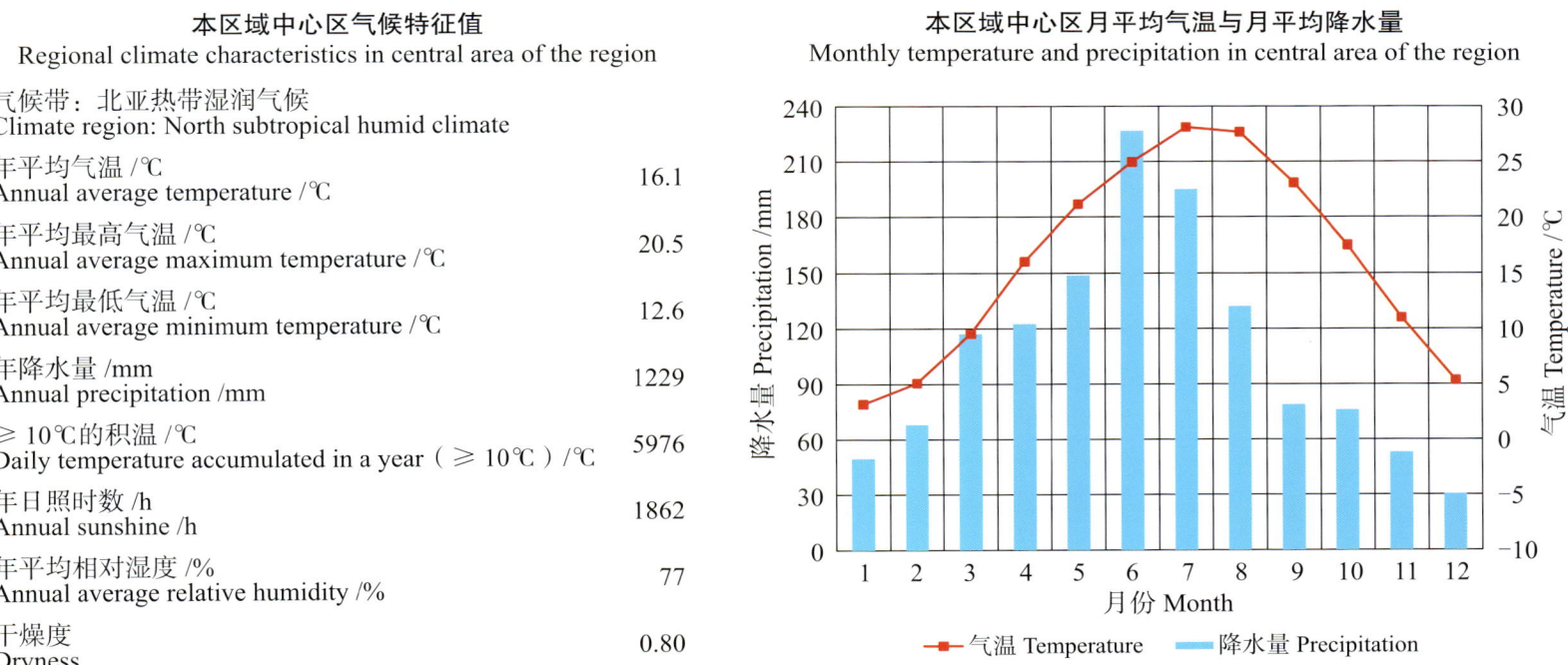

本区域中心区气候特征值
Regional climate characteristics in central area of the region

气候带：北亚热带湿润气候 Climate region: North subtropical humid climate	
年平均气温 /℃ Annual average temperature /℃	16.1
年平均最高气温 /℃ Annual average maximum temperature /℃	20.5
年平均最低气温 /℃ Annual average minimum temperature /℃	12.6
年降水量 /mm Annual precipitation /mm	1229
≥10℃的积温 /℃ Daily temperature accumulated in a year（≥10℃）/℃	5976
年日照时数 /h Annual sunshine /h	1862
年平均相对湿度 /% Annual average relative humidity /%	77
干燥度 Dryness	0.80

本区域中心区月平均气温与月平均降水量
Monthly temperature and precipitation in central area of the region

庐江县主要土壤类型与土壤剖面点分布图
1:230 000

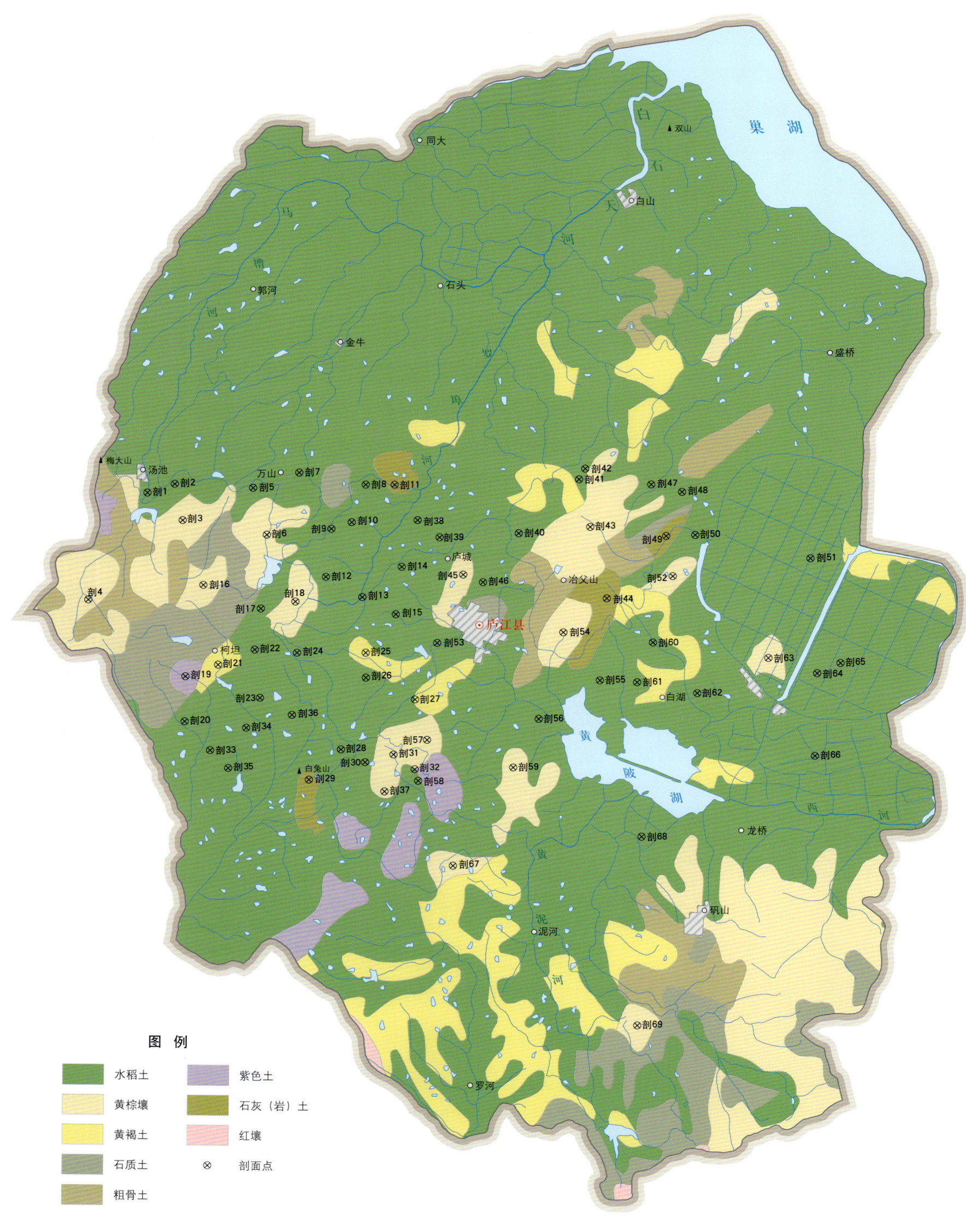

庐江县土壤剖面理化性状表

剖面号 Soil profile	土纲 Soil order	土类 Soil great group	亚类 Soil subgroup	土属 Soil genus	土种 Soil species	土层码 Layer code	土层厚度 Depth/cm	颜色 Soil color	质地 Soil texture	土壤结构 Soil structure	pH	有机质 OM/(g/kg)	全氮 TN/(g/kg)	全磷 TP/(g/kg)	全钾 TK/(g/kg)	有效磷 AP/(mg/kg)	速效钾 AK/(mg/kg)	阳离子交换量 CEC/(cmol/kg)	土壤母质 Parent material	剖面点坐标 Profile coordinate	匹配指数 Matching index/%
剖1	人为土	水稻土	漂洗水稻土	澄白土田	澄白土田	Ae	0–13	灰色	壤土	粒状	5.2	16.6	0.96	0.25	10.2	4.0	39	7.3	下蜀黄土	E 117° 05′ 33.4″ N 31° 19′ 10.4″	95
						Ape	13–23	淡黄色	黏壤土	小块状、粒状	6.7	5.7	0.40	0.20	10.2	2.0	30	9.7			
						W	23–49	淡黄色	黏壤土	块状	6.9	3.2	0.25	0.17	9.5	≤1.0	28	8.6			
						C	49–100	黄棕色	壤质黏土	核块状	7.5	4.8	0.39	0.16	14.8			20.7			
剖2	人为土	水稻土	潜育水稻土	青湖泥田	上位草炭青湖泥田	A	0–16	灰褐色		小块状									湖相沉积物	E 117° 06′ 31.5″ N 31° 19′ 27.0″	75
						Pg	16–22	褐灰色		软块状											
						Af	22–44	黑色		糊状											
						G	44–100	青灰色		糊状											
剖3	淋溶土	黄棕壤	普通黄棕壤	硅质黄棕壤	硅质黄棕壤	A	0–17	黄棕色		粒状	6.0								石英岩类残积物、坡积物	E 117° 06′ 47.8″ N 31° 18′ 18.8″	75
						P	17–27	灰棕色		核状	5.5										
						Bv	27–66	棕黄色		核状	5.5										
						C	66–87	棕灰色		核状	6.0										
剖4	淋溶土	黄棕壤	普通黄棕壤	硅质黄棕壤	中层硅质黄棕土	A	0–17	黄褐色	中壤土	粒状	5.1	24.3	1.14	0.26	11.0	≤1.0	76	11.1	石英岩类残积物、坡积物	E 117° 03′ 30.0″ N 31° 15′ 48.7″	75
						Bv	17–45	黄棕色	中壤土	核状	5.2	9.8	0.69	0.22	14.5	≤1.0	60	8.2			
						C	45–60	棕黄色	中壤土	核状	5.4	4.0	0.42	0.21	13.6	≤1.0	70	7.4			
剖5	人为土	水稻土	潜育水稻土	砂泥田	砂土田	A	0–16	棕灰色	砂壤土	粒状	5.2	17.6	0.98	0.36	26.7	6.0	27	9.9	河流冲积物	E 117° 09′ 16.1″ N 31° 19′ 20.0″	75
						P	16–23	棕灰色	砂壤土	核状	6.2	5.6	0.47	0.23	23.0	2.0	40	8.6			
						W	23–48	棕灰色	砂壤土	核状	7.3	5.6	0.40	0.24	23.1		40	8.2			
						C	48–90	黄灰色	砂壤土	粒状	7.1	5.0	0.30	0.47	23.3		42	7.1			
剖6	淋溶土	黄棕壤	普通黄棕壤	细粒黄棕壤	厚层细粒黄棕壤	A	0–19	棕黄色		粒状	5.3	15.8		0.47	18.6	6.0	54	12.4	中性结晶岩类残积物、坡积物	E 117° 09′ 45.2″ N 31° 17′ 51.6″	75
						Bv	19–62	棕黄色		块状	5.8	10.5		0.20	24.1		35	12.3			
						C	62–80	黄棕色		块状	5.2										
剖7	人为土	水稻土	潜育水稻土	青砂泥田	青矾砂泥田	A	0–19	灰色		粒状									河流冲积物	E 117° 10′ 53.2″ N 31° 19′ 49.2″	75
						Pg	19–28	棕灰色		块状											
						G	28–90	青灰色		糊状											
剖8	人为土	水稻土	潜育水稻土	砂泥田	砂泥田	A	0–19	棕灰色	中壤土	粒状	5.5	18.9	1.07	0.26	18.8	7.0	42	10.3	河流冲积物	E 117° 13′ 13.6″ N 31° 19′ 26.7″	75
						P	19–25	灰色	中壤土		5.9	11.0	0.69	0.24	19.2	4.0	40	10.4			
						W	25–46	灰棕色	中壤土	肩棱状	7.0	3.1	0.29	0.18	16.4	2.0	40	10.7			
						C	46–99	黄棕色	中壤土	糊状	7.0	1.7	0.23	0.23	15.4		50	10.6			
剖9	人为土	水稻土	潜育水稻土	湖泥田	湖泥田	A	0–17	灰棕色	黏壤土	块状	5.7	25.7	1.41	0.30	12.7	2.0	51	13.9	湖河交替沉积物	E 117° 12′ 01.3″ N 31° 18′ 03.4″	95
						Ap	17–25	淡黄棕色	壤质黏土	核块状	6.7	14.6	0.81	0.24	13.0	2.0	51	15.3			
						W	25–55	灰棕色	壤质黏土	块状	6.8	11.3	0.60	0.20	12.3	2.0	61	15.4			
						C	55–115	浊黄棕色	砂壤土	块状	6.7	5.0	0.27	0.17	12.0			5.2			
剖10	人为土	水稻土	潜育水稻土	青细粒砂泥田	高位强潜青细粒砂泥田	A	0–16	棕灰色	中壤土	肩棱状	5.7	22.0	1.30	0.27	13.8	5.0	63	15.3	中性结晶岩类坡积物、洪积物	E 117° 12′ 44.0″ N 31° 18′ 15.9″	75
						G	16–60	灰棕色	中壤土	糊状	7.5	11.6	0.84	0.21	13.9	≤1.0	70	15.4			
剖11	初育土	石灰（岩）土	棕色石灰土	棕色石灰土	薄层棕色石灰土	A	0–16	黄棕色	砂壤土	块状	7.0	18.5	1.10	0.40	9.4	2.0	75	13.9	碳酸岩类残积物、坡积物	E 117° 14′ 14.4″ N 31° 19′ 26.3″	74
						C	16–28	棕色	中壤土	块状	7.5	1.2	0.20	0.28	7.6	≤1.0	56				
剖12	人为土	水稻土	潜育水稻土	湖泥田	湖砂泥田	A	0–17	黄棕色	中壤土	粒状	5.7	25.7	1.41	0.30	12.7	5.0	70	13.9	湖积物	E 117° 11′ 50.1″ N 31° 16′ 33.0″	75
						P	17–24	灰棕色	中壤土	块状	6.7	14.6	0.81	0.24	13.0	2.0	51	15.3			
						W	24–50	棕灰色	中壤土	棱柱状	6.8	11.3	0.60	0.20	12.3	2.0	61	15.4			
						C	50–90	灰色	砂壤土	棱柱状	6.7	5.0	0.27	0.17	12.0			5.2			

续表 Continued

剖面号 Soil profile	土纲 Soil order	土类 Soil great group	亚类 Soil subgroup	土属 Soil genus	土种 Soil species	土层码 Layer code	土层厚度 Depth/cm	颜色 Soil color	质地 Soil texture	土壤结构 Soil structure	pH	有机质 OM/(g/kg)	全氮 TN/(g/kg)	全磷 TP/(g/kg)	全钾 TK/(g/kg)	有效磷 AP/(mg/kg)	速效钾 AK/(mg/kg)	阴离子交换量CEC/(cmol/kg)	土壤母质 Parent material	剖面点坐标 Profile coordinate	匹配指数 Matching index/%
剖13	人为土	水稻土	潜育水稻土	青砂泥田	高位强潜青泥骨土田	A	0–16	棕灰色	轻黏土	小块状	4.8	25.9	1.42	0.29	16.4	6.0	70		河流冲积物	E 117°13′07.0″ N 31°15′54.6″	75
						Pg	16–25	灰黄色	轻黏土	块状	5.3	23.8	1.31	0.26	16.2	≤1.0	71				
						G	25–77	青灰色	重壤土	糊状	6.3	5.9	0.40	0.37	13.7	≤1.0	54	18.0			
剖14	人为土	水稻土	潜育水稻土	钙积马肝田	钙积马肝田	A	0–16	黄灰色	重壤土	碎块状	7.0	22.0	1.17	0.32	13.1	2.0	84	17.2	下蜀黄土	E 117°14′29.7″ N 31°16′52.5″	75
						P	16–25	黄灰色	重壤土	块状	7.1	20.4	1.03	0.23	12.7	2.0	92				
						W	25–59	浅灰色	重壤土	棱柱状	7.8	16.4	0.93	0.21	13.4	2.0	81				
						Bv	59–82	黄灰色	重壤土	块状	8.2	7.0	0.46	0.26	14.4						
						C	82–100	棕灰色													
剖15	人为土	水稻土	潜育水稻土	青扁石泥田	青扁石泥田	A	0–17	灰棕色	重壤土	碎块状	5.5	26.3	1.43	0.60	16.0	2.0	76	13.2	泥质岩类坡积物、洪积物	E 117°14′17.7″ N 31°15′22.9″	75
						P	17–25	灰色	重壤土	块状	5.9	22.2	1.08	0.44	15.8	≤1.0	56	12.2			
						Wg	25–54	浅灰色	重黏土	棱柱状	6.4	20.1	1.08	0.48	16.1	≤1.0	54	11.9			
						G	54–98	深灰色	重壤土	软块状	7.1	21.9	0.99	0.58	16.4	≤1.0	53	11.8			
剖16	淋溶土	黄棕壤	普通黄棕壤	扁石黄棕壤	厚层扁石黄棕壤	A	0–53	棕灰色		粒状										泥质岩类残坡积物、坡积物	E 117°07′32.1″ N 31°16′16.8″	75
						Bv	53–90	黄棕色		粒状											
						C	90–110	黄棕色		粒状											
剖17	人为土	水稻土	潜育水稻土	石灰泥田	钙板田	A	0–16	灰棕色	重壤土	小块状	8.2	20.8	1.70	0.34	15.8	3.0	59	16.7	碳酸岩类残坡积物、洪积物	E 117°09′33.5″ N 31°15′33.0″	75
						P	16–25	灰色	重壤土	块状	8.5	10.5	0.74	0.28	16.0	≤1.0	58	16.1			
						C	25–58	浅灰色	轻黏土	棱柱状	8.3	4.2	0.32	0.14	15.5	≤1.0	67	15.3			
						W	58–90	黄灰色	重黏土	块状	8.3	3.7	0.28	0.14	16.9						
剖18	淋溶土	黄棕壤	黄棕壤性土	砾黄棕砂土	砾黄棕泥砂土	A	0–10	黄棕色	砂质黏壤土	碎块状	5.1	28.5	1.50	0.50	14.6	4.0	65	14.1	紫色岩类残坡积物、坡积物	E 117°10′45.8″ N 31°15′46.1″	95
						Bv	10–43	黄棕色	砂质黏壤土	碎块状	4.8	16.0	0.90	0.30	14.0	≤1.0	27	7.9			
剖19	初育土	紫色土	中性紫色土	紫砂土	薄层紫砂土	A	0–17	紫灰色	轻壤土	粒状	7.0	9.1	0.58	0.26	10.0	≤1.0	76	14.4	紫色岩类残坡积物、坡积物	E 117°06′55.5″ N 31°13′26.0″	75
						C	17–48	红灰色	重壤土	粒状	7.5	6.7	0.47	0.27	10.9	≤1.0	43	14.1			
剖20	人为土	水稻土	淹育水稻土	浅扁石泥田	浅扁石泥田	A	0–16	棕灰色	重壤土	屑粒状	5.0	17.6	1.13	0.33	19.5	6.0	66	14.0	泥质岩类残坡积物、坡积物	E 117°06′54.2″ N 31°12′01.4″	75
						P	16–26	棕褐色	重壤土	块状	6.1	14.2	0.96	0.31	19.5	4.0	64				
						C	26–86	淡黄色	中粒土	碎块状	6.7	7.0	0.51	0.32	19.7						
剖21	淋溶土	黄褐土	黏盘黄褐土	马肝土	马肝土	A	0–12	黄褐色	中壤土	屑粒状	5.8	19.6	1.07	0.17	11.3	5.0	85	11.4	下蜀黄土	E 117°08′03.9″ N 31°13′47.6″	74
						P	12–16	黄灰色	重壤土	块状	6.5	13.2	0.82	≤0.10	11.9	≤1.0	43	11.9			
						Bv_1	16–40	白灰色	重壤土	柱状	7.8	3.3	0.29	≤0.10	12.7	≤1.0	45	12.8			
						Bv_2	40–100	浅灰色	中壤土	块状	7.7	2.6	0.21	0.14	13.7			10.2			
剖22	人为土	水稻土	潜育水稻土	黄白土田	油白土田	A	0–16	棕色	重壤土	块状	5.5	22.0	1.26	0.43	24.6	6.0	65		下蜀黄土	E 117°09′21.3″ N 31°14′16.0″	75
						P	16–24	黄灰色	中壤土	屑粒状	6.4	13.7	0.84	0.60	26.3	5.0	60				
						C	24–48	灰黄色	中壤土	棱柱状	6.9	5.0	0.46	0.32	29.5	4.0	61				
						W	48–100	黄棕色	重壤土	块状	7.0	6.5	0.54	0.43	33.3						
剖23	人为土	水稻土	浅细粒砂泥田	浅细粒砂泥田	浅细粒砂泥田	A	0–14	灰黄色	中壤土	屑粒状	5.0	17.8	1.02	0.33	15.3	2.0	58	7.1	泥质岩类残坡积物、洪积物	E 117°09′32.5″ N 31°12′46.4″	75
						P	14–23	棕灰色	中壤土	棱柱状	5.2	13.2	0.79	0.36	15.6	2.0	56	6.2			
						C	23–100	灰黄色	中壤土	粒状	6.1	3.8	0.26	0.38	13.7	≤1.0		5.4			
剖24	淋溶土	黄褐土	黏盘黄褐土	黏盘黄褐土	上位黏盘黄褐土	A	0–13	棕黄色	重壤土	块状	5.9	10.7	0.71	0.14	11.6	≤1.0	69	8.2	中性结晶岩类残积物、坡积物	E 117°10′49.8″ N 31°14′10.6″	75
						Bv	13–33	黄棕色	重壤土	块状	5.8	3.8	0.30	0.13	13.5	≤1.0	62	9.6			
剖25						Bv_2	33–70	棕褐色	重壤土	块状	6.7	3.8	0.55	0.15	13.8			13.4	下蜀黄土	E 117°13′14.4″ N 31°14′11.1″	74

续表 Continued

剖面号 Soil profile	土纲 Soil order	土类 Soil great group	亚类 Soil subgroup	土属 Soil genus	土种 Soil species	土层码 Layer code	土层厚度 Depth/cm	颜色 Soil color	质地 Soil texture	土壤结构 Soil structure	pH	有机质 OM/(g/kg)	全氮 TN/(g/kg)	全磷 TP/(g/kg)	全钾 TK/(g/kg)	有效磷 AP/(mg/kg)	速效钾 AK/(mg/kg)	阳离子交换量CEC/(cmol/kg)	土壤母质 Parent material	剖面点坐标 Profile coordinate	匹配指数 Matching index/%
剖26	人为土	水稻土	潴育水稻土	紫砂泥田	紫泥田	A	0—17	棕紫色	重壤土	屑粒状	5.3	20.6	1.22	0.27	9.7	3.0	62	13.5	紫色岩类坡积物	E 117°13′15.3″ N 31°13′25.0″	75
						P	17—24	紫色	重壤土	块状	6.7	9.7	0.63	0.21	9.8	2.0	30	11.6			
						C	24—48	深紫色	重壤土	棱柱状	7.4	4.9	0.43	0.23	9.8	≤1.0	37	10.8			
						W	48—90	红紫色	重壤土	屑粒状	7.5	3.6	0.34	0.17	11.6			10.9			
剖27	淋溶土	黄褐土	黏盘黄褐土	黄白土	黄白土	Ae	0—17	黄白色	中壤土	块状	5.5	9.2	0.69	0.31	9.1	3.0	38		下蜀黄土	E 117°14′58.7″ N 31°12′44.1″	74
						Bv₁	17—26	灰黄色	中壤土	块状	6.0	7.0	0.45	0.20	9.5	3.0	33				
						Bv₂	26—46	棕黄色	重壤土	块状											
							46—60														
剖28	人为土	水稻土	潴育水稻土	马肝田	僵马肝田	A	0—17	棕黄色	重壤土	屑粒状	6.8	5.2	0.42	0.13	14.3	≤1.0	81		下蜀黄土	E 117°12′23.5″ N 31°13′09.8″	75
						Pg	17—25	青灰色	重壤土	块状	5.7	20.1	1.22	0.28	17.5	2.0	76				
						W	25—67	棕灰色	重壤土	棱柱状	6.0	13.8	0.79	0.19	18.2	≤1.0	71				
						C	67—100	浅灰色	重壤土	棱柱状	6.0	11.2	0.76	0.18	17.5	≤1.0	69				
剖29	初育土	石灰(岩)土	黑色石灰土	黑色石灰土	黑褐石土	A	0—10	棕黄色	中壤土	块状	6.9	5.4	0.35	0.23	17.3				碳酸岩类残积物、坡积物	E 117°11′15.9″ N 31°10′12.5″	74
						C	10—50	灰褐色	砂土	粒状	7.5	48.3	3.09	1.19	≥50.0	≤1.0	51	19.0			
								棕褐色		粒状	8.6	11.2	0.55	0.55	1.7	≤1.0	22	5.8			
剖30	人为土	水稻土	潴育水稻土	细粒砂泥田	细粒砂泥田	A	0—16	灰黄色	中壤土	屑粒状	5.1	19.3	1.11	0.30	22.3	8.0	73	8.2	中性结晶类坡残积物、洪积物	E 117°13′14.3″ N 31°10′45.7″	75
						P	16—23	棕灰色	中壤土	棱柱状	5.9	11.7	0.71	0.29	23.6	7.0	55	7.5			
						C	23—68	灰棕色	中壤土	棱柱状	6.5	7.4	0.50	0.25	23.8	8.0	63	6.5			
						W	68—100	棕黄色	轻壤土	块状	6.9	2.5	0.22	0.27	28.1						
剖31		黄棕壤	普通黄棕壤	细粒黄棕壤	中层细粒黄棕壤	A	0—14	褐灰色		粒状									中性结晶岩类残积物、坡积物	E 117°14′13.6″ N 31°11′00.4″	75
						Bv	14—40	棕灰色		核状											
						C	40—50	红灰色		块状											
剖32	初育土	紫色土	中性紫色土	猪血土	猪血砂	A	0—12	紫灰色	轻壤土	粒状	6.5	6.8	0.46	0.11	10.6	4.0	102	9.9	紫色岩类残积物、坡积物	E 117°14′59.1″ N 31°10′33.0″	75
						P	12—19	紫色	轻壤土	粒状	6.7	3.7	0.32	0.11	13.0	2.0	104				
						C	19—43	紫色	轻壤土	粒状	6.9	2.6	0.17	≤0.10	11.0	2.0	58				
剖33	人为土	水稻土	潴育水稻土	马肝田	高位强潜育马肝田	A	0—17	灰黄色	重壤土	碎块状	5.0	20.0	1.10	0.23	12.0	3.0	64	10.5	湖积物	E 117°07′47.7″ N 31°11′07.4″	75
						P	17—26	青灰色	重壤土	块状	6.1	13.3	0.40	0.20	11.8	2.0	57	9.1			
						W	26—52	棕黄色	重壤土	棱柱状	7.1	6.5	0.40	0.13	12.3	≤1.0	57				
						Bv	52—74	棕黄色	重壤土	块状											
						C	74—110	黄棕色	重壤土	粒状	7.4	3.7	0.20	0.14	11.0						
剖34		黄棕壤		湖泥田	粉砂身湖砂泥田	A	0—17	棕灰色	重壤土	核状	5.1									E 117°13′03.7″ N 31°11′49.9″	75
						P	17—26	浅灰色	重壤土	块状	4.8	21.5	1.32	0.30	12.5	5.0	92	10.1			
						W	26—40	灰棕色	轻壤土	片状	6.4	13.4	0.88	0.23	12.5	2.0	122	7.9			
						C	40—100	红棕色	轻黏土	棱柱状	7.2	6.3	0.62	0.21	12.2	≤1.0	115				
剖35	人为土	水稻土	潴育水稻土	青马肝田	血马肝田	A	0—18	灰黄色	重壤土	小块状	7.3	2.9	0.40	0.11	13.8		186		下蜀黄土	E 117°08′26.2″ N 31°10′33.5″	75
						G	18—100	青灰色	重壤土	糊状											
剖36	人为土	水稻土	潴育水稻土	马肝田	血马肝田	A	0—17	黄棕色	重壤土	粒状	5.5	16.0	0.90	0.50	14.7	4.0	65	10.1	下蜀黄土	E 117°10′39.5″ N 31°12′14.4″	75
						P	17—23	棕黄色	重壤土	块状		15.0	0.77	0.12	11.7	≤1.0	27				
						C	23—40	红棕色	重壤土	棱柱状											
							40—75	黄棕色	中壤土	粒状											
剖37	淋溶土	黄棕壤	黄棕壤性硅质土	黄棕壤性硅质土		A	0—10	棕灰色		块状									石英岩类残积物、坡积物	E 117°13′55.2″ N 31°09′50.8″	75
						Bv	10—43		重壤土	屑粒状	5.5	14.3	0.83	0.26	11.5	4.0	47	10.0			
						C	43—80	黄灰色	重壤土	块状	6.9	9.0	0.56	≤0.10	12.0	2.0	45	9.8			
剖38	人为土	水稻土	淹育水稻土	浅马肝田	浅马肝田	A	0—14	棕灰色	重壤土	块状	7.0	4.5	0.38	0.17	12.1	≤1.0	49	8.3	下蜀黄土	E 117°15′02.9″ N 31°18′20.1″	75
						W	14—21	棕色	重壤土	块状	7.3	4.0	0.35	0.14	15.0	≤1.0	85	15.9			
							21—41														
							41—82														

续表 Continued

剖面号 Soil profile	土纲 Soil order	土类 Soil great group	亚类 Soil subgroup	土属 Soil genus	土种 Soil species	土层码 Layer code	土层厚度 Depth/cm	颜色 Soil color	质地 Soil texture	土壤结构 Soil structure	pH	有机质 OM/(g/kg)	全氮 TN/(g/kg)	全磷 TP/(g/kg)	全钾 TK/(g/kg)	有效磷 AP/(mg/kg)	速效钾 AK/(mg/kg)	阳离子交换量CEC/(cmol/kg)	土壤母质 Parent material	剖面点坐标 Profile coordinate	匹配指数 Matching index/%
剖39	人为土	水稻土	潴育水稻土	砂泥田	粉砂身青骨土田	A	0—16	浅灰色	重壤土	小块状	5.8	20.4	1.09	0.30	18.3	≤1.0	67	11.8	河流冲积物	E 117°15′49.4″ N 31°17′47.7″	75
						P	16—26	灰色	重壤土	块块状	6.5	12.9	0.73	0.90	17.3	≤1.0	60	12.1			
						W	26—48	灰色	轻壤土	棱块状	6.8	5.5	0.24	0.46	18.3			9.3			
						C	48—100	灰白色	轻壤土	粒状	6.0	5.9	0.35	0.27	13.1						
剖40	人为土	水稻土	漂洗水稻土	香灰土田	白香灰土田	Ae	0—16	黄灰色	中壤土	粒状	5.0	19.3	1.24	0.46	11.7	7.0	61		谷底冲积物	E 117°18′36.0″ N 31°17′55.8″	75
						P	16—23	棕灰色	重壤土	片状	6.0	13.9	0.89	0.30	12.6	5.0	56				
						Bv	23—52	棕黄色	中壤土	棱柱状	7.1	8.2	0.59	0.24	12.8	5.0	66				
						C	52—100	灰棕色	重壤土	块状	7.4	3.8	0.30	0.15	11.3						
剖41	人为土	水稻土	淹育水稻土	浅紫砂泥田	浅紫砂泥田	A	0—12	紫灰色	重壤土	碎块状									紫色岩类残积物、坡积物	E 117°20′43.2″ N 31°19′37.3″	75
						P	12—21	棕黄色	重壤土	块状											
						C	21—100	褐色		块状											
剖42	人为土	水稻土	潴育水稻土	湖泥田	湖泥田	A	0—12	棕灰色	轻黏土	碎块状	5.3	23.1	1.30	0.34	15.8	4.0	85	10.9	湖积物	E 117°20′56.1″ N 31°19′57.3″	75
						P	12—21	灰褐色	轻黏土	块状	5.9	22.7	1.26	0.29	15.9	2.0	82	9.9			
						W	21—65	深灰色	轻黏土	棱柱状	5.7	14.3	0.69	0.17	16.1	≤1.0	71	7.3			
						C	65—100	浅灰色	重黏土	块状	6.5	10.7	0.47	0.17	16.4						
剖43	淋溶土	黄棕壤	黄棕壤性	耕种黄棕壤性扁石土	黄棕壤性扁石土	P	13—18	黄棕色	轻壤土	粒状	6.2	18.8	1.16	1.64	39.7	10.0	195		泥质岩类残积物、坡积物	E 117°21′06.9″ N 31°18′07.9″	75
						Bv	18—34	棕灰色	中壤土	核状	6.0	15.2	0.86	1.58	40.8	7.0	143	9.9			
						C	34—80	棕褐色	中壤土	块状	5.7	12.3	0.78	1.46	41.3	3.0	104	7.3			
											5.4	7.5	0.55	1.32	43.0	3.0	53				
剖44	初育土	石灰(岩)土	棕色石灰土	棕色石灰土	中层棕壤性石灰土	A	0—25	黄棕色	中壤土	粒状	6.5	19.9	0.90	0.34	8.2	≤1.0	75	15.0	碳酸盐岩类残积物、坡积物	E 117°21′41.9″ N 31°15′53.6″	74
						Bv	25—52	棕褐色	中壤土	棱柱状	7.0	12.4	0.60	0.31	10.4	≤1.0	121	19.0			
						C	52—90	灰棕色	重壤土	粒状	7.5										
剖45	淋溶土	黄棕壤	黄棕壤性	黄棕壤性细粒土	中粒黄棕壤性细粒土	A	0—18	棕灰色	中壤土	粒状	5.0	16.2	0.84	0.19	17.1	3.0			中性结晶岩类残积物、坡积物	E 117°16′38.8″ N 31°16′37.6″	75
						Bv	18—40	黄棕色	中壤土	屑粉状	6.1	12.9	≤0.10	0.12	17.5	2.0	76	8.5			
						C	40—50	灰棕色	中壤土	片状	6.5	3.8	0.39	0.13	18.0	≤1.0	34	7.6			
剖46	人为土	水稻土	潴育水稻土	砂泥田	砂身砂泥田	A	0—16	灰棕色	砂壤土	棱柱状	5.5	17.3	0.94	0.49	22.1	3.0	51		河流冲积物	E 117°17′21.0″ N 31°16′23.5″	75
						P	16—25	浅灰色	砂壤土	块状	5.3	13.5	0.64	0.32	24.7	3.0	32				
						W	25—41	黄棕色	中壤土	棱柱状	5.8	7.9	0.54	0.19	24.3	≤1.0	31				
						C	41—100	棕黄色	中壤土	块状	6.4	5.5	0.28	0.16	25.7		35				
剖47	人为土	水稻土	潴育水稻土	砂泥田	粉砂底砂泥田	A	0—17	灰棕色	中壤土	粒状	8.2	17.7	1.08	0.19	13.4	3.0	56		河流冲积物	E 117°23′15.3″ N 31°19′27.7″	75
						P	17—25	黄棕色	中壤土	棱柱状	5.8	14.4	0.57	0.17	13.4	3.0	51				
						W	25—68	灰色	中壤土	块状	7.4	4.1	0.44	0.18	13.0	≤1.0	56				
						C	68—100	灰白色	重壤土	粒状	7.4	≤1.0	0.47	0.19	13.9						
剖48	人为土	水稻土	潴育水稻土	硅质砂泥田	硅质砂泥田	A	0—17	棕灰色	重壤土	块状	6.0	16.2	0.30	0.17	17.1	3.0	76		石英岩类坡积物、洪积物	E 117°24′19.9″ N 31°19′14.0″	75
						C	17—26	黄棕色	重壤土	块状	6.5	12.9	0.69	0.30	17.7	2.0	34				
						W	26—57	浅灰色	中壤土	块状	6.5	3.8	0.35	0.20	17.9	≤1.0	35				
						C	57—100	灰白色	中壤土	小块状	6.6	6.1	0.39	0.13	16.8						
剖49	初育土	石灰(岩)土	红色石灰土	红色石灰土	红色石灰土	A	0—20	红棕色	重黏土	块状	6.5	29.1	1.41	0.29	12.8	3.0	85	12.1	碳酸盐岩类残积物、坡积物	E 117°23′46.6″ N 31°17′50.9″	74
						Bv	20—70	棕红色	重黏土	块状	6.5	7.6	0.69	0.30	17.7	≤1.0	95	11.6			
						C	70—100	灰褐色	重黏土	小块状	6.5	4.3	0.35	0.20	17.9			9.8			
剖50	人为土	水稻土	潴育水稻土	青湖泥田	粉砂身青骨湖泥田	A	0—16	灰棕色	轻黏土	块状	5.5	31.2	1.58	0.22	14.7	4.0	90		湖相沉积物	E 117°24′48.0″ N 31°17′52.7″	75
						P	16—25	棕灰色	中壤土	小块状	5.3	23.7	1.08	0.31	14.8	2.0	85				
						Wg	25—40	浅灰色	中壤土	块状	6.2	8.6	0.40	0.16	12.5	≤1.0	45				
						Gs	40—100	白灰色	轻壤土	细粒状	6.0	8.0	0.36	0.16	10.5						

续表 Continued

剖面号 Soil profile	土纲 Soil order	土类 Soil great group	亚类 Soil subgroup	土属 Soil genus	土种 Soil species	土层码 Layer code	土层厚度 Depth/cm	颜色 Soil color	质地 Soil texture	土壤结构 Soil structure	pH	有机质 OM/(g/kg)	全氮 TN/(g/kg)	全磷 TP/(g/kg)	全钾 TK/(g/kg)	有效磷 AP/(mg/kg)	速效钾 AK/(mg/kg)	阳离子交换量CEC/(cmol/kg)	土壤母质 Parent material	剖面点坐标 Profile coordinate	匹配指数 Matching index/%
剖51	人为土	水稻土	潴育水稻土	复石灰泥田	复石灰湖砂泥田	A	0—19	灰棕色	壤土	块状	6.8	15.2	0.93	0.35	16.4	3.0	64	11.1	河湖交替沉积物	E 117°28′51.3″ N 31°17′09.1″	95
						Ap	19—26	壤土	壤土	块状	7.9	6.8	0.44	0.30	15.9	4.0	53	11.8			
						W	26—69	灰橄榄色	壤土	棱块状	8.5	7.0	0.29	0.67	18.7	4.0	40	10.8			
						C	69—100		壤质黏土	块状	8.3	12.6	0.46	0.68	19.5	3.0	53	9.4			
剖52	淋溶土	黄棕壤	黄棕壤性土	黄棕壤性扁石土	中层黄棕壤性扁石土	A	0—12	棕色	中壤土	粒状	6.7	17.6	0.81	0.28	14.9	3.0	83	10.7	泥质岩类残积物、坡积物	E 117°24′00.6″ N 31°16′35.3″	75
						Bv	12—48	灰棕色	中壤土	核状	6.2	8.0	0.65	0.28	14.7	3.0	73	9.6			
						C	48—60	黄棕色	中壤土	块状	5.9	7.4	0.53	0.27	14.1	2.0	67				
剖53	人为土	水稻土	潴育水稻土	砂泥田	砂底泥田	A	0—15	浅黄色	轻壤土	碎块状	5.5	24.6	1.43	0.25	16.6	2.0	73	15.9	河流冲积物	E 117°15′44.8″ N 31°14′29.7″	75
						P	15—24	浅黄色	黏土	片状	6.1	21.7	1.27	0.20	17.3	≤1.0	70	16.0			
						W	24—62	灰色	重壤土	块状	6.2	15.7	0.80	0.16	16.9	≤1.0	74	16.0			
						Cs	62—90	黄灰色	砂壤土	粒状	5.9	2.5	≤0.10	0.37	22.1			4.3			
剖54	淋溶土	黄棕壤	黄棕壤性土	硅质黄棕壤性土	洽山砾质黄砂土	A	0—10	灰棕色	砂质黏壤土	屑粒状	5.1	28.5	1.49	0.50	14.7	4.0	65	14.1	石英岩类风化残积物、坡积物	E 117°20′10.6″ N 31°14′50.4″	81
						Bv	10—43	橄榄黄色	砂质黏壤土	块状	4.8	16.0	0.90	0.12	11.7	≤1.0	27	7.9			
						C	43—80	红色	砂壤土	粒状	5.9										
剖55	人为土	水稻土	潴育水稻土	复石灰泥田	复石灰马肝田	A	0—16	灰棕色	黏土	块状	6.9	29.0	1.58	0.32	13.1	2.0	110	18.0	下蜀黄土	E 117°21′27.9″ N 31°13′21.3″	95
						Ap	16—25	暗橄榄色	黏土	块状	7.1	24.4	1.33	0.23	12.7	2.0	124	17.2			
						W	25—63	橄榄黄色	壤质黏土	棱块状	7.8	16.4	0.93	0.21	13.4	2.0	103	20.8			
						C	63—100	灰橄榄色	黏土	块状	8.2	7.0	0.46	0.26	14.4			23.9			
剖56	人为土	水稻土	漂洗水稻土	白马肝田	白马肝田	Ae	0—15	黄白色	中壤土	屑粒状	5.1	17.3	0.95	0.20	11.6	3.0	44		下蜀黄土	E 117°19′19.1″ N 31°12′08.2″	75
						Pe	15—25	灰白色	中壤土	块状	6.4	17.6	0.49	0.18	11.3	2.0	37				
						Bv	25—44	棕灰色	重壤土	块状	7.6	3.0	0.27	0.19	11.0	2.0	51				
						C	44—100	棕灰色	重壤土	块状	7.4	3.5	0.31	0.19	11.6						
剖57	淋溶土	黄棕壤	黄棕壤性土	耕种黄棕壤性细粒土	黄棕壤性细粒土	A	0—17	棕色	轻壤土	粒状	6.2	11.9	0.69	0.73	36.8	14.0	122		中性结晶岩类残积物、坡积物	E 117°15′24.2″ N 31°11′28.8″	75
						P	17—25	黄灰色	轻壤土	块状	6.2	10.6	0.60	0.66	35.8	4.0	79				
						C	25—51	棕黄色	砂壤土	块状	5.8	1.5	≤0.10	0.20	≥50.0		30				
剖58	人为土	水稻土	潴育水稻土	砂泥田	泥骨土田	A	0—17	浅黄色	重壤土	碎块状	5.0	23.5	1.28	0.30	16.6	5.0	67		河流冲积物	E 117°15′06.2″ N 31°10′10.9″	75
						P	17—26	灰色	中壤土	块状	5.8	20.9	1.04	0.27	17.2	≤1.0	60				
						W	26—70	黄灰色	轻黏土	棱柱状	5.6	16.8	0.96	0.35	17.3	≤1.0	83				
						C	70—100	黄灰色	重壤土	块状	6.2	10.2	0.53	0.27	15.2						
剖59	淋溶土	黄棕壤	黄棕壤性土	薄层黄棕壤性细粒土	薄层黄棕壤性细粒土	A	0—25	褐灰色	砂壤土	粒状	5.6	11.3	7.90	0.18	13.3	2.0	98		中性结晶岩类残积物、坡积物	E 117°18′25.9″ N 31°10′37.0″	75
						C	25—30	灰黄色	轻壤土	核状	5.8	5.0	2.60	0.11	15.3	≤1.0	162				
剖60	人为土	水稻土	潴育水稻土	砂泥田	砂心砂泥田	A	0—16	灰黄色	中壤土	粒状	6.2								河流冲积物	E 117°23′19.3″ N 31°14′31.7″	75
						P	15—21	浅黄色	轻壤土	核状											
						Ws	21—47	黄灰色	砂壤土	粒柱状											
						Cs	47—100	黄灰色	砂壤土	粒状											
剖61	人为土	水稻土	潴育水稻土	青湖泥田	青湖泥田	A	0—17	灰棕色	重壤土	小块状	5.0	21.6	1.23	0.40	13.7	3.0	70		河流冲积物	E 117°22′46.7″ N 31°13′17.9″	75
						P	17—27	浅黄色	重壤土	块状	5.8	15.4	0.84	0.38	13.7	3.0	75				
						Wg	27—45	灰色	重壤土	棱块状	6.3	7.1	0.37	0.31	12.9						
						G	45—90	灰色	重壤土	软块状	6.8	7.6	0.38	0.37	13.6						
剖62	人为土	水稻土				A	0—19	灰黄色	轻黏土	核状	5.2	12.8	0.68	1.38	≥50.0	5.0	103		湖湘沉积物	E 117°24′53.0″ N 31°12′57.4″	75
						C	19—80	灰棕色	砂土	粒状	5.2	2.5	0.38	1.32	≥50.0	5.0	102				
剖63	淋溶土	黄棕壤	黄棕壤性土	黄棕壤性扁石土	薄层黄棕壤性扁石土														泥质岩类残积物、坡积物	E 117°27′22.5″ N 31°14′03.0″	75

续表 Continued

剖面号 Soil profile	土纲 Soil order	土类 Soil great group	亚类 Soil subgroup	土属 Soil genus	土种 Soil species	土层码 Layer code	土层厚度 Depth/cm	颜色 Soil color	质地 Soil texture	土壤结构 Soil structure	pH	有机质 OM/(g/kg)	全氮 TN/(g/kg)	全磷 TP/(g/kg)	全钾 TK/(g/kg)	有效磷 AP/(mg/kg)	速效钾 AK/(mg/kg)	阳离子交换量CEC/(cmol/kg)	土壤母质 Parent material	剖面点坐标 Profile coordinate	匹配指数 Matching index/%
剖64	人为土	水稻土	潜育水稻土	青湖泥田	高位强潜青湖泥田	A	0~17	灰褐色	重壤土	小块状	5.0	29.4	1.52	0.64	13.9	4.0	75		湖相沉积物	E 117°29′05.7″ N 31°13′35.4″	75
						Pg	17~23	灰色	重壤土	小块状	6.1	15.4	0.92	0.52	13.7	3.0	80				
						G	23~100	青灰色	重壤土		6.8	9.6	0.56	0.21	12.8	≤1.0	92				
剖65	人为土	水稻土	漂洗水稻土	白马肝田	澄白土田	Ae	0~13	黄灰色	中壤土	屑粒状	5.2	16.6	0.96	0.25	10.2	4.0	39		下蜀黄土	E 117°29′54.4″ N 31°13′54.0″	75
						Pe	13~22	灰白色	中壤土	块状	6.7	5.7	0.40	0.20	10.2	2.0	30				
						E	22~49	灰白色	轻壤土	粒状	6.9	≤1.0	0.25	0.17	9.5	≤1.0	28				
						Bv	49~72	黄灰色	轻黏土	块状	7.5	4.8	0.39	0.16	14.8						
						C	72~100	黄棕色		块状											
剖66	人为土	水稻土	潜育水稻土	青湖泥田	腐泥心青湖泥田	A	0~17	棕灰色	壤质黏土	小块状	5.1	21.8	1.23	0.34	13.3	4.0	59		湖积物	E 117°29′00.9″ N 31°11′00.4″	95
						Apg	17~27	暗灰色	壤质黏土	块状	5.4	43.5	2.12	0.20	13.3	≤1.0	61				
						Gh	27~52	黑色	壤质黏土	糊状	5.0	180.5	7.19	0.39	12.5						
						G	52~100	青灰色	黏土	糊状	6.0	41.2	2.10	0.28	12.6						
剖67	淋溶土	黄棕壤	黄棕壤性土	黄棕壤性硅质土	薄层黄棕壤性硅质土	A	0~21	灰棕色	粉质黏壤土	粒状									石英岩类残积物、坡积物	E 117°16′19.9″ N 31°07′31.3″	75
						C	21~60	棕黄色		块状											
剖68	人为土	水稻土	漂洗水稻土	澄白土田	白土心田	Ae	0~15	淡黄色	黏壤土	小块状、粒状	5.0	14.3	1.85	0.20	10.9	3.0	40	7.4	下蜀黄土	E 117°22′56.6″ N 31°08′27.6″	95
						Ap	15~23	淡紫色	黏壤土	小块状	5.9	10.3	0.71	0.18	10.4	2.0	33	7.0			
						E	23~55	灰白色	粉质壤土	小块状、粒状	6.1	6.8	0.45	0.16	10.3	≤1.0	30	8.0			
						W	55~100	棕灰色	黏壤土	块状	6.5	3.3	0.29	0.23	10.0						
剖69	淋溶土	黄棕壤	黄棕壤性土	耕种黄棕壤性硅质土	黄棕壤硅性质土	A	0~14	灰黄色	轻壤土	粒状	5.5	10.0	0.62	0.35	10.1	5.0	80		石英岩类残积物、坡积物	E 117°22′49.5″ N 31°02′33.6″	75
						P	14~21	黄色	轻壤土	粒状	5.5	9.8	0.58	0.34	10.0	4.0	58				
						C	21~70	棕黄色	轻壤土	块状	5.7	1.8	0.13	0.32	3.8	3.0	19				

巢 湖 市

主要土类说明

水稻土是巢湖市主要土壤类型，占本市地域面积的 42%。水稻土是在水旱交替耕作条件下形成的。通过灌溉、排水、耕作、施肥与栽培等措施，周期性的干湿交替和氧化还原作用，某些易还原物质与悬浮性胶体，在土壤剖面中淋溶淀积，从而形成了水稻土特有的发生层和剖面形态。本市水稻土多发育在湖相沉积物、下蜀黄土以及各种岩类坡积物、洪积物和河流冲积物上。由于起源的母质类型不同，水稻土的剖面形态、理化性状等均有明显差异，又在人为和自然诸多因素的综合影响下，特别是在水分的影响下发育成特定类型的土壤。本县水稻土分为淹育型、潴育型、潜育型、侧漂型四个亚类，其中潴育水稻土占本县水稻土面积的 60% 以上。

黄褐土是巢湖市第二大土壤类型，占本市地域面积的 16%，主要分布在岗地。黄褐土发育于下蜀黄土上，土层深厚，质地黏重，下层具有紧实的黏盘层，结构不良，透水性差，有大量铁锰结核，深层可见石灰结核。剖面自上而下呈微酸性至中性。本县黄褐土养分含量低，有机质含量为 12.5g/kg。

石灰（岩）土是巢湖市第三大土壤类型，占本市地域面积的 9%，主要分布于低山、残丘地区。其成土母质是石灰岩类残积物、坡积物和坡积物、洪积物。此类岩石风化物的颗粒比较细。在风化过程中碳酸钙大部分随水淋失，所以直接发育于石灰岩母岩的石灰土土层浅薄，一般在 1m 以内，无石灰反应，发育程度差，少数淋溶淀积层发育明显，土体中夹有一定数量的砾石。其剖面构型为 A-D、A-B-D、A-B-C、A-P-B-C 等。本市石灰（岩）土仅有棕色石灰土一个亚类。

粗骨土占巢湖市地域面积的 4%，广泛分布在河谷阶地、丘陵、低山和中山等多种地貌单元和地形部位。粗骨土属于 A-C 型，甚至（A）-C 型土壤。A 层发育不明显，与母质土层性状相似，略显有机质累积。有时母质层富含砾石，甚少剖面分异与发育特征。

黄棕壤占巢湖市地域面积的 4%，是北亚热带地区的地带性土壤。黄棕壤淋溶作用明显，上层石灰已经淋失，盐基不饱和，微酸性或中性，铁铝移动明显，在铁锰结核层下有大量的铁锰胶膜覆被在土体结构面上。随着黏粒的下移和积累，剖面中黏化作用明显，结构紧实，心土层质地黏重。由岩石残积物、坡积物发育的黄棕壤发育程度差，有的是粗骨性，绝大多数无 B 层发育。本市黄棕壤划分为普通黄棕壤、黄棕壤性土两个亚类。

小于本市地域面积 3% 的土壤类型还有石质土、紫色土等。

本区域中心区气候特征

本区域中心区气候特征值
Regional climate characteristics in central area of the region

气候带：北亚热带湿润气候 Climate region: North subtropical humid climate	
年平均气温 /℃ Annual average temperature /℃	16.0
年平均最高气温 /℃ Annual average maximum temperature /℃	20.4
年平均最低气温 /℃ Annual average minimum temperature /℃	12.4
年降水量 /mm Annual precipitation /mm	1127
≥10℃的积温 /℃ Daily temperature accumulated in a year（≥10℃）/℃	5864
年日照时数 /h Annual sunshine /h	1887
年平均相对湿度 /% Annual average relative humidity /%	76
干燥度 Dryness	0.86

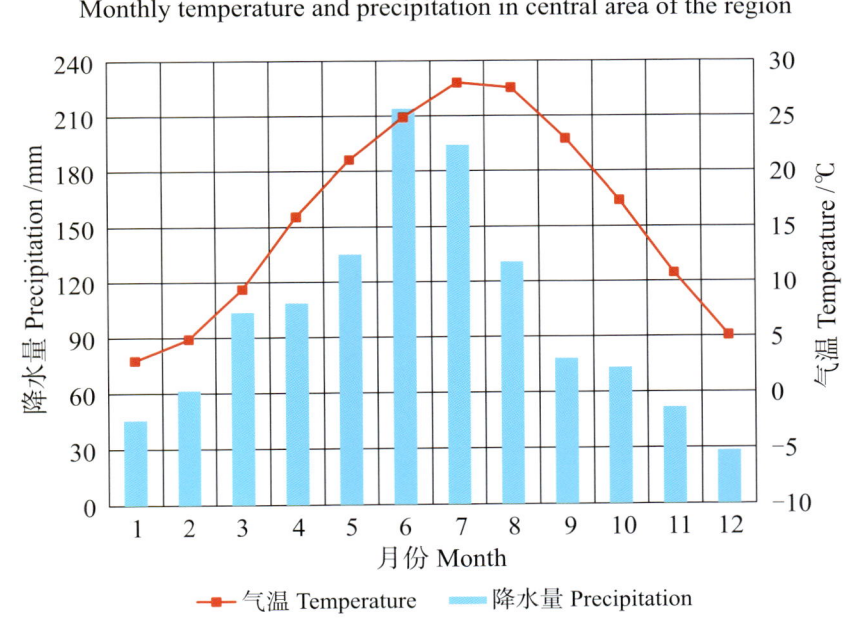

本区域中心区月平均气温与月平均降水量
Monthly temperature and precipitation in central area of the region

巢湖市主要土壤类型与土壤剖面点分布图
1 : 270 000

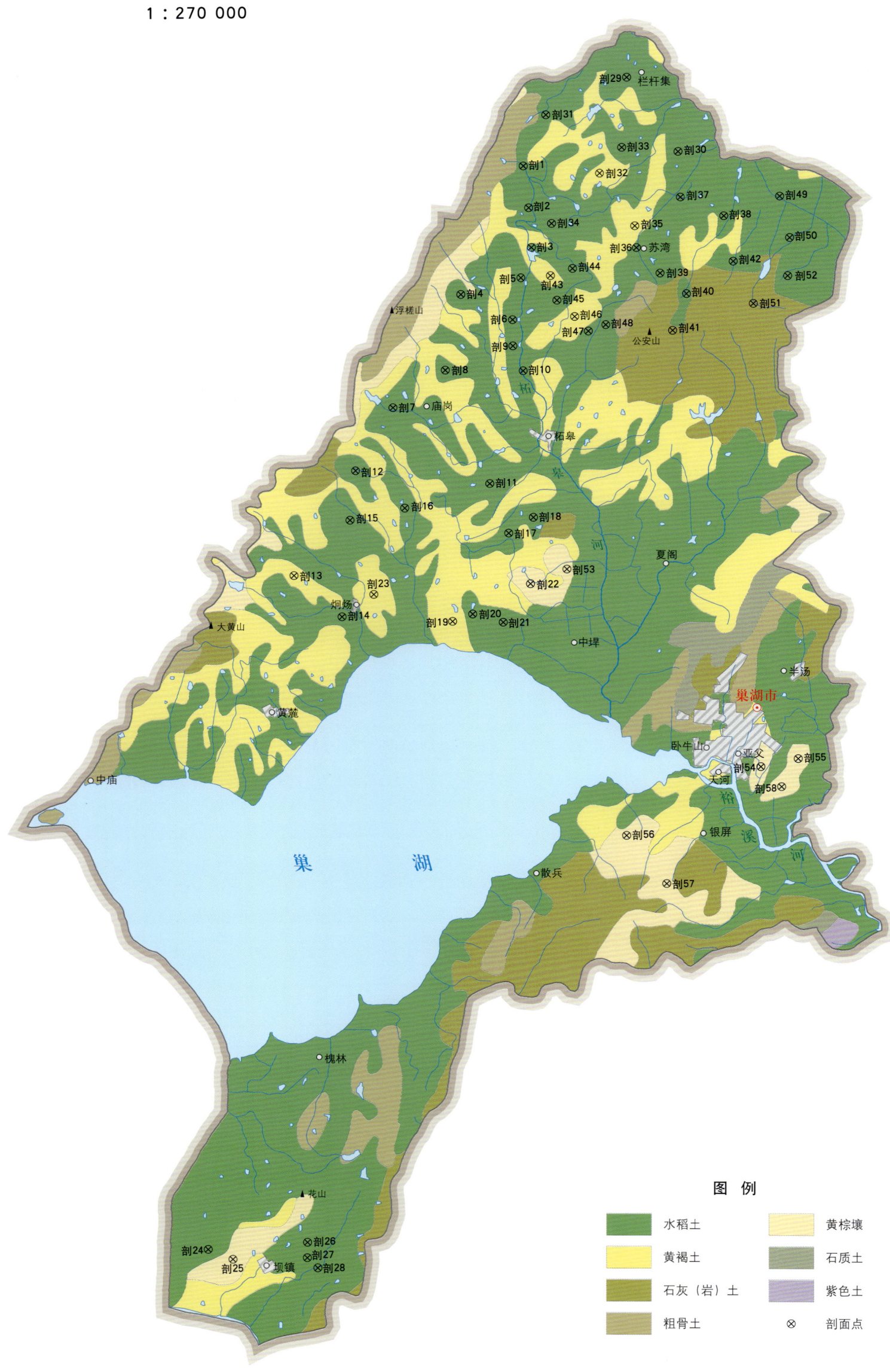

注：本图界线沿用土壤普查时点的行政界线。

巢湖市土壤剖面理化性状表

剖面号 Soil profile	土纲 Soil order	土类 Soil great group	亚类 Soil subgroup	土属 Soil genus	土种 Soil species	土层码 Layer code	土层厚度 Depth/cm	颜色 Soil color	质地 Soil texture	土壤结构 Soil structure	pH	有机质 OM/(g/kg)	全氮 TN/(g/kg)	全磷 TP/(g/kg)	全钾 TK/(g/kg)	有效磷 AP/(mg/kg)	速效钾 AK/(mg/kg)	阳离子交换量CEC/(cmol/kg)	土壤母质 Parent material	剖面点坐标 Profile coordinate	匹配指数 Matching index/%
剖1	人为土	水稻土	淹育水稻土	浅黄白土田	浅黄白土田	A	0~17				6.2	13.7	1.02	0.33	16.0	7.0	129	16.3	下蜀黄土	E 117° 44′ 18.8″ N 31° 55′ 43.2″	75
						P	17~27				6.6	11.1	0.83	0.34	16.7	4.0	99	17.5			
						C	27~47				7.6	6.5	1.43	0.33	18.8	≤1.0	109	28.1			
剖2	人为土	水稻土	潴育水稻土	马肝田	次生潴育马肝田	Ag	0~15		轻黏土		6.9	18.4	1.43	0.31	15.3	5.0	90	22.9	下蜀黄土	E 117° 44′ 30.2″ N 31° 54′ 18.6″	75
						P	15~24		轻黏土		6.8	15.9	1.03	0.28	14.6	4.0	99	20.7			
						W	24~65		轻黏土		7.5	5.3	0.47	0.25	14.5	5.0	90	21.8			
						C	65~99		轻黏土		7.6	3.5	0.41	0.19	16.2	3.0	143	34.4			
剖3	人为土	水稻土	淹育水稻土	浅硅质田	浅硅质田	A	0~14	灰黄色	中壤土	粒状	5.5								石英岩类残积物、坡积物	E 117° 44′ 35.1″ N 31° 52′ 58.7″	75
						P	14~24	棕灰色	中壤土	块状	5.5										
						C	24~100	棕黄色	重黏土	块状	6.5										
剖4	人为土	水稻土	潴育水稻土	马肝田	次生潴育马肝田	Ag	0~15	暗灰色	重黏土	小粒状	5.8								下蜀黄土	E 117° 41′ 53.1″ N 31° 51′ 26.2″	75
						P	15~24	深灰色	黏土	块状	7.2										
						W	24~65	淡黄色	黏土	棱柱状	7.4										
						C	65~99	棕黄色	黏土	棱柱状	7.4										
剖5	人为土	水稻土	潴育水稻土	黄白土田	黄白土田	A	0~15	灰黄色	中壤土	微团粒状	7.0								下蜀黄土	E 117° 44′ 10.4″ N 31° 51′ 58.4″	75
						P	15~23	灰黄色	重壤土	块状	7.5										
						W	23~84	棕灰色	重黏土	棱柱状	7.5										
						C	84~105	棕黄色	黏土	棱柱状	7.5										
剖6	人为土	水稻土	潴育水稻土	钙积马肝田	钙积马肝田	A	0~17	深灰色	重黏土	块状	7.8							20.3	下蜀黄土	E 117° 43′ 50.0″ N 31° 50′ 34.7″	75
						P	17~26	深灰色	重黏土	柱状	8.0							21.2			
						W	26~63	灰黄色	重黏土	柱状	8.0							20.3			
						C	63~99	灰黄色	黏土	柱状	8.0							22.6			
剖7	人为土	水稻土	潴育水稻土	青马肝田	中位弱潜青马肝田	A	0~15	灰黄色	轻黏土	粒状	6.5	19.3	1.14	0.34	17.1	4.0	177		下蜀黄土	E 117° 39′ 16.4″ N 31° 47′ 41.3″	75
						P	15~24	黄灰色	重黏土	糊状	7.0	18.3	1.09	0.31	17.0	2.0	147				
						G	24~60	灰黄色	重黏土	片状	7.3	17.3	1.11	0.28	17.6	3.0	177				
						C	60~100	深灰色	重黏土	柱状	7.3	6.6	0.55	0.27	18.8	2.0	183				
剖8	人为土	水稻土	潴育水稻土	青钙泥田	青钙砂泥田	Pg	0~16	灰黄色	重黏土	粒状	7.5								石灰岩类坡积物、洪积物	E 117° 41′ 15.9″ N 31° 48′ 55.4″	75
						G	16~27	浅黄色	重黏土	糊状	7.5										
						C	27~54	淡黄色	中壤土	柱状	7.8										
							54~98	暗灰色	重黏土	粒状	7.8										
剖9	人为土	水稻土	潴育水稻土	青湖泥田	上位弱潜青湖泥田	Ag	0~15	蓝灰色	重黏土	糊状	6.5								湖相沉积物	E 117° 43′ 50.3″ N 31° 49′ 42.5″	75
						Pg	15~23	蓝灰色	中壤土	柱状	7.0										
						G	23~51	深灰色	重黏土	柱状	7.0										
						C	51~100	黄灰色	中黏土	粒状	6.5	32.7	1.83	0.34	18.4	3.0	122	29.8			
剖10	人为土	水稻土	潴育水稻土	青湖泥田	中位弱潜青湖泥田	A	0~15	暗灰色	中黏土	块状	6.8	25.4	1.47	0.21	19.1	≤1.0	126	30.9	湖相沉积物	E 117° 44′ 13.1″ N 31° 48′ 52.7″	75
						P	15~25	蓝灰色	轻黏土	柱状	7.2	22.2	1.30	0.18	19.5	≤1.0	122	21.9			
						Cg	25~47	浅灰色	轻黏土	棱柱状	6.8	7.6	0.59	0.20	17.4	≤1.0	91	23.0			
剖11	人为土	水稻土	潴育水稻土	青湖泥田	中位强潜青湖泥田	A	0~20	黑褐色	重黏土	粒状	6.0								湖相沉积物	E 117° 42′ 54.3″ N 31° 45′ 06.2″	75
						Pg	20~30	灰灰色	重黏土	块状	7.0										
						G	30~60	灰青色	重黏土	糊状	7.2										
						Cg	60~100	深灰色	中壤土	柱状	7.5										

续表 Continued

剖面号 Soil profile	土纲 Soil order	土类 Soil great group	亚类 Soil subgroup	土属 Soil genus	土种 Soil species	土层码 Layer code	土层厚度 Depth/cm	颜色 Soil color	质地 Soil texture	土壤结构 Soil structure	pH	有机质 OM/(g/kg)	全氮 TN/(g/kg)	全磷 TP/(g/kg)	全钾 TK/(g/kg)	有效磷 AP/(mg/kg)	速效钾 AK/(mg/kg)	阳离子交换量CEC/(cmol/kg)	土壤母质 Parent material	剖面点坐标 Profile coordinate	匹配指数 Matching index/%
剖12	人为土	水稻土	潜育水稻土	钙积青湖泥田	钙积青湖泥田	A	0—15	暗灰色	重壤土	粒状	7.8								湖相沉积物	E 117°37′49.8″ N 31°45′34.3″	75
						P	15—23	灰黄色	重壤土	块状	7.8										
						G	23—53	青灰色	重壤土	糊状	7.8										
剖13	淋溶土	黄褐土	黏盘黄褐土	黏盘黄褐土	上位黏盘黄褐土	Cg	53—101	蓝灰色	重壤土	柱状	7.0								下蜀黄土	E 117°35′28.4″ N 31°42′04.9″	74
剖14	人为土	水稻土	潜育水稻土	黄白土田	黄白土田	A	0—30	暗黄色	重壤土	柱状	5.0								下蜀黄土	E 117°37′15.8″ N 31°40′41.6″	95
						Bv	30—53	灰黄色	重壤土	柱状	7.5										
						C	53—100	黄棕色	重壤土	柱状	7.5										
剖15	人为土	水稻土	潜育水稻土	青马肝田	中位弱潜青马肝田	A	0—16	淡灰色	黏土	小块状	6.1	16.5	0.95	0.26	15.6	5.0	79	15.2	下蜀黄土	E 117°37′36.1″ N 31°43′55.1″	75
						Ap	16—29	灰黄色	黏壤土	中块状	7.3	5.5	0.11	0.17	15.2	3.0	62	11.9			
						W₁	29—50	黄棕色	壤质黏土	棱块状	7.4	2.3	0.27	0.20	16.7	2.0	81	16.6			
						W₂	50—100	浊黄色	壤质黏土	棱块状	7.4	3.2	0.34	0.29	17.9	5.0	88	18.3			
剖16	人为土	水稻土	潜育水稻土	青丝泥田	钙积青砂泥田	A	0—15	灰黄色	重壤土	粒状	6.5								河流冲积物	E 117°39′40.9″ N 31°44′17.8″	75
						P	15—24	黄灰色	重壤土	块状	7.0										
						G	24—58	蓝灰色	重壤土	柱状	7.5										
						C	58—98	黄灰色	黏土	柱状	7.8										
剖17	人为土	水稻土	潜育水稻土	青湖泥田	中积强潜青湖泥田	A	0—15	暗灰色	重壤土	粒状	7.5								湖相沉积物	E 117°37′36.2″ N 31°43′26.3″	75
						Pg	15—23	蓝灰色	重壤土	糊状	7.5										
						G	23—63	深灰色	重壤土	柱状	7.2										
						C	63—100	淡黄色	黏土	柱状	7.5										
剖18	人为土	水稻土	潜育水稻土	青湖泥田	上位强潜青湖泥田	A	0—15		重壤土		7.1	29.9	1.60	0.34	15.9	4.0	86	21.3	湖相沉积物	E 117°44′32.8″ N 31°43′57.4″	75
						Pg	15—24		重壤土	糊状	7.5	25.5	1.33	0.23	16.4	≤1.0	70	18.3			
						G	24—54		中壤土	柱状	7.4	14.2	0.74	0.14	15.7	3.0	72	19.6			
						Cg	54—98		中壤土	柱状	7.3	6.4	0.43	0.21	15.9	4.0	68	18.3			
剖19	淋溶土	黄褐土	黏盘黄褐土	马肝土	菜园马肝土	A	0—23	灰褐色	重壤土	粒状	6.7								湖相沉积物	E 117°41′27.1″ N 31°40′30.8″	75
						G	23—88		黏土	糊状	6.5										
						Cg	88—132		中壤土	块状	6.5										
剖20	人为土	水稻土	潜育水稻土	青砂泥田	青砂泥田	A	0—30	黄灰色	黏土	团粒状	7.0								河流冲积物	E 117°42′12.8″ N 31°40′44.9″	74
						Bv	30—45	黄黄色	中壤土	柱状	6.0										
						C	45—96	褐黄色	黏土	柱状	7.5										
剖21	人为土	水稻土	潜育水稻土	钙积青马肝田	钙积青马肝田	A	0—16		中壤土	粒状	5.8								下蜀黄土	E 117°43′22.0″ N 31°40′27.9″	75
						Ag	16—23	灰黄色	轻壤土	块状	7.2										
						Pg	22—30	蓝灰色	轻壤土	糊状	6.8										
						G	23—66	蓝灰色	重壤土	糊状	7.0										
						Cg	66—98	黄灰色	重壤土	柱状	8.5										
剖22	淋溶土	黄棕壤	普通黄棕壤	硅质黄棕壤	硅质黄棕壤	Ag	0—22		重壤土	粒状	7.0	15.6	1.04	0.52	16.2	6.0	138	21.8	石英岩类坡积物	E 117°43′25.1″ N 31°41′44.4″	75
						Pg	22—30		重壤土	糊状	7.4	12.0	0.85	0.42	15.4	3.0	104	20.4			
						Bv	25—65		重壤土	糊状	7.6	6.5	0.52	0.27	14.5	4.0	77	20.1			
						Cg	65—95		重壤土	柱状	7.5	4.1	0.44	0.21	16.2	2.0	103	21.4			
剖23	淋溶土	黄褐土	黏盘黄褐土	马肝土	菜园马肝土	A	0—33		重壤土		7.8	24.0	1.28	0.57	15.3	28.0	122	16.2	下蜀黄土	E 117°38′29.1″ N 31°41′26.0″	74
						Bv	33—68				6.7	11.6	0.86	0.25	15.2	3.0	58	14.0			
						C	68—100				7.3	1.5	0.29	0.17	14.9	2.0	34	8.3			

续表 Continued

剖面号 Soil profile	土纲 Soil order	土类 Soil great group	亚类 Soil subgroup	土属 Soil genus	土种 Soil species	土层码 Layer code	土层厚度 Depth/cm	颜色 Soil color	质地 Soil texture	土壤结构 Soil structure	pH	有机质 OM/(g/kg)	全氮 TN/(g/kg)	全磷 TP/(g/kg)	全钾 TK/(g/kg)	有效磷 AP/(mg/kg)	速效钾 AK/(mg/kg)	阳离子交换量CEC/(cmol/kg)	土壤母质 Parent material	剖面点坐标 Profile coordinate	匹配指数 Matching index/%
剖24	人为土	水稻土	潴育水稻土	石灰泥田	钙板田	A	0—15		中壤土		6.8	18.7	1.34	0.45	18.7	4.0	131	17.0	碳酸岩类坡积物、洪积物	E 117°32′04.8″ N 31°19′29.3″	75
						P	15—25		中壤土		7.2	6.2	0.54	0.35	17.7	3.0	106	14.2			
						W	25—82		中壤土		7.3	4.8	0.46	0.30	18.1	2.0	113	15.7			
						C	82—102		中壤土		7.6	6.7	0.63	0.34	17.0	≤1.0	109	18.3			
剖25	淋溶土	黄棕壤	黄棕壤性土	黄壤性麻石土	黄壤性麻石土	A		暗黄色	轻壤土	粒状	6.5								酸性结晶岩类风化坡积物、残积物	E 117°33′00.8″ N 31°19′09.5″	75
						C		灰黄色	砂壤土	片状	6.5										
剖26	人为土	水稻土	潴育水稻土	石灰泥田	次生潜育钙板田	Ag	0—19	灰黑色	中壤土	粒状	7.0								碳酸岩类坡积物、洪积物	E 117°35′49.6″ N 31°19′42.6″	75
						P	19—25	暗灰色	中壤土	块状	7.0										
						W	25—95	黄灰色	重壤土	柱状	7.0										
剖27	人为土	水稻土	潴育水稻土	硅质泥田	硅质砂泥田	A	0—16	灰灰色	中壤土	粒状	6.0								石英砂岩坡积物、洪积物	E 117°35′48.9″ N 31°19′11.9″	75
						P	16—25	暗灰色	重壤土	块状	6.5										
						W	25—67	暗黄色	中壤土	柱状	6.0										
						C	67—98	棕黄色	重壤土	梭柱状	7.0										
剖28	人为土	水稻土	潴育水稻土	石灰泥田	钙板田	A	0—16	黄灰色	中壤土	粒状	7.5								碳酸岩类坡积物、洪积物	E 117°36′12.7″ N 31°18′51.9″	75
						P	16—24	暗黄色	重壤土	梭块状	7.5										
						W	24—53	淡黄色	中壤土	柱状	7.5										
						C	53—98	棕黄色	中壤土	柱状	7.0										
剖29	人为土	水稻土	潴育水稻土	青马肝田	上位强潜青马肝田	Ag	0—19		重壤土	粒状	6.2	16.7	1.03	0.32	15.3	7.0	135	16.2	下蜀黄土	E 117°48′16.8″ N 31°58′38.6″	75
						G	19—41	黄灰色	重壤土	块状	6.5	16.8	1.03	0.35	15.0	8.0	93	18.9			
						Bvg	41—80	暗灰色	重壤土	柱状	7.7	3.0	0.32	0.28	14.2	5.0	125	15.4			
						C	80—105	深灰色	黏壤土	柱状	6.3	18.4	1.16	0.34	16.4	6.0	68	16.7			
剖30	人为土	水稻土	潴育水稻土	青马肝田	中位中潜青马肝田	A	0—16	浅灰色	轻黏土	块状	6.0	18.9	1.11	0.23	15.5	2.0	121	14.8	下蜀黄土	E 117°50′11.3″ N 31°56′08.9″	75
						P	16—26	暗灰色	重黏土		6.1	15.4	0.97	0.20	16.4	2.0	122	18.8			
						Gg	26—61		中壤土		7.0	8.6	0.71	0.21	20.9	≤1.0	174	27.7			
						C	61—98		中壤土		7.1	6.8	0.73	0.32	22.4	2.0	176	28.3			
剖31	人为土	水稻土	潴育水稻土	湖泥田	湖泥田	A	0—16	深深色	重壤土	小粒状	6.5	10.9	0.47	0.30	16.4	≤1.0	114	15.3	湖相沉积物	E 117°45′11.9″ N 31°57′26.3″	74
						P	12—19	蓝灰色	重黏土	糊状	6.6	6.7	0.32	0.25	15.7	≤1.0	104	17.9			
						Bv	19—51	青灰色	黏土	糊状	6.5	5.3	0.48	0.20	17.5	≤1.0	128	24.9			
						C	51—110	黄棕色	黏土	块状	6.8	5.6	0.46	0.27	17.7	≤1.0	116	26.5			
剖32	人为土	水稻土	潴育水稻土	马肝土	黄马肝田	A	0—17		重壤土		6.4								下蜀黄土	E 117°47′12.1″ N 31°55′27.3″	75
						P	17—25		重黏土		6.6										
						Bv	25—55		黏土		6.5										
						C	55—97		重壤土		7.0										
剖33	人为土	水稻土	淹育水稻土	浅马肝田	浅马肝田	A	0—15	棕色	重壤土	粒状	5.6	12.3	0.77	0.26	12.8	3.0	80	7.8	下蜀黄土	E 117°48′03.6″ N 31°56′18.7″	75
						P	15—25	棕黄色	重壤土	块状	6.9	7.4	0.54	0.25	12.6	≤1.0	55	12.3			
						C	25—45	棕褐色	轻黏土	柱状	7.0	3.0	0.41	0.22	17.4	≤1.0	122	25.0			
剖34	人为土	水稻土	潴育水稻土	马肝土	上位黏盘黄马肝田	A	0—15	棕色	重壤土	粒状	7.5								下蜀黄土	E 117°45′21.6″ N 31°53′46.9″	75
						Bv	15—35	棕黄色	重壤土	块状	7.5										
						C	35—90	棕褐色	黏土	柱状	7.5										
剖35	淋溶土	黄褐土	黏盘黄褐土	马肝土															下蜀黄土	E 117°48′30.8″ N 31°53′39.7″	74

续表 Continued

剖面号 Soil profile	土纲 Soil order	土类 Soil great group	亚类 Soil subgroup	土属 Soil genus	土种 Soil species	土层码 Layer code	土层厚度 Depth/ cm	颜色 Soil color	质地 Soil texture	土壤结构 Soil structure	pH	有机质 OM/ (g/kg)	全氮 TN/ (g/kg)	全磷 TP/ (g/kg)	全钾 TK/ (g/kg)	有效磷 AP/ (mg/kg)	速效钾 AK/ (mg/kg)	阴离子 交换量CEC/ (cmol/kg)	土壤母质 Parent material	剖面点坐标 Profile coordinate	匹配指数 Matching index/%
剖36	人为土	水稻土	潴育水稻土	湖泥田	湖泥田	A	0—20	灰色	壤质黏土	小块状	5.9	21.5	1.37	0.30	14.5	5.0	84	17.4	湖相沉积物	E 117°48′38.6″ N 31°52′54.7″	95
剖37	人为土	水稻土	潴育水稻土	砂泥田	砂泥田	Ap	20—29	灰色	壤质黏土	大块状	5.8	13.7	0.95	0.22	14.7	4.0	63	20.4	河流冲积物	E 117°50′15.4″ N 31°54′36.8″	75
						W	29—60	灰橄榄色	壤质黏土	大棱块状	6.8	16.8	0.99	0.17	15.2	≤1.0	65	18.0			
						C	60—100	灰色	壤质黏土		7.6	≤1.0	0.15	1.00	11.5	7.0	20	16.4			
剖38	人为土	水稻土	潴育水稻土	黄白土田	再积黄白土田	A	0—13		轻壤土		7.0	9.6	0.63	0.35	12.7	7.0	70	9.5	下蜀黄土	E 117°51′53.6″ N 31°53′57.9″	75
						P	13—19	黄灰色	中壤土	粒状	6.4	8.5	0.58	0.40	12.7	7.0	55	9.0			
						W	19—42	黄灰色	重壤土	块状	7.4	4.1	0.38	0.33	12.4	4.0	43	11.8			
						C	42—104	灰白色	中壤土	柱状	6.6	5.5	0.56	0.28	15.9	3.0	134	34.8			
剖39	人为土	水稻土	潴育水稻土	黄白土田	再积黄白土田	A	0—16	灰黄色	中壤土		6.8								下蜀黄土	E 117°49′26.7″ N 31°52′04.4″	75
						P	16—26	灰黄色	重壤土	柱状	7.2										
						Bv	26—68	灰黄色	重壤土	棱柱状	7.1										
						C	68—92	灰黄色	重壤土		7.2										
剖40	人为土	水稻土	潴育水稻土	石灰性砂泥田	灰泥田	A	92—120	黄灰色	重壤土	柱状	7.2								河流冲积物	E 117°50′26.5″ N 31°51′22.7″	75
						P	0—17	暗黄色	中壤土	块状	7.8										
						W	17—25	暗黄色	中壤土	柱状	7.8										
						C	25—60	黄灰色	重壤土	柱状	7.8										
剖41	初育土	石灰(岩)土	棕色石灰土	棕色石灰土田	薄层棕色石灰土	A	60—103		重壤土		7.2								下蜀黄土	E 117°49′53.8″ N 31°50′09.8″	74
						P	0—17	灰黄色	中壤土	粒状	5.6	16.9	0.96	0.41	15.2	5.0	115	15.2			
						W	17—25	灰黄色	中壤土	块状	6.1	15.2	0.95	0.40	17.1	6.0	102	18.5			
						C	25—74	棕褐色	重壤土	棱柱状	7.7	4.3	0.36	0.24	15.6	3.0	93	18.7			
剖42	人为土	水稻土	淹育水稻土	浅马肝田	浅马肝田	A	74—102	棕褐色	黏土		7.7	4.0	0.33	0.21	15.1	2.0	97	17.2	下蜀黄土	E 117°50′26.5″ N 31°51′22.7″	75
						P	0—18	灰黄色	中壤土	粒状	7.5	38.7	2.12	0.79	18.7	3.0	258	23.4			
剖43	人为土	黄褐土	黏盘黄褐土	黄白土	上位黏盘黄白土	A	0—15	灰黄色	中壤土	块状	5.6	11.3	0.77	0.34	15.9	4.0	187	14.2	下蜀黄土	E 117°45′17.5″ N 31°52′02.0″	74
						P	15—26	棕黄色	轻壤土	片状	6.9	17.8	0.50	0.27	19.6	2.0	106	23.7			
						C	26—130	棕褐色	黏土		7.0										
剖44	人为土	水稻土	潴育水稻土	石灰性砂泥田	灰砂性泥田	A	0—14	灰黄色	中壤土	粒状	6.3								河流冲积物	E 117°46′08.1″ N 31°52′15.7″	75
						P	14—96	暗黄色	中壤土	片状	6.4										
						W		棕黄色	重壤土	柱状	7.8										
						C		蓝灰色	重壤土	柱状	7.8										
剖45	人为土	水稻土	潴育水稻土	砂泥田	次生潜育砂泥田	A	0—15	黄灰色	中壤土	小粒状	6.0								河流冲积物	E 117°45′31.6″ N 31°51′13.0″	75
						P	15—24	棕黄色	中壤土	块状	7.0	10.1	0.85	0.35	17.2	3.0	156	17.9			
						Ag	24—77	黄棕色	重壤土	柱状	7.0	5.9	0.63	0.40	≥50.0	≤1.0	118	25.2			
						C	77—103	浅黄色	重壤土		7.0	4.5	0.46	0.32	≥50.0	5.0	113	21.2			
剖46	淋溶土	黄褐土	黏盘黄褐土	马肝土	上位黏盘黄马肝土	A	0—14		重壤土	粒状	6.4								下蜀黄土	E 117°46′11.4″ N 31°50′39.9″	74
						Bv	14—34		重壤土	块状	6.3										
						C	34—100	棕褐色	黏土	柱状	6.7										
剖47	人为土	水稻土	潴育水稻土	砂泥田	山脊泥田	A	0—13		轻黏土	粒状	7.2	18.3	1.36	0.41	18.2	3.0	114	27.2	河流冲积物	E 117°46′42.4″ N 31°50′10.2″	75
						P	13—21		轻黏土	块状	7.2	13.4	1.09	0.49	18.1	3.0	123	25.8			
						W	21—61		轻黏土	柱状	7.0	8.5	0.77	0.54	18.1	4.0	137	26.7			
剖48	人为土	水稻土	潴育水稻土	石灰性砂泥田	灰泥田	C	61—103		黏土	柱状	7.0								河流冲积物	E 117°47′22.4″ N 31°50′22.9″	75
						A	0—15		中壤土	块状	8.1										
						P	15—25		重壤土	块状	8.2										
						W	25—53		重壤土	柱状	8.2										
						C	53—98		中壤土		8.1	2.6	0.34	0.39	14.6	10.0	92	16.7			

续表 Continued

剖面号 Soil profile	土纲 Soil order	土类 Soil great group	亚类 Soil subgroup	土属 Soil genus	土种 Soil species	土层码 Layer code	土层厚度 Depth/cm	颜色 Soil color	质地 Soil texture	土壤结构 Soil structure	pH	有机质 OM/(g/kg)	全氮 TN/(g/kg)	全磷 TP/(g/kg)	全钾 TK/(g/kg)	有效磷 AP/(mg/kg)	速效钾 AK/(mg/kg)	阳离子交换量 CEC/(cmol/kg)	土壤母质 Parent material	剖面点坐标 Profile coordinate	匹配指数 Matching index/%
剖49	人为土	水稻土	潴育水稻土	石灰性砂泥田	次生潴育灰泥田	A	0—17		重壤土		7.8	31.3	2.04	0.58	17.7	7.0	185	26.2	河流冲积物	E 117°54′01.3″ N 31°54′36.4″	75
						Pg	17—25		重壤土		8.0	29.0	1.85	0.53	17.2	6.0	114	24.8			
						W	25—61		重壤土		8.0	27.2	1.82	0.50	18.7	5.0	102	25.5			
						C	61—100		轻黏土		8.1	10.1	0.78	0.44	18.8	6.0	81	17.0			
剖50	人为土	水稻土	潴育水稻土	石灰性砂泥田	次生潴育灰泥田	A	0—16	灰黄色	重壤土	粉状	7.5								河流冲积物	E 117°54′22.9″ N 31°53′12.6″	75
						Pg	16—25	棕灰色	重壤土	块状	7.5										
						W	25—72	深灰色	重壤土	柱状	7.5										
						C	72—100	灰黄色	轻壤土	柱状	7.5										
剖51	初育土	石灰(岩)土	棕色石灰土	棕色石灰土	薄层棕色石灰土	A	0—29	黄棕色	中壤土	粒状	7.5								下蜀再堆积、河湖堆积物	E 117°52′58.0″ N 31°51′01.7″	74
						D	29—	青灰色													
剖52	人为土	水稻土	漂洗水稻土	白土田	粉砂白土田	Ae	0—14	灰黄色	轻壤土	粒状	6.0										75
						Pe	14—21	灰白色	轻壤土	块状	6.5										
						E-1	21—60	灰白色	砂壤土	柱状	6.5										
						E-2	60—101	浅灰色	砂壤土	无结构	6.5										
剖53	淋溶土	黄棕壤	普通黄棕壤	硅质黄棕壤	中层硅质黄棕壤	A	0—17	暗黄色	中壤土	粒状	5.0								石英岩类坡积物	E 117°45′47.4″ N 31°42′13.1″	75
						Bv	17—80	棕黄色	中壤土	柱状	5.0										
						D	80—	淡黄色													
剖54	淋溶土	黄棕壤	黄棕壤性	黄壤性扁石土	黄壤性扁石土	A	0—24	黄棕色	中壤土	粒状	6.0								泥质岩类坡积物	E 117°53′03.1″ N 31°35′31.9″	75
						D	24—	暗黄色													
剖55	淋溶土	黄棕壤	普通黄棕壤	麻石黄棕壤	中层麻石黄棕壤	A	0—18	灰黄色	轻壤土	粒状	6.5								酸性结晶岩类坡积物、残积物	E 117°54′28.3″ N 31°35′47.6″	75
						Bv	18—30	黄棕色	轻壤土	块状	7.0										
						D	30—76	黄棕色													
剖56	淋溶土	黄棕壤	普通黄棕壤	扁石黄棕壤	中层石黄棕壤	A	0—20	灰黄色	轻壤土	粒状	6.0								泥质岩类坡积物	E 117°47′57.4″ N 31°33′17.1″	75
						Bv	20—30	棕黄色	中壤土	片状	6.0										
						D	30—	棕黄色		块状											
剖57	淋溶土	黄棕壤	黄棕壤性	黄棕壤性硅质土	中层黄棕壤性硅质土	A	0—35		中壤土			34.8	1.69	0.41	12.7	8.0	96	10.0	石英岩类残积物、坡积物	E 117°49′27.6″ N 31°31′39.9″	75
剖58	淋溶土	黄棕壤	黄棕壤性	黄棕壤性硅质土	中层黄棕壤性硅质土	A	0—48	棕黄色	轻壤土	粒状	5.5								石英岩类残积物、坡积物	E 117°53′50.2″ N 31°34′52.1″	75
						D	48—	灰白色													

芜 湖 市

市 辖 区

主要土类说明

水稻土是芜湖市主要土壤类型，占本市地域面积的51%，集中分布在海拔5.9—13m的沿江、沿河平原和岗地畈区。水稻土是人为耕种活动的产物，是经过长期水耕熟化培育而成的土壤。受耕作、灌溉、施肥等农业措施的影响，加上季节性干湿交替，土体内部不断发生氧化还原作用，有机质的分解与合成、盐基的淋溶与复盐基及黏粒的聚积与淋失作用，从而在起源土壤的基础上，形成了水稻土所特有的发生层次、独特的土体构型和剖面形态特征。

潮土是芜湖市第二大土壤类型，占本市地域面积的5%，主要分布在沿岸平原地带。其成土母质为江河冲积物。母质分选性强，位于洲地或靠近长江大堤菜地处，在1m深度常砂泥相间，呈水平排列，耕作层质地多为砂壤土或轻壤土，孔隙度大，毛管作用强，物质淋溶移动明显，土壤有机质含量不高，石灰反应强烈。距长江稍远处，沉积物较细，质地偏重，多为中壤至重壤，质地差异不大，而土壤孔隙度小，毛管作用弱，潮化不明显，具较好的保水保肥能力，有机质含量较高，石灰反应弱。它们都有大量侵入体螺蛳壳在不同部位出现，土壤多呈微碱性，少数中性。根据土壤属性，本市潮土只有灰潮土一个亚类。

小于本市地域面积3%的土壤类型还有黄褐土等。

本区域中心区气候特征

本区域中心区气候特征值
Regional climate characteristics in central area of the region

气候带：北亚热带湿润气候 Climate region: North subtropical humid climate	
年平均气温 /℃ Annual average temperature /℃	16.0
年平均最高气温 /℃ Annual average maximum temperature /℃	20.4
年平均最低气温 /℃ Annual average minimum temperature /℃	12.4
年降水量 /mm Annual precipitation /mm	1165
≥10℃的积温 /℃ Daily temperature accumulated in a year (≥10℃) /℃	5897
年日照时数 /h Annual sunshine /h	1901
年平均相对湿度 /% Annual average relative humidity /%	77
干燥度 Dryness	0.83

芜湖市市辖区（部分）主要土壤类型与土壤剖面点分布图
1∶100 000

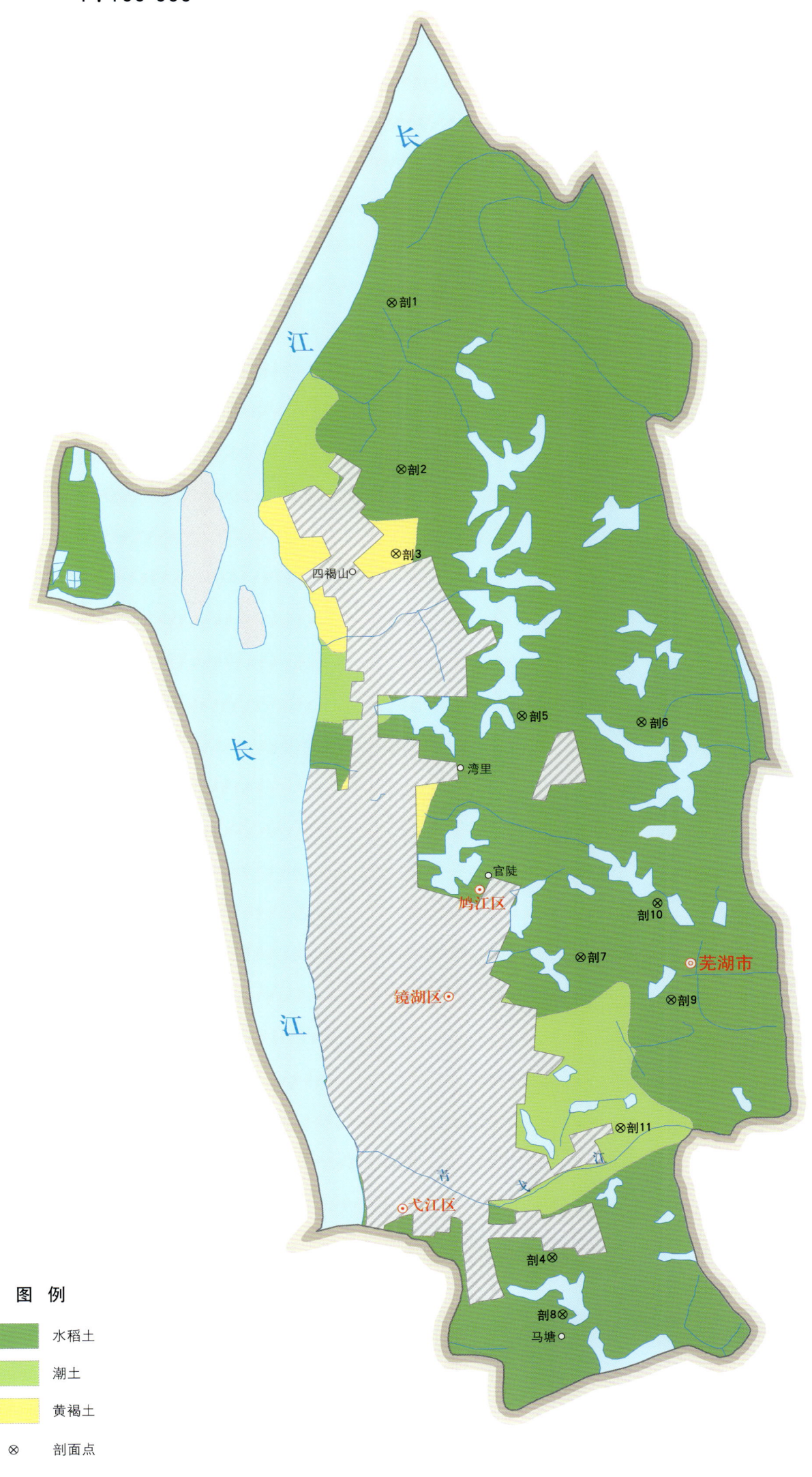

芜湖市土壤剖面理化性状表

剖面号 Soil profile	土纲 Soil order	土类 Soil great group	亚类 Soil subgroup	土属 Soil genus	土种 Soil species	土层码 Layer code	土层厚度 Depth/cm	颜色 Soil color	质地 Soil texture	土壤结构 Soil structure	pH	有机质 OM/(g/kg)	全氮 TN/(g/kg)	全磷 TP/(g/kg)	全钾 TK/(g/kg)	有效磷 AP/(mg/kg)	速效钾 AK/(mg/kg)	阳离子交换量CEC/(cmol/kg)	土壤母质 Parent material	剖面点坐标 Profile coordinate	匹配指数 Matching index/%
剖1	人为土	水稻土	潜育水稻土	石灰性砂泥田	灰砂性泥田	A	0—14	棕灰色	重壤土	团粒状	7.7	24.8	1.71	0.82	20.1	38	77	20.8	长江冲积物	E 118°21′57.6″ N 31°28′50.2″	85
						P	14—19	灰棕色	重壤土	小块状	7.9	13.9	1.62	0.85	21.5	39	76	18.4			
						W	19—75	棕色	重壤土	块块状	7.9	10.2	0.77	0.67	20.5			18.0			
						C	75—100	淡棕色	重壤土	块状	7.9	6.3	0.31	0.32	15.5	14	73	11.8			
剖2	人为土	水稻土	潜育水稻土	砂泥田	泥骨田	A	0—17	棕灰色	重壤土	团粒状	5.7	22.5	1.34	0.39	15.7			14.4	江河冲积物	E 118°22′04.8″ N 31°27′01.4″	82
						P	17—27	淡棕色	重壤土	小块状	6.7	22.4	1.31	0.41	15.3	15	69	16.2			
						W	27—65	灰棕色	中壤土	梭块状	7.4	4.8	0.51	0.39	12.6			11.8			
						B	65—100	棕灰色	重壤土	碎粒状	7.2	3.5	0.40	0.34	12.9			10.3			
剖3	淋溶土	黄褐土	黎盘黄褐土	马肝土	黄马肝土	A	0—16	黄灰色	重壤土	小粒状	6.4								下蜀黄土	E 118°22′01.2″ N 31°26′06.4″	74
						P	16—29	黄棕色	重壤土	棱块状	6.1										
						B_1	29—53	黄棕色	重黏土	块状	5.6										
						B_2	53—88	褐棕色	轻黏土	棱块状	5.9										
剖4	人为土	水稻土	潜育水稻土	青丝泥田	青矿毒田	Ag	0—17	青灰色	重壤土	小块状	7.1	24.9	1.85	0.44	13.1	9	61	16.5	长江冲积物	E 118°23′45.6″ N 31°18′24.8″	95
						P	17—23	青灰色	重壤土	小块状	7.5	17.5	1.25	0.43	13.7	9	57	12.6			
						G	23—60	棕灰色	重壤土	大块状	7.2	3.8	0.53	0.39	14.4			12.0			
						C	60—90	淡棕色	重壤土		7.3	3.0	0.34	0.32	14.3			11.2			
剖5	人为土	水稻土	潜育水稻土	马肝田	马肝田	A	0—15	淡棕色	重壤土	粒状	6.1	18.7	1.33	0.82	20.1	89	177	14.0	下蜀黄土	E 118°23′31.2″ N 31°24′19.1″	90
						P	15—21	棕灰色	重壤土	小块状	6.2	16.0	1.21	0.84	22.0	85	187	14.4			
						W	21—55	黄棕色	重壤土	棱块状	6.7	6.6	0.54	0.70	20.2	65	102	12.1			
						B	55—96	黄棕色	重壤土	片状、块状	6.6	2.7	0.48	0.59	22.9			17.2			
剖6	人为土	水稻土	潜育水稻土	青砂泥田	中位弱潜青砂泥田	A	0—12	棕灰色	轻壤土	块状	7.7	26.2	1.65	0.50	20.2	11	91	20.1	河流冲积物	E 118°24′57.6″ N 31°24′14.1″	78
						P	12—17	青灰色	重壤土	小块状	7.8	25.2	1.62	0.49	18.0	8	77	21.2			
						Wg	17—65	棕灰色	重壤土	块状	7.7	8.7	0.74	0.27	16.0			20.4			
剖7	人为土	水稻土	潜育水稻土	砂泥田	上位白砂泥田	A	0—13	棕灰色	重壤土	团粒状	5.5	29.9	1.83	0.66	14.3	16	81	19.3	江河冲积物	E 118°24′10.8″ N 31°21′40.3″	75
						P	13—20	淡黄色	重壤土	小块状		27.1	1.74	0.58	14.6	8	57	18.8			
						W	20—55	棕灰色	重壤土	梭柱状	6.5	9.2	0.75	0.47	14.0			19.4			
						C	55—100	棕灰色	轻壤土	小块状		5.3	0.47	0.40	17.5			22.1			
剖8	人为土	水稻土	潜育水稻土	青湖泥田	高位强潜青湖泥田	A	0—14	灰灰色	重壤土	块状	5.5	21.1	1.57	0.45	13.5	7	70	12.0	江河冲积物	E 118°23′52.8″ N 31°17′47.8″	86
						P	14—27	棕灰色	重壤土	小块状	6.5	22.9	1.37	0.38	14.3			16.3			
						We	27—39	暗棕色	重壤土	粒状	7.5	5.3	2.34	0.29	11.2			9.9			
						C	39—100	暗棕色	轻壤土	片状	7.5	5.8	0.03	0.27	14.5			25.4			
剖9	人为土	水稻土	潜育水稻土	砂泥田	次潜砂泥田	A	0—13	暗棕色	重壤土	块状	6.5	33.2	1.87	0.68	18.2	3	64	17.1	湖湘沉积物	E 118°25′15.6″ N 31°21′11.5″	86
						P	13—17	褐色	重壤土	小块状	6.7	26.8	1.69	0.63	19.5	5	64	17.8			
						G	17—83	青灰色	中壤土	碎粒状	6.9	25.6	1.58	0.57	18.7			17.2			
						C	83—100	黄棕色	中壤土	棱粒状	7.1	3.1	0.37	0.60	18.1			19.9			
剖10	人为土	水稻土	潜育水稻土	砂泥田	莱园上位铁子砂泥田	A	0—13	暗棕色	重壤土	碎粒状	6.5	29.0	2.15	0.71	18.9	25	57	18.1	江河冲积物	E 118°25′08.4″ N 31°22′15.2″	83
						Pg	13—20	青灰色	重壤土	小块状	7.8	21.1	0.85	0.57	18.2	11	41	15.9			
						W	20—62	黄灰色	中壤土	梭粒状	7.0	3.5	0.28	0.68	15.4			6.8			
						Cs	62—100	灰灰色	重壤土	碎粒状	7.0	6.0	0.35	0.71	16.5			8.9			
剖11	半水成土	湖土	灰湖土	砂泥土		A	0—16	灰灰棕色	重壤土	粒状	5.6	21.9	1.53	0.53	13.7	27	59	15.4	江河沉积物	E 118°24′39.6″ N 31°19′48.0″	75
						P	16—24	灰灰色	重黏土	小块状	6.5	15.6	1.06	0.38	13.7	12	44	14.3			
						B_1	24—35	灰白色	中壤土	碎粒状	7.0	3.4	0.48	0.28	16.0			27.7			
						B_2	35—62	青棕色	轻壤土	片状、块状	7.1	2.1	0.45	0.22	17.2			21.8			

湾 沚 区

主要土类说明

水稻土是湾沚区主要土壤类型，占本区地域面积的72%，主要分布在水网平原圩区及岗丘地带的冲、畈等地。水稻土是由各种地带性和非地带性土壤经人为生产活动，年复一年地在土壤上进行灌水耕耘、排水烤田、平整田面、轮作施肥等水耕熟化过程中形成的土壤。它的形成和发展方向，在很大程度上受人为生产活动控制，同时受所在地区的生物气候、地形、母质、水文和地质等自然因素影响。在季节性干湿交替条件下，土体中还原淋溶和氧化淀积及有机质的分解、积累，土壤黏粒的迁移积聚和附加的渗育、潜育、侧漂等过程，致使土体在剖面形态上表现出明显分异，形成各种特有的发生层，如耕作层、犁底层、渗育层、淀积层、潜育层、漂洗层。本区水稻土由于土壤中水型状况不同和附加成土过程的作用，以及微地形的变化而引起的土壤剖面构型差异，划分为渗育型、潴育型、脱潜型、潜育型以及漂洗型五个亚类。

红壤是湾沚区第二大土壤类型，占本区地域面积的15%，分布于丘陵、岗地。红壤是中亚热带温暖湿润的生物气候条件下形成的地带性土壤。本县水湿条件均低于典型的中亚热带地区，故红壤脱硅富铝程度较分布于中亚热带的典型红壤弱。本县原生植被为落叶阔叶和常绿阔叶混交林，因人为活动现已绝迹，故土壤受到不同程度的侵蚀。次生植被主要有灌丛及人工马尾松、杉木、柿、桃、梨等。生物富集作用也较典型红壤地区弱。土壤pH为4.5—5.7，盐基饱和度为47.6%，比典型红壤略高，其中盐基组成以Ca^{2+}为主，Mg^{2+}次之，K^+、Na^+最少，心土层大于0.001mm黏粒含量为25%—35%，土体淋溶也不及典型红壤，具有向黄棕壤过渡的特征。

潮土是湾沚区第三大土壤类型，占本区地域面积的3%。潮土是一种半水成的非地带性土壤，分布在本县水阳江、青弋江及其支流沿岸滩地。潮土发育于河湖相冲积及沉积母质，成土过程受季节性淹水和地下水双重影响。地下水借毛管作用上升，引起土壤氧化还原作用交替发生，影响土壤物质的溶解、积累和沉积，并在土壤剖面中形成锈斑或细小的铁锰结核。潮土具有明显的分选性，沉积层次明显，质地均一，呈棕灰色。本区潮土划分为灰潮土和湿潮土两个亚类。

小于本区地域面积3%的土壤类型还有黄褐土、石灰（岩）土、石质土、紫色土、红黏土等。

本区域中心区气候特征

本区域中心区气候特征值
Regional climate characteristics in central area of the region

气候带：北亚热带湿润气候 Climate region: North subtropical humid climate	
年平均气温 /℃ Annual average temperature /℃	16.1
年平均最高气温 /℃ Annual average maximum temperature /℃	20.5
年平均最低气温 /℃ Annual average minimum temperature /℃	12.5
年降水量 /mm Annual precipitation /mm	1213
≥10℃的积温 /℃ Daily temperature accumulated in a year (≥10℃) /℃	5972
年日照时数 /h Annual sunshine /h	1889
年平均相对湿度 /% Annual average relative humidity /%	77
干燥度 Dryness	0.80

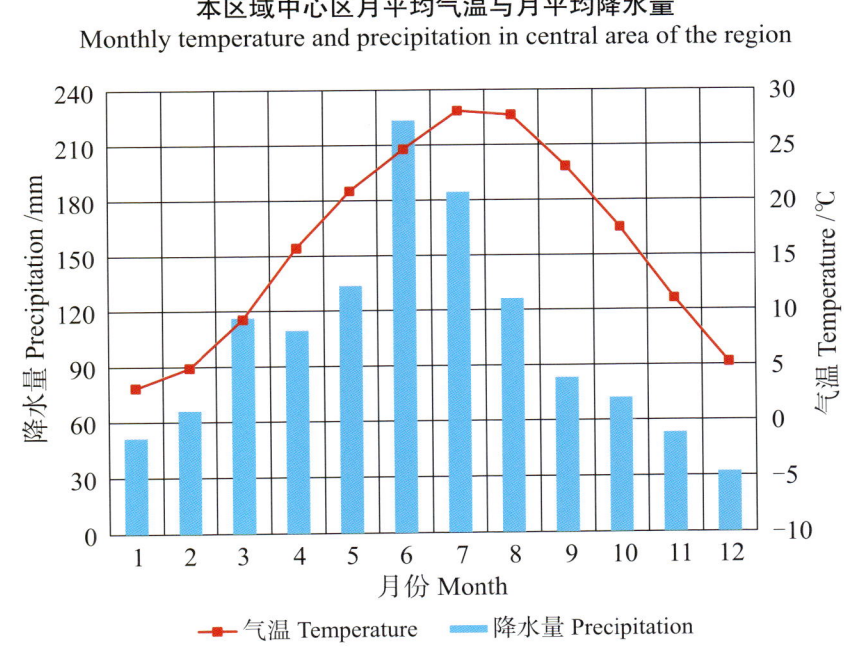

本区域中心区月平均气温与月平均降水量
Monthly temperature and precipitation in central area of the region

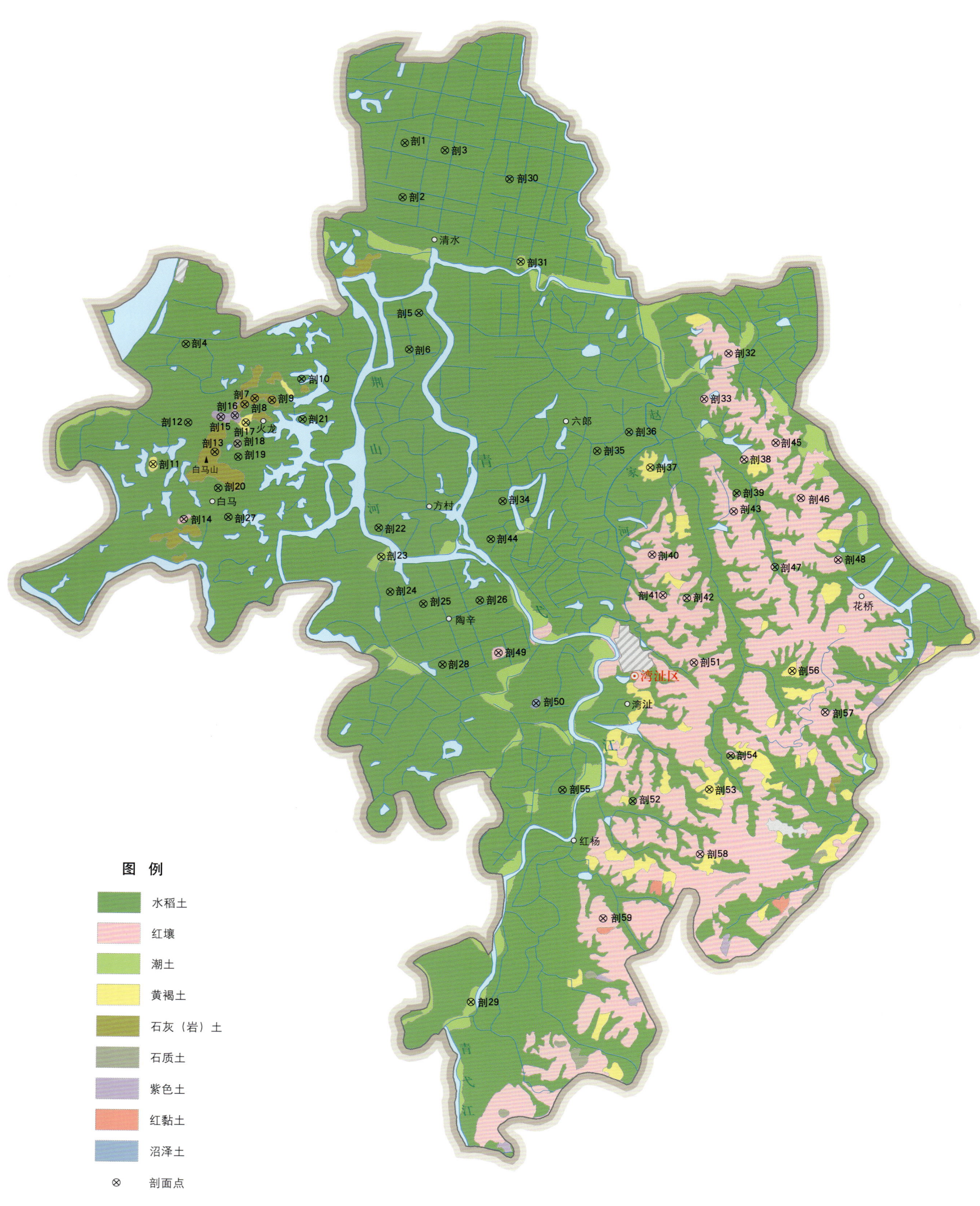

湾沚区土壤剖面理化性状表

剖面号 Soil profile	土纲 Soil order	土类 Soil great group	亚类 Soil subgroup	土属 Soil genus	土种 Soil species	土层码 Layer code	土层厚度 Depth/cm	颜色 Soil color	质地 Soil texture	土壤结构 Soil structure	pH	有机质 OM/(g/kg)	全氮 TN/(g/kg)	全磷 TP/(g/kg)	全钾 TK/(g/kg)	有效磷 AP/(mg/kg)	速效钾 AK/(mg/kg)	阳离子交换量CEC/(cmol/kg)	土壤母质 Parent material	剖面点坐标 Profile coordinate	匹配指数 Matching index/%
剖1	人为土	水稻土	潴育水稻土	石灰性砂泥田	灰砂土田	A	0～14	灰黄色	中壤土	粒块状	8.2	18.0	0.98	0.70	19.2	≤1.0	41	16.0	长江、河流冲积物	E 118° 27′ 48.3″ N 31° 21′ 35.7″	95
						Ap	14～25	灰黄色	中壤土	片状、块状	8.3	15.9	0.90	0.75	20.5		36	16.2			
						S	25～35	灰黄色	砂壤土	粒块状	8.2	5.2	0.77	0.68	18.6		20	8.0			
						W	35～100	黄棕灰色	黏土	块状	7.8	9.6	0.94	0.53	26.5	2.0	52	21.7			
剖2	人为土	水稻土	潜育水稻土	烂泥田	弱烂泥田	A	0～14	灰黄色	轻黏土	碎块状	6.0	32.3	1.85	0.61	18.5	2.0	55	20.6	河湖相沉积物	E 118° 27′ 43.5″ N 31° 20′ 14.8″	97
						Apg	14～26	黄黑色	轻黏土	片状、块状	7.3	28.7	1.73	0.40	18.5	≤1.0	57	21.9			
						Gd	26～75	青黑色	重黏土	糊状	6.4	20.4	1.22	0.16	15.5	≤1.0	67	19.0			
						Cg	75～100	青黑色	黏土	块状											
剖3	人为土	水稻土	潜育水稻土	烂泥田	烂泥田	A	0～13	黄灰色	重黏土	碎块状	7.5	30.7	1.83	0.63	18.2	2.0	33	19.4	河湖相沉积物	E 118° 28′ 55.2″ N 31° 21′ 24.3″	97
						Gd	13～62	青黑灰色	黏土	糊状	7.1	34.0	1.82	0.26	18.7		38	18.5			
						Cg	62～100	青灰色	重黏土	块状	7.3	6.6	0.46								
剖4	人为土	水稻土	潴育水稻土	石灰性砂泥田	腐心泥青田	A	0～12	棕灰色	黏土	粒块状	5.5	27.0	1.48	0.37	16.0	≤1.0	87	17.1	长江、河流冲积物	E 118° 21′ 37.9″ N 31° 16′ 38.4″	95
						Ap	12～22	棕灰色	重黏土	片状、块状	6.4	22.7	1.30	0.38	18.8	2.0	89	16.9			
						Wd	22～62	浅褐灰色	重黏土	梭柱状	6.7	15.7	0.99	0.36	18.3	≤1.0	50	15.4			
						Bv	62～95	浅褐灰色	重黏土	梭柱状	7.5	13.4	0.85	0.32	19.1	≤1.0	49	17.0			
剖5	人为土	水稻土	潜育水稻土	砂泥田	马肝砂泥田	A	0～13	棕灰色	重黏土	碎粒状	6.2	24.8	1.42	0.38	18.6	≤1.0	52	16.8	河流冲积物	E 118° 28′ 09.3″ N 31° 17′ 22.7″	95
						Ap	13～23	褐灰色	重黏土	片状、块状	6.5	24.3	1.38	0.41	18.5	2.0	49	17.1			
						Bv	23～95	褐黄灰色	重黏土	块状	6.9	4.3	0.39	0.30	19.6	≤1.0	125	16.4			
剖6	人为土	水稻土	脱潜潜育水稻土	脱潜青砂泥田	脱潜青砂泥田	A	0～11	黄灰色	轻黏土	碎块状	5.1	32.3	1.65	0.44	22.9	8.0	56	16.7	河流冲积物	E 118° 27′ 52.4″ N 31° 16′ 27.8″	95
						Apg	11～20	黄灰色	重黏土	片状、块状	5.8	27.8	1.42	0.52	21.9	7.0	44	17.4			
						Gw	20～80	浅褐灰色	中黏土		5.4	22.9			24.6		40	15.4			
						C	80～100		重黏土	块状											
剖7	初育土	石灰（岩）土	棕色石灰土	棕色石灰土	中层棕色石灰土	A₁	0～13	暗棕色	重黏土	粒状	6.9	61.3	2.59	0.59	23.1	≤1.0	174	31.2	碳酸岩类	E 118° 23′ 14.6″ N 31° 15′ 11.7″	97
						A₃	13～20	灰棕色	中黏土	粒块状	7.2	35.2	1.99	0.53	19.7	≤1.0	112	30.9			
						Bv	20～58	黄棕色	中黏土	梭柱状	7.2	16.8	1.37	0.58	23.3	≤1.0	80	24.0			
						D	58—														
剖8	初育土	石灰（岩）土	棕色石灰土	鸡肝土	鸡肝土	A	0～16	褐黄棕色	重黏土	粒状	6.0	23.3	1.07	0.39	14.9	5.0	72	15.4	石灰岩类风化物	E 118° 23′ 32.8″ N 31° 15′ 16.2″	98
						P	16～26	棕黄色	中黏土	片状、块状	5.9	14.5	0.79	0.34	16.4	3.0	85	14.1			
						Bv	26～97	棕黄色	轻黏土	梭柱状	6.3	5.7	0.48	0.30	18.3	6.0	76	17.3			
剖9	初育土	石灰（岩）土	棕色石灰土	厚层棕色石灰土	厚层棕色石灰土	A₁	0～13	暗棕色	轻黏土	粒状	7.7	51.8	2.55	0.54	16.2	2.0	127	38.5	碳酸岩类	E 118° 24′ 01.3″ N 31° 15′ 13.7″	98
						Bv₁	13～44	黄棕色	中黏土	粒块状	7.4	18.3	1.37	0.32	22.5	≤1.0	115	37.8			
						Bv₂	44～65	棕黄色	中黏土	块状	7.6	9.0	1.21	0.63	29.6	≤1.0	57	26.3			
						CD	65～110														
剖10	人为土	水稻土	潜育水稻土	湖泥田	湖泥田	A	0～12	棕灰色	重黏土	碎块状	5.8	24.4	1.54	0.42	23.4	4.0	72	22.3	湖湘沉积物	E 118° 24′ 51.3″ N 31° 15′ 44.9″	97
						Ap	12～22	棕褐灰色	中黏土	片状、块状	6.4	19.9	1.37	0.29	23.2	2.0	64	23.9			
						Bvd	22～60	浅褐灰色	轻黏土	梭柱状	6.6	17.8	0.88	0.21	13.2	≤1.0	30	22.6			
						C	60～95	暗灰色	中黏土	块状	7.0	5.2	0.27	0.85	15.5			11.0			
剖11	淋溶土	黄褐土	黏盘黄褐土	马肝土	红泥底马肝土	A	0～18	黄褐色	重黏土	粒状	5.2	17.8	0.96	0.23	12.2	3.0	57	8.5	下蜀黄土	E 118° 20′ 41.4″ N 31° 13′ 39.7″	97
						Bv	18～48	褐黄棕色	重黏土	块状	5.4	7.3	0.56	0.21	15.1	≤1.0	50	10.4			
						C	48～94	褐黄红色	重黏土	粒块状	6.0	2.0	0.30	0.21	12.1	≤1.0	47	11.6			
剖12	人为土	水稻土	潴育水稻土	砂泥田	砂泥田	A	0～13	黄灰色	重黏土	粒状、块状	5.9	24.6	1.48	0.46	40.0	2.2	49	10.7	河流冲积物	E 118° 21′ 40.6″ N 31° 14′ 41.3″	95
						Ap	13～20	棕灰色	重黏土	片状、块状	6.2	22.7	1.90	0.22	≥50.0	2.2	36	10.7			
						W	20～100	褐灰色	重黏土	梭状	6.8	8.2	0.57	0.70	≥50.0	2.2	36	22.3			

续表 Continued

剖面号 Soil profile	土纲 Soil order	土类 Soil great group	亚类 Soil subgroup	土属 Soil genus	土种 Soil species	土层码 Layer code	土层厚度 Depth/cm	颜色 Soil color	质地 Soil texture	土壤结构 Soil structure	pH	有机质 OM/(g/kg)	全氮 TN/(g/kg)	全磷 TP/(g/kg)	全钾 TK/(g/kg)	有效磷 AP/(mg/kg)	速效钾 AK/(mg/kg)	阳离子交换量CEC/(cmol/kg)	土壤母质 Parent material	剖面点坐标 Profile coordinate	匹配指数 Matching index/%
剖13	初育土	石灰(岩)土	红色石灰土	红色石灰土	红色焦斑泥土	A	0—17	棕红色	重壤土	粒状	7.3	45.2	2.30	0.73	12.2	8.0	79	23.2	碳酸岩类残积物、坡积物	E 118°22′25.1″ N 31°13′57.5″	97
						Bv	17—40	褐红棕色	轻黏土	核块状	6.2	27.2	1.66	0.73	12.4	5.0	52	23.5			
						CD	40—80	深棕红色	轻黏土	块状	7.5	18.6	1.19	0.59	12.5			24.7			
剖14	铁铝土	红壤	棕红壤	黄泥土	上位焦斑黄泥土	A	0—18	橙黄红色	中壤土	粒块状	6.6	14.8	0.94	0.59	13.3	4.0	41	9.4	第四纪红色黏土	E 118°21′32.4″ N 31°12′17.2″	97
						Bv	18—39	黄褐红色	重壤土	碎块状	4.9	11.7	0.71	0.56	14.1	5.0	60	7.9			
						C	39—100	褐红色	轻壤土	块状	5.0	3.8	0.39	0.67	15.1	4.0	67	9.5			
剖15	初育土	紫色土	酸性紫砂土	酸性紫砂土	中层酸性紫砂土	A	0—12	淡棕色	中壤土	粒状	5.6	8.9	0.48	0.27	6.6	4.0	23	6.7	紫色砂岩	E 118°22′35.4″ N 31°14′49.1″	97
						ABv	12—64	淡紫色	中壤土	小块状	5.5	4.6	0.31	0.31	8.8	4.0	39	9.9			
						Bv	64—113	淡红紫色	轻石重壤土	块状	5.6	6.1	0.38	0.46	11.1	≤1.0	61	16.5			
剖16	初育土	紫色土	酸性紫砂土	酸性紫砂土	薄层酸性紫砂土	A	0—16	紫红色	砂壤土	粒状	4.5								紫色砂岩	E 118°22′59.2″ N 31°14′51.5″	97
						C	16—28	淡红色	轻壤土	小块状	5.0										
剖17	淋溶土	黄褐土	黏盘黄褐土	马肝土	下位黏盘马肝土	A	2—25	棕灰色	轻壤土	粒状	5.7	14.1	0.87	0.35	14.6	12.0	99	11.3	下蜀黄土	E 118°23′17.3″ N 31°14′40.5″	97
						Bv	25—62	棕黄色	重壤土	碎块状	5.7	12.7	0.83	0.36	12.8	5.0	72	11.2			
						C	62—98	褐棕色	重壤土	棱柱状	6.5	6.5	0.46	0.31	13.6	≤1.0	64	13.9			
剖18	初育土	石质土	铁铝质石质土	扁石质土	石质扁石土	A	0—8	黄灰色	轻壤土	粒粒状	5.4								泥质岩类残积物、坡积物	E 118°23′03.3″ N 31°14′09.6″	97
						CR	8—38	浅黄灰色			5.2										
剖19	人为土	水稻土	潴育水稻土	马肝田	马肝田	A	0—13	黄棕灰色	重壤土	粒状	6.0	33.1	1.74	0.41	16.9	5.0	72	17.6	下蜀黄土	E 118°23′04.2″ N 31°13′49.9″	97
						Ap	13—25	褐棕灰色	轻黏土	片状、块状	6.9	20.8	1.14	0.33	15.4	4.0	81	17.3			
						W	25—53	黄棕灰色	轻黏土	核块状	7.5	8.2	0.56	0.26	17.2	5.0	108	14.9			
						Bv	53—98	灰青灰色	轻壤土	棱柱状	7.8	5.2	0.33	0.28	15.8	3.0	67	16.3			
剖20	人为土	水稻土	潴育水稻土	石灰泥田	钙泥田	A	0—12	棕灰色	轻黏土	粒粒状	7.2	36.2	2.04	0.44	15.1	2.0	90	24.9	碳酸岩类洪积物、坡积物	E 118°22′30.2″ N 31°13′03.8″	97
						Ap	12—22	浅棕灰色	轻黏土	片状、块状	7.8	17.1	1.07	0.39	15.3	≤1.0	84	22.5			
						P	22—58	褐棕灰色	重黏土	核块状	8.0	8.1	0.43	0.28	12.9	≤1.0	76	20.8			
						W	58—93	黄褐灰色	轻黏土	棱柱状	7.8	6.2	0.42	0.21	17.4	≤1.0	156	33.6			
剖21	人为土	水稻土	潴育水稻土	砂泥田	鳝血砂泥田	A	0—16	灰褐色	中壤土	碎块状	6.0	28.7	1.51	0.42	19.8	6.0	40	13.0	河流冲积物	E 118°24′52.6″ N 31°14′44.7″	95
						Ap	16—23	黄褐灰色	重壤土	片状、块状	5.7	20.9	1.37	0.40	19.0	10.0	32	12.4			
						P	23—71	褐棕灰色	轻壤土	片状、块状	7.0	10.2	0.63	0.67	18.9	11.0	34	12.1			
						W	71—105	黄褐灰色	中壤土	片状、块状		1.9	≤0.10	0.26							
剖22	人为土	水稻土	潴育水稻土	砂泥田	砂田	A	0—12	灰黄色	轻壤土	碎粒状	5.9	15.7	0.90	0.31	26.2	6.0	24	6.2	河流冲积物	E 118°26′59.0″ N 31°12′02.9″	95
						Ap	12—20	黄黄色	紧砂土	片状、块状	5.7	10.0	0.55	0.34	25.5	5.0	14	5.7			
						S	20—55	浅青黄色	重砂土	单粒状	7.0	1.9		0.26	28.6	8.0	16	2.0			
						Cg	55—90	黄黄色													
剖23	半水成土	潮土	灰潮土	砂泥田	砂泥土	A	0—14	灰黄色	中壤土	粒粒状	6.3	9.3	0.57	0.47	23.1	4.0	61	7.6	河流冲积物	E 118°27′02.8″ N 31°11′19.1″	97
						Ap	14—25	黄黄色	中壤土	片状、块状	6.4	8.6	0.61	0.43	22.5	2.0	36	9.8			
						Bv	25—105	灰黄色	中壤土	片状、块状	6.4	6.5	0.44	0.50	21.4	7.0	34	10.5			
剖24	人为土	水稻土	潴育水稻土	砂泥田	腐心砂泥田	A	0—15	黑灰色	黏土	片状、块状									河流冲积物	E 118°27′17.4″ N 31°10′26.4″	95
						Ap	15—24	黄褐灰色	重壤土	核块状											
						Bvd	24—58	暗棕灰色	重壤土	棱柱状											
						C	58—84	浅棕灰色	重壤土	块状											
剖25	人为土	水稻土	潴育水稻土	青湖泥田	低位强潜青湖泥田	A	0—13	黄黄灰色	中黏土	粒块状	5.5	36.2	1.85	0.25	19.4	6.0	59	17.9	湖相沉积物	E 118°28′13.0″ N 31°10′07.9″	95
						Ap	13—22	浅褐灰色	中黏土	片状、块状	5.4	36.3	1.93	0.24	21.0	3.0	49	17.9			
						Bvg	22—55	黄褐灰色	中黏土	棱柱状	5.4	31.0	1.41	0.24	22.0	3.0	53	19.0			
						G	55—95	蓝黑灰色	重黏土	糊状	5.2	63.0	2.66	0.40	17.8			26.6			

续表 Continued

剖面号 Soil profile	土纲 Soil order	土类 Soil great group	亚类 Soil subgroup	土属 Soil genus	土种 Soil species	土层码 Layer code	土层厚度 Depth/cm	颜色 Soil color	质地 Soil texture	土壤结构 Soil structure	pH	有机质 OM/(g/kg)	全氮 TN/(g/kg)	全磷 TP/(g/kg)	全钾 TK/(g/kg)	有效磷 AP/(mg/kg)	速效钾 AK/(mg/kg)	阳离子交换量CEC/(cmol/kg)	土壤母质 Parent material	剖面点坐标 Profile coordinate	匹配指数 Matching index/%
剖26	人为土	水稻土	脱潜水稻土	脱潜青湖泥田	脱潜青湖泥田	A	0—12	浅黑灰色	轻壤土	粒状	5.4	51.5	2.48	0.35	20.2	4.0	68	18.2	河湖相沉积物	E 118°29′47.6″ N 31°10′12.8″	97
						Apg	12—20	灰灰色	黏土	片状	5.9	50.5	2.32	0.36	20.2	3.0	54	18.7			
						Gw	20—70	青黑灰色	黏土	片状	5.8	51.7	2.29	0.32	20.8	2.0	48	20.2			
剖27	人为土	水稻土	潴育水稻土	马肝田	砂泥马肝田	C	70—98	黄黄土	中黏土	块状									下蜀黄土	E 118°22′46.8″ N 31°12′20.1″	95
						A	0—13	浅棕灰色	重粒土	碎粒状	5.0	27.9	1.52	0.24	13.1	2.0	54	9.4			
						Ap	13—24	棕灰色	重壤土	片状、块状	5.6	20.3	1.16	0.25	12.1	≤1.0	44	10.2			
						P	24—46	棕黄黄色	中壤土	块状	7.3	3.6	0.28	0.27	12.2	2.0	31	8.0			
						W	46—94	黄黄色	中黏土	块状											
剖28	人为土	潴育水稻土	砂泥田	腐身砂泥田		A	0—12	黄棕黄色	重壤土	粒状	6.0	38.0	2.04	0.56	20.0	6.0	54	16.5	河流冲积物	E 118°28′44.4″ N 31°08′37.6″	95
						Ap	12—20	重棕灰色	重壤土	片状、块状	6.6	32.9	1.84	0.55	19.7	5.0	38	15.6			
						W	20—40	浅灰灰色	中壤土	棱块状	7.3	13.4	0.77	0.58	17.6	6.0	36	15.6			
						Bvd	40—95	黑灰色	黏土	棱柱状	7.1	52.4	2.15	0.37	18.7			28.2			
剖29	半水成土	潮土	灰潮土	麻砂土	麻砂土	A	0—14	黄黄色	中壤土	单粒状	6.4	12.5	0.90	0.63	21.2	6.0	44	9.8	河流冲积物	E 118°29′29.0″ N 31°00′13.1″	97
						Bvs	14—24	黄黄黄色	轻壤土	单粒状	6.4	10.1	0.76	0.53	22.6	6.0	37	8.0			
						Cs	24—92	灰黄黄色	轻壤土	单粒状	6.1	7.8	0.55	0.51	22.6	10.0	23	6.7			
剖30	人为土	水稻土	渗育水稻土	渗青黄白土田	渗青黄白土田	A	0—13	黄黄色	重壤土	粒土块状	5.7	22.2	1.24	0.36	13.5	5.0	72	12.5	第四纪红土与下蜀黄土 洪积物、坡积物	E 118°30′43.4″ N 31°20′40.6″	95
						Ap	13—23	黄黄色	重壤土	片状、块状	6.0	12.5	0.78	0.33	12.8	4.0	65	11.3			
						P	23—50	黄褐灰色	轻壤土	块状	6.3	5.0	0.47	0.28	14.7	2.0	58	10.8			
						C	50—98	黄褐灰色	轻壤土	棱柱状											
剖31	半水成土	潮土	灰砂土	灰砂土		A	0—14	蓝灰色	紧砂土	粒状	7.9	10.0	0.74	0.98	16.9	4.0	85	7.7	长江冲积物	E 118°31′00.5″ N 31°18′38.1″	97
						Aps	14—24	棕蓝灰色	中壤土	粒状	8.0	7.2	0.50	0.76	16.6	≤1.0	22	7.0			
						S	24—100	蓝灰灰色	砂壤土	粒状	8.2	3.1	0.27	0.71	15.8	≤1.0	20	3.5			
剖32	铁铝土	红壤	棕红壤	棕红壤		A	0—11	棕黄灰色	中壤土	碎块状	5.5	16.7	0.74	0.18	11.8	≤1.0	89	6.1	第四纪红色黏土	E 118°36′48.1″ N 31°16′18.2″	97
						ABv	11—85	橙黄灰色	重壤土	块状	5.5	5.2	0.42	0.20	16.0	≤1.0	62	11.5			
						Bvc	85—103	棕灰色	重壤土	块状	5.4	3.2	0.41	0.18	15.9	≤1.0	84	9.9			
剖33	铁铝土	红壤	棕红壤	棕红壤	网纹棕红壤	A	0—9	棕褐红色	重壤土	粒块状	5.3	19.9	0.92	0.12	15.4	≤1.0	41	6.1	第四纪红色黏土	E 118°36′06.8″ N 31°15′10.3″	97
						Bv	9—46	黄黄红色	重壤土	粒块状	5.3	9.3	0.54	0.12	15.6	≤1.0	53	17.7			
						C	46—98	黄红灰色	重壤土	块状	5.3	4.1	0.34	≤0.10	17.4	≤1.0	60	17.0			
剖34	人为土	潴育水稻土	青砂泥田	低位强潴青砂泥田		A	0—12	黄灰色	轻壤土	粒状	5.0	32.9	1.90	0.40	21.0	6.0	52	13.3	河流冲积物	E 118°30′27.1″ N 31°12′41.3″	95
						Ap	12—21	浅黄灰色	轻壤土	片状、块状	5.4	30.6	0.99	0.39	19.9	5.0	38	11.6			
						Wg	21—60	褐灰色	中壤土	棱块状	6.5	17.5	0.99	0.34	19.5	3.0	40	13.4			
						G	60—100	蓝青灰色	黏土	糊状	5.6	47.6	1.59	0.37	22.6			18.0			
剖35	人为土	潴育水稻土	砂泥田	腐心泥青田		A	0—12	浅棕灰色	重壤土	粒状	6.2								河流冲积物	E 118°33′06.6″ N 31°13′55.0″	95
						Ap	12—21	棕褐灰色	黏土	片状、块状	6.8										
						W	21—48	暗黄灰色	重黏土	小块状	6.5										
						Bvd	48—74	暗黄灰色	黏土	块状	6.5										
						C	74—98	黑黑灰色	中壤土	棱柱状	6.0										
剖36	人为土	水稻土	脱潜湖青泥田	脱潜湖青泥田		A	0—12	浅黄灰色	壤质黏土	块状	5.4	51.5	2.48	0.35	20.2	4.0	38	18.2	湖积物	E 118°34′00.1″ N 31°14′22.6″	95
						Ap	12—20	黄黄色	壤质黏土	块状	6.9	50.5	2.32	0.36	20.2	≤1.0	54	18.7			
						Gw	20—70	黑黑灰色	黏土	棱块状	5.8	51.7	2.29	0.32	20.8	≤1.0	48	20.2			
剖37	淋溶土	黄褐土	黏盘黄褐土	马肝土	上位黏盘马肝土	G	70—100	浅灰灰色	重黏土	糊状	6.2								下蜀黄土	E 118°34′35.5″ N 31°13′29.8″	97
						A	0—18	黄黄色	重壤土	粒状	6.4										
						Bv	18—46	棕棕色	重壤土	粒块状	6.4										
						C	46—75	褐棕色	黏土	棱柱状	6.8										

续表 Continued

剖面号 Soil profile	土纲 Soil order	土类 Soil great group	亚类 Soil subgroup	土属 Soil genus	土种 Soil species	土层码 Layer code	土层厚度 Depth/cm	颜色 Soil color	质地 Soil texture	土壤结构 Soil structure	pH	有机质 OM/(g/kg)	全氮 TN/(g/kg)	全磷 TP/(g/kg)	全钾 TK/(g/kg)	有效磷 AP/(mg/kg)	速效钾 AK/(mg/kg)	阳离子交换量 CEC/(cmol/kg)	土壤母质 Parent material	剖面点坐标 Profile coordinate	匹配指数 Matching index/%
剖38	铁铝土	红壤	棕红壤	棕红壤	中层泥砾棕红壤	A	0—6	黄红色	重壤土	粒状	4.9	52.2	2.22	0.47	12.0	2.0	55	9.8	第四纪红色黏土	E 118°37′13.2″ N 31°13′40.3″	97
						Bv	6—20	淡黄红色	重壤土	块状	4.9	26.6	1.24	0.45	13.3	≤1.0	33	9.2			
						Bvc	20—71	黄红色	重壤土	碎块状	5.0	22.4	1.14	0.51	17.2	≤1.0	24	6.4			
剖39	人为土	水稻土	潴育水稻土	黄泥田	黄泥田	A	0—12	浅灰黄色	重壤土	粒状	5.2	30.2	1.63	0.40	15.1	10.0	86	10.8	第四纪红色黏土	E 118°37′00.2″ N 31°12′50.6″	97
						Ap	12—21	黄棕褐色	重壤土	片状、块状	5.9	21.1	1.24	0.34	13.6	5.0	52	10.0			
						W	21—98	黄灰色	重壤土	块状	6.6	8.9	0.56	0.24	14.1	4.0	36	8.6			
剖40	铁铝土	红壤	棕红壤	黄泥土	下位焦黄黄泥土	A	0—18	橙黄灰色	轻黏土	碎粒状	5.4	4.0	0.38	0.23	13.8	≤1.0	56	11.8	第四纪红色黏土	E 118°34′37.3″ N 31°11′19.7″	98
						Bv	18—55	黄红色	轻黏土	碎块状	5.0	4.8	0.47	0.29	14.9	≤1.0	62	11.2			
						C	55—92	黄红色	轻黏土	块状	5.2	4.3	0.42	0.29	15.6	≤1.0	71	11.8			
剖41	铁铝土	红壤	棕红壤	棕红壤	上位焦黄黄泥土	A	0—11	褐黄褐相间	重壤土	粒状	5.6	23.5	1.10	0.23	14.1	≤1.0	117	8.5	第四纪红色黏土	E 118°34′54.7″ N 31°10′18.4″	97
						Bv	11—35	棕红色	轻黏土	碎块状	5.3	11.3	0.65	0.26	18.8	≤1.0	94	11.8			
						C	35—100	棕红色	轻黏土	棱块状	5.6	5.5	0.46	0.26	18.7	≤1.0	77	13.4			
剖42	铁铝土	红壤	棕红壤	棕红壤		A	0—6	棕红色	重壤土	粒状	5.8								第四纪红色黏土	E 118°35′34.7″ N 31°10′14.3″	97
						Bv	6—30	棕红色	重壤土	块状	5.6										
						C	30—95	栗黄色	黏土	棱块状	6.4										
剖43	铁铝土	红壤	棕红壤	黄泥土	犁盘底黄泥土	A	0—26	橙黄灰色	重壤土	粒状	5.4	13.1	0.87	0.34	14.2	≤1.0	137	10.3	第四纪红色黏土	E 118°36′54.6″ N 31°12′23.9″	97
						Bv	26—54	黄红色	重壤土	块状	5.7	8.2	0.73	0.31	15.3	≤1.0	≤5	13.8			
						Bvc	54—100	褐棕色	重壤土	碎块状	6.1	6.2	0.64	0.38	17.2	≤1.0	≤5				
剖44	人为土	水稻土	潴育水稻土	砂泥田	次潜砂泥田	A	0—13	浅灰黄色	重壤土	碎块状	5.8	34.2	2.02	0.37	20.1	6.0	59	21.6	河流冲积物	E 118°30′06.7″ N 31°11′44.5″	95
						Apg	13—22	浅黄灰色	中黏土	片状、块状	6.8	31.7	1.96	0.38	20.4	7.0	57	21.4			
						W	22—70	浅黑灰色	重黏土	棱块状	6.5	13.5	1.02	0.40	17.3	6.0	44	20.5			
						Bv	70—95	棕黄灰色	黏土	块状											
剖45	铁铝土	红壤	棕红壤	红壤性红壤	龙骨土	A	0—4	棕红色	重壤土	粒块状	5.5	30.8	1.31	0.28	9.7	≤1.0	62	10.9	第四纪红色黏土	E 118°35′05.8″ N 31°14′05.2″	95
						Bv	4—21	红黄灰色	轻壤土	碎块状	5.0	12.7	0.76	0.42	11.9	≤1.0	48	14.2			
						C	21—24	红白相间	重壤土	块状	5.5	3.1	0.34	0.35	11.9	≤1.0	38	12.3			
剖46	铁铝土	红壤	棕红壤	黄泥土	黄泥土	A	0—15	棕黄棕色	重壤土	粒状	5.6	11.3	0.73	0.34	12.8	4.0	65	10.5	第四纪红色黏土	E 118°38′47.8″ N 31°12′42.7″	98
						Bv₁	15—26	暗棕红色	重壤土	碎块状	4.9	4.1	0.42	0.25	12.9	≤1.0	49	8.1			
						Bv₂	26—96	褐棕红色	轻黏土	棱块状	5.4	3.1	0.47	0.28	14.4	≤1.0	79	14.3			
剖47	人为土	水稻土	潴育水稻土	渗育黄泥田	渗育黄泥田	A	0—13	浅黄灰色	重黏土	碎块状	5.4	23.5	1.19	0.29	13.5	6.0	74	8.5	第四纪红色黏土	E 118°38′02.8″ N 31°10′59.9″	98
						Ap	13—22	褐黄灰色	轻黏土	片状、块状	5.7	13.2	0.83	0.27	14.8	4.0	68	10.8			
						P	22—45	黄褐棕色	轻黏土	棱块状	5.8	6.1	0.49	0.21	15.0	3.0	52	9.3			
						C	45—98	黄褐棕色	黏土												
剖48	铁铝土	红壤	棕红壤	棕红壤	周桥泥纹棕红土	A	0—9	泪灰黄棕色	黏重壤	碎块状	5.3	19.9	0.92	0.12	15.4	≤1.0	41	6.1	第四纪红色黏土	E 118°38′49.4″ N 31°11′10.1″	75
						Bv	9—46	淡红棕色	壤质黏土	碎块状	5.0	9.3	0.54	0.12	15.6	≤1.0	53	17.7			
						CBv	46—100	泊橙色	壤质黏土	块状	5.3	4.1	0.34	0.12	17.4	≤1.0	60	17.0			
剖49	铁铝土	红壤	棕红壤	棕红壤	厚层泥砾棕红土	A	0—8	棕黄灰色	重壤土	棕块状	5.4								第四纪红色黏土	E 118°30′18.5″ N 31°08′54.5″	97
						Bv	8—75	黄红色	重壤土	块状	5.2										
						C	75—96	黄红色	重壤土	块状											
剖50	水成土	沼泽土	塔浦土	塔浦土	塔浦土	Ag	0—14	浅青灰色	中黏土		5.3	29.2	1.66	0.21	19.2	≤1.0	74	13.0	第四纪红色黏土	E 118°31′20.7″ N 31°07′39.4″	97
						Gd	14—52	青黑灰色	重黏土	糊状	5.8	32.5	1.32	0.16	19.6	≤1.0	37	16.9			
						G	52—100	蓝灰色	重黏土	块状	5.3	16.3	0.89	0.26	20.0	17.0	38	14.4			
剖51	铁铝土	红壤	棕红壤	细粒棕红壤	中层细砾棕红壤	A	0—10	黄红褐相间	砂壤土	碎块状	5.8								中性结晶岩类，安山岩残积物，坡积物	E 118°35′46.1″ N 31°08′38.5″	95
						Bv	10—42	黄红色	砂壤土	块状	5.6										
						C	42—100	红白相间	砂壤土	块状	5.6										

续表 Continued

剖面号 Soil profile	土纲 Soil order	土类 Soil great group	亚类 Soil subgroup	土属 Soil genus	土种 Soil species	土层码 Layer code	土层厚度 Depth/cm	颜色 Soil color	质地 Soil texture	土壤结构 Soil structure	pH	有机质 OM/(g/kg)	全氮 TN/(g/kg)	全磷 TP/(g/kg)	全钾 TK/(g/kg)	有效磷 AP/(mg/kg)	速效钾 AK/(mg/kg)	阳离子交换量CEC/(cmol/kg)	土壤母质 Parent material	剖面点坐标 Profile coordinate	匹配指数 Matching index/%
剖52	人为土	水稻土	漂洗水稻土	白浆土田	白浆土田	Ae	0—13	淡灰色	中壤土	粒块状	5.4	27.9	1.56	0.34	10.7	3.0	38	7.2	第四纪红色黏土	E 118°34′01.8″ N 31°05′12.2″	95
						Ape	13—22	黄灰色	中壤土	片状、块状	5.1	18.1	1.10	0.29	10.8	≤1.0	24	6.3			
						Bv	22—96	黄褐棕色	重壤土	核块状	6.2	7.7	0.49	0.27	10.5	≤1.0	20	5.6			
剖53	淋溶土	黄褐土	黏盘黄褐土	黏盘黄褐土	红泥底黄褐土	A	0—11	褐黄色	重壤土	碎块状	5.5	20.6	1.18	0.40	10.9	≤1.0	85	9.8	下蜀黄土	E 118°36′10.5″ N 31°05′28.9″	97
						Bv	11—43	棕黄色	重壤土	块状	5.2	11.2	0.70	0.31	13.9	≤1.0	52	10.7			
						C	43—75	黄褐红色	轻黏土	核块状	5.5	6.9	0.56	0.29	15.6	6.7	58	12.5			
剖54	人为土	水稻土	潴育水稻土	黄白土田	黄白土田	A	0—13	黄灰色	中壤土	粒状	5.0	19.9	1.26	0.40	10.7	≤1.0		8.0	下蜀黄土	E 118°36′46.4″ N 31°06′19.3″	98
						Ap	13—22	棕褐灰色	重壤土	片状、块状	6.3	11.6	0.80	0.37	11.0	≤1.0	31	8.2			
						W₁	22—60	黄褐灰色	中壤土	块状	6.9	15.0	0.37	0.24	12.3		41	9.2			
						W₂	60—95	黄褐灰色	重壤土	块状											
剖55	人为土	水稻土	潴育水稻土	青丝泥田	中位速潜青丝泥田	A	0—12	灰黄色	中壤土	碎块状	7.5	35.0	1.90	0.46	21.2	4.0	81	22.3	江河冲积物	E 118°32′04.2″ N 31°05′29.3″	95
						Ap	12—22	灰黄色	中壤土	片状	7.3	31.9	1.90	0.43	21.3	2.0	73	22.5			
						Wg	22—45	灰黄色	重壤土	棱块状	6.6	44.1	2.64	0.52	23.2	3.0	102	25.2			
						G	45—100	蓝灰色	中壤土	糊状	5.7	24.1	1.53					23.3			
剖56	淋溶土	黄褐土	黏盘黄褐土	黏盘黄褐土	上位黏盘黄褐土	A	0—16	黄褐灰色	重壤土	粒状	5.5	30.4	1.56	0.43	13.6	≤1.0	62	11.5	下蜀黄土	E 118°38′30.9″ N 31°08′25.2″	99
						Bv	16—52	棕黄色	重壤土	粒块状	6.2	10.2	0.70	0.36	15.3	≤1.0	45	12.1			
						C	52—92	褐棕色	重壤土	块状	6.5	4.7	0.44	0.32	16.8	2.0	58	14.9			
剖57	铁铝土	红壤	红壤性红壤	砂砾红壤	砂砾红壤	A	0—15	黄褐色	重石重壤土	屑粒状	5.0	11.7	1.79	0.34	8.2	3.0	49	1.8	第四纪红色黏土	E 118°39′25.1″ N 31°07′23.5″	95
						Bv₀	15—98	黄红色	重石轻黏土	碎块状	5.1	9.7	≤0.10	0.28	10.5	≤1.0	52	11.7			
剖58	铁铝土	红壤	棕红壤	棕红泥	下位焦斑棕红壤	A	0—2	暗灰色	重壤土	粒状	5.1	17.3	0.87	0.28	12.7	≤1.0	68	8.7	第四纪红色黏土	E 118°35′54.0″ N 31°03′52.0″	97
						ABv	2—12	棕红色	轻壤土	粒块状	5.2	6.0	0.49	0.27	13.7	≤1.0	43	10.1			
						Bv	12—70	棕红色	重壤土	块状	5.1	12.0	0.73	0.31	14.8	≤1.0	57	9.0			
						C	70—140	褐棕红色	黏土	核块状											
剖59	铁铝土	红壤	棕红壤	黏棕红泥	网纹棕红壤	A	0—9	浊红棕色	壤质黏土	碎块状	5.1	19.9	0.90	0.30	15.4			6.1	第四纪红色黏土	E 118°33′10.8″ N 31°02′16.8″	95
						Bv	9—46	红棕色	壤质黏土	块状	5.1	9.3	0.50	0.30	15.5			17.7			
						Bvv	46—100	浊橙色	壤质黏土	块状	5.2	4.1	0.30	0.30	17.3			17.0			

繁 昌 区

主要土类说明

水稻土是繁昌区主要土壤类型，占本区地域面积的 49%，广泛分布于各种地貌单元内，尤以中部丘陵的岗、塝、冲、畈田和沿江平原的圩区最为集中。水稻土起源于各种土壤，在季节性淹水耕作或水旱耕作交替过程中，土壤进行有机质分解与积累、盐基淋溶与复盐基以及黏粒迁移与淀积等作用。氧化还原交替作用使土壤剖面形态发生深刻变化，在原有起源土壤基础上形成独有的各种发生层，构成特殊的水稻土剖面构型。水稻土发生层有耕作层、犁底层、潴育层、淀积层、潜育层、漂洗层、母质层或底土层。本区水稻土分为潴育型、潜育型、侧渗型三个亚类。

红壤是繁昌区第二大土壤类型，占本区地域面积的 20%，广泛分布于本区低山、丘陵及河谷阶地上。其成土母质为花岗岩、石英砂岩、安山岩残积物、坡积物，以及第四纪红色黏土。红壤呈脱硅富铝化特征。在分布上，本区红壤地带常有黄棕壤呈点片状镶嵌或交错分布，具有土壤水平地带间的过渡和更替特点。土体构型一般为 A-B-C 型，有的剖面 A 层与 B 层之间尚有明显的过渡层次，土色以黄橙色或橙色为主。本区红壤分为黄红壤和红壤性土两个亚类。

石灰（岩）土是繁昌区第三大土壤类型，占本区地域面积的 10%，广泛分布在石灰岩低山、丘陵地区。成土母质为碳酸岩类残积物、坡积物。石灰（岩）土是发育在石灰岩上的一种岩成土壤，其成土过程主要是碳酸盐的淋溶、残留与淀积。由于岩性和所处部位不同，石灰山水土流失严重，有不同程度的面蚀和沟蚀，在山顶部常见岩石裸露，所发育的土壤厚度较浅薄，一般小于 30cm，剖面为 A-D 或 A-（B）-D 型；但在山麓坡地，由于上段土壤坡积，土层较厚，一般大于 70cm，有的可达 2m，剖面为 A-B-C 型，有较好的淋溶淀积层发育。本区石灰（岩）土只有棕色石灰土一个亚类。

潮土占繁昌区地域面积的 9%，主要分布于本区东北沿江一线，呈带状分布。潮土是在近代河流冲积物上由于旱耕过程而发育形成的一类旱作土壤，属地下水参与现代成土作用而形成的有锈色斑纹、潮化特征的一类半水成土。分布于长江沿岸的潮土，土体富含石灰质，呈微碱性，质地变化大，具有明显分选性，近江处多为砂土至砂壤土，水流缓慢的运河处多为壤土至黏土。分布于赤沙的潮土，由山河冲积物发育而成，无石灰反应，沉积物较粗，颗粒分选性差，砂黏混杂，但有明显的沉积层次，多为砂土至砂壤土。本区潮土只有灰潮土一个亚类。

小于本区地域面积 3% 的土壤类型还有紫色土、黄棕壤、黄褐土等。

本区域中心区气候特征

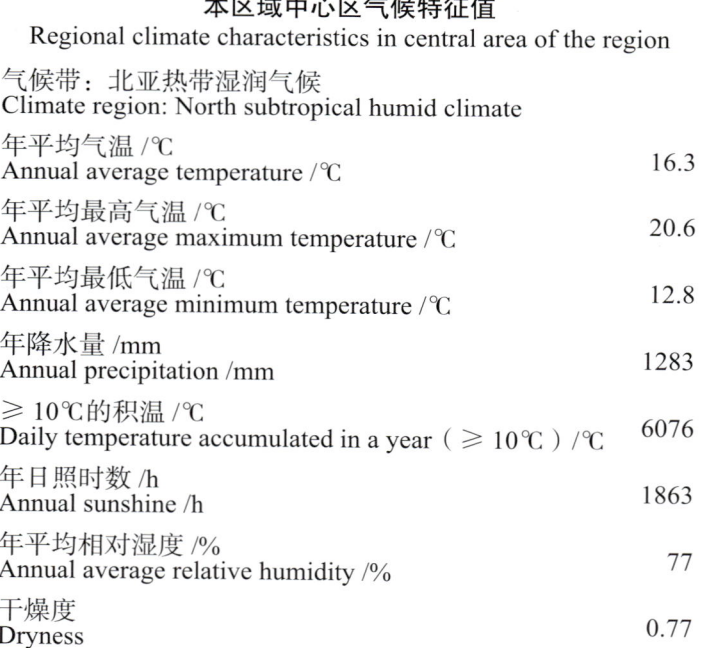

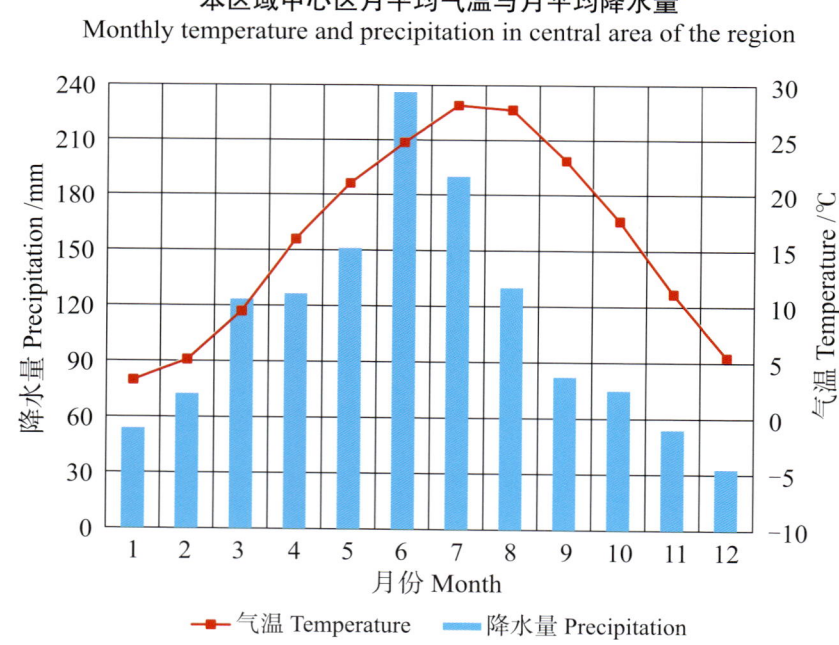

繁昌县主要土壤类型与土壤剖面点分布图
1:170 000

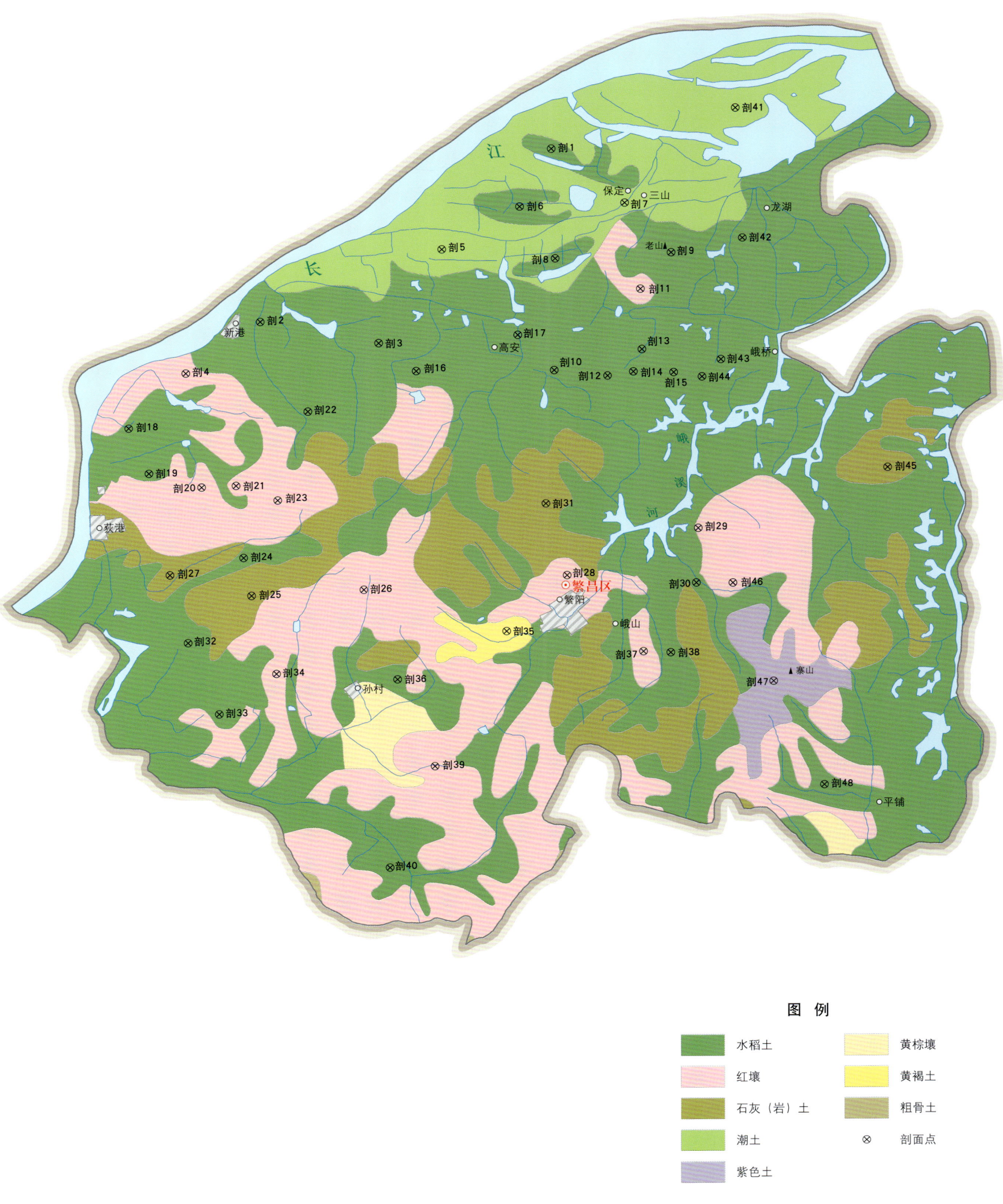

注：本图界线沿用土壤普查时点的行政界线。国务院２０２０年７月批准，撤销繁昌县，设立繁昌区。图中龙湖、保定和三山现已划归芜湖市弋江区。

繁昌区土壤剖面理化性状表

剖面号 Soil profile	土纲 Soil order	土类 Soil great group	亚类 Soil subgroup	土属 Soil genus	土种 Soil species	土层码 Layer code	土层厚度 Depth/cm	颜色 Soil color	质地 Soil texture	土壤结构 Soil structure	pH	土壤母质 Parent material	剖面点坐标 Profile coordinate	匹配指数 Matching index/%
剖1	人为土	水稻土	潜育水稻土	青丝泥田	青丝泥田	Ag	0—22	褐色	中壤土	块状	7.5	江河冲积物	E 118°11′23.3″ N 31°15′02.1″	95
						Pg	22—32	暗灰黄色	中壤土	团块状	7.5			
						Bvg	32—60	灰灰色	重壤土	片状	7.5			
						G	60—100	淡棕色	重壤土	片状	7.5			
剖2	人为土	水稻土	潜育水稻土	马肝田	表潜马肝田	Ag	0—12	淡棕色	中壤土	粒状	6.0	下蜀黄土坡积物	E 118°04′13.5″ N 31°11′17.9″	75
						Pg	12—18	暗棕色	中壤土	块状	6.5			
						W	18—56	棕灰色	中壤土	棱片状	7.0			
						Bv	56—100	淡棕色	中壤土	柱状	7.5			
剖3	人为土	水稻土	潜育水稻土	砂泥田	夹砂泥田	A	0—13	灰黄棕色	中壤土	粒状	7.3	江河冲积物	E 118°07′07.3″ N 31°10′49.2″	96
						Pg	13—19	暗黄棕色	中壤土	块状	7.3			
						S	19—39	淡棕灰色	砂壤土	粒状	7.3			
						Bv	39—100	暗灰色	中壤土	柱状	7.3			
剖4	铁铝土	红壤	黄红壤	黄红壤	上位网纹黄红壤	A	0—15	黄棕色	黏土	棱块状	5.5	第四纪红色黏土	E 118°02′23.3″ N 31°10′11.9″	75
						Bv	15—40	红棕色	黏土	粒状	4.5			
						CW	40—150	棕灰色	黏土	柱状	6.0			
剖5	半水成土	潮土	灰潮土	灰砂泥土	灰泥砂土	A	0—8	灰棕色	轻壤土	块状	7.5	近代河流冲积物	E 118°08′41.0″ N 31°12′50.7″	95
						P	18—24	暗棕黄色	轻壤土	柱状	7.5			
						Bv₁	24—45	淡棕黄色	轻壤土	柱状	7.5			
						Bv₂	45—100	暗黄棕色	轻壤土	粒状	5.5			
剖6	人为土	水稻土	潜育水稻土	细粒砂泥田	细粒砂泥田	A	0—12	暗棕色	中壤土	块状	6.0	中性结晶岩类坡积物、洪积物	E 118°10′35.7″ N 31°13′46.1″	75
						Pg	12—19	黄棕黄色	中壤土	棱柱状	7.5			
						W	19—23	暗棕色	中壤土	棱柱状	7.5			
						Bv	23—70	暗棕黄色	中壤土	粒状	6.0			
剖7	半水成土	潮土	灰潮土	灰砂泥土	砂底灰砂泥土	A	0—17	暗棕色	砂壤土	片状	7.5	近代河流冲积物	E 118°13′10.5″ N 31°13′50.7″	96
						P	17—21	暗灰棕色	轻壤土	棱片状	7.5			
						Bv	21—66	灰棕色	中壤土	片状	7.5			
						S	66—100	棕灰色	砂壤土	粒状	7.5			
剖8	人为土	水稻土	潜育水稻土	石灰泥田	淀板石灰泥田	Ae	0—13	褐色	轻壤土	粒状	6.0	碳酸岩类坡积物、洪积物	E 118°11′27.5″ N 31°12′37.8″	75
						Pe	13—22	淡灰色	轻壤土	粒状	6.5			
						We	22—100	灰黄色	中壤土	鳞片状	6.5			
剖9	人为土	水稻土	潜育水稻土	青丝泥田	上位腐泥青丝泥田	A	0—12	褐色	重壤土	粒状	7.5	江河冲积物	E 118°14′18.0″ N 31°12′44.6″	75
						Pg	12—20	淡灰色	重壤土	棱柱状	6.0			
						Wg	20—45	暗灰色	黏土	棱柱状	6.0			
						G	45—100	淡黄色	黏土	鳞片状	5.5			
剖10	人为土	水稻土	潜育水稻土	硅质泥田	硅质泥田	A	0—11	淡灰色	轻壤土	粒状	5.5	硅质岩类坡积物、洪积物	E 118°11′24.8″ N 31°10′12.3″	75
						P	11—17	暗棕黄色	轻壤土	块状	5.5			
						W	17—52	淡棕色	中壤土	棱柱状	6.0			
						Bv	52—100	暗棕色	重壤土	团块状	6.0			
剖11	铁铝土	红壤	黄红壤	黄红壤	上位焦斑黄红壤	A	0—18	浅黄灰色	重壤土	粒状	5.0	第四纪红色黏土	E 118°13′32.6″ N 31°11′57.1″	75
						R	18—42	红黄夹相间	黏土	核状	6.5			
						Bvm	42—130				6.0			

续表 Continued

剖面号 Soil profile	土纲 Soil order	土类 Soil great group	亚类 Soil subgroup	土属 Soil genus	土种 Soil species	土层码 Layer code	土层厚度 Depth/cm	颜色 Soil color	质地 Soil texture	土壤结构 Soil structure	pH	土壤母质 Parent material	剖面点坐标 Profile coordinate	匹配指数 Matching index/%
剖面12	人为土	水稻土	潴育水稻土	马肝田	黄白土田	A	0—16	暗黄棕色	轻壤土	块状	5.5	下蜀黄土坡积物	E 118°12′42.9″ N 31°10′04.4″	75
						Pg	16—21	暗灰色	中壤土	块状	6.0			
						W	21—40	淡棕黄色	中壤土	块状	6.5			
						Bv	40—56	淡黄棕色	中壤土	棱块状	6.5			
						C	56—70	灰黄棕色	中壤土	棱块状	6.5			
剖面13	人为土	水稻土	潴育水稻土	马肝田	马肝田	A	0—14	暗黄棕色	中壤土	粒状	5.0	下蜀黄土坡积物	E 118°13′33.9″ N 31°10′38.6″	75
						P	14—25	淡黄棕色	中壤土	块状	5.5			
						W	25—66	褐色	中壤土	棱柱状	6.0			
						Bv	66—100	淡灰棕色	中壤土	棱块状	6.0			
剖面14	人为土	水稻土	潴育水稻土	石灰泥田	表潜石灰泥田	A	0—21	淡灰棕色	中壤土	团块状	7.5	碳酸盐岩类坡积物、洪积物	E 118°13′21.0″ N 31°10′09.4″	75
						Pg	21—39	暗灰黄色	中壤土	棱柱状	7.5			
						W	39—100	暗棕色	中壤土	棱柱状	7.5			
剖面15	人为土	水稻土	潴育水稻土	砂泥田	砂泥田	A	0—16	棕色	中壤土	团块状	6.5	江河冲积物	E 118°14′19.9″ N 31°10′08.5″	95
						P	16—22	暗黄棕色	中壤土	块状	6.5			
						W	22—56	暗棕黄色	中壤土	棱块状	7.0			
						Bv	56—100	灰黄棕色	中壤土	柱状	7.0			
剖面16	人为土	水稻土	潴育水稻土	钙积细粒砂泥田	钙积细粒砂泥田	Ag	0—14	暗棕色	重壤土	粒状	7.0	中性结晶岩类坡积物、洪积物	E 118°08′01.9″ N 31°10′12.3″	75
						Pg	14—22	暗黄棕色	重壤土	粒状	7.8			
						Bv	22—49	灰黄色	重壤土	糊状	7.8			
						Bvg	49—64	暗黄色	重壤土	糊状	7.8			
							64—100	暗棕黄色	中壤土	糊状	7.8			
剖面17	人为土	水稻土	潴育水稻土	砂泥田	淤泥田	A	0—14	暗黄棕色	重壤土	块状	6.0	江河冲积物	E 118°10′31.5″ N 31°10′58.5″	95
						W	18—38	暗黄色	重壤土	棱柱状	6.5			
						Bv₁	38—56	淡灰色	重壤土	棱块状	6.5			
						Bv₂	56—77	暗灰色	重壤土	棱块状	6.5			
						C	77—100	灰黄色	轻壤土	块状	6.5			
剖面18	人为土	水稻土	潴育水稻土	烂泥田	石灰性烂泥田	Ag	0—12	暗棕灰色	黏土	糊状	7.5	中性结晶岩类坡积物、洪积物	E 118°00′59.1″ N 31°09′00.6″	95
						Pg	12—17	淡灰色	黏土	糊状	7.5			
						G	17—100	暗黄色	黏土	粒状	7.5			
剖面19	人为土	水稻土	潴育水稻土	细粒砂泥田	表潜细粒砂泥田	Ag	0—15	灰黄棕色	中壤土	块状	5.5	中性结晶岩类坡积物、洪积物	E 118°01′28.2″ N 31°08′00.9″	95
						Pg	15—19	棕黄色	中壤土	柱状	6.0			
						W	19—47	黄棕色	中壤土	柱状	6.5			
						Bv	47—100	褐黄色	中壤土	粒状	6.5			
剖面20	铁铝土	红壤	黄红壤	细粒黄红壤	厚层细粒黄红壤	A	0—5	红棕色	轻壤土	粒状	5.5	中性结晶岩类	E 118°02′45.3″ N 31°07′42.3″	75
						Bv₁	5—32	暗棕红色	轻壤土	粒状	6.0			
						Bv₂	32—70	暗黄棕色	轻壤土	粒状	6.0			
剖面21	铁铝土	红壤	黄红壤	细粒黄红壤	中层细粒黄红壤	A	0—10	褐黄色	轻壤土	粒状	5.0	中性结晶岩类	E 118°03′36.0″ N 31°07′44.2″	75
						Bv	10—51	灰黄紫色	中壤土	粒状	5.0			
						C	51—100	暗黄棕色	中壤土	块状	5.0			
剖面22	人为土	水稻土	潴育水稻土	石灰泥田	石灰泥田	A	0—16	灰黄棕色	中壤土	粒状	7.5	碳酸盐岩类坡积物、洪积物	E 118°05′22.5″ N 31°09′20.9″	96
						P	16—22	暗灰棕色	中壤土	鳞片状	7.5			
						W	22—67	棕色	中壤土	鳞片状	7.5			
						Bv	67—100	棕红色	重壤土	粒状	7.5			
剖面23	铁铝土	红壤	黄红壤	硅质黄红壤	硅质黄红壤	A	0—19	淡棕红色	轻壤土	粒状	5.0		E 118°04′37.0″ N 31°07′24.3″	75
						Bv	19—70	红棕色	轻壤土	团粒状	5.5			

续表 Continued

剖面号 Soil profile	土纲 Soil order	土类 Soil great group	亚类 Soil subgroup	土属 Soil genus	土种 Soil species	土层码 Layer code	土层厚度 Depth/cm	颜色 Soil color	质地 Soil texture	土壤结构 Soil structure	pH	土壤母质 Parent material	剖面点坐标 Profile coordinate	匹配指数 Matching index/%
剖24	人为土	水稻土	潴育水稻土	石灰性砂泥田	腐底灰砂泥田	A	0—13	暗棕色	中壤土	块状	7.5	江河冲积物	E 118°03′46.1″ N 31°06′10.2″	75
						P	13—21	暗棕色	重壤土	片状	7.5			
						W	21—48	暗灰黄色	重壤土	鳞片状	7.5			
						Bv	48—100	黑灰色	轻壤土	鳞片状	7.0			
剖25	初育土	石灰(岩)土	棕色石灰土	扁石石灰土	扁石石灰土	A	0—14	暗黄棕色	中壤土	团块状	7.0	碳酸岩类残积物、坡积物	E 118°03′57.4″ N 31°05′20.7″	92
						Bv	14—37	淡黄棕色	中壤土	团块状	6.5			
						C	37—55	黄棕色		块状				
						D	65—							
剖26	铁铝土	红壤	黄红壤	硅质黄红壤	厚层硅质黄红壤	A	0—9	红棕色	中壤土	团块状	5.0	硅质岩类残积物、坡积物	E 118°06′42.3″ N 31°05′27.4″	75
						Bv₁	9—30	红棕色	中壤土	块状	5.5			
						Bv₂	30—75	淡红棕色	中壤土	块状	6.0			
剖27	初育土	石灰(岩)土	棕色石灰土	棕色石灰土	中层棕色石灰土	A	0—10	暗棕色	重壤土	块状	7.5	碳酸岩类残积物、坡积物	E 118°01′57.7″ N 31°05′48.4″	92
						Bv	10—55	黑灰色	重壤土	块状	8.0			
剖28	铁铝土	红壤性土	红壤性细粒土	红壤性细粒土	粗骨细粒土	A₁	0—6	紫棕色	轻壤土	粒状	6.0	中性结晶岩类残积物、坡积物	E 118°11′40.7″ N 31°05′43.3″	93
						A₂	6—24	紫灰色	中壤土	粒状	5.5			
						D	24—	紫灰色						
剖29	铁铝土	红壤	黄红壤	硅质黄红壤	中层硅质黄红壤	A	0—9	淡黄棕色	中壤土	粒状	5.0	硅质岩类残积物、坡积物	E 118°14′54.0″ N 31°06′43.4″	75
						Bv	9—50	淡红棕色	中壤土	粒状	5.5			
剖30	人为土	水稻土	潴育水稻土	黄泥田	黄泥田	Ag	0—14	暗黄棕色	轻壤土	块状	6.0	第四纪红土坡积物	E 118°14′50.2″ N 31°05′32.0″	75
						Pg	14—22	黄棕色	中壤土	柱状	6.0			
						W	22—37	淡黄棕色	中壤土	棱柱状	6.0			
						Bv	37—100	暗黄棕色	中壤土	棱柱状	6.0			
剖31	初育土	石灰(岩)土	棕色石灰土	棕色石灰土	薄层棕色石灰土	A	0—18	暗红棕色	中壤土	粒状		碳酸岩类残积物、坡积物	E 118°11′10.8″ N 31°07′16.9″	74
						D	18—							
剖32	人为土	水稻土	漂洗水稻土	白马肝田	白浆土田	A	0—15	褐灰色	重壤土	粒状	5.0	下蜀黄土坡积物、洪积物	E 118°02′23.4″ N 31°04′20.0″	95
						Pe	15—23	灰色	中壤土	小块状	5.5			
						E	23—49	黄灰色	中壤土	棱块状	7.5			
						Bv₁	49—74	黄色	重壤土	块状	7.5			
						Bv₂	74—114	黄灰色	重壤土	棱块状	7.5			
						C	114—131	淡黄灰色	轻壤土	小棱块状	7.5			
剖33	人为土	水稻土	潴育水稻土	紫砂泥田	紫砂泥田	A	0—10	灰色	轻壤土	粒状	5.5	紫色岩坡积物、洪积物	E 118°03′08.4″ N 31°02′45.6″	95
						P	10—18	黄色	中壤土	棱块状	6.5			
						W	18—35	浅黄灰色	中壤土	棱块状	7.5			
						Bv	35—60	黄灰色	黏土	块状	7.5			
						C	60—103	红黄色	黏土	块状	5.5			
剖34	铁铝土	红壤	黄红壤	黄泥壤	黄红壤	A	0—16	红黄色	黏土	粒状	5.5	第四纪红色黏土	E 118°04′32.6″ N 31°03′38.2″	95
						R	16—134	浅红黄色	黏土	块状	6.0			
						Bvm	134—210	暗黄棕色	中壤土	粒状	5.5			
剖35	淋溶土	黄褐土	黏盘黄褐土	马肝土	马肝土	A	0—15	褐色	中壤土	块状	6.0	下蜀黄土	E 118°10′01.2″ N 31°04′27.5″	75
						P	15—24	灰棕色	中壤土	棱柱状	6.0			
						Bv₁	24—38	红棕色	重壤土	块状	6.0			
						Bv₂	38—100	暗棕色	中壤土	鳞片状	6.5			
剖36	人为土	水稻土	潴育水稻土	陷泥田	陷泥田	Ag	0—25	暗棕色	重壤土	粒状	6.5		E 118°07′30.2″ N 31°03′29.1″	75
						G	25—100	黑棕色	重壤土	块状	5.5			

续表 Continued

剖面号 Soil profile	土纲 Soil order	土类 Soil great group	亚类 Soil subgroup	土属 Soil genus	土种 Soil species	土层码 Layer code	土层厚度 Depth/cm	颜色 Soil color	质地 Soil texture	土壤结构 Soil structure	pH	土壤母质 Parent material	剖面点坐标 Profile coordinate	匹配指数 Matching index/%
剖面37	铁铝土	红壤	黄红壤	细粒黄红土	细粒黄红土	A	0—15	灰黄棕色	中壤土	粒状	5.5	中性结晶岩类残积物、坡积物	E 118°13′31.5″ N 31°04′03.1″	75
						P	15—20	暗黄棕色	中壤土	粒状	6.0			
						Bv	20—38	暗黄棕色	中壤土	粒状	6.0			
						C	38—70	棕色	中壤土	粒状	6.5			
剖面38	人为土	水稻土	潴育水稻土	麻砂泥田	麻砂泥田	A	0—13	棕灰色	轻壤土	团块状	5.5	酸性结晶岩类坡积物、洪积物	E 118°14′11.2″ N 31°04′01.1″	96
						P	13—17	暗棕黄色	轻壤土	块状	6.0			
						W	17—23	暗棕黄色	轻壤土	块状	6.0			
						Bv	23—38	褐色	中壤土	块状	6.5			
						C	38—100	淡黄棕色	中壤土	块状	6.5			
剖面39	铁铝土	红壤	黄红壤	黄红土	黄泥土	A	0—13	淡棕红色	黏土	粒状	5.5	第四纪红色黏土	E 118°08′23.8″ N 31°01′34.8″	75
						Bv	13—34	红色	黏土	块状	5.5			
						C	34—70	红色	黏土	块状	5.5			
剖面40	人为土	水稻土	潴育水稻土	砂泥田	砂砾身砂泥田	A	0—10	淡黄棕色	轻壤土	粒状	5.5	江河冲积物	E 118°07′15.9″ N 30°59′22.7″	95
						P	13—20	灰白色	轻壤土	块状	5.5			
						W	20—28	红黄色	轻壤土	团块状	5.5			
						S	28—100	暗黄棕色	砂土	团块状	6.0			
剖面41	半水成土	潮土	灰潮土	灰砂泥土	灰泥砂菜园土	A	0—14	灰棕色	砂壤土	团粒状		近代河流冲积物	E 118°15′54.1″ N 31°15′53.5″	75
						P	14—19	棕灰色	砂壤土	团块状				
						Bv	19—70	暗棕色	轻壤土	团块状				
剖面42	人为土	水稻土	潴育水稻土	石灰性砂泥田	灰砂泥田	Ag	0—13	棕灰色	重壤土	粒片状	8.0	江河冲积物	E 118°16′02.8″ N 31°13′03.3″	75
						W	19—48	暗棕灰色	黏土	鳞片状	7.5			
						Bv	48—100	暗棕灰色	黏土	鳞片状	7.5			
剖面43	人为土	水稻土	潴育水稻土	砂泥田	腐殖身砂泥田	A	0—12	暗棕色	中壤土	团块状	6.5	江河冲积物	E 118°15′29.8″ N 31°10′24.7″	95
						Pg	12—17	淡灰棕色	中壤土	棱块状	6.5			
						W	17—56	暗灰色	中壤土	棱块状	6.5			
						Bv	56—100	暗黄棕色	轻壤土	团粒状	6.0			
剖面44	人为土	水稻土	潴育水稻土	砂泥田	腐心砂泥田	A	0—12	棕色	轻壤土	团粒状	6.5	江河冲积物	E 118°15′01.8″ N 31°10′02.3″	75
						Pg	12—18	棕灰色	轻壤土	块状	7.0			
						W	18—40	暗棕灰色	中壤土	棱块状	7.0			
						Bv	40—63	黄棕灰色	中壤土	块状	7.0			
						C	63—100	暗棕红色	中壤土	粒状	6.5			
剖面45	初育土	石灰（岩）土	棕色石灰土	棕色石灰石	厚层棕色石灰土	A	0—11	黄棕色	重壤土	块状	6.5	碳酸岩类残积物、坡积物	E 118°19′33.0″ N 31°08′01.1″	74
						Bv	11—35	暗棕灰色	重壤土	块状	6.5			
						C	35—70	暗棕红色	砂壤土	粒状	5.5			
剖面46	铁铝土	红壤	红壤性土	红壤性麻石土	麻骨土	A	0—21	黄棕色	轻壤土	细粒状	6.5	酸性结晶岩类残积物、坡积物	E 118°15′43.4″ N 31°05′31.4″	93
						D	21—							
剖面47	初育土	紫色土	中性紫色土	猪血砂	猪血土	A	0—14	暗黄色	轻壤土	细粒状	6.5	紫色砂岩、砂页岩风化物	E 118°16′42.4″ N 31°03′22.0″	75
						Bv	14—34	灰黄色	轻壤土	小块状	6.5			
						D	34—60	紫棕色	轻壤土	小块状	6.5			
剖面48	人为土	水稻土	潴育水稻土	砂泥田	鳝血砂泥田	A	0—13	紫棕色	轻壤土	粒状	6.0	江河冲积物	E 118°17′54.4″ N 31°01′05.1″	95
						P	13—18	淡灰棕色	轻壤土	块状	6.5			
						W	18—73	棕色色	轻壤土	柱状	6.5			
						Bv	73—100	淡黄棕色	轻壤土	柱状	7.0			

南 陵 县

主要土类说明

水稻土是南陵县主要土壤类型，占本县地域面积的56%，广泛分布于本县东北部平原和南部、中部的岗、塝、冲、畈。水稻土为人为水成土，发育于各类成土母质。它是在长期的水耕熟化、人为定向培育等独特条件下形成的。在成土过程中，土壤的氧化与还原，有机质的积累与分解，盐基淋溶与复盐基以及铁、锰等物质的转化与迁移等特征显著有别于自然土壤和旱地土壤。水稻土在水耕熟化这一主导成土的过程中，随着水分条件的差异，即地表水型、良水型、地下水型和侧渗水型的不同，土壤剖面形成具有特定发生层次的形态特征。水稻土的发生层主要有耕作层、犁底层、淀积层、潜育层等。同时，各发生层的形态还因土壤发育强度以及母质属性而异。本县水稻土分为潴育型、潜育型和侧漂型三个亚类。

红壤是南陵县第二大土壤类型，占本县地域面积的17%，广泛分布于本县南部、西部和中部的低山、丘陵和岗地。其成土母质主要有花岗闪长岩、流纹岩、粗面岩、石英质粉砂岩、泥页岩、凝灰岩、红砂岩等残积物、坡积物和第四纪红土。本县红壤上主要植被为常绿阔叶林和落叶阔叶林、人工杉木林、松树林及灌丛等。红壤是具有明显脱硅富铝化过程的地带性土壤，但在本县中部以西的红壤中，常有黄棕壤呈点片状镶嵌或交错分布，具有较明显的过渡特点。本县红壤分为黄红壤和红壤性土等亚类。

紫色土是南陵县第三大土壤类型，占本县地域面积的15%，主要分布在本县西南部的丘陵地区。紫色土是由紫色砂岩、粉砂岩、页岩、砂砾岩等发育的岩性土。岩性松脆，物理风化强，化学风化弱，故土壤常处于幼年发育阶段，土层浅薄，侵蚀严重。全剖面色泽均一，呈紫红色、紫色或暗紫棕色。淀积层发育微弱，无明显发育土层，多A-C或A-（B）-C构型。因受母质影响，土体中含有大量的砂砾是其特征之一。本县紫色土分为石灰性紫色土、中性紫色土和酸性紫色土三个亚类。

石灰（岩）土占南陵县地域面积的6%。石灰（岩）土是由石灰岩风化物形成的岩性土，其成土过程主要是碳酸岩的淋溶、残留与淀积。在风化过程中，碳酸钙大部分随水流失，所以直接发育在残积物上的石灰岩土，土层较薄。在石灰岩体出露的地带，因有源源不断的石灰岩风化物和崩解碎片，以及含有碳酸盐的地表水进入土体，所以延缓了土壤中盐基的淋失，土壤发育一般处于幼年状态，其构型为A-C或A-B-C，淀积层薄且发育差。石灰岩坡积物上发育的石灰土，土层深厚，一般在1m上下，剖面构型为A-B-C，有较好的淋溶淀积层发育。本县石灰（岩）土分为棕色石灰土一个亚类。

小于本县地域面积3%的土壤类型还有潮土、粗骨土、黄褐土、黄棕壤等。

本区域中心区气候特征

本区域中心区气候特征值
Regional climate characteristics in central area of the region

气候带：北亚热带湿润气候 Climate region: North subtropical humid climate	
年平均气温 /℃ Annual average temperature /℃	16.4
年平均最高气温 /℃ Annual average maximum temperature /℃	20.7
年平均最低气温 /℃ Annual average minimum temperature /℃	12.8
年降水量 /mm Annual precipitation /mm	1328
≥10℃的积温 /℃ Daily temperature accumulated in a year (≥10℃) /℃	6198
年日照时数 /h Annual sunshine /h	1853
年平均相对湿度 /% Annual average relative humidity /%	77
干燥度 Dryness	0.75

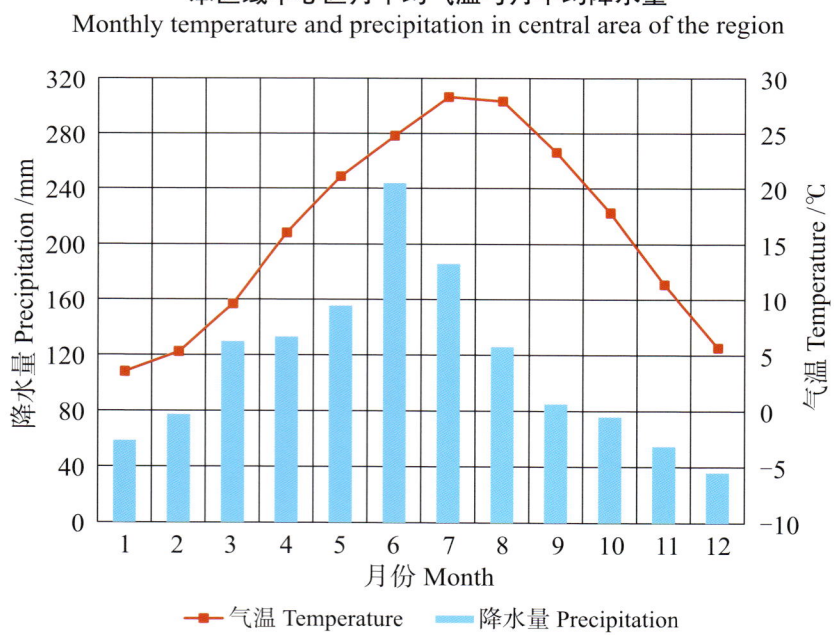

本区域中心区月平均气温与月平均降水量
Monthly temperature and precipitation in central area of the region

南陵县主要土壤类型与土壤剖面点分布图
1:240 000

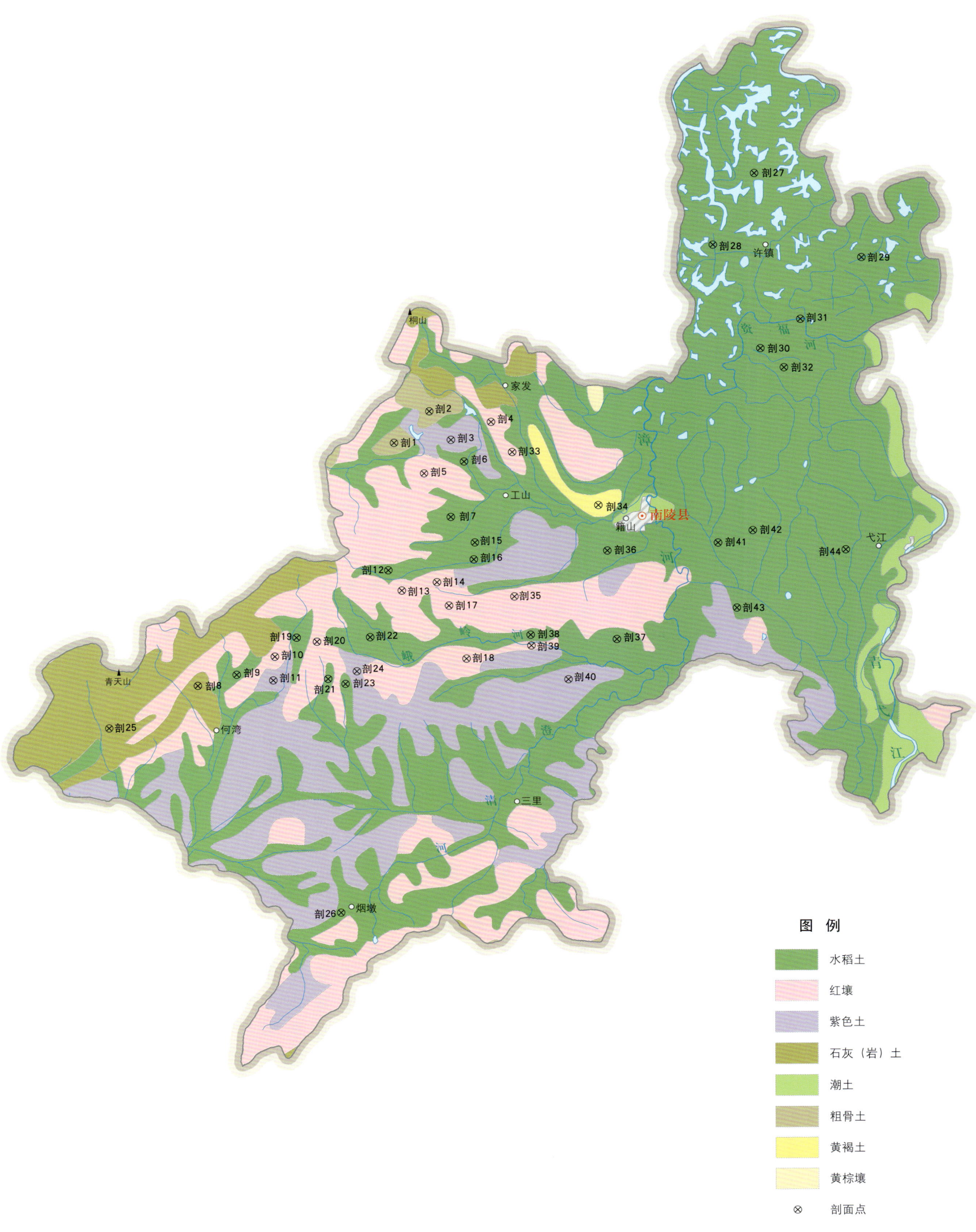

注：本图界线沿用土壤普查时点的行政界线。

南陵县土壤剖面理化性状表

剖面号 Soil profile	土纲 Soil order	土类 Soil great group	亚类 Soil subgroup	土属 Soil genus	土种 Soil species	土层码 Layer code	土层厚度 Depth/cm	颜色 Soil color	质地 Soil texture	土壤结构 Soil structure	pH	有机质 OM/(g/kg)	全氮 TN/(g/kg)	全磷 TP/(g/kg)	全钾 TK/(g/kg)	有效磷 AP/(mg/kg)	速效钾 AK/(mg/kg)	阳离子交换量CEC/(cmol/kg)	土壤母质 Parent material	剖面点坐标 Profile coordinate	匹配指数 Matching index/%
剖1	初育土	粗骨土	铁铝质粗骨土	扁石粗骨土	扁石粗骨土	A	0—17				4.8	57.6	2.26	0.41	13.4				泥页岩类残积物	E 118°11'11.0" N 30°57'49.0"	75
						C	17—65		轻壤土		4.9	7.5	0.74	0.24	16.4						
剖2	初育土	粗骨土	铁铝质粗骨土	麻石粗骨土	麻石粗骨土	A	0—10		重壤土		4.8	35.6	1.22	0.28	25.2				酸性结晶岩类残积物	E 118°12'25.9" N 30°58'47.3"	75
						C	10—21		重壤土		4.9	8.4	0.46	0.20	22.5						
剖3	初育土	紫色土	石灰性紫色土	石灰性紫砂土	薄层石灰性紫色土	A	0—13	淡红棕色	中壤土	核粒状	7.3	4.6	0.44	0.60	20.6	5.0	187	15.1	紫色砂砾岩残积物、坡积物	E 118°13'11.1" N 30°57'53.2"	75
						Bvc	13—26	红橙色	中壤土	小块状	7.0	6.9	0.70	0.57	21.7	≤1.0	155	21.4			
						D	26—														
剖4	铁铝土	红壤	黄红壤	细粒黄红壤	细粒黄红壤	A	0—23	淡浅灰色	砂壤土	粒状	6.3	7.7	0.60	0.67	25.2	13.0	44	6.8	中性结晶岩类残积物、坡积物	E 118°14'35.2" N 30°58'26.2"	75
						P	23—44	淡黄棕色	轻壤土	粒块状	4.7	25.4	1.29	0.41	36.6	≤1.0	72	5.9			
						Bv	44—100	灰黄棕色	中壤土	粒状	4.6	9.3	0.52	0.30	33.1	≤1.0	75	5.6			
剖5	铁铝土	红壤	黄红壤	细粒黄红壤	厚细粒黄红壤	A	0—7	灰黄棕色	轻壤土	粒块状	4.4	7.8	0.53	0.37	23.9	≤1.0	81	5.4	中性结晶岩类残积物、坡积物	E 118°12'13.4" N 30°56'51.1"	75
						Bv₁	7—20	暗黄棕色	中壤土	粒状	5.4	17.6	1.20	0.24	10.9	5.0	29	6.5			
						Bv₂	20—60	暗黄棕色	重壤土	块状	5.6	13.2	0.90	0.23	11.6	5.0	24				
						C	60—100		重壤土	块状	6.8	5.2	0.39	0.29	12.2	5.0	33				
									重壤土		6.9	3.2	0.26	0.21	12.2	3.0	27				
剖6	人为土	水稻土	潴育水稻土	红砂泥田	次潜红砂泥田	A	0—13	灰白色	中壤土	粒状	5.3	22.4	1.42	0.41	11.6	4.0	91	7.0	红色砂砾岩残积物、坡积物	E 118°13'37.8" N 30°55'27.5"	95
						Pg	13—23	灰灰色	重壤土	块状	5.8	11.4	0.97	0.29	12.1	≤1.0	110	5.5			
						Bv₁	23—41	暗黄棕色	重壤土	块状	6.3	5.7	0.53	0.26	12.5	≤1.0	49				
						Bv₂	41—104	淡黄棕色	重壤土	块状	6.6	3.8	0.35	0.29	12.0	2.0	51	6.0			
剖7	人为土	水稻土	漂洗水稻土	白浆土田	白浆土田	A	0—13	灰白色	重壤土	核粒状	6.8								第四纪红色黏土	E 118°13'08.5" N 30°55'27.5"	92
						Ae	0—13		重壤土	小块状	≥10.0										
						P	13—27		重壤土	小块状	7.6							6.4			
						Bv₁	27—46		重壤土	粒状	5.1	21.0	1.36	0.23	10.1	2.0	41	6.7			
						Bv₂	46—100		中壤土	块状	5.9	9.3	0.85	0.24	10.7	≤1.0	26	6.6			
剖8	初育土	石灰(岩)土	棕色石灰土	棕色石灰土	厚层棕色石灰土	A	0—14	灰白色	中壤土	粒状	6.8	2.7	0.44	0.25	13.1	≤1.0	32	4.9	石灰岩风化物	E 118°04'12.5" N 30°50'16.8"	75
						Bv	10—60	淡灰黄色	中壤土	梭块状	7.0	2.5	0.33	0.25	14.7	≤1.0	35				
						Bvc	60—100	黄棕色	重壤土	块状	7.1	3.1	0.27	0.39		≤1.0	27				
剖9	铁铝土	红壤	黄红壤	红砂泥田	红砂泥田	A	0—13	灰白色	重壤土	粒状	5.0	20.8	1.24	0.20	12.5	4.0	80	8.1	红色砂砾岩坡积物	E 118°05'34.0" N 30°50'36.6"	75
						Bv	13—32	淡黄黄色	重壤土	核粒状	5.0	9.4	0.62	0.19	16.5	5.0	68	7.1			
剖10	铁铝土	红壤	黄红壤	麻石黄红壤	中层麻石黄红壤	A	0—17	紫灰色	重壤土	小块状	5.5	17.1	1.12	0.39	12.2	14.0	75	12.5	酸性结晶岩类残积物、坡积物	E 118°06'55.1" N 30°51'09.5"	75
						Bv	17—49	紫棕色	重壤土	块状	4.9	2.6	0.38	0.29	27.2	≤1.0	55	14.2			
						3	49—														
剖11	初育土	紫色土	酸性紫色土	酸性猪血泥	酸性猪血泥	A	0—13	红色	轻壤土	粒状	5.6	26.8	1.55	0.30	17.4	4.0	96	13.9	紫色泥页岩坡积物、洪积物	E 118°06'51.0" N 30°50'24.9"	75
						P	13—23	灰色	轻黏土	状	6.3	21.6	1.29	0.34	16.0	5.0		12.7			
剖12	人为土	水稻土	潴育水稻土	紫砂泥田	次潜紫泥田	A	0—7	暗灰色	轻壤土	粒状	7.1	8.0	0.79	0.32	14.3				紫岩类坡积物、残积物	E 118°10'55.6" N 30°53'48.4"	75
						Pg	13—23	黄棕色	轻黏土	状	5.3	20.8	1.24	0.37	34.7	2.0	74	9.2			
						Bv₁	23—48	灰色	中壤土	粒状		4.4	0.35	0.41	14.9	4.0					
						Bv₂	48—100	淡棕色	砂壤土	状		5.2	0.44	0.31	30.5	≤1.0	69	7.7			
剖13	铁铝土	红壤	黄红壤	细粒黄红壤	中层细粒黄红壤	A	0—7				6.1		0.19	0.53	28.7	3.0	34		中性结晶岩类残积物、坡积物	E 118°11'23.7" N 30°53'10.3"	75
						Bv	7—34														
						C	34—86														

续表 Continued

剖面号 Soil profile	土纲 Soil order	土类 Soil great group	亚类 Soil subgroup	土属 Soil genus	土种 Soil species	土层码 Layer code	土层厚度 Depth/cm	颜色 Soil color	质地 Soil texture	土壤结构 Soil structure	pH	有机质 OM/(g/kg)	全氮 TN/(g/kg)	全磷 TP/(g/kg)	全钾 TK/(g/kg)	有效磷 AP/(mg/kg)	速效钾 AK/(mg/kg)	阳离子交换量 CEC/(cmol/kg)	土壤母质 Parent material	剖面点坐标 Profile coordinate	匹配指数 Matching index/%
剖14	铁铝土	红壤	黄红壤	扁石黄红土	扁石黄红土	A	0—20	灰棕色	中壤土	粒状	6.3	15.4	1.08	0.44	12.2	11.0	80	6.2	泥质岩类残积物、坡积物	E 118°12′38.0″ N 30°53′25.1″	75
						P	20—30	淡棕红色	重壤土	块状	5.6	7.8	0.77	0.47	15.4	12.0	56				
						Bv	30—70	淡灰黄色	重壤土	块状	5.7	3.3	0.40	0.33	15.9	5.0	83				
剖15	人为土	水稻土	潴育水稻土	细粒砂泥田	细粒砂泥田	A	0—15	灰白色	重壤土	粒状	5.0	17.1	1.14	0.29	13.6	14.0	49	5.7	中性结晶岩类残积物、坡积物	E 118°13′58.5″ N 30°54′38.8″	75
						P	15—27	灰白黄色	重壤土	块状	5.2	12.7	0.83	0.27	12.9	7.0	61	5.6			
						Bv	27—57	暗黄黄色	重壤土	块状	6.2	3.7	0.36	0.22	13.5	6.0	55	8.0			
						C	57—100	灰黄色	重壤土	块状	5.1	19.7	1.36	0.22	12.3	4.0	50	11.0			
剖16	人为土	水稻土	潴育水稻土	黄泥田	黄泥田	P	0—14	灰白色	重壤土	粒状	5.8	10.2	0.93	0.20	10.3	3.0	32	6.9	第四纪红色黏土	E 118°13′56.1″ N 30°54′07.0″	95
						Bv₁	14—25	淡灰黄色	中壤土	梭块状	6.3	3.5	0.42	0.20	10.3	4.0	30	5.9			
						Bv₂	25—49	淡黄棕色	重壤土	梭块状	6.5	2.8	0.43	0.22	14.1	3.0	41	4.7			
						Cn	49—92	黄棕色		块状											
							92—110														
剖17	铁铝土	红壤	红壤性	红壤性硅质土	红壤性硅质土	A	0—13		重壤土		5.0	13.5	0.92	0.63	12.4	6.0	42	8.9	石英质砂岩类残积物、坡积物	E 118°13′02.5″ N 30°52′41.4″	75
						C	13—21		重壤土												
剖18	铁铝土	红壤	黄红壤	麻石黄红土	麻石黄红土	A	0—20	暗灰黄色	轻壤土	粒状	5.4	14.8	0.80	0.84	22.7	11.0	85	10.5	酸性结晶岩类残积物、坡积物	E 118°13′37.9″ N 30°51′01.9″	75
						P	20—33	灰黄棕色	轻壤土	粒状	5.8	11.2	0.74	0.73	27.2	8.0	36	7.8			
						Bv	33—71	灰黄棕色	轻壤土	粒状	5.5	7.8	0.49	0.83	21.8	9.0	37	9.5			
						C	71—100	白色	重壤土	粒状	5.4	4.0	0.25	0.65	18.4	14.0	56	7.4			
剖19	人为土	水稻土	潴育水稻土	扁石泥田	扁石泥田	A	0—14	灰色	重壤土	粒状	5.0	35.5	2.68	0.34	15.0	8.0	73	10.7	泥质岩类砂岩坡积物、洪积物	E 118°13′41.0″ N 30°51′44.8″	95
						P	14—25	淡灰黄色	重壤土	梭块状	5.9	18.2	1.50	0.41	15.8	2.0	53	10.7			
						Bv₁	25—39	淡灰黄色	重壤土	梭块状	6.5	7.8	0.74	0.17	15.9	3.0	44	6.7			
						Bv₂	39—61	淡黄棕色	重壤土	梭块状	6.4	3.9	0.54	0.41	15.5	2.0	36	8.4			
						C	61—100	黄棕色	重壤土	块状	6.8	3.3	0.49	0.37	15.5	3.0	36	4.8			
剖20	铁铝土	红壤	红壤性	红壤性扁石土	红壤性扁石土	A	0—10	红灰色	轻壤土	粒状	5.3	23.9	1.53	0.39	15.3	4.0	54	10.7	泥质岩类残积物、坡积物	E 118°08′23.8″ N 30°51′36.7″	75
						Bvc	10—27	淡红棕色	重壤土	粒状	5.6	26.4	1.73	0.50	16.4	3.0	83	13.1			
							27—														
剖21	人为土	水稻土	黄红壤	红砂泥田	中层红砂泥田	A	0—13	灰白色	中壤土	块状	5.2	20.3	1.28	0.24	10.2	3.0	30	7.1	红色砂砾岩坡积物	E 118°07′46.4″ N 30°50′27.0″	75
						P	13—23	暗黄黄色	中壤土	粒状	5.4	16.6	1.13	0.19	11.3	≤1.0	29	7.8			
						Bv	23—34	灰黄色	中壤土	块状	6.5	11.1	0.69	0.22	12.6	≤1.0	26	7.1			
						C	34—45														
剖22	人为土	水稻土	漂洗水稻土	白马肝田	澄白土田	Ae	45—100	灰红色	中壤土	块状	4.7	19.6	1.10	0.27	11.4	13.0	40	7.4	下蜀黄土	E 118°10′16.0″ N 30°51′44.1″	75
						P	0—12	灰白色	中壤土	粒状	5.3	14.3	0.68	0.24	10.6	4.0	32	5.4			
						Bv₁	12—26	灰白色	中壤土	块状	6.5	6.0	0.59	0.22	10.8	4.0	44	7.4			
						Bv₂	26—40	棕灰色	中壤土	块状	6.6	3.0	0.39	0.23	9.5	7.0	33	7.7			
						Bv (2)	40—79	灰黄色													
						O	79—100														
剖23	人为土	水稻土	潴育水稻土	钙积弱陷泥田	钙积弱陷泥田	A	0—20	暗黄黄色	重壤土	粒状	7.2	33.6	1.99	0.47	11.8	10.0	67	14.8		E 118°09′23.2″ N 30°50′16.7″	75
						Pg	20—35	灰黄色	重壤土	块状	7.6	28.7	1.65	0.44	10.3	11.0	62	10.6			
						G	35—100	暗黄灰色	重壤土	糊状	7.5	10.7	0.70	0.38	15.7	10.0	73				
剖24	初育土	紫色土	酸性紫色土	酸性紫泥土	中层酸性紫泥土	A	0—22	紫	轻壤土	核状块状	5.1	9.1	0.68	0.28	16.7	≤1.0	38	11.4	紫色泥页岩类残积物、坡积物	E 118°09′47.2″ N 30°50′40.6″	75
						Bv	22—36	淡灰红色	轻壤土	小块状	5.1	4.7	0.56	0.22	23.4	≤1.0	53	18.6			
						C	36—100	紫红色	重壤土	小块状	4.8	2.1	0.28	0.43	27.0	1.0	57	17.9			
剖25	初育土	石灰(岩)土	棕色石灰土	棕色石灰土	中层棕色石灰土	A	0—17	黑灰色	重黏土	核粒状	7.2	51.7	3.02	0.71	19.5	11.0	154	37.5	石灰岩风化物	E 118°01′04.0″ N 30°48′57.9″	92
						Bvc	17—36	暗棕红色	重壤土	小块状	7.3	17.6	1.10	0.81	17.7	8.0	105	19.6			
						D	36—														

续表 Continued

剖面号 Soil profile	土纲 Soil order	土类 Soil great group	亚类 Soil subgroup	土属 Soil genus	土种 Soil species	土层码 Layer code	土层厚度 Depth/cm	颜色 Soil color	质地 Soil texture	土壤结构 Soil structure	pH	有机质 OM/(g/kg)	全氮 TN/(g/kg)	全磷 TP/(g/kg)	全钾 TK/(g/kg)	有效磷 AP/(mg/kg)	速效钾 AK/(mg/kg)	阳离子交换量CEC/(cmol/kg)	土壤母质 Parent material	剖面点坐标 Profile coordinate	匹配指数 Matching index/%
剖26	人为土	水稻土	潴育水稻土	扁石泥田	次潜扁石泥田	A	0—15	灰白色	轻壤土	粒状	5.5	28.4	1.62	0.39	16.6	8.0	84	7.3	泥质岩类风化坡积物、洪积物	E 118°09′07.5″ N 30°43′06.0″	95
						Pg	15—31	淡灰黄色	轻壤土	块状	6.0	16.2	1.27	0.35	14.4	≤1.0	62				
						Bv	31—60	灰黄色	重壤土	棱块状	6.8	4.1	0.35	0.20	14.2	3.0	42				
						C	60—100	灰黄色	重壤土	块状	7.1	2.7	0.32	0.50	15.3	6.0	49				
剖27	人为土	水稻土	潜育水稻土	钙积青砂泥田	钙积中位弱潜青砂泥田	A	0—13	灰红色	重壤土	粒状	7.5	35.1	2.14	0.45	11.6	14.0	80	9.3	河流冲积物	E 118°23′56.2″ N 31°06′08.6″	75
						Pg	13—28	红灰色	重壤土	块状	7.7	29.5	2.15	0.47	10.2	3.0	87	13.3			
						Bvg	28—100	暗黄黄色	中黏土	块状	7.8	9.8	0.70	0.35	15.7		83	15.3			
剖28	人为土	水稻土	潜育水稻土	青砂泥田	低位强潜青砂泥田	A	0—18	灰黑色	重壤土	粒状	5.7	33.2	2.10	0.45	12.5	3.0	69	17.2	河流冲积物	E 118°22′27.1″ N 31°03′54.9″	75
						Pg	18—28	灰黑色	重壤土	块状	6.5	31.1	1.83	0.55	14.2	4.0	64	12.1			
						Bvg	28—67	淡灰灰色	重壤土	块状	7.2	12.4	0.84	0.74	15.2	16.0	62	11.6			
						G	67—100	绿灰色	重壤土	块状	6.8	18.6	1.23	0.42	13.9	11.0	78	13.9			
剖29	人为土	水稻土	潴育水稻土	青砂泥田	次潜泥骨田	A	0—16	绿灰色	中黏土	无结构	5.4	38.4	2.26	0.27	21.8	≤1.0	67	12.7	近代河流冲积物	E 118°27′40.1″ N 31°03′28.6″	95
						Pg	16—28	暗灰灰色	轻黏土	块状	6.3	21.6	1.54	0.22	21.2	≤1.0	45	13.9			
						Bv₁	28—49	灰黄灰色	重黏土	块状	6.4	11.7	0.95	0.24	23.5	≤1.0	52	10.0			
						Bv₂	49—100	青灰灰色	中黏土	块状	5.4	6.3	0.41	0.55	23.6	2.0	48	10.3			
剖30	人为土	水稻土	潜育水稻土	砂泥田	次潜砂泥田	A	0—17	暗灰棕色	重壤土	粒状	5.8	25.1	1.51	0.31	12.9	2.0	106	7.9	河流冲积物	E 118°24′04.7″ N 31°00′38.5″	75
						Pg	17—25	暗灰灰色	重壤土	块状	6.4	13.4	1.06	0.21	10.5	2.0	75	7.8			
						Bvg	25—48	青灰灰色	中黏土	块状	7.1	3.8	0.39	0.20	12.4	≤1.0	56	6.5			
						Bv	48—100	棕灰色	中黏土	块状	6.9	2.7	0.35	0.19	12.4	≤1.0	39				
剖31	人为土	水稻土	潴育水稻土	砂泥田	中位弱潜青砂泥田	A	0—17	淡棕红色	重壤土	粒状	4.9	18.5	1.28	0.32	21.2	2.0	32	5.3	近代河流冲积物	E 118°25′29.5″ N 31°01′32.4″	95
						P	17—29	棕黄色	轻壤土	砂粒状	5.6	8.2	0.64	0.41	21.7	8.0	19	4.8			
						S	29—54	淡黄棕色	轻壤土	粒粒状	6.4	7.6	0.69	0.49	32.4	8.0	13	10.4			
						Bv	54—100	暗黄棕色	中壤土	小块状棱柱状	5.9	1.6	0.14	0.43	20.8	12.0	46				
剖32	铁铝土	红壤	黄红壤	硅质黄红壤	中层硅质黄红壤	A	0—18	暗黄棕色	中黏土	粒状	5.6	30.2	1.97	0.34	22.2	3.0	60	15.9	石英质岩类残积物、坡积物	E 118°24′53.6″ N 31°00′02.0″	75
						G	18—100	黄橙色	中黏土	无结构	5.4	22.2	1.12	0.34	21.5	5.0	28	9.6			
剖33	淋溶土	黄褐土	黏盘黄褐土	黏盘黄褐土	下位黏盘黄褐土	A	0—11	淡棕红色	重壤土	块状	5.3	63.0	3.10	0.51	16.7	3.0	142	15.6	下蜀黄土	E 118°15′19.3″ N 30°57′29.4″	75
						Bv	11—33	潜稽红色	重黏土	块状	5.0	22.9	1.46	0.52	17.8	2.0	59	7.1			
						C	33—50	淡棕红色	重壤土	块状											
剖34	铁铝土	红壤	黄红壤	砂砾黄红土	砾砂黄红土	A	0—14	淡棕红色	重壤土	核粒状	5.1	10.8	0.67	0.30	10.8	8.0	46	7.3	红砂岩类坡积物、残积物	E 118°18′19.6″ N 30°55′46.7″	74
						Bv	20—75	淡棕灰色	中黏土	小块状	5.4	3.9	0.29	0.60	14.8	8.0	52	8.3			
						Bv(2)	75—	暗黄棕色	重黏土	棱块状											
剖35	人为土	水稻土	潴育水稻土	黄泥田	次潜黄泥田	A	0—14	暗黄棕色	重黏土	粒状	4.6	16.4	0.85	0.60	9.7	43.0	108	7.4	第四纪红色黏土	E 118°15′20.6″ N 30°52′57.0″	75
						Pg	14—33	黄橙色	重黏土	块状	4.1	9.1	0.67	0.61	10.5	13.0	79	8.9			
						Bv₁	33—53	淡黄棕色	中黏土	棱块状	4.3	3.9	0.36	0.52	9.9	15.0	59	7.4			
						Bv₂	53—100	淡黄棕色	黏土	棱块状	5.6										
剖37	人为土	水稻土	潴育水稻土	硅质泥田	硅质泥田	A	0—15	灰白色	重黏土	粒状	5.2	26.2	1.84	0.30	12.3	13.0	65	7.9	硅岩岩类坡积物	E 118°18′37.2″ N 30°54′21.1″	75
						P	15—25	灰白色	中壤土	块状	5.4	15.8	1.24	0.29	12.9	9.0	48	5.6			
						Bv	25—42	淡灰黄色	中壤土	棱块状	5.9	5.9	0.66	0.27	13.0	4.0	64	7.4			
						C	42—100	黄棕色	重黏土	块状	6.4	3.3	0.40	0.21	17.0	4.0	77	5.5			
剖38	人为土	水稻土	潜育水稻土	钙积陷泥田	钙积陷泥田	A	0—20	棕灰色	重黏土	粒状块状	7.3	35.4	2.26	0.57	17.1	8.0	85	12.9		E 118°15′53.5″ N 30°51′45.1″	75
						G	20—100	暗黄棕色	轻黏土	糊状	7.5	16.7	1.32	0.43	19.0	2.0	91	8.2			

续表 Continued

剖面号 Soil profile	土纲 Soil order	土类 Soil great group	亚类 Soil subgroup	土属 Soil genus	土种 Soil species	土层码 Layer code	土层厚度 Depth/cm	颜色 Soil color	质地 Soil texture	土壤结构 Soil structure	pH	有机质 OM/(g/kg)	全氮 TN/(g/kg)	全磷 TP/(g/kg)	全钾 TK/(g/kg)	有效磷 AP/(mg/kg)	速效钾 AK/(mg/kg)	阳离子交换量CEC/(cmol/kg)	土壤母质 Parent material	剖面点坐标 Profile coordinate	匹配指数 Matching index/%
剖39	铁铝土	红壤	黄红壤	砂砾黄红壤	中层砂砾黄红壤	A	0—11	灰棕色	中壤土	粒状	4.9	27.9	1.44	0.20	10.9	6.0	92	8.5	红砂岩类残积物、坡积物	E 118°15′54.8″ N 30°51′24.8″	75
						Bv₁	11—25	橙色	中壤土	块状	4.8	11.6	0.69	0.14	11.5	2.0	56	6.6			
						Bv₂	25—54	红色	重壤土	块状	4.8	3.7	0.30	0.21	11.5	2.0	58	6.7			
						C	54—100	淡橙红色	重壤土	块状	4.7	2.2	0.31	0.15	16.9	≤1.0	65	7.4			
剖40	初育土	紫色土	中性紫色土	紫砂土	中层紫砂土	A	0—16	暗紫灰色	砂壤土	粒状	5.7	8.4	0.58	0.27	13.1	≤1.0	48	13.5	紫色砂砾岩残积物、坡积物	E 118°17′11.7″ N 30°50′20.8″	95
						Bvc	16—35	淡棕红色	紧砂土	小块状		1.4	0.12	0.36	14.5	2.0	34	17.4			
						C	35—66	暗棕红色	轻壤土	小块块状	7.6	≤1.0	0.14	0.28	14.1	≤1.0	26	11.4			
剖41	人为土	水稻土	潴育水稻土	紫砂泥田	紫泥田	A	0—15	灰红色	黏土	粒状	6.0								紫色岩类坡积物、洪积物	E 118°22′30.0″ N 30°54′33.3″	95
						P	15—28	灰红色	重壤土	块状	6.0							13.9			
						Bv	28—59	灰棕色	重黏土	梭块状	6.4										
						C	59—100	淡黄棕色	重壤土	块状	6.8										
剖42	人为土	水稻土	潴育水稻土	砂泥田	沈潜砂泥田	A	0—12	灰色	轻黏土	粒状	5.6	26.6	1.70	0.32	12.2	5.0	54	13.3	近代河流冲积物	E 118°23′43.8″ N 30°54′56.0″	95
						Pg	12—26	灰色	重壤土	大块状	6.7	8.4	0.72	0.28	12.1	5.0	42	11.4			
						Bv₁	26—45	黄灰色	重黏土	块状	6.6	5.7	0.46	0.26	12.4	2.0	35	11.5			
						Bv₂	45—100	淡黄棕色	轻壤土	块状	6.9	4.4	0.38	0.26	12.5	2.0	45	12.2			
剖43	人为土	水稻土	潴育水稻土	红砂泥田	薄层红砂泥田	A	0—15	灰白色	中壤土	粒状	5.0	30.2	2.26	0.41	11.2	32.0	81	6.4	红色砂砾岩坡积物	E 118°23′07.9″ N 30°52′30.9″	75
						P	15—27	灰色	中壤土	块状	5.3	15.6	1.22	0.44	10.4	13.0	26	5.1			
						O	27—														
剖44	人为土	水稻土	潴育水稻土	砂泥田	砂土田	A	0—16	淡绿灰色	轻壤土	粒状	5.2	12.2	0.97	0.48	22.1	17.0	16	3.4	近代河流冲积物	E 118°26′58.7″ N 30°54′17.5″	95
						P	16—27	灰色	轻壤土	块状	5.1	4.7	0.78	0.41	20.9	6.0	23	4.8			
						Bv	27—54	淡灰黄色	中壤土	块状	5.8	4.3	0.54	0.41	21.2	8.0	26				
						C	54—100	灰黄色		粒状											

无 为 市

主要土类说明

水稻土是无为市主要土壤类型，占本市地域面积的66%。水稻土是本市分布最广、面积最大的一个土类。水稻土是在长期的季节性淹灌、水下翻耕、季节性脱水、氧化还原交替影响下，原来成土母质或母土的特性发生重大改变，形成的新的土壤类型。由于干湿交替，形成糊状淹育层、较坚实板结的犁底层、渗育层、潴育层与潜育层等多种发生层分异。这些不同发生层段是在人为耕作、水浆管理下形成的。本市水稻土分为淹育型、潴育型、潜育型和侧漂型四个亚类。其中，潴育水稻土占本县水稻土面积的40%以上，其次为潜育水稻土，占比30%以上。

潮土是无为市第二大土壤类型，占本市地域面积的13%，主要分布于沿江洲滩地和内河两侧的河滩旱地。受长期旱耕种植和地下水的影响，土壤剖面淋溶淀积不明显。分布在江滩洲地的潮土剖面，除耕作层外，以下各土层与母质层没有明显的分异界限。分布在老洲地和河滩地的潮土剖面中，因受地下水和地表水下渗的影响，底部可见灰色管状胶膜和锈斑。本市潮土分为灰潮土一个亚类。

黄棕壤是无为市第三大土壤类型，占本市地域面积的8%。黄棕壤是红壤（南方）和棕壤（北方）的过渡性土壤类型，主要分布在本市西北部、西南部海拔150—680m的低山、丘陵地区，植被多为人工造林，部分为裸岩山和荒草山，较低缓的高岗被垦种旱杂粮。本县黄棕壤成土母质、母岩类型主要有第四纪红土、石英砂岩类风化物、浅红黄粗粒砂岩类风化物、粗砂质岩类风化物等。本市黄棕壤分为普通黄棕壤、黄棕壤性土两个亚类。

黄褐土占无为市地域面积的3%。黄褐土是由较细粒的黄土状母质发育而成，多组成丘岗。该土壤土体中游离碳酸钙已不复存在，土壤呈灰黄棕色，在底部可散见圆形石灰结核。土壤黏化淀积明显，B层黏聚，黏粒硅铝率在3.0左右，表层pH为6.0—6.8，底层pH为7.5，盐基饱和度由表层向底层逐渐趋向饱和。

小于本市地域面积3%的土壤类型还有石灰（岩）土、紫色土等。

本区域中心区气候特征

本区域中心区气候特征值
Regional climate characteristics in central area of the region

气候带：北亚热带湿润气候 Climate region: North subtropical humid climate	
年平均气温 /℃ Annual average temperature /℃	16.2
年平均最高气温 /℃ Annual average maximum temperature /℃	20.5
年平均最低气温 /℃ Annual average minimum temperature /℃	12.7
年降水量 /mm Annual precipitation /mm	1233
≥10℃的积温 /℃ Daily temperature accumulated in a year (≥10℃) /℃	5954
年日照时数 /h Annual sunshine /h	1873
年平均相对湿度 /% Annual average relative humidity /%	77
干燥度 Dryness	0.80

本区域中心区月平均气温与月平均降水量
Monthly temperature and precipitation in central area of the region

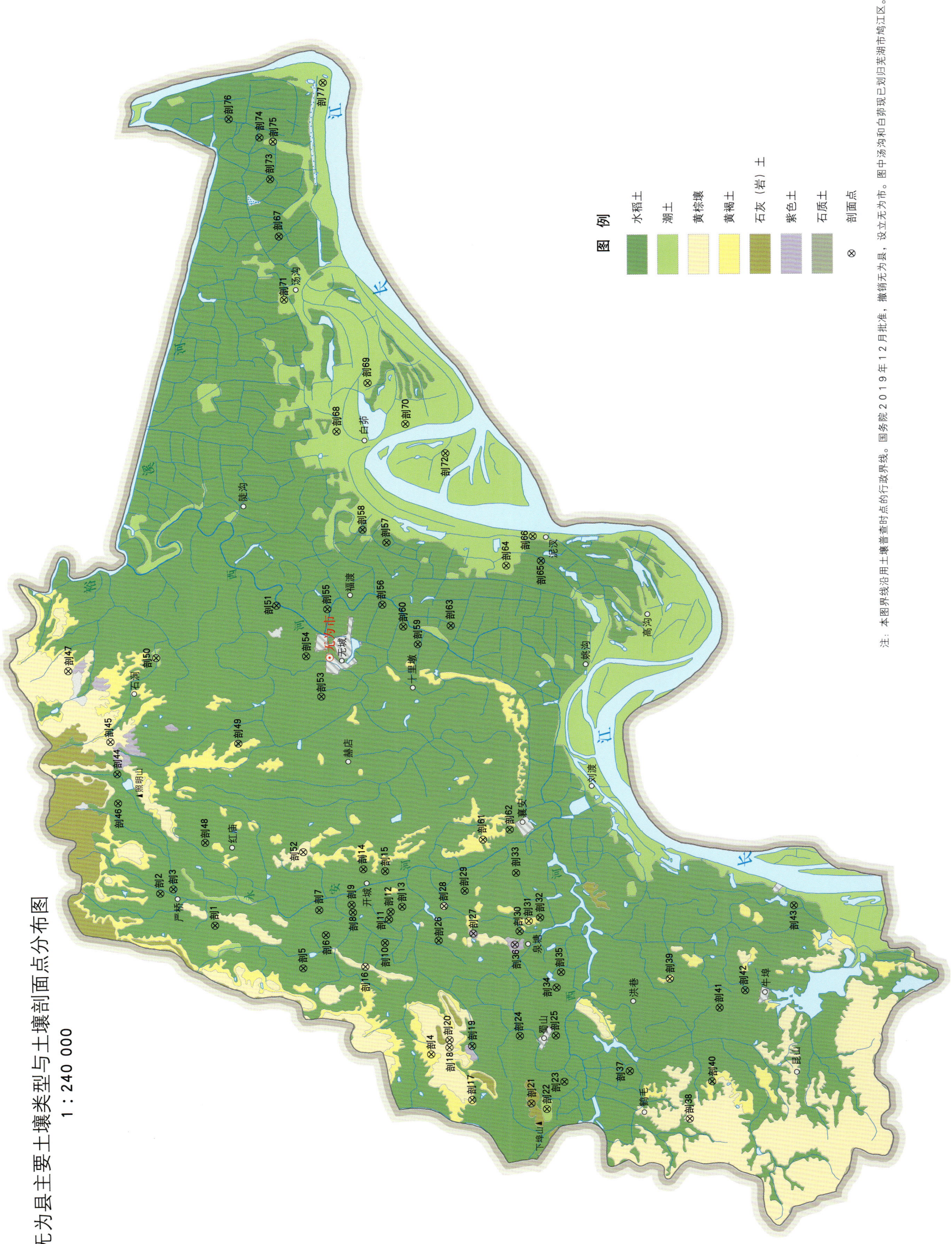

无为市土壤剖面理化性状表

剖面号 Soil profile	土纲 Soil order	土类 Soil great group	亚类 Soil subgroup	土属 Soil genus	土种 Soil species	土层码 Layer code	土层厚度 Depth/cm	颜色 Soil color	质地 Soil texture	土壤结构 Soil structure	pH	有机质 OM/(g/kg)	全氮 TN/(g/kg)	全磷 TP/(g/kg)	全钾 TK/(g/kg)	碱解氮 AN/(mg/kg)	有效磷 AP/(mg/kg)	速效钾 AK/(mg/kg)	阳离子交换量 CEC/(cmol/kg)	土壤母质 Parent material	剖面点坐标 Profile coordinate	匹配指数 Matching index/%
剖1	人为土	水稻土	淹育水稻土	浅石灰泥田	浅钙泥田	A	0–14	灰褐色	中壤土	团块状	8.0	12.9	0.69	0.12	5.4		5.0	23	8.0	石灰岩坡积物、洪积物	E 117°42′12.2″ N 31°22′59.1″	95
						Pw	14–24	淡灰色	中壤土	块状	8.2	10.4	0.59	≤0.10	7.4		4.0	19				
						C	24–150	黄褐色	中壤土	块状	7.7	4.8	0.41	0.11	8.8		4.0	32				
剖2	人为土	水稻土	潴育水稻土	马肝田	血马肝田	A	0–17		重壤土		6.9	23.1	1.24	0.29	16.1	111	4.0	45	12.7	下蜀黄土	E 117°43′40.2″ N 31°24′58.7″	95
						P	17–20				7.0	18.7	1.08	0.25	13.4	85	3.0	87	12.7			
						W	40–50				7.2	7.3	0.52	0.26	13.7	45	2.0	66	9.3			
						Bv	55–65				7.4	2.8	0.37	0.20	15.2	29	≤1.0	72	11.9			
剖3	人为土	水稻土	潴育水稻土	黄白土田	黄白土田	Ae					5.6	16.7	0.84	0.19	9.6	108	5.0	63	6.2	下蜀黄土	E 117°43′50.8″ N 31°24′29.6″	95
						P	14–24				7.2	12.1	0.55	0.17	5.1	50	1.0	37				
						W	24–40				7.4	4.1	0.57	0.13	17.1	32	≤1.0	29				
						Bvc	40–				7.1	4.9	0.42	0.13	12.2	29	4.0	31				
剖4	淋溶土	黄褐土	黏盘黄褐土	马肝土	黄马肝土	A	0–17	黄棕色	重壤土	碎团块状	5.8	13.0	0.56	0.33	5.3		2.0	25	7.9	下蜀黄土	E 117°36′21.4″ N 31°15′06.2″	98
						P	17–22	黄棕色	重壤土	块状	5.8	15.9	0.72	0.34	4.5		≤1.0	13				
						Bv	22–52	黄棕色	重壤土	棱柱状	6.1	11.8	0.59	0.34	7.5		≤1.0	18				
剖5	人为土	水稻土	潴育水稻土	石灰性砂泥田	灰泥田	A	0–20	褐黄色	轻黏土	屑粒状、块状										长江冲积物	E 117°40′14.5″ N 31°19′45.4″	95
						P	20–33	褐黄色	轻黏土	块状	7.2											
						W	33–71	褐黄色	轻黏土	棱状	7.5											
						Bvg	71–100	青灰色	重黏土	棱块状	7.9	18.4	1.24	0.37	9.3	73	7.0	38	12.5			
						C	100–130	灰黄色	轻壤土	屑粒状	7.9	12.0	0.85	0.35	10.0	75	2.0	95	14.4			
剖6	人为土	水稻土	潴育水稻土	钙积马肝田	钙积马肝田	A	0–17	灰黄色	重壤土	团块状	7.9	8.6	0.67	0.31	12.5	49	≤1.0	76	14.8	下蜀黄土	E 117°41′41.7″ N 31°18′54.2″	95
						W	17–24	淡黄黄色	重壤土	棱块状	7.9	10.2	0.67	0.30	8.6	62	≤1.0	89	13.0			
						Bv	24–56	棕黄色	轻壤土	棱块状	7.9	7.7	0.51	0.29	9.5	33	≤1.0	82	12.4			
						C	56–76	棕黄色	重壤土	屑粒状												
剖7	人为土	水稻土	潴育水稻土	高位弱潜青砂泥田	高位弱潜青砂泥田	A	76–150	暗棕色	重壤土	团块状	5.5	15.6	1.11	0.22	31.2		6.0	63	6.8	河流冲积物	E 117°42′48.2″ N 31°19′08.2″	95
						Pg	4–14				6.4	9.1	0.67	0.22	10.5		7.0	65	7.2			
						Wg	18–22				6.2	4.5	0.34	0.18			6.0		7.8			
						C	34–64				6.4	11.0	0.72	0.16	7.8		5.0	37	14.5			
剖8	人为土	水稻土	潴育水稻土	黄白土	铁子黄白土	Ae	70–90	淡灰色	中壤土	屑粒状	6.2	16.9	1.02	0.23	8.5	154	3.0	90	16.2	下蜀黄土	E 117°42′40.2″ N 31°17′53.7″	95
						P	0–15		重壤土	糊粒状	6.7	9.6	0.71	0.20	5.6	105	2.0	57				
						WBvfe₁	15–22		重壤土	块状	7.0	5.2	0.40	0.19	5.8	60	2.0	78				
						Bv	22–60		轻壤土	块状	7.2	5.1	0.42	0.28	14.5	62	2.0	81				
剖9	人为土	水稻土	潴育水稻土	青湖泥田	高位强潜青湖泥田	A	60–150	深灰色	中壤土	团块状	5.5	32.0	1.40	0.39	12.0	131	≤1.0	47		湖相沉积物	E 117°43′00.7″ N 31°17′55.9″	81
						Pg	0–14	深灰色	重壤土	糊状	6.9	27.5	1.16	0.34	16.0		≤1.0	44				
						G	14–27	淡灰色	重壤土	糊状	6.5	26.8	0.97	0.33	13.0		≤1.0	123				
						Cg	27–65	棕灰色	轻壤土	块状	6.5	30.7			7.8		5.0	37				
剖10	人为土	水稻土	潴育水稻土	青丝泥田	嫩底强潜青丝泥田	A	65–100		重壤土	屑粒状	8.0	31.0	1.55	0.35	24.3	88	3.0	88	12.1	江河冲积物	E 117°41′18.4″ N 31°16′43.9″	95
						Pg	0–16		重壤土	无结构	8.0	25.7	1.20	0.46	24.7	92	10.0	141				
						Cg	16–57		重壤土	无结构	6.5	30.7	1.37	0.29	20.8	108	3.0	123				
剖11	人为土	水稻土	潴育水稻土	青湖泥田	中位强潜青湖泥田	A	77–100	青灰色	重壤土		5.6	30.4	1.26	0.27	5.1	81	≤1.0	81	14.9	湖相沉积物	E 117°42′19.6″ N 31°16′34.3″	95
						Pg	0–16		重壤土		5.9	30.1	1.12	0.25	6.8	135	≤1.0	135				
						Gw	16–22		中壤土													
						G	30–40		中壤土		5.9	28.5	1.00	0.68	5.4	55	≤1.0	55				
							70–80															

续表 Continued

剖面号 Soil profile	土纲 Soil order	土类 Soil great group	亚类 Soil subgroup	土属 Soil genus	土种 Soil species	土层码 Layer code	土层厚度 Depth/cm	颜色 Soil color	质地 Soil texture	土壤结构 Soil structure	pH	有机质 OM/(g/kg)	全氮 TN/(g/kg)	全磷 TP/(g/kg)	全钾 TK/(g/kg)	碱解氮 AN/(mg/kg)	有效磷 AP/(mg/kg)	速效钾 AK/(mg/kg)	阳离子交换量CEC/(cmol/kg)	土壤母质 Parent material	剖面点坐标 Profile coordinate	匹配指数 Matching index/%
剖12	人为土	水稻土	潜育水稻土	青湖泥田	嫩底弱潜黑湖泥田	Ag	0—16	暗灰黄色	重壤土	碎块状	6.2	46.0	2.32	0.29	17.2		≤1.0	86		湖相沉积物	E 117°42′40.8″ N 31°16′30.3″	95
						Pg	16—24	淡灰黄色	重壤土	块状	6.7	47.1	2.45	0.23	16.4		2.0	84				
						G	24—71	暗灰色	中壤土	糊状	6.8	47.7	2.36	0.22	15.3		≤1.0	86				
						Cg	76—150	淡灰色	轻壤土	糊状	8.5	8.2	0.38	0.23	11.0		3.0					
剖13	人为土	水稻土	漂洗水稻土	白马肝田	溶白土田	Ae	0—15		中壤土		5.0	15.6	0.85	0.23	11.5		2.0	68	3.8	下蜀黄土	E 117°42′53.5″ N 31°16′04.8″	95
						Pe	15—28	重黄色	重壤土		5.1	4.4	0.37	0.24	11.5		≤1.0	93	8.2			
						We	28—52	暗黄色	重壤土		6.2	3.1	0.36	0.28	19.8		≤1.0	80	12.5			
						C	52—140	橘黄色	轻黏土		6.2	3.5	0.33	0.39	17.2		≤1.0	58	13.5			
剖14	人为土	水稻土	淹育水稻土	浅丝砂泥田	浅红砂泥田	A	0—14	灰棕色	砂壤土											红砂岩类残积物、坡积物	E 117°44′35.1″ N 31°17′29.0″	95
						Pw	14—24	灰棕色	中壤土	小块状	6.4	28.1	1.64	0.20	17.4		2.0	67				
						D	24—80	橘黄色	壤质黏土	块状	6.9	23.7	1.24	0.19	15.8		≤1.0	51				
剖15	人为土	水稻土	潜育水稻土	青潮泥田	强青湖泥田	Apg	16—28	暗青黄色	壤质黏土	糊状	7.2	6.4	0.36	0.35	14.4		≤1.0	35		湖相沉积物	E 117°44′41.4″ N 31°16′39.5″	95
						G	28—75	棕黄色	砂质黏壤土	屑粒状	5.6	26.3	1.20	0.30	14.6		2.0	149	15.4			
剖16	淋溶土	黄棕壤	普通黄棕壤	泥砂黄棕土	严薄黄砂土	A	0—28	黄棕色	砂质黏壤土	块状	6.0	18.1	0.90	0.30	17.2		3.0	113	19.5	石英岩残积物、坡积物	E 117°40′15.4″ N 31°17′28.3″	95
						Bv₁	28—60	黄棕色	壤质黏土	屑粒状	5.4	6.6	0.40	0.40	17.8		≤1.0	94	16.4			
						Bv₂	60—100			核块状	4.7											
剖17	淋溶土	黄褐土	黏盘黄褐土			1	0—23	红色	重黏土	核块状	5.3										E 117°34′20.4″ N 31°13′37.7″	95
						2	23—60	深红色		棱块状	5.9											
						3	60—160	红白黄相间	黏土													
						4	160—320															
剖18	淋溶土	黄棕壤	普通黄棕壤	砂砾黄棕壤	厚层砂砾黄棕壤	A	0—14	棕色	轻黏土	屑粒状	6.0	21.6	1.86	0.34	5.8		≤1.0	36	6.0	浅红砂粗粒砂岩类坡积物、残积物	E 117°36′39.4″ N 31°14′25.9″	99
						CBv	14—66	暗棕色	重壤土	团块状	7.1	4.0	0.22	0.33	11.3		≤1.0	48				
						C	66—90	黄白色	重壤土		7.5	5.0	0.19	0.33	7.8		≤1.0	55				
剖19	人为土	水稻土	潜育水稻土	青潮黏土	青丝黄泥田	Aa	0—17	灰色	黏土	碎块状	7.5	31.2	1.50	0.50	15.5		2.0	57	16.7	长江冲积物	E 117°36′41.7″ N 31°13′35.7″	95
						Apg	17—25	暗灰黄色	重壤土		7.0	23.7	1.10	0.40	21.7		2.0	46				
						G	25—85	蓝灰色	壤质黏土	糊状	7.7	20.7	0.80	0.40	16.8			41				
剖20	淋溶土	黄棕壤	普通黄棕壤	砂砾黄棕壤	中层砂砾黄棕壤	A	2—7	棕红色	重黏土		5.1	14.7	0.50	0.33	3.3		≤1.0	168	3.2	浅红砂粗粒砂岩类坡积物、残积物	E 117°36′58.7″ N 31°14′25.1″	97
						Bv	10—18				5.3	13.6	0.54		6.5			101				
						C	25—48				5.4	6.5	0.43		9.5			214				
剖21	初育土	石灰(岩)土	棕色石灰土	棕色石灰土	薄层棕色石灰土	A	0—15	棕色	轻黏土	团块状	6.7	39.3	1.86	0.34	5.8		2.0	98	24.6	石灰岩风化坡积物、残积物	E 117°34′08.4″ N 31°11′26.4″	92
						Bv	15—36	棕色	重壤土	核状	6.9	31.2	1.81	0.33	11.3		≤1.0	74	26.7			
						C	36—50	黄褐色	重壤土	棱状	6.0	14.9	0.73	0.41	13.7			85				
剖22	半水成土	潮土	灰潮土	泥骨土	石灰性泥骨土	A	0—12	黄棕色	重壤土	团块状	7.8	15.4	1.49	0.38	19.1		2.0	111		河湖相沉积物	E 117°33′52.9″ N 31°10′52.6″	97
						P	12—22	黄棕色	重壤土	棱块状	7.9	15.6	1.31	0.39	21.3		3.0	113				
						Bv	22—40	黄棕色	重壤土	棱块状	8.2	15.7	1.31	0.39	21.0		3.0	112				
						C	60—80	黄棕色	重壤土	棱块状	8.1	19.5	1.49	0.41	13.7		5.0	142				
剖23	人为土	水稻土	潜育水稻土	青马肝田	高位强潜青马肝田	Ag	0—16	黄暗色	轻黏土	团块状	6.0	27.4	1.84	0.26	15.7		≤1.0	86	17.9	下蜀黄土	E 117°35′04.0″ N 31°10′13.2″	95
						Pg	16—27	暗灰色	重壤土	无结构	7.0	27.4	1.69	0.19	14.9		≤1.0	67				
						G	27—60	青灰色	重壤土	无结构	6.7	24.5	1.14	0.16	15.1		≤1.0	62				
						Cg	60—100	灰白色	中壤土	块状	6.8	13.9	0.70	0.24	16.4		5.0	64				
剖24	人为土	水稻土	淹育水稻土	浅马肝田	浅马肝田	A	0—16	灰黄色	轻壤土	团块状	5.5	11.4	0.61	0.34			2.0	57		下蜀黄土	E 117°37′06.2″ N 31°11′49.4″	95
						P	16—22	黄棕色	轻壤土	块状	6.6	4.9	0.35	0.33			3.0	37				
						W	22—40	淡黄棕色	重壤土	块状	6.5	6.1	0.46	0.34			3.0	25				
						D	41—150	褐黄土		棱状												

续表 Continued

剖面号 Soil profile	土纲 Soil order	土类 Soil great group	亚类 Soil subgroup	土属 Soil genus	土种 Soil species	土层码 Layer code	土层厚度 Depth/cm	颜色 Soil color	质地 Soil texture	土壤结构 Soil structure	pH	有机质 OM/(g/kg)	全氮 TN/(g/kg)	全磷 TP/(g/kg)	全钾 TK/(g/kg)	碱解氮 AN/(mg/kg)	有效磷 AP/(mg/kg)	速效钾 AK/(mg/kg)	阳离子交换量CEC/(cmol/kg)	土壤母质 Parent material	剖面点坐标 Profile coordinate	匹配指数 Matching index/%
剖25	人为土	水稻土	潴育水稻土	河砂泥田	河砂泥田	A	0—15	褐黄色	重壤土	团块状	6.6									河流冲积物	E 117° 37′ 05.7″ N 31° 10′ 30.3″	95
						P	15—19	褐黄色	重壤土	块状	6.5											
						W	19—37	黄灰色	中壤土	棱块状	6.5											
						Bv	37—97	淡棕色	轻壤土	团块状	6.5											
						C	97—140	黄白色	砂壤土	层片状												
剖26	人为土	水稻土	漂洗水稻土	白马肝田	澄白土田	Ae	0—13		重壤土		4.9	19.6	0.89	0.32	6.9		3.0	35		下蜀黄土	E 117° 41′ 21.9″ N 31° 14′ 45.6″	95
						Pe	13—23		中壤土		6.0	13.7	0.73	0.34	5.1		2.0	55	7.3			
						BvW	23—56				6.5	2.9	0.24	0.33	3.1		2.0	54				
						C	56—150	灰黄色	中壤土	屑粒状	4.9											
剖27	初育土	紫色土	酸性紫色土	酸性紫砂土	酸性紫砂土	A	0—15	紫色	砂壤土	粒状	5.3	13.3	1.03	0.36	12.8		≤1.0	65	6.9	紫砂岩残积物、坡积物	E 117° 41′ 38.9″ N 31° 13′ 28.6″	75
						C	15—30	紫色	砂壤土	粒状	6.2	5.8	0.57	0.34	14.5		≤1.0	36				
						D	30—120		中壤土		5.3	4.4	0.32	0.36	18.5		≤1.0	11				
剖28	淋溶土	黄棕壤	普通黄棕壤	硅质黄棕壤	厚层硅质黄棕壤	A	0—17	褐黄色	重壤土	团粒状	7.0	12.8	0.84	0.41	8.3		2.0	159	13.0	石英砂岩风化物	E 117° 42′ 53.4″ N 31° 14′ 32.3″	95
						P	17—22	褐黄色	重壤土	块状	6.9	12.7	0.72	0.35	10.8		≤1.0	57				
						Bv	22—70	棕色	轻黏土	棱柱状	7.5	5.4	0.46	0.34	5.9		≤1.0	36				
						C	70—148	棕色	壤土	粒状	6.9											
剖29	人为土	水稻土	潴育水稻土	马肝田	灰马肝田	A	0—16	灰棕色	重壤土	团粒状	7.6	27.3	1.36	0.35	11.2		3.0	65	13.0	下蜀黄土	E 117° 43′ 33.3″ N 31° 13′ 46.4″	95
						P	16—33	灰黄色	轻黏土	块状	6.5	21.2	0.54	0.34	13.0		2.0	77				
						Wg	33—60	黄棕色	轻壤土	棱柱状	7.1	9.8		0.34	10.7		2.0	27				
						BvW	60—120	栗色	轻壤土	块状												
剖30	人为土	水稻土	潴育水稻土	河砂泥田	砂底河砂泥田	A	0—13	褐色	中壤土	屑粒状	7.5	4.9	0.32	0.33	5.6		≤1.0	165	2.5	河流冲积物	E 117° 41′ 43.1″ N 31° 11′ 46.4″	95
						P	13—26	黄棕色	砂壤土	层块状	7.4	2.5	0.18	0.32	4.4		≤1.0	55				
						C	26—83	黄棕色	砂壤土	层块状	7.6	1.6	0.14	0.34	1.7		≤1.0	65				
							83—150	红灰色	轻壤土	屑粒状												
剖31	淋溶土	黄褐土	黏盘黄褐土	黏盘黄褐土	高位黏盘黄褐土	A	0—26	黄棕色	重壤土	团块状	5.5	35.2	1.87	0.30	30.7		≤1.0	82	11.2	下蜀黄土	E 117° 42′ 09.8″ N 31° 11′ 25.6″	97
						By_2	26—73	黄褐色	重壤土	块状	6.1	37.7	1.87	0.22	12.7		≤1.0	65	14.0			
						Gw	73—100	黄棕色	中壤土	棱块状	5.9	16.7	1.03	0.17	11.8		≤1.0	79	32.4			
						C	100—112	灰黄色	轻壤土	块状	6.5	4.4	0.35	0.20	12.1		2.0	80	9.0			
						Cg		灰黄色	重壤土	块状	7.7	3.2	0.30	0.23	13.9		5.0	74	15.2			
剖32	人为土	水稻土	潴育水稻土	马肝田	血马肝田	Ae	0—17	灰棕色	黏土	团粒状	4.8									下蜀黄土	E 117° 42′ 18.3″ N 31° 11′ 00.7″	95
						Pe	17—27	灰棕色	黏土	块状	6.3											
						Ew	27—53	黄棕色	轻黏土	棱块状	7.5											
						Bv	53—65	棕色	中壤土	块状	6.0											
						C	65—100	棕色	中壤土	块状	6.0											
剖33	水稻土	水稻土	漂洗水稻土	香灰土田	香灰土田	A	0—14	灰棕色	中壤土	小块状	6.1	29.8	1.90	0.22	18.2		≤1.0	97	26.4	湖湘沉积物	E 117° 44′ 19.0″ N 31° 11′ 52.0″	95
						Ap	14—26	棕灰色	中壤土	块状	7.0	24.6	1.62	0.42	19.3		≤1.0	96	30.5			
						Gw	26—57	棕灰色	壤质黏土	棱块状	7.4	8.6	0.70	0.39	19.3		7.0		28.1			
剖35	人为土	水稻土	脱潜水稻土	脱青潮砂泥田	脱青潮砂泥田	G	57—103	淡棕黄色	壤质黏土	块状	7.5	9.6	0.72	0.21	18.5		≤1.0			河流冲积物	E 117° 39′ 52.4″ N 31° 10′ 16.3″	95

续表 Continued

剖面号 Soil profile	土纲 Soil order	土类 Soil great group	亚类 Soil subgroup	土属 Soil genus	土种 Soil species	土层码 Layer code	土层厚度 Depth/cm	颜色 Soil color	质地 Soil texture	土壤结构 Soil structure	pH	有机质 OM/(g/kg)	全氮 TN/(g/kg)	全磷 TP/(g/kg)	全钾 TK/(g/kg)	碱解氮 AN/(mg/kg)	有效磷 AP/(mg/kg)	速效钾 AK/(mg/kg)	阳离子交换量CEC/(cmol/kg)	土壤母质 Parent material	剖面点坐标 Profile coordinate	匹配指数 Matching index/%
剖36	初育土	紫色土	酸性紫色土	酸性紫砂土	酸性紫泥土	A	0—15	淡红色	轻黏土	块状	6.2									紫砂岩残积物、坡积物	E 117°41′07.5″ N 31°11′57.0″	75
剖37	人为土	水稻土	潴育水稻土	马肝田	黄马肝田	A	15—100	淡红色	轻黏土	团块状	5.2	22.5	0.93	0.34	14.5		2.0	52	8.9	下蜀黄土	E 117°35′29.5″ N 31°07′48.5″	95
						C	0—14	淡棕色	重壤土	块状	5.7	20.3	0.83	0.37	10.3		≤1.0	36				
						P	14—23	淡棕色	中壤土	梭块状	6.7	10.4	0.48	0.33	18.3		≤1.0	37				
						W	23—38	淡棕色	轻壤土	梭块状												
						Bv	38—62	黄棕色		梭块状												
						C	62—120	棕色														
剖38	淋溶土	黄棕壤	普通黄棕壤	红棕土	牛皂红棕土	A	0—23	棕红色	壤质黏土	中粒状、块状	4.7	5.4	0.64	0.22	13.8		4.0	66	17.6	第四纪红色黏土	E 117°33′21.1″ N 31°05′37.5″	81
						Bv	23—60	红棕色	黏重壤土	块状	5.3	3.7	0.62	0.22	14.4		2.0	106	19.1			
						C	60—120	深红色	重壤土	大梭块状	5.9	1.9	0.39	0.16	10.0		≤1.0	85	15.1			
剖39	淋溶土	黄褐土	黏盘黄褐土			1	0—15	黄棕色	重壤土	碎团块状	5.8										E 117°39′30.0″ N 31°06′16.5″	95
						2	15—40	黄棕色	重壤土	块状	5.8											
						3	40—100	黄棕色	重壤土	梭柱状	6.0											
剖40	人为土	水稻土	潴育水稻土	马肝田		A	0—16	紫色	重壤土		5.1	17.0	0.73	0.33	7.2		4.0	136	7.7	下蜀黄土	E 117°34′58.6″ N 31°04′47.0″	81
						P	16—25	黄棕色	黏土	块状	5.6	16.9	0.70	0.32	5.3		3.0	64				
						W	25—50	黄棕色	黏土		5.7	8.5	0.43	0.33	9.1		2.0	42				
						BvW	50—70	黄棕色	黏土	团块状												
						C	70—130	淡棕黄色	黏土													
剖41	人为土	水稻土	潴育水稻土	紫砂泥田	紫砂泥田	A	0—16		中壤土	屑粒状	5.6	19.4	1.10	0.27	10.5		6.0	49	12.1	紫砂岩坡积物	E 117°38′11.4″ N 31°04′27.4″	95
						P	16—26	黄白色	中壤土	团粒状	6.3	12.3	0.75	0.35	12.3		5.0	51	8.9			
						BvFe₁	26—37	灰黄色	中壤土	屑块状	7.2	6.8	0.50	0.38	14.6			47				
						D	37—80															
剖42	人为土	水稻土	潴育水稻土	黄白土	铁子黄土田	Ae	0—14	黄白色	中壤土		7.3	5.2	0.47	0.34	15.9		3.0	73		下蜀黄土	E 117°38′56.0″ N 31°03′30.4″	95
						P	14—21	灰黄色	重壤土	梭块状	8.5	9.1	0.67	0.56	40.1		2.0	42	6.3			
						WBvFe₁	21—40	黄褐色	重壤土	梭块状	8.5	5.7	0.32	0.52	27.4		2.0	32				
						Bv	40—100	黄色	重壤土	梭块状	8.8	3.4	0.24	0.62	28.4		≤1.0	11				
剖43	人为土	水稻土	潴育水稻土	石灰性砂泥田	表潜灰砂田	Ag	1—10		轻壤土		6.3	25.4	1.15	0.29	10.9		2.0	62	8.2	长江冲积物	E 117°42′40.0″ N 31°01′39.5″	95
						Pg	15—22		中壤土		7.7	24.9	1.10	0.28	10.4		2.0	65				
						C	50—73		轻壤土		8.0		0.51	0.39	17.2		≤1.0	114				
剖44	人为土	水稻土	潴育水稻土	钙积马肝田	钙积马肝田	A	0—17	灰黄色	重壤土	梭块状	5.6	31.5	1.38	0.32	19.3		≤1.0	275		粉质质	E 117°48′59.9″ N 31°26′28.9″	81
剖45	淋溶土	黄棕壤	普通黄棕壤	扁石黄棕壤	厚层扁石黄棕壤	Bv	17—54	灰黄色	重壤土	梭块状	5.2	15.7	1.24	0.30	22.9		≤1.0	23	8.0	岩类残积物、坡积物	E 117°50′27.1″ N 31°26′43.3″	97
							64—95	淡红黄色	重壤土	梭块状	5.7	3.0	0.79	0.35	31.3		≤1.0	74	6.3			
剖46	人为土	水稻土	潴育水稻土	河砂泥田	河砂泥田	A	0—13		重壤土		6.3	22.6	1.13	0.32	5.1		3.0	32	9.6	河流冲积物	E 117°47′41.3″ N 31°26′28.2″	95
						P	13—18		中壤土		6.6	21.5	1.02	0.37	6.4		2.0	30				
						W	18—58		轻壤土		6.7	5.0	0.35	0.34	10.4		3.0	11				
剖47	淋溶土	黄棕壤	黄棕壤性硅质土	黄棕壤性硅质土	薄层硅质土	A	0—20	栗色	中壤土	屑粒状	6.5	12.5	0.64	0.32	2.6		3.0	93	16.2	石英岩残积物、坡积物	E 117°53′38.3″ N 31°28′13.3″	81
						D	20—50	淡灰色	紧砂土		7.2	3.1	0.21	0.32	10.0		≤1.0	30				
剖48	人为土	水稻土	潴育水稻土	湖泥田	表潜湖泥田	A	3—9		轻黏土		5.4	25.1	1.05	0.34	11.3		≤1.0	134	17.1	湖相沉积物	E 117°45′53.0″ N 31°23′17.3″	95
						Pg	14—18		轻黏土		5.2	24.9	1.05	0.34	12.9		≤1.0	13				
						W	25—61		重壤土		5.6	9.0	0.40	0.32	9.4		≤1.0	64				
剖49	人为土	水稻土	潴育水稻土	石灰性泥田	砂心灰泥田	A	2—10		中壤土		8.1	25.0	1.51	0.47	28.4	89	4.0	40	12.5	长江冲积物	E 117°50′16.3″ N 31°22′00.6″	95
						W	36—46		轻壤土		7.8	27.8	1.31	0.37	21.7	85	2.0	46	13.0			
						C	84—96		轻黏土		7.9	65.6	0.55	0.94	28.4	22	3.0	20	12.3			

续表 Continued

剖面号 Soil profile	土纲 Soil order	土类 Soil great group	亚类 Soil subgroup	土属 Soil genus	土种 Soil species	土层码 Layer code	土层厚度 Depth/cm	颜色 Soil color	质地 Soil texture	土壤结构 Soil structure	pH	有机质 OM/(g/kg)	全氮 TN/(g/kg)	全磷 TP/(g/kg)	全钾 TK/(g/kg)	碱解氮 AN/(mg/kg)	有效磷 AP/(mg/kg)	速效钾 AK/(mg/kg)	阳离子交换量CEC/(cmol/kg)	土壤母质 Parent material	剖面点坐标 Profile coordinate	匹配指数 Matching index/%
剖50	半水成土	潮土	灰潮土	泥骨土	泥骨土	A	0—16	暗灰色	轻壤土	屑粒状	7.7									河湖相沉积物	E 117°54′09.0″ N 31°24′58.5″	97
						Bv	16—63	暗灰色	轻黏土	棱块状	6.9											
						C	63—150	淡灰色	轻黏土	块状	6.5											
剖51	人为土	水稻土	漂洗水稻土	白马肝田	二白土田	Ae	0—15	淡棕灰色	重壤土	屑粒状	5.3	16.6	1.05	0.22	13.6		5.0	35		下蜀黄土	E 117°56′22.3″ N 31°20′31.2″	95
						Pe	15—24	棕灰色	重壤土	块状	7.3	7.4	0.58	0.24	12.8		8.0	30				
						Ew	24—42	黄白色	中壤土		7.0	3.2	0.33	0.14	12.8		3.0	32				
						C	42—120	暗棕色	重壤土	棱块状	7.5	5.9	0.44	0.18	20.0		≤1.0	69				
剖52	淋溶土	黄棕壤	黄棕壤性	黄棕壤性砂砾土	薄层砂砾土	A	0—12	黄棕色	中壤土	屑粒状	5.0									红砂岩类残积物	E 117°45′23.6″ N 31°19′41.1″	95
						D	12—120	黄棕色			5.0											
剖53	人为土	水稻土	潴育水稻土	马肝田	黄马肝田	A	0—14		中壤土		5.5	15.3	0.89	0.23	10.4		3.0	55	8.4	下蜀黄土	E 117°52′18.6″ N 31°18′55.4″	95
						P	16—21		中壤土			10.0	0.58	0.20	9.6		2.0	60	7.4			
						W	32—38		中壤土			4.6	0.30	0.25	12.2		≤1.0	58	7.2			
						Bv	70—78		轻壤土			1.4	0.41	0.19	19.8		≤1.0	71	15.3			
剖54	人为土	水稻土	潜育水稻土	青湖泥田	砂底青湖泥田	A	0—15		重黏土		6.4	28.1	1.64	0.20	17.4		≤1.0	67	11.6	湖相沉积物	E 117°54′06.4″ N 31°19′27.5″	95
						Pg	15—34		重黏土		6.9	23.7	1.24	0.19	15.8		≤1.0	54				
						G	44—54		中壤土		7.2	6.4	0.36	0.35	14.4		≤1.0	35				
						C	73—86		中壤土		8.9	4.7	0.26	0.60	15.3		≤1.0	70				
剖55	人为土	水稻土	潜育水稻土	青湖泥田	钙结黑湖泥田	Ag	0—14				8.0	68.4	2.32	0.11	9.4		2.0	26	28.6	湖相沉积物	E 117°56′10.4″ N 31°18′39.4″	95
						Pg	14—22				8.1	69.0	2.34	0.12	18.1		2.0	26				
						G	22—48				8.0	76.3	2.42	0.12	1.9		≤1.0	33				
剖56	人为土	水稻土	淹育水稻土	浅红砂泥田	浅红砂泥田	A	0—14		中壤土		5.4	14.1	0.76	0.42	12.9		≤1.0	50	5.7	红砂岩类残积物、坡积物	E 117°56′20.0″ N 31°16′37.6″	95
						P	14—24		中壤土		6.7	11.3	0.70	0.39	11.7		≤1.0	46				
						W	30—43				7.7	10.9	0.75	0.43	16.0		≤1.0	62				
剖57	人为土	水稻土	潜育水稻土	青丝泥田	高012潜青丝泥田	A	0—15	褐色	轻壤土	团块状	8.3	30.6	1.72	0.57	13.1		4.0	58		江河冲积物	E 117°59′21.5″ N 31°16′23.5″	95
						Ag	16—23		砂壤土	团块状	8.4	29.6	1.11	0.59	23.9		4.0	52				
						Pg	33—45		重壤土	糊状	8.4	21.5	1.15	0.52	28.3		4.0	69				
剖58	人为土	水稻土	潜育水稻土	石灰性砂泥田	表稽灰泥田	A	0—13		重壤土	棱柱状	8.2	25.9	1.51	0.51	16.2		4.0	136	12.5	长江冲积物	E 117°59′40.7″ N 31°17′18.2″	95
						Pg	13—23		轻壤土	碎状	8.2	23.5	1.45	0.47	16.3		10.0	157				
						Wb	30—40		砂壤土	块状	7.0	27.3	1.33	0.34	16.0		≤1.0	129				
						C	70—80		重壤土	棱柱状	7.2	9.1	0.55	0.27	16.6		≤1.0	111				
剖59	人为土	水稻土	潜育水稻土	青砂泥田	高位强潜青砂泥田	A	0—14		重黏土	细粉状	5.7	35.5	1.39	0.31	19.0		2.0	62	10.7	河流冲积物	E 117°54′33.6″ N 31°15′20.5″	95
						Pg	14—20		重黏土	块状	6.4	39.4	1.41	0.34	7.4		≤1.0	66	8.2			
						G	20—53		重壤土	棱柱状	6.1	18.4	1.00	0.32	10.2		3.0	64	15.9			
						Cg	53—77		轻壤土		7.8	24.6	1.15	0.42	18.6		≤1.0	44	23.9			
剖60	人为土	水稻土	潴育水稻土	石灰性砂泥田	石灰性砂泥田	Ap	0—15	暗灰色	黏壤土	块状	8.0	26.1	1.10	0.36	15.3		6.0	75	11.8	长江冲积物	E 117°55′21.5″ N 31°15′52.2″	81
						W	20—33	暗黄棕色	壤质黏土	棱状	8.0	20.8	1.09	0.32	13.4		6.0	44	11.0			
						C	33—71	黄棕色	黏质黏土	棱柱状	8.1	14.1	0.82	0.33	12.1		≤1.0	61	10.5			
剖61	淋溶土	黄褐土	黏盘黄褐土	黄白土	黄白土	A	0—15	灰白色	中壤土	块状	6.1	14.5	1.04	0.38	10.8		10.0	104	19.4	下蜀黄土	E 117°45′48.6″ N 31°13′04.0″	97
						P	15—16	黄白色	中壤土	棱柱状	7.0	9.0	0.65	0.36	13.1		11.0	40	15.3			
						Bv	16—80	褐黄色	重壤土	块状	7.2	5.7	0.54	0.29	10.3		3.0	28	16.4			
						C	80—100	黄棕色	重壤土		7.1	5.7	0.58	0.57	10.7		6.0	17	9.0			
剖62	人为土	水稻土	潜育水稻土	石灰性砂泥田	铁子灰砂泥田	A	2—13	中壤土	中壤土	细粒状	6.5	24.4	1.42	0.63	10.3		5.0	44	15.3	长江冲积物	E 117°46′14.0″ N 31°12′04.4″	95
						P	18—27		中壤土		7.7	15.8	0.80	0.56	10.0		5.0	28	16.4			
						WBvfe1	34—49		中壤土		8.2	6.2	0.48	0.60	10.6		2.0	17	9.0			
						C	60—92		砂壤土		8.4	2.5	0.11	0.64	10.6		≤1.0		5.8			

续表 Continued

剖面号 Soil profile	土纲 Soil order	土类 Soil great group	亚类 Soil subgroup	土属 Soil genus	土种 Soil species	土层码 Layer code	土层厚度 Depth/cm	颜色 Soil color	质地 Soil texture	土壤结构 Soil structure	pH	有机质 OM/(g/kg)	全氮 TN/(g/kg)	全磷 TP/(g/kg)	全钾 TK/(g/kg)	碱解氮 AN/(mg/kg)	有效磷 AP/(mg/kg)	速效钾 AK/(mg/kg)	阳离子交换量 CEC/(cmol/kg)	土壤母质 Parent material	剖面点坐标 Profile coordinate	匹配指数 Matching index/%
剖63	人为土	水稻土	潴育水稻土	青丝泥田	青丝泥田	Ag	0—17	棕灰色	黏土	碎块状	7.5	31.2	1.52	0.20	12.9		2.0	57	16.7	长江冲积物	E 117°55′21.4″ N 31°14′07.2″	95
剖64	半水成土	潮土	灰潮土	灰砂泥土	断根砂	Apg	17—25	暗灰黄色	壤质黏土	糊状	7.0	23.7	1.12	0.17	18.1		2.0	46		长江冲积物	E 117°57′58.3″ N 31°12′02.3″	97
						G	25—85	青灰色	壤质黏土		7.7	20.7	0.78	0.16	14.0		2.0	41				
						C	85—100	灰色	壤质黏土	大块状												
剖65	人为土	水稻土	潴育水稻土	青马肝田	中位强潜青马肝田	A	0—12		中壤土		7.9	13.5	0.82	0.59	13.7		3.0	26	8.9	下蜀黄土	E 117°58′09.8″ N 31°10′45.3″	95
						P	15—27		重壤土		7.9	8.0	0.72	0.62	15.3		2.0	81	9.3			
						Bv	27—52		砂壤土		8.0	3.7	0.39	0.68	5.5		≤1.0	21	12.1			
						C	70—110		紧砂土		7.9	2.0	0.23	0.55	3.7		3.0	47	1.4			
剖66	半水成土	潮土	灰潮土	灰砂泥土	油砂土	Ag	2—15	轻灰色	重黏土		6.2	23.8	1.32	0.19	19.9		≤1.0	58	12.8	长江冲积物	E 117°59′16.0″ N 31°11′02.6″	97
						Pg	18—24		中壤土		6.7	23.7	1.32	0.22	18.7			73				
						Gw	34—42		轻黏土	团块状	5.7	10.2	0.58	0.25	20.4		2.0	60				
						G	56—80		砂壤土	块状	6.5	25.4	1.32	0.15	18.2			43				
						C	90—110		重壤土	无结构	6.8	6.3	0.31	0.12	17.6		2.0	31				
剖67	人为土	水稻土	潴育水稻土	石灰性砂泥田	灰砂泥田	A	0—19	褐色	中壤土	团块状	8.4	13.0	0.86	0.27	4.8		3.0	21		长江冲积物	E 117°59′35.7″ N 31°11′01.7″	95
						P	19—27	褐色	轻壤土	块状	8.4	6.9	0.43	0.26	11.0		2.0	19				
						Bv	27—74	灰黄色	砂壤土	块状	8.6	3.3	0.20	0.25	5.3		2.0	14				
						C	74—143	灰色	砂土	无结构	8.0											
剖68	半水成土	潮土	灰潮土	砂心灰砂泥土	砂心灰砂泥土	A	0—17	黄棕色	重壤土	团块状	7.8	11.5	0.83	0.53	13.2	64	8.0	93	8.5	长江冲积物	E 118°12′45.8″ N 31°20′12.5″	95
						P	17—25	棕灰色	中壤土	小团块状	8.0	7.0	0.64	0.48	5.8	52	7.0	26				
						Bv	25—111	淡棕黄色	轻壤土	隐层状	8.0	6.6	0.35	0.41	5.6	53	3.0	17				
						C	111—150	灰白色	砂土	隐层状	7.5											
剖69	半水成土	潮土	灰潮土	灰砂泥土	断根砂	A	0—17	褐色	轻壤土	团粒状	7.7	11.5	0.82	0.32	16.4		3.0	26	9.5	长江冲积物	E 118°05′35.7″ N 31°17′01.7″	95
						P	17—36	褐色	中壤土	核块状	7.7	7.0	0.65	0.31	11.1		≤1.0	31	9.6			
						Bv	36—80	灰黄色	轻壤土	块状	7.8	6.6	0.55	0.29	13.6		≤1.0	37	12.0			
						C	80—120	栗色	轻黏土	棱柱状	7.7	9.0	0.71	0.29	17.1		≤1.0	42	13.8			
剖70	半水成土	潮土	灰潮土	灰砂泥土	灰砂泥土	A	0—10	褐色	中壤土	大团粒状	8.5	12.0	0.59	0.29	3.3	51	4.0	75	5.6	长江冲积物	E 118°04′20.7″ N 31°15′40.2″	98
						P	10—25	褐色	紧砂土	块状	8.5	9.5	0.47	0.27	5.8		2.0	31				
						C	25—150	灰色	重壤土	无结构	8.8	2.4	0.13	0.29	2.3		≤1.0	12				
剖71	半水成土	潮土	灰潮土	灰砂泥土	砂底灰砂泥土	A	0—17	灰棕色	轻壤土	碎团块状	8.0	11.7	0.65	0.52	7.6		9.0	37	5.3	长江冲积物	E 118°04′03.5″ N 31°18′12.5″	98
						P	17—30	棕灰色	轻壤土	团块状	8.1	3.8	0.44	0.45	6.7		3.0	22				
						Bv	30—100	灰棕色	轻壤土	糊状	8.1	3.4	0.23	0.36	7.6		3.0	18				
						C	100—150	淡黄色	轻壤土	隐层状	8.0											
剖72	人为土	水稻土	潜育水稻土	青潮泥田	嫩底强潜黑潮泥田	A	0—17	棕灰色	重黏土		8.4	16.2	0.79	0.25	6.3	135	4.0	62	8.7	长江冲积物	E 118°10′13.0″ N 31°19′49.1″	95
						Pg	12—21		轻壤土		8.3	21.3	1.12	0.24	15.8	85	6.0	38				
						G	21—46		砂黏土		8.9	15.2	0.89	0.23	15.8	52	2.0	15				
						Cg	46—150	棕灰色	中壤土	碎块状	5.1	10.5	0.44	0.36	21.3		5.0	54	20.3	湖相沉积物	E 118°03′01.3″ N 31°14′13.0″	75
剖73	人为土	水稻土	潴育水稻土	青丝泥田	中位强潜青丝泥田	A	2—13	黑色	轻黏土	糊状	5.7	50.1	1.12	0.40	12.0		3.0	62			E 118°15′17.6″ N 31°20′29.9″	
						Pg	20—28	黄白色	轻黏土	棱状	5.7	47.0	1.66	0.34	22.0		≤1.0	62				
剖74	人为土	水稻土	潴育水稻土	青丝泥田		A	2—13		中壤土		6.5	31.2	1.52	0.20	17.9		2.0	57	16.7	江河冲积物	E 118°17′08.6″ N 31°20′52.3″	95
						Pg	20—28		轻黏土		7.0	23.7	1.12	0.17	18.1		2.0	46				
						G	42—53		重壤土		7.7	20.7	0.78	0.16	14.0		2.0	41				

续表 Continued

剖面号 Soil profile	土纲 Soil order	土类 Soil great group	亚类 Soil subgroup	土属 Soil genus	土种 Soil species	土层码 Layer code	土层厚度 Depth/cm	颜色 Soil color	质地 Soil texture	土壤结构 Soil structure	pH	有机质 OM/(g/kg)	全氮 TN/(g/kg)	全磷 TP/(g/kg)	全钾 TK/(g/kg)	碱解氮 AN/(mg/kg)	有效磷 AP/(mg/kg)	速效钾 AK/(mg/kg)	阳离子交换量CEC/(cmol/kg)	土壤母质 Parent material	剖面点坐标 Profile coordinate	匹配指数 Matching index/%
剖75	半水成土	潮土	灰潮土	灰砂泥土	砂底灰砂泥土	A	0—15		重壤土		8.7	15.7	0.70	0.31	7.2		3.0	81	15.1	长江冲积物	E 118°16′56.9″ N 31°20′22.1″	75
						P	15—25		重壤土		8.4	12.2	0.64	0.22	5.7		2.0	29				
						Bv	25—52		砂壤土		8.6	4.3	0.19	0.22	7.0		2.0	14				
剖76	人为土	水稻土	漂洗水稻土	香灰土田	白土田	Ae	0—14	黄白色	中壤土	碎块状	5.9										E 118°17′58.6″ N 31°21′59.5″	75
						Pe	14—19	黄白色	中壤土	片状、块状	6.5											
						E	19—70	灰白色	中壤土	块状	6.5											
						C	70—150	灰黄色	轻黏土	块状	5.0											
剖77	半水成土	潮土	灰潮土	灰砂土	灰砂土	A	0—17	灰棕色	砂壤土	单粒状	8.6	3.5	0.18	0.19	8.1		3.0	26	2.9	长江冲积物	E 118°19′31.8″ N 31°18′30.4″	92
						Pe	17—26	灰棕色	砂壤土		8.7	4.0	0.21	0.24	7.0		≤1.0	13				
						CBv	26—60	灰白色	砂土	假层片状	8.3	6.6	0.30	0.35	5.5		≤1.0	12				
						C	60—150	灰白色	砂土	隐层状	8.3											

蚌 埠 市

市 辖 区

主要土类说明

潮土是蚌埠市主要土壤类型，占本市地域面积的28%。该土类在本县仅有黄潮土一个亚类。黄潮土是近代黄淮沉积物受地下水的影响经旱耕熟化发育形成的。其形成特点：受沉积物性质和分选作用的影响很大，黄河、淮河水流中含有大量泥沙，多系黄土性物质，富含碳酸钙，因此黄潮土剖面都有强烈的石灰反应；河流在泛滥过程中，沉积物的分布受沉降规律的支配。受地下水影响，砂土区地势高，地下水位较低，砂土颗粒大，毛管孔隙弱，土壤中氧化作用占优势，铁、锰的迁移量很小；淤土区地势最低，地下水位较高，淤土含大量的黏粒物质，毛管孔隙发达，土壤中还原作用占优势，铁、锰的移动性较强，淤土剖面中常发现有锈色斑纹或极少量的铁锰结核；两合土介于两者之间，氧化还原作用交替进行，土壤剖面下部也常有较多的锈斑或少量铁锰结核。地下水对砂土的影响较小，对两合土及淤土的影响较大。土体构型对地下水参与土壤形成过程也有很大影响。黄潮土土体的非均质性很普遍，本区淤身、淤心、砂底的砂土及两合土的夹淤层都很厚，对水分运行有很大影响。旱耕熟化作用的影响，调换作物茬口、灌溉、排涝、耕作、施肥等都是潮土主要的熟化方式。

黄褐土是蚌埠市第二大土壤类型，占本市地域面积的26%。本市地处北亚热带，黄褐土由较细粒的黄土状母质发育而成，多组成丘岗。土体中游离碳酸钙已不复存在，呈灰黄棕色，在底部可散见圆形石灰结核。黏化淀积明显，B层黏聚，有时呈黏盘，多为棱块状至棱柱状结构。本区黄褐土黏盘厚度有些地方达到底土层，黏粒含量为30%—50%，透水性、透气性很差，还原性较强。虽然地下水位较高，但对表土的补给能力差，土壤表层有较严重的滞水现象，对作物有渍害作用，增强了土壤的还原性。黏粒硅铝率在3.0左右，表层pH为6.0—6.8，底层pH为7.5，盐基饱和度由表层向底层逐渐趋向饱和。

水稻土是蚌埠市第三大土壤类型，占本市地域面积的16%。稻田灌水后，耕作层及犁底层的上部水分饱和，呈现还原状态。犁底层紧实板结，有滞水作用，水分渗透缓慢，心土层水分不饱和，土壤处于氧化状态。这种氧化还原状况的剖面分异，给还原淋溶和氧化淀积创造了条件。本区水稻土表土层颜色较浅，心土层颜色较深，呈紫棕色，并有较多的铁锰结核聚集，说明表土层铁锰在淹水期间被还原，淋溶到心土层氧化沉淀，形成大量的锈色斑纹及铁锰结核。

黄棕壤占蚌埠市地域面积的7%，主要分布在淮河以南倾斜平原区。黄棕壤是过渡性土壤，本区又处在江淮丘陵北部边缘，过渡性更加明显。由于原生矿物形成次生矿物的速度很快，黏粒的移动和积聚量很大，尤以心土层最甚。本区黄棕壤的淋溶作用比较弱，土壤矿物分解后，释放出铁、锰，在排水良好的地区，因短暂还原作用形成的铁锰就地氧化包被于土粒表面，形成锈纹、锈斑，此现象多发生在表土层。心土层质地黏重，排水不良，还原作用强，铁锰大量向下淋溶，在下层聚集成铁锰结核，甚至形成结核层。黄棕壤中石灰质已彻底淋溶，无石灰反应，一般无石灰结核，在很深的土层偶尔见到石灰结核，甚至很大的砂姜。漂洗作用是丘陵地区影响土壤发育最常见的现象之一。因地形倾斜，地表水可将表土层的胶体物质带走，改变土壤颗粒组成的状况，土壤质地逐渐由黏变砂。地形坡度越大，漂洗作用越强烈。漂洗作用不利于土壤的形成发育，大量的黏粒物质和土壤养分被带走，降低了土壤的保肥能力和肥力水平。

砂姜黑土占蚌埠市地域面积的6%。砂姜黑土是由沼泽草甸土逐步脱潜发育形成的。其成土母质为黄土性古河流沉积物。砂姜黑土分布地势低洼，地下水积极参与土壤的形成过程。砂姜黑土有腐泥状黑土层和潜育砂姜层两个基本层段。湖地排水条件差，土壤内部易形成较强的还原条件，有利于有机质的积累和还原性物质的产生，形成腐泥状黑土层。经长期旱耕熟化，黑土层逐渐分化成颜色较浅的耕作层和犁底层，原黑土层被埋藏在表土层之下。砂姜黑土的黏化作用很明显，土壤中有很厚的黏盘层，多数始于心土层。黏粒来源复杂，一是河流沉积物，二是原生矿物分解形成的次生矿物，三是从周围土壤汇集。砂姜黑土下层黏粒含量高于上层，黏盘层的黏粒含量为30%—40%。砂姜黑土母质含有大量石灰，随着脱沼和地下水位下降，石灰淋溶过程逐步增强，但在土体下部受阻，逐渐聚集成石灰结核，小结核聚成大砂姜，并在土壤中积累起来。本区砂姜黑土砂姜的厚度由几毫米到数厘米不等，形状各异，多为球状，埋藏深度一般在70cm以下。

小于本市地域面积3%的土壤类型还有粗骨土等。

本区域中心区气候特征

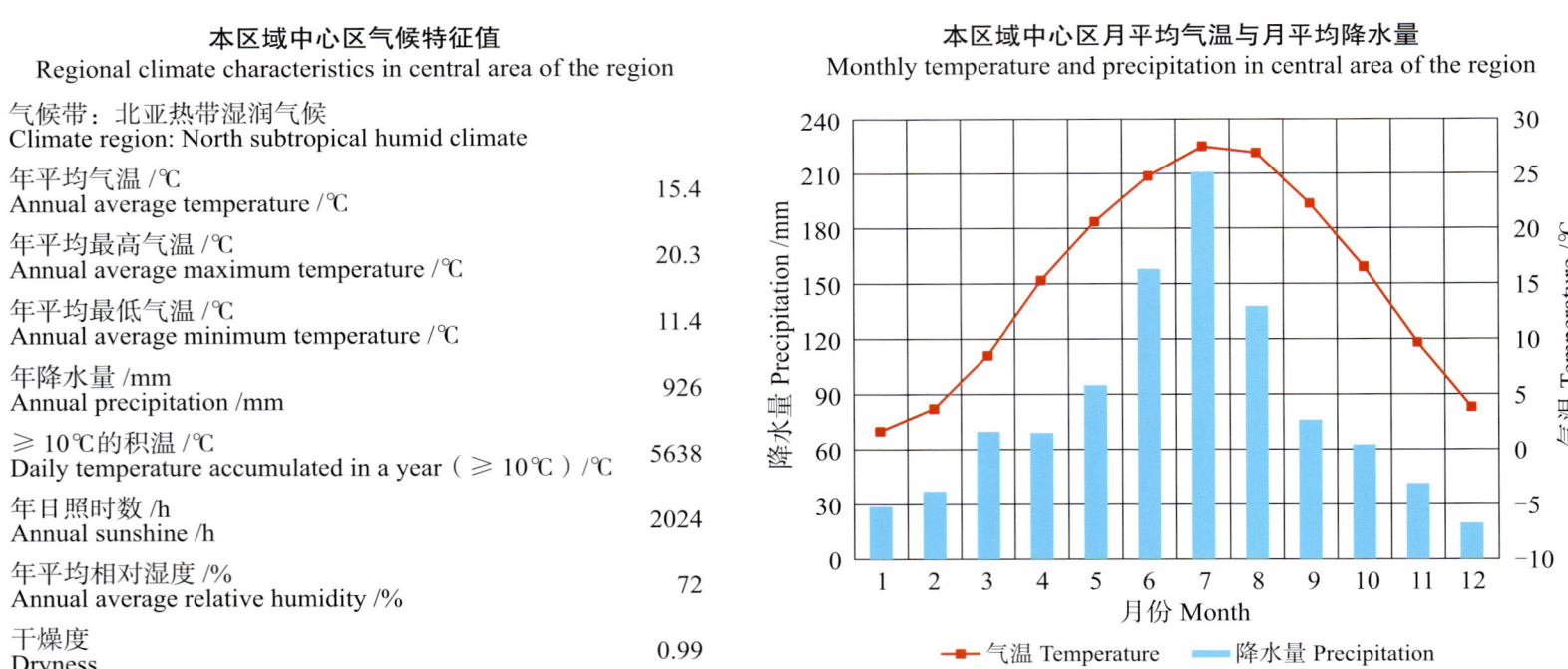

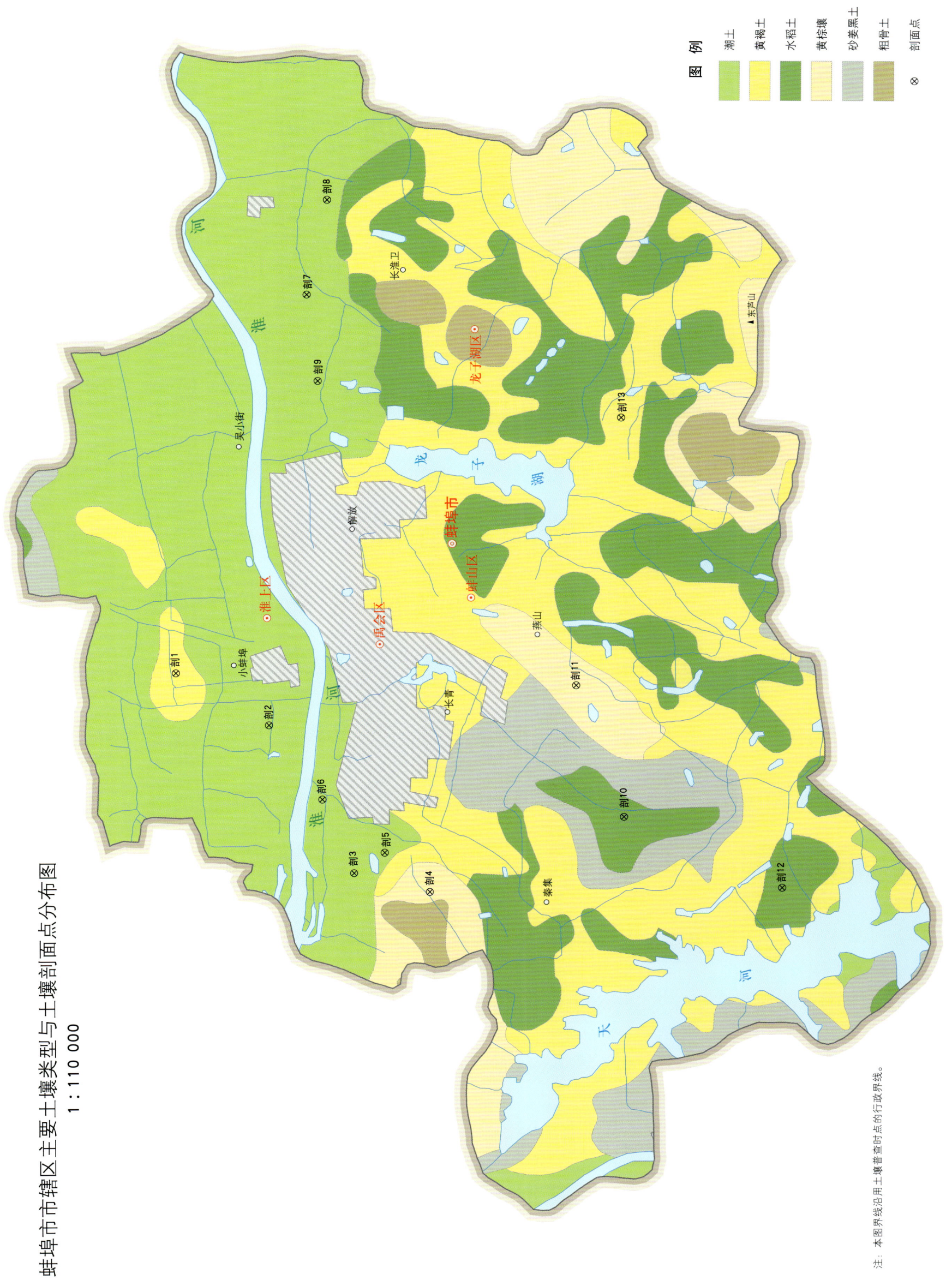

蚌埠市土壤剖面理化性状表

剖面号 Soil profile	土纲 Soil order	土类 Soil great group	亚类 Soil subgroup	土属 Soil genus	土种 Soil species	土层码 Layer code	土层厚度 Depth/cm	颜色 Soil color	质地 Soil texture	土壤结构 Soil structure	pH	有机质 OM/(g/kg)	全氮 TN/(g/kg)	全磷 TP/(g/kg)	全钾 TK/(g/kg)	有效磷 AP/(mg/kg)	速效钾 AK/(mg/kg)	阳离子交换量CEC/(cmol/kg)	土壤母质 Parent material	剖面点坐标 Profile coordinate	匹配指数 Matching index/%
剖1	淋溶土	黄褐土	黏盘黄褐土	黏黄泥土	潮肝土	A_{11}	0—20	棕灰色	壤质黏土	碎块状	7.4	10.4	0.60	0.40	19.4	≤1.0	134	24.6	黄土	E 117°20′29.8″ N 32°59′01.0″	95
						A_{12}	20—33	浊黄棕色	黏壤土	块状	7.5	8.4	0.50	0.30	18.2	≤1.0		26.9			
						Bvu	33—135	黄棕色	黏土	块状	7.6	4.9	0.40	0.30	16.1	≤1.0		31.1			
剖2	半水成土	潮土	黄潮土	两合土	淤身两合土	1	0—14	黄棕色	中壤土	团粒状	8.0								河流冲积物	E 117°19′33.6″ N 32°57′10.4″	95
						2	14—23	灰黄棕色	轻黏土	棱块状	8.0										
						3	23—41	紫色	重黏土	棱块状	8.6										
						4	41—130	暗棕色	中黏土	块块状	7.9										
剖3	半水成土	潮土	黄潮土	淤土	黄底淤土	1	0—14	棕色	中黏土	棱块状	7.9								河流冲积物	E 117°16′55.4″ N 32°56′26.8″	75
						2	14—36	黑棕色	中黏土	棱块状	7.9										
						3	36—62	暗棕色	轻黏土	棱块状	7.1										
						4	62—150	黄白色	轻黏土	棱粒状	7.4										
剖4	淋溶土	黄棕壤	黄棕壤性土	黄白土	黄白土	1	0—15	灰黄色	中壤土	团粒状	7.2								下蜀黄土	E 117°16′35.2″ N 32°55′21.5″	95
						2	15—21	淡棕色	中黏土	块状	7.1										
						3	21—36	黄棕色	中黏土	棱块状	7.2										
						4	36—65	黄棕色	轻黏土	棱块状	6.9										
						5	65—150	灰黄色	砂壤土	团粒状	7.3										
剖5	半水成土	潮土	黄潮土	山淤土	山淤土	1	0—13	灰黄色	轻壤土	无结构									河流冲积物	E 117°17′17.0″ N 32°56′00.2″	75
						2	13—25	黄棕色	砂壤土	无结构	8.0										
						3	25—62	黄色	砂壤土	棱柱状	8.2										
						4	62—108	紫棕色	轻壤土	块状	8.6										
						5	108—148	褐色	轻黏土	棱块状	8.3										
剖6	半水成土	潮土	黄潮土	淤土	砂底淤土	1	0—13	淡棕色	中黏土	团块状	8.2								河流冲积物	E 117°18′14.1″ N 32°56′54.3″	75
						2	13—30	黄棕色	重黏土	块状	8.2										
						3	30—73	紫棕色	砂壤土	无结构	8.6										
						4	73—121	紫棕色	中黏土	块柱状	8.3										
剖7	半水成土	潮土	黄潮土	淤土	漏风淤土	1	0—11	棕色	中黏土	块状	8.2								河流冲积物	E 117°27′11.1″ N 32°57′06.5″	75
						2	11—23	淡棕色	重黏土	棱块状	8.3										
						3	23—72	紫棕色	重黏土	棱块状	8.2										
						4	72—93	黄棕色	轻黏土	团块状	8.3										
						5	93—133	紫棕色	重壤土	块状	8.0										
剖8	半水成土	潮土	黄潮土	淤土	砂心淤土	1	0—12	棕色	中黏土	团块状	8.0								河流冲积物	E 117°28′51.9″ N 32°56′48.8″	75
						2	12—22	紫棕紫色	中黏土	无结构	8.0										
						3	22—77	灰棕色	砂壤土	无结构	8.0										
						4	77—120	棕灰色	砂壤土	无结构	8.1										
剖9	半水成土	潮土	黄潮土	砂土	砂土	1	0—19	棕灰色	砂壤土	团粒状	8.4								河流冲积物	E 117°25′39.5″ N 32°56′57.1″	95
						2	19—30	褐色	砂壤土	块状	8.3										
						3	30—70	灰黄色	中壤土	块状	8.3										
						4	70—110	灰黄色	重壤土	团粒状	7.8										
剖10	人为土	水稻土	潜育水稻土	砂姜黑土田	黑土田	A	0—20	暗棕灰色	轻壤土	棱块状	7.9								黄土性古河流沉积物	E 117°17′54.1″ N 32°52′32.8″	95
						P	20—52	棕色	轻黏土	块状	7.9										
						Bv_1	52—90	青棕色	轻黏土	棱块状	8.1										
						Bv_2	90—110	灰白色	重壤土												

续表 Continued

剖面号 Soil profile	土纲 Soil order	土类 Soil great group	亚类 Soil subgroup	土属 Soil genus	土种 Soil species	土层码 Layer code	土层厚度 Depth/cm	颜色 Soil color	质地 Soil texture	土壤结构 Soil structure	pH	有机质 OM/(g/kg)	全氮 TN/(g/kg)	全磷 TP/(g/kg)	全钾 TK/(g/kg)	有效磷 AP/(mg/kg)	速效钾 AK/(mg/kg)	阳离子交换量 CEC/(cmol/kg)	土壤母质 Parent material	剖面点坐标 Profile coordinate	匹配指数 Matching index/%
剖11	淋溶土	黄棕壤	普通黄棕壤	麻石黄棕土	麻石黄棕土	1	0—15	浅棕色	中壤土	团粒状	7.2								酸性结晶岩类坡积物、残积物	E 117°20′15.1″ N 32°53′13.9″	95
						2	15—24	淡红黄色	中壤土	块状	7.6										
						3	24—41	红棕色	重壤土	块状	7.8										
						4	41—47	橙黄色	中壤土	块状	7.9										
						5	47—57	橙黄色	重壤土	棱块状	8.0										
						6	57—100	炭白色	轻壤土	棱块状	8.0										
剖12	人为土	水稻土	漂洗水稻土	白马肝田	澄白土田	Ae	0—14	黄白色	轻壤土	团粒状	7.6								下蜀黄土	E 117°16′37.5″ N 32°50′16.0″	95
						P	14—22	黄白色	轻黏土	块状	7.7										
						Bv	22—52	棕色	轻黏土	棱柱状	7.5										
						Bvc	52—70	暗黄棕色	轻黏土	棱柱状	7.0										
						C	70—140	浅棕黄色	轻黏土	块状	8.0										
剖13	淋溶土	黄褐土	黏盘黄褐土	潮马肝土	吴郢(锈斑)马肝土	A	0—20	棕灰色	壤质黏土	屑粒状	7.9	10.4	0.62	0.44	19.5	≤1.0	34	24.6	黄土	E 117°24′59.4″ N 32°52′31.3″	81
						Ap	20—28	浊黄棕色	壤质黏土	块状	7.9	10.4	0.47	0.34	18.3	≤1.0	183	26.9			
						Bv	28—49	黄棕色	黏土	块状	7.9	2.9	0.35	0.26	16.2	≤1.0	154	31.1			
						Bv_2	49—72	亮黄棕色	黏土	块状	7.9	2.6	0.46	0.46	23.6		154	29.6			

怀 远 县

主要土类说明

砂姜黑土是怀远县主要土壤类型，占本县地域面积的 48%，除荆山镇以外，本县其余各乡镇均有分布。其成土母质为河湖相（黄土性古河湖相）沉积物，富含碳酸钙，同时又是地下水中 HCO_3^- 和 Ca^{2+} 的富集区，这为砂姜的形成提供了物质基础。砂姜黑土的形成分为黑土层的形成、钙质结核的形成和脱潜旱耕熟化。黑土层的形成实质为沼泽生物积累过程，是土壤剖面上部的腐殖质积累和剖面下部的潜育化。当沼泽水分条件得到改善后，河湖相沉积物中的游离碳酸钙在碳酸的作用下溶解度增大，随水下渗到一定深度（通常在 50—70cm，浅者为 20cm），旱季来临，土壤变干，淀积成不同大小形态的面砂姜和硬砂姜。又由于季节性干旱，当上游含有大量 $Ca(HCO_3)_2$ 的地下潜水到达地势平缓地区以后，地下水上升，$Ca(HCO_3)_2$ 因为压力下降，导致 CO_2 挥发，从而在土体的一定深度形成 $Ca(HCO_3)_2$ 结核。砂姜形成距今有 4000—7000 年，与黑土层形成年代大致相同。砂姜黑土的黏土矿物以伊利石、蒙脱石为主，伴有蛭石和高岭土。多数剖面仅有一层砂姜，但也有数层间隔分布，甚至连续多层分布的。根据发育程度，砂姜可分为雏形、完形和硬盘三大类型。雏形（面砂姜）主要分布于剖面上半部；硬盘（砂姜盘）紧邻地下水第一含水层，出现在剖面下部 2—3m 处；完形（硬砂姜）水平和垂直分布均较普遍。在 1m 上下的面砂姜和硬砂姜中的碳酸钙主要来自土壤上层，2m 上下硬砂姜中的碳酸钙来自土壤上层和地下水，而 3m 上下砂姜盘中的碳酸钙主要来自地下水。因此，砂姜的形成与地下水位、水质有密切的关系。脱潜旱耕熟化过程是指以脱沼泽为主要特点的旱耕熟化过程。河湖相沉积物经过上述成土过程，形成了黑土层和砂姜层。本地带是古老的农业区，在两三千年前即已垦殖，在沼泽草甸潜育土的基础上，开始了以脱沼泽为主要特点的旱耕熟化过程。人们采用的排水、耕作、施肥和种植等措施，使土壤形态特性相应地起变化，首先是潜育程度的减轻和潜育层部位的降低，同时原始黑土层上部的颜色变淡，逐步分化为耕作层、犁底层和残余黑土层。潜育层氧化还原电位升高，还原物质减少。一般垦殖时间愈长，黑土层愈减退，特别是高处的砂姜黑土，原先沼泽化作用比较弱，耕作时间较长，所以现在土色偏黄。在熟化过程中，土壤耕性得到显著改善，质地变轻，胀缩系数变化，有机质有所减少，速效养分增高，表层土粒呈具有特殊尖锐棱角的崩解碎屑结构。砂姜黑土在形成过程中往往伴随着铁锰的淀积，形成铁锰结核和浅灰色胶膜，出现在结构面上，这也是潜育化的特征。在特殊条件下，还有碱化过程和盐化过程。本县砂姜黑土划分为砂姜黑土和碱化砂姜黑土两个亚类。

潮土是怀远县第二大土壤类型，占本县地域面积的 17%。潮土是本县成土年龄较短、自然肥力较高的耕作土壤类型，主要分布于涡河、淮河沿岸及泥河、茨淮新河下游地带的各乡镇。潮土的形成取决于母质、地形、地下水、时间和耕作等因素。潮土主要是由黄河多次南泛所带黄土泥沙多次夺淮沉积而成，母质富含钙质。潮土的类型受地形和紧砂慢淤沉积规律支配，近河处分布着砂土，水流缓的远河处分布着淤土，两者之间分布着两合土。同时，又由于黄河多次泛滥和多次决口，流经的途径以及泛滥水的大小不同，以致同一个地方的历次沉积物有所不同，土体上下质地砂黏相间、厚薄不一，形成了本县潮土地区土壤质地的差异性和剖面质地层次的多样性，土属土种也较多。潮土形成的另一个主要条件是地下水的影响，黄河泛滥形成了不同的地形地貌，影响了地下水状况的变化，加上年内降水分配不均，干湿交替，地下水位发生季节性升降，土壤剖面中产生氧化还原交替。在低水位期间，地下水位以上的土层为氧化层；高水位时，剖面全部或部分处于饱和状态，产生还原过程。变化频繁的氧化还原过程和干湿交替，影响土壤物质的溶解、移动和沉积，并在土壤剖面中形成各种色泽的锈斑或细小的铁锰结核和石灰结核，这成为潮土剖面形态的典型特征。在潮化过程中，水分和养分的上下运动积累，有利于作物生长发育。同时，在黄泛母质发育的潮土中，局部低洼地带，由于地下水位较高，旱季水分大量蒸发消耗，地下水浓缩，矿化度增大，土壤盐碱化。此外，耕作活动也促进了潮土的形成和发展。潮土主要形成过程有黄泛沉积物的潮化和旱耕熟化两个成土过程，部分地区还附加盐碱化过程。本县潮土分为黄潮土和碱化潮土两个亚类。

棕壤是怀远县第三大土壤类型，占本县地域面积的 16%，是落叶阔叶林带呈微酸性至中性的地带性土壤。因本县地处江淮黄棕壤与淮北棕壤过渡带和北亚热带与南暖温带过渡带，因此棕壤不如北方典型，土壤淋溶作用比北方明显，但不如南方强烈。本县棕壤分布于酸性岩类的低山、残丘及淮河、茨淮新河、泌河等河流两侧的缓坡地带。其成土母质主要是酸性结晶岩类残积物、坡积物和黄土性古河流沉积物。直接发育在酸性岩类风化物上的棕壤，质地较粗；发育在黄土性古河流沉积物上的棕壤，质地一般较黏重。本县棕壤除表土为暗棕色外，全剖面呈黄棕色；呈中性至微酸性；无石灰反应，盐基饱和度变幅大（20%—90%）；硅铝率和硅铝铁率较小，且上下比较一致，前者在 3.00 左右，后者为 2.31—2.47；富铝化作用不明显，黏粒部分的硅、铁、铝未受到明显破坏和分离，仅有轻度的淋溶作用；结构面上有灰色胶膜，多呈块状或棱块状结构；剖面中下部可见铁锰结核。本县棕壤分为棕壤、棕壤性土和潮棕壤三个亚类。

水稻土占怀远县地域面积的 12%，主要分布在茨淮新河、泌河中下游和淮河附近岗地及湖地土壤上。因长期水耕熟化、还原淋溶和氧化沉积的作用，土壤剖面形态上表现出土层分化，形成了各种特定的剖面构型，这是人为定向培育的结果。由于水稻土是受土壤、母质、地形、水旱和耕作制度的影响，其生成和发育强度也有很大的差异。本县水稻土的形态不同于南方老稻区的水稻土发育深刻和明显。本县植稻历史有 400 余年，1949 年后兴修水利，灌溉条件改善，土壤具有了水稻土的一般特点，如耕作层结构分散度很高；腐殖质累积高于一般旱田；犁底层明显，呈块状结构，紧实，其下层为碎块状或棱柱状结构；渗育斑淀层明显（"鳝血斑"和胶膜），同时也常有铁锰结核和石灰结核存在等。本县水稻土分为淹育型、潴育型和侧渗型三个亚类。

小于本县地域面积 3% 的土壤类型还有石灰（岩）土等。

本区域中心区气候特征

本区域中心区气候特征值
Regional climate characteristics in central area of the region

气候带：北亚热带湿润气候 Climate region: North subtropical humid climate	
年平均气温 /℃ Annual average temperature /℃	15.3
年平均最高气温 /℃ Annual average maximum temperature /℃	20.3
年平均最低气温 /℃ Annual average minimum temperature /℃	11.3
年降水量 /mm Annual precipitation /mm	915
≥10℃的积温 /℃ Daily temperature accumulated in a year（≥10℃）/℃	5601
年日照时数 /h Annual sunshine /h	2046
年平均相对湿度 /% Annual average relative humidity /%	72
干燥度 Dryness	1.00

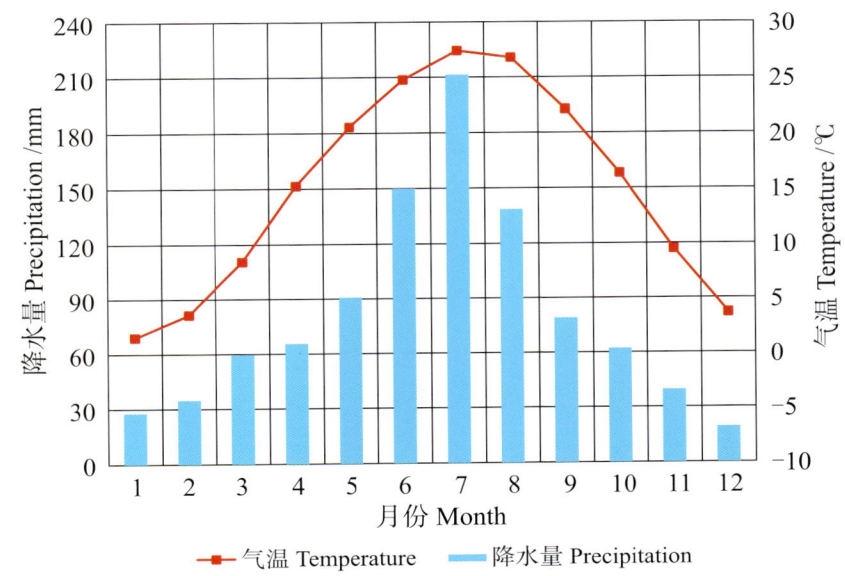

本区域中心区月平均气温与月平均降水量
Monthly temperature and precipitation in central area of the region

怀远县主要土壤类型与土壤剖面点分布图
1:250 000

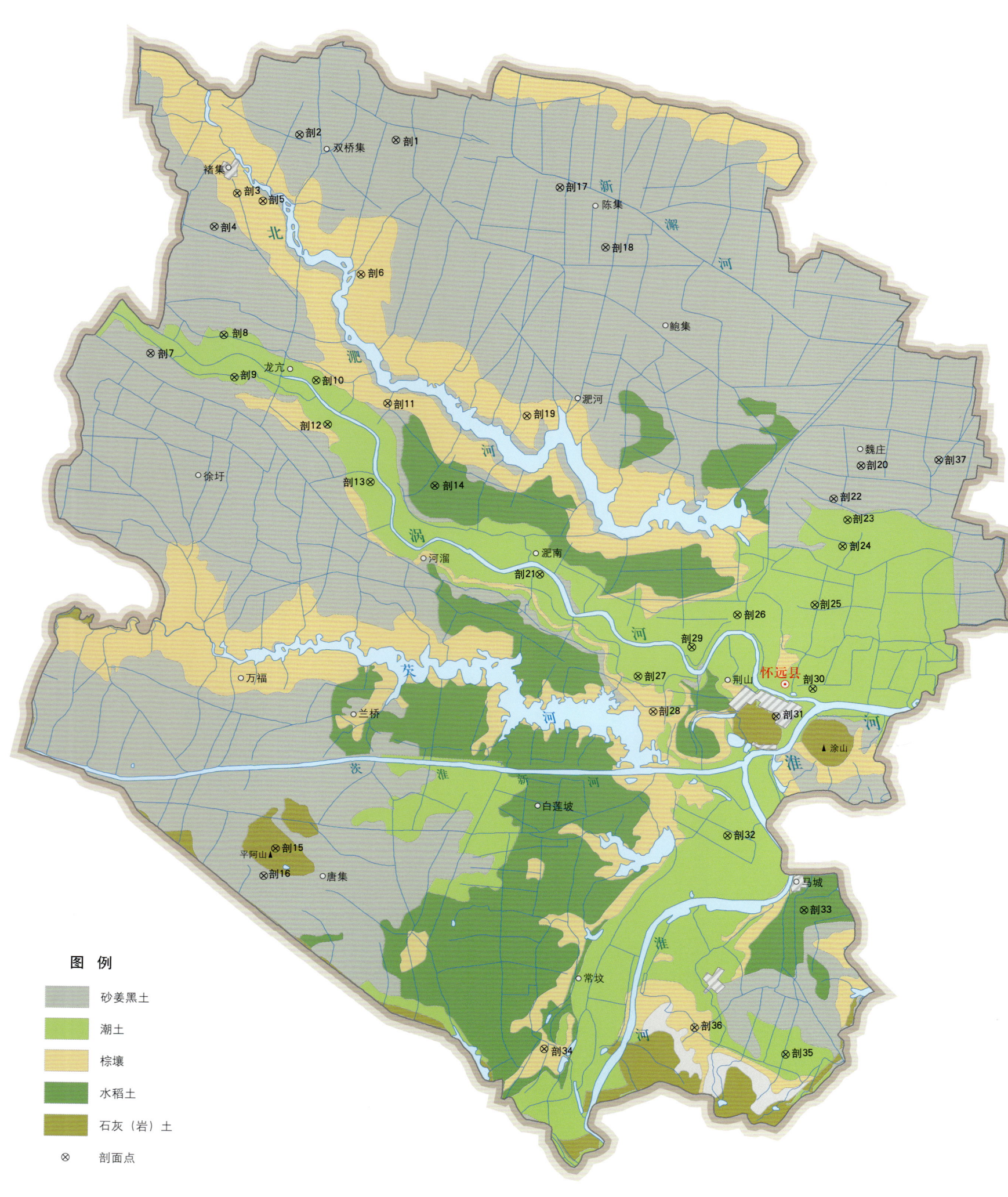

图例
- 砂姜黑土
- 潮土
- 棕壤
- 水稻土
- 石灰（岩）土
- ⊗ 剖面点

注：本图界线沿用土壤普查时点的行政界线。

怀远县土壤剖面理化性状表

剖面号 Soil profile	土纲 Soil order	土类 Soil great group	亚类 Soil subgroup	土属 Soil genus	土种 Soil species	土层码 Layer code	土层厚度 Depth/cm	颜色 Soil color	质地 Soil texture	土壤结构 Soil structure	pH	有机质 OM/(g/kg)	全氮 TN/(g/kg)	全磷 TP/(g/kg)	全钾 TK/(g/kg)	碱解氮 AN/(mg/kg)	有效磷 AP/(mg/kg)	速效钾 AK/(mg/kg)	阳离子交换量 CEC/(cmol/kg)	土壤母质 Parent material	剖面点点坐标 Profile coordinate	匹配指数 Matching index/%
剖1	半水成土	砂姜黑土	砂姜黑土	青白土	白润土	1	0—17		中壤土		7.5	12.5	0.72	0.41	14.5		2.0	99	18.2	黄土性古河流沉积物	E 116°57′13.7″ N 33°15′28.7″	75
						2	17—23		中壤土		7.9	7.4	0.49	0.48	14.8		≤1.0	72	18.6			
						3	23—44		中壤土		8.0	5.4	0.24	0.41	14.9		12.0	72	16.6			
						4	44—70		中壤土		8.1	4.5	0.22	0.76	17.4		19.0	69	19.4			
						5	70—150		重壤土		8.1	4.6	0.38	0.34	18.8			148	23.7			
剖2	半水成土	砂姜黑土	砂姜黑土	砂姜黑土	黑土	1	0—19	浅灰黑色	重壤土	屑粒状	7.1	16.6	0.81	0.71	15.2		9.0	160	31.3	黄土性古河流沉积物	E 116°53′41.4″ N 33°15′38.0″	95
						2	19—38		重壤土	块状	7.2	12.4	0.68	0.71	16.0		9.0	137	31.4			
						3	38—67	灰黄色	重壤土	块状	8.2	6.4	0.36	0.50	17.8		9.0	166	19.9			
						4	67—150	黄色	重壤土	块状	8.2	6.4	0.36	0.50	17.8		9.0	166	19.9			
剖3	淋溶土	棕壤	潮棕壤	白黄土	白黄土	1	0—16				6.2	7.6	0.70							黄土性古河流沉积物	E 116°51′24.8″ N 33°13′46.0″	97
						2	16—30				6.3	4.6	0.60									
						3	30—51				6.3											
						4	51—71				6.2											
						5	71—105				5.7											
剖4	半水成土	砂姜黑土	碱化砂姜黑土	白碱土	活碱土	1	0—18		黏壤土		9.1	4.7	0.32	0.59		20	≤1.0	76	9.1	黄土性古河流沉积物	E 116°50′34.8″ N 33°12′41.5″	75
						2	18—28		黏壤土		8.8	5.1	0.24	0.62		19	≤1.0	56	11.3			
						3	28—50		壤质黏土		8.5	5.6	0.42	0.61		22	1.3	115	22.0			
						4	50—148		壤质黏土		8.5	4.2	0.48	0.52		8	≤1.0	107	18.9			
剖5	淋溶土	棕壤	潮棕壤	坡黄土	坡黄土	1	0—12				6.0	8.5	0.47							黄土性古河流沉积物	E 116°52′21.6″ N 33°13′31.3″	97
						2	20—30				5.6	6.2	0.51									
						3	40—50				5.5	3.9	0.40									
						4	70—90				5.4											
剖6	淋溶土	棕壤	潮棕壤	淤坡黄土	淤坡黄土	1	0—24	浅棕黄色	轻黏土	屑粒状	8.2	11.4	0.80	1.10	15.0		5.0	177	23.2	黄土性古河流沉积物	E 116°55′58.4″ N 33°11′11.2″	97
						2	24—39	棕黄色	中壤土	碎块状	8.2	3.3	0.29	0.43	15.8		2.0	94	16.6			
						3	39—110	灰黄色	重壤土	碎块状	8.0	2.6	0.30	0.51	16.2		≤1.0	117	21.6			
						4	110—125	黄棕色	中壤土	棱块状	8.0	2.0	0.29	0.69	17.6				18.2			
剖7	半水成土	砂姜黑土	砂姜黑土	白姜土	白姜土	A	0—15	灰白色	黏壤土	细粒状	7.7	8.3	0.63	0.76	13.6		2.0	100	18.2	黄土性古河流沉积物	E 116°48′16.6″ N 33°08′37.5″	81
						Ap	15—26	灰白色	黏壤土	小块状	8.1	6.8	0.54	0.69	13.6		≤1.0	72	20.3			
						Bv	26—52	暗灰色	壤质黏土	棱块状	8.2	7.3	0.59	0.83	13.7		≤1.0	104	24.3			
						C₁	52—107	淡黄棕色	壤质黏土	棱块状	8.3	4.1	0.42	0.44	17.8		≤1.0	151	22.8			
						C₂	107—150	淡黄棕色	重壤土	棱块状	8.4	3.3	0.33	1.03	18.4		≤1.0	167	25.3			
剖8	半水成土	潮土	黄潮土	山淤土	黄底山淤土	1	0—12	浅棕黄色	重壤土	屑棕块状	7.8	12.7	0.74	0.60	15.0		11.0	204	18.2	石灰岩积物、化残积物、洪积物	E 116°50′57.6″ N 33°09′13.3″	75
						2	12—19	棕黄色	重壤土	碎块状	8.1	6.5	0.43	0.53	15.8		7.0	128	16.6			
						3	19—34	灰黄色	中壤土	碎块状	7.8	5.6	0.33	0.52	16.2		5.0	130	21.6			
						4	34—64	黄棕色	轻黏土	碎块状	7.9	3.9	0.26	0.37	17.6		5.0	147				
						5	64—110	棕黄色	中壤土	粒状	8.1	3.9	0.26	0.57	17.2		7.0	149				
剖9	半水成土	潮土	黄潮土	山淤土	黄泛山淤土	1	0—9	淡黄色	中壤土	粗粒状										石灰岩积物、化残积物、洪积物	E 116°51′21.7″ N 33°07′53.5″	75
						2	9—16	淡黄色	重壤土	块状												
						3	16—32	浅红棕色	中壤土	块状												
						4	32—100	红棕色	重壤土	块状												

续表 Continued

剖面号 Soil profile	土纲 Soil order	土类 Soil great group	亚类 Soil subgroup	土属 Soil genus	土种 Soil species	土层码 Layer code	土层厚度 Depth/cm	颜色 Soil color	质地 Soil texture	土壤结构 Soil structure	pH	有机质 OM/(g/kg)	全氮 TN/(g/kg)	全磷 TP/(g/kg)	全钾 TK/(g/kg)	碱解氮 AN/(mg/kg)	有效磷 AP/(mg/kg)	速效钾 AK/(mg/kg)	阳离子交换量CEC/(cmol/kg)	土壤母质 Parent material	剖面点坐标 Profile coordinate	匹配指数 Matching index/%
剖10	半水成土	潮土	黄潮土	淤土	黄底淤	1	0—18	浅红棕色	轻黏土	块状	8.3	11.9	0.80	1.65	21.9		≤1.0	200	23.3	近代黄泛沉积物	E 116° 54′ 22.1″ N 33° 07′ 48.6″	95
						2	18—29	灰棕黄色	中壤土	小块状	8.2	5.8	0.44	0.73	18.4		≤1.0	83	11.7			
						3	29—66	棕红色	重黏土	块状	8.3	4.7	0.35	2.18	19.0		≤1.0	94	13.2			
						4	66—115	浅黄色	轻黏土	棱块状	8.2	7.0	0.46	2.02	19.7		≤1.0	127	16.3			
						5	115—150	棕黄色	轻黏土	棱块状	8.1	3.6	0.32	0.57	16.4		≤1.0	193	27.5			
剖11	淋溶土	棕壤	潮棕壤	山黄土	白浆山黄土	1	0—20	白黄色	轻黏土	粒状	7.7	9.0	0.67	0.41	15.5		8.0	107	12.4	黄土性古河流沉积物	E 116° 56′ 58.9″ N 33° 07′ 05.9″	95
						2	20—30	浅黄黄色	中壤土	小块状	7.8	4.6	0.38	0.11	17.0		7.0	107	21.9			
						3	30—80	黄黄色	重黏土	块状	7.7	2.4	0.24	0.16	17.5		9.0	117	18.8			
						4	80—150	淡黄色	中壤土	大块状	7.7	2.8	0.30	0.25	18.9		12.0	133	23.4			
剖12	半水成土	潮土	黄潮土	淤土	坡黄底淤	1	0—15		重壤土		8.4	12.1	0.77	0.87	19.2		12.0	194	23.9	近代黄泛沉积物	E 116° 54′ 47.6″ N 33° 06′ 24.7″	75
						2	15—25		轻壤土		8.3	10.0	0.70	0.89	19.9		12.0	157	26.1			
						3	25—41		中壤土		8.2	9.4	0.67	0.94	20.6		14.0	169	26.8			
						4	41—80		重壤土		8.4	6.3	0.49	0.37	17.5		12.0	112	21.6			
						5	80—140		中壤土		8.3	2.8	0.38	0.64	17.4		12.0	98	17.4			
剖13	半水成土	潮土	黄潮土	淤土	漏风淤	1	0—12	暗棕红色	中黏土	大粒状	8.2	13.4	1.01	1.35			3.0	327		近代黄泛沉积物	E 116° 56′ 22.3″ N 33° 04′ 35.2″	75
						2	12—28	暗棕红色	中黏土	块状	8.2	11.5	0.84	1.68			≤1.0	252	17.5			
						3	28—81	红棕色	中壤土	块状	8.2	8.6	0.64	1.41			5.0	266				
						4	81—140	灰黄色	重壤土	块状	8.3	5.7	0.39	1.43			≤1.0	177				
剖14	人为土	水稻土	淹育水稻土	浅白黄田	浅白黄田	A	0—17	浅白黄色	中壤土	屑粒状	7.4	9.1	0.63	0.46	13.8		5.0	116	17.5	黄土性古河流沉积物	E 116° 58′ 44.4″ N 33° 04′ 28.8″	95
						2	17—23	灰棕黄色	重壤土	棱块状	7.9	6.5	0.50	0.41	16.0		≤1.0	154	34.1			
						3	23—45	浅黄棕色	重壤土	块状	7.8	5.5	0.40	0.41	16.3		≤1.0	148	30.8			
						4	45—120	灰黄棕色	重壤土	块状	7.9	4.2	0.29	0.46	17.5		≤1.0	130	28.6			
剖15	初育土	石灰(岩)土	红色石灰土	山红土	山红土	1	0—20	红棕色	重壤土	屑粒状	7.8	9.3	0.65	0.48	18.1		7.0	210	25.6	石灰岩风化残积物	E 116° 53′ 01.4″ N 32° 52′ 49.7″	92
						2	20—70	红棕色	重壤土	棱块状	7.8	8.2	0.56	0.50	18.7		≤1.0	187	30.9			
						3	70—110	红棕色	重壤土	块状	7.7	7.5	0.56	0.57	19.8		≤1.0	171	31.2			
剖16	半水成土	砂姜黑土	砂姜黑土	山淤黑土	山淤黑土	1	0—12	黄棕色	重壤土	碎块状	8.2	11.4	0.81	0.69	18.6		7.0	166	25.4	黄土性古河流沉积物	E 116° 52′ 36.0″ N 32° 51′ 56.7″	98
						2	12—20	灰棕色	重壤土	块状	8.2	9.5	0.70	0.55	18.6		5.0	170	29.6			
						3	20—54	浅灰棕色	重壤土	棱块状	8.3	6.8	0.43	0.37	15.5		≤1.0	154	37.5			
						4	54—150	灰黄色	重壤土	块状	8.2	4.7	0.37	0.41	17.2		7.0		27.2			
剖17	半水成土	砂姜黑土	砂姜黑土	砂姜黄土	黄土	1	0—17	灰黄色	重壤土	碎块状	8.2	9.5	0.67	0.37			12.0		27.8	黄土性古河流沉积物	E 117° 03′ 16.1″ N 33° 14′ 00.5″	95
						2	17—25	灰黄色	中壤土	棱块状	8.6	8.8	0.51	0.25			5.0	123	23.7			
						3	25—50	浅灰黄色	重壤土	棱柱状	8.5	8.4	0.49	0.46			2.0	131	25.7			
						4	50—150	黄色	重壤土	棱柱状	8.5	4.1	0.40	0.39	14.8		≤1.0	145	23.8			
剖18	半水成土	砂姜黑土	砂姜黑土	砂姜黄土	黄黑土	1	0—14	黄棕色	重壤土	碎块状	7.8	12.5	0.73	0.60	14.8		≤1.0	127	29.5	黄土性古河流沉积物	E 117° 04′ 57.1″ N 33° 12′ 06.2″	95
						2	14—22	灰棕色	重壤土	块状	8.3	11.1	0.66	0.44	15.1		5.0	122	29.6			
						3	22—37	重壤土		块状	8.3	10.5	0.55	0.37	15.1		≤1.0	117	28.3			
						4	37—150		轻壤土		8.3	6.8	0.43	0.64	17.0		≤1.0	195	27.7			
剖19	淋溶土	棕壤	棕壤性麻石土	棕壤性麻石土	棕壤性麻石土	1	0—6	黄色	轻壤土	屑粒状	6.7	21.0	1.05	1.38			4.5		10.0	酸性结晶类残积物、坡积物	E 117° 02′ 05.7″ N 33° 06′ 44.0″	93
						2	6—23	淡灰色	轻壤土	小块状	6.6	11.9	0.89					100	9.7			
						3	23—55	淡灰色	黏壤土	块状	6.6	7.8	0.50		13.6		2.0		9.2			
剖20	半水成土	砂姜黑土	砂姜黑土	黑土	白姜土	A_{11}	0—15	淡灰色	黏壤土	屑粒状	7.7	8.3	0.60	0.80	13.6			72	18.2	黄土性古河流沉积物	E 117° 14′ 22.0″ N 33° 05′ 12.3″	95
						A_{12}	15—26	淡灰色	黏壤土	小块状	8.1	6.8	0.50	0.80	13.6			104	20.0			
						C	26—52	灰色	壤质黏土	块状	8.2	7.3	0.60		13.8				24.3			
						Ck	52—107	亮黄棕色	黏质黏土	棱块状	8.3	4.1	0.40	0.40	17.8			151	22.8			

续表 Continued

剖面号 Soil profile	土纲 Soil order	土类 Soil great group	亚类 Soil subgroup	土属 Soil genus	土种 Soil species	土层码 Layer code	土层厚度 Depth/cm	颜色 Soil color	质地 Soil texture	土壤结构 Soil structure	pH	有机质 OM/(g/kg)	全氮 TN/(g/kg)	全磷 TP/(g/kg)	全钾 TK/(g/kg)	碱解氮 AN/(mg/kg)	有效磷 AP/(mg/kg)	速效钾 AK/(mg/kg)	阳离子交换量CEC/(cmol/kg)	土壤母质 Parent material	剖面点坐标 Profile coordinate	匹配指数 Matching index/%
剖21	半水成土	潮土	黄潮土	淤土	下位夹砂淤	1	0—20	红褐色	中黏土	粒状	8.1	13.3	0.97	1.44			7.0	266		近代黄泛沉积物	E 117°02′36.6″ N 33°01′39.7″	95
						2	20—26	红褐色	中黏土	块状	8.2	10.4	0.77	1.45			2.0	243				
						3	26—75	红棕色	中黏土	块状	8.2	8.7	0.70	1.45			2.0	223				
						4	75—89	青灰色	重黏土	块状	8.4	6.1	0.53	0.26								
						5	89—150	灰黄色	砂壤土	砂粒状	8.4	2.1		1.35								
剖22	半水成土	砂姜黑土	砂姜黑土	淤黑土	淤黑土	1	0—13	灰棕色	轻黏土	粒粒状	8.4	11.9	1.06	1.42	17.0		7.0	263	28.3	黄土性古河流沉积物	E 117°13′22.1″ N 33°04′08.7″	98
						2	13—19	灰棕色	轻黏土	块状	8.7	9.0	0.94	0.99	17.4		5.0	208	27.0			
						3	19—28	红棕色	轻黏土	块状	8.7	5.7	0.56	1.21	17.9		2.0	178	30.5			
						4	28—103	灰色	轻黏土	棱状	8.6	6.0	5.90	0.73	16.0		5.0	145	29.4			
						5	103—150	灰黄色	重黏土	棱状	8.2	1.9	0.35	0.99	16.8		2.0	145	25.6			
剖23	半水成土	潮土	黄潮土	两合土	砂底两合土	1	0—12		重黏土		8.4	11.8	0.83	1.60			≤1.0	163		近代黄泛沉积物	E 117°13′53.1″ N 33°03′27.9″	95
						2	12—25		中壤土		8.4	11.1	0.83	1.90			≤1.0	134				
						3	25—66		轻壤土		8.6	3.4	0.34	0.46			≤1.0	49				
						4	66—97		砂壤土		8.7	1.4	0.14	0.62			≤1.0	42				
						5	97—150		砂壤土		8.8	≤1.0	0.15	1.44				36				
剖24	半水成土	潮土	黄潮土	山淤土	山淤土	1	0—13	灰白色	中壤土	细粒状	7.5	11.5	0.76	0.82	17.8		11.0	164	20.5	石灰岩风化残积物、洪积物	E 117°13′42.1″ N 33°02′37.7″	97
						2	13—20	浅棕黄色	中壤土	粒状	7.9	9.7	0.65	0.82	18.3		11.0	131	20.1			
						3	20—84	浅棕黄色	中壤土	粉粒状	8.4	5.8	0.46	0.73	18.0		≤1.0	116	16.7			
						4	84—110	黄棕色	中壤土	块状	8.5	4.6	0.31	0.62	18.0		5.0	100	13.8			
剖25	半水成土	潮土	碱化潮土	碱化潮土	砂碱土	1	0—18	淡黄色	砂壤土	粒状	8.8	6.8	0.37	1.69			14.0	85	6.4	近代黄泛沉积物	E 117°12′42.2″ N 33°00′46.0″	93
						2	18—33	浅棕黄色	砂壤土	粒状	9.1	4.2	0.19	1.51			≤1.0	49	6.6			
						3	33—68	黄棕色	紧砂土	粉粒状	9.2	2.6	0.13	1.42			≤1.0	39	5.5			
						4	68—91	淡黄色	中壤土	块状	8.7	4.7	0.29	1.39			5.0		6.1			
						5	91—150	灰黄色	中壤土	团粒状	8.6	2.0		1.11								
剖26	半水成土	潮土	黄潮土	两合土	坡黄底两合土	1	0—20	灰黄色	轻壤土	粒状	8.0	7.8	0.50	1.03	16.6		8.0	135	14.2	近代黄泛沉积物	E 117°09′51.8″ N 33°00′26.0″	95
						2	20—37	灰黄色	重壤土	粒状	8.0	7.2	0.40	0.90			2.0	85	12.4			
						3	37—88	浅黄色	紧砂土	粒状	7.8	4.0	0.32	0.47			≤1.0	30	4.4			
						4	88—135	黄黄棕色	重壤土	粒柱状	7.5	3.3	0.29	0.67			≤1.0		18.5			
						5	135—150	黄棕色	重壤土	粒柱状	7.6	2.8	0.37	0.61			≤1.0					
剖27	半水成土	潮土	黄潮土	两合土	下位夹砂两合土	1	0—20	红棕色	中壤土	块状	8.1	11.8	0.71	1.55	26.6		5.0	161	21.7	黄土性古河流沉积物	E 117°06′14.3″ N 32°58′27.6″	95
						2	20—26		重壤土	屑粒状	8.3	7.9	0.47	1.56	26.3		≤1.0	85	22.3			
						3	26—80	黄棕色	轻壤土	小块状	8.5	1.8	0.15	1.50	23.5		≤1.0		28.6			
						4	80—135	黄黄棕色	轻黏土	棱柱状	7.2	6.6	0.51	1.27	30.5		≤1.0		29.4			
						5	135—150	灰黄棕色	重壤土	棱柱状	6.7	2.3	0.19	1.27	24.5		≤1.0					
剖28	淋溶土	棕壤	潮棕壤	坡黄土	坡黄土	1	0—20	浅棕黄色	中壤土	屑粒状	8.8	8.7	0.59	0.61	22.8		4.0			近代黄泛沉积物	E 117°06′48.1″ N 32°57′19.6″	98
						2	12—17	棕黄色	轻壤土	小块状	6.7	8.5	0.61	0.61	23.7		3.0	168				
						3	17—71	黄棕色	中壤土	小片块状	7.0	1.8	0.38	0.35	25.2		≤1.0	185				
						4	71—125	灰黄棕色	松砂土		7.1	4.2	0.34	0.29	25.4							
						5	125—150	浅棕黄色	重壤土	块状	7.8	2.7	0.44	0.54	30.8							
剖29	半水成土	潮土	黄潮土	两合土	下位夹砂两合土	1	0—20	棕黄色	中壤土	屑粒状	8.0									近代黄泛沉积物	E 117°08′12.2″ N 32°59′23.7″	95
						2	20—40	灰黄色	中壤土	小片状	7.9											
						3	40—60	浅黄色	松砂土		8.1											
						4	60—85	灰黄色	砂壤土	块状												
						5	85—92	灰黄色	重壤土		7.9											
						6	92—150	灰黄色	砂壤土		7.9											

续表 Continued

剖面号 Soil profile	土纲 Soil order	土类 Soil great group	亚类 Soil subgroup	土属 Soil genus	土种 Soil species	土层码 Layer code	土层厚度 Depth/cm	颜色 Soil color	质地 Soil texture	土壤结构 Soil structure	pH	有机质 OM/(g/kg)	全氮 TN/(g/kg)	全磷 TP/(g/kg)	全钾 TK/(g/kg)	碱解氮 AN/(mg/kg)	有效磷 AP/(mg/kg)	速效钾 AK/(mg/kg)	阴离子交换量CEC/(cmol/kg)	土壤母质 Parent material	剖面点坐标 Profile coordinate	匹配指数 Matching index/%
剖30	半水成土	潮土	黄潮土	砂土	砂土	1	0-13	浅灰棕色	紧砂土	细粒状	8.2	7.1	0.42	1.35			2.0	49	6.0	近代黄泛沉积物	E 117°12′38.7″ N 32°58′06.1″	98
						2	13-20	灰棕黄色	紧砂土	细粒状	8.3	4.8	0.31	1.51			2.0	42	5.8			
						3	20-46	浅棕黄色	砂壤土	块状	8.3	4.1	0.29	1.44			2.0	52	8.1			
						4	46-53	浅棕黄色	轻壤土	片状	8.3	5.0	0.40	1.51			≤1.0	74	10.1			
						5	53-73	棕黄色	轻壤土	块状	8.3	4.3		1.55								
						6	73-82	棕黄色	轻壤土	块状	8.3	5.4		1.61								
剖31	淋溶土	棕壤	棕壤	麻石棕土	麻石棕土	1	0-14	淡黄色	轻壤土	粒状	7.8	12.8	0.97	0.16			5.0	220	13.0	酸性结晶岩类残积物、坡积物	E 117°11′18.4″ N 32°57′12.4″	97
						2	14-21	淡黄色	轻壤土	小块状	7.6	7.9	0.58	≤0.10	19.4		5.0	119	10.7			
						3	21-75	棕色	中壤土	块状	7.7	3.3	0.38	0.14	18.7		5.0	63	15.7			
						4	75-120	棕色	轻壤土	块状	7.6	3.4	0.31	0.23	20.7		5.0	49	13.7			
剖32	半水成土	潮土	黄潮土	淤土	淤土	1	0-14	浅红棕色	轻黏土	粒状	8.4	13.5	0.84		21.0		14.0	296	26.4	近代黄泛沉积物	E 117°09′33.4″ N 32°53′23.0″	95
						2	14-18	浅红棕色	轻黏土	片状、块状	8.5	13.2	0.80	1.47	21.2		18.0	240	29.0			
						3	18-29	红棕色	轻黏土	棱柱状	8.5	10.0	0.51	0.76	20.8		14.0	185	22.9			
						4	29-110	红棕色	中黏土	块状	8.6	8.6	0.32		21.5		11.0	204	22.2			
剖33	人为土	水稻土	潴育水稻土	砂姜黑土田	黄土田	A	0-15	黄灰色	重壤土	粒状	7.5	19.7	1.00	0.46			5.0	165		黄土性古河流沉积物	E 117°12′22.6″ N 32°51′01.0″	95
						P	15-30	灰灰色	重壤土	块状	7.9	17.1	1.07	0.35			5.0	119	29.0			
						W	30-85	暗灰色	重壤土	棱块状	8.3	7.6	0.55	0.15			2.0	137				
						C	85-110	暗黄色	重壤土	棱块状	8.4	4.4	0.36	0.50			5.0	155				
剖34	淋溶土	棕壤	潮棕壤	白黄土	白土	1	0-18		轻壤土	粒状	8.2	8.4	0.49	0.21			7.0	78		黄土性古河流沉积物	E 117°02′54.9″ N 32°46′30.9″	95
						2	18-38		重壤土	块状	8.2	5.4	0.34	0.18			≤1.0	105	21.4			
						3	38-80		重壤土		8.2	5.4	0.39	0.23			≤1.0	98				
						4	80-150		重壤土		8.2	4.4	0.24	0.21			≤1.0	120				
剖35	半水成土	潮土	黄潮土	山淤土	山淤土	1	0-13	红棕色	轻壤土	屑粒状	7.5	13.1	0.91	0.44	17.9		14.0	213	24.2	石灰岩风化残积物、洪积物	E 117°11′44.6″ N 32°46′25.1″	98
						2	13-22	红棕色	重壤土	块状	7.9	9.7	0.58	0.62	17.7		7.0	142	23.3			
						3	22-104	红棕色	重壤土	块状	8.2	6.5	0.41	0.60	16.8		≤1.0	95	39.3			
						4	104-120	灰褐色	轻红黏土	块状	8.2	6.0	0.40	0.69	18.0		≤1.0	191				
剖36	淋溶土	棕壤	潮棕壤	山黄土	山黄土	1	0-14	黄色	轻黏土	粒状	6.9	11.3	0.79	0.37	15.8		5.0	161	17.3	黄土性古河流沉积物	E 117°08′24.5″ N 32°47′13.9″	97
						2	14-22	黄色	中壤土	块状	6.9	6.8	0.47	0.57	15.8		2.0	106	18.4			
						3	22-65	浅红黄色	中壤土	块状	6.9	5.2	0.47	0.69	15.3		≤1.0	88	13.7			
						4	65-120	灰棕色	重壤土	块状	7.2	3.9	0.37	0.11	16.5		≤1.0	118	19.8			
剖37	半水成土	砂姜黑土	砂姜黑土	青白土	青白土	1	0-15	灰白色	中壤土	细粒状	7.7	8.3	0.63	0.76	13.6		2.0	100	18.2	黄土性古河流沉积物	E 117°17′12.9″ N 33°05′24.1″	98
						2	15-26	灰白色	小块状	小块状	8.1	6.8	0.54	0.69	13.6		≤1.0	72	20.3			
						3	26-52	暗灰色	重壤土	块状	7.8	7.3	0.59	0.83	13.7		≤1.0	104	24.3			
						4	52-107	黄色	重壤土	重壤土	8.3	4.1	0.42	0.44	17.8		≤1.0	151	22.8			
						5	107-150	浅黄色	重壤土	棱柱状	8.4	3.3	0.33	1.03	18.4		≤1.0	167	25.3			

五 河 县

主要土类说明

棕壤是五河县主要土壤类型,占本县地域面积的25%,主要分布在浍河、沱河沿岸和沱湖、天井湖岸边。其成土母质系黄土性古河流沉积物。棕壤质地较黏重,有机质含量低,表土为暗棕色,中下部呈棕黄色,无石灰反应,土体结构表面有灰色胶膜,中下部有铁锰结核,黏粒含量由上向下逐渐增多,越向下土质越黏重。本县棕壤分为棕壤和潮棕壤两个亚类。

潮土是五河县第二大土壤类型,占本县地域面积的23%,主要分布在淮河沿岸。潮土是由近代黄泛冲积物发育而成的,地下水参与成土过程。土壤呈条带状分布,质地分选明显,土体层次明显,土壤质地上下构型复杂多样。土体中富有石灰质,剖面呈强石灰反应。土壤呈碱性或微碱性,pH为8.0—9.0。土壤剖面发育不明显。由于潮土成土年龄短,土壤的生物积累较弱,故基本上保持着原有母质的特点和原沉积的层次与色泽。由于人为耕作的影响,耕层各种养分的含量都显著高于底土层,土壤耕性良好。本县潮土只有黄潮土一个亚类。

砂姜黑土是五河县第三大土壤类型,占本县地域面积的23%。本县有明显的雨季和旱季,有利于碳酸钙的淋溶和淀积。雨季碳酸钙淋溶,旱季使淋溶的碳酸钙在底土层淀积,形成大小不同的姜状的碳酸钙结核,即"砂姜"。黑土层的形成实际上是沼泽生物积累的过程,即草甸潜育化过程。黑土层厚度一般为20—50cm。黑土层向下过渡不明显。黑土层下限不是水平的,是随地形起伏而变化的。经过人类垦殖、开沟排水,开始以脱沼泽为主要特点的旱耕熟化过程,即脱潜育化过程。人类耕作时间越长,黑土层颜色越淡。本县砂姜黑土分为两个亚类:砂姜黑土和碱化砂姜黑土。

水稻土占五河县地域面积的15%,主要分布在浍河、沱河沿岸。水稻土是在各种地带性土壤和非地带性土壤上经长期水耕熟化发展而成的。各种水稻土继承其母质土壤的若干特性,又受水稻土发育过程的影响。本县水稻土全年淹水时间为5个月,其余时间是旱作,处在通气条件下,土体中淋溶作用较弱,土体构型变化不明显,受原来母质影响较大。本县水稻土分为淹育型、潴育型、侧漂型和潜育型四个亚类。

黄褐土占五河县地域面积的3%。黄褐土由较细粒的黄土状母质发育而成,多组成丘岗。该土壤土体中游离碳酸钙已不复存在,土壤呈灰黄棕色,在底部可散见圆形石灰结核。土壤黏化淀积明显,B层黏聚,黏粒硅铝率在3.0左右,表层pH为6.0—6.8,底层pH为7.5,盐基饱和度由表层向底层逐渐趋向饱和。

小于本县地域面积3%的土壤类型还有黄棕壤、紫色土、石灰(岩)土等。

本区域中心区气候特征

本区域中心区气候特征值
Regional climate characteristics in central area of the region

气候带:北亚热带湿润气候 Climate region: North subtropical humid climate	
年平均气温 /℃ Annual average temperature /℃	15.2
年平均最高气温 /℃ Annual average maximum temperature /℃	20.1
年平均最低气温 /℃ Annual average minimum temperature /℃	11.2
年降水量 /mm Annual precipitation /mm	918
≥10℃的积温 /℃ Daily temperature accumulated in a year (≥10℃) /℃	5564
年日照时数 /h Annual sunshine /h	2076
年平均相对湿度 /% Annual average relative humidity /%	72
干燥度 Dryness	0.98

本区域中心区月平均气温与月平均降水量
Monthly temperature and precipitation in central area of the region

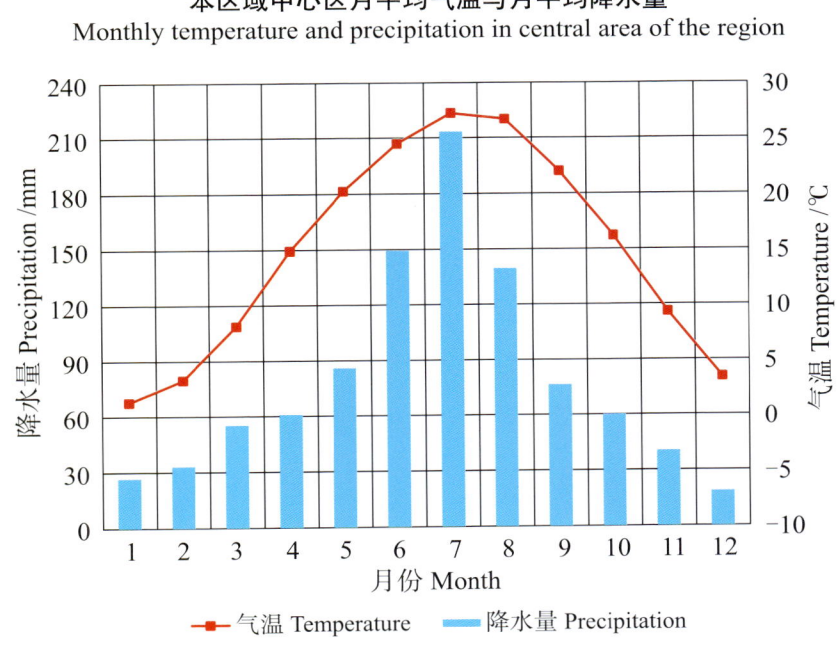

五河县主要土壤类型与土壤剖面点分布图

1:220 000

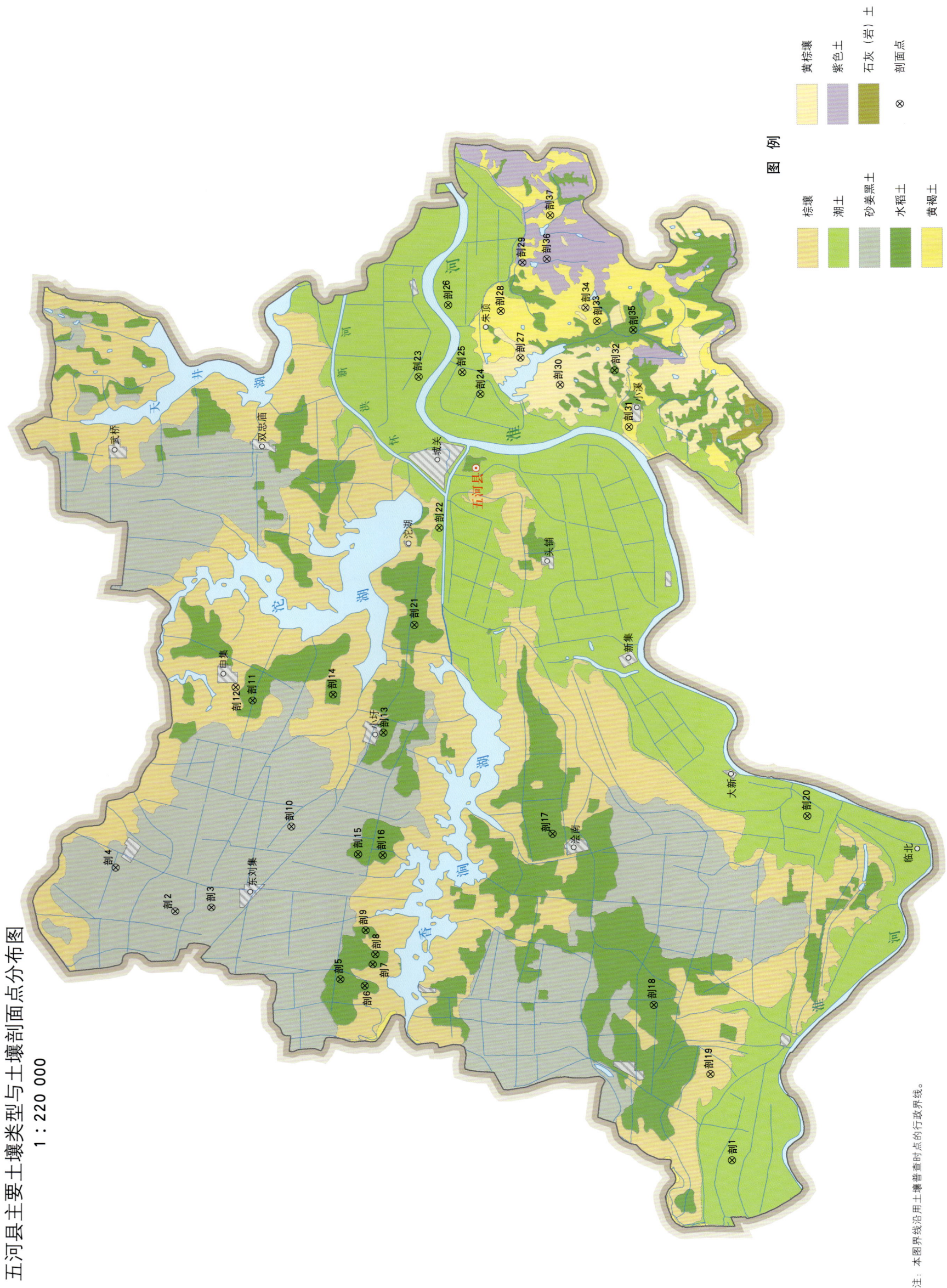

注：本图界线沿用土壤普查时点的行政界线。

五河县土壤剖面理化性状表

剖面号 Soil profile	土纲 Soil order	土类 Soil great group	亚类 Soil subgroup	土属 Soil genus	土种 Soil species	土层码 Layer code	土层厚度 Depth/cm	颜色 Soil color	质地 Soil texture	土壤结构 Soil structure	pH	有机质 OM/(g/kg)	全氮 TN/(g/kg)	全磷 TP/(g/kg)	全钾 TK/(g/kg)	阳离子交换量CEC/(cmol/kg)	土壤母质 Parent material	剖面点坐标 Profile coordinate	匹配指数 Matching index/%
剖1	半水成土	潮土	黄潮土	淤土	砂底淤	1	0—16	棕黄色	中黏土	粒状	8.5	16.4	1.15	0.15	20.5	22.4	近代黄泛沉积物	E 117°28′08.6″ N 33°00′29.3″	95
						2	16—33	棕色	中黏土	块状	8.5	10.1	0.84	0.63	22.0	21.9			
						3	33—69	黄色	砂黏土	无结构	8.5	4.7	0.32	0.58	17.6	9.1			
						4	69—110	黄色	砂壤土	无结构	8.0	2.4	0.16	0.68	15.7	3.4			
剖2	半水成土	砂姜黑土	砂姜黑土	黑土	死黑土	1	0—19	浅灰色	重壤土	粒状	8.0	11.0	0.70	0.27	15.1	25.4	黄土性古河流沉积物	E 117°36′59.2″ N 33°16′27.4″	95
						2	19—27	灰色	重壤土	小块状	7.5	8.7	0.59	0.21	15.2	25.7			
						3	27—53	浅黄灰色	轻黏土	棱块状	7.0	7.8	0.54	0.19	15.6	32.5			
						4	53—70	灰黄色	轻黏土	棱块状	7.0	5.2	0.39	0.23	18.2	34.0			
						5	70—150	黄黄色	重壤土	棱块状	7.3	4.6	0.31	0.25	18.1	27.6			
剖3	半水成土	砂姜黑土	砂姜黑土	青白土	青白土	1	0—18	灰白色	重壤土	屑粒状	8.1	7.9	0.49	0.25	15.5	19.6	黄土性古河流沉积物	E 117°37′07.2″ N 33°15′25.6″	95
						2	18—41	褐黄色	重黏土	碎块状	8.3	7.7	0.68	0.23	16.1	27.4			
						3	41—69	褐黄色	轻黏土	棱块状	8.4	6.3	0.46	0.16	18.5	35.9			
						4	69—130	灰黄色	重黏土	棱块状	8.7	3.5	0.24	0.27	17.4	18.4			
剖4	半水成土	砂姜黑土	砂姜黑土	黑土	黑土	1	0—14	青灰色	轻黏土	屑粒状	7.1	14.1	0.91	0.33	15.8	25.0	黄土性古河流沉积物	E 117°38′34.0″ N 33°18′09.7″	95
						2	14—29	青灰色	轻黏土	小块状	7.7	12.4	0.86	0.28	16.0	27.6			
						3	29—48	褐黄色	轻黏土	棱块状	8.2	8.6	0.57	0.31	18.5	32.4			
						4	48—75	灰黄色	轻黏土	棱块状	8.2	4.6	0.40	0.31	18.8	≥50.0			
						5	75—150	黄黄色	重黏土	棱柱状	8.4	3.6	0.30	0.31	18.6	24.8			
剖5	人为土	水稻土	淹育水稻土	浅湖棕土田	坡黄土田	1	0—12	黄灰色	中壤土	小块状	7.0						黄土性古河流沉积物	E 117°34′32.0″ N 33°11′43.3″	95
						2	12—21	黄灰色	重黏土	小块状	7.0								
						3	21—43		黏黏土	碎块状	7.0								
						4	43—60	棕黄色	黏黏土	碎块状	7.0								
						5	60—150	黄棕色	黏黏土	棱块状	7.0								
剖6	人为土	水稻土	潴育水稻土	砂姜黑土田	青白土田	1	0—11	白灰色	重黏土	屑粒状	7.4	9.9	0.64	0.21	15.6	16.5	黄土性古河流沉积物	E 117°34′11.6″ N 33°11′04.7″	95
						2	11—17	白灰色	重黏土	小块状	7.8	10.3	0.65	0.21	15.4	17.0			
						3	17—55	青灰色	重黏土	棱块状	8.1	6.4	0.47	0.19	17.0	27.5			
						4	55—85	灰黄色	重黏土	棱块状	7.7	4.3	0.36	0.19	19.2	28.8			
						5	85—108	黄黄色	重黏土	棱柱状	7.6	3.1	0.32	0.19	19.6	27.6			
						6	108—150	黄灰色	重黏土	棱柱状	7.8	≤1.0	0.26	0.31	19.2	27.9			
剖7	人为土	水稻土	潴育水稻土	马肝田	黑马肝田	1	0—16	暗黄黄色	重黏土	细粒状	8.2	13.2	0.79	0.27	19.1	19.5	下蜀黄土	E 117°35′03.6″ N 33°10′47.4″	75
						2	16—30	灰黄色	重黏土	棱柱状	8.5	5.6	0.63	0.19	18.9	18.9			
						3	30—150	黄黄色	重黏土	棱柱状	8.5	2.5	0.38	0.16	17.7	17.3			
剖8	人为土	水稻土	潴育水稻土	砂泥田	砂泥田	1	0—22	暗黄色	砂壤土	块状	7.0	10.8	0.62	0.42		13.7	河流冲积物	E 117°35′25.0″ N 33°10′42.7″	75
						2	22—43	棕色	中壤土	块状	7.5	6.7	0.42	0.39	20.8	15.7			
						3	43—80	棕色	中壤土	块状	7.5	4.3	0.35	0.32	19.1	15.4			
						4	80—150	褐色	重黏土	粒状	7.5	5.3	0.33	0.34	19.1	20.9			
剖9	人为土	水稻土	潴育水稻土	麻石砂泥田	黑泥田	1	0—18	暗棕灰色	重黏土	块状	5.5	19.0	0.62	0.41	11.6	23.4	花岗岩残积物、坡积物	E 117°36′13.1″ N 33°10′60.0″	75
						2	18—60	褐黄	重黏土	块状	6.0	5.8	0.42	0.17	10.1	13.0			
						3	60—100	灰黄色	重黏土	无结构	6.0	2.5	0.28	0.11	13.1	13.9			

续表 Continued

剖面号 Soil profile	土纲 Soil order	土类 Soil great group	亚类 Soil subgroup	土属 Soil genus	土种 Soil species	土层码 Layer code	土层厚度 Depth/cm	颜色 Soil color	质地 Soil texture	土壤结构 Soil structure	pH	有机质 OM/(g/kg)	全氮 TN/(g/kg)	全磷 TP/(g/kg)	全钾 TK/(g/kg)	阳离子交换量CEC/(cmol/kg)	土壤母质 Parent material	剖面点坐标 Profile coordinate	匹配指数 Matching index/%
剖10	半水成土	砂姜黑土	砂姜黑土	黄土	黄土	1	0—10	暗黄色	轻黏土	粒状							黄土性古河流沉积物	E 117°39′58.9″ N 33°13′06.1″	95
						2	10—18	黄黄色	轻黏土	棱块状									
						3	18—50	棕黄色	轻黏土	大块状									
						4	50—105	褐黄色	轻黏土	大块状									
						5	105—150	灰黄色	轻黏土	棱柱状									
剖11	人为土	水稻土	淹育水稻土	浅紫砂泥田	紫泥田	1	0—21	暗红棕色	中黏土	无结构	5.5	11.6	0.77	0.27	23.0	11.8	紫色砂岩、砂页岩、砂砾岩风化物	E 117°44′28.2″ N 33°14′11.6″	75
						2	21—37	棕黄色	中黏土	单粒状	6.0	5.5	0.24	0.49	21.2	17.3			
						3	37—50	暗棕灰色	重黏土	棱块状	5.5	4.2	0.30	0.45	18.2	18.1			
						4	50—110	暗红棕色	中壤土	棱柱状	6.0	4.4	0.18	0.30	19.2	14.6			
剖12	淋溶土	棕壤	潮棕壤	红白土	红白土	1	0—17	黄白色	中壤土	屑粒状	7.9	7.7	0.54	0.21	21.7	11.5	黄土性古河流沉积物	E 117°44′57.2″ N 33°14′40.7″	97
						2	17—48	灰黄色	轻黏土	块状	7.8	7.3	0.47	0.19	17.5	29.8			
						3	48—98	灰黄色	轻黏土	棱柱状	8.0	5.1	0.40	0.26	19.6	27.3			
						4	98—135	灰黄色	重黏土	棱块状	7.5	6.5	0.43	0.14	18.3	29.3			
剖13	人为土	水稻土	潴育水稻土	马肝田	瘦马肝田	1	0—16	暗灰色	轻黏土	无结构	7.0	12.9	0.82	0.39	19.0	18.8	下蜀黄土	E 117°43′17.5″ N 33°10′26.3″	75
						2	16—22	灰黄色	轻黏土	棱柱状	7.5	6.4	0.47	0.20	17.9	26.5			
						3	22—40	暗黄色	轻黏土	棱柱状	7.5	5.8	0.42	0.17	17.9	23.7			
						4	40—82	灰黄色	重黏土	棱块状	7.5	3.2	0.35	0.12	16.2	20.2			
剖14	人为土	水稻土	潴育水稻土	两合土田	两合土田	1	0—14	灰白色	黏壤土	小粒状	7.0						近代黄泛沉积物	E 117°44′39.5″ N 33°11′52.9″	75
						2	14—27	褐黄色	黏壤土	鳞片状	7.0								
						3	27—50	褐黄色	黏壤土	块状	7.0								
						4	50—65	黄栗色	黏壤土	块状	7.0								
						5	65—80	黄栗色	砂壤土	块状	7.5								
						6	80—104	灰白色	砂壤土	小粒状	8.0								
						7	104—123	灰白色	中壤土	小块状	8.0								
						8	123—140	灰白色	中壤土	小块状	8.0								
剖15	人为土	水稻土	潴育水稻土	黄潮土田	两合土田	1	0—15		中壤土		8.3	14.2	1.08	0.62	23.7	18.8	近代黄泛沉积物	E 117°38′59.7″ N 33°11′11.8″	75
						2	15—25		中壤土		8.4	13.9	1.10	0.67	22.8	18.5			
						3	25—65		轻黏土		8.5	8.3	0.69	0.64	24.0	18.9			
						4	65—75		轻黏土		8.5	7.2	0.54	0.70	23.3	16.1			
						5	75—120		中黏土		8.4	8.6	0.60	0.67	24.7	23.2			
						6	120—150		中黏土		8.5	7.7	0.53	0.69	23.2	18.9			
剖16	人为土	水稻土	潜育水稻土	陷泥田	陷泥田	1	0—12		轻石壤土		6.3	16.8	1.07	0.36	16.5	18.2	近代黄泛沉积物	E 117°38′57.5″ N 33°10′29.1″	75
						2	12—36		重黏土		7.4	9.1	0.49	0.23	16.4	19.2			
						3	36—150		重黏土		7.7	7.0	0.43	0.15	15.8	19.3			
剖17	人为土	水稻土	潴育水稻土	扁石黑泥田	扁石黑泥田	1	0—15	灰黑色	轻黏土	粒状	6.5	14.1	0.99	0.53	13.2	19.3	酸性结晶岩类岩谷类沟堆积物	E 117°39′40.3″ N 33°05′36.2″	95
						2	15—21	暗黄色	重黏土	粒状	6.8	12.7	0.78	0.30	13.5	19.3			
						3	21—40	灰黄棕色	重黏土	棱柱状	6.8	5.5	0.44	0.20	12.4	16.3			
						4	40—120	暗黄棕色	中黏土	棱柱状	6.8								
剖18	人为土	水稻土	潜育水稻土	青马肝田	青马肝田	1	0—12	暗黄棕色	中壤土	粒状	5.5	11.0	0.70	0.25	16.5	11.3	下蜀黄土	E 117°33′34.9″ N 33°02′43.5″	95
						2	12—36	淡黄棕色	中壤土	柱状	6.0	6.2	0.71	0.22	15.3	11.6			
						3	36—150	灰色	重黏土	棱块状	6.5	3.6	0.42	0.18	14.2	9.8			

续表 Continued

剖面号 Soil profile	土纲 Soil order	土类 Soil great group	亚类 Soil subgroup	土属 Soil genus	土种 Soil species	土层码 Layer code	土层厚度 Depth/cm	颜色 Soil color	质地 Soil texture	土壤结构 Soil structure	pH	有机质 OM/(g/kg)	全氮 TN/(g/kg)	全磷 TP/(g/kg)	全钾 TK/(g/kg)	阳离子交换量CEC/(cmol/kg)	土壤母质 Parent material	剖面点坐标 Profile coordinate	匹配指数 Matching index/%
剖19	淋溶土	棕壤	潮棕壤	坡淤土	淤坡红土	1	0—15	褐黄色	中壤土	粒状	8.2	9.6	0.63	0.31	16.5	14.5	黄土性古河流沉积物	E 117°31′09.7″ N 33°01′05.7″	95
						2	15—26	浅棕黄色	中壤土	板状	6.0	4.6	0.39	0.31	17.1	15.5			
						3	26—48	浅棕黄色	中壤土	板状	6.0	4.2	0.36	0.27	16.3	17.1			
						4	48—85	黄灰色	重壤土	块状	7.2	5.0	0.41	0.36	18.1	20.3			
						5	85—119	黄灰色	中壤土	块状	7.0	3.8	0.36	0.33	17.0	17.6			
						6	119—150	黄灰色	重壤土	粒块状	7.4	3.4	0.34	0.24	18.2	24.2			
剖20	半水成土	潮土	黄潮土	两合土	间层两合土	1	0—16	青黄色	轻壤土	块状	8.0						近代黄泛沉积物	E 117°40′14.7″ N 32°58′17.0″	98
						2	16—30	棕黄色	重壤土	粒状	8.5								
						3	30—58	青黄色	砂壤土	片状	8.5								
						4	58—74	棕色	重壤土	粒状	8.0								
						5	74—128	灰色	砂壤土	碎块状	7.0								
剖21	人为土	水稻土	淹育水稻土	浅潮棕田	坡红土田	1	0—17	浅黄灰色	重壤土	块状	7.0					8.4	黄土性古河流沉积物	E 117°47′06.0″ N 33°09′31.6″	95
						2	17—28	褐灰色	黏壤土	棱块状	7.0					9.1			
						3	28—49	棕灰色	中黏土	块状	7.0					18.0			
						4	49—76	灰黄色	轻壤土	柱状	7.0					4.9			
						5	76—150	褐黄色	黏壤土	柱状	7.0								
剖22	半水成土	潮土	黄潮土	砂土	淤底砂土	1	0—19	黄白色	轻壤土	粒状	8.3	8.2	0.59	0.82	18.9	13.3	近代黄泛沉积物	E 117°50′30.4″ N 33°08′47.1″	95
						2	19—31	褐黄色	重壤土	粒状	8.4	7.8	0.53	0.60	18.0	24.9			
						3	31—97	白黄色	砂壤土	棱块状	8.4	8.4	0.85	0.61	20.3	26.7			
						4	97—150	白黄色	中壤土	无结构	8.5	2.4	0.34	0.61	16.5	4.9			
剖23	半水成土	潮土	黄潮土	两合土	砂底两合土	1	0—15	黄棕色	轻壤土	粒状	8.5						近代黄泛沉积物	E 117°55′52.0″ N 33°09′19.8″	95
						2	15—26	黄棕色	轻壤土	块状	8.2								
						3	26—42	黄棕色	重壤土	粒状	8.3								
						4	42—86	黄棕色	砂壤土	粒状	8.1								
						5	86—127	黄棕色	砂壤土	块状	8.0								
						6	127—160	黄棕色	中壤土	小块状	8.4								
剖24	半水成土	潮土	黄潮土	砂土	淤砂土	1	0—17	黄白色	轻黏土	块状	8.1	10.0	0.72	0.59	16.8	18.7	近代黄泛沉积物	E 117°55′14.2″ N 33°07′33.9″	95
						2	17—27	褐色	轻黏土	粒状	8.3	9.4	0.47	0.52	17.8	31.4			
						3	27—120	暗棕色	轻黏土	棱块状	8.4	9.3	0.27	0.61	22.0	14.4			
剖25	半水成土	潮土	黄潮土	两合土	砂身两合土	1	0—16	暗棕色	轻黏土	团粒状	8.2	14.6	0.82	0.15	18.3	18.9	近代黄泛沉积物	E 117°56′00.7″ N 33°08′04.4″	95
						2	16—36	栗色	轻黏土	块状	8.4	9.2	0.74	0.65	17.6	18.9			
						3	36—46	黄棕色	砂壤土	细粒状	8.4	6.8	0.46	0.62	18.1	11.6			
剖26	半水成土	潮土	黄潮土	砂土	砂土	1	0—25	暗黄棕色	砂壤土	细粒状	8.0						近代黄泛沉积物	E 117°58′22.7″ N 33°08′27.2″	95
						2	25—31	黄棕色	砂壤土	细粒状	8.0								
						3	31—85	灰黄棕色	砂壤土	粒状	8.0								
						4	85—110	灰黄棕色	中壤土	小块状	7.5								
剖27	淋溶土	黄棕壤	普通黄棕壤	麻石黄棕土	麻石黄棕土	1	0—20	灰黄棕色	中壤土	粒状	8.0	17.7	1.12	0.59	11.3	14.2	酸性结晶岩类坡积物、残积物	E 117°56′29.3″ N 33°06′23.8″	99
						2	20—32	黄棕色	轻壤土	块状	7.7	6.6	0.51	0.18	11.1	12.0			
剖28	淋溶土	黄褐土	黏盘黄褐土	黄白土	黄白土	1	0—18	灰黄棕色	轻壤土	粒状	6.5	8.6	0.43	0.23	16.1	14.4	下蜀黄土	E 117°58′08.5″ N 33°06′56.9″	97
						2	18—46	淡黄棕色	棱块状	粒状	6.5	6.1	0.32	0.20	16.2	17.4			
						3	46—100	黄黄棕色	重壤土	块状	5.9	0.38	0.16	16.7	19.1				
						4	100—110	棕色	重壤土	棱块状	7.4	4.9	0.33	0.16	17.5	17.4			
剖29	初育土	紫色土	酸性紫色土	酸性猪血泥	酸性猪血泥	1	0—26	暗灰棕色	中壤土	粒状	6.5	12.3	0.74	0.40	19.9	14.2	紫色砂岩、页岩、砂页岩和砂砾岩残积物、坡积物	E 117°59′50.7″ N 33°06′18.4″	75
						2	26—38	紫棕色	中壤土	单粒状	7.4	3.9	0.30	0.36	19.7	12.0			
						3	38—78	棕色	中壤土	细粒状	7.6	3.7	0.29	0.38	20.1	11.8			
						4	78—104	暗棕色	轻壤土	棱块状	7.8	4.3	0.34	0.30	21.6	18.9			

续表 Continued

剖面号 Soil profile	土纲 Soil order	土类 Soil great group	亚类 Soil subgroup	土属 Soil genus	土种 Soil species	土层码 Layer code	土层厚度 Depth/cm	颜色 Soil color	质地 Soil texture	土壤结构 Soil structure	pH	有机质 OM/(g/kg)	全氮 TN/(g/kg)	全磷 TP/(g/kg)	全钾 TK/(g/kg)	阳离子交换量 CEC/(cmol/kg)	土壤母质 Parent material	剖面点坐标 Profile coordinate	匹配指数 Matching index/%
剖30	淋溶土	黄棕壤	黄棕壤性土	黄棕壤性麻石土	中层黄棕壤性麻石土	1	0—10	棕灰色	中壤土	粒状							酸性结晶岩类风化物	E 117°55′31.7″ N 33°05′16.4″	97
						2	10—32	棕黄色	重壤土	碎块状									
						3	32—50	黄白色											
剖31	淋溶土	黄褐土	黏盘黄褐土	马肝土	马肝土	1	0—26	栗色	中壤土	粒状	7.4	10.5	0.69	0.31	15.1	18.4	下蜀黄土	E 117°54′12.2″ N 33°03′13.4″	97
						2	26—64	黄棕色	重壤土	块状	7.2	7.4	0.52	0.16	15.3				
						3	64—110	红棕色	轻黏土	块状	7.1	7.3	0.38	0.16	18.1	27.2			
剖32	人为土	水稻土	漂洗水稻土	白马肝田	白土田	1	0—15	暗灰色	中壤土	粒状	6.5						下蜀黄土	E 117°56′09.5″ N 33°03′41.3″	97
						2	15—38	灰黄棕色	黏壤土	粒状	7.5								
						3	38—86	淡黄棕色	黏壤土	棱柱状	7.0								
						4	86—120	淡黄棕色	黏壤土	棱柱状	7.0								
剖33	淋溶土	黄褐土	黏盘黄褐土	黏盘黄褐土	下位黏盘黄褐土	1	0—24	棕色	重壤土	粒状	7.1	9.7	0.62	0.24	19.0	21.2	下蜀黄土	E 117°57′44.5″ N 33°04′11.1″	98
						2	24—54	浅棕色	重壤土	细粒状	7.5	5.3	0.50	0.16	17.8	19.7			
						3	54—100	黄棕色	轻黏土	块状	8.0	3.0	0.51	0.15	19.0	27.2			
剖34	淋溶土	黄棕壤	黄棕壤性土	黄棕壤性麻石土	中层黄棕壤性扁石土	1	0—16	浅灰色	轻黏土	块状	8.0	13.9	0.97	≥10.00	≥50.0	26.7	千枚岩、页岩、泥质页岩、黄砂岩残积物、坡积物	E 117°58′12.9″ N 33°04′31.2″	97
						2	16—25	灰棕色	轻黏土	块状	8.0	14.3	1.03	≥10.00	≥50.0	21.9			
						3	25—67	黄棕色	轻黏土	棱块状	8.1	7.7	0.58	≥10.00	≥50.0	23.7			
						4	67—135	棕色	重黏土	大块状	8.1	8.0	0.56	≥10.00	≥50.0	20.1			
剖35	人为土	水稻土	淹育水稻土	浅马肝田	浅马肝田	1	0—12	暗棕色	轻壤土	屑粒状	6.0	8.9	0.96	0.38	18.0	22.3	下蜀黄土	E 117°57′24.7″ N 33°03′08.9″	95
						2	12—18	暗棕灰色	重壤土	无结构	6.5	4.0	0.60	0.30	18.3	22.2			
						3	18—110	紫棕色	重壤土	棱块状	7.0		0.35	0.24	19.4	13.8			
剖36	初育土	紫色土	中性紫色土	猪血泥	红紫泥土	1	0—18	暗红棕色	中壤土	无结构	6.5	11.6	0.71	0.36	19.7		紫色砂岩、砂页岩、砂砾岩风化物	E 118°00′06.2″ N 33°05′39.5″	97
						2	18—29	暗红棕色	中壤土	片状	6.5	8.0	0.43	0.31		14.0			
						3	29—59	暗红棕色	轻壤土	单粒状	7.5	3.0	0.17	0.18		12.0			
						4	59—85	暗红色	砂壤土		7.5	2.8	0.14	0.60		14.2			
剖37	淋溶土	黄褐土	黏盘黄褐土			1	0—30	棕色	重黏土	粒状	7.1							E 118°01′30.7″ N 33°05′29.3″	95
						2	30—85	浅灰色	重黏土	细粒状	7.5								
						3	85—110	黄棕色	轻黏土	块状	8.0								
						4	110—150	黄棕色	轻壤土	块状	8.1								

固 镇 县

主要土类说明

砂姜黑土是固镇县主要土壤类型,占本县地域面积的75%,分布在沱河、浍河、澥河、北沱河之间的河间平原上。砂姜黑土是在黄土性古河流沉积物的基础上经淋溶、淀积、草甸潜育、旱耕熟化等过程发育起来的旱耕土壤,剖面具有耕作层、压实层、心土层和底土层。腐泥状黑土层和潜育砂姜层是其两个典型层段,前者包括耕作层、压实层和心土层,后者一般为底土层。黑土层一般厚20—40cm,经草甸潜育作用而形成。因地形部位不同,生物积累作用也不同,加上碱化、白土化和耕作脱潜作用等影响,黑土层表土颜色差异较大,有青黑色、黄黑色、黄色、灰白色等。耕作层有机质含量一般在11—15g/kg。压实层下部一般有埋藏黑土层,有机质含量为7.8g/kg左右,明显比底土层高,黑色越深,有机质含量越高。砂姜层出现部位(深度)与生产性能有直接关系,一般砂姜层出现部位为70cm以下,表层质地较轻,可溶盐(如钠盐)可在地表聚集,钠离子被胶体吸附,形成碱化砂姜黑土亚类。本县砂姜黑土分为砂姜黑土和碱化砂姜黑土两个亚类。

棕壤是固镇县第二大土壤类型,占本县地域面积的19%,分布在浍河、澥河、沱河两岸,呈狭长带状分布。由于河流弯弯曲曲,河流不断"蠕动",加上支流切割,其带状分布又呈脊椎状或舌状。本县棕壤只有潮棕壤一个亚类。该亚类是在暖温带半湿润气候条件下和黄土性古河流沉积物的基础上,经淋溶、潮化和旱耕熟化等过程形成的耕作土壤。潮棕壤沿河口与潮土类相连,背河一侧与砂姜黑土接壤。

潮土是固镇县第三大土壤类型,占本县地域面积的5%,分布在浍河和北沱河的河湾内,地势低洼,但较平坦,地下水位为1—3m,海拔一般在16—18m。其质地受河流分选作用影响较明显,符合紧砂慢淤的分选规律。如浍河在本县流速较缓,但上游流速大于下游,所以上游潮土质地较轻,多为两合土;下游质地渐重,多为淤土,有明显的潮化作用。地下水因受河水的补给经常保持在深2m以内,能通过毛管作用上升到地表层,故表土具有夜潮性,这有利于草甸植物生长。地下水补给来源为河水和雨水,故无盐碱化问题。潮土成土年龄较短,土壤淋溶、淀积层次发生不明显。低洼的淤土,因地下水位常年在1m以内,有轻微的潜育现象。土壤结构较好,耕作层孔隙度在54%左右,容重为1.22g/cm³,比其他土类略轻。本县潮土只有黄潮土一个亚类。

小于本县地域面积3%的土壤类型还有水稻土等。

本区域中心区气候特征

本区域中心区气候特征值
Regional climate characteristics in central area of the region

气候带:暖温带亚湿润气候 Climate region: Warm temperate subhumid climate	
年平均气温 /℃ Annual average temperature /℃	15.1
年平均最高气温 /℃ Annual average maximum temperature /℃	20.1
年平均最低气温 /℃ Annual average minimum temperature /℃	11.0
年降水量 /mm Annual precipitation /mm	899
≥10℃的积温 /℃ Daily temperature accumulated in a year (≥10℃) /℃	5536
年日照时数 /h Annual sunshine /h	2093
年平均相对湿度 /% Annual average relative humidity /%	71
干燥度 Dryness	1.00

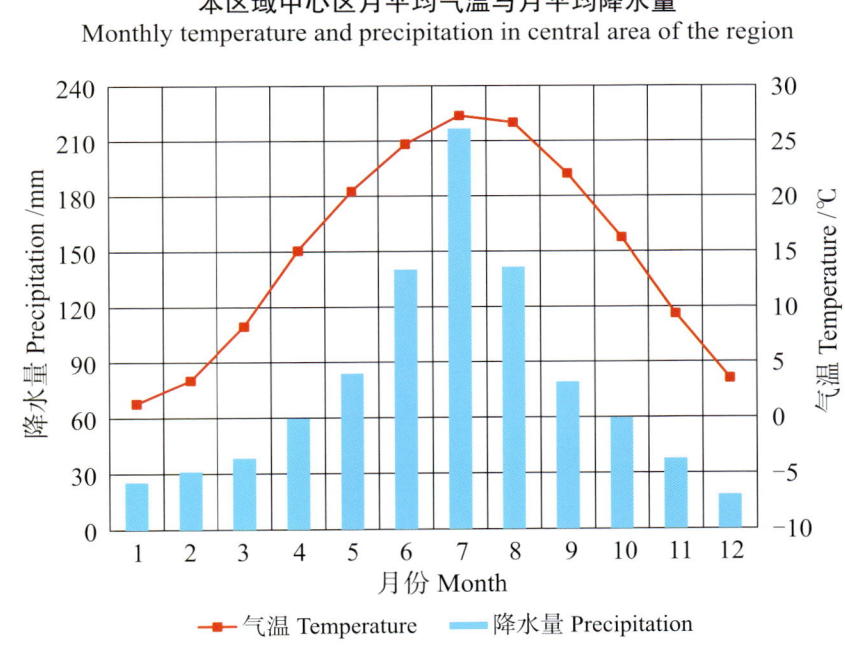

本区域中心区月平均气温与月平均降水量
Monthly temperature and precipitation in central area of the region

固镇县主要土壤类型与土壤剖面点分布图
1:230 000

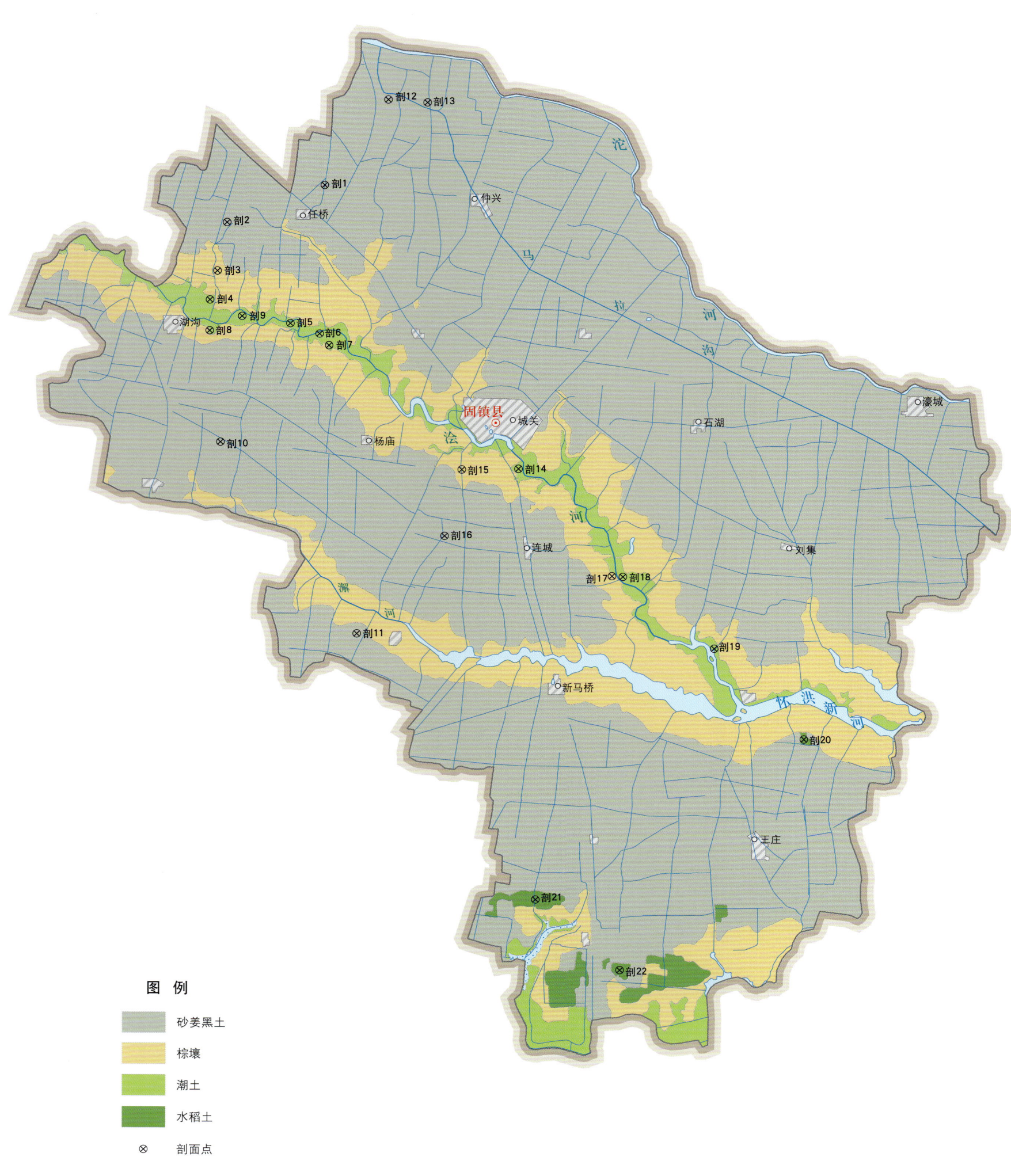

图 例
- 砂姜黑土
- 棕壤
- 潮土
- 水稻土
- ⊗ 剖面点

注：本图界线沿用土壤普查时点的行政界线。

固镇县土壤剖面理化性状表

剖面号 Soil profile	土纲 Soil order	土类 Soil great group	亚类 Soil subgroup	土属 Soil genus	土种 Soil species	土层码 Layer code	土层厚度 Depth/cm	颜色 Soil color	质地 Soil texture	土壤结构 Soil structure	pH	有机质 OM/(g/kg)	全氮 TN/(g/kg)	全磷 TP/(g/kg)	有效磷 AP/(mg/kg)	速效钾 AK/(mg/kg)	阳离子交换量CEC/(cmol/kg)	土壤母质 Parent material	剖面点坐标 Profile coordinate	匹配指数 Matching index/%
剖1	半水成土	砂姜黑土	砂姜黑土	黄土	青黄土	1	0~18	浅黄色	重壤土	屑粒状	7.7	15.0	0.84					黄土性古河流沉积物	E 117°12′55.2″ N 33°25′54.3″	95
						2	18~26	浅黄色	重壤土	小块状	7.4	15.3	0.80							
						3	26~40	黄灰色	重壤土	块状	7.6	8.6	0.60							
						4	40~105	灰黄色	重壤土	块状	7.8	9.7	0.65							
剖2	半水成土	砂姜黑土	砂姜黑土	黑土	青黑土	A₁	0~18	深灰色	轻黏土	屑粒状	6.8	17.8	0.96	0.47	11.0	181	36.1	黄土性古河流沉积物	E 117°09′34.9″ N 33°24′49.6″	95
						A₂	18~25	深灰色	轻黏土	块状	6.7	16.2	0.96	0.48	11.0	162	37.2			
						Bv	25~41	黑色	轻黏土	块状	7.2	13.8	0.81	0.37			39.3			
						4	41~110	黄色	轻壤土	块状	7.9	7.5	0.51	0.36			31.0			
剖3	淋溶土	棕壤	潮棕壤	白黄土	白黄土	1	0~16	黄白色	中壤土	粒状	6.5							黄土性古河流沉积物	E 117°09′14.7″ N 33°23′23.9″	98
						2	16~21	黄白色	中壤土	块状	6.4									
						3	21~37	浅黄色	中壤土	板块状	6.6									
						4	37~110	棕黄色	重壤土	块状	7.2									
剖4	半水成土	潮土	黄潮土	两合土	黄底两合土	1	0~16	浅灰黄色	重壤土	小块状	7.8	9.7	0.65	0.54	4.0	102	16.5	黄泛沉积物	E 117°08′59.3″ N 33°22′32.5″	97
						2	16~24		重壤土	块状	7.5	9.4	0.66	0.52	5.0	93	15.9			
						3	24~50	灰黄色	轻壤土	块状	7.3	5.0	0.40	0.25			16.6			
						4	50~120	黄棕色	重壤土	粒状	7.4	5.0	0.41	0.14			29.0			
剖5	半水成土	潮土	黄潮土	两合土	下位淤底两合土	1	0~17		重壤土	小块状	7.7	10.5	0.73	0.60	5.0	141	18.2	黄泛沉积物	E 117°11′43.3″ N 33°21′49.8″	97
						2	17~25		重壤土	块状	7.6	7.7	0.56	0.57	5.0	114	19.1			
						3	25~53	红棕色	中黏土	块状	7.7	7.5	0.55	0.51			19.0			
						4	53~80	红棕色	中黏土	小块状	7.9	8.9	0.67	0.53			21.7			
						5	80~103	灰棕色	重黏土	块状	7.7	5.9	0.40	0.44			15.7			
剖6	半水成土	潮土	黄潮土	淤土	淤土	1	0~14	棕灰色	中壤土	粒状	8.2							黄泛沉积物	E 117°12′42.9″ N 33°21′30.5″	97
						2	14~25	棕灰色	中壤土	小块状	8.3									
						3	25~67	棕红色	中黏土	块状	8.3									
						4	67~110	黄棕色	重壤土	块状	8.2									
剖7	半水成土	潮土	黄潮土	两合土	上位砂底两合土	1	0~16	黄棕色	重壤土	粒状	7.7							黄泛沉积物	E 117°13′02.4″ N 33°21′09.8″	97
						2	16~23	棕色	重壤土	小块状	7.8									
						3	23~32	红棕色	重壤土	屑粒状	7.8									
						4	32~54	黄棕色	轻壤土	粒状	7.9									
						5	54~107	红棕色	重壤土	粒状	7.7									
剖8	半水成土	潮土	黄潮土	淤土	黄底淤	1	0~13	深棕色	轻壤土	粒状	8.0	17.0	1.07	0.63	13.0	300	24.4	黄泛沉积物	E 117°08′58.2″ N 33°21′37.2″	97
						2	13~20	棕红色	重壤土	小块状	8.0	14.0	1.00	0.57	7.0	227	24.7			
						3	20~55	棕色	重壤土	块状	8.1	9.5	0.71	0.56			25.0			
						4	55~110	棕黄色	重壤土	块状	8.0	3.4	0.37	0.22			26.0			
剖9	半水成土	潮土	黄潮土	两合土	两合土	1	0~17	浅黄色	中壤土	粒状	8.2							黄土性古河流沉积物	E 117°10′04.3″ N 33°22′03.1″	97
						2	17~28	深黄色	中壤土	小块状	8.1									
						3	28~50	深黑色	中壤土	块状	8.1									
						4	50~120	黄灰色	重壤土	块状	8.0									
剖10	半水成土	砂姜黑土	砂姜黑土	黑土	黄黑土	1	0~14	浅灰黄色	重壤土	屑粒状	6.8	12.4	0.68					黄土性古河流沉积物	E 117°09′19.4″ N 33°18′19.4″	95
						2	14~24	灰黑色	重壤土	小块状	6.9	11.6	0.64							
						3	24~40	灰黄色	轻壤土	块状	6.9	7.3	0.41							
						4	40~110	灰黄色	重壤土	块状	8.1	5.8	0.35							

续表 Continued

剖面号 Soil profile	土纲 Soil order	土类 Soil great group	亚类 Soil subgroup	土属 Soil genus	土种 Soil species	土层码 Layer code	土层厚度 Depth/cm	颜色 Soil color	质地 Soil texture	土壤结构 Soil structure	pH	有机质 OM/(g/kg)	全氮 TN/(g/kg)	全磷 TP/(g/kg)	有效磷 AP/(mg/kg)	速效钾 AK/(mg/kg)	阳离子交换量CEC/(cmol/kg)	土壤母质 Parent material	剖面点坐标 Profile coordinate	匹配指数 Matching index/%
剖11	半水成土	砂姜黑土	砂姜黑土	黄土	淡黄土	1	0—20	淡黄色	重壤土	屑粒状	6.5	11.4	0.69	0.29	5.0	106		黄土性古河流沉积物	E 117°13′56.7″ N 33°12′36.9″	95
						2	20—30	淡黄色	重壤土	块状	6.4	9.9	0.61	0.21	4.0	88				
						3	30—60	黄灰色	重壤土	块状	7.2	5.9	0.38	0.17						
						4	60—105	黄色	轻壤土	块状	6.9	6.3	0.39	0.22						
剖12	半水成土	砂姜黑土	碱化砂姜黑土	白碱土	活碱土	1	0—19	浅灰白色	轻壤土	粉粒状	7.8	6.7	0.36					黄土性古河流沉积物	E 117°15′06.0″ N 33°28′25.7″	97
						2	19—28	浅灰白色	轻壤土	粉粒状	8.0	6.4	0.35							
						3	28—39	淡灰白色	砂壤土	粉粒状	8.7									
						4	39—78	灰色	中壤土	小碎块状	8.4									
						5	78—130	灰黄色	轻壤土	块状	8.6									
剖13	半水成土	砂姜黑土	砂姜黑土	黑土	黑土	1	0—15	灰黑色	重壤土	屑粒状	7.0	13.0	0.89	0.56	7.0	204		黄土性古河流沉积物	E 117°16′26.7″ N 33°28′20.0″	95
						2	15—24	灰黑色	重壤土	小块状	7.2	12.6	0.83	0.51	4.0	185				
						3	24—45	黑色	重壤土	块状	7.6			0.53						
						4	45—100	灰黄色	轻壤土	块状	8.0	5.4	0.40	0.54						
剖14	半水成土	潮土	黄潮土	淤土	下位砂底淤	1	0—16	灰棕色	重壤土	粒状	8.0	12.3	0.85		7.0		30.0	黄泛沉积物	E 117°17′28.0″ N 33°17′29.2″	97
						2	16—23	灰棕色	重壤土	块状	8.2	10.8	0.81		4.0		26.8			
						3	23—30	灰棕色	重壤土	块状	7.9	8.9	0.72				21.6			
						4	30—35	棕红色	重黏土	块状	7.9	7.5	0.62							
						5	55—100	浅黄色	轻壤土	屑粒状	7.9	2.4	0.23				7.9			
剖15	淋溶土	棕壤	潮棕壤	坡黄土	坡黄土	1	0—14	棕黄色	重壤土	粒状	7.0							黄土性古河流沉积物	E 117°17′32.2″ N 33°17′28.7″	98
						2	14—19	棕黄色	重壤土	块状	7.5									
						3	19—105	黄色	轻黏土	粒状	7.1									
剖16	半水成土	砂姜黑土	砂姜黑土	淤黑土	厚淤黄土	1	0—19	黄棕色	重壤土	粒状	7.0	10.4	0.74	0.40	10.0	143		黄土性古河流沉积物	E 117°16′56.8″ N 33°15′30.9″	95
						2	19—25	黄棕色	重壤土	块状	7.2	9.8	0.65	0.32	2.0	132				
						3	25—50	棕黄色	重壤土	小块状	7.7	7.6	0.52	0.20						
						4	50—115	黄色	轻壤土	块状	7.8	6.7	0.42	0.15						
剖17	淋溶土	棕壤	潮棕壤	淤底坡黄土	淤底坡黄土	1	0—15	棕黄色	中壤土	粒状	7.4							黄泛沉积物	E 117°22′38.3″ N 33°14′17.6″	97
						2	15—21	棕黄色	轻壤土	块状	7.6									
						3	21—50	棕红色	轻壤土	块状	7.6									
						4	50—100	浅红黄色	轻壤土	块状	7.8									
剖18	半水成土	潮土	黄潮土	淤土	砂底淤	1	0—14	褐棕色	中壤土	粒状	8.2	11.9	0.87	0.43	5.0	222	28.8	黄土性古河流沉积物	E 117°23′00.1″ N 33°14′16.5″	97
						2	14—19	棕灰色	轻壤土	块状	8.3	10.5	0.76	0.40	4.0	185	27.8			
						3	19—40	棕红色	重壤土	块状	8.4	8.2	0.60	0.43			25.9			
						4	40—103	浅红黄色	轻壤土	小块状	8.6	2.2	0.17	0.46						
剖19	半水成土	潮土	潮土	淤土	湿淤土	1	0—10	黄棕色	重壤土	粉粒状	7.6							黄泛沉积物	E 117°26′05.7″ N 33°12′07.8″	97
						2	10—20	棕灰色	轻黏土	块状	8.4									
						3	20—100	黄棕色	轻壤土	块状	8.4									
剖20	人为土	水稻土	潴育水稻土	砂姜黑土田	青白土田	A	0—15	浅灰白色	重黏土	粒状	7.0							黄土性古河流沉积物	E 117°29′08.6″ N 33°09′27.2″	97
						P	15—24	浅灰白色	重黏土	块状	7.9									
						W	24—39	暗灰色	重黏土	块状	7.8									
						Bv	39—110	灰黄色	重黏土	粒状	7.8									
剖21	人为土	水稻土	漂洗水稻土	白黄土田	白黄土田	A	0—15	棕黄色	轻黏土	块状	6.8							黄土性古河流沉积物	E 117°19′59.5″ N 33°04′42.4″	99
						P	15—27	棕黄色	轻黏土	块状	7.5									
						W	27—35	灰黄色	轻黏土	块状	7.2									
						Bv	35—120	灰黄色	中壤土	块状	7.2									

续表 Continued

剖面号 Soil profile	土纲 Soil order	土类 Soil great group	亚类 Soil subgroup	土属 Soil genus	土种 Soil species	土层码 Layer code	土层厚度 Depth/cm	颜色 Soil color	质地 Soil texture	土壤结构 Soil structure	pH	有机质 OM/(g/kg)	全氮 TN/(g/kg)	全磷 TP/(g/kg)	有效磷 AP/(mg/kg)	速效钾 AK/(mg/kg)	阳离子交换量CEC/(cmol/kg)	土壤母质 Parent material	剖面点坐标 Profile coordinate	匹配指数 Matching index/%
剖22	人为土	水稻土	潴育水稻土	砂姜黑土田	黄黑土田	A	0—15	浅棕黄色	轻黏土	小块状	6.7	15.0	0.93	0.50	10.0	148	23.9	黄土性古河流沉积物	E 117°22′50.9″ N 33°02′37.0″	99
						P	15—24	浅棕灰色	轻黏土		7.5	9.8	0.63	0.35	6.0	91	23.8			
						W	24—41	灰棕色	轻黏土	柱状	7.6	7.7	0.52	0.19			27.8			
						Bv	41—110	灰黄棕色	轻黏土	块状	7.8	4.4	0.34	0.37						

淮 南 市

市 辖 区

主要土类说明

砂姜黑土是淮南市主要土壤类型，占本市地域面积的24%，集中分布在潘集区茨淮新河、黑河以南地区以及淮河以南的局部低洼地带。砂姜黑土旱渍僵瘦，质地黏重，肥力低，是本区主要低产土壤。其成土过程先后经历了草甸潜育化和脱潜旱耕熟化两个阶段，形成了耕作层、埋藏黑土层、潜育砂姜层等发生层段。黑土层厚4—81cm，平均为25.4cm，其下限随地形起伏而变化，颜色多为浅灰色，向下逐渐向棕黄色土层过渡。

水稻土是淮南市第二大土壤类型，占本市地域面积的23%。淹水期间土体呈还原状态，落干后呈氧化状态。一般水稻土有机质含量略高于相对应的旱作土壤，土壤结构体表面形成锈色斑纹、灰色胶膜等新生体。与旱地比较，水稻土升温和降温反应迟缓，通气孔隙度降低，空气减少，容重变小，总孔隙度增加。

黄褐土是淮南市第三大土壤类型，占本市地域面积的20%。土壤质地黏重，富含粉砂颗粒，结持较紧实，呈棱块状、棱柱状结构，土壤呈中性。由于淋溶作用强烈，黏粒形成与淋溶积聚十分活跃，形成黏盘。

潮土占淮南市地域面积的17%，是在河流冲积物上，经耕种熟化发育而成的旱作土壤。土壤结构面上形成各种形态的锈色斑纹、灰色条纹或细小的铁锰结核。黄泛沉积物母质形成的潮土有强烈的石灰反应，其他母质形成的潮土一般无石灰反应。

石灰（岩）土占淮南市地域面积的4%，是在石灰岩风化物上形成的一种岩性土。土壤多为中性至微碱性。土壤质地黏重，表层腐殖质含量较高，颜色较暗，表土层以下常见块状或棱块状结构，结持较紧实，结构体表面常见有光泽的胶膜和雏形铁锰结核。

小于本市地域面积3%的土壤类型还有紫色土等。

本区域中心区气候特征

本区域中心区气候特征值
Regional climate characteristics in central area of the region

气候带：北亚热带湿润气候 Climate region: North subtropical humid climate	
年平均气温 /℃ Annual average temperature /℃	15.4
年平均最高气温 /℃ Annual average maximum temperature /℃	20.4
年平均最低气温 /℃ Annual average minimum temperature /℃	11.4
年降水量 /mm Annual precipitation /mm	943
≥10℃的积温 /℃ Daily temperature accumulated in a year (≥10℃) /℃	5631
年日照时数 /h Annual sunshine /h	2009
年平均相对湿度 /% Annual average relative humidity /%	73
干燥度 Dryness	0.98

本区域中心区月平均气温与月平均降水量
Monthly temperature and precipitation in central area of the region

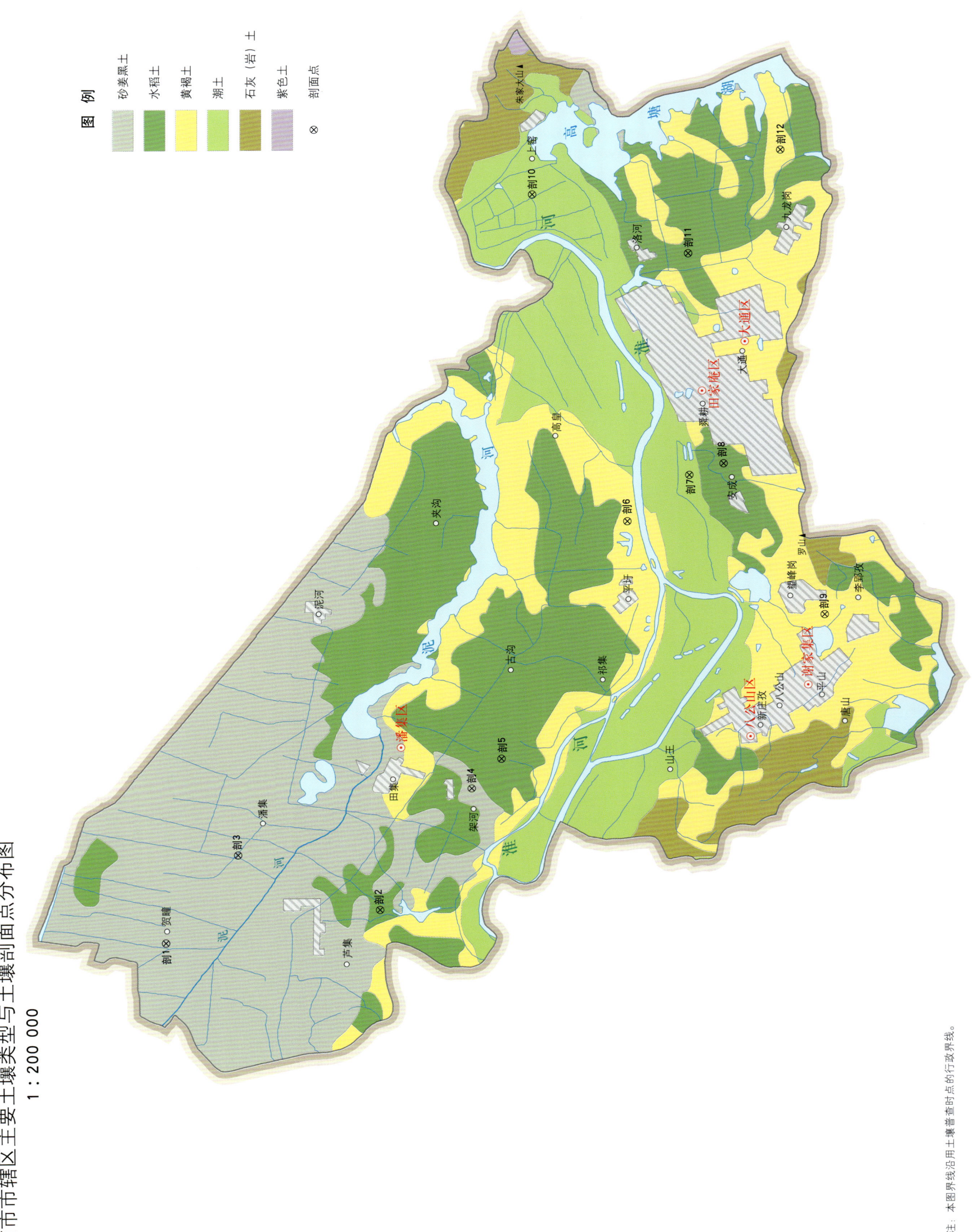

淮南市市辖区主要土壤类型与土壤剖面点分布图
1∶200 000

淮南市土壤剖面理化性状表

剖面号 Soil profile	土纲 Soil order	土类 Soil great group	亚类 Soil subgroup	土属 Soil genus	土种 Soil species	土层码 Layer code	土层厚度 Depth/cm	颜色 Soil color	质地 Soil texture	土壤结构 Soil structure	pH	有机质 OM/(g/kg)	全氮 TN/(g/kg)	全磷 TP/(g/kg)	全钾 TK/(g/kg)	有效磷 AP/(mg/kg)	速效钾 AK/(mg/kg)	阳离子交换量 CEC/(cmol/kg)	土壤母质 Parent material	剖面点坐标 Profile coordinate	匹配指数 Matching index/%
剖1	半水成土	砂姜黑土	砂姜黑土	黑粒土	黑粒土	1	0—14	暗棕色	重壤土	粒状	8.0	12.3	0.72	0.33	17.9	4.0	144	25.4	黄土性古河流沉积物	E 116°43′34.5″ N 32°52′42.1″	75
						2	14—24	暗棕色	重壤土	小块状	8.0	11.0	0.66	0.37	17.6	3.0	147	23.9			
						3	24—35	暗灰色	重壤土	棱块状		10.1	0.57	0.27	18.5	2.0	115	22.0			
						4	35—100	灰黄色	黏土	棱块状	8.1	5.9	0.53	0.23	19.1	≤1.0	108	25.4			
剖2	人为土	水稻土	潜育水稻土	砂姜黑土田		P₁	0—12	灰棕色	重壤土	块状	8.4	24.6	1.52	0.39	24.5	5.0	164	25.6	黄土性古河流沉积物	E 116°44′32.6″ N 32°47′15.0″	95
						P₂	12—23	黄灰色	重壤土	块状	8.3	23.2	1.40	0.92	24.4	13.0	184	23.7			
						W₁	23—38	浅棕黄色	重壤土	块状	8.4	10.9	0.76	0.56	25.6	3.0	143	21.5			
						W₂	38—100	暗棕黄色	中壤土	块状	8.4	8.3	0.61	0.51	24.9	≤1.0	139	22.5			
剖3	半水成土	砂姜黑土	砂姜黑土	砂姜黄土		1	0—12	灰黄色	重壤土	小块状	7.6	11.0	0.81	0.37	13.9	5.0	185	21.6	黄土性古河流沉积物	E 116°46′16.8″ N 32°50′51.7″	98
						2	12—18	黄灰色	重壤土	块状	7.7	7.6	0.69	0.32	15.1	2.0	161	19.6			
						3	18—25	灰蓝色	重壤土	块状	7.8	6.7	0.49	0.36	14.4	2.0	151	23.2			
						4	25—38	暗灰黄色	重壤土	棱块状	8.0	7.0	0.67	0.35	15.1	≤1.0	134	28.1			
						5	38—100	暗棕黄色	重黏土	棱块状	8.1	4.8	0.37	0.34	17.4	≤1.0		29.0			
剖4	半水成土	砂姜黑土	碱化砂姜黑土	白碱土		1	0—12	黄灰色	轻黏土	小块状	6.5	24.7	1.67	0.48	15.6	14.0	212	31.4	黄土性古河流沉积物	E 116°48′20.2″ N 32°44′54.1″	95
						2	12—24	灰褐色	重壤土	块状	6.6	24.1	1.56	0.43	15.8	8.0	174	32.7			
						3	24—100	灰蓝色	轻黏土	无结构	6.9	18.2	1.48	0.36	15.5	3.0		34.5			
剖5	人为土	水稻土	潜育水稻土	石灰性砂泥田		P₁	0—12	棕灰色	轻壤土	小块状	8.2	20.0	1.22	0.69	21.0	12.0	208	24.5	河流冲积物	E 116°49′15.8″ N 32°44′08.9″	95
						P₂	12—20	棕黄色	轻壤土	块状	8.4	10.4	0.73	0.65	21.0	7.0	171	24.3			
						W	20—37	棕黄色	中壤土	块状	8.4	5.1	0.46	0.36	16.0	3.0	90	15.5			
						C	37—100	棕黄色	重壤土	棱块状	8.2	5.7	0.44	0.26	16.8	2.0	147	29.5			
剖6	淋溶土	黄褐土	黏盘黄褐土	潮马肝土		A	0—10	棕黄色	砂壤土	屑粒状	7.4	14.8	0.91	0.54	16.8	≤1.0	81	11.2	下蜀黄土	E 116°56′39.3″ N 32°40′54.7″	92
						C	10—30	黄灰色	砂壤土	碎屑状	7.4	15.4	0.89	0.44	17.2	≤1.0	102	10.1			
剖7	潮土	潮土	淤土			1	0—13	灰棕色	重壤土	碎块状	8.0					2.0			河流冲积物	E 116°58′05.2″ N 32°39′19.9″	95
						2	13—25	棕红色	轻壤土	块状	8.1										
						3	25—49	棕黄色	重壤土	片状	7.3										
						4	49—100	灰棕黄色	中壤土	小块状	7.0										
剖8	人为土	水稻土	潜育水稻土	马肝田		P₁	0—13	淡黄棕色	重壤土	屑粒状	7.5	10.9	0.76	0.36	16.5	5.0	104	16.4	下蜀黄土	E 116°58′26.4″ N 32°38′27.7″	95
						P₂	13—20	淡黄棕色	黏土	块状	7.4	8.9	0.56	0.30	16.5	2.0	93	17.3			
						W	20—32	暗灰棕色	黏土	块状	7.4	6.5	0.43	0.22	16.5	≤1.0	75	19.5			
						Bv	32—75	棕黄色	轻黏土	棱块状	7.5	6.7	0.46	0.16	21.0	≤1.0	111	27.7			
						C	75—100	棕黄色	轻壤土	棱块状	7.5	5.4	0.39	0.29	20.2	≤1.0	144	27.8			
剖9	淋溶土	黄褐土	黏盘黄褐土	淤潮马肝土		1	0—5	紫棕色	黏土	粒状	7.5								下蜀黄土	E 116°53′42.3″ N 32°35′54.2″	93
						2	5—32	紫棕色	轻黏土	小块状	7.5										
						3	32—				7.6										
剖10	半水成土	潮土	砂土			A	0—14	灰白色	轻壤土	片状	8.9	6.1	0.40	0.26	12.6	4.0	63	7.6	近代黄泛沉积物	E 117°06′51.0″ N 32°43′18.1″	95
						P	14—17	灰白色	轻壤土	小块状	8.9	4.8	0.36	0.24	12.6	≤1.0	73	9.3			
						Bv	17—25	灰棕色	中壤土	块状	9.0	3.6	0.28	0.21	12.8	2.0	75	11.9			
						C	25—100	棕黄色	重壤土	棱块状	8.8	5.0	0.35	0.21	18.2	≤1.0	158	27.8			
剖11	人为土	水稻土	潜育水稻土	青马肝田		1	0—14	暗棕紫色	黏土	棱粒状	7.6	33.5	2.20	0.65	23.6	3.0	316	22.2	下蜀黄土	E 117°05′00.4″ N 32°39′20.0″	95
						2	14—100	暗棕灰色	重黏土	粒状	8.0	28.2	1.60	0.62	22.9	2.0	181	23.3			
剖12	淋溶土	黄褐土	黏盘黄褐土	黄白土		A	0—7	棕黄色	重壤土	块状	8.1								下蜀黄土	E 117°08′12.8″ N 32°36′58.9″	78
						C	7—24	棕红色	重壤土												
						3	24—														

凤 台 县

主要土类说明

砂姜黑土是凤台县主要土壤类型，占本县地域面积的47%，主要分布在桂集、顾桥等地。砂姜黑土是由黄土性古河流沉积物发育而来的。其成土过程先后经历了草甸潜育化和以脱沼泽为主要特点的旱耕熟化两个阶段。砂姜黑土中1m上下的面砂姜和硬砂姜中的碳酸钙既来自土壤上层，也来自地下水，而3m上下的砂姜盘中的碳酸钙主要来自地下水。砂姜黑土在季节性积水和干湿交替的潜育条件下，不仅有碳酸钙淀积层，也有铁锰淀积，形成锈纹、锈斑和铁锰结核，并在结核面上出现浅灰色胶膜（低价铁），这是潜育化的主要特征。砂姜黑土上层土壤中碳酸钙一般已被淋溶，但因长期搬运石灰性淤土，耕作层有不同程度的石灰反应。

潮土是凤台县第二大土壤类型，占本县地域面积的17%，主要分布在淮河及其支流沿岸，母质为河流冲积物。土壤质地变化大，沉积层次明显。一般砂质沉积物地势稍高，地下水位相对较低，一般埋深为1.5—2.5m；黏质沉积物的地势低平，地下水位相对较高，一般埋深在1.0—1.5m。土体内含有碳酸钙，全剖面有石灰反应，pH为7.8—8.2，呈微碱性至碱性。因有明显的生物积累作用，故土壤自然肥力较高。阳离子交换量变化较大，黏质潮土为13.48—23.40cmol/kg，壤质潮土为10.97—11.77 cmol/kg，砂质潮土为5.00—9.44 cmol/kg。

黄褐土是凤台县第三大土壤类型，占凤台县地域面积的13%，分布于淮河河岸两侧的岗地或缓坡地上。本成土母质为黄土状物质。表土黏粒淋溶淀积强烈，一般心土层黏粒含量比表土层高30%左右。土体中常形成坚实的黏盘层。铁锰氧化物积聚明显，沿结构面附有大量的棕色胶膜。土壤pH为6.5—7.6。

水稻土占凤台县地域面积的13%，主要分布于桂集、毛集等地的河间平原及地势平坦的岗坡地上。水稻土是人工水成土，淹水耕作是水稻土形成的主要因素。淹水期间土体呈还原状态，落干后呈氧化状态，土层干湿交替，其中铁锰化合物发生移动或部分淀积，形成一个明显的锈纹、锈斑以及含有铁锰结核的土层。一般水稻土有机质含量高于相对应的旱地土壤，主要是水稻土在淹水的状态下，有机质的合成大于分解，从而增加了积累。旱作有利于有机质分解，水稻连作则更有利于有机质的积累。本县水稻土依据水型特点分为潴育型、侧漂型等亚类。

小于本县地域面积3%的土壤类型有粗骨土、石灰（岩）土。

本区域中心区气候特征

本区域中心区气候特征值
Regional climate characteristics in central area of the region

气候带：北亚热带湿润气候 Climate region: North subtropical humid climate	
年平均气温 /℃ Annual average temperature /℃	15.3
年平均最高气温 /℃ Annual average maximum temperature /℃	20.4
年平均最低气温 /℃ Annual average minimum temperature /℃	11.2
年降水量 /mm Annual precipitation /mm	953
≥10℃的积温 /℃ Daily temperature accumulated in a year (≥10℃) /℃	5595
年日照时数 /h Annual sunshine /h	2015
年平均相对湿度 /% Annual average relative humidity /%	74
干燥度 Dryness	0.97

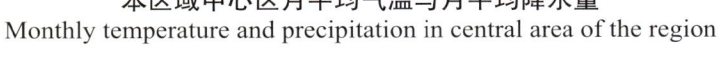

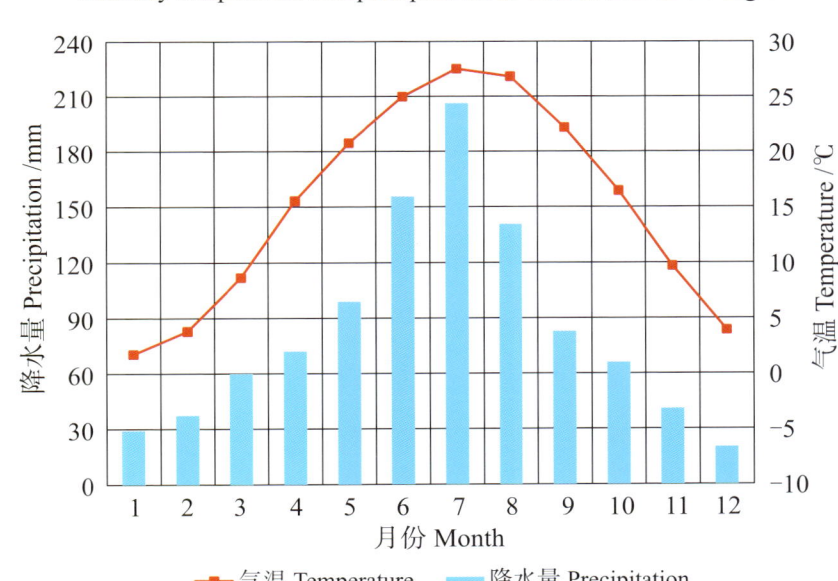

本区域中心区月平均气温与月平均降水量
Monthly temperature and precipitation in central area of the region

凤台县主要土壤类型与土壤剖面点分布图
1:180 000

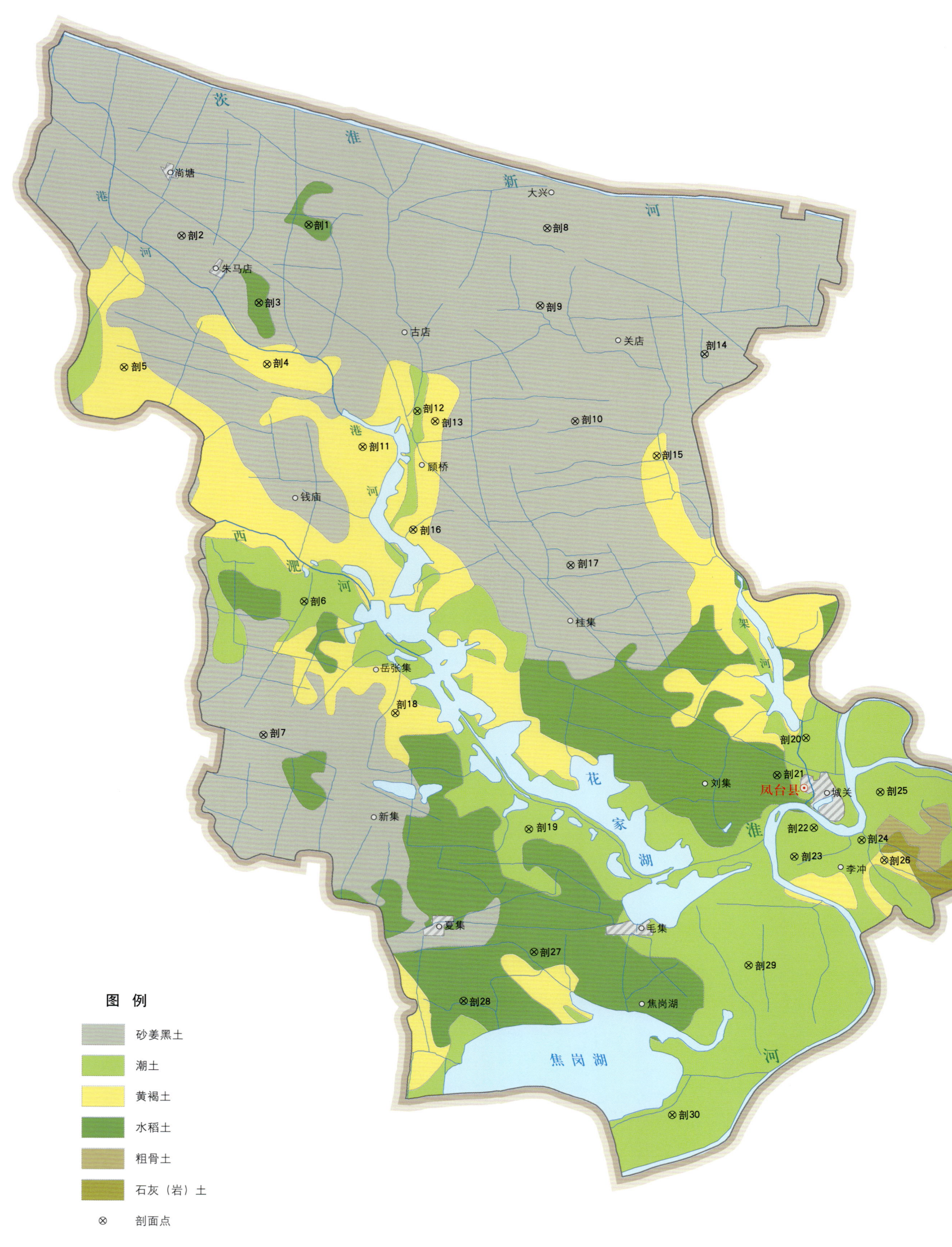

凤台县土壤剖面理化性状表

剖面号 Soil profile	土纲 Soil order	土类 Soil great group	亚类 Soil subgroup	土属 Soil genus	土种 Soil species	土层码 Layer code	土层厚度 Depth/cm	颜色 Soil color	质地 Soil texture	土壤结构 Soil structure	pH	有机质 OM/(g/kg)	全氮 TN/(g/kg)	全磷 TP/(g/kg)	全钾 TK/(g/kg)	有效磷 AP/(mg/kg)	速效钾 AK/(mg/kg)	阳离子交换量CEC/(cmol/kg)	土壤母质 Parent material	剖面点坐标 Profile coordinate	匹配指数 Matching index/%
剖1	人为土	水稻土	漂洗水稻土	白马肝田	漂黄土田	1	0—15	灰黄棕色	重壤土	粒状	7.9								下蜀黄土	E 116°29′12.0″ N 32°55′48.0″	75
						2	15—22	灰黄棕色	重壤土	小块状	8.1										
						3	22—33	灰白色	中壤土	粒状	8.3										
						4	33—100	灰棕黄色	黏土	棱柱状	7.8										
剖2	半水成土	砂姜黑土	砂姜黑土	黑土	黑土	1	0—14	暗棕灰色	重壤土	粒状	8.0								黄土性古河流沉积物	E 116°25′45.5″ N 32°55′32.2″	95
						2	14—24	暗棕灰色	重壤土	小块状	8.0										
						3	24—35	暗黄棕色	重壤土	棱块状	8.1										
						4	35—100	暗灰黄色	黏土	棱块状	8.1										
剖3	人为土	水稻土	漂洗水稻土	白马肝田	板白土田	1	0—15	灰黄色	中壤土	小块状									下蜀黄土	E 116°27′51.1″ N 32°53′57.4″	75
						2	15—24	灰白色	中壤土	小斑状											
						3	24—50	灰白色	中壤土	小块状											
						4	50—65	灰黄棕色	重壤土	棱块状											
						5	65—100	暗黄棕色	重壤土	棱块状											
						6	100—150	灰棕色	轻壤土	棱块状											
剖4	淋溶土	黄褐土	黏盘黄褐土	马肝土		1	0—15	灰黄棕色	重壤土	块状、片状	8.1	14.5	0.98	0.64	22.7	7.0	173	21.6	下蜀黄土	E 116°28′04.7″ N 32°52′31.0″	74
						2	15—20	浅棕红色	中黏土	大块状	8.2	12.1	0.93	0.65	24.4	7.0	185	25.5			
						3	20—100	棕红色	中黏土	块状	8.4	8.4	0.72	0.66	27.4	3.0	220	25.0			
剖5	淋溶土	黄褐土	黏盘黄褐土	黄白土	客浓黄白土	1	0—16	灰黄棕色	重壤土	屑粒状	8.0								下蜀黄土	E 116°24′12.5″ N 32°52′25.9″	92
						2	16—25	灰棕黄色	轻黏土	小块状	8.0										
						3	25—40	浅棕灰色	轻黏土	棱柱状	8.0										
						4	40—100	暗黄黄色	重壤土	棱块状	7.9										
剖6	半水成土	潮土	黄潮土	淤土	壤身淤土	1	0—15	灰棕色	重壤土	块状	7.6								近代黄泛沉积物	E 116°29′06.5″ N 32°46′54.6″	95
						2	15—32	棕灰色	中壤土	屑粒状	7.7										
						3	32—100	暗黄色	轻壤土	小块状	7.8										
剖7	半水成土	砂姜黑土	砂姜黑土	黄土	死黄土	1	0—15	浅棕灰色	重壤土	黏粒状	7.4								黄土性古河流沉积物	E 116°28′01.2″ N 32°43′44.1″	95
						2	15—24	黄棕灰色	轻黏土	棱柱状	7.5										
						3	24—51	暗棕灰色	轻黏土	棱柱状	7.4										
						4	51—100	暗黄棕色	轻黏土	棱柱状	7.5										
剖8	半水成土	砂姜黑土	砂姜黑土	黄土	黄土	1	0—18	黄棕色	重壤土	屑粒状	7.8								黄土性古河流沉积物	E 116°35′39.6″ N 32°55′43.5″	95
						2	18—28	黄棕色	轻黏土	块状	8.0										
						3	28—41	暗棕色	轻黏土	棱块状	8.1										
						4	41—100	黄棕色	轻黏土	块状	8.1										
剖9	半水成土	砂姜黑土	砂姜黑土	黑土	油黑土	1	0—15	淡灰黄色	重壤土	屑粒状	7.4								黄土性古河流沉积物	E 116°35′28.0″ N 32°53′54.2″	95
						2	15—26	淡灰黄色	轻黏土	小块状	7.9										
						3	26—74	暗黏色	轻黏土	棱块状	8.1										
						4	74—100	灰黄色	轻黏土	棱块状	8.1										
剖10	半水成土	砂姜黑土	砂姜黑土	黄土	青黄土	1	0—15	暗黄棕色	重壤土	屑粒状	7.6								黄土性古河流沉积物	E 116°36′25.3″ N 32°51′10.7″	95
						2	15—24	灰色	重壤土	块状	7.6										
						3	24—41		重壤土	棱块状	7.6										
						4	41—100	暗黄棕色	重壤土	棱柱状	7.5										

续表 Continued

剖面号 Soil profile	土纲 Soil order	土类 Soil great group	亚类 Soil subgroup	土属 Soil genus	土种 Soil species	土层码 Layer code	土层厚度 Depth/cm	颜色 Soil color	质地 Soil texture	土壤结构 Soil structure	pH	有机质 OM/(g/kg)	全氮 TN/(g/kg)	全磷 TP/(g/kg)	全钾 TK/(g/kg)	有效磷 AP/(mg/kg)	速效钾 AK/(mg/kg)	阳离子交换量CEC/(cmol/kg)	土壤母质 Parent material	剖面点坐标 Profile coordinate	匹配指数 Matching index/%
剖11	淋溶土	黄褐土	黏盘黄褐土	黄白土	瀴黄土	1	0~16	灰黄棕色	重壤土	屑粒状	6.5								下蜀黄土	E 116°30′40.5″ N 32°50′33.7″	92
						2	16~25	黄棕色	重壤土	小块状	6.5										
						3	25~40	浅灰黄色	中壤土	小块状	7.0										
						4	40~100	黄棕黄色	轻壤土	粒状	7.0										
剖12	半水成土	潮土	黄潮土	两合土	淤心两合土	1	0~16	暗棕黄色	中壤土	小块状	8.0								近代黄泛沉积物	E 116°32′08.7″ N 32°51′24.8″	95
						2	16~26	暗黄棕色	重壤土	大块状	8.0										
						3	26~50	棕黄色	重壤土	小块状	8.0										
						4	50~100	浅灰黄色	中壤土	块状	8.1										
剖13	淋溶土	黄褐土	黏盘黄褐土	黄白土	黄土	1	0~17	暗黄黄色	重壤土	屑粒状	7.4								下蜀黄土	E 116°32′38.0″ N 32°51′10.5″	92
						2	17~27	灰色	重壤土	块状	7.3										
						3	27~55		重壤土	棱粒状	7.2										
						4	55~100		重壤土	棱块状	7.3										
剖14	半水成土	砂姜黑土	砂姜黑土	砂姜黑土		1	0~14	灰白色	中壤土	屑粒状	7.7	8.6	0.62	0.27	14.8	3.0	80	20.5	黄土性古河流沉积物	E 116°39′55.2″ N 32°52′46.0″	99
						2	14~28	棕灰色	中壤土	碎块状	8.1	6.7	0.60	0.25	15.5	≤1.0	97	20.6			
						3	28~45	灰棕黄色	重壤土	块状	8.1	7.4	0.47	0.23	15.5	≤1.0	149	26.8			
						4	45~100	棕黄色	轻壤土	棱块状	8.2	5.5	0.50	0.34	18.2	≤1.0	150	30.3			
剖15	淋溶土	黄褐土	黏盘黄褐土	马肝土	下位黏盘马肝土	1	0~10	灰棕色	重黏土	小块状	7.5								下蜀黄土	E 116°38′37.7″ N 32°50′21.8″	92
						2	10~17	棕黄色	重黏土	块状	7.5										
						3	17~35	棕黄棕色	轻黏土	棱块状	7.6										
						4	35~100	棕黄色	轻黏土	棱块状	7.6										
剖16	淋溶土	黄褐土	黏盘黄褐土	马肝土	上位黏盘马肝土	1	0~15	暗棕黄色	重黏土	小块状	6.5								下蜀黄土	E 116°32′02.9″ N 32°48′36.5″	78
						2	15~23	暗棕黄色	重黏土	块状	7.5										
						3	23~45	棕黄色	重黏土	棱柱状	7.7										
						4	45~100	棕黄色	轻黏土	棱柱状	7.6										
剖17	半水成土	砂姜黑土	砂姜黑土	黄	咎黄黄土	1	0~15	暗黄棕色	重黏土	块状	8.5								黄土性古河流沉积物	E 116°36′18.3″ N 32°47′46.8″	95
						2	15~23	暗黄棕色	重黏土	棱块状	8.4										
						3	23~39	暗棕黄色	重黏土	棱块状	8.1										
						4	39~100	暗黄棕色	重黏土	棱块状	8.0										
剖18	淋溶土	黄褐土	黏盘黄褐土	淤马肝土	淤马肝土	1	0~12	棕色	重黏土	屑粒状	8.1								下蜀黄土	E 116°31′34.7″ N 32°44′15.7″	92
						2	12~21	暗黄棕色	重黏土	块状	8.2										
						3	21~65	浅棕红色	轻黏土	棱柱状	8.0										
						4	65~150	红棕色	轻黏土	小块状	8.0										
剖19	半水成土	潮土	黄潮土	淤土	塇心淤土	1	0~28	暗黄棕色	中壤土	块状	8.1								近代黄泛沉积物	E 116°35′12.3″ N 32°41′32.6″	95
						2	28~45	暗棕红色	中壤土	小块状	8.2										
						3	45~60	浅棕红色	轻黏土	小块状	8.3										
						4	60~100	红棕色	轻黏土	屑粒状	8.1										
剖20	半水成土	潮土	黄潮土	淤土	淤土	1	0~12	暗黄棕色	轻黏土	块状	8.2								近代黄泛沉积物	E 116°42′40.7″ N 32°43′42.7″	95
						2	12~38	灰黄棕色	重黏土	小块状	8.6										
						3	38~100	棕色	黏土	棱柱状	8.3										
剖21	人为土	水稻土	潴育水稻土	马肝田	马肝田	1	0~15	灰黄棕色	重壤土	碎块状	7.1								下蜀黄土	E 116°41′54.4″ N 32°42′49.9″	95
						2	15~21	灰棕色	重壤土	块状	7.5										
						3	21~40	灰棕色	轻壤土	块状	7.4										
						4	40~100	棕黄色	轻壤土	块状	7.5										
剖22	半水成土	潮土	黄潮土	淤土	砂身淤土	1	0~15	暗黄棕色	重黏土	粉粒状	8.5								近代黄泛沉积物	E 116°42′54.1″ N 32°41′36.3″	95
						2	15~40	灰黄棕色	轻黏土	粉粒状	8.5										
						3	40~100	浅灰黄色	砂壤土	粒粒状	8.0										

续表 Continued

剖面号 Soil profile	土纲 Soil order	土类 Soil great group	亚类 Soil subgroup	土属 Soil genus	土种 Soil species	土层码 Layer code	土层厚度 Depth/cm	颜色 Soil color	质地 Soil texture	土壤结构 Soil structure	pH	有机质 OM/(g/kg)	全氮 TN/(g/kg)	全磷 TP/(g/kg)	全钾 TK/(g/kg)	有效磷 AP/(mg/kg)	速效钾 AK/(mg/kg)	阳离子交换量CEC/(cmol/kg)	土壤母质 Parent material	剖面点坐标 Profile coordinate	匹配指数 Matching index/%
剖23	半水成土	潮土	黄潮土	淤土	间层淤土	1	0—21	暗黄棕色	重壤土	块状	8.3								近代黄泛沉积物	E 116° 42′ 22.1″ N 32° 40′ 55.2″	95
						2	21—29	暗黄棕色	砂壤土	小块状	8.8										
						3	29—50	棕色	轻壤土	小块状	8.6										
						4	50—100	淡棕色	中壤土	片状	8.5										
剖24	半水成土	潮土	黄潮土	两合土	砂身两合土	1	0—15	浅棕色	轻壤土	小块状	8.5								近代黄泛沉积物	E 116° 44′ 11.3″ N 32° 41′ 19.1″	95
						2	15—32	淡棕黄色	轻壤土	粉粒状	8.5										
						3	32—100	淡棕黄色	砂壤土	粉粒状	8.8										
剖25	半水成土	潮土	黄潮土	两合土	两合土	1	0—17	淡棕黄色	轻壤土	粒状	7.8								近代黄泛沉积物	E 116° 44′ 40.8″ N 32° 42′ 26.6″	95
						2	17—26	灰棕黄色	轻壤土	粒状	7.9										
						3	26—46	棕黄色	中壤土	块状	8.1										
						4	46—100	淡棕色	中壤土	块状	8.2										
剖26	淋溶土	黄褐土	黏盘黄褐土			1	0—27	暗黄黄色	中壤土	屑粒状	7.2									E 116° 44′ 48.3″ N 32° 40′ 50.6″	71
						2	27—50	暗黄黄色	重壤土	块状	7.3										
						3	50—	灰色	重壤土		7.1										
剖27	人为土	水稻土	潴育水稻土	黄白土田	黄白土田	Ae	0—13	灰黄棕色	中壤土	屑粒状	7.5								下蜀黄土	E 116° 35′ 21.3″ N 32° 38′ 37.1″	95
						P	13—20	淡黄棕色	重壤土	屑粒状	7.5										
						W	20—32	浅黄棕色	重壤土	屑粒状	7.4										
						Bv	32—75	暗灰棕色	轻黏土	梭块状	7.5										
						C	75—100	棕色	轻黏土	梭柱状	7.5										
剖28	人为土	水稻土	潴育水稻土	黄白土田		P_1	0—14	浅灰黄色	重壤土	小块状	7.5	14.1	0.98	0.27	15.4	3.0	148	24.2	下蜀黄土	E 116° 33′ 27.8″ N 32° 37′ 26.8″	95
						P_2	14—20	灰黄棕色	重壤土	块状	7.7	11.6	0.90	0.29	15.0	3.0	134	24.6			
						W	20—27	青黑色	重壤土	梭块状	8.0	9.3	0.70	0.25	15.3	2.0	138	26.6			
						Bv	27—40	暗灰棕色	轻黏土	梭块状	7.9	6.9	0.59	0.17	15.4	≤1.0	178	35.8			
						C	40—100	灰黄棕色	重壤土	屑粒状	7.9	6.7	0.44	0.28	18.5	≤1.0		31.2			
剖29	半水成土	潮土	黄潮土	两合土	砂心潴底两合土	1	0—15	棕灰色	砂壤土	块状	8.7								近代黄泛沉积物	E 116° 41′ 09.2″ N 32° 38′ 19.7″	95
						2	15—30	褐色	砂壤土	小块状	8.6										
						3	30—45	淡棕黄色	砂壤土	块状	8.7										
						4	45—100	棕色	中黏土	片状	8.5										
剖30	半水成土	潮土	黄潮土	砂土	砂土	1	0—18	淡棕黄色	砂壤土	粉粒状	8.5								近代黄泛沉积物	E 116° 39′ 06.9″ N 32° 34′ 48.2″	95
						2	18—24	淡棕黄色	砂壤土	粉粒状	8.5										
						3	24—100	淡棕黄色	砂壤土	粉粒状	8.1										

寿 县

主要土类说明

水稻土是寿县主要土壤类型，占本县地域面积的 68%。水稻土是起源于各种母质类型上的、经过长期水耕熟化过程而发育成的人工水成土，既有水稻土特有形态与属性，又受母质属性的影响。土体在长期水耕熟化条件下，进行氧化还原、有机质的合成与分解、盐基淋溶与复盐基以及黏粒淋失与积累过程，使土壤原有形态发生变化，而逐渐形成水稻土各种特定的剖面构型。依据发育层段及水型，本县水稻土共划分为淹育型、潴育型、潜育型和侧渗型四个亚类。

黄褐土是寿县第二大土壤类型，占本县地域面积的 13%。黄褐土由较细粒的黄土状母质发育而成，多组成丘岗。该土壤土体中游离碳酸钙已不复存在，土壤呈灰黄棕色，在底部可散见圆形石灰结核。土壤黏化淀积明显，B 层黏聚，黏粒硅铝率在 3.0 左右，表层 pH 为 6.0—6.8，底层 pH 为 7.5，盐基饱和度由表层向底层逐渐趋向饱和。

潮土是寿县第三大土壤类型，占本县地域面积的 8%。潮土的成土特点主要是潮化过程和旱耕熟化过程。由于地势低洼，地下水位较高，毛管作用强烈。地下水季节性的频繁升降，引起土壤干湿交替，促进了铁、锰离子的还原移动和氧化积累，在剖面的中下部形成了潮化层，可见锈纹、锈斑及细小的铁锰结核等新生体。在旱耕熟化过程中，潮土因成土时间短，有的土壤剖面的发生层次不明显，淋溶淀积微弱，多数剖面仍保持砂淤间层的分选沉积状况，使土层内水肥的运行不协调。根据冲积母质来源及土壤属性的不同，本县潮土划分为黄潮土和灰潮土两个亚类。

黄棕壤占本县地域面积的 3%。黄棕壤地处北亚热带暖湿落叶阔叶林，多由砂页岩、花岗岩风化物发育而成。土壤弱度富铝化，黏化特征明显，呈黄棕色，具 A-B-C 或 A-（B）-C 剖面构型。B 层黏聚现象明显，硅铝率为 2.5 左右，铁的游离度较红壤低，交换性酸 B 层大于 A 层，pH 为 5.5—6.0。

小于本县地域面积 3% 的土壤类型还有石灰（岩）土、砂姜黑土等。

本区域中心区气候特征

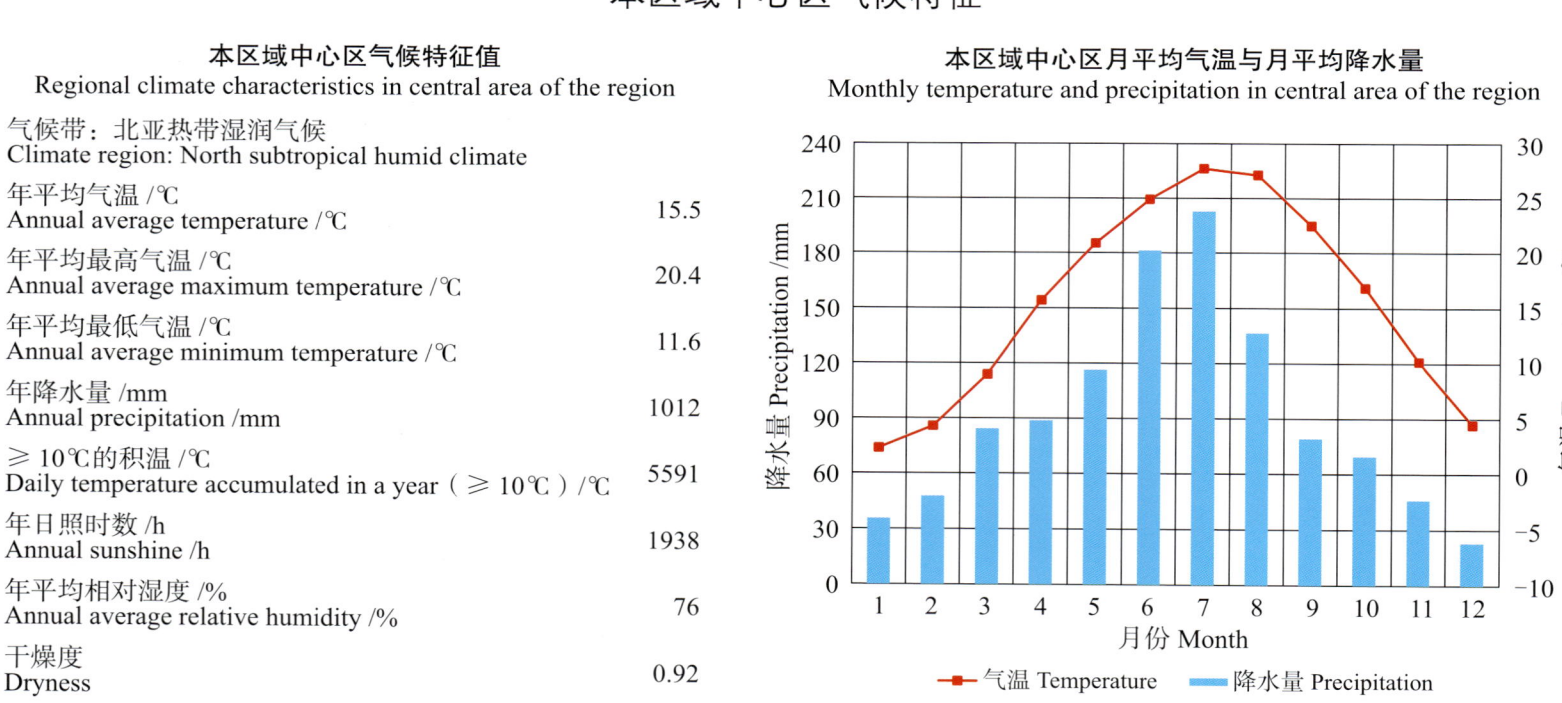

本区域中心区气候特征值
Regional climate characteristics in central area of the region

气候带：北亚热带湿润气候 Climate region: North subtropical humid climate	
年平均气温 /℃ Annual average temperature /℃	15.5
年平均最高气温 /℃ Annual average maximum temperature /℃	20.4
年平均最低气温 /℃ Annual average minimum temperature /℃	11.6
年降水量 /mm Annual precipitation /mm	1012
≥10℃的积温 /℃ Daily temperature accumulated in a year (≥10℃) /℃	5591
年日照时数 /h Annual sunshine /h	1938
年平均相对湿度 /% Annual average relative humidity /%	76
干燥度 Dryness	0.92

本区域中心区月平均气温与月平均降水量
Monthly temperature and precipitation in central area of the region

寿县主要土壤类型与土壤剖面点分布图
1:280 000

注：本图界线沿用土壤普查时点的行政界线。

图例

- 水稻土
- 黄褐土
- 潮土
- 黄棕壤
- 石灰（岩）土
- 砂姜黑土
- 紫色土
- ⊗ 剖面点

寿县土壤剖面理化性状表

剖面号 Soil profile	土纲 Soil order	土类 Soil great group	亚类 Soil subgroup	土属 Soil genus	土种 Soil species	土层码 Layer code	土层厚度 Depth/cm	颜色 Soil color	质地 Soil texture	土壤结构 Soil structure	pH	有机质 OM/(g/kg)	全氮 TN/(g/kg)	全磷 TP/(g/kg)	全钾 TK/(g/kg)	有效磷 AP/(mg/kg)	速效钾 AK/(mg/kg)	阳离子交换量CEC/(cmol/kg)	土壤母质 Parent material	剖面点坐标 Profile coordinate	匹配指数 Matching index/%
剖1	半水成土	潮土	灰潮土	砂淤土	砂心砂泥土	A	0—15	淡黄色	轻壤土	碎块状	6.3	11.6	0.72	0.76	22.8	7.0	59	10.2	冲积物	E 116° 29′ 43.2″ N 32° 25′ 17.4″	97
						P	15—23	淡棕黄色	中壤土	粒块状	6.7	11.8	0.74	0.72	22.9	7.0	46	12.5			
						C	23—40	淡黄棕色	中壤土	粒块状	6.7	10.6	0.68	0.76	22.9			14.1			
						S	40—70	棕黄色	砂壤土	单粒状	6.4	5.2	0.30	0.76	23.8			7.1			
						D	70—150	暗黄棕色	轻壤土	块状	6.0	11.4	0.74	0.76	22.0			16.6			
剖2	人为土	水稻土	潴育水稻土	马肝田	马肝田	A	0—15	淡黄色	轻黏土	块状	7.0	10.4	0.83	0.27	18.5	3.0	163	23.8	下蜀黄土	E 116° 34′ 59.5″ N 32° 30′ 51.2″	95
						P	15—22	淡黄棕色	重黏土	块状	7.2	8.0	0.68	0.26	19.8	3.0	147	24.0			
						W	22—47	黄棕色	轻黏土	棱块状	7.3	5.4	0.48	0.18	20.7			26.9			
						Bv	47—96	暗黄棕色	轻黏土	棱柱状	7.3	5.2	0.46	0.24	21.5			27.6			
						5	96—150		轻黏土		7.4	5.0	0.51	0.19	21.6			27.8			
剖3	半水成土	潮土	黄潮土	黄淤土	黄土身黄淤土	P	0—20	暗红棕色	重黏土	屑粒状	8.0	16.2	1.08	0.48	18.5	5.0	156	21.7	黄泛沉积物	E 116° 37′ 01.1″ N 32° 31′ 34.3″	97
						P	20—26	浅红棕色	重黏土	大棱块状	8.0	14.7	0.92	0.40	18.4	3.0	134	20.8			
						C	26—46	棕黄色	重黏土	块块状	7.8	5.1	0.44	0.28	15.8			23.0			
						D	46—150	黄黄棕色	重黏土	棱柱状	7.4	4.4	0.34	0.28	18.8			27.4			
剖4	半水成土	潮土	黄潮土	黄淤土	黑土身黄淤土	A	0—15	暗棕红色	中黏土	屑粒状	8.0	15.0	1.09	0.60	21.6	4.0	206	23.0	黄泛沉积物	E 116° 37′ 09.4″ N 32° 32′ 04.4″	97
						P	15—21	暗灰棕色	重黏土	块状	7.9	15.4	≥10.00	1.11	20.7	4.0	221	23.0			
						C	21—45	暗棕红色	重黏土	棱块状	8.1	9.0	9.00	0.71	22.3			24.1			
						D	45—150	红棕色	轻黏土	棱核状	7.8	3.4	3.40	0.33	19.9			19.8			
剖5	半水成土	潮土	黄潮土	砂土底黄淤土		A	0—16	灰棕色	中壤土	小棱块状	8.2	15.6	1.10	0.74	22.5	30.0	398	19.5	黄泛沉积物	E 116° 39′ 58.1″ N 32° 33′ 01.7″	95
						P	16—29	浅灰棕色	重黏土	块状	8.2	12.6	0.94	0.82	13.4	16.0	320	22.8			
						C	20—60	灰黄棕色	重黏土	大棱块状	8.4	10.2	0.76	0.64	24.7			26.3			
						D	60—150	暗黄棕色	轻壤土	单粒状	8.3	2.9	0.28	0.38	21.4			8.2			
剖6	半水成土	潮土	灰潮土	砂淤土	黄土身两合土	A	0—17	灰黄色	中壤土	碎块状	6.4	13.6	0.85	0.74	21.5	18.0	100	13.6	冲积物	E 116° 42′ 24.9″ N 32° 33′ 32.1″	95
						P	17—25	暗黄棕色	重黏土	粒块状	6.0	8.8	0.58	0.72	23.1	16.0	78	13.0			
						C	25—45	灰黄棕色	重黏土	块状	5.5	10.4	0.78	0.72	22.7			20.4			
						D	45—150	暗黄棕色	中壤土	块状	6.7	7.4	0.42	0.74	22.9			12.8			
剖7	半水成土	潮土	黄潮土	两合土	两合土	A	0—14	暗黄棕色	重壤土	屑粒状	8.1	9.9	0.60	0.58	19.7	3.0	100	13.2	黄泛沉积物	E 116° 37′ 46.4″ N 32° 32′ 13.1″	97
						P	14—19	灰黄色	中壤土	小块状	8.2	8.8	0.58	0.62	19.4	2.0	115	16.6			
						C	19—52	淡黄棕色	重黏土	棱块状	7.3	2.2	0.20	0.84	21.5			25.6			
						D	52—150	暗黄棕色	重黏土	棱核状	7.1	2.2	0.27	0.68	21.4			25.4			
剖8	半水成土	潮土	黄潮土	两合土		A	0—19		轻壤土		8.1	6.4	0.50	0.61	20.1	4.0	113	9.0	黄泛沉积物	E 116° 39′ 23.0″ N 32° 31′ 26.1″	95
						P	19—25		砂壤土		8.4	4.3	0.36	0.61	19.5	≤1.0	59	5.3			
						C	25—60		砂壤土		8.5	3.3	0.36	0.53	20.6			5.8			
						D	60—150		砂壤土		8.8	1.8	0.19	0.58	19.4			3.5			
剖9	半水成土	潮土	黄潮土	两合土	砂身两合土	A	0—18	灰黄色	轻壤土	棱块状	8.0	7.9	0.60	0.62	18.1	3.0	61	7.0	黄泛沉积物	E 116° 39′ 50.2″ N 32° 31′ 50.9″	97
						P	18—25	黄棕色	重壤土	块状	8.1	7.8	0.58	0.60	18.0	3.0	58	6.9			
						C	25—85	黄棕色	砂壤土	单粒状	8.2	2.3	0.22	0.54	16.9			4.2			
剖10	人为土	水稻土	潴育水稻土	淤泥田	砂身淤泥田	A	0—14	灰黄色	轻壤土	棱块状	6.2	14.8	0.86	0.72	22.2	10.0	51	15.7	河流淤积物	E 116° 31′ 35.1″ N 32° 26′ 30.8″	95
						P	14—30	黄棕色	重壤土	块状	6.7	11.1	0.66	0.74	20.8	8.0	47	14.8			
						S	30—40	黄棕色	砂壤土	单粒状	6.9	3.0	0.13	0.68	22.9			4.2			
						Bv	40—150	灰黄色	轻壤土	粒块状	7.0	4.3	0.26	0.77	22.9			9.0			

续表 Continued

剖面号 Soil profile	土纲 Soil order	土类 Soil great group	亚类 Soil subgroup	土属 Soil genus	土种 Soil species	土层码 Layer code	土层厚度 Depth/cm	颜色 Soil color	质地 Soil texture	土壤结构 Soil structure	pH	有机质 OM/(g/kg)	全氮 TN/(g/kg)	全磷 TP/(g/kg)	全钾 TK/(g/kg)	有效磷 AP/(mg/kg)	速效钾 AK/(mg/kg)	阳离子交换量CEC/(cmol/kg)	土壤母质 Parent material	剖面点坐标 Profile coordinate	匹配指数 Matching index/%
剖11	人为土	水稻土	潴育水稻土	淤泥田	淤泥田	A	0—12	灰黄色	轻黏土	块状	5.6	22.4	1.36	0.71	13.2	18.0	108	21.7	河流淤积物	E 116° 31′ 49.1″ N 32° 25′ 51.7″	95
						P	12—22	淡棕黄色	轻黏土	块状	6.1	12.3	0.79	0.76	23.6	24.0	61	20.8			
						W	22—70	棕灰色	中壤土	棱块状	6.2	5.4	0.32	0.68	22.5			11.1			
						Bv	70—150	棕灰色	重壤土	棱块状	6.3	8.6	0.24	0.70	20.4			17.2			
剖12	淋溶土	黄棕壤	潮黄棕壤	潮黄白土	潮黄白土	A	0—15	暗黄棕色	中壤土	小块状	7.2	10.2	0.82	0.39	17.2	15.0	143	17.8	下蜀黄土	E 116° 41′ 56.9″ N 32° 29′ 53.0″	92
						P	15—21	暗黄棕色	重黏土	块状	7.8	7.8	0.58	0.35	18.5	14.0	116	18.5			
						Bv	21—55	黄棕色	重黏土	棱块状	7.7	5.6	0.46	0.30	18.5			19.5			
						C	55—150	暗黄棕色	轻黏土	棱块状	7.2	5.2	0.42	0.24	21.5			28.0			
剖13	人为土	水稻土	潴育水稻土	黄淤土田	黑土底黄淤土田	A	0—15	暗棕色	重壤土	块状	8.1	16.8	1.20	0.48	20.5	8.0	138	20.0	黄土状淤积物	E 116° 42′ 13.9″ N 32° 28′ 48.9″	95
						P	15—23	暗红棕色	重黏土	块状	8.1	12.8	0.95	0.45	10.0	5.0	132	20.4			
						W	23—42	淡棕黄色	重黏土	棱块状	7.9	6.8	0.64	0.29	18.8			24.4			
						Bv	42—150	暗棕色	轻黏土	棱块状	7.9	10.0	0.71	2.40	19.0			31.0			
剖14	人为土	水稻土	潴育水稻土	黑粒土田	黑粒土田	A	0—13	暗棕灰色	轻黏土	粒状	7.1	17.3	1.06	0.41	16.4	6.0	132	34.0	黄土性古河流沉积物	E 116° 36′ 46.0″ N 32° 06′ 56.9″	95
						P	13—23	暗棕灰色	轻黏土	块状	7.5	12.9	0.80	0.30	16.4	2.0	150	36.1			
						W	23—62	黑色	中黏土	棱块状	7.5	12.2	0.72	0.24	16.3			40.0			
						Bv	62—150	暗灰色	轻黏土	棱核状	7.6	5.6	0.38	0.37	19.3			32.4			
剖15	半水成土	潮土	黄潮土	两合土	黄淤土身两合土	A	0—11	灰黄色	轻壤土	屑粒状	7.9	9.7	0.64	0.58	18.3	6.0	97	11.2	黄泛沉积物	E 116° 41′ 03.0″ N 32° 08′ 54.6″	97
						P	11—19	灰黄色	中壤土	块状	8.0	7.4	0.52	0.54	18.0	3.0	75	9.6			
						C	19—96	浅红棕色	轻壤土	大棱块状	8.1	10.2	0.72	0.62	23.3			24.4			
						D	96—150	黄色	中壤土	棱块状	8.1	9.4	0.73	0.66	21.8			23.7			
剖16	人为土	水稻土	潴育水稻土	黄白土田	灰黄白土田	A	0—16	淡黄棕色	中壤土	屑粒状	6.2	12.2	0.81	0.32	15.9	4.0	114	21.3	黄土性坡积堆积物	E 116° 35′ 32.7″ N 32° 04′ 44.7″	98
						P	16—22	暗棕色	轻黏土	块状	6.2	11.3	0.77	0.28	15.5	2.0	101	23.4			
						W	22—65	暗棕色	轻黏土	棱块状	6.8	8.0	0.48	0.14	13.0			26.8			
						Bv	65—150	淡黄棕色	重壤土	棱块状	6.9	3.7	0.26	0.18	17.8			25.6			
剖17	人为土	水稻土	潴育水稻土	马肝田	上位黏盘马肝田	A	0—17	淡黄棕色	中壤土	块状	5.9	17.0	1.00	0.23	18.6	2.0	149	26.0	下蜀黄土	E 116° 40′ 28.0″ N 31° 59′ 49.5″	97
						P	17—23	暗棕色	重壤土	块块状	6.5	9.7	0.61	0.22	17.1	≤1.0	150	26.7			
						W	23—54	黄棕色	重壤土	棱块状	7.0	6.0	0.44	0.21	18.9			26.7			
						Bv₂	54—150	黄棕色	重壤土	棱块状	7.3	3.9	0.30	0.36	20.7			21.7			
剖18	人为土	水稻土	潴育水稻土	马肝田	下位黏盘黄白土田	A	0—14	淡黄棕色	轻黏土	块状	≥10.0	15.1	0.85	0.22	13.9	3.0	72		黄土性坡积堆积物	E 116° 43′ 14.1″ N 31° 59′ 28.8″	97
						P	14—22	黄棕色	重壤土	块块状		12.2	0.47	0.18	13.9	≤1.0	69	18.4			
						W	22—55	黄棕色	重壤土	块块状		4.8	0.44	0.21	16.4			17.6			
						Bv₂	55—150	黄棕色	轻壤土	棱块状		5.7	0.45	0.19	20.1			18.1			
剖19	人为土	水稻土	潴育水稻土	马肝田	下位黏盘马肝田	A	0—15	淡黄棕色	重壤土	块块状	6.1	15.7	1.03	0.36	15.7	9.0	117		下蜀黄土	E 116° 44′ 28.6″ N 31° 59′ 55.6″	97
						P	15—22	黄棕色	重壤土	棱块状	7.3	14.8	0.95	0.34	15.3	7.0	114	25.2			
						W	22—55	褐黄棕色	重壤土	棱块状	7.0	6.2	0.52	0.18	15.4						
						Bv₂	55—150	黄棕色	轻黏土	糊泥状	7.0	6.0	0.60	0.18	18.1						
剖20	人为土	水稻土	潴育水稻土	马肝田	弱沉潜青马肝田	1	0—15	黄色	轻黏土	糊状									下蜀黄土	E 116° 43′ 55.5″ N 31° 57′ 34.9″	95
						2	15—20	暗黄棕色	中壤土	棱核状											
						W	20—40	黄灰黄色	轻黏土	棱块状											
						4	40—70	黄灰色	重壤土	棱块状											
						5	70—150	灰白色	中壤土	棱柱状											
剖21	人为土	水稻土	潴育水稻土	黄淤土田	黑土身淤土田	A	0—15		重壤土		8.1	18.4	1.18	0.62	23.6	5.0	199	19.7	黄土状沉积物	E 116° 44′ 48.2″ N 31° 56′ 53.3″	75
						P	15—20		重壤土		8.3	11.8	0.85	0.60	21.2	3.0	162	21.0			
						W	20—48		轻黏土		8.4	6.0	0.43	0.39	17.6			17.2			
						Bv	48—150		中黏土		8.0	11.2	0.63	0.21	18.2			37.2			

续表 Continued

剖面号 Soil profile	土纲 Soil order	土类 Soil great group	亚类 Soil subgroup	土属 Soil genus	土种 Soil species	土层码 Layer code	土层厚度 Depth/cm	颜色 Soil color	质地 Soil texture	土壤结构 Soil structure	pH	有机质 OM/(g/kg)	全氮 TN/(g/kg)	全磷 TP/(g/kg)	全钾 TK/(g/kg)	有效磷 AP/(mg/kg)	速效钾 AK/(mg/kg)	阳离子交换量 CEC/(cmol/kg)	土壤母质 Parent material	剖面点坐标 Profile coordinate	匹配指数 Matching index/%
剖22	初育土	石灰（岩）土	棕色石灰土	鸡肝土	厚层鸡肝土	A	0—10	淡红棕色	中壤土	粒状	7.2	27.1	1.95	0.30	15.6	≤1.0	204	15.5		E 116°45′33.5″ N 32°37′58.1″	93
						P	10—20	淡红棕色	重壤土	块状	7.9	8.8	0.78	0.26	22.2	≤1.0	137	19.9			
						Bv₁	20—70	淡红棕色	重壤土	棱块状	7.7	3.4	0.36	0.19	21.2			23.4			
						Bv₂	70—150	红红棕色	重壤土	棱核状	7.7	3.2	0.31	0.22	21.8			22.7			
剖23	初育土	石灰（岩）土	棕色石灰土	棕色石灰土	薄层棕色石灰土	O	0—24	灰红棕色	重壤土	粒核状	7.9	34.4	1.84	0.76	16.7	3.0	119	9.0		E 116°46′46.7″ N 32°36′12.2″	92
						0	24—	棕红色													
剖24	半水成土	潮土	湿潮土	湿砂泥土	砂心湿砂泥土	1	0—15	黄橙色	黏壤土	碎块状	5.4	24.9	1.56	0.76	23.9	20.0	95	17.8	河流冲积物	E 116°46′56.9″ N 32°35′43.4″	95
						2	15—45	灰黄色	砂壤土	碎块状	6.1	9.8	0.64	0.76	24.3	7.0	38	7.0			
						3	45—100	棕灰色	黏壤土	块状	6.0	11.5	0.72	0.76	23.8			14.0			
剖25	半水成土	潮土	黄潮土	两合土	油两合土	A	0—25	暗灰黄色	中壤土	团粒状	8.2	24.3	1.38	6.95	20.6	11.0	≥500	16.6	黄泛沉积物	E 116°46′34.2″ N 32°35′20.5″	97
						P	25—34		重壤土	棱核状	8.3	12.8	0.76	1.83	21.0	8.0	≥500	18.1			
						C	34—83		重壤土	棱块状	8.2	11.0	0.56	1.38	22.3			20.7			
						D	83—150		重壤土	块状	8.2	8.0	0.54	1.02	22.2			22.0			
剖26	人为土	水稻土	潜育水稻土	砂泥田	砂泥田	A	0—14	灰黄色	中壤土	粉粒状	5.5	17.7	1.16	0.60	23.8	10.0	59	16.2	河流冲积物	E 116°46′21.4″ N 32°08′01.8″	95
						P	14—20		重壤土	块状、粒状	6.8	10.6	0.72	0.64	23.7	10.0	46	15.4			
						W	20—60		轻壤土	粒块状	6.8	6.3	0.44	0.65	24.7	10.0		11.4			
						Bvfe	60—150		中壤土	粒粒状	7.2	7.4	0.42	0.70	24.7	13.0		13.0			
剖27	人为土	水稻土	潜育水稻土	青马肝田	上位强潜青马肝田	A	0—30		重壤土	糊状	7.8	21.8	1.24	0.18	12.3	2.0	92	20.6	下蜀黄土	E 116°51′05.2″ N 32°06′55.5″	95
						G	30—150		重壤土	糊状	7.8	19.9	1.14	0.18	15.5	2.0	95	21.0			
剖28	人为土	水稻土	漂洗水稻土	白土田	潜白土田	Ae	0—11		中壤土		5.2	14.6	0.90	0.18	14.5	2.0	72	10.2	下蜀黄土	E 116°57′55.5″ N 32°07′01.5″	97
						P	11—20		中壤土		6.0	9.6	0.61	0.12	14.2	≤1.0	70	9.5			
						W	20—55		重壤土		6.9	4.8	0.38	0.12	14.2			9.0			
						Bv	55—100		重壤土		7.3	2.6	0.24	0.12	14.5			10.2			
						C	100—150		黏土		7.2	≤1.0	0.32	0.20	16.2			17.5			
剖29	人为土	水稻土	潴育水稻土	黄淤土田	黄土底黄淤土田	A	0—17	灰红棕色	重壤土	屑粒状、块状	8.0	16.1	0.96	0.69	20.4	15.0	209	21.2	黄土状冲积物	E 116°48′57.3″ N 32°01′27.0″	95
						P	17—22	灰红棕色	轻黏土	块状	8.0	11.8	0.87	0.64	20.2	11.0	176	22.2			
						W	22—59	红棕色	轻黏土	大棱块状	8.0	10.0	0.72	0.63	20.2			22.4			
						Bv	59—150	灰黄棕色	重壤土	棱块状	7.4	2.7	0.28	0.66	19.1			24.4			
剖30	人为土	水稻土	潴育水稻土	砂泥田	黄土底砂泥田	A	0—13	黄灰色	中壤土	粉粒核状、块状	6.2	14.5	0.92	0.54	17.9	12.0	123	17.5	河流冲积物	E 116°45′45.5″ N 31°57′40.1″	95
						P	13—21	黄灰色	重壤土	块状	6.2	16.2	0.92	0.50	18.5	12.0	131	17.8			
						W	21—60	灰黄棕色	重壤土	棱块状	7.0	10.6	0.68	0.50				19.0			
						C	60—150	暗黄棕色	重壤土	棱柱状	7.2	4.7	0.34	0.30				22.8			
剖31	人为土	水稻土	潜育水稻土	湖泥田	上位青湖泥田	1	0—35	暗灰色	黏土	糊状									下蜀黄土或剥蚀堆积物	E 116°48′19.6″ N 31°58′27.7″	95
						2	35—76	淡黑灰色	黏土	糊状											
						3	76—150	灰黑色	黏土	棱块状											

马鞍山市

市辖区

主要土类说明

水稻土是马鞍山市主要土壤类型，占本市地域面积的38%，主要分布在本市各圩区和丘陵的岗、塝、冲、畈，以水网圩区最为集中。其成土母质有近代长江冲积物、湖相沉积物、山河流冲积物。在长期人为耕作、灌溉、施肥的影响下，由于水旱轮作、土壤干湿交替，氧化还原交替进行，在还原淋溶和氧化淀积等一系列复杂的成土作用下，起源土壤的剖面形态和理化性质发生改变，从而形成了水稻土特有的发生层段。这些层段的发育强度和组合不同，又形成了独特的剖面构型。本市水稻土剖面构型有 A-P-W-B-C。本市水稻土划分为潴育型一个亚类。

黄棕壤是马鞍山市第二大土壤类型，占本市地域面积的13%，主要分布于本市中东部海拔300m以下的丘陵坡麓和岗地的中、低塝上。其成土母质为酸性结晶岩类、中性结晶岩类、泥质岩类、红砂岩类、石英岩类残积物、坡积物。本市地处北亚热带南缘，受东南季风影响较强，干湿季节分明，雨热同季，这有利于土壤中盐基淋溶，土壤呈偏酸性。黄棕壤形成过程包括黏化过程和生物富集作用等。黏化过程包括黏粒的形成及其淋溶积聚。本市黄棕壤土体中黏粒含量较高，特别是B层黏粒淀积极为明显，同时亦有弱度的脱硅富铝化特征，铁锰的移动比较显著。土壤不仅有较深厚的黏化层，而且有时有铁锰淀积的锈纹、锈斑及结核的累积层，铁锰胶膜与黏粒胶膜在结构面上普遍出现，形成质地较黏重的黏化层。本土壤生物富集作用较显著。本地气候温暖湿润，植物生长较迅速，每年大量的凋落物和植物残体为土壤的物质循环及养分的富集提供了物质基础。本市水热条件较好，黄棕壤土体盐基淋失强烈，土壤多为弱酸性，pH 为 4.5—6.0，表土层稍高，向下有降低的趋势。交换性盐基中以钙、镁离子为主，钾、钠离子含量很低，只有 0.2—0.4 cmol/kg。黄棕壤盐基饱和度较低，为35%—70%。本市黄棕壤土体一般厚度为 40—80cm，表土层一般呈灰黄色或淡棕黄色，有机质含量较高的为暗棕色，心土层多为棕色、黄棕色，底土层一般比心土层颜色淡；表土层多为屑粒状或团块状结构，心土层多为碎块状、棱块状或棱柱状结构，结构面上都有灰白色黏粒胶膜。根据土体发育阶段和土壤主要属性不同，本市黄棕壤分为普通黄棕壤和黄棕壤性土两个亚类。

粗骨土是马鞍山市第三大土壤类型，占本市地域面积的9%，主要分布于本市中部地区。其成土母质为酸性结晶岩类、中性结晶岩类、泥质岩类和硅质岩类残积物、坡积物。粗骨土因所处地形部位较高，坡度较大，加之人为活动频繁的影响，所以侵蚀较为严重，局部表土层受到冲刷，母质出露。粗骨土的成土母质与土壤经常处于风化成土、土壤侵蚀的动态平衡之中，土壤发育很弱，为初期成土的幼年土壤。其原生矿物分解不彻底，砂粒多、黏粒少，粉砂粒与黏粒的比值大，一般在 1.2 以上，黏粒含量低，一般小于20%。土壤剖面发育不完整，无淀积层发育，为 A-C 构型。土壤表层较薄，厚度一般为 8—16cm，通常陡坡较薄，缓坡稍厚，呈酸性，pH 在 5.5 左右。土壤母质特征明显，粗骨性强，砾石含量较高，一般为 20%—25%，部分大于30%。土壤表层之下即为厚薄不一的松散碎屑层。有的黄棕壤性土，因植被遭到破坏，或不合理地开发利用，表层或

（B）层侵蚀殆尽，C层出露地表，从而退化成粗骨土。本市粗骨土仅有硅铝质粗骨土一个亚类。

黄褐土占马鞍山市地域面积的8%。其成土母质为下蜀黄土。下蜀黄土是在古气候条件下形成的一种土壤，它通常具有均质黄土层、黏盘层和网纹层三个层段，每个层段厚度一般为1—2m。部分岗顶黄土层为灰棕色或黄棕色，以中壤土为主，小块状结构，较疏松。犁底层灰棕色，致密紧实，向下明显过渡至B层，呈黄棕色或褐棕色，质地黏重、紧实，干缩时垂直节理明显，棱柱状或块状结构，结构面上胶膜明显，内部有较大颗粒的铁锰结核。网纹层灰白、黄棕相间，呈杂色树枝状。本市黄褐土划分为黏盘黄褐土一个亚类。

潮土占马鞍山市地域面积的6%，主要分布于长江沿岸。其成土母质为近代江河冲积物和静水湖相沉积物。长江及其支流一般均夹带大量的泥砂，河水中的泥砂由于流水的分选作用，所形成的土壤的剖面形态、质地层次均有很大的差异。长江沿岸的潮土，质地差异较大，并具有石灰反应；靠近长江水流的江心洲、江边、江河汇合处和河漫滩的内侧，因紧砂慢淤的分选作用，土壤一般砂多黏少，剖面常有砂壤相间的质地层次排列，呈波纹层理；而远距长江水流河漫滩的外侧地段，沉积颗粒较小，剖面常出现壤黏相间的质地层次排列，呈水平层理。潮土的成土母质颗粒均匀，孔隙较小，毛管作用力较强。白天因水分蒸发，表土层较干，夜间毛管水又上升至地面，土壤剖面发生潮化作用，故潮土一般具有夜潮现象。又因年内降水不均，毛管作用补给土壤的水分呈季节性的饱和状态，土壤剖面氧化还原交替进行，土壤物质发生溶解、移动和淀积，因此剖面中下部常出现锈色斑纹和铁锰结核。人为的耕作、施肥、灌溉等田管措施，促进了土壤有机质的积累，熟化土层亦不断增厚。本市潮土有机质含量较高，一般在2.0%左右。熟化土层厚度一般在50cm以上，比湿潮土厚20cm左右。培肥过程也促进了土壤结构及质地的改善，耕层多为团粒状结构，疏松多孔，质地中壤土，保肥供肥性能良好。在长期旱耕过程中，形成了致密紧实、保水保肥的犁底层，形成了发育度较高、层次分化明显的A-P-B-C构型。本市潮土土体较厚，层次分化明显。耕作层或表层以灰棕色或暗棕色为主，质地为中壤土或轻壤土，团粒状或小块状结构，容重较心土层小。土体呈中性至微碱性，有石灰反应，上弱下强，肥力较高，理化性状良好，砂黏适中，保肥供肥性能较好。本市潮土仅有灰潮土一个亚类。

本区域中心区气候特征

本区域中心区气候特征值
Regional climate characteristics in central area of the region

气候带：北亚热带湿润气候 Climate region: North subtropical humid climate	
年平均气温 /℃ Annual average temperature /℃	15.8
年平均最高气温 /℃ Annual average maximum temperature /℃	20.3
年平均最低气温 /℃ Annual average minimum temperature /℃	12.0
年降水量 /mm Annual precipitation /mm	1117
≥10℃的积温 /℃ Daily temperature accumulated in a year（≥10℃）/℃	5771
年日照时数 /h Annual sunshine /h	1939
年平均相对湿度 /% Annual average relative humidity /%	77
干燥度 Dryness	0.84

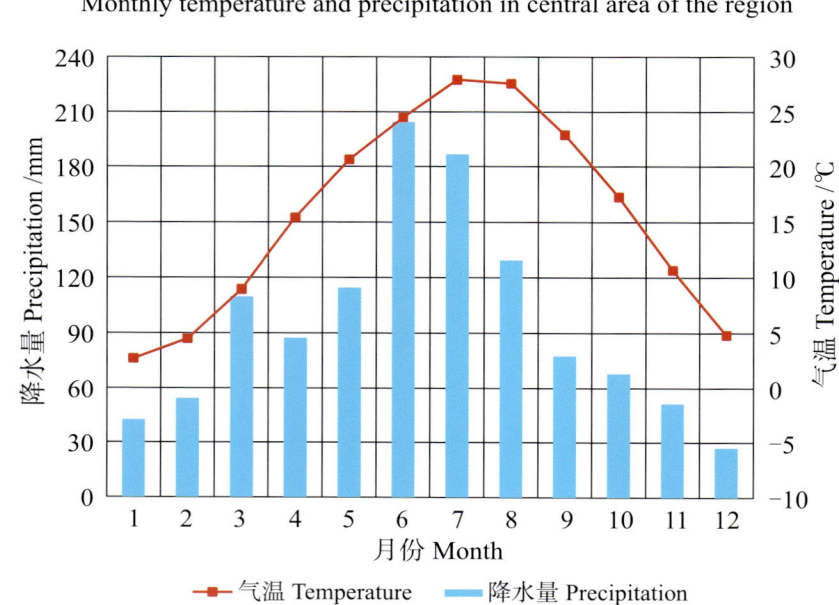

本区域中心区月平均气温与月平均降水量
Monthly temperature and precipitation in central area of the region

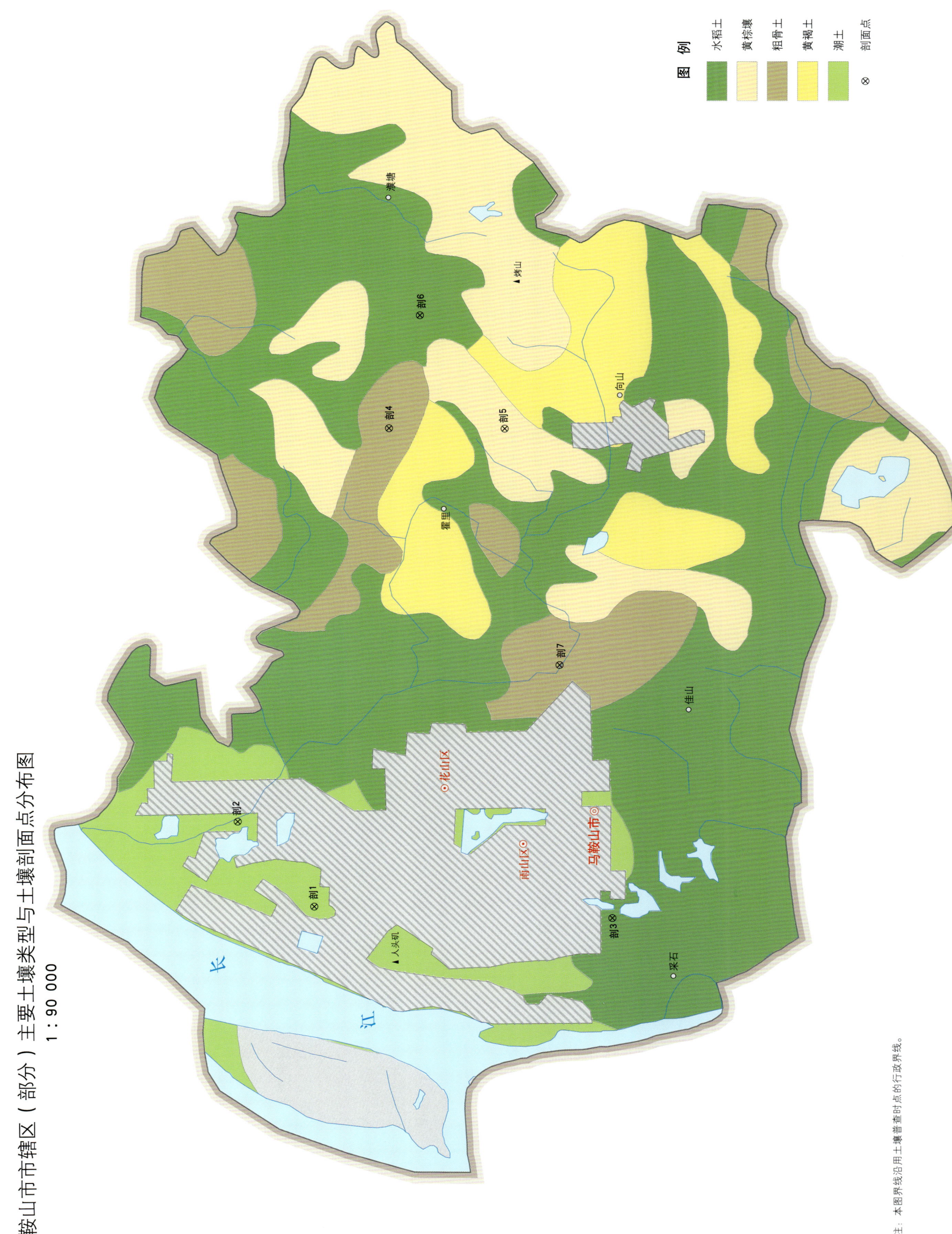
马鞍山市市辖区(部分)主要土壤类型与土壤剖面点分布图

马鞍山市土壤剖面理化性状表

剖面号 Soil profile	土纲 Soil order	土类 Soil great group	亚类 Soil subgroup	土属 Soil genus	土层码 Layer code	土层厚度 Depth/cm	颜色 Soil color	质地 Soil texture	土壤结构 Soil structure	pH	有机质 OM/(g/kg)	全氮 TN/(g/kg)	全磷 TP/(g/kg)	全钾 TK/(g/kg)	有效磷 AP/(mg/kg)	速效钾 AK/(mg/kg)	阳离子交换量 CEC/(cmol/kg)	土壤母质 Parent material	剖面点坐标 Profile coordinate	匹配指数 Matching index/%
剖1	半水成土	潮土	灰潮土	灰砂土	A	0–14	浅棕黄色	中壤土	粒状	5.8	18.7	0.98	0.20	11.1			8.5	近代江河冲积物、静水湖相沉积物	E 118°28′38.0″ N 31°43′43.4″	75
					P	14–21	黄棕色	重壤土	小块状	5.8	19.3	0.98	0.22	11.8			8.4			
					Bv	21–100	黄棕色	重壤土	棱块状	6.2	13.8	0.79	0.19	11.6			12.2			
剖2	半水成土	潮土	湿潮土	湿砂泥土	A	0–6	浅灰色	中壤土	粒状	5.7	≥200.0	3.44	0.62	9.8			15.8		E 118°29′54.0″ N 31°44′37.5″	75
					R	6—														
剖3	人为土	水稻土	潴育水稻土	石灰性砂泥田	A	0–14	灰黄棕色	轻黏土	粒状	5.0	21.4	1.27		8.6	3.0	82	10.0	河流冲积物	E 118°28′34.7″ N 31°40′08.3″	75
					P	14–24	棕黄色	轻壤土	小块状	5.6	15.6	0.86		17.1	11.0	70	15.3			
					Bv	24–80	淡黄棕色	轻壤土	块状	6.2	9.5	0.54		16.4	18.0	76	15.2			
剖4	初育土	粗骨土	硅铝质粗骨土	麻石粗骨土	A	0–4	棕黄色	中壤土	粒状	5.4	9.0	0.36	0.74	28.3			11.9	泥质岩类残积物	E 118°35′34.7″ N 31°42′43.2″	75
					C	4–21														
					R	21—														
剖5	淋溶土	黄棕壤	黄棕壤性土	硅质黄棕壤性土	A	0–17	灰黄色	砂壤土	团块状	8.2	10.9	0.74	0.79	16.8	7.0			石英岩类残积物、坡积物	E 118°35′32.6″ N 31°41′19.7″	75
					P	17–30	暗黄黄色	轻壤土	块状	8.2	4.3	0.33	0.71	16.7	5.0					
					Bv	30–45	灰黄棕色	砂壤土	块状	8.4	4.6	0.26	0.58	16.1	3.0					
					C	45–100	淡灰黄色	砂壤土	单粒状	8.4										
剖6	人为土	水稻土	淹育水稻土	细粒砂泥田	Ag	0–12	黄灰棕相间	中黏土	块状	5.5	46.8	2.89	0.52	19.9			25.3	中性结晶岩类残积物、坡积物	E 118°37′13.1″ N 31°42′19.3″	95
					Pg	12–21	浅黄灰色	中黏土	碎块状	5.7	36.3	2.40	0.55	20.1			24.0			
					G₁	21–70	棕灰色	中黏土	块状	6.0	31.4	2.01	0.44	19.4			21.4			
					G₂	72–100	青灰色	轻黏土	糊状	6.0	14.5	0.91	0.52	15.2			10.9			
剖7	初育土	粗骨土	硅质粗骨土	扁石粗骨土	A	0–9	浅灰色	砂壤土	粒状	5.6	18.0	0.88	0.29	34.2	4.0	70	10.1	泥质岩类残积物	E 118°32′05.4″ N 31°40′43.4″	75
					C	9—														

当 涂 县

主要土类说明

水稻土是当涂县主要土壤类型，占本县地域面积的73%。本县水稻土是由黄棕壤、黄褐土、潮土经过长期水耕熟化发育而成的。其成土母质或母土复杂多样，但主要是江河冲积物和下蜀黄土。在其水耕熟化过程中，氧化还原作用交替，剖面发生明显的分异；在人为的耕作、施肥、灌溉等一系列措施影响下，有机质的分解和合成、盐基的淋溶和复盐基、黏粒的聚积和淋失等作用使母土受到不同程度的改变，形成水稻土特有的形态、理化特性。

黄棕壤占当涂县地域面积的5%，主要分布于本县东北部和中部的低山丘陵和石质岗地上。其成土母质为沉积岩和火成岩。黄棕壤具有淋溶、黏化、生物积累和弱脱硅富铝化等特征。硅质岩类风化物发育的黄棕壤，黏化作用较弱，泥质岩类风化物发育的黄棕壤黏化作用较强。本县黄棕壤具A–B–C或A–（B）–C剖面构型。弱度富铝化过程中，硅酸岩类矿物分解，硅和盐基淋失，黏粒和次生矿物形成，铁铝氧化物聚积，硅铝率为2.5左右，铁的游离度较红壤低，交换性酸B层大于A层，pH为5.5—6.5。本县黄棕壤分为黄棕壤性土和普通黄棕壤两个亚类。

潮土占当涂县地域面积的4%，主要分布于本县江心洲及长江沿岸的滩地。潮土发育于近代江河冲积物，地下水位浅，一般在1—2m，潜水参与成土过程，底土氧化还原作用交替。分布于长江沿岸的潮土，都具有石灰反应，呈中性至微碱性，因流水的分选作用，土壤质地差异较大。分布于江心洲、江边及江河汇合处的河漫滩的潮土，土壤质地多为砂土、砂壤土，剖面常有砂壤相间的质地排列。由于砂土层毛管孔隙少，毛管作用弱，潮化作用不明显，剖面中下部一般无锈纹、锈斑和铁锰结核，保水保肥性差。距长江水流稍远、至河漫滩外缘地带的潮土，多为壤土至轻黏土，剖面中常有壤黏相间的质地排列，毛管作用较强，剖面中下部常有锈色斑纹或铁锰结核，生产性能较前者好。分布于丹阳湖两岸的潮土，因成土母质系静水湖相沉积物，其土壤属性与长江冲积物发育的湖土有明显差别，一般无石灰反应，呈中性至微酸性，质地黏重。

黄褐土占当涂县地域面积的3%，主要分布于本县东北部和中部的平缓岗地上，呈点片状镶嵌在黄棕壤的边缘地带，与水稻土和黄棕壤成复区分布。其成土母质为下蜀黄土。本县黄褐土土层深厚，通常具有均质黄土层、黏盘层和网纹层三个层段，部分均质黄土层大部分已被剥蚀殆尽，黏盘层出露地表。均质黄土层呈灰黄色或黄棕色，轻壤土至重壤土，小块状结构，中下部常有铁锰胶膜和结核。黏盘层呈黄棕色或褐棕色，黏质，紧实，滞水性强。表土层有机质含量为1%—2%，pH为5.5—7.5，并从上到下逐渐升高，盐基饱和度为53%—93%，亦从上至下逐渐递增。

小于本县地域面积3%的土壤类型还有粗骨土、石质土等。

本区域中心区气候特征

本区域中心区气候特征值
Regional climate characteristics in central area of the region

气候带：北亚热带湿润气候 Climate region: North subtropical humid climate	
年平均气温 /℃ Annual average temperature /℃	16.0
年平均最高气温 /℃ Annual average maximum temperature /℃	20.4
年平均最低气温 /℃ Annual average minimum temperature /℃	12.3
年降水量 /mm Annual precipitation /mm	1179
≥10℃的积温 /℃ Daily temperature accumulated in a year (≥10℃) /℃	5894
年日照时数 /h Annual sunshine /h	1905
年平均相对湿度 /% Annual average relative humidity /%	77
干燥度 Dryness	0.81

本区域中心区月平均气温与月平均降水量
Monthly temperature and precipitation in central area of the region

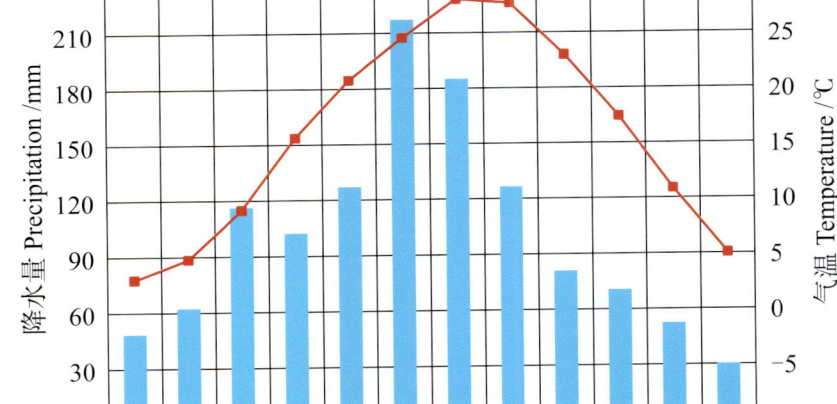

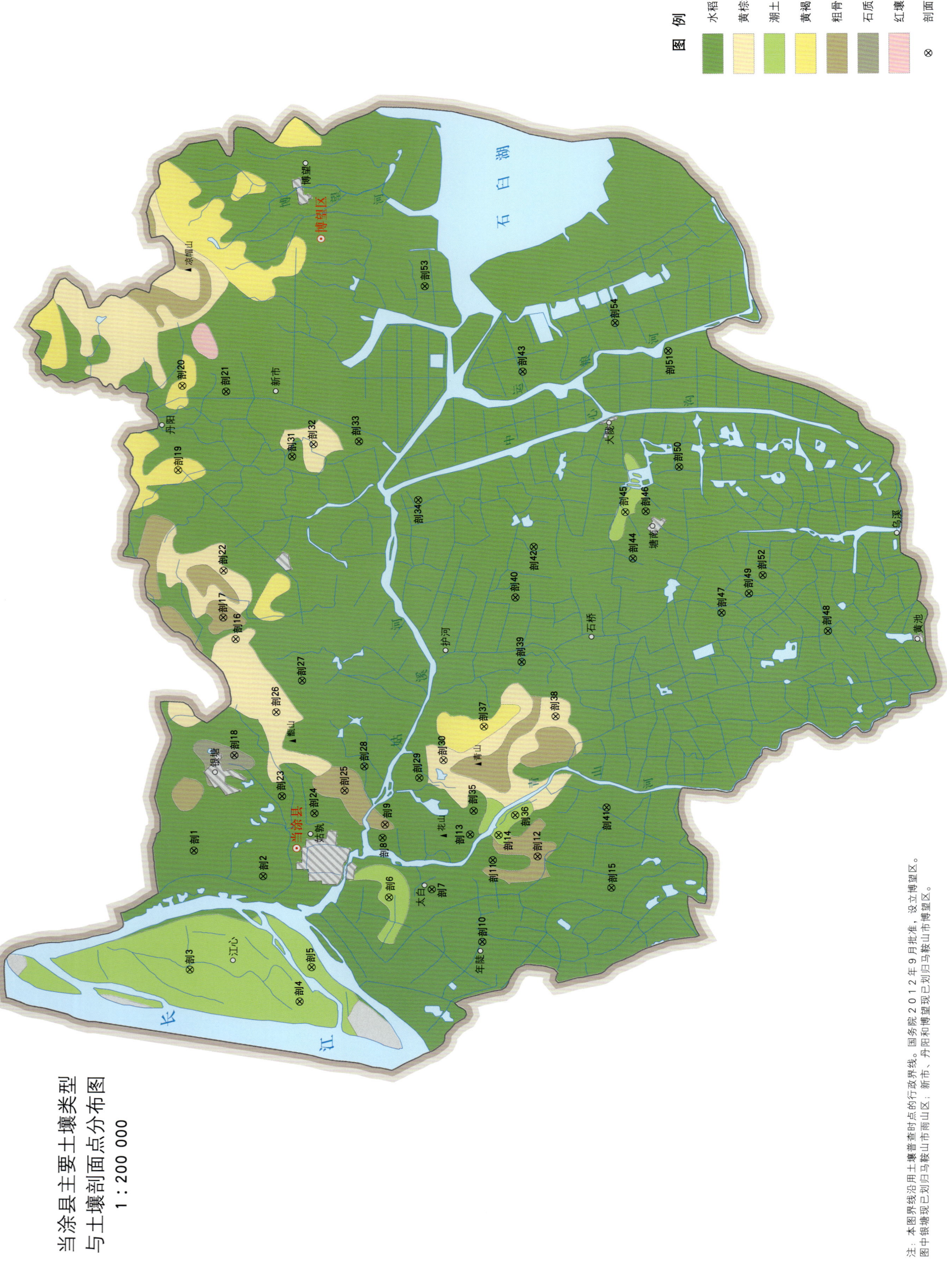

当涂县主要土壤类型与土壤剖面点分布图
1:200 000

当涂县土壤剖面理化性状表

剖面号 Soil profile	土纲 Soil order	土类 Soil great group	亚类 Soil subgroup	土属 Soil genus	土种 Soil species	土层码 Layer code	土层厚度 Depth/cm	颜色 Soil color	质地 Soil texture	土壤结构 Soil structure	pH	有机质 OM/(g/kg)	全氮 TN/(g/kg)	全磷 TP/(g/kg)	全钾 TK/(g/kg)	有效磷 AP/(mg/kg)	速效钾 AK/(mg/kg)	阳离子交换量 CEC/(cmol/kg)	土壤母质 Parent material	剖面点坐标 Profile coordinate	匹配指数 Matching index/%
剖1	人为土	水稻土	淹育水稻土	浅马肝田		A	0—12	灰黄色	中壤土	小块状	5.0	20.0	1.16	0.31	14.5			10.1	下蜀黄土	E 118°29′23.7″ N 31°36′58.2″	95
						Pg	12—18	浅黄灰色	中壤土	团块状	5.6	14.3	0.82	0.29	14.8			7.7			
						E	18—42	灰白色	中壤土	块状	6.6	4.5	0.31	0.31	14.7			8.0			
						Bv₁	42—69	浅灰白色	中壤土	块状	6.7	4.0	0.32	0.30	15.6			9.8			
						Bv₂	69—100	黄棕色	中壤土	大块状	7.6	4.0	0.32	0.30	15.6			9.8			
剖2	人为土	水稻土	潴育水稻土	石灰性砂泥田	姜底灰泥田	A	0—12	暗灰棕色	重壤土	小块状	7.7	31.0	1.88	0.89	17.5			17.9			95
						P	12—22	暗灰棕色	重壤土	块状	7.7	12.7	0.87	0.75	17.5			20.4	近代长江冲积物	E 118°28′33.7″ N 31°35′10.3″	
						W	22—50	淡灰棕色	重壤土	棱柱状	7.8	10.7	0.70	0.78	16.4			20.0			
						BvOa	50—67	淡灰黄色	重壤土	棱柱状	8.2	6.6	0.45	0.73	15.7			12.1			
						C	67—90	灰黄色	轻壤土	块状	7.8	3.7	0.28	0.98	15.7			8.4			
剖3	半水成土	潮土	灰砂土	灰砂土		A	0—19	棕灰色	砂壤土	单粒状	8.1	10.9	0.74	0.79	16.8			6.5	近代河流冲积物	E 118°25′35.0″ N 31°37′06.7″	95
						P	19—28	灰色	紧砂土	单粒状	8.3	4.3	0.30	0.71	16.7			4.0			
						S	28—100	灰色	紧砂土	单粒状	8.3	4.6	0.26	0.58	16.1			5.4			
剖4	半水成土	潮土	灰湿潮土	砂心灰湿潮土		A	0—11	淡灰棕色	重壤土	块状	8.0	19.8	1.18	0.96	22.1			18.1	近代河流冲积物	E 118°24′33.0″ N 31°34′15.2″	95
						Bv	11—35	黄灰色	重壤土	块状	8.1	14.4	0.73	0.80	19.3			12.0			
						S	35—100	棕灰色	砂壤土	片状	8.2	6.7	0.56	0.73	16.9			6.5			
剖5	半水成土	潮土	湿潮土	灰湿潮土	表潜灰湿潮土	A	0—19	黄灰黄色	中轻壤土	小块状	8.0	17.6	1.20	0.91	23.6			18.1	近代河流冲积物	E 118°25′38.0″ N 31°33′55.8″	75
						Bv₁	19—100	黄灰色	重壤土	块状	8.0	12.0	1.70	0.83	23.0			17.9			
剖6	半水成土	潮土	湿潮土	灰湿潮土		Ag	0—9	灰棕色	重壤土	块状	7.6	26.6	1.72	0.52	17.2			18.4	近代河流冲积物	E 118°27′50.6″ N 31°31′53.3″	75
						Bv₁	9—17	淡灰棕色	重壤土	棱柱状	7.5	21.3	1.42	0.40	19.7			18.7			
						Bv₂	17—42	淡灰棕色	重壤土	块状	7.6	12.3	0.69	0.48	17.6			16.1			
						C	42—100	黄灰色	轻壤土	块状	8.0	6.1	0.47	0.67	20.8			18.4			
剖7	人为土	水稻土	潴育水稻土	石灰性砂泥田	姜底表潜灰泥田	A	0—16	灰棕色	中壤土	团块状	7.7	25.6	1.60	0.78	18.3			17.2	近代长江冲积物	E 118°28′05.3″ N 31°30′46.5″	95
						Pg	16—24	棕灰色	中壤土	块状	7.9	24.2	1.49	0.81	18.1			20.3			
						W	24—45	淡灰棕色	中壤土	棱柱状	8.2	9.9	0.70	0.79	18.1			18.8			
						Bv	45—62	淡黄棕色	中壤土	块状	8.1	8.5	0.56	0.78	17.6			19.2			
						BvOa	62—100	黄灰黄色	轻壤土	块状	8.4	4.2	0.31	0.62	16.2			12.6			
剖8	人为土	水稻土	潴育水稻土	硅质泥田		Ag	0—13	棕灰色	重壤土	碎状	6.7	26.5	1.35	0.41	15.5			19.6		E 118°29′44.7″ N 31°32′02.5″	95
						Pg	13—20	青灰色	中黏土	块状	7.3	23.1	1.35	0.44	15.6			17.4			
						G	20—33	青灰色	中壤土	糊状	7.6	10.0	0.68	0.36	13.6			13.0			
						C	33—48	黄黄色	轻壤土	块状	7.4	5.2	0.13	0.30	14.1			13.4			
剖9	初育土	粗骨土	硅铝质粗骨土	硅质粗骨土		A	0—3	灰黄色	砂土	粒状	5.6	11.7	0.94	0.17	36.7			7.6		E 118°29′59.4″ N 31°31′58.6″	75
						C	3—30	灰黄色	砂土		5.5	4.3	0.25	0.16	39.6			6.3			
						R	30—														
剖10	人为土	水稻土	潴育水稻土	砂泥田	表潜砂泥田	A	0—13	灰棕色	中壤土	团块状	5.8	26.7	1.67	0.65	16.5			19.3	近代河流冲积物	E 118°26′23.5″ N 31°29′28.0″	95
						Pg	13—24	棕灰色	中壤土	块状	6.5	24.4	2.53	0.65	16.4			18.1			
						W	24—51	淡棕灰色	重壤土	棱柱状	7.2	11.2	0.69	0.91	17.5			20.6			
						Bv	51—94	暗灰棕色	中壤土	棱块状	7.4	8.6	0.54	0.68	16.0			20.8			
						C	94—110	灰黄色	中壤土	块状	7.4	17.3	1.05	0.39	13.1			9.0			

续表 Continued

剖面号 Soil profile	土纲 Soil order	土类 Soil great group	亚类 Soil subgroup	土属 Soil genus	土种 Soil species	土层码 Layer code	土层厚度 Depth/cm	颜色 Soil color	质地 Soil texture	土壤结构 Soil structure	pH	有机质 OM/(g/kg)	全氮 TN/(g/kg)	全磷 TP/(g/kg)	全钾 TK/(g/kg)	有效磷 AP/(mg/kg)	速效钾 AK/(mg/kg)	阳离子交换量CEC/(cmol/kg)	土壤母质 Parent material	剖面点坐标 Profile coordinate	匹配指数 Matching index/%
剖11	人为土	水稻土	潴育水稻土	石灰性砂泥田	砂心表潜灰泥田	Ag	0—15	青灰色	重壤土	块状	7.5	26.5	1.67	0.59	16.8			16.9	近代长江冲积物	E 118°28′59.9″ N 31°29′10.5″	96
						Pg	15—21	暗棕灰色	中壤土	块状	7.8	22.9	1.44	0.57	16.9			18.7			
						W	21—37	棕灰色	中壤土	块状	7.9	12.1	0.69	0.51	17.0			19.5			
						Bv	37—58	暗黄棕色	砂壤土	块状	8.4	4.9	0.38	0.74	18.0			10.9			
						S	58—100	灰棕色	松砂土	单粒状	8.4	2.1	0.16	0.81	16.9			4.4			
剖12	初育土	粗骨土	硅铝质粗骨土	细粒粗骨土	细粒粗骨土	A	0—3	灰黄色	重石轻壤土	碎屑状	5.6	28.1	1.41	0.34	32.5			9.1	安山岩，粗安岩残积物、坡积物	E 118°29′06.4″ N 31°27′59.7″	75
						C	3—30	灰黄色	重石轻壤土	碎屑状		6.8	0.50	0.35	32.3			8.5			
						D	30—														
剖13	人为土	水稻土	潴育水稻土	石灰性砂泥田	表潜石灰性砂泥田	Ag	0—13	棕色	粉壤土	小块状	7.7	23.8	1.51	0.74	19.2			15.8	近代长江冲积物	E 118°29′48.8″ N 31°29′45.4″	75
						Apg	13—21	棕灰色	黏壤土	块状	7.9	23.3	1.43	0.76	18.3			15.1			
						W_1	21—64	灰黄棕色	壤质黏土	块状	8.1	12.3	0.89	0.82	18.2			20.1			
						W_2	64—100	浊黄棕色	壤质黏土	块状	8.1	10.4	0.67	0.74	18.3			18.7			
剖14	半水成土	潮土	灰潮土	灰潮砂土	江砂土	A	0—19	浊黄色	砂质壤土	屑粒状	8.1	10.9	0.70	0.80	16.7	7.0		7.5	近代河流冲积物	E 118°29′47.3″ N 31°29′00.7″	75
						A_{11}	19—28	暗黄棕色	砂质壤土	屑粒状	8.3	4.3	0.30	0.70	16.7	5.0		6.5			
						A_{12}	28—100	灰棕色	砂质壤土	单粒状	8.2	4.6	0.30	0.60	16.1	3.0		5.5			
剖15	人为土	水稻土	潴育水稻土	马肝田	马肝田	Cu															
						A	0—13	暗黄棕色	重壤土	小块状	5.2	17.7	1.15	0.29	14.9			12.4	下蜀黄土	E 118°28′04.6″ N 31°26′05.1″	95
						P	13—21	暗黄棕色	重壤土	块状	5.9	13.6	0.91	0.28	15.0			13.7			
						W	21—45	暗黄棕色	中壤土	棱柱状	6.5	4.7	0.40	0.23	14.5			10.7			
						Bv	45—100	暗黄棕色	重壤土	棱柱状	6.6	3.7	0.42	0.23	17.8			22.9			
剖16	淋溶土	黄棕壤	黄棕壤性土	细粒黄棕壤性土	细粒黄棕壤性土	A	0—6	暗黄棕色	轻壤土	粒状	6.2	11.7	0.63	0.21	49.0			8.5	中性结晶岩类残积物、坡积物	E 118°36′05.4″ N 31°35′48.2″	75
						Bv	6—13	暗黄棕色	轻壤土	粒状	6.0	13.5	0.63	0.24	45.6			7.1			
						C	13—30														
剖17	初育土	粗骨土	硅铝质粗骨土	扁石粗骨土	扁石粗骨土	A	0—4	灰棕色	砂壤土	粒状	5.4	9.0	0.36	0.74	28.3			11.9	砂岩、页岩，凝灰岩残积物、坡积物	E 118°36′46.3″ N 31°36′07.4″	95
						C	4—21	棕灰色	砂壤土	粒状	5.2	17.9	0.66	0.96	30.3			11.8			
						D	21—														
剖18	初育土	石质土	硅铝质石质土	扁石石质土	扁石石质土	A	0—6	灰黄棕色	中壤土	碎屑状	6.0		3.44	0.62	9.8			14.3		E 118°32′23.2″ N 31°35′52.7″	75
剖19	淋溶土	黄褐土	黏盘黄褐土	黄白土	黄白土	A	0—16	灰棕色	重壤土	块状	5.5	6.8	0.57	0.25	14.1			13.5	下蜀黄土	E 118°41′27.4″ N 31°37′14.0″	78
						P	16—21	灰棕色	重壤土	块状	5.2	5.3	0.41	0.18	14.0			19.0			
						Bv	21—90	暗棕色	中壤土	棱块状	5.6	5.5	0.39	0.20	13.4			14.4			
剖20	淋溶土	黄褐土	黏盘黄褐土	黄白土	下位黏盘黄白土	A	0—15	暗黄棕色	重壤土	粒状	6.2	14.1	0.91	0.44	13.6			14.4	下蜀黄土	E 118°44′06.9″ N 31°37′05.4″	78
						P	15—26	暗黄棕色	重壤土	棱块状	6.6	11.4	0.75	0.36	13.4			13.3			
						Bv	26—49	暗棕色	重壤土	棱块状	6.8	10.1	0.72	0.37	13.1			22.1			
						Bv_2	49—100	暗棕色	轻壤土	棱柱状	6.9	7.3	0.52	0.34	13.5			14.0			
剖21	人为土	水稻土	潴育水稻土	马肝田	表潜马肝田	A	0—12	暗棕色	重壤土	小块状	5.3	12.8	1.07	0.33	13.5			22.4	下蜀黄土	E 118°43′55.1″ N 31°35′57.1″	95
						P	12—19	暗黄棕色	轻壤土	块状	6.3	11.3	0.74	0.29	14.3			25.4			
						W	19—30	暗黄棕色	轻壤土	块状	7.5	3.9	0.41	0.20	16.0			25.1			
						Bv	30—70	暗黄棕色	轻壤土	块状	7.7	3.2	0.32	≤0.10	13.0						
剖22	淋溶土	黄棕壤	黄棕壤性土	浅马肝田	黄棕壤性粒土	A	0—13	暗黄棕色	轻壤土	粒状	6.2	11.7	0.63	0.21	49.0			8.5	中性结晶岩类残积物、坡积物	E 118°38′14.7″ N 31°36′05.8″	95
						C	13—24	淡黄棕色	轻壤土	粒状	6.2	13.5	0.63	0.24	45.6			7.1			
						D	24—118														
剖23	人为土	水稻土	淹育水稻土	浅马肝田	浅马肝田	A	0—13	灰黄棕色	轻黏土	块状	6.7	15.9	1.02	0.44	16.4			18.5	下蜀黄土	E 118°31′04.6″ N 31°34′39.5″	95
						P	13—24	灰黄棕色	重黏土	块状	6.6	5.7	0.73	0.43	16.1			18.7			
						C	24—118	黄棕色	重壤土	块状	6.6	5.0	0.68	0.44	16.1			17.6			

续表 Continued

剖面号 Soil profile	土纲 Soil order	土类 Soil great group	亚类 Soil subgroup	土属 Soil genus	土种 Soil species	土层码 Layer code	土层厚度 Depth/cm	颜色 Soil color	质地 Soil texture	土壤结构 Soil structure	pH	有机质 OM/(g/kg)	全氮 TN/(g/kg)	全磷 TP/(g/kg)	全钾 TK/(g/kg)	有效磷 AP/(mg/kg)	速效钾 AK/(mg/kg)	阳离子交换量CEC/(cmol/kg)	土壤母质 Parent material	剖面点坐标 Profile coordinate	匹配指数 Matching index/%
剖24	人为土	水稻土	潴育水稻土	砂泥田	砂泥田	A	0—14	灰棕色	重壤土	碎块状	6.9	27.5	1.73	0.66	14.1			18.6	近代河流冲积物	E 118°30′31.9″ N 31°33′48.6″	95
						P	14—25	棕灰色	重壤土	块状	7.5	20.8	1.47	0.67	13.9			20.8			
						W	25—43	暗黄棕色	重壤土	棱柱状	7.3	11.1	0.88	0.73	15.5			19.7			
						Bv	43—73	黄灰色	重壤土	块状	8.0	7.4	0.57	0.44	16.0			18.5			
						C	73—150	灰黄色	重壤土	块状	7.9	4.0	0.50	0.82	16.2			10.6			
剖25	初育土	粗骨土	硅铝质粗骨土	细粒粗骨土		A	0—7	暗黄棕色	轻壤土	粒状	5.8	26.6	1.27	0.26	8.6			4.9	安山岩、粗安岩残积物、坡积物	E 118°31′14.1″ N 31°33′01.2″	95
						C	7—40	灰黄棕色	砂土	粒状											
						D	40—														
剖26	淋溶土	黄棕壤	普通黄棕壤	细粒黄棕壤	细粒黄棕壤	A	0—10	浅黄棕色	重壤土	粒状	4.4	10.8	0.57	0.19	16.3	≤1.0	62	11.6	中性晶岩类残积物、坡积物	E 118°33′45.1″ N 31°34′46.4″	95
						Bv	10—40	暗棕色	重壤土	小块状	6.0	5.7	0.38	0.20	16.7	≤1.0	58	14.5			
						C	40—70	浅黄棕色		碎块状	6.2										
剖27	人为土	水稻土	潴育水稻土	黄白土田	黄白土田	A	0—12	棕黄色	重壤土	小块状	5.5	18.9	1.22	0.33	14.0			9.5	下蜀黄土	E 118°34′44.8″ N 31°34′05.1″	96
						P	12—19	淡黄棕色	重壤土	块状	7.3	3.5	0.29	0.24	15.3			12.0			
						W	19—35	暗黄棕色	中壤土	棱柱状	6.7	10.2	0.71	0.34	14.3			10.0			
						Bv	35—77	灰黄色	重壤土	块状	7.4	3.8	0.29	0.29	13.6			10.1			
						C	77—100	黄棕色	重壤土	块状		19.0	0.19	0.28	13.1			8.2			
剖28	人为土	水稻土	潴育水稻土	湖泥田	表潜湖泥田	Ag	0—11	棕灰色	黏土	小块状	5.2	55.1	3.60	0.66	20.5			25.9	湖相沉积物	E 118°31′59.5″ N 31°32′29.9″	81
						Apg	11—18	棕灰色	黏土	块状	5.5	49.9	3.32	0.73	20.5			25.0			
						W	18—100	灰黄棕色	黏土	棱柱状	5.3	32.6	2.50	0.56	20.7						
剖29	人为土	水稻土	潴育水稻土	黄白土田		A	0—13	淡棕色	重壤土	块状	5.6	24.4	1.22	0.39	14.3	5.0	67	14.5	下蜀黄土	E 118°31′36.7″ N 31°31′03.8″	95
						Pg	13—21	淡灰棕色	中壤土	糊状	6.4	22.0	1.14	0.41	14.0	6.0	78	14.5			
						G	21—42	青灰色	中壤土	块状	6.4	14.8	0.79	0.23	14.4	4.0	74	15.5			
						Bv	42—65	暗黄棕色	中壤土	块状	6.6	6.9	0.47	0.39	14.1	6.0	58	13.5			
						C	65—100	暗黄棕色	中壤土	块状	7.6	5.5	0.27	0.38	13.5	8.0	46	11.0			
剖30	淋溶土	黄棕壤	黄棕壤性土	黄棕壤性偏石土	黄棕壤性偏石土	A	0—8	暗黄棕色	轻黏土	粒状	5.6	31.9	1.43	1.16	22.4			13.2	泥质岩类残积物、坡积物	E 118°32′09.9″ N 31°30′25.7″	75
						C	8—30	黄黄棕色	轻黏土	粒状	5.5	9.9	0.63	1.30	24.5			17.5			
						D	30—														
剖31	人为土	水稻土	潴育水稻土	石灰性砂泥田	腐底表潜灰泥田	A	0—14	淡灰棕色	轻黏土	小块状	6.5	26.8	1.56	0.35	17.4			23.4	近代江冲积物	E 118°41′50.4″ N 31°34′15.7″	95
						Pg	14—24	淡灰棕色	轻黏土	块状	7.6	19.1	1.11	0.28	16.8			21.5			
						W	24—36	淡灰棕色	轻黏土	棱块状	7.5	9.7	1.11	0.31	16.0			20.7			
						Bv	36—68	淡灰棕色	重壤土	糊状	7.6	8.1	0.66	0.24	15.2			17.2			
						H	68—100	暗灰黄色	中壤土	块状	7.6	10.9	0.54	0.81	14.9			15.8			
剖32	淋溶土	黄棕壤	普通黄棕壤	硅质黄棕壤	中层硅质黄棕壤	A	0—10	灰黄色	轻壤土	粒状	5.2	38.6	1.32	0.27	10.0	2.0	≥500	10.0	硅质岩类残积物、坡积物	E 118°42′12.5″ N 31°33′41.6″	95
						Bv	10—38	黄黄棕色	轻壤土	块状	5.4	17.6	2.30	0.20	10.9		32	4.2			
						C	38—65	淡黄棕色	轻壤土	块状	5.6	10.0	0.53	0.21	7.0		30	7.4			
剖33	人为土	水稻土	潴育水稻土	烂泥田	腐心弱棕泥田	Ag	0—10	淡灰棕色	轻黏土	小块状	5.6	30.3	1.83	0.40	17.7			24.8	湖相沉积物	E 118°42′17.0″ N 31°32′30.3″	95
						Pg	10—16	淡灰棕色	轻黏土	块状	6.4	23.8	1.57	0.31	16.8			29.9			
						G	16—43	淡灰棕色	重黏土	糊状	6.5	12.5	0.93	0.29	17.7			29.9			
						H	43—100	褐灰色	重黏土	块状	6.6	10.1	0.80	0.37	17.6			29.5			
剖34	人为土	水稻土	潴育水稻土	石灰性砂泥田	腐心灰泥田	A	0—13	灰棕色	重黏土	粒状	7.9	33.9	2.03	0.73	17.8			21.4	近代长江冲积物	E 118°40′23.4″ N 31°30′59.0″	95
						P	13—23	暗灰棕色	重黏土	块状	7.9	23.9	1.48	0.56	17.5			21.6			
						W	23—40	淡灰棕色	重黏土	棱块状	8.1	13.5	0.84	0.46	16.2			21.1			
						H	40—58	灰褐色	重黏土	块状	8.2	14.8	0.87	0.34	15.0			24.0			
						C	58—97	灰棕色	重壤土	块状	8.2	6.5	0.45	0.80	17.3			14.7			

续表 Continued

剖面号 Soil profile	土纲 Soil order	土类 Soil great group	亚类 Soil subgroup	土属 Soil genus	土种 Soil species	土层码 Layer code	土层厚度 Depth/cm	颜色 Soil color	质地 Soil texture	土壤结构 Soil structure	pH	有机质 OM/(g/kg)	全氮 TN/(g/kg)	全磷 TP/(g/kg)	全钾 TK/(g/kg)	有效磷 AP/(mg/kg)	速效钾 AK/(mg/kg)	阳离子交换量 CEC/(cmol/kg)	土壤母质 Parent material	剖面点坐标 Profile coordinate	匹配指数 Matching index/%
剖35	人为土	水稻土	漂洗水稻土	香灰土田	白灰土田	Ae	0—12	灰白色	中壤土	小块状	5.0	26.5	1.60	0.50	12.9			5.9	泥页岩洪冲积物	E 118°30′33.5″ N 31°29′39.2″	95
						Pe	12—19	黄灰色	中壤土	块状	5.1	25.4	1.53	0.53	12.8			6.4			
						Bv	19—42	灰黄色	中壤土	块状	6.6	10.0	0.62	0.62	11.9			5.7			
						C	42—95	灰黄色	轻壤土	块状	6.8	3.8	0.36	0.36	12.7			4.7			
剖36	半成土	潮土	灰潮土	泥骨土	腐底泥骨土	A	0—14	暗黄棕色	中壤土	块状	6.3	23.4	1.76	0.59	22.9			28.7	近代河流冲积物	E 118°30′24.4″ N 31°28′34.4″	75
						P	14—20	灰黄棕色	重黏土	块状	6.6	14.1	1.30	0.36	24.6			26.3			
						Bv	20—65	灰黄色	重黏土	块状	6.4	14.4	1.31	0.51	24.9			26.2			
						H	65—90	暗黄色	轻黏土	块状	6.4	14.8	1.26	0.63	23.3			26.8			
剖37	淋溶土	黄褐土	黏盘黄褐土	黄白土	黄白土	A	0—16	灰白色	重壤土	小块状	6.4	6.8	0.57	0.25	14.1			14.3	下蜀黄土	E 118°33′12.8″ N 31°29′21.4″	74
						P	16—21	灰白色	重壤土	块状	6.4	5.3	0.43	0.18	14.0			13.5			
						Bv	21—90	灰黄色	重壤土	棱块状	6.4	5.5	0.39	0.20	13.4			19.0			
剖38	淋溶土	黄棕壤	普通黄棕壤	黄棕泥土	黄棕泥	A	0—11	亮灰棕色	砂质黏壤土	屑粒状	4.8	20.1	1.10	0.50	14.9	3.0	50	11.5	千枝岩、板岩、页岩风化残积物、坡积物	E 118°33′15.2″ N 31°27′33.8″	96
						Bv	11—35	黄灰色	壤质黏土	小块状	4.5	7.7	0.60	0.50	17.5	2.0	70	17.0			
						C	35—	灰棕色	黏质壤土	棱块状	4.8	4.2	0.30	0.40	17.9	2.0	68	12.6			
剖39	人为土	水稻土	漂洗水稻土	白马肝田	表潜漂白土田	A	0—12	灰黄色	中壤土	小块状	5.3	18.0	1.22	0.32	13.5			8.6	下蜀黄土	E 118°35′14.9″ N 31°28′20.8″	75
						Pg	12—18	淡黄色	中壤土	块状	6.5	13.6	0.92	0.30	13.3			9.6			
						E	18—42	灰白色	中壤土	块状	8.0	2.5	0.74	0.17	13.4			9.1			
						Bve	42—69	灰白色	重壤土	棱块状	7.6	3.0	0.41	0.18	13.4			12.9			
						5	69—100		重壤土			3.0	0.39	0.17	13.7			13.6			
剖40	人为土	水稻土	潜育水稻土	砂泥田		A	0—15	灰黄棕色	中壤土	团块状	5.6	19.9	1.23	0.38	15.2	4.0	43	10.5	近代长江冲积物	E 118°37′16.8″ N 31°28′29.4″	75
						P	15—22	灰黄棕色	中壤土	棱块状	5.6	14.2	0.85	0.44	15.1	2.0	36	11.8			
						W	22—41	暗黄棕色	轻壤土	棱块状	6.4	10.4	0.65	0.33	14.7	5.0	35	11.0			
						Bv	41—90	暗黄棕色	重壤土	块状	6.4	5.8	0.26	0.45	15.3	5.0	41	11.2			
剖41	人为土	水稻土	潜育水稻土	石灰性砂泥田	姜心灰泥田	A	0—13	棕灰色	重壤土	棱块状	7.4	25.6	1.63	0.61	18.4			17.3	近代长江冲积物	E 118°30′36.6″ N 31°26′11.0″	95
						P	13—20	棕灰色	中壤土	棱块状	7.8	17.9	1.20	0.57	19.3			18.4			
						W	20—32	淡灰棕色	重壤土	糊状	7.8	18.8	1.20	0.67	19.7			18.1			
						Bvca	32—50	黄灰色	重壤土	块状	7.9	9.1	0.62	0.63	17.9			13.9			
						C	50—70	淡黄黄色	重壤土	块状	7.8	5.3	0.40	0.67	18.5			11.4			
剖42	人为土	水稻土	潜育水稻土	烂泥田	弱烂泥田	Ag	0—13	青灰色	轻黏土	小块状	6.6	31.3	2.14	0.58	20.7			25.0	湖湘沉积物	E 118°38′51.3″ N 31°27′59.4″	75
						Pg	13—20	灰棕色	轻黏土	块状	6.0	33.4	2.34	0.56	21.2			25.4			
						G1	20—50	青灰色	中壤土	块状	6.9	33.1	2.30	5.09	20.8			25.7			
						G2	50—95	青灰色	中壤土	糊状	5.3	37.3	2.47	0.47	20.6			21.2			
剖43	人为土	水稻土	潜育水稻土	石灰性砂泥田	腐底灰泥田	P	0—12	棕灰色	轻壤土	小块状	7.9	21.4	1.50	0.70	19.1			15.2	近代长江冲积物	E 118°44′23.6″ N 31°28′12.4″	95
						W	12—23	棕灰色	中壤土	棱块状	7.9	20.3	1.23	0.69	18.0			15.1			
						Bv	23—47	黄灰棕色	中壤土	棱块状	8.1	12.6	0.83	0.63	17.1			15.9			
						H	47—78	灰黄棕色	中壤土	块状	8.1	6.9	0.50	0.57	16.4			15.9			
						C	78—97	青灰色	重壤土	糊状	7.8	14.6	0.78	0.49	15.4			26.5			
剖44	人为土	水稻土	潜育水稻土	石灰性砂泥田	表潜灰泥田	A	0—13	灰棕色	重壤土	小块状	7.7	23.8		0.74	19.2			16.8	近代长江冲积物	E 118°38′26.9″ N 31°25′24.2″	95
						Pg	13—21	棕灰色	重壤土	块状	7.9	23.3		0.76	18.3			15.1			
						W	21—64	灰棕色	重壤土	块状	8.1	12.3		0.82	18.2			20.1			
						Bv	64—100	黄灰棕色	轻壤土	块状	8.1	10.4		0.74	18.3			18.7			
剖45	半成土	潮土	灰潮土	泥骨土	泥骨土	A	0—17	棕灰色	轻壤土	小块状	5.2	32.7	2.10	0.31	18.3			27.7	近代河流冲积物	E 118°39′54.7″ N 31°25′35.2″	75
						P	17—26	灰灰色	轻壤土	块状	5.4	21.3	1.35	0.24	18.1			24.8			
						Bv	26—47	淡灰灰色	重壤土	块状	5.9	12.5	0.87	0.23	17.5			25.1			
						C	47—100	灰棕色	重壤土	块状	6.6	5.4	0.35	0.35	17.8			21.0			

续表 Continued

剖面号 Soil profile	土纲 Soil order	土类 Soil great group	亚类 Soil subgroup	土属 Soil genus	土种 Soil species	土层码 Layer code	土层厚度 Depth/cm	颜色 Soil color	质地 Soil texture	土壤结构 Soil structure	pH	有机质 OM/(g/kg)	全氮 TN/(g/kg)	全磷 TP/(g/kg)	全钾 TK/(g/kg)	有效磷 AP/(mg/kg)	速效钾 AK/(mg/kg)	阳离子交换量CEC/(cmol/kg)	土壤母质 Parent material	剖面点坐标 Profile coordinate	匹配指数 Matching index/%
剖46	人为土	水稻土	漂洗水稻土	白马肝田	澄白土田	Ae	0—12	浅黄色	中壤土	块状	5.0	20.0	1.16	0.30	14.5			10.1	下蜀黄土	E 118°39′55.7″ N 31°25′02.9″	75
						Pe	12—22	灰棕色	中壤土	块状	5.6	14.3	0.82	0.29	14.3			7.7			
						Bve	22—40	黄棕色	中壤土	块状	6.6	4.5	0.31	0.31	14.7			8.0			
						Bv	40—100	黄棕色	中壤土	块状	6.7	4.0	0.32	0.30	15.6			9.8			
剖47	人为土	水稻土	潜育水稻土	湖泥田	麦潴湖泥田	Ag	0—11	灰棕色	中黏土	小块状	5.2	55.1	3.60	0.66	20.5			25.6	湖相沉积物	E 118°36′13.3″ N 31°23′06.9″	75
						Pg	11—18	棕灰色	中黏土	块状	5.5	49.9	3.32	0.73	20.5			25.0			
						W	18—100	灰棕黄色	中黏土	棱块状	5.5	32.6	2.50	0.56	20.7						
剖48	人为土	水稻土	潜育水稻土	灰烂泥田	灰弱腐泥田	A	0—13	淡灰棕色	重黏土	块状	7.1	42.5	2.56	0.43	22.6			25.4	长江冲积物	E 118°36′06.0″ N 31°20′20.9″	75
						Pg	13—23	棕灰色	重黏土	糊状	8.0	39.5	2.40	0.43	22.4			29.0			
						G	23—58	蓝灰色	轻黏土	糊状	7.4	20.2	1.29	0.39	19.8			30.6			
						Bvg	58—80	暗灰色	重黏土	块状	7.3	12.3	0.86	0.48	17.4			25.7			
						C	80—100	棕黄色	中壤土	块状	8.2	5.5	0.40	0.61	16.9			11.5			
剖49	人为土	水稻土	潜育水稻土	石灰性砂泥田	腐心表潜灰泥田	A	0—12	灰棕色	重壤土	团块状	8.1	31.6	1.84	0.73	18.0			19.5	近代长江冲积物	E 118°37′18.6″ N 31°22′23.4″	96
						Pg	12—21	黄棕色	重壤土	块状	8.1	24.1	1.41	0.68	18.7			17.6			
						W	21—39	淡棕黄色	重壤土	块状	8.3	12.9	0.81	0.55	18.4			22.5			
						H	39—68	暗黄棕色	轻黏土	块状	7.9	17.2	1.02	0.34	12.8			24.8			
						Bv	68—100	棕黄色	重黏土	块状	8.2	5.1	0.33	0.80	17.7			14.7			
剖50	人为土	水稻土	潜育水稻土	青硅质泥田	青硅质潜田	A	0—14	淡灰黄色	重壤土	小块状	5.7	24.6	1.49	0.60	13.1			7.4	近代长江冲积物	E 118°41′19.2″ N 31°24′09.8″	75
						Pg	14—22	暗棕黄色	重壤土	块状	6.3	19.3	1.20	0.53	15.3			15.8			
						G	22—34	青灰色	重壤土	块状	7.4	8.9	0.64	0.54	15.9			14.3			
						Bv	34—70	蓝灰色	中壤土	块状	7.5	4.3	0.38	0.40	13.9			12.8			
剖51	人为土	水稻土	潜育水稻土	石灰性砂泥田	灰砂潜泥田	A	0—16	暗黄棕色	中壤土	粒状	8.2	20.2	1.27	0.82	19.0			14.1		E 118°44′58.2″ N 31°24′23.8″	75
						P	16—26	暗黄棕色	中壤土	棱块状	8.2	17.5	1.24	0.71	18.6			12.5			
						W	26—51	暗棕黄色	中壤土	棱块状	8.1	10.2	0.71	0.71	17.2			14.9			
						Bv	51—100	黄灰色	中壤土	碎块状	7.6	8.1	0.51	0.72	17.2			14.6			
剖52	人为土	水稻土	潜育水稻土	湖泥田	湖泥田	A	0—11	淡灰棕色	中壤土	块状	5.9	26.4	1.93	0.62	21.9	24.0	78	22.4	湖相沉积物	E 118°37′52.2″ N 31°22′01.5″	75
						P	11—18	棕灰色	中壤土	棱块状	6.3	21.1	1.61	0.60	21.9	24.0	82	24.3			
						W	18—32	棕灰色	中壤土	棱块状	6.7	16.7	1.40	0.60	22.4	14.0	72	22.8			
						Bv	32—100	棕灰色	中壤土	块状	6.9	11.0	0.90	0.67	22.0	8.0	79	24.7			
剖53	人为土	水稻土	潜育水稻土	青马肝田	青马肝田	Ag	0—13	棕灰色	重黏土	小块状	3.7	33.2	2.06	0.56	16.0				下蜀黄土	E 118°47′07.4″ N 31°30′42.8″	95
						Pg	13—20	青灰色	重黏土	块状	7.3	28.5	1.72	0.58	16.0			18.9			
						G	20—33	蓝灰色	轻黏土	糊状	7.6	24.4	1.53	0.55	15.6			18.6			
						Bv₁	33—48	黄灰色	中黏土	块状	7.4	9.4	0.64	0.47	15.2			15.4			
						Bv₂	48—100	灰黄色	轻黏土	块状	7.8	5.6	0.43	0.28	15.9			15.7			
剖54	人为土	水稻土	潜育水稻土		青湖泥田	A	0—15	灰灰色	中黏土	团块状	5.2	23.3	1.39	0.80	15.4				湖相沉积物	E 118°45′52.3″ N 31°25′45.9″	75
						P	15—24	棕灰色	重黏土	小块状	5.9	18.3	1.28	0.81	15.3						
						W	24—56	暗棕黄色	重黏土	棱块状	6.6	6.8	0.48	0.43	15.1						
						Bv	56—73	黄黄色	重黏土	块状											
						C	73—150	灰黄色	中壤土	块状	6.5	5.2	0.38	0.37	15.9						

含 山 县

主要土类说明

水稻土是含山县主要土壤类型，占本县地域面积的61%，分布在岗田、塝田、冲田、圩田和滩田等处。其成土母质有下蜀黄土，石灰岩类、泥页岩类、红砂岩类和硅质岩类等坡积物、洪积物，还有河流冲积物和湖相沉积物。水稻土是由各种地带性和非地带性土壤经长期水耕熟化发育而成的。在耕作、施肥和灌排的条件下，由于还原、淋溶和氧化、淀积等作用，形成了水稻土特有的各种层次，即耕作层、犁底层、渗育层、斑淀层、潜育层和漂洗层等，由此组成不同的剖面构型。

黄褐土是含山县第二大土壤类型，占本县地域面积的12%，主要分布在低丘岗地及冲田的上部。其成土母质为下蜀黄土，地势较高，表层呈黄棕色，土体深厚。由于淋溶、淀积作用，剖面下有坚实的黏盘层和大量铁锰结核。黄褐土质地黏重，结构不良。

石灰（岩）土是含山县第三大土壤类型，占本县地域面积的9%，分布于石灰岩组成的丘陵地区。其成土母质为石灰岩类残积物、坡积物，成土过程主要是碳酸盐淋溶残留与淀积过程。成土过程受母质影响大，不受地下水的影响。所处地形部位较高，有一定坡度，侵蚀严重，土层浅，并掺有石砾。石灰岩风化物颗粒较细，质地黏重，黏粒含量大多数在60%以上。淋溶作用较明显，一般表土层无石灰反应，块状结构，表面多胶膜。该土类剖面构型为A–B–C、A–C–D或A–P–B–C。

黄棕壤占含山县地域面积的8%，主要分布在本县丘岗地区。其成土母质主要有红砂岩类、石英岩类和泥页岩类残积物、坡积物。黄棕壤剖面构型以A–P–B–C、A–B–C–D或A–B–B（2）–C为主。黄棕壤在本县自然成土因素的作用下，矿物风化较为强烈，分解较为彻底，淋溶作用明显。易溶性的钾、钠、钙、镁遭到淋失，难溶性的硅、铝、铁等物质则在土层中得到相对积累，因此，发育的黄棕壤有轻度的富铝化过程，盐基不饱和，土壤呈微酸性。同时，由于黏粒下移积累和淀积，硅、铝、铁等氧化物又可重新生成次生黏土矿物，形成黏重的心土层，表现出明显的黏化过程。

石质土占含山县地域面积的4%，广泛分布于侵蚀严重，岩石裸露的石质山地、侵蚀残丘，以及丘顶、山脊、山坡等坡度陡峻的地形部位。石质土表层岩石裸露，风化层浅薄，一般小于10cm，风化度低，富含砾石，多碎屑岩粒，属A–R型土。

小于本县地域面积3%的土壤类型还有紫色土、粗骨土和潮土等。

本区域中心区气候特征

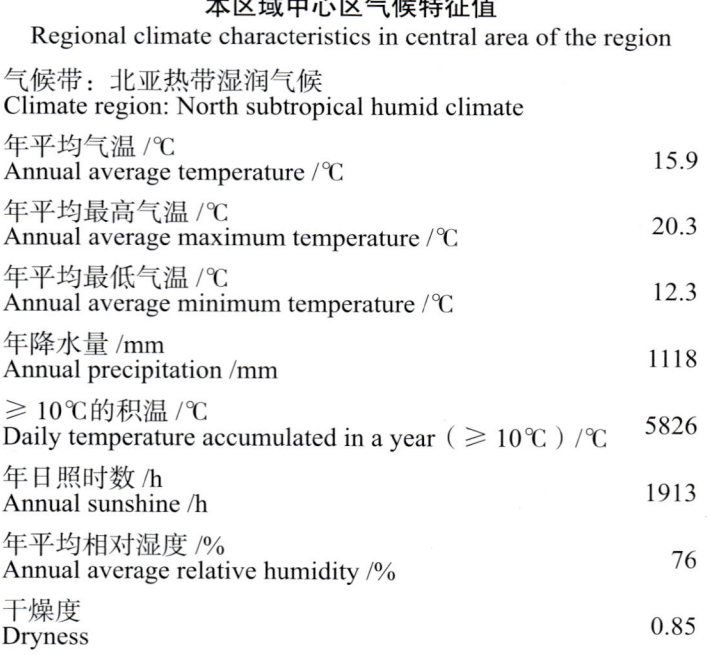

本区域中心区气候特征值
Regional climate characteristics in central area of the region

气候带：北亚热带湿润气候 Climate region: North subtropical humid climate	
年平均气温 /℃ Annual average temperature /℃	15.9
年平均最高气温 /℃ Annual average maximum temperature /℃	20.3
年平均最低气温 /℃ Annual average minimum temperature /℃	12.3
年降水量 /mm Annual precipitation /mm	1118
≥10℃的积温 /℃ Daily temperature accumulated in a year（≥10℃）/℃	5826
年日照时数 /h Annual sunshine /h	1913
年平均相对湿度 /% Annual average relative humidity /%	76
干燥度 Dryness	0.85

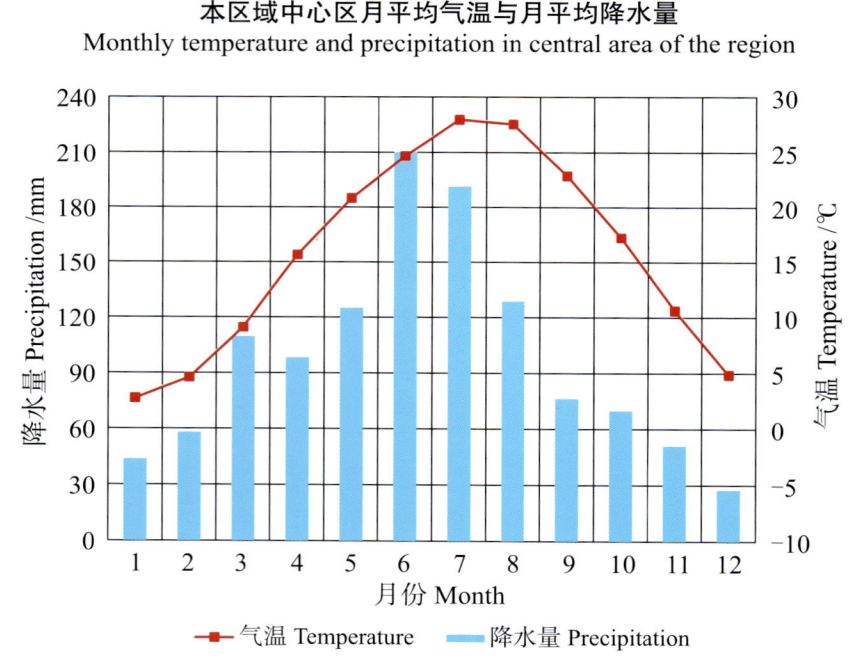

本区域中心区月平均气温与月平均降水量
Monthly temperature and precipitation in central area of the region

含山县主要土壤类型与土壤剖面点分布图
1:190 000

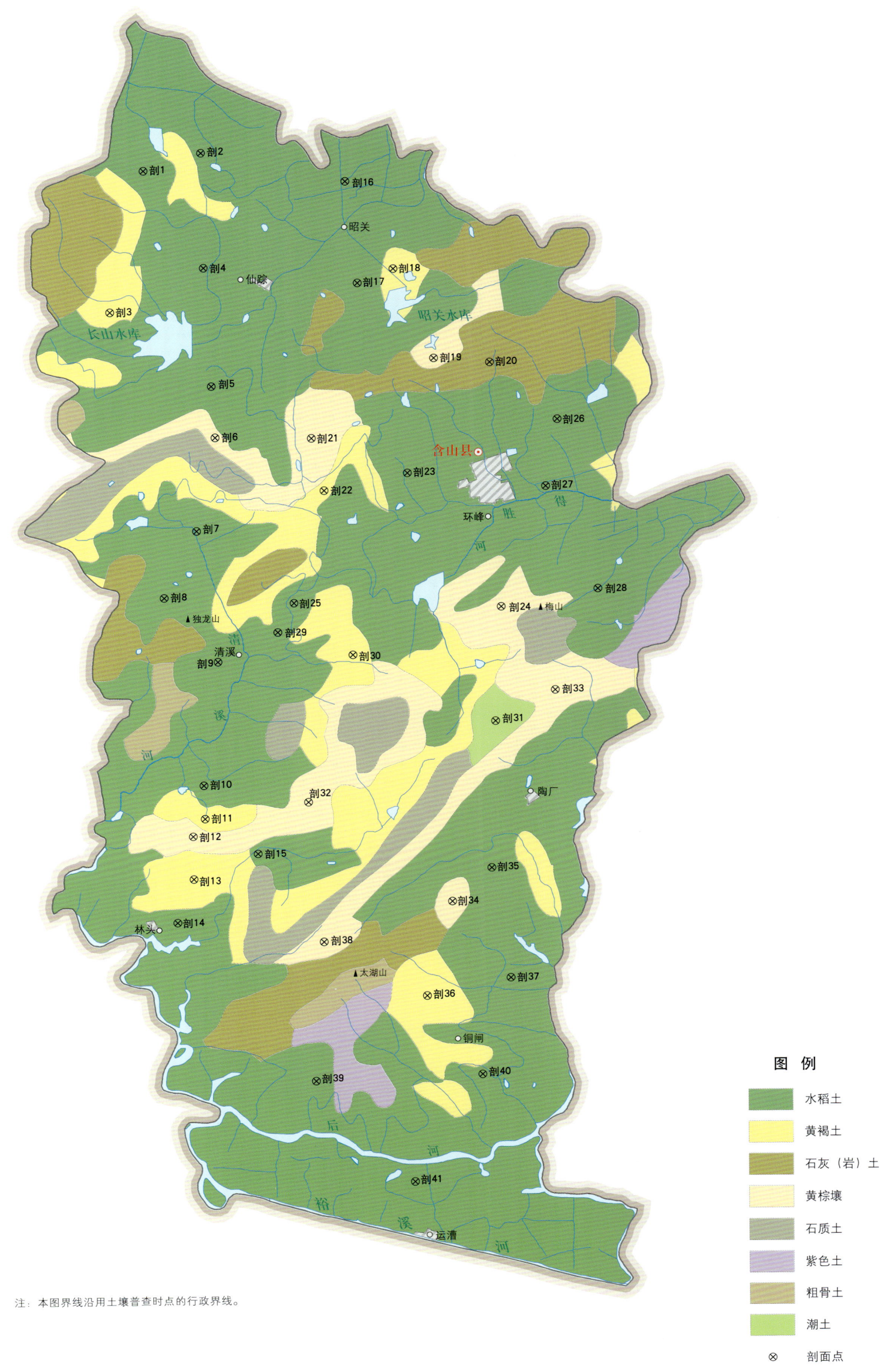

注：本图界线沿用土壤普查时点的行政界线。

图 例
- 水稻土
- 黄褐土
- 石灰（岩）土
- 黄棕壤
- 石质土
- 紫色土
- 粗骨土
- 潮土
- ⊗ 剖面点

含山县土壤剖面理化性状表

剖面号 Soil profile	土纲 Soil order	土类 Soil great group	亚类 Soil subgroup	土属 Soil genus	土种 Soil species	土层码 Layer code	土层厚度 Depth/cm	颜色 Soil color	质地 Soil texture	土壤结构 Soil structure	pH	有机质 OM/(g/kg)	全氮 TN/(g/kg)	全磷 TP/(g/kg)	全钾 TK/(g/kg)	有效磷 AP/(mg/kg)	速效钾 AK/(mg/kg)	阴离子交换量CEC/(cmol/kg)	土壤母质 Parent material	剖面点坐标 Profile coordinate	匹配指数 Matching index/%
剖1	人为土	水稻土	潴育水稻土	黄白土田	黄白土田	Ae	0—14	黄灰色	中壤土	屑粒状	5.6	18.9	1.59	0.51	20.3	3.0	97	13.7	下蜀黄土	E 117°56′55.8″ N 31°50′55.1″	95
						P	14—27	淡灰黄色	中壤土	块状	5.5	21.8	0.99	0.49	24.4	3.0	47	10.7			
						W	27—49	灰黄色	重壤土	块状	5.8	10.0	0.77	4.10	19.3	2.0	48	12.2			
						C	49—96	淡棕黄色	黏土	块状											
剖2	人为土	水稻土	淹育水稻土	浅黄马肝田	浅黄马肝田	A	0—12	淡灰黄色	重壤土	小块状	5.0	16.7	0.69	0.16	14.5	4.0	138	19.6	下蜀黄土	E 117°58′29.7″ N 31°51′19.7″	95
						P	12—21	灰黄色	轻黏土	小块状	6.9	8.6	0.62	0.16	14.5	2.0	72	14.2			
						C	21—51	黄棕色	轻黏土	梭块状	7.1	1.5	0.31	0.16	13.4	≤1.0	50	10.2			
剖3	淋溶土	黄棕壤	黏盘黄褐土	马肝土	钙积马肝土	A	0—16	淡灰色	轻黏土	块状	8.1	18.3	1.15	0.30	19.1	5.0	161	16.0	下蜀黄土	E 117°55′58.7″ N 31°47′33.3″	78
						P	16—26	淡灰色	轻黏土	片状	8.1	13.8	1.02	0.26	19.3	≤1.0	92	14.9			
						Bv	26—86	灰白色	轻黏土	梭柱状	8.3	7.4	0.51	0.17	19.2	2.0	102	17.3			
						C	86—130	灰白色	黏土	块状											
剖4	人为土	水稻土	淹育水稻土	浅马肝田	浅马肝田	A	0—9	灰灰色	轻黏土	块状	6.0	14.2	0.91	0.58	18.9	11.0	252	14.1	下蜀黄土	E 117°58′32.1″ N 31°48′35.4″	95
						P	9—16	黄黄色	轻黏土	块状	6.5	9.8	0.83	0.52	18.9	7.0	214	15.3			
						C	16—77	黄棕色	轻黏土	柱状	6.8	5.6	0.36	0.27	18.5	5.0	127	10.1			
剖5	人为土	水稻土	淹育水稻土	浅石灰泥田	浅钙泥田	A	0—13	灰黄色	重壤土	碎片状	7.4	23.1	1.33	0.22	14.5	4.0	101	18.2	石质岩类坡积物、坡积物	E 117°58′43.4″ N 31°45′44.7″	95
						P	13—23	淡灰黄色	轻壤土	片状	6.7	17.2	0.88	0.23	15.6	3.0	76	11.7			
						C	23—89	棕黄色	轻黏土	块状	7.0	4.4	0.41	0.19	14.6	≤1.0	76	12.6			
剖6	淋溶土	黄棕壤	黄棕壤性土	耕种黄棕壤性硅质土	黄棕壤性硅质土	A	0—17	灰灰黄色	重壤土	粒状	5.1	14.1	1.23	0.25	14.9	4.0	62	14.6	硅质岩类残积物、坡积物	E 117°58′48.5″ N 31°44′30.8″	95
						P	17—28	黄色	重壤土	碎片状	5.2	12.2	1.03	0.25	14.4	4.0	85	12.9			
						O	28—	灰灰黄色	重壤土	块状	5.1	6.9	0.97	0.29	15.4	3.0	62	10.6			
剖7	人为土	水稻土	潴育水稻土	湖泥田	湖泥田	A	0—16	淡灰色	中壤土	碎块状	6.5	28.4	1.32	0.42	20.0	8.0	105	24.6	湖相沉积物	E 117°58′16.4″ N 31°42′17.7″	95
						P	16—26	淡灰黄色	轻黏土	片状	6.9	25.4	1.18	0.19	19.0	4.0	121	24.9			
						W	26—55	棕黄色	中黏土	梭柱状	7.2	25.1	1.08	0.36	18.9	2.0	141	26.8			
						C	55—104	深灰黄色	黏土	块状											
剖8	人为土	水稻土	漂洗水稻土	白土田	上位砾石白土田	Ae	0—13	淡灰色	轻壤土	小碎块状	5.0	17.1	1.05	0.19	14.7	5.0	64	11.4	山河冲积物	E 117°57′22.2″ N 31°40′41.7″	95
						Bv	13—23	淡灰色	中壤土	碎块状	6.3	10.4	0.74	0.20	8.5	5.0	65	12.0			
						C	23—36	蓝灰色	重壤土	大块状	6.6	3.8	0.39	0.22	9.5	3.0	72	9.7			
剖9	人为土	水稻土	潴育水稻土	陷泥田	陷泥田	A	0—18	暗黄黄色	轻黏土	碎片状	7.3	24.0	2.60	0.39	17.2	3.0	216	23.8	硅质岩类坡积物、洪积物	E 117°58′48.6″ N 31°39′08.4″	95
						Pg	18—26	暗黄色	轻黏土	糊状	6.8	20.1	2.27	0.26	18.4	2.0	170	21.5			
						G	26—100	灰灰色	中黏土	糊状	6.6	23.7	1.41	0.29	21.1	3.0	112	19.7			
剖10	人为土	水稻土	潴育水稻土	马肝田	马肝田	A	0—14	灰黄色	重黏土	片状	5.2	15.6	1.43	0.21	13.3	3.0	176	12.2	下蜀黄土	E 117°58′23.0″ N 31°36′11.6″	95
						P	14—26	黄灰黄色	重黏土	碎片状	5.7	10.3	0.64	0.22	17.7	≤1.0	148	19.7			
						W	26—67	黄棕色	轻黏土	块状	6.3		0.35	0.15	17.7	≤1.0	116	18.7			
						C	67—106														
剖11	淋溶土	黄棕壤	黏盘黄褐土			1	0—11	暗黄棕色	轻壤土	碎粒状	6.2	18.7	0.86	0.21	16.4	3.0	66	11.2	红砂岩类残积物、坡积物	E 117°58′24.4″ N 31°35′23.7″	71
						2	11—18	棕灰色	中壤土	块状	6.3	12.6	0.58	0.25	17.7	3.0	61	10.2			
剖12	淋溶土	黄棕壤	黄棕壤性土	耕种黄棕壤性砂砾土	黄棕壤性砂砾土	A	0—17	淡红棕色	轻壤土	块状	6.9	3.5	0.23	0.23	16.5	2.0	69	9.7	下蜀黄土	E 117°58′04.8″ N 31°34′58.1″	95
						P	17—25	淡红棕色	轻壤土	碎块状	7.1	13.1	0.59	0.22	17.0	4.0	100	9.9			
						C	25—65	红棕色	重黏土	块状	5.5	14.1	0.60	0.23	18.1	2.0	125	17.9			
剖13	淋溶土	黄褐土	黏盘黄褐土	黏盘黄褐土	上位黏盘黄褐土	A	0—20	红棕色	轻黏土	块状	5.8	3.3	0.26	0.21	17.7	≤1.0	90	16.9	下蜀黄土	E 117°58′04.7″ N 31°33′55.5″	78
						Bv (2)	20—69			梭块状											
						C	69—98														

续表 Continued

剖面号 Soil profile	土纲 Soil order	土类 Soil great group	亚类 Soil subgroup	土属 Soil genus	土种 Soil species	土层码 Layer code	土层厚度 Depth/cm	颜色 Soil color	质地 Soil texture	土壤结构 Soil structure	pH	有机质 OM/(g/kg)	全氮 TN/(g/kg)	全磷 TP/(g/kg)	全钾 TK/(g/kg)	有效磷 AP/(mg/kg)	速效钾 AK/(mg/kg)	阳离子交换量CEC/(cmol/kg)	土壤母质 Parent material	剖面点坐标 Profile coordinate	匹配指数 Matching index/%
剖14	人为土	水稻土	潜育水稻土	青马肝田	青马肝田	A	0—16	灰黄色	轻黏土	碎块状	6.3	36.4	1.91	0.30	16.9	4.0	133	23.7	下蜀黄土	E 117°57′37.7″ N 31°32′53.1″	95
						Pg	16—25	暗黄色	中黏土	糊状	6.3	35.1	1.82	0.32	16.9	7.0	146	24.3			
						G	25—48	蓝灰色	中黏土	糊状	6.6	28.0	1.56	0.15	16.9	2.0	113	25.5			
						C	48—100	淡灰黄色	黏土	块状											
剖15	人为土	水稻土	潜育水稻土	砂泥田	上位砾石砂泥田	A	0—14	灰白色	轻黏土	小块状	5.2	12.3	0.72	0.19	14.4	3.0	61	11.1	河流冲积物	E 117°59′49.9″ N 31°34′31.3″	95
						P	14—20	浅灰色	重壤土	片状	6.3	11.2	0.64	0.15	13.9	2.0	64	15.4			
						O	20—63	灰白色	轻壤土	块状	7.1	3.7	0.23	0.15	13.3	3.0	52	14.5			
剖16	人为土	水稻土	潜育水稻土	烂泥田	烂泥田	A	0—20	暗黄色	中黏土	小块状	6.0	23.4	1.43	0.26	21.3	4.0	169	24.4	河流冲积物	E 118°02′24.3″ N 31°50′36.9″	95
						G	20—95	青灰色	轻壤土	糊状	6.4	17.0	0.98	0.20	20.2	3.0	154	22.7			
剖17	人为土	水稻土	潜育水稻土	石灰性砂泥田	灰泥田	A	0—18	淡黄色	轻黏土	小块状	7.9	23.0	1.49	0.23	16.7	3.0	172	18.9	河流冲积物	E 118°02′42.7″ N 31°48′11.4″	95
						P	18—36	暗黄色	轻黏土	片状	8.1	18.8	1.42	0.31	16.6	2.0	186	17.9			
						W	36—69	淡灰色	轻黏土	棱柱状	8.0	6.0	0.28	0.25	18.8	5.0	137	16.9			
						C	69—125	灰黄色	轻壤土	柱状	7.1	5.1	0.34		16.6	2.0	84	16.0			
剖18	淋溶土	黄褐土	黏盘黄褐土			1	0—18	灰褐色	中壤土	粒状	6.0							11.4		E 118°03′41.3″ N 31°48′31.4″	76
						2	18—27	暗灰色	轻黏土	块状	6.5							12.6			
						3	27—48	灰黄色	重壤土	柱状	6.0							11.9			
						4	48—103	棕灰色	轻壤土	块状	6.9										
剖19	淋溶土	黄棕壤	普通黄棕壤	硅质黄棕土	薄层硅质黄棕土	A	0—6	浅黄灰色	重壤土	粒状	6.0	14.1	0.64	0.13	16.5	2.0	77	22.4	硅质岩类残积物	E 118°04′45.8″ N 31°46′21.6″	75
						P	6—11	灰黄色	重壤土	片状	5.7	9.7	0.46	0.15	17.5	≤1.0	51	12.6			
						Bv	11—20	棕黄色	轻壤土	块状	5.8	7.4	0.35	0.16	16.5	≤1.0	57	11.9			
						C	20—29	黄棕色	黏土	块状											
剖20	初育土	石灰(岩)土	棕色石灰土	棕色黄石灰土	中层棕色黄石灰土	A	0—7	灰黄色	轻黏土	块状	7.4	44.4	2.41	0.85	21.3	3.0	155	22.2	石灰岩类残积物、坡积物	E 118°06′17.0″ N 31°46′15.0″	92
						Bv	7—34	棕黄色	轻黏土	块状	7.4	21.3	1.07	0.78	18.8	3.0	100	17.8			
						C	34—58	黄棕色	轻黏土	粒状	7.6	27.2	1.21	0.67	16.9	3.0	51	16.2			
剖21	淋溶土	黄棕壤	普通黄棕壤	砂砾黄棕壤	中层砂砾黄棕壤	A	0—15	淡黄棕色	中黏土	块状	5.6	21.0	1.37	0.19	19.7	2.0	249	11.7	红砂岩类残积物、坡积物	E 118°01′25.1″ N 31°44′28.3″	75
						Bv	15—40	黄棕色	轻黏土	块状	5.0	18.3	1.05	0.19	19.8	≤1.0	272	12.3			
						C	40—58	黄棕色	轻黏土	块状	6.4	7.7	0.46	0.32	18.8	3.0	159	11.2			
剖22	淋溶土	黄褐土	黏盘黄褐土	马肝田	灰马肝田	A	0—15	暗灰黄色	轻黏土	碎块状	6.2	21.2	1.20	0.23	17.9	4.0	180	21.8	下蜀黄土	E 118°01′44.9″ N 31°43′13.4″	92
						P	15—25	棕灰色	中黏土	块状	6.3	13.3	0.72	0.23	16.9	3.0	126	22.0			
						Bv	25—54	灰黄棕色	中黏土	小块状	6.5	6.8	0.53	0.15	16.7	2.0	99	15.8			
						C	54—92	黄棕色	轻黏土	小块状	6.4	5.4	0.32	0.17	17.8	≤1.0	106	21.4			
剖23	淋溶土	黄棕壤	普通黄棕壤	马肝田	次潜马肝田	A	0—18	暗黄棕色	中壤土	棱块状	5.5	17.9	1.09	0.15	16.4	3.0	141	16.6	下蜀黄土	E 118°04′00.8″ N 31°43′37.0″	95
						P	18—30	暗灰黄色	中黏土	柱状	6.1	17.7	0.89	0.17	17.4	4.0	155	14.2			
						W	30—53	深黄棕色	重黏土	块状	5.7	10.0	0.49	0.14	16.4	2.0	113	18.2			
						C	53—90	暗黄棕色	重黏土	粒状	5.9	11.7	0.59	0.25	17.5	4.0	68	18.8			
剖24	淋溶土	黄棕壤	普通黄棕壤	砂砾黄棕土	厚层砂砾黄棕土	A	0—14	棕灰色	中壤土	小块状	5.6	7.8	0.39	0.16	17.5	≤1.0	73	15.3	下蜀黄土	E 118°06′30.7″ N 31°40′23.1″	95
						Pg	14—22	灰灰棕色	重黏土	片状	5.4	6.3	0.27	0.14	14.3	≤1.0	50	12.9			
						Bv	22—62	黄灰棕色	重黏土	柱状	6.8	21.4	1.26	0.29	16.7	4.0	251	23.9			
						C	62—78	深灰黄色	重黏土	块状	7.0	17.5	0.68	0.25	17.8	5.0	231	23.5			
剖25	人为土	水稻土	潜育水稻土	扁石泥田	马肝扁石泥田	A	0—16	深黄色	轻壤土	小块状	7.0	14.2	0.66	0.19	18.9	≤1.0	224	18.1	红砂岩类坡积物、洪积物	E 118°00′53.5″ N 31°40′31.9″	95
						P	16—25	深黄色	轻壤土	片状	7.0	11.2	0.44	0.18	18.8	≤1.0	198	17.9			
						Bv	25—42	灰白色	中壤土	柱状	5.0	14.1	0.76	0.19	17.2	4.0	52	5.6			
						C	42—100	灰黄色	轻壤土	屑粒状	5.4	7.7	0.37	0.18	16.3	3.0	36	3.8			
剖26	人为土	水稻土	淹育水稻土	浅红砂泥田	浅红砂泥田	P	0—14	淡棕棕色	轻壤土	片状	5.4	7.7	0.37	0.18	16.3	3.0	36	3.8	红砂岩类残积物、坡积物	E 118°08′06.1″ N 31°44′51.4″	95
						C	14—25	淡黄棕色	轻壤土	片状											
							25—87	淡灰棕色	轻壤土	块状	6.6	1.8	0.23	0.18	10.1	3.0	41	1.9			

续表 Continued

剖面号 Soil profile	土纲 Soil order	土类 Soil great group	亚类 Soil subgroup	土属 Soil genus	土种 Soil species	土层码 Layer code	土层厚度 Depth/cm	颜色 Soil color	质地 Soil texture	土壤结构 Soil structure	pH	有机质 OM/(g/kg)	全氮 TN/(g/kg)	全磷 TP/(g/kg)	全钾 TK/(g/kg)	有效磷 AP/(mg/kg)	速效钾 AK/(mg/kg)	阳离子交换量CEC/(cmol/kg)	土壤母质 Parent material	剖面点坐标 Profile coordinate	匹配指数 Matching index/%
剖27	人为土	水稻土	潴育水稻土	钙积马肝田	钙积马肝田	A	0—18	浅灰色	轻黏土	小块状	7.5	29.6	1.53	0.27	16.7	5.0	121	24.9	下蜀黄土	E 118°07′45.8″ N 31°43′16.0″	95
						P	18—28	深灰色	中壤土	块状	7.8	17.9	1.13	0.33	14.6	4.0	116	23.7			
						W	28—60	淡黄色	中壤土	棱块状	7.8	13.6	0.78	0.13	14.6	3.0	102	18.0			
						C	60—84	棕黄色	重壤土	块状	7.0	30.7	1.57	0.23	13.6	≤1.0	115	28.8			
剖28	人为土	水稻土	潜育水稻土	青湖泥田	低位弱潜湖泥田	A	0—15	暗棕色	中壤土	碎块状	6.2	36.4	1.92	0.52	19.5	3.0	68	22.2	湖相沉积物	E 118°09′08.3″ N 31°40′47.4″	95
						P	15—25	暗棕色	中壤土	块状	7.2	30.1	1.64	0.57	19.9	3.0	79	20.9			
						Wg	25—62	淡灰色	中壤土	块状	7.2	20.3	1.04	0.22	19.6	2.0	136	18.3			
						G	62—114	青灰色	黏土	糊状											
剖29	人为土	水稻土	潜育水稻土	青砂泥田	中位弱潜灰砂田	As	0—18	淡灰色	轻壤土	屑粒状	7.4	14.9	0.78	0.63	19.3	6.0	46	10.1	河流冲积物	E 118°00′26.8″ N 31°39′49.7″	95
						Ps	18—34	淡灰色	中壤土	片状	6.9	7.0	0.64	0.45	19.9	2.0	72	18.3			
						G	34—85	青灰色	中壤土	糊粒状	7.4	28.5	1.34	0.38	19.9	3.0	55	24.9			
剖30	淋溶土	黄褐土	黏盘黄褐土	黏盘黄褐土	下位黏盘黄褐土	A	0—22	灰黄色	重壤土	屑粒状	5.5	16.4	1.13	0.17	17.0	2.0	68	15.2	下蜀黄土	E 118°02′28.2″ N 31°39′16.0″	78
						Bv	22—65	棕黄色	重壤土	块状	6.0	10.3	0.76	0.16	12.4	2.0	43	8.0			
						Bv(2)	65—89	黄棕色	轻壤土	棱块状	6.0	8.2	0.60	0.11	13.2	3.0	54	12.0			
						C	89—117	浅棕色	黏土	棱柱状											
剖31	半水成土	潮土	灰潮土	泥骨土	泥骨土	A	0—20	暗灰色	轻黏土	块状	5.3	35.4	1.58	0.19	16.8	≤1.0	80	23.0	河流冲积物	E 118°06′19.2″ N 31°37′38.4″	75
						P	20—32	暗灰色	中壤土	柱状	5.7	33.1	1.52	0.19	17.8	2.0	84	18.8			
						Bv	32—72	暗灰色	中壤土	块状	6.7	28.1	1.45	0.17	17.9	≤1.0	82	20.4			
						C	72—145	黑灰色	重壤土	块状	5.9	4.2	0.27	0.23	19.2	≤1.0	82	18.8			
剖32	淋溶土	黄棕壤	普通黄棕壤	硅质黄棕土	厚层硅质黄棕土	A	0—20	暗灰色	重壤土	块状	5.3	22.8	1.44	0.21	12.2	3.0	110	8.2	硅质岩类坡积物	E 118°01′13.2″ N 31°35′45.8″	75
						P	20—30	暗灰色	重壤土	块状	5.5	14.5	0.93	0.18	14.3	≤1.0	47	13.6			
						Bv	30—70	灰灰色	重壤土	块状	5.4	10.6	0.58	0.15	17.8	≤1.0	48	9.8			
剖33	淋溶土	黄棕壤	普通黄棕壤	硅质黄棕土	中层硅质黄棕壤	A	0—15	暗黄灰色	重壤土	屑粒状	5.5	39.0	2.03	0.27	12.2	≤1.0	112	10.2	硅质岩类残积物、坡积物	E 118°07′57.0″ N 31°38′21.8″	95
						Bv	15—35	暗黄灰色	中壤土	块状	5.4	28.1	1.71	0.27	10.8	4.0	66	11.0			
						C	35—56	暗黄灰色	中壤土	粒状	5.4	27.2	1.17	0.27	11.3	3.0	51	6.2			
剖34	淋溶土	黄棕壤	普通黄棕壤	扁石黄棕土	中层扁盘石黄棕壤	A	0—12	灰黄色	重壤土	块状	5.5	23.2	1.12	0.30	13.2	5.0	33	8.6	泥页岩类残积物、坡积物	E 118°05′04.5″ N 31°33′18.5″	75
						Bv	12—37	灰黄色	中壤土	块状	5.6	18.5	0.98	0.33	12.2	5.0	18	8.7			
						C	37—48	淡灰黄色	砂壤土	屑粒状	6.1	2.5	0.58	0.41	13.2	6.0	27	10.8			
剖35	人为土	水稻土	潜育水稻土	马肝土	血马肝田	A	0—18	灰灰色	轻黏土	团粒状	5.8	30.1	1.61	0.23	12.5	5.0	253	17.1	下蜀黄土	E 118°06′09.4″ N 31°34′05.8″	95
						P	18—27	黄黄色	轻黏土	片状	6.1	18.9	1.16	0.39	16.5	9.0	266	11.8			
						W	27—89	浅灰黄色	轻壤土	柱状	7.4	3.0	0.26	0.35	17.4	5.0	118	5.5			
						C	89—129	黄棕色	重壤土	块状											
剖36	淋溶土	黄褐土	黏盘黄褐土	马肝土	下位黏盘马肝土	A	0—21	暗黄灰色	重壤土	屑粒状	5.1	24.5	1.39	0.31	16.0	2.0	113	17.6	下蜀黄土	E 118°04′21.3″ N 31°31′03.2″	92
						Bv	21—59	灰黄色	中壤土	块状	5.0	20.8	1.32	0.22	16.0	≤1.0	72	7.9			
						Bv(2)	59—100	灰棕色	中壤土	屑粒状	5.9	7.6	0.52	0.19	15.0	≤1.0	64	15.4			
剖37	人为土	水稻土	漂洗水稻土	白马肝田	淀白土田	A	0—13	棕色	砂壤土	块状	5.0	9.9	0.60	0.62	14.8	3.0	61	7.3	下蜀黄土	E 118°06′37.7″ N 31°31′27.0″	95
						Ae	13—24	灰黄色	轻壤土	片状	6.0	3.6	0.35	0.32	15.8	4.0	79	9.7			
						Bv	24—65	黄棕色	轻壤土	块状	5.5	3.1	0.25	0.42	16.2	3.0	81	8.6			
						C	65—105	黄棕色	轻壤土	块状											
剖38	淋溶土	黄棕壤	普通黄棕壤	扁石黄棕土	厚层扁石黄棕土	A	0—16	灰灰色	中壤土	粒状	6.0	16.5	1.20	0.25	17.1	2.0	117	19.3	泥页岩类残积物、坡积物	E 118°01′35.3″ N 31°32′22.7″	95
						P	16—24	暗灰色	重壤土	片状	5.5	10.9	0.87	0.23	19.7	3.0	119	13.8			
						Bv	24—67	灰黄色	轻壤土	块状	5.0	9.0	0.66	0.19	19.1	3.0	104	22.1			
						C	67—103	棕黄色	黏土	块状											

续表 Continued

剖面号 Soil profile	土纲 Soil order	土类 Soil great group	亚类 Soil subgroup	土属 Soil genus	土种 Soil species	土层码 Layer code	土层厚度 Depth/cm	颜色 Soil color	质地 Soil texture	土壤结构 Soil structure	pH	有机质 OM/(g/kg)	全氮 TN/(g/kg)	全磷 TP/(g/kg)	全钾 TK/(g/kg)	有效磷 AP/(mg/kg)	速效钾 AK/(mg/kg)	阳离子交换量CEC/(cmol/kg)	土壤母质 Parent material	剖面点坐标 Profile coordinate	匹配指数 Matching index/%
剖39	人为土	水稻土	潜育水稻土	青砂泥田	中位弱潜泥骨土田	A	0—18	暗灰色	中黏土	块状	6.0	33.4	1.58	0.25	18.0	3.0	69	26.4	河流冲积物	E 118°01′19.3″ N 31°29′03.1″	95
						Pg	18—32	暗青灰色	轻黏土	糊状	6.8	31.6	1.62	0.19	18.0	2.0	63	24.1			
						Gs	32—95	淡灰黄色	砂壤土	屑粒状	7.0	32.5	1.58	0.17	19.1	≤1.0	58	13.0			
剖40	人为土	水稻土	潴育水稻土	砂泥田	下位砂层砂泥田	A	0—18	淡灰黄色	重壤土	碎块状	6.5	19.4	1.19	0.35	19.7	3.0	78	15.3	河流冲积物	E 118°05′49.6″ N 31°29′09.3″	95
						P	18—28	灰黄色	重壤土	块状	7.0	11.5	1.17	0.31	17.8	3.0	79	13.5			
						W	28—65	淡棕黄色	轻黏土	柱状	7.4	17.7	0.44	0.27	20.7	≤1.0	66	10.7			
						S	65—106	淡黄色	砂土	粒状											
剖41	人为土	水稻土	潴育水稻土	砂泥田	上位砂层砂泥田	A	0—18	淡灰黄色	中壤土	屑粒状	7.5	16.6	0.98	0.43	17.5	3.0	51	19.0	河流冲积物	E 118°03′57.3″ N 31°26′38.0″	95
						Ps	18—30	淡棕黄色	松砂土	屑粒状	7.1	5.5	0.65	0.70	17.2	≤1.0	10	8.7			
						S	30—66	淡棕黄色	砂壤土	粒状	7.5	10.7	0.78	0.31	17.5	3.0	33	13.5			
						C	66—105	淡灰黄色	中壤土	块状											

和 县

主要土类说明

水稻土是和县主要土壤类型，占本县地域面积的 72%。其成土母质主要有下蜀黄土、长江冲积物、河流冲积物和湖积物等。一部分水稻土是在耕种旱地的基础上经水耕熟化发育而成，另一部分水稻土则是在草甸土或沼泽土上经开垦植稻直接形成的。起源于下蜀黄土母质的水稻土，绝大部分是由耕种旱地经水耕熟化逐渐发育而成的。它所处的地形部位相对较高，除低冲、池塘、水库、沟谷等低洼地段外，一般地下水位较低，因此对成土过程影响不大。其形成主要受灌溉水的影响，土体内交替进行的氧化还原作用主导着成土的全过程。起源于冲积物母质的水稻土，它们一部分由灰潮土经水耕熟化发育而成，大部分则是在草甸土、沼泽土基础上由围垦植稻形成。由于这类土壤分布于圩区，地势较低，地下水位较高，土体长期处于渍水状态，成土过程以还原作用为主。

黄褐土是和县第二大土壤类型，占本县地域面积的 7%。黄褐土由较细粒的黄土状母质发育而成，多组成丘岗。该土壤土体中游离碳酸钙已不复存在，土壤呈灰黄棕色，在底部可散见圆形石灰结核。土壤黏化淀积明显，B 层黏聚，黏粒硅铝率在 3.0 左右，表层 pH 为 6.0—6.8，底层 pH 为 7.5，盐基饱和度由表层向底层逐渐趋向饱和。

潮土是和县第三大土壤类型，占本县地域面积的 6%。潮土是在长期旱耕熟化下形成的农业土壤类型，其剖面构型一般为 A–P–B–C，极少数底层土壤有潜育化现象。其成土母质为长江冲积物，质地都偏轻，大部分为轻壤，少数为砂壤。土壤有石灰反应，pH 在 7.5 以上，呈微碱性。多数剖面有石灰结核。

石灰（岩）土占和县地域面积的 5%，分布在石灰岩低山丘陵地带。石灰（岩）土土类是本县较大的一种山林地土壤，其成土母质为碳酸岩类残积物、坡积物。石灰（岩）土质地黏重，呈黄棕色，碳酸盐的淋溶、残留与淀积贯穿成土的全过程，绝大部分剖面有石灰反应，极少数石灰反应不明显。石灰（岩）土因分布部位不同，土层有厚薄之别，一般是山脚土厚，山顶土薄，坡度大的比坡度小的土层薄。

黄棕壤占和县地域面积的 5%，主要分布在本县西北部的低山残丘和黄土岗地上。黄棕壤淋溶作用明显，盐基不饱和，呈酸性或微酸性，铁铝移动明显，在土层中易形成铁锰结核，在土体结构面上易产生大量的铁锰胶膜。由于黏粒随渗漏水的下移和积累，黏化作用明显，心土层紧实黏重，多棕色，呈棱块状和块状结构。土层中含有或大或小、或多或少的石砾。在山丘的中上部，因受自然降水的冲刷，黏粒流失较多，土层较薄，具有一定的粗骨性。黄棕壤有机质含量低，肥力不高。

小于本县地域面积 3% 的土壤类型还有粗骨土、石质土等。

本区域中心区气候特征

本区域中心区气候特征值
Regional climate characteristics in central area of the region

气候带：北亚热带湿润气候 Climate region: North subtropical humid climate	
年平均气温 /℃ Annual average temperature /℃	15.8
年平均最高气温 /℃ Annual average maximum temperature /℃	20.3
年平均最低气温 /℃ Annual average minimum temperature /℃	12.1
年降水量 /mm Annual precipitation /mm	1097
≥10℃的积温 /℃ Daily temperature accumulated in a year（≥10℃）/℃	5774
年日照时数 /h Annual sunshine /h	1933
年平均相对湿度 /% Annual average relative humidity /%	77
干燥度 Dryness	0.86

本区域中心区月平均气温与月平均降水量
Monthly temperature and precipitation in central area of the region

和县主要土壤类型与土壤剖面点分布图
1∶250 000

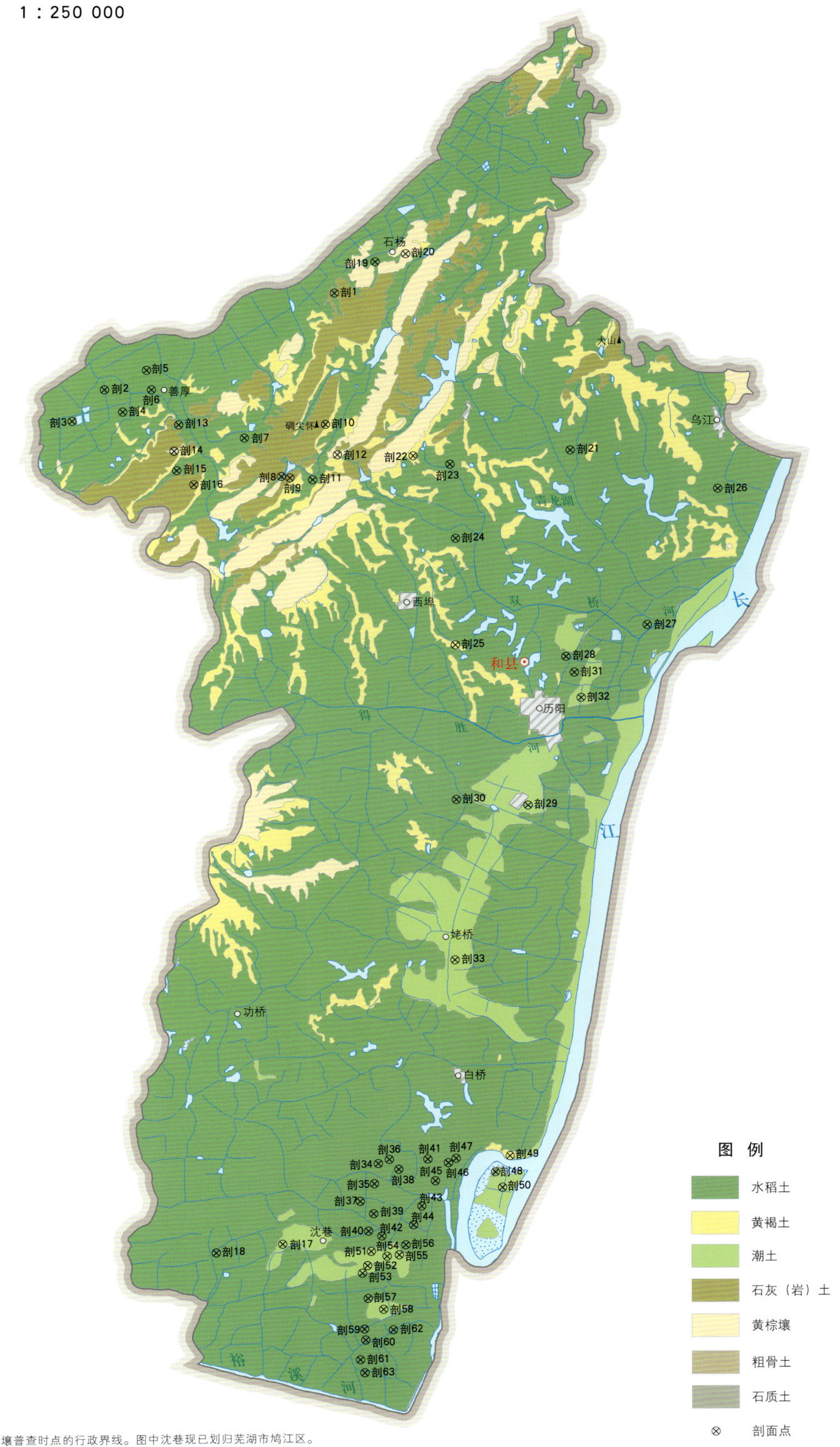

图例
- 水稻土
- 黄褐土
- 潮土
- 石灰（岩）土
- 黄棕壤
- 粗骨土
- 石质土
- ⊗ 剖面点

注：本图界线沿用土壤普查时点的行政界线。图中沈巷现已划归芜湖市鸠江区。

和县土壤剖面理化性状表

剖面号 Soil profile	土纲 Soil order	土类 Soil great group	亚类 Soil subgroup	土属 Soil genus	土种 Soil species	土层码 Layer code	土层厚度 Depth/cm	颜色 Soil color	质地 Soil texture	土壤结构 Soil structure	pH	有机质 OM/(g/kg)	全氮 TN/(g/kg)	全磷 TP/(g/kg)	全钾 TK/(g/kg)	有效磷 AP/(mg/kg)	速效钾 AK/(mg/kg)	阳离子交换量 CEC/(cmol/kg)	土壤母质 Parent material	剖面点坐标 Profile coordinate	匹配指数 Matching index/%
剖1	人为土	水稻土	潴育水稻土	湖泥田	湖泥田	A	0—16		重壤土		5.7	26.8	1.81	0.42	18.5	5.0	100	20.0	湖积物	E 118°14′36.5″ N 31°55′41.8″	75
						P	16—25		重壤土		6.3	23.9	1.63	0.43	18.7	6.0	90	20.3			
						Bv	25—105		重黏土		7.0	14.0	1.16	0.67	24.5	16.0	186	29.9			
剖2	人为土	水稻土	潴育水稻土	青砂泥田	高位强潴青泥田	A	0—15	褐黄色	重壤土	小块状	6.5								河流冲积物	E 118°06′50.8″ N 31°52′54.7″	95
						Pg	15—23	青灰色	轻黏土	糊状	6.5										
						G	23—65	褐灰色	轻黏土	膏块状	6.5										
						Bv	65—115	暗灰黄色	中壤土	块状	7.0										
剖3	人为土	水稻土	潴育水稻土	青砂泥田	低位弱潴青泥田	A	0—14	灰黄色	重壤土	碎块状	7.5								河流冲积物	E 118°05′44.7″ N 31°52′00.0″	95
						P	14—26	灰褐色	重壤土	块状	7.0										
						W	26—57	灰褐色	重壤土	棱块状	6.5										
						G	57—103	浅灰黄色	轻黏土	膏块状	6.5										
剖4	人为土	水稻土	潴育水稻土	青钙泥田	高位弱潴青钙泥田	A	0—14		重壤土		7.9	39.5	2.96			7.0	150		石灰岩坡积物、洪积物	E 118°07′27.2″ N 31°52′15.3″	75
						Pg	14—25		重壤土		8.1	30.4	2.52			7.0	150				
						G	25—49		重壤土		8.1	16.2	1.52			9.0	160				
						Bv	49—100		轻壤土		8.1	11.4	1.27								
剖5	人为土	水稻土	淹育水稻土	浅马肝田	浅马肝田	A	0—12	褐灰色	重壤土	核状	5.7	20.7	1.29	0.35	15.6	9.0	64	16.2	下蜀黄土	E 118°08′15.7″ N 31°53′28.7″	75
						G	12—25	青灰色	重壤土	糊状	7.3	13.0	0.85	0.31	14.3	6.0	52				
						C	25—130	暗灰黄色	轻黏土	棱块状	7.7	4.3	0.41	0.43	19.2	12.0	103				
剖6	人为土	水稻土	潜育水稻土	青砂泥田	高位强潴青底黄泥田	A	0—10	灰黄色	重壤土	小块状	6.5								河流冲积物	E 118°08′25.4″ N 31°52′53.7″	95
						G	10—39	灰白色	重壤土	块状	6.5										
						W	39—79	褐灰色	重壤土	棱柱状	7.0										
						Bv	79—108	黄褐色	重壤土	块状	6.5										
剖7	人为土	水稻土	潴育水稻土	石灰性砂泥田	砂底灰泥田	A	0—14	灰褐色	重壤土	小块状	7.0	24.2	1.39			6.0	172		长江冲积物	E 118°11′32.3″ N 31°51′26.6″	95
						P	14—22	棕黄色	重壤土	块状	7.5	18.5	1.19			4.0	134				
						Bv	22—44	灰棕色	重壤土	块柱状	7.5	8.3	0.64			≤1.0	115				
						C	44—70	褐黄色	砂壤土	片状	8.0	3.7	0.47								
剖8	人为土	水稻土	潴育水稻土	马肝田	钙积马肝田	A	0—13	黄褐色	重壤土	小块状	7.9								下蜀黄土	E 118°12′45.8″ N 31°50′17.6″	95
						P	13—24	黄褐色	重壤土	块状	6.5										
						W	24—91	灰棕色	重壤土	棱柱状	7.0										
						Bv	91—120	褐黄色	砂壤土	棱块状	7.0										
剖9	初育土	石灰(岩)土	棕色石灰土	棕色石灰土	薄层棕色石灰土	A	0—13		重石轻壤土		7.9		4.22	2.06	8.0	4.0	100		碳酸盐类残积物、坡积物	E 118°13′03.2″ N 31°50′15.2″	74
剖10	初育土	石灰(岩)土	棕色石灰土	棕色石灰土	厚层棕色石灰土	A	0—12	褐灰色	轻黏土	屑粒状	5.6	20.5	0.99	0.39	17.6	≤1.0	203		碳酸盐类残积物、坡积物	E 118°14′15.6″ N 31°51′49.2″	92
						Bv₁	12—36	棕红色	轻黏土	粒块状	5.6	11.7	0.86	0.65	14.4	≤1.0	163				
						Bv₂	36—65	棕红色	轻黏土	块状	5.7	4.7	0.47	0.36	14.4	≤1.0	132				
剖11	人为土	水稻土	潴育水稻土	黄白土田	黄白土田	A	0—13	灰白色	中壤土	小块状	6.0								下蜀黄土	E 118°13′48.3″ N 31°50′11.0″	95
						P	13—22	褐灰色	重壤土	块状	6.5										
						W	22—59	黄灰色	重壤土	棱块状	7.0										
剖12	淋溶土	黄棕壤	黄棕壤性土	黄棕壤性偏石土	薄层黄棕壤性偏石土	A	0—3		砂壤土		5.7	35.7	1.12	0.42	21.6	5.0	84	14.6	泥质岩类残积物、坡积物	E 118°14′39.1″ N 31°50′54.9″	75
剖13	人为土	水稻土	潴育水稻土	青马肝田	高位弱潴马肝田	A	0—13		中壤土		6.8	31.1	2.13	0.38	20.4	6.0	187	23.6	下蜀黄土	E 118°09′19.9″ N 31°51′51.3″	75
						P	13—22		中壤土		7.1	15.5	1.97	0.54	21.4	4.0	208	21.5			
						G	22—65		中壤土		7.1	26.8	0.96	0.39	21.7		166	21.8			
						Bv	65—140		轻壤土		7.3		1.66					20.2			

续表 Continued

剖面号 Soil profile	土纲 Soil order	土类 Soil great group	亚类 Soil subgroup	土属 Soil genus	土种 Soil species	土层码 Layer code	土层厚度 Depth/cm	颜色 Soil color	质地 Soil texture	土壤结构 Soil structure	pH	有机质 OM/(g/kg)	全氮 TN/(g/kg)	全磷 TP/(g/kg)	全钾 TK/(g/kg)	有效磷 AP/(mg/kg)	速效钾 AK/(mg/kg)	阴离子交换量CEC/(cmol/kg)	土壤母质 Parent material	剖面点坐标 Profile coordinate	匹配指数 Matching index/%
剖14	淋溶土	黄棕壤	普通黄棕壤	砂砾黄棕壤	厚层砂砾质黄棕土	A		黄棕色	重壤土	粒状	5.7	19.5	1.25	0.28	15.1	4.0	106	22.2	砂砾岩残积物、坡积物	E 118°09′10.1″ N 31°51′04.5″	75
						B		黄红色	轻壤土	碎块状	6.5	4.5	0.48	0.22	15.8	1.0	100	21.5			
						C		棕红色	轻黏土		6.8	2.0	0.42	0.27	16.4		87	20.7			
剖15	人为土	水稻土	潜育水稻土	青马肝田	高位弱潜青马肝田	A	0~14	青褐色	重壤土	小块状	6.0								下蜀黄土	E 118°09′14.7″ N 31°50′30.0″	95
						Pg	14~24	深灰色	重壤土	块状	6.0										
						G	24~39	青灰色	重壤土	软块状	6.5										
						Bv	39~88	褐黄色	重壤土	棱块状	6.5										
剖16	初育土	石灰(岩)土	棕色石灰土	棕色石灰土	中层棕色石灰土	A	0~16		重石重壤土		7.3	50.9	2.56	0.59	22.2	3.0	310	26.3	碳酸岩类残积物、坡积物	E 118°09′49.3″ N 31°50′04.9″	74
						Bv	16~35		重石重壤土		6.9	44.3	2.08	0.57	21.8	2.0	180	8.7			
剖17	半水成土	潮土	灰潮土	灰砂泥土	上砂底发灰砂泥土	A	0~15	黄灰色	中壤土	碎块状, 粒状	7.9	11.5	0.91	0.54	16.1	3.0	34		长江冲积物	E 118°12′28.6″ N 31°27′31.9″	95
						P	15~25	黄灰色	轻石中壤土	块状	8.2	5.5	0.60	0.44	14.5	≤1.0	24				
						Bvca	25~55	浅灰色	重石中壤土	块状	8.2	4.3	0.49	0.52	15.3	≤1.0	19				
						C	55~125	灰砂状	松砂土	无结构	8.4	1.8	0.35	0.64	17.7						
剖18	人为土	水稻土	漂洗水稻土	白马肝田	白土心马肝田	A	0~18	黄灰色	中壤土	碎块状	6.0								下蜀黄土	E 118°10′15.0″ N 31°27′18.7″	95
						P	18~30	浅灰色	中壤土	块状	6.0										
						E	30~60	灰白色	轻壤土	块状	6.5										
						Bv	60~87	棕黄色	轻黏土	块状	6.0										
剖19		水稻土	潜育水稻土	砂泥田	钙积泥骨土	Ag	0~13	浅灰色	重壤土	碎块状	7.5								河流冲积物	E 118°15′59.4″ N 31°56′37.4″	95
						Pg	13~18	褐灰色	黏土	块状	7.5										
						W	18~29	黄灰色	黏土	棱粒状	7.5										
						Bv	29~59	黄灰色	黏土	块状	7.5										
						C	59~107	暗灰色	中壤土	小棱块状	7.5										
剖20	淋溶土	黄棕壤	普通黄棕壤	硅质黄棕壤	厚层硅质黄棕土	A	0~8	灰棕色	重壤土	碎块状	5.5	27.4	1.95	0.49	18.5	5.0	135		硅质岩类残积物、坡积物	E 118°17′00.6″ N 31°56′51.5″	95
						Bv	8~45	红棕色	黏土	棱粒状	5.5	17.0	1.22	0.37	18.6	2.0	90				
						C	45~150	褐棕色	重壤土	屑粒状	6.0	9.3	0.61	0.19	17.3	≤1.0	90				
剖21	人为土	水稻土	潜育水稻土	砂泥田	砂底滑青土田	A	0~14	褐灰色	轻壤土	屑粒状	6.1								河流冲积物	E 118°22′27.7″ N 31°50′58.7″	95
						P	14~24	褐灰色	轻壤土	棱块状	7.6										
						W	24~73	黄棕色	轻壤土	棱块状	7.8										
						Bv	73~104	灰棕色	轻壤土	片状, 块状	8.0										
剖22	淋溶土	黄棕壤	黏盘黄棕壤	黏盘黄棕壤	上位黏盘黄褐土	A	0~10	灰黄色	重壤土	块状	7.0								下蜀黄土	E 118°17′11.4″ N 31°50′51.7″	95
						Bv_1	10~57	棕黄色	黏土	棱柱状	7.0										
						Bv_2	57~95	黄棕色	黏土	棱柱状	7.0										
剖23	人为土	水稻土	潜育水稻土	青马肝田	高位强潜青马肝田	A	0~14	暗黄灰色	轻壤土	小块状	5.3	26.7	1.74	0.37	18.6	4.0	100		下蜀黄土	E 118°18′25.5″ N 31°50′36.3″	95
						G	14~40	青灰色	重壤土	糊状	6.3	9.9	1.04	0.77	23.4	6.0	96				
						Bv	40~75	棕灰色	中壤土	棱块状	6.6	18.2	1.26	0.40	21.2						
						C	75~120	暗棕色	轻壤土	块粒状	6.5	20.8	1.25	0.92	23.8						
剖24	人为土	水稻土	淹育水稻土	浅马肝田	浅马肝田	A	0~15	灰黄色	重壤土	块状	6.0								下蜀黄土	E 118°18′34.8″ N 31°48′23.3″	95
						P	15~30	棕黄色	中壤土	棱柱状	6.0										
						C	30~90	黄棕色	中壤土	屑粒状	7.0										
剖25	淋溶土	黄褐土	黏盘黄褐土	黄白土	黄白土	A	0~13	灰黄色	重壤土	块状									下蜀黄土	E 118°18′31.9″ N 31°45′13.5″	95
						P	13~23	棕黄色	轻黏土	块状											
						Bv	23~60	棕黄色	轻黏土	块状											
						C	60~110	褐黄色	轻黏土	块状											

续表 Continued

剖面号 Soil profile	土纲 Soil order	土类 Soil great group	亚类 Soil subgroup	土属 Soil genus	土种 Soil species	土层码 Layer code	土层厚度 Depth/ cm	颜色 Soil color	质地 Soil texture	土壤结构 Soil structure	pH	有机质 OM/ (g/kg)	全氮 TN/ (g/kg)	全磷 TP/ (g/kg)	全钾 TK/ (g/kg)	有效磷 AP/ (mg/kg)	速效钾 AK/ (mg/kg)	阳离子交换量CEC/ (cmol/kg)	土壤母质 Parent material	剖面点坐标 Profile coordinate	匹配指数 Matching index/%
剖26	人为土	水稻土	潴育水稻土	砂泥田	泥骨土田	A	0—13	灰褐色	重壤土	碎块状	6.5								河流冲积物	E 118°27′24.1″ N 31°49′46.8″	95
						P	13—24	灰褐色	重壤土	块状	7.0										
						W	24—72	棕褐色	重壤土	棱块状	7.0										
						Bv	72—101	棕灰色	重壤土	块状	7.5										
剖27	人为土	水稻土	潴育水稻土	石灰性砂泥田	灰砂泥土田	A	0—13	灰褐色	轻壤土	团粒状	8.0								长江冲积物	E 118°24′58.3″ N 31°45′45.5″	95
						P	13—25	灰褐色	轻壤土	块状	7.5										
						W	25—83	灰褐色	中壤土	棱柱状	7.0										
						Bv	83—150		中壤土	棱柱状	7.0										
剖28	人为土	水稻土	潴育水稻土	青丝泥田	低位弱潜青丝泥田	A	0—14	灰黄色	重壤土	小块状									长江冲积物	E 118°22′13.7″ N 31°44′51.2″	95
						P	14—24	暗棕色	重壤土	块状	7.5										
						W	24—48	暗棕色	重壤土	棱柱状	7.5										
						G	48—90	暗棕色	重壤土	块状	8.0										
						C	90—140	棕灰色	砂壤土	片状、块状											
剖29	半水成土	潮土	灰潮土	灰砂土	灰砂土	A	0—16	黄灰色	砂壤土	碎块状	8.0								长江冲积物	E 118°20′54.2″ N 31°40′26.1″	95
						Bv	16—27	褐灰色	轻壤土	片状、块状	7.5										
						C	27—50	褐灰色	轻壤土	块状	7.5										
							50—100	灰黄褐色	砂壤土	片状	8.0										
剖30	人为土	水稻土	潴育水稻土	马肝田	次潴马肝田	A	0—15	褐黄色	重壤土	碎块状	6.5		1.37	0.32	18.9	4.0	112		下蜀黄土	E 118°18′30.2″ N 31°40′38.0″	95
						Pg	15—25	淡青灰色	重壤土	块状	7.0		0.91	0.37	19.4	8.0	158				
						W	25—37	灰黄色	重壤土	棱块状	7.2		0.63	0.38	19.3	5.0	161				
						Bv₁	37—65	黄棕色	重壤土	棱块状	7.0		0.48	0.30	18.4	5.0	112				
						Bv₂	65—110	黄棕色	轻黏土	棱块状	7.0		0.46	0.19	17.4						
剖31	人为土	水稻土	潴育水稻土	石灰性砂泥田	灰砂泥田	A	0—13	灰褐色	重壤土	团粒状	7.5								长江冲积物	E 118°22′30.2″ N 31°44′23.0″	95
						P	13—21	浅棕色	重壤土	碎块状	7.5										
						W	21—49	浅黄褐色	重壤土	块状	7.5										
						Bv	49—68	暗黄色	中壤土	棱柱状	7.0										
						C	68—102	黄黄棕色	轻壤土	片状	7.5										
剖32	半水成土	潮土	灰潮土	灰砂泥土	砂底灰砂泥土	A	0—14	暗棕灰色	轻壤土	碎块状	7.5								长江冲积物	E 118°22′43.4″ N 31°43′37.5″	95
						P	14—21	灰褐色	轻壤土	块状	7.5										
						Bv	21—74	暗黄褐色	轻壤土	棱柱状	8.0										
						Cs	74—101	暗黄色	轻壤土	片状	8.0										
剖33	半水成土	潮土	灰潮土	灰砂泥土	下罩砂姜灰砂泥田	A	0—15	暗黄色	砂壤土	屑粒状	8.0								长江冲积物	E 118°18′22.7″ N 31°35′52.2″	95
						P	15—22	暗黄色	轻壤土	块状	8.0										
						Bv	22—36	灰黄色	砂土	片状	8.0										
						C	36—100	灰白色	砂土	片状	8.5										
剖34	人为土	水稻土	潴育水稻土	石灰性砂泥田	砂底灰砂泥田	A	0—15	褐灰色	中壤土	碎块状	6.4	17.4	1.60	0.60	15.2	6.0	58		长江冲积物	E 118°15′42.8″ N 31°29′51.7″	95
						P	15—25	暗黄色	中壤土	块状、块状	8.1	12.7	0.88	0.57	16.5	5.0	46				
						Bv	25—62	暗黄色	轻壤土	块状	8.3	3.1	0.28	0.46	14.8	2.0	44				
						Bvs	62—100	灰黄色	砂壤土	片状	8.4	2.8	0.21	≤0.10	17.6						
						Cs	100—130	灰黄色	砂土	片状	8.5	1.9	0.17	0.87	18.4						
剖35	人为土	水稻土	潜育水稻土	青丝泥田	低位弱潜青丝泥田	A	0—15	暗黄色	中壤土	片状、块状	7.8	25.9	1.67	0.58	18.0	≤1.0	60		长江冲积物	E 118°15′34.3″ N 31°29′16.1″	75
						P	15—26		重壤土	块状	8.0	21.6	1.41	0.57	18.4	3.0	50				
						W	26—58	暗棕色	重壤土	块状	7.9	23.5	1.34	0.46	18.1	≤1.0	48				
							58—83	暗棕色	重壤土		8.2	9.5	0.55	0.52	17.4						
						C	83—125		紧砂土		8.5	2.5	0.19	0.65	16.7						

续表 Continued

剖面号 Soil profile	土纲 Soil order	土类 Soil great group	亚类 Soil subgroup	土属 Soil genus	土种 Soil species	土层码 Layer code	土层厚度 Depth/cm	颜色 Soil color	质地 Soil texture	土壤结构 Soil structure	pH	有机质 OM/(g/kg)	全氮 TN/(g/kg)	全磷 TP/(g/kg)	全钾 TK/(g/kg)	有效磷 AP/(mg/kg)	速效钾 AK/(mg/kg)	阳离子交换量CEC/(cmol/kg)	土壤母质 Parent material	剖面点坐标 Profile coordinate	匹配指数 Matching index/%
剖36	人为土	水稻土	潴育水稻土	黄白土田	黄白土田	A	0—15		中壤土		5.3	17.2	1.24	0.30	12.7	6.0	53		下蜀黄土	E 118°16′04.7″ N 31°29′59.1″	75
						P	15—25		重壤土		6.9	9.5	0.80	0.30	12.8	5.0	54				
						W	25—65		轻黏土		7.4	5.0	0.57	0.26	18.6	2.0	84				
						Bv	65—100		重黏土		7.6	5.5	0.55	0.40	17.9						
剖37	人为土	水稻土	漂洗水稻土	白马肝田	白土心马肝田	A	0—15		中壤土		6.0	17.1	0.99	1.30	14.3	10.0	92		下蜀黄土	E 118°15′05.4″ N 31°28′45.9″	75
						P	15—22		重壤土		5.4	8.2	0.80	1.82	18.3	14.0	82				
						E	22—58		轻壤土		6.4	16.0	0.98	1.43	13.6	16.0	91				
						Bv	58—110		中壤土		5.8	7.1	0.66	1.22	19.2	17.0	101				
剖38	人为土	水稻土	潜育水稻土	青丝泥田	中位强潜青丝泥田	A	0—15		重壤土	碎块状									长江冲积物	E 118°16′23.6″ N 31°29′41.2″	95
						P	15—25	黄灰色	重壤土	块状											
						W	25—42	黄灰色	轻壤土	棱柱状											
						G	42—69	淡灰色	轻黏土	糊状											
						Bv	69—120	浅灰色	重壤土	块状											
剖39	人为土	水稻土	潴育水稻土	砂泥田	泥骨土田	A	0—13		重壤土		8.0		1.65	0.45	13.5	4.0	101	23.5	河流冲积物	E 118°15′31.7″ N 31°28′23.5″	75
						P	13—23		重壤土		8.1		0.63	0.20	17.6	3.0	79	21.4			
						W	23—50		中壤土		8.0		0.42	0.60	19.7	≤1.0	84	12.5			
						Bv	50—90		重壤土		8.0		0.35	0.64	18.7			12.4			
						C	90—120		重壤土		8.0		0.46	0.67	22.3			14.3			
剖40	人为土	水稻土	潜育水稻土	青丝泥田	低位强潜青丝泥田	A	0—13		轻石中壤土		6.3	26.2	1.58	0.32	16.5	3.0	77		长江冲积物	E 118°15′21.0″ N 31°27′53.2″	75
						P	13—27		轻壤土		7.7	24.8	1.39	0.32	17.3	3.0	67				
						W	27—50		重壤土		6.7	22.1	1.20	0.28	17.2						
						G	50—100		中壤土		8.3	2.9	0.27	0.80	18.5						
剖41	人为土	水稻土	潴育水稻土	青丝泥田	中位弱潜青丝泥田	A	0—11		轻壤土		8.0	1.7	0.65	≥10.00	19.5	4.0	70		长江冲积物	E 118°17′22.2″ N 31°29′58.5″	75
						P	11—25		重壤土		8.0	1.5	0.57	≥10.00	19.3	2.0	66				
						G	25—56		重壤土		8.3	1.5	0.51	≥10.00	19.1	2.0	62				
						Bv	56—110		重壤土		7.1	≤1.0	0.77	≥10.00	22.4						
剖42	人为土	水稻土	潴育水稻土	石灰性砂泥田	砂身灰砂泥田	A	0—17		中壤土		8.1	1.26	1.26	0.62	16.8	≤1.0	46		长江冲积物	E 118°15′47.3″ N 31°27′44.1″	75
						P	17—28		轻壤土		8.4		0.61	0.45	15.2	6.0	46				
						Ws	28—85		砂壤土		8.6		0.28	0.67	15.7	≤1.0	16				
						Cs	85—115		砂壤土		8.7		0.33	0.61	16.3						
剖43	人为土	水稻土	潜育水稻土	青丝泥田	高位强潜青丝泥田	A	0—18	褐灰色	重壤土	碎块状	6.4	26.3	1.55	0.33	19.1	2.0	75		长江冲积物	E 118°17′08.1″ N 31°28′36.2″	95
						Pg	18—28	青灰色	黏土	糊状	6.6	21.5	1.36	0.31	19.4	4.0	74				
剖44	人为土	水稻土	潴育水稻土	砂泥田		A	0—13		中壤土		7.3	13.9	0.93	0.33	19.3	6.0	80		河流冲积物	E 118°15′51.1″ N 31°28′03.1″	75
						P	13—27		轻壤土		7.2	8.7	0.72	0.14	22.4						
						W	27—46		中壤土		7.3	15.9		0.63	19.9						
						Bv	46—84		重黏土												
						C	84—140		重黏土												
剖45	人为土	水稻土	潜育水稻土	青砂泥田		A	0—15		轻壤土		6.3	26.8	1.61	0.42	18.2	6.0	111	16.1	长江冲积物	E 118°17′37.1″ N 31°29′19.6″	75
						P	15—25		重壤土		7.3	23.5	1.38	0.31	18.3	3.0	101	32.1			
						G	25—46		重黏土		7.2	21.3	1.31	0.34	19.8	6.0	102	10.1			
						Bv	46—120		重黏土		7.1	20.0	1.95	0.50	20.6			23.4			
剖46	人为土	水稻土	漂洗水稻土	白马肝田	澄白土田	A	0—14		砂壤土		5.9	14.9	0.88	0.26	11.0	5.0	49		下蜀黄土	E 118°18′03.7″ N 31°29′51.5″	75
						Ae	14—28		轻壤土		8.0	5.4	0.42	0.28	16.9	≤1.0	91				
						W	28—77		中壤土		8.1	3.6	0.28	0.15	10.1	2.0	26				
						Bv	77—150		轻壤土		7.9	4.0	0.35	0.56	18.1						

续表 Continued

剖面号 Soil profile	土纲 Soil order	土类 Soil great group	亚类 Soil subgroup	土属 Soil genus	土种 Soil species	土层码 Layer code	土层厚度 Depth/cm	颜色 Soil color	质地 Soil texture	土壤结构 Soil structure	pH	有机质 OM/(g/kg)	全氮 TN/(g/kg)	全磷 TP/(g/kg)	全钾 TK/(g/kg)	有效磷 AP/(mg/kg)	速效钾 AK/(mg/kg)	阳离子交换量CEC/(cmol/kg)	土壤母质 Parent material	剖面点坐标 Profile coordinate	匹配指数 Matching index/%
剖47	人为土	水稻土	潜育水稻土	青积马肝田	高位弱潜青钙积马肝田	A	0~15	褐黄色	重壤土	碎粒状	7.9	29.4	1.86			4.0	115	29.5	下蜀黄土	E 118°18′17.4″ N 31°29′58.4″	75
						P	15~25	青灰色	重壤土	软块状	8.0	27.9	1.70			4.0	144	22.4			
						G	25~60	淡青灰色	重壤土	糊状	8.0	21.9	1.20			3.0	122	18.1			
						Bv	60~90	灰黄色	重壤土	块状	8.0	12.0	0.75			2.0	114	18.7			
						C	90~115	浅黄色	轻黏土	块状	8.1	10.4	0.69					21.5			
剖48	人为土	水稻土	潜育水稻土	青丝泥田	高位弱潜青丝马肝田	A	0~13		重壤土		8.1	30.9	1.94	0.50	19.9	4.0	66	24.4	长江冲积物	E 118°19′37.5″ N 31°29′34.0″	75
						P	13~22	灰黄色	轻黏土		8.3	26.1	1.44	0.49	18.5	2.0	64	21.2			
						G	22~80		轻黏土		7.8	23.4	1.27	0.28	17.9	2.0	72	25.2			
						Bv	80~130		轻黏土		8.0	5.6	0.54	0.78	20.9			23.2			
剖49	淋溶土	黄褐土	黏盘黄褐土			1	0~16	灰黄色	重壤土	块状	6.0								长江冲积物	E 118°20′07.3″ N 31°29′57.6″	75
						2	16~34	灰黄色	黏土	块状	6.4										
						3	34~65	黄棕色	重壤土	棱柱状	7.0										
剖50	半水成土	潮土	灰潮土	灰砂泥土	灰泥土	A	0~16	褐灰色	重壤土	碎块状	7.5								长江冲积物	E 118°19′50.7″ N 31°29′06.7″	95
						Bv	16~23	褐灰色	中壤土	块状	7.5										
						C	23~50	灰褐色	中壤土	片状	8.0										
							50~105	黄灰色		片状	8.0										
剖51	半水成土	潮土	灰潮土	灰砂泥土	断根砂	A	0~22		轻壤土		6.6	8.1	0.63	1.09	18.1	5.0	51		长江冲积物	E 118°15′26.1″ N 31°27′16.8″	75
						Bvs	22~33		轻壤土		6.6	16.6	0.46	1.15	16.8	≤1.0	37				
						Bvs	33~59		松砂土		6.8	2.4	0.23	1.24	15.0	≤1.0	26				
						C	59~100		轻壤土		5.8	9.8	0.69	1.31	19.0	5.0	54				
剖52	半水成土	潮土	灰潮土	灰砂泥土	砂身灰砂泥土	A	0~17	褐灰色	砂壤土	屑粒状	8.1		0.87	0.51	19.1	4.0	42		长江冲积物	E 118°15′17.3″ N 31°26′50.6″	75
						P	17~29	褐灰色	砂壤土	块状	8.1		0.73	0.62	15.7		35				
						Bvs	29~85	褐灰色	砂壤土	无结构	8.2		0.30	0.70	15.5						
						Cs	85~130	灰黄色	砂土	无结构	8.2		0.82	0.34	14.8						
剖53	半水成土	潮土	灰潮土	灰砂泥土	砂底灰砂泥土	A	0~13		轻壤土		8.5	13.9	1.02	0.64	16.7	4.0	43		长江冲积物	E 118°15′08.4″ N 31°26′41.6″	75
						P	13~20		中壤土		8.7	10.1	0.99	0.60	16.8	3.0	42				
						Bv	20~45		中壤土		8.6	7.3	0.59	0.55	16.3	≤1.0	37				
						Cs	45~145		砂壤土		8.7	2.3	0.38	0.67	15.7						
剖54	半水成土	潮土	灰潮土	灰砂泥土	砂身灰砂泥土	A	0~16	褐灰色	轻壤土	屑粒状	7.5	14.5	0.98	0.79	15.2	≤1.0	50	14.1	长江冲积物	E 118°15′57.3″ N 31°27′08.4″	95
						P	17~30	褐灰色	轻壤土	块状	7.5	13.4	0.92	0.84	16.0	5.0	37	12.2			
						Bv	30~80	灰黄色	砂土	无结构	7.5	11.0	0.74	0.95	15.3	3.0	34	13.2			
						Cs	80~125	灰白色	砂土	无结构	8.5	3.1	0.27	0.70	14.1	≤1.0		7.1			
剖55	人为土	水稻土	潜育水稻土	青丝泥田	低位强潜青丝泥田	A	0~16	暗棕色	中壤土	团块状									长江冲积物	E 118°16′21.7″ N 31°27′10.3″	75
						P	16~25	浅棕色	中壤土	块状											
						Wg	25~50	浅棕色	重壤土	棱柱状											
						G	50~100	青灰色	轻黏土	糊状											
剖56	人为土	水稻土	潜育水稻土	石灰性砂泥田	灰泥田	A	0~12		重壤土		8.0	27.3	1.67	0.62	18.0	5.0	66		长江冲积物	E 118°16′35.5″ N 31°27′27.8″	95
剖57	人为土	水稻土	潜育水稻土			P	12~22		重壤土		8.2	21.5	1.48	0.54	17.8	2.0	56		长江冲积物	E 118°15′18.3″ N 31°25′54.1″	75
						W	22~25		重壤土		8.1	12.8	0.96	0.37	16.1	2.0	51				
						Bv	25~135		重壤土		8.1	7.2	0.87	0.84	17.8						

续表 Continued

剖面号 Soil profile	土纲 Soil order	土类 Soil great group	亚类 Soil subgroup	土属 Soil genus	土种 Soil species	土层码 Layer code	土层厚度 Depth/cm	颜色 Soil color	质地 Soil texture	土壤结构 Soil structure	pH	有机质 OM/(g/kg)	全氮 TN/(g/kg)	全磷 TP/(g/kg)	全钾 TK/(g/kg)	有效磷 AP/(mg/kg)	速效钾 AK/(mg/kg)	阳离子交换量CEC/(cmol/kg)	土壤母质 Parent material	剖面点坐标 Profile coordinate	匹配指数 Matching index/%
剖58	半水成土	潮土	灰潮土	灰砂土	灰砂土	A	0—18		轻石砂壤土		7.7	14.8	1.01	1.92	15.1	40.0	43	16.4	长江冲积物	E 118°15′48.9″ N 31°25′33.9″	75
						P	18—26		轻石砂壤土		7.9	15.2	0.96	1.63	15.1	32.0	28	12.0			
						C	26—100		砂壤土		7.6	4.0	0.34	1.06	16.2	16.0	16	8.9			
剖59	人为土	水稻土	潜育水稻土	青丝泥田	中位强潜青丝泥田	A	0—13		轻壤土		8.0	29.7	1.99	0.67	19.9	6.0	69		长江冲积物	E 118°15′10.2″ N 31°24′59.9″	75
						P	13—24		重黏土		8.3	19.6	1.26	0.62	19.9	3.0	55				
						W	24—45		重黏土		8.1	21.6	1.43	0.30	18.7	4.0	52				
						G	45—120		轻黏土		7.7	17.3	0.98	0.59	20.4						
剖60	人为土	水稻土	潜育水稻土	青砂泥田	高位弱潜黄底青泥田	A	0—13		中壤土		6.5	27.6	1.72	0.49	18.1	5.0	85		河流冲积物	E 118°15′11.9″ N 31°24′40.7″	75
						Pg	13—23		重壤土		7.7	16.7	1.14	0.39	18.3	≤1.0	66				
						G	23—53		轻黏土		7.4	14.6	0.74	0.28	16.7	≤1.0	70				
						Bv	53—98		重壤土		7.5	4.5	0.39	0.84	17.1						
剖61	人为土	水稻土	潜育水稻土	砂泥田	黄底泥骨土	A	0—15		重壤土		6.5	18.8	1.21	0.42	16.8	4.0	81		河流冲积物	E 118°15′00.8″ N 31°24′05.7″	75
						P	15—25		重壤土		6.8	17.1	1.13	0.38	17.1	3.0	83				
						W	25—45		重壤土		8.0	3.1	0.37	0.47	19.7	2.0	100				
						Bv	45—105		重壤土		7.8	4.7	0.41	0.45	19.4						
剖62	人为土	水稻土	漂洗水稻土	白马肝田	澄白土田	Ae	0—14	褐灰白色	轻壤土	屑粒状									下蜀黄土	E 118°16′07.7″ N 31°24′58.0″	75
						P	14—27	褐灰色	中壤土	块状											
						W	27—53	褐黄色	中壤土	棱块状											
						Bv	53—100	灰黄色	重壤土												
剖63	人为土	水稻土	潜育水稻土	青丝泥田	高位强潜青丝泥田	A	0—20		重壤土		7.7	29.8	1.63	0.51	18.9	5.0	89	1.7	长江冲积物	E 118°15′09.2″ N 31°23′42.7″	75
						G_1	20—30		重壤土		7.8	28.2	1.60	0.49	19.3	2.0	79	1.6			
						G_2	30—100		重壤土		7.7	31.1	1.55	0.44	22.4	2.0	64	1.8			
						Bv	100—140		重壤土		8.2	6.7	0.61	0.64				≤1.0			

淮 北 市

市 辖 区

主要土类说明

潮土是淮北市主要土壤类型，占本市地域面积的82%。本市潮土直接形成于黄泛沉积物上，平原地区是黄河多次泛滥携带大量泥沙按紧砂慢淤的沉积规律多次沉积的结果。泛滥主流经过的地方，流速大，沉积物质粗，地形部位也较高；距离主流愈远，流速愈小，沉积物质细又少，地形部位也较低；"两合"则介于两者之间。在平面分布上有沉积粗细的不同，而且在同一沉积剖面中亦有不同粗细的层次排列。潮土形成也受地下水的影响，降水不均、干湿交替、地下水位发生季节性升降，加上地下水借毛管作用上下运动，引起土壤氧化还原作用交替发生。变化频繁的氧化还原过程和干湿交替影响土壤物质的溶解、移动和淀积，并在土壤剖面中形成锈色斑纹或细小的铁锰结核，形成潮土剖面形态的典型特征。长期耕作使潮土向熟化的方向发展，如土壤肥力得到显著改善，作物根系穿插及土壤微生物的活动导致上部土层孔隙率增高，这是本市潮土熟化特征的显著标志之一。

黄褐土是淮北市第二大土壤类型，占本市地域面积的5%。黄褐土由较细粒的黄土状母质发育而成，多组成丘岗。该土壤土体中游离碳酸钙已不复存在，呈灰黄棕色，在底部可散见圆形石灰结核。本市黄褐土具A-B-C或A-Bt-C剖面构型。土壤黏化淀积明显，B层黏聚，有时呈黏盘，黏粒硅铝率在3.0左右，表层pH为6.0—6.8，底层pH为7.5，盐基饱和度由表层向底层逐渐趋向饱和。

石灰（岩）土是淮北市第三大土壤类型，占本市地域面积的4%，分布于石灰岩残丘山体中上部的局部岩石缝隙间或凹陷处，以及山体下坡外周剥蚀堆积而成的缓坡地带上。石灰（岩）土发育于石灰岩残积物、坡积物上，其成土过程受成土母质的影响甚深。土壤黏粒的硅铝率和氧化钾含量均较高，多呈中性至微碱性，盐基饱和度较高，有时有残存的碳酸盐类物质呈白色假菌丝状在心土层或心土层以下淀积。本市石灰（岩）土分为红色石灰土和黑色石灰土两个亚类。

本区域中心区气候特征

本区域中心区气候特征值
Regional climate characteristics in central area of the region

气候带：暖温带亚湿润气候 Climate region: Warm temperate subhumid climate	
年平均气温 /℃ Annual average temperature /℃	14.7
年平均最高气温 /℃ Annual average maximum temperature /℃	19.9
年平均最低气温 /℃ Annual average minimum temperature /℃	10.3
年降水量 /mm Annual precipitation /mm	845
≥10℃的积温 /℃ Daily temperature accumulated in a year (≥10℃) /℃	5390
年日照时数 /h Annual sunshine /h	2183
年平均相对湿度 /% Annual average relative humidity /%	70
干燥度 Dryness	1.04

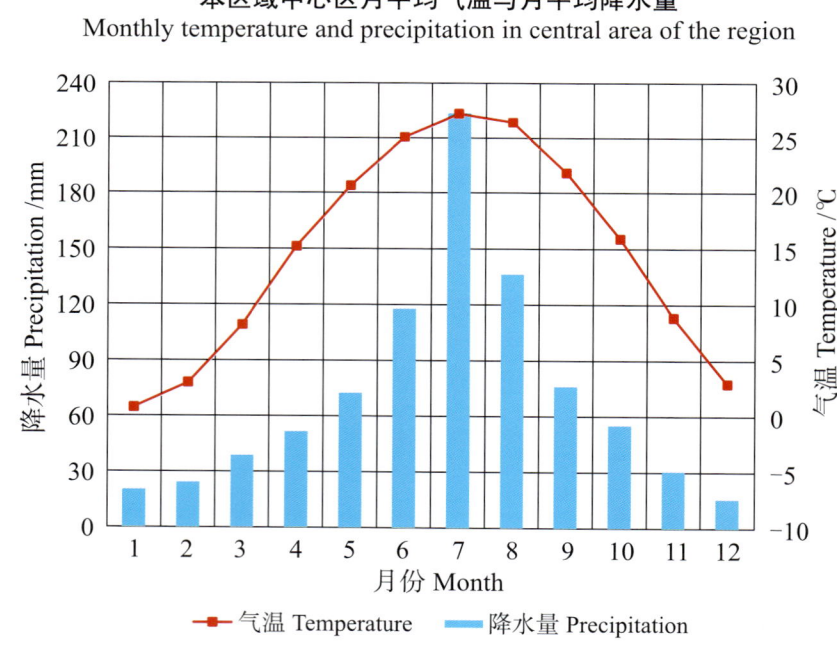

本区域中心区月平均气温与月平均降水量
Monthly temperature and precipitation in central area of the region

淮北市市辖区主要土壤类型与土壤剖面点分布图
1∶150 000

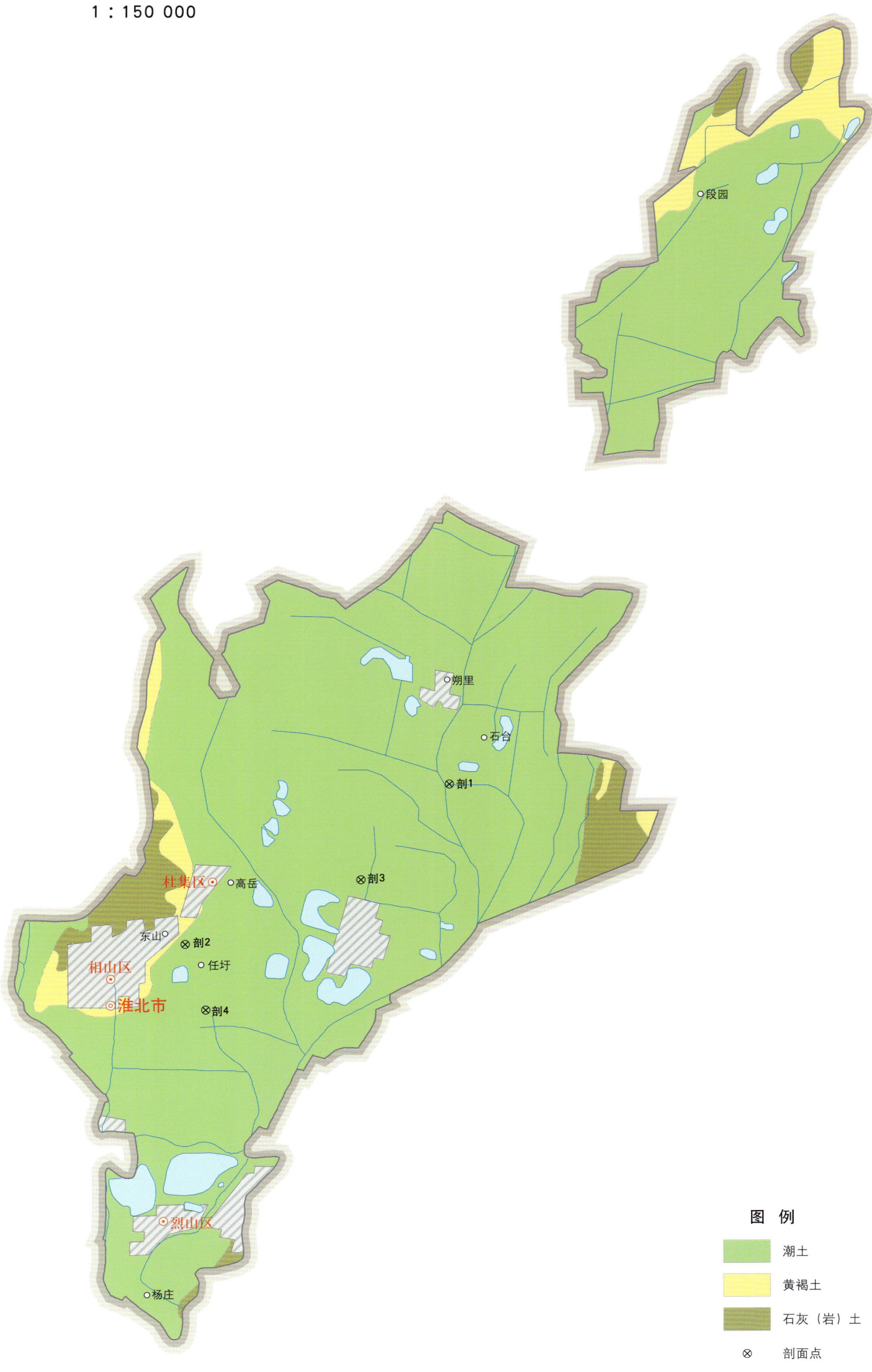

图 例
- 潮土
- 黄褐土
- 石灰（岩）土
- ⊗ 剖面点

注：本图界线沿用土壤普查时点的行政界线。

淮北市土壤剖面理化性状表

剖面号 Soil profile	土纲 Soil order	土类 Soil great group	亚类 Soil subgroup	土属 Soil genus	土种 Soil species	土层码 Layer code	土层厚度 Depth/cm	颜色 Soil color	质地 Soil texture	土壤结构 Soil structure	pH	有机质 OM/(g/kg)	全氮 TN/(g/kg)	全磷 TP/(g/kg)	碱解氮 AN/(mg/kg)	有效磷 AP/(mg/kg)	速效钾 AK/(mg/kg)	阳离子交换量CEC/(cmol/kg)	土壤母质 Parent material	剖面点坐标 Profile coordinate	匹配指数 Matching index/%
剖1	半水成土	潮土	潮土	飞砂土	泡砂土	1	0–15	黄棕色	紧砂土	单粒状	8.2	9.2	0.66	0.61	63	≤1.0	53	5.5	近代黄泛沉积物	E 116°54′14.9″ N 34°01′21.6″	95
						2	15–22	浅黄棕色	紧砂土	单粒状	8.3	9.2	0.28	0.48	51	≤1.0	66	4.6			
						3	22–150	黄棕色	砂壤土	单粒状	8.2	4.9	0.20	0.32	30	≤1.0	26	6.0			
剖2	半水成土	潮土	潮土	山淤土	山淤土	1	0–17	浅红棕色	重壤土	碎块状	8.2	15.6	1.01	0.93	90	8.0	133	23.1	碳酸岩类、洪积物、坡积物	E 116°48′46.1″ N 33°58′28.8″	95
						2	17–24	棕红色	重壤土	块状	8.2	8.3	0.79	0.67	65	4.0	120	20.8			
						3	24–45	棕红色	重壤土	块状	8.0	7.3	0.64	0.58	58	2.0	100	20.5			
						4	45–150	暗棕红色	轻黏土	棱柱状	8.0	6.0	0.50	0.45	87	2.0	193	22.5			
剖3	半水成土	潮土	盐化潮土	盐化潮土	轻盐化土	1	0–5	灰黄棕色	砂壤土		8.6	4.7	0.23	0.27	44	≤1.0	140	7.6	近代黄泛沉积物	E 116°52′25.0″ N 33°59′39.2″	95
						2	5–19	黄棕色	砂壤土	粒状	8.7	7.4	0.62	0.27	51	≤1.0	113	6.8			
						3	19–26	浅黄棕色	紧砂土	片状	8.8	7.4	0.54	0.52	36	≤1.0	86	7.1			
						4	26–51	黄棕色	轻壤土	粒状	8.8	7.4	0.38	0.85	37	≤1.0	63	4.5			
						5	51–85	黄棕色	轻壤土	粒状	8.8	4.2	0.39	0.35	32	≤1.0	48	6.8			
						6	85–150	黄棕色	砂壤土	单粒状	8.6	3.5	0.31	0.21	23	≤1.0	53	5.2			
剖4	半水成土	潮土	碱化潮土	碱化潮土	轻碱化土	1	0–20	黄棕色	砂壤土	粒状	9.2	7.0	0.70	0.43	50	4.0	66	6.8	近代黄泛沉积物	E 116°49′11.6″ N 33°57′18.1″	93
						2	20–78	浅黄棕色	砂壤土	粒状	9.0	4.7	0.50	0.30	42	≤1.0	74	7.6			
						3	78–123	红棕色	轻黏土	层状	8.4	4.9	0.45	0.22	40	≤1.0	215	16.7			
						4	123–150	浅红棕色	轻黏土	块状	8.4	2.1	0.50	0.65	35	≤1.0	193	18.5			

濉溪县

主要土类说明

砂姜黑土是濉溪县主要土壤类型，占本县地域面积的58%，主要分布在临涣、双堆集、南坪、百善、铁佛等地的河间浅洼平原和堤外洼地。其成土母质为黄土性古河流沉积物，部分上覆黄泛物质。砂姜黑土是一种脱潜的、经人工旱耕熟化的隐域性土壤，在成土过程中主要经历了草甸潜育化过程。由于地势低平，排水条件很差，该处生长大量耐湿性草本植物，有机质累积，长期处于嫌气、好气分解的交替进行中，形成砂姜黑土特有的腐泥状黑土层。因氧化还原过程交替进行，黑土层以下甚至包括黑土层有大量锈纹、锈斑、铁锰结核。因母质中含有大量碳酸钙，加之地下水去路不畅，淋溶不深，形成碳酸钙结合体。这种结合体有面砂姜、硬砂姜之分，有时在2m以下可发现胶结性很强的砂姜盘层。砂姜黑土有黑土层、黄土砂姜层两个发生层次，但有时只具其一，中壤至轻黏土。耕作层以下为棱柱状结构，砂姜出现部位多在60—97cm（上位黑土砂姜出现部位在24cm），黏土矿物以伊利石、蒙脱石为主，盐基饱和。

潮土是濉溪县第二大土壤类型，占本县地域面积的36%，主要分布在中北部和浍河、沱河沿岸。其成土母质为近代黄泛物质，是一种成土较晚、无明显有机质累积过程的隐域性土壤。成土母质富含碳酸钙，石灰反应强烈，质地分选明显，符合紧砂慢淤的规律。地下水埋深变化明显。因潮土形成年代较晚，土体淋溶程度不深，1.5m土体内无碳酸钙结合体，除沿浍河缓坡地，部分潮土可从剖面下部发现极少量的铁锰结核外，大部分在1.5m土体内未发现铁锰结核，仅有锈纹、锈斑。因流水分选作用和泛滥时的水利变化，质地层次变化较大，按距泛滥河床的远近，依次分布砂质、壤质、黏质土壤，同一剖面中沉积层理明显，这种层理对土壤形成和水盐运行均有很大影响。本县潮土分为潮土和碱化潮土两个亚类。

石灰（岩）土是濉溪县第三大土壤类型，占本县地域面积的4%，主要分布在本县石灰岩丘陵、残丘外围的剥蚀缓坡。其成土母质为红色黏土及黄色黏土，石灰岩残积物、坡积物。由于分布地区石灰岩富含钙质，延缓了淋溶过程，所形成的土壤盐基饱和，多呈中性至微碱性。因地势较高，排水条件好，胶体部位硅铝铁率为2.1—2.9。

小于本县地域面积3%的土壤类型还有黄褐土等。

本区域中心区气候特征

本区域中心区气候特征值
Regional climate characteristics in central area of the region

气候带：暖温带亚湿润气候 Climate region: Warm temperate subhumid climate	
年平均气温 /℃ Annual average temperature /℃	14.8
年平均最高气温 /℃ Annual average maximum temperature /℃	20.1
年平均最低气温 /℃ Annual average minimum temperature /℃	10.4
年降水量 /mm Annual precipitation /mm	838
≥10℃的积温 /℃ Daily temperature accumulated in a year（≥10℃）/℃	5415
年日照时数 /h Annual sunshine /h	2183
年平均相对湿度 /% Annual average relative humidity /%	70
干燥度 Dryness	1.05

本区域中心区月平均气温与月平均降水量
Monthly temperature and precipitation in central area of the region

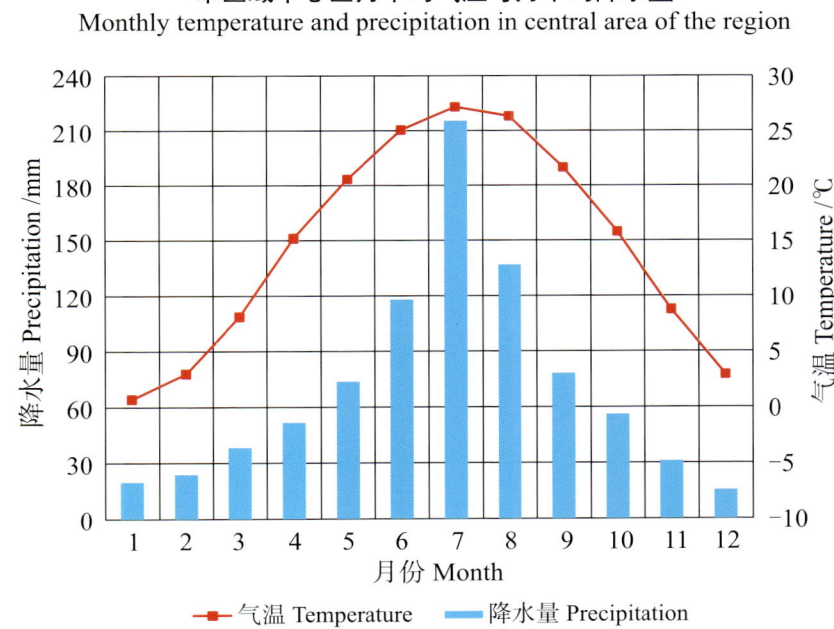

濉溪县主要土壤类型与土壤剖面点分布图
1 : 280 000

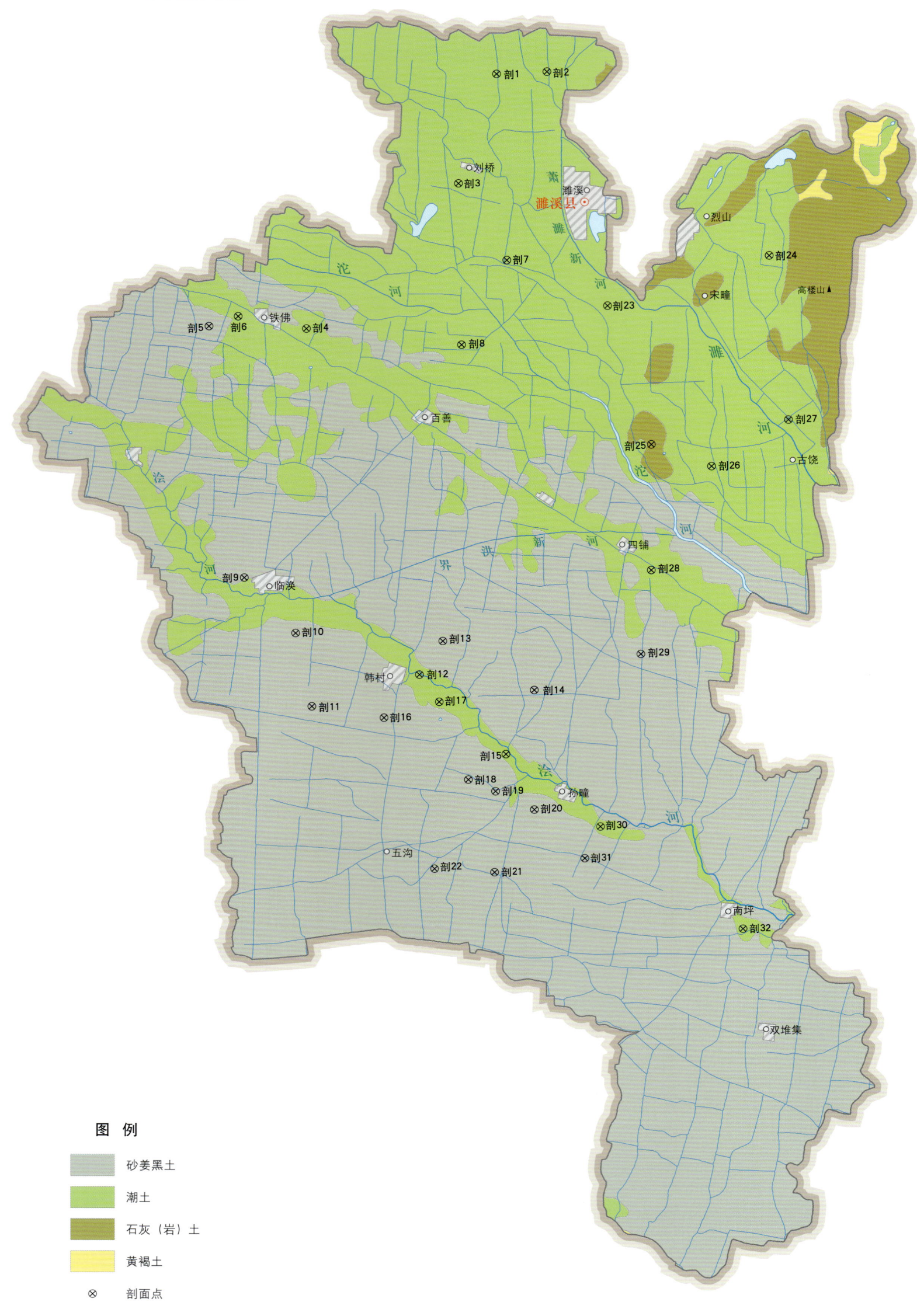

图例
- 砂姜黑土
- 潮土
- 石灰（岩）土
- 黄褐土
- ⊗ 剖面点

注：本图界线沿用土壤普查时点的行政界线。

濉溪县土壤剖面理化性状表

剖面号 Soil profile	土纲 Soil order	土类 Soil great group	亚类 Soil subgroup	土属 Soil genus	土种 Soil species	土层码 Layer code	土层厚度 Depth/cm	颜色 Soil color	质地 Soil texture	土壤结构 Soil structure	pH	有机质 OM/(g/kg)	全氮 TN/(g/kg)	全磷 TP/(g/kg)	全钾 TK/(g/kg)	阳离子交换量CEC/(cmol/kg)	土壤母质 Parent material	剖面点坐标 Profile coordinate	匹配指数 Matching index/%
剖1	半水成土	潮土	潮土	砂土	下位淤底砂土	1	0–18	黄棕色	砂壤土	粒状	8.5	9.5	0.62	0.65	22.8	8.7	近代黄泛沉积物	E 116°42′36.1″ N 33°59′29.9″	95
						2	18–23	浅黄棕色	砂壤土	小块状	8.5	6.7	0.46	0.61	22.8	8.2			
						3	23–52	浅黄棕色	砂壤土	单粒状	8.5	3.7	0.28	0.63	23.0	8.0			
						4	52–69	暗黄棕色	重壤土	块状	8.4	5.1	0.42	0.69	23.3	14.5			
						5	69–83	红棕色	中壤土	片状	8.6	3.7	0.29	0.82	23.2	10.7			
						6	83–150	暗棕色	轻黏土	块状	8.5	7.4	0.54	0.52	23.5	18.3			
剖2	半水成土	潮土	潮土	淤土	上位砂底淤土	1	0–17	暗红棕色	轻黏土	粒状	8.6	12.4	0.92	0.74	23.6	22.1	黄泛沉积物	E 116°44′40.8″ N 33°59′34.1″	95
						2	17–27	暗红棕色	轻黏土	块状	8.6	10.3	0.77	0.68	24.1	20.5			
						3	27–41	暗红棕色	砂壤土	块状	8.7	5.8	0.43	0.57	22.5	14.8			
						4	41–73	浅黄棕色	砂壤土	屑粒状	8.8	2.5	0.17	0.54	20.9	6.0			
						5	73–135	红棕色	中壤土	大块状	8.6	7.2	0.43	0.57	25.1	21.4			
剖3	半水成土	潮土	潮土	两合土	上位砂底两合土	1	0–20	浅黄棕色	中壤土	粒状	8.4	11.1	0.76	0.79	19.6	8.9	近代黄泛沉积物	E 116°41′01.4″ N 33°55′35.3″	95
						2	20–30	暗黄棕色	轻壤土	小块状	8.6	6.2	0.46	0.72	19.9	7.7			
						3	30–52	黄棕色	轻壤土	屑粒状	8.6	5.2	0.41	0.71	19.7	7.5			
						4	52–77	浅黄棕色	砂壤土	小块状	8.5	4.3	0.76	0.66	18.5	5.7			
						5	77–150	浅黄棕色	中壤土	块状	8.5	3.3	0.26	0.66	20.0	6.7			
剖4	半水成土	潮土	潮土	淤土	下位砂底淤土	1	0–18	暗棕色	轻黏土	粒状	8.5	13.1	0.86	0.67	22.5	18.8	黄泛沉积物	E 116°34′45.3″ N 33°50′28.1″	95
						2	18–25	暗棕色	轻黏土	小块状	8.7	11.1	0.79	0.64	23.4	20.2			
						3	25–68	暗红棕色	中壤土	大块状	8.8	8.3	0.66	0.62	24.5	23.4			
						4	68–87	灰黄棕色	砂壤土	单粒状	8.9	3.8	0.28	0.71	19.8	7.0			
						5	87–125	灰黄棕色	砂壤土	屑粒状	8.9	2.4	0.16	0.64	19.0	5.3			
剖5	半水成土	砂姜黑土	砂姜黑土	黄土	青黄土	1	0–19	灰黄棕色	中壤土	团粒状	7.9	15.2	0.83	0.47	15.4	18.1	黄土性古河流沉积物	E 116°30′44.9″ N 33°50′33.5″	95
						2	19–34	灰黄棕色	重壤土	棱柱状	7.9	9.8	0.61	0.37	15.3	16.0			
						3	34–59	灰黄棕色	重壤土	棱柱状	7.6	5.9	0.43	0.28	15.8	22.5			
						4	59–103	黄棕色	轻黏土	小块状	7.7	5.9	0.42	0.29	16.5	21.7			
						5	103–149	黄棕色	中壤土	团粒状	8.0	3.5	0.34	0.33	16.3	21.2			
剖6	半水成土	潮土	潮土	两合土	上位淤底两合土	1	0–19	暗棕色	轻黏土	团粒状	8.3	11.3	0.75	0.72	22.1	12.1	近代黄泛沉积物	E 116°31′56.8″ N 33°50′54.5″	95
						2	19–31	暗棕色	轻黏土	小块状	8.6	8.2	0.60	0.61	22.2	13.6			
						3	31–60	暗红棕色	中壤土	块状	8.7	7.8	0.57	0.62	22.3	14.3			
						4	60–94	暗红棕色	砂壤土	大块状	8.6	6.7	0.50	0.59	22.4	17.3			
						5	94–125	暗棕色	砂壤土	小块状	8.6	6.2	0.43	0.60	21.8	13.5			
						6	125–150	黄棕色	砂壤土	单粒状	8.8	3.4	0.26	0.62	20.0	7.1			
剖7	半水成土	潮土	潮土	砂土	上位淤底砂土	1	0–14	灰黄棕色	中壤土	片状	8.3	13.5	0.69	0.78		8.5	近代黄泛沉积物	E 116°43′00.0″ N 33°52′52.6″	95
						2	14–20	灰黄棕色	重壤土	片状	8.2	9.2	0.52	0.67		11.0			
						3	20–60	黄棕色	重壤土	块状	8.1	8.4	0.67	0.73		20.4			
						4	60–84	棕棕色	轻黏土	小块状	8.1	7.8	0.61	0.55		19.2			
						5	84–120	灰棕色	轻黏土	块状	8.0	6.9	0.53	0.43		22.5			
剖8	半水成土	潮土	潮土	淤土	漏风淤土	1	0–19	暗棕色	碎块状	碎块状	8.3	16.0	0.91	1.53		23.4	黄泛沉积物	E 116°41′08.1″ N 33°49′53.5″	95
						2	19–25	暗红棕色	中黏土	块状	8.3	8.5	0.71	1.42		23.6			
						3	25–72	暗红棕色	轻壤土	棱柱状	8.4	7.3	0.60	1.52		20.3			
						4	72–124	暗棕色	轻黏土	块状	8.4	8.4	0.65	1.33		26.1			

续表 Continued

剖面号 Soil profile	土纲 Soil order	土类 Soil great group	亚类 Soil subgroup	土属 Soil genus	土种 Soil species	土层码 Layer code	土层厚度 Depth/cm	颜色 Soil color	质地 Soil texture	土壤结构 Soil structure	pH	有机质 OM/(g/kg)	全氮 TN/(g/kg)	全磷 TP/(g/kg)	全钾 TK/(g/kg)	阳离子交换量CEC/(cmol/kg)	土壤母质 Parent material	剖面点坐标 Profile coordinate	匹配指数 Matching index/%
剖9	半水成土	砂姜黑土	砂姜黑土	淤黄土	挂淤黄土	1	0—18	灰黄棕色	重壤土	棱柱状	8.0	10.9	0.71	0.53	16.1	20.3	黄土性古河流沉积物	E 116° 32′ 12.3″ N 33° 41′ 36.5″	95
						2	18—28	灰黄棕色	重壤土	小块状	8.2	10.5	0.60	0.49	15.8	21.1			
						3	28—54	暗黄棕色	重壤土	棱块状	8.0	8.1	0.43	0.38	15.8	24.1			
						4	54—74	暗黄棕色	轻黏土	棱柱状	8.0	4.5	0.30	0.45	16.6	21.2			
						5	74—136	暗黄棕色	重壤土	棱柱状	8.2	3.0	0.13	0.38	17.2	17.7			
剖10	半水成土	砂姜黑土	砂姜黑土	砂姜黑土	死黑土	1	0—14	黑色	中壤土	粒状	8.0	16.2	0.96	0.46	18.5	39.1	黄土性古河流沉积物	E 116° 34′ 18.8″ N 33° 39′ 37.3″	95
						2	14—20	黑色	中壤土	小块状	8.1	15.6	0.93	0.47	18.1	38.8			
						3	20—48	暗灰色	中壤土	棱柱状	8.1	15.3	0.87	0.43	18.0	34.1			
						4	48—85	暗灰黄色	中壤土	棱柱状	8.1	16.6	0.94	0.42	17.9	29.8			
剖11	半水成土	砂姜黑土	砂姜黑土	砂姜黑土	上位黑土	1	0—21	灰黄色	重壤土	粒状	8.0	13.6	0.78	0.52	14.3	23.6	黄土性古河流沉积物	E 116° 34′ 59.0″ N 33° 37′ 00.7″	95
						2	21—30	暗灰黄色	轻壤土	小块状	8.1	11.0	0.57	0.35	14.8	30.3			
						3	30—44	暗棕色	轻壤土	块状	8.3	8.6	0.41	0.33	15.6	27.9			
						4	44—60	灰黄色	轻壤土	棱柱状	8.4	5.2	0.38	0.36	16.2	24.9			
						5	60—93	暗黄棕色	轻壤土	棱柱状	8.4	5.6	0.30	0.32	15.9	22.2			
剖12	半水成土	潮土	潮土	两合土	下位砂底两合土	1	0—18	浅黄棕色	中壤土	团粒状	8.3	11.3	0.67	0.69	20.0	9.2	近代黄泛沉积物	E 116° 39′ 23.7″ N 33° 38′ 08.4″	95
						2	18—29	浅黄棕色	中壤土	小块状	8.5	5.6	0.41	0.60	19.8	7.9			
						3	29—60	暗灰黄色	中壤土	块状	8.6	5.9	0.44	0.61	21.1	9.5			
						4	60—142	黄棕色	砂壤土	单粒状	8.7	1.6	0.11	0.65	18.0	3.1			
剖13	半水成土	砂姜黑土	砂姜黑土	砂姜黑土	黑土	1	0—24	暗灰色	轻壤土	粒状	8.0	12.5	0.84	0.43	20.5	31.5	黄土性古河流沉积物	E 116° 40′ 21.9″ N 33° 39′ 20.8″	95
						2	24—38	暗灰色	重壤土	小块状	8.1	10.8	0.72	0.33	20.6	31.3			
						3	38—56	黑色	重壤土	棱柱状	8.0	10.9	0.68	0.29	20.3	32.0			
						4	56—73	淡灰色	重壤土	棱柱状	8.1	15.8	0.94	0.31	20.9	35.5			
						5	73—148	暗黄棕色	轻壤土	棱柱状	8.1	15.9	0.95	0.34	20.8	36.7			
剖14	半水成土	潮土	碱化砂姜土	白碱土	死碱土	1	0—1	白色	中壤土	蜂窝状	9.5						近代黄泛沉积物	E 116° 44′ 07.0″ N 33° 37′ 36.3″	95
						2	1—4	棕灰色	中壤土	碎块状	9.5	8.3	0.48	0.43	13.3	12.9			
						3	4—23	暗灰色	重壤土	棱块状	9.2	7.2	0.40	0.40	14.1	19.4			
						4	23—37	暗灰色	重壤土	棱块状	9.3	5.3	0.34	0.37	14.3	19.5			
						5	37—46	暗灰色	重壤土	棱柱状	9.3	4.9	0.25	0.37	14.0	17.8			
						6	46—135	黄棕色	重壤土	棱柱状	8.9	3.5	0.19	0.37	16.3	19.4			
剖15	半水成土	砂姜黑土	砂姜黑土	两合土	两合土	1	0—18	暗灰色	中壤土	块状	8.2	13.9	0.88	0.68	19.2	19.5	黄土性古河流沉积物	E 116° 42′ 57.1″ N 33° 35′ 20.2″	95
						2	18—28	暗棕色	中壤土	柱状	8.2	10.2	0.65	0.64	18.9	19.9			
						3	28—141	暗灰棕色	轻壤土	棱柱状	8.4	7.6	0.57	0.66	19.9	19.5			
						4	141—150	暗灰棕色	重壤土	棱柱状	8.0	4.0	0.34	0.32	17.9	23.1			
剖16	半水成土	潮土	潮土	黄土	黄土	1	0—19	灰黄棕色	重壤土	粒状	7.2	13.7	0.80	0.74	16.0	19.8	近代黄泛沉积物	E 116° 37′ 57.0″ N 33° 36′ 37.2″	95
						2	19—31	暗棕色	重壤土	小块状	7.5	11.9	0.68	0.65	15.5	19.3			
						3	31—83	棕色	重黏土	棱柱状	7.6	8.2	0.55	0.72	16.0	24.1			
						4	83—127	暗灰黄色	轻壤土	棱柱状	8.0	5.7	0.34	0.48	18.9	25.6			
剖17	半水成土	潮土	潮土	两合土	淤身两合土	A_{11}	0—16	亮棕色	黏壤土	屑粒状	8.2	12.4	0.80	0.70	19.6	19.5	黄泛沉积物	E 116° 40′ 12.9″ N 33° 37′ 11.3″	75
						A_{12}	16—24	亮棕色	壤质黏土	碎块状	8.3	10.4	0.60	0.60	19.1	17.9			
						C_1	24—42	棕色	壤质黏土	块状	8.4	6.9	0.50	0.60	18.9	15.2			
						C_2	42—72	红棕色	重壤土	块状	8.3	8.5	0.50	0.50	16.8	19.9			
剖18	半水成土	砂姜黑土	砂姜黑土	淤黄土	厚淤黄土	1	0—18	暗棕色	重壤土	棱柱状	8.2	11.8	0.74	0.72	18.2	20.4	黄土性古河流沉积物	E 116° 41′ 24.6″ N 33° 34′ 26.2″	95
						2	18—31	暗棕色	重壤土	块状	8.1	10.4	0.62	0.67	17.3	18.7			
						3	31—53	灰黄棕色	重壤土	块状	8.2	5.7	0.35	0.62	17.3	16.6			
						4	53—93	棕色	轻壤土	棱柱状	8.1	4.3	0.36	0.44	10.9	22.8			
						5	93—150	棕色	轻黏土	棱柱状	7.8								

续表 Continued

剖面号 Soil profile	土纲 Soil order	土类 Soil great group	亚类 Soil subgroup	土属 Soil genus	土种 Soil species	土层码 Layer code	土层厚度 Depth/cm	颜色 Soil color	质地 Soil texture	土壤结构 Soil structure	pH	有机质 OM/(g/kg)	全氮 TN/(g/kg)	全磷 TP/(g/kg)	全钾 TK/(g/kg)	阳离子交换量CEC/(cmol/kg)	土壤母质 Parent material	剖面点坐标 Profile coordinate	匹配指数 Matching index/%
剖19	半水成土	砂姜黑土	砂姜黑土	淤黑土	厚淤黑土	1	0—17	暗棕色	重壤土	棱柱状	8.1	14.2	0.87	0.62	20.6	26.1	黄土性古河流沉积物	E 116°42′31.7″ N 33°34′01.1″	95
						2	17—27	暗棕色	轻黏土	小块状	8.2	11.2	0.78	0.59	21.3	24.4			
						3	27—54	暗灰色	中黏土	块状	8.2	9.9	0.56	0.40	15.5	26.9			
						4	54—77	灰黄棕色	轻黏土	棱柱状	7.9	6.1	0.38	0.39	17.9	26.7			
						5	77—128	暗黄棕色	轻黏土	棱柱状	8.2	4.2	0.34	0.43	18.3	22.4			
剖20	半水成土	砂姜黑土	砂姜黑土	淤黄土	薄淤黄土	1	0—14	棕色	重壤土	小块状	8.3	11.3	0.81	0.54	16.1	25.0	黄土性古河流沉积物	E 116°44′07.2″ N 33°33′22.1″	95
						2	14—22	棕色	重壤土	块状	8.2	12.3	0.77	0.51	16.0	25.1			
						3	22—40	暗黄棕色	轻黏土	棱柱状	8.2	7.6	0.42	0.78	15.2	27.8			
						4	40—58	棕黄棕色	轻黏土	棱柱状	8.1	5.9	0.38	0.42	16.8	25.3			
						5	58—110	暗黄棕色	轻黏土	棱柱状	8.1	4.2	0.26	0.44	16.6	21.3			
剖21	半水成土	砂姜黑土	砂姜黑土	青白土	青白土	1	0—16	灰黄棕色	中壤土	粒状	7.2	11.5	0.98	0.29	13.9	22.3	黄土性古河流沉积物	E 116°42′29.1″ N 33°31′07.0″	95
						2	16—24	灰黄棕色	重壤土	小块状	7.4	9.0	0.61	0.29	14.2	22.0			
						3	24—37	暗灰棕色	轻黏土	棱柱状	7.5	8.3	0.54	0.18	14.4	28.6			
						4	37—58	黄黄棕色	轻黏土	棱柱状	7.6	7.4	0.54	0.26	16.4	37.6			
						5	58—139	暗黄棕色	轻黏土	棱柱状	7.6	4.7	0.34	0.28	17.7	25.7			
剖22	半水成土	砂姜黑土	碱化砂姜黑土	白碱土	活碱土	1	0—16	灰黄棕色	中壤土	无结构	8.0	8.1	0.44	0.45	15.0	21.4	黄土性古河流沉积物	E 116°40′01.8″ N 33°31′14.5″	95
						2	16—25	灰黄棕色	中壤土	粒状	8.3	7.6	0.41	0.43	15.8	25.0			
						3	25—35	棕色	轻壤土	块状	8.2	6.2	0.33	0.43	15.6	18.1			
						4	35—67	暗黄棕色	轻黏土	棱柱状	8.4	5.4	0.31	0.43	17.0	20.3			
						5	67—115	暗黄棕色	重黏土	棱柱状	8.5	3.5	0.24	0.40	16.6	19.0			
						6	115—144	棕色	重黏土	棱柱状	8.6	3.1	0.16	0.38	16.6	19.8			
剖23	半水成土	潮土	潮土	淤土	龙北砂心淤土	A_{11}	0—17	棕色	壤质黏土	碎块状	8.4	12.4	0.90	0.70	23.5	22.1	黄泛沉积物	E 116°47′08.9″ N 33°51′16.3″	81
						Ap	17—27	暗红棕色	壤质黏土	块状	8.5	10.3	0.80	0.60	24.0	20.5			
						C_1	27—41	暗红棕色	黏土	块状	8.4	5.8	0.40	0.60	22.4	14.8			
						C_2	41—73	亮黄棕色	砂质壤土	单粒状	8.6	3.5	0.20	0.50	20.7	6.0			
						Cu	73—105	亮红棕色	黏土	大块状	8.6	7.4	0.57	0.90	25.0	21.4			
剖24	半水成土	潮土	潮土	山淤土	山淤两合土	1	0—20	灰棕色	中壤土	粉状	8.6	8.9	0.65			18.3	黄泛沉积物	E 116°53′48.4″ N 33°53′01.2″	95
						2	20—32	暗红棕色	中壤土	小块状									
						3	32—113	暗红棕色	重壤土	块状									
						4	113—150	淡红棕色	重壤土	块状									
剖25	初育土	石灰（岩）土	红色石灰土	山红土	山红土	1	0—20	棕色	中壤土	粒状	7.8	12.0	0.71	0.65	24.0	21.0	石灰岩坡积物、洪积物	E 116°48′56.3″ N 33°46′19.7″	79
						2	20—27	红棕色	重壤土	小块状	7.5	8.6	0.45	0.51	23.5	23.5			
						3	27—70	红棕色	重壤土	棱柱状	7.6	6.4	0.43	0.38	24.2	25.3			
						4	70—120	红棕色	轻壤土	粒状	7.5	4.3	0.28	0.28	20.7	22.0			
剖26	半水成土	潮土	潮土	淤土	淤土	1	0—19	暗红棕色	壤质黏土	块状	8.5	14.7	1.07	0.75	24.0	20.7	石灰岩残积物	E 116°51′24.4″ N 33°45′33.3″	81
						2	19—32	暗红棕色	壤质黏土	大块状	8.6	8.9	6.70	0.60	23.5	19.3			
						3	32—82	红棕色	壤质黏土	棱柱状	8.7	10.0	0.56	0.59	24.2	22.7			
						4	82—105	暗棕色	黏土	屑状	8.8	9.5	0.58	0.63	24.0	20.0			
剖27	半水成土	潮土	潮土	淤土	古饶淤土	A_{11}	0—19	亮红棕色	黏土	块状	8.5	14.7	1.10	0.80	23.9	20.7	黄泛沉积物	E 116°54′34.7″ N 33°47′11.7″	95
						A_{12}	19—32	暗红棕色	壤质黏土	块状	8.6	8.9	0.70	0.60	23.4	19.3			
						C	32—82	暗红棕色	黏土	大块状	8.7	10.0	0.60	0.60	24.0	22.7			
						Cu	82—105	亮红棕色	黏土	棱块状	8.8	9.5	0.60	0.60	23.9	20.0			

续表 Continued

剖面号 Soil profile	土纲 Soil order	土类 Soil great group	亚类 Soil subgroup	土属 Soil genus	土种 Soil species	土层码 Layer code	土层厚度 Depth/cm	颜色 Soil color	质地 Soil texture	土壤结构 Soil structure	pH	有机质 OM/(g/kg)	全氮 TN/(g/kg)	全磷 TP/(g/kg)	全钾 TK/(g/kg)	阳离子交换量CEC/(cmol/kg)	土壤母质 Parent material	剖面点坐标 Profile coordinate	匹配指数 Matching index/%
剖28	半水成土	潮土	潮土	两合土	下位淤底两合土	1	0~16	暗棕棕色	中壤土	粒状	8.2	12.4	0.78	0.69	19.6	19.5	近代黄泛沉积物	E 116°48′55.0″ N 33°41′53.2″	95
						2	16~24	暗棕棕色	中壤土	碎块状	8.3	10.4	0.63	0.59	19.1	17.9			
						3	24~42	棕色	中壤土	块状	8.4	6.9	0.45	0.60	19.0	15.2			
						4	42~63	棕色	轻壤土	小块状	8.4	4.3	0.29	0.61	17.6	9.6			
						5	63~72	暗红棕色	中壤土	棱柱状	8.3	8.5	0.55	0.53	10.8	19.9			
						6	72~102	暗灰棕色	轻黏土	棱柱状	8.2	11.8	0.49	0.33	15.8	31.0			
剖29	半水成土	砂姜黑土	砂姜黑土	淤黑土	薄淤黑土	1	0~13	暗棕棕色	中黏土	小块状	8.3	14.6	0.95	0.71	20.7	25.6	黄土性古河流沉积物	E 116°48′29.5″ N 33°38′52.8″	95
						2	13~20	暗棕棕色	中黏土	棱柱状	8.3	12.4	0.82	0.65	21.0	22.8			
						3	20~23	棕色	中壤土	团块状	8.3	11.8	0.77	0.62	20.7	25.5			
						4	23~60	棕灰色	重壤土	棱块状	8.3	8.1	0.47	0.41	14.7	24.3			
						5	60~82	暗黄棕色	轻黏土	棱柱状	8.2	4.7	0.27	0.43	17.0	22.1			
						6	82~130	暗黄棕色	重黏土	棱柱状	8.4	3.4	0.21	0.36	16.2	18.8			
剖30	半水成土	潮土	潮土	砂土	青砂土	1	0~22	浅灰棕色	中壤土	团粒状	8.5	14.7	0.80	0.66	20.1	8.1	近代黄泛沉积物	E 116°46′50.3″ N 33°32′45.5″	95
						2	22~32	灰棕色	轻壤土	单粒状	8.6	4.6	0.35	0.61	19.8	7.2			
						3	32~86	浅黄棕色	砂壤土	块状	8.6	1.5	0.17	0.73	18.2	4.1			
						4	86~112	浅红棕色	轻壤土	棱柱状	8.6	2.9	0.27	0.27	20.3	14.4			
						5	112~140	红棕色	轻黏土	片状	8.6	6.1	0.63	0.49	22.6	16.4			
剖31	半水成土	砂姜黑土	砂姜黑土	砂姜黑土	黄黑土	1	0~18	灰黄棕色	中壤土	粒状	7.6	9.9	0.67	0.43	14.5	20.0	黄土性古河流沉积物	E 116°46′11.4″ N 33°31′37.6″	95
						2	18~31	灰黄棕色	中壤土	小块状	7.9	8.9	0.57	0.40	13.8	18.8			
						3	31~43	黑棕色	轻黏土	棱块状	7.7	9.2	0.50	0.40	15.5	27.5			
						4	43~99	灰棕色	轻黏土	棱柱状	8.0	5.5	0.34	0.45	16.8	23.9			
						5	99~113	棕色	重壤土	粒状	8.0	4.2	0.29	0.43	17.3	22.0			
剖32	半水成土	潮土	潮土	山淤土	山淤土	1	0~18	暗棕棕色	重壤土	小块状	7.5	15.7	1.01	0.93		20.1	石灰岩坡积物、洪积物	E 116°52′40.5″ N 33°29′07.4″	95
						2	18~24	暗棕棕色	重壤土	棱块状	7.6	8.3	0.79	0.67		23.8			
						3	24~67	暗棕色	重壤土	棱块状	7.6	7.3	0.64	0.58		20.5			
						4	67~99	暗棕棕色	重壤土	棱柱状	7.6	6.3	0.55	0.54		21.6			
						5	99~150	暗棕棕色	轻黏土	棱柱状	7.6	6.0	0.50	0.45		22.5			

铜 陵 市

市 辖 区

主要土类说明

红壤是铜陵市主要土壤类型，占本市地域面积的 31%，广泛分布在本市南部低山丘陵、中部低丘平岗地区。本市干湿季节分明，雨量充沛，光照充足，主要植被为自然次生植被和人工植被，原生植被已不存在，属于常绿阔叶林、针叶林及落叶阔叶混交林过渡林带。本市地处皖南山区的北缘，中南部地形多为起伏较大的低山和丘陵地带及沿江北部的台地。红壤成土母质主要为第四纪红色黏土沉积物，厚达数米，在石质山丘上以花岗闪长岩、花岗斑岩、闪长斑岩、石英砂岩、泥页岩等残积物、坡积物为主。在此过程中，硅酸岩类矿物经强烈分解，硅和盐基淋失，黏粒与次生矿物不断形成，铁铝氧化物明显积聚。土体脱硅较强烈，钾、钠、钙盐基含量低，淋溶作用强烈，pH 在 5.2 左右。红壤土体深厚，剖面构型为 A-B-C 或 A-（B）-C-D。表土层呈黄红色，心土层多为黄橙色、棕红色。本市红壤划分为黄红壤和红壤性土两个亚类。

水稻土是铜陵市第二大土壤类型，占本市地域面积的 27%，主要集中分布在圩区、中部低岗地，南部低山丘陵的山冲也有分布，为本市主要耕作土壤。分布在南部低山、丘陵地区的水稻土都以冲田、梯田为主，分布在中部低丘岗的水稻土都以冲田、塝田、畈田、岗田为主，分布在北部沿江平原的水稻土都是圩田。水稻土成土母质以第四纪红色黏土和长江沉积物为主，少部分为酸性结晶岩、中性结晶岩、硅质岩、泥岩、石灰岩、紫红色砂砾岩等坡积物。水稻土是经过水耕熟化而逐渐发育形成的人为土壤，氧化与还原、有机质合成和分解、盐基淋溶和复盐基以及黏粒的积累和淋失等是水稻土形成过程的特点。在淹水条件下，还原状态的铁、锰大量溶解、淋溶，而在旱作季节又复氧化而淀积、凝聚和逐步硬化。在剖面结构上可见到大量的络合物新生体。水稻土因成土母质类型比较复杂，土壤的酸碱度和阳离子交换量以及盐基饱和度等有明显差异。水稻土还因所处地形部位的不同，受水分条件的影响程度不一样，土体构型分异，形成特定的剖面发生型。水稻土的发生层有耕作层、犁底层、潴育层、淀积层、潜育层、母土或母质层。根据在成土过程中参与成土过程的水分运动情况不同，本市水稻土分为潴育型、潜育型、侧漂型三个亚类。

潮土是铜陵市第三大土壤类型，占本市地域面积的 14%，集中分布于长江沿岸、江心洲及长江支流的汇合处，在顺安河的支流新桥河、红星河两侧也有零星分布，是本市主要旱作土壤。潮土是一种半水成土，发育于近代河流沉积物，受地下水影响，经人工旱耕熟化发育形成。土壤质地多为砂壤、壤土，局部黏土，少部分砂土。由于毛管作用，在干湿季节的变化下，土体内氧化还原交替进行，物质溶解、移动和淀积，特别是活性铁锰在剖面中下部形成锈色斑纹及铁锰结核，从而反映出了潮化过程的特征。本市潮土由于分布地形和水文条件的影响，土壤在理化性质上有很大的区别。长江沉积物由于上游母质的影响，土壤中含有大量碳酸钙，一般达 4.5%—5.0%，石灰反应强烈，盐基高度饱和，pH 在 7.8 以上，土壤呈碱性。在山河沉积物中，受石灰岩山丘的石灰岩水的影响，土壤中也含有一定量的碳酸钙，一般在 1%—2.5%，盐基饱和，pH 为 6.8—7.2，土壤呈中性至微碱性。没有受石灰岩山丘石灰岩水影响的山河沉积物，土壤中不含碳酸盐，盐基饱和度为 40%—80%，

pH 在 6.6 左右，土壤呈酸性至微酸性。此外，地形和水文条件的不同，不仅影响表土的质地级差，还影响土壤剖面质地层次排列差异。本市潮土剖面构型一般为 A-P-B。本市潮土根据成土条件仅有灰潮土一个亚类。

石灰（岩）土占铜陵市地域面积的 13%，主要分布在本市中南部海拔 150—350m 的石灰岩山丘地。山丘中上部侵蚀强，基岩出露面积大，植被都是密灌和疏林（柏树、枫香较多）等。山丘中下部植被较好，坡度较小，侵蚀较弱，土体较厚。石灰（岩）土成土母质为石灰岩、白云岩、大理岩、条带灰岩等碳酸岩类残积物、坡积物。石灰（岩）土是发育在碳酸岩上的岩成土壤，土壤中的碳酸盐淋溶、残留与淀积，反映了它固有的成土特点。石灰岩主要以化学风化为主，风化物比较细，但在一些石灰岩体裸露的地区，常因石灰岩新风化物的产生和崩解碎片，以及含有碳酸盐的地表水进入土体，从而补充了土体中的碳酸盐的淋失，土体中碳酸钙含量一般在 2.5%—4.8%，从而延缓了土壤的发育过程，使土壤处于初育阶段。石灰（岩）土富含钙质，因此有利于腐殖质积累，土体颜色变暗，特别是在石灰岩山丘中上部，有的岩石缝隙里腐殖质层厚 15—35cm，有机质含量在 80g/kg 以上，甚至高达 100g/kg。石灰（岩）土无明显的风化壳，剖面构型为 A-D 或 A-B-D。土体厚薄不均，坡麓最厚，山丘中上部最薄，盐基高度饱和，阳离子交换量为 20—40cmol/kg，pH 在 7.2 左右，土壤呈中性至碱性。

石质土占铜陵市地域面积的 4%，广泛分布于侵蚀严重、岩石裸露的石质山地、侵蚀残丘，以及在丘顶、山脊、山坡等坡度陡峻的地形部位。其表层岩石裸露，风化层浅薄，一般小于 10cm，风化度低，富含砾石，多碎屑岩粒，属 A-R 型土。

小于本市地域面积 3% 的土壤类型还有紫色土、粗骨土等。

本区域中心区气候特征

本区域中心区气候特征值
Regional climate characteristics in central area of the region

气候带：北亚热带湿润气候 Climate region: North subtropical humid climate	
年平均气温 /℃ Annual average temperature /℃	16.4
年平均最高气温 /℃ Annual average maximum temperature /℃	20.6
年平均最低气温 /℃ Annual average minimum temperature /℃	12.9
年降水量 /mm Annual precipitation /mm	1327
≥10℃的积温 /℃ Daily temperature accumulated in a year (≥10℃) /℃	6259
年日照时数 /h Annual sunshine /h	1854
年平均相对湿度 /% Annual average relative humidity /%	77
干燥度 Dryness	0.75

本区域中心区月平均气温与月平均降水量
Monthly temperature and precipitation in central area of the region

铜陵市市辖区（部分）主要土壤类型与土壤剖面点分布图

1:190 000

图 例

- 红壤
- 水稻土
- 潮土
- 石灰（岩）土
- 石质土
- 紫色土
- 粗骨土
- ⊗ 剖面点

注：本图界线沿用土壤普查时点的行政界线。

第二编 分县土壤图与土壤剖面数据 | 171

铜陵市土壤剖面理化性状表

剖面号 Soil profile	土纲 Soil order	土类 Soil great group	亚类 Soil subgroup	土属 Soil genus	土种 Soil species	土层码 Layer code	土层厚度 Depth/cm	颜色 Soil color	质地 Soil texture	土壤结构 Soil structure	pH	有机质 OM/(g/kg)	全氮 TN/(g/kg)	全磷 TP/(g/kg)	全钾 TK/(g/kg)	有效磷 AP/(mg/kg)	速效钾 AK/(mg/kg)	阳离子交换量CEC/(cmol/kg)	土壤母质 Parent material	剖面点坐标 Profile coordinate	匹配指数 Matching index/%
剖1	半水成土	潮土	灰潮土	灰砂泥土	砂底灰砂泥土	A	0—17	棕灰色	中壤土	微团粒状	8.0								近代河流沉积物	E 117°43′56.6″ N 30°49′08.0″	95
						P	17—24	棕灰色	中壤土	碎粒状	8.9										
						Bv	24—55	灰棕色	中壤土	碎块状	8.2										
						S	55—100	棕灰色	砂土	颗粒状	8.2										
剖2	人为土	水稻土	潜育水稻土	青钙积黄泥田	青钙积黄粒泥田	A	0—16	暗灰黄色	轻黏土	粒状	8.0								第四纪红色黏土	E 117°47′52.9″ N 31°02′56.4″	95
						Pg	16—24	淡灰黄色	轻黏土	核糟状	8.0										
						Wg	24—65	淡灰色	轻黏土	棱糟状	7.1										
						Bv	65—100	灰黄色	轻黏土	核块状	7.7										
剖3	半水成土	潮土	灰潮土	灰砂土	灰砂土	A	0—17	灰棕色		粒状	8.4								近代河流沉积物	E 117°50′07.8″ N 31°02′56.3″	95
						P	17—24	灰棕色		粒块状	8.4										
						Bv	24—100	棕棕色		块状	8.2										
剖4	半水成土	潮土	灰潮土	灰砂土	灰砂土	A	0—18	棕灰色	砂土	粒状	7.2								近代河流沉积物	E 117°51′51.0″ N 31°04′59.9″	95
						P	18—25	棕灰色	中壤土	碎块状	7.4										
						Bv	25—100	棕灰色	中壤土	粒核状	8.0										
剖5	半水成土	潮土	灰潮土	灰砂泥土	灰砂泥土	A	0—16	棕灰色	中壤土	团粒状	8.0								近代河流沉积物	E 117°51′41.2″ N 31°03′42.7″	95
						Bv	23—100	灰灰色	中壤土	粒核状	8.1										
剖6	铁铝土	红壤	黄红壤	细粒黄红壤	薄层细粒黄红壤	A	0—38	暗棕色	壤土	大粒状	5.6									E 117°49′12.2″ N 31°00′09.6″	75
						C	38—100	黄红棕色	中壤土	单粒状	6.0										
剖7	人为土	水稻土	潜育水稻土	青黄黄田	煤渣青黄泥田	A	0—14	暗棕灰色	中壤土	粒状	5.5								第四纪红色黏土	E 117°51′11.5″ N 31°01′30.8″	95
						Pg	14—25	暗黄棕色	中壤土	块状	5.0										
						Wg	25—63	暗黄棕色	中壤土	棱柱状	6.0										
						Bv	63—100	黄黄棕色	重壤土	团粒状	6.0										
剖8	人为土	水稻土	漂洗水稻土	白浆土田	白浆土田	Ae	0—12	灰白色	中壤土	粒柱状	4.7								第四纪红色黏土	E 117°51′59.3″ N 31°00′01.7″	75
						P	12—21	黄棕色	中壤土	块状	5.1										
						Bv	21—100	黄棕色	中壤土	棱柱状	6.6										
剖9	半水成土	潮土	灰潮土	灰砂泥土	砂身灰砂泥土	A	0—15	棕灰色	砂土	团粒状	8.5								近代河流沉积物	E 117°46′55.2″ N 31°01′07.7″	95
						P	15—21	灰棕色	中壤土	粒状	8.5										
						S	21—100	黄棕色	砂土	颗粒状	8.6										
剖10	铁铝土	红壤	黄红壤	细粒黄红壤	厚层细粒黄红壤	A	0—12	灰黄色	中壤土	大粒状	5.0									E 117°47′59.2″ N 31°00′02.9″	75
						Bv	12—70	黄红色	轻壤土	碎块状	5.2										
						C	70—100	黄红色	重壤土	小碎块状	5.4										
剖11	人为土	水稻土	潜育水稻土	石灰泥田	石灰泥田	A	0—16	淡黄棕色	重壤土	粒状	6.9	32.9	1.64	0.31	15.2	5.0	86	19.5	石灰岩	E 117°48′22.9″ N 31°00′16.0″	75
						P	16—23	灰黄棕色	重壤土	块状	7.3										
						Bv	23—100	暗黄棕色	重壤土	棱柱状	7.5										
剖12	人为土	水稻土	潜育水稻土	青丝泥田	青丝泥田	A	0—17	灰色	轻黏土	粒状	7.1	30.9	1.80	0.23	15.6	≤1.0	67	18.6	江河冲积物	E 117°58′12.3″ N 31°03′16.7″	95
						Pg	17—26	灰色	中黏土	块状	7.3										
						G	26—100	灰色	壤质黏土	糊状	7.4										
剖13	人为土	水稻土	潜育水稻土	青棕红泥田	青棕红泥田	A	0—18	灰棕色	壤质黏土	小块状	5.0	22.9	1.40	0.23	15.7	4.0	55	18.4	第四纪红色黏土	E 117°58′13.2″ N 31°02′04.0″	95
						Apg	18—29	棕灰色	黏土		5.3										
						G	29—100	青灰色	壤质黏土	糊状	5.3										

续表 Continued

剖面号 Soil profile	土纲 Soil order	土类 Soil great group	亚类 Soil subgroup	土属 Soil genus	土种 Soil species	土层码 Layer code	土层厚度 Depth/cm	颜色 Soil color	质地 Soil texture	土壤结构 Soil structure	pH	有机质 OM/(g/kg)	全氮 TN/(g/kg)	全磷 TP/(g/kg)	全钾 TK/(g/kg)	有效磷 AP/(mg/kg)	速效钾 AK/(mg/kg)	阳离子交换量CEC/(cmol/kg)	土壤母质 Parent material	剖面点坐标 Profile coordinate	匹配指数 Matching index/%
剖14	人为土	水稻土	潴育水稻土	石灰性砂泥田	灰泥田	A	0—16	灰白色	重壤土	粒状	8.2								近代河流冲积物	E 117°56′31.1″ N 31°00′21.7″	95
						Bv₁	16—24	灰白色	重壤土	块状	8.3										
						W	24—57	灰白色	重壤土	枝柱状	8.3										
						Bv₂	57—100	灰棕色	轻黏土	核状	7.8										
剖15	人为土	水稻土	潴育水稻土	石灰泥田	表潴石灰泥田	A	0—21	棕灰色	砂壤土	粒状	7.8								石灰岩	E 117°57′35.2″ N 31°00′18.2″	75
						Pg	21—30	暗黄棕色	中壤土	块状	7.9										
						W	30—90	暗黄棕色	中壤土	枝柱状	8.1										
						Bv	90—100	灰黄棕色	重壤土	核块状	7.7										
剖16	人为土	水稻土	潴育水稻土	麻砂田	表潴麻砂田	A	0—19	棕灰色	中壤土	粒状	5.8								花岗闪长岩的坡积物、洪积物	E 117°58′14.1″ N 31°00′39.9″	95
						P	19—27	暗黄棕色	中壤土	碎块状	5.8										
						BvW	27—100	灰黄色	重壤土	核块状	6.2										
剖17	铁铝土	红壤	黄红壤	硅质黄红壤	薄层硅质黄红壤	A	0—9	棕灰色	中壤土	粒状	4.8									E 117°59′14.3″ N 31°00′19.6″	75
						Bv	9—27	黄红色	中壤土	团粒状	5.2										
						D	27—														
剖18	人为土	水稻土	潴育水稻土	石灰性砂泥田	砂底灰砂泥田	A	0—16	灰棕色	重壤土	粒状	7.8								近代河流冲积物	E 117°53′04.0″ N 31°02′02.5″	96
						P	16—25	灰棕色	重壤土	块状	8.2										
						W	25—68	棕灰色	中壤土	枝柱状	7.9										
						S	68—100	灰棕色	砂壤土	粒状	7.7										
剖19	人为土	水稻土	潴育水稻土	棕红泥田	表潴棕红泥田	Ag	0—15	暗黄黄色	壤质黏土	块状	5.3	23.2	1.33	0.32	13.6	3.0	27		第四纪红色黏土	E 117°53′06.8″ N 31°01′03.0″	95
						Apg	15—24	黄黄色	壤质黏土	块状	5.8	16.4	1.01	0.25	12.1	3.0	36				
						P	24—59	灰黄色	壤质黏土	核柱状	6.7	7.4	0.84	0.21	12.3	3.0	40				
						W	59—100	橄榄棕色	壤质黏土	核块状	7.0	6.6	0.43	0.21	13.5	≤1.0	46				
剖20	人为土	水稻土	潴育水稻土	青棕红泥田	青棕红泥田	Aa	0—18	灰棕色	黏土	小块状	5.0	32.9	1.60	0.30	15.2	5.0	86	19.5	第四纪红色黏土	E 117°54′23.4″ N 31°01′00.6″	95
						Apg	18—29	棕灰色	壤质黏土		5.3	30.9	0.20	0.20	15.5	≤1.0	67	18.6			
						G	29—100	青灰色	壤质黏土	糊状	5.3	22.9	1.40	0.20	15.6	4.0	55	18.4			
剖21	人为土	水稻土	潴育水稻土	烂泥田	烂泥田	A	0—12	暗黄色	轻壤土	粒状	4.3									E 117°55′11.4″ N 31°00′22.0″	75
						Bv	12—21	灰红色	轻壤土	碎块状	4.2										
						C	21—100	灰黄色	砂壤土	粒状											
剖22	人为土	水稻土	潴育水稻土	棕丝泥田	泥浆质烂泥田	A	0—24	棕灰色	中黏土	团粒状	7.6								江河冲积物	E 117°48′36.7″ N 30°58′36.7″	75
						G	24—100	黑棕色	中黏土	块状	6.3										
剖23	人为土	水稻土	潴育水稻土	青丝泥田	砂心青丝泥田	A	0—14	灰棕色	轻黏土	块状	7.7									E 117°49′42.6″ N 30°59′48.0″	75
						Pg	14—25	棕灰色	重黏土	核柱状	7.7										
						Wg	25—40	棕灰色	重黏土	粒状	7.9										
						S	40—64	青灰色	砂土	糊状	8.3										
						G	64—100	青灰色	轻黏土	糊状	6.4										
剖24	人为土	水稻土	潴育水稻土	烂泥田	烂泥田	A	0—21	暗灰色	中黏土	粒状	5.8								湖相沉积物、长江冲积物	E 117°50′51.5″ N 30°59′29.5″	75
						G₁	21—58	灰棕色	重黏土	块状	6.4										
						G₂	58—100	青灰色	重黏土	糊状	7.1										
剖25	人为土	水稻土	潴育水稻土	扁石泥田	红壤性麻骨土	A	0—14	灰白色	重黏土	块状	5.3								泥质岩风化坡积物、坡积物	E 117°51′19.1″ N 30°58′40.9″	75
						P	14—23	暗黄色	中壤土	块状	5.4										
						O	23—100														
剖26	铁铝土	红壤	红壤性	红壤性麻石土	红壤性麻石土	A	0—13	黄灰色	砂壤土	粗粒状	5.2								花岗岩残积物、坡积物	E 117°51′55.7″ N 30°55′28.5″	95
						C	13—100	黄红色	砂黏土	粒状	4.8										
剖27	人为土	水稻土	潴育水稻土	青湖泥田	青泥田	A	0—12	青灰色	重黏土	块状	5.7								湖相沉积物	E 117°53′24.9″ N 30°57′45.3″	75
						Pg	12—21	青灰色	重黏土	块状	6.0										
							21—100	青灰色	重黏土	糊状	5.6										

续表 Continued

剖面号 Soil profile	土纲 Soil order	土类 Soil great group	亚类 Soil subgroup	土属 Soil genus	土种 Soil species	土层码 Layer code	土层厚度 Depth/cm	颜色 Soil color	质地 Soil texture	土壤结构 Soil structure	pH	有机质 OM/(g/kg)	全氮 TN/(g/kg)	全磷 TP/(g/kg)	全钾 TK/(g/kg)	有效磷 AP/(mg/kg)	速效钾 AK/(mg/kg)	阳离子交换量CEC/(cmol/kg)	土壤母质 Parent material	剖面点坐标 Profile coordinate	匹配指数 Matching index/%
剖28	人为土	水稻土	潴育水稻土	细粒泥田	硅质泥田	A	0–14	棕色	中壤土	粒状	5.1								中性结晶岩类风化物	E 117°56′16.1″ N 30°58′29.6″	96
						P	14–23	黄棕色	重壤土	块状	6.2										
						W	23–57	黄棕色	重壤土	棱柱状	7.0										
						Bv	57–100	红黄色	重壤土	核块状	7.2										
剖29	半水成土	潮土	灰潮土	泥骨土	泥骨土	A	0–24	灰棕色	黏土	粒状	6.6								山河沉积物	E 117°57′18.6″ N 30°58′54.9″	95
						P	24–29	灰棕色	黏土	碎块状	6.9										
						Bv₁	29–65	灰棕色	黏土	碎块状	7.3										
						Bv₂	65–100	灰棕色	黏土	碎块状	8.0										
剖30	人为土	水稻土	潴育水稻土	石灰性砂泥田	石灰性砂砾田	A(0)	0–15	暗灰棕色	轻壤土	粒状	7.8								近代河流冲积物	E 117°58′04.0″ N 30°59′15.8″	95
						P(0)	15–26	灰黄棕色	砂壤土	碎块状	7.8										
						Bv(0)	26–100	棕色	中壤土	棱柱状	7.8										
剖31	人为土	水稻土	潴育水稻土	麻砂田	麻砂田	A	0–18	灰黄色	中壤土	团粒状	5.2								花岗闪长岩的坡积物、洪积物	E 117°58′06.6″ N 30°58′07.9″	95
						P	18–27	黄黄色	中壤土	碎块状	5.5										
						Bv	27–100	暗黄黄色	中壤土	核块状	6.6										
剖32	人为土	水稻土	潜育水稻土	陷泥田	陷泥田	A	0–21	青灰色	中壤土	糊状	7.8									E 117°57′30.0″ N 30°56′58.3″	75
						G	21–100	暗青灰色	中壤土	糊状	7.9										
剖33	铁铝土	红壤	红壤性土	耕种红壤性麻砂土	耕种红壤性麻砂土	Ap	0–43	灰黄色	砂壤土	小粒状	5.8								花岗闪长岩的坡积物、洪积物	E 117°58′15.2″ N 30°55′54.3″	95
						C	43–100	黄红色	砂壤土	粒状	6.6										
剖34	初育土	石灰（岩）土	棕色石灰土	棕色石灰土	中层石灰土	Bv	0–6	棕灰色	重黏土	粒状	7.0								石灰岩坡积物	E 117°54′25.3″ N 30°56′28.1″	75
							6–45	红棕色	轻黏土	块状	7.0										
						D	45–100														
剖35	人为土	水稻土	潴育水稻土	石灰泥田	扁石石灰泥田	A	0–12	黄黄色	中壤土	粒状	8.0								石灰岩	E 117°51′22.1″ N 30°54′28.4″	95
						Po	12–21	黄棕色	重壤土	块状	8.0										
						Wo	21–55			碎块状											
						Bvo	55–100			碎块状											
剖36	铁铝土	红壤	黄红壤	黄红壤	厚层黄红壤	A	0–12	灰黄色	轻黏土	粒状	4.7								第四纪红色黏土	E 117°51′36.8″ N 30°53′05.0″	75
						Bv	12–87	黄红色	轻黏土	碎块状	5.2										
						Bvm	87–100	黄红色	轻黏土	大块状	5.5										
剖37	初育土	石灰（岩）土	红色石灰土	山红土	山红土	A	0–14	棕红色	中壤土	粒状	6.1								石灰岩坡积物	E 117°50′31.6″ N 30°51′40.6″	95
						P	14–22	棕红色	中壤土	大块状	6.1										
						Bv	22–100	暗棕红色	中壤土	大块状	6.1										
剖38	人为土	水稻土	潴育水稻土	青湖泥田	青湖泥田	A	0–14	棕红色	轻黏土	粒状	5.2								湖相沉积物	E 117°54′54.6″ N 30°56′25.8″	75
						P	14–22	紫棕色	轻黏土	块状	6.5										
						Wg	22–44	紫棕色	轻黏土	棱柱状	6.7										
						G	44–100	青灰色	中壤土	糊塑状	6.5										
剖39	人为土	水稻土	潴育水稻土	紫砂泥田	紫砂泥田	A	0–14	紫灰色	中壤土	粒状	5.0								砂砾岩坡积物、洪积物	E 117°46′33.5″ N 30°50′21.4″	95
						P	14–20	紫灰色	中壤土	碎块状	4.7										
						W	20–72	紫棕色	中壤土	核柱状	7.1										
						Bv	72–100	紫棕色	中壤土	核柱状	6.9										
剖40	初育土	石灰（岩）土	黑色石灰土	黑色石灰土	黑色石灰土	A	0–13	黑褐色	壤土	团粒状	6.4								石灰岩残积物、坡积物	E 117°48′03.7″ N 30°51′18.1″	75
						D	13–100			碎块状											
剖41	铁铝土	红壤	黄红壤	侵蚀性黄红壤	侵蚀性黄红壤	A	0–7	灰黄色	中壤土	碎块状	6.1								第四纪红色黏土	E 117°53′14.5″ N 30°54′57.1″	75
						Bv	7–78	黄红色	轻壤土	核柱状	4.8										
						Bvm₀	78–100														
剖42	人为土	水稻土	潜育水稻土	烂泥田	石灰性烂泥田	A	0–24	绿绿色	重壤土	糊状	8.1									E 117°54′53.4″ N 30°54′43.7″	95
						G	24–100	暗绿灰色	重壤土	糊状	7.8										

续表 Continued

剖面号 Soil profile	土纲 Soil order	土类 Soil great group	亚类 Soil subgroup	土属 Soil genus	土种 Soil species	土层码 Layer code	土层厚度 Depth/cm	颜色 Soil color	质地 Soil texture	土壤结构 Soil structure	pH	有机质 OM/(g/kg)	全氮 TN/(g/kg)	全磷 TP/(g/kg)	全钾 TK/(g/kg)	有效磷 AP/(mg/kg)	速效钾 AK/(mg/kg)	阳离子交换量CEC/(cmol/kg)	土壤母质 Parent material	剖面点坐标 Profile coordinate	匹配指数 Matching index/%
剖43	人为土	水稻土	潴育水稻土	砂泥田	砂泥田	A	0~14	灰黄色	重壤土	粒状	5.4								河流冲积物	E 117°55′50.3″ N 30°54′41.2″	82
						P	14~23	灰黄色	重壤土	块状	5.3										
						W	23~61	灰黄色	重壤土	棱柱状	7.9										
						Bv	61~100	棕黄色	重壤土	核块状	7.9										
剖44	铁铝土	红壤	黄红壤	扁石黄红壤	扁石黄红壤	A	0~16	黄黄色	中壤土	小粒状	7.1								泥岩类坡积物	E 117°54′56.1″ N 30°52′36.5″	95
						P	16~23	黄黄色	中壤土	碎块状	7.3										
						Bv	23~100	黄黄色	重壤土	大块状	6.7										
剖45	人为土	水稻土	潴育水稻土	黄泥田	黄泥田	A	0~14	灰黄色	重壤土	粒状	6.2								第四纪红色黏土	E 117°52′46.2″ N 30°50′35.0″	95
						P	14~21	灰黄色	重壤土	块状	5.2										
						W	21~50	黄黄色	重壤土	棱柱状	7.1										
						Bv	50~100	黄棕色	重壤土	核状	7.0										
剖46	人为土	水稻土	潴育水稻土	石灰性砂泥田	石灰性砂泥田	A	0~16	灰黄色	重壤土	粒状	7.2								近代河流冲积物	E 117°54′33.4″ N 30°50′45.7″	95
						P	16~24	棕黄色	重壤土	块状	7.6										
						W	24~100	灰棕色	重壤土	棱柱状	7.4										
剖47	铁铝土	红壤	黄红壤	扁石黄红壤	薄层石黄红壤	A	0~12	灰黄色	重壤土	粒状	5.8								粉砂岩、粉质页岩残积物、坡积物	E 117°48′28.2″ N 30°49′14.7″	95
						Bv	12~26	黄红色	重壤土	碎块状											
						C	26~100														
剖48	人为土	水稻土	潴育水稻土	扁石泥田	扁石泥田	A	0~17	灰黄色	重壤土	粒状	4.8								泥质岩类风化坡积物、洪积物	E 117°50′27.8″ N 30°49′38.4″	95
						P	17~22	灰黄色	重壤土	碎块状	5.0										
						W₁	22~43	灰黄色	重壤土	棱柱状	5.9										
						W₂	43~86	黄棕色	重壤土	棱块状	7.0										
						Bv	86~100	黄棕色	重壤土	核状											
剖49	初育土	石灰（岩）土	红色石灰土	红色石灰土	红色石灰土	A	0~10	暗红色	轻黏土	大块状	6.8								石灰岩坡积物	E 117°51′21.8″ N 30°49′40.8″	95
						Bv₁	10~52	红色	中黏土	块状	6.8										
						Bv₂	52~100	棕红色	中黏土	块状	6.5										
剖50	人为土	水稻土	潴育水稻土	砂泥田	砾身黄泥田	A	0~12	灰色	重壤土	粒状	4.9								河流冲积物	E 118°00′06.1″ N 30°31′29.2″	75
						P	12~17	灰黄色	重壤土	块状	4.8										
						O	17~100														
剖51	铁铝土	红壤	黄红壤	红壤性细粒土	中层黄红壤	A	0~11	黄黄色	轻壤土	粒状	5.0								第四纪红色黏土	E 118°00′56.1″ N 30°58′34.1″	75
						Bv	11~29	黄棕色	轻壤土	碎块状	5.0										
						Bvm	29~100	黄棕色	轻壤土	大块状	5.0										
剖52	铁铝土	红壤	红壤性土	红壤性细粒土	红壤性细粒土	A	1~24	灰黄色	轻壤土	小碎块状	5.2								中性结晶岩类残积物、坡积物	E 118°00′56.2″ N 30°58′11.4″	95
						C	24~100	黄棕色	砂壤土	粒状	5.1										
剖53	人为土	水稻土	潴育水稻土	细粒泥田	细粒泥田	A	0~13	淡灰色	中壤土	粒状	5.1								中性结晶岩类残积物	E 118°02′59.3″ N 30°58′48.1″	95
						P	13~22	黄棕色	中壤土	碎块状	6.6										
						W	22~54	棕黄色	中壤土	棱柱状	6.6										
						Bv	54~100	棕黄色	中壤土	核柱状	6.6										
剖54	铁铝土	红壤	黄红壤	硅质黄红壤	厚层硅质黄红壤	A	0~16	黄黄色	中壤土	小碎块状	4.8								石英质砂岩残积物、坡积物	E 118°04′19.1″ N 30°55′29.8″	95
						Bv	16~85	黄红色	重壤土	碎块状	4.6										
剖55	铁铝土	红壤	红壤性土	红壤性硅质土	红壤性硅质土	A	0~23	黑灰色	轻壤土	碎状	5.3								石英质砂岩残积物、坡积物	E 118°01′20.0″ N 30°54′52.1″	95
剖56	初育土	石灰（岩）土	棕色石灰土	鸡肝土	鸡肝土	A	0~17	灰棕色	黏土	粒状	5.2								石灰岩风化物	E 118°04′22.9″ N 30°53′34.6″	95
						P	17~24	灰棕色	黏土	碎块状	5.2										
						Bv	24~100	红棕色	黏土	块状	8.0										

枞 阳 县

主要土类说明

水稻土是枞阳县主要土壤类型，占本县地域面积的37%，分布于本县西北部岗地和沿江冲积平原。水稻土是在长期耕种下形成的人为水成土。耕作层一般厚度为10—20cm。犁底层是耕作层下机械压实的土层，有锈纹、锈斑，为扁平的小块状结构，厚度在10cm左右。潴育层由地表水及地下水升降、土壤干湿交替氧化还原作用而形成的。潜育层是受地下水长期浸渍的离铁、离锰的土层，有亚铁反应，呈青灰色，潜育层性状与水文、母质及有机物等有关。本县水稻土根据淀积层还原程度等划分为淹育型、潴育型、潜育型及侧漂型四个亚类。

红壤是枞阳县第二大土壤类型，占本县地域面积的22%，除沿江冲积平原区少数镇外，均有分布，尤以中、西二丘陵分布最集中。本县红壤划分为黄红壤与红壤性土两个亚类。其中，黄红壤分布于低山、丘陵及岗地，均有不同程度的侵蚀，A层一般清晰可辨，在紫色安山岩上发育，全剖面颜色较均一，但有机质仍较以下土层高。红壤性土分布于低山、丘陵的陡坡地，地形破碎，水土流失严重，土层浅薄，为8—20cm，砾石多。本县红壤剖面构型常为A–D、A–C–D、C–D。

潮土是枞阳县第三大土壤类型，占本县地域面积的9%，分布于沿江冲积平原区。潮土形成有潮化及旱耕熟化过程。本县潮土所在地区地下水位高，升降较频繁，随着氧化还原交替进行，铁、锰等易还原物质氧化成黄色锈斑、细小的铁锰结核淀积于土壤结构体面上。本县潮土仅有灰潮土一个亚类。

黄褐土占枞阳县地域面积的6%，集中分布于本县西北部岗地，是西北部主要农林用地之一。成土母质为下蜀黄土，由于质地黏重，加之干湿交替，土体淋溶淀积显著，形成坚实的黏盘层，结构体面上常有铁锰结核及黏粒胶膜。因土壤剥蚀严重，黏盘层部位相对抬升，局部甚至出露地表。本县黄褐土只有黏盘黄褐土一个亚类。

黄棕壤占枞阳县地域面积的4%。黄棕壤发生于北亚热带暖湿落叶阔叶林下，弱度富铝化，黏化特征明显，呈黄棕色黏土。其具 A–B–C 或 A–（B）–C 剖面构型，B层黏聚现象明显，硅铝率在2.5左右，铁的游离度较红壤低，B层交换性酸大于A层。土壤 pH 为 5.5—6.0。

小于本县地域面积3%的土壤类型还有石质土、紫色土、粗骨土和石灰（岩）土等。

本区域中心区气候特征

本区域中心区气候特征值
Regional climate characteristics in central area of the region

气候带：北亚热带湿润气候 Climate region: North subtropical humid climate	
年平均气温 /℃ Annual average temperature /℃	16.5
年平均最高气温 /℃ Annual average maximum temperature /℃	20.6
年平均最低气温 /℃ Annual average minimum temperature /℃	13.1
年降水量 /mm Annual precipitation /mm	1373
≥10℃的积温 /℃ Daily temperature accumulated in a year (≥10℃) /℃	6255
年日照时数 /h Annual sunshine /h	1842
年平均相对湿度 /% Annual average relative humidity /%	77
干燥度 Dryness	0.72

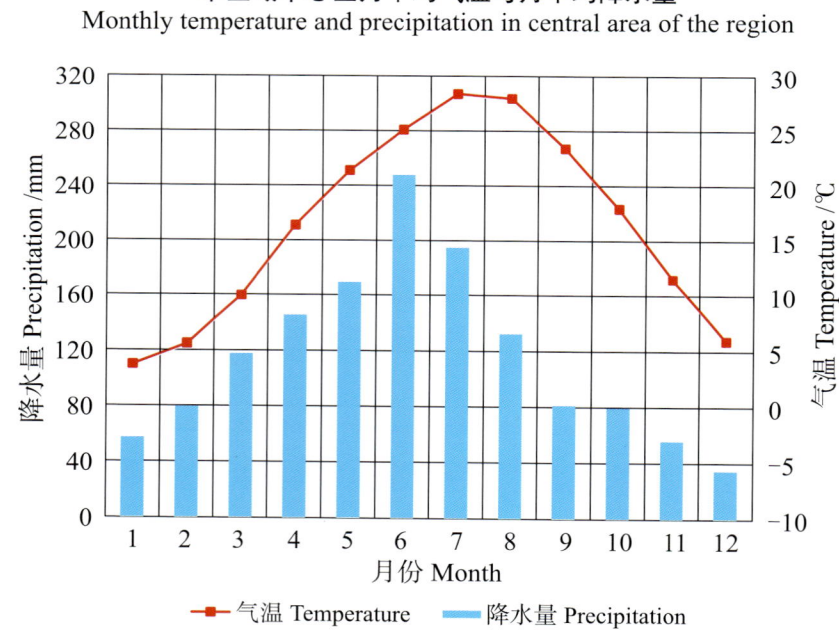

本区域中心区月平均气温与月平均降水量
Monthly temperature and precipitation in central area of the region

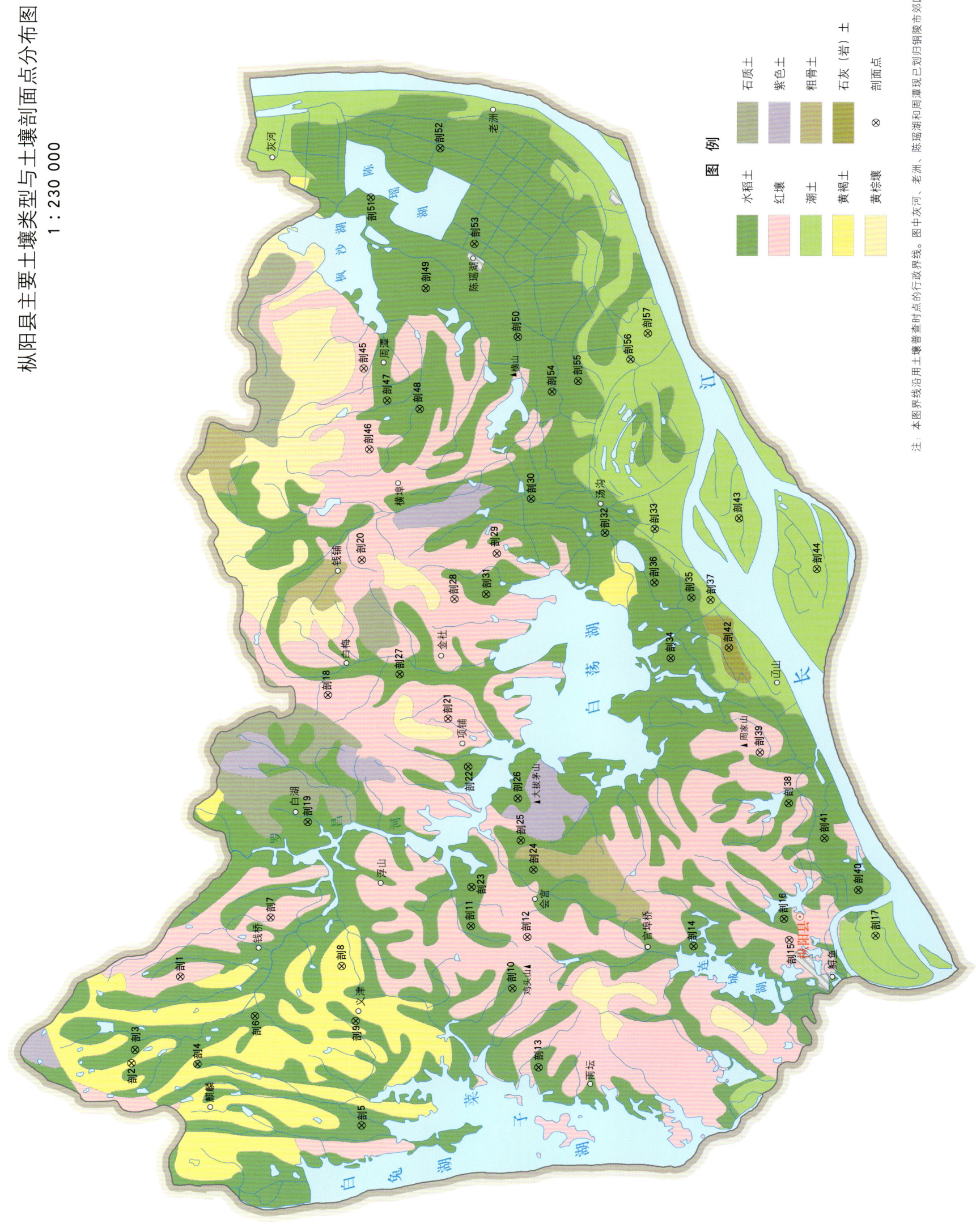

枞阳县土壤剖面理化性状表

剖面号 Soil profile	土纲 Soil order	土类 Soil great group	亚类 Soil subgroup	土属 Soil genus	土种 Soil species	土层码 Layer code	土层厚度 Depth/cm	颜色 Soil color	质地 Soil texture	土壤结构 Soil structure	pH	有机质 OM/(g/kg)	全氮 TN/(g/kg)	全磷 TP/(g/kg)	全钾 TK/(g/kg)	有效磷 AP/(mg/kg)	速效钾 AK/(mg/kg)	阳离子交换量CEC/(cmol/kg)	土壤母质 Parent material	剖面点坐标 Profile coordinate	匹配指数 Matching index/%
剖1	铁铝土	红壤	黄红壤	细粒黄红土	细粒黄红土	1	0—16	黄灰色	中壤土	粒状	5.1								正长岩残积物、坡积物	E 117°12′32.6″ N 31°00′33.1″	95
						2	16—43	灰棕色	轻壤土	粒状	5.5										
						3	43—57	黄棕色	中壤土	粒状	5.1										
						4	57—70	棕黄色	中壤土	块状	4.8										
						5	70—100														
剖2	淋溶土	黄褐土	黏盘黄褐土	马肝土	黄马肝土	1	0—18	棕灰色	重壤土	小块状	6.0								下蜀黄土	E 117°09′34.4″ N 31°01′59.2″	92
						2	18—35	灰棕色	重壤土	小块状	6.0										
						3	35—86	黄棕色	重壤土	块状	5.5										
						4	86—100	棕黄色	重壤土	块状	5.5										
剖3	人为土	水稻土	潴育水稻土	浅马肝田	浅马肝田	P	14—20	灰棕色	重壤土	块状	6.5								下蜀黄土	E 117°10′02.1″ N 31°01′52.8″	95
						Bvc	20—46	棕黄色	重壤土	大块状	6.5										
						C	46—100	棕黄色	重壤土	大块状	6.5										
剖4	人为土	水稻土	潴育水稻土	青丝泥田	青灰砂泥田	A	0—16	棕灰色	轻壤土	块状	7.6								近代长江冲积物	E 117°09′31.5″ N 31°00′03.8″	75
						Pg	16—25	青灰色	中壤土	块状	7.9										
						G₁	25—65	青色	中壤土	糊状	8.0										
						G₂	65—100	青色	中壤土	糊状	7.9										
剖5	人为土	水稻土	潴育水稻土	石灰性砂泥田	表潜灰砂泥田	Pg	0—16	青灰色	中壤土	小块状	7.0								近代长江冲积物	E 117°07′21.3″ N 30°55′18.0″	95
						Bv₁	16—28	青灰色	中壤土	块状	7.5										
						Bv₂	28—42	棕灰色	中壤土	块状	8.0										
							42—100	棕灰色	中壤土	块状	8.0										
剖6	人为土	水稻土	潴育水稻土	砂泥田	泥砂田	A	0—14	黄灰色	砂壤土	粒状	6.5								河流冲积物	E 117°11′09.9″ N 30°58′23.2″	95
						P	14—23	灰黄色	砂壤土	粒状	7.0										
						Bv	23—47	棕黄色	砂壤土	粒状	7.0										
						C	47—100	灰棕色	砂壤土	粒状	7.0										
剖7	铁铝土	红壤	黄红壤	细粒黄红壤	中层细粒黄红壤	A	0—26	棕红色	轻壤土	粒状	5.5								安山岩坡积物	E 117°14′35.0″ N 30°57′54.9″	95
						Bv	26—43	紫棕色	轻壤土	粒状	5.5										
						C	43—100	棕黄色	轻壤土	粒状	5.5										
剖8	淋溶土	黄褐土	黏盘黄褐土	马肝土	死马肝土	1	0—15	棕黄色	重壤土	小块状	6.1								下蜀黄土	E 117°12′52.1″ N 30°55′51.5″	93
						2	15—24	棕灰色	重壤土	块状	5.7										
						3	24—100	灰棕色	重壤土	块状	6.2										
剖9	人为土	水稻土	潴育水稻土	砂泥田	表潜泥青田	A	0—12	紫棕色	中黏土	块状	5.1								河流冲积物	E 117°10′58.5″ N 30°55′27.6″	95
						Pg	12—23	黄灰色	中黏土	小块状	5.3										
						Bv	23—55	灰紫色	轻黏土	小块状	6.6										
						C	55—100	灰棕色	轻黏土	小块状	6.6										
剖10	人为土	水稻土	淹育水稻土	浅黄泥田	上位焦颗浅黄泥田	A	0—14	黄红色	重壤土	大块状	6.5								第四纪红色黏土	E 117°12′03.3″ N 30°50′54.0″	95
						P	14—25	棕黄色	中壤土	块状	6.0										
						Cm	25—100	棕褐色	重壤土	块状	5.0										
剖11	人为土	水稻土	潴育水稻土	细粒砂泥田	细粒砂泥田	A	0—14	黄灰色	中壤土	小块状	5.6									E 117°14′14.0″ N 30°52′05.7″	95
						P	14—24	棕黄色	中壤土	块状	6.5										
						Bv₁	24—54	棕褐色	重壤土	块状	6.9										
						Bv₂	54—100		中壤土												

续表 Continued

剖面号 Soil profile	土纲 Soil order	土类 Soil great group	亚类 Soil subgroup	土属 Soil genus	土种 Soil species	土层码 Layer code	土层厚度 Depth/cm	颜色 Soil color	质地 Soil texture	土壤结构 Soil structure	pH	有机质 OM/(g/kg)	全氮 TN/(g/kg)	全磷 TP/(g/kg)	全钾 TK/(g/kg)	有效磷 AP/(mg/kg)	速效钾 AK/(mg/kg)	阳离子交换量CEC/(cmol/kg)	土壤母质 Parent material	剖面点坐标 Profile coordinate	匹配指数 Matching index/%
剖12	铁铝土	红壤	黄红壤	扁石黄红壤	中层扁石黄红壤	A	0—13	灰黄色	紧砂土	粒状	5.7								泥质岩类坡积物、残积物	E 117°13′50.3″ N 30°50′27.6″	95
						Bv	13—42	淡黄色	轻壤土	小块状	5.0										
						C	42—100	红黄色	轻壤土	块状	5.0										
剖13	人为土	水稻土	潜育水稻土	砂泥田	砂泥田	A	0—15	棕棕色	中壤土	块状	4.0								河流冲积物	E 117°09′19.8″ N 30°50′09.2″	75
						P	15—26	灰黄色	中壤土	小块状	5.2										
						Bv₁	26—46	灰黄色	中壤土	块状	6.4										
						Bv₂	46—100	灰棕色	中壤土	块状	6.4										
剖14	人为土	水稻土	潜育水稻土	青黄泥田	青黄泥田	A	0—16	灰黄色	重壤土	块状	5.8								第四纪红色黏土	E 117°13′28.9″ N 30°45′37.3″	95
						Pg	16—27	黄灰色	重壤土	块状	5.8										
						Bv	27—70	棕色	重壤土	块状	5.9										
						G	70—100	灰黄色	重壤土	块状	6.6										
剖15	铁铝土	红壤	黄红壤	黄红壤	小红土	A	0—3	红黄色	重壤土	粒状	5.0								第四纪红色黏土	E 117°13′40.3″ N 30°42′50.6″	95
						ABv	3—5	黄红色	重壤土	小块状	5.0										
						Bv	5—44	黄红色	重壤土	块状	5.1										
						C₁	44—119	棕红色	重壤土	大块状	5.1										
						C₂	119—200	棕红色	重壤土	大块状	5.5										
剖16	人为土	水稻土	潜育水稻土	烂泥田	烂泥田	Ag	0—27	暗绿色	黏土	糊状	5.3	28.6	1.92	0.56	22.5	14.0	173	26.4	河流冲积物	E 117°14′25.3″ N 30°42′59.8″	81
						G	27—100	青灰色	黏土	团粒状	5.4	28.7	1.76	0.50	23.2	9.0	102	25.9			
剖17	半水成土	潮土	灰潮土	灰砂泥土	砂身灰砂泥土	1	0—18	棕灰色	轻壤土	棱块状	7.9								近代长江冲积物	E 117°13′48.5″ N 30°40′20.1″	95
						2	18—30	棕灰色	松砂土	粒状	8.3										
						3	30—100	银灰色	中壤土	粒状	8.4										
剖18	铁铝土	红壤	红壤性土	红壤性扁石土	薄层红壤性扁石土	A	0—17	棕灰色	中壤土	粒状	4.9								石英岩化砂岩残积物、坡积物	E 117°22′21.9″ N 30°56′13.1″	93
						C	17—27	红棕色	中壤土	块状	4.2										
						D	27—														
剖19	人为土	水稻土	潜育水稻土	石灰砂泥田	灰砂泥田	A	0—16	黄灰色	中壤土	块状	8.1								近代长江冲积物	E 117°17′55.2″ N 30°56′49.1″	95
						P	16—23	黄灰色	中壤土	小块状	8.2										
						Bv₁	23—54	灰棕色	中壤土	块状	8.2										
						Bv₂	54—100	棕灰色	重壤土	块状	8.2										
剖20	铁铝土	红壤	红壤性土	耕种红壤性细粒土	红壤性细粒土	A	0—10	淡黄色	砂土	粒状	5.5								正长岩坡积物	E 117°27′04.4″ N 30°55′12.7″	93
剖21	铁铝土	红壤	黄红壤	硅质黄红壤	厚层硅质黄红壤	A	0—33	黄红色	重壤土	粒状	5.0								石英砂岩坡积物、残积物	E 117°21′30.0″ N 30°52′43.5″	95
						Bv	33—100	棕红色	轻壤土	小块状	5.0										
剖22	人为土	水稻土	漂洗水稻土	白土田	白土田	Ae	0—16	灰白色	中壤土	小块状	5.2								正长岩冲积物、洪积物	E 117°19′48.9″ N 30°52′09.1″	95
						Pe	16—24	棕灰色	中壤土	块状	5.0										
						Bv₁	24—73	红棕色	中壤土	块状	6.2										
						Bv₂	73—100	灰棕色	重壤土	小块状	6.4										
剖23	人为土	水稻土	潜育水稻土	马肝田	表潴马肝田	A	0—15	黄灰色	重壤土	小块状	5.0								下蜀黄土	E 117°15′36.4″ N 30°52′04.2″	95
						Pg	15—19	青灰色	重壤土	块状	5.7										
						Bv₁	19—31	黄灰色	重壤土	块状	6.0										
						Bv₂	31—100	棕黄色	重壤土	小块状	6.4										
剖24	人为土	水稻土	潜育水稻土	扁石泥田	黄砂泥田	P	0—14	黄灰色	中壤土	小块状	4.7								砂岩洪积物、坡积物	E 117°16′12.5″ N 30°50′16.0″	95
						Bv₁	14—20	棕灰色	中壤土	块状	6.6										
						Bv₂	20—56	黄棕色	中壤土	块状	6.6										
						Bv₃	56—100	棕黄色	多砾石中壤土	块状	6.8										

续表 Continued

剖面号 Soil profile	土纲 Soil order	土类 Soil great group	亚类 Soil subgroup	土属 Soil genus	土种 Soil species	土层码 Layer code	土层厚度 Depth/cm	颜色 Soil color	质地 Soil texture	土壤结构 Soil structure	pH	有机质 OM/(g/kg)	全氮 TN/(g/kg)	全磷 TP/(g/kg)	全钾 TK/(g/kg)	有效磷 AP/(mg/kg)	速效钾 AK/(mg/kg)	阳离子交换量CEC/(cmol/kg)	土壤母质 Parent material	剖面点坐标 Profile coordinate	匹配指数 Matching index/%
剖25	人为土	水稻土	潴育水稻土	砂泥田	泥青田	A	0—12	灰棕色	重壤土	块状	5.0								河流冲积物	E 117°17′13.9″ N 30°50′37.8″	95
						Bv₁	12—19	灰棕色	重壤土	小块状	6.2										
						Bv₂	19—60	黄棕色	重壤土	块状	6.8										
							60—100	黄棕色	中壤土	块状	7.1										
剖26	人为土	水稻土	潜育水稻土	青潮黏田	烂泥田	Aag	0—27	暗橄榄色	黏土	糊状	5.3	28.6	1.00	0.50	18.7			26.4	河流冲积物	E 117°18′42.4″ N 30°50′42.6″	95
						G	27—100	蓝灰色	黏土	糊状	5.4	28.7	1.80	0.50	19.3			25.9			
剖27	人为土	水稻土	潴育水稻土	石灰性砂泥田	表潜灰泥田	A	0—17	棕灰色	重壤土	块状	6.6								近代长江冲积物	E 117°23′04.6″ N 30°54′08.0″	95
						Pg	17—23	青灰色	重壤土	小块状	7.8										
						Bv₁	23—48	灰棕色	重壤土	棱块状	7.9										
						Bv₂	48—100	淡黄色	轻壤土	棱块状	7.8										
剖28	铁铝土	红壤	红壤性细粒土		薄层红壤性细粒土	A	0—14	青灰色	黏土	粒状	4.9								安山岩残积物，坡积物	E 117°25′41.6″ N 30°52′31.3″	93
						D	14—				6.0										
剖29	铁铝土	黄红壤	黄红土		黄泥土	1	0—14	灰黄色	重壤土	块状	6.1								第四纪红色黏土	E 117°27′15.9″ N 30°51′17.5″	95
						2	14—24	黄红色	重壤土	块状	5.7										
						3	24—100	棕红色	轻黏土	块状	7.9										
剖30	人为土	水稻土	潴育水稻土	青丝泥田	青丝泥田	A	0—15	黄灰色	重壤土	块状	7.9								近代长江冲积物	E 117°29′10.4″ N 30°50′17.3″	95
						Pg	15—23	青灰色	重壤土	块状	7.9										
							23—100	青灰色	重壤土	糊状	4.8										
剖31	人为土	潴育水稻土	砂泥田		砾石砂泥田	A	0—15	棕灰色	中壤土	小块状	5.2								河流冲积物	E 117°25′51.1″ N 30°51′36.4″	96
						Bv	15—25	棕灰色	重壤土	小块状	6.8										
						Cs	25—47	黄棕色	重壤土	小块状	7.0										
							47—100				7.9										
剖32	人为土	水稻土	潴育水稻土	石灰性砂泥田	灰泥田	P	0—14	浅灰色	轻黏土	块状	8.0								近代长江冲积物	E 117°27′57.8″ N 30°48′08.8″	95
						Bv₁	14—26	黄灰色	轻黏土	小块状	8.1										
						Bv₂	26—85	灰黄色	中黏土	角块状	8.1										
							85—100	棕黄色	轻黏土	角块状	7.0										
剖33	半水成土	潮土	淤泥土		湖泥土	1	0—15	棕灰色	轻黏土	块状	7.3								湖湘沉积物	E 117°28′05.5″ N 30°46′41.7″	95
						2	15—26	棕灰色	轻黏土	块状	7.1										
						3	26—100	黄灰色	中壤土	糊状	5.6										
剖34	人为土	水稻土	潜育水稻土	青紫泥田	青紫泥田	A	0—17	紫棕色	重壤土	小块状	5.5								紫红色粉砂岩洪积物	E 117°23′35.5″ N 30°46′14.6″	95
						P	17—27	紫棕色	重壤土	大块状	5.4										
						G₁	27—53	棕灰色	重壤土	大块状	5.5										
						G₂	53—100	棕灰色	重壤土	糊状	5.0										
剖35	人为土	水稻土	潴育水稻土	黄泥田	乌黄泥田	A	0—18	黄灰色	轻壤土	块状	6.4								第四纪红色黏土	E 117°25′41.9″ N 30°45′38.2″	95
						P	18—28	灰黄色	重壤土	小块状	7.0										
						Bv₁	28—61	淡黄色	重壤土	块状	7.1										
						Bv₂	61—100	棕黄色	重壤土	块状	5.1										
剖36	人为土	水稻土	潴育水稻土	黄泥田	黄泥田	A	0—16	灰青色	重壤土	小块状	6.3								第四纪红色黏土	E 117°26′14.1″ N 30°46′43.1″	95
						P	16—24	棕灰色	重壤土	块状	7.3										
						Bv₁	24—50	棕灰色	重壤土	块状	7.3										
						Bv₂	50—78	淡黄色	轻壤土	小块状	7.1										
						C	78—100	灰棕色	重壤土	单粒状	8.2										
剖37	半水成土	潮土	灰砂土		灰砂土	1	0—22	棕灰色	砂壤土	单粒状	8.4								近代长江冲积物	E 117°25′37.0″ N 30°45′04.9″	95
						2	22—30	黄棕色	轻壤土	小块状	8.3										
						3	30—100	浅白色													

续表 Continued

剖面号 Soil profile	土纲 Soil order	土类 Soil great group	亚类 Soil subgroup	土属 Soil genus	土种 Soil species	土层码 Layer code	土层厚度 Depth/cm	颜色 Soil color	质地 Soil texture	土壤结构 Soil structure	pH	有机质 OM/(g/kg)	全氮 TN/(g/kg)	全磷 TP/(g/kg)	全钾 TK/(g/kg)	有效磷 AP/(mg/kg)	速效钾 AK/(mg/kg)	阳离子交换量CEC/(cmol/kg)	土壤母质 Parent material	剖面点坐标 Profile coordinate	匹配指数 Matching index/%
剖38	人为土	水稻土	潜育水稻土	青湖泥田	青湖泥田	Ag	0—18	黄棕色	黏土	块状	6.0								湖相沉积物	E 117°18′28.9″ N 30°42′50.7″	95
						Pg	18—33	青灰色	黏土	块状	6.0										
						Bvg	33—48	灰棕色	黏土	块状	6.5										
						G	48—100	青黑色	黏土	糊状	6.5										
剖39	铁铝土	红壤	黄红壤	黄红壤	上位集斑黄红壤	A	0—16	黄红色	重黏土	粒块状	5.2								第四纪红色黏土	E 117°20′15.2″ N 30°43′40.1″	95
						Bv	16—41	黄红色	重黏土	棱块状	5.2										
						C	41—100	黄红色	重黏土	块状											
剖40	人为土	水稻土	潜育水稻土	烂泥田	炭心烂泥田	Ag	0—18	黄灰色	轻黏土	大块状	5.4								湖相沉积物	E 117°15′25.4″ N 30°40′49.5″	95
						C	18—43	青灰色	中黏土	糊状	5.7										
						Cg	43—53	炭黄色	重黏土	糊状	5.0										
						G	53—100	青黑色	中黏土	块状	5.0										
剖41	人为土	水稻土		石灰泥田	钙板田	A	0—14	黄灰色	重黏土	小块状	5.0								石灰岩洪积物、坡积物	E 117°17′14.5″ N 30°41′48.2″	95
						P	14—25	棕灰色	重黏土	大块状	7.1										
						Bv_1	25—70	棕色	重黏土	大块状	7.1										
						Bv_2	70—100	灰棕色	重黏土	团粒状	7.5										
剖42	初育土	石灰(岩)土	棕色石灰土	棕色石灰土	中层棕色石灰土	A	0—10	黑灰色	重黏土	团粒状	7.5								石灰岩坡积物	E 117°23′57.0″ N 30°44′33.3″	74
						ABv	10—32	棕红色	重黏土	粒状	8.0										
						Bvc	32—60	棕红色	重黏土	团粒状	8.2										
剖43	半水成土	潮土	灰潮土	灰泥土	灰泥土	1	0—14	黄灰色	重黏土	小块状	8.2								近代长江冲积物	E 117°28′26.7″ N 30°44′14.7″	95
						2	14—23	黄棕色	轻黏土	块状	8.2										
						3	23—100	灰棕色	砂黏土	粒状	8.2										
剖44	半水成土	潮土	灰潮土	灰砂土	飞砂土	1	0—17	灰白色	紧砂土	粒状	8.4								近代长江冲积物	E 117°26′40.5″ N 30°41′59.3″	95
						2	17—30	灰白色	砂黏土	粒状	8.3										
						3	30—100	灰白色	砂黏土	粒状											
剖45	铁铝土	红壤	黄红壤	细粒黄红壤	厚层细粒黄红壤	A	0—17		砂壤土	粒状	4.9								正长岩坡积物	E 117°33′45.4″ N 30°55′07.8″	95
						Bv	17—83	黄棕色	轻壤土	块状	5.1										
						Bvc	83—136	棕黄色	重黏土	粒状	4.9										
						C	136—167	棕黄色	中壤土	粒状	5.6										
						D	167—200	黄白色	轻壤土	粒状	5.7										
剖46	铁铝土	红壤	黄红壤	扁石黄红土	扁石黄红土	1	0—12	灰色	中壤土	小块状	5.2								泥质岩类坡积物、残积物	E 117°30′57.0″ N 30°54′58.7″	95
						2	12—24	轻黄色	中壤土	小块状	5.1										
						3	24—35	中棕色	中壤土	块状	5.1										
						4	35—100	灰棕色	中壤土	小块状	5.9										
剖47	人为土	水稻土	潜育水稻土	青细粒砂泥田	青细粒砂泥田	Ag	0—17	黄灰色	轻壤土	小块状	5.4								闪岩类坡积、洪积物	E 117°32′38.8″ N 30°54′27.3″	95
						Pg	17—30	青灰色	中壤土	糊状	6.6										
						Bv	30—39	灰棕色	轻壤土	小块状	6.3										
						G	39—100	灰棕色	轻壤土	粒状	6.7										
剖48	人为土	水稻土	潜育水稻土	砂泥田	表潜砂泥田	A	0—15	灰棕色	砂壤土	块状	6.1								河流冲积物	E 117°32′20.8″ N 30°53′31.0″	95
						Bv_1	15—24	黄棕色	中壤土	块状	4.0										
						Bv_2	24—31	棕灰色	中壤土	块状											
							31—100	灰棕色													
剖49	人为土	水稻土	淹育水稻土	浅黄泥田	浅黄泥田	A	0—13	棕灰色	中壤土	块状	5.4								第四纪红色黏土	E 117°36′32.5″ N 30°53′19.4″	95
						AC	13—27	棕红色	中壤土	块状	6.2										
						C	37—100	棕红色	重黏土	大块状											

续表 Continued

剖面号 Soil profile	土纲 Soil order	土类 Soil great group	亚类 Soil subgroup	土属 Soil genus	土种 Soil species	土层码 Layer code	土层厚度 Depth/cm	颜色 Soil color	质地 Soil texture	土壤结构 Soil structure	pH	有机质 OM/(g/kg)	全氮 TN/(g/kg)	全磷 TP/(g/kg)	全钾 TK/(g/kg)	有效磷 AP/(mg/kg)	速效钾 AK/(mg/kg)	阳离子交换量CEC/(cmol/kg)	土壤母质 Parent material	剖面点坐标 Profile coordinate	匹配指数 Matching index/%
剖50	人为土	水稻土	潴育水稻土	湖泥田	湖泥田	A	0—19	灰棕色	重壤土	块状	5.0								湖相沉积物	E 117°34′49.6″ N 30°50′38.8″	95
						P	19—28	灰棕色	重壤土	小块状	5.7										
						Bv	28—100	棕褐色	重壤土	块状	6.3										
剖51	人为土	水稻土	潴育水稻土	马肝田	马马肝田	A	0—17	棕灰色	重壤土	块状	8.0								下蜀黄土	E 117°39′44.2″ N 30°54′53.9″	95
						P	17—22	灰褐色	重壤土	小块状	6.0										
						W	22—33	黄棕色	重壤土	块状	6.5										
						Bv	33—55	褐棕色	重壤土	棱块状	6.5										
						Bvc	55—100	黄棕色	重壤土	棱块状	6.5										
剖52	人为土	水稻土	潴育水稻土	烂泥田	炭底烂泥田	Ag	0—18	青灰色	中黏土	糊状	5.6								湖相沉积物	E 117°41′26.3″ N 30°52′52.8″	95
						G	18—54	青灰色	中黏土	糊状	5.5										
						Cg	54—100	灰黑色	中黏土	糊状	5.4										
剖53	人为土	水稻土	潴育水稻土	青马肝田	青马肝田	Ag	0—21	青灰色	重壤土	块状	5.5								下蜀黄土	E 117°38′05.7″ N 30°51′53.8″	95
						Pg	21—38	棕灰色	重黏土	块状	6.9										
						Bv	38—64	棕色	轻黏土	大块状	6.6										
						Bvg	64—100	棕灰色	重壤土	大块状	6.8										
剖54	人为土	水稻土	潴育水稻土	湖泥田	表潜湖泥田	A	0—15	棕灰色	轻黏土	块状	5.8								湖相沉积物	E 117°32′55.7″ N 30°49′39.6″	95
						Pg	15—32	青灰色	轻黏土	小块状	6.6										
						W	32—68	浅棕色	中黏土	棱块状	6.6										
						C	68—100	浅棕色	轻黏土	棱块状	7.1										
剖55	人为土	水稻土	潴育水稻土	黄泥田	表潜黄泥田	A	0—19	黄棕色	轻黏土	小块状	5.4								第四纪红色黏土	E 117°33′17.8″ N 30°48′54.0″	95
						Pg	19—31	青灰色	重壤土	块状	5.5										
						Bv₁	31—45	灰棕色	重壤土	块状	6.4										
						Bv₂	45—100	棕灰色	重壤土	粒状	6.8										
剖56	半水成土	潮土	灰潮土	灰砂土	塝心灰砂土	1	0—16	浅灰色	砂壤土	粒状	8.4	11.7	0.73	0.60	18.7	4.0	74	10.1	近代长江冲积物	E 117°34′02.1″ N 30°47′22.7″	95
						2	16—32	浅灰色	松砂土	小块状	8.3	2.6	0.21	0.44	19.4	≤1.0	20	8.8			
						3	32—65	灰棕色	中壤土	小块状	8.5	9.9	0.75	0.61	23.1			16.2			
							65—100	灰白色	砂壤土	粒状	8.3										
剖57	半水成土	潮土	灰潮土	石灰性砂土	塝心石灰性砂土	1	0—16	浅灰色	砂壤土	单粒状	8.4	5.7	0.38	0.48	18.5			8.5	近代长江冲积物	E 117°34′55.9″ N 30°46′52.5″	95
						2	16—32	浅灰色	砂壤土	单粒状	8.3										
						3	32—65	灰棕色	黏壤土	碎块状	8.5										
						4	65—100	棕灰色	砂壤土	单粒状	8.3										

安 庆 市

怀 宁 县

主要土类说明

水稻土是怀宁县主要土壤类型，占本县地域面积的42%。由于周期性的干湿交替，土壤经氧化还原交替作用，剖面发生明显的分异，同时受人为耕作、施肥、灌溉等影响，土壤有机质合成和分解、复盐基和盐基的淋溶、黏粒的聚积与淋失等作用，原来的土壤发生不同程度的改变，从而形成水稻土特有的剖面构型。

红壤是怀宁县第二大土壤类型，占本县地域面积的29%。发育于花岗岩、石英岩类的红壤质地较轻，发育于页岩和第四纪红土的则黏。土壤pH为5.0—6.0，有机质含量为1—2g/kg，典型红壤主要特性是瘦、酸、黏。但与典型红壤区湿热气候相比，本县气候温暖湿润，富铝化强度相应较弱。

紫色土是怀宁县第三大土壤类型，占本县地域面积的6%。其成土母质是紫色岩类坡积物、残积物。处在北亚热带的自然条件下，土壤一般不呈现高铝化特征。土体层次分化不明显，色泽均一。土层厚度变化较大，薄层的仅几十厘米，而深层则达几十米。紫色土结构比较疏松，心土层的质地常较上下层黏紧，呈块状结构。

潮土是怀宁县第四大土壤类型，占本县地域面积的5%，主要分布在皖河冲积带的江镇、石牌等地。土壤中水气状况较协调。土体出现明显的重叠层次，在同一层次中，土壤质地、颜色比较一致，不同层段间则有差别。尽管出现砂黏间层，但质地变化总趋势是上细下粗，土色以灰色和棕灰色为主。土壤呈微酸性至微碱性。

黄褐土占怀宁县地域面积的4%。其成土母质为下蜀黄土。表土层黄棕色或棕灰色，土质多为重壤至轻黏，结构差，较为紧实。淀积层发育明显而深厚，多为棕色，强度黏化，呈大块状结构，为黏盘层，有铁锰结核和胶膜。土壤吸收性能较强，阳离子组成以钙、镁占优势，表层的酸度高于底层，底层多为中性。

小于本县地域面积3%的土壤类型还有石灰（岩）土等。

本区域中心区气候特征

本区域中心区气候特征值
Regional climate characteristics in central area of the region

气候带：北亚热带湿润气候 Climate region: North subtropical humid climate	
年平均气温 /℃ Annual average temperature /℃	16.6
年平均最高气温 /℃ Annual average maximum temperature /℃	20.7
年平均最低气温 /℃ Annual average minimum temperature /℃	13.2
年降水量 /mm Annual precipitation /mm	1462
≥10℃的积温 /℃ Daily temperature accumulated in a year（≥10℃）/℃	6705
年日照时数 /h Annual sunshine /h	1834
年平均相对湿度 /% Annual average relative humidity /%	77
干燥度 Dryness	0.67

本区域中心区月平均气温与月平均降水量
Monthly temperature and precipitation in central area of the region

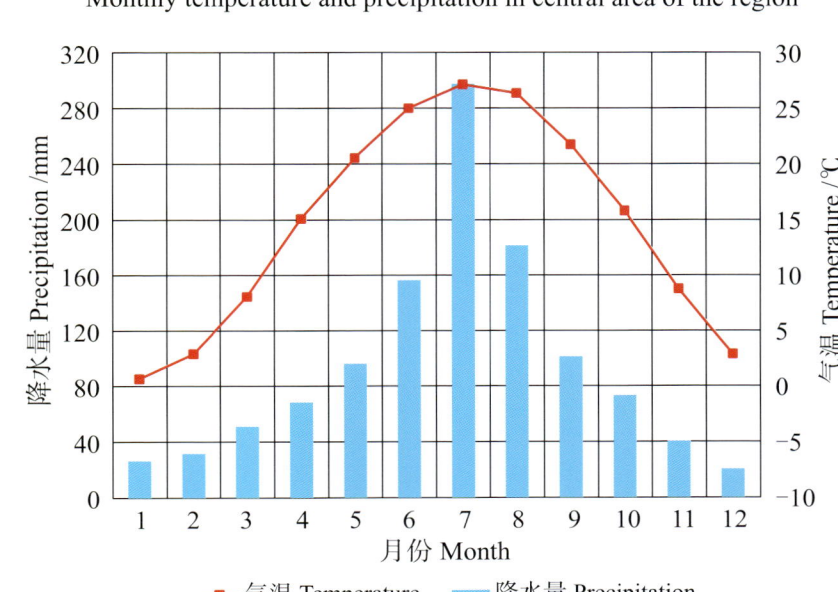

怀宁县主要土壤类型与土壤剖面点分布图

1∶230 000

图 例

- 水稻土
- 红壤
- 紫色土
- 潮土
- 黄褐土
- 石灰（岩）土
- ⊗ 剖面点

注：本图界线沿用土壤普查时点的行政界线。国务院2005年5月批准，设立宜秀区。图中五横和大龙山现已划归安庆市宜秀区。

怀宁县土壤剖面理化性状表

剖面号 Soil profile	土纲 Soil order	土类 Soil great group	亚类 Soil subgroup	土属 Soil genus	土种 Soil species	土层码 Layer code	土层厚度 Depth/cm	颜色 Soil color	质地 Soil texture	土壤结构 Soil structure	pH	有机质 OM/(g/kg)	全氮 TN/(g/kg)	全磷 TP/(g/kg)	全钾 TK/(g/kg)	有效磷 AP/(mg/kg)	速效钾 AK/(mg/kg)	阴离子交换量CEC/(cmol/kg)	土壤母质 Parent material	剖面点坐标 Profile coordinate	匹配指数 Matching index/%
剖1	人为土	水稻土	潜育水稻土	石灰性砂泥田	灰泥田	1	0—14		中壤土		8.1	27.6	1.66	0.74	21.4	5.0	94	13.0	长江冲积物	E 116°44′30.0″ N 30°45′02.9″	75
						2	14—23		中壤土		8.1	22.4	1.30	0.68	25.1	3.0	93	10.1			
						3	23—76		中黏土		8.1	10.9	0.87	0.75	27.5	4.0	137	13.0			
						4	76—100		中黏土		8.1	12.0	0.85	0.76	27.9			14.3			
剖2	人为土	水稻土	潜育水稻土	青钙积扁石泥田	青钙积扁石泥田	A	0—18	黄灰色	重壤土	块状	7.0	27.6	1.39	0.38	13.7	4.0	46	7.6	泥质岩，石灰岩	E 116°43′09.9″ N 30°43′13.8″	75
						Ap	18—26	青灰色	黏土	块状	7.5	24.3	1.34	0.41	14.6	7.0	44	7.7			
						G	26—65	青灰色	黏土		6.0										
						W	65—70	灰黄色	黏土	大块状	6.5										
剖3	人为土	水稻土	潜育水稻土	青麻石砂泥田	青麻石砂泥田	5	70—102		中壤土		6.9	25.9	1.54	0.38	13.9	4.0	37	7.2	花岗岩残积物、坡积物	E 116°43′32.6″ N 30°43′38.1″	75
						1	0—12		中壤土		6.9	28.1	1.37	0.85	18.3	3.0	58	10.2			
						2	12—20		中壤土		6.6	19.5	0.89	0.75	18.6	4.0	62	10.0			
						3	20—31		中壤土		6.2	23.3	1.09	0.74	17.7	4.0	73	13.3			
						4	31—100		中壤土		6.4	11.8	0.53	0.44	20.4	4.0		10.9			
剖4	人为土	水稻土	潜育水稻土	黄泥田	红筋黄泥田	1	0—18		中壤土		6.4	29.8	1.53	0.41	15.5	4.0	62	11.2	第四纪红土	E 116°44′08.4″ N 30°43′53.7″	75
						2	18—24		中壤土		6.2	17.2	0.96	0.38	14.5	6.0	62	9.0			
						3	24—63		重黏土		6.2	6.8	0.81	0.27	12.2	12.0	62	9.1			
						4	63—98		轻黏土		5.8	4.4	0.27	0.22	11.7			5.3			
剖5	人为土	水稻土	潜育水稻土	石灰性砂泥田	泥砂田	A	0—15	棕黄色	砂壤土	碎块状	5.5								长江冲积物	E 116°43′46.6″ N 30°44′11.8″	75
						1	0—12	黄棕色	砂壤土		6.0										
						2	15—27	青灰色	砂壤土	小块状	6.0										
						3	27—79	灰黄色	中壤土		6.5										
						4	79—101		重黏土		8.0										
剖6	人为土	水稻土	潜育水稻土	青钙泥田	青钙泥田	A	0—20	黄灰色	重黏土	小块状	7.5	23.2	1.28	0.36	11.7	6.0	41	7.1	长江冲积物	E 116°42′41.7″ N 30°42′30.9″	95
						Ap	20—31	青灰色	重黏土	块状	7.0	13.8	0.82	0.24	12.5	3.0	51	7.2			
						G	31—49	暗黄色棕色	中壤土	糊状	8.0	11.4	0.59	0.14	13.3	2.0	36	6.9			
						C	49—110	灰黄色	黏土	大块状	8.0	6.9	0.41	0.89	16.0	22.0	214	6.4			
剖7	人为土	水稻土	潜育水稻土	青马肝田	青马肝田	1	0—15		中壤土		5.3	22.6	1.39	0.89	16.0	22.0	214	20.0	下蜀黄土	E 116°42′20.0″ N 30°40′59.5″	95
						2	15—24	棕灰色	重黏土	块状	5.7	17.8	1.26	0.81	16.5	10.0	240	21.1			
						3	24—50	深灰色	重黏土	块状	5.9	15.8	1.17	0.77	15.2	15.0	243	17.6			
						4	50—110	棕黄色	重黏土	柱状	5.5										
剖8	人为土	水稻土	潜育水稻土	石灰泥田	钙板田	A	0—20		重黏土		8.2								石灰岩、大理岩坡积物、洪积物	E 116°42′10.8″ N 30°40′09.5″	95
						Ap	20—28		重黏土		8.3										
						P	28—75		重黏土		8.2										
						W	75—110	紫灰色	中壤土	粒状	8.0										
剖9	初育土	紫色土	中性紫色土	猪血泥	猪血泥	A	0—16	棕灰色	小块状	6.5									紫色砂岩、砂页岩、砾岩风化物	E 116°42′54.7″ N 30°40′24.7″	75
						Bv	16—57	棕灰色	重黏土	块状	6.5										
						C	57—96	紫红色	重黏土	小块状	5.5										
剖10	铁铝土	红壤	黄红壤	黄红壤	黄泥土	A	0—11	棕红色	重黏土	块状	5.0								第四纪红色黏土	E 116°43′58.1″ N 30°41′53.4″	75
						R	11—150	黄红色	黏土	块状	6.3	27.7	1.41	0.48	20.0	3.0	50	8.8			
剖11	人为土	水稻土	潜育水稻土	砂泥田	砂泥田	1	0—20		中壤土		7.0	12.2	0.72	0.51	20.6	7.0	31	10.9	河流冲积物	E 116°44′07.2″ N 30°42′28.9″	75
						2	20—30		中壤土		7.0	9.6	0.56	0.55	20.9	10.0	31	12.3			
						3	30—53		中壤土		6.9	5.4	0.54	0.42	20.6	12.0	10	7.6			
						4	53—78		中壤土												

续表 Continued

剖面号 Soil profile	土纲 Soil order	土类 Soil great group	亚类 Soil subgroup	土属 Soil genus	土种 Soil species	土层码 Layer code	土层厚度 Depth/cm	颜色 Soil color	质地 Soil texture	土壤结构 Soil structure	pH	有机质 OM/(g/kg)	全氮 TN/(g/kg)	全磷 TP/(g/kg)	全钾 TK/(g/kg)	有效磷 AP/(mg/kg)	速效钾 AK/(mg/kg)	阳离子交换量 CEC/(cmol/kg)	土壤母质 Parent material	剖面点坐标 Profile coordinate	匹配指数 Matching index/%
剖12	人为土	水稻土	潴育水稻土	麻石砂泥田	表潜麻砂田	1	0~15		砂壤土		5.6	21.2	1.06	0.51	25.9	8.0	31	8.1	花岗岩残积物、坡积物	E 116°43′21.5″ N 30°40′09.2″	95
						2	15~23		轻壤土		5.6	13.6	0.70	0.12	23.8	10.0	26	8.2			
						3	23~42		轻壤土		6.2	5.9	0.40	0.51	23.6	8.0	41	6.3			
						4	42~99		砂壤土		6.7	2.4	0.23	0.36	24.8			6.3			
剖13	初育土	紫色土	石灰性紫色土	石灰性砂泥土	石灰性紫砂土	A	0~10	紫红色	轻壤土	粒状	6.5								紫色砂岩坡积物、残积物	E 116°44′43.0″ N 30°40′05.8″	75
						D	10~62	紫红色			7.5										
剖14	人为土	水稻土	潴育水稻土	黄泥田	黄泥田	A	0~12	黄灰色	重壤土	小块状	5.5								第四纪红土	E 116°44′57.7″ N 30°40′02.0″	75
						Ap	12~18	棕灰色	重壤土	块状	5.5										
						W_1	18~45	褐黄色	黏土	大块状	6.0										
						W_2	45~97	灰黄色	重壤土	块状	6.0										
剖15	初育土	紫色土	酸性紫色土	酸性猪血砂	酸性猪血砂	A	0~32	红紫色		片状	5.5								紫色岩坡积物、残积物	E 116°40′45.0″ N 30°40′07.8″	75
						Bv	32~58	紫			6.0										
						C	58~103				6.0										
剖16	人为土	水稻土	潴育水稻土	细粒砂泥田	表潜细粒砂泥田	Ap	0~12	黄灰色	轻壤土	块状	6.0							7.2	闪长岩洪积物	E 116°40′56.8″ N 30°40′12.0″	95
						W	12~21	棕灰色	轻壤土	块状	6.5							10.3			
							21~90	灰棕色	砂壤土	大块状	6.5							7.0			
剖17	初育土	紫色土	酸性紫色土	酸性紫砂土	酸性紫砂土	1	0~14		砂壤土		5.3	8.7	0.42	0.20	19.6	3.0	42	9.4	紫色砂岩坡积物、残积物	E 116°40′21.3″ N 30°37′56.4″	95
						2	14~55		中壤土		5.2	2.2	0.12	0.17	25.4	4.0	53				
						3	55~80		紧砂土		5.2	1.5	0.12	0.12	26.0						
剖18	铁铝土	红壤	黄红壤	扁石黄红土	扁石黄红土	1	0~20		紫砂土		6.5	15.6	0.88	0.47	16.7	11.0	56	9.4	泥质岩类坡积物、残积物	E 116°44′15.9″ N 30°38′46.5″	95
						2	20~35		中壤土		6.7	9.7	0.67	0.41	18.3	5.0	56	9.0			
						3	35~100		中壤土		6.8	7.6	0.50	0.39	18.9		56	9.2			
剖19	人为土	水稻土	潴育水稻土	湖泥田	湖泥田	A	0~16	棕灰色	重壤土	小块状	5.0	21.4	1.37	0.63	25.8	8.0	46	11.9	湖积物	E 116°41′52.1″ N 30°36′36.0″	95
						Ap	16~24	青灰色	重壤土	块状	6.7	14.1	0.89	0.78	26.4	8.0	46	13.5			
							24~47	褐灰色	重壤土	块状	6.3	≤1.0	0.67	0.88	27.1	≤1.0	49	13.6			
							47~110	棕灰色	重壤土	大块状	6.0										
剖20	人为土	水稻土	麻石砂泥田	麻石砂泥田	麻石砂泥田	1	0~13		中壤土		5.1	14.8	0.88	0.23	28.9	4.0	41	6.7	花岗岩残积物、坡积物	E 116°42′48.1″ N 30°36′23.8″	95
						2	13~20		中壤土		5.5	12.2	0.80	0.28	25.7	3.0	36	6.9			
						3	20~32		中壤土		6.7	4.5	0.34	0.16	28.4	2.0	58	6.8			
						4	32~100		砂壤土		6.9	3.0	0.22	0.20	27.6			3.7			
剖21	铁铝土	红壤	黄红壤	扁石黄红壤	中层棕色黄红壤	1	0~30	棕褐色	轻壤土	小块状	5.0	28.7	1.48	0.69	22.7	≤1.0	63	6.6	泥质岩类坡积物、残积物	E 116°42′03.6″ N 30°32′23.0″	97
						2	30~60	棕色	中壤土	块状	5.5	20.0	0.63	0.82	41.1	≤1.0	81	6.0			
剖22	铁铝土	红壤	黄红壤	硅质黄红壤	厚层黄质黄红壤	A	0~20	黄灰色	重壤土	块状	4.9	14.1	0.80	0.35	23.7	≤1.0	81	20.7	石灰岩坡积物、残积物	E 116°41′32.3″ N 30°31′23.8″	97
						Bv	20~43	黄灰红色	中黏土	大块状	5.2	8.1	0.49	0.41	24.6	≤1.0	57	17.8			
						C	43~101	棕色	黏土		5.0	4.0	0.26	0.40	25.3			16.7			
剖23	初育土	石灰（岩）土	棕色石灰土	棕色石灰土	薄层棕色石灰土	1	0~10	褐褐色	重壤土	小块状	7.0	34.0	1.70	0.98	14.9	3.0	195	14.0	石灰岩类风化物	E 116°42′32.7″ N 30°31′02.7″	74
						2		红黄色	轻壤土	块状	7.5	10.5	0.75	0.89	22.1			20.0			
剖24	初育土	石灰（岩）土	棕色石灰土	棕色石灰土	厚层棕色石灰土	A	0~15	棕色	轻壤土	碎屑状	7.0								石灰岩风化物	E 116°43′13.7″ N 30°32′15.7″	74
						Bv	10~50	棕灰色	轻壤土	粒状	7.0										
						C	50~100	褐灰色	轻壤土		7.5										
剖25	铁铝土	红壤	黄红壤	扁石黄红壤	中层石质黄红壤	A	0~15	黄灰红色	轻壤土		6.0								泥质岩类风化物	E 116°43′14.5″ N 30°31′39.2″	97
						Bv	15~30	红黄色	轻壤土		6.0										
						C	30~60		轻壤土		6.5										
						D	60~150														
剖26	初育土	石灰（岩）土	棕色石灰土	棕色石灰土	厚层棕色石灰土	1	0~13		轻壤土		7.5	23.3	1.24	0.56	17.5	3.0	119	26.2	石灰岩风化物	E 116°44′19.4″ N 30°32′12.0″	74
						2	13~140		轻黏土		7.4	19.6	1.23	0.55	17.5	3.0	102	20.5			

续表 Continued

剖面号 Soil profile	土纲 Soil order	土类 Soil great group	亚类 Soil subgroup	土属 Soil genus	土种 Soil species	土层码 Layer code	土层厚度 Depth/cm	颜色 Soil color	质地 Soil texture	土壤结构 Soil structure	pH	有机质 OM/(g/kg)	全氮 TN/(g/kg)	全磷 TP/(g/kg)	全钾 TK/(g/kg)	有效磷 AP/(mg/kg)	速效钾 AK/(mg/kg)	阳离子交换量CEC/(cmol/kg)	土壤母质 Parent material	剖面点坐标 Profile coordinate	匹配指数 Matching index,%
剖27	人为土	水稻土	潴育水稻土	砂泥田	表潴砂泥田	A	0~16	褐灰色	中壤土	小块状	5.0								河流冲积物	E 116°40′10.8″ N 30°30′59.7″	95
						Ap	16~24	青灰色	中壤土	块状	5.0										
						W₁	24~53	棕灰色	中壤土	块状	6.5										
						W₂	53~60	灰褐色	中壤土	块状	6.0										
剖28	人为土	水稻土	潴育水稻土	湖泥田	表潴湖泥田	A	0~13	褐灰色	中壤土	小块状	7.5								湖积物	E 116°40′25.3″ N 30°31′28.0″	95
						Ap	13~29	青灰色	中壤土	大块状	8.0										
						W	29~85	棕灰色	中壤土	小块状	8.0										
剖29	半水成土	潮土	灰潮土	砂泥土	砂泥土	A	0~20	褐灰色	中壤土	块状	6.5								长江冲积物	E 116°34′17.2″ N 30°27′09.8″	95
						P	20~40	棕灰色	中壤土	块状	7.5										
剖30	人为土	水稻土	潴育水稻土	砂泥田	砂身砂泥田	A	0~11	褐灰色	中壤土	小块状	5.0								河流冲积物	E 116°31′17.3″ N 30°25′50.5″	95
						Ap	11~18	灰褐色	中壤土	块状	5.5										
						W₁	18~35	灰褐色	中壤土	块状	6.0										
						W₂	35~55	褐色	中壤土	块状	6.5										
						H	55~78	灰黄色	砂土		6.5										
						C	78~112	青灰色	轻壤土	块状	6.5										
剖31	初育土	紫色土	酸性紫色土	酸性紫色土	酸性猪血泥	1	0~21	棕红色	中壤土	小块状	6.6	21.5	1.30	0.67	19.1	17.0	244	9.7	紫色页岩残积物、坡积物	E 116°41′13.9″ N 30°28′34.9″	95
						2	21~34	棕红色	中壤土	小块状	5.0	7.2	0.50	0.44	19.2			9.9			
剖32	铁铝土	红壤	红壤性土	侵蚀性黄红壤	网纹红壤	A	0~11	棕红色	重壤土	小块状	5.5		7.60	0.50	≤1.0	1.1	≤5	≥50.0	第四纪红色黏土	E 116°42′34.2″ N 30°28′12.8″	95
						R	11~115	黄红色	黏土	大块状	5.0		1.40	0.29	≤1.0	2.8	≤5	35.0			
剖33	人为土	水稻土	潴育水稻土	砂泥田	砂心砂泥田	A	0~11	灰色	中壤土	块状	5.6								河流冲积物	E 116°41′09.4″ N 30°27′26.2″	95
						Ap	11~18	棕灰色	中壤土	块状	6.0										
						W₁	18~35	棕灰色	轻壤土	块状	6.5										
						W₂	35~101	棕褐色	中壤土	粒状	5.5										
剖34	初育土	紫色土	酸性紫色土	酸性紫色土	酸性猪血泥	A	0~16	紫棕色	中壤土	小块状	5.5								紫色页岩残积物、坡积物	E 116°32′30.3″ N 30°24′37.2″	95
						C	16~48	灰紫色	中壤土	片状	6.0										
						D	48~97	褐灰色	轻壤土	块状	5.0										
剖35	人为土	水稻土	潴育水稻土	砂泥田	青马肝田	A	0~14	棕灰色	中壤土	大块状	6.5								河流冲积物	E 116°39′08.7″ N 30°23′46.9″	95
						Ap	14~22	灰棕色	黏土	块状	6.0										
						H	22~33	黄棕色	中壤土	大块状	5.5										
						W₁	33~50	黑棕色	中壤土	糊状	6.0										
						W₂	50~85	褐棕色	中壤土	大块状	6.5										
剖36	人为土	水稻土	潴育水稻土	青马肝田	菜园砂泥田	A	0~12	灰棕色	重壤土	团粒状	5.3	15.3	0.83	0.85	23.2	27.0	93	10.0	河流冲积物	E 116°38′45.9″ N 30°22′34.2″	95
						W	12~20	黄棕色	重壤土	碎块状	5.4	11.9	0.63	0.81	23.5	18.0	75	9.5			
						G	20~36	青灰色	重壤土	小块状	5.8	7.8	0.44	0.54	24.4	12.0	46	9.1			
						C	36~65	黄灰色	重壤土	大块状	5.4	29.3	1.69	0.47	20.4	6.0	37	13.1			
剖37	半水成土	潮土	灰潮土	石灰性砂泥田	泥肝田	1	65~103	暗灰黄色	砂质黏壤土	小块状	5.9	25.7	1.48	0.48	19.0	17.0	30	12.2	下蜀黄土	E 116°40′03.9″ N 30°23′49.5″	95
						2	0~20	灰棕色	砂质黏壤土	块状	6.8	13.3	0.67	0.68	21.1	14.0	26	11.5			
						3	20~30	灰棕色	砂质黏壤土	块状											
剖38	人为土	水稻土	潴育水稻土			Ap	30~98	褐灰色	中壤土	小块状									山河冲积物		
						A	0~14	青灰色	重壤土	块状	6.9	11.0	0.74	0.67	20.8			12.3	长江冲积物	E 116°41′09.7″ N 30°24′43.0″	95
						W₁	14~24	棕灰色	重壤土	块状											
						W₂	24~61	灰棕色	重壤土	块状											
							61~94														

续表 Continued

剖面号 Soil profile	土纲 Soil order	土类 Soil great group	亚类 Soil subgroup	土属 Soil genus	土种 Soil species	土层码 Layer code	土层厚度 Depth/cm	颜色 Soil color	质地 Soil texture	土壤结构 Soil structure	pH	有机质 OM/(g/kg)	全氮 TN/(g/kg)	全磷 TP/(g/kg)	全钾 TK/(g/kg)	有效磷 AP/(mg/kg)	速效钾 AK/(mg/kg)	阳离子交换量CEC/(cmol/kg)	土壤母质 Parent material	剖面点坐标 Profile coordinate	匹配指数 Matching index/%
剖39	人为土	水稻土	潴育水稻土	细粒砂泥田	细粒砂泥田	A	0—15	黄灰色	轻壤土	小块状	5.5	19.0	1.17	0.62	28.1	15.0	53	8.9	闪长岩坡积物、洪积物	E 116°48′59.7″ N 30°45′46.1″	95
						Ap	15—20	黄灰色	轻壤土	小块状	5.5	11.9	1.16	0.59	28.6	13.0	41	9.3			
						W₁	20—55	棕灰色	轻壤土	大块状	6.0	4.6	0.41	0.49	25.9	8.0	52	13.8			
						W₂	55—100	灰棕色	轻壤土	块状	6.5	4.0	0.34	0.56	23.4	4.0	55	11.8			
剖40	淋溶土	黄褐土	黏盘黄褐土	黏盘黄褐土	黏盘黄褐土	A	0—5	灰黄色	中壤土	小块状	6.0								下蜀黄土	E 116°50′26.9″ N 30°46′16.2″	95
						Bv	5—38	灰棕色	中壤土	块状	5.5	12.0	0.60	0.24	12.8	2.0	118	10.8			
						Bv₁	38—73	黄棕色	重壤土	大块状	6.0	3.5	3.50	0.34	19.0						
						Bv₂	73—150	黄棕色	黏土	大块状	6.5	16.5	0.87	0.27	12.2	4.8	210	7.8			
						5	150—		中壤土		5.5										
剖41	初育土	紫色土	酸性紫色土	酸性紫色土	酸性紫色土	A	0—16	紫灰色	轻壤土	小块状	6.0								紫色页岩坡积物、残积物	E 116°47′27.3″ N 30°46′42.5″	95
						Bv	16—42	紫灰色	重壤土	块状	6.0										
						C	42—85	紫色	黏土	大块状	6.0										
						D	85—102	紫色	砂壤土												
剖42	人为土	水稻土	潴育水稻土	扁石泥田	表潜扁石泥田	A	0—13	灰黄色	中壤土	块状	5.5	27.6	1.48	0.42	13.7	10.0	39	7.7	泥质岩岩类坡积物、洪积物	E 116°54′10.0″ N 30°45′05.9″	95
						Ap	13—17	青灰色	重壤土	块状	5.7	23.6	1.30	0.43	13.5	11.0	28	7.6			
						W	17—70	灰黄色	黏壤土	碎粒状	5.7	23.9	1.36	0.42	13.2	8.0	33	7.3			
剖43	初育土	紫色土	中性紫色土	猪血砂	猪血砂	A	0—19	紫棕色	轻壤土	片状	5.0									E 116°48′06.0″ N 30°44′15.4″	95
						C	19—100	红棕色	中壤土	小块状	5.5										
剖44	人为土	水稻土	潴育水稻土	紫砂泥田	表潜紫泥田	A	0—12	紫灰色	中壤土	块状	5.5	17.9	1.00	0.57	28.0	5.0	63	7.7	紫色岩类坡积物、洪积物	E 116°48′30.4″ N 30°44′32.3″	95
						Ap	12—21	青灰色	中壤土	大块状	5.9	23.6	1.33	0.60	18.1	4.0	51	7.4			
						W₁	21—35	褐灰色	中壤土	大块状	6.5	8.2	0.45	0.60	27.1	≤1.0	19	10.7			
						W₂	35—89	紫灰色	中壤土		6.5	7.1	0.39	0.87	32.4	≤1.0	45	8.5			
剖45	淋溶土	黄褐土	黏盘黄褐土	黏盘黄褐土	上位杂盘黄褐土	1	0—5		重壤土	小块状	5.9	18.1	0.81	0.36	14.5	7.0	47	9.6	下蜀黄土	E 116°49′03.7″ N 30°43′13.5″	95
						2	5—80		黏土	块状	6.3	3.3	0.19	0.26	15.5	4.0	68	15.8			
剖46	人为土	水稻土	淹育水稻土	砂泥田	砂身砂泥田	1	0—11	褐灰色	中壤土	块状	5.8	24.2	1.34	0.44	47.4	4.0	75	7.4	河流冲积物	E 116°50′48.7″ N 30°44′25.1″	98
						2	11—18	褐灰色	中壤土	大块状	6.0	13.7	0.74	0.56	≥50.0	3.0	65	7.9			
						3	18—55	紫灰色	中壤土	大块状	6.4	6.3	0.39	0.52	≥50.0	≤1.0		7.0			
						4	55—78		松泥土												
剖47	人为土	水稻土	潜育水稻土	浅黄泥田	浅黄泥田	A	0—12	灰黄色	重壤土	小块状	6.0								第四纪红色黏土	E 116°50′18.1″ N 30°41′15.3″	95
						C	12—47	褐黄色	黏土	块状	5.5										
剖48	人为土	水稻土	潴育水稻土	钙积马肝田	钙积马肝田	Ap	0—15	褐灰色	中壤土	小块状	7.0	31.5	1.82	0.41	16.5	9.0	162	13.1	下蜀黄土	E 116°45′26.9″ N 30°40′35.5″	95
						W	15—22	黄灰色	中壤土	大块状	7.5	16.8	1.06	0.45	17.3	9.0	136	15.5			
						W	22—80	棕灰色	重壤土	大块状	6.5	8.0	0.56	0.49	17.6	11.0	117	15.0			
						4	80—85	褐灰色	重壤土	大块状	7.5	5.4	0.38	0.40	19.0			18.9			
						5	85—104		轻壤土		7.6										
剖49	人为土	水稻土	潜育水稻土	青碴石砂泥田	青碴石砂泥田	A	0—12	褐灰色	中壤土	小块状	6.5								花岗岩残积物、坡积物	E 116°50′07.0″ N 30°40′27.0″	95
						Ap	12—20	黄灰色	黏土	块状	6.5										
						W₁	20—31	棕灰色	中壤土	大块状	6.5										
						W₂	31—100	黄灰色	重壤土	小块状	7.0										
剖50	人为土	水稻土	潜育水稻土	青细粒砂泥田	青细粒砂泥田	Ap	0—13	灰黄色	轻壤土	小块状	5.5	20.0	1.15	0.50	31.5	4.0	109	9.0	闪长岩坡积物、洪积物	E 116°54′17.1″ N 30°43′30.2″	95
						G	13—23	青灰色	中壤土	糊状	6.0	5.0	0.30	0.40	36.0	≤1.0	67	4.0			
剖51	铁铝土	红壤	红壤性土	红壤性麻石土	薄层红壤性麻石土	A	0—8	青灰色	砂壤土	粒状	5.5								花岗岩残积物、坡积物	E 116°56′21.8″ N 30°41′24.6″	95
						C	8—20	褐灰色	砂壤土		5.5										
						D	20—49	淡粉红色													

续表 Continued

剖面号 Soil profile	土纲 Soil order	土类 Soil great group	亚类 Soil subgroup	土属 Soil genus	土种 Soil species	土层码 Layer code	土层厚度 Depth/cm	颜色 Soil color	质地 Soil texture	土壤结构 Soil structure	pH	有机质 OM/(g/kg)	全氮 TN/(g/kg)	全磷 TP/(g/kg)	全钾 TK/(g/kg)	有效磷 AP/(mg/kg)	速效钾 AK/(mg/kg)	阳离子交换量CEC/(cmol/kg)	土壤母质 Parent material	剖面点坐标 Profile coordinate	匹配指数 Matching index/%
剖52	人为土	水稻土	潜育水稻土	青钙积黄泥田	青钙积黄色黏土	A	0–14	灰黄色	重壤土	小块状	6.0								第四纪红色黏土	E 116°58′44.5″ N 30°41′27.9″	95
						Ap	14–21	棕黄色	重壤土	块状	6.5										
						G	21–96	黄褐色	大壤土	大块状	7.0										
剖53	铁铝土	红壤	红壤性	耕种红壤性麻石土	红壤性麻砂土	A	0–13	暗褐色	砂壤土	粒状	5.6	41.1	1.95	0.50	31.4	4.0	118	7.0	花岗岩残积物、坡积物	E 116°59′17.6″ N 30°41′29.2″	95
						C	13–83	灰黄色	砂壤土		5.8	5.0	0.26	0.37	35.4		61	3.6			
						D	83–147														
剖54	铁铝土	红壤	红壤性	耕种红壤性扁石土	红壤性扁石土	A	0–14	黄褐色	中壤土	粒状	6.1	15.3	1.00	0.42	25.2	8.0	286	6.0	泥质岩类坡积物、残积物	E 116°59′42.1″ N 30°40′36.8″	95
						D	14–41	红棕色	中壤土		5.9	10.2	0.66	0.51	22.5			4.8			
						3	41–59		中壤土		5.5	4.8	0.46	0.52	34.8			6.2			
剖55	铁铝土	黄红壤	扁石黄红土	扁石黄红土	A	0–20	棕褐色	中壤土	碎粒状	7.0								泥质岩类坡积物、残积物	E 116°53′06.1″ N 30°41′37.6″	95
						Bv₁	20–35	灰褐色	中壤土	小块状	6.5	19.3	1.04	0.39	12.3	9.0	182	10.4			
						Bv₂	35–100	黄灰黄色	重壤土	小块状	6.0	7.6	0.48	0.26	12.7	3.0	52	8.9			
剖56	铁铝土	红壤	红壤性	侵蚀性黄红土	网纹红土	A	0–16	暗黄黄色	轻壤土	小块状	5.7	3.6	0.29	0.20	12.8		37	11.6	第四纪红色黏土	E 116°54′25.9″ N 30°42′00.5″	95
						P	16–26	灰黄色	轻壤土	块状	5.6										
						R	26–94	褐灰色	轻壤土	碎块状	5.5										
剖57	人为土	水稻土	潜育水稻土	麻石砂泥田	麻砂田	A	0–13	黄灰色	砂壤土	粒状	6.0								花岗岩残积物、坡积物	E 116°54′57.5″ N 30°41′50.4″	95
						Ap	13–20	棕灰色	中壤土	块状	6.5										
						W₁	20–32	暗紫灰色	重壤土	块状	6.5										
						W₂	32–58	灰紫色	重壤土	块状	6.5										
						C	58–100	棕黄色	中壤土	小块状	6.0										
剖58	人为土	水稻土	潜育水稻土	青紫砂泥田	青紫泥田	A	0–21	黄灰色	中壤土	块状	6.0	21.3	1.14	0.61	20.7	8.0	26	10.2	紫色岩类坡积物、洪积物	E 116°46′53.7″ N 30°39′25.6″	95
						Ap	21–34	棕灰色	中壤土	块状	5.7	18.4	0.96	0.50	21.4	9.0	21	10.3			
						G	34–60	青灰色	重壤土	块状	5.5	6.8	0.33	0.57	22.7	12.0	15	7.7			
						C	60–110	灰棕色	重壤土	块状	7.5										
剖59	人为土	潜育水稻土	青丝泥田	青丝泥田	A	0–14	黄灰色	轻壤土	块状	7.1	23.8	1.41	0.61	15.7	6.0	80	7.6	长江冲积物	E 116°47′24.4″ N 30°39′44.7″	95
						Ap	14–22	青灰色	中壤土	块状	7.5	17.8	1.15	0.60	18.9	6.0	80	13.8			
						G	22–89	青灰色	中壤土	块状	7.2	16.6	1.02	0.53	19.0	7.0	≤5	18.3			
						C	89–100	灰黄色	轻壤土	块状	4.9	20.6	1.27	0.83	17.9	43.0	57	8.5			
剖60	人为土	潜育水稻土	钙积扁石泥田	钙积扁石泥田	A	0–18	灰褐色	中壤土	小块状	5.0	15.4	0.88	0.88	15.8	43.0	36	9.4	泥质岩类坡积物	E 116°51′45.5″ N 30°37′38.1″	95
						Ap	18–26	棕灰色	中壤土	块状	6.2	6.7	0.48	0.89	13.5	41.0	57	9.4			
						W	26–80	棕色	中壤土	块状	6.5	3.9	0.42	1.10	14.4						
剖61	人为土	漂洗水稻土	浅黄泥田	浅黄泥田	1	0–12	浅灰黄色	中壤土	小块状	5.1	18.6	1.06	0.35	17.1	12.0	86	7.3	第四纪红色黏土	E 116°52′27.8″ N 30°36′12.8″	95
						2	12–16		中壤土	块状	5.8	5.6	0.38	0.28	15.8	8.0	20	7.7			
						3	16–81		中壤土	碎块状	6.4	5.0	0.33	0.22	15.0	6.0	21	6.4			
						4	81–97		重壤土		6.9	4.0	0.25	0.22	14.6	7.0		7.9			
剖62	人为土	潜育水稻土	白马肝田	澄白土田	A	0–17	暗灰色	轻壤土	小块状	5.5	10.1	0.48	0.20	13.3	≤1.0	47	11.1	下蜀黄土	E 116°45′56.0″ N 30°37′25.1″	95
						Ap	17–24		中壤土	块状	5.4	12.6	0.60	0.19	13.2	≤1.0	21	10.5			
						E	24–84		重壤土	碎块状	5.2	4.4	0.39	0.13	14.3	7.0		29.2			
						4	84–97		中黏土		6.9										
剖63	铁铝土	黄红壤	黄红壤	黄红泥	1	0–4		砂壤土	碎粒状	5.5	10.9	0.61	0.37	≥50.0	25.0	59	9.6	第四纪红色黏土	E 116°46′00.8″ N 30°37′01.4″	95
						2	4–29		重壤土	碎粒状	5.5	5.5	0.51	0.32	≥50.0	7.5	55	13.2			
						3	29–85		砂壤土	块状	5.0	5.9	0.26	0.13	≥50.0	2.0	52	8.2			
剖64	铁铝土	红壤	红壤性	耕种红壤性细粒土	红壤性细粒土	A	0–16	暗灰色	砂壤土	块状									闪长岩类坡积物、残积物	E 116°53′56.1″ N 30°38′23.2″	95
						Bv	16–37	黄灰色													
						C	37–74	黄灰色													

续表 Continued

剖面号 Soil profile	土纲 Soil order	土类 Soil great group	亚类 Soil subgroup	土属 Soil genus	土种 Soil species	土层码 Layer code	土层厚度 Depth/cm	颜色 Soil color	质地 Soil texture	土壤结构 Soil structure	pH	有机质 OM/(g/kg)	全氮 TN/(g/kg)	全磷 TP/(g/kg)	全钾 TK/(g/kg)	有效磷 AP/(mg/kg)	速效钾 AK/(mg/kg)	阴离子交换量CEC/(cmol/kg)	土壤母质 Parent material	剖面点坐标 Profile coordinate	匹配指数 Matching index/%
剖65	铁铝土	红壤	黄红壤	黄红土	黄泥土	A	0~18	棕红色	重壤土	块状	5.1	20.6	1.04	0.78	13.1	8.0	84	13.4	第四纪红色黏土	E 116°54′04.6″ N 30°37′44.3″	95
						Bv	18~65	棕红色	黏土	块状	5.2	6.6	0.48	0.29	13.5	≤1.0	94	9.7			
						CR	65~95	黄红色	黏土	大块状	5.4	3.1	0.22	0.20	13.3			16.8			
剖66	人为土	水稻土	潜育水稻土	青扁石泥田	青扁石泥田	A	0~20	黄灰色	中壤土	小块状	5.5								泥质砂页岩坡积物、洪积物	E 116°52′34.5″ N 30°36′39.5″	95
						Ap	20~25	青灰色	中壤土	块状	6.0										
						G	25~97	青灰色	中壤土	块状	6.0										
剖67	铁铝土	红壤	红壤性土	红壤类扁石黑土	薄扁石扁石黑土	A	0~20	灰黑色	中壤土	小块状	5.0								泥质岩类坡积物、残积物	E 116°52′30.7″ N 30°35′36.9″	95
						D	20~200	灰黑色		片状											
剖68	人为土	水稻土	潜育水稻土	青细粒砂泥田	青细粒砂泥田	1	0~13		中壤土		6.7	21.2	1.22	0.53	15.4	8.0	26	10.6	闪长岩坡积物、洪积物	E 116°55′00.1″ N 30°37′01.0″	95
						2	13~23		中壤土		6.8	23.8	1.24	0.50	14.6	6.0	29	11.3			
剖69	初育土	石灰(岩)土	棕色石灰土	棕色石灰土	中层棕色石灰土	A	0~12	红棕色	中壤土	块状	8.0	38.7	1.42	0.62	21.7	3.0	254	23.7	石灰岩风化残积物	E 116°49′57.8″ N 30°34′42.3″	92
						C	12~46	棕灰色	中壤土		8.0	21.0	1.38	0.44		≤1.0		20.7			
						D	46~110	灰色		片状											
剖70	人为土	水稻土	潜育水稻土	马肝田	马肝田	A	0~11	灰黄色	中壤土	小块状	5.1	20.0	1.28	0.43	18.7	4.0	52	7.3	下蜀黄土	E 116°49′59.4″ N 30°33′41.8″	95
						Ap₁	11~17	黄灰色	中壤土	块状	5.5	10.6	0.71	0.37	17.9	4.0	52	8.5			
						Ap₂	17~24	黄灰色	中壤土	块状	5.5										
						P	24~68	黄棕色	中壤土	大块状	6.5										
						W	68~78		重壤土		6.5										
						6	78~102				6.4	7.3	0.48	0.34	18.3	4.0	62	7.1			
剖71	铁铝土	红壤	黄红壤	硅质黄红壤	中层硅质黄红壤	1	0~8	灰黄色	轻壤土	粒状	5.0	14.0	1.10	0.29	15.8	2.0	64	8.3	石英岩坡积物、残积物	E 116°51′17.6″ N 30°34′06.5″	97
						2	8~30	黄灰色	轻壤土	小块状	5.0	13.5	0.86	0.37	18.8	≤1.0	97	23.9			
						3	30~68	黄棕色	轻壤土	块状	5.5	10.0	0.55	0.40	18.9	≤1.0	95				
剖72	铁铝土	红壤	黄红壤	麻石黄红壤	麻石黄红壤	Ap	0~17	灰褐色	轻壤土	粒状	6.1	13.5	0.77	0.77	25.4	38.0	97	9.6	花岗岩残积物、坡积物	E 116°51′04.3″ N 30°31′47.8″	95
						Bv	17~42	黄褐色	轻壤土	小块状	6.0	15.0	0.80	0.81	25.1	24.0	72	9.8			
						C	42~85	黄棕色	轻壤土	粒状	6.5										
剖73	半水成土	潮土	灰潮土	灰泥土	灰泥土	Ap	0~17	褐色	重壤土	块状	5.9	7.4	0.41	0.45	21.7	4.0	132	10.0	长江冲积物	E 116°50′26.2″ N 30°30′25.9″	95
						P	17~29	灰黄色	重壤土	块状	7.7	23.5	1.45	0.80	27.2	10.0	69	23.4			
						Bv	29~100	棕灰色	重壤土	板片状	8.1	10.2	0.86	0.61	26.3	7.0	63	18.9			
						C	13~140	黄棕色	重壤土	块状	8.2	8.8	0.58	0.66	23.3	13.0		14.0			
剖74	初育土	石灰(岩)土	棕色石灰土	棕色石灰土	薄层棕色石灰土	A	0~17	暗黑色	砂壤土	碎粒状	7.0	18.7	0.85	0.67	40.2	4.0	124	8.5	石灰岩风化物	E 116°45′38.4″ N 30°32′16.6″	85
						C	17~38	灰褐色	砂壤土	块状	5.0	3.4	0.12	≤0.10	≥50.0	2.0	55	11.6			
						D	38~100	灰黄色													
剖75	铁铝土	红壤	红壤性土	红壤性细粒土	薄层红壤性细粒土	A	0~8	褐灰色	轻壤土	粒状	5.5	9.0	0.54	0.57	19.5	13.0	56		石英岩坡积物、残积物	E 116°53′43.6″ N 30°33′50.9″	95
						Bv₁	8~30	褐黄色	中壤土	小块状	5.5	4.4	0.32	0.50	19.0	4.0	40	3.6			
						Bv₂	30~68	红黄色	中壤土	粒状	5.5										
剖76	铁铝土	红壤	黄红壤	硅质黄红壤	中层硅质黄红壤	C	68~102	灰黄色	中壤土	小块状	6.0								紫色砂岩坡积物、残积物	E 116°53′43.6″ N 30°32′30.2″	97
剖77	初育土	紫色土	酸性紫色土	酸性紫砂土	酸性紫砂土	A	0~13	紫黄色	砂壤土	粒状	7.3							4.1		E 116°56′26.0″ N 30°31′16.1″	95
						Bv	13~55	浅紫色	砂壤土	小块状	8.0							3.6			
						C	55~80	紫黄色	砂壤土	碎粒状	7.9	4.9	0.20	0.51	18.5			2.8			
剖78	半水成土	潮土	灰潮土	灰砂土	灰砂土	A	0~14	灰褐色	砂壤土	碎粒状									长江冲积物	E 116°58′30.8″ N 30°30′19.0″	95
						P	14~22	灰黄色	砂壤土	小块状											
						C	22~108	棕褐色	重壤土	片状											

续表 Continued

剖面号 Soil profile	土纲 Soil order	土类 Soil great group	亚类 Soil subgroup	土属 Soil genus	土种 Soil species	土层码 Layer code	土层厚度 Depth/cm	颜色 Soil color	质地 Soil texture	土壤结构 Soil structure	pH	有机质 OM/(g/kg)	全氮 TN/(g/kg)	全磷 TP/(g/kg)	全钾 TK/(g/kg)	有效磷 AP/(mg/kg)	速效钾 AK/(mg/kg)	阳离子交换量CEC/(cmol/kg)	土壤母质 Parent material	剖面点坐标 Profile coordinate	匹配指数 Matching index/%
剖79	人为土	水稻土	潴育水稻土	紫砂泥田	紫泥田	A	0—14	淡紫色	中壤土	碎块状	5.5	24.6	1.28	0.42	17.4	9.0	52	9.6	紫色岩类坡积物、洪积物	E 116°47′51.1″ N 30°28′56.6″	95
						Ap	14—22	紫黄色	中壤土	块状	6.5	14.7	0.98	0.37	17.4	7.0	57	10.0			
						P	22—45	灰黄色	重壤土	大块状	6.5	7.3	0.48	0.38	15.2	13.0	60	8.9			
						W	45—103	灰黄色	重壤土	棱块状	6.5										
剖80	半水成土	潮土	灰潮土	砂泥土	砂心砂泥土	A	0—21	灰褐色	中壤土	小块状	7.5	14.0	1.35	0.77	22.5	7.0	78	7.3	长江冲积物	E 116°51′10.1″ N 30°28′16.3″	95
						Bv	21—33	灰褐色	中壤土	小块状	8.0	6.2	0.44	≤0.10	18.4	4.0	31	5.2			
						S	33—58	黄褐色	砂土	散粒状	8.0	3.0	0.20	0.65	14.7			4.4			
						C	58—100	青灰色	轻壤土	块状	8.0										
剖81	半水成土	潮土	灰潮土	灰泥土	黏身灰泥土	A	0—10	灰褐色	重壤土	块状	7.0	18.9	1.17	0.75	24.2	9.0	125	22.6	长江冲积物	E 116°55′03.0″ N 30°28′50.3″	95
						P	10—18	灰褐色	重壤土	小块状	7.5	7.5	0.68	0.55	25.1	3.0	67	20.0			
						C	18—55	棕褐色	轻壤土	片状	8.0	1.7	0.23	0.46	20.6			10.0			
						S	55—150	棕灰色			8.5										
剖82	半水成土	潮土	灰潮土	灰砂泥土	灰泥砂土	A	0—19	灰褐色	砂壤土	碎粒状	7.7	11.7	0.63	0.65	16.1	6.0	46	6.7	长江冲积物	E 116°54′20.2″ N 30°27′33.8″	95
						P	19—26	棕褐色	轻壤土	小块状	7.8	7.2	0.44	0.62	17.2	6.0	30	6.2			
						Bv	26—56	棕褐色	轻壤土	块状	7.7	4.9	0.32	0.54	18.8	7.0	23	7.9			
						C	56—118	灰褐色	轻壤土	小块状	8.1	6.5	0.44	0.55	20.2			8.7			
剖83	半水成土	潮土	灰潮土	灰砂土	黏身灰砂土	A	0—14	灰褐色	砂壤土	碎粒状	7.0	16.4	1.20	0.56	28.5	3.0	102	24.3	长江冲积物	E 116°55′57.5″ N 30°27′53.5″	95
						P	14—22	灰褐色	砂壤土	碎粒状	7.5	11.3	0.90	0.59	30.0	3.0	85	24.7			
						Bv	22—120	棕褐色	重壤土	片状	7.5	10.0	0.80	0.59	29.1	≤1.0	35				

太 湖 县

主要土类说明

粗骨土是太湖县主要土壤类型，占本县地域面积的33%，主要分布在中低山、丘陵等多种地貌单元和地形部位。粗骨土属于A-C型，A层发育不明显，略显有机质累积。母质层富含砾石。

黄棕壤是太湖县第二大土壤类型，占本县地域面积的27%，集中分布于西北部的低山、丘陵区和西南部低岗平原区。黄棕壤是在北亚热带气候条件下，经过弱富铝化及黏化作用形成的地带性土壤，兼有棕壤和红壤的某些特点，具有明显的过渡性。黄棕壤的生物累积作用不及棕壤，盐基淋溶强度次于红壤。本县黄棕壤发育于花岗片麻岩、云母片麻岩等酸性结晶岩风化物上。土体中盐基大多淋失，土壤呈酸性，pH为5.0－6.5，且具有上低下高的趋势。土体中盐基不饱和，盐基饱和度一般在50%—80%，有机质分解与合成作用强。地表有薄而不连续的凋落物层，但表层生物累积作用较差，有机质含量一般低于40 g/kg。土壤原生矿物分化过程较快，黏粒淋溶淀积明显，小于0.001mm黏粒含量均达30%以上，小于0.01mm物理黏粒含量达50%以上，砂黏比小于1.0。淀积层一般呈棕灰色至黄棕色，棱块状、块状结构。

水稻土是太湖县第三大土壤类型，占本县地域面积的19%。水稻土是本县最主要的耕种土壤，分布于有灌溉水源条件的沟谷、洼地、冲垄、圩畈地区。水稻土是一种人工水成土，发育于各种成土母质上，受水田耕作影响形成了其特有的剖面形态。本县水稻土分为淹育水稻土、侧漂水稻土、潴育水稻土和潜育水稻土四个亚类。

红壤占太湖县地域面积的9%，分布于大别山南麓海拔400m以下的丘陵、岗地。红壤是亚热带高温高湿气候条件下，母质中原生矿物经强度风化、淋洗、脱硅富铝化过程所形成的地带性土壤。本县红壤发育于酸性结晶岩、泥页岩、中性结晶岩和第四纪红土等母质上。由于脱硅富铝化过程，红壤发育明显，盐基遭受淋洗，盐基饱和度及pH均低，土壤有残积黏化现象，质地较黏。因土壤富含赤铁矿，剖面均呈稳定均一的红色和橙红色。

紫色土占太湖县地域面积的4%，主要分布于大别山前低丘、高岗地段。紫色土处于幼年发育阶段，其形态特征亦带母质特征，因土壤呈紫色而得名。其成土母质主要为紫色砂砾岩、砂页岩、凝灰质紫色砾岩等风化物。在本县范围内，紫色土均呈酸性至微酸性，只有酸性紫色土一个亚类。

小于本县地域面积3%的土壤类型还有黄褐土、潮土、棕壤等。

本区域中心区气候特征

本区域中心区气候特征值
Regional climate characteristics in central area of the region

气候带：北亚热带湿润气候 Climate region: North subtropical humid climate	
年平均气温 /℃ Annual average temperature /℃	16.4
年平均最高气温 /℃ Annual average maximum temperature /℃	21.0
年平均最低气温 /℃ Annual average minimum temperature /℃	12.8
年降水量 /mm Annual precipitation /mm	1472
≥10℃的积温 /℃ Daily temperature accumulated in a year（≥10℃）/℃	7369
年日照时数 /h Annual sunshine /h	1845
年平均相对湿度 /% Annual average relative humidity /%	78
干燥度 Dryness	0.66

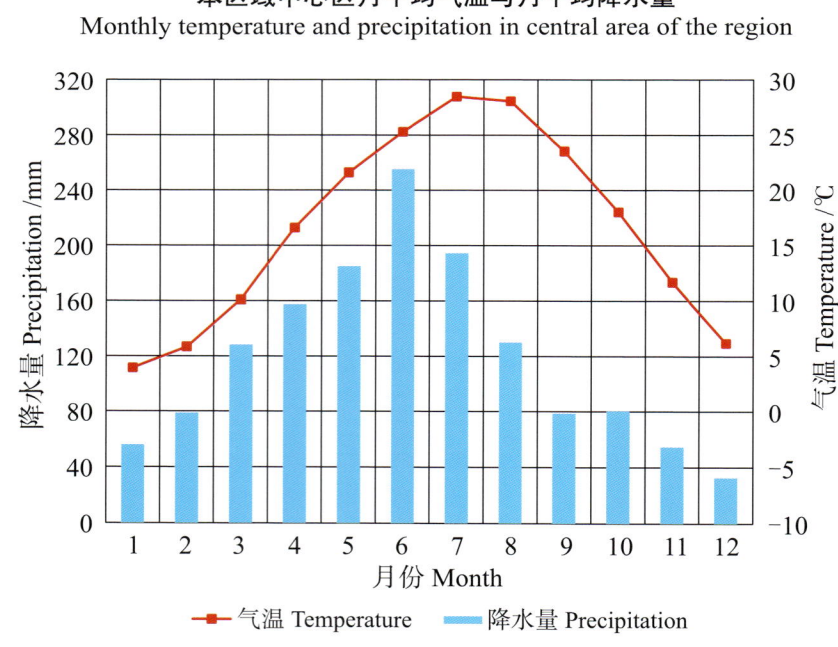

本区域中心区月平均气温与月平均降水量
Monthly temperature and precipitation in central area of the region

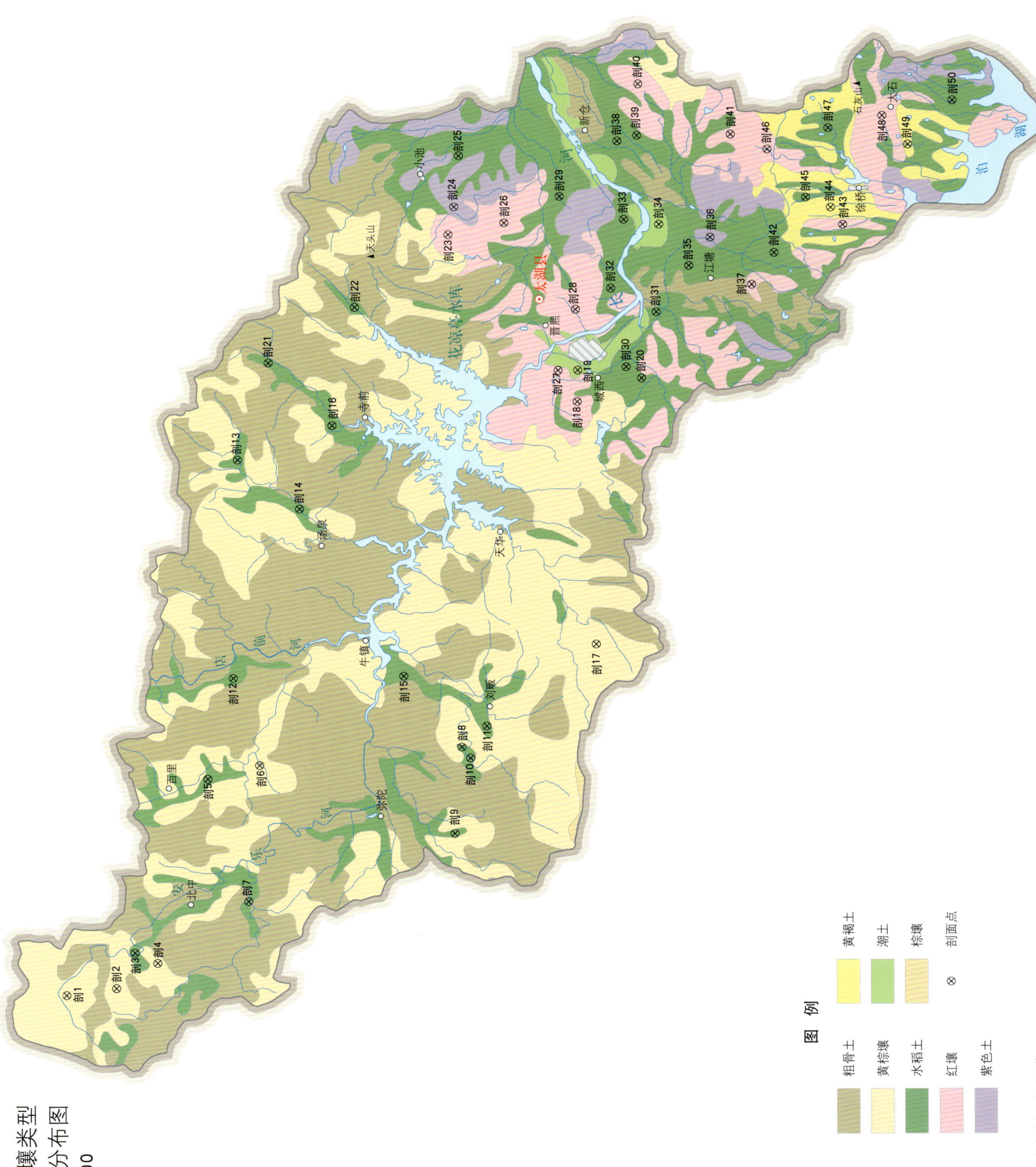

太湖县土壤剖面理化性状表

剖面号 Soil profile	土纲 Soil order	土类 Soil great group	亚类 Soil subgroup	土属 Soil genus	土种 Soil species	土层码 Layer code	土层厚度 Depth/cm	颜色 Soil color	质地 Soil texture	土壤结构 Soil structure	pH	有机质 OM/(g/kg)	全氮 TN/(g/kg)	全磷 TP/(g/kg)	全钾 TK/(g/kg)	有效磷 AP/(mg/kg)	速效钾 AK/(mg/kg)	阳离子交换量CEC/(cmol/kg)	土壤母质 Parent material	剖面点坐标 Profile coordinate	匹配指数 Matching index/%
剖1	淋溶土	黄棕壤	黄棕壤性土	麻石黄棕壤	薄层麻石黄棕壤性土	A	0—20	淡棕黄色	中壤土		5.9								粗面花岗片麻岩风化残积物、坡积物	E 115°48′31.1″ N 30°43′47.2″	75
						C	20—40	淡棕黄色	砂壤土		5.5										
						D	40—														
剖2	淋溶土	黄棕壤	普通黄棕壤	麻石黄棕壤	薄层麻石黄棕壤	Ao	0—1	暗棕色											花岗片麻岩、云母片麻岩残积物、坡积物	E 115°48′49.6″ N 30°42′01.7″	75
						A	1—12	黄黄色	轻壤土	碎块状	5.2										
						Bv	12—33	棕色	轻壤土	小块状	5.3										
						C	33—														
剖3	人为土	水稻土	潴育水稻土	砂泥田	砂身砂泥田	A	0—12	灰黄色	轻壤土	碎块状	5.1								河流冲积物	E 115°50′19.4″ N 30°41′23.8″	75
						P	12—20	灰黄色	轻壤土	块状	5.4										
						W	20—37	灰黄色	轻壤土	块状	5.9										
						C	37—100	灰白色	中石紧砂土	单粒状	6.8										
剖4	淋溶土	黄棕壤	黄棕壤性土	耕种麻骨土	黄棕壤性麻骨土	A	0—15	褐色	砂壤土	屑粒状	6.0								粗面花岗片麻岩坡积物	E 115°49′53.8″ N 30°40′34.7″	75
						Bv	15—32	褐色		单粒状	6.5										
						D	32—				6.5										
剖5	人为土	水稻土	漂洗水稻土	扁石泥田	砾质扁石泥田	A	0—13	灰白色	中壤土	小块状	5.0	23.3	1.34	0.35	18.1	6.0	49	11.6	泥质岩类风化坡积物、洪积物	E 115°57′43.6″ N 30°38′52.4″	95
						P	13—20	灰白色	中壤土	块状	5.5	19.5	1.11	0.37	19.2	7.0	56	11.7			
						W	20—77	褐黄色	中壤土	棱块状	6.5	7.5	0.51	0.32	15.8	4.0	41	10.8			
						Bv	77—93	褐黄色		块状	7.0	5.8	0.42	0.29	13.5	4.0	37	9.4			
剖6	淋溶土	黄棕壤	普通黄棕壤	夹钙麻石黄棕壤	厚层夹钙麻石黄棕壤	A	0—10	棕色	中壤土	块状	5.8	22.6	1.04	1.12	13.5	7.0	78	16.7	片麻岩夹大理岩混合风化物	E 115°58′19.0″ N 30°37′02.2″	95
						Bv1	10—30	淡黄棕色	中壤土	块状	5.8	16.3	0.89	0.87	13.1	5.0	70	16.3			
						Bv2	30—62	暗黄棕色	中石中壤土	块状	6.1	5.1	0.33	0.79	7.3	6.0	53	15.7			
						C	62—190	暗红棕色		块状	7.0	3.7	0.23	1.06	23.5	5.0	50	14.7			
						D	190—														
剖7	人为土	水稻土	潴育水稻土	香灰土田	香灰土田	A	0—12	灰白色	中壤土	小块状	6.0	24.1	1.39	0.36	20.1	5.0	41	6.4	泥质页岩风化坡积物	E 115°52′32.7″ N 30°37′23.0″	75
						P	12—18	灰黄色	中壤土	块状	6.0	11.1	0.65	0.39	20.3	5.0	21	6.4			
						W1	18—29	灰黄色	重壤土	棱柱状	6.2	5.5	0.38	0.53	20.2	4.0	25	7.9			
						W2	29—34	灰黄色	重壤土	块状	6.0	8.1	0.52	0.32	18.2	4.0	31	13.2			
剖8	人为土	水稻土	潴育水稻土	黄泥田	砂泥田	A	0—13	灰黄色	中壤土	小块状	5.5	7.9	0.49	0.31	16.6	2.0	26	10.6	片麻岩夹大理岩混合风化物	E 115°59′12.7″ N 30°30′01.7″	75
						P	13—21	褐色	重壤土	块状	5.5	20.8	1.05	0.28	28.0	6.0	34	6.6			
						W	21—60	灰黄色	重壤土	块状	6.5	16.5	0.78	0.28	27.2	7.0	39	6.0			
						Bv	60—100	暗黄色	轻壤土	块状	7.0										
剖9	人为土	水稻土	潴育水稻土	砂泥田	砂泥田	A	0—15	暗灰黄色	轻壤土	小块状	5.2	10.9	0.58	0.38	26.3	5.0	45	6.9	河流冲积物	E 115°55′34.7″ N 30°29′51.7″	75
						P	15—24	淡黄色	轻壤土	块状	6.1	7.6	0.37	0.30	26.9	4.0	52	6.8			
						Bv	24—66	淡灰黄色	中壤土	块状	7.0	17.3	1.08	0.87	15.4	27.0	77	12.0			
						C	66—97	褐黄色	轻壤土	块状	7.6										
剖10	人为土	水稻土	潴育水稻土	冷浸田	冷浸田	A	0—13	灰黄色	重黏土	块状	5.3								酸性结晶岩类风化坡积物	E 115°58′53.3″ N 30°29′37.4″	75
						G1	13—21	暗黄色	轻黏土	块状	5.5	12.1	0.85	0.86	15.0	21.0	56	12.0			
						G2	21—34	棕灰色	重黏土	块状	5.5										
						C	34—68	淡黄色	轻黏土	块状	6.0										
剖11	人为土	水稻土	淹育水稻土	浅黄泥田	浅黄泥田	A	0—12	红黄色	重黏土	块状	5.4	4.1	0.41	0.42	15.8	6.0	68	12.1	第四纪红色黏土	E 115°59′48.6″ N 30°28′58.3″	75
						P	12—19	红棕色	重黏土	块状	5.6										
						C	19—85	红色		块状	5.4										

续表 Continued

剖面号 Soil profile	土纲 Soil order	土类 Soil great group	亚类 Soil subgroup	土属 Soil genus	土种 Soil species	土层码 Layer code	土层厚度 Depth/cm	颜色 Soil color	质地 Soil texture	土壤结构 Soil structure	pH	有机质 OM/(g/kg)	全氮 TN/(g/kg)	全磷 TP/(g/kg)	全钾 TK/(g/kg)	有效磷 AP/(mg/kg)	速效钾 AK/(mg/kg)	阳离子交换量CEC/(cmol/kg)	土壤母质 Parent material	剖面点坐标 Profile coordinate	匹配指数 Matching index/%
剖12	人为土	水稻土	潴育水稻土	黄泥田	表潜黄泥田	A	0—12	淡棕黄色	中壤土	块状	6.0								第四纪红色黏土	E 116°02′01.2″ N 30°38′00.1″	75
						P	12—26	褐黄色	重壤土	块状	6.8										
						W	26—50	灰黄色	黏土	棱块状	6.8										
						Bv	50—100	灰黄色	黏土	块状	6.9										
剖13	人为土	水稻土	潴育水稻土	紫泥田	紫泥田	A	0—14	紫灰色	中壤土	小块状	5.6	20.4	1.23	0.65	17.8	19.0	102	9.0	紫色砂砾岩风化坡积物	E 116°11′16.0″ N 30°37′55.8″	75
						P	14—22	紫灰色	重壤土	块状	6.7	16.4	0.96	0.59	18.9	15.0	132	9.9			
						W	22—73	紫灰色	重壤土	块状	7.2	8.1	0.61	0.56	16.9	10.0	52	11.9			
						C	73—110	紫色	重壤土	块状	7.3										
剖14	人为土	水稻土	潴育水稻土	细粒泥田	细粒泥田	A	0—11	棕灰色	中壤土	小块状	5.7	20.4	1.30	0.45	25.6	16.0	137	9.9	中性结晶岩类风化物	E 116°09′11.1″ N 30°35′43.2″	75
						P	11—20	灰棕色	中壤土	块状	6.7	7.3	0.59	0.33	24.9	6.0	52	10.1			
						W	20—50	暗灰棕色	中壤土	棱柱状	7.2	5.8	0.44	0.26	25.3	4.0	48	9.7			
						C	50—81	紫灰色	中壤土	块状	7.0										
剖15	人为土	水稻土	潴育水稻土	紫砂田	表潜紫砂田	A	0—14	紫灰色	轻壤土	小块状	6.0								紫色砂砾岩风化坡积物	E 116°02′10.1″ N 30°31′57.8″	75
						P	14—25	紫色	轻壤土	块状	7.0										
						W	25—67	紫色	砂壤土	块状	7.0										
						Bv	67—		中壤土		7.0										
剖16	人为土	水稻土	潴育水稻土	潮砂泥田	黏身潮砂泥田	A	0—16	淡灰黄色	砂壤土	屑粒状	6.4	20.6	1.08	0.46	19.7	5.0	32	6.9	山河冲积物	E 116°12′45.9″ N 30°34′35.3″	95
						Ap	16—25	淡灰色	砂质黏壤土	小块状	6.8	7.5	0.49	0.41	19.4	5.0	23	9.0			
						W₁	25—52	灰黄色	砂质黏壤土	棱块状	6.9	6.0	0.42	0.42	18.9	6.0	24	7.4			
						W₂	52—87	灰棕色	壤质黏土	棱块状	7.0	10.1	0.46	0.36	16.5	5.0	33	16.6			
						C	87—100	灰色	中壤土		6.9	8.0	0.41	0.36	15.9	5.0	36	18.4			
剖17	淋溶土	黄棕壤	普通黄棕壤	麻石黄棕壤	厚层麻石黄棕壤	Ao	0—2												花岗片麻岩、云母片麻岩残积物、坡积物	E 116°03′35.0″ N 30°25′10.0″	95
						A₁	2—10	棕色	轻壤土	屑粒状	6.0	32.9	1.45	0.44	26.8	3.0	100	8.0			
						Bv₁	10—65	棕色	轻黏土	屑粒状	5.5	7.3	0.45	0.34	27.5	≤1.0	56	6.8			
						Bv₂	65—110	淡棕色	轻壤土	碎块状	5.5	3.1	0.20	0.13	32.5	2.0	34	5.8			
						C	110—	淡棕色	重壤土	碎粒状	4.5	27.5	1.31	0.48	10.1	≤1.0	47	10.6			
剖18	铁铝土	红壤	黄红壤	黄红壤	黄红壤	Bv₁	35—65	红色	轻黏土	块状	5.0	8.6	0.66	0.41	9.3	≤1.0	26	13.7	第四纪红色黏土	E 116°13′50.8″ N 30°25′54.8″	75
						Bv₂	65—115	淡棕红色	重黏土	块状	4.7	4.4	0.41	0.38	10.4	≤1.0	26	12.5			
						C	120—140	橙黄色	重黏土	块状	4.8	4.0	0.34	0.31	9.9		23	12.9			
剖19	半水成土	潮土	灰潮土	麻砂土	飞砂土	C₁	0—5	褐色	砂壤土	单粒状	6.6	6.0	0.35	0.75	23.4	5.0	38	7.5	河流冲积物	E 116°14′55.3″ N 30°23′60.0″	75
						C₂	5—35	灰棕色	砂壤土	单粒状	6.5	6.7	0.37	0.82	23.1	4.0	33	2.3			
						C	35—200	淡棕红色	松砂土	单粒状	6.6	4.0	0.19	0.76	23.5	4.0	20	8.6			
剖20	人为土	水稻土	漂洗水稻土	白浆土田	白浆土田	A	0—12	灰白色	中壤土	块状	5.0	17.4	1.08	0.40	10.0	13.0	59	7.1	第四纪红色黏土	E 116°14′52.0″ N 30°23′38.9″	75
						P	12—17	黄红色	中壤土	块状	5.3	14.7	0.91	0.34	10.2	9.0	35	7.0			
						W₁	17—23	灰灰色	重壤土	块状	6.4	9.2	0.63	0.36	10.6	4.0	34	7.7			
						W₂	23—		灰色	中壤土	块状	6.3	5.7	0.49	0.38	14.0	5.0	66	8.0			
剖21	人为土	水稻土	潜育水稻土	菁马肝田	菁马肝田	A	0—19	灰黄色	重壤土	小块状	5.0	24.6	1.47	0.42	12.3	5.0	56	11.2	下蜀黄土	E 116°15′23.3″ N 30°36′52.7″	75
						P	19—30	灰黄色	重壤土	块状	5.5	23.3	1.34	0.39	12.5	5.0	43	12.0			
						G₂	30—100	褐色	重壤土	柱状	6.0	21.4	1.26	0.33	12.4	4.0	41	9.7			
剖22	人为土	水稻土	潴育水稻土	石灰泥田	石灰泥田	A	0—17	褐色	中壤土	块状	6.0	26.0	1.58	0.50	22.0	5.0	45	9.9	石灰岩风化物	E 116°17′45.4″ N 30°33′50.1″	75
						P	17—30	暗灰黄色	中壤土	块状	6.6	16.7	0.96	0.54	20.6	9.0	41	10.2			
						W	30—36	灰黄色	中壤土	柱状	7.1	9.9	0.71	0.43	15.4	5.0	53	11.5			
						Bv	36—90	黄色	重壤土	块状	7.2	7.0	0.48	0.40	14.4	6.0	67	11.0			

续表 Continued

剖面号 Soil profile	土纲 Soil order	土类 Soil great group	亚类 Soil subgroup	土属 Soil genus	土种 Soil species	土层码 Layer code	土层厚度 Depth/cm	颜色 Soil color	质地 Soil texture	土壤结构 Soil structure	pH	有机质 OM/(g/kg)	全氮 TN/(g/kg)	全磷 TP/(g/kg)	全钾 TK/(g/kg)	有效磷 AP/(mg/kg)	速效钾 AK/(mg/kg)	阳离子交换量 CEC/(cmol/kg)	土壤母质 Parent material	剖面点坐标 Profile coordinate	匹配指数 Matching index/%
剖23	铁铝土	红壤	黄红壤	扁石黄红壤	中层扁石黄红壤	A	0—20	淡红色	中壤土	块状	6.0								泥质岩类夹碎积物、残积物	E 116°20′52.0″ N 30°30′33.3″	95
						Bv	20—50	红色	中壤土	块状	6.0										
						C₁	50—80	淡红色	中壤土		6.0										
						C₂	80—120	淡红黄色			6.0										
剖24	初育土	紫色土	酸性紫色土	酸性紫砂土	红紫砂土	A	0—6	红灰色	中壤土	小块状	5.8									E 116°22′03.3″ N 30°30′21.6″	75
						Bv	6—72	紫灰色	中壤土	小块状	5.7										
剖25	人为土	水稻土	潜育水稻土	陷泥田	陷泥田	A	0—25	褐色	中壤土	小块状	5.6	31.3	1.61	0.31	27.3	2.0	33	15.1		E 116°24′13.4″ N 30°30′12.7″	75
						G₁	25—67	褐色	重壤土	块状	6.2	31.4	1.73	0.33	27.4	2.0	23	15.0			
						G₂	67—100	淡灰黄色	中壤土	糊状	5.5	36.5	1.49	0.26	26.1	8.0	19	11.1			
剖26	铁铝土	红壤	黄红壤	细粒黄红壤	中层细粒黄红壤	A	0—13	紫色	轻壤土	小块状	6.1	25.9	1.15	0.82	35.3	8.0	162	10.2		E 116°21′23.5″ N 30°28′34.5″	75
						Bv	13—50	紫色	轻壤土	块状	9.4	12.3	0.52	0.64	34.7	3.0	95	8.4			
						C	50—74	紫灰色	轻壤土		6.3	13.1	0.70	0.50	34.8	4.0	68	10.4			
						D	74—														
剖27	铁铝土	红壤	黄红壤	麻石黄红壤	中层麻石黄红壤	Ao	0—2	暗棕灰色											安山岩、粗面岩风化残积物、坡积物	E 116°15′09.6″ N 30°26′36.2″	75
						A₁	2—23	淡黄棕色	轻壤土	块状	5.5										
						Bv	23—45	淡棕红色	重壤土	块状	5.5										
						C	45—109	淡黄黄色	砂壤土	块状	5.5										
剖28	铁铝土	红壤	黄红壤	麻石黄红壤	麻石黄红土	A	0—13	暗黄棕色	轻壤土	屑粒状	6.0	14.9	0.76	5.70	28.3	20.0	104	5.8	酸性结晶岩类坡积物	E 116°17′44.6″ N 30°26′01.0″	95
						P	13—18	暗黄棕色	中壤土	块状	6.0	10.4	0.71	0.40	25.8	7.0	61	6.7			
						Bv	18—70	淡棕黄色	中壤土	块状	6.0	7.7	0.54	0.42	27.7	4.0	45	6.3			
剖29	人为土	水稻土	淹育水稻土	浅棕红泥田	刘羊棕红泥田	Aa	0—12	亮棕色	壤质黏土	小块状	5.3	15.8	1.00	0.60	15.5	19.0	68	5.3	第四纪红色黏土	E 116°22′32.3″ N 30°26′37.5″	95
						Ap	12—19	橙色	壤质黏土	块状	5.5	11.0	0.90	0.50	15.1	19.0	58	6.6			
						C	19—97	红色	壤质黏土	大块状	5.3	2.9	0.40	0.50	10.3	6.0	66				
剖30	人为土	水稻土	潜育水稻土	青砂泥田	青砂泥田	A	0—14	褐色	轻壤土	小块状	6.0	25.3	1.60	0.67	23.6	11.0	44	11.9	河流沉积物	E 116°15′20.2″ N 30°24′11.8″	95
						Bv	14—21	暗黄棕色	轻壤土	块状	5.7	17.4	0.85	0.97	23.4	18.0	59	9.8			
						C	31—83	淡灰黄色	砂壤土	小块状	5.6	12.3	0.60	0.57	23.9	12.0	43	7.3			
剖31	人为土	水稻土	潜育水稻土	黏底砂泥田	黏底砂泥田	A	0—15	暗黄棕色	轻壤土	小块状	6.4	20.6	1.08	0.46	19.7	5.0	32	6.9	河流冲积物	E 116°17′39.0″ N 30°23′08.8″	95
						P	15—24	暗棕色	轻壤土	小块状	6.8	7.5	0.49	0.41	19.4	5.0	23	9.0			
						Bv	24—57	暗褐色	轻壤土	棱柱状	6.9	6.0	0.42	0.42	18.9	6.0	24	7.4			
						C	57—87	褐色	重壤土	块状	7.0	10.1	0.46	0.36	16.5	5.0	33	16.6			
剖32	人为土	水稻土	潜育水稻土	泥骨田	表潜泥骨田	A	0—13	暗棕色	重壤土	团块状	6.9	8.0	0.41	0.36	15.9	5.0	36	18.4	河流相沉积物	E 116°18′38.6″ N 30°24′46.3″	95
						P	13—24	暗褐色	重壤土	块状	5.4	27.2	1.56	0.57	22.0	12.0	99	10.4			
						W	24—35	褐色	重壤土	棱柱状	6.7	18.9	1.09	0.57	20.2	15.0	78	14.6			
						Bv	35—100	褐色	重壤土	块状	7.0	11.5	0.62	0.57	20.5	7.0	73	16.5			
						C	87—100	暗棕色	重壤土	小块状	6.9	9.7	0.54	0.60	18.0	11.0	77	13.3			
剖33	人为土	水稻土	潜育水稻土	紫砂田	紫砂田	A	0—14	紫色	砂壤土	块状	4.9	11.5	0.62	0.40	29.9	6.0	41	5.6	紫色砂砾岩风化坡积物	E 116°21′34.6″ N 30°24′20.6″	95
						P	14—23	紫色	砂壤土	块状	5.3	7.1	0.30	0.14	30.3	2.0	39	5.9			
						W	23—55	紫色	砂壤土	棱柱状	6.8	4.3	0.33	0.17	28.1	2.0	33	6.1			
						C	55—100	紫色	砂壤土	块状	6.8	3.2	0.22	≤0.10	30.4	2.0	22	6.8			
剖34	半水成土	潮土	灰潮土	砂泥土	砂身砂泥土	A	0—18	灰灰色	砂壤土	碎块状	6.1								河流冲积物	E 116°21′22.7″ N 30°23′05.4″	95
						C₁	18—43	灰灰色	松砂土	小块状	6.3										
						C₂	43—66	灰黄色	单粒状		6.5										
剖35	人为土	水稻土	潜育水稻土	青潮砂泥田	青潮砂泥田	Ap	0—14	浊黄色	砂质黏壤土	块状	6.0	17.4	0.85	0.67	23.6	18.0	≤5	11.9	山河冲积物	E 116°19′37.7″ N 30°22′00.8″	95
						G	14—21	暗灰黄色	砂壤土	块状	5.7	12.3	0.60	0.79	23.4		≤5	9.8			
							21—90	灰白色	砂壤土	糊状	5.6			0.57	23.6	12.0	≤5	7.3			

续表 Continued

剖面号 Soil profile	土纲 Soil order	土类 Soil great group	亚类 Soil subgroup	土属 Soil genus	土种 Soil species	土层码 Layer code	土层厚度 Depth/cm	颜色 Soil color	质地 Soil texture	土壤结构 Soil structure	pH	有机质 OM/(g/kg)	全氮 TN/(g/kg)	全磷 TP/(g/kg)	全钾 TK/(g/kg)	有效磷 AP/(mg/kg)	速效钾 AK/(mg/kg)	阳离子交换量 CEC/(cmol/kg)	土壤母质 Parent material	剖面点坐标 Profile coordinate	匹配指数 Matching index/%
剖36	初育土	紫色土	酸性紫色土	酸性猪血泥	猪血泥	A	0—14	紫灰色	中壤土	碎块状	5.5	19.1	1.11	0.50	11.7	14.0	186	8.8	紫色砂页岩	E 116° 20′ 50.4″ N 30° 21′ 16.7″	95
						Bv	14—25	紫灰色	中壤土	块状	5.8	11.7	0.69	0.38	11.8	5.0	188	≤1.0			
						C₁	25—48	淡黄棕色	重壤土	块状	6.0	7.2	0.48	0.33	12.0	3.0	119	10.6			
						C₂	48—100	淡红色	重壤土	块状	5.0	4.8	0.39	0.29	12.3	3.0	117	10.9			
剖37	铁铝土	红壤	黄红壤	麻石黄红壤	薄层麻石黄红壤	A	0—7	灰黄色	砂壤土	屑粒状	6.0								二长云母片麻岩残积物、坡积物	E 116° 18′ 42.8″ N 30° 20′ 00.3″	75
						Bv	7—26	红黄色	轻砂壤土	块状	6.0										
						C	26—	黄橙色	砂壤土	块状	6.0										
剖38	人为土	水稻土	潴育水稻土	扁石泥田	扁石泥田	A	0—12	淡灰色	轻壤土	小块状	5.3	24.3	1.45	0.39	16.3	8.0	60	7.6	泥质岩类风化坡积物、洪积物	E 116° 24′ 54.1″ N 30° 24′ 36.5″	95
						P	12—20	灰黄色	重壤土	块状	6.0	15.6	0.98	0.34	16.4	3.0	45	7.0			
						W	20—38	灰黄色	重壤土	柱状	6.7	8.7	0.65	0.34	16.2	3.0	41	7.0			
						Bv₁	38—50	灰黄色	重壤土	块状	6.8	6.4	0.52	0.37	14.6	5.0	47	7.5			
						Bv₂	50—85	灰黄色	重壤土	块状	6.9	6.5	0.48	0.33	13.8	4.0	46	9.2			
						C	85—	灰白色			7.0										
剖39	人为土	水稻土	潴育水稻土	潮砂泥田	表潴潮砂泥田	Apg	0—15	灰色	砂质黏壤土	块状	5.5	23.5	1.27	0.47	19.4	9.0	36	8.8	近代河流冲积物	E 116° 25′ 08.9″ N 30° 23′ 54.4″	81
						W₁	15—21	浊黄色	砂质黏壤土	棱块状	6.2	16.2	0.87	0.50	19.0	8.0	32	9.5			
						W₂	21—42	浊黄色	砂质黏壤土	棱块状	6.8	6.1	0.35	0.50	18.7	7.0	26	8.9			
						Bv₁	42—80	灰黄色	砂质黏壤土	棱块状	6.7	6.3	0.35	0.53	19.1	7.0	27	9.3			
						Bv₂	80—100	黄棕色	砂质黏壤土		6.8	8.2	0.44	0.58	20.4		27	11.6			
剖40	铁铝土	红壤	黄红壤	麻石黄红壤	厚层麻石黄红壤	Ao	0—2	暗棕色	中壤土	屑粒状	5.0	34.9	1.27	0.27	25.0	4.0	78	11.2	二长云母片麻岩残积物、坡积物	E 116° 27′ 18.5″ N 30° 23′ 52.9″	75
						A₁	2—7	暗棕色	中壤土	块状	5.0	5.9	0.25	0.28	20.1	12.0	35	9.6			
						Bv₁	7—45	淡棕红色	中壤土	块状	5.3	5.4	0.27	0.21	25.0	12.0	26	6.2			
						Bv₂	45—85	红色	重壤土	棱块状	5.2										
						C₁	85—110	淡棕红色	中壤土	块状											
						C₂	110—	灰白色	轻壤土												
剖41	铁铝土	红壤	黄红壤	细粒黄红壤	细粒黄红壤	A	0—15	褐色	轻壤土	碎块状	5.5	10.5	0.46	0.36	9.7	7.0	40	8.5	安山岩、粗面岩坡积物	E 116° 25′ 13.9″ N 30° 20′ 35.3″	95
						P	15—19	褐色	轻壤土	块状	5.5	3.4	0.39	0.17	12.3	3.0	38	12.4			
						Bv	19—60	紫灰色	轻壤土	块状	6.0	5.5	0.42	0.23	11.3	3.0	42	11.1			
						C	60—100	黄灰色	轻壤土	块状	6.0										
剖42	人为土	水稻土	潴育水稻土	扁石泥田	表潴扁石泥田	A	0—12	褐灰色	中壤土	糊状	6.0								泥质岩类风化坡积物、洪积物	E 116° 20′ 12.9″ N 30° 19′ 00.2″	95
						P	12—21	暗黄棕色	中壤土	块状	6.0										
						W	21—100	棕灰色	重壤土	块状	6.0										
剖43	铁铝土	红壤	黄红壤	黄红土	黄红土	A	0—17	淡棕黄色	重壤土	碎块状	5.4	20.9	1.01	0.64	13.6	11.0	97	10.1	第四纪红色黏土	E 116° 21′ 25.5″ N 30° 16′ 35.1″	95
						P	17—34	淡红色	重壤土	块状	4.5	6.5	0.48	0.32	11.5	3.0	85	9.6			
						Bv	34—101	红色	重壤土	棱块状	4.6	6.1	0.39	0.34	10.7	5.0	78	7.6			
剖44	淋溶土	黄褐土	黎盐黄褐土	马肝土	马肝土	A	0—16	灰黄色	重壤土	块状	5.5	5.6	0.39	0.38	9.9	7.0	61	7.6	下蜀黄土	E 116° 22′ 09.5″ N 30° 17′ 00.5″	92
						P	16—25	淡黄棕色	重壤土	块状	5.5	5.3	0.39	0.29	10.2	3.0	84	10.4			
						Bv	25—56	棕黄色	轻黏土	块状	7.0	14.8	0.90	0.42	11.7	6.0	118	9.2			
剖45	人为土	水稻土	潴育水稻土	马肝泥田	瘦马肝田	A	0—9	灰黄色	重壤土	碎块状	5.5	20.9							下蜀黄土	E 116° 22′ 34.4″ N 30° 17′ 53.9″	95
						P	9—18	淡黄棕色	重壤土	块状	6.5	6.5									
						W	18—45	黄棕色	重壤土	棱块状	7.5										
						Bv	45—80	黄棕色	黏土	块状	7.5										
							80—110	淡黄棕色			8.0										
剖46	铁铝土	红壤	黄红壤	扁石黄红土	扁石黄红壤	A	0—15	黄棕色	中壤土	屑粒状	6.0	14.8	0.90	0.42	11.7	6.0	118	9.2	泥质岩类坡积物、残积物	E 116° 24′ 36.8″ N 30° 19′ 16.9″	95
						P	15—24	灰黄色	中壤土	块状	5.5	8.5	0.53	0.31	11.5	3.0	57	9.5			
						Bv	24—55	黄色	重壤土	块状	5.4	9.4	0.63	0.27	13.5	2.0	50	10.2			
						C	55—100	褐棕色	重壤土	块状	5.4										

续表 Continued

剖面号 Soil profile	土纲 Soil order	土类 Soil great group	亚类 Soil subgroup	土属 Soil genus	土种 Soil species	土层码 Layer code	土层厚度 Depth/cm	颜色 Soil color	质地 Soil texture	土壤结构 Soil structure	pH	有机质 OM/(g/kg)	全氮 TN/(g/kg)	全磷 TP/(g/kg)	全钾 TK/(g/kg)	有效磷 AP/(mg/kg)	速效钾 AK/(mg/kg)	阳离子交换量CEC/(cmol/kg)	土壤母质 Parent material	剖面点坐标 Profile coordinate	匹配指数 Matching index/%
剖47	人为土	水稻土	漂洗水稻土	澄白土田	澄白土田	A	0–11	灰白色	中壤土	小块状	6.0								下蜀黄土	E 116°25′31.3″ N 30°17′07.9″	95
						P	11–18	淡灰色	中壤土	块状	6.0										
						W	18–29	灰黄色	重壤土	块状	6.5										
						E	29–36	白色	中壤土	块状	6.5										
						Bv	36–95	灰棕色	重壤土	碎块状	7.0										
剖48	铁铝土	红壤	黄红壤	黄红土	网纹红泥土	A	0–9	淡黄棕色	重壤土	块状	4.5								第四纪红色黏土	E 116°26′04.0″ N 30°15′13.5″	95
						Bv	9–19	淡黄棕色	重壤土	块状	5.5										
						C₁	19–45	淡红色	重壤土	核块状	5.5										
						C₂	45–63	红黄色	重壤土	核块状	5.5										
						C₃	63–150	黄橙色	黏土	棱块状	5.5										
剖49	淋溶土	黄褐土	黏盘黄褐土	马肝土	黄马肝土	A	0–18	灰黄色	中壤土	碎块状	6.1	19.0	1.09	0.62	9.7	9.0	90	7.5	下蜀黄土	E 116°24′52.0″ N 30°14′17.8″	94
						P	18–35	灰黄色	中壤土	块状	5.5	11.1	0.62	0.51	9.7	4.0	33	8.3			
						Bv	35–53	灰黄色	重壤土	块状	5.5	8.4	0.42	0.70	10.3	9.0	30	8.2			
						Bv₂	53–100	黄色	重壤土	块状	5.5	4.1	0.40	0.38	13.7	3.0	46	10.9			
剖50	人为土	水稻土	潴育水稻土	马肝泥田	表潜马肝泥田	A	0–13	灰黄色	中壤土	小块状	6.0	29.9	1.73	0.45	11.2	4.0	51	11.6	下蜀黄土	E 116°26′44.2″ N 30°12′45.0″	95
						P	13–24	暗灰色	重壤土	块状	6.8	16.3	0.93	0.33	10.8	4.0	34	11.1			
						W	24–47	黄色	重壤土	块状	7.5	4.0	0.34	0.27	10.6	4.0	29	6.4			
						Bv	47–62	淡棕黄色	重壤土	棱块状	8.0	3.2	0.29	0.34	10.9	3.0	36	9.6			

宿 松 县

主要土类说明

红壤是宿松县主要土壤类型，占本县地域面积的26%，是本县地带性土壤，主要分布于本县低山、丘陵、岗地等。其成土母质主要有酸性结晶岩类、泥质岩类、石英质岩坡积物、残积物，其次为第四纪红色黏土。本县气候与中亚热带北缘相似，因此本县红壤的发育强度比中亚热带红壤弱，具有红壤向黄棕壤过渡的特点，主要发育为黄红壤亚类。一般由基岩发育的红壤，土体厚度多在30—80cm，淀积明显，质地较轻，块状结构，全剖面呈酸性，pH一般在6.0左右；由第四纪红色黏土发育的土壤，质地黏重，呈棱块状结构，土体颜色深红，结构面有明显的胶膜淀积，通常可见蠕虫状网纹焦斑和铁锰结核，pH在6.0以下。

水稻土是宿松县第二大土壤类型，占本县地域面积的22%，分布于本县各种地貌单元上，尤以海拔100m以下的垅畈、冲塝最为集中。水稻土是一种人为水成土，可发育于各种母质土壤上。它是在长期淹水、灌溉、水耕熟化、栽培水稻的独特条件下形成的。在其成土过程中，由于干湿交替，土体中有机质累积和分解、盐基淋溶与复盐基、黏粒积累和淋失以及铁锰迁移和转化强度都与自然土壤和旱地土壤有很大差异，从而形成了水稻土所特有的剖面形态和理化特性。

潮土是宿松县第三大土壤类型，占本县地域面积的19%，分布于本县沿江、沿河和湖滨地带。其成土母质为长江冲积物、河流冲积物和滨湖相沉积物。其特点是土层深厚，层次分选性明显，土质较疏松，通透性强。因受地下水的作用，土体潮湿，具有锈纹、锈斑。土壤呈微酸性至微碱性，pH为6.0—8.4。长江冲积物母质发育的土壤有强烈的石灰反应。

黄棕壤占宿松县地域面积的3%，主要分布在本县大别山南麓海拔300m以上的中低山区，沿湖丘陵、岗地也有零星分布。其成土母质主要为花岗岩、片麻岩等酸性结晶岩类。土层较深厚，心土层有明显黏化特征，质地黏重，层次明显，颜色以黄棕色为主，淀积作用明显，常常有焦斑结核，块状结构，全剖面呈酸性，土体构型为A-B-C型。

小于本县地域面积3%的土壤类型还有紫色土、石灰（岩）土、黄褐土、棕壤和粗骨土。

本区域中心区气候特征

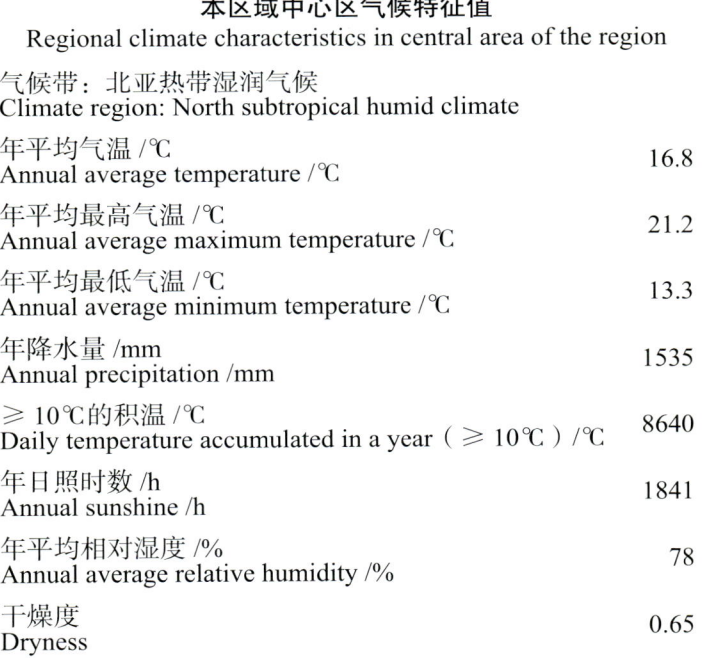

本区域中心区气候特征值
Regional climate characteristics in central area of the region

气候带：北亚热带湿润气候 Climate region: North subtropical humid climate	
年平均气温 /℃ Annual average temperature /℃	16.8
年平均最高气温 /℃ Annual average maximum temperature /℃	21.2
年平均最低气温 /℃ Annual average minimum temperature /℃	13.3
年降水量 /mm Annual precipitation /mm	1535
≥10℃的积温 /℃ Daily temperature accumulated in a year（≥10℃）/℃	8640
年日照时数 /h Annual sunshine /h	1841
年平均相对湿度 /% Annual average relative humidity /%	78
干燥度 Dryness	0.65

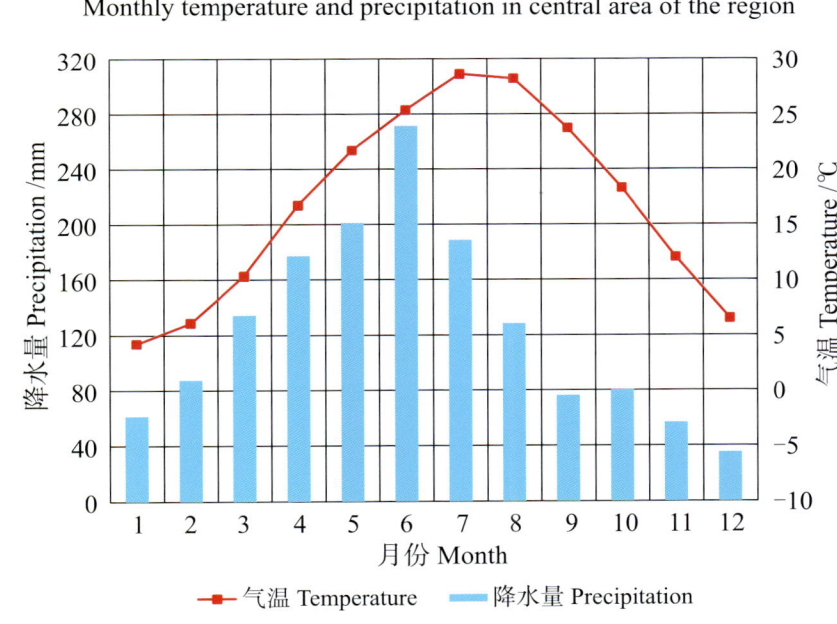

本区域中心区月平均气温与月平均降水量
Monthly temperature and precipitation in central area of the region

宿松县主要土壤类型与土壤剖面点分布图
1:300 000

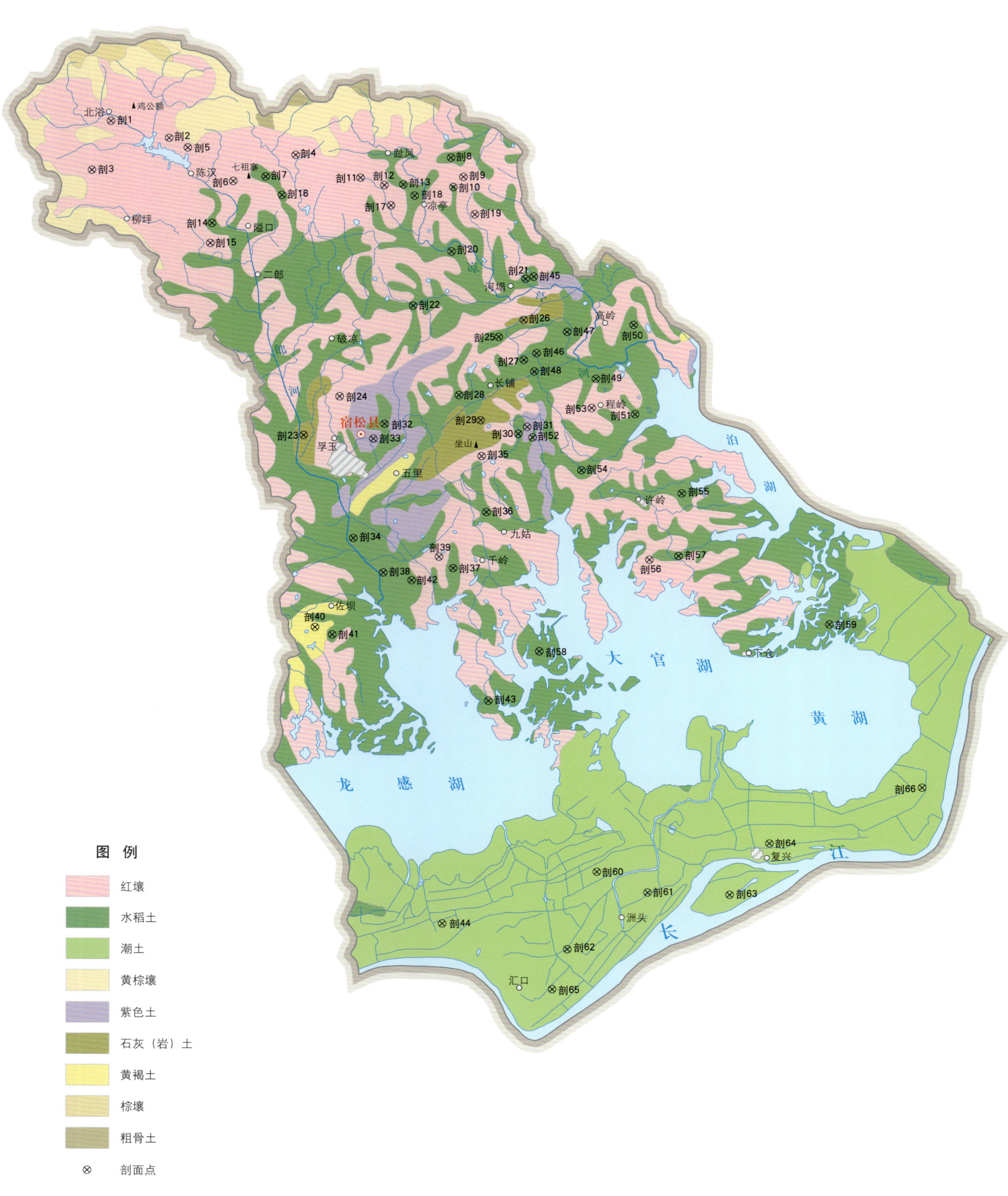

图例
- 红壤
- 水稻土
- 潮土
- 黄棕壤
- 紫色土
- 石灰(岩)土
- 黄褐土
- 棕壤
- 粗骨土
- ⊗ 剖面点

注：本图界线沿用土壤普查时点的行政界线。

宿松县土壤剖面理化性状表

剖面号 Soil profile	土纲 Soil order	土类 Soil great group	亚类 Soil subgroup	土属 Soil genus	土种 Soil species	土层码 Layer code	土层厚度 Depth/cm	颜色 Soil color	质地 Soil texture	土壤结构 Soil structure	pH	有机质 OM/(g/kg)	全氮 TN/(g/kg)	全磷 TP/(g/kg)	全钾 TK/(g/kg)	有效磷 AP/(mg/kg)	速效钾 AK/(mg/kg)	阳离子交换量CEC/(cmol/kg)	土壤母质 Parent material	剖面点坐标 Profile coordinate	匹配指数 Matching index/%
剖1	铁铝土	红壤	黄红壤	麻石黄红土	麻石黄砂土	A	0—18	褐灰色	砂壤土	粒状	6.1	17.8	1.59	0.98	44.5	9.0	117	8.5	花岗片麻岩残积物、坡积物	E 115°56′52.2″ N 30°22′34.7″	95
						Bv	18—40	黄棕色	中壤土	碎块状	5.5	7.9	0.99	1.03	33.5	10.0	52	10.4			
						C	40—100	黄棕色		粒状											
剖2	铁铝土	红壤	黄红壤	扁石黄红土	厚层扁石黄红壤	A	0—2	黄红色	中壤土	块状	4.9	38.3	1.88	0.24	11.6	4.0	80	12.2	页岩、砂页岩、云母片岩	E 115°59′23.0″ N 30°21′55.9″	75
						Bv	2—32	红色	重壤土	块状	5.1	7.7	0.41	0.22	11.9	3.0	52	13.7			
						C	32—140	红黄色		块状	5.3	3.1	0.29	0.24	10.2	3.0	33	14.4			
剖3	铁铝土	红壤	黄红壤	暗石黄红土	厚层暗石黄红壤	A	0—2	灰黄色	轻石重壤土	块状	6.2	10.9	0.76	0.17	13.9	13.6	105	14.7	蛇纹岩	E 115°56′03.5″ N 30°20′39.7″	95
						Bv	2—74	黄红色	重壤土	块状	6.4	10.7	0.59	0.20	9.3	7.9	55	12.1			
剖4	铁铝土	红壤	黄红壤	砂砾黄红土	砂砾黄红壤	A	0—15	褐灰色	中壤土	粒状	5.7	22.9	1.16	0.42	14.3	2.2	222	13.9	红色砂岩、砂砾岩风化物	E 116°04′50.7″ N 30°21′17.6″	75
						Bv	15—82	红棕色	中壤土	棱块状	5.4	23.5	1.26	0.43	15.0	7.9	108	14.5			
						C	82—135	黄红色	重壤土	棱块状	4.7	7.1		0.18	18.2		83	15.4			
剖5	铁铝土	红壤	黄红壤	砂砾黄红土	扁红土	A	0—9	棕黄色	轻石中壤土	粒状	5.8	10.5	1.06	0.21	10.0	6.4	58	8.6	红色砂岩、砂砾岩风化物	E 116°00′11.4″ N 30°21′33.4″	75
						Bv	9—12	棕黄色	中壤土	粒状	5.5	4.3	0.45	0.35	14.2	3.0	52	12.8			
						C_1	12—53	黄棕色	中壤土	块状	5.4	3.2	0.40	0.29	13.1	5.5	56	12.8			
						C_2	53—80	棕红色	中壤土	块状	5.5	3.3	0.50	0.18	11.2	4.5	50	13.4			
剖6	铁铝土	红壤	黄红壤	麻石黄红土	厚层麻石黄红壤	A	0—22	暗灰色	中壤土	碎块状	5.8	22.4	1.45	0.73	22.8	6.3	74	11.9	花岗片麻岩残积物、坡积物	E 116°02′09.2″ N 30°20′16.0″	95
						Bv	22—78	灰红色	轻石中壤土	小块状	6.0	8.9	0.85	0.40	16.0	4.6	39	11.7			
剖7	人为土	水稻土	淹育水稻土	浅砾砂泥田	浅砾砂田	A	0—10	灰黄色	轻壤土	粒状	5.9	14.4	0.78	0.60	11.1	12.0	69	11.3	酸性结晶岩类坡积物	E 116°03′34.1″ N 30°20′27.0″	75
						P	10—15	黄灰色	轻壤土	粒状	5.9	12.6	0.78	0.52	12.4	9.0	62	11.5			
						Bv	15—35	褐黄色	轻壤土	块状	5.0	14.9	0.89	0.51	12.4	7.0	69	11.8			
						C	52—100	褐黄色	中壤土	块状	4.9	21.4	1.14	0.34	18.3	6.0	120	8.1			
剖8	人为土	水稻土	淹育水稻土	浅扁石黄泥田	浅扁石黄红壤	A	0—12	棕灰色	中壤土	块状	5.3	16.1	1.07	0.26	17.6	2.0	25	6.7	云母片岩坡积物	E 116°11′33.6″ N 30°21′13.1″	95
						P	12—20	灰灰色	重壤土	块状	6.4	6.6	0.39	0.27	14.9	3.0	31	7.0			
						Bv	20—44	灰棕色	重壤土	块状	6.8	6.6	0.31	0.25	15.0	2.0	36	7.1			
						C	44—100	棕黄色	重壤土	块状	6.1	16.2	0.96	0.41	27.2	8.0	57	11.2			
剖9	铁铝土	红壤	潴育水稻土	湖泥田	潴湖湖土	A	0—10	灰黄色	轻石中壤土	粒状	6.3	12.4	0.83		8.8	5.0	43	11.1	蛇纹岩	E 116°12′06.3″ N 30°20′28.2″	95
						P	10—19	黄灰色	重壤土	块状	6.8	9.5	0.69	0.25	12.9	4.0	56	15.0			
						W	19—52	褐灰色	重壤土	块状	6.9	7.1	0.59	0.23	11.7	7.0	56	13.8			
						Bv	52—100	灰褐色	重壤土	块状	6.3	17.7	1.04	0.35	18.2	6.0	76	8.8			
剖10	铁铝土	红壤	黄红壤	暗石黄泥田	浅砾砂泥田	A	0—22	褐黄色	轻石中壤土	小块状	7.1	14.0	0.97	0.31	12.8	4.0	55	10.2	湖相沉积物	E 116°11′40.3″ N 30°20′04.5″	75
						P	22—28	淡灰色	中壤土	棱块状	7.3	3.6	0.34	0.17	16.4	8.0	71	13.1			
						Bv	28—70	黄灰色	中壤土	棱块状	7.7	3.0	0.25	0.16	12.6	≤1.0	68	13.9			
						C	70—90	灰灰色	中壤土	块状											
							90—150														
剖11	铁铝土	红壤	黄红壤	砂砾黄红土	砂砾黄红壤	A	0—2	黄红色	中壤土	小块状	4.9	36.4	1.26	0.22	26.1	2.1	60	9.2	红色砂岩残积物、坡积物	E 116°07′39.3″ N 30°20′24.9″	75
						Bv	2—58	黄红色	重壤土	棱块状	4.7	8.0	0.46	0.20	25.2	2.4	35	6.6			
						C	58—100	棕红色	中壤土	棱块状	4.8	7.1	0.38	0.26	21.7	≤1.0	51	12.8			
剖12	铁铝土	红壤	黄红壤	扁石黄红土	暗石黄红壤	A	0—15	灰黄色	中壤土	粒状	5.5	14.1	1.01	0.32	18.4	6.2	71	6.2	泥质岩类	E 116°08′41.1″ N 30°20′08.0″	75
						Bv	15—40	红棕色	中壤土	棱块状	6.1	5.8	0.58	0.26	20.7	1.3	34	7.4			
						C	40—110	棕红色	中壤土	棱块状	6.2	5.8	0.39	0.27	16.5	1.2	51	10.6			
剖13	人为土	水稻土	淹育水稻土	浅麻砂泥田	浅麻砂泥田	A	0—14	灰灰色	轻壤土	块状	5.3	20.5	1.17	0.96	25.1	21.0	56	9.5	酸性结晶岩类坡积物	E 116°09′30.3″ N 30°20′10.1″	96
						P	14—19	棕灰色	轻壤土	块状	6.0	16.6	0.85	0.92	26.3	17.0	29	7.9			
						Bv	19—55	灰灰色	中壤土	碎块状	5.9	9.2	0.56	0.91	26.5	12.0	23	9.0			
						C	55—100	黄灰色	中壤土	碎块状											

续表 Continued

剖面号 Soil profile	土纲 Soil order	土类 Soil great group	亚类 Soil subgroup	土属 Soil genus	土种 Soil species	土层码 Layer code	土层厚度 Depth/cm	颜色 Soil color	质地 Soil texture	土壤结构 Soil structure	pH	有机质 OM/(g/kg)	全氮 TN/(g/kg)	全磷 TP/(g/kg)	全钾 TK/(g/kg)	有效磷 AP/(mg/kg)	速效钾 AK/(mg/kg)	阳离子交换量CEC/(cmol/kg)	土壤母质 Parent material	剖面点坐标 Profile coordinate	匹配指数 Matching index/%
剖14	人为土	水稻土	潜育水稻土	青湖泥田	青湖泥田	A	0–18	灰黄色	中壤土	块状	5.8	22.4	1.18	0.34	11.8	2.0	66	15.9	湖相沉积物	E 116°01′15.2″ N 30°18′39.0″	75
						Pg	18–26	褐灰色	重壤土	块状	6.7	12.3	0.75	0.23	13.4	≤1.0	63	18.3			
						G	26–100	青灰色	轻黏土	糊状	7.3	6.3	0.45	0.13	14.9	≤1.0	94	28.4			
剖15	铁铝土	红壤	黄红壤	麻石黄红壤	麻石黄红土	A	0–24	红棕色	砂壤土	碎粒状	5.8	13.6	0.25		3.9	20.0	49	15.7	花岗片麻岩残积物、坡积物	E 116°01′10.8″ N 30°17′52.7″	95
						Bv	24–73	棕红色	中壤土	碎粒状	4.1	7.4	1.76		33.7	38.0	32	31.4			
剖16	人为土	水稻土	漂洗水稻土	白土田	白土田	A	0–18	黄灰色	中壤土	块状	7.4	22.8	1.30	0.17	13.9	9.0	52	10.9	下蜀黄土剥蚀堆积物	E 116°04′16.4″ N 30°19′44.6″	75
						E	18–37	白灰色	中壤土	粒状	7.6	4.3	0.20	0.16	15.1	2.0	44	9.0			
						Bv	37–100	瓦灰色	重壤土	块状	7.5	7.2	0.68	0.16	17.0	≤1.0	96	10.3			
剖17	铁铝土	红壤	黄红壤	厚层均质黄红壤	厚层均质黄红壤	A	0–3	暗红棕色	中壤土	核块状	4.6	27.0	1.16	0.34	10.9	3.9	86	10.0	第四纪红色黏土	E 116°08′58.5″ N 30°19′21.6″	95
						Bv	3–100	红色	重壤土	核状	5.0	4.0	0.26	0.39	10.4	≤1.0	33	21.1			
剖18	人为土	水稻土	潜育水稻土	烂泥田	烂泥田	A	0–48	褐灰色	重壤土	糊状	5.7	28.2	1.79	0.34	13.3	3.0	95	9.7	泥质砂页岩坡积物、洪积物	E 116°09′60.0″ N 30°19′44.5″	75
						G₁	48–54	白灰色	中壤土	糊状	6.3	16.1	0.88	0.14	13.1	≤1.0	46	8.7			
						G₂	54–100	青灰色	中壤土	糊状	6.9	4.2	0.25	0.19	13.8	2.0	54	7.8			
剖19	铁铝土	红壤	黄红壤	黄红土	焦斑黄红土	A	0–15	黄红色	中壤土	小块状	5.6	18.2	1.00	0.38	13.1	3.3	179	15.6	第四纪红色黏土	E 116°12′35.7″ N 30°19′02.1″	95
						P	15–45	黄红色	中壤土	块状	5.0	11.6	0.73	0.28	12.9	1.8	55	9.1			
						Bv	45–105	黄红色	中壤土	核块状	5.2	1.7	0.48	0.24	14.0	≤1.0	41	8.7			
剖20	人为土	水稻土	潜育水稻土	青扁石泥田	青扁石泥田	A	0–20	灰色	中壤土	块状	5.0	30.7	1.64	0.34	26.7		36	8.9	泥质砂页岩坡积物、洪积物	E 116°11′36.1″ N 30°17′36.7″	96
						Pg	20–26	黄灰色	中壤土	块状	5.5	18.1	1.06	0.26	23.6	≤1.0	29	6.3			
						G	26–100	灰蓝色	重壤土	糊状	5.2	23.0	1.23	0.17	22.6	≤1.0	41	7.6			
剖21	人为土	水稻土	潜育水稻土	马肝田	下位结核马肝田	A	0–15	棕红色	重壤土	块状	5.7	24.8	1.30	0.47	13.4	11.0	99	13.8	下蜀黄土	E 116°14′48.0″ N 30°16′34.5″	95
						P	15–25	黄灰色	重壤土	块状	7.0	13.3	0.63	0.33	14.4	8.0	74	13.6			
						W	25–43	黄灰色	中壤土	核块状	7.4	11.9	0.62	0.30	17.0	10.0	85	12.5			
						Bv	43–100	黄灰色	中壤土	块状	7.1	3.6	0.23	0.23	18.6	4.0	87	10.8			
剖22	人为土	水稻土	潜育水稻土	红砂泥田	红砂泥田	A	0–15	棕灰色	中壤土	块状	4.9	32.1	1.82	0.34	15.2	5.0	28	9.7	红色砂砾岩坡积物	E 116°09′57.1″ N 30°15′30.4″	95
						P	15–19	棕灰色	中壤土	块状	5.1	20.9	1.13	0.27	14.8	3.0	30	7.5			
						W	19–50	棕黄色	中壤土	块状	6.6	6.3	0.55	0.21	13.8	2.0	40	7.6			
						Bv₁	50–75	黄灰色	中壤土	块状	6.8	3.8	0.25	0.16	13.9	≤1.0	51	7.2			
						Bv₂	75–100	红灰色	中壤土	块状	4.7	3.8	0.18	0.16	15.3	≤1.0	51	5.2			
剖23	初育土	石灰（岩）土	棕色石灰土	棕色石灰泥土	鸡肝土	A	0–18	灰褐色	重壤土	块状	7.6	19.6	1.39	0.53	27.6	2.0	70	20.6	碳酸盐类残积物、坡积物	E 116°05′15.5″ N 30°10′27.6″	74
						Bv	18–35	灰黄色	重壤土	棱块状	7.7	13.8	1.01	0.44	21.8	2.0	66	22.8			
						C	35–95	黄棕色	中壤土	棱块状	7.5	8.5	0.74	0.24	27.4	≤1.0	76	30.4			
剖24	铁铝土	红壤	黄红壤	扁麻黄红壤	中层扁石黄红壤	A	0–6	黄棕色	轻壤土	小块状	4.5	16.4	1.28	0.26	14.4	3.0	59	9.6	页岩、砂岩、云母片岩	E 116°06′48.2″ N 30°11′57.8″	95
						Bv	6–45	红灰黄	轻壤土	片状	4.6	4.3	0.79	0.31	24.8	2.0	111	8.9			
						C	45–70	黄灰黄	中壤土	粒状	4.7	8.4	0.92	0.29	25.8	≤1.0	103	10.6			
剖25	人为土	水稻土	潜育水稻土	青青麻砂泥田	砂心青麻砂泥田	A	0–12	褐灰色	轻壤土	粒状	5.7	34.5	2.14	0.67	11.8	5.0	137	8.6	花岗岩残积物、坡积物	E 116°13′39.3″ N 30°14′18.7″	95
						P	12–20	黄棕色	轻壤土	片状	6.0	31.4	2.04	0.59	19.5	5.0	122	7.8			
						G	20–100	灰黑色	中壤土	无结构	5.8	35.3	1.81	0.54	32.9	6.0	60	8.1			
剖26	初育土	石灰（岩）土	红色石灰土	红色石灰土	红色石灰土	A	0–6	棕红色	轻黏土	块状	7.9	23.4	1.64	0.35	21.8	≤1.0	93	16.9	碳酸盐类残积物、坡积物	E 116°14′43.5″ N 30°14′58.4″	74
						Bv	6–72	红灰色	轻黏土	核状	7.5	13.8	1.04	0.32	17.3	≤1.0	76	16.6			
						C	72–95	黄灰色	中壤土	块状	5.0	16.4	1.21	0.31	16.8	4.0	39	8.6			
剖27	人为土	水稻土	潜育水稻土	红砂泥田	紫红泥田	A	0–11	黄灰色	中壤土	块状	6.3	13.2	0.89	0.28	18.0	3.0	31	8.4	红色砂砾岩坡积物	E 116°14′44.6″ N 30°13′25.1″	95
						P	11–20	褐灰色	中壤土	块状	6.3	9.2	0.62	0.31	18.4	3.0	26	7.7			
						W	20–50	黄棕色	中壤土	块状	6.8	6.1	0.29	0.80	13.5	2.0	28	7.6			
						Bv	50–100														

续表 Continued

剖面号 Soil profile	土纲 Soil order	土类 Soil great group	亚类 Soil subgroup	土属 Soil genus	土种 Soil species	土层码 Layer code	土层厚度 Depth/cm	颜色 Soil color	质地 Soil texture	土壤结构 Soil structure	pH	有机质 OM/(g/kg)	全氮 TN/(g/kg)	全磷 TP/(g/kg)	全钾 TK/(g/kg)	有效磷 AP/(mg/kg)	速效钾 AK/(mg/kg)	阳离子交换量CEC/(cmol/kg)	土壤母质 Parent material	剖面点坐标 Profile coordinate	匹配指数 Matching index/%
剖28	人为土	水稻土	潴育水稻土	扁石泥田	扁石泥田	A	0—12	褐灰色	轻石重壤土	块状	5.3	23.7	1.29	0.28	13.8	8.0	32	10.6	泥质岩类风化坡积物、洪积物	E 116°11′56.6″ N 30°12′02.4″	95
						P	12—18	黑灰色	轻石重壤土	棱块状	6.6	14.8	0.78	0.20	14.0	3.0	26	9.8			
						W	18—69	黄褐色	轻石重壤土	棱块状	7.3	9.7	0.66	0.19	14.3	3.0	29	11.0			
						Bv	69—100	青灰色	轻石重壤土	棱状	7.4	9.4	0.49	0.16	14.2	3.0	33	10.4			
剖29	初育土	石灰(岩)土	棕色石灰土	棕色石灰土	淋溶鸡肝土	A	0—20	棕灰色	重壤土	块状	6.8	21.5	1.66	0.56	12.3	20.0	155	17.6	碳酸岩类残积物、坡积物	E 116°12′53.1″ N 30°11′04.2″	92
						P	20—26	灰棕色	重壤土	棱块状	6.5	16.0	0.99	0.53	11.9	11.0	102	14.8			
						Bv	26—47	灰棕色	重壤土	棱块状	6.2	16.0	0.77	0.46	12.5	10.0	67	20.0			
						C	47—100	红棕色	轻壤土	棱块状	6.3	11.7	0.88	0.30	14.7	5.0	91	26.4			
剖30	人为土	水稻土	潴育水稻土	马肝田	白土心马肝田	A	0—15	棕灰色	中壤土	块状	6.8	26.6	1.49	0.79	11.3	5.0	85	11.6	下蜀黄土	E 116°14′31.1″ N 30°10′33.1″	95
						P	15—22	棕黄色	中壤土	块状	7.0	13.5	1.01	0.20	11.0	3.0	65	10.6			
						W	22—33	灰黄色	重壤土	棱块状	7.8	4.4	0.24	0.21	16.1	2.0	45	11.5			
						E	33—54	灰白色	轻壤土	棱块状	7.8	4.4	0.27	0.21	11.9	≤1.0	95	17.0			
						Bv	54—100	暗灰黄色	中黏土	棱块状	7.7	5.0	0.37	0.20	12.7	≤1.0	121	10.8			
剖31	初育土	紫色土	酸性紫色土	酸性紫砂岩土	酸性紫红凝灰质砂砾土	A	0—6	红紫色	中壤土	小块状	5.8	21.8	0.95	0.34	8.8	4.0	55	11.0		E 116°14′54.2″ N 30°10′49.5″	75
						Bv	6—72	紫色	中壤土	小块状	5.7	9.7	0.66	0.54	7.5	2.0	37	12.1			
剖32	人为土	水稻土	潴育水稻土	红砂泥田	下位砂砾质红砂泥田	A	0—13	棕灰色	轻壤土	块状	5.1	25.2	1.48	0.43	11.3	4.0	32	9.1	红色砂砾岩坡积物	E 116°08′45.0″ N 30°10′54.4″	75
						P	13—21	棕灰色	中壤土	块状	5.9	9.8	0.55	0.34	10.4	5.0	27	9.0			
						W	21—64	黄灰色	中壤土	棱块状	6.9	6.2	0.35	0.31	11.2	3.0	32	9.9			
						Bv	64—100	红灰色	中壤土	棱块状	7.0	5.5	0.30	0.31	15.3	3.0	48	9.7			
剖33	初育土	紫色土	酸性紫色土	酸性紫泥田	酸性紫泥土	A	0—7	灰紫色	中壤土	粒状	5.1	33.5	2.08	0.38	19.5	4.0	15	19.3	紫色岩、砂砾岩残积物、坡积物	E 116°08′16.0″ N 30°10′20.0″	95
						Bv	7—60	紫灰色	轻壤土	块状	5.0	23.6	1.06	0.22	19.7	≤1.0	142	25.5			
						C	60—120	紫棕色	中壤土	片状	5.7	12.1	0.84	0.23	16.9	≤1.0	31	15.3			
剖34	人为土	水稻土	漂洗水稻土	漂棕红泥田	淀板田	A	0—17	灰色	黏壤土	屑粒状	5.0	17.4	1.10	0.40	9.9	13.0	59	7.1		E 116°07′26.1″ N 30°06′29.5″	95
						Ape	17—25	灰色	黏壤土	小块状	5.3	14.7	0.90	0.30	10.2	9.0	35	7.0			
						E	25—60	棕灰色	黏壤土	碎块状	6.4	9.2	0.60	0.40	10.6	6.0	34	7.7			
						C	60—100	橙色	壤质黏土	棱块状	6.3	5.7	0.50	0.40	13.9	5.0	66	8.0			
剖35	铁铝土	红壤	黄红壤	黄泥土	黄泥土	A	0—16	黄灰色	中壤土	小块状	5.9	12.5	0.88	0.28	9.1	4.3	84	5.2		E 116°12′56.4″ N 30°09′41.6″	95
						P	16—24	灰黄色	中壤土	块状	5.8	8.4	0.66	0.27	9.8	1.4	44	6.3			
						Bv	24—97	棕黄色	重壤土	核状	5.1	4.9	0.48	0.22	11.0	≤1.0	39	8.3			
						C	97—140	棕黄次色	重壤土	核状	7.7	44.9	2.98	0.40	12.7	9.0	97	23.5			
剖36	人为土	水稻土	潴育水稻土	石灰泥田	结核焦颊黄泥田	A	0—12	灰棕色	重壤土	块状	7.9	33.6	2.34	0.42	10.5	7.0	97	22.7	碳酸岩类残积物、洪积物	E 116°13′09.7″ N 30°07′31.7″	95
						P	12—16	灰棕色	重壤土	棱块状	7.8	23.3	1.46	0.47	11.3	6.0	97	22.7			
						Bv	16—28		轻黏土	棱块状	7.6	22.0	1.31	0.47	10.4	5.0	108	21.9			
						C	28—100	淡灰色	轻黏土	块状	6.5	18.0	1.19	0.40	12.8	8.0	117	13.1			
剖37	人为土	水稻土	潴育水稻土	白浆土田	白螺丝田	A	0—11	淡灰色	重黏土	块状	6.5	3.2	0.17	0.20	13.4	7.0	37	14.5	第四纪红色黏土	E 116°11′44.6″ N 30°05′20.9″	95
						P	11—17	棕黄色	轻黏土	核块状	6.5	4.3	0.26	0.18	10.9	5.0	40	14.1			
						Bv	17—31	棕黄色	轻黏土	核状	6.7	4.3	0.26	0.18	10.9	5.0	40	14.1			
						C	31—100	淡棕黄次色	中壤土	核状	6.7	17.4	1.08	0.40	10.0	13.0	59	7.1			
剖38	人为土	水稻土	漂洗水稻土	白浆土田	漂洗黄泥田	Ae	0—17	灰白色	中壤土	粒状	5.0	14.7	0.91	0.34	10.2	9.0	35	7.0	第四纪红色黏土	E 116°08′43.8″ N 30°05′09.1″	95
						Pe	17—25	淡灰色	重壤土	块状	5.3	9.2	0.63	0.36	10.6	6.0	34	7.7			
						Bv	25—60	淡棕色	重壤土	块状	6.4	5.7	0.49	0.38	14.0	5.0	66	8.0			
						C	60—100	红黄色	轻黏土	碎块状	6.3	16.0	0.76	0.28	6.9	≤1.0	26	8.4			
剖39	铁铝土	红壤	黄红壤	黄红壤	厚层网纹黄红壤	A	0—6	红黄色	轻黏土	核状	5.0	7.4	0.45	0.32	9.4	≤1.0	26	8.5	第四纪红色黏土	E 116°11′07.9″ N 30°05′47.6″	95
						Bv	6—70	红棕色	轻黏土	块状	5.0	4.9	0.45	0.36	7.5	≤1.0	44	9.9			
						C	70—125	淡红色	轻黏土	块状	4.9										

续表 Continued

剖面号 Soil profile	土纲 Soil order	土类 Soil great group	亚类 Soil subgroup	土属 Soil genus	土种 Soil species	土层码 Layer code	土层厚度 Depth/cm	颜色 Soil color	质地 Soil texture	土壤结构 Soil structure	pH	有机质 OM/(g/kg)	全氮 TN/(g/kg)	全磷 TP/(g/kg)	全钾 TK/(g/kg)	有效磷 AP/(mg/kg)	速效钾 AK/(mg/kg)	阳离子交换量CEC/(cmol/kg)	土壤母质 Parent material	剖面点坐标 Profile coordinate	匹配指数 Matching index/%
剖40	淋溶土	黄褐土	黏盘黄褐土	黏盘黄褐土	厚层堆叠黄褐土	A	0—25	灰棕色	中壤土	小块状	5.0	19.3	1.06	0.41	8.4	4.0	64	9.9	下蜀黄土	E 116°05′48.0″ N 30°03′00.8″	78
						Bv	25—68	棕灰色	中壤土	块块状	5.5	4.5	0.34	0.19	10.5	2.0	54	9.8			
						C	68—100	灰黄色	重壤土	棱块状	6.4	3.5	0.41	0.17	8.8	≤1.0	86	9.8			
剖41	人为土	水稻土	淹育水稻土	浅麻石砂泥田	少砾质浅麻砂泥田	A	0—15	灰黄色	轻石轻壤土	碎块状	5.4	20.2	1.23	0.28	33.5	5.0	56	8.5	酸性结晶岩类坡积物	E 116°06′33.6″ N 30°02′43.3″	95
						P	15—24	黄棕色	轻石轻壤土	块状	5.5	18.2	0.97	0.27	34.1	5.0	51	6.1			
						Bv	24—53	橙黄色	中石轻壤土	块状	6.2	8.9	0.61	0.29	35.5	4.0	61	7.1			
						C	53—79	橙黄色	中石砂壤土	粒状	6.5	4.2	0.24	0.17	31.3	4.0	69	7.0			
剖42	人为土	水稻土	潜育水稻土	青砂泥田	湖泥底青砂泥田	A	0—12	灰黄色	中壤土	块状	5.2	23.8	1.29	0.74	22.2	14.0	99	10.4	河流冲积物	E 116°09′57.7″ N 30°04′51.7″	95
						Wg	12—34	棕黄色	中壤土	块状	6.2	15.9	1.19	0.77	22.4	12.0	50	15.5			
						G	34—100	青灰色	重壤土	棱柱状	6.5	11.5	0.58	0.81	22.7	10.0	52	16.0			
剖43	人为土	水稻土	潜育水稻土	青钙泥田	淋溶青钙泥田	A	0—15	灰褐色	重壤土	块状	6.4	34.6	2.09	0.46	10.8	8.0	57	12.9	石灰岩坡积物、洪积物	E 116°13′17.8″ N 30°00′13.1″	95
						Pg	15—24	褐黑色	重壤土	块状	7.7	33.5	1.81	0.42	11.0	6.0	46	12.7			
						Wg	24—35	浅黑色	重壤土	块状	8.1	30.1	1.55	0.34	10.8	5.0	44	11.4			
						G	35—100	青灰色	重壤土	糊状	7.1	35.0	1.75	0.21	10.3	3.0	44	12.8			
剖44	半水成土	潮土	灰潮土	灰泥土	黏泥土	A	0—15	灰褐色	中壤土	块状	6.6	18.6	0.98	0.48	27.8	4.0	77	17.2	近代长江冲积物	E 116°11′22.6″ N 29°51′31.8″	95
						Bv	15—25	棕灰色	中壤土	块状	8.0	9.8	0.84	0.56	23.7	2.0	42	13.6			
						Bv	25—55	棕灰色	中壤土	块状	8.3	7.6	0.56	0.75	17.4	≤1.0	18	13.9			
						C	55—100	青灰色	重壤土	棱柱状	8.3	5.1	0.30	0.63	18.6	≤1.0	31	13.3			
剖45	人为土	水稻土	潴育水稻土	黄泥田	下位焦斑黄黄泥田	A	0—18	灰棕色	轻黏土	块状	6.7	30.0	1.66	0.42	13.3	6.0	65	10.2	第四纪红色黏土	E 116°15′09.5″ N 30°16′39.3″	75
						P	18—30	棕灰色	轻黏土	块块状	6.5	13.8	0.90	0.35	12.3	10.0	34	16.6			
						W	30—68	黄棕色	轻黏土	块块状	6.6	8.1	0.46	0.28	11.4	8.0	39	15.1			
						Bv_1	68—81	红棕色	中壤土	棱柱状	6.7	3.2	0.17	0.27	10.3	6.0	55	11.1			
						Bv_2	81—100	红褐色	重壤土	棱柱状	6.6	2.8	0.19	0.16	9.9	7.0	44	10.0			
剖46	人为土	水稻土	潴育水稻土	砂泥田	上位夹砂砂泥田	A	0—12	灰褐色	轻壤土	小块状	4.9	23.5	1.25	0.33	17.9	5.0	25	8.3	河流冲积物	E 116°15′17.4″ N 30°13′40.8″	75
						P	12—18	棕灰色	中壤土	小块状	5.1	17.7	0.97	0.28	17.4	4.0	23	9.1			
						W	18—40	黄棕色	中壤土	小块状	6.8	7.4	0.42	0.27	16.7	3.0	6	8.6			
						Bv	40—100	黄青色	中壤土	块状	7.2	5.8	0.26	0.22	17.0	3.0	33	10.4			
剖47	人为土	水稻土	潴育水稻土	石灰泥田	淋溶钙板田	A	0—12	暗黄色	中黏土	块状	6.8	27.5	1.66	0.58	14.7	4.0	111	18.7	碳酸岩类坡积物、洪积物	E 116°16′36.5″ N 30°14′31.3″	95
						P	12—20	暗灰色	中黏土	块状	7.3	20.5	1.38	0.56	14.5	2.0	89	17.0			
						W	20—39	棕灰色	中黏土	块状	7.5	15.0	0.88	0.43	14.4	3.0	92	20.3			
						Bv	39—100	青灰色	中黏土	块状	7.4	6.3	0.48	0.23	12.0	≤1.0	39	12.4			
剖48	人为土	水稻土	潴育水稻土	砂泥田	砾质砂泥田	A	0—15	灰褐色	轻壤土	粒状	5.8	24.2	1.60	0.65	15.3	15.0	45	11.6	河流冲积物	E 116°15′11.8″ N 30°12′58.2″	75
						P	15—21	褐灰色	砂壤土	小块状	6.3	18.3	1.06	0.61	16.1	11.0	45	9.1			
						W	21—51	黄灰色	砂壤土	小块状	6.7	10.1	0.68	0.65	18.6	10.0	56	10.6			
						Bv	51—100	棕灰色	轻壤土	小块状	6.7	8.1	0.46	0.61	5.9	6.0	56	8.9			
剖49	人为土	水稻土	潴育水稻土	石灰性砂泥田	灰泥田	A	0—15	黑褐色	中壤土	块状	7.6	26.1	1.49	0.67	23.9	5.0	94	17.0	河流冲积物	E 116°17′51.2″ N 30°12′42.4″	75
						P	13—19	棕褐色	中壤土	块状	7.7	25.7	1.70	0.65	22.8	4.0	60	15.8			
						W	19—35	青灰色	重壤土	块状	7.8	20.5	1.36	0.62	26.2	4.0	77	15.5			
						Bv	35—100	褐棕色	重壤土	块状	7.8	12.9	0.69	0.68	25.1	4.0	78	17.8			
剖50	人为土	水稻土	潴育水稻土	砂泥田	黄底砂泥田	A	0—14	淡灰色	中壤土	块状	6.4	28.0	1.41	0.40	19.0	3.0	37	9.6	河流冲积物	E 116°19′28.1″ N 30°14′48.6″	95
						P	14—24	灰色	中壤土	块状	7.5	20.0	0.97	0.35	19.7	3.0	51	10.8			
						W	24—64	淡灰色	中壤土	块状	7.7	28.0	0.53	0.34	19.3	3.0	36	8.8			
						Bv	64—100	灰黄色	中壤土	块状	7.5	26.7	0.44	0.27	17.6	3.0	41	8.6			

剖面号 Soil profile	土纲 Soil order	土类 Soil great group	亚类 Soil subgroup	土属 Soil genus	土种 Soil species	土层码 Layer code	土层厚度 Depth/cm	颜色 Soil color	质地 Soil texture	土壤结构 Soil structure	pH	有机质 OM/(g/kg)	全氮 TN/(g/kg)	全磷 TP/(g/kg)	全钾 TK/(g/kg)	有效磷 AP/(mg/kg)	速效钾 AK/(mg/kg)	阳离子交换量CEC/(cmol/kg)	土壤母质 Parent material	剖面点坐标 Profile coordinate	匹配指数 Matching index/%
剖51	人为土	水稻土	潴育水稻土	麻石砂泥田	夹砂麻砂泥田	A	0—18	棕灰色	轻壤土	粒状	5.5	31.4	1.91	0.94	18.0	9.0	53	12.4	花岗岩残积物、坡积物	E 116°19′33.0″ N 30°11′19.9″	95
						P	18—25	褐灰色	轻壤土	粒状	6.1	15.5	1.11	1.07	16.6	4.0	67	10.4			
						S	25—37	灰棕色	砂壤土	粒状	6.7	8.2	0.63	1.14	14.1	5.0	69	11.7			
						W	37—64	灰褐色	轻壤土	小块状	6.6	11.1	0.74	1.11	18.3	12.0	69	12.6			
						C	64—100	黄褐色	轻壤土	小块状	6.6	11.1	0.74	1.11	18.3	12.0	69	12.6			
剖52	人为土	水稻土	潴育水稻土	砂泥田	砂田	A	0—12	暗灰色	轻壤土	粒状	5.3	30.0	1.37	0.94	18.7	11.0	48	6.7	河流冲积物	E 116°15′08.3″ N 30°10′24.9″	75
						P	12—20	暗灰色	砂壤土	粒状	5.8	16.1	0.80	0.84	19.5	8.0	43	5.3			
						W	20—30	灰白色	轻壤土	块状	6.6	6.5	0.40	0.85	20.5	5.0	43	5.0			
						Bv	30—60	灰白色	松砂土	粒状											
						C	60—100	淡黄色	松砂土	粒状											
剖53	铁铝土	红壤	黄红壤	黄红壤	网纹红壤	A	0—18	灰黄色	轻壤土	小块状	5.6	10.5	1.05	0.21	5.9	5.0	42	13.8	第四纪红色黏土	E 116°17′40.9″ N 30°11′34.3″	95
						Bv₁	18—34	黄棕色	轻黏土		5.5	4.9	0.43	0.11	5.5	3.0	33	16.7			
						Bv₂	34—100	棕红色	轻黏土	核状	5.3	2.6	0.52	0.15	6.7	2.0	27	21.5			
剖54	人为土	水稻土	潴育水稻土	黄泥田	黄泥田	A	0—13	灰黄色	轻壤土	块状	5.3	19.2	1.09	0.36	10.7	7.0	32	6.5	第四纪红色黏土	E 116°17′15.3″ N 30°09′10.1″	95
						P	13—23	灰黄色	轻壤土	棱块状	6.5	14.4	0.92	0.27	10.4	2.0	30	6.4			
						W	23—50	黄灰色	轻壤土	棱块状	6.5	14.4	0.92	0.27	10.4	2.0	30	6.4			
						Bv	50—100	红灰色	轻黏土	棱块状	7.3	6.1	0.34	0.23	11.9	2.0	41	9.0			
剖55	人为土	水稻土	潴育水稻土	青马肝田	青马肝泥田	A	0—17	褐灰色	中壤土	块状	8.0	29.3	1.69	0.39	12.9	10.0	39	8.5	下蜀纪黄土	E 116°21′35.0″ N 30°08′17.4″	95
						P	17—24	灰黄色	中壤土	块状	7.6	14.2	0.83	0.25	13.6	≤1.0	32	8.8			
						Bv	24—60	黄灰色	中壤土	块状	7.4	8.1	0.45	0.18	12.9	2.0	32	9.5			
						G	60—100	青灰色	重壤土	糊状	7.4	5.7	0.29	0.15	11.9	2.0	34	11.6			
剖56	铁铝土	红壤	黄红壤	黄红壤	黄红土	A	0—15	暗黄灰色	中壤土	碎块状	5.3	14.5	0.92	0.32	11.6	2.5	149	8.7	第四纪红色黏土	E 116°20′12.0″ N 30°05′43.5″	95
						P	15—30	黄灰色	中壤土	核状	5.9	12.9	0.74	0.30	11.7	1.6	134	7.8			
						Bv	30—100	黄红色	中壤土	块状	5.3	4.7	0.38	0.23	14.0	≤1.0	74	14.1			
剖57	人为土	水稻土	潴育水稻土	紫砂泥田	紫泥田	A	0—14	棕灰色	中壤土	块状	5.7	23.2	1.20	0.39	16.6	5.0	103	10.3	紫色砂岩坡积物	E 116°21′27.5″ N 30°05′52.6″	95
						P	14—22	紫棕色	中壤土	棱块状	7.0	10.1	0.78	0.31	17.1	3.0	55	12.1			
						W	22—40	紫棕色	中壤土	棱块状	7.4	8.0	0.58	0.25	14.4	3.3	39	10.3			
						Bv₁	40—70	棕紫色	中壤土	棱块状	7.4	4.8	0.41	0.23	12.3	1.9	29	8.2			
						Bv₂	70—100	紫棕色	重壤土	棱块状	7.3	8.7	0.50	0.16	14.5	1.4	69	7.9			
剖58	人为土	水稻土	潴育水稻土	湖泥田	湖泥田	A	0—16	黄灰色	中壤土	块状	5.8	19.6	1.37	0.39	12.0	9.0	49	7.6	湖相沉积物	E 116°15′28.6″ N 30°02′08.3″	95
						P	16—21	褐灰色	中壤土	块状	5.6	29.3	1.40	0.45	12.0	8.0	41	9.3			
						W	21—34	灰黄色	中壤土	棱块状	6.2	10.7	0.76	0.36	12.2	7.0	44	9.0			
						Bv	34—100	棕灰色	中壤土	块状	6.7	6.2	0.73	0.53	12.8	5.0	59	10.1			
剖59	人为土	水稻土	潴育水稻土	黄泥田	湖泥底黄泥田	A	0—10	黄灰色	轻壤土	块状	5.5	17.9	1.63	0.53	10.9	4.0	31	11.0	第四纪红色黏土	E 116°27′58.7″ N 30°03′14.6″	95
						P	10—14	灰棕色	中壤土	块状	5.9	13.1	0.63	0.38	11.5	3.0	26	10.2			
						W	14—27	棕黄色	中壤土	棱块状	7.0	8.9	0.58	0.38	12.0	2.0	31	11.5			
						Bv	27—74	棕灰色	中壤土	块状	7.5	6.4	0.53	0.28	11.8	2.0	31	9.8			
						C	74—100	青灰色	重壤土	块状	7.5	6.1	0.48	0.27	13.0	≤1.0	39	9.0			
剖60	半水成土	潮土	灰潮土	灰泥土	砂心灰泥土	A	0—18	褐灰色	重壤土	块状	8.3	13.8	0.95	0.69	14.3	5.0	83	11.6	近代长江冲积物	E 116°18′00.8″ N 29°53′35.1″	95
						Bv	18—36	褐灰色	重壤土	块状	8.4	10.6	0.70	0.63	20.5	4.0	49	11.5			
						S	36—59	灰黄色	中壤土	粒状	8.4	2.5	0.25	0.60	15.2	4.0	13	3.2			
						C	59—105	褐棕色	重壤土	块状	8.4	2.2	0.87	0.68	23.5	2.0	45	11.2			
剖61	半水成土	潮土	灰潮土	灰砂泥土	灰砂泥土	A	0—18	棕灰色	中壤土	小块状	8.1	15.0	0.95	0.67	18.3	6.0	117	11.6	长江冲积物	E 116°20′12.5″ N 29°52′48.4″	95
						P	18—28	棕色	中壤土	块状	8.3	7.6	0.62	0.64	19.9	2.0	41	12.3			
						Bv	28—85	棕灰色	中壤土	块状	8.3	6.1	0.53	0.60	17.4	≤1.0	44	9.4			
						C	85—110	褐灰色	轻壤土	块状	8.4	2.4	0.14	0.75	18.2	≤1.0	18	5.5			

续表 Continued

剖面号 Soil profile	土纲 Soil order	土类 Soil great group	亚类 Soil subgroup	土属 Soil genus	土种 Soil species	土层码 Layer code	土层厚度 Depth/cm	颜色 Soil color	质地 Soil texture	土壤结构 Soil structure	pH	有机质 OM/(g/kg)	全氮 TN/(g/kg)	全磷 TP/(g/kg)	全钾 TK/(g/kg)	有效磷 AP/(mg/kg)	速效钾 AK/(mg/kg)	阳离子交换量CEC/(cmol/kg)	土壤母质 Parent material	剖面点坐标 Profile coordinate	匹配指数 Matching index/%
剖62	半水成土	潮土	灰潮土	砂泥土	砂砾身砂泥土	1	0—18	灰棕色	壤质黏土	粒状	5.7	11.5	0.73	0.63	19.7	17.0	112	6.0	山河冲积物	E 116°16′46.7″ N 29°50′34.6″	95
						2	18—58	灰棕色	砂壤土	单粒状	6.3	3.0	0.18	0.43	23.6	12.0	83	5.9			
						3	58—100	灰白色	砂壤土	单粒状	6.5	2.2	0.19	0.43	23.0	11.0	55	4.9			
剖63	半水成土	潮土	灰潮土	石灰性泥土	砂心石灰性泥土	1	0—18	棕灰色	壤质黏土	碎块状	8.3	13.8	0.95	0.69	24.3	5.0	83	11.6	长江冲积物	E 116°23′44.5″ N 29°52′44.3″	81
						2	18—36	棕灰色	壤质黏土	碎块状	8.4	10.6	0.70	0.63	20.5	4.0	49	11.5			
						3	36—59	青灰色	砂壤土	单粒状、块状	8.4	2.5	0.25	0.60	15.2	4.0	11	3.2			
						4	59—105	紫灰色	壤质黏土	块状	8.4	2.2	0.27	0.68	23.5	2.0	45	11.2			
剖64	半水成土	潮土	灰潮土	灰砂土	灰砂土	A	0—33	褐灰色	轻壤土	粒状	8.1	11.5	0.79	0.83	19.9	5.0	55	15.5	长江冲积物	E 116°25′25.7″ N 29°54′44.6″	95
						Bv₁	33—59	灰棕色	中壤土	小块状	8.1	6.3	0.55	0.64	19.9	3.0	51	14.7			
						Bv₂	59—74	棕灰色	砂壤土	粒状	8.2	4.7	0.35	0.55	14.8	3.0	39	13.8			
						C	74—100	灰棕色	中壤土	小块状	8.2	7.4	0.45	0.52	18.1	≤1.0	56	12.4			
剖65	半水成土	潮土	灰潮土	灰砂土	泥心灰砂土	A	0—28	褐灰色	中壤土	块状									长江冲积物	E 116°16′07.8″ N 29°49′02.0″	95
						Bv₁	28—51	淡灰色	轻壤土	小块状											
						Bv₂	51—80	棕褐色	轻壤土	粒状											
						C	80—110	棕褐色	重壤土	小块状											
剖66	半水成土	潮土	灰潮土	灰砂土	黄连砂土	A	0—19	褐灰色	轻壤土	粒状	8.3	9.8	0.84	0.63	17.3	4.0	39	10.2	长江冲积物	E 116°31′59.4″ N 29°56′57.8″	95
						P	19—33	褐灰色	砂壤土	粒状	8.5	2.5	0.20	0.75	14.7	2.0	14	10.8			
						Bv	33—69	青灰色	砂壤土	粒状	8.4	3.3	0.29	0.63	15.2	≤1.0	15	10.0			
						C	69—100	灰棕色	轻壤土	粒状	8.3	10.7	0.67	0.67	20.8	≤1.0	46	10.1			

望 江 县

主要土类说明

水稻土是望江县主要土壤类型，占本县地域面积的40%。在季节性淹水耕作或水旱耕作交替过程中，水稻土进行着氧化还原交替，有机质分解与合成，黏粒、盐基淋溶与淀积，土壤剖面形成特定的形态特征。由于母土或母质起源不同，它们生成发育的残留特征有明显的差异。不同的地形、母质及水分条件，对水稻土的形成发育产生深刻的影响。水分条件为影响土壤发育进程的主导因素，如受地面淹水和地下水毛管作用影响形成潴育水稻土，地面水、间层滞水或地下水长期浸渍形成潜育水稻土，受地面水侧渗作用影响形成侧漂水稻土等。这些基本属性和农业生产利用有显著的关系，人为生产活动也制约着水稻土的形成和发育。

潮土是望江县第二大土壤类型，占本县地域面积的20%，它是发育在河流冲积物及湖相沉积物上，在地下水的参与下，经旱作而发育形成的旱作土壤。潮土剖面上具有锈色斑纹，一般土层深厚，具有明显成层性。本县大部分潮土土壤疏松，通透性好，适种性广，是主要的高产土壤类型。沿江洲地，上至泊湖，下抵大湾乡新漳河的潮土，其成土母质主要为长江冲积物，海拔多在10—14m，全剖面具中等强度的石灰反应，pH为7.4—8.2。从沿江河至圩心，土壤质地从砂土、砂壤土渐向轻壤土、中壤土过渡，近砂远淤的沉积规律明显。沿河圩区的成土母质为皖河冲积物，土层深厚，无石灰反应。由湖相沉积物母质发育的潮土，是人为在芜湖滩上开垦种植形成的一类土壤，其在长期静水沉积的作用下，土壤质地黏重，通透性差，土层均一。

红壤是望江县第三大土壤类型，占本县地域面积的16%，分布于本县丘陵、低岗的二、三级阶地上。本县气候特点是温暖湿润，热量丰富，雨量充沛，干湿交替较明显。红壤成土母质以第四纪红色黏土为主，其次为泥质岩、中性岩类风化物。

黄褐土占望江县地域面积的7%。其发育在特定的下蜀黄土母质上，剖面呈黄棕色，土层深厚，通常具有均质黄土层、黏盘层和网纹层三个发生层段。表层黏粒淋洗下移，质地偏轻，黏粒往往在剖面中下部淀积，形成厚度几十厘米至2m不等的黏盘层（或黏化层）。黏盘层呈黄棕色或棕褐色，物理性黏粒含量在56%以上，黏化层黏粒含量与表层黏粒含量之比大于1.2，高的达2.0，黏重紧实，透水性差，干缩时垂直节理明显，呈棱柱状和棱块状结构，结构面上有灰色胶膜，内部有较多的铁锰结核。其下的网纹层灰白、黄棕相间，呈杂色树枝状。土壤pH为5.5—6.5，呈上小下大趋势。

小于本县地域面积3%的土壤类型还有黄棕壤、紫色土等。

本区域中心区气候特征

本区域中心区气候特征值
Regional climate characteristics in central area of the region

气候带：北亚热带湿润气候 Climate region: North subtropical humid climate	
年平均气温/℃ Annual average temperature /℃	16.8
年平均最高气温/℃ Annual average maximum temperature /℃	21.1
年平均最低气温/℃ Annual average minimum temperature /℃	13.4
年降水量/mm Annual precipitation /mm	1554
≥10℃的积温/℃ Daily temperature accumulated in a year（≥10℃）/℃	8225
年日照时数/h Annual sunshine /h	1831
年平均相对湿度/% Annual average relative humidity /%	77
干燥度 Dryness	0.64

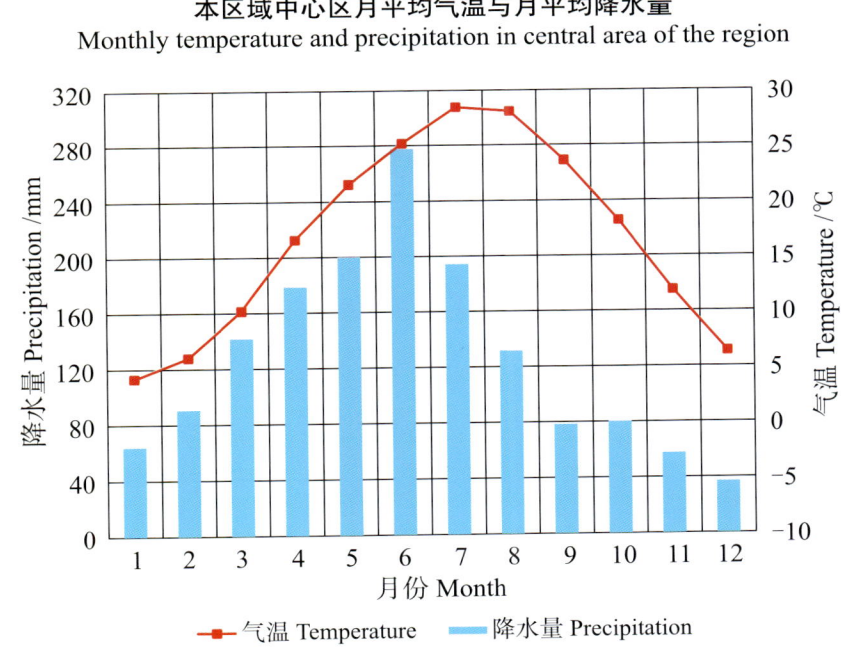

本区域中心区月平均气温与月平均降水量
Monthly temperature and precipitation in central area of the region

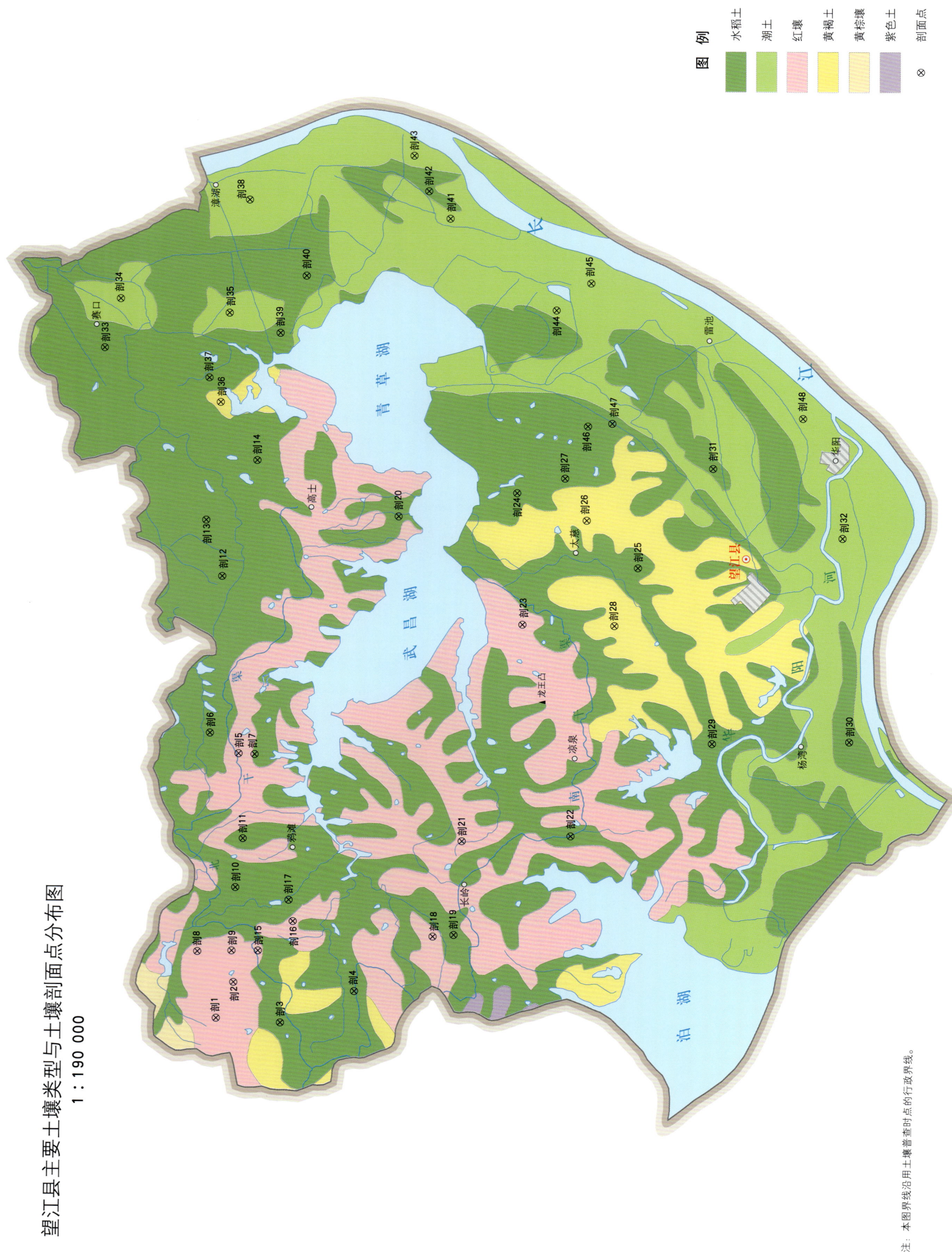

望江县土壤剖面理化性状表

剖面号 Soil profile	土纲 Soil order	土类 Soil great group	亚类 Soil subgroup	土属 Soil genus	土种 Soil species	土层码 Layer code	土层厚度 Depth/cm	颜色 Soil color	质地 Soil texture	土壤结构 Soil structure	pH	有机质 OM/(g/kg)	全氮 TN/(g/kg)	全磷 TP/(g/kg)	全钾 TK/(g/kg)	有效磷 AP/(mg/kg)	速效钾 AK/(mg/kg)	阳离子交换量CEC/(cmol/kg)	土壤母质 Parent material	剖面点坐标 Profile coordinate	匹配指数 Matching index/%
剖1	铁铝土	红壤	黄红壤	细粒黄红土	细粒黄红土	A	0—11	浅灰色	中壤土	碎粒状	6.1	17.0	1.11	0.41	19.8	10.1	136	7.9	安山岩、凝灰岩、中性岩残积物、坡积物	E 116°28′13.9″ N 30°20′54.9″	75
						Bv	11—72	棕灰色	中壤土	棱块状	6.5	10.0	0.65	0.45	19.8	9.1	136	6.8			
						C	72—100	棕黄色	轻黏土	小块状	6.5	8.4	0.65	0.36	19.8	2.6	247	9.5			
剖2	铁铝土	红壤	黄红壤	麻石黄红壤	薄层麻石黄红壤	A	0—12	棕灰色	砂壤土	碎粒状	5.3	17.7	0.72	≤0.10	27.0	6.1	6	6.7		E 116°29′17.7″ N 30°20′29.7″	75
剖3	水稻土	漂洗水稻土	白浆土田	白土心黄泥田	A	0—13	黄ейlow gray													E 116°28′07.2″ N 30°19′18.6″	81
						A	0—13	黄灰色	中壤土	碎块状	5.1	21.6	1.32	0.27	13.8	5.2	96	12.0			
						Pe	13—20	灰色	中壤土	小片块状	5.3	20.6	1.26	0.26	13.1	4.4	74	10.7			
						E	20—56	白色	重壤土	大片块状	5.3	5.8	0.46	0.11	12.6	2.7	68	8.7			
						Bv	56—100	黄灰色	重壤土	大片块状	5.4	4.8	0.38	0.13	11.7			6.5			
剖4	人为土	水稻土	潴育水稻土	马肝田	鳝血马肝田	Ap	0—15	暗棕色	壤质黏土	团块状	6.0	30.2	1.89	0.44	12.0	9.0	48	9.4	第四纪红色黏土	E 116°29′04.8″ N 30°17′28.2″	95
						P	15—25	暗黄棕色	黏土	块状	6.3	19.2	1.18	0.26	11.9	3.0	34	7.4			
						W_1	25—44	浅黄色	黏壤土	棱块状	6.7	6.5	0.52	0.22	11.8	3.0	52				
							44—59	淡黄色	黏壤土	棱块状	6.7	5.1	0.45	0.18	12.8						
						W_2	59—100	黄棕色	黏土	块状	6.7										
剖5	铁铝土	红壤	黄红壤	黄红土	黄红土	Bv	0—23	浅黄色	轻壤土	碎粒状	4.9	15.2	0.63	0.15	8.1	6.0	69	7.4	第四纪红色黏土	E 116°36′10.1″ N 30°20′26.6″	95
						C	23—56	浅黄色	中壤土	小块状	4.9	13.2	0.57	0.19	10.4	4.0	72	9.7			
							56—100	红白相间	中壤土	块状	4.9	5.5	0.52	0.16	11.7	2.0	44	12.8			
剖6	人为土	水稻土	潴育水稻土	砂泥田	表潜砂泥田	Pg	0—13	浅黄色	中壤土	碎粒状	5.3	26.1	1.20	0.35	23.6	3.0	50	14.2	长江冲积物、沉积物	E 116°36′45.9″ N 30°21′09.7″	75
						W	13—34	青黄色	重壤土	小块状	5.5	22.4	1.19	0.39	23.9	3.0	45	16.4			
						Bv	34—48	灰棕黄色	重壤土	小块状	6.1	19.4	1.43	0.58	24.5		47	12.6			
							48—100	棕黄色	黏土	小块状	6.5	13.3	6.99	0.64	29.4			18.8			
剖7	人为土	水稻土	潴育水稻土	黄泥田	白底黄泥田	A	0—13	棕红色	重壤土	小块状	6.3	36.6	2.06	0.38	12.9	5.0	46	13.0	第四纪红色黏土	E 116°36′08.9″ N 30°20′02.1″	75
						P	13—21	黄红色	中壤土	小块状	6.8	18.7	1.22	0.30	12.9	4.0	34	9.7			
						W	21—48	浅棕色	轻壤土	小块状	7.5	3.2	0.31	0.15	11.7	3.0	33	5.2			
						E	48—100	白色	中壤土	块状	7.5	1.6	0.15	0.17				5.4			
剖8	铁铝土	红壤	黄红壤	扁石黄红壤	扁石黄红壤	A	0—12	浅黄色	重壤土	碎粒状	5.4	14.5	0.92	0.68	11.0	5.0	97	7.3	泥质岩类坡积物、残积物	E 116°36′12.1″ N 30°21′24.1″	75
						Bv	12—18	棕红色	重壤土	棱块状	5.7	9.7	0.76	0.65	12.0	4.0	91	9.0			
							18—67	红棕色	重壤土	棱块状	5.2	3.8	0.39	0.50	12.4	2.0	83	13.8			
						C	67—100	黄棕色	重壤土	小块状	5.1	4.1	0.47	0.56	14.4	3.0	94	13.3			
剖9	人为土	水稻土	潴育水稻土	黄泥田	白底黄泥田	A	0—10	黄红色	轻壤土	碎粒状	5.4	21.1	0.89	0.26	6.6	2.6	35	5.2	第四纪红色黏土	E 116°30′14.4″ N 30°20′33.4″	75
						Bv	10—40	棕红色	中壤土	小块状	5.2	7.7	0.59	0.31	15.3	1.6	38	7.8			
						C	40—100	棕褐色	轻壤土	碎粒状	4.9	3.0	0.21	0.30	16.0	≤1.0	41	8.4			
剖10	人为土	水稻土	潴育水稻土	马肝田	黄马肝田	A	0—12	浅黄色	重壤土	小片块状	5.3	15.6	1.08	0.26	14.7	7.0	98	14.2	下蜀黄土	E 116°32′08.3″ N 30°20′28.7″	95
						P	12—19	棕灰色	重壤土	棱块状	5.6	16.1	0.77	0.27	15.1	6.0	76	14.2			
						W	19—50	棕灰色	黏土	棱块状	6.6	5.8	0.50	0.23	16.6	4.0	77	11.3			
						C	50—100	浅灰色	黏土	棱块状	6.3	5.1	0.48	0.19	15.8			12.3			
剖11	水稻土		潴育水稻土	湖泥田	湖泥田	A	0—13	米灰色	重壤土	碎块状	6.3	29.9	1.77	0.48	21.6	4.0	114	22.7	湖相沉积物	E 116°33′37.4″ N 30°20′18.2″	95
						Ap	13—21	棕灰色	黏土	小块状	7.0	14.5	0.95	0.49	24.5	5.0	91	22.6			
						P	21—72	棕黄灰色	黏土	棱块状	7.0	25.4	1.59	0.47	23.3	4.0	92	23.4			
						W	72—100	灰色	黏土	棱块状	7.5	13.3	1.03	0.45	23.3			19.7			
剖12	人为土	水稻土	潴育水稻土	潮黏田	望江泥骨田	Aa	0—14	灰色	黏土	碎块状	7.5	37.2	2.20	0.50	21.6	14.0	76	19.5	长江冲积物	E 116°41′27.7″ N 30°20′54.0″	95
						Ap	14—22	棕灰色	黏土	小块状	7.7	27.9	1.80	0.50	21.6	4.0	77	18.5			
						P	22—50	黄灰色	黏土	棱块状	7.8	12.1	0.90	0.50	22.5	10.0	78	17.4			
						W	50—100	暗黄灰色	黏土	棱块状	7.6	13.6	1.10	0.40	23.6			21.4			

续表 Continued

剖面号 Soil profile	土纲 Soil order	土类 Soil great group	亚类 Soil subgroup	土属 Soil genus	土种 Soil species	土层码 Layer code	土层厚度 Depth/cm	颜色 Soil color	质地 Soil texture	土壤结构 Soil structure	pH	有机质 OM/(g/kg)	全氮 TN/(g/kg)	全磷 TP/(g/kg)	全钾 TK/(g/kg)	有效磷 AP/(mg/kg)	速效钾 AK/(mg/kg)	阳离子交换量CEC/(cmol/kg)	土壤母质 Parent material	剖面点坐标 Profile coordinate	匹配指数 Matching index/%
剖13	人为土	水稻土	潜育水稻土	烂泥田	烂泥田	A	0~17	浅灰色	中壤土	小片状	5.7	31.4	1.87	0.32	16.4	4.0	77	16.1	山河冲积物、静水沉积物	E 116°43′07.5″ N 30°21′18.4″	95
						G	17~100	深青灰色	黏土	糊状	4.9	22.7	1.56	0.43	14.5	19.0	100	15.9			
剖14	人为土	水稻土	潜育水稻土	砂泥田	砂泥田	A	0~13	浅灰色	中壤土	碎块状	6.0	19.6	1.39	0.32	19.7	11.2	69	12.9	长江冲积物、沉积物	E 116°44′55.4″ N 30°20′02.4″	75
						P	13~20	灰红色	重壤土	小片状	6.7	14.4	1.09	0.33	20.6	4.4	37	10.3			
						W	20~40	黄灰色	重壤土	棱块状	7.0	7.4	0.52	0.48	19.7	6.8	50	10.0			
						Bv	40~100		重壤土	棱块状	6.3	7.7	0.48	0.51	17.6	9.4		13.9			
剖15	铁铝土	红壤	黄红壤	黄红壤	焦质黄红壤	A	0~17	黄红色	轻黏土	碎块状	5.1	6.6	0.56	0.21	15.3	2.0	99	17.9	第四纪红色黏土	E 116°30′15.0″ N 30°19′53.5″	95
						Bv	17~60	棕褐色	黏土	大块状	5.1	4.9	0.40	0.20	15.9	3.0	91	17.6			
						C	60~100	棕红色	黏土	大块状	5.1	5.5	0.40	0.20	15.9	2.0	79	14.3			
剖16	铁铝土	红壤	黄红壤	细粒黄红壤	中层细粒黄红壤	A	0~9	黄灰色	砂壤土	碎粒状	5.2	10.1	0.99	0.21	27.5	3.0	152	6.4	安山岩、凝灰岩、中性岩残积物、坡积物	E 116°31′09.0″ N 30°19′01.8″	95
						C	9~20	黄灰色	中壤土	碎粒状	5.0	19.3	0.79	0.23	30.0	2.0	102	6.8			
						D	20~100	浅灰黄色													
剖17	人为土	水稻土	潜育水稻土	砂泥田	表潜砂青田	A	0~10	浅灰色	重壤土		5.8	36.9	2.63	0.38	20.7	4.0	66	22.7	长江冲积物、沉积物	E 116°31′46.9″ N 30°19′08.4″	95
						Pg	10~20	青灰色		片状、块状	6.2	27.6	1.71	0.33	20.4	3.0	56	19.0			
						W	20~33	黄灰色	黏土	棱粒状	6.2	27.9	2.43	0.33	20.5	4.0	70	18.8			
						Bv	33~100	灰色	黏土	棱粒状	5.9	12.8	0.76	0.61	23.8			16.7			
剖18	铁铝土	红壤	红壤性土	侵蚀性黄红壤	砾质黄红壤	A	0~12	黄红色	中壤土	碎块状	4.9	27.2	0.99	0.14	9.4	2.7	51	7.3	第四纪红色黏土	E 116°30′44.7″ N 30°15′36.2″	93
						C	12~100	红色	中壤土	大块状											
剖19	人为土	水稻土	潜育水稻土	砾砂泥田	砾砂田	A	0~12	浅灰色	中壤土	碎块状	5.5	27.0	1.76	0.25	25.0	7.5	112	11.8	钾长花岗岩风化物	E 116°30′48.3″ N 30°15′00.6″	95
						P	12~16	黄红色	中壤土	小块状	5.9	24.9	1.40	0.24	24.6	3.6	80	10.5			
						W	16~61	棕灰色	中壤土	大块状	6.6	17.4	0.88	0.20	25.7	≤1.0	58	7.8			
						Bv	61~100				7.0	7.5	0.56	0.19							
剖20	人为土	水稻土	潜育水稻土	马肝田	表潜泥肝田	A	0~16	黄灰色	重壤土	碎块状	5.3	24.3	1.23	0.27	14.4	6.0	49	8.9	下蜀黄土	E 116°43′17.1″ N 30°16′29.9″	81
						P	16~26	青灰色	重壤土	小块状	5.7	20.5	1.19	0.25	14.4	5.0	39	8.6			
						W	26~44	灰黄色	重壤土	棱块状	5.9	8.5	0.76	0.21	15.7	3.0	73	8.6			
						Bv	44~100	棕灰黄色	重壤土	片状、块状	6.8	7.1	0.62	0.25	15.9			8.5			
剖21	铁铝土	红壤	黄红壤	黄红土	黄泥土	A	0~13	灰黄色	中壤土	碎块状	5.8	17.6	0.94	0.34	10.8	6.0	135	7.6	第四纪红色黏土	E 116°33′37.7″ N 30°14′50.1″	95
						P	13~20	黄红色	中壤土	小块状	5.9	10.0	0.74	0.28	10.8	3.0	71	7.2			
						Bv	20~41	棕红色	轻黏土	大块状	5.9	6.0	0.56	0.19	14.0	2.0	79	11.0			
						C	41~100	黄红色	轻黏土	大块状	5.9	5.4	0.54	0.20	14.0			9.9			
剖22	人为土	水稻土	潜育水稻土	黄泥田	黄泥田	A	0~14	浅黄色	重壤土	碎块状	5.1	31.0	1.92	0.84	14.0	9.0	72	9.8	第四纪红色黏土	E 116°33′49.4″ N 30°12′07.2″	95
						P	14~23	灰色	重壤土	小片块状	5.8	25.5	1.64	0.76	13.1	8.0	67	8.5			
						W	23~55	棕黄灰色	重壤土	小块状	6.9	9.9	0.79	0.75	12.7	9.0	54	8.4			
						Bv	55~100	黄灰色	重壤土	棱块状	6.9	6.6	0.54	0.43	12.8	2.0	61	7.3			
剖23	铁铝土	红壤	黄红壤	扁石黄红土	扁石黄红土	A	0~13	棕褐色	轻黏土	碎块状	5.0	14.1	0.81	0.32	16.4	21.0	74	6.5	泥质岩类、坡积物、残积物	E 116°40′06.0″ N 30°13′23.0″	96
						Bv	13~46	黄褐色	轻黏土	小块状	5.9	6.6	0.67	0.26	16.7	4.0	103	14.3			
						C	46~100	棕褐色	重黏土	小块状	7.7	6.4	0.51	0.24	16.7	4.0	98	13.3			
剖24	人为土	水稻土	潜育水稻土	湖泥田	表潜湖泥田	A	0~14	浅黄色	重壤土	碎块状	6.9	24.8	1.49	0.40	22.7	4.0	71	22.1	湖相沉积物	E 116°44′00.8″ N 30°13′32.9″	95
						Pg	14~26	青灰色	黏土	小片块状	7.7	17.7	0.88	0.38	22.7	3.0	56	21.1			
						W	26~68	棕灰黄色	黏土	小块状	7.7	10.6	0.55	0.33	25.1	4.5	46	21.2			
						Bv	68~100	黄灰色	中壤土	小块状	7.6	7.8	0.43	0.36	23.8	2.0	61	21.9			
剖25	人为土	水稻土	潜育水稻土	马肝田	黄白马肝田	A	0~13	淡黄色	中壤土	小块状	6.0	30.2	1.89	0.44	12.0	9.0	48	9.4	下蜀黄土	E 116°41′49.3″ N 30°10′30.7″	95
						P	13~23	黄灰色	黏土	大块状	6.3	19.2	1.18	0.26	11.9	3.0	34	5.5			
						We	23~44	黄灰色	黏土	棱块状	6.7	6.5	0.52	0.22	11.8	3.0	52	5.5			
						Bve	44~100		重壤土		6.7	5.1	0.45	0.19	12.8			5.2			

续表 Continued

剖面号 Soil profile	土纲 Soil order	土类 Soil great group	亚类 Soil subgroup	土属 Soil genus	土种 Soil species	土层码 Layer code	土层厚度 Depth/cm	颜色 Soil color	质地 Soil texture	土壤结构 Soil structure	pH	有机质 OM/(g/kg)	全氮 TN/(g/kg)	全磷 TP/(g/kg)	全钾 TK/(g/kg)	有效磷 AP/(mg/kg)	速效钾 AK/(mg/kg)	阳离子交换量CEC/(cmol/kg)	土壤母质 Parent material	剖面点坐标 Profile coordinate	匹配指数 Matching index/%
剖26	淋溶土	黄褐土	黏盘黄褐土	马肝土	油马肝土	A	0—13	浅灰色	中壤土	小粒状	5.9	14.2	0.99	0.80	15.9	40.4	94	8.2	下蜀黄土	E 116°43′12.7″ N 30°11′48.0″	78
						Bv₁	13—26	棕灰色	中壤土	小块块状	5.8	10.7	0.81	0.91	16.5	70.9	113	8.0			
						Bv₂	26—50	棕黄色	中壤土	棱块状	6.1	7.7	0.61	0.66	14.7	45.2	71	7.5			
						C	50—100	棕黄色	重壤土	碎块状	6.0	4.3	0.36	1.07	18.5			13.0			
剖27	人为土	水稻土	潴育水稻土		马肝田	A	0—14	灰色	中壤土	小块状	5.0	15.1	1.09	0.81	18.2	18.0	78	10.0	下蜀黄土	E 116°44′27.3″ N 30°12′20.8″	95
						P	14—28	棕灰色	重壤土	小块状	5.8	11.0	0.83	0.85	18.5	21.0	70	8.6			
						W	28—70	棕灰黄色	重壤土	棱块状	6.9	6.0	0.63	0.63	18.6	11.0	77	8.5			
						Bv	70—100	棕灰色	中壤土	棱块状	6.9	4.3	0.64	0.64	18.7	18.0	59	7.9			
剖28	淋溶土	黄褐土	黏盘黄褐土	黏盘黄褐土	上位黏盘黄褐土	A	0—7	浅灰色	中壤土	碎块状	5.0	13.2	0.91	0.21	17.0	1.6	78	8.6	下蜀黄土	E 116°40′05.1″ N 30°11′05.2″	79
						Bv	7—26	黄灰色	重壤土	棱块状	5.0	7.9	0.58	0.14	17.9	2.0	77	10.1			
						C	26—100	棕色	黏土		5.2	5.3	0.31	0.31	19.9	2.0	84	14.9			
剖29	人为土	水稻土	潴育水稻土	细粒砂泥田	细粒砂泥田	A	0—12	浅灰色	中壤土	碎块状	5.8	25.2	1.33	0.24	20.9	10.0	77	9.7	中性岩洪积物、冲积物	E 116°36′37.2″ N 30°08′37.1″	95
						P	12—19		中壤土	小块块状	6.5	13.0	0.88	0.29	19.8	8.0	57	9.1			
						W	19—49		中壤土	棱块状	7.2	6.1	0.34	0.33	18.7	14.0	80	9.4			
						Bv	49—72			棱块状	7.1	4.6	0.32	0.34	14.8			9.7			
						C	72—100			碎块状	7.1	3.7	0.32	0.33	14.4			8.2			
剖30	人为土	水稻土	潴育水稻土	青丝泥田	青丝泥田	A	0—17	浅灰色	沙壤土	小粒状	7.9	20.9	1.03	0.42	23.9	6.0	77	17.0	江河冲积物	E 116°36′42.8″ N 30°05′11.5″	95
						P	17—26	灰色	重壤土	碎粒状	8.0	20.7	1.32	0.45	23.6	5.0	75	16.3			
						Wg	26—49	深灰色	黏土	糊状	7.9	32.6	1.92	0.47	24.5	5.0	77	14.7			
						G	49—100	青灰色	黏土	糊状	8.0	22.8	1.78	0.48	24.9	6.0	76	11.7			
剖31	人为土	水稻土	潴育水稻土	石灰性砂泥田	灰砂泥田	A	0—14	暗灰色	重壤土	碎块状	7.8	36.0	2.27	0.51	21.2	6.0	91	14.3	长江冲积物、沉积物	E 116°44′47.1″ N 30°08′39.2″	95
						P	14—22	灰色	重壤土	小块状	7.9	23.4	1.59	0.48	24.9	7.0		13.3			
						W	22—41	黄灰色	重壤土	棱块状	7.8	25.5	1.50	0.49	24.5	5.0	115	15.9			
						Cg	41—100	灰黄色	重壤土	糊状	7.1	45.5	3.69	0.44	22.7			19.8			
剖32	半水成土	潮土	灰潮土	灰砂土	泥底灰砂土	A	0—19	浅灰色	沙壤土	碎粒状	8.0	12.9	0.92	0.52	19.0	2.0	67	8.6	长江冲积物	E 116°42′45.3″ N 30°05′24.7″	81
						Bv₁	19—44	灰色	重壤土	碎粒状	8.1	11.2	0.76	0.50	20.7	≤1.0	52	10.4			
						Bv₂	44—70	棕灰色	重壤土	棱块状	8.0	10.5	0.52	0.52	22.3	2.0	64	11.8			
						C	70—100	棕灰色	黏土	棱块状	8.1	11.6	0.57	0.52	23.7			14.5			
剖33	人为土	水稻土	潴育水稻土	青湖泥田	青湖泥田	A	0—12	灰色	重壤土	小片块状	7.9	27.2	1.91	0.46	24.1	5.0	82	18.1	近代湖相沉积物	E 116°48′15.3″ N 30°23′52.3″	95
						P	12—20	青灰色	黏质黏壤土	小块状	8.0	26.2	1.62	0.49	24.5	7.0	89	17.8			
						2	20—35	淡黄色	粉质黏壤土	块状	6.3	15.3	0.83	0.42	21.5	15.0	54	12.9			
						3	35—69	灰棕色	壤质黏土	小块状	6.9	12.0	0.58	0.46	21.6	7.0	58	13.0			
						4	69—100	黄灰色	黏质黏土	块状	7.3	10.1	0.46	0.48	22.0	10.0	71	13.4			
剖34	半水成土	潮土	灰潮土	砂泥土	黏身砂泥土	1					7.3	10.7	0.49	0.63	25.5			17.6	山河冲积物	E 116°49′42.6″ N 30°23′28.6″	95
						2		灰灰色	重壤土	棱块状	8.0	21.9	1.47	0.45	23.8	3.0	90	24.0			
						Bv	14—64	棕灰色	黏土	小块状	6.8	11.6	0.85	0.44	24.2	2.0	61	28.3			
						C	64—100	浅灰色	黏土	小棱块状	6.8	8.4	0.64	0.47	20.0	≤1.0	71	24.7			
剖36	淋溶土	黄褐土	黏盘黄褐土	马肝土	死马肝土	A	0—13	浅灰色	中壤土	小棱块状	5.9	13.2	1.05	0.39	18.6	7.0	116	12.7	下蜀黄土	E 116°46′37.8″ N 30°20′58.3″	74
						C	13—100	棕灰色	重壤土	小块状	5.7	4.4	0.30	0.38	18.6	7.0	67	12.4			
剖37	人为土	水稻土	潴育水稻土	青黄泥田	青黄泥田	G	0—15	黄黄色	中壤土	糊状	7.2	24.5	1.35	0.24	15.0	4.5	86	9.3	第四纪红色黏土	E 116°47′22.1″ N 30°21′15.0″	95
						G	15—38	青灰色	重壤土	小块状	6.8	9.0	0.58	0.19	14.3	3.7	53	8.7			
						C	38—100	棕红色		糊状	7.0	2.5	0.20	0.20	16.0			8.5			
剖38	半水成土		灰潮土	灰泥土	灰泥土	A	0—18	浅灰色	重壤土	碎块状	8.1	24.8	1.64	0.55	25.7	4.0	112	15.5	长江冲积物	E 116°49′18.4″ N 30°20′45.9″	95
						P	18—29	灰色	重壤土	小块状	8.1	17.7	1.24	0.51	25.7	3.0	109	15.5			
						Bv	29—63	黄黄色	黏土	棱块状	8.2	13.7	1.00	0.56	25.7	8.0	87	14.5			
						C	63—100	浅灰色	黏土	棱块状	8.2	12.7	1.04	0.52	25.7			14.9			

续表 Continued

剖面号 Soil profile	土纲 Soil order	土类 Soil great group	亚类 Soil subgroup	土属 Soil genus	土种 Soil species	土层码 Layer code	土层厚度 Depth/cm	颜色 Soil color	质地 Soil texture	土壤结构 Soil structure	pH	有机质 OM/(g/kg)	全氮 TN/(g/kg)	全磷 TP/(g/kg)	全钾 TK/(g/kg)	有效磷 AP/(mg/kg)	速效钾 AK/(mg/kg)	阴离子交换量CEC/(cmol/kg)	土壤母质 Parent material	剖面点坐标 Profile coordinate	匹配指数 Matching index/%
剖39	人为土	水稻土	潜育水稻土	湖泥田	黄湖泥田	A	0—14	黄灰色	黏土	小碎片状	5.8	28.4	1.67	0.46	18.1	13.9	60	17.9	湖相沉积物	E 116°48′43.4″ N 30°19′28.9″	95
						P	14—40	灰色	黏土	小片块状	5.3	23.8	1.41	0.47	18.2	14.2	50	16.2			
						Wg	40—73	黄灰色	黏土	棱块状	5.5	21.3	1.35	0.53	18.2	15.1	58	16.2			
						Cg	73—100	浅灰黄色	黏土	小块状	5.4	17.5	1.11	0.54	17.4			15.3			
剖40	人为土	水稻土	潜育水稻土	石灰性砂泥田	灰泥田	A	0—14	浅灰黄色	重黏土	碎块状	7.0	37.2	2.19	0.54	26.1	14.0	76	19.5	长江冲积物、沉积物	E 116°50′25.4″ N 30°18′50.3″	95
						P	14—22	灰色	黏土	小块状	7.7	27.9	1.76	0.51	27.6	4.0	77	18.5			
						W	22—50	黄灰色	重壤土	棱块状	7.8	12.1	0.90	0.50	27.2	10.0	78	17.4			
						Bv	50—100	棕黄灰色	黏土	小块状	7.6	13.6	1.07	0.42	28.5			21.4			
剖41	半水成土	潮土	灰潮土	灰砂土	灰砂土	A	0—16	浅灰黄	砂土	单粒状	8.4	7.8	0.49	1.22	16.5	11.0	51	7.7	长江冲积物	E 116°52′07.9″ N 30°15′15.6″	95
						Bv	16—78	黄灰色	砂质壤土	碎质块状	8.5	6.7	0.45	1.14	19.0	4.0	41	10.9			
						C	78—100		砂土	单粒状	8.4	10.8	0.39	0.94	19.0	6.0	30	8.6			
剖42	人为土	水稻土	潜育水稻土	湖砂泥田	表潜潮泥青	Ag	0—10	棕灰色	壤质黏土	块粒状	5.8	36.9	2.63	0.38	20.7	4.0	66	22.7	山河冲积物	E 116°52′56.6″ N 30°15′47.4″	81
							10—20	青灰色	黏土		6.2	27.6	1.71	0.33	20.4	3.0	56	19.0			
						W_1	20—30	棕灰色	黏壤土	棱块状	6.2	27.9	2.43	0.33	20.5	4.0	70	18.8			
						W_2	30—100	青灰色	黏壤土	块状	5.9	12.8	0.76	0.61	23.8			16.7			
剖43	半水成土	潮土	灰潮土	砂泥土	砂泥土	A	0—20	黄灰色	中壤土	碎块状	6.3	15.3	0.83	0.42	21.5	14.6	54	12.9	长江冲积物	E 116°54′00.4″ N 30°16′09.8″	95
						Bv_1	20—65	棕灰色	中壤土	棱块状	6.9	12.0	0.58	0.46	21.6	7.3	58	13.0			
						Bv_2	65—89	灰棕色	重壤土	棱块状	7.3	10.1	0.46	0.48	22.0	9.5	71	13.4			
						C	89—100	黄灰色	黏土	小块状	7.3	13.7	0.47	0.63	25.5			17.6			
剖44	半水成土	潮土	灰潮土	砂底灰砂泥土	砂底灰砂泥土	A	0—13	暗灰色	中壤土	碎块状	8.0	9.1	0.38	0.46	17.7	2.0	38	7.2	长江冲积物	E 116°49′26.7″ N 30°12′35.5″	75
						Bv_1	13—43		中壤土	小块状	8.1	7.0	0.27	0.47	18.7	8.0	38	7.4			
						Bv_2	43—65	棕灰色	中壤土	小块状	8.1	4.0	0.18	0.47	18.3	2.0	36	6.6			
						S	65—100	灰石色	砂土	单粒状	8.2	4.6	0.25	0.45	18.8			6.3			
剖45	半水成土	潮土	灰潮土	灰白砂泥土	砂心灰砂泥土	A	0—13	浅灰色	砂壤土	碎块状	7.9	6.8	0.59	0.50	16.8	4.1	62	6.6	长江冲积物	E 116°50′15.0″ N 30°11′44.0″	75
						P	13—21	棕灰色	轻壤土	单粒状	8.0	8.6	0.69	0.48	17.0	3.1	47	5.6			
						S	21—38	灰白相间	中壤土	单粒状	8.0	4.3	0.20	0.39	16.5	6.6	34	4.3			
						C	38—100	棕灰色	黏土	小片块状	8.0	5.6	0.26	0.44	18.4			7.4			
剖46	人为土	水稻土	潜育水稻土	青马肝田	青马肝田	A	0—20	灰色	黏土	糊状	6.3	29.0	1.88	0.60	13.7	13.8	≤5	13.4	下蜀黄土	E 116°46′00.0″ N 30°11′47.3″	95
						G_1	20—71	青灰色	黏土	碎块状	5.7	27.2	1.73	0.57	20.0	20.4	≤5	14.1			
						G_2	71—100	青灰色	壤质黏土	小块状	5.2	15.3	1.16	0.50	16.5	16.6	≤5	11.6			
剖47	人为土	水稻土	潜育水稻土	青马肝田	青马肝田	Ap	0—20	灰色	壤质黏土	小块状	6.3	29.0	1.90	0.60	16.4	14.0	108	13.4	下蜀黄土	E 116°46′05.5″ N 30°11′11.2″	83
						Apg	20—30	淡灰色	壤质黏土	糊状	5.7	27.2	1.70	0.60	16.6		109	14.1			
						G	30—100	蓝灰色	黏质黏土	糊状	5.2	15.3	1.20	0.50	16.7		108	11.6			
剖48	半水成土	潮土	灰潮土	石灰性砂泥土	砂心石灰性砂泥土	1	0—18	淡灰色	壤土	块状	8.0	6.8	0.59	0.50	16.8	5.0	62	6.6	长江冲积物	E 116°46′17.2″ N 30°06′25.3″	96
						2	18—35	棕灰色	砂壤土	碎粒状	8.0	8.6	0.69	0.48	17.0	3.0	47	5.6			
						3	35—55	淡灰色	砂壤土	单粒状	8.0	4.3	0.20	0.39	16.5	4.0	34	4.3			
						4	55—100	棕灰色	黏壤土	块状	8.1	5.6	0.26	0.44	18.4			7.4			

岳 西 县

主要土类说明

粗骨土是岳西县主要土壤类型，占本县地域面积的 46%，广泛分布在河谷阶地、丘陵、低山和中山等多种地貌单元和地形部位。粗骨土属于 A-C 型，甚至（A）-C 型土壤。A 层发育不明显，略显有机质累积。母质层富含砾石。

黄棕壤占岳西县地域面积的 38%，广泛分布于低山山地。由于本县温湿条件有利于土壤淋溶过程的进行，故土壤呈酸性，具有一定量的代换性酸和水解性酸，表土盐基呈不饱和状态。土壤剖面形态特征随海拔高度的变化而不同，海拔 400m 以下土壤颜色一般以棕红色较多，海拔 400m 以上转为棕黄色和黄棕色。在森林植被条件下，土壤有机质含量高，为 40—50g/kg；马尾松灌丛条件下，土壤有机质含量则显著降低，在 20 g/kg 左右。表土碳氮比变幅宽，为 11—20，随海拔高度上升，碳氮比变幅宽的趋势更明显。代换性盐基组成以代换性钙和镁为主，分别各占盐基总量的 35% 和 60% 左右。盐基饱和度不高，表土一般为 20%—30%，心土和底土略高。胶体部分的硅铝率在 2.5—2.8，说明它具有一定的富铝化作用，但富铝化作用弱于黄壤和红壤，强于棕壤。各发生层的硅铝率基本一致，说明三氧化铝没有下移现象。本县黄棕壤具有较明显的黏化过程、生物富集及弱富铝化过程的成土特点，具有典型黄棕壤的形态特征。

棕壤占岳西县地域面积的 10%，分布于海拔 800m 以上中山区。其成土母质多为二长花岗岩、钾长花岗岩残积物。本县棕壤具有较厚的腐殖质层和棕色的明显的黏化层，明显区别于黄棕壤。其上层有机质含量为 40—100 g/kg，而且厚度达 50cm，碳氮比为 15—28，并县随海拔升高，有机质含量及分布深度有明显增高的趋势，碳氮比也相应变宽。其心土层黏粒含量在 10%—20%。全剖面呈酸性，pH 为 4.5—5.5。

水稻土占岳西县地域面积的 5%。其剖面构型主要有两种：第一种是具有耕作层、犁底层、渗育层或斑淀层、母质层的爽水型水稻土，剖面构型为 A-P-W（B）-C 型，没有地下水影响。第二种是具有耕层、犁底层（稍有发育）、潜育层的滞水型水稻土，剖面构型为 A-P-G 型，受地下水或常年人为沤水的影响。

本区域中心区气候特征

本区域中心区气候特征值
Regional climate characteristics in central area of the region

气候带：北亚热带湿润气候 Climate region: North subtropical humid climate	
年平均气温 /℃ Annual average temperature /℃	15.9
年平均最高气温 /℃ Annual average maximum temperature /℃	20.8
年平均最低气温 /℃ Annual average minimum temperature /℃	12.1
年降水量 /mm Annual precipitation /mm	1410
≥10℃的积温 /℃ Daily temperature accumulated in a year (≥10℃) /℃	6347
年日照时数 /h Annual sunshine /h	1842
年平均相对湿度 /% Annual average relative humidity /%	79
干燥度 Dryness	0.67

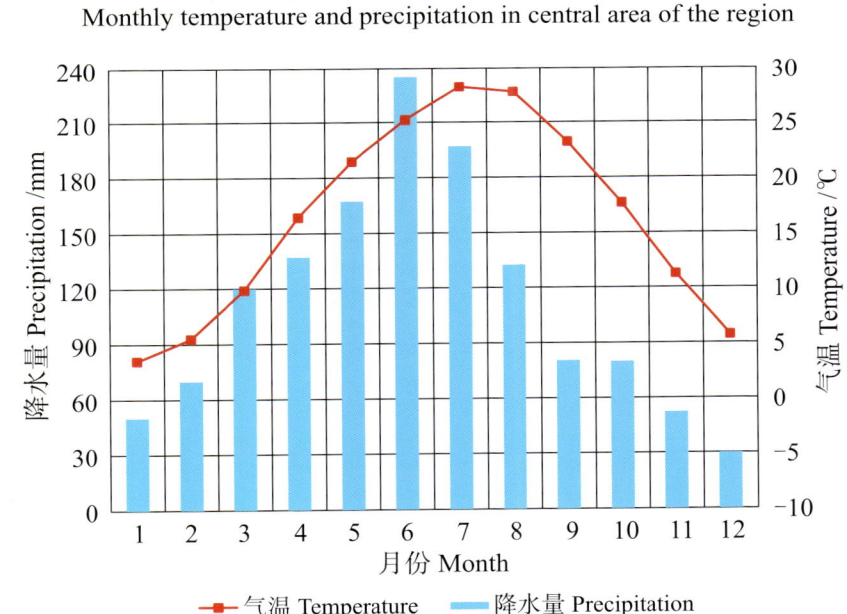

本区域中心区月平均气温与月平均降水量
Monthly temperature and precipitation in central area of the region

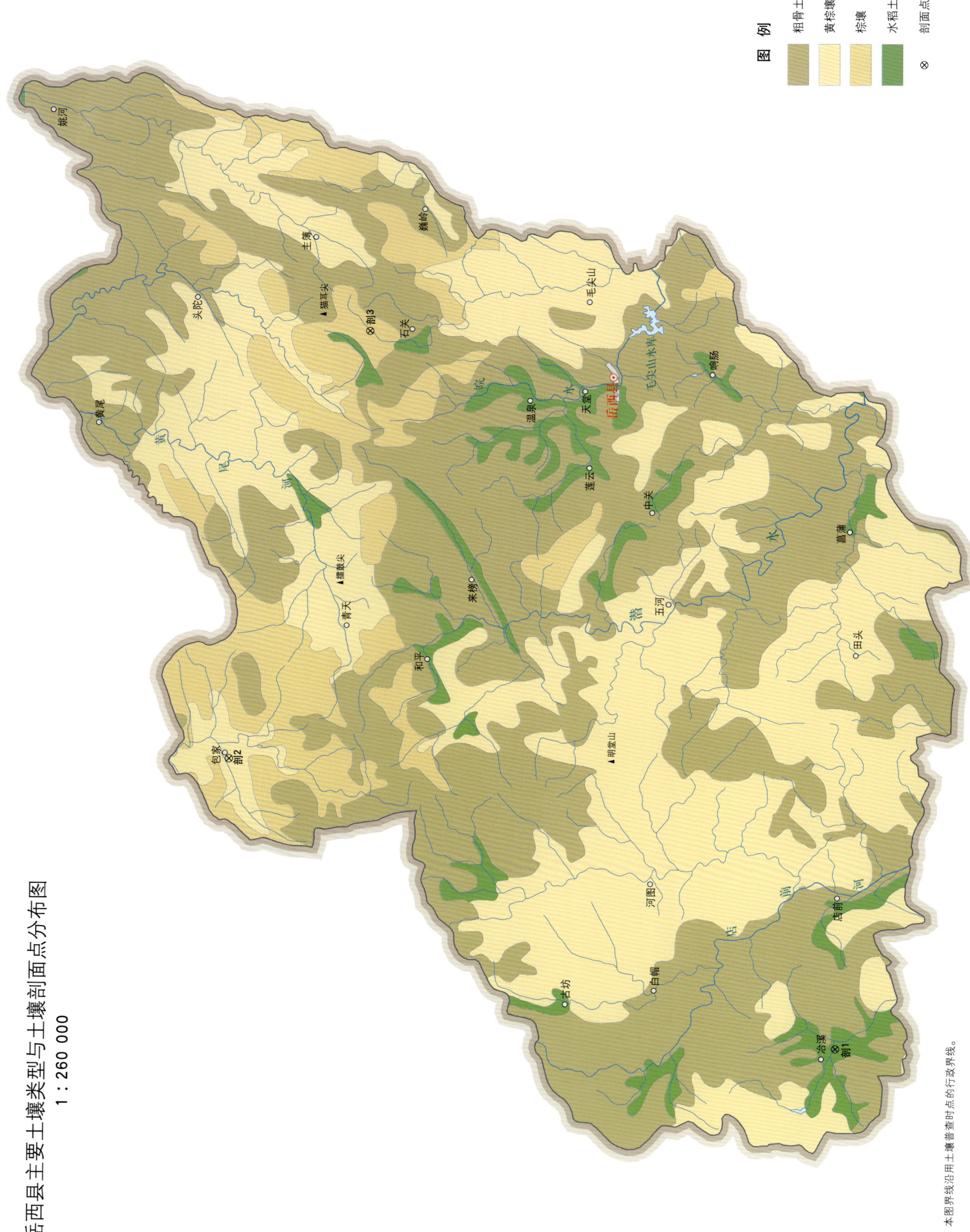

岳西县土壤剖面理化性状表

剖面号	土纲	土类	亚类	土属	土种	土层码	土层厚度/cm	颜色	质地	土壤结构	pH	有机质/(g/kg)	全氮/(g/kg)	全磷/(g/kg)	全钾/(g/kg)	有效磷/(mg/kg)	速效钾/(mg/kg)	阳离子交换量CEC/(cmol/kg)	土壤母质	剖面点坐标	匹配指数/%
剖1	人为土	水稻土	潜育水稻土	青潮砂泥田	青潮砂砾田	A	0—15	黄灰色	砂壤土	小块状	5.3	19.2	0.95	0.65	23.1	15.0	21	10.1	山河冲积物	E 115°54′38.1″ N 30°43′20.4″	95
						Apg	15—23	灰色	砂壤土	软湿块状	5.0	16.1	0.81	0.72	22.6	18.0	31	10.4			
						G	23—54	青灰色	砂壤土	糊状	5.0	7.3	0.35	0.69	26.5	17.0	31	8.8			
						S	54—100														
剖2	淋溶土	黄棕壤	普通黄棕壤	麻黄棕泥土	岭黄土	A₁₁	0—15	灰黄色	砂壤土	碎块状	5.7	9.3	0.50	0.90	20.2	7.0	56	9.7	花岗岩残积物、坡积物	E 116°05′53.7″ N 31°03′46.8″	75
						ABv	15—25	浊黄色	砂壤土	块状	6.6	3.0	0.20	0.60	16.1	4.0	55	8.9			
						Bv	25—60	黄棕色	砂壤土	块状	5.9	3.3	0.30	0.80	16.7			6.7			
剖3	淋溶土	棕壤	棕壤	麻棕土	黄羊暗棕土	A	2—13	暗棕色	黏壤土	屑粒状	5.2	46.3	2.00	0.80	21.4	4.0	141	9.5	花岗片麻岩风化残积物、坡积物	E 116°23′09.3″ N 30°59′14.4″	95
						Bv	13—51	棕色	砂壤土	块状	4.9	18.2	0.90	0.80	21.2	2.0	82	9.3			
						Bvc	51—120	淡灰色	砂壤土	碎块状	5.6	4.3	0.20	0.80	16.2	3.0	66	4.1			

桐 城 市

主要土类说明

水稻土是桐城市主要土壤类型，占本市地域面积的 43%。它是本市分布最广、面积最大的耕作土壤，在全市各乡镇均有分布。水稻土起源于各种土壤，是在长期水耕熟化条件下形成的。水稻栽培过程中，在土壤季节性淹灌、季节性脱水、氧化还原交替影响下，土壤剖面中物质淋溶淀积，形成由特定发生层构成的形态特征，其发生层次有 A、P、W、B、E、C、G。由于各种土壤受地形、母质、水分运动、轮作制度、培肥措施和耕作年代长短不同的影响，剖面中各层次的发育有明显的差异。

粗骨土是桐城市第二大土壤类型，占本市地域面积的 24%，广泛分布在河谷阶地、丘陵、低山和中山等多种地貌单元和地形部位。粗骨土属于 A–C 型，甚至（A）–C 型土壤。A 层发育不明显，与母质土层性状相似，略显有机质累积。母质层富含砾石。

黄褐土是桐城市第三大土壤类型，占本市地域面积的 11%，分布于孔城、大关、金神、范岗、双港等地的岗地上部地带。其成土母质为下蜀黄土。该土土体深厚，具有均质黄土层、黏盘层、树枝状灰白色网纹层，土体中有铁锰斑块和结核，有些受侵蚀的地方黏盘层裸露，或地面布满铁锰结核。土壤 pH 为 5.5—7.5，盐基饱和度在 53.9% 以上，硅铁率为 11.32—11.66，硅铝率为 3.02—3.24，硅铁铝率为 2.60—3.38。土壤表层疏松多孔，黏盘层为棕褐色或暗棕色，紧实黏重，以棱柱状结构为主。

黄棕壤占桐城市地域面积的 7%，主要分布在范岗、孔城晴岗村以北海拔 800m 以下的山区。其成土母质主要为花岗岩、花岗片麻岩等酸性岩类风化物。本县黄棕壤是在北亚热带生物气候条件下形成的地带性土壤，黏粒的移动累积明显，成土过程以黏化过程为主，具有弱富铝化特征。其次生黏土矿物中既有高岭石、伊利石，也有少量蒙脱石。土壤 pH 为 5.0—7.5，盐基饱和度大于 35%。

红壤占桐城市地域面积的 3%，分布于低山和丘岗山地。红壤主要是脱硅富铝化和生物富集两个过程长期作用的结果。母质种类多，以第四纪红土、火山角砾岩、花岗岩、片麻岩、砂页岩等为主，发生层次分明。第四纪红土发育的红壤，具有较深厚的红色土层，如均质红土层、焦斑层、网纹层等，脱硅富铝化过程明显，红壤的结构体外常被铁铝氧化物所包闭，黏粒的活化度较低，pH 为 4.5—6.0，B 层盐基饱和度小于 35%，风化淋溶系数为 0.13—0.15，黏化值为 1.1—1.42，硅铁铝率小于 2.42，黏土矿物以高岭石水云母组为主。

小于本市地域面积 3% 的土壤类型还有紫色土、石质土、潮土等。

本区域中心区气候特征

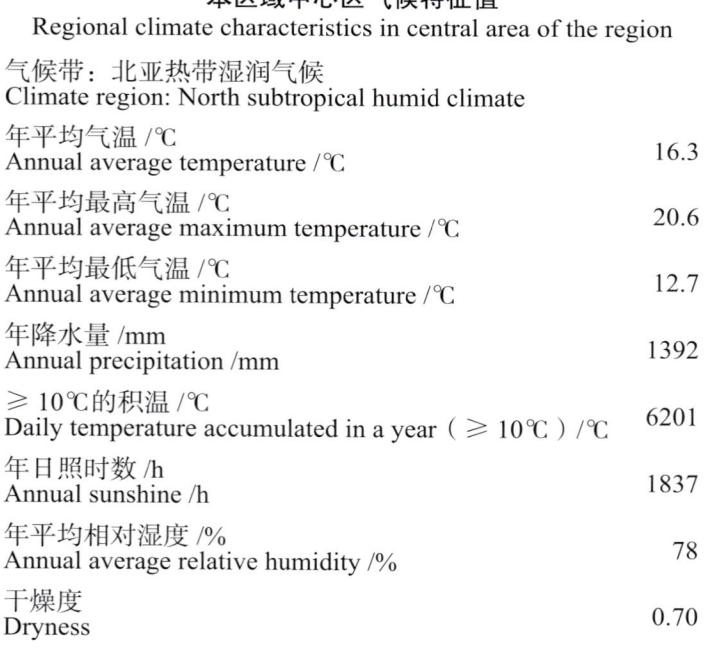

本区域中心区气候特征值
Regional climate characteristics in central area of the region

气候带：北亚热带湿润气候 Climate region: North subtropical humid climate	
年平均气温 /℃ Annual average temperature /℃	16.3
年平均最高气温 /℃ Annual average maximum temperature /℃	20.6
年平均最低气温 /℃ Annual average minimum temperature /℃	12.7
年降水量 /mm Annual precipitation /mm	1392
≥10℃的积温 /℃ Daily temperature accumulated in a year (≥10℃) /℃	6201
年日照时数 /h Annual sunshine /h	1837
年平均相对湿度 /% Annual average relative humidity /%	78
干燥度 Dryness	0.70

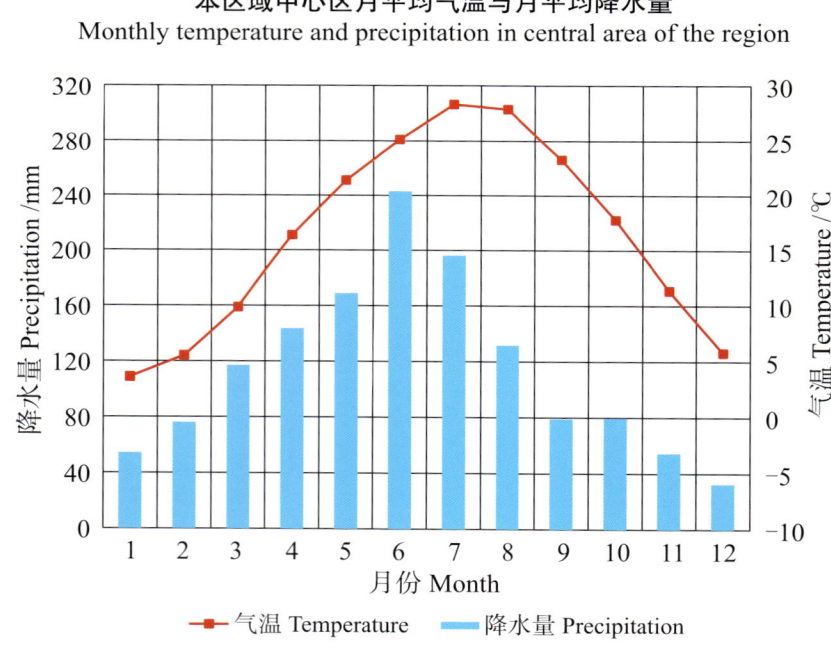

本区域中心区月平均气温与月平均降水量
Monthly temperature and precipitation in central area of the region

桐城县主要土壤类型与土壤剖面点分布图
1:220 000

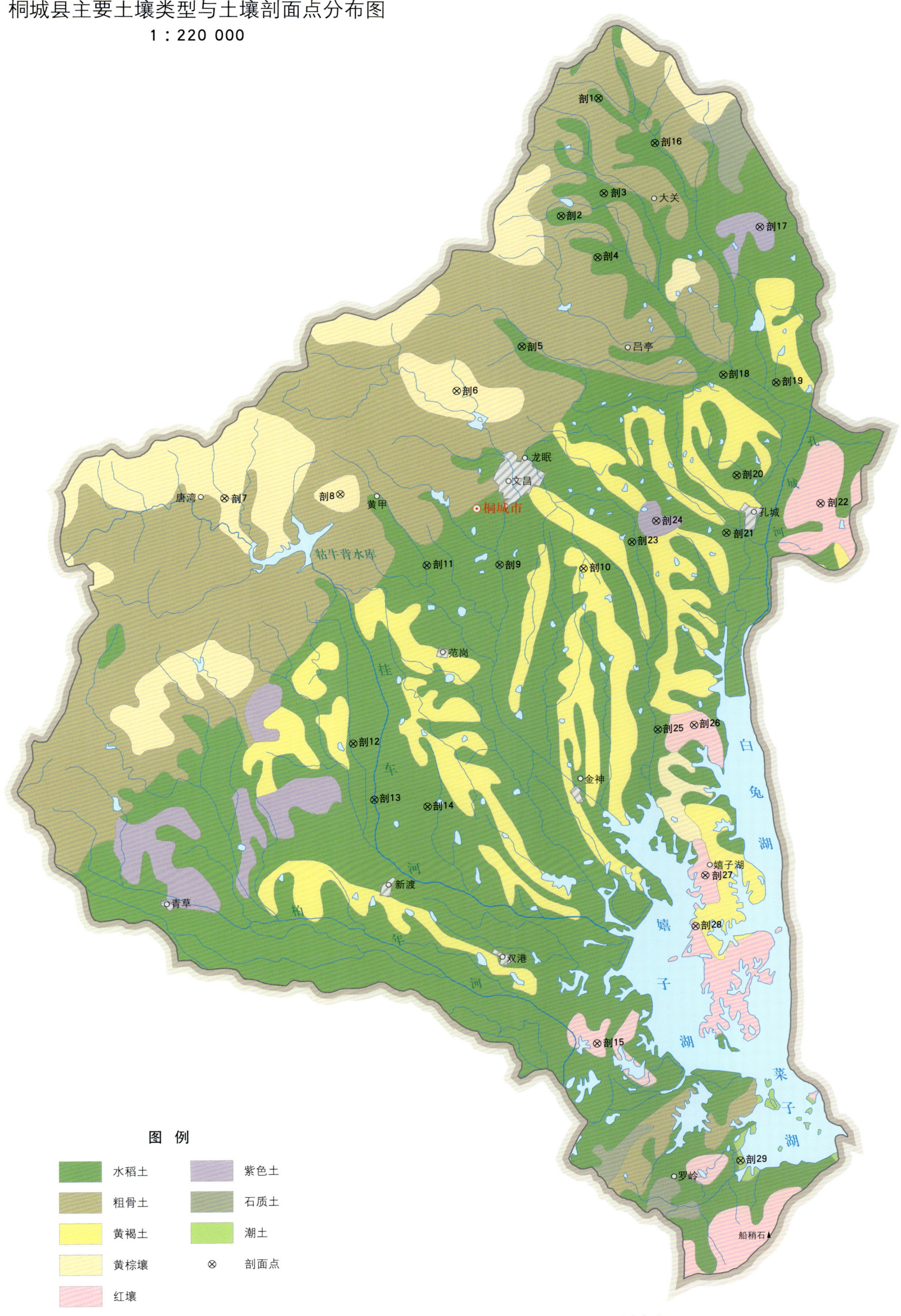

注：本图界线沿用土壤普查时点的行政界线。国务院1988年8月批准，撤销桐城县，设立桐城市。图中罗岭现已划归安庆市宜秀区。

桐城市土壤剖面理化性状表

剖面号 Soil profile	土纲 Soil order	土类 Soil great group	亚类 Soil subgroup	土属 Soil genus	土种 Soil species	土层码 Layer code	土层厚度 Depth/cm	颜色 Soil color	质地 Soil texture	土壤结构 Soil structure	pH	有机质 OM/(g/kg)	全氮 TN/(g/kg)	全磷 TP/(g/kg)	全钾 TK/(g/kg)	有效磷 AP/(mg/kg)	速效钾 AK/(mg/kg)	阳离子交换量 CEC/(cmol/kg)	土壤母质 Parent material	剖面点坐标 Profile coordinate	匹配指数 Matching index/%
剖1	人为土	水稻土	潴育水稻土	紫砂泥田	紫砂泥田	A	0—15	灰棕色	轻壤土	粒状	5.1								紫色岩类风化物	E 116°59′42.0″ N 31°14′07.2″	95
						P	15—23	棕灰色	轻壤土	块状	6.6										
						W₁	23—66	褐灰色	轻壤土	块状	7.5										
						W₂	66—101	褐黄色	轻壤土	块状	7.0										
剖2	人为土	水稻土	潴育水稻土	青麻砂泥田	青麻砂泥田	A	0—20	黄棕色	中壤土	碎块状	6.4								花岗岩类坡积物、洪积物	E 116°58′29.9″ N 31°10′41.1″	95
						Pg	20—28	黄青灰色	中壤土	块状	6.3										
						G₁	28—40	青灰色	中壤土	软块状	6.6										
						G₂	40—101	青灰色	中壤土	柱状	5.5										
剖3	人为土	水稻土	潴育水稻土	烂泥田	烂泥田	G	20—	灰棕色	重壤土	块状	5.5								山河冲积物	E 116°59′53.0″ N 31°11′21.2″	75
剖4	人为土	水稻土	潴育水稻土	青砂泥田	青砂泥田	A	0—13	灰棕色	黏土	糊状	4.9								河流冲积物	E 116°59′41.5″ N 31°09′29.7″	95
						Pg	13—25	青灰色	中壤土	粒状	5.3										
						G	25—105	青灰色	轻壤土	块状	5.2										
剖5	人为土	水稻土	潴育水稻土	砂泥田	泥骨田	A	0—15	灰棕色	重壤土	碎块状	5.3								河流冲积物	E 116°57′13.5″ N 31°06′55.7″	95
						P	15—23	棕灰色	中壤土	块状	5.7										
						W	23—53	褐棕色	中壤土	柱状	7.0										
						Bv	53—100	黄棕色	中壤土	柱状	7.6										
剖6	淋溶土	黄棕壤	普通黄棕壤	暗石黄棕土	暗石黄棕土	A	0—8	褐灰色	轻壤土	粒状	6.6								角闪岩类风化物	E 116°55′06.5″ N 31°05′38.6″	95
						Bv	18—34	棕灰色	砂壤土	碎块状	6.6										
						C	34—	黄灰棕色	轻壤土	块状	6.7										
剖7	淋溶土	黄棕壤	普通黄棕壤	麻石黄棕土	麻石黄棕土	A	0—19	黄棕色		碎块状	5.0								酸性结晶岩类风化物、残积物	E 116°47′33.9″ N 31°02′32.3″	95
						Bv	19—62	黄棕色	砂壤土	碎块状	5.8										
						Bvc	62—122	棕黄色	砂质黏土	核状	5.7										
剖8	淋溶土	黄棕壤	普通黄棕壤	硅铝质黄棕壤土	顶岭（厚）黄土	A	0—15	黄棕色	黏土	屑粒状	5.0	15.8	0.66	0.18	30.3	≤1.0	35	14.8	花岗岩类风化类残积物、坡积物	E 116°51′20.0″ N 31°02′38.6″	81
						ABv	15—46	黄灰色	壤质黏土	碎块状	5.3	4.5	0.31	0.18	27.6	≤1.0	31	15.0			
						Bv	46—160	黄棕色	壤质黏土	核块状	5.8	2.7	0.18	0.18	26.7	2.0	50	14.1			
						C	160—230		砂质黏壤土		5.7	1.8	0.12	0.12	32.8			7.8			
剖9	人为土	水稻土	淹育水稻土	浅马肝田	马肝土田	A	0—15	黄棕色	重壤土	碎块状	5.3								下蜀黄土	E 116°56′31.3″ N 31°00′36.5″	95
						P	15—21	棕灰色	重壤土	块状	5.2										
						C	21—	棕褐色	黏土	柱状	6.8										
剖10	淋溶土	黄褐土	黏盘黄褐土	黏盘黄褐土	黏盘黄褐土	A	0—7	黄棕色	重壤土	碎块状	5.6								下蜀黄土	E 116°59′14.8″ N 31°00′29.8″	78
						Bv	7—62	黄棕色	重壤土	柱状	5.7										
						Bv(2)	62—	褐黄色	重壤土	块状	6.4										
剖11	人为土	水稻土	潴育水稻土	麻石砂泥田	麻石砂泥田	A	0—14	棕灰色	中壤土	粒状	5.1								花岗岩类残积物、坡积物	E 116°54′09.4″ N 31°00′35.7″	95
						P	14—21	黄灰色	轻壤土	块状	6.1										
						W	21—77	灰棕色	轻壤土	块状	6.4										
						Bv	77—101	褐棕色	轻壤土	块状	6.7										
剖12	人为土	水稻土	淹育水稻土	浅麻砂泥田	麻砂泥田	A	0—11	灰棕色	中壤土	碎块状	6.2								酸性结晶岩类风化物	E 116°51′45.9″ N 30°55′25.6″	95
						P	11—23	棕黄色	中壤土	块状	6.7										
						C	23—		中壤土	块状	7.8										

续表 Continued

剖面号 Soil profile	土纲 Soil order	土类 Soil great group	亚类 Soil subgroup	土属 Soil genus	土种 Soil species	土层码 Layer code	土层厚度 Depth/cm	颜色 Soil color	质地 Soil texture	土壤结构 Soil structure	pH	有机质 OM/(g/kg)	全氮 TN/(g/kg)	全磷 TP/(g/kg)	全钾 TK/(g/kg)	有效磷 AP/(mg/kg)	速效钾 AK/(mg/kg)	阳离子交换量CEC/(cmol/kg)	土壤母质 Parent material	剖面点坐标 Profile coordinate	匹配指数 Matching index/%
剖13	人为土	水稻土	潴育水稻土	潮砂泥田	鳝血潮砂泥田	A	0—15	淡灰色	黏壤土	碎块状	5.4	24.7	1.49	1.47	26.2	11.0	44	9.0	近代河流冲积物	E 116°52′27.2″ N 30°53′48.7″	81
						Ap	15—24	棕灰色	黏壤土	碎块状	6.7	8.5	0.52	1.57	22.9			8.3			
						P	24—40	棕灰色	黏壤土	棱块状	6.9	8.4	0.47	1.50	25.7		24	8.9			
						W₁	40—65	灰黄棕色	黏壤土	棱块状	6.7	7.3	0.44	2.06	24.3		24	11.7			
						W₂	65—97	暗灰黄色	黏壤土	棱块状	6.7	7.4	0.41	1.96	22.7		10				
剖14	人为土	水稻土	漂洗水稻土	白马肝田	澄白泥田	Ae	0—12	黄灰色	中壤土	碎块状	4.9								下蜀黄土	E 116°54′11.0″ N 30°53′36.4″	95
						Pe	12—20	棕灰色	中壤土	块状	4.9										
						W₁	20—30	黄棕色	重壤土	柱状	6.0										
						W₂	30—58	棕黄色	重壤土	柱状	6.6										
						W₃	58—84	灰棕色	重壤土	柱状	6.9										
						Bv	84—100	黄灰黄色	重壤土	块状	6.8										
剖15	铁铝土	红壤	黄红壤	黄泥土	黄泥土	A	0—13	棕灰黄色	中壤土	碎块状	5.5								第四纪红色黏土	E 116°59′40.4″ N 30°46′42.1″	75
						P	13—17	黄棕色	重壤土	块状	5.7										
						Bv	17—56	棕红色	重壤土	块状	5.4										
						C	56—	黄红色	黏土	块状	5.4										
剖16	人为土	水稻土	潴育水稻土	扁石泥田	扁石泥田	A	0—18	棕灰色	中壤土	碎块状	5.0								泥质岩类风化坡积物、洪积物	E 117°01′32.4″ N 31°12′49.0″	95
						Bv₁	18—28	淡黄色	中壤土	块状	5.2										
						W₁	28—45	棕黄色	中壤土	柱状	6.4										
						W₂	45—61	灰黄色	中壤土	柱状	6.6										
						Bv₂	61—101	黄黄色	中壤土	块状	6.8										
剖17	初育土	紫色土	酸性紫色土	酸性猪血土	酸性猪血土	A	0—13	灰黄色	砂壤土	粒状	6.0								紫色砂岩、砂页岩、砂砾岩风化物	E 117°04′58.2″ N 31°10′22.6″	75
						P	13—21	灰黄色	砂壤土	块状	6.2										
						C	36—	红灰色	砂土	块状	6.3										
剖18	人为土	水稻土	潴育水稻土	黄白土田	黄白泥田	Ae	0—13	黄灰色	中壤土	碎块状	5.1								下蜀黄土	E 117°03′47.6″ N 31°06′06.2″	95
						Pe	13—23	棕灰色	中壤土	柱状	6.7										
						W₁	23—50	黄棕色	重壤土	柱状	7.7										
						W₂	50—70	棕黄色	重壤土	柱状	7.6										
						Bv	70—101	灰黄色	黏土	块状	7.6										
剖19	人为土	水稻土	漂洗水稻土	白马肝田	白马肝田	A	0—13	棕灰色	中壤土	块状	5.2								下蜀黄土	E 117°04′58.2″ N 31°05′52.5″	95
						P	13—21	黄灰色	中壤土	块状	5.5										
						E	21—48	白灰色	黏土	柱状	6.9										
						Bv₁	48—76	棕褐色	黏土	柱状	6.9										
						Bv₂	76—100	褐棕色	黏土	柱状	6.9										
剖20	人为土	水稻土	潴育水稻土	湖泥田	湖泥田	A	0—19	黄灰色	中壤土	块状	5.1								湖相沉积物	E 117°04′13.9″ N 31°03′10.4″	95
						W	19—30	深黄色	重壤土	块状	5.5										
						Bv	30—77	深黄色	中壤土	块状	6.3										
							77—100	淡黄色	黏土	块状	5.9										
剖21	人为土	水稻土	潴育水稻土	长石泥田	长石泥田	A	0—13	棕灰色	中壤土	碎块状	5.0								中性岩类风化物	E 117°03′53.5″ N 31°01′31.2″	95
						P	13—20	黄棕色	中壤土	块状	5.1										
						W	20—92	褐棕色	中壤土	柱状	6.5										
						Bv	92—102	褐棕色	中壤土	块状	6.8										
剖22	铁铝土	红壤	黄红壤	长石黄红壤	厚层长石黄红壤	A	0—33	棕红色	重壤土	碎粒状	5.0								火山角砾岩	E 117°06′56.9″ N 31°02′21.3″	95
						Bv	33—135	棕红色	重壤土	柱状	5.1										
						P	135—	黄棕色	重壤土	块状	5.2										

续表 Continued

剖面号 Soil profile	土纲 Soil order	土类 Soil great group	亚类 Soil subgroup	土属 Soil genus	土种 Soil species	土层码 Layer code	土层厚度 Depth/cm	颜色 Soil color	质地 Soil texture	土壤结构 Soil structure	pH	有机质 OM/(g/kg)	全氮 TN/(g/kg)	全磷 TP/(g/kg)	全钾 TK/(g/kg)	有效磷 AP/(mg/kg)	速效钾 AK/(mg/kg)	阳离子交换量 CEC/(cmol/kg)	土壤母质 Parent material	剖面点坐标 Profile coordinate	匹配指数 Matching index/%
剖23	人为土	水稻土	潜育水稻土	青马肝田	青马肝田	A	0—12	棕灰色	重壤土	粒状	5.4								下蜀黄土	E 117°00′48.9″ N 31°01′15.6″	95
						Pg	12—28	棕灰色	重壤土	块状	6.5										
						G	28—60	青灰色	重壤土	块状	7.7										
						C	60—102	棕黄色	黏土	块状	7.5										
剖24	初育土	紫色土	中性紫色土	猪血土	猪血土	A	0—15	紫棕色	中壤土	柱状	6.1								紫色砂岩、砂页岩、砾岩风化物	E 117°01′36.6″ N 31°01′52.1″	75
						Bvc	15—28	红棕色	中壤土	块状	6.5										
						C	28—	红棕色	中壤土	块状	6.1										
剖25	人为土	水稻土	潜育水稻土	青湖泥田	青湖泥田	A	0—18	灰黄色	重壤土	块状	5.3								湖相沉积物	E 117°01′39.9″ N 30°55′48.6″	95
						Pg	18—30	棕灰色	重壤土	块状	5.8										
						G	30—59	青灰色	黏土		5.7										
						C	59—103	黄青灰色	黏土		6.6										
剖26	铁铝土	红壤	黄红壤	麻石黄红壤	厚层麻石黄红壤	A$_1$	0—6	棕灰色	轻壤土	粒状	4.9								酸性结晶岩类残积物、坡积物	E 117°02′50.1″ N 30°55′56.1″	75
						A$_2$	6—25	黄棕灰色	轻壤土	碎块状	5.0										
						Bv$_1$	25—59	棕红色	轻壤土	碎块状	5.0										
						Bv$_2$	59—88	棕黄色	轻壤土	碎块状	5.1										
						C	88—101	棕红色	砂壤土	碎块状	5.2										
剖27	铁铝土	红壤	黄红壤	麻石黄红壤	麻石黄红壤	P	0—15	棕灰色	中壤土	碎块状	5.3								酸性结晶岩类残积物、坡积物	E 117°03′11.3″ N 30°51′33.2″	75
						Bv$_1$	15—26	黄灰色	中壤土	块状	5.5										
						Bv$_2$	26—65	黄灰色	中壤土	块状	5.3										
						C	65—100	黄灰色	中壤土	块状	5.3										
剖28	铁铝土	红壤	黄红壤	黄红壤	黄红壤	A	0—25	黄红色	重壤土	碎块状	5.4								第四纪红红色黏土	E 117°02′52.4″ N 30°50′04.6″	75
						Bv$_1$	25—47	红黄色	重壤土	核核状	5.4										
						Bv$_2$	47—78	黄红色	重壤土	核核状	5.5										
						C	78—105	红棕色	黏土	核核状	5.9										
剖29	半水成土	潮土	灰潮土	灰泥土	灰泥土	A	0—16	褐棕色	黏土	碎块状	8.3								长江冲积物、河流冲积物	E 117°04′18.5″ N 30°43′18.2″	75
						P	16—30	褐棕色	黏土	块状	8.4										
						Bv$_1$	30—61	黄棕色	黏土	柱状	8.5										
						Bv$_2$	61—100	黄灰色	黏土	块状	8.5										

潜 山 市

主要土类说明

粗骨土是潜山市主要土壤类型，占本市地域面积的28%，主要分布在本市低山、丘陵、岗地等多种地貌单元和地形部位。粗骨土属于A-C型或（A）-C型土壤。A层发育不明显，与母质土层性状相似，略显有机质累积。有时母质层富含砾石，甚少有剖面分异与发育特征。

水稻土是潜山市第二大土壤类型，占本市地域面积的27%，遍布本市平原、塝、冲、谷、盆地。水稻土是一种人为水成土，发育于各种成土母质上。它是在季节性淹水、灌溉、水耕熟化、栽培水稻的独特条件下形成的。在成土过程中，其氧化还原状况，有机质的累积和分解，盐基的淋溶和复盐基、黏粒淋移和淀积，以及铁、锰的转化和迁移等与非耕地土壤、旱作土壤明显不同，从而形成了水稻土所特有的发生层次。

黄棕壤是潜山市第三大土壤类型，占本市地域面积的26%，主要分布于低山、丘陵地区。黄棕壤通体淋溶强烈，全剖面无石灰反应，pH为5.0—6.5，盐基饱和度多在50%以上，黏化层发育明显，黏化值大于1.2。黄棕壤养分含量比红壤高，特别是处于山地垂直带上的部分土壤生物累积作用较强。土壤通体以棕色为主，黄棕色、灰棕色多见，表层多呈暗棕色。土体厚度通常在60cm左右，母质为下蜀黄土的为1—2m。在强淋溶、强风化的条件下，黄棕壤受侵蚀较为明显。酸性岩类风化物因结持力弱，在山地陡坡处往往形成粗骨性土（侵蚀型），剖面发育不完整，呈A-C构型，且A层浅薄。

紫色土占潜山市地域面积的9%。紫色土是岗地的主体土壤类型，由紫红色砂岩、砂砾岩风化发育而成。在本市干湿、冷热交替的气候条件下，坚硬的母岩迅速崩解为细粒的母质，其中，所含的游离碳酸钙在降水的强烈淋溶下淋失，成土物质不断更新和堆积，碳酸钙的淋溶作用也持续不断地进行，致使紫色土的发育常处于相对幼年阶段，无明显层次发育，与成土母质的特性基本一致，色泽均一，无石灰反应，pH为5.0—6.5，属酸性。紫色土的剖面构型多为A-C或A-BC-C。因地形部位不同，土层厚度有所差异，但多较浅薄，厚在80cm以内。由于其土壤不断被侵蚀，植被稀疏，有机质含量低。由于紫色土化学风化作用弱，黏土矿物中含有较多的蒙脱石成分，其阳离子交换量高，在24.88—33.28 cmol/kg，盐基饱和度高，为58.61%—94.3%。

棕壤占潜山市地域面积的4%，主要分布于西北部海拔800m以上的大别山腹地。其成土母质为花岗岩残积物、坡积物。在低温、高湿的气候条件下，山地棕壤的生物累积作用明显，形成了Ao层（枯枝落叶层）和A_1层（腐殖质聚积层），Ao层厚度为2—5cm，A_1层为13—38cm。

小于本市地域面积3%的土壤类型还有红壤、黄褐土、石灰（岩）土和潮土等。

本区域中心区气候特征

本区域中心区气候特征值
Regional climate characteristics in central area of the region

气候带：北亚热带湿润气候 Climate region: North subtropical humid climate	
年平均气温 /℃ Annual average temperature /℃	16.3
年平均最高气温 /℃ Annual average maximum temperature /℃	20.7
年平均最低气温 /℃ Annual average minimum temperature /℃	12.8
年降水量 /mm Annual precipitation /mm	1432
≥10℃的积温 /℃ Daily temperature accumulated in a year (≥10℃) /℃	6470
年日照时数 /h Annual sunshine /h	1836
年平均相对湿度 /% Annual average relative humidity /%	78
干燥度 Dryness	0.67

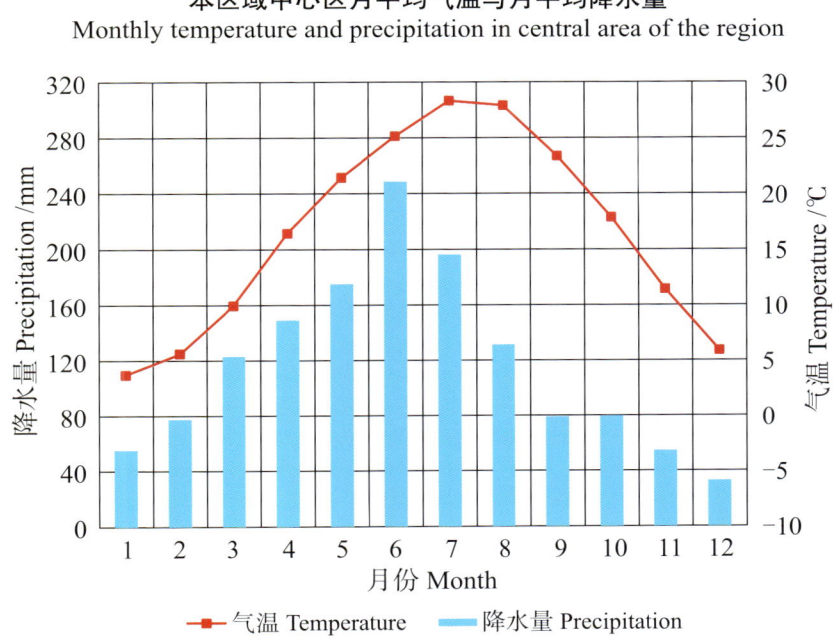

本区域中心区月平均气温与月平均降水量
Monthly temperature and precipitation in central area of the region

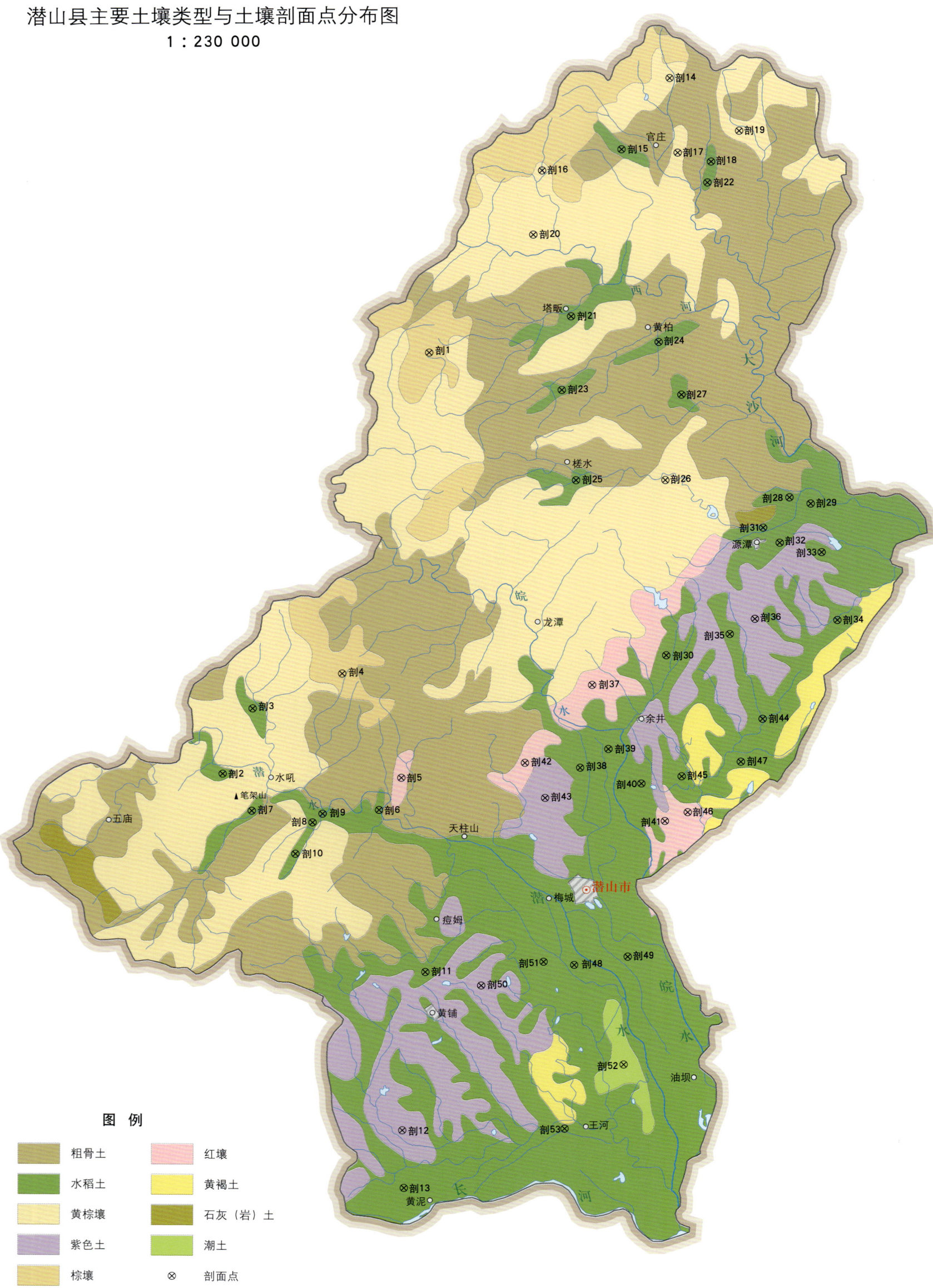

潜山市土壤剖面理化性状表

剖面号 Soil profile	土纲 Soil order	土类 Soil great group	亚类 Soil subgroup	土属 Soil genus	土种 Soil species	土层码 Layer code	土层厚度 Depth/cm	颜色 Soil color	质地 Soil texture	土壤结构 Soil structure	pH	有机质 OM/(g/kg)	全氮 TN/(g/kg)	全磷 TP/(g/kg)	全钾 TK/(g/kg)	有效磷 AP/(mg/kg)	速效钾 AK/(mg/kg)	阳离子交换量CEC/(cmol/kg)	土壤母质 Parent material	剖面点坐标 Profile coordinate	匹配指数 Matching index/%
剖1	淋溶土	棕壤	山地棕壤	砾石山地棕壤	厚腐殖质层砾石棕壤	Ao	0—4	黑灰色	中壤土	碎块状	5.7								花岗岩类残积物、坡积物	E 116°28′58.0″ N 30°54′36.1″	93
						A₁	4—41	黑灰色	中壤土	碎块状	5.7										
						A₃	41—85	灰棕色	中壤土	小块状	5.2										
						Bv	85—100	棕色	重壤土	棱块状	5.2										
剖2	人为土	水稻土	潴育水稻土	砂泥田	砾石身砂泥田	A	0—17	浅灰色	轻壤土	块状	5.5								近代河流冲积物	E 116°21′56.4″ N 30°41′38.8″	75
						Ap	17—22	浅灰色	中壤土	柱状	5.6										
						P	22—44	棕黄色	中壤土	粒状	6.0										
						O	44—100	黄棕色	砂砾	粒状	6.5										
剖3	人为土	水稻土	潴育水稻土	砾石砂泥田	砾砂田	A	0—14	棕灰色	中壤土	块状	5.5								酸性结晶岩类坡积物、洪积物	E 116°22′57.0″ N 30°43′39.5″	95
						Bv	14—24	深灰色	中壤土	棱柱状	5.3										
						P	24—59	褐灰色	中壤土	棱柱状	6.0										
						W	59—100	黄灰色	中壤土	棱柱状	6.2										
剖4	淋溶土	棕壤	酸性棕壤	硅铝质暗棕土	驼岭砾质暗棕土	Ao	0—3												花岗岩残积物、坡积物	E 116°26′00.9″ N 30°44′44.1″	95
						A	3—20	暗棕色	黏壤土	碎块状	5.7	135.8	4.70	0.59	21.0	6.0	191	28.3			
						Bv	20—50	黄棕色	黏壤土	块状	5.2	63.5	3.14	0.55	25.0	3.0	61	16.5			
						C	50—100	黄棕色	黏壤土	单粒状	5.2	100.0	3.87	0.39	21.0	4.0	81	18.3			
剖5	铁铝土	红壤	黄红壤	砾石黄红壤	薄层砾石黄红壤	Ao	0—0.5												酸性结晶岩类残积物、坡积物	E 116°28′03.7″ N 30°41′33.2″	75
						A	0.5—11	灰灰色	轻壤土	块状	5.5										
						Bv	11—28	红黄色	砂壤土	块状	5.2										
						C	28—100	棕灰色	砂壤土	块状	5.0										
剖6	人为土	水稻土	潴育水稻土	砂泥田	泥砂田	A	0—15	黄灰色	轻壤土	块状	5.0								近代河流冲积物	E 116°27′18.5″ N 30°40′33.3″	75
						Ap	15—22	黄灰色	中壤土	块状	5.6										
						P	22—58	棕灰色	重壤土	棱柱状	5.9										
						W	58—100	白灰色	中壤土	块状	5.9										
剖7	人为土	水稻土	潴育水稻土	青砂泥田	青沙砂田	A	0—15	灰褐色	砂壤土	碎块状	5.4								河流冲积物	E 116°22′56.2″ N 30°40′30.0″	95
						Apg	15—23	青灰色	砂壤土	块状	6.2										
						G	23—100	青灰色	砂土	糙状	5.0										
剖8	人为土	水稻土	潴育水稻土	砂泥田	黏底砂泥田	A	0—16	褐黄色	轻壤土	块状	5.2								近代河流冲积物	E 116°25′01.7″ N 30°41′08.9″	75
						Ap	16—31	黄黄色	中壤土	块状	6.6										
						P	31—68	棕黄色	重壤土	柱状	6.6										
						W	68—100	黄黄色	轻壤土	块状	6.3										
剖9	人为土	水稻土	潴育水稻土	黄泥田	黄泥田	A	0—16	褐黄色	中壤土	块状	4.7								第四纪红色黏土	E 116°25′22.0″ N 30°40′25.3″	95
						Ap	16—22	灰黄色	中壤土	棱柱状	5.3	17.9	0.95	1.23	30.5	8.0	31	12.1			
						P	22—40	灰黄色	中壤土	棱柱状	6.2	15.6	0.92	1.00	30.5	6.0	15	6.8			
						W₁	40—69	灰黄色	中壤土	棱柱状	6.1	8.3	0.25	1.18	33.5			7.0			
						W₂	69—100	灰黄色	中壤土	块状	6.0	6.8	0.45	0.63	29.6			5.6			
剖10	人为土	水稻土	潴育水稻土	潮砂泥田	砂心潮砂泥田	A	0—15	棕灰色	砂壤土	块状	5.1								近代河流冲积物	E 116°24′27.1″ N 30°39′11.1″	81
						Ap	15—24	棕棕色	砂质黏壤土	块状	5.1										
						S	24—38	黄棕色	黏壤土	单粒状	6.2										
						W	38—78	浊黄棕色	黏壤土	棱块状	6.6										
						C	78—100	灰色	黏壤土		7.5							8.0			

续表 Continued

剖面号 Soil profile	土纲 Soil order	土类 Soil great group	亚类 Soil subgroup	土属 Soil genus	土种 Soil species	土层码 Layer code	土层厚度 Depth/cm	颜色 Soil color	质地 Soil texture	土壤结构 Soil structure	pH	有机质 OM/(g/kg)	全氮 TN/(g/kg)	全磷 TP/(g/kg)	全钾 TK/(g/kg)	有效磷 AP/(mg/kg)	速效钾 AK/(mg/kg)	阳离子交换量CEC/(cmol/kg)	土壤母质 Parent material	剖面点坐标 Profile coordinate	匹配指数 Matching index/%
剖11	人为土	水稻土	淹育水稻土	浅马肝田	浅马肝田	A	0—13	灰黄色	中壤土	块状	5.4								下蜀黄土	E 116°28′55.7″ N 30°35′35.3″	95
						Ap	13—23	灰黄色	重壤土	片状	6.0										
						C	23—100	棕黄色	重壤土	柱状	6.0										
剖12	初育土	紫色土	酸性紫色土	酸性紫砂土	砾石酸性紫砂土	A	0—20	紫红色	砂壤土	碎粒状	5.7								紫色砂岩、砂砾岩残积物、坡积物	E 116°28′10.3″ N 30°30′43.3″	95
						C	20—37	紫红色	砂土		6.4										
						D	37—	红紫色			6.0										
剖13	人为土	水稻土	潴育水稻土	紫砂泥田	下位黏层紫泥砂田	A	0—15	棕灰色	轻壤土	块状	5.8								紫色岩类坡积物、洪积物	E 116°28′14.7″ N 30°28′58.6″	95
						Ap	15—30	紫灰色	轻壤土	块状	5.8										
						P	30—51	灰棕色	轻壤土	柱状	5.5										
						W₁	51—81	黄棕色	重壤土	柱状	6.0										
						W₂	81—100	灰黄色	重壤土	块状	6.5										
剖14	淋溶土	黄棕壤	山地黄棕壤	麻石山地黄棕壤	厚层麻石黄棕壤	Ao	0—3	灰黄棕色	轻壤土	碎粒状	5.8								酸性结晶岩类风化物	E 116°37′14.1″ N 31°03′01.4″	95
						A₁	3—19	暗黄棕色	中壤土	块状	6.0										
						A₃ Bv	19—40	黄棕色	中壤土	块状	6.0										
						C	40—73	淡黄棕色		碎片状											
							73—110														
剖15	人为土	水稻土	潴育水稻土	马肝田	瘦马肝田	A	0—11	棕灰色	中壤土	块状	4.9								下蜀黄土	E 116°35′34.7″ N 31°00′49.8″	95
						Ap	11—22	灰棕色	中壤土	柱状	5.2										
						P	22—38	棕黄色	重壤土	块状	6.4										
						W	38—67	灰黄色	重壤土	块状	8.7										
						C	67—100	棕黄色	中壤土	块状	7.0										
剖16	淋溶土	黄棕壤	山地黄棕壤	麻石山地黄棕壤	麻石黄棕壤	1	0—16	灰黄色	中壤土	块状	5.0								酸性结晶岩类风化物	E 116°32′51.1″ N 31°00′10.4″	75
						2	16—28	黄棕色	中壤土	块状	5.0										
						3	28—50	棕黄色	中壤土	小块状	5.1										
						4	50—100	棕黄色	轻壤土	块状	5.6										
剖17	人为土	水稻土	潴育水稻土	麻石山地黄棕壤	中层麻石黄棕壤	Ao	0—1				5.8								酸性结晶岩类风化物	E 116°37′30.8″ N 31°03′43.8″	75
						A₃ Bv	1—23	棕灰色	中壤土	片状	5.8										
						C	23—50	黄棕色	砂土	块状	5.5										
							50—60	灰棕色	砂土		6.3										
剖18	人为土	水稻土	潴育水稻土	青砂泥田	青砂泥田	A	0—14	棕黄色	中壤土	块状	5.9								河流冲积物	E 116°38′39.4″ N 31°00′27.4″	95
						Apg	14—24	青灰色	砂壤土	碎块状	6.0										
						G	24—100	灰棕色	砂壤土	块状	5.4										
剖19	淋溶土	黄棕壤	山地黄棕壤	麻石山地黄棕壤	薄层麻石黄棕壤	A	0—14	棕灰色	砂壤土	块状	5.0								酸性结晶岩类风化物	E 116°39′37.6″ N 31°01′24.3″	96
						Bv	14—27	黄棕色	砂土	片状	5.5										
						C	27—100	棕黄色	砂土	粒状	5.2										
剖20	淋溶土	黄棕壤	黄棕壤性土	黄棕壤性麻石土	薄层黄棕壤性麻石土	A	0—18	白灰色	轻壤土	片状	5.4								酸性结晶岩类风化物	E 116°32′32.7″ N 30°58′13.1″	95
						Ap	18—100	黄棕色	中壤土	块状	6.2										
剖21	人为土	水稻土	潴育水稻土	石灰泥田	钙板田	A	0—14	棕灰色	轻壤土	柱状	7.3								大理岩坡积物、洪积物	E 116°33′50.4″ N 30°55′43.7″	95
						Ap	14—22	灰棕色	轻壤土	棱柱状	7.0										
						P	22—42	灰棕色	中壤土	小块状	7.5										
						W	42—100	灰黄色	中壤土	块状	5.2	26.9	1.54	1.91	23.6	3.4	46	14.5			
剖22	人为土	水稻土	潴育水稻土	砂泥田	表潜砂泥田	Ag	0—16	砂质黏壤土		小块状	6.1	20.6	1.01	1.92	22.9	5.1	50	17.0	花岗岩类洪积物	E 116°38′32.0″ N 30°59′48.5″	75
						Apg	16—28	青灰色	砂质黏壤土	块状	7.0	11.7	0.60	9.60	23.4	3.3	48	14.9			
						W₁	28—53	棕灰色	砂质黏壤土	核块状	7.1	12.8	0.42	1.10	23.9	4.3	41	15.3			
						W₂	53—100	灰色	黏壤土												

续表 Continued

剖面号 Soil profile	土纲 Soil order	土类 Soil great group	亚类 Soil subgroup	土属 Soil genus	土种 Soil species	土层码 Layer code	土层厚度 Depth/cm	颜色 Soil color	质地 Soil texture	土壤结构 Soil structure	pH	有机质 OM/(g/kg)	全氮 TN/(g/kg)	全磷 TP/(g/kg)	全钾 TK/(g/kg)	有效磷 AP/(mg/kg)	速效钾 AK/(mg/kg)	阳离子交换量CEC/(cmol/kg)	土壤母质 Parent material	剖面点坐标 Profile coordinate	匹配指数 Matching index/%
剖23	人为土	水稻土	潜育水稻土	马肝田	表潜马肝田	A	0—15	棕灰色	重壤土	块状	4.6								下蜀黄土	E 116° 33′ 31.7″ N 30° 53′ 27.8″	95
						Apg	15—25	青灰色	重壤土	块状	8.5										
						P	25—60	褐黄色	中壤土	柱状	6.4										
						W	60—100	灰黄色	轻黏土	块状	6.6										
剖24	人为土	水稻土	潜育水稻土	黄白土田	黄白土田	A	0—14	深灰色	轻黏土	小块状	4.8								下蜀黄土	E 116° 36′ 51.3″ N 30° 54′ 56.8″	75
						Ap	14—20	灰黄色	中壤土	块状	6.6										
						P	20—48	黄黄色	中壤土	柱状	6.6										
						W	48—100	灰黄色	中壤土	棱柱状											
剖25	人为土	水稻土	潜育水稻土	青麻石砂泥田	青麻砂泥田	A	0—19	黄黄色	砂壤土	块状	5.5								酸性结晶岩类坡积物、洪积物	E 116° 34′ 01.0″ N 30° 50′ 42.6″	95
						Apg	19—32	深灰色	砂壤土	块状	6.0										
						G	32—	青灰色	砂壤土	大块状	6.0										
剖26	淋溶土	黄棕壤	普通黄棕壤	铁质黄棕壤土	双峰鸡黄土	Ao	0—2.5	灰黄棕色											黑云二长角闪片麻岩坡积物	E 116° 37′ 05.2″ N 30° 50′ 43.5″	95
						A	2.5—20	暗黄棕色	砂壤土	粒状	5.1	13.2	0.80					10.9			
						Bv	20—34	黄棕色	砂壤土	碎块状	6.0	8.0	0.75					9.1			
						Bvc	34—82	黄棕色	砂壤土	碎块状	6.0	5.4	0.41					7.0			
						C	82—115	淡黄棕色	砂壤土	块状	6.0	3.7	0.32					6.5			
剖27	人为土	水稻土	漂洗水稻土	白马肝田	澄白土田	A	0—14	黄黄色	重壤土	块状	4.9								下蜀黄土	E 116° 37′ 38.4″ N 30° 53′ 19.8″	95
						Ap	14—20	浅灰色	重壤土	块状	5.8										
						E	20—36	粉白色	重壤土	片状	6.3										
						W	36—100	红白色	重壤土	大块状	7.2										
						5	100—														
剖28	人为土	水稻土	潜育水稻土	麻石砂泥田	上位砾石麻砂田	A	0—14	褐灰色	中壤土	块状	5.5								酸性结晶岩类坡积物、洪积物	E 116° 41′ 20.9″ N 30° 50′ 12.6″	95
						Ap	14—21	褐灰色	中壤土	块状	5.0										
						P	21—42	棕灰色	中壤土	柱状	5.8										
						W	42—100	紫灰色	中壤土	块状	5.9										
剖29	人为土	水稻土	潜育水稻土	青紫泥田	青紫泥田	A	0—18	灰红色	黏壤土	小块状	5.4	25.1	1.35	0.20	20.5	3.0	39	12.0	紫色砂岩洪积物	E 116° 42′ 04.3″ N 30° 50′ 01.0″	75
						Ap	18—25	灰黄色	黏壤土	糊状	5.7	18.7	0.95	0.18	21.8	2.0	37	12.4			
						G	25—100	青灰色	砂壤土	块状	5.5	11.5	0.61	≤0.10	16.2			7.9			
剖30	人为土	水稻土	潜育水稻土	砂泥田	表潜砂心砂泥田	A	0—16	黄黄色	轻壤土	块状	5.5								近代河流冲积物	E 116° 37′ 08.1″ N 30° 45′ 21.0″	95
						Ap	16—27	青灰色	轻壤土	粒状	5.7										
						S	27—47	灰黄色	砂土	块状	5.4										
						W	47—100	黄黄色	中壤土	块状	5.0										
剖31	人为土	水稻土	潜育水稻土	砂泥田	砂底砂泥田	A	0—17	黄黄色	中壤土	块状	5.0								近代河流冲积物	E 116° 40′ 26.7″ N 30° 49′ 17.1″	95
						Ap	17—26	深黄色	中壤土	柱状	6.5										
						P	26—70	棕黄色	中壤土	柱状	5.7										
						S	70—100	灰黄色	砂土	块状	5.1										
剖32	人为土	水稻土	潜育水稻土	砂泥田	黏身砂泥田	A	0—15	黄黄色	轻壤土	块状	5.3								近代河流冲积物	E 116° 41′ 01.0″ N 30° 48′ 49.3″	95
						Ap	15—25	灰黄色	重壤土	柱状	6.7										
						P	25—38	棕灰色	重壤土	柱状	6.6										
						W	38—100	灰黄色	中壤土	块状	5.1										
剖33	人为土	水稻土	潜育水稻土	砂泥田	砂泥田	A	0—15	棕灰色	中壤土	块状	6.4								近代河流冲积物	E 116° 42′ 27.4″ N 30° 48′ 32.4″	95
						Ap	15—24	棕灰色	重壤土	柱状	7.0										
						P	24—50	棕灰色	中壤土	柱状	7.0										
						W	50—100	浅灰色	中壤土	块状	7.1										

续表 Continued

剖面号 Soil profile	土纲 Soil order	土类 Soil great group	亚类 Soil subgroup	土属 Soil genus	土种 Soil species	土层码 Layer code	土层厚度 Depth/cm	颜色 Soil color	质地 Soil texture	土壤结构 Soil structure	pH	有机质 OM/(g/kg)	全氮 TN/(g/kg)	全磷 TP/(g/kg)	全钾 TK/(g/kg)	有效磷 AP/(mg/kg)	速效钾 AK/(mg/kg)	阳离子交换量CEC/(cmol/kg)	土壤母质 Parent material	剖面点坐标 Profile coordinate	匹配指数 Matching index/%
剖34	人为土	水稻土	潴育水稻土	紫砂泥田	紫泥砂田	A	0—14	灰紫色	轻壤土	块状	4.6								紫色岩类坡积物、洪积物	E 116°42′60.0″ N 30°46′26.4″	95
						Ap	14—24	紫灰色	轻壤土	片状	5.0										
						P	24—53	紫灰色	轻壤土	柱状	5.6										
						W	53—100	灰黄色	轻壤土	块状	5.7										
剖35	人为土	水稻土	淹育水稻土	浅麻石砂田	浅麻砂田	A	0—13	褐灰色	轻壤土	块状	5.5								酸性结晶岩类坡积物、洪积物	E 116°39′18.2″ N 30°46′00.2″	95
						Ap	13—30	黄灰色	轻壤土	块状	5.4										
						C	30—100	黄灰棕色	轻壤土	大块状	5.8										
剖36	初育土	紫色土	酸性紫色土	酸性猪血砂	砾石酸性猪血土	1	0—29	淡紫色	砂土	粒状	5.0								紫色砂岩、砂砾岩风化物	E 116°40′10.3″ N 30°46′28.4″	95
						2	29—42	紫红色	砂土	片状	4.7										
						3	42—100	红紫色													
剖37	铁铝土	红壤	黄红壤	麻石黄红壤	厚层麻石黄红壤	Ao	0—1												酸性结晶岩类残积物、坡积物	E 116°34′35.7″ N 30°44′25.9″	95
						A1	1—17	灰黄棕色	轻壤土	碎块状	4.8										
						A3	17—59	浅红棕色	中壤土	碎块状	5.6										
						Bv	59—140	暗黄棕色	中壤土	粒状	5.6										
						C	100—140		轻壤土	块状	5.9										
剖38	人为土	水稻土	潴育水稻土	石灰泥田	表潜钙板田	A	0—15	褐灰色	重壤土	块状	5.2								大理岩坡积物、洪积物	E 116°34′11.3″ N 30°41′54.0″	95
						Apg	15—24	深灰色	中壤土	柱状	5.6										
						P	24—49	棕灰色	中壤土	块状	6.3										
						W	49—100	棕灰色	中壤土	糊状	5.4										
剖39	人为土	水稻土	潜育水稻土	陷泥田	陷泥田	A	0—22	褐灰色	中壤土	糊状	5.2								近代河流冲积物	E 116°35′09.2″ N 30°42′28.8″	95
						G	22—100	青灰色	砂壤土	块状	6.0										
剖40	人为土	水稻土	潴育水稻土	砂泥田	砾石身砂泥田	A	0—17	棕灰色	砂壤土	块状	6.1								酸性结晶岩类残积物、坡积物	E 116°36′17.3″ N 30°41′25.4″	75
						Ap	17—21	黄灰色	砂壤土	块状	6.4										
						W	21—29	棕黄色	砂壤土	碎块状	6.4										
						O	29—100	棕黄色	砂壤土	块状	5.5										
剖41	铁铝土	红壤	黄红壤	麻石黄红壤	中层麻石黄红壤	A	0—8	褐灰色	中壤土	块状	5.6								酸性结晶岩类残积物、坡积物	E 116°37′06.3″ N 30°40′15.9″	75
						A3	8—17	淡红色	轻壤土	块状	5.1										
						Bv	17—47	棕褐色	轻壤土	碎块状	6.8										
						C	47—100	淡红色	轻壤土	块状	5.6										
剖42	铁铝土	红壤	黄红壤	麻石黄红壤		A	0—40	黄灰色	轻壤土	块状	5.0								酸性结晶岩类残积物、坡积物	E 116°32′18.0″ N 30°41′02.7″	95
						Bv	40—69	黄红色	砂土	块状	5.0										
						C	69—100	淡红色	砂土	块状	5.6										
剖43	初育土	紫色土	酸性紫色土	酸性猪血砂	酸性猪血土	A	0—17	紫紫色	重壤土	块状	5.0								紫色砂岩、砂砾岩风化物	E 116°32′59.7″ N 30°40′57.3″	96
						Apg	17—30	棕灰色	重壤土	柱状	5.3										
						G	30—100	青灰色	黏土	块状	5.1										
剖44	人为土	水稻土	潜育水稻土	青马肝田	青马肝田	A	0—18	紫灰色	中壤土	块状	5.4								下蜀黄土	E 116°40′26.2″ N 30°43′25.7″	95
剖45	人为土	水稻土	潜育水稻土	青紫砂泥田	青紫砂泥田	Ap	18—25	深灰色	中壤土	块状	5.7								紫砂岩、紫色砂砾岩坡积物、洪积物	E 116°37′40.4″ N 30°41′39.1″	75
						G	25—100	青灰色	中壤土	块状	5.7										
剖46	铁铝土	红壤	黄红壤	细粒黄红土	细粒黄红土	1	0—20	棕褐色	轻壤土	块状	6.3								中性结晶岩类残积物、坡积物	E 116°37′53.1″ N 30°40′32.6″	95
						2	20—43	灰褐色	重壤土	片状	6.0										
						3	43—100	灰褐色			6.5										

续表 Continued

剖面号 Soil profile	土纲 Soil order	土类 Soil great group	亚类 Soil subgroup	土属 Soil genus	土种 Soil species	土层码 Layer code	土层厚度 Depth/cm	颜色 Soil color	质地 Soil texture	土壤结构 Soil structure	pH	有机质 OM/(g/kg)	全氮 TN/(g/kg)	全磷 TP/(g/kg)	全钾 TK/(g/kg)	有效磷 AP/(mg/kg)	速效钾 AK/(mg/kg)	阳离子交换量 CEC/(cmol/kg)	土壤母质 Parent material	剖面点坐标 Profile coordinate	匹配指数 Matching index/%
剖47	人为土	水稻土	潴育水稻土	马肝田	马肝田	A	0—16	灰黄色	重壤土	块状	4.9								下蜀黄土	E 116°39′42.1″ N 30°42′06.8″	95
						Ap	16—26	棕黄色	中壤土	块状	5.8										
						P	26—63	棕灰色	中壤土	柱状	6.9										
						W	63—100	棕灰色	中壤土	柱状	7.0										
剖48	人为土	水稻土	潴育水稻土	砂泥田	油砂泥田	A	0—15	灰黄棕色	中壤土	块状	5.8								近代河流冲积物	E 116°34′00.9″ N 30°35′50.1″	95
						Ap	15—22	棕灰色	中壤土	块状	7.2										
						P	22—40	棕色	中壤土	块状	7.4										
						W	40—100	暗棕色	中壤土	块状	7.0										
剖49	人为土	水稻土	潴育水稻土	砂泥田	表潜砂泥田	Apg	0—16	灰黄色	轻壤土	块状	5.7								近代河流冲积物	E 116°35′51.0″ N 30°36′05.7″	95
						P	16—24	青灰色	中壤土	块状	6.5										
						P	24—68	黄灰色	中壤土	柱状	7.1										
						W	68—100	灰黄色	中壤土	块状	7.8										
剖50	初育土	紫色土	酸性紫色土	酸性紫砂土	薄红土层酸性紫砂土	A	0—21	黄红色	重壤土	块状	5.2								紫色砂岩、砂砾岩残积物、坡积物	E 116°30′50.0″ N 30°35′10.5″	96
						C	21—82	紫色	轻壤土	碎块状	5.2										
						D	82—														
剖51	人为土	水稻土	潴育水稻土	细粒砂泥田	粉砂泥田	A	0—15	棕灰色	中壤土	块状	5.1								中性结晶岩坡积物、洪积物	E 116°32′58.0″ N 30°35′55.8″	95
						Ap	15—25	浅灰色	中壤土	块状	5.3										
						P	25—75	黄灰色	中壤土	柱状	6.4										
						W	75—100	棕灰色		棱柱状	6.0										
剖52	半水成土	潮土	灰潮土	喋砂土	白砂土	1	0—14	棕褐色	砂土	粒状	6.1	22.0	1.10	0.40	23.1	10.0	54	13.0	近代河流冲积物	E 116°35′43.8″ N 30°32′46.1″	95
						2	14—21	棕褐色	砂土	粒状	6.2	16.0	0.80	0.40	24.9	11.0	49	10.7			
						3	21—100	白褐色	砂土	粒状	5.6	7.0	0.50	0.30	24.5	9.0	47	10.3			
剖53	人为土	水稻土	潴育水稻土	紫泥田	潜山紫泥田	Aa	0—16	灰黄色	小块状	小块状	5.3	8.0	0.60	≥10.00	24.5	6.0	45	9.4	紫色页岩、砂页岩	E 116°33′43.0″ N 30°30′49.0″	95
						Ap	16—23	灰黄棕色	壤质黏土	块状	6.7										
						P	23—52	暗黄黄色	壤质黏土	棱柱状	7.0										
						W	52—100	黄灰色	黏土	棱柱状	6.8										

黄 山 市

屯 溪 区

主要土类说明

水稻土是屯溪区主要土壤类型，占本区地域面积的 41%。水稻土是在长期季节性淹灌、水下翻耕、季节性脱水、氧化还原交替影响下，原来成土母质或母土的特性发生重大改变形成的新的土壤类型。由于干湿交替，形成糊状淹育层、较坚实板结的犁底层、渗育层、潴育层与潜育层等多种发生层分异。这些不同发生层是在人为耕作、水浆管理下形成的。

紫色土是屯溪区第二大土壤类型，占本区地域面积的 28%。紫色土是由热带、亚热带紫红色岩层直接风化形成的 A–C 型土壤。其理化性质与母岩组成直接相关，土层浅薄，剖面层次发育不明显，仍为初育阶段。由于母岩富含矿质养分，且风化迅速，不失为良好的肥沃土壤。

红壤是屯溪区第三大土壤类型，占本区地域面积的 22%。红壤主要发生于亚热带常绿阔叶林下，呈中度脱硅富铝化特征，土壤黏粒中游离铁占全铁的 50%—60%。红壤具深厚红色土层，底层可见深厚红、黄、白相间网纹红色黏土。黏土矿物以高岭石、赤铁矿为主，黏粒硅铝率为 1.8—2.4，风化淋溶系数小于 0.2，盐基饱和度小于 35%。土壤 pH 为 4.5—5.5，适宜生长柑橘、油桐、油茶、茶等。

小于本区地域面积 3% 的土壤类型还有潮土。

本区域中心区气候特征

本区域中心区气候特征值
Regional climate characteristics in central area of the region

气候带：北亚热带湿润气候 Climate region: North subtropical humid climate	
年平均气温 /℃ Annual average temperature /℃	17.0
年平均最高气温 /℃ Annual average maximum temperature /℃	21.5
年平均最低气温 /℃ Annual average minimum temperature /℃	13.5
年降水量 /mm Annual precipitation /mm	1629
≥ 10℃的积温 /℃ Daily temperature accumulated in a year (≥ 10℃) /℃	7710
年日照时数 /h Annual sunshine /h	1815
年平均相对湿度 /% Annual average relative humidity /%	78
干燥度 Dryness	0.63

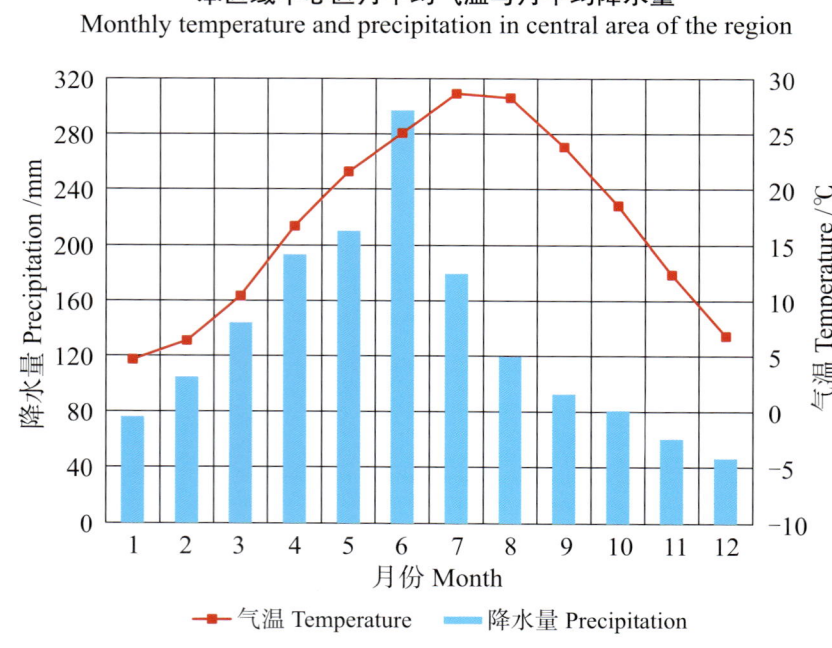

本区域中心区月平均气温与月平均降水量
Monthly temperature and precipitation in central area of the region

屯溪区主要土壤类型与土壤剖面点分布图

1∶70 000

图 例

- 水稻土
- 紫色土
- 红壤
- 潮土
- ⊗ 剖面点

注：本图界线沿用土壤普查时点的行政界线。

第二编 分县土壤图与土壤剖面数据 | 229

屯溪区土壤剖面理化性状表

剖面号 Soil profile	土纲 Soil order	土类 Soil great group	亚类 Soil subgroup	土属 Soil genus	土种 Soil species	土层码 Layer code	土层厚度 Depth/ cm	颜色 Soil color	质地 Soil texture	土壤结构 Soil structure	pH	有机质 OM/ (g/kg)	全氮 TN/ (g/kg)	全磷 TP/ (g/kg)	全钾 TK/ (g/kg)	阳离子 交换量CEC/ (cmol/kg)	土壤母质 Parent material	剖面点坐标 Profile coordinate	匹配指数 Matching index/%
剖1	初育土	紫色土	酸性紫色土	酸性紫泥土	隆阜酸性猪血泥	A	0—25	橙色	壤质黏土	碎块状	4.5	21.7	1.03	0.31	18.1	15.8	紫色页岩残积物、坡积物	E 118°15′30.1″ N 29°43′05.9″	95
						Bv	25—46	亮红棕色	壤质黏土	小块状	4.4	18.3	1.01	0.32	18.9	15.5			
						C	46—100	红棕色	壤质黏土	块状	4.4	10.6	0.66	0.25	17.4	14.3			

黄 山 区

主要土类说明

红壤是黄山区主要土壤类型，占本区地域面积的 54%。红壤是在亚热带生物气候条件下形成的，由于大量降水，不断淋洗着土体，土壤风化产物中的钾、钠、钙、镁等盐基和硅酸都受到强烈淋失，氧化铁相对富集。土壤次生黏土矿物以高岭石为主，还有三水铝石等，剖面为 A–B–C 型。土体因大量氧化铁的存在与聚集而呈红色或黄红色。

粗骨土占黄山区地域面积的 17%。本区粗骨土在剖面形态上具有初育土的发育特征，而在其发生特点上具有山地粗骨土发育的特征。坡度陡峭的土壤黏粒大量淋失，滞留下的是难分化的石英黏粒，因此具有粗骨土的典型特征。

水稻土占黄山区地域面积的 12%。水稻土是在长期季节性淹灌、水下翻耕、季节性脱水、氧化还原交替影响下，原来成土母质或母土的特性发生重大改变形成的新的土壤类型。由于干湿交替，形成糊状淹育层、较坚实板结的犁底层、潴育层与潜育层等多种发生层分异。

黄壤占黄山区地域面积的 6%，分布于海拔 650—1100m 的黄山山区。其成土母质是花岗岩、变质页岩、千枚状砂岩残积物、坡积物。土壤具 O–A–AB–B–C 剖面构型，富含水合氧化物（针铁矿），呈黄色，中度富铝化，有时含三水铝石。土壤有机质累积较高，可达 100g/kg。土壤 pH 为 4.5—5.5。

石质土占黄山区地域面积的 5%。其剖面构型为 A–R 型。石质土发生在母岩表面，母质以残积物为主。地形部位决定发生层次，进而影响其理化特性，石质土具有粗骨土的形成特点，可看成粗骨土的幼年型。

小于本区地域面积 3% 的土壤类型还有黄棕壤、石灰（岩）土、棕壤等。

本区域中心区气候特征

本区域中心区气候特征值
Regional climate characteristics in central area of the region

气候带：北亚热带湿润气候 Climate region: North subtropical humid climate	
年平均气温 /℃ Annual average temperature /℃	16.8
年平均最高气温 /℃ Annual average maximum temperature /℃	21.2
年平均最低气温 /℃ Annual average minimum temperature /℃	13.4
年降水量 /mm Annual precipitation /mm	1534
≥ 10℃的积温 /℃ Daily temperature accumulated in a year（≥ 10℃）/℃	7418
年日照时数 /h Annual sunshine /h	1829
年平均相对湿度 /% Annual average relative humidity /%	77
干燥度 Dryness	0.66

本区域中心区月平均气温与月平均降水量
Monthly temperature and precipitation in central area of the region

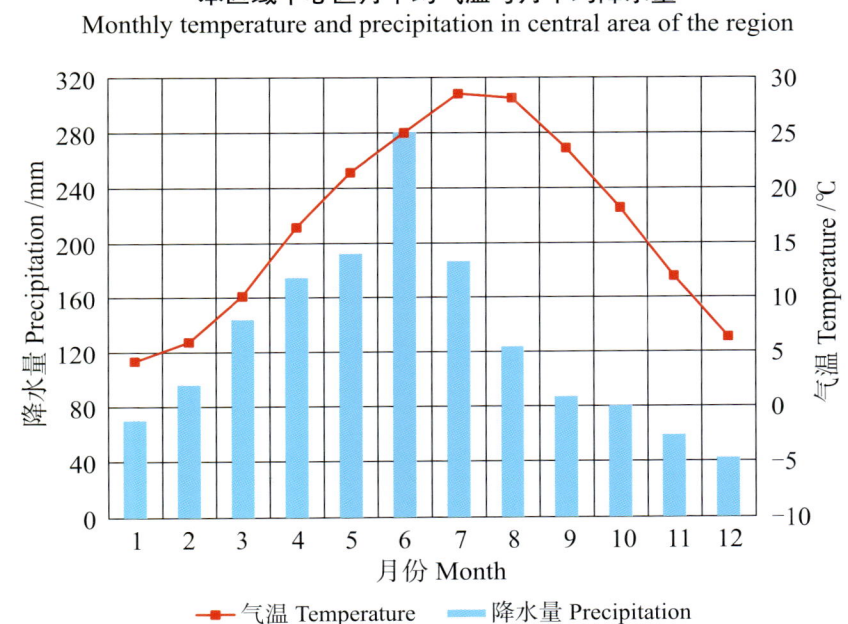

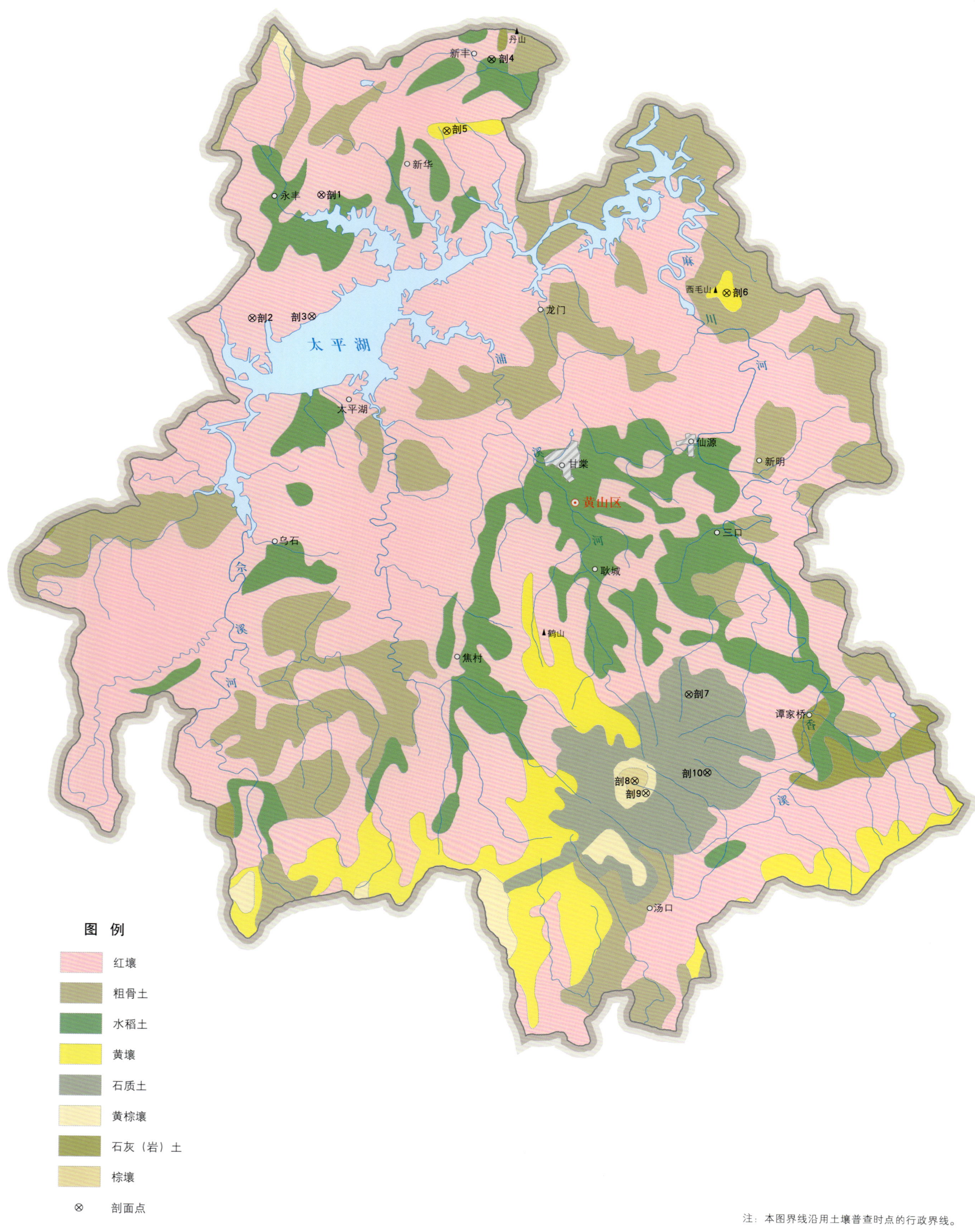

黄山区土壤剖面理化性状表

剖面号 Soil profile	土纲 Soil order	土类 Soil great group	亚类 Soil subgroup	土属 Soil genus	土种 Soil species	土层码 Layer code	土层厚度 Depth/cm	颜色 Soil color	质地 Soil texture	土壤结构 Soil structure	pH	有机质 OM/(g/kg)	全氮 TN/(g/kg)	全磷 TP/(g/kg)	全钾 TK/(g/kg)	阴离子交换量 CEC/(cmol/kg)	土壤母质 Parent material	剖面点坐标 Profile coordinate	匹配指数 Matching index/%
剖1	铁铝土	红壤	黄红壤	麻石黄红壤	薄有机质厚层麻石黄红壤	A	0—30		中壤土		5.7	52.6	2.13	0.41	26.6	16.8	酸性结晶岩类残积物、坡积物	E 117°59′25.5″ N 30°25′55.6″	75
						Bv	30—50		中壤土		5.6	7.7	0.37	0.35	26.6	13.3			
						Bvc	100—150		轻壤土		5.6	5.6	0.31	0.35	29.7	12.7			
剖2	铁铝土	红壤	红壤性土	红壤性扁麻石土	粗骨扁麻石土	A₁	2—4	黑棕色	中壤土	块状							千枚状砂岩坡积物、残积物	E 117°57′02.5″ N 30°22′09.2″	75
						A	4—14	褐色	中砾轻壤土	团块状									
						Bvc	14—23	黄红色	中砾轻壤土	小块状									
剖3	铁铝土	红壤	黄红壤	扁岩黄红壤	中有机质扁石黄红壤	1	4—15		重壤土		6.5	29.8	1.18	0.22	11.5	13.4	千枚状砂岩坡积物、残积物	E 117°59′04.2″ N 30°22′12.0″	75
						2	15—20		重壤土		5.3	17.7	0.82	0.23	12.3	12.6			
						3	21—50		中壤土		5.6	6.2	0.32	0.19	13.6	10.3			
剖4	人为土	水稻土	潴育水稻土	砂泥田	砂泥田	A	0—13	褐灰色	中壤土	小块状	6.4						河流冲积物	E 118°05′16.6″ N 30°30′02.2″	75
						P	13—21	褐灰色	中壤土	小棱块状	6.4								
						W	21—45	灰黄色	轻壤土	块状	6.4								
						Bv	45—75	灰黄色	轻壤土	小棱块状	6.8								
						5	75—100	灰白色		无结构									
剖5	铁铝土	黄壤	黄壤	麻山黄泥土		A	0—15	棕色	壤质黏土	屑粒状	4.5	65.9	2.10	0.60	25.0	15.1	花岗岩、花岗斑岩风化残积物、坡积物	E 118°03′43.4″ N 30°27′52.2″	75
						ABv	15—45	黄棕色	壤质黏土	块状	4.8	13.1	0.60	0.50	20.1	8.8			
						Bv	45—100	亮黄棕色	砂质黏壤土	块状	4.7	6.6	0.30	0.40	22.3	9.9			
						C	100—120	橙色			4.7	3.2	0.30	0.40	30.2				
剖6	铁铝土	黄壤	黄壤			A	0—8	棕黑色	轻壤土	团粒状							花岗岩、变质页岩	E 118°13′15.1″ N 30°22′52.2″	75
						Ab	8—23	棕色	轻壤土	团粒状									
						Bv	23—60	橙棕色		小块状									
						C	60—100	橙黄色		小块状									
剖7	初育土	石质土	铁铝质石质土	扁石黄红壤石质土	扁石黄红壤石质土	A	3—19	棕色	砂壤土	无结构					20.0		千枚状砂岩坡积物、残积物	E 118°11′53.3″ N 30°10′36.9″	75
剖8	淋溶土	棕壤	酸性棕壤	酸性麻石棕壤	酸性麻石棕壤	A₁	3—19	灰black色	中壤土	团粒状					20.0		花岗岩坡积物、残积物	E 118°10′01.9″ N 30°07′58.0″	75
						Ab	19—29	暗棕色	中壤土	粒状					12.3				
						Bv	29—70	棕色	中壤土	小块状					16.0				
						C	70—100	黄棕色		无结构									
剖9	淋溶土	黄棕壤	暗黄棕壤	麻石黄棕壤石质土		A₁	4—10	黑色	轻壤土	团粒状						8.7	花岗岩坡积物、残积物	E 118°10′24.5″ N 30°07′35.7″	75
						A	10—30	黑色	中壤土	团粒状						7.5			
						Bv	30—40	黄棕色	中壤土	小团块状									
剖10	初育土	石质土	硅铝质石质土	麻石黄棕石质土		A	3—14	棕色	轻壤土								酸性结晶岩类坡积物、残积物	E 118°12′30.7″ N 30°08′13.1″	75

歙 县

主要土类说明

红壤是歙县主要土壤类型，占本县地域面积的59%，广泛分布于海拔700m以下的低山、丘陵及盆谷阶地，中山区山地北坡海拔常低于南坡100m左右，属山地垂直带谱的基带土壤类型。其成土母质因地而异，盆谷阶地处的母质为第四纪红色黏土和残留黄土状物质，低山丘陵处的母质主要为千枚岩、粉砂岩、泥岩类、花岗岩、花岗闪长岩残积物、坡积物。红壤带的气候特点是温暖湿润，干湿季交替明显。自然植被主要是以壳斗科的青冈、青栲、石栎和山茶科的木荷属及樟科等树种组成的常绿阔叶林。本县红壤形成具有明显的强风化和强淋溶作用，富铝化程度较典型红壤为弱，其主要特性与典型红壤也有一定的差异，显示了红壤地带北缘向北亚热带黄棕壤过渡的特点。其主要形态特征为：土体厚度多为中等，一般为黄橙色。全土体厚度在40—60cm，少量厚达1m以上。风化淋溶作用较强，由花岗岩发育的红壤质地多为中壤土，由泥质岩类及第四纪土发育的红壤质地较黏重。土壤呈酸性，pH一般在4.9—5.6，以5.3为主，比典型红壤（pH在5.0左右）略高。脱硅富铝作用较明显，硅铝率低，为2.16—2.39。黏土矿物组成多以高岭石为主，铁的游离度较高。根据发育阶段，本县红壤分为黄红壤和红壤性土两个亚类。

粗骨土是歙县第二大土壤类型，占本县地域面积的10%，主要分布在王村、杞梓里、洽舍、深渡、溪头等地，多位于中低山高丘的脊顶陡坡地带，植被破坏严重，覆盖度低于20%。其成土母质为流纹岩和千枚岩、凝灰岩等残积物、坡积物。粗骨土发生特点为母岩风化后受外营力的冲刷作用，母质发生近距离的移动，在较低平缓坡处堆积，由于水土流失严重，多为岩屑及半风化物。粗骨土属于A-C构型，A层较薄。本县粗骨土仅有铁铝质粗骨土一个亚类。

黄壤是歙县第三大土壤类型，占本县地域面积的9%，分布于中低山的中上部，带谱较窄，南坡多在海拔700—1100m，北坡海拔为650—1000m，带谱之上为暗黄棕壤，之下为黄红壤，并呈镶嵌分布。其成土母质主要有千枚岩、泥质岩类、花岗岩等酸性结晶岩类残积物、坡积物。本县黄壤是在温暖湿润的气候条件下形成的，比黄棕壤带气温高2—3℃，降水量相近或略低，但比红壤带降水量高200—400mm，温度低3—4℃，特别是云雾多，干湿季不明显，土壤水热状况较稳定，土体经常处于湿润状态。自然植被为常绿阔叶与落叶阔叶混交林，覆盖度较高，多为50%。黄壤富铝化作用较明显，但比黄红壤弱，比暗黄棕壤强。其风化淋溶度也同样介于黄红壤和暗黄棕壤之间。土体较湿润，多为重壤土，呈酸性，暗黄橙色或暗黄棕色。黄壤土体厚度为30—50cm，一般发生层次明显，为A-B-C或A-（B）-C构型。由于干湿交替不明显，剖面中无锈纹和铁锰结核。由于土壤湿润，影响游离氧化铁脱水而形成赤铁矿，故土壤颜色浅淡，B层多为暗黄橙色或蜡黄棕色。中低山的中上部温度较低，温差大，常绿落叶混交林覆盖度较高，有利于山地黄壤的有机质的积累，土壤有机质含量多在50g/kg左右，碳氮比在0.25左右，腐殖质组成以胡敏酸为主，胡富比为1.30。黄壤有机质分布较深，常在60cm以下，可达10g/kg，土体呈黄棕色。黄壤水湿条件好，长期淋溶，盐基高度不饱和，平均为23.5%，比基带土壤上同母质发育的黄红壤低。交换性铝含量高，比暗黄棕壤高1倍左右，与黄红壤相近或略高。淀积层pH低，都小于5.5。由花岗岩风化物发育的多为轻壤土至中壤土，由千枚岩风化物发育的多为重壤土，粉砂黏粒比平均为1.07，低于黄红壤，高于暗黄棕壤。黏粒硅铝率平均为2.03，但因母岩不同而有差异。铁、铝的富集和钾、钠、钙、镁的迁移量都比红壤低，比暗黄棕壤高。黏土矿物组成多以蛭石、绿泥石和高岭石为主，风化淋溶度比黄红壤低，比暗黄棕壤高。游离铁的活化度和络合度比黄红壤高，比黄棕壤低得多。根据土壤发育阶段，本县黄壤分为山地黄壤和黄壤性土两个亚类。

水稻土占歙县地域面积的9%，集中分布在王村等地的盆地、岗、塝、冲、畈，其他区的丘陵、冲垄中有零星分布。水稻土是一种人为水成土，发育于全县各种成土母质上，是在长期淹水、耕作、栽培水稻的独特条件下形成的。在水稻土成土过程中，土壤的氧化还原状况，腐殖质的积累、分解，盐基淋溶与复盐基及铁、锰的转化、迁移等特征与自然土壤、旱地土壤都有所不同，从而形成了水稻土所特有的剖面构型、形态特征和理化性状。此外，水稻土在不同的水分状况和地形条件影响下，土壤剖面的氧化还原状况也不同。土壤水分条件的变化，影响着水稻土的渗育、潴育和潜育作用，导致水稻土形成特定的发生层次，从而构成特定的剖面形态特征。水稻土的发生层次有耕作层、犁底层、潴育层、淀积层、潜育层，这些发生层的形态因发育强度和母质属性的差异而不同，发育成由特定发生层构成的土体构型。根据水稻土的水分状况、发育阶段的不同，本县水稻土划分为渗育型、潴育型、潜育型三个亚类。

紫色土占歙县地域面积的6%，是由紫色岩类风化物发育的一种岩性土，分布于霞坑、北岸、桂林、富竭、徽城、郑村、王村等地的丘陵岗地，海拔在150—300m，坡度在15°—30°。其成土母质为紫色砂页岩和紫色砂砾岩、红色砂岩等残积物、坡积物。本县自然植被被破坏，多为草丛和人工松杉林，大部分开垦为耕地，常因强烈侵蚀，有零星基岩裸露。紫色土因受母岩岩性影响，以及频繁的侵蚀和堆积，全剖面无明显发生层次，多为A–C或A–（B）–C构型。紫色岩类因成岩时期不同，岩性差异较大，本县一般为白垩纪紫色砂页岩和砂砾岩，富含碳酸钙；也有少量侏罗纪紫色砂页岩，不含碳酸钙。这些紫色岩类岩性松脆，吸热性强，常因热胀冷缩而崩解，加上这些岩石固结性不强，多以碳酸钙为其胶结物，在降水的影响下，碳酸钙易受溶解而失去胶结力，因此物理崩解强烈，易剥落形成碎屑物质。这些碎屑物中富含游离碳酸钙，在降水影响下，溶解淋失作用强烈，从母岩物理风化到土壤的形成过程中，碳酸钙含量变化很大，剖面自上而下逐渐递减，残存碳酸钙较少，导致土壤呈中性至微碱性。此外，紫色土化学风化作用微弱，由母岩风化形成土壤时，钙有明显的淋失，其他元素的淋溶和富集不明显。黏土矿物组成以伊利石、蛭石、绿泥石为主，高岭石和蒙脱石少量。因土壤碳酸钙淋失程度不同，本县紫色土划分为酸性紫色土、中性紫色土和石灰性紫色土三个亚类。

小于本县地域面积3%的土壤类型还有黄棕壤、石灰（岩）土、潮土、山地草甸土等。

本区域中心区气候特征

本区域中心区气候特征值
Regional climate characteristics in central area of the region

气候带：北亚热带湿润气候 Climate region: North subtropical humid climate	
年平均气温 /℃ Annual average temperature /℃	17.0
年平均最高气温 /℃ Annual average maximum temperature /℃	21.5
年平均最低气温 /℃ Annual average minimum temperature /℃	13.5
年降水量 /mm Annual precipitation /mm	1629
≥10℃的积温 /℃ Daily temperature accumulated in a year（≥10℃）/℃	7710
年日照时数 /h Annual sunshine /h	1815
年平均相对湿度 /% Annual average relative humidity /%	78
干燥度 Dryness	0.63

本区域中心区月平均气温与月平均降水量
Monthly temperature and precipitation in central area of the region

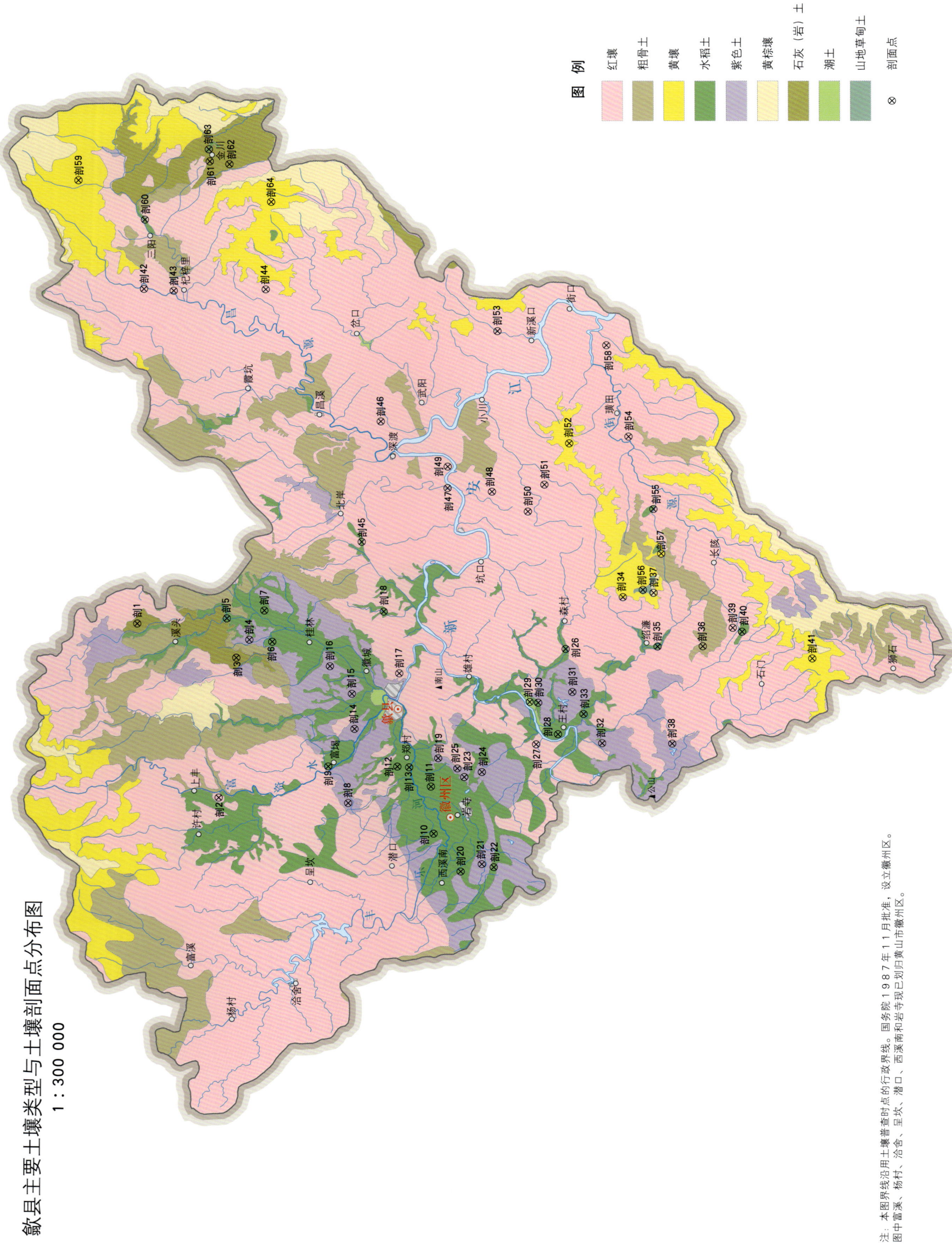

歙县土壤剖面理化性状表

剖面号 Soil profile	土纲 Soil order	土类 Soil great group	亚类 Soil subgroup	土属 Soil genus	土种 Soil species	土层码 Layer code	土层厚度 Depth/cm	颜色 Soil color	质地 Soil texture	土壤结构 Soil structure	pH	有机质 OM/(g/kg)	全氮 TN/(g/kg)	全磷 TP/(g/kg)	全钾 TK/(g/kg)	有效磷 AP/(mg/kg)	速效钾 AK/(mg/kg)	阳离子交换量CEC/(cmol+/kg)	土壤母质 Parent material	剖面点坐标 Profile coordinate	匹配指数 Matching index/%
剖1	初育土	石灰（岩）土	土棕色石灰土	扁石石灰土	扁石石灰土	A	0—15	灰棕色	中壤土	团粒状	6.5	116.5	4.29	0.43	13.8			10.4	钙质页岩、石灰残积物	E 118°28′56.7″ N 30°02′07.1″	97
						Bv	15—30	暗橙色	中石重壤土	小块状	6.5	22.3	1.11	0.32	13.5			10.0			
						C	30—41	灰黄色	轻黏土	粒状	7.5	7.6	0.40	0.35	14.1			8.4			
剖2	铁铝土	红壤	黄红壤	麻石黄红壤	厚层麻石黄红壤	A	0—18	暗橙色	中壤土	粒状	5.7	32.5	1.84	0.55	33.7			10.4	酸性结晶岩、残积物	E 118°20′47.1″ N 29°59′01.1″	97
						Bv	18—100	黄橙色	中壤土	小块状	5.2	19.5	1.27	0.53	34.2			9.0			
						C	100—	亮橙色	砂壤土		5.1	8.9	0.41	0.52	34.5			10.1			
剖3	初育土	石灰（岩）土	黑色石灰土	黑碎石土	金川黑碎石土	Ao	0—1.5													石灰岩残积物、坡积物	E 118°27′18.6″ N 29°58′15.2″	78
						A	1.5—12	黑棕色	砂壤土	核粒状	7.3	112.8	5.64	1.10	12.8			24.6			
						ABv	12—30	黑棕色	砂质黏壤土	小块状	7.6	56.3	2.31	1.10	13.1			25.1			
						C	30—34	黑棕色	黏壤土	粒状	8.2	38.1	1.63	1.20	14.5			16.0			
剖4	初育土	紫色土	中性紫色土	紫泥土	紫泥土	A	0—16	暗红棕色	中石重壤土	小块状	6.5	12.7	0.94	0.42	15.4			17.7	紫色页岩残积物、坡积物	E 118°28′08.6″ N 29°57′43.8″	97
						Bv	16—52	暗红棕色	中石重壤土	小块状	6.5	13.4	0.83	0.41	15.0			18.1			
						C	52—60	暗红棕色	中石重壤土	碎块状	7.5	12.2	0.89	0.40	15.0			15.6			
剖5	水稻土	潴育水稻土	石灰泥田	石灰泥田	石灰泥田	A	0—14	棕灰色	中壤土	小块状	8.0	28.7	2.14	0.58	10.2			16.1	石灰岩、条带石灰岩残积物、坡积物	E 118°29′08.4″ N 29°58′36.4″	97
						P	14—19	灰棕色	重壤土	小块状	8.0	16.3	1.02	0.50	9.8			10.8			
						W	19—79	暗黄棕色	重壤土	小块状	8.0	10.1	0.89	0.41	9.2			13.4			
						Bv	79—100	暗黄棕色	重壤土	块状	8.0	9.9	1.06	0.49	9.2			12.4			
剖6	水稻土	潴育水稻土	陷泥田	陷泥田	泥质陷泥田	A	0—14	灰色	中石中壤土	块状	7.1	32.7	1.39	0.62	14.3			18.3	石灰岩坡积物、洪积物	E 118°28′02.5″ N 29°56′50.5″	97
						Pg	14—23	灰色	轻壤土	块状	7.6	15.2	0.56	0.47	10.4			14.1			
						G	23—70	灰色	重壤土	无结构	7.8	13.3	0.48	0.51	11.4			18.0			
剖7	水稻土	潴育水稻土	砂泥田	积钙石砂泥田	积钙石砂泥田	A	0—17	棕色	中壤土	小块状	7.8	29.0	2.04	0.55	17.6			18.1	近代河流冲积物、洪积物	E 118°29′29.6″ N 29°57′07.9″	95
						P	17—25	棕色	重壤土	块状	7.8	23.8	1.49	0.51	17.6			15.6			
						W	25—41	灰棕色	重壤土	棱块状	8.0	10.5	0.66	0.39	17.0			15.4			
						Bv	41—100	黄棕色	重壤土	块状	7.6	6.7	0.55	0.48	19.7			10.0			
剖8	初育土	紫色土	石灰性紫色土	石灰性紫泥土	石灰性猪血泥	A	0—13	暗红棕色	中壤土	碎块状	8.0	11.0	0.65	0.58	18.2			17.2	紫色页岩残积物、坡积物	E 118°20′29.2″ N 29°53′56.5″	97
						Bv	13—38	暗红色	重壤土	小块状	7.8	4.7	0.17	0.43	20.2			15.4			
						C	38—50	暗红色	重壤土	块状	8.1	3.1	≤0.10	0.48	21.3			11.3			
剖9	水稻土	潴育水稻土	渗育紫泥田	渗育灰石紫泥田	渗育灰石紫泥田	A	0—10	暗红棕色	重壤土	小块状	7.6	21.8	1.30	0.54	14.3			17.4	紫色砂页岩残积物、坡积物	E 118°22′20.0″ N 29°54′36.0″	95
						P	10—17	暗红棕色	重壤土	块状	7.4	22.8	1.42	0.53	14.1			18.0			
						W	17—52	暗红棕色	重壤土	棱块状	8.0	10.5	0.75	0.41	15.2			16.9			
						C	52—100	亮黄棕色	重壤土	块状	7.6	2.4	0.25	0.21	12.8			13.7			
剖10	人为土	水稻土	潴育水稻土	潮泥田	潮泥田	A	0—18	灰红棕色	黏质黏壤土	小块状	4.9	25.9	1.50	0.40	15.4			10.4	近代河流冲积物	E 118°20′29.2″ N 29°53′36.4″	95
						Ap	18—27	淡红灰色	黏壤土	块状	6.5	15.9	8.10	0.50	16.1			9.5			
						P	27—48	淡红灰色	黏壤土	棱块状	7.1	5.7	5.70	0.30	15.9			9.6			
						W	48—100	灰红棕色	黏壤土	块状	7.1	3.1	3.10	0.50	17.0			8.7			
剖11	人为土	水稻土	潴育水稻土	潮砂泥田	潮砂泥田	A	0—18	灰红棕色	粉质黏壤土	小块状	4.9	25.9	1.25	0.39	15.4			8.7	河流冲积物	E 118°22′13.8″ N 29°50′41.7″	81
						Ap	18—27	淡红灰色	粉质黏壤土	中块状	6.2	15.9	3.10	0.48	16.2			9.6			
						P	27—48	淡红灰色	粉质黏壤土	棱块状	7.1	5.7	0.54	0.32	15.9			9.5			
						W	48—100	淡灰橙色	黏壤土	块状	7.2	3.1	0.39	0.49	17.1			10.4			
剖12	人为土	水稻土	渗育水稻土	渗青黄泥田	渗黄泥田	A	0—15	黄灰色	重壤土	小块状	7.2	35.0	2.00	0.72	14.9			19.3	第四纪红色黏土	E 118°22′09.4″ N 29°51′59.7″	97
						P	15—24	黄灰色	重壤土	块状	7.6	15.2	0.83	0.52	14.8			15.2			
						W	24—35	黄橙色	重壤土	棱块状	7.6	8.6	0.43	0.30	16.8			13.6			
						C	35—80	黄橙色	重壤土	块状	7.0	3.3	≤0.10	0.32	17.0			10.6			

续表 Continued

剖面号 Soil profile	土纲 Soil order	土类 Soil great group	亚类 Soil subgroup	土属 Soil genus	土种 Soil species	土层码 Layer code	土层厚度 Depth/cm	颜色 Soil color	质地 Soil texture	土壤结构 Soil structure	pH	有机质 OM/(g/kg)	全氮 TN/(g/kg)	全磷 TP/(g/kg)	全钾 TK/(g/kg)	有效磷 AP/(mg/kg)	速效钾 AK/(mg/kg)	阳离子交换量CEC/(cmol/kg)	土壤母质 Parent material	剖面点坐标 Profile coordinate	匹配指数 Matching index/%
剖13	人为土	水稻土	潴育水稻土	潴育紫泥田	潴紫泥田	A	0—14	暗棕色	重壤土	小块状	6.0	27.3	1.72	0.42	14.9			21.3	紫色砂页岩	E 118°22′21.9″ N 29°51′35.9″	95
						P	14—21	暗棕色	重壤土	块状	6.0	20.9	1.26	0.44	14.7			19.5			
						W	21—43	暗棕色	重壤土	棱块状	6.4	19.3	1.18	0.45	15.2			20.2			
						C	43—100	橙色	重壤土	块状	6.8	7.1	0.21	0.45	16.1			18.4			
剖14	初育土	紫色土	石灰性紫色土	灰紫砂土	槐园猪血砂	A_{11}	0—7	暗棕色	壤土	碎块状	8.6	9.5	0.60	0.50	21.1	3.0	80	11.1	钙质紫色砂岩残积物、坡积物	E 118°23′56.3″ N 29°53′39.8″	95
						C_1	7—31	油润紫棕色	砂壤土	块状	8.3	9.6	0.60	0.50	22.5	3.0	73	12.6			
						C_2	31—52	油润紫棕色	砂壤土		8.3	9.3	0.60	0.40	22.7	3.0	66	11.5			
剖15	初育土	紫色土	石灰性紫色土	石灰紫砂土	薄层石灰性紫砂土	A	0—9	暗红棕色	轻壤土	小块状	7.7	8.9	0.66	0.38	16.5			17.4	紫色页岩残积物、坡积物	E 118°25′35.4″ N 29°53′44.8″	97
						Bvc	9—20	暗红棕色	轻壤土	小块状	7.7	6.9	0.55	0.42	18.9			20.3			
剖16	初育土	紫色土	中性紫色土	紫泥土	猪血泥	A	0—25	暗棕色	重壤土	小块状	6.5	18.8	1.20	0.66	21.8			23.3	紫色页岩残积物、坡积物	E 118°26′52.8″ N 29°54′35.5″	98
						Bv	25—70	暗棕色	重壤土	小块状	7.0	6.0	0.57	0.33	18.3			20.8			
						C	70—81	暗红棕色	重壤土	无结构	7.0	4.0	0.20	0.41	19.2			15.8			
剖17	铁铝土	红壤	黄红壤	硅铁黄红壤	罗田(厚层)红泥土	Ao	0—2													千枚岩残积物、坡积物	E 118°26′31.7″ N 29°51′52.8″	81
						A	2—9	棕色	壤质黏土	粒状	4.7	30.1	1.90	0.40	22.6			10.4			
						ABv	9—40	鲜红棕色	壤质黏土	碎块状	5.3	14.8	1.34	0.37	22.5			9.0			
						Bv	40—70	鲜红棕色	粉质黏土	块状	5.3	13.2	1.19	0.33	21.3			8.5			
						Bvc	70—150	红depository棕色	壤质黏土	块状	5.5	5.6	0.77	0.27	20.5			8.9			
剖18	人为土	水稻土	潜育水稻土	青粉砂泥田	青粉砂泥田	A	0—13	灰色	中壤土	小块状	6.5	32.6	1.78	0.45	30.1			15.2	花岗闪长岩	E 118°29′23.7″ N 29°52′27.3″	97
						Pg	13—23	灰色	中石中壤土	块状	6.5	22.2	1.19	0.41	30.3			12.7			
						G_1	23—40	暗灰色	中石中壤土	块状	6.5	18.8	1.12	0.34	30.2			14.2			
						G_2	40—62	灰色	中石中壤土	小块状	6.5	17.7	1.10	0.38	29.5			11.8			
						G_3	62—100	灰色	重壤土	无结构	6.5	7.3	0.35	0.41	32.9			4.5			
剖19	初育土	紫色土	中性紫色土	紫泥土	西山紫砂土	A	0—16	油润紫棕色	砂壤土	小块状	6.8	20.7	1.10	0.30	18.7			16.4	紫色岩残积物、坡积物	E 118°22′32.9″ N 29°50′24.2″	95
						C_1	16—44	暗棕色	砂壤土	碎块状	6.5	12.8	0.80	≤0.10	18.7			14.7			
						C_2	44—82	棕色	砂壤土	块状	7.3	8.0	0.60	≤0.10	21.0			12.9			
剖20	初育土	水稻土	石灰性水稻土	石灰泥田	扁畈石灰性泥田	A	0—14	棕色	重壤土	小块状	8.1	35.1	1.70	0.74	12.1			14.5	石灰岩、条带灰岩残积物、坡积物	E 118°17′16.4″ N 29°49′33.2″	95
						P	14—25	浅灰棕色	重黏土	块状	7.9	34.1	1.70	0.62	11.3			13.1			
						W	25—44	浅灰棕色	轻黏土	小块状	8.2	26.0	1.25	0.57	11.5			13.6			
						Bvs	44—100	暗灰棕色	轻黏土	无结构	8.3	15.8	0.78								
剖21	初育土	紫色土	酸性紫色土	酸性紫砂土	酸性紫砂土	A	0—15	红紫色	轻壤土	粒状	6.2	14.6	0.48	0.31	16.9			10.0	紫色砂岩、紫色砂砾岩残积物、坡积物	E 118°17′37.0″ N 29°48′44.0″	95
						Bv	15—40	棕红棕色	重壤土	团块状	6.1	5.6	0.50	0.59	16.7			9.1			
						C	40—100	暗紫红色	重壤土	小团块状	6.4	8.9	0.61	0.39	16.3			10.3			
剖22	人为土	水稻土	潴育水稻土	紫泥田	紫砂泥田	A	0—14	灰棕色	轻壤土	块状	5.4	17.4	1.05	0.66	16.0			11.0	紫色砂页岩残积物、坡积物	E 118°17′28.3″ N 29°48′15.7″	97
						P	14—21	灰棕色	重壤土	小块状	5.6	7.8	0.48	0.54	16.0			9.8			
						W	21—35	灰棕色	重壤土	小块状	6.0	11.1	0.67	0.61	16.2			8.2			
						Bv	35—100	暗棕色	中壤土	无结构	7.1	5.0	0.32	0.97	17.9			10.2			
剖23	初育土	紫色土	石灰性紫色土	石灰紫泥土	石灰紫泥土	A	0—14	暗紫棕色	中壤土	小块状	8.6	9.5	0.61	1.06	17.1			15.1	紫色页岩残积物、坡积物	E 118°21′33.2″ N 29°49′20.4″	97
						Bv	12—31	暗紫棕色	中壤土	小块状	8.3	9.6	0.63	0.41	13.6			15.8			
						C	31—42	暗棕色	重壤土	无结构	8.3	9.3	0.62	0.21	14.7			19.8			
剖24	初育土	紫色土	中性紫色土	紫砂土	紫砂土	A	0—14	暗棕色	轻壤土	小块状	7.0	19.6	1.29	≥10.00	≤1.0			17.6	砂岩、砂砾岩残积物、坡积物	E 118°21′45.2″ N 29°48′49.0″	97
						Bv	14—58	暗棕色	轻壤土	碎块状	7.5	8.3	0.72	≥10.00	≤1.0			16.4			
						C	58—70	暗棕色	轻壤土	无结构	7.5	5.2	0.62	≥10.00	≤1.0			19.8			
剖25	初育土	紫色土	石灰性紫色土	石灰性紫泥土	石灰性紫泥土	A	0—14	红棕色	重壤土	小块状	7.5	8.3	1.40	0.48	23.1			23.5	紫色砂页岩残积物、坡积物	E 118°22′00.7″ N 29°49′33.7″	97
						Bv	12—54	红棕色	重壤土	小块状	7.6	5.2	1.13	0.52	24.3			23.7			
						C	54—58	红棕色	重壤土	无结构	7.8	6.5	0.84	0.78	26.0			25.5			

续表 Continued

剖面号 Soil profile	土纲 Soil order	土类 Soil great group	亚类 Soil subgroup	土属 Soil genus	土种 Soil species	土层码 Layer code	土层厚度 Depth/cm	颜色 Soil color	质地 Soil texture	土壤结构 Soil structure	pH	有机质 OM/(g/kg)	全氮 TN/(g/kg)	全磷 TP/(g/kg)	全钾 TK/(g/kg)	有效磷 AP/(mg/kg)	速效钾 AK/(mg/kg)	阳离子交换量CEC/(cmol/kg)	土壤母质 Parent material	剖面点坐标 Profile coordinate	匹配指数 Matching index/%
剖26	人为土	水稻土	潴育水稻土	砂泥田	砂泥田	A	0–18	灰黄色	中壤土	小块状	5.9	22.2	1.36	0.45	21.3			10.5	近代河流冲积物、洪积物	E 118°27′35.8″ N 29°45′21.6″	97
						P	18–25	灰黄色	中壤土	块块状	5.5	14.0	0.89	0.50	21.1			11.1			
						W	25–61	暗黄色	中壤土	棱块状	6.9	6.3	0.48	0.33	20.7			11.9			
						Bv	61–100	暗黄色	中壤土	块状	7.0	4.6	0.39	0.47	22.6			10.0			
剖27	铁铝土	红壤	黄红壤	扁石黄红壤	厚层扁石黄红壤	A	0–9	棕色	轻壤土	粒状	4.7	30.1	1.90	0.40	22.6			10.4	泥质岩类坡积物、残积物	E 118°23′37.9″ N 29°46′33.1″	97
						ABv	9–40	鲜红色	轻黏土	小块状	5.3	14.8	1.34	0.37	22.5			9.0			
						Bv	40–70	暗红棕色	轻黏土	块状	5.2	13.2	1.19	0.33	21.3			8.5			
						Bvc	70–150	红棕色	轻黏土	块状	5.5	5.6	0.77	0.27	20.5			8.9			
剖28	人为土	水稻土	潴育水稻土	砂泥田	砂泥田	A	0–13	灰棕色	轻壤土	团块状	6.2	12.8	0.79	0.51	21.5			6.1	近代河流冲积物、洪积物	E 118°23′09.2″ N 29°45′41.8″	97
						P	13–22	暗黄棕色	轻壤土	小块状	6.2	7.9	0.52	0.56	22.0			4.5			
						S	22–100	棕色	砂壤土	无结构	5.9	3.2	0.23	0.56	21.3			5.0			
剖29	半水成土	潮土	灰潮土	白砂土	白砂土	A	0–22	灰黄棕色	轻壤土	小块状	5.6	10.3	0.69	0.40	18.7			5.4	河流冲积物	E 118°25′09.2″ N 29°46′47.8″	95
						Bv	22–38	红黄棕色	轻壤土	碎块状	5.6	6.8	0.41	0.37	20.3			3.9			
						C	38–85	灰黄色	轻壤土	无结构	5.6	≤1.0	≤0.10	0.37	19.7			4.1			
剖30	人为土	水稻土	潴育水稻土	扁石泥田	砾底扁石泥田	A	0–14	暗黄橙色	轻壤土	小块状	6.5	36.2	2.17	0.79	15.3			16.7	泥质岩类风化坡积物、洪积物	E 118°25′06.8″ N 29°46′32.2″	97
						P	14–22	暗黄棕色	轻壤土	棱块状	6.2	21.4	1.36	0.85	15.4			11.9			
						W	22–51	暗黄棕色	轻壤土	块状	6.0	10.3	0.64	0.95	15.4			11.9			
						Bv	51–100	暗橙色	轻壤土	小块状	6.4	3.1	0.46	0.40	14.3			9.7			
剖31	初育土	紫色土	酸性紫色土	酸性紫砂土	酸性紫砂土	A	0–12	暗红棕色	轻壤土	小块状	5.2	13.6	0.74	0.13	14.3			10.7	紫色砂砾岩残积物	E 118°25′35.6″ N 29°45′07.3″	97
						Bv	12–50	浊红棕色	轻壤土	块块状	5.0	5.6	0.33	≤0.10	14.3			10.8			
						C	50–100	浊红棕色	轻壤土	小块状	5.2	5.9	0.28	≤0.10	14.3			11.2			
剖32	初育土	紫色土	石灰性紫色土	石灰性紫砂土	槐园灰岩性猪血砂	A	0–7	暗黄棕色	中壤土	碎块状	8.6	9.5	0.61	0.48	21.2	3.0	80	11.4	紫色砂砾岩残积物、坡积物	E 118°23′10.9″ N 29°44′06.0″	75
						Bv	7–31	灰黄棕色	重壤土	块状	8.3	9.6	0.63	0.45	22.5	3.0	73	12.6			
						Bvc	31–52	浊红棕色	砂质黏壤土	块状	8.3	9.3	0.62	0.43	22.8		66	11.5			
剖33	人为土	水稻土	潴育水稻土	黄泥田	黄泥田	A	0–13	灰棕色	重壤土	小块状	6.4	23.8	1.28	0.45	11.2			11.4	第四纪红色黏土	E 118°24′33.7″ N 29°44′41.5″	97
						P	13–26	暗黄棕色	重壤土	块状	6.4	20.7	1.38	0.40	10.9			12.0			
						W	26–45	暗棕色	重壤土	棱块状	6.8	11.6	0.68	0.46	10.3			13.4			
						Bv	45–70	暗棕色	重壤土	块状	6.8	4.9	0.34	0.41	10.2			7.5			
剖34	铁铝土	黄壤	山地黄壤	扁石黄壤	扁石黄壤	A	0–20	灰棕色	中壤土	小块状	5.1	57.1	2.41	0.35	14.0			15.6	千枚状砂岩残积物、坡积物	E 118°27′57.1″ N 29°43′05.7″	97
						Bv	20–40	暗棕色	重壤土	块状	5.2	30.1	1.16	0.28	14.0			13.9			
						C	40–60		轻黏土		5.0	7.1	0.30	2.90	15.2			11.7			
剖35	人为土	水稻土	潴育水稻土	砂泥田	黄泥底砂泥田	A	0–14	暗棕色	中壤土	小块状	5.5	18.0	0.94	1.21	19.3			8.2	近代河流冲积物、洪积物	E 118°27′40.4″ N 29°42′01.9″	95
						P	14–21	暗棕色	重壤土	棱块状	6.7	11.0	0.55	1.56	20.3			13.6			
						W	21–39	暗棕色	重壤土	碎块状	6.4	5.4	0.61	0.40	19.0			11.4			
						Bv	39–98	暗橙色	重壤土	块状	6.4	4.1	0.45	1.69	19.0			9.8			
剖36	初育土	粗骨土	铁铝质粗骨土	扁石铁铝质粗骨土	扁石铁铝质粗骨土	A	0–15	暗棕色	重壤土	小块状	5.7	82.0	4.24	0.72	18.4			23.0	千枚状砂岩残积物	E 118°27′39.8″ N 29°40′09.3″	75
						C	15–28		重黏土	无结构	4.4	39.3	2.38	0.52	27.8			13.9			
剖37	淋溶土	黄棕壤	暗黄棕壤	扁石暗黄棕壤	扁石暗黄棕壤	A			轻壤土		5.2	105.0	3.92	0.48	8.7			19.0	千枚状砂岩粉砂岩残积物、坡积物	E 118°29′59.0″ N 29°41′55.5″	75
						Bv			轻壤土	块状	5.5	37.9	1.36	0.53	9.7			26.9			
						Bvc					5.8	21.5	1.10	0.33	11.3			19.8			
剖38	初育土	紫色土	酸性紫色土	酸性紫泥土	酸性紫泥土	A	0–14	暗红棕色	重壤土	块状	5.2	17.5	0.96	0.22	23.7			14.1	紫色砂砾岩残积物、坡积物	E 118°23′09.1″ N 29°41′14.3″	97
						Bv	9–35	暗棕红色	重壤土	块状	4.4	14.4	0.85	0.20	24.3			16.3			
						C	35–46	暗棕色	重壤土	碎块状	5.0	9.1	0.61	0.20	25.3			11.3			
剖39	铁铝土	红壤	黄红壤	麻石黄红土	麻石黄红土	A	0–14	灰黄棕色	中石中壤土	小块状	6.0	19.3	1.16	0.70	31.6			11.8	酸性结晶岩残积物、坡积物	E 118°28′30.1″ N 29°38′48.7″	97
						Bv	14–34	灰黄棕色	中壤土	小块状	5.5	8.5	0.63	0.60	31.6			10.9			
						C	34–49	暗黄棕色	砂壤土		5.5	6.7	0.56	0.56	30.2			10.3			

续表 Continued

剖面号 Soil profile	土纲 Soil order	土类 Soil great group	亚类 Soil subgroup	土属 Soil genus	土种 Soil species	土层码 Layer code	土层厚度 Depth/cm	颜色 Soil color	质地 Soil texture	土壤结构 Soil structure	pH	有机质 OM/(g/kg)	全氮 TN/(g/kg)	全磷 TP/(g/kg)	全钾 TK/(g/kg)	有效磷 AP/(mg/kg)	速效钾 AK/(mg/kg)	阳离子交换量 CEC/(cmol/kg)	土壤母质 Parent material	剖面点坐标 Profile coordinate	匹配指数 Matching index/%
剖40	人为土	水稻土	潴育水稻土	扁石泥田	砾身扁石泥田	A	0—15	棕灰色	重壤土	小块状	8.3	43.8	2.69	0.54	15.3			12.2	泥质岩类风化坡积物、洪积物	E 118°28′18.8″ N 29°38′26.8″	97
						P	15—21	棕灰色	重壤土	小块状	8.4	37.8	2.36	0.65	15.1			11.0			
						W	21—49	黄棕色	重壤土	小块状	8.4	26.8	1.77	0.74	16.1			11.5			
						S	49—		砾石												
剖41	铁铝土	黄壤	山地黄壤	扁石黄壤	薄层扁石黄壤	A	0—12	灰黄棕色	轻黏土	小块状	5.8	39.8	1.71	0.40	15.1			25.8	千枚状砂岩残积物、坡积物	E 118°27′03.6″ N 29°35′42.7″	97
						Bv	12—28	暗黄橙色	轻黏土	小块状	5.0	13.0	0.69	0.27	12.8			8.4			
						C	28—35	暗黄橙色	重壤土												
剖42	铁铝土	红壤	黄红壤	扁石黄红土	园地扁石黄红土	A	0—13	暗红棕色	重壤土	小块状	6.0	26.6	1.88	0.68	17.8			10.4	泥质岩类坡积物、残积物	E 118°44′31.8″ N 30°01′39.2″	98
						Bv	13—26	暗红棕色	中石重壤土	块状	6.1	26.3	1.74	0.66	17.1			10.0			
						Bvc	26—52	暗橙色	中石重壤土	块状	6.0	22.7	1.46	0.59	16.5			10.6			
剖43	铁铝土	红壤	黄红壤	扁石黄红土	扁石黄红土	A	0—12	暗黄橙色	中壤土	碎块状	5.5	22.1	1.54	0.82	27.7			14.1	泥质岩类坡积物、残积物	E 118°44′25.9″ N 30°00′29.2″	98
						Bv	12—22	暗黄橙色	轻壤土	小块状	5.0	14.7	1.11	0.86	27.2			14.9			
						Bvc	22—36	暗黄橙色	轻黏土	块状	5.1	14.0	1.01	0.98	26.9			16.5			
剖44	铁铝土	红壤	红壤性土	红壤性扁石土	扁石黄骨土	A	0—11	暗黄棕色	中壤土	碎块状	5.1	30.4	1.59	0.48	29.5			8.8	酸性结晶岩残积物、坡积物	E 118°44′26.2″ N 29°56′52.8″	97
						Bv	11—17	暗黄棕色	重壤土	块状	5.1	17.7	1.02	0.40	28.5			8.6			
						C	17—28	暗黄棕色	轻壤土	块状	5.1	6.8	0.30	4.00	29.5			6.9			
剖45	人为土	水稻土	潴育水稻土	扁石泥田	扁石黄红土	A	0—15	暗棕色	轻壤土	块状	5.6	36.2	1.82	0.53	19.8			11.0	泥质岩类风化坡积物、洪积物	E 118°32′37.7″ N 29°53′17.6″	99
						P	15—21	黄棕色	轻壤土	棱块状	6.2	23.6	1.41	0.47	19.6			10.9			
						W	21—64	黄棕色	轻壤土	块状	6.4	20.0	1.26	0.51	19.1			11.2			
						Bv	64—100	暗黄棕色	轻壤土	块状	6.4	7.1	0.67	0.47	20.3			11.1			
剖46	铁铝土	红壤	红壤性土	红壤性扁石土	扁石红壤性土	A	0—11	黄棕色	中壤土	小块状	5.9	35.0	1.84	0.33	16.1			9.9		E 118°38′14.7″ N 29°52′28.7″	93
						Bv	11—25	暗棕色	重壤土	块状	6.0	15.8	0.99	0.39	17.0			12.4			
						C	25——	暗黄棕色	重壤土	核状	5.8	17.4	0.90	0.26	9.6			10.8			
剖47	铁铝土	黄壤	黄红壤	黄石黄壤	黄红壤	A	0—16	橙色	重壤土	核状	5.6	9.8	0.62	0.24	10.4			9.4	第四纪红土黏土	E 118°35′06.6″ N 29°49′53.8″	95
						Bv₁	16—52	橙色	重壤土	核状	5.6	5.8	0.42	0.20	11.1			9.7			
						Bv₂	52—106	橙色	中石重壤土	块状	5.6	4.5	0.45	0.23	11.6			13.5			
						Bvc	106—140	暗橙色	中石重壤土	块状											
剖48	铁铝土	红壤	黄红壤	扁石黄红土	园地泥质黄石黄红土	A	0—16	暗黄棕色	重壤土	碎块状	6.4	19.3	1.41	0.45	17.6			9.6	泥质岩类坡积物、残积物	E 118°34′54.8″ N 29°49′09.6″	97
						Bv	16—28	暗黄棕色	中石中壤土	碎块状	6.5	7.5	0.81	0.41	17.1			8.4			
						C	28—33	暗黄棕色	中壤土	小块状	5.8	4.4	0.66	0.40	16.6			7.5			
剖49	铁铝土	红壤	黄红壤	扁石黄红土	园地麻质石黄红土	A	0—13	暗黄棕色	重壤土	碎块状	6.5	20.1	2.17	0.97	18.7			13.7		E 118°36′06.5″ N 29°49′52.6″	98
						Bv	13—28	暗黄橙色	重壤土	团粒状	6.0	20.4	1.24	0.66	17.8			11.8			
剖50	铁铝土	红壤	黄红壤	麻石黄红土	中层麻质石黄红土	A	0—9	灰黄棕色	砂壤土	无结构	5.8	39.4	2.17	0.65	27.1			15.2	酸性结晶岩坡积物、残积物	E 118°33′58.3″ N 29°46′46.2″	95
						Bv	9—45	暗黄棕色	重壤土	小块状	5.6	20.1	1.28	0.58	32.1			15.3			
						C	45—52	暗黄橙色	中壤土	碎块状	5.7	13.0	0.80	0.44	31.6			15.8			
剖51	铁铝土	红壤	黄红壤	麻石黄红土	薄层麻质黄红土	A	0—1.5	灰黄棕色	轻壤土	小块状	5.8	26.9	1.32	0.44	16.1			20.0		E 118°37′13.0″ N 29°46′06.1″	97
						Bv	1.5—26	暗黄橙色	中壤土	碎块状	5.6	14.2	0.77	0.30	23.2			16.8			
						C	26—50	暗黄橙色	中壤土	无结构	5.2	57.6	2.34	0.36	25.3			20.9			
剖52	铁铝土	黄壤	山地黄壤	黄石黄壤	园地麻石黄红土	A	0—17	灰黄棕色	中壤土	小块状	4.3	47.1	1.62	0.30	28.3			20.9		E 118°37′07.8″ N 29°45′06.4″	97
						Bv	17—36	灰黄橙色	中壤土	碎块状	5.0	10.2	0.51	0.26	31.2			10.8			
						C	36—50	暗黄橙色	砂壤土	小块状	5.4	27.7	1.14	0.76	29.4			9.2			
剖53	铁铝土	黄壤	黄红壤	黄红泥	罗面橙石泥土	A	0—21	灰黄棕色	中石中壤土	屑粒状	5.8	15.5	0.78	0.65	32.1			9.7	酸性结晶岩残积物、坡积物	E 118°42′21.4″ N 29°47′50.6″	98
						Bv	21—44	灰黄橙色	中壤土	碎块状	5.7	6.5	0.31	0.40	22.4			8.7			
						C	44—67	暗黄橙色	砂壤土	块状	5.1	30.1	1.90	0.40	22.2			6.9			
剖54	铁铝土	红壤	黄红壤	黄红泥		A	2—9	亮黄棕色	壤质黏土	碎块状	5.4	19.8	1.30	0.40	21.2			10.4		E 118°37′24.3″ N 29°42′47.1″	95
						ABv	9—40	亮黄棕色	黏土	块状	5.1	13.2	1.10	0.30	21.0			9.0			
						C	40—70	亮黄棕色	壤质黏土		5.1							8.5			
							70—145	棕色	壤质黏土		5.5	6.6	0.70	0.30	21.0			8.8			

续表 Continued

剖面号 Soil profile	土纲 Soil order	土类 Soil great group	亚类 Soil subgroup	土属 Soil genus	土种 Soil species	土层码 Layer code	土层厚度 Depth/cm	颜色 Soil color	质地 Soil texture	土壤结构 Soil structure	pH	有机质 OM/(g/kg)	全氮 TN/(g/kg)	全磷 TP/(g/kg)	全钾 TK/(g/kg)	有效磷 AP/(mg/kg)	速效钾 AK/(mg/kg)	阳离子交换量CEC/(cmol/kg)	土壤母质 Parent material	剖面点坐标 Profile coordinate	匹配指数 Matching index/%
剖55	人为土	水稻土	潴育水稻土	麻砂泥田	麻砂泥田	A	0—13	暗黄色	中壤土	小块状	5.4	21.4	1.47	0.81	23.3			9.5	花岗闪长岩	E 118°33′56.0″ N 29°42′03.6″	100
						P	13—21	暗黄色	中石中壤土	小块状	6.4	17.4	1.24	0.89	22.5			9.6			
						W	21—52	黄橙色	中石中壤土	棱块状	6.8	6.3	0.37	0.45	21.1			10.2			
						Bv	52—100	黄橙色	中石中壤土	块状	6.8	4.4	0.30	0.39	21.6			15.1			
剖56	半水成土	山地草甸土			山地草甸土	Ao	0—3	黑色	中壤土	团粒状	5.0	183.4	6.28	0.79	19.4			24.8	花岗闪长岩、千枚岩等残积物、坡积物	E 118°30′17.1″ N 29°42′18.6″	97
						A₁	3—15	红黑色	中壤土	小块状	5.0	183.4	6.28	0.79	19.4			24.8			
						Bv	15—20	黄棕色	中石中壤土	团块状	5.0	183.4	6.28	0.79	19.4			24.8			
							20—28	黄棕色	中石中壤土	小块状	5.5	157.8	5.63	0.25	21.3			25.6			
						C	28—32	黄棕色	砂壤土		5.2										
剖57	铁铝土	黄壤	山地黄壤	麻石黄壤	园地麻石黄壤土	A	0—12	暗黄棕色	中壤土	碎块状	5.5	12.5	0.70	0.72	27.1			8.1		E 118°32′14.8″ N 29°41′35.0″	97
						Bv	12—20	暗黄棕色	中壤土	小块状	5.4	11.0	0.71	0.65	23.5			10.7			
						C	20—31	暗黄棕色	轻壤土	块状	5.5	8.9	0.57	0.51	31.0			9.7			
剖58	铁铝土	红壤	红壤性土	红壤性麻石	麻石红壤性土	A	0—14	暗棕色	中壤土	碎块状	5.2	47.9	2.78	0.24	24.8			10.6	酸性结晶岩残积物、坡积物	E 118°41′37.7″ N 29°43′35.8″	95
						Bv	14—29	暗棕色	中壤土	小块状	4.8	11.8	0.59	0.22	24.8			9.6			
						C	29—35	黄棕色	轻壤土	碎块状	5.0	7.0	0.30	0.22	25.1			10.3			
剖59	铁铝土	黄壤	黄壤性土	麻石黄壤性土	麻石黄壤性土	A	0—17	灰黄色	中壤土	碎块状	4.9	48.7	2.18	0.29	28.2			10.6		E 118°49′38.3″ N 30°04′08.3″	95
						Bvc	17—27	亮黄色	中壤土	小块状	4.8	19.1	1.12	0.26	29.5			8.1			
剖60	人为土	水稻土	潴育水稻土	砂泥田	砂砾身砂泥田	A	0—14	暗黄棕色	中壤土	小块状	5.8	12.5	0.66	0.58	18.8			7.9	近代河流冲积物、洪积物	E 118°47′45.8″ N 30°01′33.9″	97
						P	14—24	暗黄棕色	中壤土	块状	6.0	12.5	0.70	0.97	17.9			12.1			
						W	24—46	灰黄棕色	中壤土	小块状	6.6	8.7	0.51	0.82	18.8			8.9			
						S	46—130	灰黄棕色	中壤土	块状	6.1	10.1	0.58	0.98	19.2			9.8			
剖61	初育土	石灰(岩)土	棕色石灰土	扁石灰土	扁石鸡肝土	A	0—19	黑褐色	中壤土	碎块状	6.6	38.2	2.18	0.56	16.1			25.3	钙质页岩、灰岩残积物、坡积物	E 118°50′33.4″ N 29°58′56.9″	100
						Bv	19—38	黑褐色	重壤土	小块状	7.0	25.3	1.20	0.42	≤1.0			28.6			
						C	38—	黑褐色	重壤土		7.4	19.3	0.52	0.38	≤1.0			24.9			
剖62	初育土	石灰(岩)土	黑色石灰土	黑碎石土	黑碎石土	A	0—12	黑褐色	轻壤土	碎块状	7.3	112.8	5.64	1.10	12.8			24.6	石灰岩残积物、坡积物	E 118°50′15.9″ N 29°58′13.1″	98
						Bv	12—30	黑褐色	中壤土	小块状	7.6	56.3	2.31	1.10	13.1			25.1			
						C	30—34	黑褐色	中壤土	块状	8.2	38.1	1.63	1.20	14.5			16.0			
剖63	人为土	水稻土	潜育水稻土	陷泥田	石灰陷泥田	A	0—11	暗红棕色	轻黏土	块状	8.3	27.9	1.72	1.19	18.6			20.7	石灰性紫砂页岩、坡积物、洪积物	E 118°50′57.7″ N 29°59′00.6″	97
						P	11—25	暗红棕色	轻黏土	块状	8.3	16.7	1.09	0.65	20.1			21.3			
						W	25—75	暗红棕色	轻黏土	无结构	8.3	7.0	0.56	0.68	11.6			19.5			
						G	75—	暗红棕色	轻黏土		8.3	16.0	0.50	0.77	23.2			26.7			
剖64	铁铝土	黄壤	山地黄壤	扁石黄壤	园地扁石黄壤土	A	0—12	灰黄棕色	重壤土	小块状	5.0	31.2	1.35	0.61	15.5			12.5	千枚状砂岩残积物、坡积物	E 118°48′30.3″ N 29°56′36.2″	95
						Bv	12—38	灰黄棕色	重壤土	小块状	5.0	32.6	1.35	0.47	16.1			11.8			
						Bvc	38—55	灰黄棕色	重壤土	小块状	5.8	18.7	1.07	0.56	15.1			9.6			

休 宁 县

主要土类说明

红壤是休宁县主要土壤类型，占本县地域面积的 56%。红壤是本县地带性土壤，广泛分布于丘陵、低山和中山海拔 700m 以下地段，集中分布于率水以南和横江以北地区。其主要成土母质为千枚岩、粉砂质页岩、花岗闪长岩、花岗片麻岩、变质流纹质凝灰岩、硅质泥岩等坡积物、残积物和第四纪红色黏土。植被为常绿阔叶和落叶阔叶混生的次生林及人工杉、松、毛竹林。红壤主要是在脱硅富铝化与生物循环的长期综合作用下形成的。富铝化作用是红壤所进行的一种地球化学过程，土壤原生矿物强烈分解，硅和盐基淋失，铁铝氧化物明显聚积。其硅铝率一般为 2.0—2.5，硅铁率在 2.00 左右，次生黏土矿物以高岭石为主。在红壤地带的气候条件下，矿物强烈分解和淋溶，通过生物吸收，又以其残体归还土壤，使矿物分解释放的养分从深层富集于表土层，形成了"生物自肥"特点。由于生物循环的作用，有机质的矿化不断进行着，有机质不可能大量积聚，特别是植被遭到破坏后，有机质的累积急剧下降，所以在红壤地带，植物是成土过程中的重要因素之一。由于本县降水多，湿度较大，土壤有一定黄化现象，土色呈黄红色，土层厚度为 30—60cm，质地中壤土至重壤土，粉砂（0.005—0.05mm）黏粒（小于 0.005mm）比平均为 0.75，土壤多呈块状或团块状结构。土壤黏土部分的硅铝率为 2.05—2.28，硅铁率为 1.60—2.05，黏土矿物以高岭石为主。土壤酸度以代换性铝为主，pH 为 4.3—5.5，盐基饱和度小于 35%，阳离子交换量为 7—14cmol/kg，表土有机质含量为 49.5g/kg，腐殖质中的胡富比小于 0.4。本县红壤与典型红壤有较明显的差异，既具有黄壤的某些特征，又具有红壤的主要特点。根据土壤发育的阶段性差异，本县红壤划分为黄红壤和红壤性土两个亚类。

粗骨土是休宁县第二大土壤类型，占本县地域面积的 13%。粗骨土是一种母质特征明显的土壤，归属初育土纲，主要分布于地带性红壤、黄壤带幅内的陡峭地段。粗骨土成土物质不断更新或堆积，使土壤发育处于相对幼年阶段，而不具备地带性土壤的发育特征，形成的土壤多具粗骨性、薄层性。粗骨土土层极薄，无红色心土层，A 层以下即为半风化母岩碎块。土体为 A–C 构型。土壤盐基高度不饱和，酸性强，质地轻壤至重壤，黏土矿物以蛭石为主，其次为高岭石等。依据成土条件、发育阶段的特点，本县粗骨土仅划分铁铝质粗骨土一个亚类。

紫色土是休宁县第三大土壤类型，占本县地域面积的 10%，主要分布于本县休屯盆地的丘陵地带，以岩前、万安、五城面积最大。紫色土是由紫色砂页岩发育的一种岩性土，归属初育土纲。其成土母岩有湖相沉积的紫色砂页岩和紫色砂砾岩，这些岩石主要矿物有石英、长石、云母、氧化铁及各种盐类，一般多含有碳酸钙，且为这些矿物的胶结物。紫色岩类色深松脆，吸热强，热胀冷缩极易崩解，并以碳酸钙为胶结物。紫色岩受降水的影响，碳酸钙易溶解而失去胶结力，因此物理风化作用强烈，岩体易形成碎屑物。碳酸钙不断淋溶，崩解的碎屑物不断更新式堆积，使土壤处于幼年阶段。紫色土黏土矿物以伊利石、蛭石、绿泥石为主，有少量高岭石和蒙脱石，黏粒的硅铝率为 3.75—4.30。盐基饱和度在 80% 以上，阳离子交换量较高。虽然紫色土处在红壤地带，但不具备亚热带明显的脱硅富铝化特征，属非地带性土壤。根据碳酸钙淋溶程度不同，本县紫色土分为石灰性紫色土、中性紫色土和酸性紫色土三个亚类。

水稻土占休宁县地域面积的 9%，是本县主要的耕种土壤，遍布各乡镇，集中分布在率水和横江沿岸的溪口、五城、东临溪、岩前等地的河谷平畈与山丘冲坞。水稻土是一种人为水成土，由各种自然土壤经水耕熟化发育而成，在年复一年的季节性灌溉、翻耕、施肥条件下，氧化还原作用交替进行，有机质分解和积累、土壤矿物质淋溶和淀积、土壤黏粒淋洗和淀积都有较大变化。植稻期间，土壤以还原态为主，排水落干季节以氧化态为主。地表水型的淹育水稻土在水稻生长季节，耕作层呈还原态，耕作层以下仍为氧化态，水稻收获后，全土层均为氧化态。地下水型的潜育水稻土，全年基本上处于还原状态，植稻季节最甚。良水型的潴育水稻土受灌溉水和地下水的共同作用，灌水季节灌溉水下渗与地下水相连，土壤处于还原状态，烤田或落干以后地下水下降，土壤处于氧化状态。水稻土在水耕环境中，有利于有机质累积。水稻土在淹水还原条件下，土壤氧化还原电位降低，高价的铁锰还原成低价的铁锰，沿土壤剖面向下淋溶移动，落干季节在土体某层段氧化淀积。不同水型的水稻土受水作用的强弱不同，矿物质的淋溶淀积亦有所不同。除铁锰外，钙、镁、钾、钠等也受灌溉水下渗作用的影响而向下迁移。淹育水稻土地下水位低，一般不参与成土过程，且灌溉水不足，水分作用弱，淋溶物质少，淀积不明显。潴育水稻土，灌溉水下渗作用大于地下水上升作用，水分作用强烈，淋溶淀积物质多。潜育水稻土由于地下水位高，水分向下运动弱，所以矿物质的淋溶物质少，少有淀积物。水稻土灌水后，土壤的热量特性受到水的制约，与旱耕土壤比，升降温都较迟缓。土壤受水耕影响，土块破碎，总孔隙度上升，通气孔隙下降，通透性差，水分强烈向下运动，土壤黏粒随水分通过孔隙和结构体间的缝隙向下迁移明显，故水稻土黏粒迁移大于旱地土壤。水稻土土体剖面构型有 A-P-C、A-P-W-C、A-P-W-B、A-P-G 或 A-G。根据土壤成土过程和主要诊断层发育程度，本县水稻土划分为淹育水稻土、潴育水稻土、潜育水稻土三个亚类。

黄壤占休宁县地域面积的9%，分布于本县海拔700—1100m的中山山地中上部。其主要成土母岩有千枚岩、千枚状粉砂岩、粉砂质页岩、变质流纹质凝灰岩和花岗片麻岩等。黄壤是本县中山区垂直带谱的土壤类型，其下与红壤、上与黄棕壤交错分布，植被覆盖度较高，以常绿阔叶与落叶混交林为主，还有部分人工针叶林，以及杜鹃花科、山茶科、樟科、壳斗科为主体的灌丛。本县云雾多，日照短，空气湿度大，干湿季不明显，土体常保持湿润状态。黄壤发生层次明显，多为Ao-A-B-C或A-（B）-C构型，土层厚度一般为30—50cm，其B层厚度一般小于红壤，腐殖质层多比红壤深厚。由于全年处在温暖阴湿的环境中，土壤中氧化铁水化程度较高，一般在剖面中很难见到铁锰结核和锈纹，土色多呈黄棕色。在温暖阴湿环境中，植物生长繁茂，残落物多，生物循环作用仍较强烈，但有机质矿化度小于红壤，因此有机质比红壤地带有明显累积现象。土壤有机质含量为60g/kg左右，碳氮比在14上下。土壤酸性较强，交换性铝高，盐基高度不饱和，表土层pH为4.9—5.0。黄壤风化淋溶及富铝化程度较为明显，土壤质地因母质差异，一般为中壤土至重壤土。黏土矿物组成多以蛭石、绿泥石、高岭石为主，其次为三水铝石。根据黄壤的发育阶段性，本县黄壤分为黄壤和黄壤性土两个亚类。

小于本县地域面积3%的土壤类型还有潮土、黄棕壤和石质土。

本区域中心区气候特征

本区域中心区气候特征值
Regional climate characteristics in central area of the region

气候带：中亚热带湿润气候 Climate region: Subtropical humid climate	
年平均气温 /℃ Annual average temperature /℃	17.1
年平均最高气温 /℃ Annual average maximum temperature /℃	21.7
年平均最低气温 /℃ Annual average minimum temperature /℃	13.5
年降水量 /mm Annual precipitation /mm	1667
≥10℃的积温 /℃ Daily temperature accumulated in a year (≥10℃) /℃	8222
年日照时数 /h Annual sunshine /h	1813
年平均相对湿度 /% Annual average relative humidity /%	78
干燥度 Dryness	0.61

本区域中心区月平均气温与月平均降水量
Monthly temperature and precipitation in central area of the region

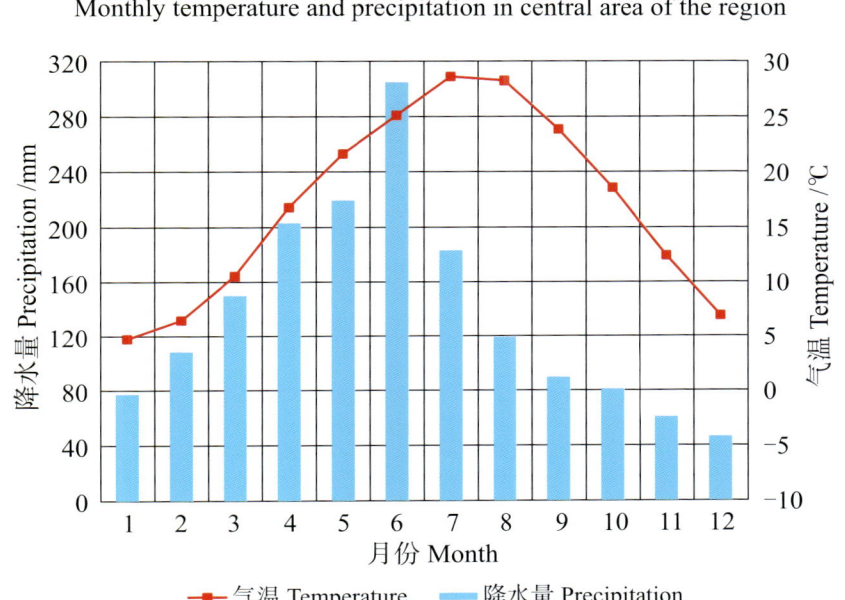

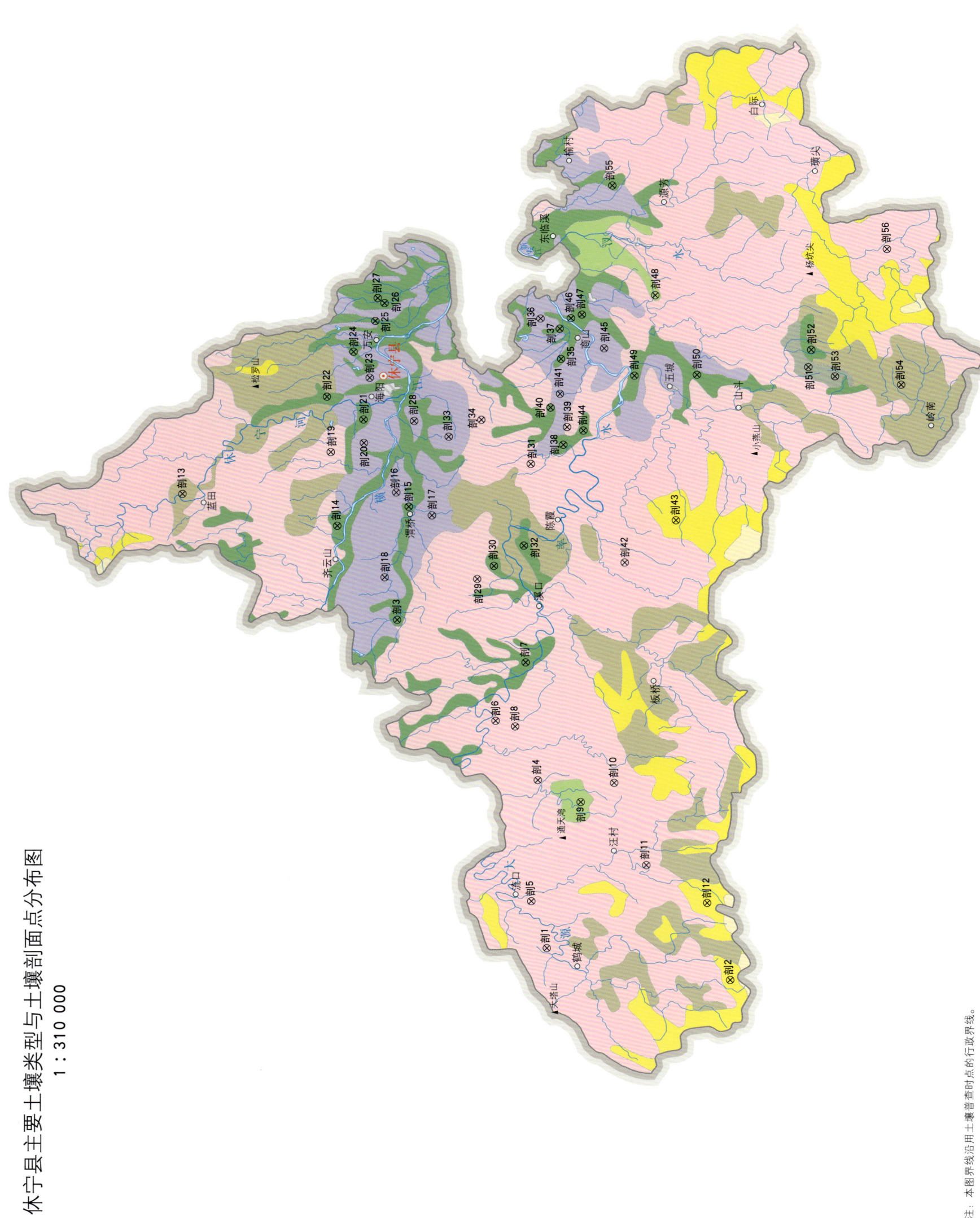

休宁县土壤剖面理化性状表

剖面号 Soil profile	土纲 Soil order	土类 Soil great group	亚类 Soil subgroup	土属 Soil genus	土种 Soil species	土层码 Layer code	土层厚度 Depth/cm	颜色 Soil color	质地 Soil texture	土壤结构 Soil structure	pH	有机质 OM/(g/kg)	全氮 TN/(g/kg)	全磷 TP/(g/kg)	全钾 TK/(g/kg)	有效磷 AP/(mg/kg)	速效钾 AK/(mg/kg)	阳离子交换量 CEC/(cmol/kg)	土壤母质 Parent material	剖面点坐标 Profile coordinate	匹配指数 Matching index/%
剖1	铁铝土	红壤	黄红壤	麻石黄红壤	薄有机质层麻石黄红壤	A	0~6	暗灰色	轻壤土	小团块状	4.9								花岗闪长岩麻残积物、坡积物	E 117°44′22.5″ N 29°41′03.7″	75
						Bv	6~70	红黄色	中壤土	碎块状	5.0										
						C	70~														
剖2	铁铝土	黄壤	黄壤	扁石黄壤	厚有机质层扁石黄壤	Ao	0~1												千枚岩残积物、坡积物	E 117°42′53.3″ N 29°33′50.8″	75
						A	1~10	暗棕色	重壤土	团粒状	5.6										
						ABv	10~23	淡黄棕色	轻黏土	块状	5.2										
						Bvc	23~	淡棕黄色	砂壤土	小块状	5.1										
剖3	人为土	水稻土	潴育水稻土	潮砂泥田	潮砂土田	A	0~12	暗灰色	重壤土	小块状	6.4	15.7	0.65	0.37	27.4	19.0	56	6.4	山河冲积物	E 117°59′46.3″ N 29°46′50.8″	75
						Ap	12~20	淡灰色	砂壤土	小块状	6.1	5.9	0.39	0.30	29.7	14.0	53	4.0			
						W	20~55	油黄色	砂壤土	小块状	6.3	3.9	0.27	0.45	32.7	14.0	47	6.8			
							55~100	灰棕黄色	黎壤土	块状	6.4	5.8	0.47	0.41	26.7			9.7			
剖4	铁铝土	红壤	黄红壤	硅质黄红壤	硅质黄红壤	A	0~11	灰灰色	重壤土	小团块状	5.1								条带状硅质岩残积物、坡积物	E 117°52′15.8″ N 29°41′22.2″	95
						Bv	11~35	淡黄色	中壤土	小块状	5.0										
						C	35~43	黄橙色	中壤土	碎块状	4.9										
剖5	铁铝土	红壤	黄红壤	麻石黄红壤	麻石黄红壤	A	0~10	淡灰黄色	中壤土	小团粒	5.5								花岗片麻岩残积物、坡积物	E 117°46′34.2″ N 29°41′39.8″	95
						Bv	10~41	淡红黄色	中壤土	碎块状	5.1										
							41~100	灰黄色	重壤土	块状	5.6										
剖6	铁铝土	红壤	黄红壤	扁石黄红壤	扁石黄红壤	A	0~9	淡黄棕色	轻壤土	小团块状	4.6								千枚岩残积物、坡积物	E 117°55′01.8″ N 29°43′00.4″	95
						Bv	9~43	黄棕色	重壤土	块状	4.7										
							43~100	淡灰黄色	重壤土	小团块状	4.8										
剖7	人为土	水稻土	潴育水稻土	扁石泥田	扁石泥田	A	0~12	灰灰色	重壤土	片状	5.3								泥质岩类风化坡积物、洪积物	E 117°57′38.2″ N 29°41′45.5″	95
						P	12~20	淡黄棕色	重壤土	柱状	6.6										
						W	20~40	淡棕色	重壤土	块状	7.1										
						Bv	40~100	红黄色	中壤土	块状	4.7										
剖8	铁铝土	红壤	黄红壤	麻石黄红壤	麻石黄红壤	A	0~20	红橙色	中壤土	小团块状	4.7								花岗闪长岩残积物、坡积物	E 117°54′45.8″ N 29°42′14.7″	75
						Bv	20~50	红橙色	中壤土	块状	5.1										
						C	50~100	褐色	中壤土	团粒状	5.4										
剖9	半水成土	潮土	灰潮土	砂泥土	菜园砂泥土	A	0~20	灰黄色	中壤土	片状、块状	6.1								河流冲积物	E 117°51′13.3″ N 29°39′41.2″	75
						P	20~31	黄棕色	中壤土	棱块状	5.6										
						Bv1	31~55	淡棕黄色	重壤土	棱块状	4.7										
						Bv2	55~100	红黄色	轻壤土	小团块状	4.8										
剖10	铁铝土	红壤	黄红壤	扁石黄红壤	薄有机质层扁石黄红壤	Ao	0~1												条带状硅质岩残积物、坡积物	E 117°52′07.0″ N 29°38′22.0″	95
						A	1~10	棕色	粉质黏壤土	碎块状	5.1	22.6	1.15	0.44	8.4			7.7			
						Bv	10~42	黄红黄色	粉黏壤土	小块状	5.0	12.8	0.81	0.41	9.0			9.1			
						C	42~	黄红棕色	粉质黏壤土	块状	4.9	12.9	0.75	0.39	8.6			6.4			
剖11	铁铝土	红壤	黄红壤	硅质黄红壤	岩屑红黄壤	A	0~11	褐色	重壤土	小块状	4.8								千枚岩坡积物、残积物	E 117°48′13.2″ N 29°37′07.3″	81
						Bv	11~35	黄红黄色	重壤土	块状	5.0										
						C	35~43	淡棕黄色	中壤土	块状	4.9										
剖12	铁铝土	黄壤	黄壤	扁石黄壤	园地扁石黄壤	A	0~20	褐色	重壤土	小团块状	4.8								千枚岩坡积物、残积物	E 117°46′27.5″ N 29°34′43.9″	95
						Bv	20~46	淡棕黄色	重壤土	小团块状	5.1										
						C	46~														
剖13	初育土	粗骨土	铁铝质粗骨土	扁石土	园地粗骨扁石土	A	0~15	灰黄色	中壤土	小块状	4.9								千枚状粉砂岩残积坡积物、坡积物	E 118°05′45.5″ N 29°55′13.6″	96
						C	15~36	灰黄色	重壤土	小块状	4.9										

续表 Continued

剖面号 Soil profile	土纲 Soil order	土类 Soil great group	亚类 Soil subgroup	土属 Soil genus	土种 Soil species	土层码 Layer code	土层厚度 Depth/cm	颜色 Soil color	质地 Soil texture	土壤结构 Soil structure	pH	有机质 OM/(g/kg)	全氮 TN/(g/kg)	全磷 TP/(g/kg)	全钾 TK/(g/kg)	有效磷 AP/(mg/kg)	速效钾 AK/(mg/kg)	阳离子交换量CEC/(cmol/kg)	土壤母质 Parent material	剖面点坐标 Profile coordinate	匹配指数 Matching index,%
剖14	人为土	水稻土	潴育水稻土	积钙泥田	黄泥积钙田	A	0—18	暗灰黄色	中壤土	块状	7.9								第四纪红色黏土	E 118°04′12.5″ N 29°49′09.4″	95
						P	18—27	暗灰黄色	重壤土	块状	7.9										
						W	27—45	暗黄棕色	重壤土	棱块状	8.0										
						Bv	45—60	紫色	中壤土	块状	8.0										
剖15	人为土	水稻土	潴育水稻土	复石灰泥田	复石灰棕红泥田	A	0—15	浊黄色	壤土	小块状	6.8	26.0	1.74	0.36	22.8			15.8	第四纪红色黏土	E 118°05′03.8″ N 29°46′19.7″	95
						Ap	15—20	淡黄色	壤土	块状	7.7	17.2	1.14	1.19	24.0			15.6			
						W₁	20—48	暗黄黄色	壤质黏土	棱块状	8.3	14.5	0.64	0.51	23.2			14.9			
						W₂	48—83	黄棕色	壤质黏土	棱块状	8.1	6.3	0.63	0.42	25.0			20.5			
剖16	初育土	紫色土	中性紫色土	猪血砂	猪血砂	A	0—14	紫灰色	轻壤土	团粒状	5.9								紫色砂砾岩残积物、坡积物	E 118°05′43.9″ N 29°46′49.7″	75
						Bv	14—41	紫色	中壤土	碎块状	6.1										
						C	41—54	紫色													
						P	54—	紫色													
剖17	初育土	紫色土	石灰性紫色土	石灰性猪血砂	石灰性猪血砂	A	0—16	棕色	轻壤土	粒状	6.8								紫色砂页岩	E 118°04′39.0″ N 29°45′25.6″	75
						C	16—				8.2										
剖18	初育土	紫色土	石灰性紫色土	石灰性猪血泥	石灰性猪血泥	A	0—22	暗红棕色	重壤土	小团块状	7.7								紫色砂页岩	E 118°01′46.1″ N 29°47′19.2″	95
						Bv	22—88	暗红棕色	中壤土	小核块状	7.3										
						C	88—				8.1										
剖19	铁铝土	红壤	黄红壤	黄红土	上位砾底黄红土	A	0—16	红黄色	重壤土	团块状	4.8								第四纪红色黏土	E 118°07′38.3″ N 29°49′22.4″	95
						Bv	16—30	红黄色	轻黏土	团块状	5.1										
						0	30—70	红棕色													
剖20	初育土	紫色土	石灰性紫色土	石灰性紫泥土	石灰性紫泥土	A	0—7	紫棕色	重壤土	小团块状	7.5								紫色砂页岩	E 118°08′03.0″ N 29°48′04.3″	75
						Bv	7—40	紫棕色	重壤土	核块状	8.0										
						C	40—														
剖21	人为土	水稻土	潴育水稻土	砂泥田	黄泥底砂泥田	A	0—14	淡黄黄色	重壤土	小团块状	5.2								河流冲积物	E 118°09′08.3″ N 29°48′04.8″	95
						P	14—24	灰黄色	重壤土	小块状	5.8										
						W	24—70	黄黄棕色	重壤土	棱柱状	6.9										
						Bv	70—100	黄棕色	轻壤土	核块状	7.2										
剖22	人为土	水稻土	潴育水稻土	紫泥田	次潜石灰紫砂泥田	A	0—19	灰棕色	轻壤土	团块状	6.0								紫色砂页岩、砂砾岩风化物	E 118°10′12.8″ N 29°49′29.8″	75
						Pg	19—29	红黄色	中壤土	块状	7.8										
						W	29—63	紫色	中壤土	小块状	8.3										
						Bvc	63—100	灰黄色	重壤土	团块状	7.9										
剖23	初育土	紫色土	酸性紫色土	酸性猪血泥	酸性猪血泥	A	0—15	紫棕色	轻壤土	小团块状	5.0								紫色砂页岩	E 118°11′04.6″ N 29°47′48.5″	95
						Bv	15—56	紫色	轻壤土	块状	5.1										
						Bvc	56—100	紫色	中壤土	块状	5.1										
剖24	人为土	水稻土	潴育水稻土	麻砂泥田	石灰板结麻砂泥田	A	0—15	灰黄色	中壤土	块状	7.8								河流冲积物	E 118°12′18.7″ N 29°48′25.8″	75
						P	15—24	暗灰黄色	中壤土	块状	7.7										
						W	24—73	灰棕色	中壤土	核块状	8.7										
						Bv	73—100	灰黄色	中壤土	块状	8.3										
剖25	人为土	水稻土	潴育水稻土	砂泥田	砂泥田	A	0—15	淡灰色	轻壤土	团块状	4.9								泥质岩类风化坡积物	E 118°13′43.9″ N 29°47′33.4″	95
						P	15—22	灰白色	中壤土	片状	5.5										
						W	22—79	黄棕色	中壤土	核块状											
						Bv	79—100	黄黄棕色	重壤土	块状	6.5										
剖26	人为土	水稻土	潴育水稻土	扁石泥田	上位砾底扁石泥田	A	0—15	淡黄黄色	中壤土	块状	5.1								泥岩类风化坡积物、洪积物	E 118°14′35.9″ N 29°47′13.2″	75
						P	15—22	淡黄色	中壤土	核块状	5.5										
						W	22—45	淡黄色	重壤土	棱块状	6.1										
							45—	暗黄橙色	中壤土		6.1										

续表 Continued

剖面号 Soil profile	土纲 Soil order	土类 Soil great group	亚类 Soil subgroup	土属 Soil genus	土种 Soil species	土层码 Layer code	土层厚度 Depth/cm	颜色 Soil color	质地 Soil texture	土壤结构 Soil structure	pH	有机质 OM/(g/kg)	全氮 TN/(g/kg)	全磷 TP/(g/kg)	全钾 TK/(g/kg)	有效磷 AP/(mg/kg)	速效钾 AK/(mg/kg)	阳离子交换量 CEC/(cmol/kg)	土壤母质 Parent material	剖面点坐标 Profile coordinate	匹配指数 Matching index/%
剖27	人为土	水稻土	潴育水稻土	青紫泥田	青石灰紫泥田	Ag	0–18	紫棕色	轻黏土	块状	6.1								紫色砂页岩、砂砾岩风化物	E 118°14′49.1″ N 29°47′27.0″	75
						Pg	18–30	灰棕色	轻黏土	块状	8.1										
						G	30–65	紫棕色	中黏土	糊状	8.1										
						C	65–100	紫灰色	轻黏土	块状	7.7										
剖28	初育土	紫色土	酸性紫色土	酸性紫泥土	酸性紫泥土	A	0–11	暗棕红色	重壤土	团块状	4.6								紫色砂页岩	E 118°09′02.6″ N 29°46′04.7″	75
						Bv	11–23	暗棕红色	重壤土	棱块状	4.6										
						C	23–35														
剖29	铁铝土	红壤	红壤性土	红壤性扁石土	砾质扁石土	A	0–12	褐色	中壤土	团粒状	5.2								千枚岩残积物、坡积物	E 118°01′39.2″ N 29°43′40.6″	93
						Bv	12–50	淡红黄色	中壤土	碎块状	5.1										
						C	55—				5.1										
剖30	人为土	水稻土	潴育水稻土	硅质泥田	硅质泥田	A	0–13	灰白色	轻黏土	块状	4.9								硅质岩类坡积物	E 118°02′15.6″ N 29°43′00.8″	75
						P	13–16	灰白色	重壤土	棱块状	5.7										
						W	16–25	浅棕黄色	重壤土		5.9										
						Bv	25–65	淡黄色														
剖31	铁铝土	红壤	黄红壤	黄红土	黄红土	A	0–30	红棕色	轻黏土	块状	5.1								第四纪红色黏土	E 118°06′59.6″ N 29°41′30.7″	75
						Bv	30–160	淡红色	轻黏土	小团块状	5.3										
						Cn	160–260	淡红色	轻黏土	棱块状	4.9										
						O	260–340	黄橙色														
剖32	人为土	水稻土	潴育水稻土	黄泥底紫泥田	黄泥底紫泥田	A	0–15	灰棕色	重壤土	小团块状	5.1								紫色砂页岩、残积物、坡积物	E 118°03′12.1″ N 29°41′49.5″	75
						P	15–21	灰棕色	重壤土	块状	7.2										
						W	21–52	紫色	重壤土	棱柱状	8.1										
						Bv	52–100	淡灰棕色	轻壤土	块状	7.8										
剖33	初育土	紫色土	酸性紫色土	酸紫泥土	酸紫泥	A	0–20	暗红棕色	砂壤土	碎块状	5.5	24.4	1.20	0.40	10.8			6.2	紫色砂页岩风化物	E 118°08′18.0″ N 29°44′43.9″	75
						C₁	20–64	红棕色	砂壤土	块状	4.9	10.1	0.60	0.50	12.8			5.7			
						C₂	64—	淡黄棕色	砂壤土		5.3	6.5	0.40	0.40	12.6			7.5			
剖34	铁铝土	黄红壤	扁石黄红壤	扁石黄红壤	扁石黄红壤	A	0–8	淡黄棕色	重黏土	团粒状	4.4									E 118°09′04.3″ N 29°43′26.6″	75
						Bv	8–60	橙色	轻黏土	块状	4.9										
						C	60—															
剖35	人为土	水稻土	潴育水稻土	紫砂田	薄层紫砂田	A	0–14	紫棕色	轻壤土	团块状	5.6								紫色砂页岩风化物、坡积物	E 118°11′52.3″ N 29°40′16.3″	75
						P	14–18	紫灰色	砂壤土	团块状	5.6										
						W	18–35	紫灰色	砂壤土	团块状	6.5										
						Bv	35–130	紫灰色	轻黏土	团块状	6.9										
剖36	初育土	紫色土	中性紫色土	扁石泥田	石灰结底石泥田	A	0–8	紫灰色	重壤土	小团块状	5.7									E 118°13′45.7″ N 29°41′03.5″	75
						C	8–21	淡灰色	重壤土	团块状	5.8										
						D	21—															
剖37	人为土	水稻土	潴育水稻土	扁石泥田	次潴黄泥底石灰田	A	0–13	淡灰色	重壤土	小团块状	8.1								泥质岩类残积物、洪积物	E 118°13′16.2″ N 29°40′18.4″	75
						P	13–24	淡灰色	重壤土	团块状	8.1										
						W	24–45	淡灰棕色	中壤土	棱柱状	8.4										
						Bv	45–78	淡黄棕色	重壤土	块状	8.3										
剖38	人为土	紫色土		紫泥田	紫泥田	Pg	0–15	紫灰色	重壤土	小团块状	8.1								紫色砂页岩、砂砾岩风化物	E 118°07′52.4″ N 29°40′13.5″	75
							15–25	紫色	重壤土	团块状	7.1										
						W	25–60	黄灰色	中壤土	棱柱状	5.6										
							60–100	淡黄色	重壤土		6.0										
剖39	铁铝土	红壤	红壤性土	红壤性扁石土	园地砾质扁石土	A	0–13	淡红黄色	轻壤土	小团块状	4.3								千枚岩残积物、坡积物	E 118°08′41.7″ N 29°40′04.0″	75
						Bv	13–66	淡红黄色	轻黏土	碎块状	4.3										
						C	66–71															

续表 Continued

剖面号 Soil profile	土纲 Soil order	土类 Soil great group	亚类 Soil subgroup	土属 Soil genus	土种 Soil species	土层码 Layer code	土层厚度 Depth/cm	颜色 Soil color	质地 Soil texture	土壤结构 Soil structure	pH	有机质 OM/(g/kg)	全氮 TN/(g/kg)	全磷 TP/(g/kg)	全钾 TK/(g/kg)	有效磷 AP/(mg/kg)	速效钾 AK/(mg/kg)	阳离子交换量CEC/(cmol/kg)	土壤母质 Parent material	剖面点坐标 Profile coordinate	匹配指数 Matching index/%
剖40	人为土	水稻土	潴育水稻土	石灰泥田	扁石灰泥田	A	0—15	淡灰色	中壤土	小团块状	8.2								紫带灰岩风化物	E 118°09′35.9″ N 29°40′42.8″	75
						P	15—20	淡灰色	重壤土	棱柱状	8.0										
						W	20—57	灰黄色	重壤土	棱块状	≤3.5										
						Bv	57—100	灰黄色	重壤土		8.2										
剖41	初育土	紫色土	石灰性紫色土	石灰性紫砂土	紫色石灰性砂土	A	0—5	紫灰色	轻壤土	小团块状	7.2								紫色砂页岩	E 118°10′13.9″ N 29°40′19.8″	75
剖42	铁铝土	红壤	黄红壤	砂砾黄红壤	砂质黄红壤	Ao	0—1												石英长石砂岩,含砾砂岩残积物,坡积物	E 118°02′22.2″ N 29°37′51.9″	95
						A	1—11	褐色	中壤土	团粒状	4.8										
						Bv	11—40	淡黄棕色	中壤土	碎块状											
						C	40—51	淡红黄色													
剖43	铁铝土	黄壤	黄壤	扁石黄壤	扁石黄壤土	Ao	0—2												千枚岩残积物,坡积物	E 118°04′18.8″ N 29°35′49.6″	95
						A	2—20	暗棕色	中壤土	团粒状	4.2										
						Bv	20—51	黄棕色	重壤土	块状	4.2										
						C	51—70	灰色													
剖44	人为土	水稻土	潴育水稻土	紫泥田	黄泥底紫泥田	A	0—16	紫	重壤土	团块状	5.5								紫色砂页岩,砂砾岩风化物	E 118°08′31.0″ N 29°39′26.0″	75
						Bv	16—25	紫	中壤土	块状	6.2										
							25—56	紫黄棕色	重壤土	棱柱状	7.7										
							56—100	灰黄色	中壤土	块状	7.3										
剖45	初育土	紫色土	酸性紫色土	酸性猪血砂	酸性猪血砂	A	0—21	紫	砂壤土	团粒	4.9								紫色砂页岩	E 118°12′20.7″ N 29°38′34.1″	95
						Bv	21—52	紫棕色	砂壤土	碎块状	5.9										
						C	52—														
剖46	人为土	水稻土	潴育水稻土	紫泥田	紫泥田	A	0—17	紫	重壤土	小团块状	5.4								紫色砂页岩,砂砾岩风化物	E 118°13′45.9″ N 29°39′51.6″	75
						P	17—21	紫	重壤土	块状	6.9										
						W	21—66	紫棕色	重壤土	棱柱状	7.0										
						Bvc	66—100	紫棕色	重壤土	棱块状	7.6										
剖47	人为土	水稻土	潴育水稻土	紫泥田	次潜紫泥田	A	0—17	紫	中壤土	小团块状	4.8								紫色砂页岩,砂砾岩风化物	E 118°13′56.0″ N 29°39′25.6″	75
						Pg	17—25	紫棕色	重壤土	块状	6.2										
						W	25—41	紫棕色	中壤土	棱柱状	7.5										
						Bv	41—100	紫棕色	中壤土	块状	7.3										
剖48	半水成土	潮土	灰潮土	麻砂土	白砂土	A	0—20	灰灰色	砂壤土	单粒状	4.3								河流冲积物	E 118°14′47.9″ N 29°36′31.4″	75
						C	70—100	浅黄色	砂壤土	单粒状	5.4										
剖49	人为土	水稻土	潴育水稻土	砂泥田	乌砂泥田	A	0—15	淡灰黄色	轻壤土	小团块状	5.2								河流冲积物	E 118°11′02.4″ N 29°37′23.8″	95
						P	15—20	淡黄棕色	轻壤土	块状	5.6										
						W	20—62	灰黄色	轻壤土	棱柱状	6.7										
						Bv	62—100	灰白色	轻壤土	块状	7.1										
剖50	人为土	水稻土	潴育水稻土	紫泥田	石灰紫板结黄泥田	A	0—12	紫	轻黏土	小团块状	6.7								紫色砂页岩,砂砾岩风化物	E 118°11′03.3″ N 29°34′55.9″	75
						P	12—28	紫棕色	重壤土	块状	8.1										
						W	28—51	紫	轻黏土	棱柱状	8.2										
						Bv	51—100	紫棕色	轻黏土	棱柱状	8.3										
剖51	初育土	石质土	铁铝质石质土	石质土	麻石质土	A	0—7	暗灰黄色	轻黏土	块状	8.2								花岗片麻岩残积物	E 118°11′22.3″ N 29°30′32.7″	95
						Ag	7—				4.9										
						R															
剖52	人为土	水稻土	潴育水稻土	黄泥田	次潜石板结黄泥田	A	0—17	灰黄色	轻黏土	块状	7.3								第四纪红色黏土	E 118°12′10.4″ N 29°30′25.1″	75
						Pg	17—22	灰黄色	轻黏土	棱柱状	7.8										
						W	22—65	黄色	轻黏土	棱柱状	8.2										
						Bv	65—100	淡黄棕色	轻黏土	块状	8.1										

续表 Continued

剖面号 Soil profile	土纲 Soil order	土类 Soil great group	亚类 Soil subgroup	土属 Soil genus	土种 Soil species	土层码 Layer code	土层厚度 Depth/cm	颜色 Soil color	质地 Soil texture	土壤结构 Soil structure	pH	有机质 OM/(g/kg)	全氮 TN/(g/kg)	全磷 TP/(g/kg)	全钾 TK/(g/kg)	有效磷 AP/(mg/kg)	速效钾 AK/(mg/kg)	阳离子交换量CEC/(cmol/kg)	土壤母质 Parent material	剖面点坐标 Profile coordinate	匹配指数 Matching index/%
剖53	初育土	石质土	酸性石质土	花岗岩砾质土	山斗沙砾质土	A	0—7	暗黄灰色	砂壤土	粒状	4.9	48.9	1.65	0.33	29.0	6.0	79	11.1	花岗片麻岩风化残积物	E 118°10′55.0″ N 29°29′29.6″	75
剖54	初育土	粗骨土	铁铝质粗骨土	粗骨麻石土	粗骨麻石土	A	0—25	暗黄色	轻壤土	碎块状	5.2								花岗片麻岩残积物、坡积物	E 118°10′29.3″ N 29°26′53.7″	95
						C	7—	灰黄色													
剖55	人为土	水稻土	潴育水稻土	紫泥田	次潴黄泥底紫泥田	A	0—15	紫色	重壤土	小团块状	4.8								紫色砂页岩、砂砾岩风化物	E 118°19′53.7″ N 29°38′08.9″	75
						Pg	15—23	紫灰色	重壤土	块状	5.4										
						W	23—65	紫棕色	重壤土	块状	7.3										
						Bv	65—100	淡黄棕色	重壤土	块状	7.5										
剖56	铁铝土	红壤	黄红壤	硅质黄红土	硅质黄红土	A	0—10	黄棕色	重壤土	团块状	5.7								条带状硅质岩残积物、坡积物	E 118°16′48.5″ N 29°27′22.9″	95
						Bv	10—45	黄棕色	重壤土	小块状	5.9										
						C	45—100														

黟 县

主要土类说明

红壤是黟县主要土壤类型，占本县地域面积的57%，遍布于本县海拔700m以下的低山、丘陵和盆缘高阶地上。其成土母质以千枚岩、粉砂岩、泥页岩、花岗闪长岩等为主。土体厚度多在50cm左右，剖面一般具有比较明显的发生层。表土层灰色或棕灰色，心土层以黄橙色或橙色为主，块状或小块状结构，有的可见铁锰胶膜，pH为5—5.5，盐基饱和度为10%—30%，多数大于20%，黏土矿物以高岭石为主，伴有蛭石和三水铝石。

水稻土是黟县第二大土壤类型，占本县地域面积的18%，主要分布在本县盆地和山间盆谷内。其成土过程包括氧化与还原、有机质的合成与分解、盐基淋溶和复盐基及黏粒的累积与淋移等，具有有明显氧化还原特征的灰色耕作层，紧实、棱块状或块状的犁底层，明显淋溶淀积的渗育层。由于地下水的影响，还可出现潜育层和母质层等发生层次。

黄壤是黟县第三大土壤类型，占本县地域面积的11%，主要分布于本县中山中上部，主要由枚岩、千枚状粉砂岩、砂岩和板岩等母岩坡积物、残积物发育而成。本县植被覆盖度较高，湿度大，干湿季不明显，是云雾线的常在之地，这为铁的水化创造了条件，也为生物富集作用提供了良好的条件。黄壤的剖面构型为A–B–C构型，表层由于生物富集作用，有机质累积，有机质含量较高，一般大于4%，有机质层厚度一般大于20cm，全氮、全磷、全钾也相对较高。由于铁的水化，土壤心土层颜色呈黄色。

石灰（岩）土占黟县地域面积的6%。石灰（岩）土与本县的地带性土壤黄红壤成复区分布。由于本县石灰岩多为条带灰岩、钙质页岩、泥质岩，在泥质岩较厚并且出露地表的地方，土壤往往呈酸性，所以在局部地方石灰（岩）土又与黄红壤相互嵌合。石灰（岩）土由于母岩含大量碳酸钙，在风化过程中不断释放出来，土壤中的钙质不断淋失，又不断地得到补充，在淋失量大于补充量的情况下，土壤呈中性或微酸性，相反则呈中性或微碱性。在地带性土壤范围内，石灰（岩）土为幼年土壤类型。

黄棕壤占黟县地域面积的5%。土壤pH为4.5—6.7，阳离子交换量为30—50cmol/kg，盐基饱和度为30%—75%，黏粒部分的硅铝率为2.4—3.0，黏土矿物类型以伊利石为主，伴有蛭石、绿泥石和结晶较好的高岭石，还有少量蒙脱石。

小于本县地域面积3%的土壤类型还有紫色土、粗骨土等。

本区域中心区气候特征

本区域中心区气候特征值
Regional climate characteristics in central area of the region

气候带：北亚热带湿润气候 Climate region: North subtropical humid climate	
年平均气温 /℃ Annual average temperature /℃	16.9
年平均最高气温 /℃ Annual average maximum temperature /℃	21.3
年平均最低气温 /℃ Annual average minimum temperature /℃	13.4
年降水量 /mm Annual precipitation /mm	1577
≥10℃的积温 /℃ Daily temperature accumulated in a year (≥10℃) /℃	7926
年日照时数 /h Annual sunshine /h	1824
年平均相对湿度 /% Annual average relative humidity /%	77
干燥度 Dryness	0.64

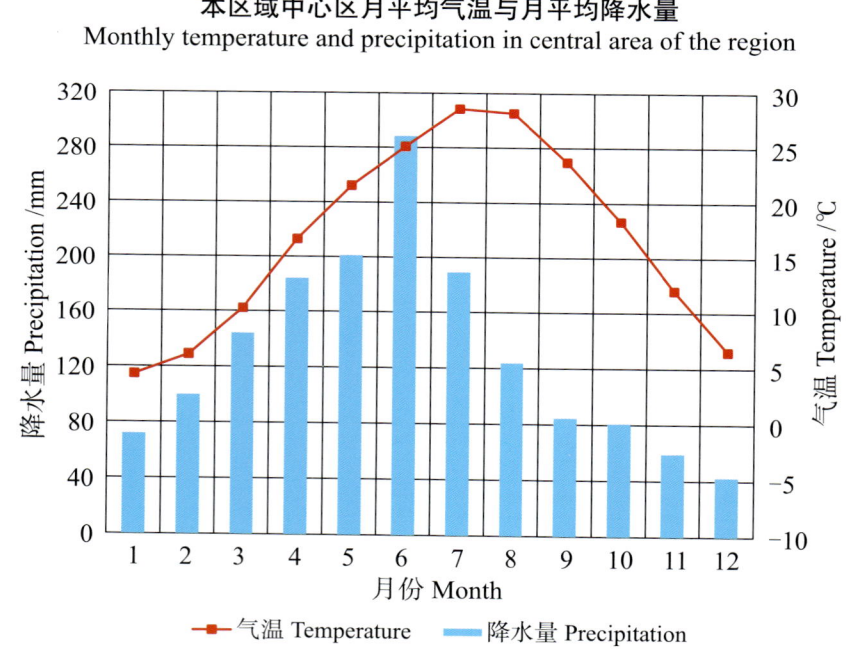

本区域中心区月平均气温与月平均降水量
Monthly temperature and precipitation in central area of the region

黟县主要土壤类型与土壤剖面点分布图
1∶200 000

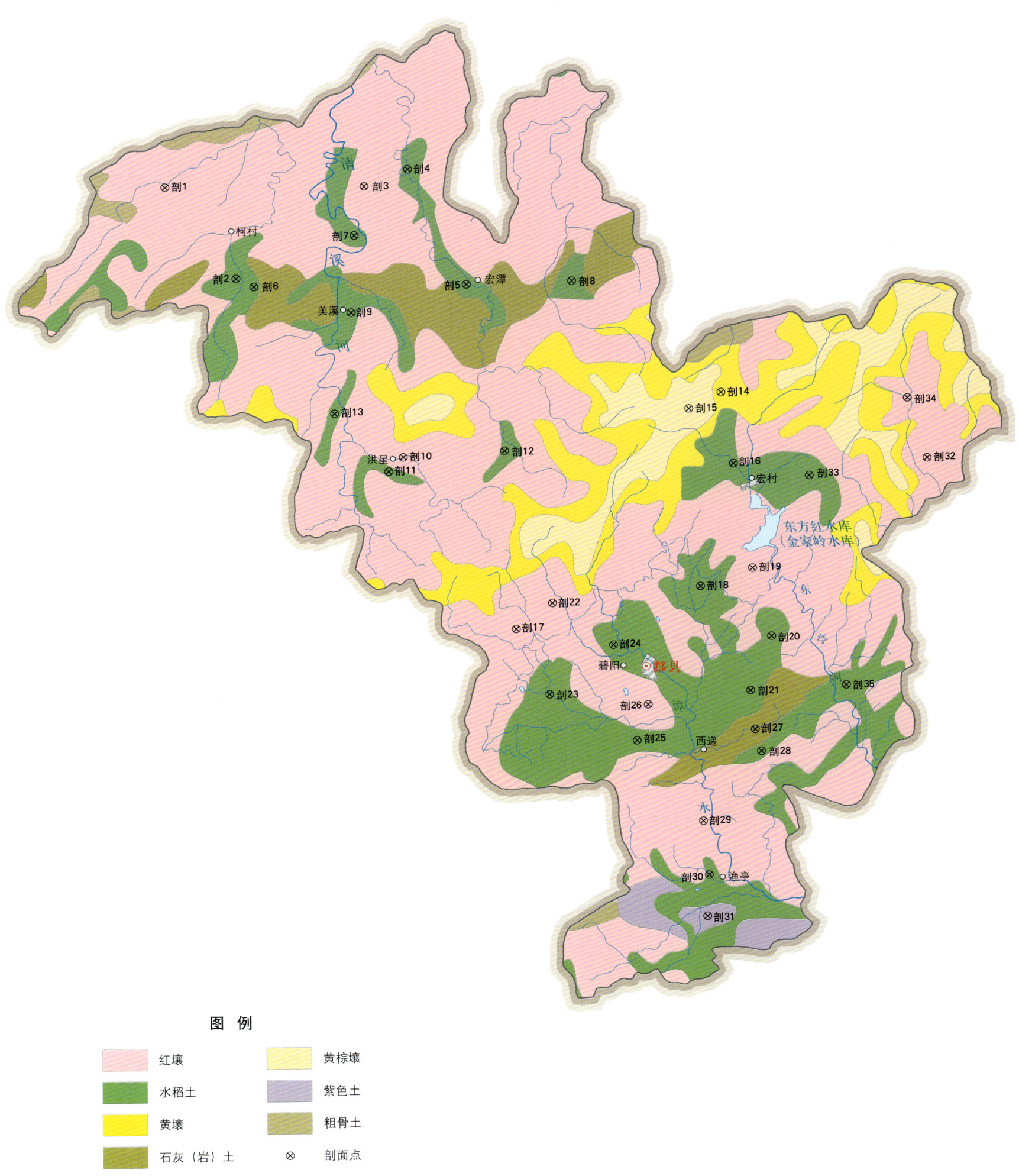

图 例

- 红壤
- 水稻土
- 黄壤
- 石灰（岩）土
- 黄棕壤
- 紫色土
- 粗骨土
- ⊗ 剖面点

注：本图界线沿用土壤普查时点的行政界线。

黟县土壤剖面理化性状表

剖面号	土纲	土类	亚类	土属	土种	土层码	土层厚度/cm	颜色	质地	土壤结构	pH	有机质/(g/kg)	全氮/(g/kg)	全磷/(g/kg)	全钾/(g/kg)	有效磷/(mg/kg)	速效钾/(mg/kg)	阳离子交换量CEC/(cmol/kg)	土壤母质	剖面点坐标	匹配指数/%
剖1	铁铝土	红壤	黄红壤	碳泥土	石灰碳泥土	A	0—8	黑色	轻壤土	碎块状	8.3	36.9	1.34	0.63	13.9	≤1.0	166	28.5	炭质泥页岩	E 117°42′43.1″ N 30°07′51.5″	95
						Bv₁	8—17	黑色	轻黏土	碎块状	8.0	16.9	0.68	0.45	15.0	≤1.0	89	25.3	炭质煤等残积物		
						Bv₂	17—35	灰黑色	轻黏土	小块状	8.0	13.2	0.55	0.31	14.0	≤1.0	93	24.3			
剖2	人为土	水稻土	潴育水稻土	碳泥田	石灰碳泥田	A	0—15	灰黑色	重壤土	碎块状	8.2	33.8	1.40	0.55	8.0	3.0	65	20.3	炭质泥岩风化物	E 117°44′40.8″ N 30°05′33.7″	95
						P	15—23	灰黑色	重黏土	块状	8.3	18.2	0.83	0.55	8.8	3.0	43	18.8			
						W	23—45	灰黑色	重黏土	棱柱状	7.9	13.6	0.47	0.33	10.5	2.0	52	17.4			
						Bv	45—90	黑色	中壤土	块状	7.5	14.8	0.43	0.30	10.0	1.0	55	18.9			
剖3	铁铝土	红壤	黄红壤	扁石黄红土	园地扁石黄红土	A	0—17	灰黄色	重壤土	团块状	4.8	40.1	1.85	0.59	13.2	≤1.0	104	12.0	泥岩类坡积物、残积物	E 117°48′16.0″ N 30°07′50.3″	95
						Bv	17—101	棕黄色	重黏土	粒状	4.8	6.8	0.52	0.27	14.3	≤1.0	45	7.7			
剖4	人为土	水稻土	潜育水稻土	青麻砂泥田	石灰青麻砂泥田	A	0—14	褐黄色	砂黏土	块状	7.6	27.3	1.43	0.41	46.6	3.0	23	11.1	花岗闪长岩坡积物、洪积物	E 117°49′29.2″ N 30°08′15.1″	75
						P	14—21	褐色	砂黏土	块状	7.3	26.1	1.29	0.40	47.6	3.0	9	10.4			
						Wg	21—42	褐色	砂黏土	碎块状	7.1	15.0	0.82	0.41	≥50.0	2.0	11	10.0			
						G	42—69	灰色	轻壤土	块状	8.7	5.9	0.31	0.43	42.0	5.0	16	8.8			
剖5	人为土	水稻土	淹育水稻土	扁石黄泥田	石灰扁石泥田	A	0—8	黑灰色	重黏土	块状	6.8	33.1	2.10	0.60	24.5	7.0	66	16.1	泥岩类风化物	E 117°51′05.6″ N 30°05′21.5″	95
						P	8—14	黑灰色	重黏土	块状	7.2	29.3	1.85	0.54	24.5	7.0	52	17.5			
						C	14—33	棕黄色	砂黏土	粒状	7.3			0.60	27.9	11.0	79	14.1			
剖6	人为土	水稻土	淹育水稻土	扁石黄泥田	扁石黄泥田	A	0—12	褐黄色	砂黏土	小块状	6.7	20.3	1.01	0.33	7.3	4.0	29	8.5	泥岩类风化物	E 117°45′10.9″ N 30°05′21.5″	75
						P	12—20	褐黄色	重黏土	块状	7.3	13.2	0.80	0.29	7.7	3.0	25	9.1			
						C	20—100	灰黄色	重黏土	碎块状	7.1	8.0	0.52	0.27	8.8	2.0	26	10.3			
剖7	人为土	水稻土	潴育水稻土	黄泥格田	下位砾底黄泥格田	A	0—15	黄黄色	重壤土	小块状	6.9	18.0	1.18	0.45	13.8	6.0	52	14.1	第四纪红色黏土	E 117°47′59.1″ N 30°06′36.3″	75
						P	15—24	黄黄色	轻黏土	小块状	7.3	6.6	0.57	0.29	13.5	3.0	41	11.7			
						W	24—62	黄红色	轻黏土	块状	7.3	4.4	0.44	0.24	13.7	3.0	83	10.8			
						Bv	62—130	黄红色	轻黏土	块状	7.4	5.1	0.48	0.25	13.8	3.0	86	14.6			
剖8	人为土	水稻土	青扁石泥田	青扁石泥田	A	0—15	灰黑色	中壤土	团块状	6.7	43.8	2.43	0.26	16.4	4.0	44	14.4	泥岩砂页岩坡积物、洪积物	E 117°54′01.7″ N 30°05′25.1″	75
						P	15—23	灰黑色	中壤土	块状	6.8	43.8	2.25	0.26	16.6	2.0	29	13.4			
						Wg	23—50	灰黑色	重黏土	柱状	7.8	45.9	2.32	0.25	17.0	2.0	26	14.9			
						G	50—90	灰黄色	重黏土	柱状	7.9	37.5	1.84	0.22	17.1	2.0	22	12.4			
剖9	人为土	水稻土	潴育水稻土	黄泥格田	上位砾底黄泥格田	A	0—13	棕黄色	中壤土	块状	6.4	24.2	1.18	0.31	15.2	6.0	44	12.0	第四纪红色黏土	E 117°47′52.6″ N 30°04′41.2″	75
						P	13—18	灰褐色	中壤土	块状	6.9	20.3	1.10	0.40	15.3	6.0	19	14.3			
						W	18—70	灰黄色	重黏土	块状	7.6	16.0	0.83	4.10	15.7	6.0	21	15.3			
剖10	铁铝土	红壤	红壤性土	红壤性扁石土	扁石土	A	0—13	棕黄色	中壤土	碎块状	6.0	42.8	1.70	0.25	14.6	3.0	129	11.9	泥岩砂页岩	E 117°49′17.7″ N 30°01′02.2″	96
						Bv	13—52	灰棕色	重壤土	块状	5.4	17.4	0.74	0.19	16.2	≤1.0	26	9.0			
剖11	人为土	水稻土	潜育水稻土	陷泥田	扁石陷泥田	A	0—12	灰黑色	中壤土	糊状	7.3	33.9	1.89	0.72	22.1	11.0	29	18.5	泥岩类风化物	E 117°48′53.5″ N 30°00′41.1″	75
						G	12—110	青灰色	重黏土	糊状	7.4	35.0	1.92	0.59	20.0	5.0	24	7.1			
剖12	人为土	水稻土	淹育水稻土	浅麻砂黄泥田	麻砂黄泥田	A	0—15	灰黄色	砂壤土	碎块状	4.8	12.7	0.78	0.38	≥50.0	3.0	23	7.1	花岗闪长岩沟谷堆积物	E 117°52′07.0″ N 30°01′10.4″	75
						P	15—20	灰黄色	砂壤土	块状	4.9	9.1	0.59	0.42	≥50.0	2.0	25	7.1			
						C	20—100	黄灰色	紧砂土	块状	6.7	5.3	0.39	0.33	29.2	6.0	31	7.2			
剖13	人为土	水稻土	潜育水稻土	陷泥田	园地陷泥田	A	0—20	黄灰色	中壤土	糊状	6.4	43.0	2.25	0.43	22.4	6.0	27	12.8	酸性结晶岩风化物	E 117°47′24.0″ N 30°02′09.7″	75
						G	20—30	青灰色	中壤土	糊状	5.9	39.6	1.99	0.38	22.4	6.0	24	13.1			
剖14	铁铝土	黄壤	黄壤	扁石黄土	园地扁石黄土	A	0—15	灰黄色	重壤土	碎块状	4.6	21.0	1.35	0.33	16.0	3.0	148	7.2	泥岩类风化物	E 117°58′09.6″ N 30°02′34.8″	95
						Bv	15—70	棕黄色	重黏土	块状	5.1	10.0	0.88	0.39	16.0	3.0	82	7.6			
剖15	淋溶土	黄棕壤	暗黄棕壤	扁石暗黄棕壤	扁石暗黄棕壤	A	0—7	灰黄色	重黏土	粒状	4.4	67.6	2.55	0.31	17.7	4.0	279	15.7	泥岩类风化坡积物	E 117°57′15.2″ N 30°02′10.6″	75
						Bv	7—48	黄色	重黏土	碎块状	4.3	19.7	0.94	0.20	19.5	2.0	83	8.8			

续表 Continued

剖面号 Soil profile	土纲 Soil order	土类 Soil great group	亚类 Soil subgroup	土属 Soil genus	土种 Soil species	土层码 Layer code	土层厚度 Depth/cm	颜色 Soil color	质地 Soil texture	土壤结构 Soil structure	pH	有机质 OM/(g/kg)	全氮 TN/(g/kg)	全磷 TP/(g/kg)	全钾 TK/(g/kg)	有效磷 AP/(mg/kg)	速效钾 AK/(mg/kg)	阳离子交换量CEC/(cmol/kg)	土壤母质 Parent material	剖面点坐标 Profile coordinate	匹配指数 Matching index/%
剖16	人为土	水稻土	潜育水稻土	青砂泥田	石灰青砂泥田	A	0—14	灰黄色	中壤土	小块状	6.9	35.3	1.83	0.38	19.3	5.0	31	20.1	近代河流冲积物	E 117°58′28.8″ N 30°00′46.7″	95
						P	14—30	褐灰色	中壤土	块状	6.8	37.5	1.71	0.41	18.3	3.0	20	18.6			
						Wg	30—70	黑灰色	中壤土	块状	6.8	34.8	1.52	0.36	18.4	3.0	20	18.6			
						G	70—97	灰黑色	重壤土	无结构	6.5	30.2	1.23	0.23	17.8	2.0	25	14.6			
剖17	铁铝土	红壤	黄红壤	黄红土	黄红土	A	0—16	栗褐色	重壤土	粒状	5.1	20.8	1.17	0.36	12.3	≤1.0	88	10.8	第四纪红色黏土	E 117°52′22.7″ N 29°56′43.1″	95
						Bv	16—79	浅黄色	重壤土	柱状	5.2	3.3	0.50	0.27	13.0	3.0	40	10.7			
						C	79—136	棕红色	重壤土	柱状	5.4	3.6	0.58	0.28	13.2	2.0	40	10.3			
剖18	人为土	水稻土	潜育水稻土	青砂泥田	青麻砂泥田	A	0—10	浅灰色	中壤土	小块状	7.1	55.7	2.92	0.66	23.0	7.0	41	20.5	花岗闪长岩坡积物、洪积物	E 117°57′31.5″ N 29°57′43.9″	96
						P	10—17	青灰色	中壤土	块状	7.6	47.4	2.75	0.76	22.9	8.0	34	16.9			
						Wg	17—60	灰色	轻壤土	棱柱状	7.9	10.1	0.47	0.28	23.3	8.0	25	7.5			
						G	60—130	暗灰色	中壤土	块状	7.3			0.17	22.5	10.0	19	12.8			
剖19	铁铝土	红壤	黄红壤	碳泥土	碳泥土	A	0—14	黑色	轻壤土	碎块状	8.5	36.9	1.66	0.71	14.5	14.0	46	10.4	炭质泥页岩和石槭等残积物	E 117°58′58.7″ N 29°58′10.3″	95
						Bv	14—18	黑色	中壤土	小块状	7.9	33.5	1.70	0.74	14.4	9.0	33	10.0			
						C	18—100	黑色	中壤土	块状	7.6	20.4	0.90	0.68	13.9	16.0	30	8.7			
剖20	人为土	水稻土	潜育水稻土	青砂泥田	青砂泥田	A	0—17	淡灰色	中壤土	无结构	6.1	30.7	1.51	0.38	25.0	3.0	26	15.0	近代河流冲积物	E 117°59′29.1″ N 29°56′27.0″	95
						P	17—53	灰灰色	重壤土	无结构	6.1	38.8	1.73	0.24	26.8	3.0	36	13.8			
						G	53—73	暗灰色	中壤土	无结构	6.3	29.8	0.90	0.20	27.6	2.0	52	10.2			
剖21	人为土	水稻土	潜育水稻土	砂泥田	砂泥田	A	0—18	灰黄色	中壤土	块状	6.4	16.5	0.96	0.88	21.5	15.0	30	8.4	河流冲积物	E 117°58′52.7″ N 29°55′04.7″	75
						P	18—24	褐黄色	中壤土	块状	6.3	15.4	1.02	0.85	20.8	15.0	19	7.4			
						W	24—77	棕黄色	中壤土	块状	7.1	8.4	0.52	0.63	20.8	6.0	18	12.1			
						Bv	77—130	棕黄色	重壤土	块状	7.0	7.6	0.55	0.56	20.5	12.0	23	13.2			
剖22	铁铝土	红壤	黄红壤	铁质黄红壤	渔草乌红壤	A	0—12	暗棕色	壤质黏土	粒状	4.7	49.4	1.96	0.53	17.0	2.0	50	11.1	辉绿粉岩残积物、坡积物	E 117°53′24.0″ N 29°57′21.5″	81
						Bv	12—100	鲜棕色	壤质黏土	块状	4.8	8.2	0.78	0.39	17.2			7.0			
						C	100—		壤质黏土	块状	4.4	4.1	0.62	0.41	18.2			6.0			
剖23	人为土	水稻土	潜育水稻土	砂底青砂泥田	砂底青砂泥田	A	0—12	淡灰色	中壤土	块状	7.6	23.3	1.34	0.34	21.8	2.0	28	14.5	近代河流冲积物	E 117°53′17.5″ N 29°55′03.1″	95
						P	12—27	淡青灰色	中壤土	粒状	7.4	22.9	1.13	0.34	20.9	5.0	24	14.5			
						Bv	27—36	淡黄灰色	轻壤土	粒状	7.5	6.2	0.40	0.29	23.8	≤1.0	7	10.0			
						Gs	36—117	淡栗灰色	紫砂土	粒状	7.5	1.9	0.14	0.61	27.4	2.0	21	7.3			
剖24	人为土	水稻土	潜育水稻土	扁石泥田	上位嘛底扁石泥田	A	0—10	灰灰色	重壤土	块状	5.4	32.5	2.49	0.71	23.9	5.0	44	10.6	泥质岩类风化坡积物、洪积物	E 117°55′04.8″ N 29°56′16.7″	75
						P	10—15	黄灰色	重壤土	块状	5.0	29.4	2.31	0.47	23.8	5.0	29	9.1			
						W	15—28	黄棕色	重壤土	块状	5.5	9.4	1.40	0.72	23.4	5.0	24	7.8			
剖25	人为土	水稻土	潜育水稻土	麻砂泥田	麻砂泥田	A	0—14	灰褐色	中壤土	块状	6.1	25.8	1.12	0.31	27.4	4.0	25	8.4	花岗闪长岩坡积物、残积物	E 117°55′42.7″ N 29°53′52.2″	95
						P	14—17	黄棕色	轻壤土	块状	6.3	26.5	1.19	0.28	24.6	2.0	21	9.2			
						Bv	17—43	黄棕色	中壤土	棱块状	6.1	23.0	0.76	0.27	23.4	5.0	16	9.7			
						Bvg	43—72	青灰色	重壤土	块状	6.1	14.8	0.59	0.13	24.3	4.0	26	8.1			
						G	72—104	青黄色	轻壤土	块状	6.9	15.6		0.11	33.8	4.0	29	5.4			
剖26	铁铝土	红壤		麻砂黄红壤	麻砂黄红土	A	104—132	灰黄色	砂壤土	粒状	6.1		0.30	0.21	24.7	2.0	68	11.3	花岗闪长岩坡积物、残积物	E 117°56′01.8″ N 29°54′45.8″	95
						Bv	0—11	灰黄色	砂壤土	粒状	6.3	6.9		0.18	26.2	≤1.0	64	6.0			
						C	11—19	灰灰色	紧砂土	碎块状	6.5	5.8	0.20	0.19	24.3	≤1.0	60	7.4			
							19—113	黄红色	砂壤土	碎块状	6.9	1.6	≤0.10		25.9		63	6.1			
剖27	初育土	石灰(岩)土	棕色石灰土	扁石鸡肝土	扁石鸡肝土	A	0—14	灰棕色	轻黏土	块状	7.6	15.6	1.03	0.30	15.0	5.0	68	11.3	石灰岩类风化物	E 117°59′00.0″ N 29°54′06.1″	95
						Bv	14—100	灰棕色	轻黏土	块状	7.4	4.7	0.51	0.17	14.9	3.0	34	10.2			
剖28	人为土	水稻土	潜育水稻土	扁石泥田	石灰扁石泥田	A	0—12	棕色	重黏土	块状	8.5	34.8	1.43	0.51	9.4	5.0	36	17.7	泥质岩类风化坡积物、洪积物	E 117°59′09.8″ N 29°53′33.5″	75
						P	12—21	灰褐色	轻黏土	块状	8.8	20.3	1.01	0.48	9.7	3.0	19	14.9			
						W	21—33	黄灰色	重黏土	粒状	8.7	10.9	0.45	0.30	10.8	3.0	19	11.8			

续表 Continued

剖面号 Soil profile	土纲 Soil order	土类 Soil great group	亚类 Soil subgroup	土属 Soil genus	土种 Soil species	土层码 Layer code	土层厚度 Depth/cm	颜色 Soil color	质地 Soil texture	土壤结构 Soil structure	pH	有机质 OM/(g/kg)	全氮 TN/(g/kg)	全磷 TP/(g/kg)	全钾 TK/(g/kg)	有效磷 AP/(mg/kg)	速效钾 AK/(mg/kg)	阳离子交换量 CEC/(cmol/kg)	土壤母质 Parent material	剖面点坐标 Profile coordinate	匹配指数 Matching index/%
剖29	铁铝土	红壤	黄红壤	麻砂黄红壤	麻砂黄红壤	A	0—17	灰棕色	轻壤土	碎块状	5.6	33.7	1.40	0.42	28.0	2.0	212	14.4	花岗闪长岩坡积物、残积物	E 117°57′31.0″ N 29°51′48.8″	96
						Bv	17—60	棕红色	轻壤土	块状	5.3	14.6	0.63	0.43	26.1	≤1.0	59	13.9			
						C	60—100	棕红色	中壤土	块状	5.5	12.5	0.63	0.32	22.6	≤1.0	78	13.4			
剖30	人为土	水稻土	潴育水稻土	扁石泥田	扁石泥田	A	0—13	灰色	重壤土	碎块状	5.1	20.6	1.35	0.27	21.9	4.0	49	8.5	泥质岩类风化坡积物、洪积物	E 117°57′39.3″ N 29°50′27.0″	95
						P	13—20	棕红色	中壤土	块状	6.7	10.7	0.75	0.23	21.4	2.0	26	10.5			
						W	20—39	黄棕色	重壤土	棱柱状	6.6	4.8	0.56	0.29	23.9	4.0	26	9.4			
						Bv	39—100	黄色	重壤土	棱柱状	6.7	4.2	0.77	0.32	25.6	2.0	28	7.5			
剖31	初育土	紫色土	中性紫色土	紫泥土	下草血泥	A₁₁	0—17	暗红色	黏壤土	屑粒状	6.5	26.1	1.60	0.30	19.2	≤1.0	91	13.1	紫色页岩残积物、坡积物	E 117°57′35.6″ N 29°49′24.2″	95
						C₁	17—50	紫红色	黏壤土	块状	6.5	8.7	0.60	0.30	19.1	2.0		12.1			
						C₂	50—	紫红色	黏壤土	块状	6.7	4.9	0.50	0.50	21.5	2.0		12.7			
剖32	铁铝土	红壤	黄红壤	扁石黄红土	扁石黄红土	A	0—15	灰黄色	重壤土	碎块状	5.6	82.8	3.42	0.39	15.6	6.0	214	18.3	泥质岩类坡积物、残积物	E 118°03′52.2″ N 30°00′51.3″	95
						Bv	15—100	黄红色	重壤土	块状	5.0	26.2	1.19	0.31	15.3	2.0	74	11.1			
剖33	人为土	水稻土	淹育水稻土	浅黄泥田	浅黄泥田	A	0—11	灰黄色	中壤土	块状	5.9	24.7	1.38	0.60	22.3	3.0	88	10.6	第四纪红色黏土	E 118°00′35.5″ N 30°00′27.2″	75
						P	11—18	黄褐色	中壤土	碎块状	6.4	14.8	0.99	0.38	22.4	2.0	83	11.8			
						W	18—100	浅黄色	中壤土	棱柱状	6.4	7.9	0.74	0.43	21.0	≤1.0	83	10.4			
剖34	铁铝土	红壤	红壤性土	红壤性扁石土	园地扁石土	A	0—11	棕灰色	中壤土	碎块状	4.7	62.9	3.21	0.90	14.9	8.0	193	17.2	条带灰岩风化物	E 118°03′20.1″ N 30°02′22.5″	95
						Bv	11—23	浅棕黄色	重壤土	块状	4.8	46.7	2.48	1.04	16.2	8.0	62	16.9			
剖35	人为土	水稻土	潴育水稻土	石灰泥田	扁石石灰泥田	A	0—12	褐灰色	重壤土	片状	8.8	38.3	2.20	0.73	17.2	6.0	52	22.8	条带灰岩风化物	E 118°01′32.6″ N 29°55′11.0″	95
						P	12—24	褐灰色	重壤土	块状	8.9	20.0	1.63	0.69	17.3	7.0	37	18.3			
						W	24—76	黄灰色	重壤土	片状	8.7			0.79	17.6	7.0	39	22.8			

祁 门 县

主要土类说明

红壤是祁门县主要土壤类型，占本县地域面积的78%，广泛分布于低山、丘陵和中山下部。其成土母质主要有千枚岩、千枚状粉砂岩、砂岩、花岗闪长岩和花岗岩残积物、坡积物。本县气候湿热，土壤风化淋溶作用较强，具有比较明显的脱硅富铝化作用，土壤黏粒的硅铝率为2.35。黏土矿物以高岭石为主，伴有蛭石。土壤pH为4.5—5.5。盐基不饱和，盐基饱和度为21.8%。因本县湿热条件不及典型中亚热带区，故土壤风化、淋溶作用相对较弱，红壤分为黄红壤和红壤性土两个亚类。

水稻土是祁门县第二大土壤类型，占本县地域面积的10%，分布于本县各地，主要地形部位是沿河两岸、丘陵谷地、低山冲坞和平缓岗畔。水稻土是本县主要耕地土壤。它是在长期季节性淹灌、水下翻耕、季节性脱水、氧化还原交替影响下，原来的成土母质或母土的特性发生重大改变形成的新的土壤类型。土壤交换性盐基产生变化，盐基饱和度高于起源土壤，盐基淋失；盐基不饱和的起源土壤，有较明显的复盐基作用。铁锰在还原条件下淋溶，在氧化条件下淀积。随着灌溉水下渗，黏粒也有下移现象，产生了特有的剖面构型以及耕作层、犁底层、渗育层和淀积层等发生层次。根据发育阶段和氧化还原状况的不同，本县水稻土划分为淹育型、潴育型和潜育型三个亚类。

黄壤是祁门县第三大土壤类型，占本县地域面积的4%，主要分布于本县北部中山区海拔700—1100m的山地。黄壤所处区域水湿条件较红壤高，热量较红壤低，脱硅富铝化作用比红壤弱，土壤淋溶作用强，黏土矿物以蛭石为主，伴有高岭石、三水铝石。山体下部自然植被为常绿阔叶林，山体上部为常绿阔叶、落叶阔叶混交林。因植被覆盖度比黄红壤高，黄壤有机质的累积及全氮含量都比黄红壤高，有机质平均含量大于50g/kg。土壤剖面构型一般为Ao-A-B-C，土体比黄红壤略厚，土壤呈黄色或蜡黄色。土壤呈酸性，pH为5.0左右。根据成土条件和发育阶段，本县黄壤划分为山地黄壤和黄壤性土两个亚类。

粗骨土占祁门县地域面积的3%，广泛分布在河谷阶地、丘陵、低山和中山等多种地貌单元和地形部位。粗骨土属于A-C型，甚至（A）-C型土壤。A层发育不明显，与母质土层性状相似，略显有机质累积。有时母质层富含砾石，甚少出现剖面分异与发育特征。

小于本县地域面积3%的土壤类型还有黄棕壤、紫色土和石灰（岩）土。

本区域中心区气候特征

本区域中心区气候特征值
Regional climate characteristics in central area of the region

气候带：北亚热带湿润气候 Climate region: North subtropical humid climate	
年平均气温 /℃ Annual average temperature /℃	17.0
年平均最高气温 /℃ Annual average maximum temperature /℃	21.5
年平均最低气温 /℃ Annual average minimum temperature /℃	13.5
年降水量 /mm Annual precipitation /mm	1626
≥10℃的积温 /℃ Daily temperature accumulated in a year (≥10℃) /℃	8635
年日照时数 /h Annual sunshine /h	1820
年平均相对湿度 /% Annual average relative humidity /%	77
干燥度 Dryness	0.62

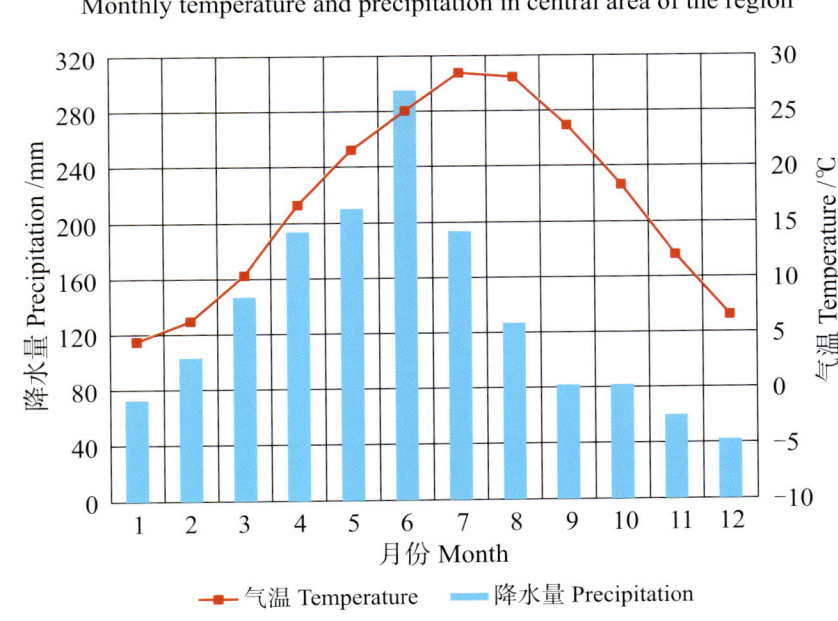

本区域中心区月平均气温与月平均降水量
Monthly temperature and precipitation in central area of the region

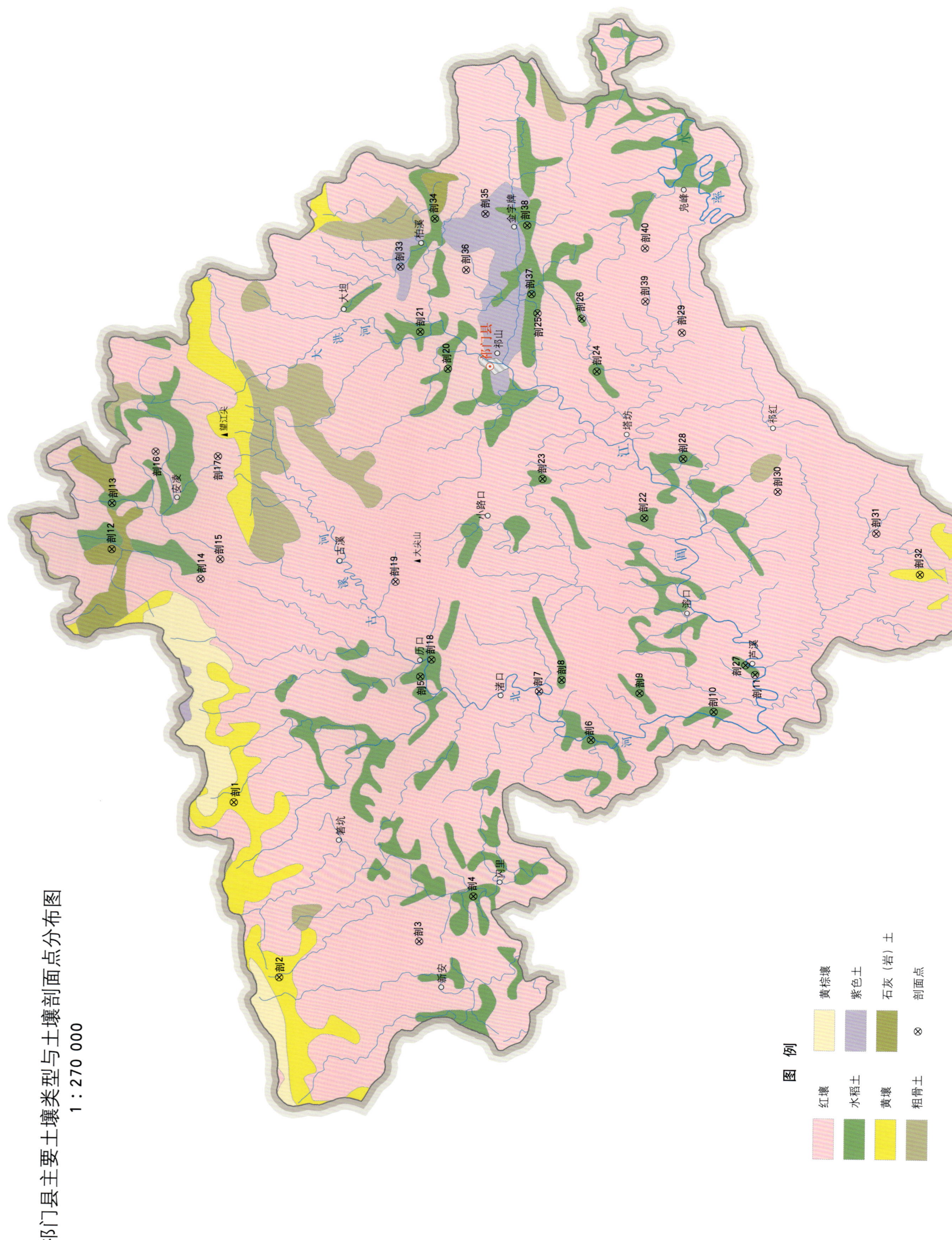

祁门县土壤剖面理化性状表

剖面号 Soil profile	土纲 Soil order	土类 Soil great group	亚类 Soil subgroup	土属 Soil genus	土种 Soil species	土层码 Layer code	土层厚度 Depth/cm	颜色 Soil color	质地 Soil texture	土壤结构 Soil structure	pH	有机质 OM/(g/kg)	全氮 TN/(g/kg)	全磷 TP/(g/kg)	全钾 TK/(g/kg)	阳离子交换量 CEC/(cmol/kg)	土壤母质 Parent material	剖面点坐标 Profile coordinate	匹配指数 Matching index/%
剖1	铁铝土	黄壤	黄壤性土	黄壤性麻砂土	石质麻砂黄壤	Ao	0—4	棕黄色	中壤土	细粒状	4.8	162.6	7.13	0.87	28.0	29.8	花岗岩、花岗斑岩残积物、坡积物	E 117°24′32.1″ N 30°00′33.6″	75
						A	4—10	黑棕色	中壤土	小块状	4.5	113.2	5.69	0.87	27.2	23.6			
						ABv	10—20	暗棕色	中壤土	小块状	4.6	69.7	3.47	0.83	28.9	16.2			
						Bv	20—60	暗黄棕色	中壤土	小块状	4.8	59.8	2.56	0.74	29.8	15.1			
						C	60—80												
剖2	铁铝土	黄壤	山地黄壤	扁石黄壤土	园地砾质扁石黄壤土	A	0—15	棕黄色	中壤土	碎块状	4.1	15.8	0.89	0.39	45.0	15.6	泥质岩类风化坡积物	E 117°17′12.0″ N 29°58′56.1″	93
						Bv	15—38	黄棕色	中壤土	块状	5.0	18.5	1.31	0.55	29.8	9.0			
						C	38—70	黄色	中壤土	块状	5.1	2.4	0.62	0.37	23.1	7.2			
剖3	铁铝土	红壤	红壤性土	耕种红壤性麻骨土	红壤性园地麻骨土	A	0—17	暗棕色	中壤土	碎块状	4.9	61.3	2.71	0.68	30.8	16.3		E 117°18′45.0″ N 29°54′02.3″	93
						Bv	17—42	暗棕色	中壤土	碎块状	5.1	46.4	2.03	0.63	29.1	11.9			
						C	42—70	棕色	中壤土	块状	5.7	20.7	2.37	0.51	33.2	12.9			
剖4	人为土	水稻土	潴育水稻土	扁石泥田	扁石泥田	A	0—15	棕灰色	中壤土	小块状	5.4	33.0	2.07	0.49	20.4	7.5	泥质岩类风化坡积物、洪积物	E 117°20′39.0″ N 29°52′09.4″	95
						P	15—22	灰棕黄色	中壤土	块状	5.4	11.5	1.16	0.43	20.7	6.5			
						W	22—35	淡棕黄色	中壤土	棱块状	5.8	16.1	1.12	0.54	21.7	6.7			
						Bv₁	35—60	淡棕黄色	中壤土	块状	6.2	10.3	1.02	0.58	20.0	7.6			
						Bv₂	60—106	黄棕色	中壤土	块状	6.8	7.7	0.80	0.49	20.3	7.8			
剖5	人为土	水稻土	潴育水稻土	砂泥田	砂泥田	1	0—20	棕灰色	中壤土	小块状	4.9						河流冲积物	E 117°29′47.8″ N 29°54′02.4″	95
						2	20—28	淡棕黄色	中壤土	棱块状	5.0								
						3	28—52	淡棕黄色	中壤土	棱块状	6.1								
						4	52—90	黄棕色	重壤土	块状	6.2								
						5	90—140	亮棕黄土	壤质黏土	小块状	6.0								
剖6	人为土	水稻土	淹育水稻土	浅棕红泥田	祁门泥质田	Aa	0—14	亮棕黄色	黏土	块状	4.2	28.2	1.80	0.40	15.4	6.2	千枚岩坡积物、洪积物	E 117°27′11.5″ N 29°48′04.4″	75
						Ap	14—20	油橙色	壤质黏土	棱块状	4.6	21.3	1.50	0.40	14.8	5.9			
						C	20—110	淡棕黄色	轻壤土	块状	5.3	5.2	0.50	0.30	19.1	7.7			
剖7	铁铝土	红壤	红壤性土	耕种红壤性扁石土	红壤性园地扁石土	A	0—17	黄棕色	轻壤土	小块状	5.2	19.6	1.34	0.41	25.7	9.8	泥质岩类坡积物、残积物	E 117°29′12.3″ N 29°49′53.3″	75
						Bv	17—37	黄棕色	轻壤土	小块状	5.1	36.6	1.66	0.41	25.6	12.8			
						C	37—115	棕黄色	轻壤土	小块状	5.3	3.0	0.76	0.36	36.6	6.6			
剖8	人为土	水稻土	潴育水稻土	紫砂泥田	紫砂泥田	A	0—14	紫色	轻壤土	小块状	5.8	34.7	2.39	0.40	13.7	10.3	紫色砂砾岩风化坡积物	E 117°29′40.4″ N 29°49′05.9″	75
						P	14—22	紫色	轻壤土	块状	7.0	24.8	1.78	0.46	13.8	16.3			
						W	22—43	紫棕黄色	轻壤土	棱块状	7.9	4.7	6.40	0.37	16.3	11.2			
						Bv	43—78	紫棕黄色	轻壤土	块状	8.0	4.9	5.30	0.38	14.3	9.0			
						5	78—101	紫棕色		块状									
剖9	人为土	水稻土	潴育水稻土	石灰泥田	石灰石泥田	1	0—13	暗棕色	中壤土	碎块状	5.8	33.7	2.01	0.37	14.3	16.4	石灰岩	E 117°29′08.5″ N 29°46′22.4″	75
						2	13—18	淡黄黄色	中壤土	棱块状	6.8	20.2	1.53	0.41	14.5	14.4			
						3	18—33	灰黄色	中壤土	块状	7.4	5.4	0.67	0.30	14.4	7.8			
						4	33—103	淡黄橙色	重壤土	块状	6.0	5.4	0.63	0.20	15.4	7.3			
剖10	人为土	水稻土	潴育水稻土	扁石泥田	砾底扁石泥田	A	0—13	灰棕黄色	中壤土	碎块状	6.1						泥质岩类风化坡积物、洪积物	E 117°28′23.1″ N 29°43′46.6″	75
						P	13—22	淡黄黄色	中壤土	块状	6.8								
						W	22—32	淡黄棕色	中壤土	棱块状	7.4								
						Bv	32—52	黄棕色	中壤土	棱块状	7.4								
						5	52—101			小块状	5.8								

续表 Continued

剖面号 Soil profile	土纲 Soil order	土类 Soil great group	亚类 Soil subgroup	土属 Soil genus	土种 Soil species	土层码 Layer code	土层厚度 Depth/cm	颜色 Soil color	质地 Soil texture	土壤结构 Soil structure	pH	有机质 OM/(g/kg)	全氮 TN/(g/kg)	全磷 TP/(g/kg)	全钾 TK/(g/kg)	阳离子交换量CEC/(cmol/kg)	土壤母质 Parent material	剖面点坐标 Profile coordinate	匹配指数 Matching index/%
剖11	人为土	水稻土	潜育水稻土	紫砂田	上位砾石紫砂田	A	0—14	深紫色	轻壤土	碎块状	5.8	28.3	1.84	0.42	12.2	12.2	紫色砂砾岩风化坡积物	E 117°29′56.4″ N 29°42′20.1″	75
						P	14—22	深紫色	轻壤土	小块状	6.2	20.5	1.28	0.42	11.9	11.5			
						Bv	22—37	紫色	轻壤土	小块状	7.3	8.3	0.60	0.87	15.3	12.0			
						C	37—102	紫棕色	砂壤土	粒状	7.5	4.3	0.53	0.60	19.6	12.9			
剖12	初育土	石灰(岩)土	棕色石灰土	扁石鸡肝土	园地扁石鸡肝土	A	0—18	淡黄棕色	中壤土	团粒状	6.6	29.4	2.42	0.53	26.6	16.1	石灰岩类风化物	E 117°35′03.1″ N 30°04′50.8″	75
						Bv	18—40	黄棕色	黏土	块状	6.6	41.2	3.18	0.53	27.1	19.6			
						C	40—109	黄棕色	黏土	块状	7.2								
剖13	人为土	水稻土	潴育水稻土	麻砂泥田	麻砂泥田	A	0—11	灰黄色	中壤土	碎块状	7.6	36.7	1.39	0.38	34.3	17.3		E 117°36′58.0″ N 30°04′50.5″	95
						P	11—20	淡黄色	重壤土	块状	7.3	32.2	1.21	0.30	34.5	16.7			
						W	20—30	淡黄棕色	中壤土	棱块状	5.8	31.8	1.17	0.31	33.9	15.0			
						Bv	30—60	淡黄棕色	轻壤土	棱块状	4.7	25.4	0.88	0.24	39.4	10.1			
						C	60—100	淡黄棕色	轻壤土	块状	5.3	22.1	0.82	0.19	39.7	8.3			
剖14	铁铝土	红壤	黄红壤	麻砂黄红壤	中层麻石黄红壤	Ao	0—2										酸性结晶岩类残积物、坡积物	E 117°33′50.2″ N 30°01′44.7″	95
						A	2—22	暗黄棕色	中壤土	粒状	4.7	44.4	1.69	0.30	23.3	13.7			
						Bv	22—55	棕黄色	中壤土	块状	4.6	22.3	0.92	0.24	23.6	10.5			
剖15	铁铝土	红壤	红壤性土	麻砂红土	砾质红土	A	0—22	棕黄色	砂壤土	碎块状	4.7	38.0	1.30	0.30	30.0	10.0	花岗岩、花岗斑岩风化残积物、坡积物	E 117°34′39.1″ N 30°01′03.8″	95
						Bv	22—39	黄黄棕色	砂质黏壤土	小块状	4.7	10.9	0.50	0.40	32.3	6.3			
						C	39—70	黄色	砂质黏土	块状	4.8	6.5	0.40	0.40	32.0	5.5			
剖16	铁铝土	红壤	黄红壤	硅质黄红壤	硅质红土	A	0—12	暗黄棕色	中壤土	粒状	4.1	37.9	1.81	0.52	13.5	13.0		E 117°39′07.4″ N 30°03′19.1″	95
						Bv	12—49	黄棕色	重壤土	小块状	4.1	15.5	0.95	0.51	14.4	11.5			
						Bvc	49—78	棕黄色	轻壤土	块状	4.1	9.9	0.98	0.53	14.6	11.5			
剖17	铁铝土	红壤	黄红壤	硅铁质黄红壤	大洪岭夹砾红壤土	A	0—7	淡棕色	壤质黏土	粒状	4.6	101.1	4.59	0.77	16.4	22.1	千枚岩残积物、坡积物	E 117°38′55.5″ N 30°01′08.5″	95
						Bv	7—34	黄棕色	粉质黏土	小块状	4.6	44.2	2.74	0.90	15.1	17.2			
						C	34—59	红棕色	粉质黏土	块状	4.7	32.7	2.13	0.91	17.5	14.9			
剖18	铁铝土	红壤	黄红壤	浅泥质田	浅泥质田	A	0—14	亮黄棕色	壤质黏土	块状	4.2	28.2	1.80	0.43	15.4	6.2	千枚岩洪积物、坡积物	E 117°30′30.6″ N 29°53′39.4″	95
						Ap	14—20	亮黄棕色	黏土	块状	4.6	21.3	1.52	0.37	14.8	5.9			
						C	20—110	浊橙色	壤质黏土	块状	5.3	5.2	0.73	0.31	19.2	7.7			
剖19	人为土	水稻土	潴育水稻土	扁石黄泥田	上位焦斑扁石黄泥田	Ao	0—3										酸性结晶岩类残积物、坡积物	E 117°33′45.0″ N 29°54′55.2″	95
						A	3—18	棕色	中壤土	小粒状	4.6	51.3	1.99	0.38	25.5	15.1			
						ABv	18—34	黄棕色	中壤土	小粒状	5.4	26.6	1.30	0.32	24.6	10.5			
						Bv	34—59	暗黄棕色	中壤土	小块状	5.3	12.7	0.71	0.27	24.3	8.8			
						C	59—110	暗黄棕色	中壤土	块状	5.6	23.9	1.29	0.29	15.5	6.3			
剖20	铁铝土	红壤	黄红壤	砾石黄红壤	砾石麻石黄红壤	A	0—11	淡黄棕色	中壤土	块状	5.8	10.8	1.22	0.28	16.6	5.6	泥质岩类风化坡积物、洪积物	E 117°42′35.9″ N 29°53′05.2″	95
						W	17—27	淡黄棕色	黏土	核块状	7.7	6.1	0.66	0.60	19.7	11.1			
						Bv	27—37	红棕色		核块状	7.7	3.1	0.45	0.40	19.7	9.3			
						C	37—110	淡黄棕色		碎块状	7.8	2.9	0.64	0.64	20.6	8.8			
剖21	人为土	水稻土	潴育水稻土	砂泥田	砂土田	A	0—14	褐灰色	砂壤土	碎块状	5.4	10.7	1.05	0.48	22.0	6.1	河流冲积物	E 117°44′07.5″ N 29°54′03.3″	95
						P	14—18	灰黄色	砂壤土	粒状	5.7	6.0	0.78	0.49	24.1	6.0			
						W	18—23	灰黄色	砂土	单粒状	6.4	4.6	0.60	0.42	26.5	5.6			
						S	23—79	灰灰色	砂土	碎块状	5.9	2.2	0.61	0.56	28.1	4.6			
						C	79—100	灰灰色	轻壤土	块状	6.0	5.2	0.75	0.46	25.1	5.2			
剖22	人为土	水稻土	潜育水稻土	青麻砂泥田	青麻砂泥田	A	0—20	青灰色	中壤土	块状	6.3	45.9	2.32	0.31	34.4	19.7	花岗岩坡积物、洪积物	E 117°36′24.0″ N 29°46′13.0″	75
						Pg	20—24	青灰色	中壤土	小块状	6.5	41.1	1.95	0.29	39.0	18.3			
						Wg	24—48	淡青灰色	中壤土	软块状	5.4	36.6	1.29	0.21	37.3	11.0			
						G	48—100	褐灰色	砂壤土	软块状	6.1	37.3	1.76	0.27	33.4	16.9			

续表 Continued

剖面号 Soil profile	土纲 Soil order	土类 Soil great group	亚类 Soil subgroup	土属 Soil genus	土种 Soil species	土层码 Layer code	土层厚度 Depth/cm	颜色 Soil color	质地 Soil texture	土壤结构 Soil structure	pH	有机质 OM/(g/kg)	全氮 TN/(g/kg)	全磷 TP/(g/kg)	全钾 TK/(g/kg)	阳离子交换量CEC/(cmol/kg)	土壤母质 Parent material	剖面点坐标 Profile coordinate	匹配指数 Matching index/%
剖23	人为土	水稻土	淹育水稻土	浅扁石黄泥田	浅扁石黄泥田	A	0—15	棕色	中壤土	碎块状	4.9	25.2	1.85	0.46	16.3	6.1	泥岩类风化物	E 117°38′01.1″ N 29°49′46.6″	75
						P	15—23	灰黄色	中壤土	块状	5.6	14.1	1.11	0.46	15.4	5.3			
						W	23—32	棕黄色	中壤土	块状	6.1	9.2	0.79	0.39	17.1	6.4			
						C	32—81	棕黄色	重壤土	块状	6.3	9.4	0.82	0.40	20.1	7.7			
剖24	人为土	水稻土	潜育水稻土	青砂泥田	青砂泥田	A	0—22	淡灰褐色	轻壤土	碎块状	5.3	26.8	1.38	0.35	37.8	8.2	河流冲积物	E 117°42′29.6″ N 29°47′52.8″	75
						Pg	22—25	浅灰褐色	小块状		6.0	17.8	0.64	0.37	40.5	5.7			
						Wg	25—37	深灰色	砂壤土	小块状	5.3	12.8	0.48	0.28	42.6	4.3			
						S	37—52	灰白色	砂土	粒状	6.4	3.7	0.15	0.19	43.7	2.3			
						G	52—100	灰白色	黏土	软块状	6.9	8.7	0.40	0.20	38.6	6.2			
剖25	人为土	水稻土	潜育水稻土	陷泥田	陷紫泥田	A	0—16	紫色	中壤土	块状	6.5	35.3	2.21	0.36	19.4	18.9		E 117°44′53.1″ N 29°49′57.0″	75
						Pg	16—25	灰灰色	中壤土	块状	6.1	31.5	1.98	0.36	19.3	16.0			
						G₁	25—56	紫灰色	中壤土	软块状	5.6	28.9	1.93	0.34	19.7	15.9			
						G₂	56—105	紫灰色	中壤土	糊状	7.3	44.6	0.70	0.27	18.8	15.9			
剖26	人为土	水稻土	潜育水稻土	陷泥田	扁石陷泥田	Ag	0—11	暗灰色	中壤土	软块状	5.0	37.9	1.92	0.43	32.1	8.5		E 117°44′40.0″ N 29°48′24.1″	75
						Bvg	11—19	灰灰色	中壤土	块状	5.0	35.7	1.63	0.34	23.3	7.6			
						G	19—98	青灰色	中壤土	糊状	5.2	16.9	1.26	0.14	25.0	5.2			
剖27	人为土	水稻土	潜育水稻土	陷泥田	麻砂陷泥田	Ag	0—23	黄灰色	轻壤土	碎块状	7.9	25.2	1.55	0.31	40.3	13.5		E 117°30′20.1″ N 29°42′40.2″	75
						G₁	23—53	青灰色	中壤土	软块状	7.9	26.3	1.49	0.34	41.7	11.0			
						G₂	53—100	褐灰色	中壤土	软块状	7.8	40.6	1.98	0.31	37.5	15.1			
剖28	人为土	水稻土	潜育水稻土	砂泥田	砾身砂泥田	A	0—12	暗灰黄色	砂壤土	粒状		16.2	1.06	0.32	19.7	4.7	河流冲积物	E 117°38′51.2″ N 29°44′51.6″	75
						P	12—19	暗灰黄色	轻壤土	块状		13.9	1.03	0.34	20.4	5.1			
						W	19—45	栗色	轻壤土	块状		8.0	0.74	0.40	20.9	6.1			
						O	45—103	暗棕黄色	砂壤土	粒状		9.7	0.63	0.36	21.4	5.8			
剖29	铁铝土	红壤	黄红壤	砾质扁石黄红壤	砾质扁石黄红壤	A	0—7	淡棕色	中壤土	核粒状	4.6	101.6	4.59	0.77	16.4	22.1	泥质岩类坡积、残积物	E 117°44′05.2″ N 29°44′53.8″	75
						Bv	7—24	黄橙色	重壤土	小块状	4.6	44.2	2.74	0.90	15.7	17.2			
						C	24—59	红橙色	轻黏土		4.7	32.7	2.13	0.91	17.5	14.9			
剖30	铁铝土	红壤	红壤性	红壤性粗骨扁石土	红壤性粗骨扁石土	Ao	0—1										泥质岩类坡积残积物	E 117°37′30.0″ N 29°41′33.2″	93
						A	1—6	暗棕色	中壤土	团块状	5.3	68.5	2.60	0.48	24.0	18.8			
						Bv	6—50	黄棕色	重壤土	小块状	5.4	12.6	1.32	0.44	24.3	9.4			
						C	50—125	淡棕黄色	重黏土		5.8	1.4	0.70	0.13	31.3	4.0			
剖31	铁铝土	红壤	黄红壤	硅质黄红壤	硅质黄红壤	Ao	0—2										石英质砂岩类残积物、坡积物	E 117°38′51.2″ N 29°38′05.8″	75
						A	2—20	暗棕色	中壤土	粒状	5.2	85.6	4.05	0.73	25.6	19.0			
						Bv	20—63	暗棕黄色	重壤土	粒状	5.0	19.3	1.37	0.56	26.1	10.6			
						Bvc	63—106	黄棕色	重壤土	小块状	5.0	14.8	1.21	0.49	29.6	10.4			
剖32	铁铝土	黄壤	山地黄壤	扁石黄壤	厚有机质中层扁石黄壤	Ao	0—3										千枚岩残积物、坡积物	E 117°35′47.2″ N 29°38′05.8″	75
						A	3—12	黑棕色	中壤土	小块状	4.5	53.1	2.36	0.29	13.4	15.4			
						ABv	12—24	暗棕色	中壤土	小块状	4.6	31.6	1.53	0.32	13.1	13.2			
						Bv	24—56	棕黄色	中壤土	小块状	5.0	17.7	0.86	0.25	14.7	10.0			
						C	56—85	淡棕色	中壤土	碎块状	4.9	2.2	0.11	0.12	8.1	2.8			
剖33	初育土	紫色土	中性紫色土	猪血砂	重砾质猪血砂	A	0—16	紫棕色	砂壤土	碎块状	4.6	22.6	1.51	0.34	20.0	10.6	紫色砂岩、砂页岩、砂砾岩风化物	E 117°34′06.6″ N 29°36′34.0″	75
						Bv	16—51	紫棕色	轻壤土	小块状	4.6	14.2	1.15	0.28	23.2	11.8		E 117°46′48.3″ N 29°54′44.2″	
						C	51—100	紫棕色	轻壤土	小块状									

续表 Continued

剖面号 Soil profile	土纲 Soil order	土类 Soil great group	亚类 Soil subgroup	土属 Soil genus	土种 Soil species	土层码 Layer code	土层厚度 Depth/cm	颜色 Soil color	质地 Soil texture	土壤结构 Soil structure	pH	有机质 OM/(g/kg)	全氮 TN/(g/kg)	全磷 TP/(g/kg)	全钾 TK/(g/kg)	阴离子交换量 CEC/(cmol/kg)	土壤母质 Parent material	剖面点坐标 Profile coordinate	匹配指数 Matching index/%
剖34	人为土	水稻土	潴育水稻土	紫砂田	紫砂田	A	0—15	紫色	砂壤土	碎块状	6.1	27.2	1.77	4.20	14.5	13.7	紫色砂砾岩风化坡积物	E 117°48′48.6″ N 29°53′31.5″	95
						P	15—23	紫色	轻壤土	块状	6.5	21.8	1.55	0.42	16.1	14.1			
						W	23—47	紫色	轻壤土	块状	7.8	7.3	1.45	0.27	18.1	10.0			
						Bv	47—80	紫棕色	轻壤土	块状	7.8	5.3	1.58	0.28	17.2	11.3			
						5	80—100	紫棕色	轻壤土	块状									
剖35	初育土	紫色土	中性紫色土	紫泥土	中层紫泥土	A	0—15	紫棕色	中壤土	块状	4.8	15.9	1.13	0.17	20.5	8.9	紫砂岩残积物、坡积物	E 117°49′00.4″ N 29°51′45.3″	95
						Bv	15—56	紫棕色	重壤土	棱块	4.8	7.4	0.57	0.14	25.5	9.9			
						C	56—100	紫棕色	重壤土	块状	4.8	4.5	0.52	0.19	29.4	12.7			
剖36	铁铝土	红壤	黄红壤	黄砂泥	夹砾橙泥土	A	0—7	完棕色	壤质黏土	屑粒状	5.4	61.1	2.60	0.80	19.6	22.0	千枚岩、板岩、页岩风化残积物、坡积物	E 117°46′41.0″ N 29°52′26.3″	81
						Bv	7—34	黄橙色	黏土		5.3	44.2	2.50	0.90	18.1	17.1			
						C	34—59	橙色	黏土	小块状	5.6	32.7	2.10		21.0	14.8			
剖37	人为土	水稻土	潜育水稻土	青扁石泥田	青扁石泥田	A	0—14	淡灰色	中壤土	块状	5.1	32.7	2.17	0.26	15.4	6.8	泥质砂页岩坡积物、坡积物	E 117°45′40.5″ N 29°50′09.5″	95
						Pg	14—22	淡灰色	中壤土	块状	5.1	24.4	1.80	0.19	15.6	4.5			
						Wg	22—47	青灰色		棱柱状	5.2	22.7	1.26	0.14	15.7	6.3			
						G	47—90	青灰色	中壤土	软块状	5.2	3.8	0.56	0.31	21.1	4.0			
剖38	人为土	水稻土	潜育水稻土	砾砂泥田	沥口泥质田	Aa	0—16	橄榄棕色	壤质黏土	小块状	5.2	38.9	2.40	0.70	14.4	8.4	千枚岩坡积物、洪积物	E 117°48′31.5″ N 29°50′17.8″	95
						Ap	16—23	黄黄棕色	壤质黏土	块状	5.6	13.6	1.10	0.60	16.9	7.3			
						P	23—46	亮黄棕色	壤质黏土	棱块状	5.4	6.6	0.60	0.70	16.1	7.3			
						W	46—110	亮黄棕色	壤质黏土	棱块状	5.5	5.9	0.60	0.60	15.2	9.1			
剖39	铁铝土	红壤	黄红壤	扁石黄红土	砾质扁石黄红土	A	0—17	暗棕色	中壤土	小块状	6.9	28.2	1.67	1.20	17.7	11.7	泥质岩类坡积物、残积物	E 117°45′22.1″ N 29°46′10.7″	75
						Bv	17—55	棕黄色	重壤土	块状	5.6	6.8	0.60	0.79	18.6	8.4			
						C	55—100	棕色	重壤土	块状	5.7	6.5	0.59	0.65	16.7	9.5			
剖40	铁铝土	红壤	黄红壤	扁石黄红土	园地砾质扁石黄红土	A	0—18	灰黄棕色	中壤土	块状	4.7	27.2	1.94	0.57	17.6	13.1	泥质岩类坡积物、残积物	E 117°47′33.4″ N 29°46′10.9″	96
						Bv	18—58	黄橙色	中壤土	块状	4.7	23.4	1.67	0.56	16.5	14.3			
						C	58—100												

滁 州 市

市 辖 区

主要土类说明

水稻土是滁州市主要土壤类型，占本市地域面积的 40%。其起源土壤有多种，土壤生成发育及母质的残留特征有较明显的差异。在长期水耕熟化条件下，土体中黏粒及铁锰物质进行迁移并淀积，剖面形态发生分异。

粗骨土是滁州市第二大土壤类型，占本市地域面积的 22%，广泛分布在河谷阶地、丘陵、低山和中山等多种地貌单元和地形部位。A 层发育不明显，与母质土层性状相似，母质层富含砾石。

黄褐土是滁州市第三大土壤类型，占本市地域面积的 14%，主要分布在海拔 10—80m 的起伏岗地。其成土母质为下蜀黄土，质地黏重，土层深厚，心土层为鲜艳的棕色，一般呈棱柱状或大块状结构，结构表面被棕色或暗棕色胶膜，并有灰色网纹。随着黏粒向下移动，矿物风化而释放出的铁锰也随之向下淋溶并淀积下来，形成铁锰结核和铁锰胶膜。往往在土层下部出现残留的石灰结核。剖面构型为耕作层、淀积层、母质层。

黄棕壤占滁州市地域面积的 12%。其土壤淋溶作用强烈，黏粒形成与淋溶积聚十分活跃，黏化层明显。表土层因利用情况不同而异，耕种黄棕壤表层为耕作层，未垦的则有残落物质与腐殖质层。腐殖质层为暗灰棕色，针叶林下较薄，混交林下较厚，灌丛草类下最厚，呈屑粒状或团块状结构，疏松多孔多根，向下逐渐过渡到心土层。心土层之下为母质层。

石灰（岩）土占滁州市地域面积的 10%，由碳酸岩类风化残积物、坡积物发育而成。由于长期的淋溶作用，土体上部已无石灰反应，下层靠近基岩处有强石灰反应，pH 为 7—7.8，呈微碱性，有机质和钙的含量都较丰富。一般土层较浅，母质和基岩泾渭分明。土壤质地多为重壤土。

小于本市地域面积 3% 的土壤类型还有紫色土等。

本区域中心区气候特征

本区域中心区气候特征值
Regional climate characteristics in central area of the region

气候带：北亚热带湿润气候 Climate region: North subtropical humid climate	
年平均气温 /℃ Annual average temperature /℃	15.4
年平均最高气温 /℃ Annual average maximum temperature /℃	20.1
年平均最低气温 /℃ Annual average minimum temperature /℃	11.6
年降水量 /mm Annual precipitation /mm	975
≥10℃的积温 /℃ Daily temperature accumulated in a year (≥10℃) /℃	5642
年日照时数 /h Annual sunshine /h	2014
年平均相对湿度 /% Annual average relative humidity /%	75
干燥度 Dryness	0.93

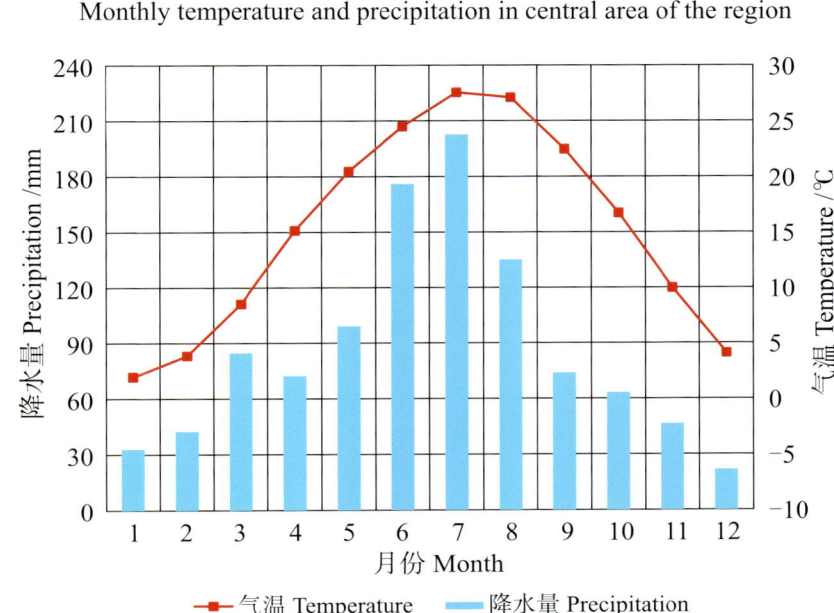

本区域中心区月平均气温与月平均降水量
Monthly temperature and precipitation in central area of the region

滁州市市辖区主要土壤类型与土壤剖面点分布图

1:260 000

图 例

| 水稻土 | 粗骨土 | 黄褐土 | 黄棕壤 | 石灰(岩)土 | 紫色土 | ⊗ 剖面点 |

注：本图界线沿用土壤普查时点的行政界线。

滁州市土壤剖面理化性状表

剖面号 Soil profile	土纲 Soil order	土类 Soil great group	亚类 Soil subgroup	土属 Soil genus	土种 Soil species	土层码 Layer code	土层厚度 Depth/cm	颜色 Soil color	质地 Soil texture	土壤结构 Soil structure	pH	有机质 OM/(g/kg)	全氮 TN/(g/kg)	全磷 TP/(g/kg)	全钾 TK/(g/kg)	有效磷 AP/(mg/kg)	速效钾 AK/(mg/kg)	阳离子交换量CEC/(cmol/kg)	土壤母质 Parent material	剖面点坐标 Profile coordinate	匹配指数 Matching index/%
剖1	人为土	水稻土	潴育水稻土	紫砂泥田	瘦紫泥田	A	0—13	浅棕黄色	中壤土	屑粒状									紫色岩类风化坡积物	E 117°56′53.3″ N 32°20′40.5″	95
						P	13—21	浅黄灰色	中壤土	小块状											
						W	21—46	棕紫色	重壤土	块状											
剖2	淋溶土	黄棕壤	普通黄棕壤	扁石黄棕土	扁石土	A	0—16	浅棕黄色	中壤土	小团块状									泥质岩类残积物、坡积物	E 117°59′49.5″ N 32°20′16.7″	75
						P	16—26	棕黄色	中石中壤土	块状											
						Bv	26—87	黄棕色	重石中壤土	块状											
						C	87—121	黄棕色	中石中壤土	块状											
剖3	淋溶土	黄棕壤	黄棕壤性土	黄棕壤性暗石土	黄棕壤性鸡粪壤	A		棕灰色	重石中壤土	疏松状	6.3									E 117°59′44.8″ N 32°19′04.4″	75
						C		灰棕色	重石重壤土	块状											
剖4	人为土	水稻土	潴育水稻土	黄白土田	灰白土泥田	A	0—15	灰白色	中壤土	屑粒状									下蜀黄土	E 117°54′36.3″ N 32°13′44.5″	95
						P	15—23	灰白色	中壤土	块状											
						W	23—46	棕黄色	重壤土	块状											
						Bv	46—117		黏土	棱块状											
剖5	淋溶土	黄棕壤	普通黄棕壤	细粒黄棕壤	厚层细粒土	A			重石轻壤土	小块状	6.9	22.9	1.21	0.12	9.8			4.0		E 118°02′36.8″ N 32°22′32.9″	95
						B					6.5	4.7	0.41	0.14	15.1			12.6			
						C					6.4	1.2	0.23	0.13	19.0			22.8			
剖6	人为土	水稻土	潴育水稻土	马肝田	夹扁石马肝田	A	0—11	暗黄色	重壤土	块状									下蜀黄土	E 118°03′59.0″ N 32°21′21.3″	95
						P	11—16	灰黄棕色	重壤土	棱块状											
						W	16—40	浅黄灰色	重壤土	棱块状											
						Bv	40—101	黄棕色	重壤土	块状											
剖7	淋溶土	黄棕壤	普通黄棕壤	细粒黄棕土	厚层细粒土	A	0—14	灰黄色	轻石轻壤土	块状	6.2	9.2	0.56	0.15	13.0			7.5	中性结晶岩类残积物、坡积物	E 118°01′50.6″ N 32°20′57.4″	75
						B₁	14—20	灰黄色	轻石中壤土	棱块状	6.3	5.5	0.47	0.22	14.5			9.6			
						B₂	20—37	浅黄灰色	中壤土		6.4	5.6	0.42	0.21	15.6			11.7			
						C	37—87	暗黄色	轻石轻壤土	棱块状	6.2	3.1	0.31	0.20	13.3			9.7			
剖8	淋溶土	黄棕壤	普通黄棕壤	细粒黄棕壤	细粒壤	A	0—15	灰黄色	重石轻壤土	核粒状	6.5	39.1	2.01						中性结晶岩类残积物、坡积物	E 118°09′08.0″ N 32°24′47.5″	95
						B		浅黄灰色	重石重壤土	棱块状											
						C		黄棕色		疏松状											
剖9	初育土	石灰(岩)土	黑色石灰土	黑色石灰土	黑褐石干土	Aca	0—25	灰黄色	中壤土	块状				0.33	24.4				石灰岩残积物、坡积物	E 118°12′15.2″ N 32°21′21.9″	93
						Pca	14—20	浅黄灰色	砂壤土	块状											
						Wca	20—43	浅黄灰色	重壤土	棱块状											
						Bvca	43—102	暗黄色	重壤土	块状											
剖10	淋溶土	黄棕壤	潴育水稻土	黄结饭泥田	黄结饭泥田	A	0—14	灰黄色	中壤土	小块状									石灰岩残积物、坡积物	E 118°13′48.3″ N 32°20′30.4″	95
						B₁	14—20	浅黄黄色	重壤土	块状											
						B₂	15—21	淡黄灰色	重壤土	棱块状											
						C		黄棕色	重壤土	块状											
剖11	淋溶土	黄棕壤	普通黄棕壤	细粒黄棕土	细粒土	Ae	0—13	白色	中石轻壤土	疏松状									中性结晶岩类残积物、坡积物	E 118°08′12.0″ N 32°20′26.4″	75
						P	13—20	灰白色	中壤土	块状											
						W	20—37	棕黄色	中壤土	小块状											
剖12	人为土	水稻土	漂洗水稻土	白马肝田	澄白土肝田				中壤土	屑粒状									下蜀黄土	E 118°07′15.3″ N 32°18′16.9″	95
									重壤土	小块状											
							37—76	黄棕色	重壤土	块状											

续表 Continued

剖面号 Soil profile	土纲 Soil order	土类 Soil great group	亚类 Soil subgroup	土属 Soil genus	土种 Soil species	土层码 Layer code	土层厚度 Depth/cm	颜色 Soil color	质地 Soil texture	土壤结构 Soil structure	pH	有机质 OM/(g/kg)	全氮 TN/(g/kg)	全磷 TP/(g/kg)	全钾 TK/(g/kg)	有效磷 AP/(mg/kg)	速效钾 AK/(mg/kg)	阳离子交换量CEC/(cmol/kg)	土壤母质 Parent material	剖面点坐标 Profile coordinate	匹配指数 Matching index/%
剖13	淋溶土	黄棕壤	黄棕壤性土	黄棕壤性细粒土	黄棕壤性粗细粒土	A	0—16	黄灰色	重石砂壤土										中性结晶岩类残积物、坡积物	E 118°04′44.6″ N 32°17′14.0″	95
						C		浅黄棕色	重石轻壤土												
剖14	淋溶土	黄棕壤	普通黄棕壤	硅铁质黄棕壤	青山黄泥土	A		淡黄棕色	砂壤土	粒状	4.8	20.1	1.08	1.20	4.9	3.0	50	11.5	凝灰岩风化残积物、坡积物	E 118°09′04.0″ N 32°18′27.7″	95
						B		黄棕色	砂壤土	小块状	4.5	7.7	0.57	1.30	7.6	2.0	70	17.0			
						C		黏黄棕色	黏土		4.3	4.2	0.25	1.00	8.0	2.0	68	12.7			
剖15	人为土	水稻土	潴育水稻土	马肝田	细粒马肝田	A	0—13	灰棕色	重壤土	小块状									下蜀黄土	E 118°13′25.4″ N 32°18′28.0″	95
						P	13—20	灰黄棕色	重壤土	块状											
						W	20—49	暗棕黄色	重壤土	棱块状											
						Bv	49—94	灰黄色	重壤土	棱块状											
剖16	人为土	水稻土	潴育水稻土	扁石泥田	瘦扁石泥田	A	0—13	浅黄棕色	黏土	小块状									泥质岩类风化坡积物、洪积物	E 118°13′03.8″ N 32°17′27.8″	81
						Pg	13—18	灰黄色	黏土	块状											
						Wg	18—45	棕黄色	重壤土	棱块状											
						Bv	45—80	黄黄棕色	重壤土	棱块状											
剖17	初育土	石灰(岩)土	棕色石灰土	棕色石灰土	薄层棕色石灰土	A	0—13	灰棕色	重壤土	棱状									碳酸盐岩类残积物、坡积物	E 118°09′29.9″ N 32°15′05.7″	92
						D				屑粒状											
剖18	人为土	水稻土	潴育水稻土	细粒泥田	瘦细粒泥田	A	0—11	灰黄色	中壤土	块状									中性结晶岩类风化物	E 118°05′43.6″ N 32°14′42.8″	95
						P	11—18	黄黄色	中壤土	块状											
						Wg	18—53	青灰色	重壤土	棱块状											
						Bv	53—102	浅棕灰色	重壤土	棱块状											
剖19	淋溶土	黄棕壤	黄棕壤性土	黄棕壤性扁石壤	黄棕壤性扁石壤	A	0—10	灰棕色		小块状									泥质岩残积物、坡积物	E 118°15′32.7″ N 32°26′41.5″	95
						C	10—	浅黄棕色		疏松小块状	6.0										
剖20	人为土	水稻土	潴育水稻土	钙积马肝田	钙积黄马肝田	A	0—15	黄黄色	重壤土	小块状									下蜀黄土	E 118°17′29.8″ N 32°24′53.2″	95
						Aca	15—23	灰黄色	重壤土	棱块状											
						Pca	23—40	棕黄色	黏土	棱块状											
						Wca	40—120	黄棕色	黏土	小块状											
						Bvca															
剖21	人为土	水稻土	潴育水稻土	扁石泥田	扁石泥田	A	0—13	灰黄色	重壤土	块状									泥质岩类残积物、洪积物、坡积物	E 118°19′26.0″ N 32°23′44.3″	95
						P	13—22	黄黄色	重壤土	块状											
						W	22—46	黄灰色	中壤土	块状											
						Bv	46—109	浅黄色	中壤土	屑粒状											
剖22	人为土	水稻土	潴育水稻土	砂泥田	砂泥田	A	0—11	灰白色	中壤土	小块状									河流冲积物	E 118°21′02.1″ N 32°21′22.6″	95
						P	11—19	灰黄色	中壤土	块状											
						W	19—38	黄黄棕色	中壤土	屑块状											
						Bv	38—														
剖23	人为土	潴育水稻土	潴育水稻土	浅马肝田	浅黄白土田	A	0—13	浅黄棕色	中壤土	小块状									下蜀黄土	E 118°23′43.9″ N 32°21′08.6″	95
						P	13—20	黄棕色	中壤土	块状											
						C	20—100	暗红棕色	轻黏土	碎块状											
剖24	初育土	石灰(岩)土	棕色石灰土	棕色石灰土	中层棕色石灰土	A	0—8	黄黄色	重壤土	重块状									碳酸岩类残积物、坡积物	E 118°16′38.9″ N 32°16′23.0″	92
						Bv	8—36	浅黄棕色	重壤土	重块状											
剖25	人为土	水稻土	淹育水稻土	次生马肝田	次生弱潜青马肝田	A	0—13	黄黄色	重壤土	小块状									下蜀黄土	E 118°24′22.7″ N 32°18′07.6″	95
						G	13—46	灰灰色	黏土	糊块状											
						R	46—100	青灰色	重壤土	块状											
剖26	人为土	水稻土	潴育水稻土	马肝田	黄马肝田	P	0—13	黄灰色	重壤土	小块状									下蜀黄土	E 118°23′19.4″ N 32°14′24.8″	95
						W	13—21	黄黄色	黏土	块状											
						Bv	21—45	黄棕色	黏土	棱柱状											
							45—106	黄黄棕色	黏土	棱柱状											

续表 Continued

剖面号 Soil profile	土纲 Soil order	土类 Soil great group	亚类 Soil subgroup	土属 Soil genus	土种 Soil species	土层码 Layer code	土层厚度 Depth/cm	颜色 Soil color	质地 Soil texture	土壤结构 Soil structure	pH	有机质 OM/(g/kg)	全氮 TN/(g/kg)	全磷 TP/(g/kg)	全钾 TK/(g/kg)	有效磷 AP/(mg/kg)	速效钾 AK/(mg/kg)	阳离子交换量 CEC/(cmol/kg)	土壤母质 Parent material	剖面点坐标 Profile coordinate	匹配指数 Matching index,%
剖27	人为土	水稻土	潴育水稻土	砂泥田	灰泥骨土田	A	0—14	灰白色	中壤土	碎块状									河流冲积物	E 118°23′40.1″ N 32°12′41.1″	95
						P	14—20	灰黄色	重壤土	小块状											
						W	20—31	灰黄色	重壤土	块状											
						Bv	31—120	黄棕色	黏土	棱块状											
剖28	人为土	水稻土	潴育水稻土	青潮黏田	青泥骨田	Aa	0—13	暗灰黄色	壤质黏土	小块状	5.8	28.9	1.70	0.60	19.1			33.2	河流冲积物	E 118°24′09.1″ N 32°08′39.5″	95
						Ap	13—19	灰黄色	壤质黏土		5.8	28.5	1.60	0.50	19.1			33.0			
						G	19—50	暗蓝灰色	黏土	糊状	6.3	23.4	1.30	0.40	20.2			34.6			
剖29	人为土	水稻土	潴育水稻土	黄白土田	黄白土泥田	A	0—14	黄白色	中壤土	小碎块状									下蜀黄土	E 118°25′45.5″ N 32°08′56.1″	95
						P	14—22	灰黄色	中壤土	块状											
						W	22—34	棕黄色	重壤土	棱块状											
						Bv	34—116	黄棕色	黏土	棱块状											
剖30	人为土	水稻土	潴育水稻土	青泥骨田	高位强潴青泥骨田	A	0—13	黄灰色	重壤土	小核状									河流冲积物	E 118°27′29.6″ N 32°08′06.9″	75
						Pg	13—19	黄灰色	重壤土	块状											
						G	19—50	青灰色	重壤土	糊状											

来 安 县

主要土类说明

水稻土是来安县主要土壤类型，占本县地域面积的45%。水稻土是一种特殊耕种土壤，是在植稻淹水情况下，通过灌溉、排水、耕作、施肥等措施，土壤周期性干湿交替和氧化还原作用，铁、锰等易还原物质与悬浮性胶体在土壤剖面淋溶、淀积，从而形成水稻土特有的发生层段。本县水稻土划分为潜育型、潴育型、侧漂型和淹育型四个亚类。其中，潴育水稻土面积最大，占本县水稻土面积的90%，本县各乡镇均有分布，主要位于二塝、上冲、平畈、平圩等，地下水位在100cm左右，属良水型水稻土。还有土体垂直节理明显、通气爽水的渗育层，该层能承受耕作层下淋的物质，形成胶膜，并有氧化淀积特点。剖面构型多为A-P-W-B或A-P-W。

黄褐土是来安县第二大土壤类型，占本县地域面积的26%，分布于岗顶、岗坡。该土壤发育在下蜀黄土母质上，有机质和氮、磷含量都很低，有机质含量平均为10.8g/kg。表层部分黏粒被淋洗，有一定的白土化现象。淀积层黏粒含量较高，形成坚实的黏盘层，厚度一般几十厘米至2m，呈棱柱状或棱块状结构，含铁锰结核，暗色焦斑、胶膜较多。本县黄褐土剖面构型多为A-（P）-B-B_2。

黄棕壤是来安县第三大土壤类型，占本县地域面积的18%，分布于低丘平顶或缓坡地段。所处地形部位较高，有不同程度的侵蚀现象。土壤弱度富铝化，黏化特征明显，呈黄棕色，具A-B-C或A-（B）-C剖面构型。B层黏聚现象明显，硅铝率在2.5左右，铁的游离度较红壤低，交换性酸大于A层。土壤pH为5.5—6.0。

粗骨土占来安县地域面积的6%。粗骨土属于A-C型或（A）-C型土壤，A层发育不明显，与母质土层性状相似，略显有机质累积。有时母质层富含砾石，甚少剖面分异与发育特征。

小于本县地域面积3%的土壤类型还有石灰（岩）土、潮土、石质土等。

本区域中心区气候特征

本区域中心区气候特征值
Regional climate characteristics in central area of the region

气候带：北亚热带湿润气候 Climate region: North subtropical humid climate	
年平均气温 /℃ Annual average temperature /℃	15.3
年平均最高气温 /℃ Annual average maximum temperature /℃	20.0
年平均最低气温 /℃ Annual average minimum temperature /℃	11.4
年降水量 /mm Annual precipitation /mm	1003
≥10℃的积温 /℃ Daily temperature accumulated in a year (≥10℃) /℃	5543
年日照时数 /h Annual sunshine /h	2034
年平均相对湿度 /% Annual average relative humidity /%	76
干燥度 Dryness	0.90

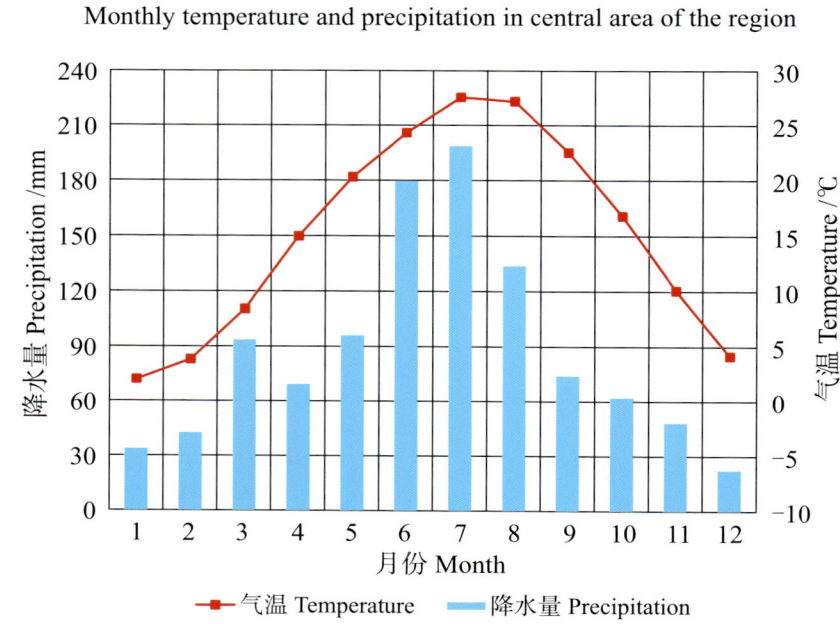

本区域中心区月平均气温与月平均降水量
Monthly temperature and precipitation in central area of the region

来安县主要土壤类型与土壤剖面点分布图
1∶210 000

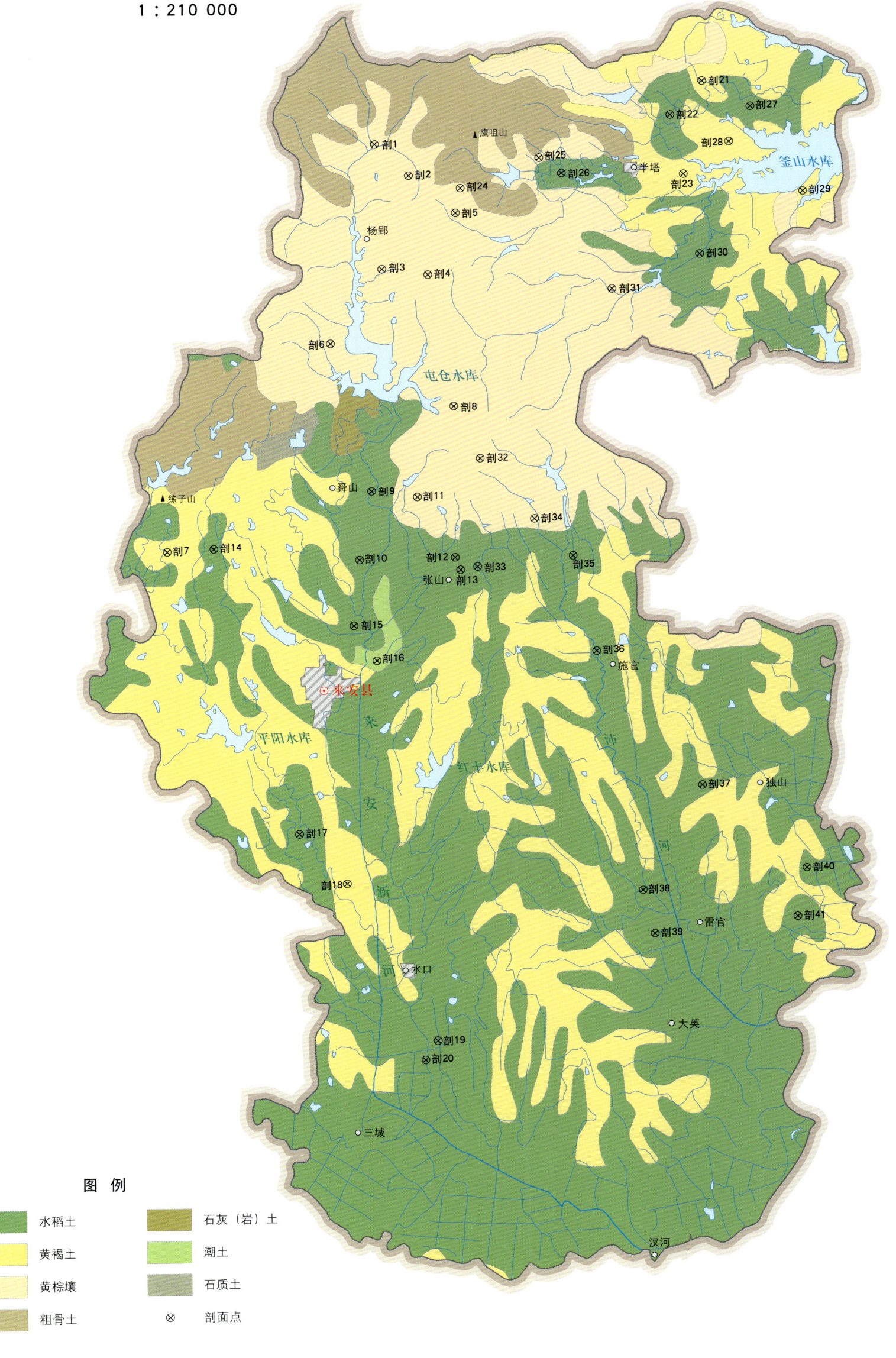

第二编 分县土壤图与土壤剖面数据

来安县土壤剖面理化性状表

剖面号	土纲	土类	亚类	土属	土种	土层码	土层厚度/cm	颜色	质地	土壤结构	pH	有机质 OM/(g/kg)	全氮 TN/(g/kg)	全磷 TP/(g/kg)	全钾 TK/(g/kg)	有效磷 AP/(mg/kg)	速效钾 AK/(mg/kg)	阳离子交换量CEC/(cmol/kg)	土壤母质	剖面点坐标	匹配指数/%
剖1	淋溶土	黄棕壤	黄棕壤性	黄棕壤性岩石壤		A			轻壤土	屑粒状	5.3	29.3	1.50	0.19	16.4	3.0	119			E 118°27′34.7″ N 32°41′21.4″	95
剖2	淋溶土	黄棕壤	黄棕壤性	耕种黄棕壤性硅质土		A	0–13	淡黄棕色	中壤土	片状、块状	5.5	15.5	0.86	0.15	16.1					E 118°28′34.9″ N 32°40′31.1″	75
剖3	淋溶土	黄棕壤	普通黄棕壤	暗石黄棕壤	厚砂黄棕土	A	0–13	红黄色	重壤土	屑粒状	6.9	21.7	1.24	1.70	16.9	9.0	76		玄武岩坡积物、残坡积物	E 118°27′43.8″ N 32°38′03.5″	95
						Bv	13–100	暗灰棕色	重壤土	棱块状	7.3	10.8	0.65	1.12	14.6						
剖4	淋溶土	黄棕壤	普通黄棕壤	麻石黄棕土	厚鸡黄土	A	0–8	黄棕色	轻壤土	小块状	6.0								酸性结晶岩类坡积物、残坡积物	E 118°29′07.1″ N 32°37′53.7″	95
						P	8–13	黄棕色	轻黏土	小块状	6.5										
						Bv	13–52	棕黄色	轻黏土	棱块状	6.5										
						Bvc	52–125	暗红黄色	轻黏土	棱块状	7.0										
剖5	淋溶土	黄棕壤	普通黄棕壤	硅质黄棕土	厚硅质土	A	0–14	浅黄黄色	中壤土	粒状	5.4	24.6	1.40	0.38	15.2	6.0	99		硅质岩类坡积物	E 118°29′58.6″ N 32°39′30.4″	75
						Bv	14–30	浅黄黄色	中壤土	棱块状	5.4	15.6	1.00	0.31	15.0						
						Bvc	30–105	浅灰黄色	中壤土	棱块状	5.8										
						C	105–130	浅灰黄色	轻壤土	棱粒状	6.0										
剖6	淋溶土	黄棕壤	普通黄棕壤	暗石黄棕土	砾鸡粪土	A	0–15	暗黄棕色	重壤土	核粒状	6.8	15.8	0.97	0.32	17.1	8.0	150		玄武岩坡积物、残坡积物	E 118°26′09.6″ N 32°36′07.9″	95
						Bv	15–45	暗灰棕色	重黏土	粒柱状	6.8	11.5	0.77	0.23	15.9						
剖7	淋溶土	黄褐土	黏盘黄褐土			1	0–12	暗黄棕色	中壤土	粒状	7.2	9.4	0.63	0.18	18.8					E 118°21′09.4″ N 32°30′44.4″	71
						2	12–45	淡黄棕色	重黏土	粒柱状	6.4	4.8	0.35	1.20	21.9						
剖8	淋溶土	黄棕壤	普通黄棕壤	砂砾黄棕土	厚砂砾土	A	0–18	暗黄棕色	中壤土	粒状	6.4	14.2	0.88	1.27	14.5	5.0	91		砂砾岩残积物、坡积物	E 118°29′49.5″ N 32°34′26.2″	75
						Bv	18–54	黄黄棕色	中壤土	片状	6.3	11.1	0.72	1.29	15.2						
						Bvc	54–85	棕黄色	重壤土	棱块状	6.1	4.3	0.30	0.76	16.8						
						C	85–145	灰白色	重黏土	块状	6.4										
剖9	水稻土	漂洗水稻土	白马肝田	橙白土田		Ae	0–14	淡黄棕色	中壤土	片状	7.0								下蜀黄土	E 118°27′19.1″ N 32°32′13.6″	95
						Pe	14–22	灰黄色	重壤土	棱块状	7.1										
						W	22–55	暗黄棕色	重黏土	棱块状	7.1										
						Bv	55–100	灰黄棕色	重黏土	棱柱状	7.2										
剖10	水稻土	潴育水稻土	砂泥田	灰泥骨田		A	0–15	灰黄灰色	黏土	屑块状	7.5								河流冲积物	E 118°26′55.3″ N 32°30′26.0″	95
						P	15–23	暗黄棕色	重黏土	块状	7.8										
						W	23–40	暗黄棕色	重壤土	棱块状	7.0										
						Wb	40–150	灰黄色	中壤土	小块状	6.4	9.1	0.52	0.40	18.8	2.0	94				
剖11	淋溶土	黄棕壤	黄棕壤性	黄棕壤性砂砾土	黄棕壤性砂砾土	C	0–10	棕黄色	中壤土	屑粒状	6.2	4.7	0.50	0.14	18.8				红砂岩类残积物、坡积物	E 118°28′41.4″ N 32°32′03.2″	95
剖12	人为土	潴育水稻土	马肝田	鸡粪马肝田		A	0–13	暗黄棕色	重壤土	屑粒状	7.0	16.0	1.02	0.28	14.7	2.0	111		下蜀黄土	E 118°29′47.5″ N 32°30′27.0″	75
						P	13–23	暗黄棕色	轻壤土	块状	7.2	13.6	0.85	0.37	15.5						
						W	23–53	暗黄棕色	重黏土	块状	7.1	7.6	0.52	0.35	16.6						
						Wb	53–100	暗黄棕色	黏土	块状	7.2										
剖13	人为土	水稻土	潴育水稻土	马肝田	次潜马肝田	A	0–13	暗黄棕色	轻壤土	小块状	6.5	18.3	1.21	0.37	15.9	3.0	142		下蜀黄土	E 118°29′56.8″ N 32°30′07.1″	75
						G	13–28	暗黄棕色	中黏土	糊状	6.8	14.1	1.04	0.32	15.3						
						W	28–100	淡黄黄色	重壤土	块状	7.0	7.8	0.68	0.22	16.5						
剖14	人为土	水稻土	潴育水稻土	砂泥田	下位砂层泥骨田	A	0–16	暗黄灰色	重壤土	小块状	6.4								河流冲积物	E 118°22′33.4″ N 32°30′47.4″	75
						P	16–23	灰灰色	轻壤土	块状	7.2										
						W	23–55	暗黄黄色	重壤土	棱柱状	7.5										
						Bvs	55–140	淡灰黄色	砂壤土	柱状	7.6										

续表 Continued

剖面号 Soil profile	土纲 Soil order	土类 Soil great group	亚类 Soil subgroup	土属 Soil genus	土种 Soil species	土层码 Layer code	土层厚度 Depth/cm	颜色 Soil color	质地 Soil texture	土壤结构 Soil structure	pH	有机质 OM/(g/kg)	全氮 TN/(g/kg)	全磷 TP/(g/kg)	全钾 TK/(g/kg)	有效磷 AP/(mg/kg)	速效钾 AK/(mg/kg)	阳离子交换量CEC/(cmol/kg)	土壤母质 Parent material	剖面点坐标 Profile coordinate	匹配指数 Matching index/%
剖15	人为土	水稻土	潴育水稻土	砂泥田	灰砂泥田	A	0—15	黄灰色	中壤土	粒状	5.5	13.1	0.79	0.23	16.7	2.0	48		河流冲积物	E 118°26′43.0″ N 32°28′42.7″	95
						P	15—25	黄灰色	中壤土	块状	5.8	10.1	0.67	0.20	17.2						
剖16	半水成土	潮土	灰潮土	砂泥土	砂泥土	W	25—47	浅灰黄色	中壤土	棱柱状	6.2	3.5	0.31	0.16	16.8	5.0	86		河流冲积物	E 118°27′22.9″ N 32°27′46.3″	75
						Wb	47—120	淡黄灰色	中壤土	棱柱状	6.1	2.4	0.18	0.17	15.3						
剖17	人为土	水稻土	渗育水稻土	渗暗泥田	渗暗泥田	A	0—16	灰黄色	中壤土	粒状	6.3	14.9	0.92	0.46	21.5	7.0	88		玄武岩坡积物、洪积物	E 118°24′57.7″ N 32°23′15.4″	81
						P	16—22	灰黄色	重黏土	块状	6.7	9.5	0.63	0.46	21.2						
						Bv	22—145	灰黄色	中壤土	棱柱状	6.8	8.4	0.46	0.37	20.2						
剖18	淋溶土	黄褐土	黏盘黄褐土	黄白土	上位黏盘黄白土	A	0—14	灰棕色	壤质黏土	小块状	6.0	25.7	≥10.00	1.47	17.8			31.5	下蜀黄土	E 118°26′21.9″ N 32°21′55.6″	93
						Ap	14—21	灰黄色	壤质黏土	块状	6.5	23.8	≥10.00	1.02	19.9			30.1			
						P	21—70	灰棕色	黏土	棱柱状	6.5	10.1	0.57	0.12	20.1			30.4			
剖19	人为土	水稻土	潴育水稻土	砂泥田	核白土	A	0—14	淡黄棕色	中壤土	粒状	6.8								下蜀黄土	E 118°28′58.4″ N 32°17′43.6″	95
						Bv2	14—100	灰黄色	轻黏土	棱柱状	7.2										
剖20	人为土	水稻土	潴育水稻土	黄白土	灰白土田	A	0—14	灰黄色	中壤土	粒状	6.0								河流冲积物	E 118°28′35.4″ N 32°17′13.4″	95
						P	15—23	灰黄色	重黏土	块状	6.4										
						W	23—75	黄灰色	重黏土	棱柱状	6.8										
						Bv	75—150	黄棕色	重黏土	棱柱状	6.8										
剖21	淋溶土	黄褐土	黏盘黄褐土	黄白土	核白土	A	0—15	灰白色	轻壤土	粒状	6.2								下蜀黄土	E 118°37′26.6″ N 32°42′52.7″	74
						P	15—23	浅黄灰色	中壤土	片状	6.5										
						W	23—150	灰黄色	中壤土	粒状	6.5										
剖22	人为土	水稻土	潴育水稻土	砂泥田	瘦泥骨田	A	0—14	棕黄色	中壤土	块状	6.2						113		河流冲积物	E 118°36′28.8″ N 32°41′59.9″	95
						Bv	14—24	棕黄色	重黏土	粒状	6.5										
						Bv	24—150	灰黄色	重黏土	小块状	6.8										
剖23	淋溶土	黄棕壤	黏盘黄棕壤	钙积马肝土	钙积马肝土	A	0—14	暗黄棕色	轻黏土	块状	6.4	25.4	1.58	0.47	19.0	3.0			下蜀黄土	E 118°36′50.9″ N 32°40′26.1″	74
						P	14—20	暗黄棕色	轻黏土	块状	6.8	15.9	1.07	0.51	19.0						
						W	20—65	暗黄棕色	轻黏土	块状	7.2	7.4	0.51	0.43	19.0						
						Bv	65—140	灰黄棕色	重黏土	块状	7.4	4.2	0.30	0.66	19.8						
剖24	淋溶土	黄棕壤	黏盘黄棕壤性土	耕种黄棕壤性石灰岩土	厚钙质硅砾鸡粪土	A	0—10	淡棕色	中壤土	小块状	7.0	10.4	0.70	0.30	18.2	2.0	180		玄武岩坡积物少砾鸡粪土	E 118°30′08.1″ N 32°40′10.0″	75
						P	10—20	暗棕色	重黏土	棱柱状	7.4	8.5	0.59	0.26	18.6						
						Bv	20—150	暗棕色	轻黏土	棱柱状	7.8	5.4	0.42	0.34	20.3						
剖25	淋溶土	黄棕壤	普通黄棕壤	钙积暗石黄棕壤	厚钙质硅砾鸡粪土	A	0—15	暗棕色	中壤土	屑粒状	6.8								玄武岩坡积物	E 118°32′30.8″ N 32°40′55.9″	95
						P	15—21	暗棕色	中壤土	块状	7.6										
						Bv	21—145	暗黄棕色	重黏土	棱块状	7.7										
剖26	人为土	水稻土	潴育水稻土	暗棕泥田	黑鸡粪田	A	0—15	暗棕色	轻黏土	核粒状	7.0	25.7	1.47	1.47	17.8	7.0	88		下蜀黄土	E 118°33′11.1″ N 32°40′30.6″	95
						P	15—22	暗棕色	轻黏土	片状	7.1	23.8	≥10.00	1.02	19.9						
						Bv	22—100	暗黄棕色	轻黏土	小块状	7.5	10.1	0.57	0.12	20.1						
剖27	人为土	水稻土	潴育水稻土	马肝田	瘦马肝田	A	0—10	灰灰色	轻壤土	核粒状	6.4	17.8	0.95	0.35	20.0	5.0	135		玄武岩坡积物	E 118°38′53.4″ N 32°42′11.3″	95
						P	10—20	淡灰黄色	黏土	块状	6.8	8.3	0.51	0.35	22.6						
						W	20—66	淡灰黄色	黏土	棱柱状	7.2	6.2	0.48	0.40	23.0						
						Bv	66—110			块状	7.2										
剖28	淋溶土	黄褐土	黏盘黄褐土	黏盘黄褐土	上位黏盘黄褐土	A	0—9												下蜀黄土	E 118°38′13.8″ N 32°41′16.4″	74
						Bv	9—20														
						Bv2	20—60														

续表 Continued

剖面号 Soil profile	土纲 Soil order	土类 Soil great group	亚类 Soil subgroup	土属 Soil genus	土种 Soil species	土层码 Layer code	土层厚度 Depth/cm	颜色 Soil color	质地 Soil texture	土壤结构 Soil structure	pH	有机质 OM/(g/kg)	全氮 TN/(g/kg)	全磷 TP/(g/kg)	全钾 TK/(g/kg)	有效磷 AP/(mg/kg)	速效钾 AK/(mg/kg)	阳离子交换量 CEC/(cmol/kg)	土壤母质 Parent material	剖面点坐标 Profile coordinate	匹配指数 Matching index/%
剖29	淋溶土	黄褐土	黏盘黄褐土	黄白土	灰白土	A	0—16	黄灰色	中壤土	粒状	6.6	11.1	0.71	0.26	14.9	6.0	49		下蜀黄土	E 118°40′19.9″ N 32°40′00.3″	74
						P	16—24	灰白色	中壤土	块状	6.6	9.3	0.65	0.27	14.9						
						Bv	24—100	淡黄黄色	中壤土	块状	6.8	5.7	0.39	0.46	16.6						
剖30	人为土	水稻土	潜育水稻土	青马肝田	高位青马肝田	Ag	0—14	暗黄灰色	轻黏土	块状	6.5	17.8	1.12	0.33	15.6	2.0	159		下蜀黄土	E 118°37′17.4″ N 32°38′18.5″	95
						G	14—60	黄黄灰色	轻黏土	糊状	6.8	15.6	0.81	0.27	14.4						
						W	60—150	灰棕色	中壤土	棱粒状	7.3	6.0	0.59	0.18	14.7						
剖31	淋溶土	黄棕壤	普通黄棕壤	暗石黄棕壤土	厚硅砾质鸡粪土	A		暗棕色	中壤土	屑粒状	6.8									E 118°34′38.3″ N 32°37′26.3″	95
						B		暗棕色	重壤土	块状	6.0										
剖32	淋溶土	黄棕壤	黄棕壤性土	铁质黄棕壤性土	长山砾质鸡粪土	A	0—11	暗棕棕色	砂壤土	核粒状	6.8	14.5	0.83	0.89	14.4	3.0	47	18.1	玄武岩风化残积物、坡积物	E 118°30′35.4″ N 32°33′02.6″	81
						Bv	11—50	浅黄棕色	砂壤土	小块状	6.8	15.5	0.79	0.83	15.2			22.4			
						C	50—														
剖33	人为土	水稻土	漂洗水稻土	白马肝田	白马肝田	Ae	0—10	浅黄灰黄色	中壤土	粒状	5.5								下蜀黄土	E 118°30′27.5″ N 32°30′12.0″	75
						Pe	10—20	暗黄色	中壤土	片状	6.8										
						W	20—49	淡灰黄色	重壤土	棱粒状	6.8										
						Bv	49—100	棕黄色	重壤土	块状	7.0										
剖34	淋溶土	黄棕壤	普通黄棕壤	暗石黄棕壤	鸡粪土	A	0—13	黄灰棕色	重壤土	屑粒状	6.6	15.3	1.01	0.56	18.8	2.0	54		玄武岩坡积物、残积物	E 118°30′11.2″ N 32°31′25.7″	75
						Bv	13—34	暗棕色	重壤土	块状	6.8	10.2	0.71	0.53	19.4						
						C	34—100	暗棕色	重壤土	棱粒状	7.0	3.9	0.28	0.60	19.7						
剖35	人为土	水稻土	潜育水稻土	石灰性砂泥田	上位砂层石灰性砂泥田	A	0—15	灰白色	中壤重壤土	粒状	6.9	6.2	0.53	0.33	23.4	≤1.0	143		长江冲积物	E 118°32′19.9″ N 32°30′26.2″	95
						P	15—24	灰白色	轻壤土	片状	7.2	19.8	1.28	0.24	19.1						
						S	24—86	浅灰黄色	重壤土	粒状	7.5	17.3	1.14	0.19	19.1						
						Bv	86—110	灰灰色	轻壤土	块状	7.5	7.2	0.57	0.26	19.9						
剖36	人为土	水稻土	潜育水稻土	青砂泥田	高位青马肝田	A	0—12	黄灰色	轻黏土	屑粒状	6.7	12.7	0.78	0.49	17.6	5.0	96		河流冲积物	E 118°33′58.5″ N 32°27′55.1″	95
						G	12—26	青灰色	黏土	糊状	7.3	11.2	0.72	0.49	17.6						
						W	26—150	棕灰色	重壤土	棱柱状	6.0	3.1	0.35	0.48	16.7						
剖37	人为土	水稻土	潜育水稻土	马肝田	黑马肝田	A	0—16	灰灰黄色	重壤土	片状	6.2	3.7	0.36	0.64	19.8	5.0	115		下蜀黄土	E 118°37′03.8″ N 32°24′19.2″	95
						P	16—25	棕棕色	重壤土	棱柱状	6.8	22.5	1.37	0.64	20.2						
						W	25—55	浅灰黄色	重壤土	棱块状	7.2	28.4	1.61	0.66	20.1						
						Bv	55—150	灰黄色	中壤土	棱块状	7.2	6.0	0.43	0.78	21.7						
剖38	人为土	水稻土	潜育水稻土	马肝田	黄马肝田	A	0—14	暗黄灰色	轻壤土	屑块状	6.5	9.4	0.69	0.62	18.3	4.0	42		下蜀黄土	E 118°35′12.9″ N 32°21′34.1″	95
						P	14—22	暗黄灰色	黏土	块状	6.8	5.8	0.26	0.66	18.1						
						W	22—150	棕灰色	黏土	棱柱状	7.7	3.0	0.33	0.72	21.2						
剖39	人为土	水稻土	潜育水稻土	砂泥田	泥骨田	A	0—15	棕灰色	轻壤土	粒状	7.8	3.6							河流冲积物	E 118°35′32.4″ N 32°20′24.8″	95
						P	15—23	黄灰色	中壤土	块状	7.7	2.8									
						Ws	23—70	暗黄灰黄色	重壤土	棱块状	7.8										
						Bv	70—110	暗棕灰色	轻壤土	棱柱状	7.7										
						S	110—145	灰灰色	中壤土	块状	7.8										
剖40	人为土	水稻土	潜育水稻土	石灰性砂泥田	下位夹黏石灰性砂泥田	A	0—15	暗棕灰色	重壤土	棱块状	6.2								长江冲积物	E 118°40′08.2″ N 32°22′04.5″	95
剖41	人为土	水稻土	潜育水稻土	砂泥田	上位砂层砂泥田	P	15—22	暗棕色	重壤土	块块状	6.6								河流冲积物	E 118°39′49.7″ N 32°20′46.8″	95
						W	22—40	灰黄灰色	砂壤土	棱块状	7.0										
						Bvs	40—135	暗黄灰色	砂壤土	粒状	7.2										

全 椒 县

主要土类说明

水稻土是全椒县主要土壤类型，占本县地域面积的58%。本县水稻土是在河流冲积物、下蜀黄土以及山洪冲积物、坡积物上，经长期水耕熟化发育而成的。通过灌溉、排水、耕作、施肥等措施，土壤周期性干湿交替和氧化还原作用，铁、锰等易还原物质与悬浮性胶体在土壤剖面中淋溶淀积，从而形成水稻土特有的发生层。本县水稻土具有耕作层、犁底层、潴育层、潜育层、淋溶层、淀积层、侧漂层等层段。地形不同，土壤质地不同，南部圩区土壤以黏粒成分为主，中部土壤质地黏重，北部土壤普遍含有大量的粉砂和砾石。北部石灰岩母质发育的土壤，大多有较明显的石灰反应。土壤以灰色和灰黄色为主，土壤结构多为小块状和棱块状结构。

黄褐土是全椒县第二大土壤类型，占本县地域面积的18%，主要分布在中部岗丘的岗地上，多已被开垦。由于表层黏粒的淋溶淀积，土体中出现坚实的黏盘层，呈暗棕色，棱块状结构，含有铁锰结核等新生体。黏盘层一般出现在50cm左右，影响作物的根系下扎，不利于各种作物和树木的生长。黄褐土灌溉条件差，易受旱，养分贫乏，肥力低，是本县主要的旱作低产土壤。

石灰（岩）土是全椒县第三大土壤类型，占本县地域面积的11%，分布于北部丘陵石灰岩山丘的中下部，是由石灰岩风化物发育而成的一种岩性土。其成土过程主要为碳酸盐的淋溶与淀积过程。表层有机质含量较低，呈黄棕色，有弱石灰反应，pH为7.0或略偏高；土体中下部pH在7.5以上。土壤板结，含有较多砾石，理化性状较差。土壤侵蚀现象严重。

黄棕壤占全椒县地域面积的7%，主要分布在北部岗丘地带。黄棕壤由各种岩类风化残积物、坡积物和下蜀黄土母质发育而成。土体有明显的黏化过程，心土层多呈棕色，块状或棱块状结构。

小于本县地域面积3%的土壤类型还有粗骨土和潮土。

本区域中心区气候特征

本区域中心区气候特征值
Regional climate characteristics in central area of the region

气候带：北亚热带湿润气候 Climate region: North subtropical humid climate	
年平均气温 /℃ Annual average temperature /℃	15.7
年平均最高气温 /℃ Annual average maximum temperature /℃	20.2
年平均最低气温 /℃ Annual average minimum temperature /℃	11.9
年降水量 /mm Annual precipitation /mm	1020
≥10℃的积温 /℃ Daily temperature accumulated in a year (≥10℃) /℃	5690
年日照时数 /h Annual sunshine /h	1957
年平均相对湿度 /% Annual average relative humidity /%	76
干燥度 Dryness	0.91

本区域中心区月平均气温与月平均降水量
Monthly temperature and precipitation in central area of the region

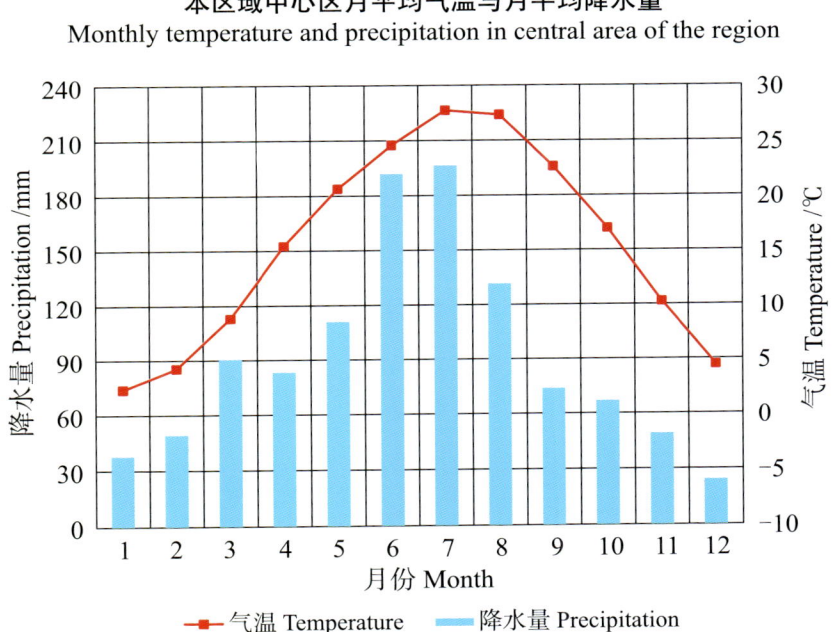

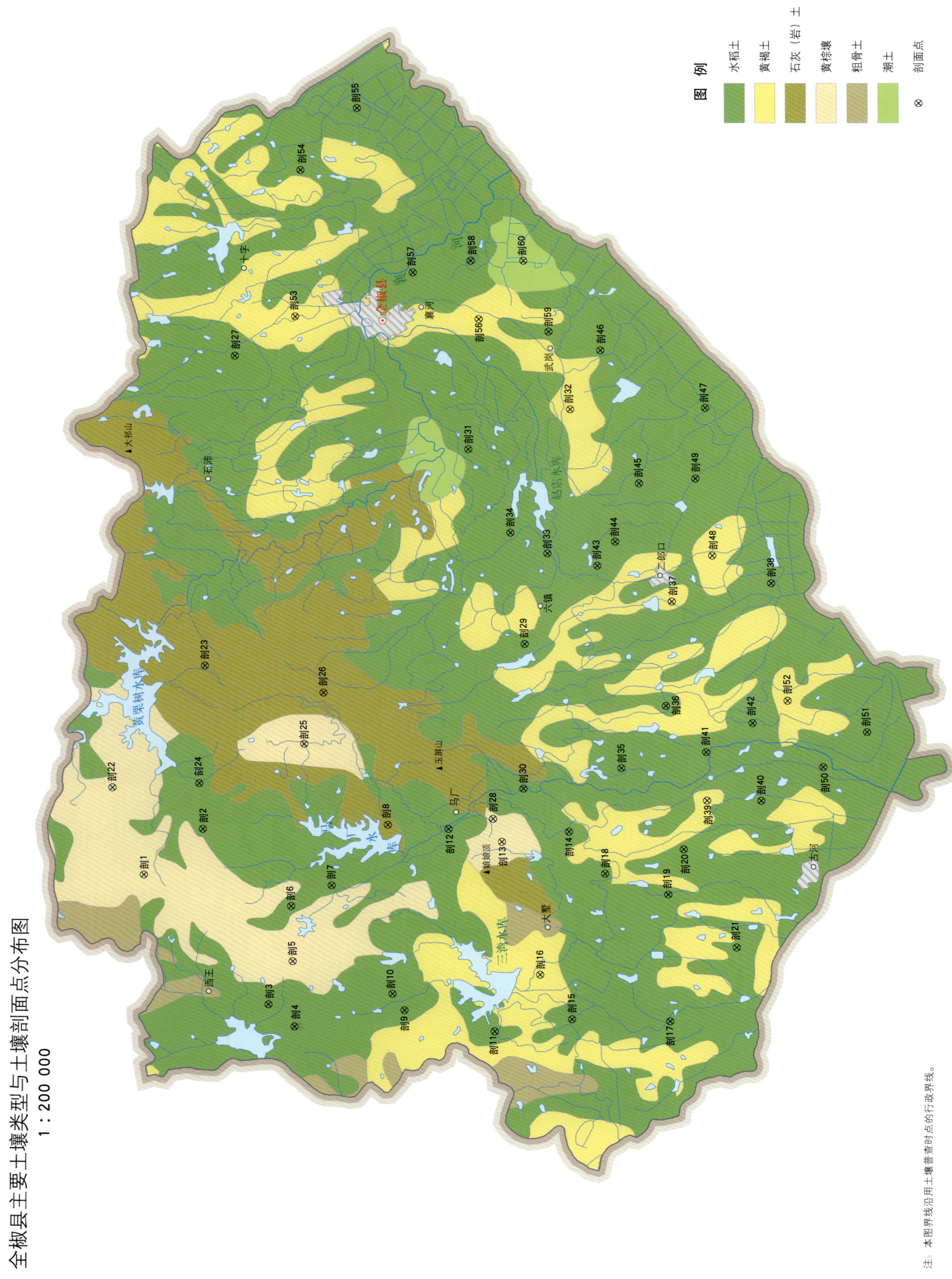

全椒县土壤剖面理化性状表

剖面号 Soil profile	土纲 Soil order	土类 Soil great group	亚类 Soil subgroup	土属 Soil genus	土种 Soil species	土层码 Layer code	土层厚度 Depth/cm	颜色 Soil color	质地 Soil texture	土壤结构 Soil structure	pH	有机质 OM/(g/kg)	全氮 TN/(g/kg)	全磷 TP/(g/kg)	全钾 TK/(g/kg)	有效磷 AP/(mg/kg)	速效钾 AK/(mg/kg)	阳离子交换量CEC/(cmol/kg)	土壤母质 Parent material	剖面点坐标 Profile coordinate	匹配指数 Matching index/%
剖1	淋溶土	黄棕壤	普通黄棕壤	细粒黄棕壤	中层夹砾细粒黄棕壤	A	0—25	深灰色	中壤土	小块状	6.0								角砾岩坡积物、残积物	E 117°58′05.8″ N 32°12′00.3″	75
						Bv	25—46	灰黄色	重壤土	块状	6.2										
						C	46—55	黄棕色	重壤土	棱块状	6.5										
剖2	人为土	水稻土	潴育水稻土	细粒砂泥田	澄细粒砂泥田	P	0—14	灰白色	轻壤土	粒状	6.5								角砾岩坡积物、残积物	E 117°59′33.9″ N 32°10′26.3″	95
						P	14—23	灰黄色	中壤土	小块状	6.5										
						Bv	23—34	灰黄色	砂壤土	大粒状	6.5										
						C	34—60	黄棕色	中壤土	棱块状	6.5										
剖3	人为土	水稻土	潴育水稻土	细粒砂泥田	夹砾细粒砂泥田	A	0—12	灰黄色	中壤土	屑粒状	6.5								角砾岩坡积物、洪积物	E 117°53′53.1″ N 32°08′44.3″	95
						P	12—18	灰黄色	砂壤土	大粒状	6.5										
						Bv	18—65	淡黄棕色	中壤土	小块状	6.5										
						C	65—105	灰黄棕色	砂壤土	粒状	6.5										
剖4	人为土	水稻土	潴育水稻土	青马肝田	高位弱潜青马肝田	A	0—14	灰黄色	重壤土	屑粒状	6.5								下蜀黄土	E 117°53′11.2″ N 32°08′02.7″	95
						Ag	14—25	浅蓝灰色	黏土	核粒状	6.5										
						G	25—36	灰黄色	重壤土	棱粒状	6.5										
						Bv	36—70	淡黄色	黏土	屑粒状	7.5										
剖5	淋溶土	黄棕壤	普通黄棕壤	钙细粒壤土	积钙细粒壤土	A		黄灰色	轻壤土	块状	7.5								中性结晶岩类残积物、坡积物	E 117°55′16.8″ N 32°08′05.6″	95
						P	0—14	暗黄色	中壤土	小块状	7.5										
						B	14—23	黄灰色	重壤土	块状	7.2										
						C	23—34	暗黄色	重壤土	棱块状	6.2										
剖6	人为土	水稻土	潴育水稻土	马肝田	次潜黄马肝田	Ag	0—14	黄灰色	重壤土	屑粒状	6.5								下蜀黄土	E 117°57′04.1″ N 32°08′07.5″	95
						Pg	14—23	灰黄色	重壤土	小块状	6.8										
						W	23—34	灰黄色	重壤土	棱块状	6.8										
						Bv	34—49	深灰色	重壤土	块状	6.8										
						C	49—75	浅灰色	黏土	棱块状	8.0										
剖7	初育土	石灰(岩)土	棕色石灰土	钙积马肝田	黑钙积马肝田	A	0—14	黄灰色	中壤土	核状	8.0								下蜀黄土	E 117°57′44.4″ N 32°07′03.3″	95
						P	12—21	栗黄色	重壤土	棱块状	8.0										
						Bv	21—38	红黄色	重壤土	棱块状	7.8										
						C	38—51	红棕色	黏土	块状	7.8										
剖8	人为土	水稻土	潴育水稻土	扁石鸡肝土	厚扁石鸡肝土	A	51—97	瓦灰色	黏土	块状	7.8								石灰岩风化物	E 117°59′41.1″ N 32°05′33.7″	74
						P	0—14	褐棕色	中壤土	屑粒状	7.0										
						Bv	14—23	黄灰色	轻壤土	小块状	7.2										
						C	23—80	灰黄色	黏土	块状	7.5										
剖9	人为土	水稻土	漂洗水稻土	香灰土田	白香灰土田	A	80—110	灰灰色	黏土	粒状	7.8								页岩、千枚岩坡积物、残积物	E 117°53′41.5″ N 32°05′08.9″	95
						P	0—14	黄灰色	中壤土	核状	6.2										
						E	14—25	灰白色	轻壤土	大粒状	6.5										
						Bv	25—40	灰黄色	重壤土	块状	6.5										
						C	40—60	棕黄色	重壤土	棱块状	6.8										
剖10	人为土	水稻土	潴育水稻土	马肝田	白土底黄马肝田	A	60—100	灰黄色	重壤土	屑粒状	7.0								下蜀黄土	E 117°54′13.8″ N 32°05′27.6″	95
						P	0—15	灰黄色	重壤土	小块状	6.5										
						W	15—27	黄灰色	重壤土	块状	6.5										
						Bv	27—44	灰白色	中壤土	核状	6.8										
						C	44—80	灰黄色	重壤土	棱块状	6.8										
							80—100				6.5										

续表 Continued

剖面号 Soil profile	土纲 Soil order	土类 Soil great group	亚类 Soil subgroup	土属 Soil genus	土种 Soil species	土层码 Layer code	土层厚度 Depth/cm	颜色 Soil color	质地 Soil texture	土壤结构 Soil structure	pH	有机质 OM/(g/kg)	全氮 TN/(g/kg)	全磷 TP/(g/kg)	全钾 TK/(g/kg)	有效磷 AP/(mg/kg)	速效钾 AK/(mg/kg)	阳离子交换量CEC/(cmol/kg)	土壤母质 Parent material	剖面点坐标 Profile coordinate	匹配指数 Matching index/%
剖11	人为土	水稻土	漂洗水稻土	白土田	白土田	Ae	0—12	灰白色	轻壤土	粒状	6.5								河流冲积物、沟谷堆积物	E 117°53′01.7″ N 32°02′45.9″	95
						P	12—20	黄褐色	轻壤土	核状	6.5										
						Bve₁	20—75	黄灰色	中壤土	小块状	7.0										
						Bve₂	75—140	灰黄色	重壤土	块状	7.0										
剖12	人为土	水稻土	潜育水稻土	青钙泥田	高位强潜育钙泥田	Ag	0—14	黄黄色	黏土	屑粒状	7.5								石灰岩坡积物、洪积物	E 117°59′32.7″ N 32°03′57.7″	95
						G	14—39	青灰色	黏土	无结构	7.5										
						Bv	39—79	暗灰色	黏土	棱块状	7.0										
						C	79—125	黄灰色	黏土		7.0										
剖13	淋溶土	黄棕壤	普通黄棕壤	细粒黄棕壤	细粒壤	A	0—9	黄灰色	中壤土	屑粒状	6.0								角斑岩坡积物、残积物	E 117°59′07.7″ N 32°02′33.3″	75
						Bv	9—23	灰灰色	重壤土	块状	6.2										
						C	23—45	深灰色	黏土	块状	6.5										
剖14	人为土	水稻土	潴育水稻土	钙积马肝田	黄钙积泥田	A	0—13	灰黄色	重壤土	小块状	8.0								下蜀黄土	E 117°59′26.4″ N 32°00′47.5″	95
						P	13—20	黄黄色	黏土	块状	8.0										
						W	20—43	灰黄黄色	重壤土	棱块状	7.8										
						Bv	43—78	灰灰棕色	黏土	块状	7.8										
						C	78—113	灰黄棕色	黏土	块状	7.8										
剖15	人为土	水稻土	漂洗水稻土	白马肝田	灰马马肝田	A	0—18	灰白色	中壤土	粒状	6.5								下蜀黄土	E 117°59′24.2″ N 32°00′43.7″	95
						P	18—29	浅灰色	中壤土	小块状	6.5										
						E	29—46	浅黄色	轻壤土	大粒状	6.8										
						Bv	46—85	灰黄色	重壤土	块状	7.0										
						C	85—105	灰棕色	重壤土	柱状	7.2										
剖16	淋溶土	黄褐土	黏盘黄褐土	马肝土	上位黏盘黄马肝土	A	0—10	灰黄色	重壤土	小块状	6.0								下蜀黄土	E 117°54′50.3″ N 32°01′33.9″	92
						P	10—20	浅灰棕色	黏土	块状	6.2										
						Bv	20—90	棕褐色	黏土	棱块状	6.5										
剖17	人为土	水稻土	淹育水稻土	浅马肝田	浅黄马肝田	A	0—13	灰黄色	中壤土	块状	6.0								下蜀黄土	E 117°53′20.0″ N 31°58′08.3″	95
						P	13—22	灰黄色	中壤土	块状	6.5										
						Bv	22—75	黄褐色	重壤土	块状	6.5										
						C	75—120	黄褐色	重壤土	块状	7.0										
剖18	人为土	水稻土	潴育水稻土	钙细细粒泥田	钙质细粒粒泥田	A	0—10	灰黄色	砂壤土	小块状	7.5								角斑岩坡积物、洪积物	E 117°58′06.0″ N 31°59′50.4″	75
						P	16—30	灰棕色	轻壤土	屑粒状	7.5										
						Bv₁	16—30	黄褐色	中壤土	核状	7.5										
						Bv₂	30—59	棕褐色	中壤土	块状	7.5										
						C	59—92	棕褐色	重壤土	块状	7.5										
							92—132	棕黄色	重壤土	块状	7.8										
剖19	人为土	水稻土	淹育水稻土	浅钙粒粒泥田	浅钙质细粒粒泥田	A	0—18	黄黄色	中壤土	屑粒状	7.5								角斑岩风化物	E 117°57′25.4″ N 31°58′10.7″	75
						P	18—24	暗黄色	重壤土	块状	7.5										
						Bv	24—75	黄褐色	黏土	棱块状	7.5										
						C	75—105	暗灰色	黏土	块状	7.5										
剖20	人为土	水稻土	潴育水稻土	石灰泥田	痩结板泥田	A	0—9	黄黄色	重壤土	小块状	7.5								石灰岩坡积物、洪积物	E 117°58′52.5″ N 31°57′45.7″	95
						W	9—18	浅灰色	黏土	块状	7.5										
						Bv	18—30	暗灰色	黏土	棱块状	7.5										
							30—50	黄灰色	黏土	块状	7.5										
						C	50—100	暗灰色	重壤土	棱块状	7.5										

续表 Continued

剖面号 Soil profile	土纲 Soil order	土类 Soil great group	亚类 Soil subgroup	土属 Soil genus	土种 Soil species	土层码 Layer code	土层厚度 Depth/cm	颜色 Soil color	质地 Soil texture	土壤结构 Soil structure	pH	有机质 OM/(g/kg)	全氮 TN/(g/kg)	全磷 TP/(g/kg)	全钾 TK/(g/kg)	有效磷 AP/(mg/kg)	速效钾 AK/(mg/kg)	阳离子交换量CEC/(cmol/kg)	土壤母质 Parent material	剖面点坐标 Profile coordinate	匹配指数 Matching index/%
剖21	人为土	水稻土	淹育水稻土	浅细粒砂泥田	浅细粒泥田	A	0—15	黄灰色	中壤土	屑粒状	5.8								中性结晶岩类残积物、坡积物	E 117°55′43.3″ N 31°56′22.4″	95
						P	15—30	灰黄色	中壤土	小块状	6.0										
						Bv₁	30—47	灰黄色	重壤土	小块状	6.8										
						Bv₂	47—60	黄灰色	重壤土	块状	7.0										
剖22	淋溶土	黄棕壤		细粒黄棕土	厚细粒黄棕土	A		黄灰色	中壤土	屑粒状	6.5								中性结晶岩类残积物、坡积物	E 118°00′54.8″ N 32°12′49.3″	95
						P		黄黄色	中壤土	小块状	6.5										
						B		灰黄色	重壤土	块状	6.8										
						C		黄棕色	重壤土	棱块状	6.8										
剖23	初育土	石灰(岩)土	棕色石灰土	棕色石灰土	中棕色石灰土	A	0—17	浅黄色	重壤土	小块状	7.5								石灰岩风化物	E 118°04′50.5″ N 32°10′21.5″	92
						C	17—36	棕黄色	重壤土	块状	8.0										
剖24	人为土	水稻土	潴育水稻土	细粒砂泥田	灰细粒泥田	A	0—14	黄黄色	中壤土	屑粒状	6.5								角斑岩类残积物	E 118°01′02.3″ N 32°10′31.8″	95
						P	14—19	黄黄色	重壤土	小块状	6.5										
						W	19—32	黄黄色	重壤土	块状	6.7										
						Bv	32—70	灰黄色	重壤土	块状	6.5										
						C	70—105	灰黄色	重壤土	棱块状	6.5										
剖25	淋溶土	黄棕壤		耕种黄棕壤性扁石土	耕种黄棕壤性扁石土	A		灰黄棕色	中壤土	块状	6.5								泥质岩类残积物、坡积物	E 118°02′17.7″ N 32°07′45.0″	95
						P		黄棕色	重壤土	棱块状	6.5										
						C		灰黄色	重壤土	块状	6.8										
剖26	初育土	石灰(岩)土	棕色石灰土	棕色石灰土	厚棕色石灰土	A	0—12	灰黄色	中壤土	屑粒状	7.2								石灰岩风化物	E 118°03′57.4″ N 32°07′14.0″	92
						Bv	12—27	灰黄色	重壤土	块状	7.5										
						C	27—65	黄褐色	重壤土	核状	8.0										
剖27	人为土	水稻土	潴育水稻土	钙积马肝田	瘦钙积泥田	A	0—10	灰黄色	黏土	块状	7.5								下蜀黄土	E 118°14′48.5″ N 32°09′28.9″	95
						P	10—18	灰黄色	黏土	棱块状	7.5										
						W	18—35	灰褐色	黏土	棱块状	7.2										
						Bv	35—77	黄褐色	黏土	块状	7.2										
						C	77—117	黄黄色	黏土	块状	7.2										
剖28	淋溶土	黄棕壤		马肝田	黑泥锥子田	A	0—10	灰黄色	黏土	块状	6.0								角斑岩坡积物、残积物	E 118°00′05.0″ N 32°02′53.6″	75
						Bv	10—21	暗棕色	黏土	块状	6.2										
						C	21—67	黄黄色	黏土	块状	6.5										
						D	67—														
剖29	人为土	水稻土	潴育水稻土	石灰泥田	厚黄夹砾细粒黄棕壤	A	0—15	灰黄色	重壤土	屑粒状	6.8								下蜀黄土	E 118°05′28.6″ N 32°01′55.1″	95
						P	15—23	浅黄色	黏土	小块状	7.0										
						W	23—41	灰黄色	黏土	棱块状	7.8										
						Bv	41—86	棕黄色	黏土	块状	7.2										
						C	86—100	灰黄棕色	黏土	块状	7.0										
剖30	人为土	水稻土		石灰泥田	黄结板泥田	A	0—15	灰黄色	重壤土	屑粒状	8.0								石灰岩坡积物、洪积物	E 118°00′49.8″ N 32°01′58.9″	95
						P	15—24	栗黄色	重壤土	小块状	7.8										
						Bv	24—43	浅黄色	黏土	块状	7.5										
						C	43—65	棕黄色	黏土	块状	7.5										
							65—110	暗黄色	中壤土	核状	7.5										
剖31	人为土	水稻土	潴育水稻土	砂泥田	灰砂泥田	A	0—16	淡灰色	中壤土	块状	7.0								河流冲积物	E 118°11′44.7″ N 32°03′20.9″	95
						P	10—16	棕灰色	中壤土	块状	7.2										
						W	16—42	灰黄色	中壤土	块状	7.2										
						Bv	42—78	灰黄色	重壤土	块状	7.3										

续表 Continued

剖面号 Soil profile	土纲 Soil order	土类 Soil great group	亚类 Soil subgroup	土属 Soil genus	土种 Soil species	土层码 Layer code	土层厚度 Depth/cm	颜色 Soil color	质地 Soil texture	土壤结构 Soil structure	pH	有机质 OM/(g/kg)	全氮 TN/(g/kg)	全磷 TP/(g/kg)	全钾 TK/(g/kg)	有效磷 AP/(mg/kg)	速效钾 AK/(mg/kg)	阳离子交换量CEC/(cmol/kg)	土壤母质 Parent material	剖面点坐标 Profile coordinate	匹配指数 Matching index/%
剖32	淋溶土	黄褐土	黏盘黄褐土	黄白土	上位黏盘黄白土	A	0—14	黄白色	中壤土	大粒状	6.5								下蜀黄土	E 118°12′59.5″ N 32°00′39.3″	92
						P	14—20	灰黄色	重壤土	棱块状	6.5										
						Bv	20—64	黄棕色	黏土	棱块状	6.8										
						C	64—87	黄棕色	黏土	核状	6.8										
剖33	人为土	水稻土	潴育水稻土	马肝田	黄马肝田	A	0—19	灰灰色	重壤土	块状	6.5								下蜀黄土	E 118°08′22.4″ N 32°01′17.9″	95
						P	19—31	灰灰色	重壤土	棱块状	6.8										
						W	31—53	黄黄色	黏土	棱块状	6.8										
						Bv	53—87	灰黄色	黏土	块状	7.0										
						C	87—132	灰棕色	黏土	块状	7.2										
剖34	人为土	水稻土	脱潜水稻土	脱潜潮砂泥田	脱潜潮泥骨田	A	0—15	灰黄色	壤质黏土	小块状	6.2	21.9	1.21	0.20	21.5	2.0	111	26.9	山河冲积物	E 118°09′03.1″ N 32°02′16.0″	82
						Ap	15—30	油黄色	壤质黏土	小块状	6.2	21.0	1.25	0.19	22.2	2.0	100	28.4			
						Gw	30—59	黄灰色	壤质黏土	棱块状	6.2	9.6	0.66	0.21	20.3			29.4			
						G	59—97	黄灰色	壤质黏土	弱块状	6.5	9.9	0.63	0.16	18.8			29.2			
剖35	人为土	水稻土	潴育水稻土	马肝田	血马肝田	A	0—16	鳝红色	重壤土	粒状	6.5								下蜀黄土	E 118°01′28.2″ N 31°59′23.5″	95
						P	16—28	栗灰色	重壤土	小块状	6.8										
						W	28—48	瓦灰色	黏土	棱块状	7.0										
						Bv	48—71	暗棕色	黏土	块状	7.0										
						C	71—	黄棕色	黏土	棱块状	7.0										
剖36	水稻土	漂洗水稻土	白马肝田	白马肝田		A	0—14	黄白色	中壤土	大粒状	6.5								下蜀黄土	E 118°03′28.7″ N 31°58′12.3″	75
						P	14—29	黄白色	重壤土	小块状	6.5										
						E	29—42	黄白色	轻壤土	大粒状	6.5										
						Bv	42—110	灰灰色	重壤土	棱块状	6.5										
剖37	淋溶土	黄褐土	黏盘黄褐土	马肝田	次潴鳝泥锥子田	1	0—13	灰黄色	重壤土	屑粒状	6.5								下蜀黄土	E 118°06′48.6″ N 31°58′01.6″	71
						2	13—19	灰灰色	黏土	块状	6.5										
						3	19—27	棕黄色	黏土	棱块状	6.0										
						4	27—110	黄棕色	黏土	块状	6.0										
剖38	人为土	水稻土	潴育水稻土	青马肝田	次潴青马肝田	A	0—12	灰黑色	重壤土	屑粒状	6.8								下蜀黄土	E 118°07′22.4″ N 31°55′24.4″	95
						P	12—24	灰灰色	黏土	块状	7.3										
						W	24—38	浅灰色	黏土	块状	6.8										
						Bv	38—55	黄黄色	黏土	棱块状	6.7										
						C	55—80	灰灰色	黏土	块状	6.8										
剖39	淋溶土	黄褐土	黏盘黄褐土	扁石泥田	夹砾扁石泥田	1	0—12	黄黄色	中壤土	小块状	6.2								下蜀黄土	E 118°00′25.4″ N 31°57′08.3″	71
						2	12—21	灰黄色	重壤土	块状	6.5										
						3	21—56	灰灰色	重壤土	块状	6.8										
						A	0—16	浅蓝灰色	重壤土	棱核状	5.8										
剖40	人为土	水稻土	潴育水稻土			G	16—41	黄黄色	重壤土	核状	6.0								下蜀黄土	E 118°07′22.4″ N 31°55′24.4″	95
						Bv	41—80	黄灰色	重壤土	棱块状	6.2										
						C	80—145	黄灰色	重壤土	块状	6.5										
剖41	人为土	水稻土	潴育水稻土			A	0—13	黄白色	中壤土	小块状	6.5								泥质页岩类风化坡积物、洪积物	E 118°01′59.1″ N 31°57′09.3″	95
						P	13—23	灰灰色	重壤土	块状	6.5										
						W	23—35	黄灰色	中壤土	块状	6.5										
						Bv	35—50	黄灰色	中壤土	棱块状	6.5										
						C	50—72	淡黄色	重壤土	块状	6.5										

续表 Continued

剖面号 Soil profile	土纲 Soil order	土类 Soil great group	亚类 Soil subgroup	土属 Soil genus	土种 Soil species	土层码 Layer code	土层厚度 Depth/cm	颜色 Soil color	质地 Soil texture	土壤结构 Soil structure	pH	有机质 OM/(g/kg)	全氮 TN/(g/kg)	全磷 TP/(g/kg)	全钾 TK/(g/kg)	有效磷 AP/(mg/kg)	速效钾 AK/(mg/kg)	阳离子交换量CEC/(cmol/kg)	土壤母质 Parent material	剖面点坐标 Profile coordinate	匹配指数 Matching index/%
剖42	人为土	水稻土	淹育水稻土	浅细粒砂泥田	浅灰细粒泥田	A	0—13	黄灰色	中壤土	屑粒状	6.5								中性结晶岩类残积物、坡积物	E 118°02′54.8″ N 31°55′55.5″	95
						P	13—22	黄灰色	重壤土	块状	6.5										
						Bv	22—59	灰黄色	黏土	块状	6.5										
						C	59—81	淡黄色	黏土	棱块状	7.0										
剖43	人为土	水稻土	漂洗水稻土	白马肝田	澄白土田	Ae	0—13	黄白色	轻壤土	粒状	6.0								下蜀黄土	E 118°07′58.2″ N 31°59′59.0″	75
						P	13—18	黄灰色	中壤土	大粒状	6.2										
						Bv	18—67	灰黄色	重壤土	棱块状	6.5										
						C	67—125	棕褐色	黏土	块状	6.8										
剖44	人为土	水稻土	潴育水稻土	紫泥田	紫泥田	A	0—15	姜黄色	中壤土	小块状	6.2								紫色砂岩类风化坡积物	E 118°08′44.4″ N 31°59′30.6″	95
						P	15—24	黄灰色	中壤土	块状	6.5										
						W	24—46	棕紫色	重壤土	棱块状	6.8										
						Bv	46—77	红紫色	重壤土	块状	6.8										
						C	77—105	棕紫色	重壤土	块状	7.2										
剖45	人为土	水稻土	潴育水稻土	马肝田	次弱潜马肝田	A	0—16	黄灰色	黏土	核状	6.5								下蜀黄土	E 118°10′36.9″ N 31°58′51.5″	95
						G	16—35	黄灰色		核状	6.5										
						W	35—52	浅蓝灰色	重壤土	棱块状	6.5										
						Bv	52—102	褐黄色	中壤土	块状	6.5										
剖46	人为土	水稻土	潴育水稻土	砂泥田	砾心砂泥田	A	0—17	灰黄色	重壤土	屑粒状	5.5								河流冲积物	E 118°14′52.2″ N 31°59′50.0″	75
						P	17—31	黄灰色	重壤土	大粒状	6.1										
						Bv	31—46	黄灰色	中壤土	棱块状	6.5										
						C	46—103	黄棕色	重壤土	核状	6.8										
剖47	人为土	水稻土	潜育水稻土	青砂泥田	高位强青泥骨甲	A	0—17	青灰色	黏土	无结构	6.0								河流冲积物	E 118°13′00.3″ N 31°57′05.7″	95
						Ag	17—38	黄灰色	重壤土	棱块状	6.0										
						Bv₁	38—69	黄灰色	黏土	小块状	6.2										
						Bv₂	69—93	黄灰色	黏土	棱块状	6.5										
						C	93—113	暗黄色	重壤土	屑粒状	8.0										
剖48	黄褐土	黄褐土	黏盘黄褐土	砂泥田	浅灰扁石泥田	1	0—12	暗黄色	重壤土	小块状	8.0								泥质岩类残积物、坡积物	E 118°08′16.5″ N 31°56′57.2″	71
						2	12—20	黄灰色	中壤土	棱块状	7.5										
						3	20—45	棕黄色	中壤土	粒状	7.2										
						4	45—55	暗黄色	黏土	小块状	6.0										
剖49	人为土	水稻土	淹育水稻土	砂砂泥田		A	0—15	黄灰色	轻壤土	屑粒状	6.5								泥质岩类残积物、坡积物	E 118°10′45.0″ N 31°57′22.2″	95
						P	15—26	灰黄色	中壤土	小块状	6.5										
						Bv	26—49	黄灰色	中壤土	棱块状	6.5										
						C	49—80	黄棕色	中壤土	块状	6.5										
剖50	人为土	水稻土	潴育水稻土	砂泥田		A	0—19	灰黄色	黏土	块状	6.0								河流冲积物	E 118°01′28.8″ N 31°54′03.8″	95
						P	19—28	黄灰色	黏土	糊粒状	6.0										
						Bv	28—80	深灰色	重壤土	块状	6.2										
						C	80—97	浅灰色	轻壤土	棱块状	6.5										
剖51	人为土	水稻土	潜育水稻土	烂泥田	烂泥田	Ag	0—12	灰灰色	中壤土	屑粒状	6.0								河流冲积物、黄土剥蚀再积物	E 118°02′36.7″ N 31°52′54.6″	95
						G	12—51	青灰色	黏土	糊粒状	6.0										
						Bv	51—81	浅灰色	黏土	块状	6.2										
						C	81—110	黄灰色	重壤土	棱块状	6.5										
剖52	淋溶土	黄褐土	黏盘黄褐土	黄白土	剥积黄白土	A	0—14	灰黄色	轻壤土	粒状	6.5								下蜀黄土	E 118°03′37.7″ N 31°54′59.9″	78
						P	14—21	黄黄色	中壤土	小块状	6.5										
						Bv	21—100	灰黄色	中壤土	块状	6.8										

续表 Continued

剖面号 Soil profile	土纲 Soil order	土类 Soil great group	亚类 Soil subgroup	土属 Soil genus	土种 Soil species	土层码 Layer code	土层厚度 Depth/cm	颜色 Soil color	质地 Soil texture	土壤结构 Soil structure	pH	有机质 OM/(g/kg)	全氮 TN/(g/kg)	全磷 TP/(g/kg)	全钾 TK/(g/kg)	有效磷 AP/(mg/kg)	速效钾 AK/(mg/kg)	阳离子交换量 CEC/(cmol/kg)	土壤母质 Parent material	剖面点坐标 Profile coordinate	匹配指数 Matching index/%
剖53	淋溶土	黄褐土	黏盘黄褐土	马肝土	下位黏盘黄马肝土	A	0—13	灰黄色	重壤土	屑粒状	6.2								下蜀黄土	E 118°16′03.0″ N 32°07′52.2″	92
						P	13—18	灰棕色	重壤土	小块状	6.2										
						Bv₁	18—59	浅黄棕色	重壤土	块状	6.5										
						Bv₂	59—95	棕褐色	黏土	棱块状	6.8										
剖54	人为土	水稻土	潴育水稻土	砂泥田	上位夹砂砂泥田	A	0—14	黄灰色	中壤土	粒状	6.5								河流冲积物	E 118°20′45.1″ N 32°07′40.4″	95
						P	14—20	黄灰色	重壤土	块状	6.5										
						W	20—41	黄灰色	中壤土	块状	6.5										
						Bv	41—69	灰黄色	重壤土	块状	6.5										
						C	69—101	黄灰色	重壤土	块状	6.8										
剖55	人为土	水稻土	潜育水稻土	青马肝田	高位强潜青马肝田	Ag	0—18	黄灰色	重壤土	屑粒状	6.2								下蜀黄土	E 118°22′43.3″ N 32°06′09.8″	95
						G	18—33	蓝灰色		无结构	6.5										
						Bvg	33—56	黄灰色	重壤土	块状	6.5										
						Bv₂	56—85	灰黄棕色	中壤土	粒状	6.5										
剖56	淋溶土	黄褐土	黏盘黄褐土	黄白土	灰白土	A	0—15	灰白色	中壤土	小块状	6.8								下蜀黄土	E 118°15′54.2″ N 32°03′02.0″	92
						P	15—27	黄灰色	重壤土	块状	7.0										
						Bv	27—82	灰褐黄色	中壤土	块状	7.0										
						C	82—118	黄褐色	黏土	粒状	6.5										
剖57	人为土	水稻土	潴育水稻土	黄白土田	灰白土田	A	0—14	浅灰色	中壤土	小块状	6.5								下蜀黄土	E 118°17′26.1″ N 32°04′45.1″	95
						P	14—21	棕灰色	重壤土	块状	6.8										
						W	21—33	灰褐色	重壤土	棱块状	7.2										
						Bv	33—45	褐灰色	重壤土	棱块状	7.5										
						C	45—78	灰棕色	轻壤土	块状	6.0										
剖58	人为土	水稻土	淹育水稻土	浅马肝田	浅黄白土田	A	0—16	黄白色	中壤土	屑粒状	6.0								下蜀黄土	E 118°17′47.5″ N 32°03′13.3″	95
						P	16—28	灰黄色	重壤土	块状	7.0										
						Bv	28—59	黄棕色	重壤土	棱块状	7.2										
						C	59—100	黄棕色	黏土	屑粒状	7.5										
剖59	人为土	水稻土	潴育水稻土	石灰泥田	黑结板泥田	A	0—15	黄灰色	重壤土	块状	7.5								石灰岩坡积物、洪积物	E 118°15′29.2″ N 32°01′11.8″	95
						P	15—25	暗黄色	重壤土	棱块状	7.5										
						W	25—55	瓦灰色	重壤土	棱块状	7.5										
						Bv	55—75	深灰色	重壤土	块状	7.3										
						C	75—100	黄灰色	重壤土	屑粒状	6.2										
剖60	半水成土	潮土	灰潮土	泥骨土	泥骨土	A	0—16	黄灰色	重壤土	小块状	6.5								河流冲积物	E 118°17′46.3″ N 32°01′50.2″	95
						P	16—30	浅灰色	黏土	块状	6.5										
						Bv	30—62	浅黄灰色														
						C	62—100	浅黄灰色	黏土	块状	6.5										

定 远 县

主要土类说明

水稻土是定远县主要土壤类型，占本县地域面积的46%，广泛分布于丘陵、谷地和塝冲平畈地区。水稻土是由各种成土母质形成的土壤，在长期水耕条件下，氧化还原交替作用，促进了土壤性状的改变，从而形成了水稻土所特有的形态、理化性状和生态特征。水稻土剖面通常有耕作层、犁底层、淀积层、还原淀积层和潜育层等基本层次，由于这些层次的发育程度和组合不同，各种水稻土性状发生差异。本县水稻土多为水旱轮作，灌溉期不长，大部分时间处于通气状况较好的条件下，故剖面中淋溶作用较弱，土体构型变化不十分明显。

黄褐土是定远县第二大土壤类型，占本县地域面积的27%。黄褐土是由较细粒的黄土状母质发育而成的，多组成丘岗。该土壤土体中游离碳酸钙已不复存在，土壤呈灰黄棕色，在底部可散见圆形石灰结核。土壤黏化淀积明显，B层黏聚，黏粒硅铝率在3.0左右，表层pH为6.0—6.8，底层pH为7.5，盐基饱和度由表层向底层逐渐趋向饱和。

黄棕壤是定远县第三大土壤类型，占本县地域面积的8%。黄棕壤淋溶淀积作用强烈，黏粒形成与积累明显。本县黄棕壤在分布和发生上均有明显的南北过渡性特征，即兼有棕壤与红壤、黄棕壤的某些特点，有明显的黏化过程。土体铁锰结核与黏土胶膜普遍出现，土体下部偶见石灰结核。心土层一般呈黄棕色至棕色。质地为砂土、壤土、黏土，结构表层呈屑粒状，以下各层为小块状、块状、棱块状或棱柱状结构，土壤较松散。土壤表层呈酸性或微酸性，向下各层渐为中性或全剖面呈酸性。成土母质有中性结晶岩类、酸性结晶岩类、泥质岩类及基性岩类残积物、坡积物。

石灰（岩）土占定远县地域面积的7%，分布于本县北部丘陵的石灰岩丘岗。石灰（岩）土是热带地区由石灰岩风化物形成的一类土壤，其土体深厚，质地黏重。因含钙丰富，有机质累积多，质地与下蜀黄土相似，黏粒含量较高。由于长期淋溶作用，土体上部多无石灰反应，近中性和微碱性。土壤肥力较高，磷、钾、钙、镁含量较为丰富。质地黏细，土壤耕作较难，易缺水受旱。

砂姜黑土占定远县地域面积的4%。其成土母质为河湖沉积物，经脱沼与长期耕作形成，但早期沼泽草甸特征仍显残余属性。该土壤底土中见砂姜聚积，上层见面砂姜，底层可见砂姜瘤与砂姜盘，系早期形成物残存。砂姜黑土土壤质地相对黏重。

紫色土占定远县地域面积的3%。紫色土是由热带、亚热带紫红色岩层直接风化形成的A-C型土壤。其理化性质与母岩组成直接相关，土层浅薄，剖面层次发育不明显，仍为初育阶段。母岩富含矿质养分，且风化迅速。

小于本县地域面积3%的土壤类型还有潮土等。

本区域中心区气候特征

本区域中心区气候特征值
Regional climate characteristics in central area of the region

气候带：北亚热带湿润气候 Climate region: North subtropical humid climate	
年平均气温 /℃ Annual average temperature /℃	15.6
年平均最高气温 /℃ Annual average maximum temperature /℃	20.3
年平均最低气温 /℃ Annual average minimum temperature /℃	11.7
年降水量 /mm Annual precipitation /mm	960
≥10℃的积温 /℃ Daily temperature accumulated in a year (≥10℃) /℃	5691
年日照时数 /h Annual sunshine /h	1978
年平均相对湿度 /% Annual average relative humidity /%	74
干燥度 Dryness	0.96

本区域中心区月平均气温与月平均降水量
Monthly temperature and precipitation in central area of the region

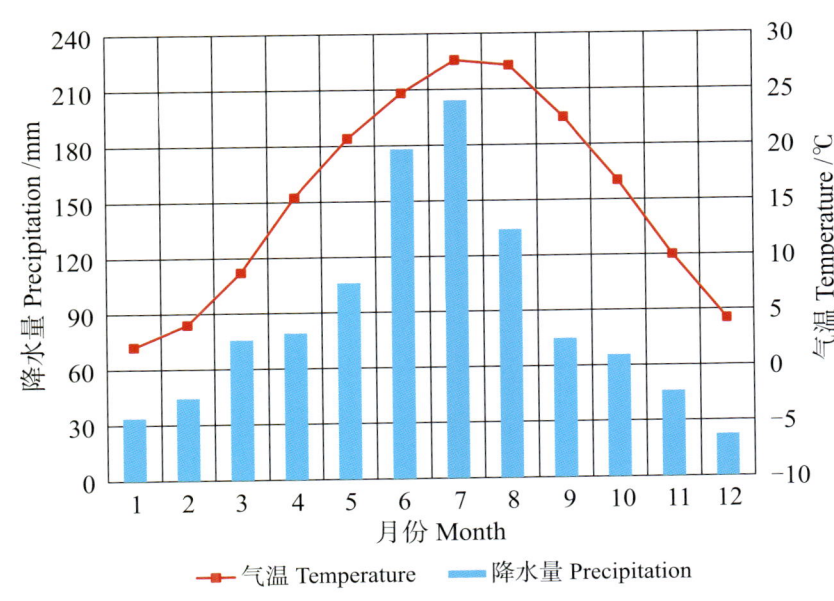

定远县主要土壤类型与土壤剖面点分布图

1∶300 000

图例

- 水稻土
- 黄褐土
- 黄棕壤
- 石灰(岩)土
- 砂姜黑土
- 紫色土
- 潮土
- ⊗ 剖面点

注：本图界线沿用土壤普查时点的行政界线。

定远县土壤剖面理化性状表

剖面号 Soil profile	土纲 Soil order	土类 Soil great group	亚类 Soil subgroup	土属 Soil genus	土种 Soil species	土层码 Layer code	土层厚度 Depth/cm	颜色 Soil color	质地 Soil texture	土壤结构 Soil structure	pH	有机质 OM/(g/kg)	全氮 TN/(g/kg)	全磷 TP/(g/kg)	全钾 TK/(g/kg)	有效磷 AP/(mg/kg)	速效钾 AK/(mg/kg)	阳离子交换量 CEC/(cmol/kg)	土壤母质 Parent material	剖面点坐标 Profile coordinate	匹配指数 Matching index/%
剖1	半水成土	砂姜黑土	砂姜黑土	钙积砂姜黑土	钙积砂姜黑土	A	0—16	黄褐色	轻黏土	屑粒状	8.0	13.9	1.02	0.49	17.0	3.0	146	25.6	黄土性古河流沉积物	E 117°13′27.9″ N 32°35′52.1″	95
						P	16—26	黄褐色	轻黏土	块状	8.2	12.3	0.85	0.46	16.9	2.0	123	20.0			
						H₁	26—45	黑褐色	轻黏土	块状	8.1	14.6	1.08	0.43	18.2	2.0		26.0			
						Bvca₁	45—80	灰黄色	中黏土		8.0	9.1	0.83	0.23	19.2			26.5			
						H₂	80—105	黑褐色	轻黏土	块状	7.9	10.9	0.77	0.39	16.6			26.8			
						Bvca₂	105—128	灰黄色	中壤土		8.2	7.5	0.51	0.21	15.5			18.8			
剖2	半水成土	砂姜黑土	砂姜黑土	砂姜黑土	黑土	A	0—14	褐灰色	轻黏土	屑粒状	7.1	14.5	1.06	0.34	16.0	4.0	165	20.9	黄土性古河流沉积物	E 117°13′51.7″ N 32°36′25.8″	97
						P	14—23	褐灰色	轻黏土	块块状	7.8	13.0	0.98	0.31	16.7	≤1.0	156	22.2			
						Bv	23—60	灰灰色	黏土	棱块状	7.9	14.0	0.94	0.30	16.6	≤1.0	147	23.0			
						H	60—91	深灰褐色	黏土	棱块状	7.8	12.4	0.85	0.22	14.4			27.8			
						C	91—112	灰黄色	黏土	棱块状	7.9	4.9	0.45	0.19	14.5			26.0			
剖3	淋溶土	黄褐土	黏盘黄褐土			1	0—16	黄棕色	黏土	屑粒状										E 117°14′41.8″ N 32°32′54.4″	95
						2	16—28	棕褐色	黏土	块状											
						3	28—	棕褐色	黏土												
剖4	人为土	水稻土	潴育水稻土	黄白土田	灰白土田	A	0—17	白灰色	中壤土	屑粒状									下蜀黄土	E 117°14′00.3″ N 32°31′53.1″	97
						P	17—24	黄白色	重壤土	小块状											
						W	24—39	浅黄色	黏土	小块状											
						Bv	39—108	灰黄色	黏土	棱块状											
剖5	人为土	水稻土	潴育水稻土	砂姜黑土田	黑土田	A	0—15	重黄褐色	重壤土	屑粒状	7.4	16.5	1.07	0.31	13.6	2.0	96	23.7	黄土性古河流沉积物	E 117°14′05.0″ N 32°30′35.0″	97
						P	15—25	灰褐色	轻黏土	棱块状	7.5	12.5	0.82	0.21	15.9	2.0	113	25.7			
						H	25—52	深灰褐色	轻黏土	棱块状	7.7	8.4	0.55	0.34	15.5	≤1.0	127	25.4			
						C	52—118	黄褐色	轻黏土	棱块状	7.9	4.3	0.37	0.37	17.5			22.6			
剖6	初育土	紫色土	中性紫色土	猪血砂	厚血猪土	A	0—17	黄棕色	轻黏土	屑粒状	6.5	9.4	0.62	0.61	16.5	2.0	150	13.0	紫色岩类残积物、坡积物	E 117°21′53.9″ N 32°38′23.9″	95
						Bv	17—26	黄褐色	轻黏土	小块状	6.7	8.4	0.42	0.51	16.9	≤1.0	122	9.6			
						C	26—54	黄褐色	轻黏土	棱块状											
							54—112	棕黄色	轻黏土	棱块状	6.9	4.3	0.29	0.37	14.1	2.0	95	9.8			
剖7	初育土	紫色土	石灰性紫色土	石灰性猪血砂	中石灰性猪血砂	A	0—17	黄褐色	砂壤土	单粒状	6.8	13.9	0.86	0.38	15.9	2.0		16.9	石灰性紫色砂岩残坡积物、坡积物	E 117°19′43.3″ N 32°37′26.9″	98
						Bv	17—47	紫棕色	轻壤土	小块状	7.2	7.9	0.63	0.27	17.4	2.0		18.0			
						C	47—58	黄棕色	砂壤土	核状	7.8	10.5	0.57	0.13	15.7	≤1.0		11.7			
剖8	初育土	紫色土	中性紫色土	紫砂土	中紫砂土	A	0—35	灰棕色	轻壤土	单粒状									紫色岩类残积物、坡积物	E 117°20′23.7″ N 32°36′27.8″	75
						D	35—														
剖9	半水成土	砂姜黑土	砂姜黑土	紫砂土	黄土	A	0—16	灰黄色	中壤土	屑粒状									黄土性古河流沉积物	E 117°16′27.7″ N 32°36′46.7″	98
						P	16—24	灰黄色	中壤土	小块状											
						Bv	24—52	黄褐色	重壤土	棱块状											
						H	52—78	灰褐色	黏土	棱块状											
						C	78—112	灰棕色	黏土	屑粒状											
剖10	半水成土	砂姜黑土	砂姜黑土	砂姜黑土	黄黑土	A	0—14	褐黄色	重壤土	屑粒状									黄土性古河流沉积物	E 117°16′24.3″ N 32°35′34.8″	98
						Bv	14—53	黑褐色	黏土	块状											
						H	53—77		黏土	块状											
						C	77—109	灰褐色	黏土	棱块状											

续表 Continued

剖面号 Soil profile	土纲 Soil order	土类 Soil great group	亚类 Soil subgroup	土属 Soil genus	土种 Soil species	土层码 Layer code	土层厚度 Depth/ cm	颜色 Soil color	质地 Soil texture	土壤结构 Soil structure	pH	有机质 OM/ (g/kg)	全氮 TN/ (g/kg)	全磷 TP/ (g/kg)	全钾 TK/ (g/kg)	有效磷 AP/ (mg/kg)	速效钾 AK/ (mg/kg)	阳离子交换量CEC/ (cmol/kg)	土壤母质 Parent material	剖面点坐标 Profile coordinate	匹配指数 Matching index/%
剖11	人为土	水稻土	潴育水稻土	紫砂泥田	黄白砂泥田	A P W Bv	0—16 16—25 25—75 75—118	灰黄白色 灰黄色 黄棕色 紫棕色	中壤土 重壤土 黏土 黏土	屑粒状 块状 核块状 核块状									紫色砂岩坡积物	E 117°18′25.9″ N 32°35′35.8″	95
剖12	初育土	紫色土	中性紫色土	猪血泥	厚猪血泥	A Bv C	0—16 16—38 38—84	黄棕色 红棕色 棕红色	重壤土 	屑粒状 块状 核状	7.2 7.2 7.4	12.8 7.9 4.1	0.95 0.65 0.61	0.31 0.19 0.23	16.3 16.7 17.5	2.0 ≤1.0 3.0	154 148	21.0 22.2 24.1	紫色页岩、泥质岩残积物、坡积物	E 117°23′47.1″ N 32°37′58.5″	75
剖13	初育土	紫色土	中性紫色土	紫砂土	薄紫砂土	A D	0—19 19—	红棕色	黏土	单粒状	6.4	26.8	1.47	0.22	24.5		79	9.1	紫色岩类残积物、坡积物	E 117°25′12.4″ N 32°38′10.4″	95
剖14	初育土	紫色土	中性紫色土	猪血泥	薄猪血泥	A C D	0—16 16—28 28—	红棕色 红棕色	中壤土 重壤土	屑粒状 小块状									紫色页岩、泥质岩残积物、坡积物	E 117°26′46.1″ N 32°36′06.9″	97
剖15	人为土	水稻土	潴育水稻土	石灰泥田	黄结板泥田	A P W Bv	0—15 15—24 24—60 60—102	灰黄色 浅灰黄色 浅灰黄色 棕黄色	中壤土 重壤土 轻黏土 重黏土	屑粒状 块状 核块状 梭块状	7.9 7.6 7.8 7.8	14.5 9.2 5.8 4.6	0.91 0.75 0.50 0.34	0.23 0.19 0.17 0.13	12.4 12.8 12.8 13.6	2.0 2.0	100 93	15.7 20.7 19.4 17.3	石灰岩类坡积物	E 117°26′31.7″ N 32°35′43.0″	97
剖16	初育土	石灰（岩）土	棕色石灰土	扁石鸡肝土	扁石鸡肝土	A	0—16	灰黄色	中壤土	屑粒状									石灰岩类坡风化物	E 117°28′41.9″ N 32°36′54.3″	74
剖17	淋溶土	黄棕壤	普通黄棕壤	扁石黄棕土	砂砾土	A Bv C	0—14 14—40 40—58	灰棕色 黄棕色 黄棕色	砂土 砂土 重壤土	梭块状 块状 屑粒状									泥质残积物、页岩残积物、坡积物	E 117°22′52.7″ N 32°35′38.8″	95
剖18	人为土	水稻土	潴育水稻土	砂姜黑土田	黄土田	A P W H C	0—14 14—23 23—36 36—60 60—118	黄灰色 黄灰色 褐灰黄色 浅灰黄色	砂土 黏土 黏土 黏土	小块状 梭块状 梭块状 梭块状									黄土性古河流沉积物	E 117°15′35.6″ N 32°34′14.9″	97
剖19	人为土	水稻土	淹育水稻土	浅马肝田	浅黄白土田	A P Bv C	0—14 14—23 23—33 33—109	灰白色 黄灰色 灰黄色 灰黄色	中壤土 黏土 黏土 黏土	屑粒状 小块状 块状 梭柱状									下蜀黄土	E 117°18′46.7″ N 32°34′22.1″	98
剖20	人为土	水稻土	潴育水稻土	麻砂泥田	薄次青麻砂泥田	A P W Bv Ag	0—15 15—21 21—45 45—103	黄灰色 黄灰色 黄灰色 轻黄色	砂土 黏土 轻壤土 轻壤土	单粒状 小块状 块状 块状									花岗片麻岩坡积物	E 117°19′46.2″ N 32°32′46.9″	95
剖21	人为土	水稻土	潴育水稻土	马肝田	黑泥锥子田	A P Bv C	0—13 13—25 25—53 53—87	褐灰黄色 黄褐色 棕黄色 青灰色	黏土 黏土 黏土 重黏土	屑粒状 块状 梭柱状 屑粒状									下蜀黄土	E 117°19′47.5″ N 32°30′28.2″	97
剖22	人为土	水稻土	潴育水稻土	砂姜黑土田	黑黄土田	A P W Bv H	0—15 15—24 24—39 39—54 54—102	灰黄色 黄褐色 浅灰褐色 深灰褐色	重壤土 黏土 黏土 黏土 黏土	小块状 屑粒状 核块状 核块状 核块状									黄土性古河流沉积物	E 117°21′41.1″ N 32°31′49.1″	98

续表 Continued

剖面号 Soil profile	土纲 Soil order	土类 Soil great group	亚类 Soil subgroup	土属 Soil genus	土种 Soil species	土层码 Layer code	土层厚度 Depth/cm	颜色 Soil color	质地 Soil texture	土壤结构 Soil structure	pH	有机质 OM/(g/kg)	全氮 TN/(g/kg)	全磷 TP/(g/kg)	全钾 TK/(g/kg)	有效磷 AP/(mg/kg)	速效钾 AK/(mg/kg)	阳离子交换量CEC/(cmol/kg)	土壤母质 Parent material	剖面点坐标 Profile coordinate	匹配指数 Matching index/%
剖23	人为土	水稻土	潴育水稻土	石灰泥田	瘦结板泥田	A	0—14	灰黄色	重壤土	屑粒状									石灰岩类坡积物	E 117°23′58.6″ N 32°34′29.0″	97
						P	14—22	灰黄色	黏土	块状											
						W	22—54	棕黄色	黏土	块状											
						Bv	54—77	浅棕黄色	黏土	棱块状											
剖24	半水成土	潮土	灰潮土	泥骨土	泥骨土	A	0—14	黄棕色	中壤土	屑粒状									山河冲积物	E 117°24′11.3″ N 32°33′27.2″	97
						P	14—25	黄棕色	中壤土	块状											
						Bv	25—53	棕黄色	重壤土	棱块状											
						C	53—97	黄棕色	重壤土	单粒状											
剖25	淋溶土	黄棕壤	黄棕壤性土	黄棕壤性硅质壤		A	0—29	灰黄色	轻壤土										石英岩类残积物、坡积物	E 117°26′03.8″ N 32°34′27.3″	97
						D	29—														
剖26	人为土	水稻土	潴育水稻土	马肝田	血马肝田	A	0—18	黄灰色	中壤土	屑粒状	6.0	15.8	0.99	0.49	13.2	5.0	133	21.0	下蜀黄土	E 117°28′12.5″ N 32°33′44.7″	97
						P	18—26	浅黄灰色	中壤土	小块状	6.5	11.3	0.81	0.51	13.8	3.0	131	20.2			
						W	26—59	灰黄色	重壤土	块状	7.0	9.6	0.41	0.21	14.3	2.0	146	20.7			
						Bv	59—79	深黄灰色	黏土	块状											
剖27	人为土	水稻土	潴育水稻土	马肝田	黄马肝田	A	0—15	灰黄色	重壤土	屑粒状	6.8	14.8	0.94	0.36	14.1	3.0	153	20.2	下蜀黄土	E 117°24′27.3″ N 32°31′54.3″	98
						P	15—25	黄棕色	中壤土	小块状	7.3	9.0	0.69	0.27	14.0	3.0	140	20.0			
						Bv	25—60	浅黄棕色	重壤土	棱块状	7.3	4.4	0.42	0.39	14.3	2.0		23.0			
						W	60—105	黄棕色	轻黏土	棱块状	7.6	3.4	0.26	0.21	18.1			20.8			
剖28	淋溶土	黄褐土	黏盘黄褐土			1	0—17	黄白色	中壤土	屑粒状	7.0									E 117°25′52.6″ N 32°32′24.4″	93
						2	17—40	灰黄色	黏土	块状	6.0										
						3	40—76	黄棕色	黏土	棱块状	5.8										
						4	76—80	棕褐色	黏土	块状											
						5	80—88	棕褐色	黏土	块状											
						6	88—95	棕褐色	黏土	块状											
剖29	淋溶土	黄褐土	黏盘黄褐土	黄白土	灰白土	A	0—16	灰白色	中壤土	屑粒状	6.1	15.1	0.99	0.69	9.9	15.0	154	18.7	下蜀黄土	E 117°29′02.0″ N 32°15′59.1″	98
						P	16—23	黄白色	中壤土	小块状	6.3	10.1	0.66	0.69	11.3	11.0	93	18.7			
						Bv	23—55	黄黄色	黏土	块状	6.5	6.7	0.41	0.83	9.6	11.0	38	22.0			
						C	55—104	黄灰色	黏土	块状											
剖30	初育土	石灰（岩）土	棕色石灰土	棕色石灰土	中棕色棕色石灰土	A	0—16	黄棕色	重壤土	屑粒状	7.5	28.6	1.88	0.71	18.3	5.0	163	29.3	石灰岩类坡积物、残积物	E 117°24′30.3″ N 32°36′45.9″	92
						Bv	16—35	黄棕色	重壤土	小块状	7.8	24.7	1.24	0.75	19.2	6.0	191	34.4			
						D	35—				8.2										
剖31	人为土	水稻土	潜育水稻土	青马肝田	高位强潜青马肝田	A	0—8	浅黄灰色	重壤土	小块状	6.8	21.5	1.32	0.72	18.1	2.0	95	18.3	下蜀黄土	E 117°42′07.7″ N 32°37′24.7″	97
						Pg	8—12	青灰色	重壤土	棱块状	6.9	23.5	1.44	0.72	16.9	3.0	105	19.8			
						G	12—34	青灰色	黏土	块状	7.0	16.1	0.97	0.70	17.8	3.0	79	19.3			
						Bv	34—52	灰黄色	黏土	块状											
						C	52—109	浅黄灰色	黏土	块状											
剖32	初育土	石灰（岩）土	棕色石灰土	鸡肝土	鸡肝土	A	0—14	黄棕色	重壤土	屑粒状	7.4	10.4	0.71	0.25	13.2	2.0	147	23.3	石灰岩类坡积物	E 117°38′25.8″ N 32°36′14.9″	92
						P	14—21	浅黄灰色	重壤土	小块状	7.2	9.5	0.62	0.28	13.3	4.0	202	27.5			
						Bv	21—67	黄灰色	轻壤土	块状	7.1	5.2	0.29	0.12	15.2	≤1.0	136	20.6			
						C	67—97	灰黄色	黏土	块状	7.4	2.5	0.15	0.12				27.5			
剖33	人为土	水稻土	漂洗水稻土	白马肝田	澄白土田	Ae	0—16	浅黄灰色	中壤土	屑粒状	6.3	7.0	0.45	0.28	13.2	4.0	95	8.2	下蜀黄土	E 117°33′54.3″ N 32°32′57.9″	95
						P	16—23	黄棕色	重壤土	小块状	6.4	5.2	0.26	0.21	14.0	2.0	85	11.7			
						E	23—39	浅黄灰色	重壤土	屑粒状	6.5	3.4	0.26	0.21	15.9	2.0	95	14.3			
						Bv	39—103	灰黄色	中壤土	块状											
剖34	淋溶土	黄褐土	黏盘黄褐土			1	0—14	灰黄色	中壤土	屑粒状										E 117°36′00.8″ N 32°31′18.2″	95
						2	14—30	灰黄色	中壤土	块状											

续表 Continued

剖面号 Soil profile	土纲 Soil order	土类 Soil great group	亚类 Soil subgroup	土属 Soil genus	土种 Soil species	土层码 Layer code	土层厚度 Depth/cm	颜色 Soil color	质地 Soil texture	土壤结构 Soil structure	pH	有机质 OM/(g/kg)	全氮 TN/(g/kg)	全磷 TP/(g/kg)	全钾 TK/(g/kg)	有效磷 AP/(mg/kg)	速效钾 AK/(mg/kg)	阳离子交换量CEC/(cmol/kg)	土壤母质 Parent material	剖面点坐标 Profile coordinate	匹配指数 Matching index/%
剖35	淋溶土	黄褐土	黏盘黄褐土	黏盘黄褐土	上位黏盘黄褐土	A	0—22	浅黄色	重壤土	小块状									下蜀黄土	E 117°35′53.2″ N 32°30′49.1″	97
						Bv₂	22—43	棕黄色	黏土	块状											
						C	43—76	黄棕色	黏土	棱块状											
剖36	人为土	水稻土	漂洗水稻土	白马肝田	白马肝田	Ae	0—17	黄白色	轻壤土	屑粒状									下蜀黄土	E 117°30′21.6″ N 32°31′45.7″	95
						P	17—26	黄白色	中壤土	块状											
						E	26—40	黄白色	轻壤土	散粒状											
						C	40—112	棕黄色	重壤土	块状											
剖37	淋溶土	黄褐土	黏盘黄褐土	马肝土	下位黏盘黄 马肝土	A	0—16	灰黄色	轻黏土	屑粒状	6.9	12.1	0.82	0.33	15.6	2.0	117	18.9	下蜀黄土	E 117°40′24.8″ N 32°33′45.8″	98
						P	16—21	黄棕色	轻黏土	小块状	7.3	9.1	0.67	0.26	14.8	≤1.0	116	19.8			
						Bv	21—50	黄棕色	重黏土	块状	7.4	9.7	0.69	0.20	14.7			18.4			
						Bv₂	50—102	黄棕色	轻黏土	棱块状	7.4	4.3	0.38	0.27	14.2			22.2			
剖38	淋溶土	黄褐土	黏盘黄褐土			1	0—11	灰黄色	轻黏土	屑粒状										E 117°41′36.2″ N 32°33′34.3″	95
						2	11—18	黄棕色	重黏土	块状											
						3	18—70	棕黄色	轻黏土	棱块状											
						4	70—92	青黄色	黏土	糊状											
剖39	人为土	水稻土	潜育水稻土	青钙泥田	高位强潜青钙泥田	Ag	0—28	黄灰黄色	黏土	块状									石灰岩类坡积物、洪积物	E 117°43′32.0″ N 32°34′01.4″	97
						Bv	28—53	灰灰色	黏土	棱块状											
						C	53—88	蓝灰色	重黏土	糊状											
剖40	人为土	水稻土	潜育水稻土	陷泥田	陷泥田	Ag	0—14	蓝灰色	重黏土	小块状									花岗岩、流纹岩、片麻岩物	E 117°43′55.5″ N 32°33′56.4″	97
						G	14—22	青黑色	黏土	块状											
						Bvg	22—44	褐灰色	中壤土	棱块状											
						Cg	44—111		中壤土	块状											
剖41	人为土	水稻土	潜育水稻土	马肝田	黑马肝田	A	0—16	黑黄色	轻黏土	屑粒状	6.4	15.7	1.25	0.74	14.7	2.0	152	22.9	下蜀黄土	E 117°41′15.8″ N 32°30′41.4″	98
						P	16—24	浅黄黄色	轻黏土	小块状	6.8	14.1	1.05	0.21	14.2	2.0	139	26.6			
						W	24—52	浅黄黄色	轻黏土	棱块状	7.4	12.6	1.03	0.19	15.1			27.3			
						Bv	52—96	浅黄黄色	轻黏土	块状	7.5	6.1	0.28	0.24	16.4			26.9			
剖42	淋溶土	黄褐土	黏盘黄褐土	钙积黄白土	钙积黄白土	Ag	14—22	棕黄色	中壤土	屑粒状	7.2	12.7	0.68	0.24	13.1	3.0	140	14.8	下蜀黄土	E 117°44′36.8″ N 32°32′16.1″	97
						P	14—23	黄棕色	重壤土	块状	7.5	8.9	0.50	0.23	13.5	2.0	113	10.8			
						Bv	23—103	棕黄色	中壤土	棱块状	7.7	7.1	0.41	0.18	16.4			20.5			
剖43	淋溶土	黄褐土	黏盘黄褐土	黄白土	白土	A	0—16	白色	中壤土	小块状	5.7	5.4	0.39	0.20	17.4	3.0	157	18.4	下蜀黄土	E 117°39′32.3″ N 32°28′36.8″	99
						P	13—24	黄白色	中壤土	块状	6.1	13.2	0.91	0.48	15.4	≤1.0	117	22.2			
						Bv	24—47	黄白色	重壤土	小块状	6.4	11.0	0.76	0.40	15.4	≤1.0	140	21.2			
						Bv₂	47—121	棕黄色	重壤土	棱块状		8.6	0.52	0.35	13.5			20.3			
剖44	人为土	水稻土	潜育水稻土	瘦马肝田	瘦马肝田	A	0—16	黄黄色	中壤土	屑粒状						4.0	207	14.6	下蜀黄土	E 117°44′36.8″ N 32°32′16.1″	98
						W	24—50	灰白色	中壤土	块状						3.0	178	14.2			
						Bv	50—108	黄白色	重壤土	块状						2.0		14.0			
剖45	人为土	水稻土	潜育水稻土	砂泥田	砂泥田	A	0—15	黄白色	中壤土	屑粒状	7.0	14.1	0.95	0.36	13.3	5.0	260	22.9	河流冲积物	E 117°37′53.8″ N 32°25′27.3″	95
						P	15—24	黄白色	中壤土	小块状	7.1	10.3	0.78	9.31	15.1	3.0	257	23.9			
						W	24—46	灰灰色	重壤土	块状	7.0	5.8	0.51	0.22	15.8			21.2			
剖46	人为土	水稻土	潜育水稻土	黄白土田	黄白土田	A		棕黄色	黏土	块状	7.4	5.2	0.41	0.17	17.5			22.0	下蜀黄土	E 117°34′26.4″ N 32°23′22.0″	98
						Bv	46—106														

续表 Continued

剖面号 Soil profile	土纲 Soil order	土类 Soil great group	亚类 Soil subgroup	土属 Soil genus	土种 Soil species	土层码 Layer code	土层厚度 Depth/cm	颜色 Soil color	质地 Soil texture	土壤结构 Soil structure	pH	有机质 OM/(g/kg)	全氮 TN/(g/kg)	全磷 TP/(g/kg)	全钾 TK/(g/kg)	有效磷 AP/(mg/kg)	速效钾 AK/(mg/kg)	阳离子交换量CEC/(cmol/kg)	土壤母质 Parent material	剖面点坐标 Profile coordinate	匹配指数 Matching index/%
剖47	淋溶土	黄褐土	黏盘黄褐土	黄白土	上位黏盘白土	A	0-15	白色	轻壤土	屑粒状									下蜀黄土	E 117°33′59.4″ N 32°21′54.5″	99
						P	15-24	浅黄色	中壤土	小块状											
						Bv₂	24-51	棕灰色	重壤土	块状											
						C	51-97	棕黄色	黏土	棱柱状											
剖48	淋溶土	黄褐土	黏盘黄褐土	黄白土	黄白土	A	0-16	黄白色	中壤土	屑粒状	6.4	10.4	0.65	0.38	13.1	3.0	140	12.7	下蜀黄土	E 117°35′47.6″ N 32°20′36.5″	98
						P	16-26	黄黄色	重壤土	小块状	6.9	7.4	0.49	0.25	13.5	2.0	113	15.2			
						Bv	26-49	灰黄色	重壤土	棱块状	7.3	5.4	0.35	0.27	13.2		130	18.0			
						C	49-103	棕褐色	重壤土	棱块状											
剖49	人为土	水稻土	潴育水稻土	紫砂泥田	紫泥田	A	0-15	黄棕紫色	重壤土	小块状									紫色砂岩坡积物	E 117°52′43.1″ N 32°38′30.8″	95
						P	15-22	棕紫色	黏土	屑粒状											
						W	22-40	黄棕色	黏土	块状											
						Bv	40-101	灰黄褐色	砂壤土	棱块状											
剖50	淋溶土	黄棕壤	黄棕壤性土	耕种黄棕壤性扁石土	黄棕壤性扁石土	A	0-16		砂壤土	单粒状										E 117°56′40.6″ N 32°37′09.3″	97
						D	16-														
剖51	淋溶土	黄褐土	黏盘黄褐土	黄白土	上位黏盘黄白土	A	0-16	黄白色	中壤土	屑粒状	7.3	10.1	0.81	0.21	12.5	2.0	134	10.5	下蜀黄土	E 117°51′47.0″ N 32°34′47.6″	97
						P	16-25	灰黄色	中壤土	块状	7.4	6.6	0.73	0.16	11.3	≤1.0	87	13.8			
						Bv₂	25-50	黄棕色	黏土	棱块状	6.5	4.5	0.66	0.13	15.5			17.7			
						C	50-100	浅灰白色	黏土	块状											
剖52	人为土	水稻土	潴育水稻土	砂泥田	泥骨青土田	A	0-15	灰黄色	中壤土	屑粒状									河流冲积物	E 117°50′41.9″ N 32°30′38.1″	95
						P	15-21	黄黄色	重壤土	小块状											
						W	21-45	黄棕色	黏土	块状											
						Bv	45-112	棕黄色	黏土	棱块状											
剖53	淋溶土	黄褐土	黏盘黄褐土	黄白土	黄棕壤性扁石砾土	A	0-30	黄白色	中壤土	屑粒状	7.3								下蜀黄土	E 117°46′39.2″ N 32°30′29.9″	95
						2	30-	灰黄色	中壤土	块状	7.4										
剖54	淋溶土	黄棕壤	黄棕壤性土	耕种黄棕壤性砂砾土	上位黏盘黄砾土	A	0-15	灰黄色	砂壤土	单粒状									红色砂砾岩坡积物	E 117°47′13.3″ N 32°30′43.4″	97
						C	15-29	浅灰白色	砂壤土	小块状											
剖55	人为土	水稻土	漂洗水稻土	白土田	薄层白土田	A	0-13	灰黄色	轻壤土	屑粒状									下蜀黄土	E 117°56′33.8″ N 32°30′15.8″	95
						E	13-20	灰黄色	轻壤土	块状											
						Bv	20-42	黄黄色	中壤土	块状											
						C	42-95	黄棕色	重壤土	块状											
剖56	人为土	水稻土	潴育水稻土	红砂泥田	红砂泥田	1	0-15	浅红红色	重壤土	棱块状									红色砂砾岩坡积物	E 117°58′08.6″ N 32°31′15.5″	95
						Bv	15-25	深红红色	黏土	块状											
						C	25-65	浅红红色	黏土	块状											
							65-101	黄灰色	黏土	块状											
剖57	淋溶土	黄棕壤	黄棕壤性土	黄棕壤性细粒土	细粒状土壤	A	0-15	灰棕色	粉砂土	粒状	6.0	8.1	0.42	0.58	14.9	5.0	113	13.6	中性结晶岩类残积物、坡积物	E 117°56′42.9″ N 32°30′07.3″	97
						P	19-25	黄黄色	粉砂土	小块状	5.7	7.5	0.39	0.49	12.6	2.0	90	12.7			
						Bv	25-89	灰黄色	轻壤土	小块状	5.8	4.7	0.29	0.49	13.2	2.0	79	13.4			
						C	89-110	灰黄色	轻壤土	块状											
剖58	半水成土	潮土	灰潮土	砂泥土	砂泥土	A	0-19	黄黄色	中壤土	屑粒状									河流冲积物	E 117°58′03.0″ N 32°30′14.0″	95
						P	19-25	黄棕色	轻壤土	小块状											
						Bv	25-65	黄棕色	轻壤土	小块状											
						C	65-101	灰黄色	砂土	块状											
剖59	人为土	水稻土	潴育水稻土	砂泥田	下位夹砂泥田	A	0-15	灰黄色	中壤土	小块状									河流冲积物	E 117°57′06.7″ N 32°29′42.8″	95
						W	24-50	黄棕色	轻壤土	块状											
						S	50-62	灰黄色	砂土	块状											
						C	62-113	灰白色	中壤土	块状											

续表 Continued

剖面号 Soil profile	土纲 Soil order	土类 Soil great group	亚类 Soil subgroup	土属 Soil genus	土种 Soil species	土层码 Layer code	土层厚度 Depth/cm	颜色 Soil color	质地 Soil texture	土壤结构 Soil structure	pH	有机质 OM/(g/kg)	全氮 TN/(g/kg)	全磷 TP/(g/kg)	全钾 TK/(g/kg)	有效磷 AP/(mg/kg)	速效钾 AK/(mg/kg)	阳离子交换量CEC/(cmol/kg)	土壤母质 Parent material	剖面点坐标 Profile coordinate	匹配指数 Matching index/%
剖60	淋溶土	黄棕壤	普通黄棕壤	细粒黄棕土	厚细粒土	A	0—13	灰黄色	轻壤土	散粒状									中性结晶岩类残积物、坡积物	E 117°58′50.4″ N 32°26′42.2″	95
						P	13—20	浅灰黄色	中壤土	散粒状											
						Bv	20—74	浅灰黄色	中壤土	块状											
						C	74—90	浅灰黄色													
剖61	人为土	水稻土	潴育水稻土	麻砂泥田	麻砂泥田	A	0—17	浅灰色	中壤土	小块状	5.8	16.7	1.01	0.63	18.4	2.0	146	13.6	花岗片麻岩坡积物	E 117°59′48.8″ N 32°25′46.6″	95
						P	17—26	黄灰色	中壤土	块状	6.9	13.9	1.00	0.54	16.1	2.0	139	13.3			
						W	26—56	浅黄色	中壤土	块状	7.0	16.5	0.79	0.51	13.9	2.0	131	11.3			
剖62	淋溶土	黄棕壤	普通黄棕壤	麻石黄棕壤	砂黄土	A	0—14	浅棕灰色	砂壤土	散粒状									花岗片麻岩、流纹岩残积物、坡积物	E 118°01′17.0″ N 32°35′01.2″	95
						Bv	14—20	浅棕黄色	砂壤土	散粒状											
						C	20—30	棕黄色	砂土	散粒状											

凤 阳 县

主要土类说明

黄褐土是凤阳县主要土壤类型，占本县地域面积的37%，发育于特定的下蜀黄土。其土体深厚，表土质地不一，心土黏重紧实，由于受到流水的侵蚀与漂洗，多数土体已无均质黄土层。表土以下为黏盘层，土体中黏粒与铁锰的移动明显，心土层小于0.001mm的黏粒含量在30%左右，高于表土层和底土层。心土层与表土层、底土层的黏粒比值不小于1.2，常形成黏化层或黏盘层，厚度为20—80cm。土壤呈棱块状或棱柱状结构，有棕色的铁锰胶膜（排水不良的土体为灰色）包被在土体的结构面上。整个土体都有铁锰结核，有时也可聚积成层。通常在2m以下出现砂姜，侵蚀严重的地方砂姜可出露于地表。

水稻土是凤阳县第二大土壤类型，占本县地域面积的23%。因全年灌水种稻期不足6个月，土壤大部分时间是处于通气状况较好的条件下，故剖面中淋溶作用较弱，耕层中还原性铁、锰常与有机质分解物氧化而形成血红色的斑块淀积。土体构型变化不明显，受原来成土母质或母土的影响较大，在下蜀黄土母质上发育的水稻土剖面有较为明显的斑淀层和渗育层。

潮土是凤阳县第三大土壤类型，占本县地域面积的9%，分布于海拔20m以下的沿淮冲积平原及淮河支流（濠河、小溪河、板桥河）和花园湖沿岸。潮土是半水成土，属非地带性土壤，成土母质为近代河流沉积物，是经旱耕熟化发育而成的。地下水参与成土过程。沿淮地区因受到黄河泛滥物质的影响，具有强石灰反应，支流则受各自上游物质沉积影响，多无石灰反应。

砂姜黑土占凤阳县地域面积的7%，主要集中分布于本县西部一带浅洼平原。其成土母质为黄土性古河流沉积物。砂姜黑土是由第四纪黄色黏土经流水搬运再沉积后，以沼泽草甸化为前身，经过脱潜和旱耕熟化而形成的土壤类型。其典型特征是土体30cm以上为颜色深暗的黑土层，70—90cm处为砂姜层。由于长期耕种的影响，黑土层变化较大，颜色、厚度均有差别。本县砂姜黑土表土层的养分含量高于其他旱地土壤，也高于淮北平原的砂姜黑土，但由于地下水位多在1—1.5m，土壤常受渍害，加之土质过黏，物理性状不良，限制了其有效养分的释放。

石灰（岩）土占凤阳县地域面积的6%。石灰（岩）土发生于热带、亚热带石灰岩山区，是石灰岩经溶蚀风化形成的厚薄不同的钙质饱和或含游离钙质的土壤，多见于石隙、溶洞或峰丛底部。该土壤碳酸钙淋溶程度不一，多黏土，多铁钙质胶结物，风化程度不一，盐基饱和度高，土壤有机质含量及胶结状态有较大差异。

粗骨土占凤阳县地域面积的5%。粗骨土表层岩石裸露，风化层浅薄，一般小于10cm，风化度低，富含砾石，多碎屑岩粒，属A–R型土。

小于本县地域面积3%的土壤类型还有石质土、黄棕壤、紫色土等。

本区域中心区气候特征

本区域中心区气候特征值
Regional climate characteristics in central area of the region

气候带：北亚热带湿润气候 Climate region: North subtropical humid climate	
年平均气温 /℃ Annual average temperature /℃	15.5
年平均最高气温 /℃ Annual average maximum temperature /℃	20.2
年平均最低气温 /℃ Annual average minimum temperature /℃	11.6
年降水量 /mm Annual precipitation /mm	943
≥10℃的积温 /℃ Daily temperature accumulated in a year（≥10℃）/℃	5651
年日照时数 /h Annual sunshine /h	2012
年平均相对湿度 /% Annual average relative humidity /%	73
干燥度 Dryness	0.97

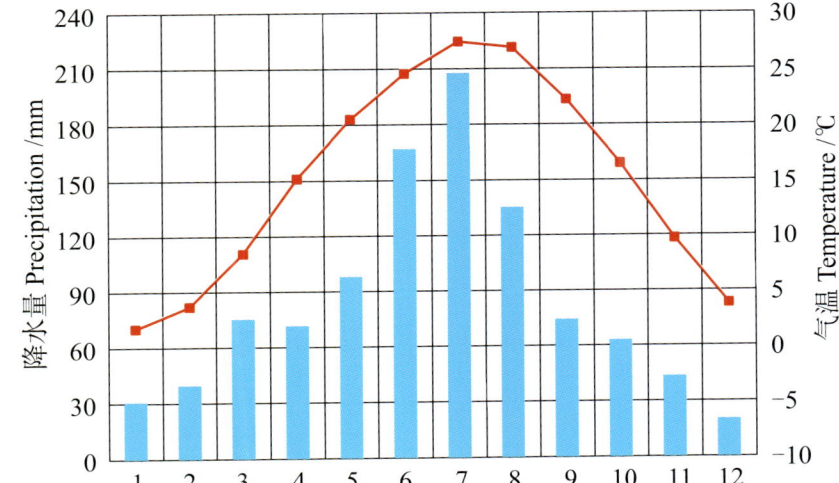

本区域中心区月平均气温与月平均降水量
Monthly temperature and precipitation in central area of the region

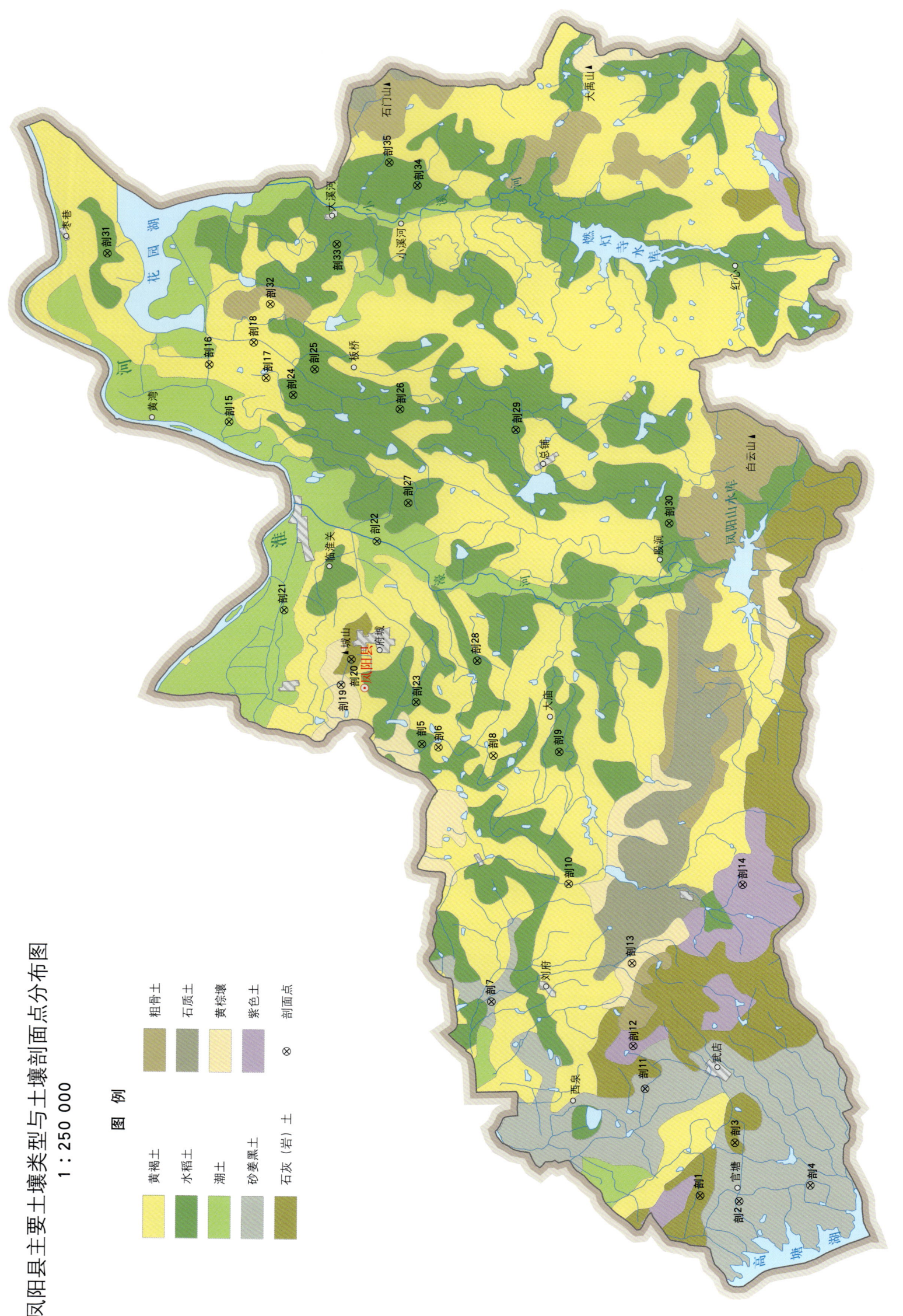

凤阳县土壤剖面理化性状表

剖面号 Soil profile	土纲 Soil order	土类 Soil great group	亚类 Soil subgroup	土属 Soil genus	土种 Soil species	土层码 Layer code	土层厚度 Depth/cm	颜色 Soil color	质地 Soil texture	土壤结构 Soil structure	pH	有机质 OM/(g/kg)	全氮 TN/(g/kg)	全磷 TP/(g/kg)	全钾 TK/(g/kg)	有效磷 AP/(mg/kg)	速效钾 AK/(mg/kg)	阳离子交换量CEC/(cmol/kg)	土壤母质 Parent material	剖面点坐标 Profile coordinate	匹配指数 Matching index/%
剖1	初育土	石灰（岩）土	棕色石灰土	棕色石灰土	黑底鸡肝土	1	0—14	灰黄色	轻壤土	小块状	6.1	13.5	1.02	0.33	16.1	4.0	170	23.5		E 117°12′38.8″ N 32°42′10.5″	92
						2	14—24	灰黄色	重壤土	块状	6.8	12.7	0.85	0.36	15.6	≤1.0	145	24.1			
						3	24—64	灰黄棕色	重壤土	块状	6.8	8.0	0.50	0.21	15.7			24.8			
						4	64—120	暗黄棕色	轻黏土	粒状、碎块状	8.7	8.3	5.60	0.35	16.5			27.7			
剖2	半水成土	砂姜黑土	砂姜黑土	砂姜黑土	黑土	1	0—13	黑色	轻黏土	块状	7.3	26.0	1.39	0.15	18.9	3.0	226	44.0	黄土性古河流沉积物	E 117°12′27.0″ N 32°40′58.3″	95
						2	13—20	黑色	轻黏土	块状	7.7	16.8	1.00	0.47	18.9		205	39.3			
						3	20—52	暗黄灰色	中黏土	棱块状	8.1	19.1	1.08	0.42	19.8			49.8			
						4	52—120	黄棕色	轻黏土	块状	8.2	12.4	0.69	0.40	19.1			34.8			
剖3	初育土	石灰（岩）土	棕色石灰土	棕色石灰土	厚鸡肝土	1	0—15	棕色	重壤土	屑粒状	6.2	13.8	0.94	0.38	17.6	3.0	161	25.8	灰质角砾岩坡积物	E 117°14′36.4″ N 32°41′06.5″	74
						2	15—23	浅黄棕色	黏土	块状	6.9	10.2	0.69	0.34	19.4	≤1.0	161	25.9			
						3	23—75	暗红棕色	黏土	棱块状	7.5	5.2	0.34	0.38	22.0		150	28.2			
剖4	半水成土	砂姜黑土	砂姜黑土	砂姜黑土	黄土	1	0—15	黄灰色	重壤土	块状	7.4	15.8	1.06	0.51	17.7	11.0	365	26.7	黄土性古河流沉积物	E 117°13′03.8″ N 32°38′47.3″	95
						2	15—21	暗棕色	轻黏土	块状	7.8	8.1	0.57	0.33	18.4			25.6			
						3	21—65	黄棕色	中黏土	块状	7.8	6.7	0.67	0.27	18.6			29.3			
						4	65—150	暗棕色	重黏土	块状	7.3	4.8	4.80	0.29	20.9						
剖5	人为土	水稻土	潜育水稻土	青钙泥田	青钙泥田	1	0—11	暗灰色	重壤土	粒状、碎块状	7.4	27.2	1.58	0.39	14.5	8.0	56	20.0	山河冲积物	E 117°29′33.4″ N 32°50′43.5″	75
						2	11—20	暗青灰色	重壤土	块状	7.5	27.3	1.66	0.32	14.6	5.0	51	18.9			
						3	20—51	暗青灰色	中黏土	块状	7.6	24.3	1.41	0.32	15.4	2.0	54	17.8			
						4	51—100	灰黄色	重壤土	碎块状											
剖6	淋溶土	黄褐土	黏盘黄褐土	黄白土	灰白土	1	0—15	淡黄色	中壤土	屑粒状	6.0	14.2	0.98	0.37	16.9	3.0	103	16.8	下蜀黄土	E 117°29′26.0″ N 32°50′12.9″	74
						2	15—21	暗黄灰色	中壤土	块状	6.7	11.1	0.68	0.34	16.3	3.0	88	17.3			
						3	21—42	暗黄灰色	重壤土	块状	7.0	9.7	0.50	0.28	18.1		107	20.0			
						4	42—150	灰黄色	重壤土	块状、柱状	6.6	2.3	0.21	0.24	17.5						
剖7	半水成土	砂姜黑土	砂姜黑土	砂姜黄土		1	0—12	暗灰色	中壤土	小核状	8.2	17.1	1.31	0.61	17.9	9.0	131	34.2	黄土性古河流沉积物	E 117°19′49.7″ N 32°48′35.9″	95
						2	12—18	黄棕色	中壤土	小块状	8.1	12.6	1.05	0.55	18.2	7.0	69	14.6			
						3	18—120	黄灰色	中壤土	屑粒状	8.3	12.7	0.99	0.48	19.3		90	13.9			
剖8	淋溶土	黄褐土	黏盘黄褐土	黄白土	黄白土	1	0—13	淡黄色	中壤土	块状	6.4	14.4	0.93	0.50	14.9				下蜀黄土	E 117°29′07.3″ N 32°48′32.2″	92
						2	13—20	黄棕色	重壤土	棱块状	6.1	9.6	0.54	0.54	15.1			15.2			
						3	20—52	暗黄棕色	重壤土	棱块状	6.5	5.7	0.35	0.35	15.9						
						4	52—150														
剖9	人为土	水稻土	渗育水稻土	渗育黄土田	渗黄白土田	1	0—13	黄白色	重壤土	小块状	5.7	14.8	0.91	2.00	17.6	3.0	60	15.2	下蜀黄土	E 117°29′16.3″ N 32°46′30.7″	95
						2	13—21	黄白色	中壤土	小块状	6.9	11.5	0.73	0.24	15.2	2.0	65	15.7			
						3	21—59	灰黄色	轻黏土	块状	7.4	6.0	0.40	0.17	16.2			23.7			
						4	59—150	棕灰色	重黏土	棱块状	7.3	5.6	0.37	0.25	17.7						
剖10	淋溶土	黄褐土	黏盘黄褐土	黄白土	紧白土	1	0—12	灰白色	轻壤土	屑粒状	5.5	8.5	0.54	0.23	12.3	5.0	63	13.0	下蜀黄土	E 117°24′17.7″ N 32°46′13.8″	92
						2	12—21	灰黄色	轻黏土	碎粒状	5.8	6.8	0.42	0.21	12.7	3.0	68	12.5			
						3	21—36	棕色	轻黏土	块状	6.2	5.8	0.32	0.14	13.9						
						4	36—105	棕色	轻黏土	棱块状											
						5	105—142	灰黄色	轻壤土	棱柱状											
剖11	半水成土	砂姜黑土	砂姜黑土	砂姜黑土	死黑土	1	0—9	灰黑色	黏土	大块状	7.8	16.4	0.90	0.54	16.2	3.0	145	43.0	黄土性古河流沉积物	E 117°16′35.6″ N 32°43′52.8″	95
						2	9—28	暗黑色	轻黏土		8.1	12.8	0.75	0.58	16.4	≤1.0		42.7			
						3	28—100	灰黄色	中黏土	棱柱状	8.1	13.7	0.71	0.42	16.3			43.8			

续表 Continued

剖面号 Soil profile	土纲 Soil order	土类 Soil great group	亚类 Soil subgroup	土属 Soil genus	土种 Soil species	土层码 Layer code	土层厚度 Depth/cm	颜色 Soil color	质地 Soil texture	土壤结构 Soil structure	pH	有机质 OM/(g/kg)	全氮 TN/(g/kg)	全磷 TP/(g/kg)	全钾 TK/(g/kg)	有效磷 AP/(mg/kg)	速效钾 AK/(mg/kg)	阳离子交换量CEC/(cmol/kg)	土壤母质 Parent material	剖面点坐标 Profile coordinate	匹配指数 Matching index/%
剖12	初育土	紫色土	中性紫色土	紫泥土	紫泥土	1	0—35	暗紫色	重壤土	碎块状	7.0	28.2	1.20	0.64	26.9	4.0	182	37.3	紫色页岩坡积物、残积物	E 117°18′11.6″ N 32°44′15.1″	95
						2	35—90		重壤土	片状、块状	7.1	13.3	0.43	0.49	24.4	3.0	132	38.3			
						3	90—														
剖13	淋溶土	黄棕壤	普通黄棕壤	扁石黄棕壤	厚层扁石黄棕壤	1	0—15	灰黄色	重壤土	屑粒状	7.2	11.3	0.73	0.37	19.9	3.0	141	16.1	泥质页岩坡积物	E 117°21′18.6″ N 32°44′17.0″	95
						2	15—23	棕色	重壤土	碎块状	6.9	9.7	0.59	0.36	20.1	2.0	126	15.4			
						3	23—55	棕色	中壤土	块状	7.5	5.0	0.39	0.32	20.9	≤1.0	149	15.0			
						4	55—90	暗棕色	重壤土	块状											
剖14	初育土	紫色土	中性紫色土	紫泥土	猪血泥	1	0—13	棕色	重壤土	屑粒状									紫色页岩残积物、坡积物	E 117°24′17.4″ N 32°40′53.5″	95
						2	13—19	棕色	重壤土	碎块状											
						3	19—54	暗红棕色	重壤土	块状											
						4	54—151	暗红棕色	黏土	块状											
剖15	半水成土	潮土		淤土	淤土	1	0—11	暗黄色	重壤土	屑粒状	7.6	12.8	0.89	0.58	22.0	3.0	186	27.0	近代黄泛冲积物	E 117°41′40.6″ N 32°56′35.2″	95
						2	11—20	黄棕色	重壤土	小块状	7.7	10.5	0.57	0.57	22.0	3.0	163	30.1			
						3	20—54	黄棕色	重壤土	块状	7.9	8.0	0.71	0.71	25.3			25.6			
剖16	淋溶土	黄褐土	黏盘黄褐土	潮马肝土	潮黄白土	1	0—16	浅黄色	中壤土	屑粒状									第四纪黄土状沉积物	E 117°43′49.8″ N 32°57′11.2″	92
						2	16—23	黄褐色	轻壤土	小块状											
						3	23—101	黄棕色	重壤土	棱块状											
						4	101—150	灰棕色	重壤土	块状											
剖17	淋溶土	黄褐土	黏盘黄褐土	黄白土	均质黄白土	1	0—14	浅黄色	轻壤土	屑粒状	6.0	8.2	0.59	0.30	15.0		37	10.4	下蜀黄土	E 117°43′18.7″ N 32°55′26.6″	92
						2	14—23	浅黄色	轻壤土	块状	6.3	5.1	0.23	0.22	16.4		65	12.1			
						3	23—97	浅黄色	重壤土	块状	6.4	3.8	0.24	0.21	17.1		55	11.4			
						4	97—135	黄棕色	重壤土	块状	6.2	3.9	0.22	0.23	17.0			12.1			
剖18	淋溶土	黄褐土	黏盘黄褐土	马肝土	下位黏盘马肝土	1	0—16	黄褐色	中壤土	屑粒状	7.0	1.9			28.0				下蜀黄土	E 117°44′39.6″ N 32°54′48.9″	93
						2	16—23	暗红褐色	重壤土	棱块状	7.4	19.8	1.28	0.71	12.4	9.0	146	26.2			
						3	23—115	暗红褐色	重壤土	小块状	7.5	17.4	1.00	0.49	13.9	8.0	150	40.1			
						4	115—150	红棕色	重黏土	棱块状	7.8	14.6	1.18	0.65	12.8	3.0	141	26.2			
剖19	淋溶土	黄棕壤	普通黄棕壤	麻石黄棕壤	厚层麻石黄棕壤	1		棕色	中壤土	块状	7.6	5.6	0.35	0.60	20.9	9.0	167	24.1	白云岩残积物、坡积物	E 117°31′46.1″ N 32°53′12.0″	95
						2		淡黄色	重壤土	单粒状	7.8	3.7	0.37	0.60	20.9	8.0	138	25.6			
						3		浅黄色	重壤土	单粒状	7.9	3.2	0.19	0.59	19.8			25.6			
剖20	初育土	石灰（岩）土	棕色石灰土	中层棕色石灰土		1	0—10	浅黄色	砂土	碎粒状	6.5	9.3	0.94	0.39	17.3			26.2	近代黄泛沉积物	E 117°32′43.9″ N 32°52′52.8″	92
						2	10—18	灰棕色	砂土	小块状	6.9	8.1	0.90	0.40	17.5	7.0		40.1			
						3	18—42	黄褐色	砂土	块状	7.4	5.3	0.36	0.33	17.3		102	26.2			
						4	42—														
剖21	半水成土	潮土	黄潮土	砂土	泡砂土	1	0—15	淡黄色	砂土	屑粒状	5.2	22.5	0.93	0.34	14.5	2.0	61	8.1	近代黄泛沉积物	E 117°34′33.8″ N 32°54′56.3″	95
						2	15—24	浅黄色	轻壤土	单粒状	5.7	20.3	0.83	0.37	10.3	≤1.0	72	15.4			
						3	24—55	黄褐色	轻壤土	碎块状							46	15.2			
						4	55—120	棕黄色	轻壤土	小块状								14.4			
剖22	半水成土	潮土	灰潮土	砂泥土	砂泥土	1	0—15	灰棕色	壤土	块状	6.7	10.4	0.48	0.33	18.2	≤1.0	52	8.9	河流冲积物	E 117°37′10.5″ N 32°52′04.3″	95
						2	15—24	暗黄棕色	轻壤土	块状							36	7.4			
						3	24—150	油黄色	壤土	棱块状							37	7.2			
剖23	人为土	水稻土	渗育水稻土	渗育黄白田	渗黄白土田	A	0—16	油黄色	粉黏土		7.0	11.4	0.41	0.19	19.8		58	15.2	下蜀黄土	E 117°31′07.6″ N 32°50′53.5″	95
						Ap	16—24														
						P	24—53														
						C	53—100														

续表 Continued

剖面号 Soil profile	土纲 Soil order	土类 Soil great group	亚类 Soil subgroup	土属 Soil genus	土种 Soil species	土层码 Layer code	土层厚度 Depth/cm	颜色 Soil color	质地 Soil texture	土壤结构 Soil structure	pH	有机质 OM/(g/kg)	全氮 TN/(g/kg)	全磷 TP/(g/kg)	全钾 TK/(g/kg)	有效磷 AP/(mg/kg)	速效钾 AK/(mg/kg)	阳离子交换量CEC/(cmol/kg)	土壤母质 Parent material	剖面点坐标 Profile coordinate	匹配指数 Matching index/%
剖24	人为土	水稻土	渗育水稻土	渗育砂姜黑土田	渗黑土田	1	0—13	灰黄色	重壤土	核块状	7.7	20.7	1.38	0.65	16.7	10.0	214	39.2	黄土性古河流沉积物	E 117°42′40.8″ N 32°54′37.2″	95
						2	13—22	灰黄色	黏土	小块状	8.7	16.6	1.04	0.43	16.9			33.6			
						3	22—50	淡灰色	黏土	核块状	8.2	9.9	0.67	0.29	17.1			49.1			
						4	50—150	棕灰黄色	黏土	块状											
剖25	人为土	水稻土	渗育水稻土	渗育马肝田	渗马肝田	1	0—16	灰黄色	中壤土	屑粒状	5.9	19.2	1.06	0.23	14.6	5.0	98	17.3	下蜀黄土	E 117°43′38.4″ N 32°53′56.8″	95
						2	16—27	灰黄色	重壤土	块状	6.1	16.4	0.98	0.23	15.4	5.0	67	16.7			
						3	27—49	黄灰色	重壤土	块状	6.7	4.0	0.35	0.16	17.6	5.0	118	19.7			
						4	49—88	灰棕色	重壤土	核块状	7.3		0.34	0.18	18.8	5.0	149	27.1			
						5	88—115	暗黄棕色	重壤土												
剖26	人为土	水稻土	淹育水稻土	浅马肝田	浅黄马肝田	1	0—14	灰黄色	轻黏土	小核块状	5.5	16.2	1.03	0.30	15.7	≤1.0	133		下蜀黄土	E 117°42′08.4″ N 32°51′20.3″	95
						2	14—22	灰黄色	轻黏土	小核块状	6.5	9.2	0.69	0.24	15.5						
						3	22—60	棕黄色			6.5	4.5	0.42	0.27	14.9						
						4	60—140	浅黄灰色	重壤土	块状											
剖27	人为土	水稻土	潜育水稻土	青墡马肝田	青墡马肝田	1	0—13	暗黄灰色	重壤土	核粒状	7.4	23.3	1.36	0.42	18.5	5.0	84	15.7	下蜀黄土	E 117°38′37.7″ N 32°51′06.5″	95
						2	21—50	浅黄色	轻壤土	大块状	7.8	13.2	0.84	0.35	19.1	2.0	101	15.3			
						3		黄黄色	轻壤土	块状	7.7	6.1	0.37	0.28	21.7			14.4			
						4	50—120	黄褐色	轻壤土	块状	7.4	5.3	0.32	0.28	22.1			7.1			
剖28	人为土	水稻土	潴育水稻土	潴育石灰泥田	钙板田	1	0—14	黄褐色	中壤土	碎块状	7.7	21.3	1.11	0.29	16.7	6.0	122	23.6	石灰岩类坡积物、洪积物	E 117°32′41.1″ N 32°49′00.7″	95
						2	14—22	灰灰色	重壤土	块状	7.6	15.2	8.10	0.26	16.7	≤1.0		22.6			
						3	22—38	黄棕色	重壤土	核块状	7.4	7.0	0.48	0.21	16.7	≤1.0					
						W	38—98	棕色	轻壤土	块状	7.5	7.6	0.41	0.16	18.0						
剖29	人为土	水稻土	潴育水稻土	瘦马肝田		1	0—13	灰黄色	重壤土	核块状	5.8	10.5	0.79	0.24	16.5	6.0	66	13.3	下蜀黄土	E 117°41′20.9″ N 32°47′47.4″	95
						2	13—22	浅黄色	重壤土	核块状	6.7	11.6	0.66	0.29	17.0	3.0	72				
						3	22—39	黄棕色	重壤土	屑粒状	7.1	5.3	0.42	0.23	18.0						
						W	39—150	浅黄棕色	轻壤土	小块状											
剖30	人为土	水稻土	渗育水稻土	渗育扁石泥田	砂泥田	1	0—13	灰黄色	中壤土	小粒状	6.9	16.4	0.99	0.33	16.4	4.0	164	19.0	河流冲积物	E 117°37′51.2″ N 33°00′17.0″	95
						2	13—20	暗黄灰色	重壤土	小块状	7.5	7.2	0.51	0.30	16.2	3.0	104				
						3	20—42	黄棕色	重壤土	块状	7.4	4.6	0.32	0.24	16.4						
						4	42—120	灰黄色	重壤土	核块状	6.5	3.4		0.17	18.6						
剖31	人为土	水稻土	潴黄水稻土	马肝土	僵马肝土	1	0—13	灰黄色	中壤土	小块状	6.4	12.3	0.97	0.32	17.1	≤1.0	200	26.0	泥页岩类坡积物、洪积物	E 117°46′06.1″ N 32°55′17.9″	92
						2	13—21	暗黄灰色	重壤土	碎块状	6.4	9.4	0.32	0.24	17.1	2.0	165	28.7			
						3	21—60	黄棕色	重壤土	核块状	6.6	5.3	0.38	0.17	17.9			32.8			
						4	60—150	灰黄棕色	重壤土	无结构	6.5	3.4	0.33	0.25	18.6			29.9			
剖32	淋溶土	黄褐土	黏盘黄褐土	青马肝土	青马肝田	1	0—13	灰黄色	重壤土	小块状	6.9	19.9	1.30	0.33	18.4		237	30.1	下蜀黄土	E 117°48′03.6″ N 32°43′06.3″	95
						2	12—20	淡黄色	黏土	块状	6.7	10.2	0.62	0.23	18.1		151	46.9			
						3	20—50	青灰色	黏土	块状	6.6	10.1	0.52	0.20	18.4		154	27.4			
						4	50—	灰灰色	黏土	核块状	6.6	10.6	0.49	0.17	18.5	2.0					
剖33	人为土	水稻土	漂洗水稻土	白马肝土	白澄板田	1	0—14	灰白色	轻壤土	屑粒状	6.2	13.4	0.68	0.19	13.7	3.0	61	13.2	下蜀黄土	E 117°50′32.6″ N 32°50′44.4″	95
						2	14—25	灰白色	轻壤土	块状	6.1	11.8	0.66	0.21	13.8	2.0	53	12.7			
剖34						3	25—48	浅灰黄色	重壤土	块状	7.2	4.4	0.23		14.3	≤1.0	65				
						4	48—80	灰棕色	轻壤土	块状											
						5	80—139	黄棕色	黏土	核块状				0.21							

第二编 分县土壤图与土壤剖面数据

续表 Continued

剖面号 Soil profile	土纲 Soil order	土类 Soil great group	亚类 Soil subgroup	土属 Soil genus	土种 Soil species	土层码 Layer code	土层厚度 Depth/cm	颜色 Soil color	质地 Soil texture	土壤结构 Soil structure	pH	有机质 OM/(g/kg)	全氮 TN/(g/kg)	全磷 TP/(g/kg)	全钾 TK/(g/kg)	有效磷 AP/(mg/kg)	速效钾 AK/(mg/kg)	阳离子交换量CEC/(cmol/kg)	土壤母质 Parent material	剖面点坐标 Profile coordinate	匹配指数 Matching index/%
剖35	人为土	水稻土	渗育水稻土	渗育麻石砂泥田	渗麻砂泥田	1	0—14	浅黄色	中壤土	屑粒状									花岗岩坡积物、洪积物	E 117°51′24.2″ N 32°51′35.9″	81
						2	14—30	淡棕色	中壤土	小块状											
						3	30—75	淡棕色	中壤土	小块状											
						4	75—150	暗棕色	重壤土	棱块状											

天 长 市

主要土类说明

水稻土是天长市主要土壤类型，占本市地域面积的86%。水稻土是各类成土母质经长期种植水稻后逐渐发育形成的一种土壤。本市岗区水稻土起源于地带性的黄棕壤，圩区水稻土起源于草甸土和沼泽土。由于土壤起源不同和耕作措施的差异以及土壤形成发育时间长短不一等的影响，剖面层次有一定差异。起源于地带性的黄棕壤的水稻土，土体剖面构型为A-C、A-B-C、A-P-B-C或A-P-B-G；起源于沼泽土的水稻土，随着脱潜过程的进行，土体剖面构型为Ag-G、A-Pg-G、A-P-Wg-G；起源于草甸土的水稻土，随着水分运动方向的变化，土体剖面构型为A-P-B-G，进而发育为A-P-B-Bg-G。从上述三种起源不同的水稻土看，经过耕作、灌溉和施肥等熟化措施，定向培育，改变了原有土壤的发育方向，朝着肥沃的水稻土方向发展。根据水型不同，本市水稻土分为淹育型、潴育型、潜育型和侧漂型四个亚类。

黄棕壤是天长市第二大土壤类型，占本市地域面积的5%，多分布在矮丘顶部和岗坡地上，一般土层浅薄，处于幼年发育阶段，土体保留着原母质的棕黄色。这类土壤经过耕垦后，如能合理利用土地，精耕细作，增施有机肥料，土壤肥力可迅速提高。但如耕垦不当，可能发生水土流失，土壤贫瘠，不利于增产。土壤盐基不饱和，呈中性至微酸性。黏粒下移，在心土层形成黏盘层，成为水分下渗的障碍。铁锰在心土层集聚，形成结核，增加了该层的坚硬度，对作物生长有着不良的影响。根据成土母质不同，本市黄棕壤分为普通黄棕壤、黄棕壤性土等亚类。

小于本市地域面积3%的土壤类型还有潮土、草甸土等。

本区域中心区气候特征

本区域中心区气候特征值
Regional climate characteristics in central area of the region

气候带：北亚热带湿润气候 Climate region: North subtropical humid climate	
年平均气温 /℃ Annual average temperature /℃	15.1
年平均最高气温 /℃ Annual average maximum temperature /℃	19.9
年平均最低气温 /℃ Annual average minimum temperature /℃	11.2
年降水量 /mm Annual precipitation /mm	996
≥10℃的积温 /℃ Daily temperature accumulated in a year (≥10℃) /℃	5533
年日照时数 /h Annual sunshine /h	2083
年平均相对湿度 /% Annual average relative humidity /%	76
干燥度 Dryness	0.89

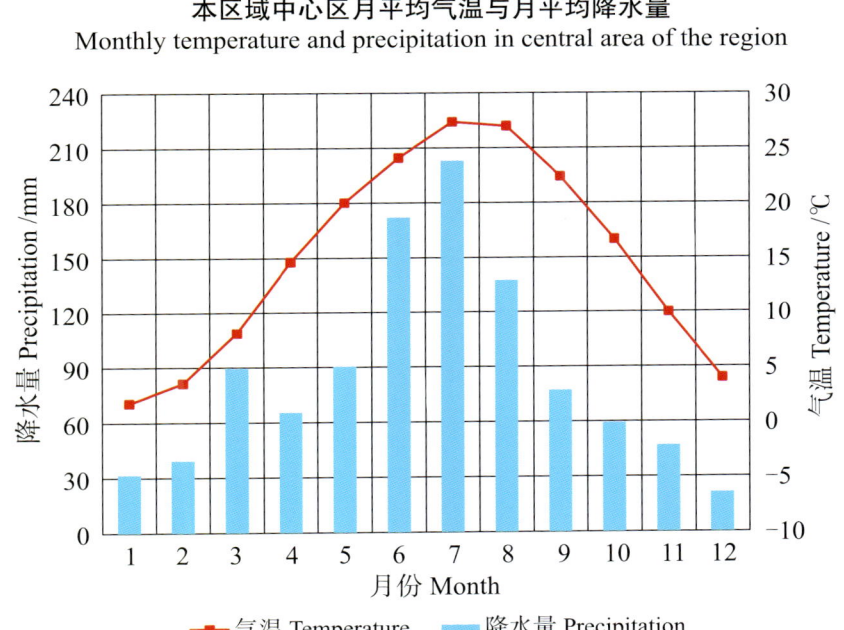

本区域中心区月平均气温与月平均降水量
Monthly temperature and precipitation in central area of the region

天长市主要土壤类型与土壤剖面点分布图
1 : 240 000

注：本图界线沿用土壤普查时点的行政界线。

天长市土壤剖面理化性状表

剖面号 Soil profile	土纲 Soil order	土类 Soil great group	亚类 Soil subgroup	土属 Soil genus	土种 Soil species	土层码 Layer code	土层厚度 Depth/cm	颜色 Soil color	质地 Soil texture	土壤结构 Soil structure	pH	有机质 OM/(g/kg)	全氮 TN/(g/kg)	全磷 TP/(g/kg)	全钾 TK/(g/kg)	有效磷 AP/(mg/kg)	速效钾 AK/(mg/kg)	阳离子交换量CEC/(cmol/kg)	土壤母质 Parent material	剖面点坐标 Profile coordinate	匹配指数 Matching index/%
剖1	淋溶土	黄棕壤	黄棕壤性暗石土	黄棕壤性暗石土		A	0–13				6.5	13.3	0.71			4.0	115			E 118°56′44.4″ N 32°55′45.8″	75
剖2	人为土	水稻土	潴育水稻土	马肝田	上位白土黄马肝田	A	0–14	灰黄色		小块状									下蜀黄土	E 118°52′21.4″ N 32°54′55.3″	95
						P	14–20	灰黄色		块状											
						Bv₁	20–43	灰白色		块状											
						Bv₂	43–117	黄棕色		核块状											
剖3	人为土	水稻土	潴育水稻土	黄白土田	灰白土田	A	0–15	灰白色	中壤土	粒状	7.0	20.6	1.30	0.66	16.7	25.0	152	1.9	下蜀黄土	E 118°51′17.4″ N 32°51′54.5″	95
						P	15–26	灰白色	中壤土	小块状	7.6	16.0	1.06	0.59	15.6	20.0	136	18.6			
						Bv	26–110	浅黄色	中壤土	块状	7.9	5.7	0.49	0.33	16.4	4.0	91	15.9			
剖4	人为土	水稻土	潴育水稻土	湖泥田	灰湖砂泥田	A	0–16	黄棕色	中壤土	屑粒状	6.3	23.8	1.36	0.44	16.3	2.0	101	20.8	湖相沉积物	E 118°51′23.3″ N 32°52′11.3″	75
						P	16–26	灰白色	中壤土	小块状	6.6	21.7	1.28	0.35	16.3	3.0	121	19.7			
						Bv₁	26–69	黄灰色	重壤土	块状	6.4	13.5	0.84	0.39	16.6	8.0	142	21.0			
						Bv₂	69–140	灰褐色	重壤土	核块状	6.2	14.8	1.41	0.36	18.5	5.0	169	25.4			
剖5	人为土	水稻土	潴育水稻土	砂泥田	砂泥田	A	0–19	灰黄色	中壤土	屑粒状	7.1	5.6	0.97	0.34	11.3	5.0	73	17.9	河流冲积物	E 118°52′12.2″ N 32°51′14.8″	95
						P	19–31	灰黄色	中壤土	小块状	7.5	9.1	0.54	0.61	15.1	2.0	61	14.7			
						Bv	31–100	灰黄色	中壤土	块状	7.5	4.8	0.38	0.54	15.6	≤1.0	54	12.3			
剖6	人为土	水稻土	潴育水稻土	湖泥田	湖泥田	A	0–14	灰白色	轻壤土	屑粒状	6.3	12.8	0.80	0.37	13.2	3.0	67	14.0	湖相沉积物	E 118°54′02.4″ N 32°52′50.7″	75
						P	14–23	浅灰色	轻壤土	小块状	6.3	12.1	0.79	0.38	13.6	3.0	73	13.4			
						Bv₁	23–51	深灰色	中壤土	块状	6.5	6.5	0.61	0.25	17.2	4.0	69	13.4			
						Bv₂	51–150	灰黄色	重壤土	小块状	6.4	11.1	0.93	0.38	18.1	5.0	128	24.5			
剖7	人为土	水稻土	潴育水稻土	烂泥田	烂泥田	A	0–20	蓝灰色	黏土	糊状	6.2	18.8	1.21	0.26	15.5	2.0	223	29.8	河流冲积物	E 118°57′11.9″ N 32°54′31.6″	75
						G	20–50	蓝灰色	重壤土	糊状	6.5	12.4	0.90	0.24	19.6	≤1.0	232	27.2			
						Bv	50–125	灰黄色	重壤土	粒状	7.0	5.2	0.54	0.26	18.2	≤1.0	116	21.1			
剖8	人为土	水稻土	潴育水稻土	青砂泥田	次潴青泥骨土田	Pg	16–26	暗黄色	重壤土	糊状	5.5									E 118°58′43.6″ N 32°54′19.1″	75
						C	26–37	暗灰色	重壤土	糊状	6.5										
						Bv	37–100	棕灰色	重壤土	核块状	6.9										
剖9	人为土	水稻土	漂洗水稻土	白马肝田	核白土田	A	0–13		中黏土	粒状	6.3	10.7	0.67	0.24	14.7	4.0	72	13.4	下蜀黄土	E 118°59′17.8″ N 32°53′55.8″	75
						P	13–22	灰黄色	中黏土	小块状	6.7	11.0	0.75	0.30	12.2	2.0	54	9.6			
						E	22–48	黄灰色	中黏土	糊块状	7.2	4.5	0.29	0.17	11.3	≤1.0	73	8.8			
						Bv	48–145	灰灰色	中壤土	块状	7.4	8.8	0.40	0.23	15.3	3.0	127	19.8			
剖10	人为土	水稻土	漂洗水稻土	白马肝田	上位焦砂核白土田	P	14–24		中壤土	粒状	7.0	10.3	0.65	0.36	10.6	5.0	70	8.6	下蜀黄土	E 118°56′57.7″ N 32°52′04.8″	75
						Bv₁	24–39	灰黄色	轻壤土	小块状	7.4	9.4	0.57	0.45	11.9	4.0	51	9.8			
						Bv₂	39–130	黄灰色	中壤土	糊状	7.7	3.5	0.27	0.27	11.5	2.0	44	15.1			
剖11	人为土	水稻土	潴育水稻土	青砂泥田	高位强潜青湖泥土田	A	0–12	灰黄色	中壤土	粒状	6.7	3.4	0.58	0.30	17.9	≤1.0	146	34.2	湖相沉积物	E 118°53′14.0″ N 32°51′39.2″	95
						Pg	12–19	黄灰色	中黏土	小块状	6.2	28.4	1.64	0.42	15.4	4.0	125	41.4			
						G	19–100	灰灰色	轻壤土	糊块状	6.3	24.9	1.45	0.36	16.2	3.0	131	43.6			
剖12	人为土	水稻土	潴育水稻土	黄白土田	上位焦砂黄白土田	A	0–15	黄灰色	中壤土	碎块状	6.7	17.1	1.05	0.31	15.8	3.0	137	41.2	下蜀黄土	E 118°55′33.6″ N 32°51′33.1″	95
						P	15–25	黄灰色	中壤土	小块状	6.8										
						Bvm	25–40	灰黄色	中壤土	糊状	6.8										
						Bv	40–105	黄棕色	重壤土	核块状	6.8										

续表 Continued

剖面号 Soil profile	土纲 Soil order	土类 Soil great group	亚类 Soil subgroup	土属 Soil genus	土种 Soil species	土层码 Layer code	土层厚度 Depth/cm	颜色 Soil color	质地 Soil texture	土壤结构 Soil structure	pH	有机质 OM/(g/kg)	全氮 TN/(g/kg)	全磷 TP/(g/kg)	全钾 TK/(g/kg)	有效磷 AP/(mg/kg)	速效钾 AK/(mg/kg)	阳离子交换量CEC/(cmol/kg)	土壤母质 Parent material	剖面点坐标 Profile coordinate	匹配指数 Matching index/%
剖13	人为土	水稻土	潜育水稻土	青湖泥田	低位强潜青湖泥田	A	0—15	黄灰色	重壤土	粒状	5.8	20.7	1.19			6.0	139		湖相沉积物	E 118°56′12.1″ N 32°52′23.9″	75
剖14	人为土	水稻土	潴育水稻土	砂泥田	上位弱潜砂骨土田	P	15—26	黄灰色	黏土	小块状	6.8								河流冲积物	E 118°55′45.4″ N 32°50′42.5″	95
						Bv	26—46	黄灰色	黏土	块状	6.8										
						G	46—100	黄灰色	黏土	糊状	6.9										
剖15	人为土	水稻土	潴育水稻土	青马肝田	高位弱潜青马肝田	A	0—18	灰黄色	重壤土	小块状	6.5								下蜀黄土	E 118°48′30.5″ N 32°48′50.5″	95
						P	18—33	青黄色	黏土	块状	6.8										
						Bv	33—43	黄棕色	黏土	块状	7.0										
						Bvca	43—120	黄褐色	黏土	棱块状	7.0										
剖16	人为土	水稻土	潴育水稻土	马肝田	黑马肝田	A	0—13	黄灰色	黏土	粒状	6.5								下蜀黄土	E 118°53′16.8″ N 32°48′41.6″	95
						Pg	13—23	青灰色	黏土	小块状	6.0										
						Bv	23—115	深灰色	黏土	块状	6.5										
剖17	人为土	水稻土	潴育水稻土	马肝田	瘦马肝田	A	0—19	黄黄色		小块状									下蜀黄土	E 118°59′49.1″ N 32°45′19.7″	95
						P	19—27	黄黄色		块状											
						W	27—52	灰黄色		棱柱状											
						C	52—110	黄黄色		棱柱状											
剖18	人为土	水稻土	潴育水稻土	马肝田	薄潜黄马肝田	A	0—12	褐黄色	轻黏土	屑粒状	6.5	11.6	1.16	0.36	16.0	5.0	136	24.1	下蜀黄土	E 118°52′42.9″ N 32°45′27.1″	96
						P	12—20	灰白色	轻黏土	小块状	7.4	12.6	0.75	0.30	16.1	5.0	114	24.0			
						Bv	20—110	黄褐色	轻黏土	块状	7.6	7.4	0.43	0.27	19.2	≤1.0	145	33.0			
剖19	人为土	水稻土	潴育水稻土	青马肝田	次潜青马肝田	A	0—13	灰黄色		小块状	5.8								下蜀黄土	E 118°48′25.6″ N 32°40′21.2″	95
						Ag	13—27	青黄色		块状	6.0										
						Bv₁	27—43	棕黄色		棱块状	6.5										
						Bv₂	43—110	黄黄色		棱柱状	6.5										
剖20	人为土	水稻土	潴育水稻土	黄白土田	黄白土田	A	0—14	灰黄色	重壤土	粒状	6.0	12.3	0.82	0.24	13.2	3.0	82	13.2	下蜀黄土	E 118°47′20.7″ N 32°42′15.7″	95
						Ag	14—46	青黄色	重壤土	糊状	6.0	5.5	0.43	0.23	14.8	≤1.0	58	14.3			
						Bv	46—140	黄黄色	重壤土	块状	6.0	6.7	0.48	0.16	13.6	≤1.0	66	20.7			
剖21	人为土	水稻土	潴育水稻土	马肝田	黄马肝田	A	0—16	黄灰色	中壤土	小块状	6.8	19.3	2.22	0.35	18.0	4.0	122	20.6	下蜀黄土	E 118°47′12.9″ N 32°40′44.1″	95
						P	16—25	黄灰色	中壤土	块状	6.5	16.1	1.06	0.45	15.9	3.0	144	18.8			
						Bv	25—125	深灰色	轻黏土	块状	7.4	6.1	0.51	0.39	15.5	3.0	113	18.8			
剖22	人为土	水稻土	潴育水稻土	青马肝田	上位夹砂骨土田	A	0—14	灰黄色	重壤土	小块状	7.5	2.8	0.31	0.45	14.1	4.0	73	14.3	河流冲积物	E 118°45′03.7″ N 32°43′46.4″	95
						P	14—23	棕黄色	重壤土	棱块状	6.7										
						W	23—47	黄黄色	重壤土	块状	7.2										
						C	47—125	灰黄色	重壤土	粒状	7.2										
剖23	人为土	水稻土	淹育水稻土	浅马肝田	浅黄马肝田	A	0—18	浅黄色	重壤土	小块状	6.0	12.9	0.40	0.40	15.5	8.0	121	17.9	下蜀黄土	E 118°55′04.1″ N 32°41′05.5″	95
						P	18—28	暗灰色	重壤土	块状	6.4	9.8	0.64	0.64	13.0	7.0	117	17.6			
						S	28—75	黄棕色	轻黏土	块状	6.5	5.0	0.68	0.68	14.6	≤1.0	105	26.4			
						Bv	75—100	灰白色	轻黏土	小粒状	7.0	8.2	0.50	0.25	12.4	9.0	43	9.4			
剖24	人为土	水稻土	漂洗水稻土	白马肝田	澄白土田	A	0—13	灰白色	轻壤土	粒状	6.5	5.3	0.45	0.23	12.6	3.0	70	9.0	下蜀黄土	E 119°01′07.7″ N 32°53′07.7″	95
						P	13—20	灰白色	轻黏土	块状	7.7	8.5	0.36	0.20	20.2	≤1.0	49	26.9			
						Bv₁	20—28	黄棕色	轻黏土	棱柱状	7.2	4.1	0.49	0.25	23.7	3.0	42	11.5			
						Bv₂	28—140	黄黄色	重黏土	块状	5.1	36.3	2.37	0.41	20.3	7.0	143	38.2			
剖25	人为土	水稻土	潜育水稻土	青湖泥田	中位弱潜青湖泥田	A	0—14	灰灰色	中黏土	小块状	5.3	36.0	2.31	0.36	21.4	5.0	152	35.9	湖相沉积物	E 119°02′58.4″ N 32°51′13.5″	95
						Pg	14—23	蓝灰色	中黏土	块状											
						Bvg	23—100	蓝灰色	中黏土	块状	5.2	36.4	1.92	0.38	18.6	7.0	214	38.1			

续表 Continued

剖面号 Soil profile	土纲 Soil order	土类 Soil great group	亚类 Soil subgroup	土属 Soil genus	土种 Soil species	土层码 Layer code	土层厚度 Depth/cm	颜色 Soil color	质地 Soil texture	土壤结构 Soil structure	pH	有机质 OM/(g/kg)	全氮 TN/(g/kg)	全磷 TP/(g/kg)	全钾 TK/(g/kg)	有效磷 AP/(mg/kg)	速效钾 AK/(mg/kg)	阳离子交换量CEC/(cmol/kg)	土壤母质 Parent material	剖面点坐标 Profile coordinate	匹配指数 Matching index/%
剖26	人为土	水稻土	潴育水稻土	砂泥田	泥骨土田	A	0—25	青灰色	轻黏土	小块状	6.1	15.3	1.05	0.31	18.7	≤1.0	170	15.3	河流冲积物	E 119°02′57.1″ N 32°50′40.7″	95
						P	25—31	黄灰色	重壤土	块状	7.3	3.9	0.34	0.33	18.1	2.0	129	11.2			
						Bv	31—100	灰棕色	轻黏土	棱块状	7.5	3.4	0.33	0.33	20.8	2.0	168	19.4			
剖27	人为土	水稻土	脱潜水稻土	脱青马肝田	脱青马肝田	A	0—15	浊黄橙色	壤质黏土	小块状	6.6	16.9	1.05	0.33	15.9	4.0	86	23.8	下蜀黄土	E 119°01′19.4″ N 32°43′48.6″	82
						Ap	15—25	灰黄棕色	黏土	小块状	6.7	16.0	1.04	0.33	14.0	4.0	95	20.7			
						Gw	25—75	灰黄棕色	壤质黏土	棱块状	6.3	17.4	1.01	0.23	12.3	4.0	133	17.1			
						G	75—115	棕灰色													
剖28	人为土	水稻土	潴育水稻土	湖泥田	湖泥田	A	0—16	灰黄色	重壤土	小块状	6.5	17.9	1.01	0.27	19.2	≤1.0	115	24.7	湖相沉积物	E 119°06′19.9″ N 32°42′46.0″	95
						P	16—24	黄灰色	重壤土	块状	7.2	13.0	0.81	0.14	16.0	≤1.0	98	24.5			
						Bv₁	24—42	深灰色	重壤土	块状	7.7	5.6	0.32	0.18	14.0	≤1.0	86	20.3			
						Bv₂	42—145	深灰色	重壤土	粒状	7.5	5.4	0.35	0.40	17.8	≤1.0	115				
剖29	人为土	水稻土	潴育水稻土	黄白土田	上位白土黄白土田	A	0—18	灰黄色	中壤土	小块状	7.0								下蜀黄土	E 119°05′41.6″ N 32°35′36.5″	95
						P	18—28	黄灰色	中壤土	块状	7.0										
						W	28—35	灰黄色	中壤土	块状	6.0										
						E	35—60	灰黄棕色	轻壤土	棱柱状	6.5										
						Bv	60—160	黄棕色	黏土		7.0										
剖30	人为土	水稻土	潜育水稻土	青马肝田	中位强潜青马肝田	A	0—18	灰黄色	重壤土	小块状	5.7	21.7	1.28	0.27	14.9	2.0	≤5	≥50.0	下蜀黄土	E 119°01′23.1″ N 32°35′50.3″	95
						Pg	18—26	青灰色	重壤土	块状	5.9	20.1	1.09	0.21	15.3	≤1.0	≤5	≥50.0			
						G	26—53	青灰色	轻黏土	糊状	6.8	9.5	0.68	0.22	15.4	6.0	6	≥50.0			
						Bv	53—150	棕灰色	重壤土	块状	7.5	4.4	0.40	0.25	14.9	3.0	≤5	≥50.0			

明 光 市

主要土类说明

黄褐土是明光市主要土壤类型，占本市地域面积的25%，主要集中分布在本市中部岗地。土壤在2m深的剖面常有均质黄土层、黏盘层和网纹层三个层段。均质黄土层呈灰棕色或黄棕色，轻壤至重壤，小块状结构，中下部常有铁锰斑块和结核。黏盘层为黄棕色或褐棕色，黏质，紧实，干缩时垂直节理明显，呈棱柱状、块状结构，结构面上胶膜明显，内部有大量铁锰结核。网纹层灰白和黄棕相间，呈杂色树枝状。土壤盐基饱和度和pH随剖面深度逐渐增高。在1.7m以下的土体中，可见浅棕黄色土体，并有圆球状或卵状石灰结核出现，颜色灰白，表面凹凸不平，有"U"状小槽，空心放射状，个体大小不一，一般直径在2—6cm，大的可达10cm以上。

粗骨土是明光市第二大土壤类型，占本市地域面积的24%，集中分布在三界、涧溪等地。其成土母质为多种岩石风化物，属A-C构型，在较薄的A层下，为不同厚薄的风化碎屑层，土体中砾石含量在50%以上。在侵蚀严重地区风化碎屑裸露，显粗骨特征，无淋溶淀积层发育，具有母岩特性。

水稻土是明光市第三大土壤类型，占本市地域面积的21%。水稻土是人为水耕熟化形成的非地带性土壤，具有耕作层、犁底层、渗育层、淀积层、侧渗层、潜育层等不同层次组合。

潮土占明光市地域面积的14%，集中分布在淮河以及池河、南砂河沿岸。其成土母质为河流冲积物或湖泊沉积物。地下水借毛管作用引起土壤氧化还原交替发生，在土壤剖面中形成各种色泽的锈纹、锈斑或细小的铁锰结核，这是潮土剖面的主要特征。在剖面中，同一层的质地和颜色比较均一。

黄棕壤占明光市地域面积的6%，主要分布在本市中部和南部。其成土母质为多种岩石风化物及黄土状沉积物。黄棕壤有明显的黏化过程，心土层多为棕色，呈棱块状、棱柱状和块状结构。上层土壤呈酸性或微酸性。表土层因利用情况不同而异，未垦的黄棕壤有残落物层与腐殖质层。残落物层的厚度因植被而异，在乔木林下一般厚约1cm，为半分解的植物残体。腐殖质层为暗灰棕色，其厚度随凋落物厚度而变化，针叶林下较薄，针叶阔叶混交林下较厚，而灌丛草类下最厚，表土呈屑粒状及块状结构，疏松多孔，向下逐渐过渡到心土层。心土层之下为母质层。

小于本市地域面积3%的土壤类型还有紫色土、石质土、石灰（岩）土。

本区域中心区气候特征

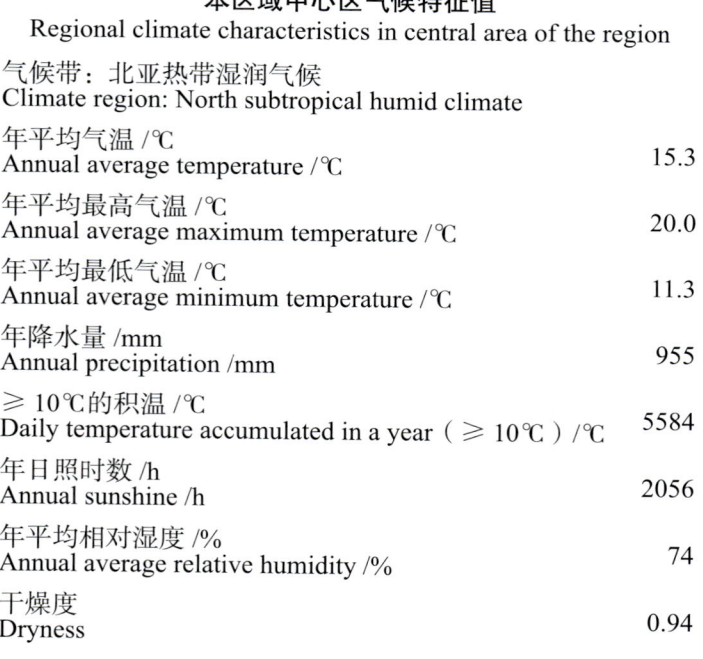

本区域中心区气候特征值
Regional climate characteristics in central area of the region

气候带：北亚热带湿润气候 Climate region: North subtropical humid climate	
年平均气温 /℃ Annual average temperature /℃	15.3
年平均最高气温 /℃ Annual average maximum temperature /℃	20.0
年平均最低气温 /℃ Annual average minimum temperature /℃	11.3
年降水量 /mm Annual precipitation /mm	955
≥10℃的积温 /℃ Daily temperature accumulated in a year (≥10℃) /℃	5584
年日照时数 /h Annual sunshine /h	2056
年平均相对湿度 /% Annual average relative humidity /%	74
干燥度 Dryness	0.94

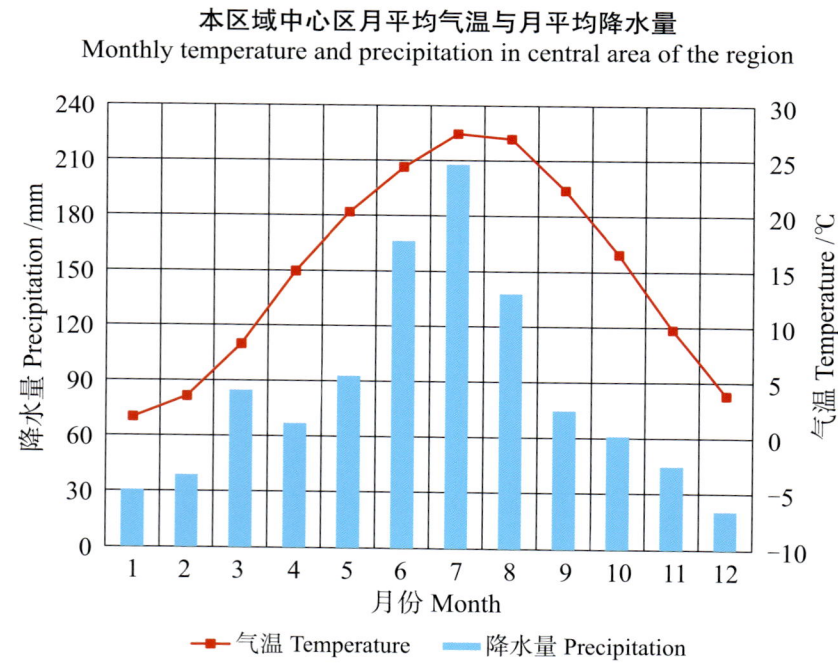

本区域中心区月平均气温与月平均降水量
Monthly temperature and precipitation in central area of the region

嘉山县主要土壤类型与土壤剖面点分布图
1∶280 000

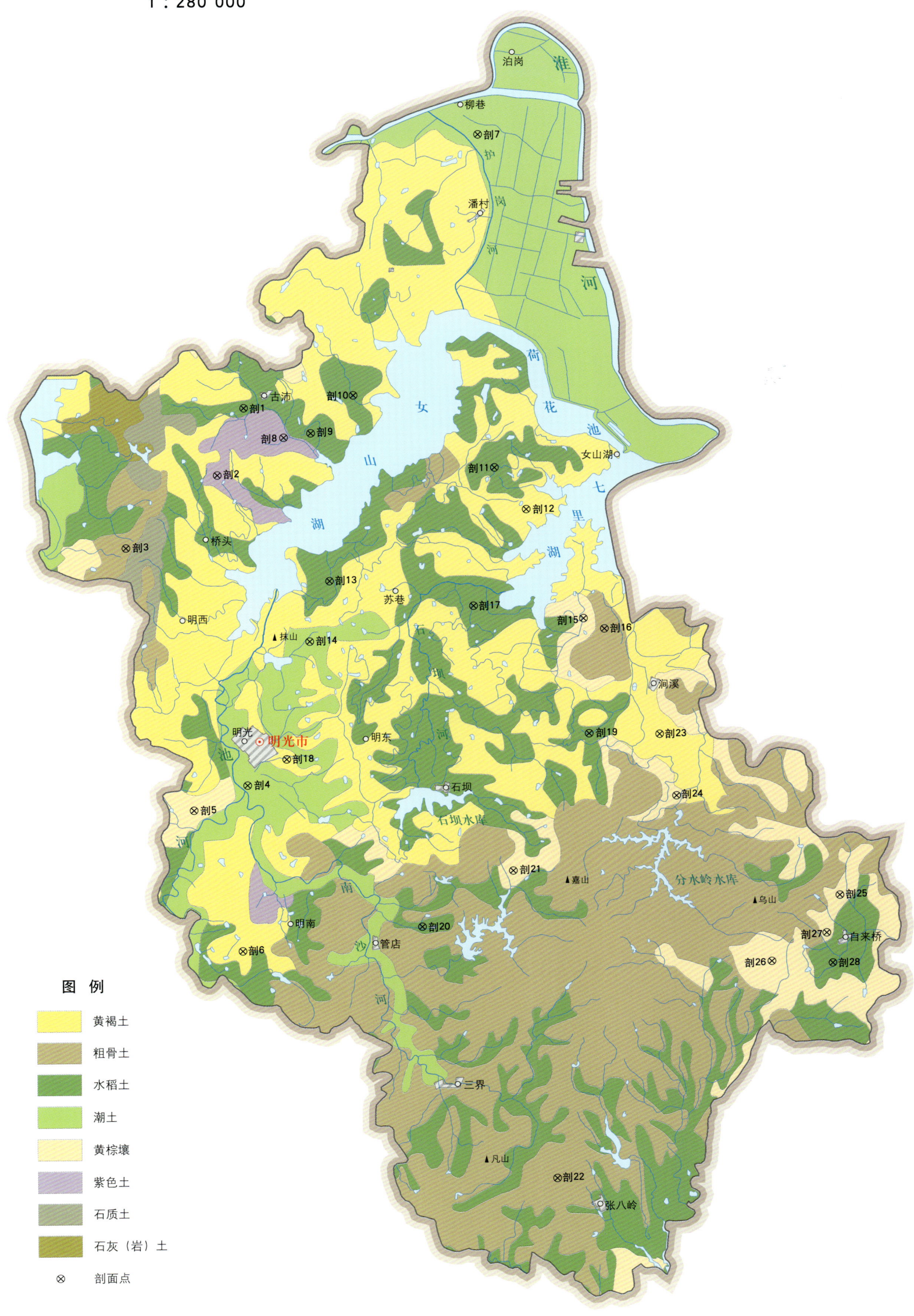

图 例

- 黄褐土
- 粗骨土
- 水稻土
- 潮土
- 黄棕壤
- 紫色土
- 石质土
- 石灰（岩）土
- ⊗ 剖面点

注：本图界线沿用土壤普查时点的行政界线。国务院1994年5月批准，撤销嘉山县，设立明光市。

明光市土壤剖面理化性状表

剖面号 Soil profile	土纲 Soil order	土类 Soil great group	亚类 Soil subgroup	土属 Soil genus	土种 Soil species	土层码 Layer code	土层厚度 Depth/cm	颜色 Soil color	质地 Soil texture	土壤结构 Soil structure	pH	有机质 OM/(g/kg)	全氮 TN/(g/kg)	全磷 TP/(g/kg)	全钾 TK/(g/kg)	有效磷 AP/(mg/kg)	速效钾 AK/(mg/kg)	阳离子交换量CEC/(cmol/kg)	土壤母质 Parent material	剖面点坐标 Profile coordinate	匹配指数 Matching index/%
剖1	人为土	水稻土	潴育水稻土	马肝田	黑马肝田	1	0—15	暗灰色	重壤土	团块状	6.8								下蜀黄土	E 117°58′51.4″ N 32°58′50.9″	95
						2	15—24	棕灰色	重壤土	块状	6.9										
						3	24—57	浅灰色	壤土	棱柱状	7.0										
						4	57—90	黄灰棕色	黏土	棱块状	6.9										
						5	90—105	灰黄棕色	黏土	碎块状	6.9										
剖2	初育土	紫色土	中性紫色土	紫泥土	薄层紫泥土	1	0—14	紫棕色	中壤土	碎块状	6.5								紫棕色页岩风化物	E 117°57′44.5″ N 32°56′28.9″	75
						2	14—19	棕灰色	中壤土	块状	6.8										
剖3	初育土	粗骨土	硅质粗骨土	硅质粗骨土	硅质粗骨土	1	0—8	灰黄棕色	砂壤土	粒状	6.0								石英岩类风化物	E 117°53′59.2″ N 32°53′55.5″	75
						2	8—12	黄灰色	砂壤土	粒状	6.0										
剖4	半水成土	潮土	灰潮土	砂泥土	砂心砂泥土	1	0—15	黄灰色	轻壤土	块状	6.4								河流冲积物	E 117°58′51.3″ N 32°45′24.5″	95
						2	15—24	浅灰黄色	砂土	块状	6.8										
						3	24—65	灰黄色	中壤土	单粒状	7.0										
						4	65—82	灰黄色	中壤土	块状	6.8										
						5	82—110	深灰色	中壤土	块状	7.2										
剖5	淋溶土	普通黄棕壤	黄棕壤	暗石灰黄棕土	中层黄石灰土	1	0—12	暗棕色	重壤土	小块状	6.2								玄武岩坡积物	E 117°56′39.4″ N 32°44′32.4″	95
						2	12—21	褐棕色	重黄土	块状	6.4										
						3	21—55	棕灰色	重壤土	棱块状	6.6										
剖6	淋溶土	黄褐土	黏盘黄褐土	黏盘黄褐土	上位黏盘黄褐土	1	0—4	黄灰色	重壤土	小块状	6.7								下蜀黄土	E 117°58′34.7″ N 32°39′28.4″	78
						2	4—35	黄灰色	黏土	块状	6.7										
						3	35—68	暗黄棕色	黏土	棱柱状	7.0										
						4	68—100	黄灰棕色	黏土	块状	7.8										
剖7	半水成土	潮土	黄潮土	淤土	淤土	1	0—14	浅棕灰色	黏土	屑粒状	8.0								近代黄泛沉积物	E 118°08′32.4″ N 33°08′30.6″	95
						2	14—25	棕灰色	黏土	小块状	8.0										
						3	25—81	暗棕灰色	重壤土	块状	8.0										
						4	81—94	黄灰色	重壤土	块状	8.2										
						5	94—123	黄灰色	壤土	小块状	7.8										
剖8	初育土	紫色土	石灰性紫色土	石灰性紫泥土	中层石灰性紫泥土	1	0—8	紫棕色	重壤土	块状	8.4									E 118°00′28.8″ N 32°57′47.0″	75
						2	8—32	棕灰色	黏土	块状	6.5										
剖9	人为土	水稻土	潴育水稻土	黄白土田	黄白土田	1	0—14	浅黄灰色	重壤土	块状	6.7								下蜀黄土	E 118°01′35.2″ N 32°57′56.0″	95
						2	14—22	暗黄灰色	黏土	棱柱状	6.8										
						3	22—52	浅黄灰色	黏土	块状	6.8										
						4	52—105	浅棕灰色	中壤土	小块状	6.8										
剖10	人为土	水稻土	潴育水稻土	紫砂泥田	紫泥田	1	0—13	灰棕色	中壤土	块状	6.0								紫色砂砾岩类坡积物	E 118°03′20.7″ N 32°59′15.3″	95
						2	13—22	紫棕色	中壤土	块状	7.0										
						3	22—57	红棕色	中壤土	碎块状	6.8										
						4	57—125	黄灰黄色	黏土	小块状	6.5										
剖11	人为土	水稻土	渗育水稻土	渗马肝田	渗马肝田	1	0—13	灰黄色	黏土	块状	6.8								下蜀黄土	E 118°09′05.4″ N 32°56′37.6″	95
						2	13—22	黄灰棕色	黏土	棱柱状	6.8										
						3	22—58	灰黄棕色	黏土	棱柱状	7.0										
						4	58—108	灰黄棕色	黏土	棱柱状	7.0										

续表 Continued

剖面号 Soil profile	土纲 Soil order	土类 Soil great group	亚类 Soil subgroup	土属 Soil genus	土种 Soil species	土层码 Layer code	土层厚度 Depth/cm	颜色 Soil color	质地 Soil texture	土壤结构 Soil structure	pH	有机质 OM/(g/kg)	全氮 TN/(g/kg)	全磷 TP/(g/kg)	全钾 TK/(g/kg)	有效磷 AP/(mg/kg)	速效钾 AK/(mg/kg)	阳离子交换量CEC/(cmol/kg)	土壤母质 Parent material	剖面点坐标 Profile coordinate	匹配指数 Matching index/%
剖12	淋溶土	黄褐土	黏盘黄褐土	马肝土	夹砾马肝土	1	0–12	浅黄灰色	重壤土	小块状	6.2								下蜀黄土	E 118°10′22.1″ N 32°55′07.0″	92
						2	12–22	灰黄色	黏土	小块状	6.0										
						3	22–57	黄棕色	黏土	棱柱状	7.0										
						4	57–83	棕黄色	黏土	棱柱状	7.0										
剖13	人为土	水稻土	潴育水稻土	暗石泥田	瀦暗石泥田	1	0–12	暗黄棕色	黏土	小块状	6.4								玄武岩坡积物	E 118°02′17.6″ N 32°52′38.3″	95
						2	12–23	青灰色	黏土	小块状	6.9										
						3	23–58	暗黄棕色	黏土	棱柱状	6.8										
						4	58–110	黄灰色	黏土	棱柱状	7.0										
剖14	半水成土	潮土	灰潮土	泥骨土	河泥土	1	0–14	灰黄色	重壤土	小块状	6.5								远河相冲积物	E 118°01′27.6″ N 32°50′29.8″	95
						2	14–23	灰黄棕色	重壤土	块状	6.8										
						3	23–61	暗黄棕色	重壤土	棱块状	6.9										
						4	61–112	黄灰色	重壤土	棱块状	7.0										
剖15	淋溶土	黄棕壤	普通黄棕壤	细粒黄棕壤	中层砾黏细粒土	1	0–12	浅黄灰色	轻壤土	小块状	6.0								中性角斑岩残积物、坡积物	E 118°12′39.2″ N 32°51′11.0″	75
						2	12–21	灰黄棕色	轻壤土	小块状	6.4										
						3	21–48	灰棕色	轻壤土	屑粒状	6.6										
剖16	初育土	粗骨土	硅铝质粗骨土	麻石硅铝质粗骨土	麻石粗骨土	1	0–12	黄灰色	砂壤土	粒状	5.9								玄武岩坡积物	E 118°13′30.1″ N 32°50′48.3″	95
						2	12–23	棕黄色	砂壤土	屑粒状	6.8										
剖17	人为土	水稻土	潴育水稻土	暗石泥田	暗石泥田	1	0–13	暗黄色	重壤土	小块状	6.8								玄武岩坡积物	E 118°08′10.0″ N 32°51′40.9″	95
						2	18–25	棕灰色	黏土	棱柱状	6.6										
						3	25–80	浅灰棕色	黏土	棱柱状	6.7										
						4	80–105	暗黄棕色	黏土	棱块状	7.0										
剖18	淋溶土	黄褐土	黏盘黄褐土	黄马土	上位黏盘灰白土	1	0–14	暗黄灰色	中壤土	团粒状									下蜀黄土	E 118°00′28.2″ N 32°46′19.2″	78
						2	14–23	黄黄灰色	中壤土	小块状	6.4										
						3	23–67	灰黄棕色	黏土	棱柱状	6.5										
						4	67–104	灰黄棕色	黏土	棱柱状	6.8										
剖19	人为土	水稻土	漂洗水稻土	白马肝田	白马肝田	1	0–12	灰褐色	轻壤土	小块状	7.0								下蜀黄土	E 118°12′49.6″ N 32°47′04.8″	95
						2	12–20	暗黄灰色	中壤土	块状	6.8										
						3	20–107	棕灰色	黏土	棱块状	7.0										
剖20	人为土	水稻土	潴育水稻土	细粒砂泥田	细粒砂泥田	1	0–14	浅黄灰色	中壤土	小块状	7.0								角斑岩坡积物	E 118°05′54.1″ N 32°40′14.4″	95
						2	14–23	浅灰棕色	黏土	块状	6.8										
						3	23–57	暗灰棕色	黏土	棱块状	7.0										
						4	57–84	灰黄色	黏土	棱块状	7.0										
						5	84–118	黄棕色	黏土	棱块状	7.8										
剖21	淋溶土	普通黄棕壤	黏盘黄褐壤	细粒黄棕壤	厚层细粒土			暗黄棕色	中壤土	小块状	6.5								中性结晶岩类残积物、坡积物	E 118°09′39.4″ N 32°42′11.5″	95
						A	0–8	灰棕色	中壤土	棱柱状	6.2										
						C	8–12	灰褐色	重壤土	棱块状	6.8										
剖22	初育土	粗骨土	酸性粗骨土	酸盘砂土	岗集砂砾土	1	0–14	灰棕色	砂质黏壤土	屑粒状	5.9	11.4	0.90	0.30	18.8	5.0	153	9.4	石英岩风化物	E 118°11′15.0″ N 32°31′14.5″	95
						2	14–23	黄棕色	砂砾土	小块状	6.2	7.9	0.70	0.40	18.4	2.0	132	7.2			
剖23	人为土	黄褐土	黏盘黄褐壤	潮马肝土	潮马肝土	1	0–14	暗黄棕色	黏土	板块状	6.5								下蜀黄土	E 118°15′41.6″ N 32°47′01.1″	92
						2	14–23	黄棕色	黏土	棱块状	7.0										
						3	23–57	黄棕色	重壤土	棱块状	6.8										
						4	57–110	暗黄棕色	重壤土	小块状	7.1										
剖24	淋溶土	黄棕壤	黄棕壤性土	暗石黄棕壤性土	中层暗石黄棕壤性土	1	0–13	棕灰色	重壤土	棱块状									玄武岩与基性岩风化物	E 118°16′21.5″ N 32°44′47.2″	95
						2	13–28	棕灰色	重壤土	块状											
						3	28–58	棕灰色	重壤土	棱块状											

续表 Continued

剖面号 Soil profile	土纲 Soil order	土类 Soil great group	亚类 Soil subgroup	土属 Soil genus	土种 Soil species	土层码 Layer code	土层厚度 Depth/cm	颜色 Soil color	质地 Soil texture	土壤结构 Soil structure	pH	有机质 OM/(g/kg)	全氮 TN/(g/kg)	全磷 TP/(g/kg)	全钾 TK/(g/kg)	有效磷 AP/(mg/kg)	速效钾 AK/(mg/kg)	阳离子交换量CEC/(cmol/kg)	土壤母质 Parent material	剖面点坐标 Profile coordinate	匹配指数 Matching index/%
剖25	淋溶土	黄棕壤	普通黄棕壤	细粒黄棕土	中层细粒土	A		浅灰黄色	轻壤土	粒状	6.2								中性结晶岩类残积物、坡积物	E 118°22′57.5″ N 32°41′06.6″	95
								黄灰色	砂壤土	小块状	6.2										
								棕褐色	砂壤土	小块状	6.9										
剖26	淋溶土	黄棕壤	普通黄棕壤	铁质黄棕壤土	官山(耕种)鸡粪土	Ap		暗棕色	壤质黏土	小块状	7.0	14.7	1.04	2.94	16.0	25.0	127	21.7	玄武岩风化残积物、坡积物	E 118°20′08.1″ N 32°38′47.0″	95
						B₁		棕灰色	壤质黏土	块状	7.0	11.7	0.77	3.39	16.9	29.0	99	22.1			
						B₂		棕灰色	壤质黏土	棱块状	6.9	8.6	0.67	3.11	14.1	19.0	88	26.5			
								暗棕色	壤质黏土	棱块状	6.8	7.2	0.57	3.45	13.3	12.0	91	31.5			
剖27	淋溶土	黄棕壤	普通黄棕壤	暗石黄棕土	厚层暗石土			暗棕灰色	重壤土	小块状	6.2									E 118°22′23.2″ N 32°39′46.0″	95
								棕灰色	重壤土	块状	6.4										
								褐灰色	黏土	棱块状	6.4										
								暗棕色	重壤土	棱块状	6.6										
剖28	人为土	水稻土	潴育水稻土	砂泥田	河泥田	1	0—18	棕灰色	重壤土	块状	6.3								河流冲积物	E 118°22′37.5″ N 32°38′40.6″	95
						2	18—22	灰棕色	重壤土	块状	6.4										
						3	22—48	黄灰色	重壤土	棱柱状	6.7										
						4	48—87	棕灰色	黏土	棱块状	6.8										
						5	87—106	棕黄色	黏土	棱块状	6.6										

阜 阳 市

太 和 县

主要土类说明

砂姜黑土是太和县主要土壤类型，占本县地域面积的74%，主要分布于坟台、宫集、三堂、洪山、赵庙、关集、倪邱等地。砂姜黑土是经过草甸潜育化、脱潜育化和人工熟化作用形成的。砂姜黑土层次明显，具有潜育性的黑土层和砂姜层，犁底层以下为棱柱状结构。黑土层厚度一般为30—40cm，黑土层的下限随地形起伏而变化，颜色深浅不一，土体无石灰反应。砂姜层埋位一般在70cm，其厚度在1m左右，上部少而小，多为面砂姜；下部多而大，多为硬砂姜。耕作层厚15—20cm，浅灰黄色至浅灰色，多粒状结构，质地重壤土至黏壤土。犁底层厚10—15cm，灰色，结构紧实，片状或块状结构，质地重壤土至黏土。心土层灰色或深灰色，质地黏土，柱状结构，纵向裂隙明显，结构面有灰白色胶膜和锈色斑纹，铁锰结核增多。底土层灰黄色，锈斑、锈纹明显，出现砂姜淀积和铁锰结核，有不同程度的潜育化现象。

潮土是太和县第二大土壤类型，占本县地域面积的24%，是近代黄泛冲积物在地下水毛管作用的影响下，经过旱耕熟化发育而形成的土壤，具有潮化和旱耕熟化两个过程，部分附加有盐碱化过程。潮化过程系指地下水由于毛管作用而引起土壤氧化还原交替发生。铁的还原移动和氧化积累，在剖面中下部形成锈纹、锈斑。旱耕熟化过程使土壤形成疏松的耕作层，增加了土壤的透气性，减小了土壤容重，熟化层加厚，提高了土壤有机质和养分含量，土壤结构、水气状况、质地均得到改善，使黏质淤土和粗质砂土变成肥沃的两合土，土壤剖面结构也发生了新的变化，形成了耕作层、犁底层、心土层和底土层。

本区域中心区气候特征

本区域中心区气候特征值
Regional climate characteristics in central area of the region

气候带：暖温带亚湿润气候 Climate region: Warm temperate subhumid climate	
年平均气温 /℃ Annual average temperature /℃	14.9
年平均最高气温 /℃ Annual average maximum temperature /℃	20.3
年平均最低气温 /℃ Annual average minimum temperature /℃	10.5
年降水量 /mm Annual precipitation /mm	898
≥10℃的积温 /℃ Daily temperature accumulated in a year (≥10℃) /℃	5461
年日照时数 /h Annual sunshine /h	2108
年平均相对湿度 /% Annual average relative humidity /%	72
干燥度 Dryness	1.01

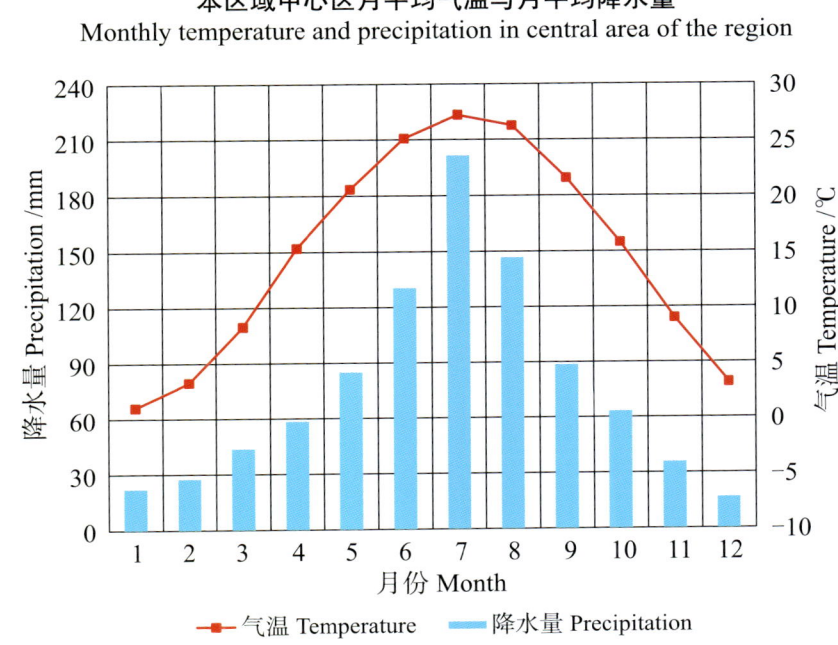

本区域中心区月平均气温与月平均降水量
Monthly temperature and precipitation in central area of the region

太和县主要土壤类型与土壤剖面点分布图
1:220 000

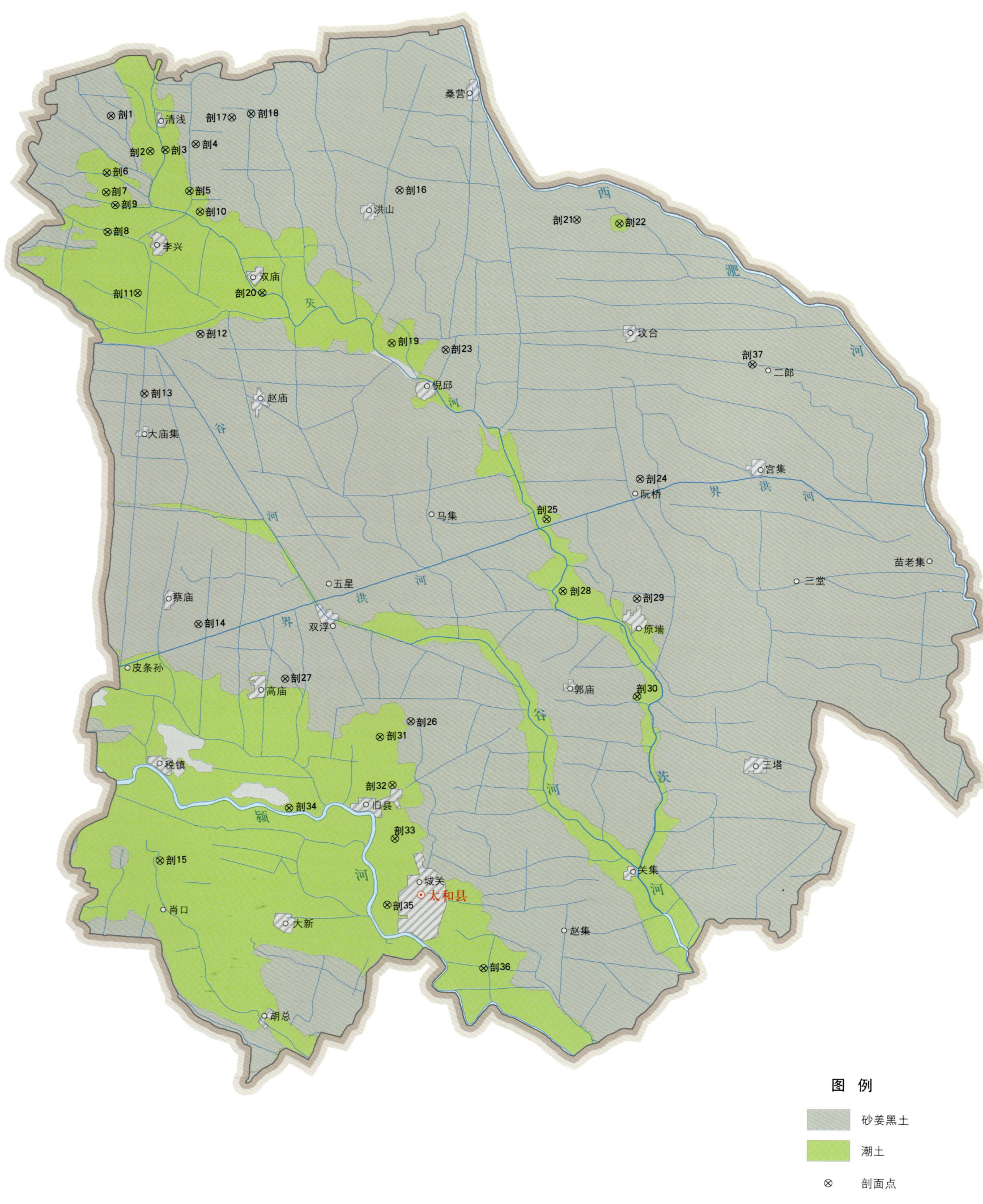

图 例
- 砂姜黑土
- 潮土
- ⊗ 剖面点

注：本图界线沿用土壤普查时点的行政界线。

太和县土壤剖面理化性状表

剖面号 Soil profile	土纲 Soil order	土类 Soil great group	亚类 Soil subgroup	土属 Soil genus	土种 Soil species	土层码 Layer code	土层厚度 Depth/cm	颜色 Soil color	质地 Soil texture	土壤结构 Soil structure	pH	有机质 OM/(g/kg)	全氮 TN/(g/kg)	全磷 TP/(g/kg)	全钾 TK/(g/kg)	有效磷 AP/(mg/kg)	速效钾 AK/(mg/kg)	阳离子交换量CEC/(cmol/kg)	土壤母质 Parent material	剖面点坐标 Profile coordinate	匹配指数 Matching index/%
剖1	半水成土	砂姜黑土	砂姜黑土	淤黑土	厚砂黑土	1	0~20	浅黄色	砂壤土	粒状	8.3	8.5	0.56	6.00	20.0	3.0	128	7.7	黄土性古河流沉积物	E 115°26′18.6″ N 33°32′22.7″	75
						2	20~36	浅黄色	砂壤土	片状	8.4	6.5	0.40	0.66	20.0	1.1	82	6.9			
						3	36~76		重壤土	柱状	8.4	4.5	0.26	0.48	20.2	≤1.0	168	19.9			
						4	76~100		轻壤土	棱柱状	8.4	8.2	0.99	0.37	19.1	≤1.0	178	25.3			
剖2	半水成土	潮土	黄潮土	淤土	漏风淤	1	0~15	浅红棕色	中黏土	小块状	8.3	19.9	1.43	0.68	26.5	6.3	230	18.9	黄泛沉积物	E 115°27′37.6″ N 33°31′22.6″	95
						2	15~31	棕红色	中黏土	块状	8.3	11.9	1.07	0.63	25.3	2.2	214	18.7			
						3	31~51	红棕色	中黏土	棱块状	8.5	10.5	0.96	0.63	26.0	1.1	201	19.7			
						4	51~100	深棕色	中黏土	棱块状	8.5	10.1	0.84	0.62	26.5	≤1.0	199	20.0			
剖3	半水成土	潮土	黄潮土	两合土	同层两合土	1	0~16	浅棕色	中壤土	粒状	8.3	13.9	0.89	0.72	23.2	8.7	311	14.9	黄泛沉积物	E 115°28′07.5″ N 33°31′25.5″	75
						2	16~24	浅灰黄色	重壤土	碎块状	8.3	9.6	0.63	0.59	21.7	4.8	144	12.0			
						3	24~77	浅红棕色	重壤土	块状	8.6	3.6	0.40	0.55	20.0	1.6	80	5.2			
						4	77~100	浅黄色	轻黏土	块状	8.6	6.9	0.43	0.63	22.5	60.0	184	13.9			
剖4	半水成土	砂姜黑土	砂姜黑土	青白土	白淋土	1	0~18	灰白色	中壤土	粒状	8.3	15.4	0.93	0.47	18.1	4.9	110	18.8	黄泛沉积物	E 115°29′07.9″ N 33°31′35.9″	95
						2	18~30	黄色	重壤土	粉粒状	8.4	11.0	0.73	0.39	17.1	2.8	80	18.5			
						3	30~61	灰黄色	重壤土	柱状	8.4	8.4	0.69	0.35	19.7	2.0	128	24.4			
						4	61~100		重壤土	片状	8.2	3.7	0.81	0.40	19.4	1.1	115	17.6			
剖5	半水成土	潮土	黄潮土	两合土	上位淤底两合土	1	0~17	浅灰棕黄色	重壤土	屑粒状	8.3	8.9	0.73	0.73	23.3	3.1	115	11.9	黄泛沉积物	E 115°28′56.4″ N 33°30′15.0″	95
						2	17~30	灰棕黄色	轻壤土	块状	8.5	8.1	0.59	0.59	24.5	2.1	150	12.1			
						3	30~67	黄棕色	中黏土	柱状	8.4	8.5	0.45	0.66	24.3	≤1.0	156	14.0			
						4	67~100	红棕色	轻黏土	块状	8.3	6.7	1.08	0.61	24.6	≤1.0	153	13.3			
剖6	半水成土	潮土	黄潮土	两合土	黑底淤土	1	0~15		重壤土		8.5	14.3	1.08	0.77	22.2	2.5	215	13.7	黄泛沉积物	E 115°26′11.8″ N 33°30′44.5″	75
						2	15~24		轻壤土	块状		11.2	0.88	0.73	21.9	≤1.0	196	12.9			
						3	24~51		重壤土	片状		7.5	0.56	0.52	20.4	≤1.0	104	11.8			
						4	51~100		重壤土	块状		6.5	0.51	0.61	10.8	≤1.0	126	16.8			
剖7	半水成土	潮土	黄潮土	砂土	下位淤底砂土	1	0~19		轻壤土		8.3	11.4	0.64	0.85	21.7	8.9	245	8.5	黄泛沉积物	E 115°26′10.6″ N 33°30′10.7″	75
						2	19~32		轻壤土		8.4	7.2	0.36	0.73	19.7	2.6	86	4.1			
						3	32~76		砂壤土		8.4	3.6	0.31	0.63	17.7	2.1	56	2.3			
						4	76~100		中壤土		8.4	7.9	0.50	0.54	24.8	2.7	221	18.4			
剖8	半水成土	潮土	黄潮土	淤土	黑底淤土	1	0~19	棕红色	中黏土	粒状	8.4	14.9	0.97	0.58	24.1	8.6	263	15.8	黄泛沉积物	E 115°26′14.5″ N 33°29′02.0″	95
						2	19~24	深棕红色	中黏土	小块状	8.3	11.5	0.79	0.53	26.0	4.0	216	15.9			
						3	24~76	深红棕色	中黏土	大块状	8.4	9.3	0.75	0.69	26.6	3.9	221	19.5			
						4	76~100	灰褐色	重壤土	棱柱状	8.3	9.9	0.58	0.38	17.6	1.7	123	23.6			
剖9	半水成土	潮土	潮土	两合土	砂心两合土	1	0~16	灰棕色	黏壤土	粒状	8.3	12.3	0.76	0.70	21.7	2.0	166	8.9	黄泛沉积物	E 115°26′29.0″ N 33°29′49.0″	81
						2	16~24	黄棕色	黏壤土	块状	8.4	9.5	0.63	0.65	20.5		127	7.5			
						3	24~60	浅黄色	砂壤土	小块状	8.4	4.2	0.42	0.53	20.0		69	5.1			
						4	60~100	浅黄色	黏壤土	屑粒状	8.7	4.7	0.39	0.52	20.3	2.0	126	6.3			
剖10	半水成土	潮土	潮土	两合土	苏王砂心两合土	A_{11}	0~16	黄棕色	黏壤土	块状	8.3	12.3	0.80	0.70	21.6		166	8.9	黄泛沉积物	E 115°29′17.9″ N 33°29′40.0″	95
						A_{12}	16~24	灰黄色	砂壤土	块状	8.4	9.5	0.60	0.60	19.9		127	7.5			
						C_1	24~60	淡黄色	砂壤土	块状	8.4	4.2	0.40	0.50	20.2		69	5.1			
						Cu	60~100	淡黄色	砂壤土	小块状	8.7	4.7	0.40	0.50		2.0	126	6.3			

续表 Continued

剖面号 Soil profile	土纲 Soil order	土类 Soil great group	亚类 Soil subgroup	土属 Soil genus	土种 Soil species	土层码 Layer code	土层厚度 Depth/cm	颜色 Soil color	质地 Soil texture	土壤结构 Soil structure	pH	有机质 OM/(g/kg)	全氮 TN/(g/kg)	全磷 TP/(g/kg)	全钾 TK/(g/kg)	有效磷 AP/(mg/kg)	速效钾 AK/(mg/kg)	阳离子交换量CEC/(cmol/kg)	土壤母质 Parent material	剖面点坐标 Profile coordinate	匹配指数 Matching index/%
剖11	半水成土	潮土	黄潮土	潮土	红花淤土	1	0~19	浅灰棕色	中黏土	颗粒状	8.1	15.4	0.85	0.70	24.6	22.5	377	20.3	黄泛沉积物	E 115°27′15.9″ N 33°27′16.5″	95
						2	19~31	红棕色	中黏土	块状	8.3	11.0	0.74	0.76	24.5	2.7	186	21.9			
						3	31~66	红棕色	中黏土	棱块状	8.4	8.5	0.68	0.61	25.2	1.2	176	18.5			
						4	66~100	红棕色	中黏土	大块状	8.5	9.0	0.73	0.63	24.2	≤1.0	150	23.3			
剖12	半水成土	砂姜黑土	砂姜黑土	淤黑土	厚两合黑土	1	0~19	棕灰色	中壤土	小颗粒状	8.3	15.1	0.93	0.59	20.3	4.2	142	18.9	黄土性古河流沉积物	E 115°29′21.7″ N 33°26′07.6″	97
						2	19~30	浅棕黄色	中壤土	屑粒状	8.2	9.6	0.71	0.55	20.3	≤1.0	176	18.5			
						3	30~59	灰褐色	重壤土	小块状	8.2	8.7	0.62	0.78	17.9	≤1.0	115	22.9			
						4	59~100	灰黄色	重壤土	棱柱状	8.2	4.4	0.32	0.48	21.4	≤1.0	142	19.2			
剖13	半水成土	砂姜黑土	砂姜黑土	淤黑土	红花淤黑土	1	0~17	浅棕红色	轻黏土	颗粒状	8.3	12.9	1.00	0.49	23.2	5.4	236	20.1	黄土性古河流沉积物	E 115°27′32.4″ N 33°24′23.4″	98
						2	17~39	棕红色	轻黏土	小块状	7.5	11.1	1.03	0.48	23.1	4.1	237	22.5			
						3	39~52	棕红色	重黏土	柱状	8.3	10.8	0.66	0.49	20.4	2.5	161	25.2			
						4	52~100	黄色	重黏土	棱柱状	8.5	5.2	0.57	0.44	21.9	≤1.0	142	19.3			
剖14	半水成土	砂姜黑土	砂姜黑土	淤黑土	厚淤黑土	1	0~14	棕灰色	轻黏土	屑粒状	8.4	14.4	0.76	0.78	23.2	3.3	199	18.5	黄泛沉积物	E 115°29′26.1″ N 33°17′46.1″	98
						2	14~26	棕红色	轻黏土	块状	8.4	12.1	0.64	0.55	22.8	≤1.0	173	19.9			
						3	26~46	棕红色	轻黏土	柱状	8.5	7.8	0.52	0.60	22.5	≤1.0	169	20.0			
						4	46~100	棕红色	轻黏土	柱状	8.5	7.6	0.34	0.34	19.9	≤1.0	156	28.6			
剖15	半水成土	潮土	碱化潮土	花碱土	淤碱土	1	0~18	浅黄色	砂壤土	粒状	8.6	8.8	0.64	0.63	21.4	1.1	61	4.2	黄泛沉积物	E 115°28′17.5″ N 33°10′53.9″	93
						2	18~26	浅黄色	砂壤土	碎块状	8.6	6.9	0.64	0.51	20.0	1.2	62	4.3			
						3	26~70	黄色	紧砂土	小块状	8.6	2.5		0.53	20.3	≤1.0	39	2.6			
						4	70~100	黄色	紧砂土	小块状	8.7	1.2		0.51	19.8	≤1.0	35	2.5			
剖16	半水成土	砂姜黑土	砂姜黑土	淤黑土	薄淤黄土	1	0~16	浅灰白色	重壤土	小粒状	8.2	14.2	0.99	0.64	22.5	5.8	162	10.3	黄土性古河流沉积物	E 115°29′54.4″ N 33°30′21.7″	98
						2	16~31	灰黄色	重壤土	块状	8.2	13.0	0.95	0.67	24.7	4.5	191	12.1			
						3	31~62	灰黄色	中壤土	柱状	8.5	5.1	0.94	0.73	≥50.0	≤1.0	67	6.9			
						4	62~100	灰黄色	中壤土	棱柱状	8.6	3.6	0.22	0.60	24.0	≤1.0	53	5.3			
剖17	半水成土	潮土	黄潮土	白碱土	活碱土	1	0~18	灰白色	重壤土	小块状	9.5	6.9	0.32	0.54	19.1	≤1.0	136	8.6	黄土性古河流沉积物	E 115°30′19.6″ N 33°32′22.9″	97
						2	18~29	灰白色	轻壤土	块状	9.5	5.4	0.27	0.40	17.5	≤1.0	123	10.7			
						3	29~58	灰白色	轻壤土	柱状		4.1	0.85	0.40	17.4	≤1.0	84	9.1			
						4	58~100	灰黄色	轻壤土	棱柱状	9.5	4.6	0.14	0.44	17.5	2.0	99	10.3			
剖18	半水成土	砂姜黑土	砂姜黑土	淤土	挂淤黑土	1	0~17	浅灰黑色	重黏土	粒状	8.4	15.5	0.90	0.87	21.7	13.4	231	15.9	黄土性古河流沉积物	E 115°30′57.4″ N 33°32′29.9″	95
						2	17~26	棕红色	重黏土	块状	8.4	10.4	0.60	1.07	20.7	4.0	192	13.6			
						3	26~59	灰褐色	重黏土	棱柱状	8.4	4.2	0.29	0.99	20.4	11.0	222	20.6			
						4	59~100	棕红色	重壤土	粒状		5.7	0.54	1.11	21.0	4.5	202	21.0			
剖19	半水成土	潮土	黄潮土	淤土	上位砂底淤土	1	0~16	浅红棕色	重壤土	碎块状	8.2	14.2	0.99	0.64	22.5	5.8	192	10.3	黄泛沉积物	E 115°35′42.6″ N 33°25′56.6″	95
						2	16~31	浅红棕色	重壤土	块状	8.2	13.0	0.95	0.67	24.9	4.5	191	12.1			
						3	31~62	灰黄色	中壤土	粒状	8.5	5.1	0.94	0.73	24.1	≤1.0	67	6.9			
						4	62~100	灰红棕色	砂壤土	粒状	8.6	3.6	0.22	0.60	24.0	≤1.0	53	5.3			
剖20	半水成土	潮土	黄潮土	淤土		1	0~20	红棕色	重黏土	小碎粒状	8.4	15.2	1.05	0.86	25.4	19.3	364	13.8	黄泛沉积物	E 115°31′23.9″ N 33°27′21.0″	98
						2	20~30	浅红棕色	中黏土	块状	8.4	14.4	0.84	0.70	24.6	6.0	233	15.0			
						3	30~59	灰红棕色	中黏土	块状	8.4	12.5	0.83	0.68	25.3	6.4	242	16.7			
						4	59~100	灰红棕色	中黏土	大块状	8.4	10.6	0.74	0.67	27.0	7.2	264	17.3			
剖21	半水成土	砂姜黑土	砂姜黑土	淤黑土	厚淤黄土	1	0~16		轻壤土		8.4	14.1	0.83	0.76	23.8	6.4	251	18.1	黄土性古河流沉积物	E 115°41′48.0″ N 33°29′35.0″	95
						2	16~32		中黏土	块状	8.4	8.9	0.54	0.59	21.1	1.9	146	20.1			
						3	32~90		重壤土	块状	8.5	5.2	0.36	0.54	18.1	≤1.0	136	12.2			
						4	90~100		重壤土		8.4	8.1	0.57	0.48	18.1	≤1.0	147	21.8			

续表 Continued

剖面号 Soil profile	土纲 Soil order	土类 Soil great group	亚类 Soil subgroup	土属 Soil genus	土种 Soil species	土层码 Layer code	土层厚度 Depth/cm	颜色 Soil color	质地 Soil texture	土壤结构 Soil structure	pH	有机质 OM/(g/kg)	全氮 TN/(g/kg)	全磷 TP/(g/kg)	全钾 TK/(g/kg)	有效磷 AP/(mg/kg)	速效钾 AK/(mg/kg)	阳离子交换量CEC/(cmol/kg)	土壤母质 Parent material	剖面点坐标 Profile coordinate	匹配指数 Matching index/%
剖22	半水成土	潮土	碱化潮土	花碱土	砂碱土	1	0—15	浅棕黄色	重壤土	屑粒状	9.4	9.2	0.58	0.47	20.5	4.1	172	11.2	黄泛沉积物	E 115°43′13.1″ N 33°29′29.4″	93
						2	15—24	棕黄色	中壤土	小块状	9.6	6.1	0.42	0.32	19.2	1.2	125	8.9			
						3	24—57	深灰色	中黏土	块状	9.6	4.5	0.26	0.34	17.3	≤1.0	129	13.8			
						4	57—100	灰黄色	重壤土	棱柱状	9.4	3.5	0.23	0.39	22.5	≤1.0	107	15.7			
剖23	半水成土	砂姜黑土	砂姜黑土	黄土	黄土	1	0—16	浅黄黄色	重壤土	屑粒状	8.2	12.5	0.73	0.52	18.8	2.1	158	14.6	黄土性古河流沉积物	E 115°37′30.0″ N 33°25′46.7″	95
						2	16—26	浅黄色	重壤土	块状	8.4	10.8	0.80	0.53	17.9	≤1.0	158	17.0			
						3	26—49	灰褐色	重壤土	棱柱状	8.2	11.4	0.76	0.34	17.6	≤1.0	99	18.5			
						4	49—100	黄色	重壤土	棱柱状	8.4	5.5	0.69	0.47	17.6	≤1.0	144	18.6			
剖24	半水成土	砂姜黑土	砂姜黑土	黑土	黄土	1	0—19	浅灰黄色	重壤土	粒状	8.3	12.9	1.04	0.40	18.4	4.6	164	21.2	黄土性古河流沉积物	E 115°43′59.1″ N 33°22′09.6″	95
						2	19—31	深灰色	重壤土	小块状	8.4	10.3	0.82	0.34	17.7	2.1	132	23.0			
						3	31—67	灰褐色	重壤土	柱状	8.3	10.3	0.64	0.28	17.2	≤1.0	125	26.6			
						4	67—100	浅黄色	重壤土	棱柱状	8.4	5.5	0.28	0.39	20.6	≤1.0	147	19.7			
剖25	半水成土	潮土	黄潮土	淤土	黄底淤土	1	0—16		轻黏土		8.4	15.4	1.05	0.78	24.9	6.4	250	19.6	黄泛沉积物	E 115°40′54.7″ N 33°20′57.2″	95
						2	16—30		轻黏土		8.3	13.5	0.95	0.69	24.7	2.9	214	19.7			
						3	30—67		重黏土		8.3	10.4	0.73	0.59	24.8	1.5	156	17.7			
						4	67—100		重黏土			4.0	0.31	0.18		1.1	118				
剖26	半水成土	砂姜黑土	砂姜黑土	砂姜土	砂姜土	1	0—15	浅黄褐色	轻壤土	粒状									黄土性古河流沉积物	E 115°36′30.7″ N 33°15′04.7″	97
						2	15—23	浅黄褐色	轻壤土	块状								14.0			
						3	23—35	浅黄色	中壤土	块状								13.0			
						4	35—100	褐色	中壤土	块状								19.4			
剖27	半水成土	砂姜黑土	砂姜黑土	淤黑姜土	覆两合黑姜土	Ap	18—34	黄褐色	梨壤土	屑块状	8.3	12.1	0.87	0.65	18.5	4.0	190	16.6	黄土性古河流沉积物	E 115°32′19.9″ N 33°16′14.5″	95
						Bv	34—85	黄褐色	梨壤土	碎块状	8.3	11.7	0.94	0.70	15.7	6.0	212	6.6			
						C	85—100	黄褐色	中壤土	棱柱状	8.3	7.9	0.59	0.34	18.9	2.0	109	6.9			
剖28	半水成土	黄潮土	黄潮土	砂土	上位淤底砂土	1	0—20	浅黄色	中壤土	粒状	8.3	6.6	0.47	0.48	18.5	≤1.0	127	8.0	黄泛沉积物	E 115°41′28.8″ N 33°18′52.9″	95
						2	20—35	浅黄色	中壤土	粒状	8.2	11.8	0.70	0.72	21.3	2.9	213	12.4			
						3	35—63	浅灰棕色	轻壤土	层状	8.3	9.0	0.71	0.63	20.1	1.8	147	19.5			
						4	63—100	红棕色	重黏土	块状	8.4	5.8	0.43	0.53	21.7	≤1.0	106	18.3			
剖29	半水成土	砂姜黑土	淤黑土	淤黑土	红花淤黄土	1	0—19	浅黄色	中壤土	屑粒状	8.4	9.4	0.73	0.64	18.3	6.4	217	20.0	黄土性古河流沉积物	E 115°43′56.2″ N 33°18′42.2″	97
						2	19—33	浅红棕色	重黏土	碎块状	8.4	15.3	0.75	0.95	22.4	2.3	190	19.7			
						3	33—65	灰黄色	重黏土		8.2	11.0	0.81	0.74	21.5	4.7	142	8.2			
						4	65—100		重壤土		8.5	7.5	0.63	0.49	19.3	≤1.0	120	8.5			
剖30	半水成土	黄潮土	黄潮土	两合土	下位淤底两合土	1	0—16	浅黄棕色	轻壤土	粒状	8.4	4.3	0.40	0.52	20.0	≤1.0	145	5.4	黄泛沉积物	E 115°43′59.1″ N 33°15′54.1″	95
						2	16—24	浅黄棕色	砂壤土	块状	8.4	9.8	0.48	0.62	20.0	≤1.0	160	13.7			
						3	24—69	黄黄色	砂壤土	层状	8.4	7.4	0.36	0.73	18.8	≤1.0	75	11.4			
						4	69—100	红棕色	重黏土	大块状	8.3	4.7	0.41	0.65	19.2	≤1.0	36	11.2			
剖31	半水成土	黄潮土	黄潮土	两合土	下位砂底两合土	1	0—18	浅黄棕色	重壤土	屑粒状	8.2	16.3	1.08	0.71	23.6	6.6	131	6.4	黄泛沉积物	E 115°35′30.0″ N 33°14′36.3″	95
						2	18—27	浅黄棕色	中壤土	碎粒状	8.3	9.8	0.75	0.64	21.3	3.4	271	3.1			
						3	27—57	灰黄色	砂壤土	块状	8.3	9.6	0.57	0.56	20.9	2.0	163	8.9			
						4	57—100	浅黄色	中壤土	粒状	8.2	1.8	0.47	0.70	21.5	1.3	64				
剖32	半水成土	潮土	黄潮土	两合土	两合土			浅黄色	轻壤土	块状	8.3	12.3	0.76	0.64	21.7	2.1	62	7.5	黄泛沉积物	E 115°35′56.1″ N 33°13′13.4″	97
						2	16—24	黄黄棕色	砂壤土	粒状	8.4	9.5	0.63	0.56	20.5	≤1.0	165	5.1			
						3	24—60	棕黄色	砂壤土	块状	8.4	4.2	0.42	0.53	20.0	≤1.0	126	6.3			
						4	60—100	浅黄色	中壤土	小块状	8.7	4.7	0.39	0.52	20.3	≤1.0	125				

续表 Continued

剖面号 Soil profile	土纲 Soil order	土类 Soil great group	亚类 Soil subgroup	土属 Soil genus	土种 Soil species	土层码 Layer code	土层厚度 Depth/cm	颜色 Soil color	质地 Soil texture	土壤结构 Soil structure	pH	有机质 OM/(g/kg)	全氮 TN/(g/kg)	全磷 TP/(g/kg)	全钾 TK/(g/kg)	有效磷 AP/(mg/kg)	速效钾 AK/(mg/kg)	阳离子交换量CEC/(cmol/kg)	土壤母质 Parent material	剖面点坐标 Profile coordinate	匹配指数 Matching index/%
剖33	半水成土	潮土	黄潮土	砂土	间层砂土	1	0—22	灰黄色	轻壤土	屑粒状	8.2	11.3	0.79	0.71	20.2	5.4	186	13.5	黄泛沉积物	E 115°36′02.6″ N 33°11′40.4″	95
						2	22—39	浅黄色	轻壤土	粒状	8.4	5.5	0.50	0.63	20.2	2.6	92	8.2			
						3	39—76	棕红色	重壤土	块状	8.4	6.0		0.58	25.3	2.3	103	8.6			
						4	76—88	浅黄色	轻壤土	层状	8.5	3.8	0.35	0.58	22.3	≤1.0	136	5.0			
						5	88—100	棕黄色	中壤土	棱块状	8.5	7.0	0.63	0.59	25.0	≤1.0	190	14.4			
剖34	半水成土	潮土	黄潮土	两合土	上位砂底两合土	1	0—20	棕灰色	轻壤土	粒状	8.4	13.6	0.79	0.86	21.7	7.7	167	7.2	黄泛沉积物	E 115°32′32.0″ N 33°12′29.9″	95
						2	20—31	浅棕灰色	砂壤土	粒状		6.8	0.43	0.78	19.4	2.1	62	6.5			
						3	31—60	浅黄色	砂壤土		8.4	3.8	0.28	0.63	19.2	≤1.0	38	4.0			
						4	60—100	浅黄色	砂壤土			3.8	0.34	0.66	19.1	≤1.0	36	3.8			
剖35	半水成土	潮土	黄潮土	飞砂土	泡砂土	1	0—21	浅黄色	砂壤土	单粒状	8.3	12.0	0.67	0.98	21.5	4.1	110	8.1	黄泛沉积物	E 115°35′49.4″ N 33°09′45.4″	99
						2	21—30	灰黄色	砂壤土	粒状	8.4	6.6	0.27	0.82	20.1	3.4	64	7.1			
						3	30—70	黄色	紧砂土	粒状	8.6	4.7	0.23	0.74	20.2	2.3	42	3.5			
						4	70—100	黄色	紧砂土	粒状	8.6	2.2	0.55	0.58	18.9	≤1.0	33	5.2			
剖36	半水成土	潮土	黄潮土	砂土	砂土	1	0—17	灰黄色	砂壤土	粒状	8.4	12.2	0.77	0.87	19.9	3.2	124	7.4	黄泛沉积物	E 115°39′02.6″ N 33°07′58.3″	99
						2	17—25	浅灰黄色	砂壤土	碎块状	8.4	7.5	0.43	0.87	19.9	≤1.0	71	6.0			
						3	25—50	浅黄色	砂壤土	粒状	8.6	3.7	0.17	0.67	19.9	≤1.0	44	4.6			
						4	50—75	棕黄色	砂壤土	层状	8.7	3.5	0.23	0.63	19.9	≤1.0	51	2.9			
						5	75—100	棕黄色	砂壤土	粒状	8.7	1.9	0.40		18.9		47				
剖37	半水成土	砂姜黑土	砂姜黑土	淤黑土	薄淤黑土	1	0—15	灰棕色	中黏土	粒块状	8.4	14.5	0.96	1.05	22.8	10.9	218	22.5	黄土性古河流沉积物	E 115°47′40.1″ N 33°25′29.0″	98
						2	15—21	红棕色	轻黏土	片状	8.5	10.7	0.97	0.61	23.2	7.1	204	19.8			
						3	21—72	灰褐色	重壤土	柱状	8.4	9.1	0.85	0.49	19.8	1.9	148	16.9			
						4	72—100	灰黄色	重壤土	棱柱状		4.2	0.39	0.52	18.7	1.9	142	9.1			

颍上县

主要土类说明

砂姜黑土是颍上县主要土壤类型,占本县地域面积的46%,是具有腐泥状黑土层及潜育砂姜层的暗色土壤。砂姜黑土是由黄土性古河流沉积物母质发育而成的古老耕作土壤,其成土过程主要经过草甸潜育化及脱潜旱耕熟化两个阶段。古老的淮北平原气候温暖,地势低洼,地下水位较高,地下水流动不畅,地表常年积水,水生及耐水性的草本植物生长繁茂。长期以来,随着地壳的缓慢回升和人类频繁活动,消除了地表积水,在干湿交替气候条件的影响下,土壤进行碳酸钙淋溶淀积作用,土体内逐步形成了上部腐泥状黑土层和下部潜育砂姜层两个诊断层次。在砂姜黑土碳酸钙淋溶淀积的同时也伴随着铁、锰的淋溶淀积过程,在砂姜黑土层中常常出现锈斑或铁锰结核。土壤pH一般为7.0—8.0,无石灰反应。砂姜黑土的阳离子交换量较高,一般为20—25cmol/kg。

潮土是颍上县第二大土壤类型,占本县地域面积的28%,主要分布在颍河两岸及淮河左岸、西淝河右岸的沿河湖洼地带。该土类为近代河流沉积物母质经潮土化和旱耕熟化发育形成的。由于河流沉积物有较强的分选性,而每次河流决口的位置、大小不同,沉积物分选的强度不同,影响着潮土的形成。受紧砂慢淤的沉积规律支配,本县潮土质地有砂土、两合土、黏土。地下水参与成土过程,尤其是毛细作用上下运行强烈,对土壤的形成和发育有深刻影响。

黄褐土是颍上县第三大土壤类型,占本县地域面积的16%。本县地处北亚热带,黄褐土由较细粒的黄土状母质发育而成,多组成丘岗。土体中游离碳酸钙已不复存在,土壤呈灰黄棕色,具A–B–C或A–Bt–C剖面构型,在底部可散见圆形石灰结核。土壤黏化淀积明显,B层黏聚,有时呈黏盘,黏粒硅铝率在3.0左右。土壤表层pH为6.0—6.8,底层pH为7.5,盐基饱和度由表层向底层逐渐趋向饱和。

水稻土占颍上县地域面积的6%,主要分布在南照、润河、半岗、杨湖、王岗等地。水稻土是在长期季节性淹灌、水下翻耕、季节性脱水、氧化还原交替影响下,原来成土母质或母土的特性发生重大改变形成的新的土壤类型。由于干湿交替,形成糊状淹育层、较坚实板结的犁底层、渗育层、潴育层与潜育层等多种发生层分异。这些不同发生层段是在人为耕作、水浆管理下形成的。

本区域中心区气候特征

本区域中心区气候特征值
Regional climate characteristics in central area of the region

气候带:北亚热带湿润气候 Climate region: North subtropical humid climate	
年平均气温 /℃ Annual average temperature /℃	15.3
年平均最高气温 /℃ Annual average maximum temperature /℃	20.4
年平均最低气温 /℃ Annual average minimum temperature /℃	11.2
年降水量 /mm Annual precipitation /mm	1010
≥10℃的积温 /℃ Daily temperature accumulated in a year (≥10℃) /℃	5606
年日照时数 /h Annual sunshine /h	1981
年平均相对湿度 /% Annual average relative humidity /%	75
干燥度 Dryness	0.92

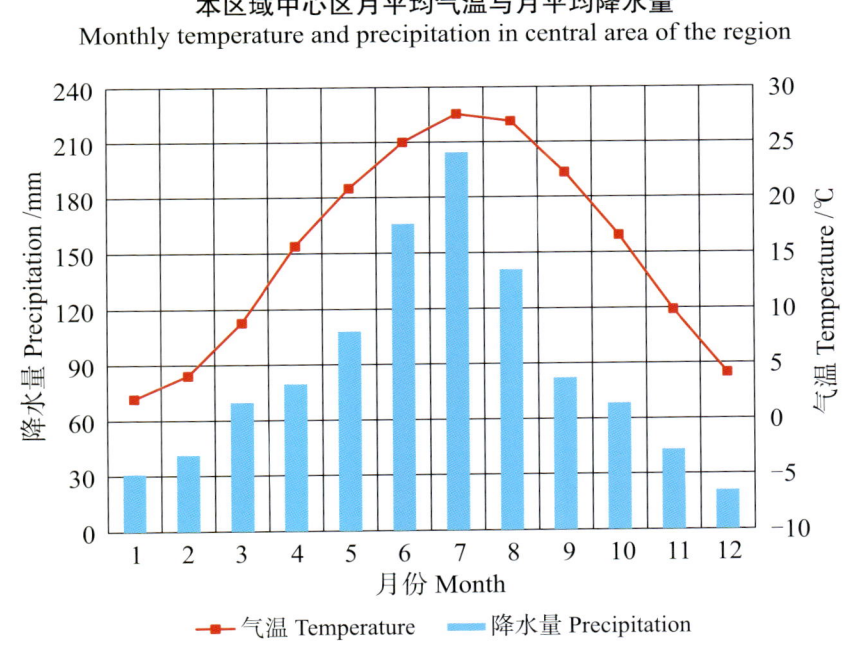

本区域中心区月平均气温与月平均降水量
Monthly temperature and precipitation in central area of the region

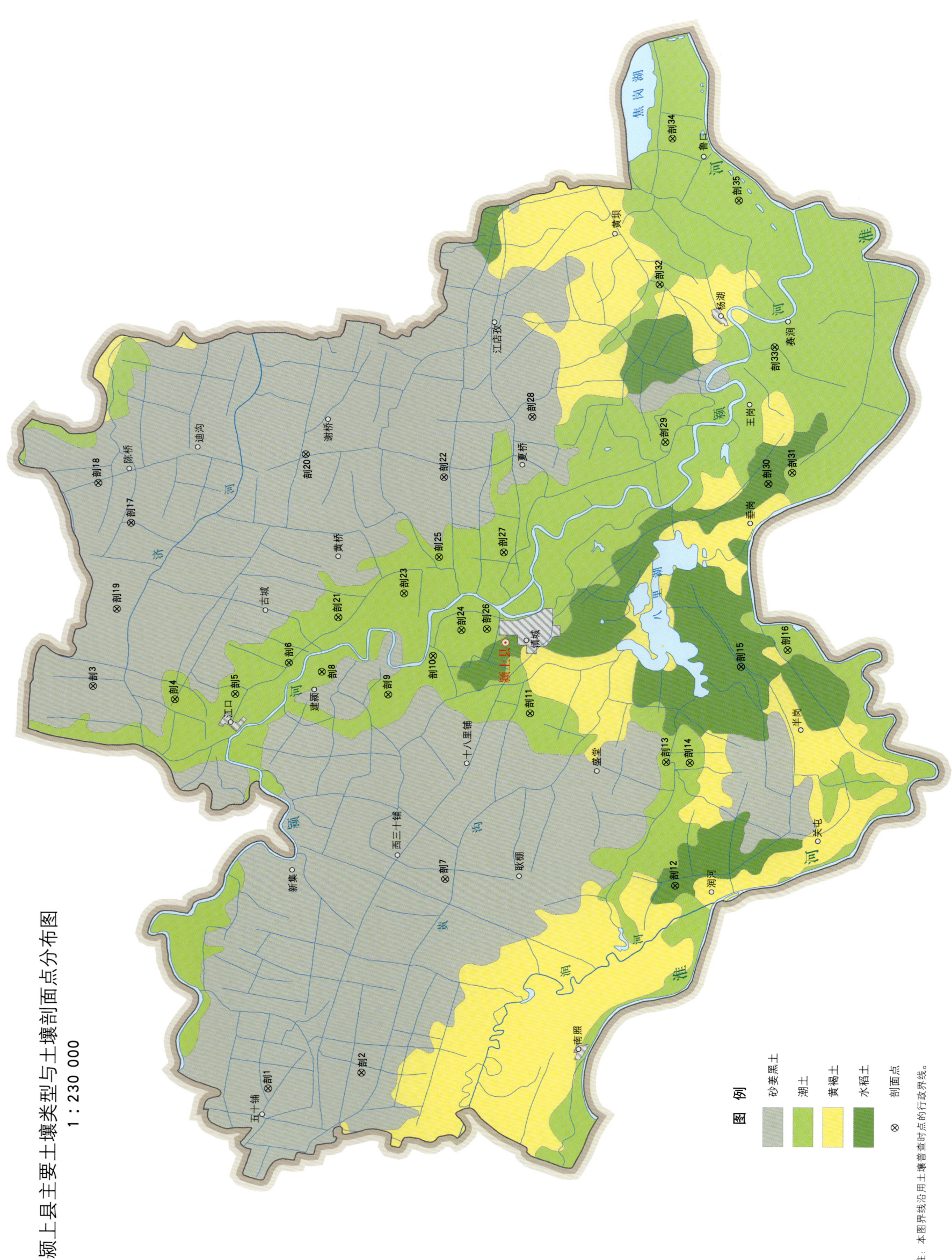

颍上县土壤剖面理化性状表

剖面号 Soil profile	土纲 Soil order	土类 Soil great group	亚类 Soil subgroup	土属 Soil genus	土种 Soil species	土层码 Layer code	土层厚度 Depth/cm	颜色 Soil color	质地 Soil texture	土壤结构 Soil structure	pH	有机质 OM/(g/kg)	全氮 TN/(g/kg)	全磷 TP/(g/kg)	全钾 TK/(g/kg)	有效磷 AP/(mg/kg)	速效钾 AK/(mg/kg)	阳离子交换量CEC/(cmol/kg)	土壤母质 Parent material	剖面点坐标 Profile coordinate	匹配指数 Matching index/%
剖1	半水成土	砂姜黑土	砂姜黑土	淤黑土	红花淤黑土	1	0—19	棕红色	重黏土	屑粒状	8.1	11.8	0.83	0.50	21.6	3.0	177	24.0	黄土性古河流沉积物	E 115° 58′ 03.4″ N 32° 46′ 07.1″	95
						2	19—27	棕红色	轻黏土	块状	8.2	9.9	0.71	0.48	20.4	2.0	159	24.4			
						3	27—36	棕红色	轻黏土	块状	7.8	6.8	0.47	0.26	16.2			22.0			
						4	36—63	褐色	中黏土	块状	7.6	9.9	0.52	0.34	18.1			30.2			
						5	63—100	棕灰色	中黏土	块状	7.9	6.2	0.47	0.36	18.7			29.8			
剖2	半水成土	砂姜黑土	砂姜黑土	淤黑土	两合黑土	1	0—17	棕灰色	重壤土	小块状	6.9	13.0	0.86	0.55	17.4	6.0	201	17.3	黄土性古河流沉积物	E 115° 58′ 42.0″ N 32° 43′ 15.3″	95
						2	17—28	黄棕色	重壤土	块状	7.0	10.6	0.79	0.55	18.6	6.0	167	17.8			
						3	28—55	黄棕色	轻黏土	块状	7.0	6.3	0.60	0.19	17.6			26.1			
						4	55—100	灰白色	中黏土	块状	7.0	5.1	0.48	0.26	17.6			25.2			
剖3	半水成土	砂姜黑土	砂姜黑土	淤黑土	黑土	1	0—14	红黄色	重壤土	小块状	7.4	11.7	0.93	0.42	18.3	≤1.0	110	30.7	黄土性古河流沉积物	E 116° 13′ 09.6″ N 32° 51′ 36.1″	95
						2	14—24	黑灰色	重黏土	大块状	7.5	14.7	0.99	0.35	16.4	3.0	106	27.4			
						3	24—40	黑灰色	大黏土	大块状	7.5	12.2	0.87	0.29	12.5			26.6			
						4	40—100	灰黄色	重壤土	块状	7.5	5.6	0.42	0.36	18.5			22.1			
剖4	半水成土	潮土	黄潮土	砂土	上位两合底砂土	1	0—20	淡棕棕色	砂土	粉砂粒状	8.0	6.7	0.46	0.28	20.4	2.0	60	4.4	近代黄泛冲积物	E 116° 12′ 41.1″ N 32° 49′ 05.1″	95
						2	20—28	淡棕棕色	砂土	粉砂粒状	8.0	5.1	0.33	0.54	18.4	9.0	44	4.8			
						3	28—100	棕棕色	中壤土	粒状	8.2	3.1	0.27	0.54	20.4			7.2			
剖5	半水成土	潮土	黄潮土	淤土	漏风淤土	1	0—21	棕红色	中黏土	块状	7.3	12.5	0.99	0.72	25.3	4.8	323	21.0	近代黄泛冲积物	E 116° 12′ 54.9″ N 32° 47′ 14.4″	95
						2	21—29	棕红色	中黏土	块状	7.1	10.5	0.86	0.55	24.1	2.5	212	22.6			
						3	29—73	棕红色	重黏土	块状	7.3	8.9	0.79	0.61	22.7			25.4			
						4	73—100	暗红色	重黏土	棱柱状	7.2	9.0	0.93	0.34	22.7			27.4			
剖6	半水成土	潮土	黄潮土	淤土	黑底同层两合土	1	0—18	淡棕棕色	中壤土	粒状	7.9	8.3	0.50	0.58	18.1	13.0	121	7.9	近代黄泛冲积物	E 116° 14′ 06.7″ N 32° 45′ 36.0″	95
						2	18—25	棕色	轻壤土	粒状	8.1	4.1	0.33	0.52	19.2	3.0	48	6.2			
						3	25—53	黄色	砂壤土	粒状	8.3	1.8	0.17	0.56	16.9			3.2			
						4	53—100	灰黄色	黏土	块状	7.5	6.4	0.65	0.17	15.2			17.0			
剖7	半水成土	潮土	黄潮土	两合土	上位两合底淤土	1	0—15	黄棕色	重黏土	屑粒状	7.0								近代黄泛冲积物	E 116° 06′ 01.5″ N 32° 40′ 45.1″	95
						2	15—21	灰棕色	黏土	小块状	7.2	12.1	0.94	0.63	23.0	4.0	221	20.7			
						3	21—41	灰棕色	黏土	块状	7.2	8.8	0.72	0.57	21.8	4.0	134	23.6			
						4	41—100	暗黄棕色	黏土	棱块状	7.1	5.3	0.42	0.52	18.2			13.4			
剖8	半水成土	潮土	黄潮土	淤土		1	0—19	棕红色	重黏土	小块状	8.1	14.4	1.10	0.61	20.4	3.9	242	26.7	近代黄泛冲积物	E 116° 13′ 46.9″ N 32° 44′ 35.0″	95
						2	19—28	棕红色	重黏土	块状	8.1	10.6	0.85	0.57	21.2	2.3	167	25.0			
						3	28—100	棕红色	重黏土	粒状	8.2	9.7	0.81	0.53	23.2			26.6			
剖9	半水成土	潮土	黄潮土	淤土		1	0—13	淡棕色	中黏土	小块状	7.1	10.5	0.74	0.52	22.5			27.4	近代黄泛冲积物	E 116° 12′ 56.2″ N 32° 42′ 32.9″	95
						2	13—20	棕红色	重黏土	块状	7.0	12.2	0.78	0.65	23.5	7.0	173	20.4			
						3	20—54	淡棕色	轻黏土	片状、块状	7.1	9.5	0.71	0.61	21.9			20.8			
						4	54—100	棕色	中黏土	块状	7.6	8.8	0.52	0.64	24.2			23.5			
剖10	半水成土	潮土	黄潮土	淤土	黑底红花淤土	1	0—18	棕棕色	重黏土	碎粒状	7.7	≤1.0	0.59	0.63	21.8	2.0	172	22.4	近代黄泛冲积物	E 116° 14′ 25.0″ N 32° 41′ 11.2″	95
						2	18—26	棕棕色	中黏土	小块状	7.7	10.2	0.68	0.59	23.1	3.0	111	10.9			
						3	26—82	褐色	重壤土	块状	7.9	10.4	0.93	0.59	23.8	4.0	107	9.0			
剖11	半水成土	潮土	黄潮土	两合土	两合土	1	0—19	淡棕黄色	中壤土	粒状	7.8								近代黄泛冲积物	E 116° 12′ 16.5″ N 32° 38′ 11.4″	95
						2	19—28	淡棕黄色	中壤土	粒状	8.1	5.6	0.39	0.51	10.4			11.6			
						3	28—70	淡棕黄色	中壤土	粒状											
						4	70—100	淡棕黄色	中壤土	粒状	8.1	5.8	0.55	0.46	21.8			12.3			

续表 Continued

剖面号 Soil profile	土纲 Soil order	土类 Soil great group	亚类 Soil subgroup	土属 Soil genus	土种 Soil species	土层码 Layer code	土层厚度 Depth/cm	颜色 Soil color	质地 Soil texture	土壤结构 Soil structure	pH	有机质 OM/(g/kg)	全氮 TN/(g/kg)	全磷 TP/(g/kg)	全钾 TK/(g/kg)	有效磷 AP/(mg/kg)	速效钾 AK/(mg/kg)	阳离子交换量CEC/(cmol/kg)	土壤母质 Parent material	剖面点坐标 Profile coordinate	匹配指数 Matching index/%
剖12	人为土	水稻土	潴育水稻土	砂姜黑土田	砂姜黑土田	1	0—16	褐色	轻黏土	小块状	7.7	13.1	0.45	0.21	18.7	4.0	172	28.6	黄土性古河流沉积物	E 116° 05′ 52.2″ N 32° 33′ 41.6″	95
						2	16—26	褐色	重黏土	小块状	7.0	7.4	0.53	0.15	15.5	4.0	96	24.9			
						3	26—41	褐色	重黏土	块状	7.1	6.0	0.63	0.24	15.2			20.2			
						4	41—100	黄褐色	重黏土	大块状	7.0	5.1	0.82	0.30	15.9			21.6			
剖13	半水成土	潮土	灰潮土	砂泥土	黏身砂泥土	1	0—18	棕黄色	重黏土	粒状	5.8	9.8	0.63	0.42	18.9	13.0	84	14.3	淮河冲积物	E 116° 10′ 29.1″ N 32° 34′ 00.1″	95
						2	18—27	棕黄色	重黏土	粒状	6.0	8.3	0.70	0.44	19.6	17.0	76	15.0			
						3	27—100	黄棕色	重黏土	块状	6.9	8.9	0.67	0.48	22.6			27.2			
剖14	半水成土	潮土	黄潮土	砂土	下位涝底砂土	1	0—22	黄色	砂壤土	粒状	8.0	9.3	0.63	0.58	19.5	4.0	109	9.1	近代黄泛冲积物	E 116° 10′ 27.8″ N 32° 33′ 17.1″	95
						2	22—30	黄色	砂土	粉砂状	8.1	4.2	0.33	0.57	17.7	2.0	46	5.6			
						3	30—60	黄色	砂土	粉砂状	7.8	1.7	0.15	0.70	16.5			3.5			
						4	60—100	棕红色	黏土	块状	8.2	6.5	0.44	0.60	22.8			15.6			
剖15	人为土	水稻土	潴育水稻土	坡黄土田	白黄土田	1	0—13	淡棕黄色	重壤土	小块状	6.9	14.5	0.83	0.25	16.5	6.0	119	14.4	黄土性古河流沉积物	E 116° 14′ 06.2″ N 32° 31′ 43.7″	95
						2	13—24	淡棕黄色	重壤土	小块状	7.0	12.8	0.73	0.25	15.8	5.0	105	15.8			
						3	24—60	黄棕色	重壤土	块状	6.9	7.5	0.51	0.35	16.7			15.3			
						4	60—100	灰棕色	轻壤土	棱块状	6.8	6.1	0.67	0.45	17.8			30.1			
剖16	半水成土	潮土	灰潮土	砂泥土		1	0—18	淡棕色	重壤土	粒状	6.5	6.7	1.07	0.33	18.6	6.0	117		淮河冲积物	E 116° 14′ 44.8″ N 32° 30′ 18.4″	75
						2	18—26	淡棕色	重壤土	粒状	6.6	9.1	0.66	0.32	17.2	7.0	118				
						3	26—48	黄棕色	重壤土	粒状	6.6	5.4	0.49	0.27	17.5						
						4	48—100	淡棕色	轻壤土	粒状	6.9	3.6	0.32	0.30	19.6						
剖17	半水成土	砂姜黑土	砂姜黑土	淤黑土	薄淤黑土	1	0—15	棕红色	中黏土	屑粒状	7.1	10.3	0.74	0.57	18.9	2.0	160	22.6	黄土性古河流沉积物	E 116° 19′ 18.7″ N 32° 50′ 27.6″	95
						2	15—23	黑色	轻壤土	小块状	7.0	7.6	0.58	0.77	17.1	2.6	100	21.4			
						3	23—100	棕灰色	轻壤土	块状	7.0	6.1	0.44	0.21	16.5			30.4			
剖18	半水成土	砂姜黑土	砂姜黑土	砂姜黄土	黄土	1	0—17	褐色	重壤土	粒状	7.0								黄土性古河流沉积物	E 116° 20′ 48.8″ N 32° 51′ 28.1″	95
						2	17—23	灰黄色	重壤土	块状	6.9	11.5	0.93	0.33	19.2	3.8	128	22.1			
						3	23—66	暗黄黄色	重壤土	块状	6.9	9.3	0.64	0.26	17.9	2.6	118	21.2			
						4	66—100	暗黄黄色	重壤土	块状	6.8	8.3	0.53	0.20	21.6			32.9			
剖19	半水成土	砂姜黑土	砂姜黑土	砂姜黄土	黄土	1	0—15	灰黄色	重壤土	块状	6.8	6.6	0.37	0.33	24.6			27.9	黄土性古河流沉积物	E 116° 16′ 05.6″ N 32° 50′ 53.1″	95
						2	15—23	灰黄色	重壤土	碎块状	7.3	16.2	0.99	0.54	16.8	10.0	230	22.5			
						3	23—65	紫棕色	重壤土	块状	7.3	12.2	0.81	0.56	17.1	3.0	153	20.8			
						4	65—100	浅紫色	重壤土	块状	7.2	10.5	0.64	0.57	14.6			27.8			
剖20	半水成土	砂姜黑土	砂姜黑土	淤黑土	厚淤黑土	1	0—15	褐色	重黏土	棱状	7.3	5.4	0.44	0.33	16.8			24.2	黄土性古河流沉积物	E 116° 21′ 56.8″ N 32° 45′ 07.0″	95
剖21	半水成土	潮土	黄潮土	两合土	上位涝底两合土	1	0—21	紫色	中壤土	小块状	6.7									E 116° 15′ 50.5″ N 32° 44′ 05.8″	95
						2	21—29	紫色	中壤土	块状	7.0	11.9	0.79	0.30	16.9	5.0	112	22.9			
						3	29—100	灰色	重壤土	粒状	7.1	9.0	0.61	0.29	17.5	3.0	111	22.3			
剖22	半水成土	砂姜黑土	砂姜黑土	砂姜黄土		1	0—22	灰色	重壤土	小块状	7.6	7.4	0.53	0.22	15.2			32.7	黄土性古河流沉积物	E 116° 21′ 06.8″ N 32° 40′ 52.2″	95
						2	22—30	灰棕色	重壤土	块状	7.7	5.8	0.40	0.29	18.4			29.3			
						3	30—52	褐色	中壤土	块状	7.7	9.0	0.75	0.56	21.6	3.0	72	9.4			
						4	52—100	黄黄色	中壤土	粒状	8.1	4.2	0.29	0.52	21.3	≤1.0	52	9.0			
剖23	半水成土	潮土	黄潮土	两合土	下位涝底两合土	1	0—19	黄棕色	中壤土	粒状	8.2	4.4	0.35	0.53	23.7			9.2	近代黄泛冲积物	E 116° 16′ 45.2″ N 32° 42′ 04.6″	95
						2	19—28	黄棕色	中壤土	粒状	7.8	6.2	0.52	0.46	22.3			18.0			
						3	28—80														
						4	80—100														

续表 Continued

剖面号 Soil profile	土纲 Soil order	土类 Soil great group	亚类 Soil subgroup	土属 Soil genus	土种 Soil species	土层码 Layer code	土层厚度 Depth/cm	颜色 Soil color	质地 Soil texture	土壤结构 Soil structure	pH	有机质 OM/(g/kg)	全氮 TN/(g/kg)	全磷 TP/(g/kg)	全钾 TK/(g/kg)	有效磷 AP/(mg/kg)	速效钾 AK/(mg/kg)	阳离子交换量CEC/(cmol/kg)	土壤母质 Parent material	剖面点坐标 Profile coordinate	匹配指数 Matching index/%
剖24	半水成土	潮土	黄潮土	两合土	偏淤两合土	1	0—17	黄棕色	重壤土	小块状	6.9	9.0	0.62	0.62	19.3	7.0	115	15.7	近代黄泛冲积物	E 116° 15′ 24.1″ N 32° 40′ 18.7″	75
						2	17—26	黄棕色	中壤土	粒状	7.5	9.7	0.61	0.64	19.0	6.0	130	13.0			
						3	26—70	黄棕色	中壤土	粒状	7.6	10.7	0.58	0.57	24.3			12.0			
						4	70—100	黄棕色	中壤土	粒状	7.5	10.2	0.69	0.57	26.6			12.0			
剖25	半水成土	潮土	黄潮土	两合土	间层两合土	1	0—18	红黄色	中壤土	粒状	7.7	10.8	0.65	0.75	20.6	31.0	174	8.6	近代黄泛冲积物	E 116° 18′ 06.8″ N 32° 41′ 01.1″	95
						2	18—27	红黄色	中壤土	粒状	7.7	5.1	0.32	0.56	20.3	≤1.0	79	8.1			
						3	27—88	灰黄色	砂壤土	粒状	7.6	4.2	0.26	0.66	21.5			5.8			
						4	88—100	黄黄色	重壤土	小块状	7.6	4.8	0.30	0.53	19.8			10.1			
剖26	半水成土	潮土	灰潮土	砂泥土	砂心砂泥土	1	0—19	棕黄色	轻壤土	粒状	7.5	7.1	0.60	0.45	19.4	9.0	59	9.1	淮河冲积物	E 116° 15′ 27.1″ N 32° 39′ 32.1″	75
						2	19—30	棕黄色	紧砂土	粒状	7.1	1.7	0.15	0.41	25.4	4.0	26	3.7			
						3	30—100	棕黄色	轻壤土	粒状	7.0	6.4	0.44	0.47	21.0			9.4			
剖27	半水成土	潮土	黄潮土	砂土	青砂土	1	0—22	黄色	砂壤土	粒状	8.1	5.1	0.41	0.55	18.1	2.0	43	5.5	近代黄泛冲积物	E 116° 18′ 18.2″ N 32° 39′ 01.9″	95
						2	22—34	黄色	砂壤土	粒状	8.2	4.6	0.27	0.56	18.8	2.0	51	5.4			
						3	34—100	黄色	中壤土	粒状	8.3	4.6	0.24	0.59	16.6			6.1			
剖28	半水成土	砂姜黑土	砂姜黑土	青白土	青白土	1	0—17	灰黄色	中壤土	粒状	7.1	11.1	0.68	0.20	14.9	2.0	95	16.4	黄土性古河流沉积物	E 116° 23′ 24.0″ N 32° 38′ 10.5″	95
						2	17—27	灰黄色	重壤土	粒状	7.2	7.0	0.57	0.16	14.1	≤1.0	63	16.1			
						3	27—60	淡棕色	重壤土	块状	7.3	5.4	0.40	0.12	15.7			26.5			
						4	60—100	淡棕色	重壤土	块状	7.4	4.6	0.32	0.16	19.3			26.8			
剖29	半水成土	潮土	黄潮土	淤土	同层淤土	1	0—17	棕红色	黏土	小块状	7.5	6.6	0.55	0.25	17.7		174	21.3	近代黄泛冲积物	E 116° 22′ 29.4″ N 32° 34′ 05.0″	95
						2	17—30	淡棕色	中壤土	粒状	7.6	5.1	0.48	2.08	19.1			20.8			
						3	30—47	淡棕色	黏土	块状	7.6	5.4	3.80	2.09	18.1			21.9			
						4	47—78	淡棕色	黏土	棱块状	7.0										
						5	78—100	棕黄色	黏土	粉砂状	7.0										
剖30	人为土	水稻土	潴育水稻土	坡黄土田	坡黄土田	1	0—13	褐色	重壤土	小块状	6.8	11.8	0.83	0.57	20.8	19.0	72	18.7	淮河冲积物	E 116° 20′ 56.0″ N 32° 30′ 55.3″	95
						2	13—23	淡黄棕色	中壤土	块状	6.9	7.9	0.58	0.45	18.2	12.0	84	25.3			
						3	23—65	淡黄棕色	轻壤土	块状	7.0	7.1	0.56	0.49	19.2			12.0			
						4	65—100	灰棕色	黏土	块状	7.0	9.2	0.25	0.25	22.5			25.4			
剖31	半水成土	潮土	灰潮土	麻砂土	黏身黄砂土	1	0—21	淡黄棕色	轻壤土	块状	6.0	11.8	0.91	0.55	22.1	19.0	82	22.4	淮河冲积物	E 116° 21′ 21.6″ N 32° 30′ 11.6″	75
						2	21—29	淡黄棕色	重壤土	碎粒状	6.1	15.4	0.74	0.48	19.6	3.0	180	23.5			
						3	29—100	红棕色	轻黏土	块状	6.9	10.3	0.41	0.51	22.2	2.0		12.0			
剖32	半水成土	潮土	黄潮土	淤土	间层红花淤土	1	0—14	淡棕红色	中黏土	块状	8.5	15.4	1.02	0.53	22.7		177	25.4	近代黄泛冲积物	E 116° 28′ 21.6″ N 32° 34′ 16.2″	95
						2	14—26	棕红色	中黏土	块状	8.1	13.3	0.74	0.54	23.3	20.0	155	22.4			
						3	26—54	淡棕红色	重黏土	粒状	8.0	10.3	0.89	0.51	25.3	25.0		23.5			
						4	54—100	淡红棕色	中黏土	块状	8.0	8.0	0.69	0.47	22.2			19.0			
剖33	半水成土	潮土	黄潮土	淤土	厚泥骨淤土	1	0—20	淡棕红色	中黏土	块状	6.4	7.2	0.67	0.51	23.8	4.0	242	20.2	近代黄泛冲积物	E 116° 26′ 02.0″ N 32° 30′ 44.3″	95
						2	20—29	棕红色	中黏土	块状	6.6	13.2	1.01	0.45	22.9	5.0	176	21.2			
						3	29—55	棕红色	重黏土	块状	6.6	8.6	0.75	0.61	24.7			22.2			
						4	55—100	淡棕红色	中黏土	块状	7.5	9.1	0.74	0.61	21.5			24.8			
剖34	半水成土	潮土	黄潮土	淤土	红花淤土	1	0—17	棕红色	中黏土	碎粒状	8.1	16.2	1.00	0.63	24.4	4.5	232	21.7	近代黄泛冲积物	E 116° 33′ 49.3″ N 32° 33′ 53.0″	95
						2	17—28	棕红色	中黏土	粒状	8.1	9.5	0.81	0.61	21.5	1.3	220	22.2			
						3	28—100	棕红色	重黏土	块状	7.0	7.1	0.51	0.57	21.7			16.2			
剖35	半水成土	潮土	黄潮土	淤土	下位砂底淤土	1	0—17	黄色	砂壤土	粒状	7.1	1.5	0.24	0.53	18.2			3.6	近代黄泛冲积物	E 116° 31′ 31.4″ N 32° 31′ 50.8″	95
						3	17—25														
						4	58—100														

界 首 市

主要土类说明

砂姜黑土是界首市主要土壤类型，占本市地域面积的46%，主要分布在南部的砖集、顾集及北部的大黄等地。砂姜黑土是由黄土性古河流沉积物发育而成的旱耕土壤，其成土年代久远，至今已有三四千年的耕种历史。它的成土过程先后经历了草甸潜育化和脱潜旱耕熟化两个阶段。在周而复始的干湿交替作用下，由于土体上部长期受有机质的分解与积累，以及矿化物的氧化还原影响，逐渐形成了黑土层，土体下部则形成了碳酸钙淀积层，即砂姜层。砂姜层一般出现在50cm左右，面砂姜平均出现深度为75cm，硬砂姜出现在1m以下，局部地段耕层以内也有少量面砂姜（地表侵蚀）。砂姜盘一般在3m以下开始出现，水平排列且质地更硬。砂姜黑土的土壤质地相对黏重。

潮土是界首市第二大土壤类型，占本市地域面积的44%，集中分布在陶庙、光武、芦村等地。本市潮土是在近代黄泛沉积物和近代淮河沉积物上发育形成的。由于黄河的多次泛滥，沉积物受紧砂慢淤的沉积规律支配，近河床处分布着砂土，水流缓慢的远河床处分布着淤土，两者之间分布着两合土，且土体上下质地变化较大，或砂或黏，厚度不等。土壤质地剖面的这种复杂变化和旱耕熟化程度综合反映在土壤分类上。本市潮土可划分成不同的土属和土种。

黄褐土是界首市第三大土壤类型，占本市地域面积的8%。黄褐土由较细粒的黄土状母质发育而成，多组成丘岗。土体中游离碳酸钙已不复存在，呈灰黄棕色，具A-B-C或A-Bt-C剖面构型，在底部可散见圆形石灰结核。土壤黏化淀积明显，B层黏聚，有时呈黏盘，黏粒硅铝率在3.0左右。土壤表层pH为6.0—6.8，底层pH为7.5，盐基饱和度由表层向底层逐渐趋向饱和。

本区域中心区气候特征

本区域中心区气候特征值
Regional climate characteristics in central area of the region

气候带：暖温带亚湿润气候 Climate region: Warm temperate subhumid climate	
年平均气温 /℃ Annual average temperature /℃	14.9
年平均最高气温 /℃ Annual average maximum temperature /℃	20.3
年平均最低气温 /℃ Annual average minimum temperature /℃	10.5
年降水量 /mm Annual precipitation /mm	921
≥10℃的积温 /℃ Daily temperature accumulated in a year (≥10℃) /℃	5466
年日照时数 /h Annual sunshine /h	2076
年平均相对湿度 /% Annual average relative humidity /%	73
干燥度 Dryness	0.98

本区域中心区月平均气温与月平均降水量
Monthly temperature and precipitation in central area of the region

界首市主要土壤类型与土壤剖面点分布图
1∶200 000

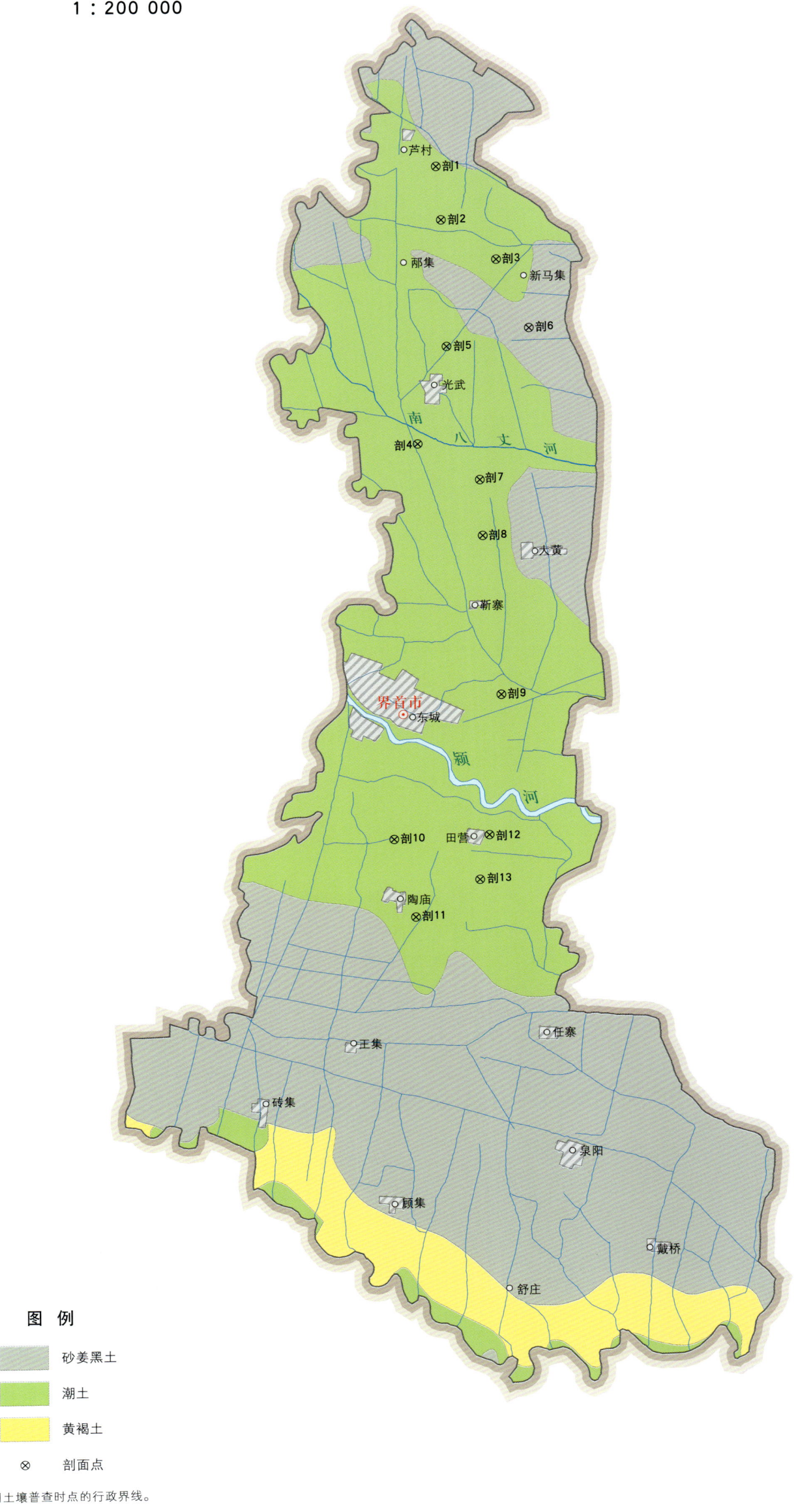

界首市土壤剖面理化性状表

剖面号 Soil profile	土纲 Soil order	土类 Soil great group	亚类 Soil subgroup	土属 Soil genus	土种 Soil species	土层码 Layer code	土层厚度 Depth/cm	颜色 Soil color	质地 Soil texture	土壤结构 Soil structure	pH	有机质 OM/(g/kg)	全氮 TN/(g/kg)	全磷 TP/(g/kg)	全钾 TK/(g/kg)	阳离子交换量CEC/(cmol/kg)	土壤母质 Parent material	剖面点坐标 Profile coordinate	匹配指数 Matching index/%
剖1	半水成土	潮土	黄潮土	淤土	红花淤土	1	0–22	暗棕色	轻黏土	粒状	8.1						近代黄泛沉积物	E 115° 22′ 16.1″ N 33° 27′ 56.1″	75
						2	22–40	暗红棕色		小块状	8.1								
						3	40–71	红棕色	轻黏土	块状	8.0								
						4	71–100	淡黄棕色	轻黏土	块状	8.3								
剖2	半水成土	潮土	潮土	两合土	间层两合土	1	0–23	淡红棕色	黏壤土	屑粒状	8.4	11.1	0.74	0.84	20.4	13.7	黄泛沉积物	E 115° 22′ 25.4″ N 33° 26′ 43.8″	95
						2	23–35	淡黄棕色	黏壤土	块状	8.3	8.4	0.65	0.89	21.6	14.6			
						3	35–56	淡红棕色	壤质黏土	块状	8.2	8.2	0.64	0.65	22.1	19.0			
						4	56–68	淡红棕色	砂壤土	单粒状	8.4	2.5	0.17	0.56	19.8	6.5			
						5	68–100	淡黄棕色	黏壤土	粒状	8.3	3.6	0.22	0.60	17.8	7.7			
剖3	半水成土	潮土	黄潮土	淤土	淤土	1	0–20	暗红棕色	中黏土	块状	8.3						近代黄泛沉积物	E 115° 23′ 52.6″ N 33° 25′ 51.2″	75
						2	20–30	红棕色	中黏土	块状	8.4								
						3	30–100	浅红棕色	中黏土	块状	8.3								
剖4	半水成土	潮土	黄潮土	淤土	间层淤土	1	0–19	暗棕色	轻黏土	粒状	8.2						近代黄泛沉积物	E 115° 21′ 53.7″ N 33° 21′ 37.7″	75
						2	19–32	黄棕色	中黏土	块状	8.1								
						3	32–53	暗棕色	中黏土	块状	8.2								
						4	53–100	红棕色	中壤土	粒状	8.2								
剖5	半水成土	潮土	黄潮土	淤土	黑底淤土	1	0–19	棕色	重壤土	块状	7.8						近代黄泛沉积物	E 115° 22′ 36.4″ N 33° 23′ 51.2″	75
						2	19–35	暗黄棕色	中壤土	块状	7.8								
						3	35–52	红棕色	轻壤土	块状	7.9								
						4	52–100	红棕色	重壤土	块状	7.8								
剖6	半水成土	砂姜黑土	砂姜黑土	黄土	黄土	1	0–16	淡棕色	重壤土	粒状	7.2						黄土性古河流沉积物	E 115° 24′ 45.6″ N 33° 24′ 18.1″	75
						2	16–41	淡红棕色	重壤土	棱块状	7.7								
						3	41–58	黄褐色	重壤土	棱块状	7.5								
						4	58–100	灰棕色	中壤土	粒状	7.5								
剖7	半水成土	潮土	黄潮土	两合土	两合土	1	0–20	暗黄棕色	轻壤土	小块状	8.2						近代黄泛沉积物	E 115° 23′ 31.9″ N 33° 20′ 50.1″	75
						2	20–32	棕黄色	中壤土	块状	8.2								
						3	32–60	淡黄棕色	中壤土	块状	8.3								
						4	60–100	灰棕黄色	中壤土	块状	8.3								
剖8	半水成土	潮土	黄潮土	两合土	间层两合土	1	0–23	淡黄棕色	重壤土	小块状	8.4						近代黄泛沉积物	E 115° 24′ 37.8″ N 33° 19′ 34.4″	75
						2	23–35	淡红棕色	砂壤土	块状	8.3								
						3	35–56	棕色	砂壤土	粒状	8.2								
						4	56–68	淡红棕色	中壤土	块状	8.4								
						5	68–100	淡黄棕色	砂壤土	块状	8.3								
剖9	半水成土	潮土	黄潮土	砂土	青砂土	1	0–24	黄棕色	轻壤土	粒状	8.2						近代黄泛沉积物	E 115° 24′ 09.6″ N 33° 15′ 57.1″	75
						2	24–35	棕黄色	砂壤土	粒状	8.2								
						3	35–100	淡黄棕色	轻壤土	片状	8.3								
剖10	半水成土	潮土	黄潮土	砂土	淤底砂土	1	0–16	棕黄色	轻壤土	粒状	8.2						近代黄泛沉积物	E 115° 21′ 24.4″ N 33° 12′ 38.4″	75
						2	16–25	淡黄棕色	轻壤土	片状	8.1								
						3	25–80	红棕色	中黏土	块状	8.0								
						4	80–100												

续表 Continued

剖面号 Soil profile	土纲 Soil order	土类 Soil great group	亚类 Soil subgroup	土属 Soil genus	土种 Soil species	土层码 Layer code	土层厚度 Depth/cm	颜色 Soil color	质地 Soil texture	土壤结构 Soil structure	pH	有机质 OM/(g/kg)	全氮 TN/(g/kg)	全磷 TP/(g/kg)	全钾 TK/(g/kg)	阳离子交换量CEC/(cmol/kg)	土壤母质 Parent material	剖面点坐标 Profile coordinate	匹配指数 Matching index/%
剖11	半水成土	潮土	黄潮土	砂土	黑底夹淤砂土	1	0—24	淡棕黄色	砂壤土	粒状	8.2						近代黄泛沉积物	E 115°21′59.7″ N 33°10′52.0″	75
						2	24—30	淡棕黄色	轻壤土	粒状	8.0								
						3	30—72	红棕色	轻黏土	块状	8.0								
						4	72—100	灰褐色	重壤土	棱块状	7.8								
剖12	半水成土	潮土	黄潮土	砂土	上位夹淤砂土	1	0—20	淡棕灰色	砂壤土	粒状	8.3						近代黄泛沉积物	E 115°23′53.5″ N 33°12′45.9″	75
						2	20—36	黄棕色	轻壤土	粒状	8.2								
						3	36—55	红棕色	轻黏土	块状	8.2								
						4	55—100	淡红棕色	轻黏土		8.3								
剖13	半水成土	潮土	黄潮土	两合土	砂底两合土	1	0—20	暗黄棕色	中壤土	粒状	8.2						近代黄泛沉积物	E 115°23′40.0″ N 33°11′44.2″	75
						2	20—33	暗黄棕色	中壤土	小块状	8.2								
						3	33—67	黄棕色	中壤土	小块状	8.2								
						4	67—100	棕黄色	砂壤土	粒状	8.3								

宿 州 市

市 辖 区

主要土类说明

砂姜黑土是宿州市主要土壤类型，占本市地域面积的 46%，多集中分布在濉河以南的灰古、苗安、大店、桃园、大营等地。其成土母质为古黄土沉积物。本市砂姜黑土经历了草甸潜育化和脱潜旱耕熟化两个阶段，包含黑土层和砂姜层两个基本层段。黑土层形成是由于生物累积和淹水作用的共同影响，厚度一般为 30—50cm，除淤黑土和山淤黑土外均出现在地表，呈暗灰色或黑色，质地多属黏壤土，一般无石灰反应，石灰质含量在 1% 以下，除碱化砂姜黑土外 pH 多在 7.5 左右，呈中性至微碱性，有机质含量不高。砂姜层一般出现在 70cm 左右。砂姜黑土在季节性积水和干湿交替的潜育条件下，不仅有碳酸钙沉积层，同时也有铁锰淀积，形成锈斑和铁锰结核，并在结构面上出现浅灰色胶膜，这是潜育化的主要特征。

潮土是宿州市第二大土壤类型，占本市地域面积的 42%，分布在濉河以北的符力、永安、时村、曹村、夹沟、褚兰、栏杆等地。潮土是由近代黄泛冲积物或石灰岩风化洪积物、冲积物发育而来的。潮化过程是指地下水借毛管作用上下运动，引起土壤氧化还原作用交替发生的过程，它影响着土壤物质的溶解、积累和沉积，并在土壤剖面中形成各种色泽的锈斑或细小的铁锰结核。这成为潮土剖面形态的典型特征。

褐土是宿州市第三大土壤类型，占本市地域面积的 8%。本市褐土一般盐基饱和度较高，有时有残存的微量碳酸钙盐类，土壤呈中性至微碱性，全剖面沉积层次不明显，黏粒含量较高，尤以心土为甚，一般黏粒含量在 45% 以上，形成黏盘层。

小于本市地域面积 3% 的土壤类型还有石灰（岩）土、棕壤等。

本区域中心区气候特征

本区域中心区气候特征值
Regional climate characteristics in central area of the region

气候带：暖温带亚湿润气候 Climate region: Warm temperate subhumid climate	
年平均气温 /℃ Annual average temperature /℃	14.9
年平均最高气温 /℃ Annual average maximum temperature /℃	20.0
年平均最低气温 /℃ Annual average minimum temperature /℃	10.5
年降水量 /mm Annual precipitation /mm	864
≥10℃的积温 /℃ Daily temperature accumulated in a year (≥10℃) /℃	5431
年日照时数 /h Annual sunshine /h	2161
年平均相对湿度 /% Annual average relative humidity /%	70
干燥度 Dryness	1.02

宿州市市辖区主要土壤类型与土壤剖面点分布图
1 : 300 000

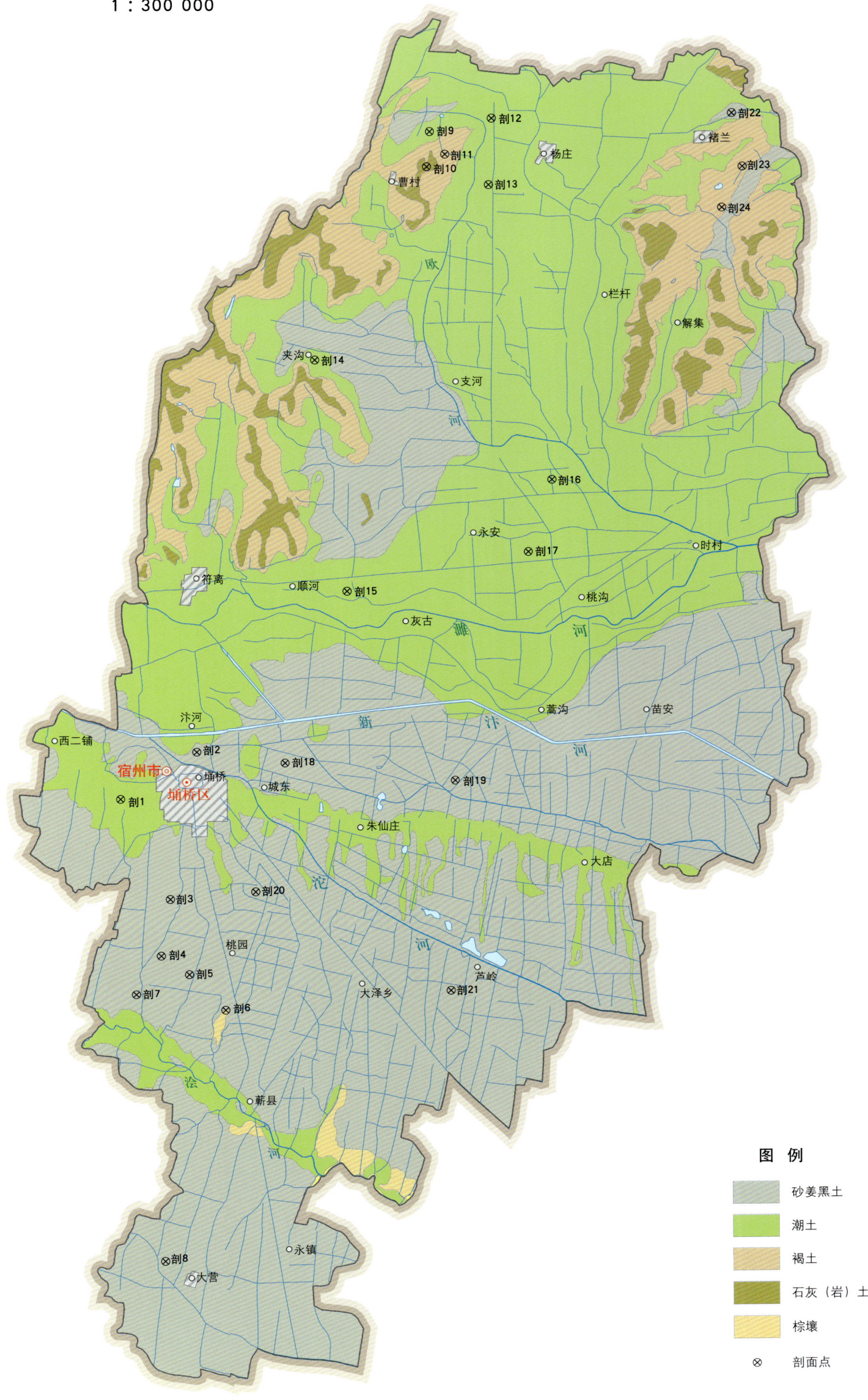

宿州市土壤剖面理化性状表

剖面号	土纲	土类	亚类	土属	土种	土层码	土层厚度/cm	颜色	质地	土壤结构	pH	有机质/(g/kg)	全氮/(g/kg)	全磷/(g/kg)	全钾/(g/kg)	碱解氮/(mg/kg)	有效磷/(mg/kg)	速效钾/(mg/kg)	阳离子交换量CEC/(cmol/kg)	土壤母质	剖面点坐标	匹配指数/%
剖1	半水成土	潮土	黄潮土	两合土	两合土	1	0—20	黄灰棕色	壤土	小核状	8.3	9.8	0.63	1.58		50	3.0	71	9.1	黄泛沉积物	E 116°55′30.7″ N 33°37′45.5″	97
						2	20—30	浅灰棕色	壤土	粒状	8.5	7.0	0.50	1.56		40	≤1.0	56				
						3	30—69	黄棕色	砂壤土	碎块状	8.6	3.6	0.21	1.22		20	≤1.0	56				
						4	69—110	棕色	砂壤土	片状	8.8	2.2	0.18	1.11		13	≤1.0	40				
						5	110—150	浅红棕色	砂壤土	块状	8.6	6.3	0.46	1.22		30	3.0	146	14.9			
剖2	半水成土	砂姜黑土	砂姜黑土	淤黑土	红花淤黑土	1	0—13		黏质黏土		7.6	29.5	1.18	1.49		100	25.1	180		古黄土性河湖相沉积物	E 116°58′42.9″ N 33°39′27.9″	98
						2	13—21		壤质黏土		7.8	19.9	1.22	1.47		83	28.7	146				
						3	21—28		黏土		8.2	9.6	0.37	0.85		34	6.1	132				
						4	28—44		壤质黏土		8.3	8.2	0.60	0.59		37	10.9	106				
						5	44—74		壤质黏土		8.2	7.3	0.53	0.29		27	6.1	156				
						6	74—130		壤土		8.2	6.7	0.53	0.45		29	3.7					
剖3	半水成土	砂姜黑土	砂姜黑土	青白土	青土	1	0—18		壤土		8.7	12.7	0.75	1.15		59	27.0	167	18.8	古黄土性河湖相沉积物	E 116°57′35.6″ N 33°34′08.1″	97
						2	18—27		壤土		8.6	11.5	0.68	0.36		51	4.0	157				
						3	27—67		壤质黏土		9.2	10.6	0.54	0.61		38	5.0	173				
						4	67—100		壤质黏土		9.1	8.0	0.44	0.49		32	≤1.0	168				
剖4	半水成土	砂姜黑土	砂姜黑土	黄土	死黄土	1	0—14		壤质黏土		8.6	9.7	0.65	0.60		47	≤1.0	169	22.2	古黄土性河湖相沉积物	E 116°57′12.5″ N 33°32′03.3″	97
						2	14—28		壤质黏土		8.5	9.4	0.27	0.56		45	≤1.0	108				
						3	28—51		壤质黏土		8.6	7.3	0.58	0.51		41	≤1.0	108				
						4	51—100		壤质黏土		8.4	4.7	0.56	0.71		18	≤1.0	153				
剖5	半水成土	砂姜黑土	砂姜黑土	黑土	黑土	1	0—18	浅暗灰色	黏壤土	屑粒状	7.6									古黄土性河湖相沉积物	E 116°58′23.3″ N 33°31′22.4″	98
						2	17—26	浅暗灰色	壤土	小块状	7.5											
						3	26—47	暗灰色	黏土	核柱状	7.4											
						4	47—124	浅黄棕色	黏土	棱柱状	7.7											
剖6	淋溶土	棕壤	潮棕壤	坡黄土	坡黄土	1	0—14	黄棕色	黏质黏土	碎粒状	6.8	8.3	0.62	0.65		51	3.2	123	19.8	河湖相沉积物	E 116°59′54.6″ N 33°30′02.5″	97
						2	14—32	黄棕色	壤质黏土	碎块状	6.9	8.1	0.55	0.11		60	1.3	90				
						3	32—56	棕色	壤质黏土	小块状	7.4	8.5	0.52	0.31		53	1.3	90				
						4	56—150	棕色	壤质黏土	块状	7.3	5.8	0.41	0.22		30	1.3	100				
剖7	半水成土	砂姜黑土	碱化砂姜黑土	白碱土	活碱土	1	0—18	灰黄色	黏壤土	块状	9.1	4.7	0.32	0.59		20	≤1.0	76	9.1	古黄土性河湖相沉积物	E 116°56′09.8″ N 33°30′39.0″	97
						2	18—28	浅黄灰色	壤质黏土	碎块状	8.8	5.1	0.24	0.62		19	≤1.0	56	11.3			
						3	28—50	灰黄色	壤质黏土	小块状	8.5	5.6	0.42	0.61		22	≤1.0	115	22.0			
						4	50—148	浅黄棕色	壤质黏土	核柱状	7.8	4.2	0.48	0.52		8	≤1.0	107	18.9			
剖8	半水成土	砂姜黑土	砂姜黑土	黄土	黄土	1	0—20	黄棕色	壤质黏土	细粒状	7.6	9.6	0.61	0.39		36	≤1.0	131	20.4	古黄土性河湖相沉积物	E 116°57′19.0″ N 33°21′00.9″	98
						2	20—28	红棕色	壤质黏土	碎块状	7.7	9.8	0.56	0.37		35	≤1.0	115				
						3	28—45	黄棕色	壤质黏土	小块状	7.7	7.8	0.46	≤0.10		32	≤1.0	151				
						4	45—70	棕黄色	壤质黏土	块状	7.3	4.9	0.37	0.37		14	≤1.0	130				
						5	70—110	浅黄棕色	壤质黏土	状状	7.6	4.8	0.28	0.24		8	≤1.0	139				
剖9	半水成土	潮土	褐潮土	山淤土	山淤土	1	0—18	黄棕色	壤质黏土	细粒状	7.6	8.9	0.78	0.79		66	10.0		21.0	石灰岩风化、洪积物、冲积物	E 117°08′31.7″ N 34°01′56.5″	98
						2	18—29	红棕色	壤质黏土	碎块状	7.7	7.9	0.60	0.77		61	9.0		21.0			
						3	29—56	黄棕色	壤质黏土	状状	7.4	6.8	0.59	0.76		51	2.0		19.0			
						4	56—86	棕黄色	壤质黏土	块状	7.5	6.1	0.45	0.53		44	2.0		23.0			
						5	86—120	棕黄色	壤质黏土	块状	7.6	3.1	0.26	0.50		22	≤1.0		17.0			

续表 Continued

剖面号 Soil profile	土纲 Soil order	土类 Soil great group	亚类 Soil subgroup	土属 Soil genus	土种 Soil species	土层码 Layer code	土层厚度 Depth/cm	颜色 Soil color	质地 Soil texture	土壤结构 Soil structure	pH	有机质 OM/(g/kg)	全氮 TN/(g/kg)	全磷 TP/(g/kg)	全钾 TK/(g/kg)	碱解氮 AN/(mg/kg)	有效磷 AP/(mg/kg)	速效钾 AK/(mg/kg)	阳离子交换量CEC/(cmol/kg)	土壤母质 Parent material	剖面点坐标 Profile coordinate	匹配指数 Matching index/%
剖10	初育土	石灰(岩)土	黑色石灰土	黑碎石土	黑碎石土	1	0—16	暗棕褐色	壤质黏土	粒状	7.7	41.9	2.08	1.12		139	5.0		38.1	石灰岩风化残积物	E 117°08′23.8″ N 34°00′40.8″	75
						2	16—33	灰黑色	壤质黏土	核状	7.6	37.0	2.04	1.22		135	4.0		39.1			
						3	33—80	淡红棕色	黏土	棱柱状	7.9	8.4	0.59	0.91		30	5.0		35.1			
						4	80—130	黄棕色	黏土	无结构	7.7	3.8	0.37	0.84		20	5.0		35.4			
剖11	半淋溶土	褐土	淋溶褐土	山红土	山红土	1	0—14	棕红色	壤质黏土	碎块状	7.5	7.5	0.82	0.58		39	3.4	116	22.6	石灰岩风化物	E 117°09′10.8″ N 34°01′07.9″	97
						2	14—22	棕红色	黏质黏土	块状	7.4	6.4	0.50	0.42		41	3.2	128				
						3	22—100	黄棕色	壤质黏土	棱柱状	7.2	2.3	0.44	0.34		14	3.2	175				
						4	100—140	红褐色	黏土	大块状	7.2	2.4	0.36	0.40		14	2.3					
剖12	半水成土	潮土	黄潮土	砂土	砂土	1	0—19		砂质壤土	细粒状	8.5	6.4	0.46	1.46		51	3.0	45		黄泛沉积物	E 117°11′08.6″ N 34°02′25.0″	98
						2	19—30	浅灰棕色	砂质壤土	片状	8.8	5.0	0.38	1.31		34	3.0	35	5.3			
						3	30—72	浅黄棕色	砂土	屑粒状	9.1	1.7	0.15	1.12		12	3.0	49				
						4	72—102	浅黄棕色	砂壤土	碎粒状	9.0	1.8	0.15	1.28		11	3.0					
剖13	半水成土	潮土	黄潮土	淤土	上位砂底淤土	1	0—20	浅红棕色	壤质黏土	细粒状	8.6	11.0	0.84	1.26		55	10.0	226		黄泛沉积物	E 117°11′00.9″ N 34°00′01.3″	97
						2	20—30		黏土	块状	8.8	11.8	0.91	1.27		56	6.0	244	20.9			
						3	30—88	灰黄色	黏土	碎粒状	8.8	5.9	0.37	1.24		24	5.0	99				
						4	88—97	棕黄色	砂壤土	碎粒状	9.0	3.9	0.28	0.98		11	5.0	79				
剖14	半水成土	潮土	褐潮土	山淤土	红花山淤土	1	0—22	浅红棕色	黏质壤土	粒状	8.9	11.5	0.75	0.61		75	8.0	112	11.5	石灰岩风化洪积物、冲积物	E 117°03′42.3″ N 33°53′39.8″	98
						2	22—34		黏质壤土	块状	7.8	5.0	0.43	0.39		43	2.6	75				
						3	34—100		砂质黏壤土	粒状	7.4	3.8	0.31	0.39		46	5.5	75				
						4	100—128		黏壤土	片状	7.8	4.8	0.35	0.35		39	3.3	75				
剖15	半水成土	潮土	碱化潮土	花碱土	砂碱土	1	0—15		壤土	粒状	8.7	7.0	0.49	1.50		31	5.0	76		近代黄泛冲积物	E 117°05′03.0″ N 33°45′15.9″	98
						2	15—25	浅红棕色	壤土	小块状	8.6	4.4	0.35	1.26		22	6.0	54				
						3	25—57		壤土	块状	8.6	2.4	0.24	1.19		12	5.0	43				
						4	57—70		壤土	块状	8.4	6.4	0.50	1.15		23	2.0	110				
						5	70—125		壤土	碎块状	8.6	6.1	0.24	1.10		14	4.0	56				
剖16	半水成土	潮土	黄潮土	淤土	淤土	1	0—21	浅红棕色	黏质壤土	块状	8.3	14.9	1.03	0.99		84	14.2	≥500	21.0	黄泛沉积物	E 117°13′41.5″ N 33°49′17.8″	98
						2	21—33	红红棕色	壤土	块状	8.7	10.4	0.82	0.98		74	6.6	219				
						3	33—61	黄棕色	黏壤土	块状	8.6	10.6	0.75	0.98		58	8.1	243				
						4	61—96	棕灰色	黏土	块状	8.5	9.1	0.80	0.93		85	19.1	249				
剖17	半水成土	潮土	黄潮土	淤土	红花淤土	1	0—22	浅红棕色	壤质黏土	碎块状	8.3	12.4	0.91	0.85		58	≤1.0	125	22.5	黄泛沉积物	E 117°12′40.9″ N 33°46′39.6″	98
						2	22—50	暗棕色	壤质黏土	柱状	8.4	10.0	0.55	0.36		44	≤1.0	164				
						3	50—100	黄棕色	壤质黏土	柱状	8.4	4.6	0.37	0.51		26	5.0					
						4	100—140	棕灰色	壤质黏土	柱状	8.4	2.6	0.25	0.57		17		137				
剖18	半水成土	砂姜黑土	砂姜黑	淤黑土	淤黑土	1	0—21	灰黄色	壤土	薄片状	8.7									古黄土性河湖相沉积物	E 117°02′25.9″ N 33°39′02.5″	98
						2	21—60	灰白色	壤土	无结构	≥10.0	2.9	0.16	0.26	12.8		3.0	35	4.3			
						3	60—98		壤土		≥10.0	3.9	0.19	0.21	12.9		≤1.0	38	6.3			
							98—130		黏壤土			4.6	0.29	≤0.10	14.9		≤1.0	60	13.8			
剖19		砂姜黑土	砂姜黑土	碱化黑姜土	重碱化黑姜土	A	0.3—10	淡灰色	黏壤土	块状	9.5									古黄土性河湖相沉积物	E 117°09′34.6″ N 33°38′22.2″	81
						Ap	10—26	暗灰色	壤土	块状	9.1											
						Bv	26—37	暗灰色	黏壤土	柱状、块状	8.7	5.0	0.32	0.14	17.8		≤1.0	133	19.2			
						C	37—52	灰黄色	壤质黏土	碎块状	7.8	3.5	0.34	0.61	17.0		≤1.0	123	21.3			
						6	52—144															

续表 Continued

剖面号 Soil profile	土纲 Soil order	土类 Soil great group	亚类 Soil subgroup	土属 Soil genus	土种 Soil species	土层码 Layer code	土层厚度 Depth/cm	颜色 Soil color	质地 Soil texture	土壤结构 Soil structure	pH	有机质 OM/(g/kg)	全氮 TN/(g/kg)	全磷 TP/(g/kg)	全钾 TK/(g/kg)	碱解氮 AN/(mg/kg)	有效磷 AP/(mg/kg)	速效钾 AK/(mg/kg)	阳离子交换量CEC/(cmol/kg)	土壤母质 Parent material	剖面点坐标 Profile coordinate	匹配指数 Matching index/%
剖20	半水成土	砂姜黑土	碱化砂姜黑土	白碱土	死碱土	1	0—0.3	灰白色		片状	≥10.0	1.9		0.60		21	≤1.0	25	≤1.0	古黄土性河湖相沉积物	E 117°01′10.8″ N 33°34′22.8″	97
						2	0.3—10	浅棕灰色	砂壤土	无结构	9.8	2.5	0.19	0.64		39	≤1.0	43	4.3			
						3	10—26	浅棕灰色	壤土	块状	9.5	4.8	0.27	0.66		33	≤1.0	38	6.3			
						4	26—37	暗灰色	壤土	块状	9.1	5.5	0.32	0.55		50	≤1.0	60	13.8			
						5	37—52	棕黄色	壤质黏土	柱块状	8.7	6.2	0.44	0.60		30	≤1.0	133	19.2			
						6	52—144	棕黄色	壤质黏土	柱块状	7.8	1.8	0.36	0.82		49	≤1.0	123	21.3			
剖21	半水成土	砂姜黑土	砂姜黑土	黑土	死黑土	1	0—15		壤质黏土		8.5	12.0	0.76	0.95		51	≤1.0	136	23.9	古黄土性河湖相沉积物	E 117°09′21.1″ N 33°30′42.1″	98
						2	15—27		壤质黏土		8.5	11.5	0.69	0.50		49	≤1.0	120				
						3	27—58		壤质黏土		8.4	8.3	0.49	0.35		30	≤1.0	135				
						4	58—100		壤质黏土		8.4	7.0	0.33	0.54		22	≤1.0	153				
剖22	半水成土	砂姜黑土	砂姜黑土	淤黑土	红花淤黄土	1	0—20	棕灰色	壤质黏土	屑粒状	7.9	17.7	1.08	0.25		79	≤1.0	138	27.4	古黄土性河湖相沉积物	E 117°21′17.4″ N 34°02′35.2″	97
						2	20—37	暗灰色	壤质黏土	块状	8.1	15.5	0.98	0.18		56	≤1.0	121				
						3	37—55	黄灰色	壤质黏土	块状	8.3	5.6	0.52	0.50		25	2.0	184				
						4	55—115	灰黄色	黏土	块状	8.4	2.5	0.35	0.22		20	≤1.0	112				
剖23	半淋溶土	褐土	潮褐土	山黄土	山黄土	1	0—18	浅黄棕色	壤质黏土	核粒状	7.6	6.7	0.47	0.67		51	5.0		19.3	河湖相沉积物	E 117°21′43.9″ N 34°00′39.7″	98
						2	18—28	浅黄棕色	壤质黏土	块状	7.5	5.7	0.39	0.34		46	5.0					
						3	28—108	棕黄色	黏土	棱柱状	6.9	3.2	0.34	0.44		26	≤1.0					
						4	108—159	棕黄色	壤质黏土	柱状	7.3	3.8	0.32	0.49		22	9.0					
剖24	半淋溶土	褐土	潮褐土	山黄土	白浆山黄土	1	0—12	浅黄棕色	砂质黏壤土	屑粒状	6.7	6.4	0.85	0.68		33	6.0		11.2	河湖相沉积物	E 117°20′52.0″ N 33°59′09.5″	98
						2	12—20	棕黄色	黏质壤土	核粒状	7.3	5.3	0.41	0.68		43	≤1.0					
						3	20—30	棕黄色	壤质黏土	碎块状	7.4	5.5	0.44	0.57		38	≤1.0					
						4	30—83	棕黄色	黏土	棱柱状	7.2	5.1	0.41	0.50		33	≤1.0					
						5	83—110	浅黄棕色	黏壤土	核粒状	7.8	3.9	0.32	0.72		36	≤1.0					

砀山县

主要土类说明

潮土是砀山县主要土壤类型，占本县地域面积的98%。潮土是在黄泛沉积物上发育的幼年土壤。根据地形、水文条件及附加过程，本县潮土分为黄潮土、盐化潮土、碱化潮土三个亚类。它们有着发生学上的联系，具有潮土的共同特点，主要是土层深厚，耕作层随土壤质地及熟化程度而厚薄不一。由于河流的分选作用，土壤质地的水平变化和垂直层次变化较大，土壤发生层次不明显，同一剖面常为砂淤相间，沉积层理清楚。本县地势平坦，地下水径流滞缓，部分低洼地方地下水位及矿化度较高，土壤易于碱化和盐化。土壤剖面均有强石灰反应，含游离碳酸钙6%—15%，呈微碱性，pH为8—9.5，生物累积微弱，有机质及氮素含量低，全磷含量中等。由于母质原因，土壤钾素含量较为丰富。土壤阳离子交换量因质地不同差异很大，一般黏质土壤为16—25 cmol/kg，而砂质土壤在5 cmol/kg左右。

本区域中心区气候特征

本区域中心区气候特征值
Regional climate characteristics in central area of the region

气候带：暖温带亚湿润气候 Climate region: Warm temperate subhumid climate	
年平均气温 /℃ Annual average temperature /℃	14.4
年平均最高气温 /℃ Annual average maximum temperature /℃	19.9
年平均最低气温 /℃ Annual average minimum temperature /℃	9.7
年降水量 /mm Annual precipitation /mm	760
≥10℃的积温 /℃ Daily temperature accumulated in a year (≥10℃) /℃	5282
年日照时数 /h Annual sunshine /h	2286
年平均相对湿度 /% Annual average relative humidity /%	70
干燥度 Dryness	1.13

本区域中心区月平均气温与月平均降水量
Monthly temperature and precipitation in central area of the region

砀山县主要土壤类型与土壤剖面点分布图
1:190 000

砀山县土壤剖面理化性状表

剖面号 Soil profile	土纲 Soil order	土类 Soil great group	亚类 Soil subgroup	土属 Soil genus	土种 Soil species	土层码 Layer code	土层厚度 Depth/cm	颜色 Soil color	质地 Soil texture	土壤结构 Soil structure	pH	有机质 OM/(g/kg)	全氮 TN/(g/kg)	全磷 TP/(g/kg)	全钾 TK/(g/kg)	有效磷 AP/(mg/kg)	速效钾 AK/(mg/kg)	阳离子交换量CEC/(cmol/kg)	土壤母质 Parent material	剖面点坐标 Profile coordinate	匹配指数 Matching index/%
剖1	半水成土	潮土	黄潮土	两合土	上位夹砂两合土	1	0—18	浅灰棕色	中壤土	屑粒状	8.4	8.9	0.56	0.71	19.4	3.0	110	9.2	近代黄泛沉积物	E 116°13′16.2″ N 34°31′38.1″	95
						2	18—30	暗灰棕色	中壤土	小块状	8.4	7.8	0.52	0.71	19.9			9.9			
						3	30—77	浅灰棕色	砂壤土	单粒状	9.0	2.9	0.23	0.59	18.9			5.5			
						4	77—150	灰黄棕色	砂土	单粒状	8.7	1.9	0.17	0.61	18.9			3.9			
剖2	半水成土	潮土	盐化潮土	盐碱潮土	盐碱土	1	0—1											4.0	近代黄泛沉积物	E 116°12′01.5″ N 34°26′28.1″	95
						2	1—5	浅黄棕色	砂壤土	屑粒状	8.5	4.3	0.27	0.67	19.0	4.0	123	4.0			
						3	5—12	暗黄棕色	砂壤土	屑粒状	8.8	4.4	0.26	0.69	19.3			4.9			
						4	12—31	浅黄棕色	砂壤土	碎块状	8.9	2.8	0.17	0.60	19.8	≤1.0	48	4.4			
						5	31—64	浅黄棕色	砂壤土	屑粒状	9.1	2.3	0.14	0.64	19.0			4.0			
						6	64—125	暗黄棕色	紫砂土	片状	8.9	2.1	0.14	5.80	19.4			9.1			
						7	125—150	暗黄棕色	中壤土	片状	8.5	4.6	0.32	0.62	20.5			6.5			
剖3	半水成土	潮土	黄潮土	砂土	砂土	1	0—18	浅灰黄棕色	砂壤土	屑粒状	8.6	8.4	0.53	0.71	22.7	3.0	58	6.3	近代黄泛沉积物	E 116°24′46.1″ N 34°36′59.3″	98
						2	18—47	浅灰黄棕色	砂壤土	屑粒状	8.7	4.9	0.33	0.59	19.5	≤1.0	44	4.5			
						3	47—71	暗黄棕色	砂壤土	单粒状	8.7	2.8	0.18	0.51	18.6			3.5			
						4	71—111	浅黄棕色	紧砂土	片状	9.0	1.5	0.15	0.62	17.7			3.6			
						5	111—127	浅黄棕色	紧砂土	薄片状	8.9	1.2	0.12	0.55	18.1						
剖4	半水成土	潮土	碱化潮土	碱化潮土	中碱涂土	1	0—1	灰黄色		薄片状	8.6							13.5	近代黄泛沉积物	E 116°20′15.2″ N 34°31′02.0″	81
						2	1—10	灰黄色	粉黏土	碎块状	9.2	6.8	0.40	0.67	20.0	3.0		13.6			
						3	10—19	淡红棕色	粉黏土	粒块状	9.7	6.3	0.48	0.69	20.6			15.9			
						4	19—30	淡棕色	粉黏土	片状	9.5	5.5	0.40	0.60	20.6			10.4			
						5	30—86	棕灰色	黏土	棱块状	9.3	3.5	0.21	0.63	19.0			11.8			
						6	86—119	淡黄棕色	粉质黏壤土	单粒状	8.8	4.1	0.24	0.56	20.7			14.5			
剖5	半水成土	潮土	黄潮土	两合土	下位夹砂涂土	1	0—18	淡黄棕色	重壤土	小块状	8.2	12.5	0.87	0.71	22.6	3.0	208	13.4	静水沉积物	E 116°15′27.5″ N 34°30′13.0″	95
						2	15—28	红棕色	重壤土	小块状	8.4	11.5	0.77	0.71	22.6	3.0	187	10.9			
						3	28—34	暗黄棕色	重壤土	块状	8.5	7.1	0.46	0.64	22.2	2.0	99	17.9			
						4	34—80	红棕色	轻壤土	棱块状	8.4	8.0	0.56	0.55	22.1			6.6			
						5	80—108	棕灰色	砂壤土	单粒状	8.0	3.8	0.26	0.61	18.8			10.2			
剖6	半水成土	潮土	黄潮土	两合土		1	0—18	淡黄棕色	粉质黏壤土	屑质状	8.5	8.7	0.63	0.62	17.7	3.0	179	11.5	近代黄泛沉积物	E 116°15′35.8″ N 34°30′13.0″	81
						2	18—36	淡黄棕色	粉黏土	小块状	8.5	7.8	0.51	0.62	17.5			12.3			
						3	36—68	棕色	粉黏土	块状	8.5	6.5	0.45	0.56	17.8			9.3			
						4	68—102	黄棕色	粉质黏壤土	碎块状	8.1	5.0	0.31	0.57	17.5			14.6			
剖7	半水成土	潮土	黄潮土	涂土	上位夹砂涂土	1	0—18	红棕色	重壤土	小块状	8.1	9.4	0.67	0.65	20.6	3.0	104	13.2	静水沉积物	E 116°23′59.6″ N 34°32′35.7″	95
						2	18—41	暗黄棕色	重壤土	小块状	8.1	5.2	0.48	0.65	20.2	3.0	51	3.3			
						3	41—92	暗黄棕色	紫黄土	单粒状	8.2	1.1	≤0.10	0.61	18.4	2.0		4.9			
						4	92—120	浅灰棕色	壤土	碎块状	8.4	2.7	0.18	0.65	18.5						
剖8	半水成土	潮土	碱化潮土	碱化潮土	重碱面砂土	1	0—1	灰白色	砂壤土	薄层片状	9.9	4.6	0.31	0.68	18.0	3.0	95	4.1	近代黄泛沉积物	E 116°24′59.1″ N 34°33′31.5″	81
						2	1—5	褐色	砂壤土	单粒状	≥10.0	4.1	0.29	0.69	17.7	≤1.0	75	3.4			
						3	5—20	淡棕黄色	砂壤土	碎块状	9.2	4.0	0.29	0.67	17.8			3.8			
						4	20—32	淡黄棕色	砂壤土	碎块状											
						5	32—130	灰黄棕色	砂壤土	单粒状	9.1	1.2	≤0.10	0.60	17.2			2.5			

续表 Continued

剖面号 Soil profile	土纲 Soil order	土类 Soil great group	亚类 Soil subgroup	土属 Soil genus	土种 Soil species	土层码 Layer code	土层厚度 Depth/cm	颜色 Soil color	质地 Soil texture	土壤结构 Soil structure	pH	有机质 OM/(g/kg)	全氮 TN/(g/kg)	全磷 TP/(g/kg)	全钾 TK/(g/kg)	有效磷 AP/(mg/kg)	速效钾 AK/(mg/kg)	阳离子交换量CEC/(cmol/kg)	土壤母质 Parent material	剖面点坐标 Profile coordinate	匹配指数 Matching index/%
剖9	半水成土	潮土	碱化潮土	碱化潮土	砂碱土	1	0~5	浅灰黄色	轻壤土	屑粒状	8.7	6.9	0.47	0.66	18.9	5.0	52	6.3	近代黄泛沉积物	E 116°27′49.0″ N 34°31′32.5″	95
						2	5~20	浅灰黄色	轻壤土	碎块状	8.8	6.2	0.43	0.63	18.3	5.0	51	6.9			
						3	20~37	浅灰棕色	轻壤土	单粒状	9.1	4.4	0.31	0.71	18.3	2.0	60	6.2			
						4	37~59	浅棕色	砂壤土	单粒状	9.0	2.2	0.17	0.58	19.1			5.1			
						5	59~80	浅棕色	砂壤土	单粒状	9.1	2.7	0.18	0.56	19.7			5.2			
						6	80~106	浅黄棕色	砂壤土	单粒状	9.2	1.5	0.12	0.53	19.4			4.5			
						7	106~147	浅黄棕色		无结构	9.1	2.5	0.16	0.56	19.6			5.4			
剖10	半水成土	潮土	潮土	两合土	淤心两合土	1	0~20	黄棕色	粉质黏壤土	屑粒状	8.6	10.1	0.74	0.72	20.0			11.4	近代黄泛沉积物	E 116°24′52.1″ N 34°31′35.6″	95
						2	20~30	淡黄棕色	粉黏壤土	碎块状	8.6	6.8	0.55	0.65	20.0			11.3			
						3	30~64	暗红棕色	黏土	大块状	8.5	8.3	0.56	0.61	21.5			20.7			
						4	64~107	浅黄棕色	粉黏土	块状	8.7	6.5	0.34	0.61	20.0			10.0			
剖11	半水成土	潮土	盐化潮土	苏打盐化潮土	臭碱土	2	0~5	浅黄棕色	砂壤土	小粒状	9.9	5.9	0.28	0.60	18.7			3.8	近代黄泛沉积物	E 116°21′39.7″ N 34°28′04.9″	98
						3	5~20	灰棕色	砂壤土	单粒状	≥10.0	2.8	0.17	0.60	19.7	≤1.0	56	3.2			
						4	20~49	暗黄棕色	轻壤土	无结构	9.6	3.3	0.21	0.60	20.4	2.0	48	6.3			
						5	49~68	暗棕色	中壤土	块状	9.5	3.4	0.22	0.61	20.6			7.3			
						6	68~99	灰棕色	砂壤土	单粒状	9.6	1.1	0.12	0.69	18.6			4.2			
						7	99~130	浅黄棕色	砂壤土	单粒状	9.5	1.9	0.17	0.64	18.8			5.0			
剖12	半水成土	潮土	黄潮土	砂土	青砂土	1	0~22	灰黄棕色	轻壤土	屑粒状	8.7	11.9	0.67	1.04	17.6	8.0	192	8.7	近代黄泛沉积物	E 116°19′37.9″ N 34°24′23.8″	98
						2	22~45	浅黄棕色	砂壤土	屑粒状	8.6	6.0	0.36	0.68	18.5	2.0	59	8.0			
						3	45~75	浅黄棕色	砂壤土	薄片状	9.0	2.0	0.15	0.53	18.8			4.2			
						4	75~91	浅黄棕色	砂壤土	薄片状	9.2	1.8	0.11	0.65	18.0			3.6			
						5	91~118	浅黄棕色	砂壤土	小块状.片状	9.0	1.7	0.12	0.55	18.7			3.4			
剖13	半水成土	潮土	黄潮土	两合土	两合土	1	0~18	暗黄棕色	中壤土	碎块状	8.0	8.7	0.63	0.62	21.3	4.0	123	10.2	近代黄泛沉积物	E 116°23′18.1″ N 34°20′37.8″	98
						2	18~39	浅黄棕色	中壤土	小块状	8.2	7.8	0.51	0.62	21.2			11.5			
						3	39~68	暗棕色	中壤土	块状	8.2	6.5	0.45	0.56	21.5			12.3			
						4	68~102	红棕色	重壤土	单粒状	8.1	5.0	0.31	0.57	20.8			9.3			
剖14	半水成土	潮土	黄潮土	淤土	淤土	1	0~23	红棕色	黏土	块状	8.5	13.0	0.83	0.60	24.3	4.0	209	20.4	静水沉积物	E 116°22′32.8″ N 34°19′00.3″	98
						2	23~38	暗红棕色	轻黏土	块状	8.5	10.1	0.73	0.69	24.8	2.0	164	24.9			
						3	38~54	灰红棕色	轻黏土	碎块状	8.5	8.5	0.59	0.65	23.3			20.9			
						4	54~88	灰红棕色	轻黏土	棱块状	8.5	9.0	0.64	0.63	24.6			24.1			
						5	88~105	红棕色	轻黏土	块状	8.6	7.5	0.47	0.66	22.7			17.1			
剖15	半水成土	潮土	黄潮土	淤土	漏风淤土	1	0~18	浅灰棕色	中黏土	碎块状	8.5	11.0	0.87	0.67	24.9	2.0	230	23.6	静水沉积物	E 116°23′38.8″ N 34°18′26.3″	98
						2	18~31	灰红棕色	中黏土	棱块状	8.5	8.5	0.73	0.62	23.4	≤1.0	157	20.3			
						3	31~50	灰红棕色	轻黏土	大块状	8.5	7.3	0.60	0.66	23.0			24.4			
						4	50~97	红棕色	中黏土	棱块状	8.5	8.4	0.65	0.58	24.4			27.8			
						5	97~120	红棕色	中黏土	大块状	8.6	8.3	0.65	0.77	24.0			26.1			
剖16	半水成土	潮土	黄潮土	淤土	红花淤土	1	0~17	浅灰棕色	轻黏土	团粒状	8.6	12.6	0.83	0.63	23.7	7.0	183	20.2	静水沉积物	E 116°31′54.4″ N 34°30′45.4″	99
						2	17~30	暗红棕色	黏土	小块状	8.6	9.2	0.40	0.60	23.7	2.0	157	20.0			
						3	30~110	暗红棕色	黏土	大块状	8.3	8.3	0.45	0.60	24.1	≤1.0	52	22.7			
剖17	半水成土	潮土	黄潮土	飞砂土	泡砂土	1	0~20	浅灰黄色	砂土	单粒状	8.4	3.2	0.16	0.55	17.8			3.7	河床相、滨河相砂质沉积物	E 116°30′33.7″ N 34°27′51.9″	99
						2	20~36	浅灰黄色	砂壤土	单粒状	8.4	2.2	0.15	0.55	17.8			4.2			
						3	36~64	浅灰黄色	砂壤土	单粒状	8.7	1.7	0.11	0.53	18.2			3.5			
						4	64~89	浅灰黄色	砂壤土	单粒状	8.7	1.7	0.13	0.50	17.3			3.6			
						5	89~110	浅灰黄色	砂土	单粒状	8.7	1.3	≤0.10	0.53	17.3			2.8			

续表 Continued

剖面号 Soil profile	土纲 Soil order	土类 Soil great group	亚类 Soil subgroup	土属 Soil genus	土种 Soil species	土层码 Layer code	土层厚度 Depth/cm	颜色 Soil color	质地 Soil texture	土壤结构 Soil structure	pH	有机质 OM/(g/kg)	全氮 TN/(g/kg)	全磷 TP/(g/kg)	全钾 TK/(g/kg)	有效磷 AP/(mg/kg)	速效钾 AK/(mg/kg)	阳离子交换量CEC/(cmol/kg)	土壤母质 Parent material	剖面点坐标 Profile coordinate	匹配指数 Matching index/%
剖18	半水成土	潮土	黄潮土	飞砂土	飞砂土	1	0—20	暗黄棕色	紧砂土	单粒状	8.9	2.1	0.18	0.51	18.1	≤1.0	60	3.7	河床相、滨河相砂质沉积物	E 116°32′29.3″ N 34°21′16.1″	98
						2	20—38	浅黄棕色	紧砂土	单粒状	8.8	2.0	0.18	0.51	18.9	≤1.0	57	3.9			
						3	38—59	浅黄棕色	紧砂土	单粒状	8.9	1.1	≤0.10	0.59	18.5			3.4			
						4	59—101	浅黄棕色	紧砂土	单粒状	8.8	1.1	0.11	0.58	19.1			3.7			
						5	101—125	灰棕色	紧砂土	单粒状	8.7	1.9	0.16	0.61	19.8			4.9			

萧 县

主要土类说明

潮土是萧县主要土壤类型，占本县地域面积的 85%。潮土大多是由近代黄泛冲积物经旱耕熟化发育而成，少量由石灰岩风化冲积物母质发育，地下水参与成土过程。由于历经多次黄泛，在紧砂慢淤的沉积规律支配下，土体上下质地变化很大，或砂或黏或淤，厚度不等，在丘陵地区的山间谷地则分布有山淤土属。由于受洪积、冲积年代的远近和水土来源的影响，以及熟化程度的不同，也可分为不同土种。本县潮土的形成过程主要是潮化过程和旱耕熟化过程，部分地区附加盐化过程及碱化过程。潮化过程是指地下水借毛管作用上下运动，引起土壤氧化还原作用交替发生的过程。由于地下水有季节性升降，加上旱涝干湿交替，氧化和还原过程频繁，影响土壤物质的溶解、累积和沉积，土壤剖面中形成了各种色彩的锈纹、锈斑或细小的铁锰结核等新生体，这是潮土剖面的典型特征。但碳酸钙的淋溶淀积作用并不明显，仅在较老的黄泛沉积地区发现有碳酸钙淋溶淀积的雏形碳酸钙新生体。通过农业生产，耕作熟化可不断克服影响土壤肥力的不利因素，使潮土逐步向高度熟化的方向发展。受河流的分选作用影响，土壤质地变化较大。本县地势平坦，地下径流迟缓，引起水盐重新分配和积聚，局部低洼地区地下水矿化度增高，土壤易盐化或碱化。土体富含石灰质，自然肥力较高，阳离子交换量变化较大。根据潮土在附加成土过程中所产生的差异，本县潮土分为黄潮土、盐碱化潮土两个亚类。

石灰（岩）土是萧县第二大土壤类型，占本县地域面积的 7%。石灰（岩）土发生于热带、亚热带石灰岩山区，是石灰岩经溶蚀风化形成的厚薄不同的钙质饱和或含游离钙质的土壤，多见于石隙、溶洞或峰丛底部。该土壤碳酸钙淋溶程度不一，多黏土，多为铁钙质胶结物，风化程度不一，盐基饱和度高，有机质含量及胶结状态有较大差异。

黄褐土是萧县第三大土壤类型，占本县地域面积的 6%。黄褐土由较细粒的黄土状母质发育而成，多组成丘岗。土体中游离碳酸钙已不复存在，土壤呈灰黄棕色，具 A-B-C 或 A-Bt-C 剖面构型，在底部可散见圆形石灰结核。土壤黏化淀积明显，B 层黏聚，有时呈黏盘，黏粒硅铝率为 3.0 左右。土壤表层 pH 为 6.0—6.8，底层 pH 为 7.5，盐基饱和度由表层向底层逐渐趋向饱和。

小于本县地域面积 3% 的土壤类型还有粗骨土、砂姜黑土等。

本区域中心区气候特征

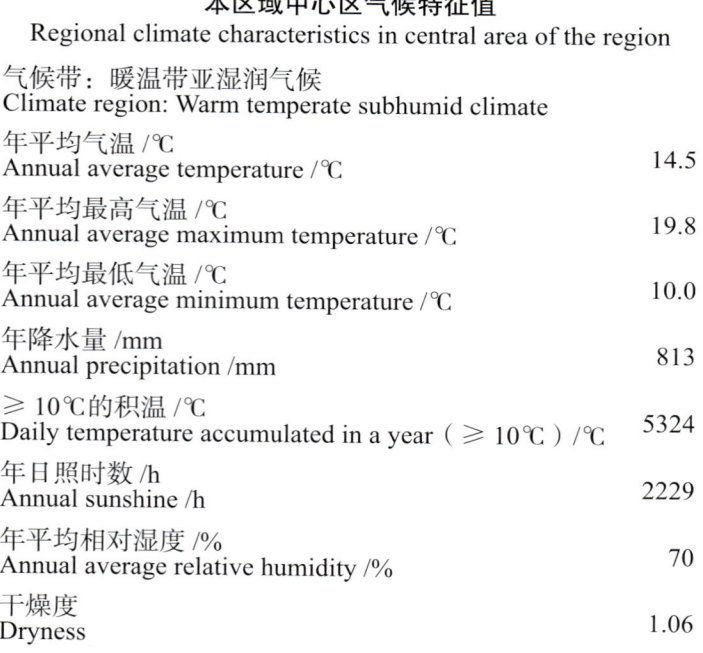

本区域中心区气候特征值
Regional climate characteristics in central area of the region

气候带：暖温带亚湿润气候 Climate region: Warm temperate subhumid climate	
年平均气温 /℃ Annual average temperature /℃	14.5
年平均最高气温 /℃ Annual average maximum temperature /℃	19.8
年平均最低气温 /℃ Annual average minimum temperature /℃	10.0
年降水量 /mm Annual precipitation /mm	813
≥10℃的积温 /℃ Daily temperature accumulated in a year（≥10℃）/℃	5324
年日照时数 /h Annual sunshine /h	2229
年平均相对湿度 /% Annual average relative humidity /%	70
干燥度 Dryness	1.06

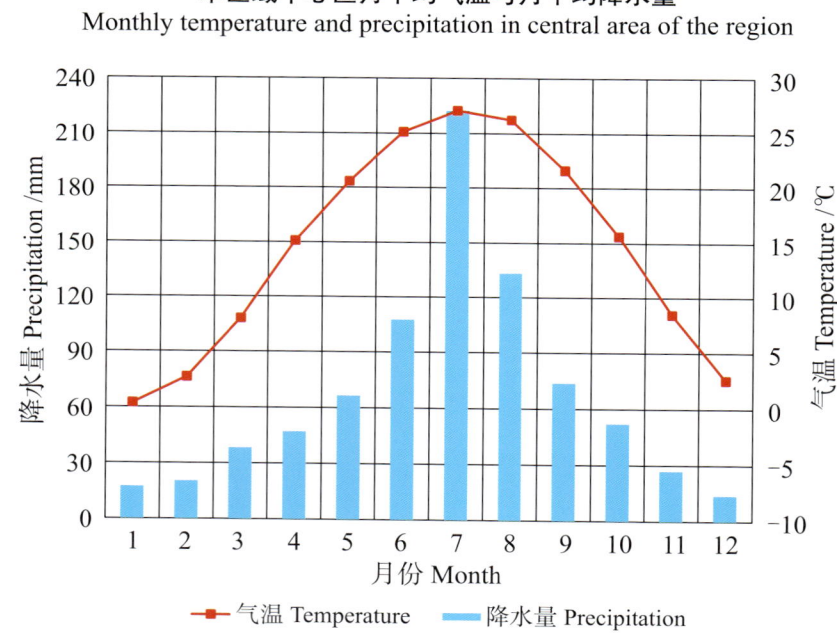

本区域中心区月平均气温与月平均降水量
Monthly temperature and precipitation in central area of the region

萧县主要土壤类型与土壤剖面点分布图
1∶250 000

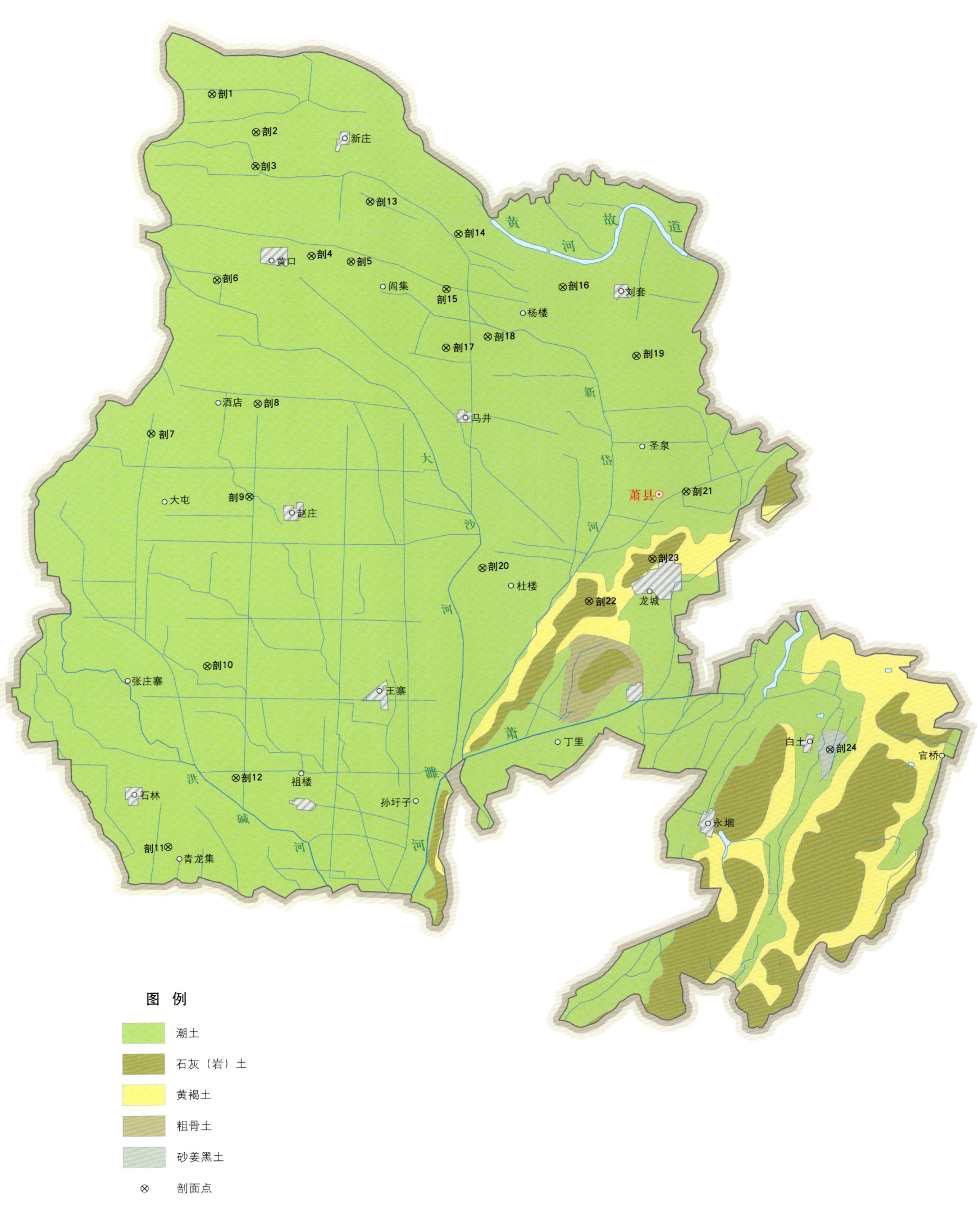

萧县土壤剖面理化性状表

剖面号 Soil profile	土纲 Soil order	土类 Soil great group	亚类 Soil subgroup	土属 Soil genus	土种 Soil species	土层码 Layer code	土层厚度 Depth/cm	颜色 Soil color	质地 Soil texture	土壤结构 Soil structure	pH	有机质 OM/(g/kg)	全氮 TN/(g/kg)	全磷 TP/(g/kg)	全钾 TK/(g/kg)	阳离子交换量CEC/(cmol/kg)	土壤母质 Parent material	剖面点坐标 Profile coordinate	匹配指数 Matching index/%
剖1	半水成土	潮土	盐化潮土	碱化潮土	淤碱土	1	0—20	灰褐色	轻黏土	粒状	9.5						近代黄泛冲积物	E 116°39′00.6″ N 34°27′08.4″	75
						2	20—28	褐棕色	轻黏土	碎块状	9.6								
						3	28—40	红棕色	轻黏土	片状	8.4								
						4	40—90	灰棕黄色	中壤土	碎块状	9.4								
						5	90—100	红棕色	中壤土	块状	8.3								
剖2	半水成土	潮土	黄潮土	淤土	红花淤土	1	0—19	红棕色	重壤土	粒状	8.0						近代黄泛冲积物	E 116°40′42.7″ N 34°25′53.9″	95
						2	19—30	浅红棕色	重壤土	碎块状	8.1								
						3	30—42	棕色	重壤土	碎块状	7.9								
						4	42—60	棕红棕色	中壤土	碎块状	8.2								
						5	60—70	红棕色	轻壤土	砂块状	8.2								
						6	70—92	灰棕色	中壤土	碎块状	8.2								
						7	92—100	红棕色	中黏土	块状	8.2								
剖3	半水成土	潮土	盐化潮土	盐化潮土	盐碱土	1	0—18	暗灰色	中壤土	屑粒状	8.5						近代黄泛冲积物	E 116°40′41.7″ N 34°24′46.8″	96
						2	18—29	灰白色	砂壤土	片状	8.6								
						3	29—38	灰白色	砂壤土	片状	8.8								
						4	38—62	黄灰色	砂壤土	碎块状	8.5								
						5	62—85	灰棕色	砂壤土	碎块状	8.5								
						6	85—100	黄棕色	中黏土	片状	8.4								
剖4	半水成土	潮土	黄潮土	淤土	下位砂底淤土	1	0—20	褐棕色	重壤土	粒状、团粒状							近代黄泛冲积物	E 116°42′51.8″ N 34°21′49.3″	95
						2	20—28	褐棕色	轻黏土	块状									
						3	28—40	红棕色	轻黏土	块状									
						4	40—71	褐棕色	重壤土	块状									
						5	71—100	灰棕色	砂壤土	单粒状									
剖5	半水成土	潮土	潮土	淤泥土	潮泥土	1	0—20	浅灰色	壤质黏土	屑粒状	7.7	12.8	0.79	3.80	15.3	23.2	古黄土性沉积物	E 116°44′23.2″ N 34°21′38.2″	81
						2	20—30	浅灰色	壤质黏土	粒状	7.7	12.7	0.84	0.40	15.3	22.2			
						3	30—50	浅棕色	壤质黏土	块状	7.9	6.1	0.44	0.29	15.3	18.7			
						4	50—70	浅棕色	壤质黏土	块状	7.7	7.5	0.48	0.17	16.6	23.0			
						5	70—100	浅棕色	重壤土	大块状	7.8	2.5	0.35	0.23	16.2	20.0			
剖6	半水成土	潮土	黄潮土	淤土	上位砂底淤土	1	0—16	浅红棕色	重壤土	粒状	8.1						近代黄泛冲积物	E 116°39′14.4″ N 34°21′01.1″	95
						2	16—25	红棕色	轻黏土	碎块状	8.1								
						3	25—30	红棕色	中黏土	块状	8.2								
						4	30—100	灰白色	砂壤土	无结构	7.9								
剖7	半水成土	潮土	黄潮土	两合土	淤底两合土	1	0—20	灰褐色	中壤土	屑粒状	7.8						近代黄泛冲积物	E 116°36′43.7″ N 34°15′59.6″	95
						2	20—32	灰褐色	重壤土	块状	8.1								
						3	32—84	浅红棕色	重壤土	片状	8.1								
						4	84—100	红棕色	中壤土	屑粒状	8.1								
剖8	半水成土	潮土	黄潮土	砂土	间层砂土	1	0—20	灰黄色	轻壤土	碎块状	8.1						近代黄泛冲积物	E 116°40′48.6″ N 34°16′58.1″	95
						2	20—25	灰黄色	轻壤土	单粒状	8.3								
						3	25—32	浅黄色	砂壤土	片状	8.1								
						4	32—43	浅灰黄色	黏土	片状	8.1								
						5	43—74	红棕色	轻壤土	单粒状	8.3								
						6	74—88	浅灰黄色	轻壤土	片状	8.2								
						7	88—102	深红棕色	重壤土	片状									

续表 Continued

剖面号 Soil profile	土纲 Soil order	土类 Soil great group	亚类 Soil subgroup	土属 Soil genus	土种 Soil species	土层码 Layer code	土层厚度 Depth/cm	颜色 Soil color	质地 Soil texture	土壤结构 Soil structure	pH	有机质 OM/(g/kg)	全氮 TN/(g/kg)	全磷 TP/(g/kg)	全钾 TK/(g/kg)	阳离子交换量CEC/(cmol/kg)	土壤母质 Parent material	剖面点坐标 Profile coordinate	匹配指数 Matching index/%
剖9	半水成土	潮土	黄潮土	砂土	下位淤底砂土	1	0—20	灰黄色	轻壤土	屑粒状	7.9						近代黄泛冲积物	E 116°40′30.4″ N 34°13′53.8″	95
						2	20—30	灰黄色	轻壤土	屑粒状	8.1								
						3	30—66	灰黄色	轻壤土	片状	8.2								
						4	66—100	浅红棕色	重壤土	片状	8.1								
剖10	半水成土	潮土	黄潮土	山淤土	山淤土	1	0—20	褐棕色	中壤土	粒状	7.7						石灰岩风化洪积物、冲积物	E 116°38′54.0″ N 34°08′20.5″	95
						2	20—30	褐棕色	中壤土	棱块状	7.7								
						3	30—50	黄棕色	中壤土	棱柱状	7.9								
						4	50—70	褐棕色	重壤土	棱柱状	7.7								
						5	70—100	红棕色	黏壤土	棱柱状	7.8								
剖11	半水成土	潮土	碱化潮土	碱化潮土	轻碱面砂土	1	0—18	灰黄色	砂壤土	碎块状	9.1	9.7	0.58	0.61	19.7	8.2	黄泛沉积物	E 116°37′24.7″ N 34°02′21.5″	81
						2	18—30	灰黄色	砂壤土	粒块状	8.9	2.2	0.18	0.57	16.3	3.5			
						3	30—50	褐棕色	砂壤土	片状	8.6	2.3	0.20	0.54	17.1	4.7			
						4	50—60	浅黄褐色	壤质黏土	小块状	8.7	6.4	0.40	0.65	17.9	12.7			
						5	60—100	淡黄棕色	砂壤土	单粒状	8.7	2.0	0.18	0.55	16.7	3.4			
剖12	半水成土	潮土	盐化潮土	盐化潮土	砂碱土	1	0—18	灰黄色	轻壤土	屑粒状	9.1						近代黄泛冲积物	E 116°40′00.5″ N 34°04′37.7″	95
						2	18—30	灰黄色	中壤土	屑粒状	8.9								
						3	30—50	褐棕色	砂壤土	板状	8.6								
						4	50—60	浅灰黄色	中壤土	碎块状	8.7								
						5	60—100	青灰色	重黏土	单粒状	8.8								
剖13	半水成土	潮土	盐化潮土	盐潮土	卤碱土	1	0—20	浅棕褐色	轻壤土	粒状	8.1						近代黄泛冲积物	E 116°45′07.0″ N 34°23′36.8″	95
						2	20—33	灰黄色	中壤土	片状	8.1								
						3	33—50	灰黄色	中壤土	粒状、团粒状	8.0								
						4	50—60	褐棕色	重黏土	块状	8.2								
						5	60—100	浅灰黄色	轻壤土	碎块状	8.3								
剖14	半水成土	潮土	黄潮土	两合土	两合土	1	0—20	灰黄棕色	中壤土	屑块状	8.5						近代黄泛冲积物	E 116°48′31.3″ N 34°22′32.9″	95
						2	20—28	灰黄棕色	砂壤土	屑粒状	8.5								
						3	28—75	褐黄棕色	重壤土	碎块状	8.4								
						4	75—100	红棕色	轻壤土	片状	8.2								
剖15	半水成土	潮土	黄潮土	两合土	青砂土	1	0—20	青灰黄色	中壤土	屑粒状	8.4						近代黄泛冲积物	E 116°48′03.9″ N 34°20′42.9″	95
						2	20—31	青灰黄色	轻壤土	屑粒状	8.4								
						3	31—50	灰黄色	砂壤土	小粒状	8.4								
						4	50—90	浅灰色	轻壤土	单粒状	8.6								
						5	90—100	灰红棕色		片状	8.5								
剖16	半水成土	潮土	黄潮土	砂土	砂底两合土	1	0—18	灰褐色	中壤土	屑粒状	8.3						近代黄泛冲积物	E 116°52′32.0″ N 34°20′47.2″	95
						2	18—28	灰黄色	砂壤土	碎块状	8.3								
						3	28—38	褐黄棕色	中壤土	碎块状	8.3								
						4	38—100	灰黄色	轻壤土	砂粒状	8.0								
剖17	半水成土	潮土	黄潮土	砂土	砂土	1	0—18	灰黄色	砂壤土	屑粒状	8.7						近代黄泛冲积物	E 116°48′03.6″ N 34°18′47.9″	95
						2	18—28	浅灰黄色	砂壤土	片状	8.9								
						3	28—100	灰灰色	紧黏土	单粒状	8.0								
剖18	半水成土	潮土	黄潮土	飞砂土	泡砂土	1	0—20	灰灰黄色	砂土	单粒状	8.1						近代黄泛冲积物	E 116°49′39.2″ N 34°19′09.6″	95
						2	20—30	浅灰黄色	砂土	单粒状	8.3								
						3	30—100												

续表 Continued

剖面号 Soil profile	土纲 Soil order	土类 Soil great group	亚类 Soil subgroup	土属 Soil genus	土种 Soil species	土层码 Layer code	土层厚度 Depth/cm	颜色 Soil color	质地 Soil texture	土壤结构 Soil structure	pH	有机质 OM/(g/kg)	全氮 TN/(g/kg)	全磷 TP/(g/kg)	全钾 TK/(g/kg)	阳离子交换量CEC/(cmol/kg)	土壤母质 Parent material	剖面点坐标 Profile coordinate	匹配指数 Matching index/%
剖19	半水成土	潮土	盐化潮土	碱化潮土	瓦碱土	1	0—19	灰黄褐色	中壤土	碎粒状	9.5						近代黄泛冲积物	E 116°55′22.6″ N 34°18′31.4″	93
						2	19—34	灰褐色	中壤土	碎块状	9.4								
						3	34—60	红棕色	中壤土	片状	9.1								
						4	70—100	灰褐色	中壤土	碎块状	8.5								
剖20	半水成土	潮土	黄潮土	淤土	漏风淤土	1	0—15	褐棕色	轻壤土	碎块状	8.2						近代黄泛冲积物	E 116°49′27.8″ N 34°11′31.9″	95
						2	15—26	褐棕色	轻壤土	碎块状	8.0								
						3	26—40	褐棕色	轻壤土	块状	8.1								
						4	40—100	红棕色	重黏土	大块状	8.2								
剖21	半水成土	潮土	潮土	淤泥土	淤潮泥土	1	0—18	淡棕色	壤质黏土	屑粒状	8.0	14.0	0.89	0.66	19.1	18.8	古黄土性沉积物、黄泛黏质沉积物	E 116°57′17.4″ N 34°14′01.8″	81
						2	18—24	淡棕色	壤质黏土	碎块状	8.0	11.6	0.77	0.53	19.6	25.1			
						3	24—100	黄棕色	壤质黏土	块状	7.8	10.0	0.64	0.43	19.8	29.0			
剖22	初育土	石灰（岩）土	红色石灰土	山红土	山红土	1	0—21	棕红色	轻壤黏土	碎块状	7.4						石灰岩风化物	E 116°53′33.1″ N 34°10′26.3″	74
						2	21—26	棕红色	轻壤黏土	块状	7.3								
						3	26—34	暗棕红色	轻壤黏土	块状	7.6								
						4	34—70	暗棕红色	轻壤黏土	棱柱状	7.5								
						5	70—100	黄棕色	重壤土	大块状	7.9								
剖23	初育土	石灰（岩）土	黑色石灰土	黑色石灰土	黑碎石土	1	0—24	黑褐色	重壤土	粒状	7.8						石灰岩风化物	E 116°55′58.9″ N 34°11′49.2″	74
						2	24—51	红灰色	黏土		7.9								
						3	51—80	褐红色	重壤土	粒状	8.1								
剖24	半水成土	砂姜黑土	砂姜黑土	山淤黑土	山淤黑土	1	0—16	褐棕色	轻壤黏土	碎块状	7.8						黄土性古河流沉积物	E 117°02′46.6″ N 34°05′28.7″	75
						2	16—30	褐棕色	黏土	块状	7.9								
						3	30—48	灰黑色	轻壤黏土	块状	8.0								
						4	48—82	黄灰色	轻壤黏土	块状	7.9								
						5	82—100				7.9								

灵 璧 县

主要土类说明

潮土是灵璧县主要土壤类型，占本县地域面积的52%，遍及全县，主要分布在新汴河以北的尹集、浍沟、冯庙、高楼、渔沟等地。潮土是直接发育在河流沉积物上或石灰岩风化洪积物、冲积物上，受地下水影响，经旱耕熟化而成的耕地土壤，成土物质颗粒的粗细不仅在平面分布上有分选差异，在同一剖面中也可能有不同的质地层次排列，有的还有不同程度的积盐、反盐现象。本县潮土的形成过程主要有潮化过程和旱耕熟化过程，局部地区附加盐化过程和碱化过程。首先，潮土具有明显的成层性。由于多次泛滥和决口的地点、流经途径以及泛滥水的大小不同，以至同一地方的历次沉积物有所不同，因而形成多次砂淤相间的成层性砂底淤或淤底砂，这些对土壤的水肥状况有显著影响。其次，潮土的剖面发育不明显，相当程度地保持着原有母质的特点，这主要是因为其成土年龄很短，旱耕熟化阶段缺乏生草过程的影响，土壤有机质累积少，所以基本上保留着原有沉积层次和色泽，而很少有发生学层次，但由于耕作的影响，也分化出比较疏松、具有结构和养分较多的耕作层和比较紧密的犁层底。由于母质来源、地形、耕作的不同，本县潮土分为黄潮土、碱化潮土、盐化潮土三个亚类。

砂姜黑土是灵璧县第二大土壤类型，占本县地域面积的44%，主要集中分布在杨疃、浍沟、灵城、娄庄、黄湾、韦集等地。砂姜黑土是由草甸潜育土经脱潜育过程而发育成的具有旱耕熟化特点的土壤类型。砂姜黑土的形成前期是草甸潜育过程，开垦利用以后，是以脱潜育为特征的旱耕熟化过程。由于受特殊条件的影响，还伴随着碱化过程。砂姜黑土的碱化过程发生在质地较轻的土壤上，集中在河间平原中心，其地下水埋藏较浅，雨季时在1m之内，甚至接近地表，旱季时在1—1.5m，地下水矿化度为0.8—1.5g/L。碱化砂姜黑土地区地下水属于渗入-蒸发类型。土壤上层质地轻，养分含量低，加上距村庄远，施肥量少，植物生长差，因而有机质累积少，土壤结构不良，毛管作用强烈，地表蒸发量大，可溶性盐不断向地表积聚，地下水中的钠盐在土表积聚过多时钠离子被土壤胶体所吸附，从而形成碱化砂姜黑土。本县砂姜黑土分为砂姜黑土和碱化砂姜黑土两个亚类。

小于本县地域面积3%的土壤类型还有石灰（岩）土、黄褐土等。

本区域中心区气候特征

本区域中心区气候特征值
Regional climate characteristics in central area of the region

气候带：暖温带亚湿润气候 Climate region: Warm temperate subhumid climate	
年平均气温 /℃ Annual average temperature /℃	14.8
年平均最高气温 /℃ Annual average maximum temperature /℃	19.8
年平均最低气温 /℃ Annual average minimum temperature /℃	10.6
年降水量 /mm Annual precipitation /mm	886
≥10℃的积温 /℃ Daily temperature accumulated in a year (≥10℃) /℃	5410
年日照时数 /h Annual sunshine /h	2166
年平均相对湿度 /% Annual average relative humidity /%	71
干燥度 Dryness	0.99

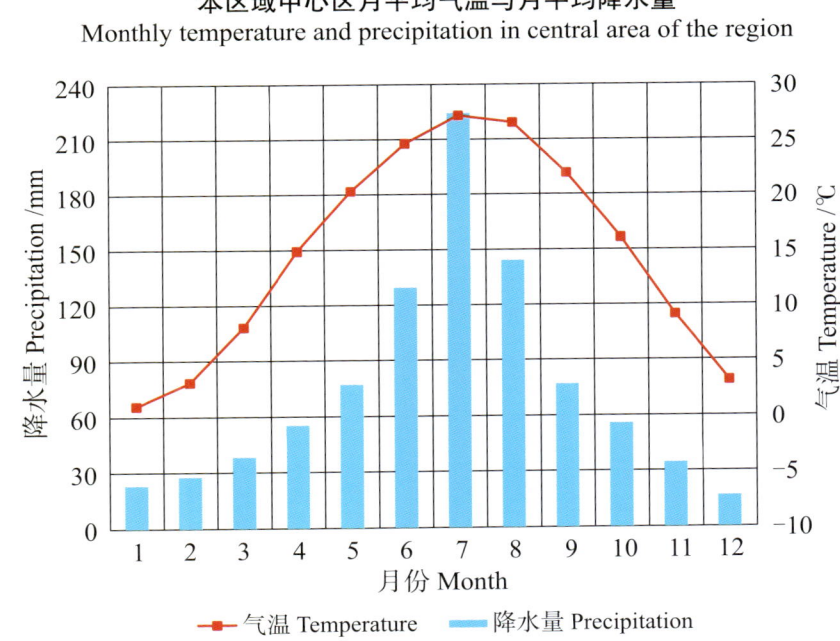

本区域中心区月平均气温与月平均降水量
Monthly temperature and precipitation in central area of the region

灵璧县主要土壤类型与土壤剖面点分布图
1 : 270 000

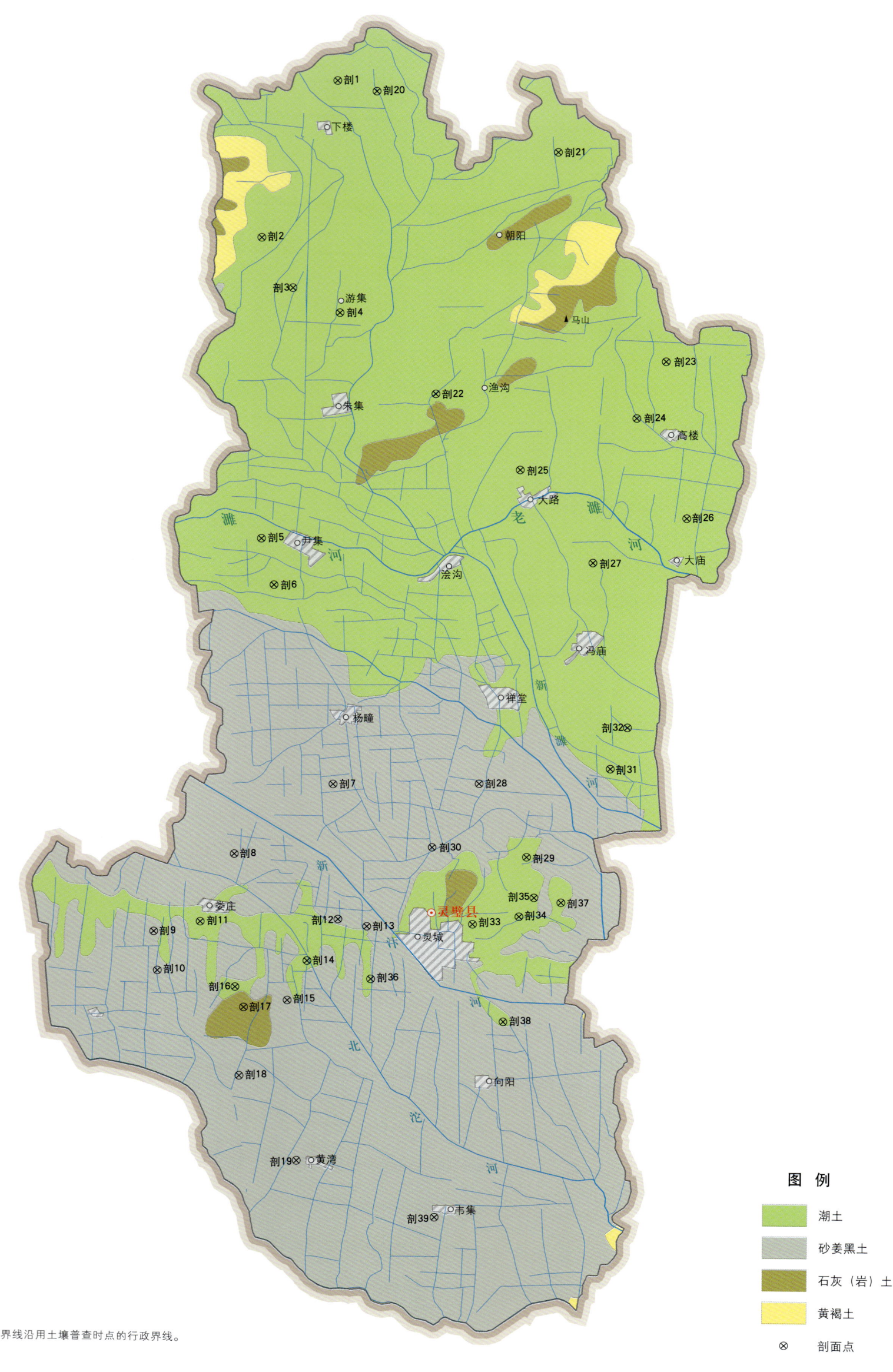

注：本图界线沿用土壤普查时点的行政界线。

图 例
- 潮土
- 砂姜黑土
- 石灰（岩）土
- 黄褐土
- ⊗ 剖面点

灵璧县土壤剖面理化性状表

剖面号 Soil profile	土纲 Soil order	土类 Soil great group	亚类 Soil subgroup	土属 Soil genus	土种 Soil species	土层码 Layer code	土层厚度 Depth/cm	颜色 Soil color	质地 Soil texture	土壤结构 Soil structure	pH	有机质 OM/(g/kg)	全氮 TN/(g/kg)	全磷 TP/(g/kg)	全钾 TK/(g/kg)	阳离子交换量CEC/(cmol/kg)	土壤母质 Parent material	剖面点坐标 Profile coordinate	匹配指数 Matching index/%
剖1	半水成土	潮土	盐化潮土	盐化潮土	卤碱土	1	0-5	灰黄色		粒状							黄泛沉积物	E 117°28'52.1" N 34°01'54.3"	95
						2	5-23	灰黄色		粒状									
						3	23-38	浅红棕色		屑粒状									
						4	38-150	浅黄色		屑粒状									
剖2	半水成土	潮土	黄潮土	山淤土	山淤两合土	1	0-18	棕黄色		块状							石灰岩风化洪积物	E 117°25'50.8" N 33°56'34.5"	95
						2	18-66	棕黄色		小块状									
						3	66-85	棕色		块状									
						4	85-150	灰褐色		块状									
剖3	半水成土	潮土	黄潮土	山淤土	山淤土	1	0-22	棕黄色		块状							石灰岩风化洪积物	E 117°27'03.4" N 33°54'52.4"	95
						2	22-91	棕红色		块状									
						3	91-108	浅灰色		块状									
						4	108-130	浅棕黄色		粒状									
剖4	半水成土	潮土	黄潮土	山淤土	黑底山淤土	1	0-18	棕色		块状							石灰岩风化洪积物	E 117°28'54.9" N 33°54'00.9"	95
						2	18-29	灰棕色		块状									
						3	29-53	棕黑色		粒状									
						4	53-142	灰黑色		粒状									
剖5	半水成土	潮土	黄潮土	淤土	淤土	1	0-16	红棕色		碎粒状							黄泛沉积物	E 117°25'47.7" N 33°46'20.8"	95
						2	16-28	灰红棕色		棱粒状									
						3	28-100	浅红棕色		块状									
						4	100—	灰棕黄色		粒状									
剖6	半水成土	潮土	黄潮土	淤土	上位砂底淤土	1	0-17	灰红棕色		块状							黄泛沉积物	E 117°26'16.2" N 33°44'45.9"	95
						2	17-42	棕色		粒状									
剖7	半水成土	砂姜黑土	砂姜黑土	淤黑土	薄层淤黑土	1	0-15	棕色		小块状							黄土性古河流沉积物	E 117°28'34.6" N 33°37'59.5"	95
						2	15-22	灰黑色		块状									
						3	22-45	灰黑色		棱柱状									
						4	45-74	灰黑色		棱块状									
						5	74-140	棕黄色		屑粒状									
剖8	半水成土	砂姜黑土	砂姜黑土	青白土	白淌土	1	0-15	淡灰黄色		小块状							黄土性古河流沉积物	E 117°24'41.7" N 33°35'36.2"	95
						2	15-21	浅灰黄色		团块状									
						3	48-150	灰黄色		块状									
剖9	半水成土	砂姜黑土	砂姜黑土	山淤黑土	山淤黑土	1	0-18	灰棕色		块状							黄土性古河流沉积物	E 117°21'32.3" N 33°32'56.3"	75
						2	18-29	暗灰色		棱状									
						3	29-57	黄灰黄色		板状									
						4	57-120	浅红棕色		粒状									
剖10	半水成土	砂姜黑土	砂姜黑土	淤黑土	红花淤黑土	1	0-26	棕色		块状							黄土性古河流沉积物	E 117°21'41.1" N 33°31'36.4"	95
						2	26-48	暗棕色		块状									
						3	48-94	灰灰色		粒状									
剖11	半水成土	潮土	黄潮土	砂土	下位砂底砂土	1	0-20	黄棕色		屑粒状							黄泛沉积物	E 117°23'21.9" N 33°33'16.9"	95
						2	20-85	红棕色		块状									
						3	85-118	棕黄色		屑粒状									
						4	118-150												

续表 Continued

剖面号 Soil profile	土纲 Soil order	土类 Soil great group	亚类 Soil subgroup	土属 Soil genus	土种 Soil species	土层码 Layer code	土层厚度 Depth/ cm	颜色 Soil color	质地 Soil texture	土壤结构 Soil structure	pH	有机质 OM/ (g/kg)	全氮 TN/ (g/kg)	全磷 TP/ (g/kg)	全钾 TK/ (g/kg)	阳离子 交换量CEC/ (cmol/kg)	土壤母质 Parent material	剖面点坐标 Profile coordinate	匹配指数 Matching index/%
剖12	半水成土	砂姜黑土	砂姜黑土	青白土	青白土	1	0—20	浅灰色		屑粒状							黄土性古河流沉积物	E 117°28′45.7″ N 33°33′23.2″	75
						2	20—26	浅灰色		小块状									
						3	26—70	浅灰黄色		棱柱状									
						4	70—120	棕黄色		棱块状									
剖13	半水成土	砂姜黑土	碱化砂姜黑土	白碱土	轻碱土	1	0—22	灰白色		粒状							黄土性古河流沉积物	E 117°29′54.1″ N 33°33′07.9″	75
						2	22—31	棕灰色		棱块状									
						3	31—150	棕黄色		棱柱状									
剖14	半水成土	潮土	黄潮土	两合土	砂底两合土	1	0—20	棕色		团粒状							黄泛沉积物	E 117°27′33.0″ N 33°31′57.4″	95
						2	20—43	棕色		块状									
						3	43—150	淡黄色		粒状									
剖15	半水成土	砂姜黑土	碱化砂姜黑土	白碱土	重碱土	1	0—14	灰白色		粒状							黄土性古河流沉积物	E 117°26′46.7″ N 33°30′36.2″	75
						2	14—24	灰黄色		小块状									
						3	24—36	灰黑色		块状									
						4	36—50	浅黄灰色		块状									
						5	50—120	灰黄色		块状									
剖16	半水成土	潮土	盐化潮土	盐潮砂土	轻盐化砂土	Az	0—19	浊黄色	壤土	屑粒状	8.4	7.0	0.40	0.60	18.0	6.1	黄泛沉积物	E 117°24′43.5″ N 33°31′03.3″	75
						Cz	19—70	浊黄色	砂壤土	单粒状	8.6	1.6	≤0.10	0.60	16.3	3.5			
						C₁	70—81	淡黄色	壤土	块状	8.6	2.6	0.20	0.60	18.2	5.4			
						C₂	81—110	黄棕色	壤土	块状	8.6	3.9	0.20	0.70	20.2				
剖17	初育土	石灰(岩)土	红色石灰土	山红土	山红土	1	0—20	红棕色		核状							石灰岩风化物	E 117°25′04.1″ N 33°30′21.6″	74
						2	20—42	棕色		块状									
						3	42—130	红棕色		块状									
						4	130—150	红棕色		块状									
						5	150—	棕色		小块状									
剖18	半水成土	砂姜黑土	砂姜黑土	淤黑土	壤土	1	0—23	灰黄色		团粒状							黄土性古河流沉积物	E 117°24′53.7″ N 33°28′01.9″	95
						2	23—39	棕色		块状									
						3	39—50	暗黄色		棱状									
						4	50—120	暗黄色		粒状									
剖19	半水成土	砂姜黑土	砂姜黑土	黑土	黑土	1	0—15	青黄色		小块状							黄土性古河流沉积物	E 117°27′09.0″ N 33°25′09.8″	95
						2	15—25	灰棕色		棱状									
						3	25—70	灰黄色		棱状									
						4	70—120	浅灰棕色		细粒状									
剖20	半水成土	潮土	盐化潮土	盐化潮土	盐碱土	1	0—50	浅红棕色		碎粒状							黄泛沉积物	E 117°30′25.0″ N 34°01′32.6″	95
						2	50—115	浅红棕色		碎块状									
						3	115—126	棕色		棱粒状									
						4	126—150	浅黄棕色		小粒状									
剖21	半水成土	潮土	黄潮土	飞砂土	泡砂土	1	0—18	灰棕色		小粒状							黄泛沉积物	E 117°37′33.5″ N 33°59′26.0″	95
						2	18—33	黄棕色		碎块状									
						3	33—36	红棕色		块状									
						4	63—89	黄棕色		粉粒状									
						5	89—150	灰黄色		粉粒状									
剖22	半水成土	潮土	黄潮土	两合土	下位砂底两合土	1	0—18	浅黄色		粒状							黄泛沉积物	E 117°32′39.9″ N 33°51′14.9″	95
						2	18—52	浅黄色		片状									
						3	52—108	浅黄色		片状									
						4	108—150	浅黄色											

续表 Continued

剖面号 Soil profile	土纲 Soil order	土类 Soil great group	亚类 Soil subgroup	土属 Soil genus	土种 Soil species	土层码 Layer code	土层厚度 Depth/cm	颜色 Soil color	质地 Soil texture	土壤结构 Soil structure	pH	有机质 OM/(g/kg)	全氮 TN/(g/kg)	全磷 TP/(g/kg)	全钾 TK/(g/kg)	阳离子交换量 CEC/(cmol/kg)	土壤母质 Parent material	剖面点坐标 Profile coordinate	匹配指数 Matching index/%
剖23	半水成土	潮土	潮土	面砂土	同层面砂土	1	0—18	淡棕黄色	壤土	屑粒状	7.9	11.0	0.70	0.62	18.5	10.6	黄泛沉积物	E 117°41′45.0″ N 33°52′20.0″	95
						2	18—46	淡棕黄色	砂壤土	单粒状块状	8.2	2.4	0.17	0.60	12.9	3.7			
						3	46—55	淡棕色	黏土	块状	8.2	10.2	0.72	0.61	25.9	25.0			
						4	55—83	淡棕黄色	砂壤土	单粒状	8.3	5.2	5.30	0.71	19.4	5.3			
						5	83—95	棕色	壤质黏土	小块状	8.3	9.0	0.63	0.59	24.3	23.6			
						6	95—150	灰黄色	壤质砂土	片状	8.7	1.8	0.17	0.47	16.0	2.1			
剖24	半水成土	潮土	黄潮土	砂土	上位淤底砂土	1	0—20	灰黄色	砂土	粒状							黄泛沉积物	E 117°40′34.6″ N 33°50′23.5″	95
						2	20—41	淡黄色		屑粒状									
						3	41—63	红棕色		块状									
						4	63—150	淡棕色		屑粒状									
剖25	半水成土	潮土	盐化潮土	盐化潮土	轻盐面砂土	1	0—19	淡棕黄色	壤土	屑粒状、块状	8.4	7.0	0.36	0.63	18.1	6.1	黄泛沉积物	E 117°35′58.2″ N 33°48′39.7″	95
						2	19—70	淡棕黄色	砂壤土	单粒状	8.6	1.6	0.11	0.63	16.4	3.5			
						3	70—81	灰黄色	粉壤土	屑粒状	8.6	2.6	0.20	0.63	18.3	5.4			
						4	81—110	黄棕色	粉壤土	片状	8.6	3.9	0.20	0.67	20.2	10.9			
剖26	半水成土	潮土	黄潮土	两合土	上位砂底两合土	1	0—17	棕灰色		粒状							黄泛沉积物	E 117°42′30.6″ N 33°47′00.9″	81
						2	17—60	黄棕色		块状									
						3	60—98	棕红色		团粒状									
						4	98—150	棕色		小块状									
剖27	半水成土	潮土	黄潮土	淤土	下位砂底淤土	1	0—16	红棕色		屑粒状							黄泛沉积物	E 117°38′48.8″ N 33°45′30.5″	95
						2	16—64	浅红棕色		块状									
						3	64—92	红棕色		粒状									
						4	92—150	浅灰色		棱柱状									
剖28	半水成土	砂姜黑土	砂姜黑土	青白土	青土	1	0—17	灰色		棱柱状							黄土性古河流沉积物	E 117°34′18.9″ N 33°38′00.5″	95
						2	17—41	黄黄色		粒状									
						3	41—120	灰黄色		粒状									
剖29	半水成土	潮土	黄潮土	砂土	黑底砂土	1	0—12	灰暗灰色		块状							黄泛沉积物	E 117°36′10.4″ N 33°35′30.9″	95
						2	12—18	红棕色		块状									
						3	18—65	浅黄黄色		棱柱状									
						4	65—72	深灰色		棱柱状									
						5	72—96	浅灰黄色		粒状									
						6	96—140	暗暗黄色		粉粒状									
剖30	半水成土	砂姜黑土	砂姜黑土	砂姜	砂姜土	1	0—18	浅暗灰色		小块状							黄泛沉积物	E 117°32′28.0″ N 33°35′50.8″	95
						2	18—27	暗暗色		团粒状									
						3	27—57	灰黄色		粉柱状									
						4	57—150	浅灰棕色		小块状									
剖31	半水成土	潮土	黄潮土	砂土	同层砂土	1	0—18	黄黄色		小片状							黄土性古河流沉积物	E 117°39′28.1″ N 33°38′31.2″	75
						2	18—46	棕红色		粒状									
						3	46—55	灰黄色		粒状									
						4	55—83	棕红色		粒状									
						5	83—95	黄棕色		粒状									
						6	95—150	灰灰色		粒状									
剖32	半水成土	潮土	黄潮土	砂土	淤底砂土	1	0—17	灰灰黄色		粒状							黄泛沉积物	E 117°40′08.6″ N 33°39′54.7″	75
						2	17—28	棕灰黄色		粒状									
						3	28—92	浅灰黄色		粒状									
						4	92—112	棕灰黄色		粒状									
						5	112—150	浅灰黄色		粒状									

续表 Continued

剖面号 Soil profile	土纲 Soil order	土类 Soil great group	亚类 Soil subgroup	土属 Soil genus	土种 Soil species	土层码 Layer code	土层厚度 Depth/cm	颜色 Soil color	质地 Soil texture	土壤结构 Soil structure	pH	有机质 OM/(g/kg)	全氮 TN/(g/kg)	全磷 TP/(g/kg)	全钾 TK/(g/kg)	阳离子交换量CEC/(cmol/kg)	土壤母质 Parent material	剖面点坐标 Profile coordinate	匹配指数 Matching index/%
剖33	半水成土	潮土	黄潮土	砂土	青砂土	1	0—30	灰褐色		团粒状							黄泛沉积物	E 117°34′02.6″ N 33°33′12.8″	95
						2	30—75	浅棕色		团块状									
						3	75—115	淡黄色		屑粒状									
						4	115—150	棕色		块状									
剖34	半水成土	潮土	黄潮土	两合土	上位淤底两合土	1	0—15	灰棕色		粒状							黄泛沉积物	E 117°35′52.4″ N 33°33′29.3″	75
						2	15—22	灰棕色		粒状									
						3	22—32	棕黄色		块粒状									
						4	32—45	浅褐色		块状									
						5	45—74	浅黄色		粒状									
						6	74—87	浅褐色		块状									
						7	87—114	浅褐色		块粒状									
						8	114—150	灰棕色		粒粒状									
剖35	半水成土	潮土	黄潮土	山淤土	黄泛山淤土	1	0—17	棕灰色		粒状							石灰岩风化洪积物	E 117°36′27.7″ N 33°34′07.2″	95
						2	17—42	浅棕色		块状									
						3	42—84	浅棕色		块状									
						4	84—131	浅棕色											
剖36	半水成土	潮土	黄潮土	两合土	淤底两合土	1	0—19	灰棕色		团粒状							黄泛沉积物	E 117°30′03.1″ N 33°31′20.3″	75
						2	19—63	棕色		小块状									
						3	63—150	红棕色											
剖37	半水成土	潮土	黄潮土	两合土	黑底两合土	1	0—24	青黄灰色		粒状							黄泛沉积物	E 117°37′30.9″ N 33°33′57.5″	75
						2	24—36	灰棕色		小块状									
						3	36—44	黄棕色		块状									
						4	44—55	黄灰色		块状									
						5	55—75	褐色		小块状									
						6	75—106	灰棕色		细粒状									
剖38	半水成土	碱化潮土	碱化潮土	碱化潮土	砂碱土	1	0—24	浅棕色		小块状							黄泛沉积物	E 117°35′14.7″ N 33°29′53.6″	75
						2	24—51	暗棕色		块状									
						3	51—69	红褐色		屑粒状									
						4	69—91	灰白色		块状									
						5	120—150	红褐色											
剖39	半水成土	砂姜黑土	砂姜黑土	黄土	黄土	1	0—22	棕黄色		碎粒状							黄土性古河流沉积物	E 117°32′33.6″ N 33°23′16.7″	95
						2	22—51	灰黄色		块状									
						3	51—150	暗黄色		块状									

泗 县

主要土类说明

砂姜黑土是泗县主要土壤类型，占本县地域面积的52%，主要分布在民利河以南的草沟、丁湖、墩集、草庙、长沟的河间平原。砂姜黑土在特殊的自然地理和气候条件下，以富含碳酸钙的古河湖相沉积物为母质，经历淋溶淀积、生物积累和旱耕熟化过程演变成区域性的土壤类型。砂姜黑土具有腐泥状黑土层和砂姜层两个发生层段。黑土层一般厚度为30—40cm，表层由于长期耕作，颜色已渐淡。在耕作层以下，黑土层呈埋藏型。在有一定坡降的地段，由于受地表径流的冲刷，黑土层裸露地表，质地为重壤至轻黏。砂姜层位于黑土层之下，界线不明显，多为棕黄色重壤土，有潜育特征，并有锈纹、锈斑和铁锰结核，在结构面上出现浅灰色胶膜。黑土层下限随地势起伏而变化，也即黑土层的下线不是水平的，这是生物积累的结果。本县砂姜黑土分为砂姜黑土和碱化砂姜黑土两个亚类。

潮土是泗县第二大土壤类型，占本县地域面积的36%，主要分布在民利河以北。潮土由黄泛沉积物或石灰岩风化洪积物、冲积物发育而成。沉积物的成因类型与特定的地形和水文条件密切相关，对土壤发育也有深刻的影响。黄河泛滥的砂质沉积物，地势略高于附近平原，地下水位相对较低，发育成砂土属各土种；黏质沉积物地势低平，地下水位相对较高，发育成淤土属各土种；壤质沉积物介于以上两者之间，发育成两合土属各土种；在岛状残丘四周沉积着石灰岩风化洪积物、冲积物，发育成山淤土属各土种。在平原地区，一部分潮土附加盐碱化过程，形成盐化潮土和碱化潮土。土壤潮化过程主要是指地下水参与土壤的形成过程。随着干湿季节的变化，地下水位发生季节性升降，引起底层土壤氧化还原作用交替进行。黄泛沉积物的覆盖，改变了原来的地形，使地面更为平坦，地下水埋深在1—3m。淮北平原由于受季风影响，年内降水分配不均，地下水位高低发生周期性变化。

黄褐土是泗县第三大土壤类型，占本县地域面积的10%。黄褐土由较细粒的黄土状母质发育而成，多组成丘岗。土体中游离碳酸钙已不复存在，土壤呈灰黄棕色，具 A-B-C 或 A-Bt-C 剖面构型，在底部可散见圆形石灰结核。土壤黏化淀积明显，B 层黏聚，有时呈黏盘，黏粒硅铝率在3.0左右。土壤表层 pH 为 6.0—6.8，底层 pH 为 7.5，盐基饱和度由表层向底层逐渐趋向饱和。

小于本县地域面积3%的土壤类型还有石灰（岩）土、水稻土、紫色土等。

本区域中心区气候特征

本区域中心区气候特征值
Regional climate characteristics in central area of the region

气候带：暖温带亚湿润气候 Climate region: Warm temperate subhumid climate	
年平均气温 /℃ Annual average temperature /℃	14.9
年平均最高气温 /℃ Annual average maximum temperature /℃	19.8
年平均最低气温 /℃ Annual average minimum temperature /℃	10.8
年降水量 /mm Annual precipitation /mm	906
≥10℃的积温 /℃ Daily temperature accumulated in a year（≥10℃）/℃	5431
年日照时数 /h Annual sunshine /h	2156
年平均相对湿度 /% Annual average relative humidity /%	72
干燥度 Dryness	0.97

本区域中心区月平均气温与月平均降水量
Monthly temperature and precipitation in central area of the region

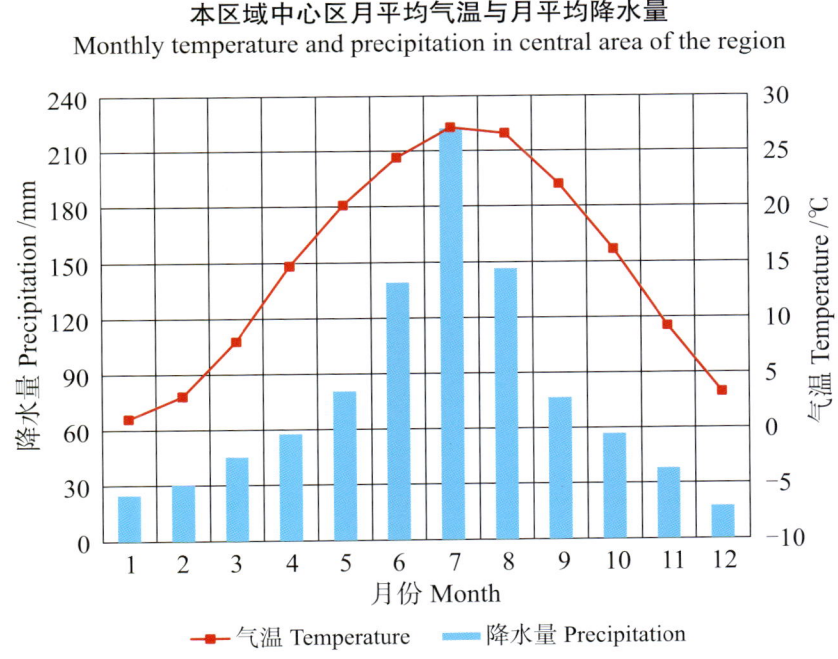

泗县主要土壤类型与土壤剖面点分布图
1 : 230 000

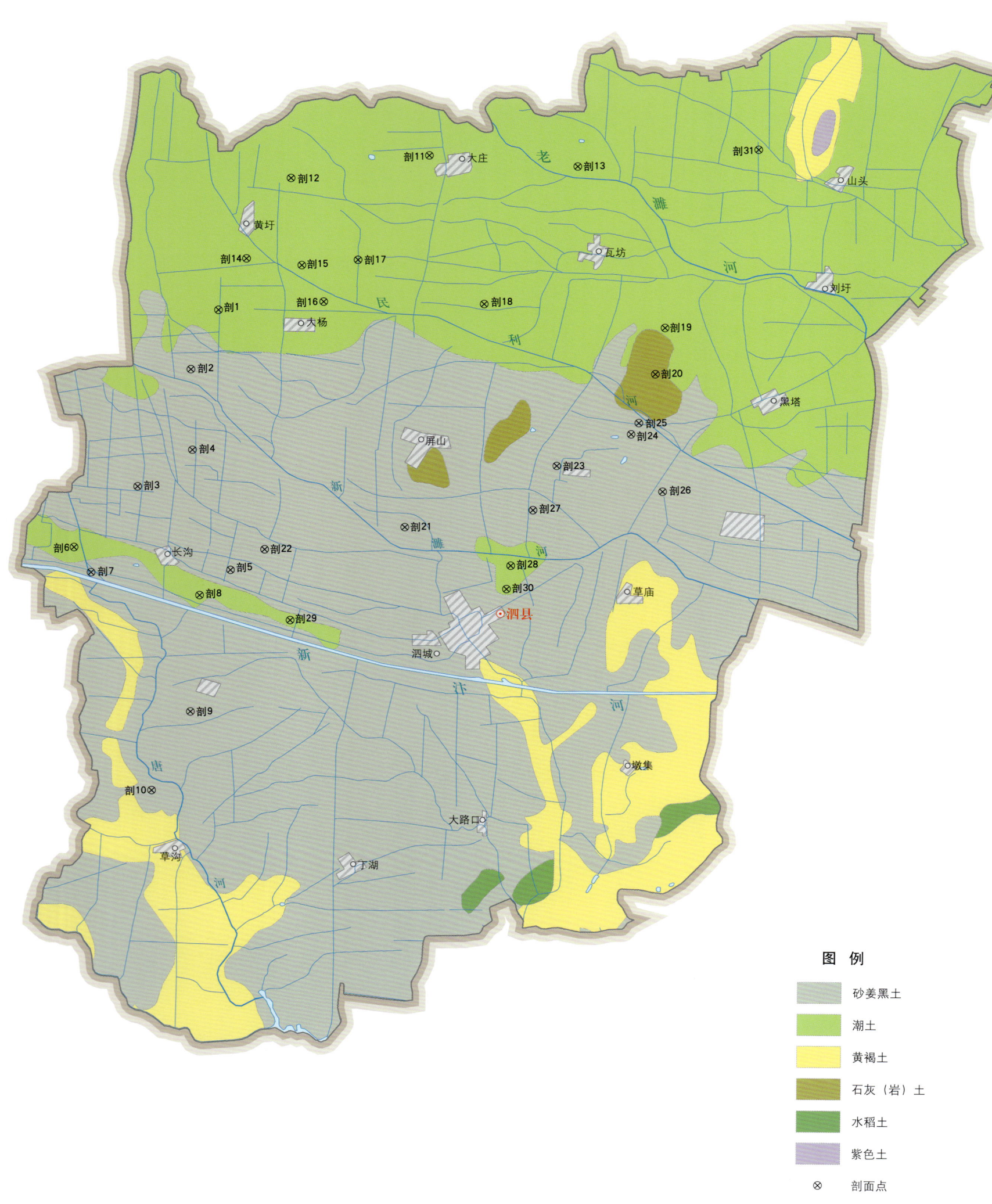

注：本图界线沿用土壤普查时点的行政界线。

泗县土壤剖面理化性状表

剖面号 Soil profile	土纲 Soil order	土类 Soil great group	亚类 Soil subgroup	土属 Soil genus	土种 Soil species	土层码 Layer code	土层厚度 Depth/cm	颜色 Soil color	质地 Soil texture	土壤结构 Soil structure	pH	有机质 OM/(g/kg)	全氮 TN/(g/kg)	全磷 TP/(g/kg)	全钾 TK/(g/kg)	有效磷 AP/(mg/kg)	速效钾 AK/(mg/kg)	阳离子交换量CEC/(cmol/kg)	土壤母质 Parent material	剖面点坐标 Profile coordinate	匹配指数 Matching index/%
剖1	半水成土	潮土	黄潮土	两合土	下位浅底两合土	1	0—17	灰棕色	轻壤土	粒状	8.4								黄泛沉积物	E 117°44′21.1″ N 33°38′04.3″	95
						2	17—26	灰黄色	轻壤土	片状	8.5										
						3	26—46	灰棕色	中壤土	小块状	8.5										
						4	46—62	浅黄棕色	轻壤土	片状	8.5										
						5	62—120	浅红棕色	轻黏土	小碎块状	8.5										
剖2	半水成土	砂姜黑土	砂姜黑土	黄土	死黄土	1	0—15	棕黄色	重壤土	粒状									古黄土性河湖相沉积物	E 117°43′25.0″ N 33°36′20.3″	95
						2	15—22	灰黄色	重壤土	块状	7.7										
						3	22—70	浅灰色	重壤土	棱柱状	7.7										
						4	70—120	灰黄色	重壤土	棱柱状	7.8										
剖3	半水成土	砂姜黑土	砂姜黑土	黄土	青黄土	1	0—18	灰黄色	重壤土	粒状	7.4								古黄土性河湖相沉积物	E 117°41′35.8″ N 33°32′52.4″	95
						2	18—27	青黄色	重壤土	块状	7.8										
						3	27—55	黄灰色	轻壤土	棱柱状											
						4	55—120	灰黄色	中壤土	碎粒状											
剖4	半水成土	砂姜黑土	砂姜黑土	青白土	青土	1	0—20	灰黄色	重壤土	小块状									古黄土性河湖相沉积物	E 117°43′27.5″ N 33°33′57.2″	95
						2	20—25	灰黑色	重壤土	棱柱状											
						3	25—60	灰黑色	重壤土	棱柱状											
						4	60—120	黄灰色	中壤土	屑粒状	7.7										
剖5	半水成土	砂姜黑土	砂姜黑土	山淤黑土	山淤黄土	1	0—13	黄色	中壤土	块状	8.0								古黄土性河湖相沉积物	E 117°44′44.2″ N 33°30′26.0″	75
						2	13—20	青黄色	中壤土	块状	8.0										
						3	20—38	浅青黄色	中壤土	棱块状	7.6										
						4	38—103	亮棕色	重壤土	小块状	8.3	14.9	0.70	0.70	20.6	6.0	204	28.5			
剖6	半水成土	砂姜黑土	砂姜黑土	淤土	砂身淤土	A_{11}	0—18	亮棕色	壤质黏土	块状	8.6	10.2	0.80	0.70	22.6	3.0	177	18.5	黄泛沉积物	E 117°39′26.8″ N 33°31′06.4″	95
						A_{12}	18—25	亮黄棕色	壤质黏土	单粒状	8.8	3.2	0.40	0.70	19.3		95	6.1			
						Cu	25—100	浅黄棕色	砂壤土	块状	8.8										
剖7	半水成土	砂姜黑土	碱化砂姜黑土	白碱土	轻碱化黑土	1	0—18	黄白色	重壤土	棱柱状	8.7								古黄土性河湖相沉积物	E 117°40′01.1″ N 33°30′21.8″	75
						2	18—26	青黄色	中黏土	棱柱状	8.9										
						3	26—66	淡黑色	中黏土	块状	8.5										
剖8	半水成土	潮土	黄潮土	两合土	上位淤底两合土	1	0—13	浅灰黄色	中壤土	小块状	8.5								黄泛沉积物	E 117°43′41.3″ N 33°29′41.8″	75
						2	13—19	暗棕色	重壤土	大块状	8.3										
						3	19—59	浅红棕色	中壤土	棱块状	8.4										
						4	59—100	暗黑色	中壤土	粒状	8.4										
剖9	半水成土	砂姜黑土	砂姜黑土	黑土	青黑土	1	0—16	暗黄色	重壤土	块状	7.5								古黄土性河湖相沉积物	E 117°43′22.2″ N 33°26′15.7″	95
						2	16—21	暗黑色	重壤土	块状	7.5										
						3	21—42	灰黄色	重壤土	块状	8.5										
						4	42—100	浅黄棕色	中壤土	小块状	8.0										
剖10	半水成土	砂姜黑土	砂姜黑土	黑土	黑土	1	0—17	灰黑色	中壤土	块状	7.5								古黄土性河湖相沉积物	E 117°41′45.9″ N 33°24′06.6″	95
						2	17—23	灰黑色	重壤土	棱柱状	7.9										
						3	23—70	黄色	轻壤土	块状	8.0										
						4	70—110	浅黄棕色	中壤土	屑粒状	8.5										
剖11	半水成土	潮土	黄潮土	两合土	淤身两合土	1	0—20	浅红棕色	轻黏土	块状	7.8								黄泛沉积物	E 117°51′58.0″ N 33°42′11.0″	95
						2	20—26	浅红棕色	重黏土	大块状	8.4										
						3	26—120														

续表 Continued

剖面号 Soil profile	土纲 Soil order	土类 Soil great group	亚类 Soil subgroup	土属 Soil genus	土种 Soil species	土层码 Layer code	土层厚度 Depth/cm	颜色 Soil color	质地 Soil texture	土壤结构 Soil structure	pH	有机质 OM/(g/kg)	全氮 TN/(g/kg)	全磷 TP/(g/kg)	全钾 TK/(g/kg)	有效磷 AP/(mg/kg)	速效钾 AK/(mg/kg)	阳离子交换量CEC/(cmol/kg)	土壤母质 Parent material	剖面点坐标 Profile coordinate	匹配指数 Matching index/%
剖12	半水成土	潮土	黄潮土	砂土	砂土	1	0–18	灰黄棕色	砂壤土	屑粒状	8.2								黄泛沉积物	E 117° 46' 50.3" N 33° 41' 55.5"	95
						2	18–25	灰黄棕色	轻壤土	屑粒状	8.6										
						3	25–120	浅灰黄色	砂壤土	片状	8.8										
剖13	半水成土	潮土	黄潮土	淤土	红花淤土	1	0–18	青红棕色	轻黏土	团粒状	8.1								黄泛沉积物	E 117° 56' 34.4" N 33° 42' 14.1"	95
						2	18–24	暗红棕色	重黏土	碎块状	8.4										
						3	24–78	红棕色	轻黏土	大块状	8.4										
						4	78–114	浅灰棕色	重黏土	大块状	8.5										
						5	114–120	灰黑色		棱块状											
剖14	半水成土	潮土	黄潮土	淤土	砂身淤土	1	0–18	红棕色	中黏土	小块状	8.3								黄泛沉积物	E 117° 45' 19.1" N 33° 39' 33.7"	95
						2	18–25	浅红棕色	重黏土	扁黏状											
						3	25–120	棕灰黄色	砂壤土	单粒状											
剖15	半水成土	潮土	黄潮土	砂土	下位淤底砂土	1	0–20	黄黄色	砂壤土	粒状	8.2								黄泛沉积物	E 117° 47' 11.2" N 33° 39' 21.8"	95
						2	20–27	浅红棕色	重壤土	片状、块状	8.2										
						3	27–31	浅红棕色	轻壤土	块状	8.5										
						4	31–61	灰黄色	砂壤土	片状、块状	8.2										
						5	61–115	浅红棕色	重黏土	大块状	8.4										
剖16	半水成土	潮土	黄潮土	淤土	黄底淤土	1	0–17	红棕色	中黏土	粒状									黄泛沉积物	E 117° 47' 55.7" N 33° 38' 17.9"	75
						2	17–22	浅红黄色	重黏土	块状											
						3	22–65	浅红棕色	重黏土	大块状											
						4	65–120	灰黄色		块状											
剖17	半水成土	潮土	黄潮土	砂土	青砂土	1	0–18	灰黄棕色	砂壤土	屑粒状									黄泛沉积物	E 117° 49' 05.9" N 33° 39' 30.9"	95
						2	18–25	浅红棕色	轻壤土	粒状											
						3	25–120	浅红棕色	轻壤土	薄片状											
剖18	半水成土	潮土	黄潮土	淤土	漏风淤土	1	0–14	浅红棕色	重黏土	块状	8.2								黄泛沉积物	E 117° 53' 22.0" N 33° 38' 12.9"	95
						2	14–20	棕红棕色	重黏土	扁块状	8.2										
						3	20–100	棕灰色	重黏土	棱块状	8.5										
						4	100–120	浅红黄色	砂壤土	大块状											
剖19	半水成土	潮土	黄潮土	砂土	上位淤底砂土	1	0–17	浅红棕色	砂壤土	碎粒状	8.5								黄泛沉积物	E 117° 59' 29.4" N 33° 37' 29.9"	75
						2	17–23	黄棕色	重黏土	粒状	8.7										
						3	23–37	浅红棕色	重黏土	块状	8.7										
						4	37–62	暗黄色	重黏土	块状	8.6										
						5	62–120	棕灰色	轻壤土	屑粒状	8.0										
剖20	初育土	石灰(岩)土	红色石灰土	山红土	山红土	1	0–11	棕红棕色	轻黏土	小扁块状	8.1	9.1	0.30	0.40	15.5	4.0	165	12.4	石灰岩	E 117° 59' 28.1" N 33° 36' 15.6"	92
						2	11–31	浅红棕色	重黏土	大块状	8.5	9.5	0.50	0.30	14.4	≤1.0	145	20.3			
						3	31–100	浅红棕色	重黏土	粒粒状	8.1										
剖21	半水成土	砂姜黑土	砂姜黑土	淤黑土	红花淤黑土	1	0–14	浅红棕色	重黏土	小块状	8.1	5.0	0.40	0.40	17.6	3.0	135		古黄土性河湖相沉积物	E 117° 50' 38.5" N 33° 31' 40.4"	95
						2	14–21	浅红棕色	重黏土	棱块状	8.3										
						3	21–79	灰红黑色	砂壤土	碎块状	8.3										
						C	79–100	灰黄色	黏壤土	块状	8.9										
剖22	半水成土	砂姜黑土	碱化砂姜黑土	碱黑姜土	轻碱黑姜土	$A_{11}n$	0–18	淡灰色	黏壤土	块状	8.8	3.9	0.20	0.40	18.2		136		古黄土性河湖相沉积物	E 117° 45' 53.6" N 33° 31' 01.8"	95
						$A_{12}n$	18–26	灰色	壤质黏土	棱块状	8.7										
						C	26–66	灰色		棱柱状	8.9										
						Ck	66–100	灰色	黏土												

续表 Continued

剖面号 Soil profile	土纲 Soil order	土类 Soil great group	亚类 Soil subgroup	土属 Soil genus	土种 Soil species	土层码 Layer code	土层厚度 Depth/cm	颜色 Soil color	质地 Soil texture	土壤结构 Soil structure	pH	有机质 OM/(g/kg)	全氮 TN/(g/kg)	全磷 TP/(g/kg)	全钾 TK/(g/kg)	有效磷 AP/(mg/kg)	速效钾 AK/(mg/kg)	阳离子交换量CEC/(cmol/kg)	土壤母质 Parent material	剖面点坐标 Profile coordinate	匹配指数 Matching index/%
剖23	半水成土	砂姜黑土	砂姜黑土	青白土	青白土	1	0—14	白色	中壤土	屑粒状	7.5								古黄土性河湖相沉积物	E 117°55′48.0″ N 33°33′27.4″	95
						2	14—23	青灰色	重壤土	片状											
						3	23—45	青灰色		棱块状											
						4	45—120	灰黄色	轻黏土												
剖24	半水成土	砂姜黑土	砂姜黑土	黄土	黄土	1	0—16	黄灰色	重壤土	碎粒状	8.0								古黄土性河湖相沉积物	E 117°58′19.2″ N 33°34′22.6″	75
						2	16—22	棕灰色	重壤土	块状	8.0										
						3	22—100	灰黄色		块状	7.9										
剖25	半水成土	砂姜黑土	砂姜黑土	淤黑土	淤黄土	1	0—13	浅棕红色	轻黏土	碎粒状	8.2								古黄土性河湖相沉积物	E 117°58′35.1″ N 33°34′42.4″	75
						2	13—17	浅棕红色	重黏土	小块状											
						3	17—87	青灰色	中黏土	棱块状	8.5										
						4	87—100	灰黄色	黏土												
剖26	半水成土	砂姜黑土	砂姜黑土	黑土	死黑土	1	0—15	暗黄色	中黏土	小块状	7.0								古黄土性河湖相沉积物	E 117°59′22.6″ N 33°32′41.4″	95
						2	15—20	暗灰色	中黏土	片状、块状	7.0										
						3	20—57	灰黑色	中黏土	棱柱状	8.0										
						4	57—120	灰黄色	黏土		8.0										
剖27	半水成土	砂姜黑土	砂姜黑土	碱化黑姜土	轻碱化黑姜土	A	0—18	灰白色	黏壤土		8.9	9.1	0.32	0.38	15.6	4.2	165	12.4	古黄土性河湖相沉积物	E 117°54′58.6″ N 33°32′09.7″	95
						Ap	18—26	淡灰色	黏壤土	块状	8.9	9.5	0.51	0.32	14.5	1.1	146	20.3			
						Bv	26—66	灰黄色	粉质黏壤土	棱柱状	8.7	5.0	0.35	0.43	17.7	3.1	235				
						C	66—100	淡棕色	粉壤质黏壤土	棱柱状	8.9	3.9	0.15	0.44	18.3		136				
剖28	半水成土	潮土	黄潮土	两合土	两合土	1	0—20	浅黄棕色	中壤土	粒状	8.2								黄泛沉积物	E 117°54′12.5″ N 33°30′32.8″	75
						2	20—28	浅红棕色	轻壤土	小块状	8.3										
						3	28—87	浅红棕色	中壤土	粒状	8.4										
						4	87—120	浅棕黄色	砂壤土		8.4										
剖29	半水成土	潮土	黄潮土	淤土	黑底淤土	1	0—13	红棕色	重黏土	碎块状									黄泛沉积物	E 117°46′44.6″ N 33°28′57.8″	95
						2	13—17	浅红棕色	重黏土	小块状	8.5										
						3	54—100	暗黑色	重黏土	小块状											
剖30	半水成土	潮土	黄潮土	两合土	砂身两合土	1	0—19	浅灰棕色	轻壤土	屑粒状	8.5								黄泛沉积物	E 117°54′04.4″ N 33°29′51.8″	75
						2	19—27	浅红棕色	轻壤土	粒状	8.5										
						3	27—120	浅棕黄色	砂壤土	粒状	8.7										
剖31	半水成土	潮土	黄潮土	淤土	下位砂底淤土	1	0—20	浅红棕色	重黏土	小块状									黄泛沉积物	E 118°02′43.1″ N 33°42′41.8″	95
						2	20—28	浅红棕色	重黏土	扁块状											
						3	28—50	浅红棕色		棱块状											
						4	50—100	浅黄棕色	砂壤土	单粒状											

六 安 市

市 辖 区

主要土类说明

水稻土是六安市主要土壤类型，占本市地域面积的 53%。在长期的水耕熟化条件下，经过氧化还原交替、有机质的合成与分解、盐基的淋溶和复盐基、黏粒的淋失与累积等过程，原来土壤的特性发生了重大的改变，逐步形成了水稻土所特有的淹育层、潴育层（淋溶淀积层）和潜育层等发生层次。

黄褐土是六安市第二大土壤类型，占本市地域面积的 20%。其成土母质为下蜀黄土和黄土性剥蚀堆积物，质地黏重，土层深厚。在北亚热带气候条件下，土壤的黏粒形成与淋溶淀积过程十分活跃，剖面中常形成紧实黏重的黏化层或黏盘层。B 层与 A 层的黏粒比值一般在 1.9 左右。心土层常呈暗棕色或黄棕色，多呈棱块状或棱柱状结构，结构裂隙面上包被着黏土胶膜和棕褐色铁锰胶膜，下层常夹有铁锰结核，有时还可见到铁锰结核积聚层。上部土层盐基淋失也十分强烈，其盐基饱和度和 pH 随剖面深度有渐增的趋势。

紫色土是六安市第三大土壤类型，占本市地域面积的 10%，主要分布于南部低山丘陵区。其成土母质为紫色岩类风化残积物、坡积物，母岩多含钙质，并有石灰反应，土壤呈中性或酸性。土壤侵蚀和堆积作用十分频繁，故土壤常处于幼年发育阶段，土层浅薄，层次发育不明显，土体构型多为 A-AC-C 或 A-D 型。

潮土占六安市地域面积的 9%。其成土母质为河流冲积物。在地下水参与的情况下，土壤经过潮化过程和人为耕种熟化过程，剖面的中、下部形成较明显的潮化层（锈纹、锈斑）。全剖面无石灰反应。

粗骨土占六安市地域面积的 4%。粗骨土属于 A-C 型，甚至（A）-C 型土壤，A 层发育不明显，略显有机质累积。母质层富含砾石。

小于本市面积 3% 的土壤类型还有黄棕壤等。

本区域中心区气候特征

本区域中心区气候特征值
Regional climate characteristics in central area of the region

气候带：北亚热带湿润气候 Climate region: North subtropical humid climate	
年平均气温 /℃ Annual average temperature /℃	15.4
年平均最高气温 /℃ Annual average maximum temperature /℃	20.5
年平均最低气温 /℃ Annual average minimum temperature /℃	11.3
年降水量 /mm Annual precipitation /mm	1177
≥10℃的积温 /℃ Daily temperature accumulated in a year（≥10℃）/℃	5554
年日照时数 /h Annual sunshine /h	1891
年平均相对湿度 /% Annual average relative humidity /%	78
干燥度 Dryness	0.80

六安市市辖区（部分）主要土壤类型与土壤剖面点分布图
1∶350 000

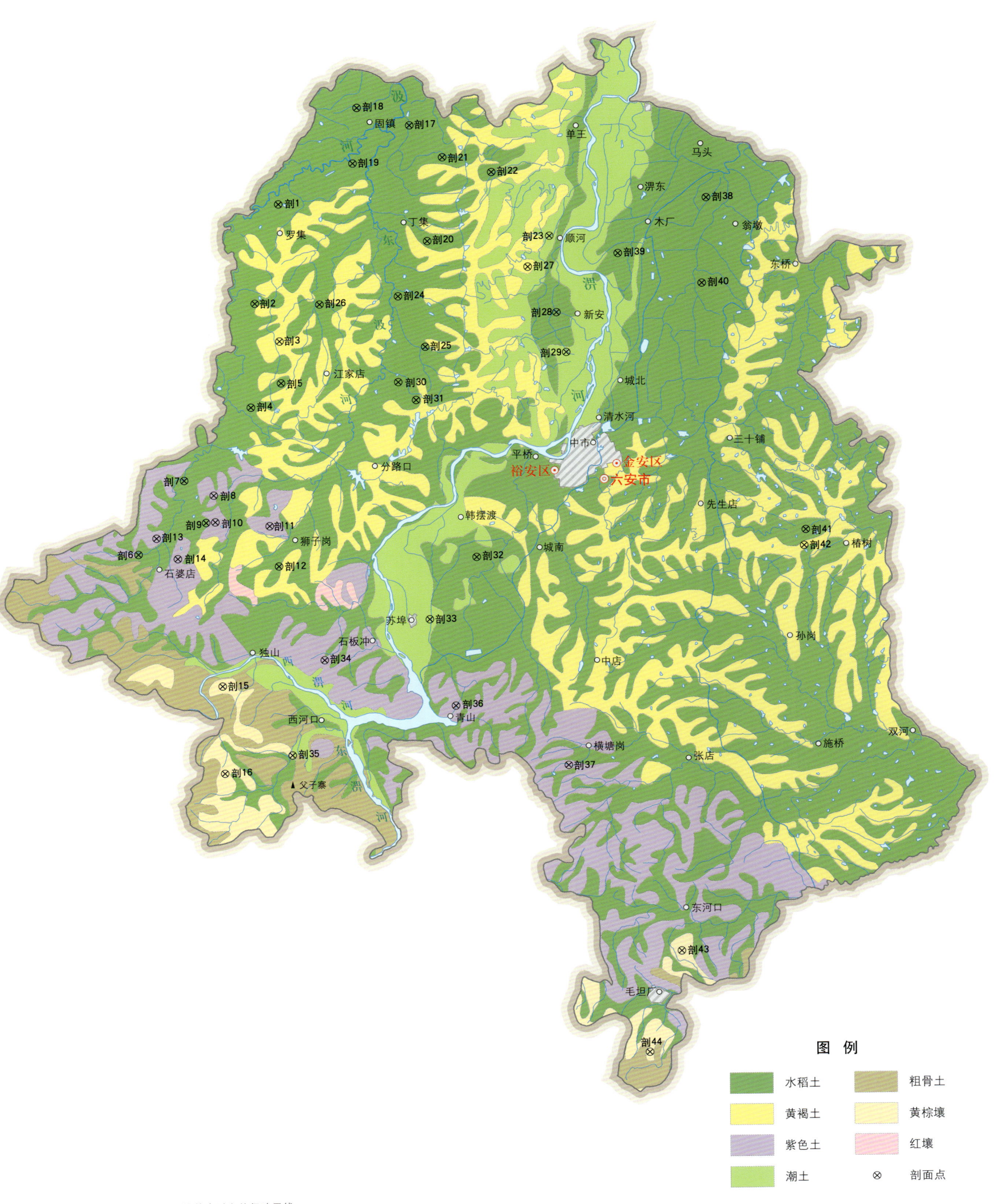

图 例
- 水稻土
- 黄褐土
- 紫色土
- 潮土
- 粗骨土
- 黄棕壤
- 红壤
- ⊗ 剖面点

注：本图界线沿用土壤普查时点的行政界线。

六安市土壤剖面理化性状表

剖面号 Soil profile	土纲 Soil order	土类 Soil great group	亚类 Soil subgroup	土属 Soil genus	土种 Soil species	土层码 Layer code	土层厚度 Depth/cm	颜色 Soil color	质地 Soil texture	土壤结构 Soil structure	pH	有机质 OM/(g/kg)	全氮 TN/(g/kg)	全磷 TP/(g/kg)	全钾 TK/(g/kg)	有效磷 AP/(mg/kg)	速效钾 AK/(mg/kg)	阳离子交换量CEC/(cmol/kg)	土壤母质 Parent material	剖面点坐标 Profile coordinate	匹配指数 Matching index/%
剖1	人为土	水稻土	潴育水稻土	马肝田	马肝田	A	0–15	黄棕色	重壤土	小块状	5.9	21.8	1.17	0.29	16.7	3.4	86	15.0	下蜀黄土	E 116° 14′ 12.0″ N 31° 56′ 55.7″	95
						P	15–24	灰黄棕色	重壤土	块状	5.8	20.8	1.17	0.28	16.5	2.6	76	14.2			
						W	24–41	浅黄棕色	重壤土	棱黄棕色	6.1	16.6	0.93	0.29	16.3	3.1	78	13.3			
						Bv	41–118	棕黄色	重壤土	棱块状	6.4	5.9	0.37	0.20	16.0	2.1	57	10.8			
剖2	人为土	水稻土	潴育水稻土	麻石砂泥田	麻石砂泥田	A	0–15	浅黄棕色	中壤土	块状	5.1	18.6	1.04	0.74	22.9	23.5	24	10.6	酸性结晶岩类风化物	E 116° 13′ 01.6″ N 31° 52′ 25.6″	95
						P	15–25	黄棕色	中壤土	块状	5.6	14.7	0.86	0.70	24.2	2.1	22	9.1			
						W	25–60	黄棕色	中壤土	块状	6.6	10.1	0.58	0.72	24.1			9.7			
						C	60–95	暗棕色	轻壤土		6.6	7.5	0.68	0.60	23.7			9.4			
剖3	淋溶土	黄褐土	黏盘黄褐土	马肝土	上位黏盘马肝土	A	0–13	灰黄棕色	重壤土	块状	6.8	12.8	0.93	0.26	17.8	6.4	165	20.3	下蜀黄土	E 116° 14′ 17.8″ N 31° 50′ 43.8″	92
						P	13–25	褐棕色	重黏土	块柱状	6.9	9.9	0.68	0.19	18.6	2.4	126	22.6			
						Bv₂	25–50	褐灰棕色	重黏土	棱柱状	7.4	6.1	0.46	0.18	19.0			25.8			
剖4	人为土	水稻土	潴育水稻土	紫砂泥田	弱次生紫砂泥田	A	0–15	灰棕色	重壤土	碎块状	5.6	25.2	1.35	0.45	20.8	11.1	84	20.0	紫色岩类风化物	E 116° 12′ 51.1″ N 31° 47′ 44.6″	95
						Pg	15–34	灰紫色	重壤土	无结构	6.0	23.4	1.25	0.47	20.5	14.0	89	19.8			
						Bv	34–60	浅灰紫色	重壤土	棱块状	6.1	15.4	0.82	0.36	21.7	12.0	62	17.5			
						C	60–100	浅蓝灰色	重壤土	无结构	6.1	11.0	0.60	0.47	23.0	16.8	62	16.6			
剖5	人为土	水稻土	潴育水稻土	青扁石泥田	高位青扁石泥田	A	0–17	黄棕色	轻壤土	块状	5.4	21.6	1.10	0.30	21.3	2.4	27	8.6	泥质砂页岩坡积物、洪积物	E 116° 14′ 23.5″ N 31° 48′ 49.6″	81
						P	17–28	浅灰棕色	中壤土	无结构	5.2	18.8	1.05	0.31	21.6	3.0	20	7.5			
						G₁	28–55	浅灰棕色	中壤土	无结构	5.5	14.2	0.80	3.40	21.8	6.4	16	7.6			
						G₂	55–95	蓝灰色	中壤土	糊状	6.1	6.8	0.42	7.80	22.7	7.8	28	8.0			
剖6	人为土	水稻土	潴育水稻土	黄泥田	焦黄黄泥田	A	0–13	黄棕色	重壤土	小团块状	5.5	13.2	0.78	0.24	16.6	1.4	82	13.6	第四纪红色黏土	E 116° 07′ 06.3″ N 31° 41′ 04.3″	95
						P	13–21	黄棕色	重壤土	块状	5.8	12.8	0.82	0.26	16.8	2.0	105	14.4			
						Bvm	21–60	黄棕色	重壤土	块状	6.4	8.6	0.60	0.24	16.8	1.2	68	14.4			
						C	60–100	黄棕色	重壤土	块状	6.3	5.3	0.44	0.20	18.3	≤1.0	111	23.8			
剖7	人为土	水稻土	潴育水稻土	砂泥田	砂泥田	A	0–16	黄棕色	中壤土	块状	5.2	18.6	0.76	0.42	18.8	4.6	88	9.4	河流冲积物	E 116° 09′ 26.4″ N 31° 44′ 23.7″	95
						P	16–25	暗黄棕色	中壤土	块状	6.1	11.5	0.75	0.35	18.6	2.6	35	9.4			
						W	25–55	暗黄棕色	中壤土	碎块状	6.8	6.5	0.39	0.46	19.2	3.9	40	12.0			
						Bv	55–100	灰黄色	砂壤土	碎块状	6.6	5.9	0.32	0.58	19.9	3.6	40	10.2			
剖8	初育土	紫色土	中性紫色土	紫砂土	中层紫砂土	A	0–12	灰紫色	砂壤土	粒状	6.7	9.6	0.52	0.38	33.0	1.2	127	4.1	紫色岩类风化物	E 116° 10′ 57.5″ N 31° 43′ 43.9″	95
						AC	12–45	灰紫色	砂壤土	碎块状	6.7	7.7	0.44	0.37	32.4	1.1	78	4.2			
						C	45–80	灰紫色	砂壤土	碎块状	6.8	2.4	0.13	0.36	33.0	≤1.0	66	3.8			
剖9	人为土	水稻土	潴育水稻土	青紫砂泥田	次生青紫砂泥田	Ag	0–17	青灰色	轻黏土	无结构	6.2	24.8	1.26	0.28	21.2	2.6	64	21.7	紫色岩类风化物	E 116° 10′ 33.8″ N 31° 42′ 30.2″	95
						Pg	17–45	青灰色	轻黏土	无结构	6.3	22.2	1.14	0.30	21.4	1.8	57	21.2			
						W	45–97	紫灰色	轻壤土	块状	5.9	21.4	1.12	0.24	22.0	3.5	68	15.4			
剖10	初育土	紫色土	中性紫色土	猪血砂土	中层灰猪血砂土	A	0–19	灰紫色	轻壤土	块状	6.7	12.4	0.66	0.86	20.8	10.0	66	15.6		E 116° 11′ 01.9″ N 31° 42′ 31.6″	95
						ABv	19–45	灰紫色	轻壤土	小块状	6.5	9.4	0.51	0.79	20.9	7.8	38	16.2			
						C	45—														
剖11	初育土	紫色土	中性紫色土	紫砂土	薄层灰紫砂土	A	0–25	灰黄棕色	轻壤土	碎块状	6.5	20.6	0.98	0.89	18.6	3.0	96	8.6		E 116° 13′ 49.9″ N 31° 42′ 21.2″	95
						C	25–45	浅灰棕色	重壤土	团块状	5.4	17.4	0.98	0.22	17.2	2.1	77	16.0			
						D	45—	蓝灰色	重壤土	无结构	5.2	9.8	0.66	0.21	16.8	3.3	86	12.4			
剖12	人为土	水稻土	潴育水稻土	黄泥田	弱次生黄泥田	A	0–18	灰黄棕色	重壤土	棱块状	6.3	6.0	0.40	0.26	16.5	3.0	56	13.6	第四纪红色黏土	E 116° 14′ 19.5″ N 31° 40′ 32.4″	95
						Pg	18–28	灰黄棕色	重壤土	棱块状	6.2	5.1	0.50	0.24	17.0	3.1	76	13.8			
						W	28–50														
						Bv	50–100														

续表 Continued

剖面号 Soil profile	土纲 Soil order	土类 Soil great group	亚类 Soil subgroup	土属 Soil genus	土种 Soil species	土层码 Layer code	土层厚度 Depth/cm	颜色 Soil color	质地 Soil texture	土壤结构 Soil structure	pH	有机质 OM/(g/kg)	全氮 TN/(g/kg)	全磷 TP/(g/kg)	全钾 TK/(g/kg)	有效磷 AP/(mg/kg)	速效钾 AK/(mg/kg)	阳离子交换量CEC/(cmol/kg)	土壤母质 Parent material	剖面点坐标 Profile coordinate	匹配指数 Matching index/%
剖13	初育土	紫色土	酸性紫色土	酸性猪血砂土	薄层酸性猪血砂土	A	0–17	灰紫色	轻壤土	碎块状	5.1	14.4	0.86	0.38	21.4	4.2	75	11.3	暗紫红色砾岩	E 116°08′01.9″ N 31°41′47.8″	95
						C	17–26			碎块状	5.1	3.7	0.26	0.42	21.6	3.6	41	10.1			
剖14	初育土	紫色土	中性紫色土	猪血砂土	薄层猪血砂土	A	0–12	灰紫色	砂壤土	碎块状	6.9	19.4	0.54	0.68	26.6	≤1.0	52	14.6		E 116°09′07.7″ N 31°40′52.7″	95
						C	12–25	紫红色	中壤土	粒状	6.9	9.0	0.54	0.65	26.8	≤1.0	57	13.5			
						D	25–	紫红色													
剖15	淋溶土	黄棕壤	普通黄棕壤	红砂石黄棕壤	中层红砂石黄棕壤	A	0–18	红黄色	砂壤土	粒状	6.1	20.2	0.97	0.21	20.3	≤1.0	49	9.6	红砂岩类风化残积物、坡积物	E 116°11′26.3″ N 31°35′05.7″	95
						AC	18–55	棕黄色	轻壤土	碎块状	5.7	8.4	0.38	0.29	21.1	≤1.0	65	8.8			
						C	55–	棕红色													
剖16	淋溶土	黄棕壤	粗骨黄棕壤	扁石土	扁石土	A	0–5	暗黄棕色	中壤土		4.1	21.2	0.92	0.24	14.2	1.5	147	12.4		E 116°11′34.3″ N 31°31′08.2″	95
						A/C	5–15	灰黄棕色	中壤土	块状	4.7	5.6	0.46	0.20	18.0	≤1.0	107	10.8			
						D	15–45	灰黄棕色			5.7										
剖17	人为土	水稻土	潜育水稻土	马肝泥田	马肝田	Aa	0–14	油橙黄	黏土	小块状	5.8	22.2	1.20	0.30	15.5	7.0	94	15.7	下蜀黄土	E 116°20′55.8″ N 32°00′31.6″	95
						Ap	14–24	油黄橙色	壤质黏土	块状	6.1	15.7	1.00	0.30	14.4	5.0	88	16.4			
						P	24–64	油黄橙色	壤质黏土	棱柱状	6.9	6.5	0.50	0.40	14.4	8.0	94	10.9			
						W	64–110	黄棕色	黏土	棱柱状	7.6				19.4			12.4			
剖18	人为土	水稻土	淹育水稻土	浅马肝泥田	淹育马肝田	A	0–14	浅黄棕色	重壤土	小块状	6.6	20.2	1.26	0.82	21.4	10.3	128	25.6	下蜀黄土	E 116°18′12.6″ N 32°01′18.1″	95
						Pw	14–25	黄棕色	轻黏土	棱块	7.5	8.1	0.62	0.93	21.5	7.2	103	29.5			
						Bv₂	25–85	暗黄棕色	壤质黏土	棱柱状	7.6	7.0	0.54	0.58	20.2	3.0	52	24.5			
						C	85–110	暗黄棕色	黏土	块状	7.5	7.6	0.46	0.38	20.0	2.2	77	24.0			
剖19	人为土	水稻土	漂洗水稻土	白土田	白土田	Ae	0–12	灰白色	重壤土	小块状	5.4	12.9	0.78	0.28	13.4	4.4	60	10.5	黄土性剥蚀堆积物	E 116°18′00.8″ N 31°58′46.9″	95
						Pe	12–21	灰白色	轻壤土	块状	6.5	7.9	0.63	0.16	13.6	1.5	56	11.6			
						E	21–90	灰白色	中壤土	片状	6.9	6.3	0.48	0.16	14.4			11.4			
剖20	人为土	水稻土	次生青马肝田	青马肝泥田	次生青马肝田	Ag	0–14	浅蓝灰色	重壤土	无结构	5.4	21.2	1.08	0.21	16.1	2.2	72	16.1	下蜀黄土	E 116°21′53.0″ N 31°55′15.7″	95
						Pg	14–27	浅蓝灰色	重壤土	块状	6.3	15.8	0.96	0.22	16.2	1.4	87	16.3			
						Wg	27–41	灰色	重壤土	块状	7.1	8.0	0.44					16.3			
						Bv	41–100	棕灰色	重壤土	块状	7.4	5.3	0.31					12.4			
剖21	人为土	水稻土	潜育水稻土	青马肝泥田	强青马肝田	Ag	0–21	浅绿灰色	壤质黏土	糊状	6.8	44.0	2.37	0.23	17.7	4.8	119	24.5	下蜀黄土	E 116°22′37.1″ N 31°59′04.4″	95
						Apg	21–27	青灰色	壤质黏土	糊状	6.5	31.3	1.83	0.19	15.8	2.0	114	23.6			
						G	27–100	青灰色	中壤土	小团块状	7.0	12.7	0.63	0.13	12.9			14.1			
剖22	人为土	水稻土	潜育水稻土	黄白土田	黄白土田	A	0–15	灰色	中壤土	块状	5.8	16.8	1.04	0.22	15.4	4.8	56	15.1	下蜀黄土	E 116°25′09.2″ N 31°58′24.1″	81
						P	15–27	浅黄色	中壤土	棱块	6.5	11.4	0.74	0.19	15.5	2.0	50	15.2			
						W	27–48	灰黄棕色	中壤土	棱块	7.1	3.7	0.43	0.24	15.5	2.0	56	17.6			
						Bv	48–100	黄灰色	重壤土	块块	6.8	6.9	0.53	0.42	18.8	1.5	88	15.7			
剖23	半水成土	潮土	灰潮土	砂泥土	砂底砂泥土	A	0–18	浅黄色	轻壤土	碎块状	5.6	11.7	0.74	1.03	21.4	32.5	46	9.5	河流冲积物	E 116°28′09.1″ N 31°55′30.4″	95
						P	18–31	浅黄色	轻壤土	碎块状	6.0	6.9	0.43	0.91	24.2	28.0	30	9.4			
						Bv	31–68	黄色	砂壤土	碎块状	6.6	7.9	0.45	0.92	23.9	25.0	69	11.0			
						S	68–100	灰黄色	轻壤土	单粒状	6.4	4.7	0.32	0.99	31.0	18.2	84	8.2			
剖24	人为土	水稻土	潜育水稻土	砂石泥田	砂石泥田	A	0–16	灰黄色	中壤土	块状	5.4	22.7	1.14	0.36	19.8	9.2	62	11.9	石英质岩类风化物	E 116°20′23.4″ N 31°52′46.0″	95
						P	16–27	灰黄色	重壤土	碎块状	5.8	20.6	1.03	0.38	20.0	10.6	80	11.8			
						W	27–41	黄棕色	重壤土	碎块状	6.9	10.8	0.61	0.34	18.8	2.4		11.7			
						C	41–100	黄棕色	重壤土	碎块状	6.7	7.4	0.40	0.33	18.2			11.7			
剖25	人为土	水稻土	潜育水稻土	青紫砂泥田	高位青紫砂泥田	A	0–15	灰棕色	重壤土	团块状	5.4	21.6	1.17	0.42	22.6	3.3	56	13.8	紫色岩类风化物	E 116°21′47.9″ N 31°50′29.3″	95
						Pg	15–27	蓝灰色	重壤土	无结构	6.3	17.6	0.99	0.48	21.0	4.4	42	14.6			
						G₁	27–73	蓝灰色	重壤土	无结构	7.1	12.2	0.70	0.32	20.2			11.5			
						G₂	73–100	蓝灰色	重壤土	无结构	7.3	8.6	0.49	0.36	20.4			12.9			

续表 Continued

剖面号 Soil profile	土纲 Soil order	土类 Soil great group	亚类 Soil subgroup	土属 Soil genus	土种 Soil species	土层码 Layer code	土层厚度 Depth/cm	颜色 Soil color	质地 Soil texture	土壤结构 Soil structure	pH	有机质 OM/(g/kg)	全氮 TN/(g/kg)	全磷 TP/(g/kg)	全钾 TK/(g/kg)	有效磷 AP/(mg/kg)	速效钾 AK/(mg/kg)	阴离子交换量CEC/(cmol/kg)	土壤母质 Parent material	剖面点坐标 Profile coordinate	匹配指数 Matching index/%
剖26	人为土	水稻土	潴育水稻土	扁石砂泥田	扁石砂泥田	A	0—15	灰黄棕色	中壤土	碎块状	5.4	20.6	1.20	0.38	18.6	16.9	85	12.4	泥质岩类风化物	E 116° 16′ 21.2″ N 31° 52′ 23.6″	95
						P	15—24	灰黄色	轻壤土	块状	5.2	14.1	0.82	0.32	16.8	7.2	83	11.6			
						W	24—34	浅黄棕色	轻壤土	块状	5.9	8.5	0.54	0.28	18.7	4.2	63	12.3			
						Bv	34—44	灰黄棕色	轻壤土	棱状	6.3	8.9	0.50	0.32	19.8	2.2	78	11.5			
						C	44—100		中壤土	块状	6.2	8.0	0.46	0.30	15.2	2.1	61	14.1			
剖27	淋溶土	黄褐土	黏盘黄褐土	黏盘黄褐土	黏盘黄褐土	A	0—16		中壤土		5.4	30.6	1.27	0.20	14.4	1.3	73	12.6	下蜀黄土	E 116° 27′ 02.9″ N 31° 54′ 06.2″	74
						Bv	16—35		重壤土		5.7	11.6	0.58	0.20	15.1	≤1.0	49	17.6			
						C	35—95		重壤土		5.9	5.1	0.42	0.16	18.4	≤1.0	60	10.8			
剖28	人为土	水稻土	潴育水稻土	青马肝田	次生青黄白土田	A	0—15	黄棕色	中壤土	块状	5.0	23.0	1.23	0.28	16.8	2.2	95	15.1	下蜀黄土	E 116° 28′ 31.7″ N 31° 52′ 02.6″	95
						Pg	15—27	蓝灰棕色	重壤土	无结构	6.9	19.0	0.97	0.22	16.8	1.5	58	14.8			
						G	27—55	蓝蓝灰棕色	重壤土		6.5	7.7	0.48	0.21	15.5	2.6	53	17.4			
						Bv	55—90		轻黏土		6.7	5.8	0.41	0.32	17.4	3.2	108	11.0			
剖29	半水成土	潮土	灰潮土	砂泥田	砂泥田	A	0—16	灰黄色	轻壤土	团粒状	6.1	17.8	0.90	1.10	23.6	28.3	152	12.0	河流冲积物	E 116° 29′ 02.2″ N 31° 50′ 14.9″	95
						P	16—26	灰黄色	重壤土	块状	5.3	18.4	0.74	1.08	23.3	2.9	83	11.4			
						Bvc	26—100	灰黄色	重壤土	块状	6.1	15.5	0.39	1.05	21.6	20.8	54	8.9			
剖30	人为土	水稻土	潴育水稻土	马肝田	弱次生马肝田	A	0—17	黄棕色	重壤土		5.5	19.1	1.14	0.27	16.6	3.5	136	17.7	下蜀黄土	E 116° 20′ 25.2″ N 31° 48′ 53.0″	95
						P	17—26	灰黄棕色	重壤土	棱块状	6.3	12.8	0.84	0.21	16.6	2.0	104	16.4			
						W	26—57	灰黄棕色	重壤土	块状	7.3	5.4	0.42	0.23	16.1	2.1		15.1			
						Bv	57—100	褐黄棕色	重壤土	块状	7.5	7.1	0.52	0.26	19.6	2.3		24.2			
剖31	人为土	水稻土	潴育水稻土	麻砂泥田	麻砂泥田	A	0—14	灰黄色	轻壤土	粒状	5.4	8.1	0.56	0.80	22.0	12.0	60	7.3	河流冲积物	E 116° 21′ 20.2″ N 31° 48′ 04.4″	95
						P	14—24	灰黄色	重壤土	小块状	5.6	8.4	0.41	8.90	25.0	11.8	41	6.8			
						Ps	24—85	灰黄色	重壤土	块状	5.9	6.5	0.31	0.94	21.2	10.6	53	8.8			
剖32	人为土	水稻土	潴育水稻土	黄泥田	黄泥田	A	0—15	红棕色	重壤土	块状	5.6	16.0	0.91	0.28	16.8	4.6	89	17.3	下蜀黄土	E 116° 22′ 03.6″ N 31° 38′ 08.3″	95
						AC	20—27	灰红棕色	重壤土	棱块状	6.8	9.2	0.62	0.28	17.8	3.4	76	15.6			
							27—70	浅黄棕色	重壤土	棱块状	6.9	6.7	0.51	0.24	17.6			18.0			
						3		棕色	重壤土	块状	7.3	5.5	0.38	0.24	20.2			22.1			
剖33	半水成土	潮土	灰潮土	砂泥田	砾身麻砂土	AC	0—21	灰黄色	砂壤土	颗粒状	5.8	6.6	0.28	0.48	14.2	6.2	43	3.6	河流冲积物	E 116° 24′ 27.6″ N 31° 40′ 56.9″	95
										无结构											
剖34	初育土	紫色土	酸性紫色土	酸性紫砂土	中层酸性紫砂土	A	0—21	紫灰色	轻壤土	粒状	5.1	20.6	0.86	0.36	24.3	3.1	100	6.6	第四纪红色黏土	E 116° 24′ 27.6″ N 31° 40′ 56.9″	95
						AC	21—44	紫灰色	轻壤土	粒状	5.0	6.4	0.38	0.34	26.7	≤1.0	96	7.0			
						C	44—														
剖35	淋溶土	黄棕壤	普通黄棕壤	红棕土	红棕土	A	0—5	红棕色	重壤土	小块状	5.4	19.7	0.96	0.15	13.0	≤1.0	96	11.7	第四纪红色黏土	E 116° 15′ 01.8″ N 31° 31′ 57.5″	75
						R_1	5—20	红棕色	重壤土	棱块状	5.3	8.5	0.60	0.16	17.2	≤1.0	80	23.7			
						R_2	20—120	红棕色	轻壤土	块状	6.4	3.2	0.42	1.4	20.0	1.4	109	25.4			
剖36	初育土	紫色土	中性紫色土	紫砂土	中层灰紫砂土	A	0—15	紫灰色	砂壤土	粒状	6.0	26.4	1.24	1.20	20.1	3.8	169	8.8	河流冲积物	E 116° 23′ 23.8″ N 31° 34′ 12.0″	95
						AC	15—39	紫灰色	砂壤土	粒状	6.1	18.5	0.98	1.02	22.5	2.0	104	6.9			
						D	39—	灰紫色														
剖37	初育土	紫色土	酸性紫色土	酸性紫砂土	薄层酸性紫砂土	A	0—14	紫红色	砂壤土	粒状	5.6	12.4	0.71	0.45	27.0	1.4	100	8.4	暗紫红色砾岩	E 116° 29′ 10.6″ N 31° 36′ 28.8″	95
						AC	14—23	暗紫红色	砂壤土	碎屑状	5.1	6.3	0.38	0.29	27.5	3.6	80	10.9	暗紫红色砾岩		
						D	23—	暗紫红色		无结构											
剖38	人为土	水稻土	潴育水稻土	红砂泥田	红砂石泥田	A	0—13	黄棕色	中壤土	小块状	5.0	9.2	1.08	0.21	19.9	≤1.0	58	15.1	红砂石岩类风化物	E 116° 36′ 12.1″ N 31° 57′ 15.4″	95
						P	13—26	浅灰棕色	中壤土	小块状	7.2	9.0	0.56	0.28	19.1	1.6	64	13.4			
						W	26—45	浅黄棕色	中壤土	块状	6.8	5.6	0.42	0.20	17.3			12.4			
						C	45—123	黄棕色	中壤土	块状	7.1	2.8	0.42	0.16	16.2			12.2			

续表 Continued

剖面号 Soil profile	土纲 Soil order	土类 Soil great group	亚类 Soil subgroup	土属 Soil genus	土种 Soil species	土层码 Layer code	土层厚度 Depth/cm	颜色 Soil color	质地 Soil texture	土壤结构 Soil structure	pH	有机质 OM/(g/kg)	全氮 TN/(g/kg)	全磷 TP/(g/kg)	全钾 TK/(g/kg)	有效磷 AP/(mg/kg)	速效钾 AK/(mg/kg)	阳离子交换量CEC/(cmol/kg)	土壤母质 Parent material	剖面点坐标 Profile coordinate	匹配指数 Matching index/%
剖39	人为土	水稻土	潴育水稻土	细砾砂泥田	细砾砂泥田	A	0~15	灰黄棕色	中壤土	碎块状	5.1	20.6	1.10	0.48	19.6	9.5	112	8.2	中性结晶岩类风化物	E 116°31′41.1″ N 31°54′42.4″	95
						P	15~24	浅黄棕色	中壤土	块状	6.1	12.3	0.72	0.42	18.9	4.8	120	7.4			
						W	24~34	浅灰棕色	中壤土	棱块状	6.8	3.9	0.27	0.48	17.6			7.3			
						Bv	34~110	浅黄黄色	中壤土	碎块状	6.8	3.2	0.22	0.32	18.4			8.8			
剖40	人为土	水稻土	潴育水稻土	黄白土田	黑黏身黄白土田	A	0~15	浅黄黄色	中壤土	团块状	5.6	16.8	1.09	0.22	15.5	5.8	140	16.8	下蜀黄土	E 116°35′59.5″ N 31°53′22.9″	95
						P	15~24	浅黄黄色	重壤土	块状	6.0	13.2	0.74	0.13	15.6	≤1.0	95	17.1			
						W	24~42	灰黄棕色	轻黏土	棱块	6.9	5.8	0.57					29.6			
						Bv₁	42~100	暗棕灰色	中黏土	棱块	6.7	4.6	0.38					30.8			
剖41	人为土	水稻土	潴育水稻土	马肝田	马肝田	A	0~14	淡黄色	黏土	小块状	5.3	22.2	1.15	0.33	18.7	6.7	94	15.7	下蜀黄土	E 116°41′19.9″ N 31°42′10.4″	81
						Ap	14~24	亮黄棕色	壤质黏土	块状	6.1	15.7	9.80	0.30	12.3	4.7	88	16.4			
						W₁	24~64	亮黄棕色	壤质黏土	棱块状	6.9	6.5	0.51	0.36	17.4	7.7	94	10.9			
						W₂	64~100	亮棕色	黏土		7.6			1.11	23.4			22.4			
剖42	淋溶土	黄褐土	黏盘黄褐土	马肝土	平杯僵马肝土	A	0~20	泄黄棕色	壤质黏土	小棱状	6.6	12.2	0.97	0.32	18.6	4.0	126	17.8	下蜀黄土	E 116°41′15.0″ N 31°41′27.1″	95
						Ap	20~25	黄棕色	壤质黏土	块状	6.6	9.5	0.78	0.36	19.6	4.0	100	18.6			
						Bvt	25~100	棕色	黏土	棱块状	7.1	7.4	0.50	0.24	19.9	7.0		27.2			
剖43	淋溶土	黄棕壤	普通黄棕壤	扁石黄土	中层扁石黄土	A	0~17	暗黄棕色	轻壤土	碎块状	5.8	15.4	0.77	0.46	21.6	7.4	60	9.2	泥质岩类风化坡积物	E 116°34′56.2″ N 31°23′01.4″	95
						ABv	17~56	浅黄黄棕色	轻壤土	块状	5.8	14.5	0.73	0.49	22.4	4.1	38	9.2			
						C	56~80	黄黄色													
剖44	淋溶土	黄棕壤	普通黄棕壤	硅质黄棕壤土	顺河黄砂土	A	0~15	灰黄棕色	砂质黏壤土	小块状	5.3	44.0	2.04	0.53	19.2	3.0	102	12.6	石英岩类坡积物	E 116°33′17.8″ N 31°18′29.5″	95
						Bv	15~40	黄棕色	黏壤土	块状	5.2	19.8	1.07	0.62	18.2	≤1.0	47	11.2			
						C	40~80														

霍 邱 县

主要土类说明

水稻土是霍邱县主要土壤类型，占本县地域面积的57%。水稻土是在长期水耕熟化条件下，发生许多错综复杂的变化，如氧化还原交替、有机质合成与分解、盐基淋溶与复盐基、黏粒的淋失与积累等，使原有土壤特性发生重大改变，形成的新的土壤类型。其中，水分条件是影响水稻土发育状况的主导因素，不同的水分类型会形成不同的发育层段。据此，本县水稻土分为淹育型、潴育型、潜育型、侧漂型四个亚类。

黄褐土是霍邱县第二大土壤类型，占本县地域面积的20%。黄褐土由较细粒的黄土状母质发育而成，多组成丘岗。该土壤土体中游离碳酸钙已不复存在，土壤呈灰黄棕色，在底部可散见圆形石灰结核。土壤黏化淀积明显，B层黏聚，黏粒硅铝率在3.0左右，表层pH为6.0—6.8，底层pH为7.5，盐基饱和度由表层向底层逐渐趋向饱和。

潮土是霍邱县第三大土壤类型，占本县地域面积的13%，主要分布于淮、沛、史、汲四条河流两岸的河漫滩和一级阶地，海拔13—40m，地势平坦。其成土母质为河流冲积物，地下水常在1m左右，参与成土过程。潮土是旱耕熟化过程中发育的具有潮化特征的半水成土壤。该土类随着离河道的远近，质地发生较大变化。由近及远，按紧砂慢淤的分选规律，质地由砂土变至黏土。

黄棕壤占霍邱县地域面积的3%，主要分布于岗地、丘陵。黄棕壤发生于北亚热带暖湿落叶阔叶林下，弱度富铝化，黏聚现象明显。其成土母质主要有下蜀黄土及多种岩石风化物。心土层黏化作用明显，呈不同程度的棕色，棱块状或棱柱状结构，微酸性至中性。

小于本县地域面积3%的土壤类型还有草甸土、石灰（岩）土、紫色土、砂姜黑土等。

本区域中心区气候特征

本区域中心区气候特征值
Regional climate characteristics in central area of the region

气候带：北亚热带湿润气候 Climate region: North subtropical humid climate	
年平均气温 /℃ Annual average temperature /℃	15.3
年平均最高气温 /℃ Annual average maximum temperature /℃	20.4
年平均最低气温 /℃ Annual average minimum temperature /℃	11.2
年降水量 /mm Annual precipitation /mm	1075
≥10℃的积温 /℃ Daily temperature accumulated in a year (≥10℃) /℃	5473
年日照时数 /h Annual sunshine /h	1948
年平均相对湿度 /% Annual average relative humidity /%	76
干燥度 Dryness	0.86

本区域中心区月平均气温与月平均降水量
Monthly temperature and precipitation in central area of the region

霍邱县主要土壤类型与土壤剖面点分布图
1∶320 000

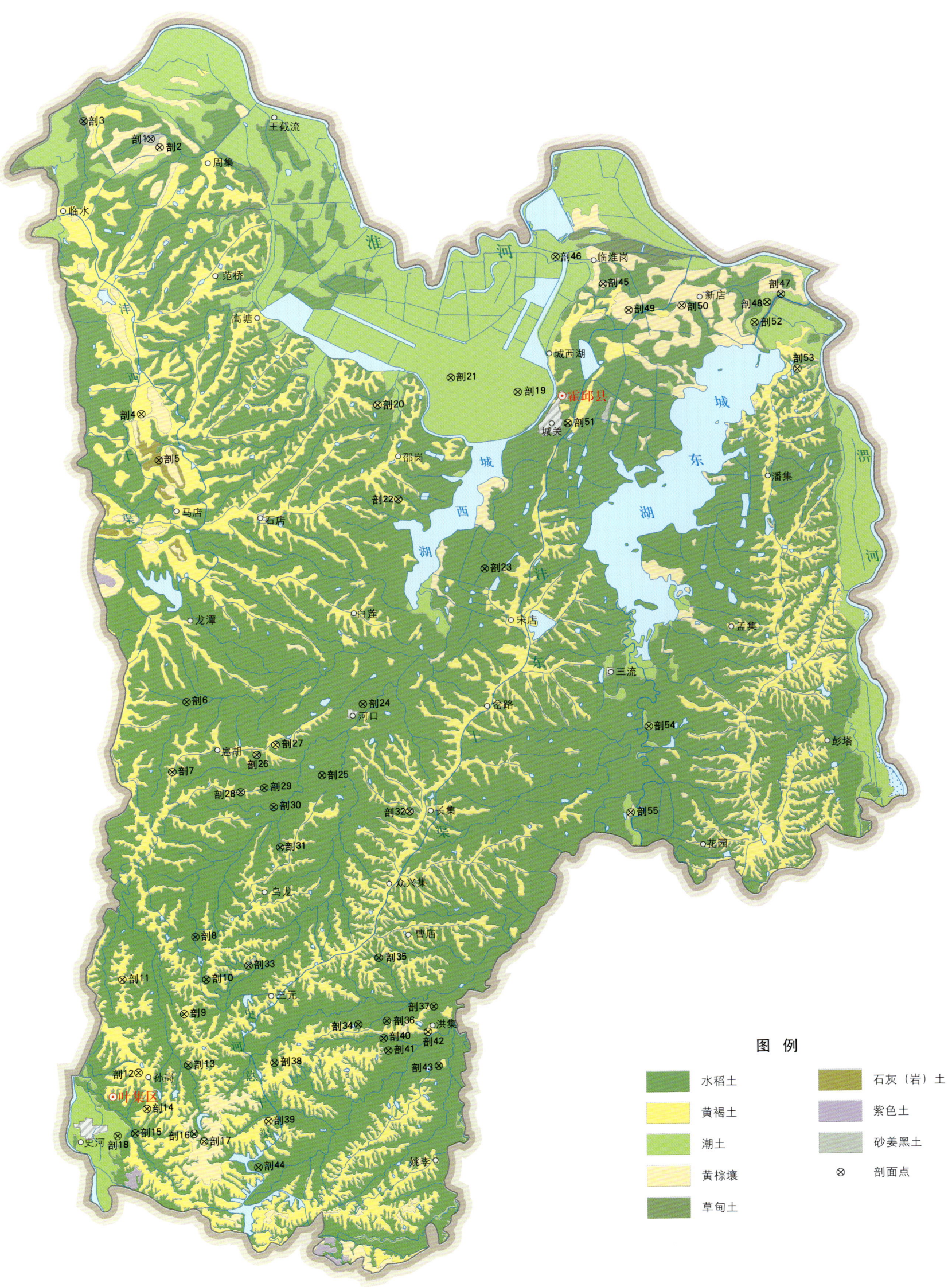

注：本图界线沿用土壤普查时点的行政界线。国务院2015年10月批准，设立叶集区。图中三元、孙岗、史河、洪集和姚李现已划归六安市叶集区。

霍邱县土壤剖面理化性状表

剖面号 Soil profile	土纲 Soil order	土类 Soil great group	亚类 Soil subgroup	土属 Soil genus	土种 Soil species	土层码 Layer code	土层厚度 Depth/cm	颜色 Soil color	质地 Soil texture	土壤结构 Soil structure	pH	有机质 OM/(g/kg)	全氮 TN/(g/kg)	全磷 TP/(g/kg)	全钾 TK/(g/kg)	有效磷 AP/(mg/kg)	速效钾 AK/(mg/kg)	阳离子交换量 CEC/(cmol/kg)	土壤母质 Parent material	剖面点坐标 Profile coordinate	匹配指数 Matching index/%
剖1	半水成土	砂姜黑土	砂姜黑土	黑粒土	黑粒土	A	0—16	暗灰色	中壤土	屑粒状	7.0								黄土性古河流沉积物	E 115°56′53.2″ N 32°31′41.2″	75
						P	16—28	灰黄色	中壤土	棱柱状	7.0										
						3	28—100	淡黑色	轻黏土	粒状	7.5										
剖2	淋溶土	黄棕壤	潮黄棕壤	潮黄白土	黑身潮黄白土	A	0—15	浅棕灰色	中壤土	小块状	7.0	15.8	1.01	0.68	17.8	37.2	337	20.5	下蜀黄土, 湖相沉积物	E 115°57′19.1″ N 32°31′20.3″	97
						P	15—26	棕灰色	重壤土	棱块状	7.0	8.3	0.56	0.27	33.3	2.6	126	21.3			
						Bv	26—73	青灰色	轻黏土	棱块状	8.0	9.1	0.46	0.23	17.6			33.0			
						C	73—150	棕灰色	重黏土	块状	8.0	6.6	0.33	0.34	17.6			30.4			
剖3	半水成土	草甸土	草甸土	浅色草甸土	砂心浅色草甸土	A	0—18	深灰色	砂土	碎粒状	7.0								河湖相沉积物	E 115°53′42.6″ N 32°32′23.2″	75
						S	18—41	灰黄灰色	重壤土	单粒状	7.5										
						A/Bv	41—79	暗棕色	砂壤土	块状	7.5										
						Bv	79—125	棕黄色	重壤土	粒状	7.5										
剖4	淋溶土	黄褐土	黏盘黄褐土			1	0—18	浅灰黄色	重壤土	块状	5.4									E 115°56′33.9″ N 32°20′20.9″	95
						2	18—44	棕黄色	重壤土	块状	6.0										
						3	44—	灰棕色	重壤土	棱柱状	7.3										
剖5	初育土	石灰(岩)土	棕色石灰土	棕色石灰土	厚棕褐色石灰土	A_1	0—12	棕灰色	重壤土	碎块状	7.5	35.8	1.67	0.22	26.7	2.2	100	15.7	石灰岩类风化物	E 115°57′24.2″ N 32°18′26.5″	97
						A_3	12—50	浅棕灰色	重壤土	小块状	7.5	25.8	1.31	0.20	27.2	1.5	80	15.8			
						C_1	50—70	棕灰色	重黏土	块状	8.0	10.2	0.65	0.12	27.4			23.0			
						C_3	70—140	棕黄色	重黏土		8.0	≤1.0	0.48	0.28	21.9			36.7			
剖6	人为土	水稻土	潜育水稻土	黄白土田	表潜黄白土田	Ag	0—14	灰灰色	壤土	块状	5.2	17.1	8.80	0.24	17.6	≤1.0	103	11.0	下蜀黄土	E 115°58′46.4″ N 32°08′27.5″	81
						Apg	14—25	黄灰色	黏土		6.7	15.2	0.83	0.25	17.2	≤1.0	77	16.0			
						W	25—47	淡黄色	黏土	块状	6.8	3.8	0.29	0.20	17.0			24.4			
						W	47—105	淡黄色	黏土	棱块状	7.6	3.7	0.74	0.28	19.6						
剖7	淋溶土	黄褐土	黏盘黄褐土	黄白土田	白土	Ae	0—17	灰白色	轻黏土	粒状	6.2	9.0	5.60	0.24	12.1	1.7	110	16.0	下蜀黄土	E 115°58′07.0″ N 32°05′33.1″	98
						Bv	17—26	灰黄色	重黏土	小块状	6.4	6.3	0.50	0.22	13.8	≤1.0	78	24.4			
						C	26—64	棕灰色	重黏土	棱柱状	6.6	5.1	0.38	0.19	16.1						
剖8	人为土	水稻土	潜育水稻土	黄白土田	上位黏盘黄白土田	A	0—10	浅灰棕色	中壤土	小块状	6.5	15.4	0.96	0.28	18.4	2.3	102	16.9	下蜀黄土	E 115°59′14.2″ N 31°58′42.9″	97
						P	10—33	灰黄棕色	重壤土	块状	6.6	10.3	0.65	0.28	19.3	1.3	108	17.1			
						W	18—33	黄黄棕色	重黏土	棱块状	7.0	19.8	0.70	0.28	19.8			17.8			
						Bv (2)	33—150	深黄棕色	重黏土	棱柱状	7.5	6.8	0.43	0.22	21.6			20.6			
剖9	淋溶土	黄褐土	黏盘黄褐土	马肝土	上位黏盘马肝土	A	0—14	浅灰棕色	中壤土	碎块状	6.2	8.6	0.64	0.36	17.2	6.8	170	21.2	下蜀黄土	E 115°58′43.1″ N 31°55′32.7″	98
						P	14—25	黄棕色	轻黏土	块状	6.5	7.8	0.55	0.29	18.4	3.8	157	24.5			
						Bv (2)	25—60	暗黄棕色	轻黏土	棱柱状	7.0	6.5	0.44	0.30	18.6			25.6			
						C	60—150	暗棕色	轻黏土	块状	7.2										
剖10	人为土	水稻土	潜育水稻土	烂泥田	烂泥田	Ag	0—16	黄棕色	轻黏土	糊状	7.7	19.6	1.16	0.32	19.4	2.0	161	23.4	下蜀黄土	E 115°59′45.3″ N 31°56′57.1″	95
						G_1	16—32	青灰色	轻黏土	糊状	8.0	16.5	0.99	0.36	19.6	2.0	158	21.0			
						G_2	32—70	青灰色	重黏土	糊状	8.1	10.9	0.58	0.24	13.7			19.6			
						G_3	70—136	灰黑色	中黏土	粒状	8.0	47.0	2.17	0.26	19.4	4.8	10	36.4			
剖11	淋溶土	黄褐土	黏盘黄褐土	黄白土	上位黏盘黄白土	A	0—10	灰黄色	中壤土	小块状	6.0	9.2	0.62	0.28	12.4			11.0	下蜀黄土	E 115°55′49.2″ N 31°56′56.8″	98
						P	10—18	浅灰棕色	中壤土	小块状	6.5	7.6	0.48	0.22	11.9	1.5	68	10.3			
						Bv (2)	18—150	黄棕色	轻黏土	块状	7.0	6.6	0.52	0.22	15.6			22.5			

续表 Continued

剖面号 Soil profile	土纲 Soil order	土类 Soil great group	亚类 Soil subgroup	土属 Soil genus	土种 Soil species	土层码 Layer code	土层厚度 Depth/cm	颜色 Soil color	质地 Soil texture	土壤结构 Soil structure	pH	有机质 OM/(g/kg)	全氮 TN/(g/kg)	全磷 TP/(g/kg)	全钾 TK/(g/kg)	有效磷 AP/(mg/kg)	速效钾 AK/(mg/kg)	阳离子交换量CEC/(cmol/kg)	土壤母质 Parent material	剖面点坐标 Profile coordinate	匹配指数 Matching index/%
剖12	淋溶土	黄褐土	黏盘黄褐土	黄褐土	油黄白土	A	0—25	灰白色	中壤土	团粒状	7.2	20.6	1.13	3.00	16.8	≥100.0	333	19.2	下蜀黄土	E 115° 56′ 35.1″ N 31° 53′ 08.7″	75
						A/P	25—32	浅灰白色	重壤土	块状	8.0	9.8	0.57	2.32	17.9	55.0	214	20.7			
						Bv	32—90	浅灰色	重壤土	块状	7.8	9.6	0.53	2.10	17.9			24.4			
						C	90—110	深灰色	轻黏土	棱块状	7.7	9.6	0.56	1.22	17.0			24.9			
剖13	人为土	水稻土	潴育水稻土	马肝田	红筋马肝田	A	0—17	灰黄色	重壤土	小块状	5.3	20.5	1.09	0.32	16.0	5.3	91	15.8	下蜀黄土	E 115° 58′ 54.0″ N 31° 53′ 26.1″	99
						P	17—30	灰黄色	重壤土	块状	5.8	11.3	0.66	0.20	16.0	2.6	83	14.4			
						W	30—60	棕黄色	重壤土	棱块状	6.5	7.2	0.52	0.22	16.5			12.2			
						Bv	60—95	棕灰色	重壤土	棱块状	6.7	6.7	0.41	0.18	15.2			19.8			
剖14	淋溶土	黄褐土	黏盘黄褐土	黏盘黄褐土	黏盘黄褐土	A₁	0—10	黄棕色	轻黏土	粒状	6.5								下蜀黄土	E 115° 56′ 58.7″ N 31° 51′ 40.1″	97
						A₃	10—30	黄棕色	轻黏土	块状	7.0										
						Bv	30—71	红棕色	轻黏土	块状	7.5										
						Bv(2)	71—150	红棕色		棱柱状	7.5										
剖15	人为土	水稻土	潴育水稻土	砂泥田	麻砂泥田	A	0—15	灰黄色	轻壤土	粒状	5.5	10.8	0.60	0.60	22.0	7.4	34	6.9	河流冲积物	E 115° 56′ 26.3″ N 31° 50′ 39.8″	95
						P	15—30	浅灰黄色	中壤土	碎块状	6.0	9.0	0.52	0.65	21.2	7.4	28	7.0			
						W	30—105	灰黄色	中壤土	块状	6.5	8.8	0.45	0.95	25.6			11.2			
剖16	人为土	水稻土	潴育水稻土	黄土田	黄白土田	A	0—15	灰黄色	中壤土	粒状	6.8	12.7	0.79	0.17	14.6	2.1	88	14.3	下蜀黄土	E 115° 59′ 11.2″ N 31° 50′ 38.3″	98
						P	15—22	浅黄棕色	重壤土	小块状	7.7	5.2	0.42	0.20	15.2	≤1.0	76	15.2			
						W	22—45	黄棕色	重壤土	棱块状	7.7	5.6	0.36	0.16	15.6			14.3			
						Bv	45—100	暗黄色	轻黏土	块状	7.4	3.8	0.37	0.16	14.9			30.0			
剖17	淋溶土	黄褐土	黏盘黄褐土	黏盘黄褐土	上位黏盘黄褐土	A	0—19	灰黄色	重壤土	块状	5.4	16.5	0.75	0.16	16.4	1.3	59	16.3	下蜀黄土	E 115° 59′ 39.9″ N 31° 50′ 19.7″	98
						Bv	19—38	浅红棕色	重壤土	块状	6.0	9.1	0.53	0.19	19.4	≤1.0	94	18.2			
						Bv(2)	38—150	灰棕黄色	轻黏土	棱柱状	7.3	5.3	0.36	0.17	21.0			17.8			
剖18	半水成土	潮土	灰潮土	砂泥土	油砂泥土	A	0—27	浅黄灰色	中壤土	团粒状	5.8								河流冲积物	E 115° 55′ 36.5″ N 31° 50′ 33.6″	95
						P	27—43	黄灰色	中壤土	小块状	6.0										
						Bv₁	43—83	灰棕色	轻壤土	小块状	6.0										
						Bv₂	83—107	棕色	轻壤土	小块状	6.0										
						C	107—150	浅棕黄色	砂土	单粒状	6.0										
剖19	半水成土	潮土	灰潮土	淤泥土	砂心淤泥土	A	0—13	黄棕色	重壤土	块状	7.0	11.1	0.80	0.62	21.7	6.7	164	23.0	远河相沉积物	E 116° 14′ 16.6″ N 32° 21′ 16.7″	97
						Bv₁	13—24	黄棕色	重壤土	块状	7.6	8.5	0.56	0.59	21.5	10.4	117	21.4			
						Bv₂	24—30	棕黄色	重壤土	小块状	8.0	8.1	0.73	0.67	23.0			21.5			
						P	30—42	浅黄棕色	中壤土	小粒状	8.0	7.9	0.50	0.70	22.5			17.0			
						C	42—150	浅棕黄色	重壤土	粒状	8.0	6.9	0.61	0.59	20.8			22.8			
剖20	淋溶土	黄褐土	黏盘黄褐土	黄白土田	下位黏盘黄白土	A	0—14	黄白色	中壤土	粒状	7.6	8.4	0.54	0.22	13.0	≤1.0	90	13.5	下蜀黄土	E 116° 07′ 40.7″ N 32° 20′ 44.1″	98
						P	14—23	棕黄色	重壤土	块状	7.1	5.3	0.42	0.16	14.4	≤1.0	79	19.2			
						Bv	23—68	棕红色	轻黏土	块状	6.6	5.0	0.40	0.16	16.8			28.0			
						Bv(2)	68—105	暗棕色	轻黏土	棱柱状	7.1	7.2	0.45	0.27	19.1			27.5			
剖21	半水成土	潮土	灰潮土	淤泥土	黑底淤泥土	A	0—16	浅棕黄色	重壤土	块状	7.2	17.9	1.16	0.60	17.8	14.8	176	19.2	远河相沉积物	E 116° 11′ 06.7″ N 32° 21′ 52.0″	97
						P	16—24	棕黄色	轻壤土	块状	7.5	17.8	1.15	0.59	17.7	1.3	104	19.0			
						Bv	24—59	棕黄色	轻壤土	棱块状	7.5	9.4	0.64	0.36	17.0			24.3			
						C	59—100	灰黑色	重壤土	块状	8.0	9.4	0.50	0.46	18.0			30.6			
剖22	淋溶土	黄褐土	黏盘黄褐土			1	0—10	红棕色	轻黏土	棱块状	7.5									E 116° 08′ 40.4″ N 32° 16′ 50.1″	95
						2	10—30	红棕色		棱柱状	7.5										
						3	30—	红棕色		棱柱状											

续表 Continued

剖面号 Soil profile	土纲 Soil order	土类 Soil great group	亚类 Soil subgroup	土属 Soil genus	土种 Soil species	土层码 Layer code	土层厚度 Depth/cm	颜色 Soil color	质地 Soil texture	土壤结构 Soil structure	pH	有机质 OM/(g/kg)	全氮 TN/(g/kg)	全磷 TP/(g/kg)	全钾 TK/(g/kg)	有效磷 AP/(mg/kg)	速效钾 AK/(mg/kg)	阳离子交换量CEC/(cmol/kg)	土壤母质 Parent material	剖面点坐标 Profile coordinate	匹配指数 Matching index/%
剖23	人为土	水稻土	潴育水稻土	黑粒土田	黑粒土田	A	0—14	灰黑色	轻黏土	屑粒状	6.5	23.9	1.41	0.38	19.9	2.9	112	34.0	黄土性古河流沉积物	E 116°12′44.8″ N 32°13′57.3″	97
						P	14—22	灰黑色	轻黏土	小块状	7.0	15.3	0.86	0.31	17.4	≤1.0	102	32.0			
						W	22—45	浅黄灰色	重黏土	棱块状	8.0	4.0	0.19	0.24	15.0			15.6			
						4	45—150	浅黄灰色	重黏土	棱块状	8.0	5.3	0.21	0.58	20.0			26.0			
剖24	人为土	水稻土	潴育水稻土	马肝田	盐霜马肝田	A	0—20	灰黄色	重黏土	小块状	6.7	20.4	1.28	0.47	17.1	17.0	175	24.0	下蜀黄土	E 116°07′03.5″ N 32°08′22.5″	99
						P	20—28	浅黄棕色	重黏土	块状	7.2	9.2	0.60	0.43	16.6	12.6	215	23.6			
						W	28—90	浅黄棕色	重黏土	棱块状	7.5	4.9	0.36	0.16	16.8			17.8			
						Bv	90—150	浅灰棕色	轻黏土	棱柱状	7.4	4.0	0.34	0.35	20.1			24.3			
剖25	人为土	水稻土	潴育水稻土	马肝田	黑黏底马肝田	A	0—14	浅灰棕色	重壤土	块状	6.0	11.2	0.74	0.30	15.4	9.5	133	18.8	下蜀黄土	E 116°05′09.0″ N 32°05′24.4″	97
						P	14—23	黄棕色	轻黏土	块状	7.0	6.5	0.50	0.17	16.3	1.2	86	18.7			
						W	23—50	灰黄棕色	轻黏土	块状	7.0	7.7	0.50	0.17	17.7			29.9			
						4	50—85	青黄色	轻黏土	块状	7.5	8.0	0.42	0.16	20.3			32.1			
剖26	淋溶土	黄褐土	黏盘黄褐土			1	0—35	黄棕色	轻黏土	粒状	6.5										95
						2	35—	黄棕色	轻黏土	粒状	7.0										
剖27	淋溶土	黄褐土	黏盘黄褐土			1	0—16	黄棕色	中壤土	小块状	6.0										97
						2	16—28	黄棕色	重黏土	块状	6.5							12.6			
						3	28—100	黄棕色	重黏土	粒状	6.8							11.3			
剖28	淋溶土	黄褐土	黏盘黄褐土	马肝土	下位青马肝土	A	0—19	黄棕色	轻黏土	粒状	6.0	13.0	0.82	0.35	14.0	7.5	89	17.2	下蜀黄土	E 116°02′57.7″ N 32°06′40.5″	98
						P	19—26	黄棕色	重黏土	块状	6.5	8.6	0.57	0.23	12.6	2.1	63	26.8			
						Bv	26—65	黄棕色	重黏土	块状	6.8	3.9	0.35	0.17	16.0			17.7			
						Bv(2)	65—150	黄棕色	轻黏土	棱柱状	6.8	5.2	0.44	0.22	18.8						
剖29	人为土	水稻土	潜育水稻土	青马肝田	上位青马肝田	A	0—13	青灰色	轻黏土	块状	5.4	17.0	0.99	0.78	19.3	≤1.0	86	17.3	下蜀黄土	E 116°01′19.8″ N 32°04′42.6″	95
						Ag	13—27	青灰色	轻黏土	棱块状	6.2	13.6	0.74	0.28	19.6	≤1.0	82	23.7			
						Pg	27—66	棕黄色	轻黏土	棱块状	6.8	9.4	0.60	0.42	21.2			18.6			
						W	66—97	灰棕色	轻黏土	棱块状	7.1	8.4	0.53	0.38	20.7			17.1			
剖30	人为土	水稻土	漂洗水稻土	白马肝田	侧渗青白田	A	0—16	灰棕色	中壤土	小块状	6.0	17.9	0.97	0.32	16.6	3.6	98	19.7	下蜀黄土及其剥蚀、堆积物	E 116°02′26.2″ N 32°04′53.6″	95
						P	16—27	浅灰色	中壤土	块状	6.5	9.5	0.67	0.36	18.4	3.4	104	18.5			
						E	27—45	灰白色	轻黏土	小块状	6.8	6.8	0.48	0.35	17.4			20.2			
						Bv	45—150	黄棕色	中壤土	小块状	7.2	3.4	0.23	0.26	17.3			13.0			
剖31	人为土	水稻土	漂洗水稻土	白土田	白土田	A	0—21	黄白色	重壤土	小块状	5.1	14.4	0.88	0.30	17.4	3.4	70	11.7	下蜀黄土	E 116°02′11.7″ N 32°02′26.0″	95
						P	21—29	灰白色	重壤土	块状	6.4	10.7	0.65	0.25	17.3	2.5	62	11.9			
						E	29—48	灰白色	重壤土	块状	7.5	5.0	0.38	0.20	17.1			10.3			
						Bv	48—150	浅灰色	中壤土	块状	7.1	4.0	0.31	0.20	16.5						
剖32	淋溶土	黄褐土	黏盘黄褐土	黄土	黄白土	A	0—18	黄灰色	中壤土	块状	5.6	12.4	1.78	0.26	12.8	2.8	97	11.6	下蜀黄土	E 116°03′53.7″ N 32°04′05.9″	98
						P	18—39	浅灰色	轻黏土	粒状	6.5	9.4	0.58	0.24	12.4	1.4	57	10.7			
						E	39—110	灰白色	重壤土	块状	7.2	5.0	0.42	0.18	17.6			24.7			
剖33	淋溶土	黄褐土	黏盘黄褐土	黄土	乌砂子黄土	A	0—15	浅灰黄色	重壤土	块状	6.9	11.0	0.69	0.29	19.1	9.5	139	12.2	下蜀黄土	E 116°03′11.7″ N 32°03′55.0″	95
						P	15—25	灰棕色	重壤土	粒状	7.1	6.2	0.41	0.27	12.8	3.1	73	12.3			
						Bv	25—80	棕色	中壤土	小块状	7.2	4.4	0.29	0.20	13.0			16.0			
						Bv(2)	80—100	灰棕色	中壤土	棱块状	7.3	4.2	0.77	0.18	14.8			22.5			
						C	100—150	浅灰黄色	重壤土	块状	6.7	4.7	0.37	0.26	15.9			26.0			
剖34	人为土	水稻土	漂洗水稻土	白土田	乌砂子浅白土田	Ae	0—11	浅黄白色	中壤土	块状	6.9	12.4	0.74	0.20	15.7	1.5	71	9.4	下蜀黄土剥蚀物、沉积物	E 116°06′52.6″ N 31°55′05.5″	95
						Pe	11—22	浅黄白色	重黏土	棱块状	7.0	7.2	0.47	0.23	16.2	≤1.0	61	11.8			
						W	22—81	浅黄色	重黏土	棱块状	7.8	3.0	0.20	0.18	15.4			16.4			
						Bv	81—150	黄灰色	轻黏土	块状	7.8	5.8	0.38	0.30	21.4			21.2			

续表 Continued

剖面号 Soil profile	土纲 Soil order	土类 Soil great group	亚类 Soil subgroup	土属 Soil genus	土种 Soil species	土层码 Layer code	土层厚度 Depth/cm	颜色 Soil color	质地 Soil texture	土壤结构 Soil structure	pH	有机质 OM/(g/kg)	全氮 TN/(g/kg)	全磷 TP/(g/kg)	全钾 TK/(g/kg)	有效磷 AP/(mg/kg)	速效钾 AK/(mg/kg)	阳离子交换量CEC/(cmol/kg)	土壤母质 Parent material	剖面点坐标 Profile coordinate	匹配指数 Matching index/%
剖35	人为土	水稻土	潴育水稻土	黄白土田	弱次潴黄白土田	Ag	0–14	浅灰黄色	中壤土	小块状	6.0	17.1	0.68	0.24	17.6	≤1.0	103	17.2	下蜀黄土	E 116°07′49.3″ N 31°57′50.6″	97
						Pg	14–25	青灰色	中壤土	块状	6.8	15.2	0.89	2.50	17.2	≤1.0	77	14.4			
						W	25–47	青黄色	中壤土	块状	7.2	3.8	0.79	0.20	17.0			16.1			
						Bv	47–150	浅黄黄色	轻黏土	棱块状	7.8	3.7	0.34	0.28	19.6			27.7			
剖36	人为土	水稻土	淹育水稻土	浅马肝田	淹育黄白土田	A	0–15	黄白色	中壤土	小块状	6.0	11.8	0.92	0.24	15.5	2.1	70	10.5	下蜀黄土	E 116°08′21.1″ N 31°55′06.0″	97
						P	15–25	黄棕色	重壤土	块状	7.0	5.7	0.51	0.20	16.0	≤1.0	60	11.3			
						C	25–90	深棕色	中壤土	棱块状	7.5	5.2	0.46	0.30	16.1			18.8			
剖37	人为土	水稻土	潴育水稻土	马肝田	下位黏盘马肝田	A	0–14	灰黄色	重壤土	块状	6.5	5.0	0.89	0.24	17.8	1.6	136	20.0	下蜀黄土	E 116°10′24.3″ N 31°55′49.9″	95
						P	14–24	浅黄棕色	重壤土	棱块状	7.3	9.2	0.60	0.22	17.4	1.8	130	20.4			
						W	24–55	黄黄棕色	重壤土	棱块状	7.4	7.8	0.53	0.21	18.2			21.6			
						Bv(2)	55–85	深黄棕色	重壤土	棱柱状	7.4	6.9	0.48	0.22	21.0			25.1			
剖38	人为土	水稻土	潴育水稻土	马肝田	上位黏盘马肝田	A	0–15	黄黄棕色	重壤土	块状	6.0	14.3	0.88	0.24	18.4	2.5	102	17.6	下蜀黄土	E 116°02′56.8″ N 31°53′32.4″	95
						P	15–23	灰黄棕色	重壤土	块状	6.1	13.3	0.83	0.24	18.4	2.6	100	17.3			
						W	23–42	灰黄棕色	重壤土	棱块状	7.3	8.2	0.62	0.20	20.1			19.6			
						Bv(2)	42–150	暗黄棕色	轻黏土	棱柱状	7.5	5.2	0.44	0.18	20.2			25.1			
剖39	淋溶土	黄褐土	黏盘黄褐土	黏盘黄褐土	下蜀黄黄褐土	A	0–21	黄黄色	轻壤土	小块状	6.0								下蜀黄土	E 116°02′39.8″ N 31°51′08.7″	97
						Bv	21–54	棕黄色	重壤土	块状	6.5							18.2			
						Bv(2)	54–150	红黄色	重壤土	棱块状	7.0							18.8			
剖40	人为土	水稻土	淹育水稻土	浅马肝田	白底黄黄白土田	A	0–20	浅灰色	重壤土	小块状	6.0								下蜀黄土及其剥蚀物、堆积物	E 116°08′03.4″ N 31°54′31.2″	95
						P	20–36	黄黄色	重壤土	块状	6.2							21.2			
						W	36–51	灰黄色	中壤土	小块状	6.5							15.7			
						E	51–70	灰白黄色	轻壤土	棱柱状	7.5										
						Bv(2)	70–150	暗黄色	重壤土	块状	7.6										
剖41	人为土	水稻土	漂洗水稻土	白马肝田	淹育马肝田	A	0–16	灰黄色	重壤土	块状	6.0	16.4	1.27	0.33	18.1	4.4	132	21.6	下蜀黄土	E 116°08′16.4″ N 31°54′01.3″	97
						P	16–24	灰黄灰色	重壤土	棱块状	6.5	14.1	0.89	0.29	17.7	2.9	130	21.7			
						C₁	24–83	黄黄灰色	重壤土	棱块状	6.8	4.7	0.32	0.28	18.6			28.8			
						C₂	83–150	棕黄色	重壤土	糊状	7.8	2.4	0.25	0.19	15.5			29.5			
剖42	淋溶土	黄褐土	黏盘黄褐土	白马肝田	下位青马肝田	1	0–14	黄黄色	重壤土	糊状	6.5	4.8	0.40	0.21	13.0			29.6	下蜀黄土	E 116°10′13.6″ N 31°54′53.0″	95
						2	14–39	深棕黄色	重壤土	粒状	7.5	15.4	0.38	0.20	12.1						
						3	39–89	浅红黄色	重壤土	棱块状	7.0										
						4	89–150	灰红黄色	重壤土	棱柱状	7.2										
剖43	人为土	水稻土	潴育水稻土	青马肝田		A	0–20	黄灰色	重壤土	碎块状	6.0	17.2	1.00	0.36	16.2	1.4	82	21.6	下蜀黄土	E 116°08′38.0″ N 31°54′24.1″	97
						P	20–28	浅黄黄色	重壤土	块状	6.5	7.5	0.53	0.32	14.5	1.5	62	21.7			
						C₁	28–67	黄黄色	重壤土	棱块状	7.0	5.9	0.45	0.30	13.5			28.8			
						G₁	67–107	青灰色	重壤土	糊状	7.2	6.6	0.40	0.21	13.0			29.5			
						G₂	107–150	深棕灰色	重壤土	糊状	7.5	4.8	0.38	0.20	12.1			29.6			
剖44	人为土	水稻土	潴育水稻土	马肝田	马肝田	A	0–16	浅红黄棕	重壤土	粒块状	6.5	15.4	0.84	0.19	16.7	2.7	78	17.2	下蜀黄土	E 116°02′12.0″ N 31°49′15.7″	98
						P	16–24	灰黄灰色	重壤土	块状	7.1	8.9	0.60	0.14	17.2	1.2	79	17.6			
						Bv	24–50	黄黄棕色	重壤土	棱块状	7.5	3.4	0.33	0.16	18.1			22.9			
						C	50–100	灰棕色	轻壤土	棱块状	7.5	4.0	0.32	0.22	19.8			23.0			
剖45	淋溶土	黄棕壤	潮黄棕壤	潮黄白土	自身潮黄白土	A	0–15	白黄色	中壤土	粒状	6.2								下蜀黄土	E 116°18′52.7″ N 32°25′56.8″	97
						P	15–25	浅白黄色	轻壤土	块状	6.5										
						Bv	25–53	灰白黄色	轻壤土	块状	6.5										
						C	53–150	灰白色	轻壤土	棱块状	6.5										

续表 Continued

剖面号 Soil profile	土纲 Soil order	土类 Soil great group	亚类 Soil subgroup	土属 Soil genus	土种 Soil species	土层码 Layer code	土层厚度 Depth/cm	颜色 Soil color	质地 Soil texture	土壤结构 Soil structure	pH	有机质 OM/(g/kg)	全氮 TN/(g/kg)	全磷 TP/(g/kg)	全钾 TK/(g/kg)	有效磷 AP/(mg/kg)	速效钾 AK/(mg/kg)	阳离子交换量CEC/(cmol/kg)	土壤母质 Parent material	剖面点坐标 Profile coordinate	匹配指数 Matching index/%
剖46	半水成土	潮土	湿潮土	湿砂泥土	湿砂泥土	1	0~18	暗灰色	砂质黏壤土	屑粒状	7.0	23.2	1.32	0.65	24.7	21.0	217	11.2	河流冲积物	E 116°16′00.0″ N 32°26′53.3″	95
						2	18~105	暗灰色	砂质黏壤土	糊状	7.0	21.5	1.24	0.61	16.0	15.0	170	12.1			
						3	105~140	淡灰色	壤土	碎块状	7.0	6.2	0.52	1.32	15.5			11.3			
剖47	半水成土	潮土	黄潮土	淤土	黄身淤泥土	A	0~25	浅红棕色	中黏土	块状	8.0	10.7	7.00	0.65	23.7	19.6	258	24.3	河流冲积物	E 116°26′38.0″ N 32°25′21.3″	97
						Bv	25~150	黄棕色	中黏土	块状	7.8	11.2	0.79	0.64	25.8	16.1	128	26.2			
剖48	半水成土	潮土	黄潮土	两合土	黄淤身两合土	A	0~23	浅棕黄色	中壤土	粒状	7.5								河流冲积物	E 116°25′58.9″ N 32°25′01.3″	97
						K	23~65	浅棕红色	重黏土	块状	8.0										
						C	65~150	棕黄色	重黏土	块状	7.0										
剖49	淋溶土	黄棕壤	潮黄棕壤	潮黄白土	黑底潮黄白土	A	0~10	黄灰色	中壤土	粒状	6.5								下蜀黄土、湖相沉积物	E 116°19′27.9″ N 32°24′40.8″	97
						P	10~20	浅黄灰色	重壤土	块状	7.0										
						Bv	20~60	棕灰色	轻黏土	块状	7.0										
						4	60~150	浅黄灰色	轻黏土	棱块状	7.2										
剖50	淋溶土	黄棕壤	潮黄棕壤	潮马肝土	黑身马肝土	A	0~15	黄灰色	重壤土	粒状	6.5									E 116°21′58.1″ N 32°24′52.5″	98
						P/Bv	15~40	黄黑色	重壤土	小块块状	6.2										
						3	40~150	灰黑色	轻黏土	小块块状	7.2										
剖51	人为土	水稻土	潴育水稻土	马肝田	黑身马肝田	A	0~15	浅黄棕色	重壤土	小块状	7.0	29.0	1.79	0.66	18.8	61.4	328	24.7	下蜀黄土	E 116°16′37.7″ N 32°20′00.5″	97
						P	15~26	暗棕黄色	轻壤土	块状	7.1	19.4	1.25	0.27	19.0	4.8	161	26.8			
						3	26~80	灰棕色	棱块状	棱块状	7.1	14.0	1.05	0.17	17.6			23.8			
						W	80~100	浅棕灰色	重黏土	棱块状	7.5	5.7	0.37	0.20	19.6			24.7			
						Bv	100~120	棕灰色	重壤土	棱块状	7.5	4.8	0.35	0.34	21.0			27.0			
剖52	半水成土	潮土	黄潮土	两合土	砂身两合土	A	0~10	棕灰色	中壤土	粒状	7.0	10.8	6.60	0.72	23.8	13.6	147	21.2	河流冲积物	E 116°25′30.1″ N 32°24′07.4″	97
						K	10~22	浅红棕色	重黏土	块状	8.0	10.8	6.60	0.68	25.7	10.7	223	25.8			
						S	22~150	浅棕黄色	中壤土	单粒状	7.5	6.5	2.00	0.70	23.0			12.6			
剖53	淋溶土	黄褐土	黏盘黄褐土	马肝土	马肝土	A	0~13	棕灰色	重壤土	粒块状	6.2	16.0	0.94	0.54	18.3	2.8	162	22.8	下蜀黄土	E 116°27′20.1″ N 32°22′16.3″	98
						P	13~22	浅棕灰色	轻黏土	小块状	6.7	12.4	0.70	0.48	18.4	≤1.0	136	22.8			
						Bv	22~100	暗棕色	重黏土	棱柱状	7.5	8.1	0.50	0.28	19.2			28.8			
剖54	半水成土	潮土	灰潮土	淤泥土	淤泥土	A	0~16	浅灰棕色	重黏土	小块状	7.0	7.6	0.56	0.48	20.8	10.4	137	23.0	运河相沉积物	E 116°20′28.4″ N 32°07′26.4″	97
						P	16~26	浅灰棕色	重黏土	小块状	7.0	7.0	0.49	0.50	21.1	5.3	130	23.9			
						Bv	26~80	棕黄色	重黏土	块状	7.0	4.6	3.30	0.40	20.1			21.4			
						C	80~115	深灰棕色	重黏土	块状	7.0	5.4	0.38	0.50	18.1			23.4			
剖55	淋溶土	黄棕壤	潮黄棕壤	潮马肝土	潮马肝土	A	0~16	黄白色	轻黏土	小块状	6.7	9.6	0.70	0.30	15.4	5.6	136	18.3	下蜀黄土	E 116°19′37.1″ N 32°03′51.7″	97
						Bv	16~38	棕褐色	轻黏土	块状	7.4	6.4	4.00	0.20	18.2	≤1.0	134	24.9			
						C	38~150	棕褐色	轻黏土	块状	6.6	5.6	0.40	0.20	15.6			21.7			

舒 城 县

主要土类说明

水稻土是舒城县主要土壤类型，占本县地域面积的47%。水稻土是在长期种植水稻条件下，经过灌溉、排水、耕作、施肥等水旱交替耕作而形成的。周期性的干湿交替和氧化还原作用，使铁、锰等易还原物质与悬浮性胶体在土壤剖面中淋溶淀积，从而形成了水稻土特有的耕作层、犁底层、渗育层、淀积层、潜育层等发生层次。

粗骨土是舒城县第二大土壤类型，占本县地域面积的20%，广泛分布在河谷阶地、丘陵、低山和中山等多种地貌单元和地形部位。粗骨土属于A-C型，甚至（A）-C型土壤。A层发育不明显，与母质土层性状相似，略显有机质累积。有时母质层富含砾石，甚少出现剖面分异与发育特征。

黄棕壤是舒城县第三大土壤类型，占本县地域面积的19%，分布于低山、丘陵及岗区。其成土发育具有明显的黏化现象，表现为淋溶淀积作用强烈，黏粒形成与淋溶积聚十分活跃，黏化层明显，同时还具有弱富铁铝化过程。土壤pH在5.5左右，部分耕地经过人为耕种，受有机肥和复盐基影响，熟化过程明显，耕作层结构改变，土色变暗，土壤容重减轻。黄棕壤的地带性植被为少数耐寒常绿阔叶树和落叶阔叶混生林，未开垦的黄棕壤有枯枝落叶层与腐殖质层。本县的低山区，由于林草植被破坏严重，枯枝落叶层和表土层遭径流剥蚀严重，出现了大量的半风化岩石碎屑，有的地区甚至基岩裸露，土体构型由A-B-C型趋于A-C-D型或A-D型，呈现明显的粗骨性。

紫色土占舒城县地域面积的9%，主要分布于低山、丘陵以及部分岗地。其成土母质为紫色砂岩、紫色页岩及紫色凝灰质砂岩等风化坡积物、残积物。土壤剖面上下颜色均一，质地为砂土至重壤土，阳离子交换量大于20cmol/kg，钾含量丰富。紫色土物理风化强烈，化学风化微弱。成土母岩除一部分为酸性紫色砂页岩外，大部分都含有不同数量的碳酸钙，当岩石裸露地表时，游离碳酸钙的淋失作用大为加强，尤其是经物理分解为碎屑物质后更为显著。但由于岩层屡受侵蚀，成土物质不断更新或堆积，其碳酸钙的淋溶作用也持续不断地进行，土壤发育处于相对幼龄阶段。由于受长期湿热气候影响，土壤多呈弱酸性，pH为5.5—6.5，少部发育于酸性紫色岩类母质上的土壤的pH低于5.5。

小于本县地域面积3%的土壤类型还有潮土、黄褐土、棕壤、红壤等。

本区域中心区气候特征

本区域中心区气候特征值
Regional climate characteristics in central area of the region

气候带：北亚热带湿润气候
Climate region: North subtropical humid climate

年平均气温 /℃ Annual average temperature /℃	16.0
年平均最高气温 /℃ Annual average maximum temperature /℃	20.5
年平均最低气温 /℃ Annual average minimum temperature /℃	12.3
年降水量 /mm Annual precipitation /mm	1312
≥10℃的积温 /℃ Daily temperature accumulated in a year（≥10℃）/℃	5931
年日照时数 /h Annual sunshine /h	1847
年平均相对湿度 /% Annual average relative humidity /%	78
干燥度 Dryness	0.73

本区域中心区月平均气温与月平均降水量
Monthly temperature and precipitation in central area of the region

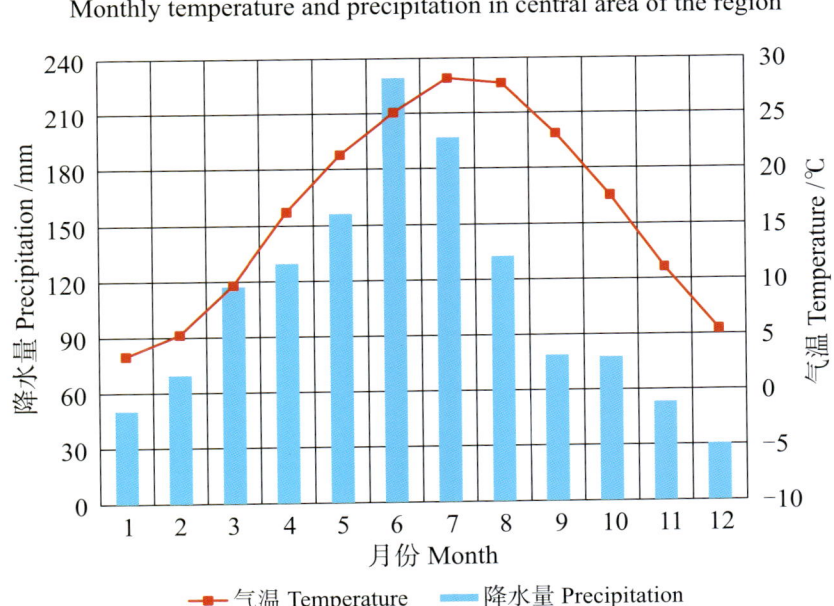

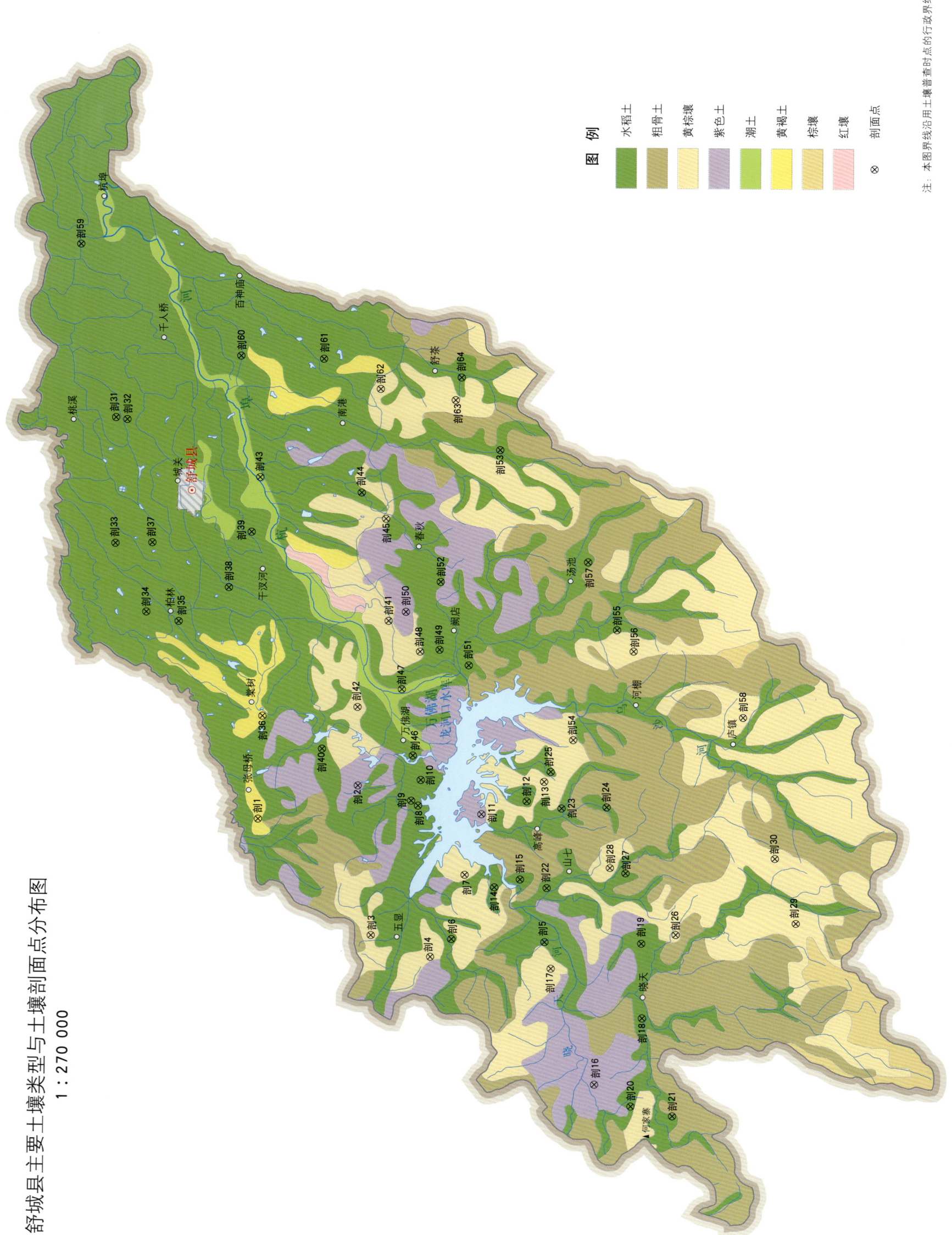

舒城县土壤剖面理化性状表

剖面号 Soil profile	土纲 Soil order	土类 Soil great group	亚类 Soil subgroup	土属 Soil genus	土种 Soil species	土层码 Layer code	土层厚度 Depth/cm	颜色 Soil color	质地 Soil texture	土壤结构 Soil structure	pH	有机质 OM/(g/kg)	全氮 TN/(g/kg)	全磷 TP/(g/kg)	全钾 TK/(g/kg)	有效磷 AP/(mg/kg)	速效钾 AK/(mg/kg)	阳离子交换量CEC/(cmol/kg)	土壤母质 Parent material	剖面点坐标 Profile coordinate	匹配指数 Matching index/%
剖1	淋溶土	黄褐土	黏盘黄褐土	黏黄泥土	黏盘黄褐土	A₁₁	0—20	淡黄色	黏壤土	碎块状	6.3	11.8	0.80	0.50	15.0	6.0	19	12.0	下蜀黄土	E 116°42′43.0″ N 31°25′00.3″	75
						A₂₂	20—33	黄棕色	黏壤土	块状	6.3	7.6	0.60	0.30	14.3	6.0	50	10.6			
						Bv	33—100	黄棕色	壤质黏土	棱块状	6.5	5.3	0.40	0.30	14.3						
剖2	初育土	紫色土	酸性紫色土	酸性猪血砂土	薄层酸性猪血砂土	A	0—15	暗紫色	轻壤土	碎块状									泥质岩类风化坡积物、残积物	E 116°44′09.4″ N 31°20′59.9″	95
						Bvp	15—29	棕紫色	砂壤土	粒状											
						C	29—80	褐紫色	重壤土												
剖3	淋溶土	黄棕壤	粗骨黄棕壤	扁石土	中砾片石土	A	0—15	暗黄色	重壤土	屑粒状									泥质岩类风化坡积物、残积物	E 116°37′48.1″ N 31°20′55.3″	95
						C	15—60	浅黄棕色	轻壤土	小块状											
剖4	淋溶土	黄棕壤	粗骨黄棕壤	细粒土	中砾细粒土	A	0—5	灰黄色	中壤土	屑粒状									中性结晶岩类风化坡积物、残积物	E 116°36′39.4″ N 31°19′07.2″	95
						Ao	5—25	浅灰色		小块状											
						C	25—50	浅灰色													
剖5	人为土	水稻土	潜育水稻土	砂泥田	黏身砂泥田	A	0—14	棕灰色	重壤土	屑粒状	5.2	20.4	1.13	0.61	32.3	13.0	109	14.7	河流冲积物	E 116°37′27.9″ N 31°15′04.5″	85
						P	14—25	棕灰色	中壤土	块状	5.8	15.4	0.89	0.71	22.2	15.0	104	14.6			
						W	25—41	灰黄棕色	轻黏土	棱柱状	6.6	13.4	0.74	0.50	22.0			13.8			
						Bv₁	41—100	深黄棕色	中黏土	棱柱状	6.9	10.8	0.60	0.40	21.4			12.0			
剖6	人为土	水稻土	潜育水稻土	青马肝田	青马肝田	A	0—14	黄灰色	壤质黏土	小块状									下蜀黄土	E 116°37′35.2″ N 31°17′59.8″	95
						Apg	14—24	浅绿灰色	壤质黏土	糊状											
						G	24—45	暗绿绿色	壤质黏土	糊状											
						C	45—100	黄灰色	黏壤土	块状											
剖7	淋溶土	黄棕壤	普通黄棕壤	麻石黄棕土	中砾麻石黄棕土	A	0—17	浅黄棕色	砂壤土	碎块状									酸性结晶岩类风化坡积物、残积物	E 116°40′11.6″ N 31°17′37.7″	95
						P	17—22	浅灰黄色	中壤土	小块状											
						Bv	22—60	红棕色	重黏土	碎块状											
剖8	人为土	水稻土	潜育水稻土	黄泥田	黄泥田	A	0—13	红棕色	重壤土	块状									第四纪红色黏土	E 116°43′15.2″ N 31°19′36.2″	85
						P	13—23	浅黄棕色	重壤土	棱柱状											
						W	23—80	青灰色	重壤土	棱柱状											
						Bv	80—100	黄红色	重黏土	块状											
剖9	人为土	水稻土	潜育水稻土	细粒泥田	细粒泥田	A	0—18	灰棕色	中壤土	块状									中性结晶岩类风化坡积物	E 116°43′26.2″ N 31°19′50.1″	85
						P	18—28	灰棕色	中壤土	小块状											
						Bv	28—65	黄棕色	轻黏土	碎块状											
						C	65—100	黄棕色	中壤土	小核状											
剖10	人为土	水稻土	潜育水稻土	青马肝田	高位青马肝田	A	0—11	灰棕色	中壤土	无结构									下蜀黄土	E 116°44′18.8″ N 31°19′30.0″	74
						Pg	11—21	紫棕色	重黏土	无结构											
						G	21—100	紫黑色	中壤土	粒块状											
剖11	初育土	紫色土	酸性紫色土	酸性猪血砂土	中层酸性猪血砂土	A	0—13	紫棕色	中壤土	小块状									下蜀黄土	E 116°43′26.1″ N 31°17′15.5″	95
						P	13—38	红紫色	轻黏土	块状											
						BvP	38—60	红紫色	中壤土	粒块状											
剖12	人为土	水稻土	潜育水稻土	青砂泥田	下位青砂泥田	A	0—15	黄棕色	轻壤土	块状									河流冲积物	E 116°43′36.0″ N 31°15′31.8″	74
						P	15—25	浅黄棕色	重黏土	块状											
						W	25—55	灰灰色	中青灰色	无结构											
						G	55—100	灰黄棕色	中壤土	无结构											
剖13	淋溶土	黄棕壤	粗骨黄棕壤	扁石土	轻砾片石土	A		浅黄棕色	中壤土	碎块状									泥质岩类残积物、坡积物	E 116°44′17.6″ N 31°15′09.1″	95
						C															

续表 Continued

剖面号 Soil profile	土纲 Soil order	土类 Soil great group	亚类 Soil subgroup	土属 Soil genus	土种 Soil species	土层码 Layer code	土层厚度 Depth/cm	颜色 Soil color	质地 Soil texture	土壤结构 Soil structure	pH	有机质 OM/(g/kg)	全氮 TN/(g/kg)	全磷 TP/(g/kg)	全钾 TK/(g/kg)	有效磷 AP/(mg/kg)	速效钾 AK/(mg/kg)	阳离子交换量CEC/(cmol/kg)	土壤母质 Parent material	剖面点坐标 Profile coordinate	匹配指数 Matching index/%
剖14	人为土	水稻土	潜育水稻土	青砂泥田	高位青砂泥田	Ag	0—17	浅灰色	重壤土	糊状									河流冲积物	E 116°39′38.6″ N 31°16′25.9″	74
						Pg	17—27	青灰色	轻黏土	无结构											
						G	27—100	灰色	轻黏土	无结构											
剖15	人为土	水稻土	潜育水稻土	青扁石泥田	次生青扁石泥田	Ag	0—10	暗灰棕色	轻黏土	无结构									泥质岩类	E 116°39′55.4″ N 31°15′32.3″	73
						Pg	10—20	青灰色	重壤土	小块状											
						Wg	20—34	浅灰棕色	轻黏土	小块状											
						W₁	34—56	黄灰棕色	重壤土	棱块状											
						W₂	56—100	深棕色	重壤土	单粒状											
剖16	初育土	紫色土	酸性紫色土	酸性紫砂土	薄层酸性紫砂土	A	0—10	褐棕色	砂土	棱块状										E 116°31′30.1″ N 31°13′15.7″	95
						C	10—28	紫红色	砂壤土	棱块状											
剖17	淋溶土	黄棕壤	普通黄棕壤	红棕壤	焦致红棕壤	A		棕红色	轻壤土	柱状										E 116°36′20.4″ N 31°14′50.9″	75
						B		浅红棕色	轻壤土												
								红棕色	轻壤土												
剖18	人为土	水稻土	潜育水稻土	扁石泥田	弱潜次青扁石泥田	A	0—13	黄棕色	重壤土	无结构									泥质岩类	E 116°34′23.0″ N 31°11′11.6″	76
						Pg	13—25	浅灰色	重壤土	小块状											
						W	25—66	浅黄棕色	轻黄色	棱块状											
						Bv	66—100	深黄棕色	中壤土	粒状											
剖19	人为土	水稻土	潜育水稻土	麻骨泥田	麻骨青泥田	A	0—15	灰棕色	重壤土	块状									酸性结晶岩类	E 116°37′27.2″ N 31°11′40.2″	85
						P	15—22	黄棕色	中壤土	无结构											
						W₁	22—45	浅黄棕色	中壤土	小块状											
						W₂	45—100	黄棕色	中壤土	棱块状											
剖20	人为土	水稻土	潜育水稻土	青黄泥田	下位青黄泥田	A	0—16	浅黄棕色	轻黏土	屑粒状									第四纪红色黏土	E 116°30′42.1″ N 31°11′43.9″	85
						P	16—26	黄棕色	轻黏土	块状											
						W	26—53	黄棕色	重黏土	棱块状											
						G	53—100	青灰色	轻黏土	无结构											
剖21	人为土	水稻土	潜育水稻土	青细粒泥田	下位青细粒泥田	A	0—17	灰棕色	中壤土	屑粒状									中性结晶岩类	E 116°30′13.5″ N 31°10′29.8″	73
						P	17—23	棕黄色	中壤土	块状											
						W	23—51	棕黄色	中壤土	小块状											
						G	51—100	青灰色	中壤土	无结构											
剖22	人为土	水稻土	潜育水稻土	青麻骨泥田	次生青麻骨泥田	A	0—15	棕黄色	中壤土	屑粒状									酸性结晶岩类	E 116°39′35.2″ N 31°14′36.1″	76
						G	15—55	青灰色	中壤土	小块状											
						W	55—100	褐黄棕色	重壤土	块状											
剖23	人为土	水稻土	潜育水稻土	紫砂泥田	紫泥田	P	0—15	浅紫棕色	重壤土	棱块状									紫色岩类风化物	E 116°43′09.1″ N 31°14′03.6″	86
						W	15—23	黄棕色	重壤土	无结构											
						Bv	23—54	棕棕色	重壤土	块状											
							54—100	棕黄色	重壤土	小块状											
剖24	人为土	水稻土	潜育水稻土	黄泥田	焦斑黄泥田	P	0—15	浅黄棕色	重壤土	棱粒状									第四纪红色黏土	E 116°43′15.4″ N 31°12′56.4″	85
						W	23—45	灰棕色	重壤土	块状											
						Bv	45—100	褐棕色	重壤土	糊状											
剖25	人为土	水稻土	潜育水稻土	次生青紫泥田	次生青紫泥田	Ag	0—20	青灰色	重壤土	无结构									紫色岩类	E 116°44′41.7″ N 31°14′40.0″	86
						Pg	20—24	浅灰黄色	重壤土	块状											
						W₁	24—79	黄棕色	重壤土	小块状											
						W₂	79—100	深紫棕色	中壤土												

续表 Continued

剖面号 Soil profile	土纲 Soil order	土类 Soil great group	亚类 Soil subgroup	土属 Soil genus	土种 Soil species	土层码 Layer code	土层厚度 Depth/cm	颜色 Soil color	质地 Soil texture	土壤结构 Soil structure	pH	有机质 OM/(g/kg)	全氮 TN/(g/kg)	全磷 TP/(g/kg)	全钾 TK/(g/kg)	有效磷 AP/(mg/kg)	速效钾 AK/(mg/kg)	阳离子交换量CEC/(cmol/kg)	土壤母质 Parent material	剖面点坐标 Profile coordinate	匹配指数 Matching index/%
剖26	淋溶土	黄棕壤	普通黄棕壤	红棕土	网纹红棕土	A	0—15	红棕色	轻黏土	核状									第四纪红色黏土	E 116°37′58.0″ N 31°10′23.4″	95
剖27	人为土	水稻土	潴育水稻土	麻骨泥田	弱次潜麻骨砂泥田	Cnp Cn	15—67 67—100	红棕色 深红棕色	重壤土 重壤土	梭柱状 梭柱状									酸性结晶岩类	E 116°40′33.3″ N 31°12′04.9″	86
剖28	淋溶土	黄棕壤	粗骨黄棕壤	暗石土	中砾暗石土	A AC C	0—14 12—37 37—70	灰棕色 暗棕色 暗褐色	中壤土 轻壤土 砂壤土	块状 屑粒状 小块状										E 116°40′52.3″ N 31°12′29.5″	95
剖29	淋溶土	黄棕壤	普通黄棕壤	扁石黄棕壤	厚层扁石黄棕壤	A Bv C	0—19 19—90 90—130	浅黄棕色 黄黄棕色 浅黄黄棕色	轻黏土 轻黏土 重黏土	核状 块状 小块状										E 116°38′24.3″ N 31°06′13.9″	95
剖30	淋溶土	黄棕壤	普通黄棕壤	麻石黄棕壤	中层麻石黄棕壤	A Bv C	0—5 5—43 43—85	砂灰黄色 黄棕色 黄黄棕色	砂壤土 轻壤土 重壤土	小块状 小块状 粒块状									酸性结晶岩类坡积物、残积物	E 116°41′10.0″ N 31°06′59.8″	95
剖31	人为土	水稻土	潴育水稻土	黄白土田	下位黏盘黄白土田	A P W	0—17 17—21 21—53	浅灰黄色 灰棕色 浅黄棕色	重壤土 重壤土 重黏土	块状 小块状 梭柱状									下蜀黄土	E 116°59′37.1″ N 31°30′19.6″	74
剖32	人为土	水稻土	淹育水稻土	浅肝田	浅马肝田	A Bv	53—100 0—14 14—21	褐棕色 暗褐棕色 黄棕色	重黏土 重壤土 重壤土	块状 碎块状 核状									下蜀黄土	E 116°59′30.5″ N 31°30′01.8″	74
剖33	人为土	水稻土	潴育水稻土	马肝田	上位黏盘马肝田	A P BvC₂	0—13 13—20 20—35 35—100	浅棕色 深黄棕色 黄黄棕色 暗褐棕色	黏土 重壤土 重黏土 壤质黏土	屑粒状 块状 梭柱状 小块状									下蜀黄土	E 116°54′15.3″ N 31°30′19.4″	74
剖34	人为土	水稻土	潴育水稻土	马肝田	下位黏盘马肝田	A P W Bv₂	0—16 16—26 26—55 55—100	暗黄棕色 灰黄棕色 灰黄色 褐棕色	壤质黏土 壤质黏土 重黏土 重黏土	块状 核状 梭柱状 块状									下蜀黄土	E 116°51′20.3″ N 31°29′12.9″	85
剖35	人为土	水稻土	漂洗水稻土	白马肝田	薄层白马肝田	A Ae Pg W Bv	0—15 15—27 27—53 53—100	灰白色 暗黄棕色 黄黄棕色 油黄棕色	中壤土 重黏土 重黏土 轻壤土	粒状 小块状 梭块状 小块状	5.9 5.3 6.8	8.5 6.5 6.8	0.60 0.50 0.60	0.20 0.20 0.20	14.4 14.6 15.4		54 59	13.6 10.9	下蜀黄土	E 116°50′55.0″ N 31°28′08.1″	78
剖36	淋溶土	黄褐土	黏盘黄褐土	黏黄泥土	黏马肝土	A Bv Bvt	0—16 16—47 47—100	暗褐棕色 完黄棕色 油黄棕色	壤质黏土 壤质黏土 壤质黏土	梭柱状 梭柱状 梭柱状									下蜀黄土	E 116°46′54.5″ N 31°25′00.5″	95
剖37	人为土	水稻土	漂洗水稻土	白马肝田	白土心黄白土田	A P E Bv	0—14 14—21 21—38 38—100	棕灰色 灰黄色 灰白色 深黄棕色	重黏土 中壤土 重黏土 重黏土	屑粒状 块状 粒状 梭柱状									下蜀黄土	E 116°54′17.4″ N 31°29′01.0″	78
剖38	人为土	水稻土	潴育水稻土	黄白土田	上位黏盘黄白土田	A P W Bv₂	0—13 13—22 22—40 40—100	黄白色 浅黄棕色 暗黄灰色 褐棕色	重黏土 重黏土 重黏土 轻黏土	块状 小块状 块状 梭柱状									下蜀黄土	E 116°52′32.3″ N 31°26′16.6″	85

续表 Continued

剖面号 Soil profile	土纲 Soil order	土类 Soil great group	亚类 Soil subgroup	土属 Soil genus	土种 Soil species	土层码 Layer code	土层厚度 Depth/cm	颜色 Soil color	质地 Soil texture	土壤结构 Soil structure	pH	有机质 OM/(g/kg)	全氮 TN/(g/kg)	全磷 TP/(g/kg)	全钾 TK/(g/kg)	有效磷 AP/(mg/kg)	速效钾 AK/(mg/kg)	阳离子交换量CEC/(cmol/kg)	土壤母质 Parent material	剖面点坐标 Profile coordinate	匹配指数 Matching index/%
剖39	人为土	水稻土	潜育水稻土	砂泥田	砂心砂泥田	A	0—13	浅黄棕色	中壤土	碎块状									河流冲积物	E 116°54′30.6″ N 31°25′06.6″	85
						P	13—22	灰黄棕色	中壤土	块状											
						Ws	22—36	浅黄棕色	轻壤土	粒状											
						S	36—70	黄色	砂壤土	单粒状											
						Bv	70—100	黄棕色	重壤土	小块状											
剖40	人为土	水稻土	潜育水稻土	青麻骨泥田	下位青麻骨泥田	A	0—15	棕色	轻壤土	屑粒状									酸性结晶岩类	E 116°46′07.4″ N 31°22′30.7″	76
						P	15—19	浅黄棕色	轻黏土	块状											
						W	19—54	黄棕色	轻黏土	小块状											
						G	54—100	青灰色	轻壤土	核状											
剖41	淋溶土	黄棕壤	普通黄棕壤	红棕土	焦斑红棕土	Bvmp	0—36	红棕色	轻黏土	小块状									第四纪红色黏土	E 116°51′03.3″ N 31°20′40.8″	95
						Bvm	36—75	棕红色	轻黏土	棱柱状											
							75—100		轻壤土	小核状											
剖42	淋溶土	黄棕壤	普通黄棕壤	细粒黄棕壤	中层细粒黄棕壤	A	0—15	青灰色	中壤土	块状									河流冲积物	E 116°47′37.7″ N 31°21′13.2″	95
						B			中壤土	屑粒状											
						C			砂土	屑粒状											
剖43	半水成土	潮土	灰潮土	砂泥土	砂泥土	A	0—15	灰黄棕色	重壤土	块状									泥质岩类	E 116°56′42.2″ N 31°24′54.5″	95
						P	15—25	浅黄棕色	中壤土	小块状											
						Bv	25—60	深黄棕色	中壤土	棱块状											
						C	60—100	黄棕色	砂土	棱柱状											
剖44	人为土	水稻土	潜育水稻土	青扁石泥田	高位青扁石泥田	A	0—12	青灰色	重壤土										第四纪棕色黏土	E 116°56′29.2″ N 31°21′40.0″	76
						Pg	12—23	浅灰棕色	重壤土	核状											
						G	23—100	蓝灰色	重壤土	小块状											
剖45	淋溶土	黄棕壤	普通黄棕壤	红棕土	红棕土	A	0—12	暗红棕色	重壤土	块块状									第四纪红色黏土	E 116°55′44.0″ N 31°20′22.1″	95
						Bv	12—24	红棕色	重壤土	棱柱状											
							24—38	黄棕色	重壤土	棱柱状											
							38—50	深棕色	砂壤土	屑粒状											
剖46	人为土	水稻土	潜育水稻土	青马肝田	次生青马肝田	A	0—14	黄棕色	砂壤土	屑粒状									下蜀黄土	E 116°45′08.3″ N 31°19′44.5″	74
						Pg	14—24	青灰黄色	松砂土	无结构											
						Wg	24—45	青灰色	重壤土	棱块状											
						W	45—100	青灰棕色	轻壤土	单粒状											
剖47	半水成土	潮土	灰潮土	麻砂土	麻砂土	A	0—16	浅灰棕色	轻壤土	单粒状									河流冲积物	E 116°47′54.0″ N 31°19′34.6″	95
						P	16—31	淡紫棕色	砂壤土	单粒状											
						Bv	31—90	深棕色	砂壤土	小块状											
						S	90—100	黄棕色	轻砂土	单粒状											
剖48	淋溶土	黄棕壤	粗骨黄棕壤	耕种麻石土	耕种麻石土	A	0—15	浅灰棕色	轻壤土	小块状									酸性结晶岩类坡积物、残积物	E 116°49′45.4″ N 31°19′33.8″	95
						Cp	15—35	浅黄棕色	中壤土	小块状											
						C	35—50	黄棕色	中壤土	无结构											
剖49	人为土	水稻土	潜育水稻土	青麻骨泥田	高位青麻骨泥田	A	0—19	浅灰黄色	中壤土	无结构									酸性结晶岩类	E 116°49′51.0″ N 31°18′52.8″	76
						Pg	19—27	暗紫棕色	中壤土	粒结构											
						G	27—100	棕紫色	紧砂土	小块状											
剖50	初育土	紫色土	酸性紫色土	酸性紫砂土	中层酸性紫砂土	A	0—15	黄灰棕色	轻壤土	块状									酸性结晶岩类	E 116°51′20.2″ N 31°19′44.3″	96
						Bv	15—52	浅黄灰色	重壤土	无结构											
						C	52—		重壤土	无结构											
剖51	人为土	水稻土	潜育水稻土	青紫泥田	高位青紫泥田	A	0—15	黄灰棕色	中壤土										紫色岩类	E 116°49′02.4″ N 31°17′25.6″	85
						Pg	15—27	蓝灰色	重壤土	无结构											
						G	27—100		重壤土	无结构											

续表 Continued

剖面号 Soil profile	土纲 Soil order	土类 Soil great group	亚类 Soil subgroup	土属 Soil genus	土种 Soil species	土层码 Layer code	土层厚度 Depth/cm	颜色 Soil color	质地 Soil texture	土壤结构 Soil structure	pH	有机质 OM/(g/kg)	全氮 TN/(g/kg)	全磷 TP/(g/kg)	全钾 TK/(g/kg)	有效磷 AP/(mg/kg)	速效钾 AK/(mg/kg)	阳离子交换量CEC/(cmol/kg)	土壤母质 Parent material	剖面点坐标 Profile coordinate	匹配指数 Matching index/%
剖52	人为土	水稻土	潴育水稻土	砂泥田	弱次潜砂泥田	A	0—16	灰黄棕色	轻壤土	粒状									河流冲积物	E 116°52′34.4″ N 31°18′50.8″	85
						Pg	16—26	浅灰色	轻壤土	块状											
						W	26—65	黄棕色	轻壤土	小块状											
						Bv	65—100	深黄棕色	重壤土	棱块状											
剖53	人为土	水稻土	潴育水稻土	扁石泥田	扁石泥田	A	0—15	黄黄棕色	重壤土	屑粒状									泥质岩类	E 116°58′22.2″ N 31°16′21.9″	85
						P	15—25	浅黄棕色	重壤土	块状											
						W₁	25—50	黄灰色	轻黏土	块状											
						W₂	50—100	深黄棕色	轻黏土	棱块状											
剖54	淋溶土	黄棕壤	粗骨黄棕壤	麻石土	重砾麻石土	A	0—15	暗黄棕色	砂土	单粒状										E 116°46′04.3″ N 31°14′08.9″	95
						C	15—40														
剖55	人为土	水稻土	潴育水稻土	细粒泥田	弱次潜细粒泥田	Ag	0—13	深黄棕色	重壤土	块状									中性结晶岩类风化物	E 116°50′45.5″ N 31°12′37.6″	76
						Pg	13—20		重壤土												
						W	20—50		中壤土												
						Bv	50—100		中壤土												
剖56	淋溶土	黄棕壤	黄棕壤性土	硅铝质黄棕壤性土	查湾砾质黄土	A	0—14	棕灰色	砂质黏壤土	屑粒状	5.3	20.2	1.00	0.54	24.8	4.0	128	16.4		E 116°49′51.8″ N 31°12′02.5″	95
						Bv		暗黄棕色	重壤土	碎块状	5.2	5.8	0.34	0.56	31.8	7.0	50	14.3			
						C		暗黄棕色	砂质黏壤土	无结构	5.2	3.3	0.24	0.40	35.7			14.4			
剖57	人为土	水稻土	潴育水稻土	青砂泥田	中位青砂泥田	A	0—14	浅黄棕色	中壤土	粒块状									河流冲积物	E 116°53′37.1″ N 31°13′40.4″	85
						P	14—24	棕黄色	中壤土	块状											
						G	24—55	青灰色	中壤土	无结构											
						Bv	55—100	暗黄棕色	重壤土	棱块状											
剖58	淋溶土	黄棕壤	普通黄棕壤	扁石黄棕壤	中层扁石黄棕壤	A	0—13	暗黄棕色	重壤土	小块状									河流冲积物	E 116°47′14.8″ N 31°07′58.7″	95
						Bv	13—55	黄黄棕色	重壤土	碎块状											
						C	55—100	浅黄棕色	重壤土	屑粒状											
剖59	人为土	水稻土	潴育水稻土	砂泥田	麻砂泥田	A	0—12	黄棕色	轻壤土	小块状									河流冲积物	E 117°06′58.1″ N 31°31′34.2″	85
						P	12—16	灰棕色	中壤土	小块状											
						W₁	16—34	棕色	中壤土	粒状											
						W₂	34—100	黄棕色	中壤土	块状											
剖60	人为土	水稻土	潴育水稻土	黄白土	砂身泥田	A	0—17	浅黄棕色	轻壤土	小块状									河流冲积物	E 117°02′16.2″ N 31°25′55.7″	85
						P	17—27	浅黄色	中壤土	单粒状											
						S	27—100	暗黄棕色	砂土	粒状											
剖61	人为土	水稻土	潴育水稻土	黄白土	黄白土田	A	0—14	灰棕色	重壤土	块状									下蜀黄土	E 117°02′09.1″ N 31°23′00.7″	85
						P	14—21	浅黄棕色	重壤土	棱块状											
						Bv	21—45	暗黄棕色	重壤土	棱块状											
							45—100	暗黄棕色	重壤土	块状											
剖62	淋溶土	黄棕壤	粗骨黄棕壤	暗石土	轻砾暗石土	A	0—14	暗棕色	砂壤土	棱粒状									酸性结晶岩类风化坡积物、残积物	E 117°00′39.4″ N 31°20′27.1″	95
						C		暗棕色	轻壤土	棱块状											
						D		暗褐色	中壤土	棱块状											
剖63	淋溶土	黄棕壤	粗骨黄棕壤	麻石土	轻砾麻石土	A	0—15	棕色色	中壤土	屑粒状										E 117°00′35.3″ N 31°18′21.7″	95
						AC		棕黄色	轻壤土	小块状											
						C		黄黄色	重壤土	棱块状											
剖64	人为土	水稻土	潴育水稻土	紫砂泥田	弱次潜紫砂泥田	Ag		灰紫棕色	重壤土	糊状									紫色岩类风化物	E 117°01′24.3″ N 31°18′09.9″	85
						Pg	15—21	浅紫灰色	重壤土	无结构											
						W₁	21—41	浅紫棕色	重壤土	小块状											
						W₂	41—100	紫棕色	重壤土	棱块状											

金 寨 县

主要土类说明

粗骨土是金寨县主要土壤类型，占本县地域面积的61%，广泛分布在河谷阶地、丘陵、低山和中山等多种地貌单元和地形部位。粗骨土属于A-C型，甚至（A）-C型土壤。A层发育不明显，与母质土层性状相似，略显有机质累积。有时母质层富含砾石，甚少出现剖面分异与发育特征。

水稻土是金寨县第二大土壤类型，占本县地域面积的20%。水稻土是各种地带性土壤和非地带性土壤，经过长期水耕熟化发育形成的人工水成土，它既具有水稻土的特有形态及属性，又受起源母土的属性影响。在长期季节性淹灌、水下翻耕影响下，土体进行着氧化还原、有机质的合成与分解、盐基的淋溶与复盐基以及黏粒的淋失与淀积过程，使原来成土母质或母土的特性发生重大变化，逐渐形成水稻土所特有的耕作层、犁底层、潴育层及潜育层等发生层次。按发育阶段及水型不同，本县水稻土分为淹育型、潴育型和潜育型三个亚类。

棕壤是金寨县第三大土壤类型，占本县地域面积的10%。棕壤是本县山地垂直谱上的土壤类型，位于黄棕壤之上。在常绿阔叶林或针叶林下，有枯枝落叶层，土壤有机质含量高。土体中黏粒的移动与聚积作用较明显，铁铝也有迁移。因淋溶及表层生物累积的影响，土壤呈微酸性，土壤阳离子交换量较低。本县棕壤仅划分酸性棕壤亚类。

紫色土占金寨县地域面积的3%，集中分布在梅山的低山和岗丘地带。酸性紫色土是由紫色砂岩、紫色砂砾岩和紫色凝灰岩风化物发育而成的一类幼年土壤，不具备地带性土壤的特征。紫色岩类是在以物理风化为主的条件下，碳酸钙淋溶与周期性的侵蚀交替进行，不断堆积发育而成。土壤始终处于幼年发育阶段，剖面发育微弱，无明显发生层次。本县的紫色土均无石灰反应，土壤呈酸性。

小于本县地域面积3%的土壤类型还有黄棕壤、石灰（岩）土、山地草甸土、潮土、黄褐土。

本区域中心区气候特征

本区域中心区气候特征值
Regional climate characteristics in central area of the region

气候带：北亚热带湿润气候 Climate region: North subtropical humid climate	
年平均气温 /℃ Annual average temperature /℃	15.5
年平均最高气温 /℃ Annual average maximum temperature /℃	20.7
年平均最低气温 /℃ Annual average minimum temperature /℃	11.4
年降水量 /mm Annual precipitation /mm	1317
≥10℃的积温 /℃ Daily temperature accumulated in a year（≥10℃）/℃	5753
年日照时数 /h Annual sunshine /h	1870
年平均相对湿度 /% Annual average relative humidity /%	80
干燥度 Dryness	0.70

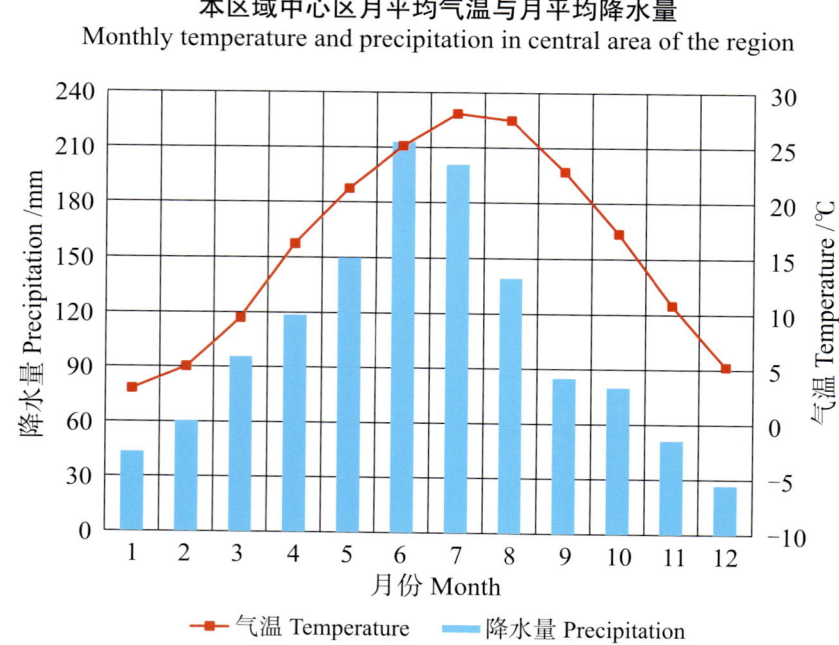

本区域中心区月平均气温与月平均降水量
Monthly temperature and precipitation in central area of the region

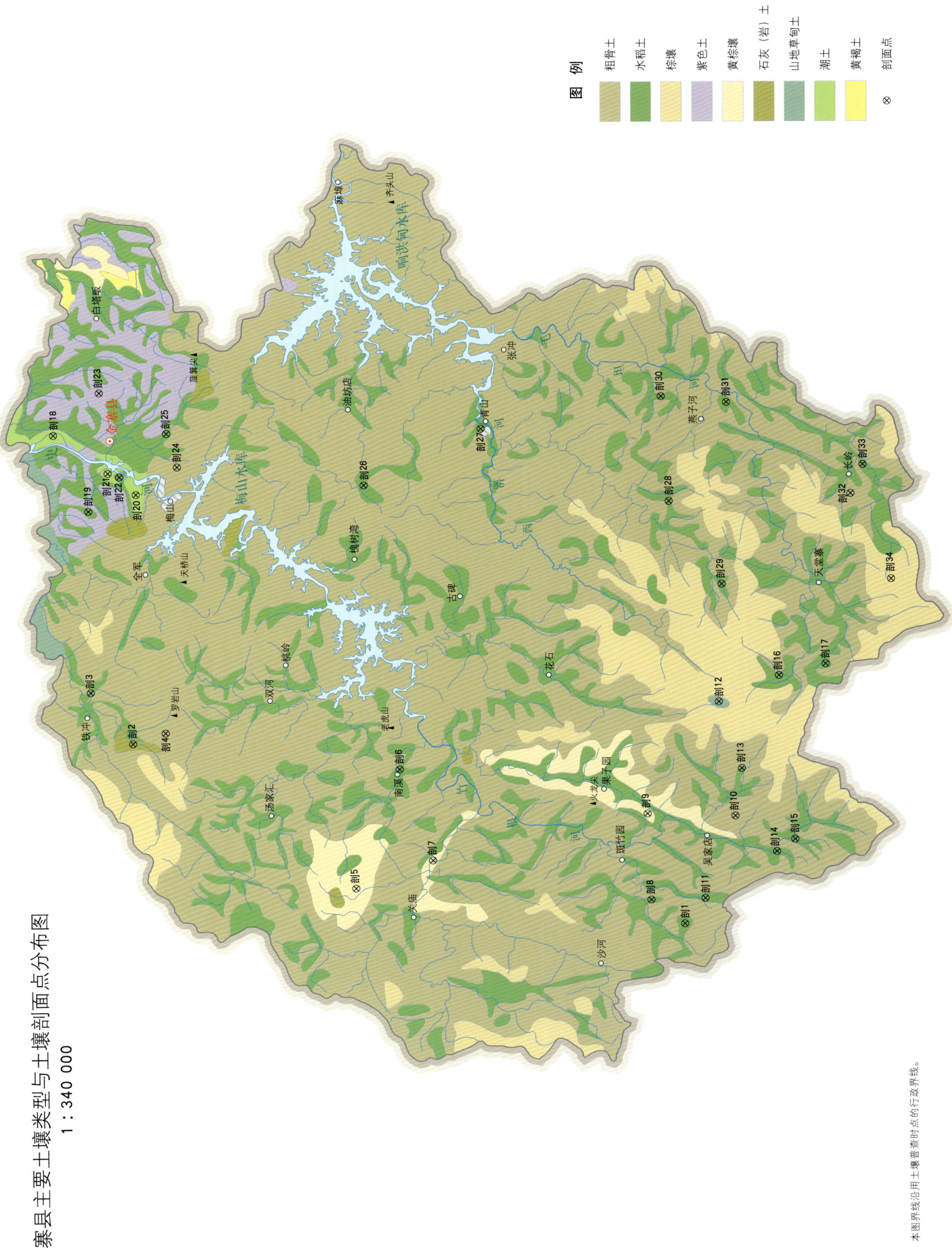

金寨县主要土壤类型与土壤剖面点分布图
1∶340 000

金寨县土壤剖面理化性状表

剖面号 Soil profile	土纲 Soil order	土类 Soil great group	亚类 Soil subgroup	土属 Soil genus	土种 Soil species	土层码 Layer code	土层厚度 Depth/cm	颜色 Soil color	质地 Soil texture	土壤结构 Soil structure	pH	有机质 OM/(g/kg)	全氮 TN/(g/kg)	全磷 TP/(g/kg)	全钾 TK/(g/kg)	有效磷 AP/(mg/kg)	速效钾 AK/(mg/kg)	阳离子交换量CEC/(cmol/kg)	土壤母质 Parent material	剖面点坐标 Profile coordinate	匹配指数 Matching index/%
剖1	人为土	水稻土	潴育水稻土	暗石泥田	暗石泥田	A	0—15	褐灰色	中壤土	碎块状									角闪岩风化物	E 115°29′19.4″ N 31°17′56.4″	75
						P	15—24	褐灰色	中壤土	块状											
						W₁	24—41	黄灰色	轻壤土	小块状											
						W₂	41—82	灰褐色	轻壤土	小块状											
						C	82—145	灰褐色	轻壤土												
剖2	初育土	石灰(岩)土	棕色石灰土	棕色石灰土	中层棕色石灰土	A	0—15	灰棕色	中壤土	粒状									石灰岩残积物、坡积物	E 115°38′59.8″ N 31°42′44.9″	93
						Bv	15—51	棕色	重壤土	块状											
						C	51—60	棕色	轻黏土	粒柱状											
剖3	人为土	水稻土	潴育水稻土	石灰泥田	石灰泥田	A	0—14	灰褐色	中壤土	棱块状									石灰岩坡积物	E 115°41′45.5″ N 31°44′39.9″	95
						W	14—23	灰棕色	重壤土	棱柱状											
						Bv	23—41	棕黄色	轻黏土	棱柱状											
						C	41—81	棕褐色	重壤土	块状											
							81—140			屑粒状、块状											
剖4	初育土	粗骨土	酸性粗骨土	硅铝质砂砾土	下消砂砾土	A	0—14	棕灰棕色	中壤土	屑粒状	6.1	12.8	0.60	0.50	31.8			9.0	花岗岩风化残积物	E 115°39′34.6″ N 31°41′17.6″	95
						C	14—35	灰黄色	重壤土	屑粒状	5.7	4.8	0.30	0.60	26.7						
剖5	淋溶土	黄棕壤	黄棕壤性土	扁石土	中层扁石土	A	0—38	淡棕灰色	壤质砂土	糊状									黑云母石英片岩残积物	E 115°31′10.8″ N 31°32′41.9″	95
						C	38—57	浅灰灰色	壤质砂土	糊状											
剖6	人为土	水稻土	潴育水稻土	青砂泥田	高位青砂泥田	Ag	0—13	黄灰色	轻壤土	块状									河流冲积物	E 115°37′39.3″ N 31°30′47.2″	95
						Pg	13—21	青灰色	轻壤土	块状											
						G	21—56	棕灰色	中壤土	无结构											
剖7	淋溶土	黄棕壤	黄棕壤性土	耕种扁石土	中层耕种扁石土	A	0—37	棕灰色	中壤土	屑粒状									黑云母石英片岩残积物	E 115°32′44.1″ N 31°29′16.2″	95
						C	37—73	灰黄色	轻黏土	块状											
剖8	人为土	水稻土	潴育水稻土	青扁石泥田	高位青扁石泥田	Ag	0—10	黄棕色	轻黏土	糊状									凝灰岩坡积物	E 115°30′36.6″ N 31°19′27.6″	95
						G₁	10—16	青灰色	轻黏土	糊状											
						G₂	16—70	青色	砂壤土												
剖9	淋溶土	黄棕壤	黄棕壤性土	砾石土	薄骨砾石土	A	0—18	黄灰色	砂壤土	屑粒状									花岗岩残积物	E 115°35′19.1″ N 31°19′39.8″	75
						C	18—33	灰灰色	中壤土	碎块状											
剖10	初育土	粗骨土	中性粗骨土	铁质砂砾土	斑竹园砂砾土	A	0—17	黄棕色	中壤土	块状	6.3	10.3	0.70	1.39	12.4	8.0	63	11.6	花岗岩风化残积物	E 115°35′13.1″ N 31°15′43.5″	95
						P	17—25	褐棕色	中壤土	块状											
						W₁	25—40	褐棕色	轻壤土	小块状											
						W₂	40—74	黄棕色	轻壤土	粒状											
						C	74—141	黄棕色	中壤土	粒状	6.9	1.7	≤0.10	1.52	16.2			11.0			
剖11	人为土	水稻土	潴育水稻土	细石泥田	细石泥田	Ao	0—2	灰褐色	砂壤土	碎块状											
						A₁	2—8	暗灰色	轻壤土	块状											
						A₂	8—24	灰黑色	轻壤土	小块状											
						C	24—38	浅棕色	中壤土	块状											
						D	38—	黄棕色													
剖12	半水成土	山地草甸土	山地草甸土	山地草甸土	中层山地草甸土	A	0—11	黄灰色	砂壤土	屑粒状									花岗片麻岩类风化残积物、坡积物	E 115°41′23.6″ N 31°16′29.9″	85
						P	11—20	灰灰色	轻壤土	小粒状											
						C	20—37	浅灰色	轻壤土	小状状											
剖13	人为土	水稻土	淹育水稻土	浅麻石泥田	淹育麻石泥田	A		黄灰色	中壤土	块状									石英闪长岩残积物、坡积物	E 115°37′47.8″ N 31°15′26.8″	95
						P		灰黄色	中壤土	小块状											
						C		灰黄色	中壤土	块状											

续表 Continued

剖面号 Soil profile	土纲 Soil order	土类 Soil great group	亚类 Soil subgroup	土属 Soil genus	土种 Soil species	土层码 Layer code	土层厚度 Depth/cm	颜色 Soil color	质地 Soil texture	土壤结构 Soil structure	pH	有机质 OM/(g/kg)	全氮 TN/(g/kg)	全磷 TP/(g/kg)	全钾 TK/(g/kg)	有效磷 AP/(mg/kg)	速效钾 AK/(mg/kg)	阳离子交换量CEC/(cmol/kg)	土壤母质 Parent material	剖面点坐标 Profile coordinate	匹配指数 Matching index/%
剖14	人为土	水稻土	潴育水稻土	青石灰泥田	高位青石灰泥田	M	0—20	黄灰色	重壤土	小块状									碳酸岩类坡积物	E 115°33′18.0″ N 31°13′50.5″	95
						Pg	20—28	青灰色	中壤土	糊状											
						G	28—100	蓝灰色	中壤土	团块状											
剖15	人为土	水稻土	潴育水稻土	麻砂泥田	麻石泥田	A	0—15	黄灰色	中壤土	块状									酸性结晶岩类风化物	E 115°33′58.3″ N 31°13′02.0″	95
						P	15—25	黄灰色	中壤土	块状											
						W₁	25—45	灰灰色	中壤土	块状											
						W₂	45—75	棕灰色	中壤土	块状											
						C	75—100	棕黄色	中壤土	块状											
剖16	人为土	水稻土	潴育水稻土	扁石泥田	扁石泥田	A	0—14	灰黄色	重壤土	小块状									云母石英片岩风化物	E 115°42′50.2″ N 31°13′48.7″	75
						P	14—23	灰黄色	重壤土	块状											
						W	23—47	黄棕色	轻黏土	棱块状											
						Bv	47—90	橘黄棕色	轻黏土	棱柱状											
						C	90—110	暗黄棕色	轻黏土	棱柱状											
剖17	人为土	水稻土	潴育水稻土	麻砂泥田	麻石黄土田	A	0—16	黄灰色	中壤土	团块状									石英闪长岩坡积物	E 115°43′29.3″ N 31°11′43.5″	95
						P	16—24	浅黄棕色	中壤土	块状											
						W₁	24—51	黄棕色	中壤土	块状											
						W₂	51—60	黄棕色	重壤土	块状											
						C	90—145	黄棕色	重壤土	块状											
剖18	半水成土	潮土	灰潮土	麻砂土	响砂土	A	0—24	灰黄色	紧砂土	单粒状	5.6	24.0	1.14	0.26	27.8	4.0	52	9.1	河流冲积物	E 115°55′42.1″ N 31°46′25.5″	95
						C	24—60	灰黄色	松砂土	单粒状	5.8	20.6	1.04	0.26	28.3	4.0	46	9.3			
剖19	人为土	水稻土	潴育水稻土	青砂泥田	强青砂泥田	Ag	0—18	淡绿黄色	黏土	小块状	5.0	33.6	1.15	0.22	32.2			10.3	花岗岩坡积物、洪积物	E 115°51′33.9″ N 31°44′49.5″	81
						Apg	18—23	青灰色	黏土	糊状											
						G	23—98	暗绿黄色	砂质黏壤土	粒状											
剖20	半水成土	潮土	灰潮土	麻砂土	麻砂土	A	0—13	黄灰色	砂壤土	粒状									河流冲积物	E 115°52′28.8″ N 31°42′41.6″	75
						CW	13—36	黄灰色	砂壤土	单粒状											
						C	36—72	黄灰色	紫砂壤土	屑粒状											
剖21	半水成土	潮土	灰潮土	砂泥土	砂砾土	A	0—15	黄灰色	砂壤土	屑粒状									河流冲积物	E 115°53′38.3″ N 31°43′58.3″	75
						CW	15—58	黄灰色	中壤土	屑粒状											
						C	58—142	灰黄色	中壤土	碎屑状											
剖22	人为土	水稻土	潴育水稻土	紫砂泥田	中层猪血土	P	0—17	灰紫色	中壤土	块状									紫色岩类坡积物	E 115°53′26.5″ N 31°43′27.1″	95
						W₁	17—25	灰紫色	轻壤土	块状											
						C	25—46	灰紫色	轻壤土	块状											
剖23	紫色土	紫色土	酸性紫色土	麻砂土	酸麻砂土	A	0—17	灰紫色	中壤土	棱粒状	6.1	12.8	0.60	0.70	26.3				紫色砂岩坡积物	E 115°57′59.8″ N 31°44′23.2″	95
						P	17—26	灰紫色	中壤土	块状	5.7	4.8	0.30	0.80	22.2						
						C	26—60	棕灰色	轻壤土	块状											
剖24	初育土	粗骨土	酸性粗骨土			A	0—14	油黄灰色	壤质砂土	屑粒状									花岗岩残积物	E 115°53′59.8″ N 31°40′51.9″	95
						C	14—35	棕黄色	壤质砂土												
剖25	人为土	水稻土	潴育水稻土	砂泥田	砂砾底砂泥田	A	0—16	黄灰色	中壤土	块状									河流冲积物	E 115°55′49.3″ N 31°41′21.6″	95
						P	16—25	灰灰色	中壤土	块状											
						W₁	25—44	灰黄色	轻壤土	块状											
						W₂	44—68														
						S	68—100														

续表 Continued

剖面号 Soil profile	土纲 Soil order	土类 Soil great group	亚类 Soil subgroup	土属 Soil genus	土种 Soil species	土层码 Layer code	土层厚度 Depth/cm	颜色 Soil color	质地 Soil texture	土壤结构 Soil structure	pH	有机质 OM/(g/kg)	全氮 TN/(g/kg)	全磷 TP/(g/kg)	全钾 TK/(g/kg)	有效磷 AP/(mg/kg)	速效钾 AK/(mg/kg)	阳离子交换量 CEC/(cmol/kg)	土壤母质 Parent material	剖面点坐标 Profile coordinate	匹配指数 Matching index/%
剖26	人为土	水稻土	潴育水稻土	青麻石泥田	高位青麻石泥田	Ag	0—18	黄灰色	中壤土	块状									花岗岩坡积物、洪积物	E 115°53′01.6″ N 31°32′29.2″	95
						Pg	18—23	青灰色	轻壤土	糊状											
						G	23—95	青灰色	轻壤土	糊状											
剖27	人为土	水稻土	潴育水稻土	麻石泥田	堆垫麻石泥田	A	0—16	灰黄色	中壤土	小块状									上为人工堆垫土，下为河流冲积物	E 115°56′07.9″ N 31°27′16.0″	95
						P	16—34	黄灰色	中壤土	块状											
						S	34—86	浅黄灰色	紧砂土	单粒状											
剖28	人为土	水稻土	潴育水稻土	黄泥田	黄泥田	A	0—18	黄红色	重壤土	小块状									第四纪红色黏土	E 115°52′14.2″ N 31°18′48.5″	95
						P	18—26	红黄色	重壤土	块状											
						W	26—56	红棕色	重壤土	棱块状											
						Bv	56—82	红棕色	重壤土	棱柱状											
						C	82—105	红棕色	重壤土	块状											
剖29	人为土	水稻土	潴育水稻土	马肝田	上位黏盘马肝田	A	0—17	灰黄色	重壤土	小块状									下蜀黄土	E 115°47′47.4″ N 31°16′24.8″	95
						P	17—26	黄黄色	重壤土	块状											
						W	26—45	黄棕色	轻黏土	碎块状											
						Bv₂	45—120	褐棕色	轻黏土	碎块状											
剖30	人为土	水稻土	潴育水稻土	紫砂泥田	砂砾底紫砂泥田	A	0—16	灰黄色	轻壤土	块状									紫色岩类坡积物、河流砂砾层	E 115°57′55.6″ N 31°19′11.4″	95
						P	16—23	灰紫色	轻壤土	小块状											
						W	23—62	灰紫色	轻壤土	小块状											
						S	62—120	黄灰色	砂粒土												
剖31	人为土	水稻土	潴育水稻土	麻石泥田	砂砾底麻石泥田	A₁	0—11	黄灰色	中壤土	屑粒状										E 115°57′37.5″ N 31°16′16.0″	95
						P	11—19	黄灰色	中壤土	块状											
						W₁	19—27	黄棕色	中壤土	块状											
						W₂	27—50	黄棕色	中壤土	块状											
						S	50—60	黄色	紧质砂土												
剖32	初育土	粗骨土	中性粗骨土	石砂土	暗砾土	A	0—13	棕灰色	壤质砂土	屑粒状	6.3	10.3	0.70	0.60	12.3	8.0	63	11.6	斜长石角闪岩风化物	E 115°52′41.6″ N 31°10′39.9″	81
						C	13—50	棕黑色	壤质砂土	屑粒状	6.9	1.7	0.20	0.70	16.0			11.0			
剖33	人为土	水稻土	潴育水稻土	红砂泥田	红砂泥田	A	0—18	灰黄棕色	中壤土	碎块状									红色砂砾岩坡积物	E 115°54′15.7″ N 31°10′08.2″	95
						P	18—25	灰黄棕色	中壤土	块状											
						W₁	25—61	黄红色	中壤土	块状											
						W₂	61—96	黄红色	中壤土	块状											
						C	96—120	棕红色	轻壤土												
剖34	淋溶土	棕壤	棕壤	麻石棕壤	厚层麻石棕壤	Ao	0—2	灰褐色											片麻岩残积物、坡积物	E 115°48′06.7″ N 31°08′48.9″	95
						A₁	2—7	暗灰色	砂壤土	屑粒状											
						Bv	7—28	棕色	中壤土	块状											
						C	28—100	浅棕色	轻壤土	块状											

霍 山 县

主要土类说明

黄棕壤是霍山县主要土壤类型,占本县地域面积的67%,广泛分布于中山、低山、丘陵区域。典型的黄棕壤具有强烈的淋溶、淀积、黏化过程和弱富铝化过程。在湿热的气候条件下,成土母质在风化过程中解离的盐基离子淋失迅速,次生矿物积累明显,土壤风化程度高,土体中黏粒含量高。表土层的黏粒易随重力水向土体下层迁移、运积,形成黏化层或黏盘层,土体呈A-B-C构型。土壤矿物在风化过程中,硅酸盐发生强烈水解,形成硅酸,在碱性风化溶液中扩散,随盐基一起淋失,致使铁铝氧化物相对富集,土体呈黄棕色、淡棕黄色或红棕色等。在淀积层中,因铁锰氧化物积聚,往往形成棕黑色的铁锰结核,结构面上附着黑色胶膜。土壤盐基不饱和,呈酸性,pH为5.0—6.5。

水稻土是霍山县第二大土壤类型,占本县地域面积的15%,集中分布于地势平缓的丘陵区,中、低山区低洼的冲谷和盆谷。水稻土是各种成土母质在人工水耕熟化条件下形成的一种特殊土壤。在长期淹水耕作条件下,水稻土较旱作土壤的水、热、气、肥状况稳定,但土壤的淋溶淀积、氧化还原、有机质的积累与分解、盐基的淋溶与复盐基过程均较为强烈。土体在经常淹水和落干、干湿交替频繁、铁锰解离和淀积等因素影响下,形成了淹育层、潴育层、潜育层等水稻土特有的发生层段。

棕壤是霍山县第三大土壤类型,占本县地域面积的8%,分布于本县海拔800m以上中山地区,属垂直地带性土壤。棕壤是湿润气候区、中生夏绿林下发育的地带性棕色森林土。棕壤具有明显的淋溶淀积过程,盐基不饱和,黏粒累积显著,但无铁铝聚积过程,土壤风化程度较高。

紫色土占霍山县地域面积的7%,分布于丘陵地区,它是在紫色岩类风化物上发育形成的非地带性岩成土。紫色土分布区多为植被破坏较大的山地,其地表径流量大,土壤冲刷严重,土壤处于不断的剥蚀和堆积过程中,山顶和陡坡处经常露出心岩。土壤处于幼年发育阶段,保留着母质本身的特点,多呈紫色、棕紫色。土壤的发生层次不明显,剖面色泽比较一致,黏化现象不明显,土体剖面构型多呈A-A、B-C或A-C-(D)。砂岩、砂砾岩颗粒粗,孔隙大,透水性强,吸水少,水分的作用可以深入到岩层内部,岩体受水分淋洗作用较强,故部分山脚、山凹处的土壤成土时间长,盐基淋失较重,化学风化强烈,土壤呈酸性。其余大部分紫色土土层浅,成土时间短,呈中性。

小于本县地域面积3%的土壤类型还有潮土、粗骨土、石灰(岩)土。

本区域中心区气候特征

本区域中心区气候特征值
Regional climate characteristics in central area of the region

气候带:北亚热带湿润气候 Climate region: North subtropical humid climate	
年平均气温 /℃ Annual average temperature /℃	15.5
年平均最高气温 /℃ Annual average maximum temperature /℃	20.7
年平均最低气温 /℃ Annual average minimum temperature /℃	11.5
年降水量 /mm Annual precipitation /mm	1362
≥10℃的积温 /℃ Daily temperature accumulated in a year (≥10℃) /℃	5871
年日照时数 /h Annual sunshine /h	1853
年平均相对湿度 /% Annual average relative humidity /%	80
干燥度 Dryness	0.68

本区域中心区月平均气温与月平均降水量
Monthly temperature and precipitation in central area of the region

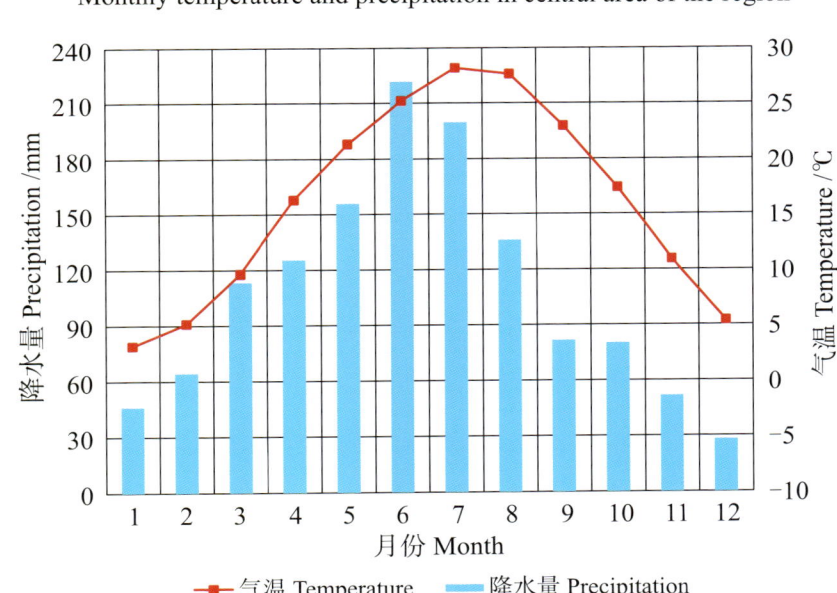

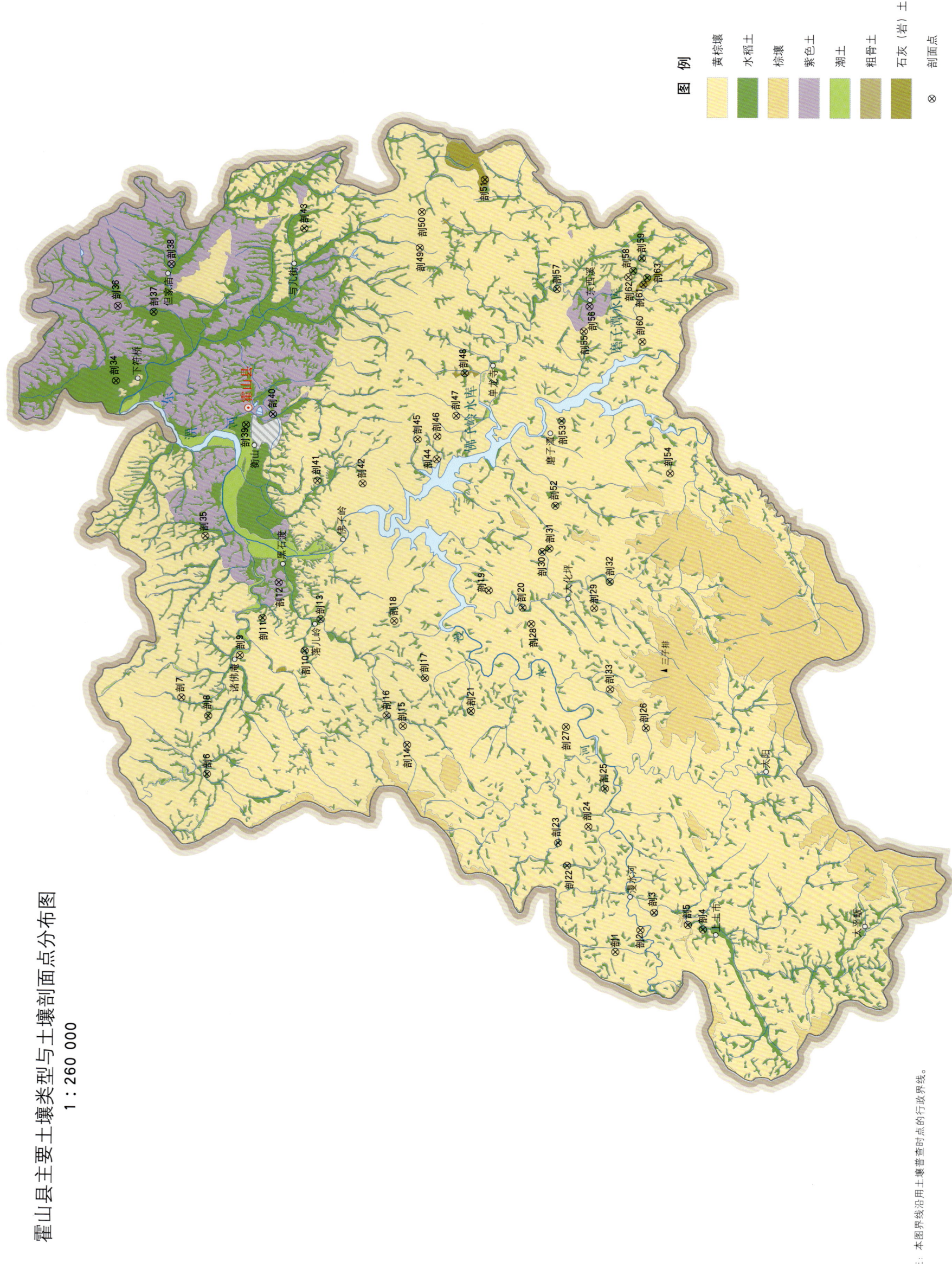

霍山县土壤剖面理化性状表

剖面号 Soil profile	土纲 Soil order	土类 Soil great group	亚类 Soil subgroup	土属 Soil genus	土种 Soil species	土层码 Layer code	土层厚度 Depth/cm	颜色 Soil color	质地 Soil texture	土壤结构 Soil structure	pH	有机质 OM/(g/kg)	全氮 TN/(g/kg)	全磷 TP/(g/kg)	全钾 TK/(g/kg)	有效磷 AP/(mg/kg)	速效钾 AK/(mg/kg)	阳离子交换量CEC/(cmol/kg)	土壤母质 Parent material	剖面点坐标 Profile coordinate	匹配指数 Matching index/%
剖1	淋溶土	黄棕壤	普通黄棕壤	细铁黄棕壤	中层细石黄棕壤	A	0~20	暗棕色	中壤土	团粒状	5.8	48.2	2.40	7.46	19.7	3.0	250	19.4	中性结晶岩类风化坡积物、洪积物	E 115°58′11.9″ N 31°11′54.3″	95
						Bv₁	20~32	灰黄棕色	中壤土	团状	5.4	17.2	0.96	9.91	25.0	≤1.0	89	16.8			
						Bv₂	32~45	中棕色	中壤土	块状	5.8	6.8	0.38	2.28	24.2	16.0		28.9			
剖2	淋溶土	黄棕壤	粗骨黄棕壤	暗石黄土	薄层暗石黄土	A	2~27	棕黑色	砂壤土	屑粒状	5.9	20.8	1.01	9.95	13.3	16.0	71	15.7	凝灰岩风化残积物、坡积物	E 115°59′07.6″ N 31°11′03.6″	97
剖3	淋溶土	黄棕壤	黄棕壤性土	硅铁质黄棕壤性土	单龙寺棕质黄泥土	A	0~25	暗棕色	砂壤土	块状	6.1	20.1	1.13	0.87	20.2	2.4	118	13.9		E 115°59′51.3″ N 31°10′35.6″	75
						Bv	25~46	灰棕色	黏壤土	块状	7.3	4.0	0.32	0.81	17.6	4.0	52	16.3			
						C	46—														
剖4	人为土	水稻土	潴育水稻土	砂泥田	砂心砂泥黄泥田	A	0~15	暗黄棕色	中壤土	小块状	5.2	20.5	1.26	1.37	22.2	14.0	169	8.4	河流冲积物	E 115°59′12.5″ N 31°08′54.4″	97
						P	15~25	暗黄棕色	轻壤土	块状	5.5	17.6	1.06	2.07	21.8	8.0	116	7.6			
						W₁	25~40	淡黄棕色	轻壤土	块状	6.6	9.4	0.65	1.18	22.2			8.9			
						S	40~50	灰黄色	轻壤土	单粒状	6.5	8.1	0.58	1.16	22.3			6.5			
						W₂	50~100	暗灰黄色	中壤土	块状	6.4	12.4	0.75	1.19	25.5			9.2			
剖5	淋溶土	棕壤	山地棕壤	山地暗石棕壤	中层暗石棕壤	1	3~22	栗色	轻壤土	团粒状	6.5								基性结晶岩类风化物	E 115°59′22.8″ N 31°09′25.7″	97
						2	22~55	褐色	中壤土	块状	5.5							19.7			
剖6	人为土	水稻土	潴育水稻土	扁石泥田	扁石砂泥田	A	0~15	暗黄棕色	中壤土	团块状	5.6	19.0	1.30	1.34	23.7	11.0	83	20.3	河流冲积物	E 116°05′17.2″ N 31°26′01.9″	98
						P	15~25	灰黄色	重壤土	团块状	6.5	14.6	0.95	1.47	24.1	18.0	69	19.2			
						W	25~45	淡棕黄色	中壤土	块状	6.8	6.4	0.45	1.55	21.8			18.8			
						Bv	45~110	淡黄棕色	中壤土	块状	7.0	6.5	0.49	1.33	27.7						
剖7	淋溶土	黄棕壤	粗骨黄棕壤	扁石黄土	薄层扁石黄土	A	0~15	黄黄棕色	轻壤土	屑粒状	6.3	15.5	0.26	0.50	24.5	13.0	209	14.1		E 116°08′26.2″ N 31°26′57.1″	98
						A/C	15~30	黄黄棕色	砂壤土	团块状	5.8	3.8	0.26	0.37	14.5	21.0	59	9.7			
						C	30~65	淡棕色	砂壤土	块状	5.0	2.3	0.34	0.19	21.2			8.4			
剖8	人为土	水稻土	潴育水稻土	砂泥田	次潜青砂泥田	A	0~17	淡黄棕色	重壤土	团块状	5.4	26.3	1.62	1.60	22.6	15.0	130	10.3		E 116°07′41.7″ N 31°26′01.2″	95
						Pg	17~28	灰黄色	中壤土	块柱状	5.7	24.1	1.54	1.25	19.2	12.0	73	10.4			
						W	28~45	灰黄棕色	中壤土	小块状	6.6	12.6	0.82	1.24	19.7	8.9		10.4			
						Bv	45~75	灰黄色	重壤土	块状	5.4	8.5	0.56	1.95	17.6			10.4			
						G	75~100	绿灰色	轻壤土	块状	5.8	6.4	0.34	0.87	16.8			5.6			
剖9	淋溶土	黄棕壤	普通黄棕壤	扁石黄土	厚层黄棕土	A	0~25	淡黄棕色	砂壤土	团块状	5.0	12.6	0.70	0.46	17.9	≤1.0	76	7.0		E 116°10′08.1″ N 31°25′05.1″	98
						Bv₁	25~85	黄棕色	中壤土	棱块状	4.9	4.7	0.34	0.31	17.2	4.0	84	11.9			
						C	85~150	暗棕色	中壤土	棱柱状	5.1	3.4	0.32	0.31	20.4			10.5			
剖10	人为土	水稻土	潴育水稻土	青扁石泥田	中位青扁石泥田	A	0~18	灰黄棕色	中壤土	小块状	6.6	16.7	1.01	1.15	20.6	10.0	101	11.6	泥质岩类风化坡积物	E 116°10′27.4″ N 31°22′44.5″	97
						P	18~30	灰黄棕色	中壤土	块状	6.0	20.0	1.09	1.10	20.8	17.0	81	11.5			
						G	30~100	青灰色	中壤土	块状	5.8	11.8	0.90	0.90	20.8			9.8			
剖11	人为土	水稻土	潴育水稻土	青扁石泥田	高位青扁石泥田	A	0~13	暗黄棕色	轻壤土	碎块状	6.0	23.0	1.25	0.61	18.4	60.0	66	9.0	泥质岩类风化坡积物	E 116°11′47.6″ N 31°24′12.4″	98
						Pg	13~23	黄棕色	中壤土	片状	6.0	15.6	1.16	0.49	17.3	4.0	67	7.4			
						G₁	23~62	暗棕色	中壤土	糊状	5.7	13.8	0.84	0.74	22.0			7.4			
						G₂	62~85	绿灰色	轻壤土	粒状	6.1	10.9	0.90	0.81	19.2			7.4			
剖12	初育土	紫色土	酸性紫色土	酸性紫泥土	厚层酸性紫泥土	A	1~17	紫棕色	中壤土	小块状	5.0	16.6	1.00	0.54	16.4	18.0	66	10.9	紫色岩类风化物	E 116°13′17.1″ N 31°23′40.1″	95
						A/Bv	17~48	紫棕色	中壤土	棱块状	4.8	10.6	0.66	0.47	16.3	5.0	48	9.7			
						Bv	48~80	紫色	重壤土	块状	5.1	7.6	0.50	0.58	13.2			14.0			
剖13	初育土	石灰(岩)土	棕色石灰土	棕石灰土	厚层棕色石灰土	A	2~26	暗棕色	轻壤土	粒状	6.0	80.0	4.42	0.62	16.1	13.0	≥500	30.0	石灰岩类风化物	E 116°11′46.9″ N 31°22′12.6″	97

续表 Continued

剖面号 Soil profile	土纲 Soil order	土类 Soil great group	亚类 Soil subgroup	土属 Soil genus	土种 Soil species	土层码 Layer code	土层厚度 Depth/cm	颜色 Soil color	质地 Soil texture	土壤结构 Soil structure	pH	有机质 OM/(g/kg)	全氮 TN/(g/kg)	全磷 TP/(g/kg)	全钾 TK/(g/kg)	有效磷 AP/(mg/kg)	速效钾 AK/(mg/kg)	阴离子交换量CEC/(cmol/kg)	土壤母质 Parent material	剖面点坐标 Profile coordinate	匹配指数 Matching index/%
剖14	淋溶土	黄棕壤	普通黄棕壤	麻骨黄土	厚层麻骨黄土	A	0—20	黄棕色	中壤土	团块状	4.8	23.6	1.31	1.63	17.5	14.0	58	10.9	酸性结晶岩类坡积物、洪积物	E 116°06′38.4″ N 31°19′10.6″	97
						Bv₁	20—100	淡黄棕色	中壤土	块状	5.0	4.2	0.34	1.22	17.1	22.0	29	14.7			
						Bv₂	100—155	棕色	中壤土	棱柱状	6.4	4.5	0.38	1.72				17.4			
						Bv₃	155—230	淡棕色	砂壤土	块状	6.2	2.8	0.23					11.9			
剖15	淋溶土	黄棕壤	普通黄棕壤	硅铝质黄棕壤土	谢家岭黄土	Ao	0—2													花岗岩风化残积物、坡积物	E 116°07′24.7″ N 31°19′19.8″	81
						A	2—20	暗棕色	砂质黏壤土	粒状	5.8	48.2	2.40	1.46	19.7	3.0	250	19.4			
						Bv₁	20—32	灰黄棕色	黏壤土	块状	5.4	17.2	0.96	0.94	25.0	≤1.0	89	16.4			
						Bv₂	32—45	淡棕色	砂壤土	块状	5.8	6.8	0.38	0.83	24.2	≤1.0	84	28.7			
						C	45—														
剖16	淋溶土	黄棕壤	粗骨黄棕壤	麻石土	中层麻石土	A	0—23	灰黄棕色	轻壤土	屑粒状	5.4	20.6	1.26	1.33	18.0	20.0	65	8.9	基性结晶岩类风化坡积物	E 116°07′50.5″ N 31°19′53.7″	97
						AC	23—55	淡黄棕色	砂壤土	小块状	6.0	12.9	0.80	1.91	16.2	25.0	41	7.7			
剖17	淋溶土	棕壤	山地暗棕壤	山地暗石棕壤	薄层暗石棕壤	A	2—19	暗棕色	中壤土	团粒状	6.5								基性结晶岩类风化坡积物	E 116°09′24.3″ N 31°18′36.1″	97
						AC	19—35	栗色	砂壤土	屑粒状	6.0										
剖18	淋溶土	黄棕壤	普通黄棕壤	麻石黄棕壤	厚层暗石黄棕壤	A	4—30	暗黄棕色	中壤土	粒状、小块状	5.5	16.2	1.22	1.63	17.4	5.0	81	10.5	花岗片麻岩类风化坡积物	E 116°11′45.5″ N 31°19′40.9″	97
						A/Bv	30—80	淡黄棕色	轻壤土	块状	5.1	2.8	0.42	1.13	17.8	17.0		13.8			
						Bv	80—135	棕色	中壤土	棱柱状	6.7	2.4	0.32	1.78	15.0			10.8			
剖19	淋溶土	黄棕壤	粗骨黄棕壤	暗石土	中层暗石土	A	0—10	暗棕色	砂壤土	团块状	6.6	34.2	1.61	0.45	5.9	4.0	69	32.4		E 116°13′05.6″ N 31°16′27.5″	97
						Bv	10—42	棕色	轻壤土	团粒状	5.6	21.4	1.12	0.53	8.0	2.0	43	32.9			
剖20	人为土	水稻土	潴育水稻土	麻骨泥田	麻骨砂泥田	A	0—16	棕灰色	中壤土	片状	6.1	22.2	1.09	3.04	15.1	10.0	45	7.5	花岗片麻岩类风化坡积物、洪积物	E 116°12′24.0″ N 31°15′16.9″	98
						P	16—25	灰黄棕色	中壤土	块状	5.6	19.5	0.98	2.76	14.8		39	7.0			
						W	25—56	棕色	轻壤土	棱柱状	6.1	18.6	0.94	2.64	15.1			7.5			
						Bv	56—94	暗棕色	中壤土	块状	5.8	11.4	0.60	1.78	15.5			9.2			
剖21	淋溶土	黄棕壤	普通黄棕壤	细石黄土	厚层细石黄土	A	0—20	淡棕黄色	砂壤土	粒状、屑粒状	5.5	12.3	0.70	2.31	22.1	17.0	35	7.2	中性结晶岩类风化坡积物、洪积物	E 116°08′04.9″ N 31°17′00.2″	97
						Bv₁	20—73	黄棕色	轻壤土	棱块状	5.9	7.2	0.36	1.54	22.0	42.0	31	7.4			
						Bv₂	73—146	淡黄棕色	轻壤土	棱柱状	5.2	5.1	0.23	3.05	22.8			10.0			
						C	146—195	黄色	砂壤土	块状	5.6	1.4	≤0.10	1.13	17.0			6.3			
剖22	人为土	水稻土	潴育水稻土	暗石泥田	暗石砂泥田	A	0—15	灰棕色	轻壤土	碎块状	6.1	20.8	1.12	8.19	16.4	26.0	45	13.0	基性超基性岩类风化坡积物	E 116°01′45.5″ N 31°13′37.0″	95
						P	15—24	灰棕色	轻壤土	片状	6.4	17.8	0.90	8.50	15.0	7.0	40	12.9			
						W₁	24—45	暗棕色	中壤土	棱块状	6.8	11.2	0.60	7.55	16.6			12.8			
						W₂	45—100	灰黄棕色	中壤土	块状	7.0	9.9	0.54	6.50	17.3			13.6			
剖23	人为土	水稻土	潴育水稻土	青暗石泥田	高位青暗石泥田	A	0—25	灰棕色	砂壤土	糊状	5.3	32.0	1.64	2.32	16.3	20.0	30	10.9		E 116°02′42.1″ N 31°13′56.3″	99
						Ag	25—100	青灰色	轻壤土	块状	5.9	20.0	0.95	2.04	18.1	32.0	23	8.6			
剖24	淋溶土	黄棕壤	粗骨黄棕壤	耕种暗石土	中层耕种暗石土	A	0—20	暗棕色	砂壤土	屑粒状	5.5	22.4	1.14	1.59	16.5	5.0	117	11.0		E 116°03′23.6″ N 31°12′54.4″	97
						AC	20—55	暗棕色	砂壤土	屑粒状	5.4	20.0	1.12	4.50	16.2		35	7.6			
剖25	人为土	水稻土	潴育水稻土	青麻骨泥田	下位青麻骨泥田	A	0—18	灰黄棕色	砂壤土	小团块状	5.3	21.2	1.24	4.00	20.6	5.0	59	6.1	酸性结晶岩类风化坡积物	E 116°04′58.9″ N 31°12′21.7″	97
						P	18—25	暗棕色	砂壤土	扁块状	5.6	21.2	1.28	2.48	20.1	7.0	49	8.3			
						W	25—50	黄棕色	砂壤土	块状	6.2	15.1	8.94	3.09	19.9			7.0			
						G	50—80	绿灰色	砂壤土	块状	5.5	15.5	0.82	3.62	21.1			5.9			
剖26	淋溶土	黄棕壤	普通黄棕壤	红黏壤	砾石红黏壤	A	0—12	红棕色	重壤土	块状	5.0	14.1	0.78	0.66	18.8	≤1.0	98	15.1	第四纪红土、冰积物	E 116°07′29.9″ N 31°10′59.0″	95
						Bv	12—45	红棕色	重壤土	块状	5.0	5.6	0.50	0.53	19.0	2.0	80	19.9			
						Bv₀	45—150	红棕色	砂质黏壤土	块状	4.9	4.0	0.40	0.46	18.4			15.8			
剖27	淋溶土	黄棕壤	黄棕壤性土	砾黄泥土	黄泥土	A	0—15	黄棕色	砂壤土	屑粒状	6.3	15.5	0.80	0.50	24.4	3.0	109	14.1	千枚岩、板岩、片岩风化残积物、坡积物	E 116°07′30.0″ N 31°13′44.1″	95
						Bv	15—30	暗棕色	砂壤土	碎块状	5.8	5.8	0.40	0.60	24.4		59	9.7			
						C	30—	暗棕色	砂壤土		5.8	3.2	0.30	0.50	21.1		63	8.4			
剖28	淋溶土	黄棕壤	粗骨黄棕壤	麻石土	中层乌麻石土	A₁	3—20	黑棕色	轻壤土	屑粒状	5.0	147.2	6.31	1.26	28.2	21.0	285	20.9		E 116°11′43.9″ N 31°14′58.5″	95
						Bv	20—130	栗色	中壤土	碎块状	5.3	67.4	2.64	0.74	30.2	5.0	174	13.0			

续表 Continued

剖面号 Soil profile	土纲 Soil order	土类 Soil great group	亚类 Soil subgroup	土属 Soil genus	土种 Soil species	土层码 Layer code	土层厚度 Depth/cm	颜色 Soil color	质地 Soil texture	土壤结构 Soil structure	pH	有机质 OM/(g/kg)	全氮 TN/(g/kg)	全磷 TP/(g/kg)	全钾 TK/(g/kg)	有效磷 AP/(mg/kg)	速效钾 AK/(mg/kg)	阳离子交换量CEC/(cmol/kg)	土壤母质 Parent material	剖面点坐标 Profile coordinate	匹配指数 Matching index/%
剖29	淋溶土	黄棕壤	粗骨黄棕壤	耕种麻石土	薄层耕种暗石土	A	0~20	棕色	砂壤土	屑粒状	6.8	12.4	0.63	1.61	12.0	6.0	64	17.6	河流冲积物	E 116°12′25.2″ N 31°12′49.4″	97
剖30	人为土	水稻土	潴育水稻土	青砂泥田	高位青砂泥田	Ag	0~18	绿灰色	轻壤土		4.9	24.2	1.22	1.13	20.1	34.0	70	7.0	河流冲积物	E 116°14′43.6″ N 31°14′38.2″	97
						G	18~100	绿灰色	砂壤土		5.3	10.8	0.58	0.71	19.8	11.0	41	4.5			
剖31	人为土	水稻土	潴育水稻土	麻骨泥田	次潜麻骨泥	A	0~14	青灰色	中壤土		5.7	26.6	1.68	0.68	21.7	11.0	131	9.1	花岗片麻岩类风化坡积物、洪积物	E 116°14′51.5″ N 31°14′26.0″	95
						Pg	14~22	青灰色	中壤土	小块状	6.8	20.4	1.32	0.91	22.4	30.0	61	9.7			
						W₁	22~45	黄棕色	中壤土	块状	7.3	11.3	0.72	1.27	21.6			13.4			
						W₂	45~70	暗黄棕色	中壤土	块状	5.5	12.0	0.60	1.29	22.2			14.0			
剖32	人为土	水稻土	潴育水稻土	扁石泥田	次潜扁石泥田	A	0~15	青灰色	中壤土	块状	5.4	38.2	2.10	1.20	19.4	7.0	100	9.5		E 116°13′31.4″ N 31°12′17.9″	95
						Pg	15~30	淡灰色	中壤土	小块状	5.5	17.7	1.08	0.80	20.8	5.0	35	7.7			
						W	30~60	青灰色	中壤土	块状	4.6	10.6	0.74	1.10	18.8			6.8			
						Bv	60~80	灰棕色	重壤土	块状	4.6	6.1	0.52	1.46	19.2			8.4			
剖33	淋溶土	黄棕壤	普通黄棕壤	麻石黄棕壤	中层麻石黄棕壤	A	0~15	黄棕色	中壤土		5.0	21.2	1.02	0.89	21.4	4.0	66	11.2	花岗片麻岩类风化坡积物	E 116°09′04.3″ N 31°12′13.9″	97
						Bv	15~45		重壤土		4.7	5.0	0.40	0.71	19.4	4.0	36	13.0			
						C	45~75		轻壤土		5.0	5.0	0.36	0.88	18.2			15.4			
剖34	人为土	水稻土	潴育水稻土	紫泥田	紫泥田	A	0~20	暗灰黄色	重壤土	团块状	5.2	22.8	1.40	0.62	19.4	4.0	104	14.9	紫色岩类风化坡积物	E 116°21′33.2″ N 31°29′20.7″	98
						P	20~30	淡灰黄色	重壤土	梭块状	6.2	18.0	1.17	0.60	19.1	4.0	95	14.7			
						W	30~60	褐色	重壤土	梭块状	7.1	7.3	0.56	1.15	20.6	4.0	67	13.0			
						Bv	90~130	紫灰色	重黏土	梭柱状	7.3	4.2	0.42	1.15	21.2			19.5			
剖35	淋溶土	黄棕壤	普通黄棕壤	扁石黄棕壤	厚层扁石黄棕壤	A	0.5~6	暗黄棕色	重壤土	粒状	4.2	4.6	0.39	1.69	18.8	4.0	67	19.3	泥质岩类风化坡积物、洪积物	E 116°15′10.0″ N 31°26′13.0″	98
						As	6~20	灰黄棕色	重壤土	块状	4.2	18.5	1.14	1.07	17.8	4.0	108	12.6			
						Bv	20~60	黄棕色	重壤土	块状	4.2	12.2	0.80	0.79	17.3	≤1.0		13.8			
剖36	初育土	紫色土	酸性紫色土	酸性猪血土	薄层酸性猪血砂土	A	0~22	暗红棕色	轻壤土	碎块状	4.8	14.2	0.82	0.85	23.4	15.0	119	9.6	紫色岩类风化物	E 116°24′40.8″ N 31°29′18.4″	95
剖37	人为土	水稻土	潴育水稻土	砂泥田	砂泥田	A	0~15	灰棕色	中壤土	团块状	5.1	19.6	1.20	1.13	28.1	6.0	78	12.1	河流冲积物	E 116°24′27.1″ N 31°28′04.5″	98
						P	15~25	灰黄色	中壤土	块状	7.0	16.0	1.02	1.00	23.2	6.0	63	11.6			
						W₁	25~40	灰黄色	重壤土	块状	7.3	18.6	0.90	1.05	22.7			13.0			
						W₂	40~60	灰棕色	重壤土	梭块状	7.3	9.6	0.58	1.16	24.5			11.3			
						Bv	60~75	黄棕色	重壤土	梭块状	7.4	5.8	0.42	0.93	23.6			7.8			
							75~100	棕灰色	中壤土	梭块状	7.2	8.9	0.68	1.02	26.7			10.5			
剖38	初育土	紫色土	中性紫色土	中潜猪血土	中潜猪血砂土	A	0~20	黄棕色	中壤土	小团块状	7.7	12.2	0.81	1.98	31.8	20.0	100	23.7	紫色岩类风化坡积物残积物	E 116°26′25.7″ N 31°27′28.4″	95
						A/C	20~55	暗黄棕色	中壤土	小块状	8.1	6.0	0.55	2.17	29.8	3.0	73	24.5			
剖39	人为土	水稻土	潴育水稻土	黄泥田	黄泥田	A	0~19	灰棕色	重壤土	块状	5.4	17.4	1.17	0.57	18.4	4.0	71	12.9	第四纪红黏土	E 116°19′47.9″ N 31°24′51.5″	97
						P	19~45	淡黄棕色	重壤土	块状	6.6	11.9	0.79	0.52	18.5	5.0	61	12.3			
						Bv	45~100	灰黄色	重壤土	梭块状	7.1	6.4	0.47	1.03	14.6			12.2			
剖40	初育土	紫色土	酸性紫色土	酸性猪血土	厚层酸性猪血砂土	A	0~27	紫棕色	中壤土	小块状	6.1	14.6	0.91	0.97	27.9	10.0	102	16.4	紫色岩类风化物	E 116°20′15.0″ N 31°23′56.3″	95
						A/C	27~75	紫灰色	中壤土	小块状	5.9	15.4	0.96	1.44	28.9	10.0	108	17.2			
剖41	初育土	黄棕壤	粗骨黄棕壤	耕种细石土	薄层耕种细石土	A	0~20	黄棕色	轻壤	粒状、屑粒状	6.7	13.7	0.98	2.00	18.9	5.0	53	18.2	第四纪红黏土	E 116°17′31.0″ N 31°22′23.3″	98
						C	20~98	淡棕灰色	中壤	块状	7.2	2.5	0.48	2.58	11.5	16.0	58	17.8			
剖42	淋溶土	黄棕壤	粗骨黄棕壤	薄层乌石土	薄层乌石土		0~15	暗灰棕色	重壤土	小块状	5.9							9.2		E 116°17′26.1″ N 31°20′50.3″	95
剖43	人为土	水稻土	潴育水稻土	黄白土田	黄白土田	A	0~15	褐色	重壤土	块状	6.1	20.6	1.37	0.74	15.4	8.0	39	9.2	下蜀黄土	E 116°27′58.1″ N 31°22′56.0″	97
						P	15~24	暗黄棕色	重壤土	梭块状	6.8	8.6	0.53	0.76	14.2	20.0	43	8.4			
						W	24~62	灰黄色	重壤土	梭块状	6.7	5.8	0.48	0.65	16.0		58	10.9			
						Bv	62~150	灰黄色	重壤土	梭块状	6.7	7.8	0.52	0.60	18.2		90	17.0			
剖44	淋溶土	黄棕壤	普通黄棕壤	红黄壤	网纹红黄壤	A	0~10	红黄色	轻黏土	小块状	4.8	5.6	0.48	0.55	15.8	8.0	138	11.7	第四纪红土、冰积物	E 116°18′27.7″ N 31°18′18.3″	81
						Bv	10~103	淡棕红色	轻黏土	梭块状	5.1	3.0	0.38	0.55	15.8	19.0	84	13.8			
						Bvc	103~140	淡棕红色	轻黏土	梭块状	5.0	2.6	0.34	0.63	15.2			13.2			

剖面号 Soil profile	土纲 Soil order	土类 Soil great group	亚类 Soil subgroup	土属 Soil genus	土种 Soil species	土层码 Layer code	土层厚度 Depth/cm	颜色 Soil color	质地 Soil texture	土壤结构 Soil structure	pH	有机质 OM/(g/kg)	全氮 TN/(g/kg)	全磷 TP/(g/kg)	全钾 TK/(g/kg)	有效磷 AP/(mg/kg)	速效钾 AK/(mg/kg)	阳离子交换量CEC/(cmol/kg)	土壤母质 Parent material	剖面点坐标 Profile coordinate	匹配指数 Matching index/%
剖45	淋溶土	黄棕壤	粗骨黄棕壤	细石土	薄层细石土	A	3~18	暗黄棕色	中壤土	屑粒状	5.4	30.7	1.72	1.85	15.9	7.0	74	16.4	中性结晶岩类风化坡积物、洪积物	E 116°19′17.1″ N 31°18′57.6″	98
剖46	淋溶土	黄棕壤	粗骨黄棕壤	扁石土	中层扁石土	C	18~60	黄灰棕色	轻壤土	粒状	5.8	3.6	0.26	1.10	12.7	43.0	32	15.2		E 116°19′25.1″ N 31°18′17.3″	97
剖47	淋溶土	黄棕壤	普通黄棕壤	细石黄棕壤	厚层细石黄棕壤	A	0~9				4.3	11.6	0.56	1.06	23.6	9.0	55	5.2		E 116°20′17.3″ N 31°17′38.8″	99
						AC	9~36				4.2	10.6	0.48	0.81	23.6		30	5.3			
剖48	初育土	石灰(岩)土	棕色石灰土	鸡肝土	薄层鸡肝土	A	0~15	黄棕色	中壤土	团块状	5.6	13.6	0.78	0.71	21.0	2.0	121	12.6		E 116°22′03.6″ N 31°17′22.0″	97
						Bv₁	15~32	淡黄棕色	中壤土	小块状	5.2	3.3	0.28	0.59	22.7	3.0	56	15.3			
						Bv₂	32~80	淡黄棕色	中壤土	棱块状	5.6	3.0	0.24	0.49	21.2			13.5			
						Bv₃	80~100	暗黄棕色	中壤土	棱块状	6.6	2.1	0.21	0.56	20.8			14.8			
剖49	淋溶土	黄棕壤	粗骨黄棕壤	耕种扁石土	薄层耕种扁石土	A	0~27	暗棕色	中壤土	团块状	7.2	24.8	1.22	1.87	22.5	13.0	122	14.8	石灰岩类风化物	E 116°22′13.0″ N 31°18′57.1″	97
						A	0~16	灰棕色	砂壤土	屑粒状	5.9	11.7	0.66	1.00	34.8	8.0	116	7.5			
						C	16~100	淡棕色	轻壤土	无结构	4.5	4.7	0.34	0.48	29.4	4.0	36	6.3			
剖50	淋溶土	黄棕壤	粗骨黄棕壤	砂石土	薄层砂石土	A	0~10	褐色	重砾石土	团结构								25.6	石灰岩类风化物	E 116°28′41.7″ N 31°18′53.5″	97
剖51	初育土	石灰(岩)土	棕色石灰土	鸡肝土	中层鸡肝土	A	0~20	棕灰色	中壤土	屑粒状	7.7	25.1	1.51	1.78	20.9	7.0	103	28.8		E 116°29′52.3″ N 31°16′47.1″	75
						AC	20~35	灰棕色	中壤土	屑粒状	6.8	13.4	0.85	1.71	22.0	6.0	63	20.0			
剖52	人为土	水稻土	潜育水稻土	马肝田	下位黏盘马肝田	A	0~16	黄棕色	黏土	小块状	6.2	18.6	1.26	0.95	18.0	9.0	137	16.4	下蜀黄土	E 116°16′38.1″ N 31°14′12.5″	97
						P	16~26	棕灰色	轻壤土	块状	6.8	17.4	1.18	0.82	18.6	8.0	142	16.3			
						W	26~51	棕色	重壤土	糊状	7.5	10.2	0.74	1.22	17.9			15.8			
						Bv₂	51~96	黄棕色	中壤土	棱块状、棱块状	7.6	7.8	0.54	0.61	18.1			22.7			
剖53	人为土	水稻土	潜育水稻土	青麻青泥田	高位青麻青泥田	A	0~14	青灰色	中壤土	糊状	5.2	28.6	1.56	1.54	17.8	5.0	83	12.0		E 116°20′07.7″ N 31°14′01.7″	98
						G	14~100	青灰色	中壤土	糊状	5.4	27.8	1.58	1.55	17.2	4.0	54	10.9			
剖54	初育土	紫色土	中性紫色土	红土	红土	A	0~17	红黄色	轻壤土	块状、棱块状	5.1	10.8	0.64	0.64	23.4	9.0	103	11.5	第四纪红土、冰积物	E 116°18′01.6″ N 31°10′17.1″	95
						Bv	17~100	淡红黄色	轻壤土	块状、棱块状	4.5	5.4	0.44	0.68	21.0	2.0	80	12.0			
剖55	淋溶土	黄棕壤	粗骨黄棕壤	耕种麻石土	薄层耕种麻石土	A	0~20	褐棕色	中壤土	屑粒状	6.2	14.4	0.88	6.92	19.2	4.0	32	6.8		E 116°23′51.2″ N 31°14′17.8″	95
剖56	初育土	紫色土	中性紫色土	猪血土	薄层猪血土	A	0~18	栗色	中壤土	块状	8.0	4.1	0.30	2.15	25.1	8.0	69	21.9	紫色岩类风化坡积物、残积物	E 116°24′53.0″ N 31°13′06.5″	75
						Bv	25~46	灰棕色	中壤土	小块状	6.1	20.1	1.13	1.87	20.2	24.0	118	13.9			
剖57	淋溶土	黄棕壤	粗骨黄棕壤	耕种扁石土	中层耕种扁石土	A	0~17	灰棕色	中壤土	块状	7.3	4.0	0.32	0.81	17.6	4.0	52	16.3	石灰岩类风化坡积物	E 116°25′34.8″ N 31°14′13.7″	98
						Pg	17~26	青棕色	中壤土	小块状	5.7	20.6	1.18	1.94	19.7	19.0	31	12.8			
剖58	人为土	水稻土	潜育水稻土	青钙泥田	高位青钙泥田	A	0~13	绿灰色	中壤土	小块状	5.5	19.6	1.13	0.27	18.7	27.0	41	13.7	中性结晶岩类风化坡积物、残积物	E 116°26′21.9″ N 31°11′36.9″	95
						G	26~89	淡棕黄色	中壤土	团块状	5.7	20.6	1.02	0.29	18.9			12.1			
剖59	人为土	水稻土	潜育水稻土	细石泥田	细石砂泥田	P	13~30	淡黄黄色	中壤土	块状	6.0	22.9	1.33	1.27	14.8	20.0	55	16.5		E 116°26′52.7″ N 31°11′19.7″	97
						W₁	30~52	灰棕色	中壤土	块状	6.2	22.6	1.36	1.27	18.0	21.0	68	14.7			
						W₂	52~95	淡黄棕色	中壤土	块状	6.4	11.7	0.73	1.67	20.8			14.6			
						G	95~150	灰黄棕色	中壤土	块状	6.5	12.1	0.68	1.45	19.3			12.0			
						Ao	0~2	灰棕色	中壤土	块状	6.4	14.6	0.66	0.74	16.2			8.3			
剖60	初育土	石灰(岩)土	棕色石灰土	麻石土	薄层麻石土	2	2~19	黄棕色	中壤土	屑粒状	5.6								酸性结晶岩类风化坡积物、残积物	E 116°23′27.4″ N 31°11′16.9″	98
						3	19—	淡棕色	砂壤土	无结构											
剖61	淋溶土	黄棕壤	粗骨黄棕壤	棕色石灰土	薄层棕色石灰土	A	0~20	棕色	重壤土	团块状	8.1	11.4	0.63	1.26	19.5	6.0	122	13.9	石灰岩类风化坡积物	E 116°25′48.1″ N 31°11′15.6″	97
剖62	淋溶土	黄棕壤	中性黄棕壤	细石土	中层细石土	A	3~20	灰棕色	砂壤土	团块状	6.1	70.7	3.08	5.38	22.7	13.0	206	25.1	中性结晶岩类风化坡积物、残积物	E 116°26′11.7″ N 31°11′39.6″	99
						A/C	20~41	淡棕黄色	轻壤土	团块状	5.2	14.7	0.80	6.44	21.9	17.0	111	17.8			
						C	41~62	淡黄棕色	砂壤土	团块状	5.3	6.2	0.38	7.21	20.5	≤1.0	100	19.3			
剖63	人为土	水稻土	潜育水稻土	青紫泥田	高位青紫泥田	Ag	0~23	暗棕色	重黏土	小块状	6.0	29.4	1.46	0.52	21.8	3.0	104	15.6	紫色岩类风化坡积物	E 116°26′04.9″ N 31°11′08.3″	97
						Pg	23~30	暗棕色	中壤土		6.4	22.2	1.36	0.54	20.5			15.1			
						G	30~100	暗棕色	轻黏土		7.2	19.0	1.12	0.42	19.8			14.5			

亳 州 市

市 辖 区

主要土类说明

潮土是亳州市主要土壤类型，占本市地域面积的64%，主要分布在十九里、十八里、五马、观堂、大杨等地。其成土母质为近代黄泛冲积物，由于河流的分选作用，紧砂慢淤沉积规律明显。本县潮土质地变化大，沉积层次明显，土体内含有丰富的碳酸钙，石灰反应强烈，呈中性或微碱性，pH在8.5左右，自然肥力较高，有机质含量一般低于砂姜黑土，含钾丰富，全磷量中等。

砂姜黑土是亳州市第二大土壤类型，占本市地域面积的34%。本市砂姜黑土系古老黄土沉积物发育而成，其成土过程先后经历了草甸潜育化和脱潜旱耕熟化两个阶段。在草甸潜育化的基础上，砂姜黑土早在三千年以前就被开垦并开始脱潜，经历了长期旱耕熟化，土壤环境发生变化，潜育程度减轻，潜育层位降低，原始黑土层颜色变淡，逐步分化为耕作层、犁底层和埋藏黑土层，土壤的水、肥、气、热状态也逐步得到改良。由于局部地区水文地质的影响，砂姜黑土在地表20—30cm处发生碱化，一般见于南湖洼地碱化砂姜黑土的区域。其地下水属于渗入-蒸发型，由于土壤上层质地较轻，养分含量低，加之施肥少，植物生长差，因此有机质累积少，土壤结构不良，毛管作用强烈，地表蒸发量大，可溶性盐不断向地表聚集。由于地下水质含有钠盐，当钠盐在土壤表层聚集过多时，钠离子被土壤胶体所吸附，就形成了碱化砂姜黑土。

本区域中心区气候特征

本区域中心区气候特征值
Regional climate characteristics in central area of the region

气候带：暖温带亚湿润气候 Climate region: Warm temperate subhumid climate	
年平均气温 /℃ Annual average temperature /℃	14.8
年平均最高气温 /℃ Annual average maximum temperature /℃	20.2
年平均最低气温 /℃ Annual average minimum temperature /℃	10.3
年降水量 /mm Annual precipitation /mm	822
≥10℃的积温 /℃ Daily temperature accumulated in a year (≥10℃) /℃	5410
年日照时数 /h Annual sunshine /h	2202
年平均相对湿度 /% Annual average relative humidity /%	71
干燥度 Dryness	1.08

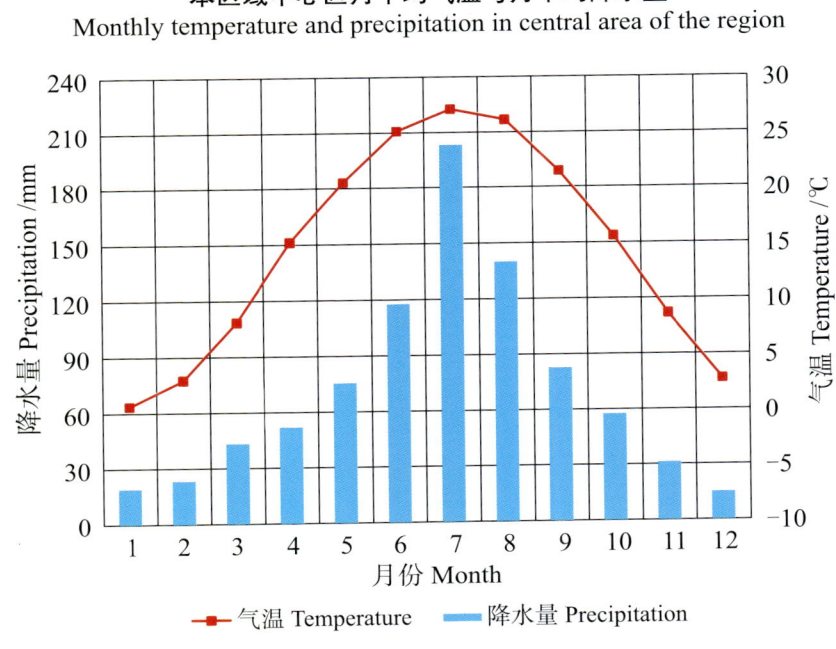

本区域中心区月平均气温与月平均降水量
Monthly temperature and precipitation in central area of the region

亳州市市辖区主要土壤类型与土壤剖面点分布图
1 : 250 000

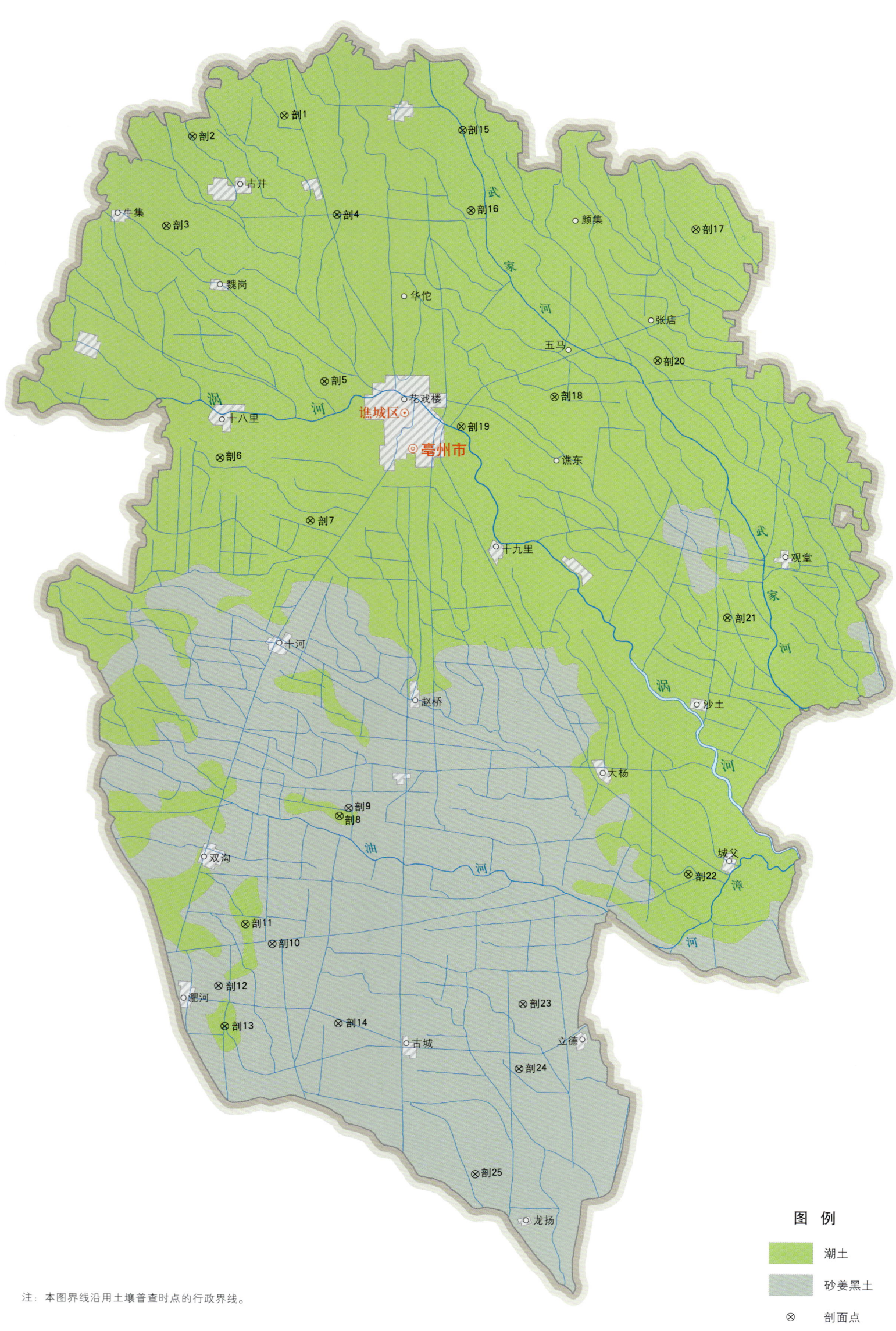

注：本图界线沿用土壤普查时点的行政界线。

图 例
- 潮土
- 砂姜黑土
- ⊗ 剖面点

亳州市土壤剖面理化性状表

剖面号 Soil profile	土纲 Soil order	土类 Soil great group	亚类 Soil subgroup	土属 Soil genus	土种 Soil species	土层码 Layer code	土层厚度 Depth/cm	颜色 Soil color	质地 Soil texture	土壤结构 Soil structure	pH	有机质 OM/(g/kg)	全氮 TN/(g/kg)	全磷 TP/(g/kg)	全钾 TK/(g/kg)	有效磷 AP/(mg/kg)	速效钾 AK/(mg/kg)	阳离子交换量CEC/(cmol/kg)	土壤母质 Parent material	剖面点坐标 Profile coordinate	匹配指数 Matching index/%
剖1	半水成土	潮土	黄潮土	淤土	上位夹砂淤土	1	0—16	灰棕色	轻黏土	小块状	8.2	12.8	0.83	0.72	21.2	5.0	205	15.9	近代黄泛沉积物	E 115°41′56.0″ N 34°01′56.8″	95
						2	16—22	棕色	轻黏土	块状	8.1	2.7	0.43	0.67	20.8	7.0	114	13.9			
						3	22—39	灰黄色	轻壤土	小块状	8.1	6.7	0.11	0.64	16.5	≤1.0	95	8.4			
						4	39—100	淡黄色	砂土		8.2	8.6	≤0.10	0.51	17.9	≤1.0	95	3.2			
剖2	半水成土	潮土	碱化潮土	花碱土	砂碱土	1	0—18	灰黄色	轻壤土	碎粒状	8.6	9.0	0.56	0.61	19.0	2.0	72	8.0	近代黄泛沉积物	E 115°38′33.1″ N 34°01′14.2″	93
						2	18—30	灰黄色	轻壤土	碎粒状	9.0	6.4	0.38	0.51	18.9	≤1.0	123	6.8			
						3	30—70	棕黄色	中壤土	块状	8.5	3.9	0.26	0.54	17.5	≤1.0	146	9.4			
						4	70—150	淡黄色	砂土	砂粒状	8.5	2.1	0.18	0.63	17.3	≤1.0	89	3.8			
剖3	半水成土	潮土	黄潮土	砂土	下位淤底砂土	1	0—18	淡黄色	砂壤土	碎粒状	8.0	8.9	0.47	0.36	17.7	5.0	133	7.9	近代黄泛沉积物	E 115°37′37.6″ N 33°58′22.3″	95
						2	18—28	浅黄色	轻壤土	碎粒状	8.2	6.3	0.36	0.58	18.6	4.0	92	8.4			
						3	28—62	浅黄色	砂壤土	碎粒状	8.3	3.8	0.18	0.41	17.4	2.0	66	6.1			
						4	62—100	棕色	轻黏土	块状	8.3	3.5	0.20	0.50	18.3		72	5.6			
剖4	半水成土	潮土	黄潮土	两合土	夹砂两合土	1	0—22	灰棕色	中壤土	碎粒状	8.2	12.1	0.74	0.61	19.4	2.0	160	10.5	近代黄泛沉积物	E 115°43′55.5″ N 33°58′47.7″	95
						2	22—35	灰棕色	中壤土	小块状	8.3	9.9	0.65	0.58	20.2	≤1.0	124	10.7			
						3	35—93	淡黄色	砂壤土	碎粒状	8.2	4.7	0.33	0.53	18.9	≤1.0	47	6.4			
						4	93—150	灰黄色	轻壤土	块状	7.8	7.8	0.53	0.35	21.0		118	16.0			
剖5	半水成土	潮土	黄潮土	两合土	上位砂底两合土	1	0—18	灰黄色	中壤土	碎粒状	8.2	11.3	0.72	0.73	20.8	8.0	180	9.1	近代黄泛沉积物	E 115°43′31.2″ N 33°53′29.8″	95
						2	18—26	灰黄色	紧砂土	砂粒状	8.2	6.2	0.52	0.49	21.4	≤1.0	103	6.4			
						3	26—50	淡黄色	砂壤土	砂粒状	8.1	4.7	0.26	0.48	19.4	≤1.0	90	9.4			
						4	50—100	淡黄色	紧砂土	砂粒状	8.0	2.8	0.18	0.51	19.1	≤1.0	56	4.2			
剖6	半水成土	潮土	黄潮土	砂土		1	0—17	淡黄色	砂壤土	碎粒状	8.1	8.9	0.53	0.60	17.8	3.0	102	6.2	近代黄泛沉积物	E 115°39′42.2″ N 33°51′01.5″	95
						2	17—32	淡黄色	砂壤土	小块状	8.0	4.8	0.29	0.54	17.8	≤1.0	50	5.5			
						3	32—83	淡黄色	砂壤土	单粒状	8.4	2.2	0.13	0.54	15.9	≤1.0	43	2.9			
						4	83—100	淡黄色	砂壤土	砂粒状	8.5	5.6	0.36	0.59	21.3	2.0	114	12.6			
剖7	半水成土	潮土	黄潮土	淤土	砂身两合土	1	0—17	灰棕色	轻壤土	小块状	8.2	13.8	0.89	0.73	21.4	2.0	177	18.2	近代黄泛沉积物	E 115°43′03.9″ N 33°49′04.1″	95
						2	17—25	棕色	轻壤土	块状	8.2	9.4	0.63	0.63	21.5	2.0	194	16.9			
						3	25—55	棕色	中黏土	大块状	8.3	8.6	0.58	0.51	21.7		220	18.4			
						4	55—100	灰褐色	重黏土	大块状	8.1	8.4	0.55	0.50	21.8		144	16.0			
						5	100—150	黄褐色	轻壤土	屑粒状	8.0	9.6	0.64	0.73	21.5		268	18.9			
剖8	半水成土	潮土	黄潮土	两合土		1	0—18	灰白色	砂质黏壤土	小块状	8.2	11.3	0.72	0.73	20.8	8.0	180	9.1	黄泛沉积物	E 115°44′16.0″ N 33°39′40.3″	95
						2	18—26	浅黄色	砂质黏壤土	小块状	8.2	3.8	0.52	0.49	21.4	≤1.0	103	6.4			
						3	26—50	淡黄色	紧黏壤土	单粒状	8.2	2.8	0.26	0.49	19.4	≤1.0	90	4.4			
						4	50—100	棕色	砂壤土	砂粒状	8.2	2.8	0.18	0.51	19.1	≤1.0	56	4.2			
剖9	半水成土	砂姜黑土	砂姜黑土	淤黑土	厚淤黑土	1	0—17	棕色	轻黏土	小块状	8.3	13.1	0.85	0.60	21.8	≤1.0	207	21.3	黄土性古河流沉积物	E 115°44′36.4″ N 33°39′55.7″	75
						2	17—32	棕色	中黏土	柱状	8.3	11.7	0.76	0.59	21.0	≤1.0	186	22.8			
						3	32—63	灰褐色	重黏土	柱状	8.4	13.0	0.82	0.35	17.3	≤1.0	97	24.6			
						4	63—150	黄褐色	重黏土	柱状	8.1	10.1	0.69	0.38	18.0			21.5			
剖10	半水成土	砂姜黑土	砂姜黑土	砂姜黑土	青黑土	1	0—19	青灰色	中壤土	碎粒状	8.2	13.1	0.81	0.40	17.0	4.0	136	25.4	黄土性沉积物	E 115°41′52.5″ N 33°35′31.5″	95
						2	19—24	青灰色	中黏土	小块状	7.9	8.8	0.60	0.32	16.7	3.0	100	19.2			
						3	24—42	灰黑色	轻黏土	大块状	8.3	5.3	0.36	0.38	17.7	2.0	92	15.0			
						4	42—100	黄褐色	中黏土	柱状	8.3	4.6	0.32	0.46	18.8		100	18.3			

续表 Continued

剖面号 Soil profile	土纲 Soil order	土类 Soil great group	亚类 Soil subgroup	土属 Soil genus	土种 Soil species	土层码 Layer code	土层厚度 Depth/cm	颜色 Soil color	质地 Soil texture	土壤结构 Soil structure	pH	有机质 OM/(g/kg)	全氮 TN/(g/kg)	全磷 TP/(g/kg)	全钾 TK/(g/kg)	有效磷 AP/(mg/kg)	速效钾 AK/(mg/kg)	阳离子交换量CEC/(cmol/kg)	土壤母质 Parent material	剖面点坐标 Profile coordinate	匹配指数 Matching index/%
剖11	半水成土	潮土	黄潮土	淤土	同层淤土	1	0—17	灰棕色	中黏土	小块状	8.1	15.7	0.97	0.72	23.0	3.0	249	21.8	近代黄泛沉积物	E 115° 40′ 52.5″ N 33° 36′ 07.8″	95
						2	17—24	棕色	中黏土	块状	8.1	14.2	0.88	0.68	21.7	≤1.0	198	21.6			
						3	24—46	红棕色	中黏土	大块状	8.1	5.1	0.33	0.61	21.5	≤1.0	191	13.7			
						4	46—59	淡黄色	轻粒土	砂粒状	7.9	5.9	0.45	0.59	19.9		94	15.5			
						5	59—150	红黄色	中壤土	大块状	8.2	9.3	0.67	0.55	22.1			18.4			
剖12	半水成土	砂姜黑土	碱化砂姜黑土	白碱土	活碱土	1	0—19	浅黄色	中壤土	碎粒状	8.6	11.4	0.68	0.38	17.9	2.0	171	18.4	黄土性古河流沉积物	E 115° 39′ 54.8″ N 33° 34′ 09.6″	95
						2	19—30	浅黄色	中壤土	小块状	8.5	10.4	0.63	0.41	16.6	4.0	167	25.9			
						3	30—67	灰黄色	重壤土	柱状	8.5	10.5	0.64	0.34	15.8	2.0	102	20.1			
						4	67—100	黄褐色	轻壤土	柱状	8.4	5.5	0.45	0.39	19.0		159	9.7			
剖13	半水成土	潮土	黄潮土	两合土	下位淤底两合土	1	0—18	灰黄棕色	中壤土	碎粒状	8.1	11.1	0.80	0.58	19.7	3.0	110	10.7	近代黄泛沉积物	E 115° 40′ 10.0″ N 33° 32′ 52.0″	75
						2	18—27	灰棕色	重壤土	小块状	8.1	8.3	0.74	0.51	21.3	2.0	80	9.2			
						3	27—68	灰黄色	中壤土	小块状	8.0	6.1	0.43	0.46	18.7	≤1.0	70	16.9			
						4	68—110	棕色	轻壤土	大块状	8.2	6.9	0.45	0.51	19.7		94	25.0			
剖14	半水成土	砂姜黑土	砂姜黑土	淤黑土	挂淤黑土	1	0—17	棕灰色	重壤土	块状	8.1	13.5	0.86	0.20	18.2	≤1.0	180	24.5	黄土性古河流沉积物	E 115° 44′ 20.5″ N 33° 33′ 01.1″	95
						2	17—24	棕灰色	中壤土	块状	8.2	12.3	0.86	0.30	17.1	2.0	148	25.2			
						3	24—47	灰褐色	中壤土	块状	8.2	12.1	0.82	0.22	15.4	≤1.0	89	25.8			
						4	47—100	黄褐色	轻壤土	柱状	8.1	4.9	0.41	0.42	17.9		117	23.7			
剖15	半水成土	潮土	黄潮土	淤土	红花淤土	1	0—19	深棕色	重壤土	碎块状	8.1	15.5	0.96	0.46	23.0	8.0	319	24.1	近代黄泛沉积物	E 115° 48′ 32.2″ N 34° 01′ 32.1″	95
						2	19—28	红棕色	轻壤土	块状	8.3	8.9	0.55	0.53	20.5	6.0	138	22.9			
						3	28—43	棕色	轻壤土	块状	8.2	8.6	0.53	0.53	20.7	5.0	123	23.4			
						4	43—63	红棕色	轻壤土	块状	7.9	8.3	0.52	0.51	20.8	4.0	96	13.5			
						5	63—100	棕黄色	中壤土	块状	8.1	4.9	0.30	0.48	19.4	3.0	42	3.9			
剖16	半水成土	潮土	盐化潮土	盐碱土	卤碱土	1	0—19	灰黄色	砂壤土	砂粒状	9.1	3.4	0.21	0.52	19.8	2.0	70	5.1	近代黄泛沉积物	E 115° 48′ 52.7″ N 33° 58′ 58.4″	95
						2	19—27	灰黄色	中壤土	碎粒状	9.1	5.0	0.42	0.55	20.1	≤1.0	142	6.7			
						3	27—33	棕色	轻壤土	大块状	9.0	4.0	0.30	0.55	20.1		76	3.3			
						4	33—47	棕黄色	轻壤土	砂粒状	9.1	3.8	0.29	0.61	19.3		56	9.1			
						5	47—150	淡黄色	紧砂土	砂粒状	9.1	5.7	0.39	0.54	20.3		146	3.2			
剖17	半水成土	潮土	黄潮土	花碱土	瓦碱土	1	0—4	灰棕色	轻壤土	片状	9.1	6.4	0.38	0.48	18.1	3.0	103	4.7	近代黄泛沉积物	E 115° 57′ 11.9″ N 33° 58′ 26.9″	95
						2	4—18	灰白色	轻壤土	砂粒状	8.9	4.8	0.29	0.59	18.2	2.0	120	4.8			
						3	18—27	红棕色	轻壤土	砂粒状	8.6	4.1	0.25	0.55	17.9		115	6.5			
						4	27—90	灰褐色	中壤土	小块状	8.6	6.5	0.39	0.37	17.2		95	14.3			
						5	90—150	棕色	中壤土	块状	8.5	12.4	0.78	0.49	20.2	4.2	76	19.0			
剖18	半水成土	潮土	黄潮土	淤土	黑底淤土	1	0—17	灰棕色	中壤土	小块状	8.2	10.8	0.85	0.34	20.1	≤1.0	188	19.2	近代黄泛沉积物	E 115° 52′ 01.3″ N 33° 53′ 05.3″	81
						2	17—28	浅黄色	中壤土	块状	8.2	10.2	0.74	0.53	22.2	≤1.0	144	17.2			
						3	28—54	棕黄色	轻壤土	大块状	8.1	8.7	0.61	0.27	16.5		110	16.6			
						4	54—69	淡黄色	轻壤土	砂粒状	8.1	8.7	0.61	0.40	21.7		164	16.6			
						5	69—100	灰褐色	轻壤土	块状	8.0	9.3	0.64	0.54	19.0	3.0	102	5.4			
剖19	半水成土	潮土	黄潮土	砂土	菁砂土	1	0—20	灰黄色	砂土	碎粒状	8.9	4.6	0.28	0.22	18.1		66	4.3	近代黄泛沉积物	E 115° 48′ 34.6″ N 33° 52′ 06.6″	95
						2	20—33	浅黄色	重壤土	砂粒状	8.1	2.1	0.12	0.52	17.7		33	2.7			
						3	33—107	棕黄色	轻壤土	块状	8.0	5.9	0.38	0.47	20.2		161	10.0			
						4	107—150	灰棕色	轻壤土	大块状	8.1	12.8	0.86	0.50	20.9	4.0	209	14.5			
剖20	半水成土	潮土	黄潮土	淤土	下位夹砂淤土	1	0—20	灰棕色	轻壤土	块状	8.1	8.2	0.48	0.56	22.7	4.0	129	14.6	近代黄泛沉积物	E 115° 55′ 48.6″ N 33° 54′ 16.9″	95
						2	20—39	棕色	轻壤土	大块状	8.1	7.5	0.45	0.51	20.1	2.0	118	14.4			
						3	39—63	黄棕色	轻壤土	大块状	8.1	4.6	0.33	0.49	19.2	2.0	56	9.1			
						4	63—77	灰黄色	中壤土	小块状	8.2	2.1	0.15	0.52	18.4		44	4.2			
						5	77—150	淡黄色	粉砂土												

续表 Continued

剖面号 Soil profile	土纲 Soil order	土类 Soil great group	亚类 Soil subgroup	土属 Soil genus	土种 Soil species	土层码 Layer code	土层厚度 Depth/cm	颜色 Soil color	质地 Soil texture	土壤结构 Soil structure	pH	有机质 OM/(g/kg)	全氮 TN/(g/kg)	全磷 TP/(g/kg)	全钾 TK/(g/kg)	有效磷 AP/(mg/kg)	速效钾 AK/(mg/kg)	阳离子交换量CEC/(cmol/kg)	土壤母质 Parent material	剖面点坐标 Profile coordinate	匹配指数 Matching index/%
剖21	半水成土	潮土	黄潮土	淤土	红花黑底淤土	1	0—20	灰棕色	轻黏土	碎粒状	8.2	12.1	0.80	0.54	21.5	4.1	162	20.5	近代黄泛沉积物	E 115°58′28.5″ N 33°46′08.9″	95
						2	20—35	灰棕色	中黏土	块状	7.9	6.3	0.41	0.44	23.1	≤1.0	94	21.5			
						3	35—85	灰棕色	中黏土	大块状	7.9	9.2	0.62	0.56	21.8	≤1.0	149	13.5			
						4	85—120	灰褐色	重壤土	柱状	7.8	9.2	0.61	0.51	23.9		181	15.1			
						5	120—150	黄褐色	中黏土	柱状	7.8	10.7	0.69	0.38	18.0		114	13.4			
剖22	半水成土	潮土	黄潮土	淤土	漏风淤土	1	0—16	棕色	轻黏土	小块状	8.3	13.0	0.82	0.65	20.6	5.0	234	16.4	近代黄泛沉积物	E 115°57′09.0″ N 33°37′58.3″	95
						2	16—25	棕色	中黏土	块状	8.3	12.4	0.77	0.65	21.8	2.0	177	19.0			
						3	25—70	红棕色	中黏土	大块状	8.2	9.1	0.61	0.58	21.2	≤1.0	133	17.2			
						4	70—150	红棕色	中黏土	大块状	8.3	10.8	0.73	0.34	21.8		168	25.4			
剖23	半水成土	砂姜黑土	砂姜黑土	砂姜黑土	黑土	1	0—16	深灰色	重壤土	小块状	8.4	16.6	0.90	0.34	17.4	3.0	179	25.2	黄土性古河流沉积物	E 115°51′07.3″ N 33°33′43.8″	95
						2	16—24	深灰色	重黏土	块状	8.3	14.0	0.98	0.37	16.3	2.0	174	25.9			
						3	24—44	灰褐色	轻黏土	柱状	8.3	15.1	0.91	≤0.10	16.2	2.0	167	22.9			
						4	44—150	黄褐色	中黏土	棱柱状	8.3	4.7	0.31	0.47	18.1	≤1.0	138	20.1			
剖24	半水成土	砂姜黑土	砂姜黑土	淤黑土	薄淤黑土	1	0—17	灰棕色	重黏土	碎粒状	8.0	12.5	0.80	0.45	18.2	4.0	168	19.6	黄土性古河流沉积物	E 115°51′00.8″ N 33°31′40.8″	95
						2	17—24	棕色	轻黏土	块状	8.0	12.7	0.84	0.26	18.2	3.0	180	20.1			
						3	24—43	灰棕色	中黏土	柱状	7.9	9.9	0.64	0.33	17.8	2.0	118	24.4			
						4	43—100	黄褐色	重黏土	柱状	8.1	6.1	0.41	0.38	18.2		130	19.6			
剖25	半水成土	砂姜黑土	砂姜黑土	淤黑土	红花淤黑土	1	0—20	深灰棕色	轻黏土	块状	8.2	13.2	0.88	0.67	20.3	3.0	214	22.0	黄土性古河流沉积物	E 115°49′27.4″ N 33°28′19.3″	95
						2	20—30	灰褐色	中黏土	大块状	8.3	11.9	0.81	0.48	20.4	2.0	153	22.5			
						3	30—87	灰褐色	轻黏土	柱状	8.3	9.5	0.64	0.44	18.8	2.0	87	24.5			
						4	87—100	黄褐色	重壤土	棱柱状	8.4	4.8	0.32	0.39	14.8		76	25.0			

涡 阳 县

主要土类说明

砂姜黑土是涡阳县主要土壤类型，占本县地域面积的 82%。砂姜黑土成土年代久远，是以富含碳酸钙的黄土性古河流沉积物为母质，由沼泽草甸土经过脱沼泽过程演变而成，先后经历了草甸潜育化和脱潜旱耕熟化两个阶段。其形成过程主要包括生物累积、淋溶淀积和旱耕熟化三个过程。砂姜黑土剖面的典型特征是具有黑土层和砂姜层。黑土层裸露地表或埋藏在耕层之下，厚度一般为 30—50cm，厚的可 1m 以上，最薄的仅有 25cm 左右，深度多在 60cm 以下，随地形变化而变化。砂姜（或砂姜层）出现在 53—110cm，局部地段由于地表受到不同程度的侵蚀，在耕层或地表就可以出现，砂姜的含量一般上部小而少，下部大而多，面砂姜多出现在上部，硬砂姜多出现在下部。剖面分为 4 层：耕作层厚度为 15—20cm，灰褐色或暗黄色，重壤土或轻黏土，屑粒状结构，土层分散；犁底层厚度为 8—12cm，颜色较耕层稍暗，较板结；心土层厚 25—60cm，灰黑色、青黑色或暗灰色，重壤土或轻黏土，有明显的棱柱状或棱块结构，土体结构面上有铁锰结核和明显的灰褐色铁锰胶膜，土层紧实；底土层一般在 60cm 以下，黄褐色或灰黄色，多轻黏土，棱柱状结构，结构面有多量的铁锰结核和明显的铁锰胶膜。1m 土体内基本无石灰反应。

潮土是涡阳县第二大土壤类型，占本县地域面积的 16%，主要集中分布在城关、高炉、牌坊等地。其分布区地势较高，且紧靠河岸，地下水埋深变化较大，在 1—5m，雨季最高可上升到 1m，旱季最低可下降到 7m，地下水参与成土过程，尤其是因毛管作用上下运动强烈，有明显的夜潮现象，对土壤的形成发育有着深刻的影响。在夏秋季节雨水多、地下水位升高时，土壤下部的一定层段全部或部分水分饱和，发生潜育现象，铁、锰等易变价元素被还原，向下移动，附着于土壤界面上，出现蓝灰色条纹；到冬春干旱季节，地下水位降低，被还原的层段变成氧化态，低价铁、锰等元素氧化积累，在土壤界面上则出现红褐色锈纹、锈斑。这是本县潮土剖面形态的典型特征。本县潮土的主要特征：一是质地变化大，沉积层次明显；二是土体内富含碳酸钙，一般为 8%—12%，石灰反应强烈，土壤呈微碱性，pH 在 8.0 左右；三是自然肥力较高，生物累积较弱，有机质含量一般低于砂姜黑土。

小于本县地域面积 3% 的土壤类型还有水稻土、黄褐土等。

本区域中心区气候特征

本区域中心区气候特征值
Regional climate characteristics in central area of the region

气候带：暖温带亚湿润气候 Climate region: Warm temperate subhumid climate	
年平均气温 /℃ Annual average temperature /℃	14.9
年平均最高气温 /℃ Annual average maximum temperature /℃	20.2
年平均最低气温 /℃ Annual average minimum temperature /℃	10.5
年降水量 /mm Annual precipitation /mm	858
≥10℃ 的积温 /℃ Daily temperature accumulated in a year (≥10℃) /℃	5455
年日照时数 /h Annual sunshine /h	2156
年平均相对湿度 /% Annual average relative humidity /%	71
干燥度 Dryness	1.04

本区域中心区月平均气温与月平均降水量
Monthly temperature and precipitation in central area of the region

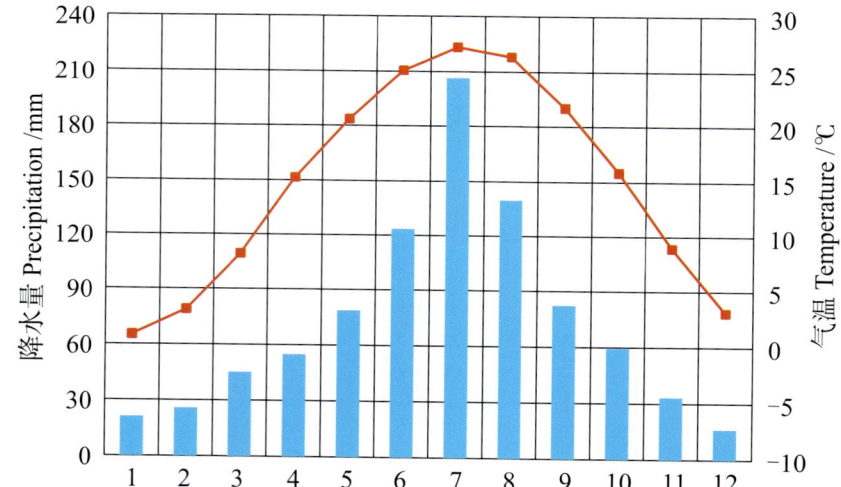

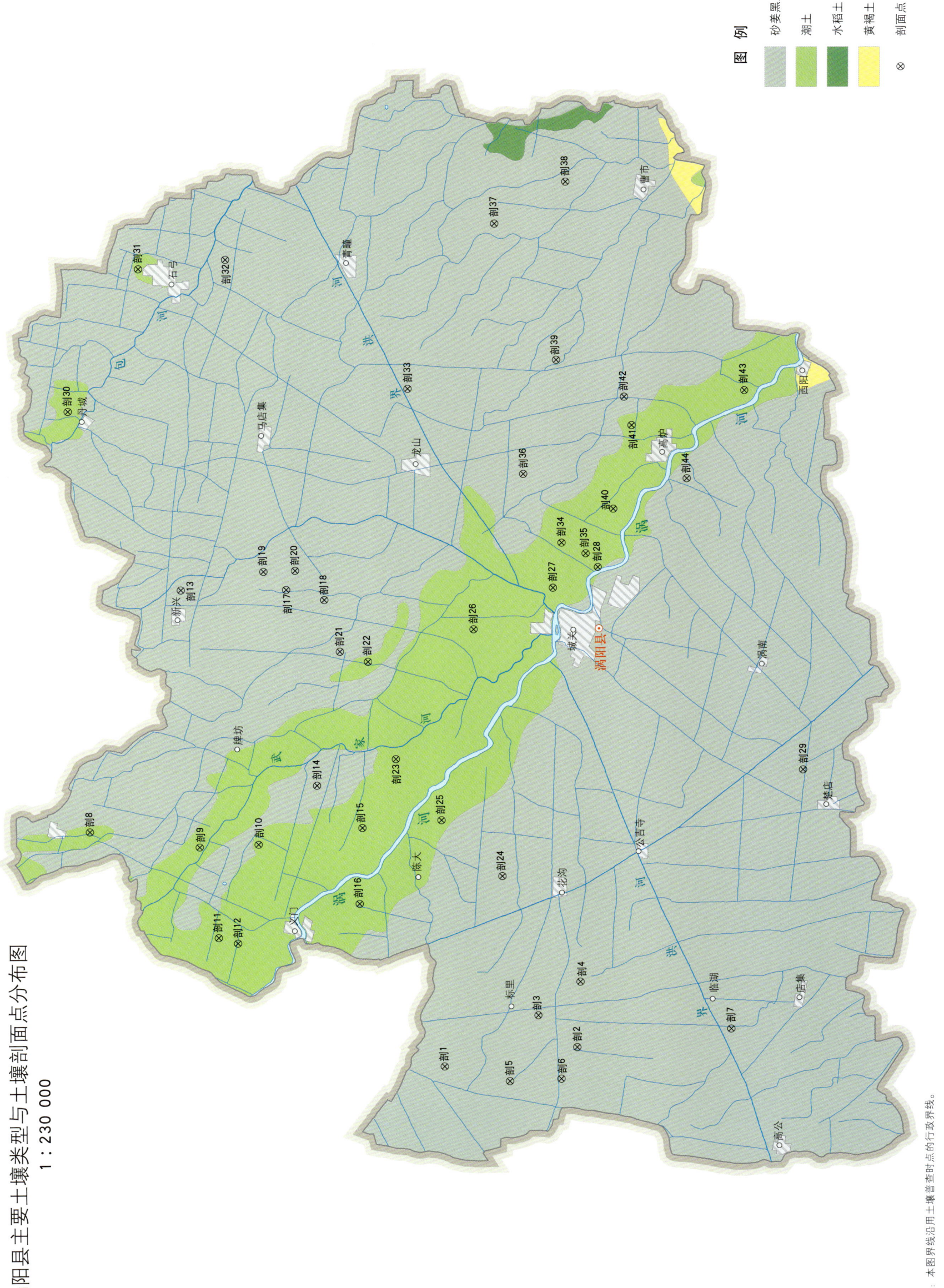

涡阳县土壤剖面理化性状表

剖面号 Soil profile	土纲 Soil order	土类 Soil great group	亚类 Soil subgroup	土属 Soil genus	土种 Soil species	土层码 Layer code	土层厚度 Depth/cm	颜色 Soil color	质地 Soil texture	土壤结构 Soil structure	pH	有机质 OM/(g/kg)	全氮 TN/(g/kg)	全磷 TP/(g/kg)	全钾 TK/(g/kg)	有效磷 AP/(mg/kg)	速效钾 AK/(mg/kg)	阳离子交换量CEC/(cmol/kg)	土壤母质 Parent material	剖面点坐标 Profile coordinate	匹配指数 Matching index/%
剖1	半水成土	砂姜黑土	砂姜黑土	黑土	黄黑土	1	0—18	灰黄色	重壤土	细粒状	8.3	13.3	0.87	0.58	17.1	10.0	188	18.7	黄土性古河流沉积物	E 115°56′34.6″ N 33°34′17.5″	95
						2	18—26	灰黄色	重壤土	小块状	8.3	9.0	0.62	0.54	16.8	3.0	138	17.9			
						3	26—49	暗灰色	重壤土	核块状	8.5	8.2	0.58	0.46	16.2	5.0	140	21.9			
						4	49—130	灰黄色	重壤土	棱柱状	8.6	3.2	0.27	0.38	16.7	2.0	126	13.4			
剖2	半水成土	砂姜黑土	砂姜黑土	淤黑土	挂淤黑土	1	0—16		中壤土		8.2	13.2	0.92	0.52	17.8	6.0	180	22.7	黄土性古河流沉积物	E 115°57′16.8″ N 33°30′21.6″	75
						2	16—29		中壤土		8.2	11.2	0.82	0.51	17.9	3.0	140	22.4			
						3	29—61		重壤土		8.3	9.8	0.66	0.38	16.6	2.0	127	27.3			
						4	61—120		中壤土		8.5	4.2	0.30	0.37	17.3	3.0	120	17.0			
剖3	半水成土	砂姜黑土	砂姜黑土	淤黑姜土	薄淤黑姜土	1	0—17	浅红棕色	黏土	小粒状	8.2	11.8	0.78	0.42	20.5	3.0	116	26.5	黄土性古河流沉积物	E 115°58′26.8″ N 33°31′31.1″	81
						2	17—23	淡红棕色	黏土	块状	8.3	11.2	0.84	0.51	21.4	3.0	106	26.6			
						3	23—40	淡灰暗色	黏土	块状	8.3	10.1	0.64	0.37	18.2	≤1.0	96	26.4			
						4	40—120	灰黄色	壤质黏土	棱柱状	8.3	8.1	0.54	0.39	21.1	2.0	48	26.2			
剖4	半水成土	砂姜黑土	砂姜黑土	山淤黑土	山淤黑土	1	0—17		重壤土		7.8	13.1	0.80	0.35	16.1	6.0	154	19.0	黄土性古河流沉积物	E 115°59′40.7″ N 33°30′16.5″	75
						2	17—24		重壤土		8.2	12.2	0.81	0.46	18.9	4.0	146	18.4			
						3	24—35		中壤土		8.2	9.1	0.60	0.35	17.6	3.0	125	19.8			
						4	35—58		轻黏土		8.3	10.4	0.62	0.46	17.2	≤1.0	140	26.6			
						5	58—140		重壤土		8.7	5.4	0.32	0.30	17.4	≤1.0	112	19.7			
剖5	半水成土	砂姜黑土	砂姜黑土	青白土	青白土	1	0—17		中壤土		8.4	8.6	0.58	0.40	16.6	5.0	131	15.9	黄土性古河流沉积物	E 115°56′02.8″ N 33°32′21.0″	75
						2	17—22		重壤土		8.4	6.9	0.50	0.39	17.3	2.0	109	17.8			
						3	22—32		重壤土		8.2	7.2	0.47	0.39	16.9	2.0	106	20.9			
						4	32—140		重壤土		8.7	3.0	0.24	0.42	19.1	≤1.0	115	13.4			
剖6	半水成土	砂姜黑土	砂姜黑土	黄土	青黄土	1	0—17		重壤土		7.3	11.6	0.77	0.36	20.4	5.0	114	20.7	黄土性古河流沉积物	E 115°56′08.3″ N 33°30′49.8″	75
						2	20—26		中壤土	屑粒状	7.4	8.9	0.62	0.30	19.9	3.0	90	19.6			
						3	26—33		中壤土	块状	7.4	5.8	0.43	0.22	19.2	4.0	102	19.2			
						4	33—120		中壤土	块状	7.5	7.4	0.48	0.63	22.7	4.0	172	26.1			
剖7	半水成土	砂姜黑土	碱化砂姜黑土	白碱土	活碱土	1	0—17	浅灰白色	中壤土	细粒状	8.5	8.3	0.54	0.36	15.4	6.0	85	17.5	黄土性古河流沉积物	E 115°57′58.0″ N 33°25′47.8″	95
						2	17—26	浅灰白色	中壤土	小块状	8.7	5.9	0.40	0.30	15.3	3.0	80	13.2			
						3	26—34	浅灰白色	重壤土	块状	8.7	6.1	0.42	0.28	15.0	3.0	114	14.3			
						4	34—46	灰色	重壤土	块状	8.7	7.8	0.56	0.26	16.4	3.0	120	26.7			
						5	46—72	灰黄色	重壤土	棱柱状	8.6	5.1	0.36			3.0		21.5			
						6	72—140	灰棕黄色	中壤土	棱柱状	8.7	4.7	0.30			2.0		16.8			
剖8	半水成土	潮土		山淤土	黑底山淤土	1	0—17	浅棕黄色	中壤土	屑粒状	8.1	13.7	0.86	0.96	17.2	30.0	141	15.1	石灰岩为主的多种岩性沉积物	E 116°05′08.8″ N 33°44′50.6″	75
						2	17—25	灰棕色	轻黏土	块状	8.5	10.8	0.74	0.85	18.0	5.0	120	15.2			
						3	25—75	灰棕色	中黏土	块状	8.6	9.4	0.62	0.49	10.4	3.0	180	29.9			
						4	75—110	灰色	中壤土	小块状	8.5	9.3	0.71	0.67	23.1	36.0	264	31.9			
剖9	半水成土	潮土	黄潮土	淤土	下位夹砂淤土	1	0—16	浅红棕色	中黏土	小块状	8.2	12.5	0.93	0.71	24.6	6.0	205	18.2	远河相沉积物	E 116°04′35.4″ N 33°41′35.5″	75
						2	16—26	暗红棕色	重壤土	块状	8.4	10.9	0.88	0.67	25.4	3.0	170	17.8			
						3	26—77	暗红棕色	重壤土	块状	8.5	8.0	0.64	0.60	24.9	2.0	152	18.6			
						4	77—96	灰黄棕色	砂壤土	片状	8.6	1.7	0.16	0.25	16.0	≤1.0	26	4.6			
						5	96—150	红棕色	重壤土	板状	8.4	6.5	0.58	0.61	21.0	≤1.0	160	19.8			

续表 Continued

剖面号 Soil profile	土纲 Soil order	土类 Soil great group	亚类 Soil subgroup	土属 Soil genus	土种 Soil species	土层码 Layer code	土层厚度 Depth/cm	颜色 Soil color	质地 Soil texture	土壤结构 Soil structure	pH	有机质 OM/(g/kg)	全氮 TN/(g/kg)	全磷 TP/(g/kg)	全钾 TK/(g/kg)	有效磷 AP/(mg/kg)	速效钾 AK/(mg/kg)	阳离子交换量 CEC/(cmol/kg)	土壤母质 Parent material	剖面点坐标 Profile coordinate	匹配指数 Matching index/%
剖10	半水成土	潮土	黄潮土	淤土	黑底淤土	1	0–17	浅红棕色	轻黏土	小块状									远河相沉积物	E 116°04′43.2″ N 33°40′00.5″	75
						2	17–27	浅红棕色	轻黏土	块状											
						3	27–58	暗红棕色	轻黏土	小块状											
						4	58–70	浅黄色	重壤土	棱柱状											
						5	70–150	浅灰黄色	重壤土												
剖11	半水成土	潮土	黄潮土	淤土	黑底淤土	1	0–17		重壤土		8.4	14.8	1.11	0.74	25.3	8.0	225	24.2	远河相沉积物	E 116°01′15.5″ N 33°41′00.7″	75
						2	17–26		中壤土		8.6	11.4	0.92	0.66	25.9	4.0	160	23.4			
						3	26–66		中壤土		8.5	8.7	0.65	0.54	26.0	3.0	165	23.7			
						4	66–88		重壤土		8.5	4.6	0.40	0.34	19.7	2.0	95	24.0			
						5	88–140		轻壤土		8.5	4.5	0.36	0.21	21.3	2.0	180	23.8			
剖12	半水成土	潮土	黄潮土	两合土	上位夹淤两合土	1	0–17	灰棕黄色	中壤土	小粒状	8.5	10.3	0.69	0.63	24.6	5.0	125	11.1	黄泛沉积物	E 116°01′03.9″ N 33°40′25.9″	95
						2	17–22	浅红棕色	中壤土	小粒状	8.5	17.0	0.52	0.59	23.6	4.0	82	9.7			
						3	22–30	棕黄色	中壤土	小块状	8.5	5.8	0.46	0.74	23.5	3.0	71	10.1			
						4	30–42	暗棕色	轻壤土	小块状	8.5	7.3	0.60	0.51	23.1	≤1.0	108	16.0			
						5	42–74	暗黄色	中壤土	块状	8.5	8.9	0.66	0.51	21.2	≤1.0	107	22.7			
						6	74–120	灰黄色	中壤土	大块状	8.5	8.3	0.61	0.54	21.2	2.0	142	19.7			
剖13	半水成土	砂姜黑土	砂姜黑土	黑土	黑土	1	0–16	浅灰色	重黏土	屑粒状	8.2	13.0	0.84	0.50	20.9	5.0	325	26.7	黄土性古河流沉积物	E 116°14′01.1″ N 33°42′11.3″	81
						2	16–24	浅灰色	重黏土	小块状	8.3	13.0	0.85	0.58	20.1	3.0	268	25.3			
						3	24–53	灰黑色	轻黏土	棱块状	7.9	9.5	0.70	0.46	19.0	≤1.0	224	28.3			
						4	53–140	灰棕黄色	重黏土	棱柱状	8.5	4.3	0.36	0.44	16.9	2.0	128	15.2			
剖14	半水成土	砂姜黑土	砂姜黑土	黑土	青黑土	1	0–18		重壤土	屑粒状	8.2	13.4	0.91	0.59	18.8	16.0	180	21.4	黄土性古河流沉积物	E 116°06′52.3″ N 33°38′07.0″	75
						A_{11}	18–32		重壤土	块状	8.0	11.3	0.83	0.56	17.6	2.0	146	21.3			
						A_{12}	32–47		重壤土	块状	8.4	9.8	0.66	0.42	18.1	3.0	126	26.5			
						C_1	47–120		重壤土	棱柱状	8.5	4.6	0.37	0.41	19.0	2.0	131	17.9			
剖15	半水成土	潮土	黄潮土	淤土	黑身淤土	1	0–17	亮红棕色	黏土	块状	8.2	11.2	0.80	0.40	20.4	3.0	116	26.5	远河相沉积物	E 116°05′18.9″ N 33°36′46.1″	95
						2	17–23	亮红棕色	黏土	块状	8.3	11.2	0.80	0.50	21.4	2.0	106	26.6			
						C_2	23–40	灰色	黏土	棱柱状	8.3	10.1	0.60	0.40	18.1	≤1.0	96	26.4			
							40–120	灰黄色	黏土		8.3	8.1	0.50	0.40	21.0	2.0	98	26.2			
剖16	半水成土	潮土	黄潮土	淤土	漏风淤土	1	0–16	灰棕色	黏壤土	小块状	8.2	14.1	1.07	0.67	22.8			22.1	远河相沉积物	E 116°02′31.2″ N 33°36′50.2″	81
						2	16–27	暗红棕色	壤质黏土	块状	8.4	12.8	0.92	6.40	22.8	7.0	247	22.6			
						3	27–76	红棕色	壤质黏土	大块状	8.5	10.1	0.84	0.61	24.3	4.0	189	27.5			
						4	76–119	红棕色	壤质黏土	大块状	8.5	9.7	0.86	0.58	25.5	2.0	210	25.2			
剖17	半水成土	砂姜黑土	砂姜黑土	黑土	死黑土	1	0–15	浅灰色	轻壤土	碎粒状	8.1	15.4	1.01	0.54	18.9			32.3	黄土性古河流沉积物	E 116°14′02.3″ N 33°39′04.4″	95
						2	15–24	灰色	轻壤土	碎粒状	7.9	13.6	0.92	0.54	18.8			22.0			
						3	24–58	深灰色	轻壤土	块状	8.2	11.2	0.72	0.54	19.2	2.0		27.2			
						4	58–102	浅黄棕色	重壤土	棱柱状	8.2	9.1	0.66	0.52	18.9	2.0	193	25.5			
						5	102–130	灰黄色	重壤土	棱柱状											
剖18	半水成土	砂姜黑土	碱化砂姜黑土	白碱土	死碱土	1	0–1	灰白色	砂壤土		9.8								黄土性古河流沉积物	E 116°13′39.9″ N 33°37′56.1″	75
						2	1–11	灰白色	砂壤土		9.9										
						3	11–27	灰黄色	重壤土	棱柱状	9.0										
						4	27–56	灰白色	重壤土		9.0										
						5	56–125	淡黄橙色	重壤土		8.9										
						6	125–160	淡黄橙色	重壤土		8.6										

续表 Continued

剖面号 Soil profile	土纲 Soil order	土类 Soil great_group	亚类 Soil subgroup	土属 Soil genus	土种 Soil species	土层码 Layer code	土层厚度 Depth/cm	颜色 Soil color	质地 Soil texture	土壤结构 Soil structure	pH	有机质 OM/(g/kg)	全氮 TN/(g/kg)	全磷 TP/(g/kg)	全钾 TK/(g/kg)	有效磷 AP/(mg/kg)	速效钾 AK/(mg/kg)	阳离子交换量CEC/(cmol/kg)	土壤母质 Parent material	剖面点坐标 Profile coordinate	匹配指数 Matching index/%
剖19	半水成土	砂姜黑土	碱化砂姜黑土	白碱土	洁碱土	1	0~16		中壤土		8.4	8.8	0.54	0.56	14.8	4.0	138	11.8	黄土性古河流沉积物	E 116°14′42.3″ N 33°39′45.0″	75
						2	16~21		轻壤土		8.6	7.0	0.44	0.54	14.6	3.0	115	20.4			
						3	21~52		重壤土		8.7	7.2	0.44	0.39	17.6	2.0	119	20.5			
						4	52~140		重壤土		8.7	4.4	0.31			≤1.0	115	16.6			
剖20	半水成土	砂姜黑土	砂姜黑土	黑土	黑土	1	0~17		轻黏土		8.4	14.8	0.88	0.42	18.2	3.0	185	26.3	黄土性古河流沉积物	E 116°14′44.7″ N 33°38′48.4″	75
						2	17~26		轻黏土		8.5	14.8	0.92	0.47	17.4	≤1.0	171	28.9			
						3	26~44		重壤土		8.5	12.6	0.46	0.37	16.9	2.0	104	21.7			
						4	44~53		重壤土		8.5	9.7	0.56	0.35	15.5		97	21.0			
						5	53~140		重壤土												
剖21	半水成土	砂姜黑土	砂姜黑土	青白土	白潋土	1	0~17	灰白色	中壤土	屑粒状	8.4	10.1	0.63	0.40	13.4	3.0	141	27.0	黄土性古河流沉积物	E 116°11′47.1″ N 33°37′28.0″	95
						2	17~30	灰白色	中壤土	小块状	8.3	7.7	0.52	0.42	13.1	3.0	110	17.6			
						3	30~76	浅灰色	重壤土	块状	8.6	5.9	0.38	0.36	12.2	≤1.0	114	16.9			
						4	76~120	灰黄色	重壤土	棱柱状	8.8	4.1	0.25	0.29	20.6	2.0	112	17.5			
剖22	半水成土	潮土	黄潮土	淤土	黑底红花淤土	1	0~19	红棕色	轻黏土	小粒状	8.3	14.3	0.93	0.62	23.2	16.0	188	19.6	近河相沉积物	E 116°11′25.4″ N 33°36′37.8″	75
						2	19~26	红棕色	轻黏土	小块状	8.5	11.4	0.80	0.65	23.4	3.0	171	20.1			
						3	26~61	红棕色	中壤土	块状	8.5	9.6	0.66	0.57	22.9	3.0	150	20.3			
						4	61~78	灰黄色	重壤土	棱柱状	8.3	4.9	0.34	0.23	17.6	2.0	127	23.6			
						5	78~140	浅红棕色	重壤土	大板块状	8.3	4.5	0.34	0.42	20.8	2.0	171	23.3			
剖23	半水成土	潮土	黄潮土	淤土	淤土	1	0~17	灰灰棕色	轻黏土	碎粒状	8.2	15.3	1.06	0.86	23.1	5.0	198	19.1	近河相沉积物	E 116°07′51.4″ N 33°35′47.1″	75
						2	17~25	浅红棕色	轻黏土	小块状	8.3	12.2	0.88	0.58	18.2	3.0	110	19.5			
						3	25~77	浅红棕色	轻黏土	块状	8.5	10.5	0.75	0.56	17.9	3.0	66	23.5			
						4	77~84	红棕色	轻黏土	块状	8.3	6.6	0.33	0.51	17.6	4.0	56	13.3			
						5	84~104	红棕色	中壤土	片状	8.5	7.0	0.53	0.56	17.5	3.0	52	16.3			
						6	104~140	浅灰黄色	重壤土	碎粒状		4.0	0.31	0.56		≤1.0	52	12.9			
剖24	半水成土	砂姜黑土	砂姜黑土	黄土	死黄土	1	0~16	灰黄色	重壤土	碎粒状	8.1							17.1	黄土性古河流沉积物	E 116°03′32.7″ N 33°32′36.7″	95
						2	16~24	灰棕色	重壤土	小块状	8.2							19.9			
						3	24~40	黄灰色	重壤土	棱柱状	8.1							3.9			
						4	40~118	灰黄色	重壤土	棱柱状	8.0							13.7			
剖25	半水成土	潮土	黄潮土	淤土	上位夹砂淤土	1	0~18	浅红棕色	轻黏土	小块状	8.4	11.4	0.87	0.67	22.5	5.0	205	7.3	近河相沉积物	E 116°05′36.2″ N 33°34′25.7″	95
						2	18~34	暗红棕色	中壤土	片状	8.5	8.8	0.67	0.57	21.4	2.0	145	15.8			
						3	34~69	棕黄色	砂壤土	板状	8.6	1.9	0.17	0.53	23.9	≤1.0	28				
						4	69~78	浅红棕黄色	中壤土	片状	8.5	5.8	0.44	0.63	23.9	≤1.0	94				
						5	78~90	红棕黄色	中壤土	块状	8.5		0.26	0.40	21.4	≤1.0	58				
						6	90~130	灰棕色	中壤土	块状	8.5		0.44	0.59	23.6	≤1.0	130				
剖26	半水成土	潮土	黄潮土	淤土	红花淤土	1	0~18	暗红棕色	轻黏土	碎粒状	8.3	16.4	1.12	0.92	20.5	14.0	278	16.9	近河相沉积物	E 116°12′36.9″ N 33°33′30.1″	95
						2	18~26	暗红棕色	中壤土	小块状	8.3	13.1	1.02	0.77	20.3	4.0	223	17.3			
						3	26~96	红棕色	中壤土	块状	8.3	8.1	0.70	0.64	19.2	3.0	141	16.4			
						4	96~130	暗棕色	重黏土	块状	8.5	8.9	0.74	0.61	22.4	3.0	179	21.8			
剖27	半水成土	潮土	黄潮土	淤土	漏风淤土	1	0~18	灰红棕色	轻黏土	小块状	8.2	14.1	1.07	0.67	22.8	4.0	253	22.0	近河相沉积物	E 116°14′08.3″ N 33°31′09.4″	95
						2	16~27	灰红棕色	轻黏土	块状	8.4	12.8	0.92	0.64	22.8	4.0	200	22.6			
						3	27~76	红棕色	中黏土	大块状	8.5	10.1	0.84	0.61	24.3	3.0	197	27.5			
						4	76~119	暗红棕色	重黏土	大块状	8.5	9.7	0.36	0.58	25.5	2.0	190	25.2			

续表 Continued

剖面号 Soil profile	土纲 Soil order	土类 Soil great group	亚类 Soil subgroup	土属 Soil genus	土种 Soil species	土层码 Layer code	土层厚度 Depth/cm	颜色 Soil color	质地 Soil texture	土壤结构 Soil structure	pH	有机质 OM/(g/kg)	全氮 TN/(g/kg)	全磷 TP/(g/kg)	全钾 TK/(g/kg)	有效磷 AP/(mg/kg)	速效钾 AK/(mg/kg)	阳离子交换量 CEC/(cmol/kg)	土壤母质 Parent material	剖面点坐标 Profile coordinate	匹配指数 Matching index/%
剖28	半水成土	潮土	黄潮土	砂土	砂土	1	0—18	灰棕黄色	中壤土	细粒状	8.2	12.8	0.79	1.26	20.3	10.0	198	8.2	黄泛沉积物	E 116°14′54.2″ N 33°29′50.1″	75
						2	18—25	灰棕黄色	轻壤土	细粒状	8.5	7.4	0.52	1.08	20.0	5.0	110	7.4			
						3	25—47	棕黄色	轻壤土	片状	8.6	4.2	0.33	0.74	17.1	3.0	66	5.5			
						4	47—74	浅棕黄色	轻壤土	片状	8.6	3.9	0.36	0.65	18.3	3.0	56	3.5			
						5	74—130	灰棕黄色	轻壤土	片状	8.6	3.0	0.26	0.24	17.9	3.0	52	3.0			
剖29	半水成土	砂姜黑土	砂姜黑土	黑土	青黑土	1	0—19	浅黄棕色	重壤土	屑粒状	8.0	15.2	0.98	0.64	18.3	12.0	224	20.5	黄土性古河流沉积物	E 116°07′30.0″ N 33°23′42.6″	95
						2	19—28	灰棕色	重壤土	小块状	8.1	12.9	0.86	0.63	17.6	5.0	156	20.8			
						3	28—85	灰色	重壤土	块状	8.6	9.7	0.46	1.25	17.8	4.0	188	24.6			
						4	85—140	灰黄色	中壤土	棱柱状	8.7	4.5	0.34	0.82	17.2	5.0	168	18.2			
剖30	半水成土	潮土	黄潮土	两合土	下位夹淤两合土	1	0—18	浅棕黄色	中壤土	小粒状	8.2	12.0	0.86	0.74	20.4	7.0	165	11.8	黄泛沉积物	E 116°20′32.9″ N 33°45′34.6″	75
						2	18—27	灰棕黄色	中壤土	碎块状	8.4	11.6	0.84	0.73	19.0	5.0	147	13.8			
						3	27—61	浅棕黄色	中壤土	小块状	8.4	6.9	0.56	0.62	19.7	4.0	96	10.4			
						4	61—120	灰棕黄色	轻壤土	块状	8.5	7.9	0.63	0.52	21.9	3.0	176	21.2			
剖31	半水成土	潮土	黄潮土	淤土	间河淤土	1	0—18	浅红棕色	重壤土	块状	8.3	14.2	1.12	0.75	21.6	8.0	204	17.4	远河相沉积物	E 116°25′48.5″ N 33°43′31.1″	75
						2	18—25	暗红棕色	重壤土	小块状	8.3	12.9	0.96	0.65	20.1	6.0	169	16.9			
						3	25—52	暗棕色	黏土	块状	8.5	7.8	0.74	0.50	21.2	4.0	139	16.9			
						4	52—65	浅棕色	黏土	片状	8.5	4.7	0.40	0.59	18.6	3.0	58	8.1			
						5	65—77	红棕色	轻黏土	块状	8.5	7.8	0.68	0.57	21.2	2.0	95	15.6			
						6	77—100	灰棕黄色	砂壤土	片状	8.7	2.0	0.16	0.62	18.1	2.0	26	4.4			
剖32	半水成土	砂姜黑土	砂姜黑土	黑姜土	瘦黑姜土	A	0—15	棕灰色	壤质黏土	屑粒状	8.1	15.4	1.01	0.54	18.9	7.0	247	32.3	黄土性古河流沉积物	E 116°26′09.2″ N 33°40′56.4″	81
						Ap	15—24	棕灰色	黏土	碎块状	7.9	13.6	0.92	0.54	18.8	4.0	189	22.0			
						Bv	24—58	深灰色	黏土	块状	8.2	11.2	0.72	0.54	19.2	3.0	210	27.2			
						C	58—102	灰黄褐色	壤质黏土	棱柱状	8.2	9.1	0.66	0.52	18.9	2.0	193	25.5			
剖33	半水成土	砂姜黑土	砂姜黑土	山淤土	山淤黑土	1	0—17	浅灰黄棕色	重壤土	小粒状	8.1	11.4	0.84	0.38	19.5	5.0	132	19.2	黄土性古河流沉积物	E 116°21′25.3″ N 33°35′30.1″	95
						2	17—25	浅灰黄棕色	重壤土	小块状	8.3	11.2	0.82	0.40	19.6	3.0	121	19.9			
						3	25—37	浅棕黄色	重壤土	块状	8.0	8.9	0.68	0.33	19.1	2.0	121	22.5			
						4	37—46	灰色	轻壤土	块状	8.0	7.0	0.56	0.27	17.8	2.0	129	25.1			
						5	46—140	灰黄色	重壤土	棱柱状											
剖34	半水成土	潮土	黄潮土	砂土	青砂土	1	0—22	棕灰色	中壤土	粒状	8.2	9.9	0.72	0.81	20.2	14.0	175	8.3	黄泛沉积物	E 116°15′48.1″ N 33°30′54.9″	75
						2	22—32	棕灰色	轻壤土	小碎块状	8.2	4.1	0.36	0.75	19.3	3.0	79	5.9			
						3	32—71	棕灰色	中壤土	块状	8.2	4.0	0.32	0.61	19.2	3.0	71	4.9			
						4	71—80	灰黄棕色	中壤土	片状	8.6	6.0	0.56	0.38	26.0	≤1.0	125	15.0			
						5	80—100	浅灰黄棕色	中壤土	片状	8.6			0.39	20.5	≤1.0	76	8.7			
						6	100—120	浅灰黄棕色	砂壤土	片状	8.8				21.8	≤1.0	46	13.1			
剖35	半水成土	潮土	黄潮土	砂土	青砂土	1	0—17	灰色	轻壤土	细粒状	8.2	10.1	0.66	1.27	23.1	12.0	109	7.7	黄泛沉积物	E 116°15′24.8″ N 33°30′12.0″	75
						2	17—23	黄灰色	重壤土	粒状	8.2	8.1	0.56	0.85	19.0	10.0	94	6.1			
						3	23—37	黄灰色	轻壤土	棱柱状	8.6	3.1	0.24	0.57	18.0	4.0	36	3.7			
						4	37—86	灰白色	中壤土	片状	8.8	1.3	0.13	0.56	20.0	5.0	46	2.0			
						5	86—150	灰黄色	中壤土	片状	8.6	3.0	0.24	0.58	21.8	4.0	76	5.4			
剖36	半水成土	砂姜黑土	砂姜黑土	砂姜土	砂姜土	1	0—15	黄灰色	中壤土	细粒状	8.5	8.4	0.54	0.49	16.2	19.0	179	18.5	黄土性古河流沉积物	E 116°18′19.6″ N 33°32′03.4″	95
						2	15—25	黄灰棕色	重壤土	棱柱状	8.5	7.4	0.52	0.44	17.3	2.0	132	18.6			
						3	25—120	灰棕色	重壤土	屑粒状	8.6	4.0	0.30	0.38	17.4	≤1.0	110	15.6			
剖37	半水成土	砂姜黑土	砂姜黑土	青白土	青白土	1	0—17	灰色	重壤土	块状	8.2	11.1	0.76	0.50	15.2	5.0	150	18.7	黄土性古河流沉积物	E 116°27′29.8″ N 33°32′58.1″	95
						2	17—25	浅灰白色	重壤土	块状	8.3	7.7	0.58	0.44	14.5	3.0	104	18.3			
						3	25—44	灰白色	重壤土	棱柱状	8.2	7.9	0.57	0.38	15.0	3.0	120	25.3			
						4	44—120	灰黄色	重壤土	棱柱状	8.2	5.0	0.40	0.40	17.4	2.0	147	20.8			

续表 Continued

剖面号 Soil profile	土纲 Soil order	土类 Soil great group	亚类 Soil subgroup	土属 Soil genus	土种 Soil species	土层码 Layer code	土层厚度 Depth/cm	颜色 Soil color	质地 Soil texture	土壤结构 Soil structure	pH	有机质 OM/(g/kg)	全氮 TN/(g/kg)	全磷 TP/(g/kg)	全钾 TK/(g/kg)	有效磷 AP/(mg/kg)	速效钾 AK/(mg/kg)	阳离子交换量CEC/(cmol/kg)	土壤母质 Parent material	剖面点坐标 Profile coordinate	匹配指数 Matching index/%
剖38	半水成土	砂姜黑土	砂姜黑土	淤黑土	淤黑土	1	0—18	暗红棕色	重壤土	小粒状									黄土性古河流沉积物	E 116°29′02.1″ N 33°30′52.2″	95
						2	18—29	浅红棕色	轻黏土	块状											
						3	29—39	暗棕色	重壤土	块状											
						4	39—66	灰黄色	重壤土	棱柱状											
						5	66—140	浅灰黄色	重壤土	棱柱状											
剖39	半水成土	砂姜黑土	砂姜黑土	青白土	青土	1	0—18	灰白色	中壤土	屑粒状	8.4	12.3	0.77	0.55	16.0	6.0	173	13.8	黄土性古河流沉积物	E 116°22′30.0″ N 33°31′06.3″	95
						2	18—28	灰白色	中壤土	小碎块状	8.4	9.4	0.62	0.45	15.5	4.0	135	14.3			
						3	28—45	灰色	重壤土	块状	9.4	8.0	0.42	0.33	15.4	2.0	158	19.8			
						4	45—120	灰黄色	重壤土	棱柱状	9.1	3.8	0.24	0.28	16.0	≤1.0	98	15.8			
剖40	半水成土	潮土	黄潮土	砂土	下位夹淤砂土	1	0—18	灰棕黄色	轻壤土	细粒状	8.2	10.9	0.74	0.72	23.2	7.0	114	10.0	黄泛沉积物	E 116°17′03.5″ N 33°29′23.1″	75
						2	18—27	灰棕黄色	轻壤土	片状	8.3	8.5	0.60	0.62	22.2	4.0	90	10.2			
						3	27—50	灰棕色	砂壤土	片状	8.6	4.2	0.29	0.66	22.8	3.0	30	6.1			
						4	50—77	灰黄棕色	中壤土	片状	8.6	4.9	0.38	0.69	26.3	≤1.0	67	9.5			
						5	77—125	红黄色	轻壤土	大块状	8.5	8.6	0.65	0.60	24.2	2.0	167	23.9			
剖41	半水成土	潮土	黄潮土	砂土	砂土	1	0—18		中壤土		8.3	9.3	0.62	0.71	23.1	6.0	129	8.3	黄泛沉积物	E 116°20′06.9″ N 33°28′51.1″	75
						2	18—26		中壤土		8.4	8.0	0.56	0.71	10.7	5.0	108	7.4			
						3	26—59		中壤土		8.6	2.2	0.22	0.63	18.1	4.0	37	3.3			
						4	59—98		中壤土		8.7	2.2	0.22	0.60	23.1	4.0	44	4.5			
						5	98—140		轻壤土		8.7	2.0	0.24	0.65	19.1	4.0	68	5.4			
剖42	半水成土	砂姜黑土	砂姜黑土	黄土	黄土	1	0—16	浅灰黄色	重壤土	小粒状	8.1	13.2	0.87	0.52	18.5	6.0	219	22.6	黄土性古河流沉积物	E 116°21′09.2″ N 33°29′05.0″	95
						2	16—23	浅灰黄色	重壤土	小块状	8.2	8.6	0.58	0.36	12.5	3.0	119	23.3			
						3	23—40	灰黄色	重壤土	块状	8.2	7.1	0.50	0.24	12.9	2.0	119	23.7			
						4	40—130	灰黄色	中壤土	棱柱状	8.0	≤1.0	0.29	0.42	19.9	2.0	126	19.5			
剖43	半水成土	潮土	黄潮土	两合土	两合土	1	0—19	灰棕黄色	壤土	细粒状	8.3	12.1	0.92	0.79	21.7	7.0	192	20.7	黄泛沉积物	E 116°21′24.2″ N 33°25′31.2″	95
						2	19—31	棕黄色	壤土	碎块状	8.4	9.7	0.74	0.73	21.4	3.0	166	19.5			
						3	31—65	棕黄色	壤土	块状	8.2	8.0	0.65	0.65	21.4	2.0	161	18.9			
						4	65—90	棕黄色	壤土	柱状	8.5	7.7	0.66	0.60	23.3	2.0	136	19.8			
						5	90—120	灰黄色	重壤土	屑粒状	8.3	4.5	0.41	0.34	20.8	≤1.0	122	24.2			
剖44	半水成土	砂姜黑土	砂姜黑土	黑姜土	黑姜土	A11	0—16	灰色	壤质黏土	小块状	8.2	13.0	8.40	0.50	20.7	5.0		26.5	黄土性古河流沉积物	E 116°18′10.8″ N 33°27′12.4″	95
						A12	16—24	灰色	壤质黏土	小块状	8.3	13.0	8.50	0.60	20.0	3.0		25.3			
						AC	24—53	灰色	壤质黏土	棱块状	7.9	9.5	0.70	0.50	18.9	≤1.0		28.3			
						Ck	53—120	亮黄棕色	壤质黏土	棱块状	8.5	4.3	0.40	0.40	16.8	2.0		15.2			

蒙 城 县

主要土类说明

砂姜黑土是蒙城县主要土壤类型，占本县地域面积的 76%。该土壤是本县一个比较古老的耕作土壤，由古河湖相沉积物发育而成。在成土过程中，经过了草甸潜育化和脱潜旱耕熟化两个阶段。这一地区在全新世中期排水条件较差，气候较前期转暖，生长着温湿性草本植物，而且成土母质又富含游离碳酸钙，在季节性干湿交替的条件下，土壤产生了潜育化和碳酸钙淋溶淀积作用，在土体内形成了黑土层（或淡黑土层）和砂姜层这两个基本层段。黑土层是在积水和湿润的条件下，植物在暖湿的嫌气条件下腐烂分解，有机质累积，暗色的胶体腐殖质多易被土粒所吸附，使土壤呈黑色，但其有机质含量并不高，一般在 1% 左右。黑土层的厚度多为 20—40cm，质地以黏土为主，很少有石灰反应，土壤呈中性至微碱性，pH 一般在 7.5 左右。砂姜黑土中含有许多大小、形态不一的钙质结核，它们聚集成层，一般在 50—70cm 处即可出现。从剖面中观察，多数仅有一层钙质结核，但也有数层间隔分布，甚至连续多层分布的。根据钙质结核的发育程度，可分为雏形钙质结核、完形钙质结核和钙质硬盘三大类型。砂姜黑土在形成过程中，不仅有碳酸钙的淋溶淀积，同时还伴随有铁、锰等物质的淋溶和淀积，形成锈斑和铁锰结核，并在结构面上出现浅灰色的胶膜。在草甸潜育和旱耕熟化脱潜过程中，受季节性干湿气候条件及地形和地下水的影响，在局部洼地上砂姜黑土产生碱化现象，形成碱化砂姜黑土。

黄褐土是蒙城县第二大土壤类型，占本县地域面积的 14%。黄褐土由较细粒的黄土状母质发育而成，多组成丘岗。土体中游离碳酸钙已不复存在，土壤呈灰黄棕色，具 A–B–C 或 A–Bt–C 剖面构型，在底部可散见圆形石灰结核。黄褐土黏化淀积明显，B 层黏聚，有时呈黏盘，黏粒硅铝率在 3.0 左右，表层 pH 为 6.0—6.8，底层 pH 为 7.5，盐基饱和度由表层向底层逐渐趋向饱和。

潮土是蒙城县第三大土壤类型，占本县地域面积的 8%，分布在涡河两岸各地，系近代黄泛冲积物上形成的一类土壤。由于黄河多次泛滥，并受水流分选作用，冲积物大多沿河床呈紧砂慢淤的分配规律。土壤富含石灰质，pH 多在 8.0 左右，地下水矿化度小于 1g/L。成土过程包括潮化和旱耕熟化。潮化过程是由地下水借毛管作用上下运动，引起土壤氧化还原作用交替发生的过程，其促进了土壤内矿物质的溶解、积累和沉淀，并在剖面的中下部形成了各种色泽的锈纹、锈斑和铁锰结核等新生体。

小于本县地域面积 3% 的土壤类型还有石灰（岩）土等。

本区域中心区气候特征

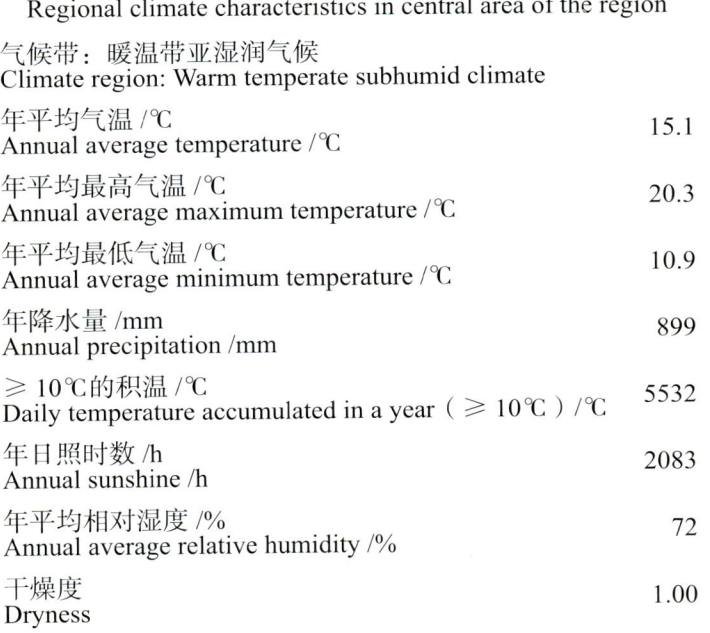

本区域中心区气候特征值
Regional climate characteristics in central area of the region

气候带：暖温带亚湿润气候 Climate region: Warm temperate subhumid climate	
年平均气温 /℃ Annual average temperature /℃	15.1
年平均最高气温 /℃ Annual average maximum temperature /℃	20.3
年平均最低气温 /℃ Annual average minimum temperature /℃	10.9
年降水量 /mm Annual precipitation /mm	899
≥10℃的积温 /℃ Daily temperature accumulated in a year (≥10℃) /℃	5532
年日照时数 /h Annual sunshine /h	2083
年平均相对湿度 /% Annual average relative humidity /%	72
干燥度 Dryness	1.00

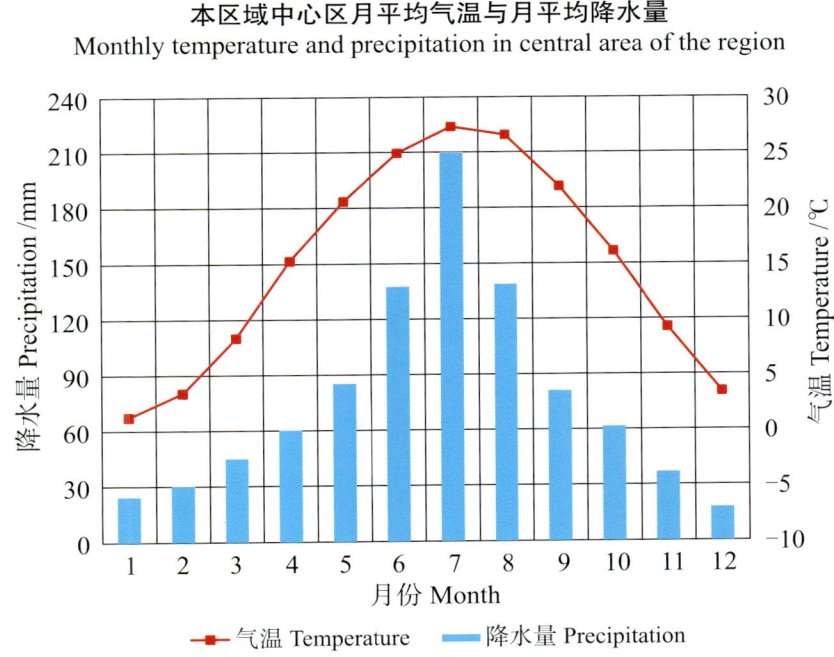

本区域中心区月平均气温与月平均降水量
Monthly temperature and precipitation in central area of the region

蒙城县主要土壤类型与土壤剖面点分布图
1 : 240 000

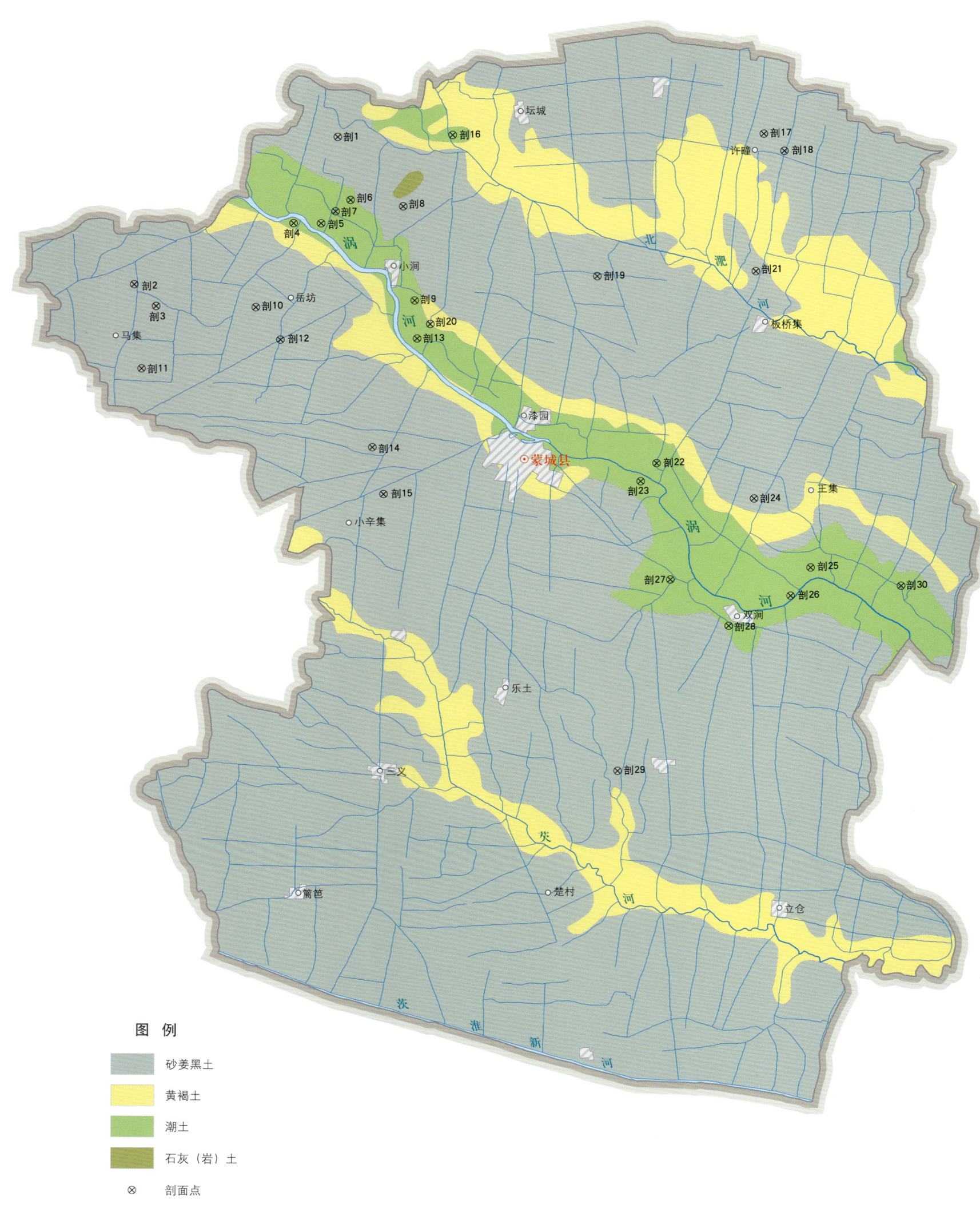

蒙城县土壤剖面理化性状表

剖面号 Soil profile	土纲 Soil order	土类 Soil great group	亚类 Soil subgroup	土属 Soil genus	土种 Soil species	土层码 Layer code	土层厚度 Depth/cm	颜色 Soil color	质地 Soil texture	土壤结构 Soil structure	pH	有机质 OM/(g/kg)	全氮 TN/(g/kg)	全磷 TP/(g/kg)	全钾 TK/(g/kg)	有效磷 AP/(mg/kg)	速效钾 AK/(mg/kg)	阳离子交换量 CEC/(cmol/kg)	土壤母质 Parent material	剖面点坐标 Profile coordinate	匹配指数 Matching index/%
剖1	半水成土	砂姜黑土	砂姜黑土	黄土	黄土	1	0—17	棕黄色	重壤土	屑粒状	6.8								黄土性古河流沉积物	E 116°26′41.4″ N 33°25′48.7″	95
						2	17—27	浅灰黄色	重壤土	小块状	7.0										
						3	27—53	灰黄色	轻黏土	棱柱状	7.4										
						4	53—96	浅灰黄色	重壤土	棱柱状	8.2										
						5	96—120	灰黄色	轻壤土	棱柱状	7.8										
剖2	半水成土	砂姜黑土	砂姜黑土	青白土	白滩土	1	0—17	灰白色	轻壤土	屑粒状	8.2								古河湖相沉积物	E 116°19′24.9″ N 33°21′11.8″	95
						2	17—27	灰白色	中壤土	碎块状	8.2										
						3	27—42	灰白色	中壤土	块状	8.2										
						4	42—59	黄灰色	中壤土	棱柱状	8.5										
						5	59—80	灰黄色	中壤土	棱柱状	8.5										
						6	80—113	黄灰色	重壤土	棱柱状	8.5										
剖3	半水成土	砂姜黑土	砂姜黑土	黑土	黑土	1	0—19	暗黄色	重壤土	碎块状	7.1								古河湖相沉积物	E 116°20′12.3″ N 33°20′31.5″	95
						2	19—22	暗黑色	重壤土	小块状	7.6										
						3	22—45	黑色	重壤土	棱块状	7.7										
						4	45—55	浅黑色	重壤土	棱块状	7.8										
						5	55—120	浅灰黄色	轻壤土	棱柱状	7.8										
剖4	半水成土	潮土	黄潮土	两合土	下位夹淤两合土	1	0—20	浅灰棕色	中壤土	屑粒状	8.5								近代黄泛冲积物	E 116°25′07.0″ N 33°23′07.2″	95
						2	20—31	棕黄色	重壤土	碎块状	8.7										
						3	31—64	浅灰黄色	重壤土	小块状	8.6										
						4	64—80	浅灰黄色	重壤土	状状	8.7										
						5	80—100	红棕色	重壤土	片状	8.1										
						6	100—140	灰黄色	轻壤土	屑粒状	8.7										
剖5	半水成土	潮土	黄潮土	两合土	上位夹砂两合土	1	0—20	浅黄棕色	轻壤土	碎粒状	8.6								近代黄泛冲积物	E 116°26′06.5″ N 33°23′07.0″	95
						2	20—37	浅灰黄色	紧砂土	单粒状	8.5										
						3	37—72	灰黄色	紧砂土	单粒状	8.7										
						4	72—105	红棕色	中黏土	块状	8.6										
						5	105—133	红棕色	中壤土	块状	8.6										
						6	133—150	黄棕色	轻壤土		8.2										
剖6	半水成土	潮土	黄潮土	两合土	上位夹砂两合土	1	0—17	棕黄色	中壤土	小块状	8.6								近代黄泛冲积物	E 116°27′09.5″ N 33°23′51.2″	95
						2	17—25	红棕色	重壤土	块状	8.6										
						3	25—47	黄棕色	轻黏土	碎块状	8.6										
						4	47—80	浅棕黄色	轻壤土	块状	8.6										
						5	80—92	红棕色	砂壤土	碎块状	8.5										
						6	92—140	黄棕色	中壤土	碎块状	8.2										
剖7	半水成土	潮土	黄潮土	淤土	上位夹砂淤土	1	0—16	黄棕色	重壤土	碎粒状	8.3								近代黄泛冲积物	E 116°26′36.9″ N 33°23′29.7″	75
						2	16—26	红棕色	重壤土	小块状	8.3										
						3	26—44	浅棕黄色	中壤土	块状	8.4										
						4	44—78	灰黄色	砂壤土	单粒状	8.3										
						5	78—92	灰黄色	轻壤土	碎粒状	8.1										
						6	92—110	淡黄色	砂壤土	单粒状	8.0										

续表 Continued

剖面号 Soil profile	土纲 Soil order	土类 Soil great group	亚类 Soil subgroup	土属 Soil genus	土种 Soil species	土层码 Layer code	土层厚度 Depth/ cm	颜色 Soil color	质地 Soil texture	土壤结构 Soil structure	pH	有机质 OM/ (g/kg)	全氮 TN/ (g/kg)	全磷 TP/ (g/kg)	全钾 TK/ (g/kg)	有效磷 AP/ (mg/kg)	速效钾 AK/ (mg/kg)	阳离子 交换量CEC/ (cmol/kg)	土壤母质 Parent material	剖面点坐标 Profile coordinate	匹配指数 Matching index/%
剖8	半水成土	砂姜黑土	砂姜黑土	黄土	黄白土	1	0—15	浅黄色	轻壤土	屑粒状	8.2								黄土性古河流沉积物	E 116°29′02.3″ N 33°23′39.5″	95
						2	15—25	浅黄色	轻壤土	碎块状	8.2										
						3	25—39	浅灰黄色	中壤土	小块状	8.2										
						4	39—54	灰黄色	中壤土	棱柱状	8.8										
						5	54—92	黄灰色	中壤土	棱柱状	8.2										
						6	92—130	红棕色	重壤土	棱柱状	7.7										
剖9	半水成土	潮土	黄潮土	淤土	间层红花淤土	1	0—18	浅灰黄色	砂壤土	屑粒状	8.2								近代黄泛冲积物	E 116°29′28.1″ N 33°20′44.8″	75
						2	18—37	棕黄色	重壤土	碎粒状	8.3										
						3	37—64	棕黄色	砂壤土	单粒状	8.2										
						4	64—72	棕黄色	重壤土	片状	8.2										
						5	72—87	棕黄色	轻壤土	单粒状	8.1										
						6	87—110	红棕色	轻壤土	大块状	8.1										
剖10	半水成土	砂姜黑土	砂姜黑土	黑姜土	黄姜土	A_{11}	0—17	淡黄色	壤质黏土	屑粒状	7.4	8.9	0.70	0.30	16.7	7.0	142	20.4	黄土性古河流沉积物	E 116°23′46.6″ N 33°20′30.8″	95
						A_{12}	17—25	黄灰色	壤质黏土	小块状	7.6	9.4	0.70	0.50	16.6	5.0	125	22.5			
						C	25—38	淡黄色	黏土	块状	7.9	8.0	0.80	0.50	19.0		166	24.7			
						Ck	38—100	黄褐色	壤质黏土	棱柱状	8.0	4.4	0.40	0.30	19.4		131	14.5			
剖11	半水成土	砂姜黑土	砂姜黑土	淤黑土	挂淤黑土	1	0—16	棕灰黄色	重壤土	屑粒状	8.6								古河湖相沉积物	E 116°19′42.0″ N 33°18′35.6″	95
						2	16—29	灰黄色	重壤土	碎块状	8.5										
						3	29—50	黄灰色	重壤土	棱柱状	8.4										
						4	50—72	灰黄色	重壤土	棱柱状	8.5										
						5	72—104	灰棕黄色	重壤土	棱柱状	8.6										
						6	104—150	浅灰黄色	重壤土	棱柱状	8.4										
剖12	半水成土	砂姜黑土	砂姜黑土	黄姜土	黄姜土	A	0—17	淡黄色	壤质黏土	屑粒状	7.4	8.9	0.68	0.32	16.7	7.0	142	20.4	黄土性古河流沉积物	E 116°24′39.7″ N 33°19′31.0″	81
						Ap	17—25	黄灰色	壤质黏土	小块状	7.6	9.4	0.68	0.47	16.6	5.0	125	22.5			
						Bv	25—38	淡黄色	黏土	块状	7.9	8.0	0.75	0.22	19.0	≤1.0	166	24.7			
						C	38—100	黄褐色	壤质黏土	棱柱状	8.0	4.4	0.37	0.33	19.5	≤1.0	131	14.5			
剖13	半水成土	潮土	黄潮土	两合土	菜园两合土	1	0—20	浅灰黄色	中壤土	屑粒状	8.4								近代黄泛冲积物	E 116°29′33.3″ N 33°19′34.7″	75
						2	20—38	黄灰色	轻壤土	小块状	8.3										
						3	38—60	灰黄色	轻壤土	小块状	8.4										
						4	60—88	浅棕黄色	重壤土	粒状	8.4										
剖14	半水成土	砂姜黑土	砂姜黑土	淤黑土	红花淤黑土	1	0—18	红棕色	重壤土	小碎块状	8.5								古河湖相沉积物	E 116°27′57.9″ N 33°16′10.7″	95
						2	18—28	黄棕色	重壤土	块状	8.7										
						3	28—44	浅灰黄色	重壤土	柱状	8.7										
						4	44—58	灰黄色	轻壤土	棱柱状	8.6										
						5	58—95	灰黄色	轻壤土	棱柱状	≥10.0										
						6	95—150	灰白色	轻壤土	粉粒状	≥10.0										
剖15	半水成土	砂姜黑土	碱化砂姜黑土	白碱土	死碱土	1	0—5	黑色	重壤土	粉粒状	≥10.0								古河湖相沉积物	E 116°28′22.9″ N 33°14′43.6″	95
						2	5—15	浅灰黄色	重壤土	小块状	8.6										
						3	15—30	黄灰色	重壤土	块状	≥10.0										
						4	30—74	浅灰黄色	重壤土	棱柱状	9.7										
						5	74—105	黄灰色	重壤土	棱柱状	9.2										
						6	105—150	棕黄色	重壤土	棱柱状											

续表 Continued

剖面号 Soil profile	土纲 Soil order	土类 Soil great group	亚类 Soil subgroup	土属 Soil genus	土种 Soil species	土层码 Layer code	土层厚度 Depth/cm	颜色 Soil color	质地 Soil texture	土壤结构 Soil structure	pH	有机质 OM/(g/kg)	全氮 TN/(g/kg)	全磷 TP/(g/kg)	全钾 TK/(g/kg)	有效磷 AP/(mg/kg)	速效钾 AK/(mg/kg)	阳离子交换量CEC/(cmol/kg)	土壤母质 Parent material	剖面点坐标 Profile coordinate	匹配指数 Matching index/%
剖16	半水成土	潮土	黄潮土	两合土	两合土	1	0—18	浅棕黄色	中壤土	屑粒状	8.5								近代黄泛冲积物	E 116°30′48.3″ N 33°25′53.3″	95
						2	18—28	浅棕黄色	中壤土	碎块状	8.7										
						3	28—47	棕黄色	轻壤土	碎块状	8.6										
						4	47—75	棕黄色	轻壤土	小块状	8.7										
						5	75—100	棕黄色	中壤土	单粒状	8.8										
						6	100—140	淡黄色	砂壤土	单粒状	8.7										
剖17	半水成土	砂姜黑土	砂姜黑土	青白土	青白土	1	0—16	浅灰色	中壤土	屑粒状	8.0								古河湖相沉积物	E 116°41′58.3″ N 33°25′57.8″	95
						2	16—26	浅灰色	中壤土	碎块状	8.1										
						3	26—38	灰白色	中壤土	小块状	8.1										
						4	38—50	浅灰黄色	中壤土	棱柱状	8.0										
						5	50—70	黄灰黄色	中壤土	棱柱状	8.1										
						6	70—120	黄灰黄色	重壤土	棱柱状	8.1										
剖18	半水成土	砂姜黑土	砂姜黑土	淤黑土	薄淤淡黑土	1	0—16	黄棕色	重壤土	屑粒状	8.6								古河湖相沉积物	E 116°42′42.7″ N 33°25′26.2″	95
						2	16—25	黄棕色	重壤土	碎块状	8.6										
						3	25—47	暗黄棕色	重壤土	棱块状	8.2										
						4	47—67	浅灰黄色	重壤土	棱柱状	8.3										
						5	67—105	浅灰黄色	重壤土	棱柱状	8.3										
						6	105—150	灰黄色	中壤土	棱柱状	8.4										
剖19	半水成土	砂姜黑土	砂姜黑土	黑土	黄黑土	1	0—17	黄黄色	重壤土	屑粒状	7.5								古河湖相沉积物	E 116°36′00.3″ N 33°21′31.4″	81
						2	17—28	黄黄色	重壤土	碎块状	7.7										
						3	28—50	暗黄色	重壤土	小块状	7.8										
						4	50—72	灰黄色	重壤土	棱柱状	8.0										
						5	72—110	淡黄色	轻壤土	屑粒状	8.1										
剖20	半水成土	潮土	黄潮土	两合土	下位夹砂两合土	1	0—18	黄棕色	中壤土	碎块状	8.0								近代黄泛冲积物	E 116°36′01.5″ N 33°20′01.7″	75
						2	18—28	棕黄色	中壤土	小块状	8.2										
						3	28—58	暗黄棕色	轻壤土	棱柱状	8.3										
						4	58—69	浅黄棕色	轻壤土	单粒状	8.4										
						5	69—98	灰黄色	紧砂土	单粒状	8.5										
						6	98—126	浅黄灰色	紧砂土	粉粒状	9.4										
剖21	半水成土	砂姜黑土	碱化砂姜黑土	白碱土	活碱土	1	0—18	灰白色	中壤土	碎块状	8.7								古河湖相沉积物	E 116°41′41.4″ N 33°21′41.8″	95
						2	18—25	暗灰色	重壤土	小块状	9.1										
						3	25—43	浅黄棕色	重壤土	柱状	8.4										
						4	43—71	灰黄色	重壤土	柱状	8.4										
剖22	半水成土	潮土	黄潮土	砂土	砂土	1	0—18	黄黄色	砂壤土	单粒状	8.3								近代黄泛冲积物	E 116°38′08.9″ N 33°15′43.8″	95
						2	18—27	浅黄色	砂壤土	屑块状	8.6										
						3	27—46	灰灰色	砂壤土	单粒状	8.7										
						4	46—90	黄黄色	紧砂土	柱状	8.5										
						5	90—115	淡灰黄色	重壤土	小块状	8.1										
						6	115—132	灰黄色	轻壤土	碎块状	8.6										

续表 Continued

剖面号 Soil profile	土纲 Soil order	土类 Soil great group	亚类 Soil subgroup	土属 Soil genus	土种 Soil species	土层码 Layer code	土层厚度 Depth/cm	颜色 Soil color	质地 Soil texture	土壤结构 Soil structure	pH	有机质 OM/(g/kg)	全氮 TN/(g/kg)	全磷 TP/(g/kg)	全钾 TK/(g/kg)	有效磷 AP/(mg/kg)	速效钾 AK/(mg/kg)	阳离子交换量CEC/(cmol/kg)	土壤母质 Parent material	剖面点坐标 Profile coordinate	匹配指数 Matching index/%
剖23	半水成土	潮土	黄潮土	淤土	下位夹砂淤土	1	0~16	暗黄棕色	重壤土	碎块状	8.3								近代黄泛冲积物	E 116°37′34.9″ N 33°15′09.9″	95
						2	16~28	棕色	重壤土	块状	8.4										
						3	28~44	红棕色	轻壤土	块状	8.5										
						4	44~60	黄棕色	中壤土	小块状	8.5										
						5	60~86	浅棕黄色	砂壤土	碎块状	8.6										
						6	86~112			单粒状	8.6										
剖24	半水成土	砂姜黑土	砂姜黑土	淤黑土	山淤黑土	1	0~17	黄棕色	重壤土	屑粒状	6.7								古河湖相沉积物	E 116°41′38.2″ N 33°14′39.1″	95
						2	17~27	黄棕色	重壤土	小块状	7.4										
						3	27~46	灰棕色	轻壤土	块状	7.0										
						4	46~80	暗黑色	中壤土	棱柱状	8.2										
						5	80~110	灰黄色	重壤土	棱柱状	8.2										
剖25	半水成土	潮土	黄潮土	淤土	坡黄底红花淤土	1	0~18	红棕色	轻壤土	团粒状	8.3								近代黄泛冲积物	E 116°43′40.3″ N 33°12′31.6″	95
						2	18~27	浅红棕色	轻黏土	碎块状	8.5										
						3	27~50	红棕色	轻黏土	块状	8.5										
						4	50~66	浅棕黄色	中壤土	小块状	8.4										
						5	66~90	姜黄色	中壤土	棱块状	8.4										
						6	90~120	棕黄色	重壤土	块状	8.5										
剖26	半水成土	潮土	黄潮土	淤土	淤土	1	0~16	黄棕色	轻壤土	屑粒状	8.2								近代黄泛冲积物	E 116°42′57.9″ N 33°11′39.0″	95
						2	16~29	黄棕色	中黏土	碎块状	8.3										
						3	29~73	红棕色	中黏土	小块状	8.4										
						4	73~94	红棕色	中黏土	小块状	8.8										
						5	94~122	红棕色	轻壤土	块状	8.0										
						6	122~150	灰黄色	砂壤土	大块状	8.7										
剖27	半水成土	潮土	黄潮土	砂土	上位夹淤砂土	1	0~16	灰黄色	砂壤土	屑粒状	8.0								近代黄泛冲积物	E 116°38′39.4″ N 33°12′08.0″	75
						2	16~27	灰黄色	砂壤土	屑粒状	8.3										
						3	27~39	浅灰黄色	砂壤土	碎块状	8.2										
						4	39~51	浅棕黄色	重壤土	块状	8.2										
						5	51~73	浅棕黄色	中壤土	粒状	8.2										
						6	73~120	黄棕色	重壤土	块状	8.2										
剖28	半水成土	潮土	黄潮土	淤土	坡黄底淤土	1	0~17	黄棕色	中壤土	碎块状	8.3								近代黄泛冲积物	E 116°40′45.2″ N 33°10′42.8″	95
						2	17~30	黄棕色	中壤土	碎块状	8.0										
						3	30~51	红棕色	中壤土	小块状	8.2										
						4	51~65	浅黄棕色	中壤土	棱柱状	8.3										
						5	65~101	姜黄色	重壤土	棱柱状	8.1										
						6	101~150	黄棕色	重壤土	块状	8.1										
剖29	半水成土	砂姜黑土	砂姜黑土	青白土	青土	1	0~18	青灰色	中壤土	屑粒状	7.0								古河湖相沉积物	E 116°36′48.1″ N 33°06′10.2″	95
						2	18~29	青灰色	重壤土	碎块状	7.6										
						3	29~67	浅灰黄色	重壤土	小块状	7.6										
						4	67~105	暗黄灰色	重壤土	柱状	8.0										
						5	105~120	灰黄色	重壤土	棱柱状	8.0										
剖30	半水成土	潮土	黄潮土	淤土	黑底淤土	1	0~14	黄棕色	轻黏土	碎块状	8.4								近代黄泛冲积物	E 116°46′54.8″ N 33°11′58.4″	95
						2	14~24	浅红棕色	轻黏土	碎块状	8.4										
						3	24~43	红棕色	中壤土	块状	8.3										
						4	43~61	黄棕色	轻壤土	小块状	8.4										
						5	61~76	灰棕色	重壤土	块状	8.4										
						6	76~120	黄黑色	重壤土	块状	8.3										

池 州 市

东 至 县

主要土类说明

红壤是东至县主要土壤类型，占本县地域面积的57%，遍布于本县海拔700m以下的低山、丘陵及盆缘高阶地上。红壤是本县生产林、茶、果、桑等多种经济作物的主要土壤，生产潜力很大。本县温暖湿润、热量丰富、雨量充沛，干湿季节交替较明显，这为红壤的形成提供了有利条件。其主要成土母质为泥页岩类，其次为第四纪红色黏土。主要自然植被是以壳斗科的青冈栎、石栎等组成的常绿阔叶林，人工松杉，茶树，毛竹及灌木丛。但广大的低丘岗地上的植被都已被破坏，林木残存无几，少量辟为农地。红壤是脱硅富铝化和生物富集两个过程长期作用的结果。本县红壤主要有黄红壤和红壤性土两个亚类。

水稻土是东至县第二大土壤类型，占本县地域面积的17%，集中分布在低山丘陵地区的盆地、岗、塝、垅、冲、坂，它是在人类水耕熟化过程中形成的一种特殊土壤，发育于全县各种成土母质上。在水耕熟化过程中，长期淹水、灌溉、耕耘、排水烤田、精整田面、轮作施肥，使土壤耕层具有一种特殊的软糊度，从而有利于水稻须根的生长。水稻土形成中有氧化还原交替、有机质的合成和分解、盐基淋溶和复盐基以及黏粒的积累和淋失等多个过程。水稻土有多种发生层分异：耕作层（A），是人为活动作用影响最大的层次，土层的厚度常受地形及耕作的影响，一般在10—20cm。在淹水条件下，除表层处于弱氧化状态外，大部分处于还原状态，与前身土壤比，有机质有所增加，一般为黄褐色、棕黄色等。较疏松、有机质含量高的土壤如青湖泥田、青扁石泥田，常有红褐色的斑块附着于土壤结构体表面上，一般沿根孔均有管状锈纹、片状锈斑。高产肥沃的耕作层，还可以出现有机铁络合物新生体，但颜色较暗。犁底层（P），是在耕作层以下，常受农机具压实和耕作层黏粒向下移动淀积形成的土层，厚度多在10cm左右，常受耕作措施的影响而变化。黏粒及有机质在此层聚集较多，容重较大，总孔隙度较小，多为小块状结构，具有托水作用，最理想的犁底层滞水而不渍水，渗水而不漏水。渗育层（W），在犁底层以下，由地表及地下水升降、土壤干湿交替、氧化还原作用形成，土体颜色较淡，有细小的斑纹，受干湿胀缩交替的影响而产生垂直节理，土壤结构体表面有灰色胶膜，本层厚度与水稻土形成时间的长短、土壤质地、灌溉水与地下水的作用强度关系较大。斑淀层（B），在渗育层之下，常受灌溉水和地下水共同作用。剖面上层迁移下来的物质受地下水承托，在此层停留下来，待灌溉水排干以后，地下水位下降，土壤呈氧化态，产生较多的新生体，锈纹、锈斑比渗育层锐减，而铁锰结核相对较多，多呈雏形，为锰的络合物。此层有时还可根据新生体的多少而续分 B_1、B_2，前者新生体少，后者多，为典型的斑淀层。潜育层（G）常受地下水长期浸渍，一般呈青灰色、软糊膏状，有较强的亚铁反应，但其性状还与水文、地形、母质人为耕作等因素有关。根据潜育化的强弱，可续分为 G_1、G_2 层。有时因排水不良、长期三熟制（稻-稻-肥）连作、浅耕灌水等不良因素的影响，水稻土在犁底层发生潜育化，土壤僵冷，稻苗迟发。将此层划为次生潜育层，用代号g表示，Pg即表示次生潜育，亦为犁底层。母质层是水稻土的起源土壤或沉积体被还原淋溶、氧化淀积和水稻熟化影响改变得很少的层段，保持着母质所固有的特征。根据发育程度、土壤的属性和水分类型及其他附加成土过程的不同等，本县水稻土分为淹育型、潴育型和潜育型三个亚类。

石灰（岩）土是东至县第三大土壤类型，占本县地域面积的6%，分布在洋湖、张溪等地的低岗、丘陵上。本县地形大部分是山麓坡地和山间的微起伏地，植被为热带、亚热带的常绿阔叶林和次生落叶阔叶林，主要为喜钙、耐钙作物。从石灰岩风化到发育成石灰（岩）土的过程中，其母岩风化以化学溶解作用为主。石灰岩组成以方解石为主，在含二氧化碳的降水和土壤水的影响下，水中所含的重碳酸根与岩中金属离子发生碳酸盐反应，产生重碳酸盐而随水流失，所以土层较浅薄。尽管母岩内有大量的碳酸盐，土壤中残留的碳酸盐却很少，土壤矿物组成和化学特性在很大程度上受母岩风化残留物质的制约。在亚热带气候条件下，石灰（岩）土的淋溶脱钙和淀积复钙作用反复进行。在基岩裸露的山丘，母岩溶解释放的碳酸盐，随水淋失而大量积聚在土壤中，但无碳酸盐新生体出现。在坡麓或溶蚀洼地中，风化物土堆积较厚，浅的剖面构型为A-C型，较厚的为A-B-C型。随着成土时间的增长而淋溶作用加强，土壤中游离态碳酸盐仅残留痕迹，反应由微碱性变成中性或微酸性。但总的说来，石灰土碳酸盐含量不高，所以脱硅富铝化作用微弱。在亚热带条件下，虽然石灰（岩）土风化和淋溶程度较高，但由于土壤脱钙作用反复进行，盐基成分尚未完全淋失，这延缓了脱硅富铝化作用的进行，土壤中黏土矿物以蛭石为主，高岭石和水云母次之。土体中常夹有石砾或较多的粗颗粒，据物理分析，大于1.0mm的粗颗粒A层占2.47%，B层占0.66%，剖面一般发育不良，多为A-B-C或A-C型，土石界线明显，土体颜色较均匀，表土层多为棕红色。土壤黏质，小颗粒状或棱块状结构，pH为6.0—7.8，但有的仍与扁石土呈复区分布。本县石灰（岩）土有棕色石灰土和红色石灰土两个亚类。

紫色土占东至县地域面积的5%。它是由紫色岩类风化物发育而成的一类岩性土壤，主要分布在本县泥溪、青山、昭潭、尧渡、官港、花园等地的丘陵岗地，多出现在紫色砂页岩和泥质页岩层次交替出现的地方。母岩中颗粒粗大，组织疏松，并含有石英粒，透水容易，好热性强，易受热胀冷缩的影响，进行物理分解剥落时易形成碎屑状物质，尤其在高温多雨季节特别是暴雨的冲刷下，极易随地表径流而流失，土层的侵蚀与堆积作用更为频繁。紫色土矿物质的化学风化微弱，不具有热带土壤的脱硅铝化作用。土壤处于幼年发育阶段，其粉砂粒部分中除石英外，尚有大量长石、云母等原生矿物颗粒。据统计，A层0.05—1.00mm的粗颗粒为35.5%，1—3mm的粗颗粒有21.45%，剖面一般无明显发生的层次，多为Ao-A-C构型，少数为A-B-C型，常有基岩裸露。全剖面为紫红色，色泽较均，呈粒状结构。土壤pH在4.8左右，呈酸性，盐基饱和度在14.9%左右。

潮土占东至县地域面积的4%，是本县主要的耕作土壤，是经过不同沉积方式堆积起来的砂质、壤质和黏质的沉积物，经地下水参与和人们长期耕种熟化发育而形成的耕作土壤。本县潮土主要形成于长江沉积物、河流沉积物及湖相沉积物上。因此，沉积物作为土壤母质的基础，形成潮土的物质。特别是长江在近几百年中曾多次江堤溃决，江水泛滥，颗粒沉积时，受紧砂慢淤的沉积规律支配，形成近河相分布着砂土，水流缓慢的远河相分布着淤土，两者之间分布着壤土，土体上下质地变化较大，或砂或黏，厚度不等。

小于本县地域面积3%的土壤类型还有黄褐土、草甸土、黄棕壤等。

本区域中心区气候特征

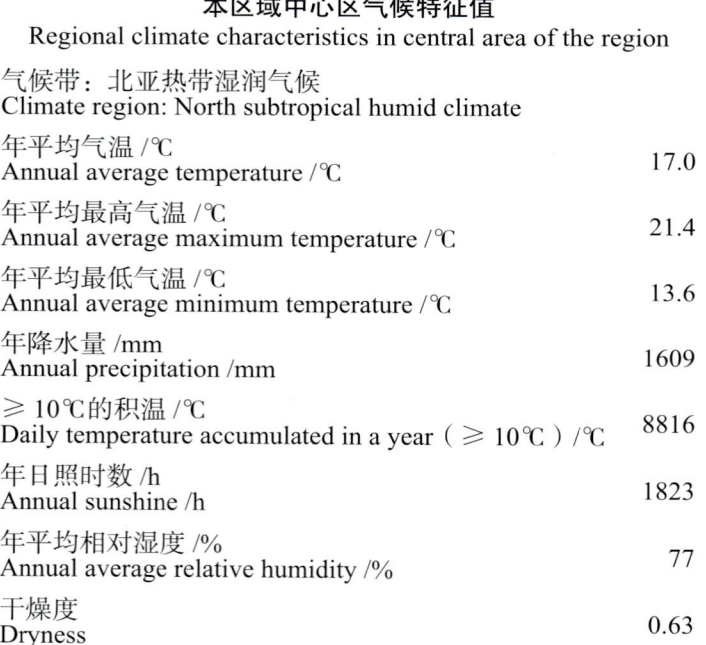

本区域中心区气候特征值
Regional climate characteristics in central area of the region

气候带：北亚热带湿润气候 Climate region: North subtropical humid climate	
年平均气温 /℃ Annual average temperature /℃	17.0
年平均最高气温 /℃ Annual average maximum temperature /℃	21.4
年平均最低气温 /℃ Annual average minimum temperature /℃	13.6
年降水量 /mm Annual precipitation /mm	1609
≥10℃的积温 /℃ Daily temperature accumulated in a year（≥10℃）/℃	8816
年日照时数 /h Annual sunshine /h	1823
年平均相对湿度 /% Annual average relative humidity /%	77
干燥度 Dryness	0.63

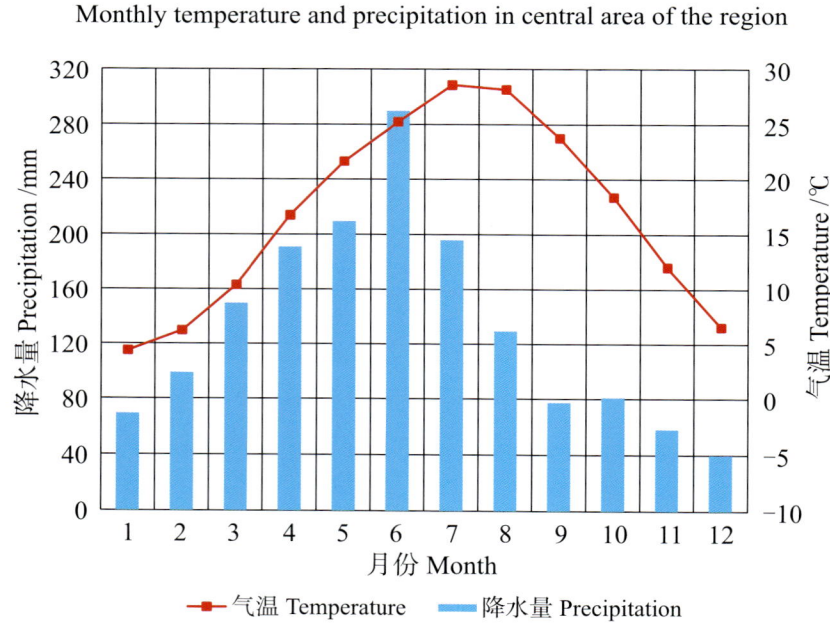

本区域中心区月平均气温与月平均降水量
Monthly temperature and precipitation in central area of the region

东至县主要土壤类型与土壤剖面点分布图
1∶340 000

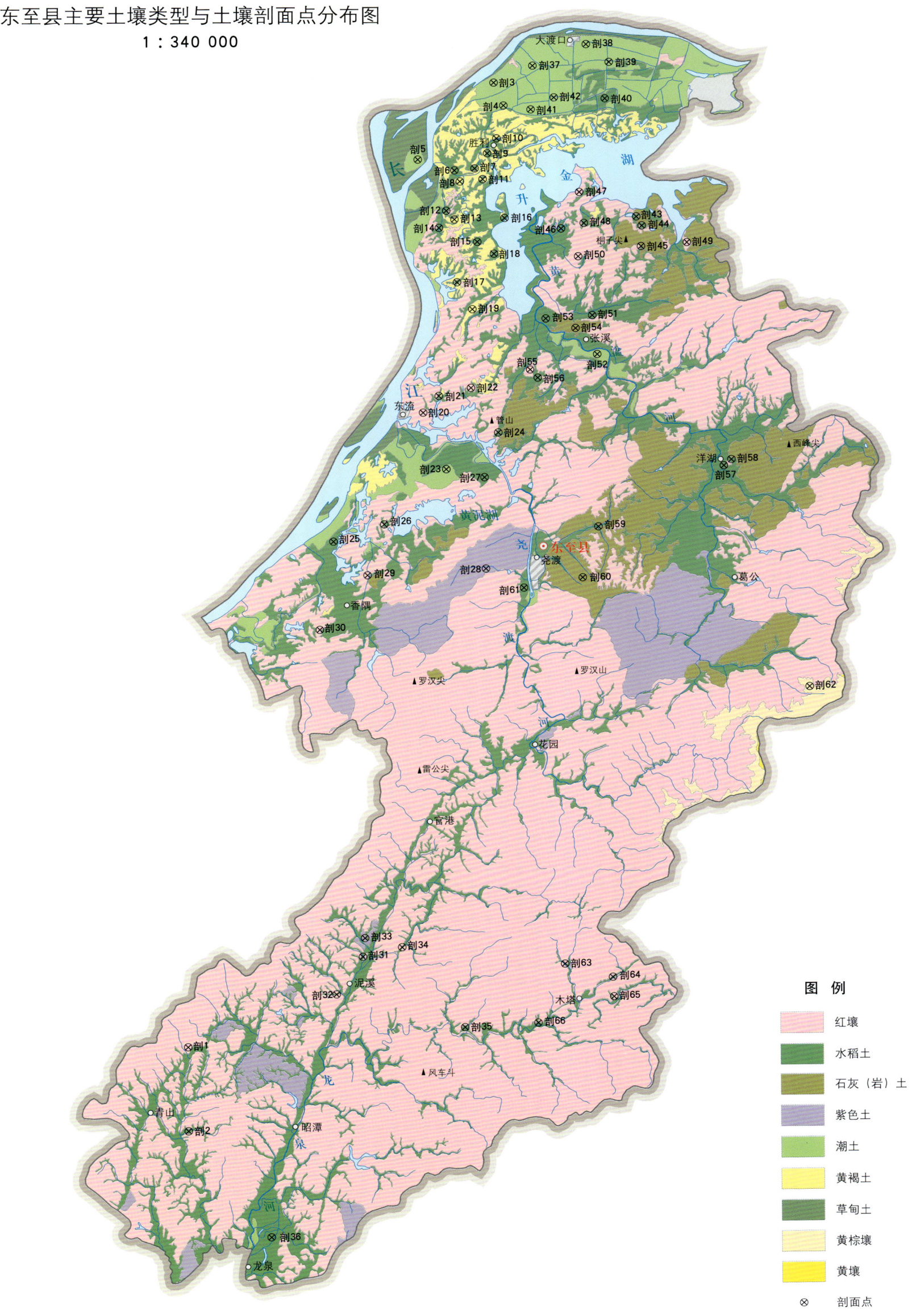

图例
- 红壤
- 水稻土
- 石灰（岩）土
- 紫色土
- 潮土
- 黄褐土
- 草甸土
- 黄棕壤
- 黄壤
- ⊗ 剖面点

注：本图界线沿用土壤普查时点的行政界线。

东至县土壤剖面理化性状表

剖面号 Soil profile	土纲 Soil order	土类 Soil great group	亚类 Soil subgroup	土属 Soil genus	土种 Soil species	土层码 Layer code	土层厚度 Depth/cm	颜色 Soil color	质地 Soil texture	土壤结构 Soil structure	pH	有机质 OM/(g/kg)	全氮 TN/(g/kg)	全磷 TP/(g/kg)	全钾 TK/(g/kg)	有效磷 AP/(mg/kg)	速效钾 AK/(mg/kg)	阳离子交换量CEC/(cmol/kg)	土壤母质 Parent material	剖面点坐标 Profile coordinate	匹配指数 Matching index/%
剖1	铁铝土	红壤	黄红壤	扁石黄红壤	厚层扁石黄红壤	Ao	0—23	灰黄色	重壤土	小块状	6.0	19.0	1.19	0.50	18.2	≤1.0	72	8.7	泥质页岩、砂页岩、板岩坡积物、残积物	E 116°43′49.0″ N 29°44′31.6″	95
						Bv	23—49	灰黄棕色	重壤土	块状	6.2	7.1	0.55	0.38	16.9	≤1.0	31	7.9			
						C	49—77	灰黄棕色	重壤土	块状	5.4	3.9	0.18	0.29	15.9			8.7			
剖2	人为土	水稻土	潴育水稻土	扁石泥田	扁石泥田	D	77—104												泥质岩类风化坡积物、洪积物	E 116°43′48.6″ N 29°40′49.5″	98
						A	0—13	棕黄色	轻黏土	碎块状	5.4										
						P	13—24	灰黄棕色	重壤土	块状	6.6										
						W	24—48	棕黄棕色	重壤土	块状	6.6										
						Bv	48—107	棕黄色	轻壤土	大块状	6.7										
剖3	半水成土	潮土	灰潮土	灰砂泥土	砂心灰砂泥土	A	0—17	棕黄棕色	轻壤土	小粒状	8.1								长江冲积物	E 116°58′58.2″ N 30°27′17.0″	95
						Ps	17—32	黄黄棕色	轻壤土	小粒状	8.0										
						Bv	32—50	灰白色	砂壤土	砂粒状	8.2										
						Bv₁	50—70	灰白色	砂土	粒状	8.2										
						Bv₂	70—91	暗灰色	砂壤土	块状	8.2										
						C	91—110	暗黄棕色	轻壤土	碎粒状	8.1										
剖4	半水成土	潮土	灰潮土	河泥土	下位棕石河砂土	A	0—12	灰黄色	砂壤土	碎粒状	5.5								近河相山河冲积物	E 116°59′27.1″ N 30°26′16.2″	75
						P	12—18	棕黄色	砂壤土	块状	5.6										
						Bv	18—45	黄棕色	轻壤土	块状	5.4										
						So	45—93	黄棕色	砂壤土		5.6										
剖5	半水成土	潮土	灰潮土	灰砂土	壤心灰砂土	A	0—13	暗黄棕色	砂壤土	棕状	8.1								长江冲积物	E 116°55′13.4″ N 30°23′51.3″	95
						Ps	13—30	暗黄棕色	中壤土	小块状	8.1										
						Bv	30—90	暗黄棕色	中壤土	小块状	8.0										
						C	90—105	黄黄棕色	中壤土	糊状	8.1										
剖6	人为土	水稻土	潴育水稻土	青湖泥田	青湖泥田	A	0—13	黄黄棕色	中黏土	小块状	7.6	27.4	1.75	0.77	22.6	6.0	85	26.3	近代湖相沉积物	E 116°57′02.2″ N 30°23′22.6″	97
						Pg	13—23	棕灰色	重黏土	软块状	7.4	18.5	1.32	0.79	25.8	5.0	96	23.7			
						W	23—49	黄黄棕色	中黏土	块状	7.7	11.3	0.66	0.72	25.8			20.1			
						G	49—105	黄黄棕色	重黏土	糊状	7.6	11.4	0.76	0.79	26.3			17.3			
剖7	人为土	水稻土	潴育水稻土	青丝泥田	青丝泥田	A	0—14	黄黄棕色	轻黏土	块状	8.0								长江冲积物	E 116°58′02.0″ N 30°23′27.6″	75
						P	14—32	暗黄棕色	轻黏土	块状	7.8										
						G	32—105	青黄棕色	轻黏土	糊状	8.0										
剖8	淋溶土	黄褐土	黏盘黄褐土	黏盘黄褐土	下位黏盘黄褐土	A	0—30	灰黄棕色	重壤土	碎粒状	4.5								下蜀黄土	E 116°57′18.3″ N 30°22′53.1″	97
						Bv	30—41	黄棕色	重壤土	块柱状	5.0										
						C	41—52	暗黄棕色	重壤土	块柱状	6.0										
						Bv₁	52—87	黄黄棕色	重壤土	块柱状	5.9										
剖9	人为土	水稻土	潴育水稻土	马肝田	瘦马肝田	A	0—11	黄褐色	重壤土	碎块状	5.7	29.0	1.67	0.37	17.8	2.0	21	7.9	下蜀黄土	E 116°58′39.1″ N 30°24′07.5″	97
						P	11—18	黄黄棕色	重壤土	块状	6.5	22.9	1.13	0.30	17.7	≤1.0	21	7.6			
						Bv₁	18—59	灰黄棕色	重壤土	块状	6.4	8.6	0.64	0.31	17.9	≤1.0	≤5	8.9			
						Bv₂	59—105	黄黄棕色	重壤土	块状	6.7	6.2	0.45	0.38	17.7	≤1.0	≤5	12.6			
剖10	人为土	水稻土	潴育水稻土	马肝田	马肝田	A	0—14	灰黄棕色	重壤土	碎块状	5.6	20.3	1.18	0.44	17.5	12.0	57	9.7	下蜀黄土	E 116°59′05.4″ N 30°24′41.7″	98
						P	14—21	暗黄灰色	重壤土	碎块状	6.0	18.3	0.93	0.40	17.5	9.0	36	9.6			
						W	21—34	棕灰色	重壤土	碎块状	7.0	12.4	0.75	0.44	17.4	12.0	36	10.5			
						Bv	34—100	棕黄黄色	重壤土	核柱状	6.7	5.8	0.41	0.41	18.9	7.0	73	5.5			

续表 Continued

剖面号 Soil profile	土纲 Soil order	土类 Soil great group	亚类 Soil subgroup	土属 Soil genus	土种 Soil species	土层码 Layer code	土层厚度 Depth/cm	颜色 Soil color	质地 Soil texture	土壤结构 Soil structure	pH	有机质 OM/(g/kg)	全氮 TN/(g/kg)	全磷 TP/(g/kg)	全钾 TK/(g/kg)	有效磷 AP/(mg/kg)	速效钾 AK/(mg/kg)	阳离子交换量CEC/(cmol/kg)	土壤母质 Parent material	剖面点坐标 Profile coordinate	匹配指数 Matching index/%
剖11	淋溶土	黄褐土	黏盘黄褐土	黄白土	黄白土	A	0—15	灰黄色	中壤土	块状	6.1	15.6	0.95	0.64	16.6	18.0	84	8.2	下蜀黄土	E 116°58′25.4″ N 30°22′58.8″	99
						P	15—28	黄棕色	中壤土	块柱状	6.3	11.1	0.75	0.58	16.3	19.0	64	7.1			
						Bv	28—70	黄棕色	中壤土	棱柱状	6.8	9.9	0.59	0.59	16.5	17.0	67	8.3			
						C	70—105	暗黄棕色	重壤土	棱柱状	7.3	7.3	0.63	0.63	18.5	12.0	102	10.5			
剖12	人为土	水稻土	潜育水稻土	湖泥田	湖泥田	A	0—12	灰黄棕色	中黏土	块状	6.3	30.1	1.65	0.49	24.4	7.0	42	17.3	近代湖湘沉积物	E 116°56′37.6″ N 30°21′35.2″	97
						P	12—18	黄黄色	重壤土	块状	7.5	16.6	1.33	0.56	25.2	6.0	53	15.1			
						W	18—62	黄棕色	中黏土	棱柱状		10.2	0.69	0.67	25.5			18.7			
						Bv	62—113	青灰色	中壤土	棱柱状	7.1	10.7	0.63	0.49	25.2			14.2			
剖13	淋溶土	黄褐土	黏盘黄褐土	黏盘黄褐土	上位黏盘黄褐土	A	0—10	黄棕色	重壤土	小团块状	6.0	10.1	4.50	0.25	16.0	≤1.0	32	11.5	下蜀黄土	E 116°57′02.4″ N 30°21′12.1″	97
						Bv	10—29	黄棕色	重壤土	棱柱状	6.1	9.8	0.39	0.26	16.1	≤1.0	32	7.7			
						Bv₁	29—105	黄棕色	重壤土	棱柱状	7.7	3.7	0.20	0.32	19.3			13.2			
剖14	人为土	水稻土	潜育水稻土	马肝田	表潜马肝田	A	0—14	灰黄色	重壤土	块状	5.3	40.6	2.00	0.29	15.1	≤1.0	76	8.9	下蜀黄土	E 116°56′15.9″ N 30°20′50.0″	97
						Pg	14—28	青灰色	中黏土	棱柱状	5.8	35.0	1.74	0.27	14.9	≤1.0	73	10.5			
						W	28—82	灰黄色	中黏土	糊状	5.8	41.7	1.43	0.21	13.8	≤1.0	67	9.9			
剖15	人为土	水稻土	潜育水稻土	紫砂泥田	扁石紫泥田	G	82—112	青灰色	中壤土	块状	6.0								紫色砂页岩类紫坡积物、洪积物	E 116°58′09.8″ N 30°20′12.9″	75
						A	0—13	紫灰色	中壤土	块状	5.0										
						P	13—18	紫灰色	中壤土	块状	6.0										
						W	18—31	紫灰色	中壤土	块状	6.5										
						Bv	31—55	灰黄色	重壤土	块状	6.5										
						Bv₂	55—125	黄黄色	重壤土	块状	6.5										
剖16	人为土	水稻土	潜育水稻土	烂泥田	烂泥田	A	0—13	黄棕色	轻黏土	块状	6.8	43.0	2.16	0.55	24.7	6.0	78	34.1	长江冲积物	E 116°59′30.3″ N 30°21′16.0″	97
						G	13—95	青棕色	中壤土	糊状	7.6	34.1	1.78	0.68	25.0	10.0	86	36.6			
剖17	人为土	水稻土	潜育水稻土	泥质田	表潜泥质田	Ag	0—11	灰黄色	粉黏土	小块状	5.9	36.3	1.82	0.42	15.2	≤1.0	21	7.3	泥质页岩风化淇积物	E 116°57′09.9″ N 30°18′25.7″	95
						Apg	11—23	青灰色	黏壤土	块状	6.7	32.6	1.65	0.40	16.0	≤1.0	10	7.6			
						P	23—43	暗黄色	粉质黏壤土	小棱块状	7.0	5.9	0.34	0.33	15.5			7.2			
						W	43—107	浅黄色	粉质黏壤土	棱块状	6.2	6.5	0.43	0.29	15.6			7.7			
剖18	人为土	水稻土	潜育水稻土	石灰性砂泥田	灰泥田	A	0—15	灰灰色	中黏土	块状	7.3	29.0	1.72	0.56	24.8	≤1.0	64	35.3	近代长江冲积物	E 116°58′59.5″ N 30°19′41.5″	95
						P	15—26	棕灰色	中黏土	块状	7.8	19.2	1.24	0.68	24.1	≤1.0	62	22.7			
						W	26—70	棕棕色	中黏土	块状	7.4	13.3	0.53	0.60	25.8			23.2			
						Bv	70—108	棕棕色	重黏土	块状	7.7	19.2	0.97	0.37	26.6			39.5			
剖19	黄褐土	黄褐土	黏盘黄褐土	马肝土	薄层扁石黄石红土	A	0—16	黄棕色	中壤土	团粒状	6.6	11.6	0.84	0.35	15.8	3.0	67	10.5	下蜀黄土	E 116°57′55.4″ N 30°17′13.7″	98
						F	16—48	暗黄棕色	重壤土	碎块状	6.7	7.6	0.57	0.36	18.3	2.0	63	12.3			
						C	48—100	紫棕色	重壤土	棱柱状	6.7	6.0	0.42	0.41	19.6	9.0	86	13.4			
剖20	铁铝土	红壤	黄红壤	扁石黄红壤	薄层扁石黄红壤	A	0—18	红棕色	中壤土	粒状	5.6	24.9	0.90	0.37	19.2	≤1.0	20	8.2	泥质页岩、板岩坡积物、残积物	E 116°55′28.9″ N 30°12′37.7″	95
						C	18—29	棕黄色	重壤土	块状	6.0	7.5	0.54	0.22	20.0	≤1.0	13	6.6			
						D	29—112														
剖21	人为土	水稻土	潜育水稻土	马肝土	表潜马肝田	Ag	0—14	橄榄棕色	黏土	中块状	5.8	29.2	1.45	0.43	16.9	3.0	44	8.5	下蜀黄土	E 116°56′15.2″ N 30°13′21.6″	99
						Apg	14—27	灰色	黏质黏土	块状	6.7	23.7	1.39	0.43	17.3	5.0	21	6.3			
						W₁	27—66	黄棕色	壤质黏土	棱柱状	7.0	8.0	0.39	0.39	17.3			7.2			
						W₂	66—102	青灰色	壤质黏土	棱柱状	7.0	7.1	0.41	0.31	15.6			9.0			
剖22	铁铝土	红壤	黄红壤	黄红壤	小红土壤	A	0—16	暗棕色	中壤土	碎块状	5.1	25.2	1.18	0.30	12.3	≤1.0	41	7.7	第四纪红色黏土坡积物、残积物	E 116°57′51.0″ N 30°13′42.8″	97
						R	16—125	棕红色	重壤土	块状	5.8	7.9	0.35	0.28	14.2	≤1.0	29	8.2			
						C	125—165	棕棕色	中壤土	棱柱状	5.9	2.4	0.11	0.26	14.2			7.4			

续表 Continued

剖面号 Soil profile	土纲 Soil order	土类 Soil great group	亚类 Soil subgroup	土属 Soil genus	土种 Soil species	土层码 Layer code	土层厚度 Depth/cm	颜色 Soil color	质地 Soil texture	土壤结构 Soil structure	pH	有机质 OM/(g/kg)	全氮 TN/(g/kg)	全磷 TP/(g/kg)	全钾 TK/(g/kg)	有效磷 AP/(mg/kg)	速效钾 AK/(mg/kg)	阳离子交换量CEC/(cmol/kg)	土壤母质 Parent material	剖面点坐标 Profile coordinate	匹配指数 Matching index/%
剖23	半水成土	潮土	灰潮土	湖泥土	淤泥土	A	0—13	暗灰色	中黏土	块状	6.0								湖相沉积物	E 116°56′37.1″ N 30°10′07.2″	97
						P	13—25	暗灰色	中黏土	块状	7.2										
						Bv	25—75	暗灰色	中黏土	块状	7.2										
						C	75—105	暗灰色	中黏土	块状	7.5										
剖24	人为土	水稻土	潜育水稻土	积钾砂泥田	上位砾石积钙砂泥田	A	0—12	灰黄色	轻壤土	碎块状	7.9								山河冲积物	E 116°59′11.2″ N 30°11′44.2″	95
						P	12—18	棕灰色	轻壤土	片状	8.0										
						Bv	18—46	棕灰色	砂土	块状	8.0										
						So	46—100	棕灰色	砂黏壤土	碎粒状	8.0										
剖25	人为土	水稻土	潜育水稻土	青灰石灰泥田	青石灰泥田	Aa	0—16	油橙色	壤质黏土	小块状	7.4	33.2	1.70	0.60	12.2	2.0	60	14.3	石灰岩	E 116°51′02.7″ N 30°06′55.9″	81
						Apg	16—24	灰色	壤质黏土	糊状	7.6	19.8	1.70	0.60	12.6	5.0	40	13.2			
						G	24—71	蓝灰色	黏土	糊状	7.7	14.9	0.90	0.50	12.6			12.6			
剖26	人为土	水稻土	潜育水稻土	扁石泥田	表潜扁石泥田	A	0—11	灰黄色	中壤土	块状	4.9	16.9	1.21	0.45	20.1	14.0	92	7.6	洪积物	E 116°53′33.7″ N 30°07′41.2″	98
						Pg	11—23	青灰色	中壤土	块状	5.2	16.9	1.22	0.46	19.6	10.0	56	8.1			
						W	23—37	暗灰色	重壤土	块状	6.9	9.2	0.75	0.46	22.4	7.0	36	9.0			
						Bv	37—91	淡灰黄色	重壤土	块状	6.9	8.6	0.70	0.46	19.9	7.1	92	9.6			
剖27	人为土	水稻土	潜育水稻土	石灰性砂泥田	表潜灰石泥田	A	0—14	暗黄棕色	中壤土	块状	7.9								近代长江冲积物	E 116°58′29.5″ N 30°09′45.8″	95
						Pg	14—22	暗灰黄棕色	中壤土	糊状	7.9										
						W	22—70	暗灰棕色	中壤土	糊状	8.0										
						C	70—98	暗灰棕色	中壤土	块状	8.0										
剖28	初育土	紫色土	酸性紫色土	酸性猪血砂	猪血土	A	0—19	紫灰色	轻壤土	粒状	5.5								紫色砂页岩坡积物	E 116°58′33.1″ N 30°05′42.5″	97
						Bv	19—45	紫灰色	轻壤土	粒状	5.0										
						C	45—66	紫灰棕色	轻壤土	小块状	5.1										
						D	66—100														
剖29	铁铝土	红壤	黄红壤	多偏石黄红壤		Ao	0—2												泥质页岩、砂页岩、板岩坡积物、残积物	E 116°52′42.8″ N 30°05′25.8″	95
						A₃	2—13	棕黄色	重壤土	碎块状	5.5										
						C	13—29	棕黄色	重壤土	碎块状	5.6										
						R	29—100	黄红色	重壤土	碎块状	5.8										
剖30	铁铝土	红壤	黄红壤	黄红壤	黄泥土	A	20—150	棕红色	轻壤土	棱块状	5.0								第四纪红色黏土	E 116°50′22.0″ N 30°03′00.0″	97
剖31	人为土	水稻土	潜育水稻土	复石灰泥田	复石灰泥田	A	0—14	灰棕色	壤质黏土	棱块状	5.5	38.6	2.33	0.69	16.8	17.0	47	19.0	泥质岩类坡积物、洪积物	E 116°52′25.3″ N 29°48′28.0″	81
						Ap	14—21	棕黄色	重壤土	块状	7.2	24.1	1.40	0.66	16.7	17.0	39	16.3			
						P	21—31	棕黄色	重壤土	棱块状	7.7	8.4	0.60	0.64	17.3	5.0	31	14.2			
						W	31—100	黄棕色	重壤土	棱块状	7.9	9.4	0.54	0.30	18.3	≤1.0	28	15.2			
剖32	人为土	水稻土	潜育水稻土	紫砂泥田	紫砂田	A	0—15	灰红色	轻壤土	块状	5.0	16.0	0.85	0.24	11.9	≤1.0	23	5.6	紫色砂页岩类坡积物、洪积物	E 116°51′07.4″ N 29°46′48.5″	95
						P	15—22	紫灰棕色	中壤土	块状	6.6	9.2	0.64	0.25	13.5	5.0	15	5.9			
						W	22—45	紫灰色	中壤土	块状	7.0	6.2	0.39	0.24	16.1	2.0	18	7.4			
						Bv	45—110	紫灰棕色	中壤土	块状	6.9	5.5	0.35	0.25	14.6	2.0	23	6.2			
剖33	初育土	紫色土	酸性紫色土	酸性紫砂土	紫砂壤	Ao	0—1												紫色页岩	E 116°52′32.1″ N 29°49′18.1″	95
						A	1—16	紫灰色	轻壤土	细粒状	4.8	26.6	0.91	0.27	28.9	3.0	85	6.6			
						C	16—68	紫灰色	轻壤土	细粒状	4.5										
						D	68—118														
剖34	人为土	水稻土	潜育水稻土	砂泥田	表潜砂泥田	A	0—12	灰黄色	重壤土	碎块状	5.0	28.7	1.64	0.31	20.3	5.0	27	10.3	河流冲积物	E 116°54′21.4″ N 29°48′52.5″	95
						Pg	12—20	灰黄色	重壤土	糊状	5.0	20.4	1.32	0.28	20.2	5.0	21	4.8			
						W	20—68	棕灰色	重壤土	棱块状	6.0	9.9	0.77	0.37	20.1	5.0	23	5.0			
						Bv	68—112	黄棕色	重壤土	棱块状	6.6	9.6	0.77	0.36	20.1	9.0	26	4.4			

续表 Continued

剖面号 Soil profile	土纲 Soil order	土类 Soil great group	亚类 Soil subgroup	土属 Soil genus	土种 Soil species	土层码 Layer code	土层厚度 Depth/cm	颜色 Soil color	质地 Soil texture	土壤结构 Soil structure	pH	有机质 OM/(g/kg)	全氮 TN/(g/kg)	全磷 TP/(g/kg)	全钾 TK/(g/kg)	有效磷 AP/(mg/kg)	速效钾 AK/(mg/kg)	阳离子交换量CEC/(cmol/kg)	土壤母质 Parent material	剖面点坐标 Profile coordinate	匹配指数 Matching index/%
剖35	人为土	水稻土	淹育水稻土	浅位砾石泥田	淹育扁石泥田	A	0–12	棕黄色	重壤土	碎块状	5.7	19.5	1.06	0.41	12.8	2.0	80	9.9	砂页岩坡积物	E 116°57′25.0″ N 29°45′18.8″	97
						P	12–20	棕黄色	重壤土	片状	7.1	15.0	1.23	0.39	12.8	2.0	62	7.5			
						C	20–103	棕红色	轻黏土	碎块状	7.0	3.4	0.24	0.28	14.4			8.9			
剖36	人为土	水稻土	潴育水稻土	砂泥田	上位砾石砂泥田	A	0–11	灰黄色	中壤土	棱块状	5.5								河流冲积物	E 116°47′51.7″ N 29°36′08.2″	95
						P	11–22	灰黄色	中壤土	棱块状	5.5										
						Bvs	22–46	灰红色	轻壤土	棱块状	6.0										
						So	46–100	灰黄色	轻壤土	碎块状	6.0										
剖37	半水成土	潮土	灰潮土	灰潮黏土	江泥砂土	A_{11}	0–18	棕灰色	壤质黏土	碎块状	7.6	21.4	1.40	1.00	18.2	9.0	105	14.9	长江冲积物	E 117°00′54.2″ N 30°28′02.7″	95
						A_{12}	18–26	灰棕色	壤质黏土	拟片状	8.2	10.2	0.80	0.90	18.8	6.0	64	17.4			
						Cu_1	26–100	灰棕色	壤质黏土	碎块状	8.1	9.1	0.70	0.90	18.8	3.0	61	17.2			
						Cu_2	100–120	黄灰色	砂壤土	块状	8.0	3.8	0.40	0.90	17.9			10.6			
剖38	半水成土	潮土	灰砂土	灰砂土	灰泥砂田	A	0–15	暗黄色	轻壤土	小粒状	8.0	9.6	0.62	0.55	17.2	9.0	41	6.3	长江冲积物	E 117°03′32.3″ N 30°28′59.9″	95
						Ps	15–21	淡灰色	轻壤土	块状	8.0	8.5	0.49	0.60	18.1	5.0	33	6.8			
						Bv	21–100	暗黄棕色	砂壤土	块状	8.0	6.0	0.27	0.34	17.4	3.0	18	5.3			
剖39	半水成土	潮土	灰泥土	灰泥土	砂身灰砂泥土	A	0–14	暗黄色	重壤土	大团粒	6.8	21.5	1.08	0.56	25.1	5.0	53	21.7	近代长江冲积物	E 117°04′40.7″ N 30°28′12.5″	99
						P	14–23	暗黄色	轻黏土	块状	7.4	19.6	1.12	0.58	26.6	2.0	61	24.3			
						Bv	23–70	暗黄色	中黏土	块状	8.0	11.9	0.60	0.56	27.7			26.1			
						C	70–110	暗黄色	中黏土	粒状	7.4	8.6	0.43	0.47	24.8			37.7			
剖40	人为土	水稻土	潴育水稻土	石灰性砂泥田	间砂灰泥田	A	0–14	暗黄棕色	重壤土	块状	8.0								近代长江冲积物	E 117°04′28.7″ N 30°26′34.5″	95
						P	14–33	暗黄棕色	砂黏土	块状	8.0										
						S_1	33–39	暗棕色	重黏土	粒状	8.1										
						W	39–60	暗棕色	重黏土	块状	8.1										
						S_2	60–69	暗棕色	重黏土	粒状	7.8										
						Bv	69–101	灰暗黄色	中壤土	块状	7.5										
剖41	半水成土	潮土	灰砂泥土	灰砂泥田	青扁灰钙石	A	0–18	棕灰色	中壤土	团粒状	7.8	18.0	1.05	0.63	19.9	6.0	78	15.6	长江冲积物	E 117°00′48.7″ N 30°26′05.5″	95
						P	18–28	暗黄棕色	中壤土	块状	8.2	12.0	0.81	0.56	21.0	3.0	52	12.8			
						Bv	28–40	暗黄棕色	中壤土	碎块状	8.2	8.2	0.63	0.58	20.6	≤1.0	43	8.3			
						C	40–110	暗黄棕色	中壤土	碎块状	8.1	7.4	0.47	0.54	19.7	4.0	36	13.2			
剖42	半水成土	潮土	灰泥田	灰泥田	砂身灰泥土	A	0–13	暗棕色	重壤土	碎块状	8.0								长江冲积物	E 117°01′57.4″ N 30°26′37.4″	95
						P	13–24	暗棕色	重壤土	粒状	8.1										
						Bvs	24–50	暗棕色	重壤土	粒状	8.1										
						C	50–150	暗棕色	重壤土	块状	8.2										
剖43	人为土	水稻土	潜育水稻土	青扁石泥田	青扁石钙石	A	0–15	黄灰色	轻壤土	软块状	5.5	29.1	1.64	0.24	18.7	≤1.0	33	14.3	泥质页岩类坡积物，洪积物	E 117°05′56.6″ N 30°21′20.9″	97
						G_1	15–27	青灰色	轻壤土	糊状	5.8	16.6	1.01	0.16	18.7	2.0	23	13.2			
						G_2	27–47	青灰色	轻壤土	糊状	5.8	10.2	0.82	0.24	18.9	3.0	20	12.6			
						G_3	47–100	暗青棕色	中壤土	糊状	6.4	8.7	0.59	0.21	18.4	≤1.0	36	14.3			
剖44	人为土	水稻土	潜育水稻土	青钙泥田	青钙石钙田	A	0–16	绿灰色	重壤土	块状	7.4	33.2	1.65	0.64	12.3	2.0	60	13.2	石灰岩坡积物，洪积物	E 117°06′17.5″ N 30°20′55.1″	97
						Pg	16–24	黄灰棕色	重壤土	小块状	7.6	19.8	1.65	0.61	12.6	5.0	41	12.6			
						G	24–71	青灰色	重壤土	糊状	7.7	14.9	0.60	0.55	12.6			16.3			
剖45	人为土	水稻土	潴育水稻土	积钙积扁石泥田	表潜积钙扁石钙石	A	0–11	暗黄色	重壤土	小块状	7.7	26.2	1.36	0.44	13.7	14.0	62	15.7	泥质岩类坡积物，洪积物	E 117°06′15.3″ N 30°20′00.1″	97
						Pg	11–20	黄灰色	重壤土	块状	7.9	31.3	1.58	0.45	13.0	10.0	74	11.9			
						W	20–48	红棕色	重壤土	块状	7.9	4.4	0.28	0.33	14.3	3.0	66	13.5			
						Bv	48–110	红棕色	重壤土	块状	7.9	4.6	0.32	0.26	14.1	5.0	70	16.3			
剖46	人为土	水稻土	潜育水稻土	陷泥田	陷泥田	A	0–12	淡灰黄色	重壤土	块状	7.1	27.6	1.43	0.52	12.9	≤1.0	69	14.1	泥质岩类坡积物，洪积物	E 117°02′11.0″ N 30°20′56.2″	97
						G	12–81	青灰色	中壤土	糊状	7.3	21.8	1.15	0.52	12.0	≤1.0	63				

续表 Continued

剖面号 Soil profile	土纲 Soil order	土类 Soil great group	亚类 Soil subgroup	土属 Soil genus	土种 Soil species	土层码 Layer code	土层厚度 Depth/cm	颜色 Soil color	质地 Soil texture	土壤结构 Soil structure	pH	有机质 OM/(g/kg)	全氮 TN/(g/kg)	全磷 TP/(g/kg)	全钾 TK/(g/kg)	有效磷 AP/(mg/kg)	速效钾 AK/(mg/kg)	阳离子交换量CEC/(cmol/kg)	土壤母质 Parent material	剖面点坐标 Profile coordinate	匹配指数 Matching index,%
剖47	铁铝土	红壤	黄红壤	扁石黄红土	扁石黄红土	A	0—12	棕黄色	中壤土	粒状	6.4	21.0	0.80	0.54	12.5	6.0	111	9.7	泥质页岩、砂岩板岩坡积物、残积物	E 117° 03′ 12.2″ N 30° 22′ 24.1″	97
						P	12—19	棕黄色	中壤土	小块状	6.7	15.7	0.82	0.61	12.8	4.0	83	7.1			
						Bv	19—72	棕黄色	中石重壤土	块状	6.0	6.9	0.45	0.55	13.4			13.3			
						C	72—102	黄棕色	重壤土	块状	6.6	5.4	0.37	0.58	14.7			10.5			
剖48	人为土	水稻土	潜育水稻土	陷泥田	积钙陷泥田	A	0—13	黄棕色		糊状	8.0								页岩洪积物	E 117° 03′ 25.5″ N 30° 21′ 02.2″	97
						G_1	13—46	青灰色		糊状	7.5										
						G_2	46—109	绿灰色		糊状	7.3										
剖49	铁铝土	红壤	黄红壤	扁石黄红土	扁石黄红土	A	0—13	暗黄棕色	重壤土	小团粒	5.4	16.6	0.95	0.44	14.2	3.0	55	7.3	泥质页岩、砂岩板岩坡积物、残积物	E 117° 08′ 30.7″ N 30° 20′ 10.6″	97
						Bv	13—82	淡棕黄色	重壤土	碎块状	5.4	8.1	0.65	0.36	15.6	≤1.0	31	7.7			
						C	82—106	暗红棕色	轻壤土	块状	5.6	8.2	0.62	0.34	20.1	≤1.0	50	10.6			
剖50	铁铝土	红壤	红壤性土	红壤性石土	瓷土	A	0—30	紫棕色	重壤土	块状	5.5								砂页岩坡积物、残积物	E 117° 03′ 08.7″ N 30° 19′ 33.5″	97
						C	30—160	灰白色	重壤土	块状	5.5										
剖51	人为土	水稻土	潜育水稻土	青积钙石泥田	青积钙石泥田	A	0—14	棕灰色	重壤土	块状	9.7	39.4	1.85	0.69	15.1	17.0	63	19.3	泥质岩类坡积物、洪积物	E 117° 03′ 50.2″ N 30° 16′ 56.8″	97
						P	14—26	青灰色	重壤土	片状	6.8	29.0	1.62	0.64	14.8	16.0	42	15.6			
						G	26—100	青灰色	重壤土	糊状	7.5	2.0	≤0.10	0.68	12.6			9.8			
剖52	半水成土	潮土	灰潮土	砂泥土	砂泥土	A	0—14	黄棕色	轻壤土	团粒状	7.2	14.3	1.07	0.68	20.1	12.0	18	6.9	山河冲积物	E 117° 04′ 04.4″ N 30° 15′ 12.6″	95
						P	14—23	黄棕色	轻壤土	块状	6.6	13.9	0.90	0.65	20.5	10.0	15	7.3			
						Bv	23—75	黄棕色	重壤土	块状	7.2	8.8	0.51	0.67	20.8			9.2			
						C	75—107	黄棕色	重壤土	片状	6.5	8.5	0.49	0.72	22.0			13.5			
剖53	人为土	水稻土	潜育水稻土	湖泥田	表潜湖泥田	A	0—14	灰亮黄色	轻壤土	块状	6.0								近代湖相沉积物	E 117° 01′ 33.0″ N 30° 16′ 48.3″	98
						Pg	14—23	黄棕色	重壤土	糊状	6.5										
						W	23—50		重壤土		6.5										
						Bv	50—120				6.5										
剖54	初育土	石灰（岩）土	棕色石灰土	棕色石灰土	中层棕色石灰土	I	0—16	灰棕色	轻壤土	核状	7.7	43.6	1.96	0.52	15.5	≤1.0	112	36.0	石灰岩残积物、坡积物	E 117° 03′ 00.4″ N 30° 16′ 22.5″	92
						Bv	16—24	红棕色	中壤土	核块状	7.7	25.0	1.22	0.40	18.4	≤1.0	137	49.6			
						C	24—70	红棕色	中壤土	碎块状	7.7	20.3	1.08	0.18	18.2	≤1.0	124	42.0			
剖55	铁铝土	红壤	红壤性土	红壤性石土	扁石夹	A	0—15	黄棕色	中壤土	粒状	5.8	13.9	0.86	0.33	22.6	≤1.0	51	8.0	砂页岩坡积物、残积物	E 117° 00′ 45.7″ N 30° 14′ 31.4″	97
						Bv	15—27	黄棕色	中壤土	碎块状	5.8	8.7	0.60	0.29	21.6	≤1.0	38	7.9			
剖56	人为土	水稻土	潜育水稻土	积钙砂泥田	积钙砂泥田	A	0—13	棕灰色	中壤土	块状	6.5	40.9	1.94	0.17	21.7	14.0	46	14.2	山河冲积物	E 117° 01′ 09.3″ N 30° 14′ 09.4″	95
						P	13—24	棕灰色	中壤土	片状	6.8	33.4	1.63	0.74	22.6	24.0	31	15.3			
						W	24—64	青灰色	重壤土	柱状	7.5	8.6	0.44	0.88	15.5			12.1			
						Bv	64—105	棕灰色	重壤土	块状	7.5	6.8	0.34	0.89	24.0			21.9			
剖57	人为土	水稻土	潜育水稻土	石灰泥田	青石灰泥田	A	0—16	油黄色	壤质黏土	小块状	7.4	33.2	1.65	0.64	12.3	2.0	60	14.3	石灰岩坡积物、洪积物	E 117° 10′ 17.5″ N 30° 10′ 20.7″	95
						Bv	16—24	暗棕色	重壤土	块状	7.6	19.8	1.65	0.61	12.6	5.0	40	13.2			
						C	24—71	青灰色	重壤土	梭块状	7.7	14.9	0.60	0.55	12.6			12.6			
剖58	人为土	水稻土	潜育水稻土	石灰饭结田	表潜饭结田	Apg	0—15	暗黄色	壤质黏土	块状	7.5								条带灰岩、石灰岩坡积物、洪积物	E 117° 10′ 41.3″ N 30° 10′ 30.3″	98
						G	15—25	棕灰色	黏土	块状	7.7										
						Pg	25—35	青灰色	黏土	梭块状	7.7										
						W	35—110	亮黄棕色	黏土	块状	8.0										
剖59	人为土	水稻土	潜育水稻土	石灰性砂泥田	石灰性泥骨积田	A	0—15	灰黄色	黏土	小块状	7.3	29.0	1.72	0.56	24.8	≤1.0	64	25.3	近代长江冲积物	E 117° 04′ 06.7″ N 30° 07′ 33.3″	81
						Ap	15—20	暗黄黄色	黏土	块状	7.8	19.2	1.24	0.53	24.1	≤1.0	62	22.7			
						W_1	20—70	灰黄棕色	黏土	梭柱状	7.4	13.3	0.35	0.68	25.9	≤1.0		23.2			
						W_2	70—108	亮黄棕色	黏土	梭柱状	7.7										
剖60	初育土	石灰（岩）土	棕色石灰土	扁石石灰土	扁石石灰壤土	A	0—18	棕黄色	中石重壤土	梭柱状	7.5	54.2	3.10	0.55	29.7	≤1.0	158	27.9	石灰岩、钙质页岩坡积物、残积物	E 117° 03′ 19.4″ N 30° 05′ 17.4″	92
						C	18—52	棕黄色	轻石壤土	核块状	7.9	29.2	1.89	0.50	30.0	≤1.0	73	12.4			
						D	52—75														

续表 Continued

剖面号 Soil profile	土纲 Soil order	土类 Soil great group	亚类 Soil subgroup	土属 Soil genus	土种 Soil species	土层码 Layer code	土层厚度 Depth/cm	颜色 Soil color	质地 Soil texture	土壤结构 Soil structure	pH	有机质 OM/(g/kg)	全氮 TN/(g/kg)	全磷 TP/(g/kg)	全钾 TK/(g/kg)	有效磷 AP/(mg/kg)	速效钾 AK/(mg/kg)	阳离子交换量CEC/(cmol/kg)	土壤母质 Parent material	剖面点坐标 Profile coordinate	匹配指数 Matching index/%
剖61	人为土	水稻土	潴育水稻土	扁石泥田	上位砾石扁石黄泥田	A	0—12	淡灰色	重壤土	碎块状	5.0	21.8	0.31	0.31	12.9	5.0	51	7.0	泥质页岩洪积物	E 117°00′25.2″ N 30°04′50.3″	99
						P	12—19	淡灰色	重壤土	块状	5.3	16.7	0.30	0.30	12.4	6.0	35	3.8			
						Wo	19—59	棕黄色	重壤土	柱状	6.5	8.9	0.31	0.31	15.6	5.0	51	8.1			
						Bv	59—100	棕黄色	重壤土	块状	6.0	4.2	0.37	0.37	16.5	5.0	54	12.6			
剖62	淋溶土	黄棕壤	山地黄棕壤	扁石山地黄棕壤	中层扁石黄棕壤	Ao	0—7	暗灰色	重壤土	团粒状	5.5	68.0	3.12	0.68	30.8	8.0	63	15.6	泥岩岩类	E 117°14′28.8″ N 30°00′23.1″	97
						A₁	7—12	淡灰黄色	中石轻黏土	小块状	5.7	34.3	2.11	0.57	28.4	≤1.0	52	14.9			
						A₃	12—23	黄灰色	中石轻黏土	小块状	5.9	12.9	1.67	0.53	29.2			10.2			
						Bv	23—46	黄棕色	重壤土	块状	6.3	4.2	0.34	0.41	34.4			9.7			
						C	46—50														
剖63	人为土	水稻土	潴育水稻土	石灰泥田	结板田	A	0—14	灰黄色	重壤土	块状	7.7	36.3	1.80	0.74	13.7	12.0	62	17.9	条带灰岩、石灰岩坡积物、洪积物	E 117°02′21.3″ N 29°48′05.8″	95
						P	14—24	灰黄色	重壤土	片状	7.2	21.3	1.19	0.68	13.8	10.0	52	16.5			
						W	24—45	黄灰色	重壤土	块状	7.1	8.0	0.62	0.55	12.5			13.8			
						Bv	45—108	棕黄色	轻黏土	块状	7.6	7.3	0.39	0.43	18.1			21.4			
剖64	人为土	水稻土	淹育水稻土	浅灰泥田	浅层灰泥田	Aa	0—14	浊黄色	壤质黏土	块状	7.7	36.3	1.80	0.70	13.7	12.0	62	17.9	条带灰岩、石灰岩坡积物、洪积物	E 117°04′42.3″ N 29°47′29.5″	81
						Ap	14—24	浊黄色	壤质黏土	块状	7.2	21.3	1.20	0.70	13.8	10.0	52	16.5			
						C₁	24—45	浊黄棕色	壤质黏土	块状	7.1	8.0	0.60	0.50	12.5			13.8			
						C₂	45—108	浊黄棕色	黏土	块状	7.6	7.3	0.60	0.50	18.0			21.4			
剖65	铁铝土	红壤	黄红壤	扁石黄红壤	中层扁石黄红壤	A	0—19	灰黄棕色	重壤土	粒状	5.7	22.1	1.12	0.41	26.0	≤1.0	31	5.9	泥质页岩、板岩坡积物、残积物	E 117°04′45.0″ N 29°46′37.1″	95
						Bv	19—41	灰黄棕色	重壤土	块状	5.6	12.3	0.97	0.42	26.0	≤1.0	31	7.9			
						D	41—58	棕红色	重壤土	块状	5.6	11.4	0.58	0.44	27.1			8.9			
							58—74														
剖66	人为土	水稻土	潴育水稻土	扁石泥田	上位铁板泥田	A	0—12	灰黄色	中壤土	碎块状	5.5								砂页岩洪积物	E 117°01′01.3″ N 29°45′28.8″	97
						P	12—25	灰黄色	中壤土	块状	5.5										
						BvFe₂	25—30	灰黄色	中壤土	块状	6.0										
						C	30—105	棕黄色	重壤土	棱块状	6.0										

石 台 县

主要土类说明

　　石灰（岩）土是石台县主要土壤类型，占本县地域面积的33%，广泛分布于全县各乡镇石灰岩山地。石灰（岩）土多形成于山麓坡地和山间微起伏地，少数见于石山的顶部、溶沟或岩缝间。植被以灌丛和草本植物群落为主，间有散生林木，大多是喜钙种属，主要有刺、楝、黄连木、柏木、山胡椒、桑、黄荆、枫香以及蕨类等。其成土母质有石灰岩、条带灰岩和泥质页岩残积物、坡积物，岩层多与泥质页岩互生。石灰（岩）土同本县红壤、黄壤一样，形成于湿热气候，但因成土母质富含碳酸钙，使土壤中的盐基淋失过程大为减缓，很少发生脱硅富铝化作用，其主要成土特点表现为碳酸钙的淋溶淀积、较强的腐殖质累积以及矿物质的弱化学风化。石灰（岩）土普遍含有游离碳酸钙，碳酸钙含量沿剖面分布随深度而增高。土壤呈中性至微碱性，pH 为 6.5—8.0。碳酸岩类溶蚀风化产物质地细黏，富含钙质，胶结性强，在机械组成中，小于 0.001mm 的黏粒含量多在 20%—40%，物理性黏粒多大于 55%。因受强度机械淋溶的影响，黏粒随剖面加深而有增高的现象。在灌丛草本植物和钙质的影响，植物残体分解后，腐殖质与钙结合、凝聚，大量积累在表层土壤中，使土色变暗，故石灰（岩）土有机质含量较高，通常表土层有机质含量可达 30g/kg 以上，心土层在 10 g/kg 左右，氮的含量也较高。土壤缓冲性能较其他土壤强，阳离子交换量多大于 10cmol/kg。成土过程中，除方解石等碳酸盐类矿物遭受强烈的化学溶蚀外，硅酸岩矿物尚未受到破坏，化学风化作用较弱，云母类矿物脱钾不深，黏土矿物以蛭石或高岭石为主，并含有大量来自母质的水云母，黏粒的硅铝率较高。土壤腐殖质比较明显，厚度不一，呈暗灰棕色至灰黑色，核粒状结构，质地较黏重。腐殖质层以下为块状或棱块状的淀积层，紧实，质地黏重，呈棕色、棕黄色，在结构面上有光亮的胶膜。土体下部一般有强度不等的石灰反应，有时出现菌丝状的碳酸钙新生体，受侧渗水影响的还形成石灰结核，局部地方在剖面中也存在铁锰结核。由于土层一般都很浅薄，淀积层往往缺失，所以多为 A-C 型、A-（B）-C 型剖面构型，只在缓坡地段土层较厚处剖面构型才较为完整。本县石灰（岩）土分为黑色石灰（岩）土和棕色石灰（岩）土两个亚类。

　　红壤是石台县第二大土壤类型，占本县地域面积的 27%，是本县地域面积最大的地带性土壤，广泛分布于本县海拔 600m 以下山地、丘陵，上线常与山地黄壤构成复域。除七井村外，全县各地均有不同面积的分布，为本县木、竹、茶的生产基地。本县红壤的自然植被为亚热带常绿阔叶林，植被区系成分复杂，主要有壳斗科、樟科、山茶科、杜鹃科、冬青科、木科等。其成土母质有泥质页岩、花岗岩、碳质页岩风化物等。本县红壤的成土特点为明显的脱硅富铝化和强烈的生物富集作用。脱硅富铝化过程中，风化淋溶作用强烈，硅酸盐类矿物强烈分解，引起硅和盐基淋失，黏粒和次生矿物不断形成，铁铝氧化物明显聚积。泥质页岩风化物发育的黄红壤，元素的迁移序列为钙、钾、硅、锑，其中硅的迁移量达 32.05%，而铁铝氧化物都有不同程度的富集。土壤中黏粒含量较高，小于 0.001mm 胶体一般大于 20%，因母质不同而有一定的差异，黏粒在剖面中以淀积层为最高。土壤黏粒部分的硅铝率为 2.35，黏土矿物以高岭石为主，并含有一定量的蛭石、水云母及少量三水铝石。土壤交换性能差，阳离子交换量多小于 10 cmol/kg，盐基饱和度多小于 45%，呈酸性或强酸性，pH 多在 5.0—5.5。土壤交换性酸以交换铝为主，高达 6—9 cmol/kg，并随剖面层次的下移而有递增的趋势。生物富集过程中，生物积累量大，循环作用旺盛。

　　粗骨土是石台县第三大土壤类型，占本县地域面积的 21%，广泛分布在河谷阶地、丘陵、低山和中山等多种地貌单元和地形部位。粗骨土属于 A-C 型，甚至（A）-C 型土壤。A 层发育不明显，与母质土层性状相似，略显有机质累积。有时母质层富含砾石，甚少剖面分异与发育特征。

　　水稻土占石台县地域面积的 7%，主要分布于秋浦河、后河谷地及本县西北部的畈田。水稻土是由红壤、石灰（岩）土、草甸土经过长期的水耕熟化培育成的。其成土母质或母土复杂多样，但主要以冲积物和坡积物、洪积物为主。在其形成过程即水耕熟化过程中，氧化还原交替作用，使剖面发生明显的分异，又在人为的耕作、施肥、灌溉等一系列措施影响下，进行着有机质的分解和合成、复盐基和盐基的淋溶及黏粒的聚积和淋失等作用，形成水稻土特有的形态、理化和生物特性。水稻土剖面构型一般由耕作层、犁底层、潴育层、潜育层和母质层等发生层次组成。水稻土起源复杂，可以概括为两种类型：红壤、石灰土及部分冲积土起源的水稻土，由于灌溉淹水，土壤剖面由 A-C、A-P-C 发育成 A-P-W-C；沼泽土（地势低洼、积水、生长芦苇）起源的水稻土，通过排水和垫高田面促进脱沼泽过程的发展，随着水分状况和氧化还原条件的改变，由 A-G、Ag-G 剖面发育成 A-P-G 或 A-P-W-G 剖面。

黄壤占石台县地域面积的 7%，分布于本县海拔 600—900m 的中山山地。这一地带云雾多，日照少，空气湿度大，冬无严寒，夏无酷热，干湿季节不明显。黄壤是在垂直方向上从红壤向黄棕壤过渡的土壤类型。植被类型主要为常绿落叶阔叶混交林，以湿生常绿阔叶林居多。在湿润环境下，林内苔藓类生长繁茂。其成土母质主要有花岗岩、花岗斑岩、千枚岩、泥质页岩等残积物、坡积物。黄壤的形成除具有基带土壤红壤的脱硅富铝化和生物富集作用外，还有黄化作用。由于所处地方相对湿度大，土壤中的氧化铁水化而引起剖面形成黄色或蜡黄色土层，其中尤以剖面中部的淀积层最为明显。在脱硅富铝化中，泥质岩残积物、坡积物发育的黄壤，元素迁移序列为钙、钾、硅、镁，其中硅的迁移量为 74.29%、钙的迁移量为 91.37%，均比红壤和黄棕壤高。黏粒硅铝率和硅铝铁率分别为 1.73 和 1.53，比红壤、黄棕壤低，黏土矿物组成以三水铝石为主，并含有一定量的蛭石、高岭石和石英。本县黄壤脱硅富铝化作用较强，这可能与中山山区酸性淋溶作用有关。黄壤普遍酸度都较大，呈酸性至强酸性，pH 多在 4.5—5.5。交换性酸以活性铝为主，阳离子交换量为 4—10 cmol /kg，随剖面层次加深而明显减少。黄壤生物富集作用比红壤强，有机质含量较相似植被下的红壤为高。一般植被覆盖好的情况下，表层有机质含量可达 4% 以上，表层以下淀积层亦在 1% 左右。腐殖质组成以胡敏酸为主，胡富比为 1.52，黄壤腐殖质的分子量和芳构化程度均较红壤低。根据成土条件、发育阶段和土壤属性，本县黄壤分为山地黄壤和黄壤性土两个亚类。

小于本县地域面积 3% 的土壤类型还有黄棕壤、紫色土和石质土。

本区域中心区气候特征

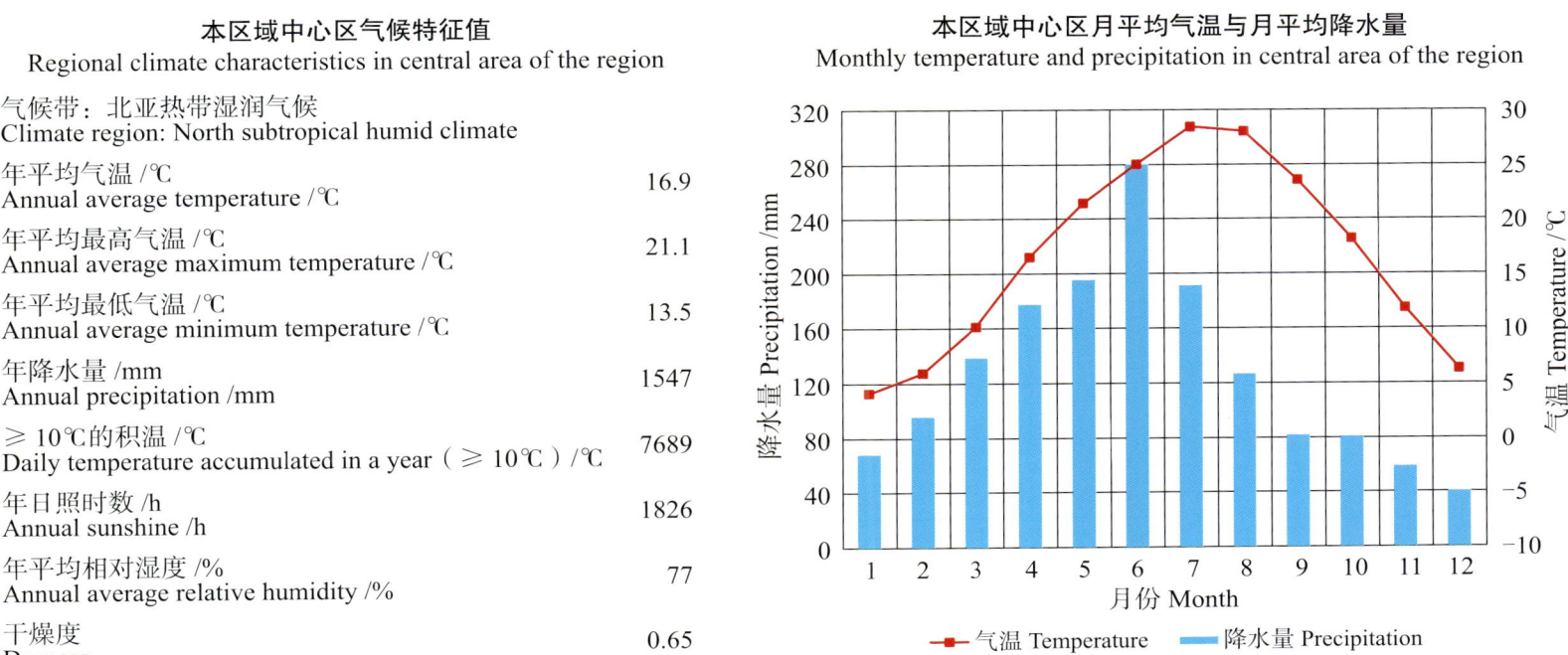

本区域中心区气候特征值
Regional climate characteristics in central area of the region

气候带：北亚热带湿润气候 Climate region: North subtropical humid climate	
年平均气温 /℃ Annual average temperature /℃	16.9
年平均最高气温 /℃ Annual average maximum temperature /℃	21.1
年平均最低气温 /℃ Annual average minimum temperature /℃	13.5
年降水量 /mm Annual precipitation /mm	1547
≥10℃的积温 /℃ Daily temperature accumulated in a year（≥10℃）/℃	7689
年日照时数 /h Annual sunshine /h	1826
年平均相对湿度 /% Annual average relative humidity /%	77
干燥度 Dryness	0.65

本区域中心区月平均气温与月平均降水量
Monthly temperature and precipitation in central area of the region

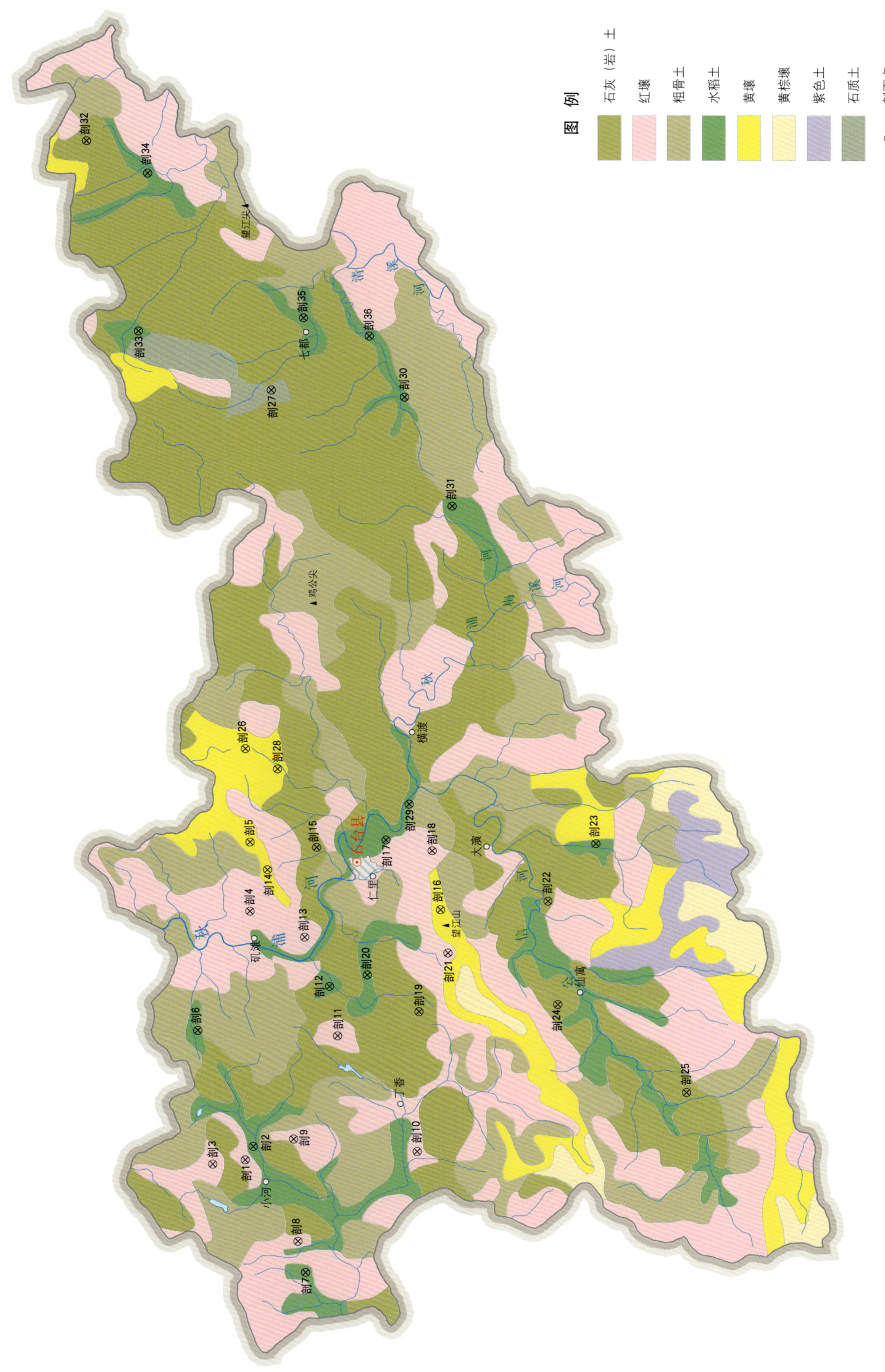

石台县土壤剖面理化性状表

剖面号 Soil profile	土纲 Soil order	土类 Soil great group	亚类 Soil subgroup	土属 Soil genus	土种 Soil species	土层码 Layer code	土层厚度 Depth/cm	颜色 Soil color	质地 Soil texture	土壤结构 Soil structure	pH	有机质 OM/(g/kg)	全氮 TN/(g/kg)	全磷 TP/(g/kg)	全钾 TK/(g/kg)	有效磷 AP/(mg/kg)	速效钾 AK/(mg/kg)	阳离子交换量 CEC/(cmol/kg)	土壤母质 Parent material	剖面点坐标 Profile coordinate	匹配指数 Matching index/%
剖1	铁铝土	红壤	黄红壤	扁石黄红壤	薄有机质中层扁石黄红壤	A	0—6	淡黄色	轻壤土	粒状	5.2									E 117° 18′ 51.7″ N 30° 15′ 36.6″	75
						Bv	6—40	淡灰黄色	中壤土	块状	4.9										
						C	40—														
剖2	人为土	水稻土	潴育水稻土	扁石泥田	扁石泥田	A	0—14	淡灰黄色	轻黏土	碎粒状	6.4								泥质页岩坡积物、洪积物、冲积物	E 117° 19′ 27.0″ N 30° 15′ 15.7″	75
						P	14—22	暗灰黄色	重壤土	块状	5.9										
						W	22—50	灰黄色	中壤土	核状	7.1										
						C	50—100	棕灰色	轻黏土	块状	7.4										
剖3	铁铝土	红壤	黄红壤	扁石黄红壤	砺质扁石黄红壤	A	0—16	灰黄色	中壤土	碎粒状	5.1									E 117° 18′ 27.4″ N 30° 16′ 25.0″	75
						Bv	16—	黄灰色	中壤土	块状	5.1										
剖4	铁铝土	红壤	黄红壤	麻砂黄红壤	中有机质中层麻石黄红壤	A	0—18	灰色	中壤土	粒状	5.2								酸性结晶岩类残积物、坡积物	E 117° 27′ 08.4″ N 30° 15′ 53.6″	96
						Bv	18—57	黄色	中壤土	块状	5.2										
						C	57—														
剖5	铁铝土	黄壤	黄壤	麻黄壤	厚层黄砂土	A	0—12	黄灰色	中壤土	碎粒状	5.2									E 117° 29′ 32.1″ N 30° 15′ 33.1″	75
						Bv	16—70	淡黄色	重壤土	柱状	4.9										
剖6	人为土	水稻土	潴育水稻土	扁石泥田	石砾底扁石泥田	A	0—15	灰白色	中壤土	碎块状	6.4								泥质页岩坡积物、洪积物、冲积物	E 117° 23′ 07.2″ N 30° 16′ 53.8″	75
						P	15—21	黄灰色	砂壤土	块状	6.4										
						Bv	21—40	棕灰色	砂壤土	棱块状	6.6										
						C	40—100			块状	6.1										
剖7	人为土	水稻土	潴育水稻土	麻砂泥田	麻砂泥田	A	0—17	暗黄色	中壤土	粒状	5.3								酸性结晶岩类洪积物、坡积物	E 117° 15′ 06.9″ N 30° 13′ 58.1″	75
						P	17—23	棕灰色	轻壤土	块状	5.5										
						W₁	23—35	棕灰色	砂壤土	块状	6.1										
						W₂	35—70	暗黄色	砂壤土	棱块状	6.6										
						C	70—100	淡灰黄色	重壤土	块状	6.1										
剖8	铁铝土	红壤	黄红壤	扁石黄红壤	中有机质中层扁石黄红壤	A	0—28	黄灰色	重壤土	碎粒状	5.2									E 117° 15′ 55.1″ N 30° 14′ 06.0″	96
						Bv	28—55	黄灰色	重壤土	块状	5.1										
						C	55—														
剖9	铁铝土	红壤	红壤性土	红壤性扁石土	薄层园地扁石土	A	0—20	黄灰黄色	中壤土	碎粒状	4.4								泥质岩类坡积物、残积物	E 117° 19′ 14.8″ N 30° 13′ 20.0″	75
						C	20—70	灰黄色	中壤土	碎片状	4.8										
剖10	铁铝土	红壤	红壤性土	红壤性扁石土	粗骨扁石土	A	0—35	暗黄色	重壤土	粒状	6.0								泥质岩类坡积物、残积物	E 117° 19′ 10.9″ N 30° 13′ 36.1″	95
						C	35—60	暗棕色	重壤土	块状	5.0										
剖11	铁铝土	红壤	黄红壤	扁石黄红壤		A	0—25	黑灰色	重壤土	粒块状	5.1									E 117° 22′ 59.7″ N 30° 12′ 48.8″	75
						Bv	25—100	黄灰黄色	重壤土	块状	4.7										
剖12	人为土	水稻土	潴育水稻土	扁石泥田	石灰底扁石泥田	A	0—15	灰灰黄色	轻黏土	碎粒状	7.2								泥质页岩洪积残积物、洪冲积物	E 117° 24′ 47.1″ N 30° 13′ 05.4″	75
						P	15—23	棕灰色	轻黏土	棱柱状	7.3										
						W	23—71	灰黄色	轻黏土	块状	8.0										
剖13	铁铝土	黄壤	黄壤	麻黄壤	厚有机质中层黄红壤	A	0—25	灰灰黄色	中壤土	碎粒状	5.0								泥质岩类坡积物、残积物	E 117° 26′ 25.0″ N 30° 13′ 55.8″	75
						Bv	25—55	棕黄色	中壤土	块状	5.0										
						C	55—100	浅黄色	中壤土	碎块状	6.0										
剖14	铁铝土	黄壤	黄壤	麻黄壤	黄砂土	A	0—16	黄灰黄色	中壤土	碎粒状	5.0								花岗岩、花岗岩残积物、坡积物	E 117° 28′ 44.9″ N 30° 14′ 54.8″	75
						Bv	16—48	浅黄色	中壤土	棱块状	4.9										
						C	48—100	黄色	轻壤土	小块状	4.9										
剖15	初育土	石灰（岩）土	棕色石灰土	棕色石灰土	薄层棕色石灰土	A	0—12	暗棕色	重壤土	核状	8.0								石岩类残积物、坡积物	E 117° 29′ 08.9″ N 30° 13′ 33.0″	95
						C	12—52														

续表 Continued

剖面号 Soil profile	土纲 Soil order	土类 Soil great group	亚类 Soil subgroup	土属 Soil genus	土种 Soil species	土层码 Layer code	土层厚度 Depth/cm	颜色 Soil color	质地 Soil texture	土壤结构 Soil structure	pH	有机质 OM/(g/kg)	全氮 TN/(g/kg)	全磷 TP/(g/kg)	全钾 TK/(g/kg)	有效磷 AP/(mg/kg)	速效钾 AK/(mg/kg)	阳离子交换量CEC/(cmol/kg)	土壤母质 Parent material	剖面点坐标 Profile coordinate	匹配指数 Matching index/%
剖16	铁铝土	黄壤	黄壤	麻石黄土	园地麻石黄砂土	A	0—15	深黄色	轻壤土	块状	4.7								花岗岩、花岗斑岩残积物、坡积物	E 117°27′35.1″ N 30°10′07.0″	75
						Bv	15—40	灰黄色	轻壤土	柱块状	5.1										
						C	40—	灰色	轻壤土	块状											
剖17	人为土	水稻土	淹育水稻土	浅黄泥田	浅黄泥田	A	0—14	灰黄色	重壤土	碎块状	6.0								第四纪红色黏土	E 117°29′31.6″ N 30°12′06.1″	75
						P	14—20	黄棕色	重壤土	块状	6.4										
						C	20—100	黄棕色	重壤土	柱状	6.2										
剖18	铁铝土	红壤	红壤性土	红壤性扁石土	薄层砾质扁石土	A	0—15	黄灰色	中壤土	粒状	5.2								泥质岩类坡积物、残积物	E 117°29′09.8″ N 30°10′48.9″	75
						C	15—		中壤土	块状	5.2										
剖19	初育土	石灰(岩)土	棕色石灰土	黑碎石土	黑碎石土	A	0—12	黑色	中壤土	粒块状									石灰岩类残积物、坡积物	E 117°23′49.2″ N 30°11′11.0″	95
						Bv	12—	暗黄色	中壤土	粒块状											
剖20	人为土	水稻土	潴育水稻土	砂泥田	砂泥田	A	0—15	棕色	中壤土	粒状	5.1								河流冲积物	E 117°25′13.3″ N 30°12′01.7″	75
						P	15—21	淡灰色	中壤土	棱柱状	5.1										
						Bv	21—40	淡灰色	重壤土	棱柱状	5.0										
						W	40—100	灰黄色	重壤土	小块状	5.2										
剖21	铁铝土	红壤	黄红壤	扁石黄红壤	砥质厚层扁石黄红壤	A	0—9	灰黄色	中壤土	粒粒状	6.5								石灰岩类残风化物	E 117°25′52.4″ N 30°10′16.6″	75
						Bv	9—80	黄棕色	轻黏土	碎块状	6.7										
剖22	初育土	石灰(岩)土	棕色石灰土	鸡肝土	中层鸡肝土	A	0—25	棕棕色	轻黏土	核粒状	6.8								石灰岩类残风化物	E 117°27′16.4″ N 30°07′02.2″	96
						Bv	25—45		中壤土	核结粒状	4.6										
						D	45—		重壤土	无结构												
剖23	人为土	水稻土	潜育水稻土	青钙泥田	青钙泥田	A	0—13	淡灰色	重壤土	块状	8.2								石灰岩类残积物、洪积物	E 117°29′14.8″ N 30°05′45.0″	75
						Pg	13—18	青灰色	重壤土	块状	8.3										
						G	18—110	青灰色	重壤土	无结构	7.8										
剖24	初育土	石灰(岩)土	棕色石灰土	鸡肝土	厚层鸡肝土	A	0—17	黄棕色	中壤土	碎粒状	5.2	51.2	2.70	0.60	16.7	3.0	120	24.6	石灰岩类残积物、坡积物	E 117°24′27.6″ N 30°06′39.4″	96
						Bv	17—90	黄棕色	重壤土	核粒状	6.5	17.4	1.30	0.50	18.5	2.0	109	20.2			
剖25	初育土	石灰(岩)土	棕色石灰土	棕灰泥土	七里鸡肝土	A	0—20	淡灰色	黏土	核粒状	6.7	10.7	0.90	0.50	18.2	≤1.0	123	23.5	石灰岩类残积物、坡积物	E 117°21′18.5″ N 30°03′23.9″	78
						Bv₁	20—60	青灰色	黏土	核粒状	6.8										
						Bv₂	60—100	棕棕色	黏土	棱块状	4.6										
剖26	铁铝土	黄壤	黄壤	扁黄黄壤	扁石黄质黄土	A	0—21	黄黄色	重壤土	碎粒状	5.0								泥质页岩、千枚岩残积物	E 117°32′34.1″ N 30°16′00.9″	75
						Bv	21—45	黄黄色		碎粒状											
						C	45—	灰灰色													
剖27	初育土	石质土	硅铝质石质土	麻石质石土	花岗岩石质土	Ao	0—1.5	棕棕色	砂土	粒粒状	5.0								花岗岩	E 117°44′27.6″ N 30°15′15.5″	75
						A	1.5—7	灰灰色	轻黏土	碎块状	5.1										
剖28	铁铝土	黄壤	黄壤	扁石黄土	园地扁石黄泥土	A	0—16	棕棕色	中壤土	棱块状	5.5								泥质岩类残风化坡积物	E 117°32′07.7″ N 30°14′43.7″	75
						Bv	16—57	黄黄色	中壤土	块块状	5.7										
						C	57—95	淡灰色	中壤土	碎粒状	5.7										
剖29	人为土	水稻土	潴育水稻土	砂泥田	石灰砂泥田	A	0—16	灰黄色	重壤土	小块状	6.2								河流冲积物	E 117°30′52.6″ N 30°10′53.4″	95
						Bv	16—21	灰黄色	中壤土	棱块状	6.3										
						C	85—100	暗黄黄色	重壤土	碎块状											
剖30	人为土	水稻土	潴育水稻土	黄泥田	黄泥田	A	0—13	黄色	重壤土	块状	7.4								第四纪红色黏土	E 117°44′31.9″ N 30°11′20.8″	75
						P	13—20	淡灰黄色	轻黏土	棱柱状	7.6										
						W	20—75	淡红黄色	重黏土	块状	7.5										
						C	75—100														

续表 Continued

剖面号 Soil profile	土纲 Soil order	土类 Soil great group	亚类 Soil subgroup	土属 Soil genus	土种 Soil species	土层码 Layer code	土层厚度 Depth/cm	颜色 Soil color	质地 Soil texture	土壤结构 Soil structure	pH	有机质 OM/(g/kg)	全氮 TN/(g/kg)	全磷 TP/(g/kg)	全钾 TK/(g/kg)	有效磷 AP/(mg/kg)	速效钾 AK/(mg/kg)	阳离子交换量CEC/(cmol/kg)	土壤母质 Parent material	剖面点坐标 Profile coordinate	匹配指数 Matching index/%
剖31	人为土	水稻土	潜育水稻土	砂泥田	下位砂砾底砂泥田	A	0—16	淡灰色	中壤土		5.4								河流冲积物	E 117° 40′ 49.1″ N 30° 10′ 00.7″	75
						P	16—25	淡灰色	中壤土	块状	5.8										
						W	25—65	灰黄色	中壤土	棱块状	7.2										
						S	65—														
剖32	初育土	石灰(岩)土	棕色石灰土	鸡肝土	薄层鸡肝土	A	0—20	灰棕色	轻黏土	碎块状	6.9								石灰岩类风化物	E 117° 52′ 44.6″ N 30° 20′ 21.5″	75
						C	20—														
剖33	人为土	水稻土	潜育水稻土	青扁石泥田	青扁石泥田	A	0—14	暗黄色	重黏土	碎块状	5.3								泥质砂页岩坡积物、洪积物	E 117° 46′ 33.4″ N 30° 18′ 47.5″	75
						P	14—24	淡灰色	轻黏土	块状	5.5										
						G	24—55	青灰色	轻黏土	无结构	5.3										
						C	55—90	暗青灰色	轻黏土	块状	6.7										
剖34	人为土	水稻土	潜育水稻土	砂泥田	上位砂砾底砂泥田	A	0—15	淡灰色	轻壤土	小块状									河流冲积物	E 117° 51′ 59.2″ N 30° 18′ 28.5″	75
						P	15—23	淡灰色	轻壤土	块状											
						W	23—45	灰黄色	中壤土												
						So	45—														
剖35	人为土	水稻土	潜育水稻土	砂泥田	上位砂心砂泥田	A	0—18	淡灰色	中壤土	碎块状									河流冲积物	E 117° 47′ 03.1″ N 30° 14′ 05.7″	75
						P	18—24	棕灰色	中壤土	块状											
						W	24—41	灰黄色	中壤土	棱柱状											
						S	41—52		砂土												
						C	52—														
剖36	人为土	水稻土	潜育水稻土	青麻砂泥田	青麻砂泥田	A	0—16	淡灰色	中壤土		6.3								花岗岩坡积物、洪积物	E 117° 46′ 32.2″ N 30° 12′ 12.5″	75
						G	16—68	青灰色	中壤土	糊状	5.8										
						C	68—100	棕灰色	轻壤土		6.2										

青阳县

主要土类说明

红壤是青阳县主要土壤类型，占本县地域面积的36%，分布于本县海拔650m以下的中山下部及低山、丘陵、岗地上。与典型红壤相比较，本县红壤脱硅富铝化作用较弱，黏化作用较强。红壤硅铝率为2.29—2.43，黏粒淀积明显但无胶膜出现，小于0.001mm黏粒黏化值在1.15—1.50，阳离子交换量为5.5—15.2cmol/kg。黏土矿物以高岭石为主，伴有蛭石、绿泥石、伊利石。土体构型为A-B-C或A-（B）-C。全剖面呈酸性，pH为4.5—6.5。表层有机质含量较高，一般在34.7g/kg，呈暗棕色。

水稻土是青阳县第二大土壤类型，占本县地域面积的24%，广泛分布于本县各地的谷、冲、畈、圩水源条件较好、灌溉条件优越的地段。因灌水耕种、季节性干湿交替，有机物、无机物的迁移与淀积及有机质的矿化分解、积累，剖面形态发生了明显的分异，形成了水稻土特有的剖面形态和理化性状。水稻土在水耕熟化过程中，受微域水分运行条件的影响，伴有附加的成土过程，如淹育过程、渗育过程、潴育过程、潜育过程、侧渗过程等，形成了不同的剖面构型，如A-P-W-B和A-G等。

石灰（岩）土是青阳县第三大土壤类型，占本县地域面积的14%，分布遍及丁桥、酉华、乔木、新河、杨田、庙前、杜村等地的低山、丘陵、岗地。其主要成土过程是碳酸岩类风化残留和淀积过程。母岩含有大量的碳酸钙，在风化过程中不断释放出来，土壤中的钙不断淋失，又不断得到补充，当淋失量小于补充量的时候，土壤呈中性或微碱性，相反则呈中性或微酸性，土层一般都较浅薄，土体一般无石灰反应，少数有石灰反应。

紫色土占青阳县地域面积的9%，分布于本县北部地区丘陵、岗地上。其成土母质是紫色岩类残积物、坡积物。紫色土物理风化强，化学风化弱，土壤处于幼年发育阶段。紫色土发育完整，为A-B-C构型，全剖面色泽均一，呈紫色或暗紫棕色，有机质含量平均为22.6g/kg，阳离子交换量为15.2cmol/kg，质地黏重。土壤发育度较弱，小于0.001mm黏粒黏化值在0.75—1.28，黏粒有一定的淋溶淀积，淀积层发生了一定的黏化作用。

粗骨土占青阳县地域面积的9%。粗骨土土层浅薄，呈A-C构型，在薄层A层下，为不同厚度的母岩风化的松散碎屑层。

黄棕壤占青阳县地域面积的4%，主要分布于本县南部中山的中上部和北部海拔50m以下的低岗上。其成土母质为花岗岩残积物、坡积物及黄土。黄棕壤剖面发育完整，为A-B-C或A-（B）-C构型，通体黄棕色或淡黄棕色，pH为5.0—5.5，A层暗棕色或黑棕色。土壤有机质含量平均为8.5g/kg，胡富比平均为0.38，硅铝率为1.77—2.26，阳离子交换量为7.56cmol/kg，黏土矿物类型以蛭石、绿泥石、高岭石为主，伴有三水铝石和伊利石。

小于本县地域面积3%的土壤类型还有潮土和石质土等。

本区域中心区气候特征

本区域中心区气候特征值
Regional climate characteristics in central area of the region

气候带：北亚热带湿润气候 Climate region: North subtropical humid climate	
年平均气温 /℃ Annual average temperature /℃	16.6
年平均最高气温 /℃ Annual average maximum temperature /℃	20.8
年平均最低气温 /℃ Annual average minimum temperature /℃	13.2
年降水量 /mm Annual precipitation /mm	1417
≥10℃的积温 /℃ Daily temperature accumulated in a year（≥10℃）/℃	6628
年日照时数 /h Annual sunshine /h	1837
年平均相对湿度 /% Annual average relative humidity /%	77
干燥度 Dryness	0.71

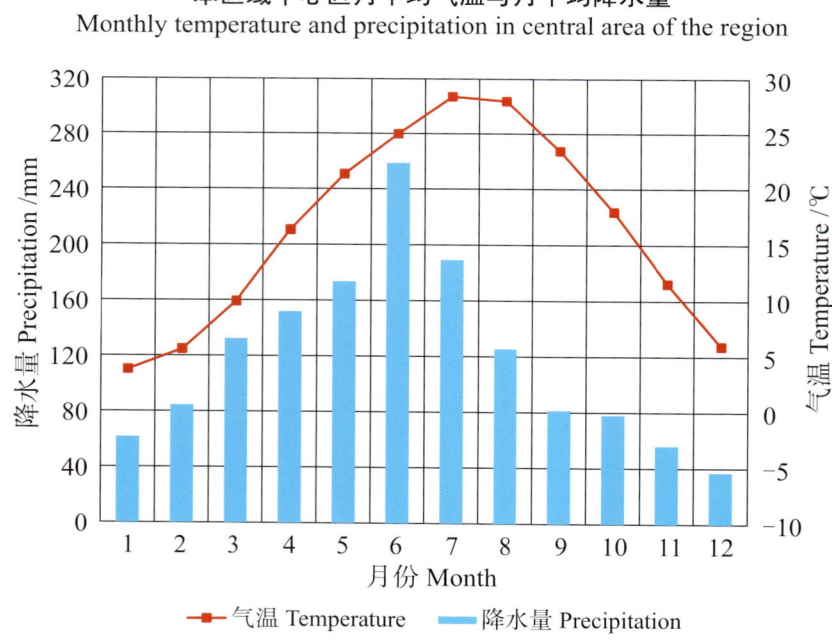

本区域中心区月平均气温与月平均降水量
Monthly temperature and precipitation in central area of the region

青阳县主要土壤类型与土壤剖面点分布图
1∶200 000

注：本图界线沿用土壤普查时点的行政界线。

图例：
- 红壤
- 水稻土
- 石灰（岩）土
- 紫色土
- 粗骨土
- 黄棕壤
- 潮土
- 石质土
- 黄褐土
- ⊗ 剖面点

青阳县土壤剖面理化性状表

剖面号 Soil profile	土纲 Soil order	土类 Soil great group	亚类 Soil subgroup	土属 Soil genus	土种 Soil species	土层码 Layer code	土层厚度 Depth/cm	颜色 Soil color	质地 Soil texture	土壤结构 Soil structure	pH	有机质 OM/(g/kg)	全氮 TN/(g/kg)	全磷 TP/(g/kg)	全钾 TK/(g/kg)	有效磷 AP/(mg/kg)	速效钾 AK/(mg/kg)	阳离子交换量CEC/(cmol/kg)	土壤母质 Parent material	剖面点坐标 Profile coordinate	匹配指数 Matching index/%
剖1	人为土	水稻土	潜育水稻土	钙积麻石砂泥田	钙积麻石砂泥田	A	0—18	灰黄色	重黏土	细粒状	5.1	32.4	1.98	0.39	22.3	4.0	82	8.8	酸性结晶岩类坡积物、洪积物	E 117°42′56.2″ N 30°33′06.2″	95
						P	18—28	黄黄色	中壤土	棱块状	7.2	22.7	1.49	0.37	24.3	4.0	64	8.8			
						W	28—100	黄灰色	中壤土		7.4	≤1.0	0.83	0.20	20.3	3.0	54	8.3			
剖2	人为土	水稻土	潜育水稻土	青麻石砂泥田	青麻石砂泥田	A	0—14	暗灰色	轻黏土	小碎块状	7.8	40.0	2.82	0.74	22.5	7.0	143	15.2	花岗岩残积物、坡积物	E 117°43′47.2″ N 30°33′55.2″	95
						P	14—22	暗灰黄色	轻黏土	块状	7.7	24.5	1.70	0.65	20.7	4.0	130	11.3			
						W	22—45	暗灰黄色	轻黏土	棱块状	8.0	12.2	0.91	0.63	22.3	3.0	150	12.1			
						So	45—95	黄褐色													
剖3	人为土	水稻土	潜育水稻土	扁石泥田	夹青扁石泥田	A	0—17	黄色	重壤土	屑粒状	5.4	21.4	1.32	0.42	15.2	4.0	80	3.2	泥质岩类坡风化坡积物、洪积物	E 117°44′21.2″ N 30°32′42.5″	95
						Pg	17—25	黄色	中壤土	块状	6.1	18.2	1.09	0.32	14.8	≤1.0	50	7.8			
						W	25—70	黄褐色	重壤土	块状	6.2	5.4	0.38	0.18	14.0	≤1.0	41	6.9			
剖4	人为土	水稻土	潜育水稻土	石灰性砂泥田	灰泥田	A	0—17	黄色	轻壤土	碎块状	5.9	27.8	2.39	0.52	29.0	4.0	111	15.7	河流冲积物	E 117°43′22.1″ N 30°32′11.5″	95
						P	17—25	黄色	重壤土	棱块状	5.3	23.0	1.56	0.52	15.1	13.0	58	12.8			
						W	25—75	黄褐色	重壤土	棱块状	7.0	12.7	1.15	0.54	20.2	11.0	73	13.1			
剖5	人为土	水稻土	潜育水稻土	陷泥田	浅陷泥田	A	0—16	黄灰色	重壤土	糊粒状	6.2	57.2	2.63	0.27	24.2	2.0	36	14.9		E 117°42′53.2″ N 30°30′49.2″	95
						G	16—82	黄灰色	重壤土	糊状	5.0	56.0	2.45	0.27	37.8	2.0	43	15.7			
剖6	铁铝土	红壤	黄红壤	扁石黄红壤	厚层扁石黄红壤	A	0—38	褐灰色	中壤土	屑粒状	5.0								泥质岩类坡积物、残积物	E 117°49′47.5″ N 30°45′09.8″	97
						Bv	38—96	橙色	重壤土	块状	5.6										
						C	96—														
剖7	人为土	水稻土	潜育水稻土	扁石泥田	扁石泥田	A	0—15	黄灰色	重壤土	屑粒状	5.5	27.8	1.78	0.43	16.8	11.0	72	7.2	泥质岩类坡风化坡积物、洪积物	E 117°51′16.4″ N 30°45′34.1″	95
						P	15—24	灰黄色	重壤土	块状	5.3	25.8	1.47	0.40	17.6	6.0	51	5.8			
						W	24—73	灰黄色	重壤土	棱块状	5.5	20.5	1.19	0.43	15.2	3.0	51	5.7			
剖8	半水成土	潮土	灰潮土	灰泥土	灰泥土	Bv	73—95	褐黄色	轻壤土		6.0								近代河流冲积物	E 117°52′29.6″ N 30°45′18.2″	97
						A	0—15	褐灰黄色	轻壤土	屑粒状	6.4	32.1	2.10	0.26	16.7	6.0	134	19.9			
						P	15—25	褐灰黄色	轻壤土	块状	6.5	32.1	2.02	0.56	18.2	4.0	133	19.9			
						Bv	25—80	橙色	轻壤土	棱块状	7.6	17.2	1.13	0.39	15.7	≤1.0	89	16.2			
剖9	人为土	水稻土	潜育水稻土	石灰性砂泥田	鳝血鲘泥田	A	0—15	灰灰黄色	重壤土	细粒状	7.7	31.4	2.10	0.60	18.6	8.0	98	13.2	碳酸岩类坡积物、洪积物	E 117°54′52.3″ N 30°48′04.6″	95
						Pg	15—23	黄橙色	轻壤土	小碎块状	7.7	31.6	2.04	0.49	16.0	9.0	112	13.4			
						W	23—71	褐黄色	轻壤土	块状	7.8	10.8	0.78	0.40	17.9	12.0	86	10.7			
						Bv	71—110	灰黄褐色	重壤土	棱块状	7.7	6.5	0.42	0.31	16.2	13.0	59	10.6			
剖10	人为土	水稻土	潜育水稻土	石灰性砂泥田	夹青灰泥田	A	0—16	黄黄色	中黏土	碎块状	7.4	43.4	2.63	0.89	18.7	15.0	180	17.9	河流冲积物	E 117°56′42.9″ N 30°47′16.8″	95
						P	16—26	黄黄色	中黏土	块状	7.8	24.7	1.96	0.72	21.9	9.0	120	15.6			
						W	26—86	黄黄色	中黏土	棱块状	8.1	12.5	1.21	0.58	23.2	8.0	138	12.8			
						Bv	86—95	褐黄色	中壤土	块状	7.9	6.3	0.60	0.39	21.9	25.0	118	10.2			
剖11	人为土	水稻土	潜育水稻土	石灰性砂泥田	上位砂砾泥田	A	0—17	暗黄黄色	轻壤土	小碎块状	7.8	40.8	2.35	0.53	26.9	9.0	84	14.8	河流冲积物	E 117°57′53.1″ N 30°46′03.0″	95
						Pg	17—26	黄黄色	轻壤土	块状	7.6	33.7	2.08	0.42	18.7	7.0	50	14.2			
						W	26—35	黄色	轻壤土	棱块状	7.9	33.5	2.04	0.40	13.6	3.0	56	13.6			
剖12	人为土	水稻土	潜育水稻土	钙积陷泥田	钙积陷泥田	A	0—17	黄色	中壤土	块状	6.5	32.9	1.95	0.33	20.0	4.0	103	11.2	石灰岩坡积物、洪积物	E 117°52′51.4″ N 30°46′08.6″	75
						Pg	17—24	暗黄黄色	中壤土	糊状	6.3	38.9	1.79	0.32	27.4	6.0	77	9.1			
						G	24—76	黄灰黄色	中壤土	块状	5.6	24.2	1.37	0.25	21.7	6.0	56	11.4			
剖13	人为土	水稻土	潜育水稻土	麻石砂泥田	夹青砂泥田	A	0—14	灰黄色	中壤土	细粒状	5.5	25.6	1.47	0.24	15.0	3.0	67	8.0	酸性结晶岩类坡积物、洪积物	E 117°54′34.7″ N 30°46′37.0″	95
						Pg	14—21	黄灰色	中壤土	软块状	5.8	19.5	1.26	0.29	14.8	9.0	61	8.1			
						W	21—53	黄灰色	重壤土	棱块状	7.1	4.4	0.40	0.39	16.2	2.0	62	8.1			
						Bv	53—100	黄褐色	重壤土	碎块状	7.0	4.0	0.36	0.71	22.8	4.0	85	11.0			

续表 Continued

剖面号 Soil profile	土纲 Soil order	土类 Soil great group	亚类 Soil subgroup	土属 Soil genus	土种 Soil species	土层码 Layer code	土层厚度 Depth/cm	颜色 Soil color	质地 Soil texture	土壤结构 Soil structure	pH	有机质 OM/(g/kg)	全氮 TN/(g/kg)	全磷 TP/(g/kg)	全钾 TK/(g/kg)	有效磷 AP/(mg/kg)	速效钾 AK/(mg/kg)	阳离子交换量CEC/(cmol/kg)	土壤母质 Parent material	剖面点坐标 Profile coordinate	匹配指数 Matching index/%
剖14	人为土	水稻土	潴育水稻土	烂泥田	浅烂泥田	A	0—16	灰色	轻黏土	糊状	6.6	39.9	2.51	0.47	18.5	10.0	138	19.3	河流冲积物	E 117°54′57.9″ N 30°46′16.3″	75
						G	16—89	灰色	轻黏土	糊状	6.3	24.4	1.77	0.30	19.8	6.0	99	15.5			
剖15	人为土	水稻土	潴育水稻土	钙积烂泥田	钙积浅烂泥田	A	0—18	黄褐色	重黏土	块状	5.4	28.4	2.06	0.36	14.8	4.0	123	11.6			95
						Pg	18—27	黄褐色	重黏土	块状	6.5	25.7	9.07	0.34	14.4	≤1.0	47	11.7			
						G	27—91	灰色	中壤土	块状	8.0	9.8	0.74	0.40	15.5	6.0	47	10.9			
剖16	铁铝土	红壤	棕红壤	棕红壤	棕红壤	A	0—20	赤褐色	中壤土	块状	5.6	16.0	0.94				60		第四纪红色黏土	E 117°56′13.0″ N 30°46′49.1″	95
						Bv	20—150	赤褐色	中壤土	块状	5.2										
剖17	人为土	水稻土	潴育水稻土	砂泥田	泥骨田	A	0—18	黄褐色	中壤土	团粒状	4.6	29.6	1.77	0.33	18.6	2.0	85	8.4	近代河流冲积物	E 117°50′38.9″ N 30°44′58.6″	75
						Pg	18—28	黄褐色	中壤土	块状	5.4	18.0	1.12	0.30	21.2	4.0	51	6.5			
						W	28—58	黄褐色	中壤土	棱块状	6.6	8.4	0.47	3.90	24.5	10.0	46	9.7			
						So	58—110	灰黄色	砂土												
剖18	铁铝土	红壤	黄红壤	扁黄红土	厚层扁石黄红土	A	0—10	橙色	重壤土	小块状	5.7	23.5	1.49	0.35	13.0	3.0	145	10.5	泥质岩类坡积物、残积物	E 117°51′12.6″ N 30°42′28.4″	97
						P	10—17	褐色	重黏土	碎块状	6.0	17.4	1.22	0.35	11.9	≤1.0	137	9.4			
						Bv	17—62	橙色	重黏土	块状	6.0	9.6	0.80	0.42	12.0	≤1.0	56	9.4			
						C	62—														
剖19	半成土	潮土	灰潮土	泥骨土	泥骨土	A	0—18	赤褐色	轻壤土	碎块状	7.0	45.0	2.83	0.85	25.9	7.0	127	31.8	河流静水沉积物	E 117°51′36.3″ N 30°40′44.6″	97
						P	18—27	褐黄色	重黏土	块状	7.0	42.9	2.74	0.79	23.9	9.0	117	32.0			
						Bv	27—70	灰褐色	重黏土	棱块状	7.8	16.5	1.41	0.54	21.6	2.0	113	25.7			
						C	70—107	褐灰色	轻壤土	块状	7.5										
剖20	铁铝土	红壤	黄红壤	麻石黄红土	中层麻石黄红土	A	0—24	褐橙色	中壤土	屑粒状	5.7	23.3	1.03	0.37	34.4	9.0	55	7.3	酸性结晶岩类残积物、坡积物	E 117°51′41.7″ N 30°40′14.3″	97
						Bv	24—59	黄橙色	砂壤土	块状	6.6	5.4	0.33	0.54	32.7	19.0	35	7.8			
						C	59—106	赤色	中壤土	粒状											
剖21	初育土	紫色土	酸性紫色土	酸性紫泥土	中层酸性紫泥土	A	0—11	橙色	轻壤土	小块状	5.0	36.3	1.95	0.28	12.8	2.0	235	29.1	紫色页岩、紫色泥岩	E 117°52′37.2″ N 30°43′43.3″	97
						Ab	11—24	赤褐色	轻壤土	块状	5.0	4.9	0.55	0.34	23.5	3.0	131	32.9			
						Bv	24—40	灰赤色	重壤土	块状	5.7	3.3	0.65	0.36	34.8	≤1.0	146	29.0			
						C	40—70	赤褐色	轻壤土	粒状	5.7										
剖22	人为土	水稻土	潴育水稻土	砂泥田	夹青砂泥田	A	0—15	黄色	砂壤土	团粒状	5.4	16.8	1.03	0.60	27.7	13.0	44	5.7	近代河流冲积物	E 117°53′17.8″ N 30°43′04.7″	95
						Pg	15—24	黄色	轻壤土	块状	5.6	10.1	0.68	0.62	27.7	12.0	25	≤1.0			
						W	24—60	浅黄色	轻壤土	棱块状	7.0	6.8	0.46	0.61	28.1	8.0	36	8.4			
						C	60—100	浅黄色	轻壤土	碎块状	6.5	5.8	0.37	0.61	29.2	11.0	26	8.4			
剖23	人为土	水稻土	潴育水稻土	砂泥田	夹青泥骨田	A	0—17	暗黄灰色	重壤土	小碎块状	4.9	21.3	1.44	0.61	14.3	4.0	36	12.5	近代河流冲积物	E 117°55′51.8″ N 30°43′02.5″	95
						P	17—26	黄色	重壤土	块状	6.4	16.9	0.91	0.23	14.1	2.0	41	12.3			
						Bv	26—53		重壤土	棱块状	7.5	6.9	0.54	0.44	13.5	4.0	62	10.4			
						W	53—100	橙色	重壤土	碎块状	7.5										
剖24	初育土	石灰（岩）土	棕色石灰土	棕色泥灰土	中层棕色石灰土	A	0—13	黑褐色	重壤土	小块状	7.2	67.3	3.65	0.60	21.4	11.0	279	32.9	石灰岩残积物、坡积物	E 117°59′21.4″ N 30°41′55.0″	92
						Bv	13—40	暗黄褐色	轻壤土	块状	6.8	11.1	1.05	0.36	20.1	3.0	122	21.1			
						D	40—		重壤土	粒状	6.8	17.8	1.51	0.48	23.6	3.0	142	29.0			
剖25	人为土	水稻土	潴育水稻土	石灰泥田	夹青钙质板田	A	0—18	黄橙色	中壤土	块状	6.8	31.3	1.48	0.55	23.6	11.0	83	20.6	碳酸岩类坡积物、洪积物	E 117°59′30.3″ N 30°40′06.6″	95
						P	18—28	黄橙色	中壤土	块状	7.2	18.7	1.49	0.44	26.5	10.0	89	21.1			
						W	28—60	黄灰色	轻壤土	棱柱状	7.1	10.3	1.60	0.30	21.2	2.0	95	23.2			
						Bv	60—85	灰黄褐色	重壤土	块状	7.5	17.2	0.80	0.51	23.8	4.0	87	23.8			
剖26	铁铝土	红壤	黄红壤	扁黄红土	薄层扁石黄红土	A	0—7	橙色	中壤土	小块状	4.5	36.2	1.50	0.44	23.8	2.0	40	8.9	泥质岩类坡积物、残积物	E 117°52′33.5″ N 30°40′26.5″	97
						Bv	7—28	重黄褐色	重壤土	块状	4.4	12.3	0.74	0.38	27.7	≤1.0	37	9.1			
						C	28—		中壤土		4.5	11.9	0.94	0.35	35.4	≤1.0	37	7.2			

续表 Continued

剖面号 Soil profile	土纲 Soil order	土类 Soil great group	亚类 Soil subgroup	土属 Soil genus	土种 Soil species	土层码 Layer code	土层厚度 Depth/cm	颜色 Soil color	质地 Soil texture	土壤结构 Soil structure	pH	有机质 OM/(g/kg)	全氮 TN/(g/kg)	全磷 TP/(g/kg)	全钾 TK/(g/kg)	有效磷 AP/(mg/kg)	速效钾 AK/(mg/kg)	阳离子交换量CEC/(cmol/kg)	土壤母质 Parent material	剖面点坐标 Profile coordinate	匹配指数 Matching index/%
剖27	人为土	水稻土	潜育水稻土	钙积扁石泥田	夹青钙积扁石泥田	A	0—18	灰黄色	重壤土	细粒状	5.0	23.5	2.01	0.36	14.8	6.0	106	7.9	泥质岩类	E 117°53′54.3″ N 30°40′52.0″	95
						P	18—27	黄色	重壤土	块状	5.5	18.5	1.13	0.35	18.8	3.0	62	6.9			
						W	27—100	黄褐色	重壤土	棱粒状	7.2	72.0	0.65	0.24	20.4	2.0	65	8.5			
剖28	初育土	紫色土	酸性紫色土	酸性紫砂土	中层酸性紫色砂土	A	0—13	褐红色	重壤土	小块状	5.9	25.3	1.38	0.35	11.8	4.0	168	9.1	紫色页岩、紫色泥岩	E 117°54′56.0″ N 30°41′33.0″	98
							13—30	橙色	重壤土	块状	4.9	13.0	0.79	0.38	12.5	≤1.0	143	9.0			
						Bv₂	30—120	黄橙色	重壤土	块状	5.1	5.0	0.87	0.24	10.2	≤1.0	153	7.3			
剖29	人为土	水稻土	潜育水稻土	扁石泥田	浅扁石泥田	A	0—12	黄灰色	中壤土	屑粒状	5.2	29.5	1.94	0.51	25.0	18.0	51	6.9	泥质岩类风化坡积物、洪积物	E 117°55′32.8″ N 30°40′11.9″	95
						P	12—19	黄黄色	中壤土	块状	5.4	19.5	1.26	0.50	25.4	13.0	36	7.2			
						C	19—69	黄褐色	重壤土	块状	6.0										
剖30	半水成土	潮土	灰潮土	麻砂土	白砂土	A	0—17	灰色	砂壤土	屑粒状	6.2	21.3	1.28	0.80	28.2	29.0	96	10.2	近代河流冲积物	E 117°51′29.9″ N 30°35′29.6″	97
						P	17—23	灰色	砂壤土	小块状	6.0	10.9	0.60	0.59	27.1	23.0	58	9.9			
						S	23—95	灰白色													
剖31	人为土	水稻土	潜育水稻土	马肝田	夹青下位盘马肝田	A	0—16	浅黄色	重壤土	屑粒状	4.8	29.3	2.08	0.32	12.5	7.0	118	9.6	下蜀黄土	E 117°46′46.2″ N 30°35′11.5″	95
						P	16—26	黄色	重壤土	块状	5.4	16.2	1.22	0.42	10.8	≤1.0	98	8.6			
						W	26—63	黄褐色	重壤土	棱块状	6.4	9.7	1.12	0.42	17.4	7.0	73	10.2			
						Bv	63—100	黄褐色	重壤土	块状	6.5	7.0	0.68	0.61	15.5	4.0	102	13.3			
剖32	初育土	石灰（岩）土	棕色石灰土	鸡肝土	鸡肝田	A	0—14	赤褐色	中壤土	粒状	6.2	18.9	1.44	0.57	28.1	4.0	200	14.0	石灰岩残积物、坡积物	E 117°54′00.1″ N 30°39′32.9″	92
						P	14—21	赤褐色	中壤土	块状	6.6	18.2	1.71	0.62	29.8	7.0	191	14.5			
						Bv	21—70	赤褐色	中壤土	棱块状	6.4	16.1	1.20	0.60	23.4	6.0	146	13.8			
						C	70—90	赤褐色	中壤土	块状	6.9	16.9	1.40	0.59	23.9	3.0	175	14.9			
剖33	人为土	水稻土	潜育水稻土	石灰泥田	钙板田	A	0—17	黄色	重壤土	粒状	5.2	23.6	1.58	0.29	13.8	3.0	79	7.8	碳酸盐岩类坡积物、洪积物	E 117°54′31.6″ N 30°39′39.4″	95
						P	17—25	黄色	重壤土	块状	5.3	17.3	1.16	0.35	12.5	4.0	45	6.6			
						W	25—40	黄褐色	重壤土	块状	7.0	4.0	0.58	0.41	14.5	4.0	62	7.8			
						Bv	40—50	黄褐色	重壤土	块状	6.9	4.5	0.38	0.35	15.6	4.0	78	9.0			
剖34	初育土	石灰（岩）土	棕色石灰土	扁石石灰土	中层棕色石灰土	A	0—12	灰褐色	重壤土	棱块状	6.0	33.4	1.86	0.34	32.8	4.0	68	11.8	条带灰岩残积物、坡积物	E 117°55′31.9″ N 30°38′33.6″	93
						Bv	12—45	橙褐色	重壤土	块状	6.0	21.0	1.23	0.28	31.5	3.0	42	10.8			
						D	45—														
剖35	初育土	石灰（岩）土	棕色石灰土	棕色石灰土	薄棕棕色石灰土	A	0—10	暗赤褐色	中壤土	块状	7.5	54.5	2.75	0.59	21.7	3.0	346	31.5	石灰岩残积物、坡积物	E 117°59′34.6″ N 30°37′44.0″	85
						Bv	10—26	暗赤褐色	中壤土	块状	7.2	54.4	3.05	0.56	17.2	3.0	241	13.4			
						D	26—														
剖36	铁铝土	红壤	黄红壤	麻石黄红壤	薄复麻石黄红壤	A	0—28	橙色	轻壤土	屑粒状	5.3	8.6	0.47	0.12	38.2	≤1.0	89	5.7	酸性结晶岩残积物、坡积物	E 117°53′32.5″ N 30°35′34.2″	98
						Bv	28—81	橙色	轻壤土	块状	5.8	3.9	0.13	0.19	29.4	≤1.0	107	5.5			
						C	81—														
剖37	人为土	水稻土	潜育水稻土	麻石砂泥田	厚麻石黄红壤	A	0—17	淡橙色	砂壤土	粒状	5.6	33.4	1.95	0.69	21.6	9.0	107	5.7	酸性结晶岩类坡积物、洪积物	E 117°54′36.3″ N 30°35′11.2″	95
						P	17—25	灰黄色	轻壤土	小块状	5.4	22.9	1.24	0.84	18.3	8.0	87	5.4			
						C	25—71	灰黄色	轻壤土	碎块状	6.2	15.2	0.91	1.23	21.9	14.0	128	8.3			
剖38	人为土	水稻土	潜育水稻土	麻石黄红壤	麻石泥田	A	0—15	浅黄色	重壤土	屑粒状	4.5	26.2	1.75	0.24	14.0	9.0	142	9.5	下蜀黄土	E 117°54′36.3″ N 30°35′11.2″	95
						Pg	15—23	黄色	重壤土	屑粒状	6.4	16.6	1.12	0.34	16.4	4.0	48	10.4			
						Bv	23—90	浅黄色	重壤土	碎块状	6.8	2.1	0.38	0.34	16.8	3.0	84	15.2			
剖39	人为土	水稻土	潜育水稻土	马肝田	血马肝田	A	0—15	黄橙色	重壤土	小粉块状	5.8	28.6	1.97	0.43	12.9	6.0	83	13.9	下蜀黄土	E 117°47′04.9″ N 30°34′45.7″	95
						Pg	15—24	黄橙色	重壤土	块状	6.4	19.5	1.37	0.40	15.7	6.0	99	13.1			
						W	24—53	黄褐色	重壤土	块状	6.9	12.6	0.99	0.50	16.2	4.0	104	12.5			
						Bv	53—105	黄褐色	重壤土	块状	7.2	5.7	0.76	0.36	17.8	6.0	126	11.4			
剖40	人为土	水稻土	潜育水稻土	钙积潜育泥田	钙积浅潜泥田	A	0—16	黄褐色	中黏土	糊状	8.1	31.2	1.89	0.43	22.9	10.0	127	15.3	石灰岩坡积物、洪积物	E 117°51′10.9″ N 30°34′30.5″	95
						G	16—96	黄褐色	中黏土	糊状	8.2	19.0	1.27	0.53	21.7	4.0	102	14.4			

续表 Continued

剖面号 Soil profile	土纲 Soil order	土类 Soil great group	亚类 Soil subgroup	土属 Soil genus	土种 Soil species	土层码 Layer code	土层厚度 Depth/cm	颜色 Soil color	质地 Soil texture	土壤结构 Soil structure	pH	有机质 OM/(g/kg)	全氮 TN/(g/kg)	全磷 TP/(g/kg)	全钾 TK/(g/kg)	有效磷 AP/(mg/kg)	速效钾 AK/(mg/kg)	阳离子交换量CEC/(cmol/kg)	土壤母质 Parent material	剖面点坐标 Profile coordinate	匹配指数 Matching index/%
剖41	人为土	水稻土	潴育水稻土	砂泥田	砂泥田	A	0—16	灰黄色	中壤土	细粒状	4.8	22.1	1.20	0.83	31.6	22.0	31	9.8	近代河流冲积物	E 117°52′08.5″ N 30°34′05.7″	95
						P	16—24	灰黄色	中壤土	块状	5.6	16.1	0.78	0.26	24.1	33.0	20	10.8			
						W	24—79	暗灰黄色	中壤土	棱块状	5.3	13.5	0.68	0.59	30.6	11.0	19	14.8			
						Bv	79—100	暗黄色	中壤土	块状	7.5	3.8	0.37	0.29	24.4	12.0	41	12.3			
剖42	人为土	水稻土	潴育水稻土	马肝田	马肝田	A	0—19	黄色	中壤土	细粒状	5.6								下蜀黄土	E 117°52′26.3″ N 30°32′58.5″	95
						Pg	19—28	黄色	中壤土	块状	6.4										
						W	28—98	暗黄褐色	中壤土	棱块状	7.0										
剖43	初育土	石质土	硅铝质石质土	麻石石质土	麻石岩暗黑土	A	0—15	黑棕色	中壤土	粒状	6.4									E 117°50′00.3″ N 30°31′34.2″	97
						D	15—														
剖44	淋溶土	黄棕壤	暗黄棕壤	麻石暗黄棕壤	中层麻石暗黄棕壤	A	0—19	黄橙色	轻壤土	粒状	5.0	86.4	3.76	0.42	28.6	4.0	146	12.8	花岗岩风化残积物、坡积物	E 117°49′48.1″ N 30°31′04.0″	97
						Bv	19—55	淡黄色	轻壤土	块状	5.2	13.1	0.79	0.27	25.3	≤1.0	37	5.6			
						C	55—	淡黄橙色	轻壤土		5.3	10.1	0.55	0.24	24.0	≤1.0	45	2.4			
剖45	铁铝土	红壤	黄红壤	麻石黄红壤	中层麻石黄红壤	A	0—17	褐黄色	中壤土	粒状	5.1	35.9	1.92	0.38	20.7	4.0	79	8.8	酸性结晶岩类残积物、坡积物	E 117°51′08.5″ N 30°31′58.5″	98
						Bv	17—49	橙色	砂土	块状	4.8	15.3	0.89	0.40	17.0	≤1.0	35	7.6			
						C	49—	橙色		粒状											
剖46	人为土	水稻土	潴育水稻土	紫砂泥田	紫砂泥田	A	0—16	灰黄褐色	轻壤土	屑粒状	4.5	27.5	2.07	0.33	17.0	4.0	93	9.9	紫色岩类风化坡积物、洪积物	E 117°51′41.9″ N 30°32′26.9″	95
						P	16—24	黄色	重壤土	块状	5.7	21.9	1.69	0.43	25.9	6.0	54	10.0			
						W	24—34	灰黄色	重壤土	棱块状	6.1	14.2	0.99	0.56	18.5	6.0	52	11.0			
						Bv	34—85	暗黄褐色	中壤土	棱块状	6.5	5.9	0.65	0.37	16.6	3.0	114	10.0			
剖47	人为土	水稻土	潴育水稻土	陷泥田	陷泥田	A	0—16	黄灰色	中壤土	小块状	6.1	29.5	1.68	0.35	23.0	3.0	46	12.2		E 117°55′01.3″ N 30°34′42.1″	95
						P	16—24	黄褐色	中壤土	块状	6.4	25.8	1.47	0.22	22.5	5.0	31	12.1			
						D	25—91	灰黄色	中壤土	块状	6.6	15.6	0.81	0.21	22.8	4.0	54	6.9			
剖48	铁铝土	红壤	红壤性红壤	红壤性麻石土	麻石红壤性土	A	0—19	棕黄色	砂黏土	粒状	5.3	32.9	1.70	0.76	24.5	2.0	62	7.3	酸性结晶岩类残积物、坡积物	E 117°57′22.5″ N 30°33′15.3″	95
						Bv	19—65	橙色	重壤土	粒状	5.6	9.7	0.52	0.59	23.1	2.0	22	4.8			
						C	65—	灰白红褐色	中壤土	粒状	5.0	7.7	0.40	0.56	17.0	4.0	21	6.8			
剖49	淋溶土	黄棕壤	暗黄棕壤	麻石暗黄棕壤	厚层麻石暗黄棕壤	A	0—21	黑黄褐色	重壤土	粒状	4.8	117.8	4.61	0.61	21.6	5.0	136	23.3	花岗岩风化残积物、坡积物	E 117°49′44.3″ N 30°28′28.9″	97
						Ab	21—38	黄褐色	中壤土	小块状	5.2	14.4	0.97	0.91	19.0	2.0	60	8.8			
						Bvc	38—75	浅黄褐色	中壤土	块状	5.1										
剖50	淋溶土	黄棕壤	暗黄棕壤	麻石暗黄棕壤	薄层麻石暗黄棕壤	A	0—12	灰黄褐色	轻壤土	粒状	4.8	17.9	0.56	0.49	19.9	≤1.0	83	8.8	花岗岩风化残积物、坡积物	E 117°48′29.7″ N 30°26′27.5″	97
						Bv	12—25	黄褐色	重壤土	块状	6.9	9.7	≤0.10	0.43	15.3	≤1.0	48	6.6			
						C	25—48	灰白色	砂壤土	粒状	5.5	2.4	2.10	2.10	19.0	18.0	78	3.4			
剖51	人为土	水稻土		砂泥田	下位砂砾砂泥田	A	0—17	灰黄褐色	重壤土	块状	5.9	52.0	1.72	0.44	16.5	4.0	52	13.2	近代河流冲积物	E 117°54′26.8″ N 30°27′42.7″	95
						P	17—30	灰黄色	重壤土	小块状	7.0	28.4			21.3	≤1.0	47	13.5			
						So	30—100														
剖52	人为土	水稻土	潴育水稻土	麻石砂泥田	浅麻砂泥田	A	0—15	灰黄色	轻壤土	细粒状	5.4	32.8	1.95	0.50	≥50.0	7.0	155	7.0	花岗结晶岩类残积物、坡积物	E 117°57′56.8″ N 30°26′15.4″	95
						Bv	15—22	黄橙色	轻壤土	块状	5.4	22.8	1.84	0.38	≥50.0	4.0	127	6.0			
						W	22—55	黄色	轻壤土	棱块状	6.5	7.0	0.52	0.38	≥50.0	16.0	56	6.9			
						Bv	55—80	黄褐色	轻壤土	块状	7.1	5.2	0.30	0.25	≥50.0	3.0	48	4.8			
剖53	初育土	紫色土	酸性紫色土	酸性紫泥土	厚层酸性紫泥土	A	0—12	赤褐色	轻壤土	块状	6.0	23.0	1.69	0.61	40.5	4.0	102	13.2	紫色页岩、紫色泥岩	E 118°04′47.5″ N 30°42′09.8″	98
						Bv₁	12—30	赤褐色	轻壤土	块状	6.2	8.2	1.04	0.52	≥50.0	2.0	43	12.2			
						Bv₂	30—76	暗赤褐色	重壤土	块状	6.4										
剖54	人为土	水稻土	潴育水稻土	马肝田	夹青马肝田	A	0—14	黄橙色	中壤土	屑粒状	6.4	13.8	0.90	0.32	12.5	3.0	87	8.7	下蜀黄土	E 118°05′30.8″ N 30°42′14.1″	95
						P	14—22	黄橙色	中壤土	块状	6.5	9.6	0.61	0.25	11.3	4.0	81	8.5			
						W	22—36	黄橙色	中壤土	小棱块状	7.4	11.3	0.89	0.26	12.0	2.0	82	9.1			
						C	36—92	黄橙色	重壤土	块状	7.5										

续表 Continued

剖面号 Soil profile	土纲 Soil order	土类 Soil great group	亚类 Soil subgroup	土属 Soil genus	土种 Soil species	土层码 Layer code	土层厚度 Depth/ cm	颜色 Soil color	质地 Soil texture	土壤结构 Soil structure	pH	有机质 OM/ (g/kg)	全氮 TN/ (g/kg)	全磷 TP/ (g/kg)	全钾 TK/ (g/kg)	有效磷 AP/ (mg/kg)	速效钾 AK/ (mg/kg)	阳离子 交换量CEC/ (cmol/kg)	土壤母质 Parent material	剖面点坐标 Profile coordinate	匹配指数 Matching index/%
剖55	初育土	石灰(岩)土	棕色石灰土	棕色石灰土	厚层棕色石灰土	A	0—10	灰褐色	重壤土	块状	6.4								石灰岩残积物、坡积物	E 118°00′28.1″ N 30°41′14.6″	94
						Bv₁	10—30	赤褐色	重壤土	棱块状	6.4										
						Bv₂	30—80	赤褐色	重壤土	棱块状	5.6										
剖56	人为土	水稻土	潴育水稻土	钙积扁石泥田	钙积扁石泥田	A	0—17	灰黄色	轻黏土	糊状	7.6	37.7	2.10	0.48	17.8	13.0	115	13.8	泥质岩类	E 118°00′13.4″ N 30°40′04.6″	95
						Pg	17—25	暗灰黄色	轻黏土	块状	7.7	30.0	1.78	0.42	17.8	7.0	104	12.4			
						G	25—73	黄灰色	轻黏土	块状	7.7	36.0	2.20	0.51	18.6	5.0	118	15.0			
剖57	淋溶土	黄褐土	黏盘黄褐土	马肝土	黄马肝土	A	0—17	黄橙色	重壤土	小块状	5.3	21.6	1.30	0.34	14.2	≤1.0	228	9.7	下蜀黄土	E 118°02′24.2″ N 30°41′15.1″	97
						P	17—22	黄橙色	重壤土	块状	5.6	11.9	0.80	0.34	17.8	≤1.0	95	10.4			
						Bv	22—75	黄褐色	重壤土	块状	5.8	4.6	0.15	0.32	18.7	4.0	92	9.0			

宣 城 市

市 辖 区

主要土类说明

水稻土是宣城市主要土壤类型，占本市地域面积的45%，广泛分布于河湖平原（平畈）、圩区、山丘沟谷及岗坡地（塝）。在季节性干湿交替条件下，土体中氧化还原交替进行，使土壤的淋溶、淀积作用较旱地土壤强烈。有机物、无机物的迁移与淀积，有机质的分解、积累等过程，形成由特定发生层构成的剖面形态特征。

红壤是宣城市第二大土壤类型，占本市地域面积的36%，广泛分布在岗地、丘陵及山区。其成土母质为第四纪红土及各种岩类残积物、坡积物。红壤是在亚热带温暖潮湿气候条件下进行的富铝化过程和在亚热带绿林被覆下进行的生物循环共同作用下形成的。其黏土矿物以水云母、高岭石为主，还有少量蛭石、蒙脱石及氧化铁。表土层多为黄橙色，心土层因母质不同而异，第四纪红土母质发育的红壤多为黄红色，其他母质发育的红壤多为黄橙色或淡棕红色。

黄褐土是宣城市第三大土壤类型，占本市地域面积的5%，主要分布在本市北部及中部的丘陵、岗地、阶地。其成土母质为下蜀黄土，土体深厚，通体由表土层、均质黄土层、黏盘层和网纹层四个层段构成。表土层淡灰棕色，质地多为中壤，粒状结构。均质黄土层黄棕色或灰棕色，质地轻壤土至重壤土，呈小块状结构，中下部常有铁锰结核和斑块。黏盘层褐棕色或黄棕色，黏质、紧实，干缩时垂直节理明显，呈块状、棱柱状结构，结构面上胶膜明显，内部有大块铁锰结核体。网纹层灰白、黄棕相间，呈杂色树枝状，局部网纹段可出现砂姜体。

小于本市面积3%的土壤类型还有石灰（岩）土、潮土、紫色土、石质土、粗骨土等。

本区域中心区气候特征

本区域中心区气候特征值
Regional climate characteristics in central area of the region

气候带：北亚热带湿润气候 Climate region: North subtropical humid climate	
年平均气温 /℃ Annual average temperature /℃	16.2
年平均最高气温 /℃ Annual average maximum temperature /℃	20.6
年平均最低气温 /℃ Annual average minimum temperature /℃	12.7
年降水量 /mm Annual precipitation /mm	1293
≥10℃的积温 /℃ Daily temperature accumulated in a year（≥10℃）/℃	6030
年日照时数 /h Annual sunshine /h	1864
年平均相对湿度 /% Annual average relative humidity /%	77
干燥度 Dryness	0.76

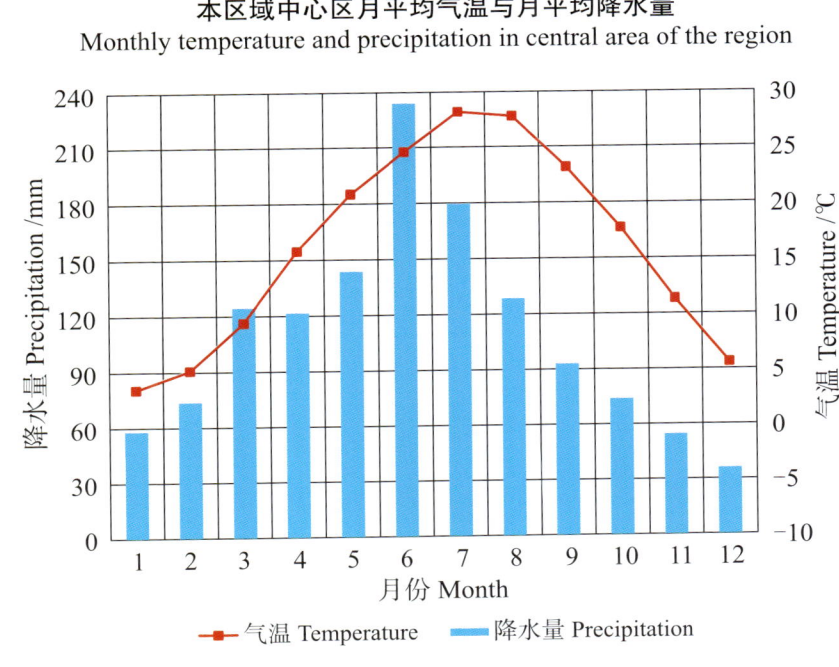

本区域中心区月平均气温与月平均降水量
Monthly temperature and precipitation in central area of the region

宣城市市辖区主要土壤类型与土壤剖面点分布图

1 : 280 000

图 例

- 水稻土
- 红壤
- 黄褐土
- 石灰（岩）土
- 潮土
- 紫色土
- 石质土
- 粗骨土
- 黄棕壤
- ⊗ 剖面点

注：本图界线沿用土壤普查时点的行政界线。

宣城市土壤剖面理化性状表

剖面号 Soil profile	土纲 Soil order	土类 Soil great group	亚类 Soil subgroup	土属 Soil genus	土种 Soil species	土层码 Layer code	土层厚度/cm Depth/cm	颜色 Soil color	质地 Soil texture	土壤结构 Soil structure	pH	有机质 OM/(g/kg)	全氮 TN/(g/kg)	全磷 TP/(g/kg)	全钾 TK/(g/kg)	有效磷 AP/(mg/kg)	速效钾 AK/(mg/kg)	阳离子交换量CEC/(cmol/kg)	土壤母质 Parent material	剖面点坐标 Profile coordinate	匹配指数 Matching index/%
剖1	半水成土	潮土	灰潮土	麻砂土	麻砂土	1	0—10	灰棕色	砂壤土	粒状	7.1	10.3	0.79	0.61	21.8	6.0	56	6.9	河流冲积物	E 118°44′23.8″ N 31°15′48.3″	75
						2	10—16	灰棕色	砂壤土	小块状	7.1	6.9	0.57	0.43	20.4	7.0	46	6.9			
						3	16—51	棕灰色	轻壤土	小块状	6.9	6.1	0.71	0.58	22.9	3.0	28	7.4			
						4	51—100	暗黄棕色	中壤土	粒状	6.9	8.8	0.61	0.20	21.3			8.8			
剖2	半水成土	潮土	灰潮土	砂泥土	砂泥土	1	0—17	灰灰色	中壤土	小块状	4.8	11.8	0.81	0.53	19.3	16.0	49	4.4	河流冲积物	E 118°42′13.5″ N 31°13′37.7″	95
						2	17—22	棕灰色	中壤土	小块状	4.8	6.7	0.59	0.47	19.8	6.0	31	5.8			
						3	22—107	淡棕灰色	中壤土	块状	6.6	6.4	0.49	0.52	20.4	6.0	30	7.0			
						4	107—				4.6										
剖3	半水成土	潮土	灰潮土	砂泥土	灰砂泥土	1	0—15	淡灰褐色	中壤土	粒状	7.9	20.8	1.38	0.62	20.8	5.0	50	15.3	近代河流冲积物	E 118°44′43.8″ N 31°14′11.7″	75
						2	15—24	浅灰色	中壤土	块状	8.0	15.9	1.04	0.58	20.6	2.0	54	14.7			
						3	24—72	棕灰色	中壤土	棱块状	8.5	9.1	0.62	0.49	20.6	≤1.0	44	13.8			
						4	72—105	棕黑色	轻黏土	棱块状	7.6	22.2	1.28	0.17	16.7			22.7			
剖4	半水成土	潮土	灰潮土	砂泥土	潴砂夹园土	1	0—15	灰棕色	中壤土	粒状	7.0	20.1	1.27	0.32	9.2	5.0	52	6.8	河流冲积物	E 118°42′55.4″ N 31°11′28.5″	75
						2	15—20	棕灰色	中壤土	块状	6.7	15.0	1.00	0.43	11.4	7.0	74	4.9			
						3	20—82	紫灰色	重壤土	块状	6.2	14.8	0.90	0.49	11.3	7.0	73	6.5			
						4	82—														
剖5	人为土	水稻土	潴育水稻土	石灰性砂泥田	灰泥骨田	1	0—11	暗棕黄色	重壤土	小块块状	7.8	29.5	1.86	0.44	16.2	3.0	90	16.6	静水沉积物	E 118°44′40.5″ N 31°10′23.2″	75
						2	11—17	青灰色	重壤土	块状	7.9	23.0	1.31	0.45	16.8	2.0	76	15.8			
						3	17—43	淡灰色	中壤土	棱块状	8.0	7.9	0.50	0.28	16.5	≤1.0	39	15.0			
						W₁	43—63	棕灰色	黏土	块块状	7.8										
						W₂	63—95	棕黄棕色	黏土	块块状	8.0										
						6	95—														
剖6	人为土	水稻土	潴育水稻土	砂泥田	次潴砂泥田	1	0—13	淡棕色	中壤土	小块状	5.6	33.8	1.91	0.44	18.0	2.0	27	12.2	近代河流冲积物	E 118°42′32.9″ N 31°05′48.0″	95
						2	13—20	淡灰色	中壤土	软块状	5.7	31.0	2.02	0.42	18.3	≤1.0	28	12.4			
						3	20—38	淡黄灰色	轻壤土	棱块状	5.4	23.7	1.35	0.35	17.5	≤1.0	31	13.3			
						W	38—77				5.1		1.05	0.43	19.7	≤1.0	26	12.3			
						5	77—														
剖7	人为土	水稻土	潴育水稻土	砂泥田	泥骨田	1	0—13	淡灰色	重壤土	小块状	5.4	20.6	1.10	0.28	20.6	2.0	58	11.2	近代河流冲积物	E 118°44′03.7″ N 31°05′25.8″	95
						2	13—22	灰灰色	重壤土	块状	6.5	17.7	1.20	0.24	20.8	≤1.0	39	10.9			
						3	22—36	棕灰色	重壤土	棱块状	7.0	7.3	0.62	0.29	19.6	2.0	36	10.2			
						W	36—101	紫灰色	重壤土	块块状	7.1	6.8	0.57	0.26	19.2			13.5			
						5	101—														
剖8	人为土	水稻土	潴育水稻土	石灰性砂泥田	灰砂泥田	1	0—14	暗棕黄色	中壤土	小块状	7.8	29.3	1.61	0.55	18.3	7.0	47	14.7	冲积物、湖积物	E 118°35′52.7″ N 31°00′23.8″	95
						2	14—24	淡灰色	重壤土	块状	7.9	28.0	1.53	0.52	20.6	2.0	41	15.2			
						3	24—49	淡灰色	轻壤土	块状	8.0	19.7	1.08	0.62	20.2		62	15.3			
						4	49—68	灰黄色	中壤土	碎块状	8.0	6.5	0.31	0.44	20.7			5.7			
						W	68—100	暗黄色	重壤土	棱块状	7.8	4.1	0.66	0.22	21.9			22.1			
						6	100—														
剖9	铁铝土	红壤	棕红壤	扁石棕红壤	厚层扁石棕红壤	Ao	0—2														E 118°43′56.3″ N 31°01′42.8″	95
						2	2—12	暗棕色	中壤土	团粒状	6.2	19.2	1.07	0.44	13.9	2.0	155	6.8			
						3	12—56	暗黄色	轻黏土	小块状	5.4	12.8	0.80	0.31	16.0	≤1.0	73	5.6			
						4	56—100	棕红色	重壤土	块状	5.2										

续表 Continued

剖面号 Soil profile	土纲 Soil order	土类 Soil great group	亚类 Soil subgroup	土属 Soil genus	土种 Soil species	土层码 Layer code	土层厚度 Depth/cm	颜色 Soil color	质地 Soil texture	土壤结构 Soil structure	pH	有机质 OM/(g/kg)	全氮 TN/(g/kg)	全磷 TP/(g/kg)	全钾 TK/(g/kg)	有效磷 AP/(mg/kg)	速效钾 AK/(mg/kg)	阳离子交换量 CEC/(cmol/kg)	土壤母质 Parent material	剖面点坐标 Profile coordinate	匹配指数 Matching index/%
剖10	铁铝土	红壤	棕红壤	棕红土	敬亭（耕种）棕红土	A	0—20	亮棕色	壤质黏土	块状	5.1	16.9	1.00	0.28	12.8	4.1	96	7.3	第四纪红色黏土	E 118°35′45.4″ N 30°58′52.3″	81
						Bv	20—45	浊棕色	壤质黏土	块状	5.4	5.5	0.40	0.22	12.0	1.6	96	6.3			
						C	45—100	棕色	壤质黏土	块状	5.1	2.9	0.26	0.19	12.5	1.9	86	6.2			
剖11	人为土	水稻土	潴育水稻土	砂泥田	矿毒砂泥田	1	0—17	淡灰黄色	中壤土	小块状	5.6	26.7	1.76	0.53	18.6	14.0	53	16.3	近代河流冲积物	E 118°38′14.5″ N 30°58′29.4″	95
						2	17—23	暗黄黄色	重壤土	块状	6.7	16.5	1.22	0.50	18.7	14.0	37	15.4			
						3	23—43	棕灰色	轻黏土	棱块状	7.1	11.6	1.06	0.48	17.2	16.0	40	14.5			
						W₁	43—77	淡黄棕色	轻黏土	块状	7.1	3.1	0.31	0.14	14.2			7.2			
						W₂	77—100	黑棕色	黏土	块状	7.1	6.1	0.30	0.19	17.4			17.6			
						6	100—														
剖12	淋溶土	黄褐土	黏盘黄褐土	黏棕红泥	黏盘黄褐土	1	0—25	淡灰棕色	重壤土	粒状	4.0	15.5						8.6	下蜀黄土	E 118°38′44.0″ N 30°57′47.7″	78
						2	25—37	灰棕色	重壤土	小块状	3.9	8.7						8.3			
						3	37—85	暗灰棕色	轻黏土	小块状	3.8	4.3						10.6			
						4	85—100	褐棕色	轻黏土	块状	3.8	2.7						10.1			
剖13	铁铝土	红壤	棕红壤	黏棕红泥	敬亭棕红土	1	0—20	暗棕色	壤质黏土	碎块状	4.6	16.9	1.00	0.30	12.7	4.0	96	5.8	第四纪红色黏土	E 118°42′34.9″ N 30°57′28.3″	95
						2	20—45	浊棕色	壤质黏土	块状	4.9	5.5	0.40	0.20	12.0	2.0	96	8.2			
						3	45—100	棕色	重黏土	块状	4.8	2.9	0.30	0.20	12.5	2.0	86	9.6			
剖14	铁铝土	红壤	棕红壤	棕红土	网纹棕红土	1	0—13	暗棕棕色	壤质黏土	粒状	5.9	12.5	0.88	0.39	12.4	≤1.0	32	5.8	第四纪红色黏土	E 118°37′47.3″ N 30°55′49.7″	95
						2	13—38	淡棕棕色	轻黏土	小块状	5.3	9.5	0.74	0.26	14.0	≤1.0	29	8.2			
						3	38—100	淡棕红色	轻黏土	块状	5.6	4.5	0.52	0.29	15.6	≤1.0	33	9.6			
剖15	人为土	水稻土	潴育水稻土	红砂泥田	红砂泥田	1	0—13	灰黄色	中壤土	碎块状	5.4	18.8	0.94	0.23	11.5	3.0	26	5.9	红砂岩	E 118°33′09.5″ N 30°53′12.2″	95
						2	13—21	淡灰黄色	中壤土	块状	6.5	10.9	0.79	0.23	11.5			5.9			
						3	21—42	淡灰棕色	中壤土	棱块状	6.7	8.9	1.02	0.24	12.6			6.6			
						W	42—95	红棕色	黏土	块状	6.7	1.7	0.55	0.17	12.1			4.8			
						5	95— 红棕白相间											15				
剖16	初育土	紫色土	酸性紫色土	酸性紫砂土	酸性紫砂土	1	0—10	暗棕紫色	轻壤土	粒状	4.3	21.4			10.3			11.4	砂页岩残积物、坡积物	E 118°34′30.0″ N 30°53′24.8″	75
						2	10—25	淡紫棕色	中壤土	碎块状	4.0	6.1			13.3			19.4			
						3	25—40	紫红色	重壤土	小块状	3.8	3.9			15.8			30.2			
						4	40—70	淡紫红色	重壤土	小块状	3.8	3.0			15.9			31.5			
						5	70—100	紫红色	轻黏土	块状	4.0	3.9			13.6			33.3			
剖17	铁铝土	红壤	棕红壤	棕红土	棕红壤	1	0—14	淡棕色	轻黏土	粒状	5.6	22.9	1.31	0.18	10.3	≤1.0	86	6.3	第四纪红色黏土	E 118°37′12.9″ N 30°54′01.7″	95
						2	14—68	红棕色	轻黏土	块状	5.7	10.2	0.62	0.15	13.3	≤1.0	38	6.8			
						3	68—105	红棕色	轻黏土	棱块状	5.7	2.8	0.42	0.15	18.2	≤1.0	79	22.6			
						4	105—	淡红棕色	重黏土	棱块状	6.1	2.7	0.39	0.21	13.6			16.6			
剖18	初育土	紫色土	酸性紫色土	酸性猪血砂	酸性猪血砂	1	0—14	暗棕黄色	中壤土	粒状	6.0	12.5	0.82	0.52	29.3	2.0	140	20.2	砂页岩、红砂岩	E 118°37′09.2″ N 30°51′21.0″	75
						2	14—40	淡棕色	轻壤土	小块状	5.9	15.4	0.75	0.55	15.8	≤1.0	128	21.8			
						3	40—100	橙色	中壤土	碎块状	5.7	9.4	0.65	0.32	15.9	≤1.0	44	23.4			
剖19	铁铝土	红壤	酸性紫色土	酸性猪血砂	杨柳焦斑红黏土	1	0—11	棕色	粉质黏土	棱块状	4.7	16.8	0.79	0.28	12.8	≤1.0	95	8.6	砂岩、红砂岩	E 118°31′49.8″ N 30°51′23.4″	93
						Bvs	11—100	棕灰色	壤质黏土	棱块状	5.0	3.0	0.23	0.21	14.7	≤1.0	71	7.8			
剖20	铁铝土	红壤	红壤性土	棕红土	上位焦斑棕红壤	1	0—4	淡棕色	中壤土	粒状	5.7	25.0	0.95	0.17	8.5	≤1.0	62	5.3	第四纪红色黏土	E 118°40′38.5″ N 30°53′36.3″	95
						2	4—25	红紫色	中壤土	小块状	5.2	20.2	0.93	0.15	7.2	≤1.0	37	6.6			
						3	25—48	棕红棕色	重壤土	块状	5.2	2.9	0.31	0.12	10.1	≤1.0	36	9.6			
						4	48—														
剖21	铁铝土	红壤	棕红壤	棕红土	棕红土	1	0—19	淡红黄色	中壤土	小块状	5.2	18.2	1.17	0.26	10.0	2.0	34	6.9	第四纪红色黏土	E 118°41′06.0″ N 30°54′50.7″	95
						2	19—65	红黄色	重壤土	块状	5.1	11.2	0.58	0.19	12.6	≤1.0	36	5.5			
						3	65—100	暗红棕色	重壤土	棱块状	5.4	4.6	0.40	0.19	14.6	2.0	33	10.0			

续表 Continued

剖面号 Soil profile	土纲 Soil order	土类 Soil great group	亚类 Soil subgroup	土属 Soil genus	土种 Soil species	土层码 Layer code	土层厚度 Depth/cm	颜色 Soil color	质地 Soil texture	土壤结构 Soil structure	pH	有机质 OM/(g/kg)	全氮 TN/(g/kg)	全磷 TP/(g/kg)	全钾 TK/(g/kg)	有效磷 AP/(mg/kg)	速效钾 AK/(mg/kg)	阳离子交换量CEC/(cmol/kg)	土壤母质 Parent material	剖面点坐标 Profile coordinate	匹配指数 Matching index/%
剖22	人为土	水稻土	潴育水稻土	黄泥田	上位焦斑黄泥田	1	0—14	暗灰色	重壤土	小块状	5.2	19.2	1.00	0.25	13.5	3.0	54	7.3	第四纪红色黏土	E 118°42′18.6″ N 30°52′46.7″	95
						2	14—23	暗棕色	中壤土	块状	6.0	10.8	0.62	0.29	12.1	2.0	27	7.7			
						3	23—46	褐棕色	轻黏土	块状	7.0	2.6	0.28	0.14	15.3	≤1.0	39	10.4			
						4	46—100	黄棕色	黏土	块状	6.4										
剖23	人为土	水稻土	潴育水稻土	砂泥田	砂土田	1	0—10	暗灰色	轻壤土	小块状	5.8	12.7	0.90	0.43	22.4	10.0	33	4.4	近代河流冲积物	E 118°36′09.6″ N 30°46′38.5″	95
						2	10—18	淡灰色	轻壤土	小块状	6.0	11.3	1.29	0.45	22.4	10.0	38	4.9			
						3	18—29	灰棕色	轻壤土	小块状	6.4	5.9	1.09	0.40	23.3	8.0	30	4.1			
						W	29—100	棕灰色	中壤土	棱块状	6.8	7.0	1.03	0.43	22.6						
						5	100—														
剖24	初育土	石灰（岩）土	棕色石灰土	棕色石灰土	中层棕色石灰土	1	0—1		轻黏土	粒状	6.8	40.2	3.01	0.59	15.1	9.0	195	25.0	碳酸岩类	E 118°44′35.3″ N 30°40′35.0″	74
						2	1—10	暗棕色	轻黏土	粒状	6.5	46.4	2.37	0.54	16.1	2.0	108	24.4			
						3	10—41	黄棕色	轻黏土	棱块状	6.2	31.2	1.78	0.48	17.9	≤1.0	107	23.8			
						4	41—														
剖25	人为土	水稻土	潴育水稻土	青湖泥田	中位弱潜湖泥田	1	0—13	棕色	重壤土	块状	5.1	25.8	1.56	0.44	18.8	6.0	36	11.8	湖相沉积物	E 118°46′01.7″ N 31°12′49.9″	95
						2	13—27	青灰色	重壤土	块状	5.4	24.7	1.54	0.43	18.7	6.0	34	11.8			
						3	27—74	蓝灰色	轻黏土	块状	6.8	13.9	0.92	0.51	19.9	7.0	33	12.9			
						4	74—														
剖26	人为土	水稻土	渗育水稻土	渗育黄泥田	渗育黄泥田	1	0—15	淡棕灰色	中壤土	碎块状	3.7	16.6	1.14	0.29	11.9	5.0	32	7.5	第四纪红色黏土	E 118°49′54.2″ N 31°12′26.9″	95
						2	15—23	淡灰色	中壤土	小块状	3.8	13.7	0.76	0.28	11.8	4.0	40	5.5			
						3	23—66	黄棕灰色	重壤土	棱块状	6.0	3.4	0.35	0.44	14.8	14.0	35	9.9			
						4	66—100	黄棕色	重壤土	块状	5.5	3.4	0.52	0.63	17.3	24.0	52	13.0			
剖27	淋溶土	黄褐土	黏盘黄褐土	马肝土	上位黏盘马肝土	1	0—12	灰棕色	中壤土	软块状	5.7	13.8	0.85	0.51	10.3	6.0	81	8.8	下蜀黄土	E 118°48′55.7″ N 31°11′16.4″	92
						2	12—22	褐棕色	中壤土	小块状	5.7	12.3	0.70	0.33	12.2	4.0	59	9.5			
						3	22—100	褐棕色	重黏土	块状	6.6	4.8	0.40	0.24	15.6	2.0	61	13.9			
剖28	初育土	石质土	铁铝质石质土	硅质石质土	硅质石质土	2	0—12	棕色	重壤土	粒状	4.9	20.4	1.01	0.53	24.6	≤1.0	132	10.1	石英岩类残积物、坡积物	E 118°49′16.8″ N 31°10′13.3″	75
						3	12—90	暗棕红色	中壤土	小块状	4.9										
							90—														
剖29	人为土	水稻土	潴育水稻土	砂泥田	次潜湖泥田	1	0—13	暗黄灰色	轻黏土	小块状	7.3	26.4	1.45	0.38	20.3	2.0	87	16.9	近代河流冲积物	E 118°52′21.6″ N 31°12′26.2″	75
						2	13—23	褐棕色	轻黏土	块状	7.2	55.7	1.52	0.32	20.0	4.0	74	19.1			
						3	23—68	暗棕色	中壤土	块状	7.1	17.3	0.99	0.20	18.4	3.0	54	20.1			
						4	68—76	暗灰色	中壤土	棱块状	7.0	8.1	0.55	0.24	19.2			14.9			
						5	76—														
剖30	人为土	水稻土	潴育水稻土	湖泥田	湖泥田	1	0—14	灰棕色	重黏土	小块状	3.6	18.8	1.11	0.26	17.1	4.0	80	10.4	湖相沉积物	E 118°54′11.9″ N 31°13′14.5″	81
						2	14—21	暗黄灰色	重黏土	软块状	4.5	9.5	0.58	0.25	16.9	2.0	50	9.1			
						3	21—33	暗黄蓝色	轻黏土	块状	5.0	8.0	0.62	0.31	17.2	3.0	60	12.1			
						W_1	33—45	棕灰色	轻黏土	棱块状	3.8	6.1	0.39	0.28	16.6	4.0	69	13.4			
						W_2	45—101	暗棕红色	黏土	棱块状	7.1										
						6	101—														
剖31	人为土	水稻土	潴育水稻土	湖泥田	腐心湖泥田	1	0—12	棕灰色	轻黏土	小块状	7.1	29.8	1.75	0.38	18.4	4.0	67	16.9	湖相沉积物	E 118°55′56.2″ N 31°13′27.8″	75
						2	12—22	暗灰色	轻黏土	块状	7.1	27.4	1.82	0.33	18.9	2.0	66	17.6			
						3	22—56	淡灰棕色	中黏土	棱块状	7.0	22.0	1.31	0.25	18.3	3.0	53	18.2			
						4	56—101	灰褐色	重壤土	软块状	7.1	28.7	1.35	0.23	18.0			18.0			
						5	101—														

续表 Continued

剖面号 Soil profile	土纲 Soil order	土类 Soil great group	亚类 Soil subgroup	土属 Soil genus	土种 Soil species	土层码 Layer code	土层厚度 Depth/cm	颜色 Soil color	质地 Soil texture	土壤结构 Soil structure	pH	有机质 OM/(g/kg)	全氮 TN/(g/kg)	全磷 TP/(g/kg)	全钾 TK/(g/kg)	有效磷 AP/(mg/kg)	速效钾 AK/(mg/kg)	阳离子交换量CEC/(cmol/kg)	土壤母质 Parent material	剖面点坐标 Profile coordinate	匹配指数 Matching index/%
剖32	人为土	水稻土	潜育水稻土	青湖泥田	中位强潜渍泥田	1	0—12	棕灰色	中黏土	块状	5.5	44.9	2.56	0.31	21.8	4.0	85	21.8	湖相沉积物	E 118°59′29.6″ N 31°12′37.8″	95
						2	12—19	暗棕灰色	重黏土	块状	5.5	39.8	2.47	0.25	22.0	7.0	87	22.4			
						3	19—31	淡灰棕色	重黏土	棱块状	5.2	38.2	2.41	0.26	25.0	3.0	93	23.2			
						4	31—72	青灰色	黏土	软块状	5.0	24.7	1.74	0.41	26.5			19.2			
						5	72—101	蓝灰色	重黏土	软块状	5.1	22.1	1.64	0.42	26.5			23.2			
剖33	淋溶土	黄褐土	黏盘黄褐土	马肝土	马肝土	1	0—12	灰棕色	重壤土	粒状	5.6	9.0	0.62	0.30	12.0	3.0	57	6.4	下蜀黄土	E 118°57′37.8″ N 31°11′11.7″	92
						2	12—19	淡灰棕色	轻黏土	小块状	5.8	5.1	0.39	0.21	15.3	≤1.0	52	7.2			
						3	19—79	黄棕黄色	重黏土	小块状	5.5	3.5	0.33	0.19	15.9	≤1.0	45	4.8			
						4	79—100	褐棕色	黏土	块状	6.0										
剖34	人为土	水稻土	潜育水稻土	石灰泥田	石灰泥田	1	0—12	暗棕灰色	重黏土	小块状	5.6	25.8	1.59	0.35	4.0	2.0	66	12.3	石灰岩风化物	E 118°58′06.9″ N 31°10′51.9″	95
						2	12—19	暗棕色	重黏土	块状	6.7	19.4	1.12	0.36	4.8	≤1.0	60	13.0			
						3	19—49	淡棕黄色	重黏土	棱块状	5.4	4.3	0.92	0.21	18.6	≤1.0	79	15.1			
						W	49—101	灰黄色	轻黏土	棱块状	7.7	4.2	0.48	0.21	16.7			21.8			
						5	101—														
剖35	铁铝土	红壤	棕红壤	棕红壤	下位焦斑棕红壤	1	0—21	淡红黄色	中壤土	粒状	5.3	25.6	1.29	0.14	12.0	2.0	67	8.0	第四纪红色黏土	E 118°53′29.6″ N 31°12′20.5″	95
						2	21—62	红色	中壤土	小块状	5.3	5.6	0.54	0.14	20.1	≤1.0	76	24.8			
						3	62—100	暗棕色	中壤土	棱块状	5.3	10.8	0.61	0.11	12.3	≤1.0	33	6.6			
剖36	人为土	水稻土	潜育水稻土	砂泥田	砂砾身砂泥田	1	0—12	暗棕色	中壤土	小块状	5.5	22.0	2.34	0.29	10.0	9.0	37	3.2	近代河流冲积物	E 118°53′17.9″ N 31°10′17.7″	95
						2	12—21	棕灰色	中壤土	小块状	5.6	19.1	1.43	0.29	10.0	5.0	39	4.9			
						3	26—100	黄棕黄色	轻壤土	块状	6.2		1.12	0.22	12.2	2.0	40	6.2			
剖37	铁铝土	红壤	棕红壤	黏棕红泥	金坝棕红壤	A	0—24	亮红棕色	黏土	碎块状	4.8	17.4	0.85	0.22	10.9	2.0	87	8.4	第四纪红色黏土	E 118°55′02.5″ N 31°10′26.7″	75
						Bv	24—70	亮红棕色	重质黏土	棱块状	4.8	4.5	0.39	0.22	11.9	≤1.0	82	9.9			
						Bvm₁	70—124	红棕色	重质黏土	棱块状	4.7	1.9	0.25	0.22	11.0		58	8.8			
						Bvm₂	124—195	橙色	重质黏土	棱块状	5.0	1.1	0.26	0.24	10.4			10.3			
						C	195—														
剖38	人为土	水稻土	漂洗水稻土	白浆土田	白浆土田	A	0—24	亮红棕色	壤质黏土	碎块状	4.6	17.4	0.90	0.20	10.8	2.0	15	4.3	第四纪红色黏土	E 118°45′23.4″ N 31°07′46.2″	95
						Bv	24—70	橙色	壤质黏土	块状	5.0	4.5	0.40	0.20	11.9	≤1.0	12	4.1			
						Bvm0₁	70—124	橙色	壤质黏土	块状	5.2	1.9	0.30	0.20	10.9	≤1.0	12	4.1			
						Bvm0₂	124—195	橙色	壤质黏土	块状	5.0	1.1	0.30	0.30	10.3		13	5.5			
						Bvv	195—														
剖39	人为土	水稻土	潜育水稻土	砂泥田	砂砾底砂泥田	1	0—12	淡红棕色	轻壤土	块状	5.1	17.5	1.14	0.34	11.0	2.0	35	9.3	近代河流冲积物	E 118°53′00.1″ N 31°08′59.1″	95
						2	12—20	灰棕色	中壤土	块状	5.8	9.4	0.64	0.33	10.3	≤1.0	54	9.4			
						3	20—34	暗黄棕色	中壤土	块状	6.0	6.8	0.53	0.32	10.5	12.0	30	16.7			
						4	34—100	暗黄棕色	重壤土	块状	6.6	3.3	0.34	0.34	10.3			8.0			
剖40	人为土	水稻土	潜育水稻土	烂泥田	烂泥田	1	0—12	灰棕色	中壤土	小块状	5.5	23.0	1.54	0.39	21.3	12.0	87	16.7	近代河流冲积物	E 118°56′49.8″ N 31°09′06.9″	95
						2	12—20	淡红棕色	重壤土	棱块状	6.3	15.8	1.19	0.44	24.0	8.0	82				
						3	20—41	暗黄棕色	重壤土	棱块状	6.8	9.8	0.78	0.52	21.4	12.0	58	8.0			
						W	41—62	暗灰棕色	重壤土	棱块状	7.1	5.0	0.50	0.49	22.1			10.3			
						5	62—100	暗黄棕色	砂壤土	小块状	7.2	2.8	0.44	0.41	20.5			6.7			
剖41	人为土	水稻土	潜育水稻土	烂泥田	烂泥田	1	0—12	灰棕色	轻黏土	块状	5.6	27.1	1.47	0.30	16.1	≤1.0	50	14.8	石英砂岩残积物、坡积物	E 118°47′08.8″ N 31°01′48.6″	95
						2	12—100	暗灰棕色	重黏土	软块状	6.4	22.6	1.47	0.20	15.9	≤1.0	61	14.8			
剖42	铁铝土	红壤	棕红壤	硅质棕红壤	薄层硅质棕红壤	1	0—10	淡棕色	中壤土	粒状	5.1	21.7	0.91	0.16	10.2	≤1.0	20	5.4	石英砂岩残积物、坡积物	E 118°53′40.4″ N 31°03′18.4″	95
						2	10—25	淡黄棕色	重黏土	粒状	5.0	11.9	0.63	0.16	11.7	≤1.0	27	6.2			
						3	25—100	淡棕黄色	轻壤土	粒状	6.0										

续表 Continued

剖面号 Soil profile	土纲 Soil order	土类 Soil great group	亚类 Soil subgroup	土属 Soil genus	土种 Soil species	土层码 Layer code	土层厚度 Depth/cm	颜色 Soil color	质地 Soil texture	土壤结构 Soil structure	pH	有机质 OM/(g/kg)	全氮 TN/(g/kg)	全磷 TP/(g/kg)	全钾 TK/(g/kg)	有效磷 AP/(mg/kg)	速效钾 AK/(mg/kg)	阳离子交换量CEC/(cmol/kg)	土壤母质 Parent material	剖面点坐标 Profile coordinate	匹配指数 Matching index/%
剖43	铁铝土	红壤	红壤性土	红壤性扁石土	扁石红壤性土	1	0—13	淡棕色	重壤土	粒状	4.7	9.8	0.52	0.17	10.2	≤1.0	50	6.5	泥质岩类残积物、坡积物	E 118°57′38.0″ N 31°00′09.2″	93
						2	13—95	红棕色	重壤偏黏土	小块状	4.7	3.2	0.38	0.20	11.5	≤1.0	31	10.9			
						3	95—	棕色	重壤偏黏土		4.7	4.5	0.42	0.32	12.8	≤1.0	33	3.1			
剖44	人为土	水稻土	潴育水稻土	马肝田	马肝田	1	0—12	棕灰色	中壤土	小块状	5.6	20.4	1.02	0.28	13.6	3.0	32	7.0	下蜀黄土	E 118°58′55.7″ N 31°00′49.9″	95
						2	12—20	暗棕灰色	中壤土	块状	6.5	17.1	0.90	0.26	14.1	3.0	47	7.8			
						3	20—36	灰棕色	中壤土	棱块状	7.4	6.3	0.35	0.25	14.1	≤1.0	46	6.8			
						W	36—100	暗灰棕色	重壤土	棱块状	7.0	3.6	0.15	0.16	14.1			6.7			
						5	100—														
剖45	铁铝土	红壤	棕红壤	棕色土	焦斑棕红土	1	0—13	淡棕黄色	轻黏土	粒状	4.9	22.3	1.29	0.92	11.4	10.0	57	10.3	第四纪红色黏土	E 118°53′56.6″ N 31°01′01.9″	95
						2	13—23	淡红黄色	轻黏土	块状	4.8	≤1.0	0.57	0.65	12.5		42	8.9			
						3	23—100	暗棕红色	黏土	棱块状	5.6										
剖46	人为土	水稻土	潴育水稻土	马肝田	上位黏盘马肝田	1	0—16	棕灰色	重壤土	小块状	5.6	26.1	1.70	0.36	12.5	4.0	37	4.9	下蜀黄土	E 118°51′22.1″ N 30°58′58.8″	95
						2	16—22	棕灰色	重壤土	块状	6.1	22.4	1.30	0.35	12.0	≤1.0	36	4.7			
						3	22—100	褐棕色	重壤土	块状	6.1	12.0	0.76	0.28	12.5	2.0	32	4.3			
剖47	人为土	水稻土	潴育水稻土	扁石泥田	扁石泥田	1	0—13	灰棕色	重壤土	碎块状	5.1	24.7	2.91	0.76	20.4	8.0	26	12.3	泥质岩类残积物、坡积物	E 118°50′14.9″ N 30°56′58.8″	95
						2	13—20	灰黄棕色	轻壤土	小块状	5.5	15.6	1.01	0.43	16.9	11.0	29	3.1			
						3	20—47	浅黄棕色	轻壤土	棱块状	5.6	13.6	0.88	0.48	17.0	12.0	27	3.3			
						W	47—96	暗黄棕色	砂壤土	棱块状	5.6	14.4	1.02	0.45	17.1						
						5	96—														
剖48	初育土	石灰(岩)土	棕色石灰土	棕色石灰土	厚层棕色石灰土	1	0—11	暗棕色	重壤土	粒状	6.0	29.3	1.32	0.16	15.5	≤1.0	49	13.6	碳酸岩类	E 118°49′15.1″ N 30°50′39.8″	74
						2	11—98	黄黑色	中黏土	棱块状	6.1	15.5	0.88	0.22	23.4	≤1.0	47	21.7			
						3	98—														
剖49	人为土	水稻土	潴育水稻土	黄泥田	上位网纹黄泥田	1	0—14	淡棕灰色	重壤土	小块状	5.3	15.8	0.96	0.37	11.3	2.0	18	7.9	第四纪红色黏土	E 118°50′20.9″ N 30°51′03.6″	95
						2	14—23	黄棕色	中壤土	块状	6.3	1.8	0.25	0.65	17.2	≤1.0	31	7.6			
						3	23—42	黄棕色	重壤土	棱块状	6.5	4.2	0.50	0.24	10.5	≤1.0	17	7.7			
						4	42—100	红白黄相间	重壤土	棱块状	6.6	2.8	0.20	0.23	10.2	≤1.0	20	8.3			
剖50	淋溶土	黄褐土	黏盘黄褐土	黏盘黄褐土	下位黏盘黄褐土	1	0—15	淡灰棕色	中壤土	粒状	5.2	20.3	0.91	0.21	11.6	≤1.0	44	5.3	下蜀黄土	E 118°47′21.0″ N 30°52′17.5″	79
						2	15—66	灰黄棕色	重壤土	块状	5.2	7.2	0.57	0.23	13.2	≤1.0	40	7.0			
						3	66—100	褐棕色	重壤土	小块状	5.5	4.0	0.42	0.19	15.6	≤1.0	49	8.6			
剖51	铁铝土	红壤	棕红壤	硅质棕红土	中层硅质棕红壤	Ao	0—1												石英砂岩类残积物、坡积物	E 118°58′06.4″ N 30°51′05.1″	95
						1	1—12	棕灰色	中壤土	棱粒状	5.4	37.9	1.45	0.34	8.2	3.0	90	6.0			
						2	12—48	淡棕灰色	砂壤土	小块状	5.4	12.3	0.65	0.34	11.3	2.0	53	5.9			
						3	48—				5.2										
剖52	初育土	紫色土	石灰性紫色土	石灰性紫砂土	石灰性网纹黄砂田	1	0—23	淡棕灰色	砂壤土	粒状	7.5	20.3	1.31	0.50	17.4	2.0	118	15.0	砂页岩、钙质厚泥岩	E 118°51′56.8″ N 30°47′04.3″	95
						2	23—58	棕色	中壤土	块状	7.3	9.5	0.17	0.52	20.9		103	16.6			
						3	58—				8.0										
剖53	铁铝土	红壤	棕红壤	扁石棕红壤	中层扁石棕红壤	Ao	0—1												泥质岩类残积物、洪积物及坡积物	E 118°59′32.0″ N 30°49′24.4″	95
						1	1—11	暗棕紫色	重黏土	团粒状	4.6	28.3	2.38	0.49	21.0	2.0	73	29.8			
						2	11—44	棕红色	重黏土	小块状	4.4	18.0	2.68	0.54	26.7	≤1.0	25	28.3			
						3	44—				4.6	8.2	1.18	0.47	24.5	2.0	43	20.7			
剖54	人为土	水稻土	漂洗水稻土	香灰土田	白香灰土田	1	0—13	灰白色	轻壤土	小块状	5.5	20.8	1.20	0.24	13.7	≤1.0	32	8.4		E 118°59′13.6″ N 30°46′25.9″	95
						2	13—19	灰黄色	轻壤土	小块状	5.3	22.8	1.05	0.24	13.7	≤1.0	39	7.6			
						3	19—48	暗黄棕色	中壤土	棱块状	7.1	2.2	0.43	0.25	16.4	3.0	48	11.5			
						4	48—100	黄黄棕色	中壤土	块状	7.0		0.38	0.15	16.4						

续表 Continued

剖面号 Soil profile	土纲 Soil order	土类 Soil great group	亚类 Soil subgroup	土属 Soil genus	土种 Soil species	土层码 Layer code	土层厚度 Depth/cm	颜色 Soil color	质地 Soil texture	土壤结构 Soil structure	pH	有机质 OM/(g/kg)	全氮 TN/(g/kg)	全磷 TP/(g/kg)	全钾 TK/(g/kg)	有效磷 AP/(mg/kg)	速效钾 AK/(mg/kg)	阳离子交换量CEC/(cmol/kg)	土壤母质 Parent material	剖面点坐标 Profile coordinate	匹配指数 Matching index/%
剖55	铁铝土	红壤	棕红壤	扁石棕红壤	薄层扁石棕红壤	Ao	0—1													E 118°47′30.6″ N 30°42′09.4″	95
						2	1—23	暗棕色	重壤土	粒状	5.2	72.9	2.88	0.72	15.0	4.0	105	19.2			
						3	23—100	黄棕色	轻黏土	小块状	5.1	17.7	1.11	0.49	15.7	2.0	≤5	6.4			
剖56	淋溶土	黄棕壤	暗黄棕壤	扁石暗黄棕壤	扁石暗黄棕壤	1	0—1	褐黑色		团粒状										E 118°48′34.0″ N 30°41′12.7″	75
						2	1—11	暗灰黄棕色	重壤土	小块状	4.1	33.8	1.80	0.79	17.1	2.0	142	10.5			
						3	11—60	黄棕色	重壤土	块状	4.2	11.7	1.82	0.55	17.5	≤1.0	69	7.6			
						4	60—100	淡黄棕色	轻壤土	块状	5.2										
剖57	人为土	水稻土	潴育水稻土	砂泥田	砂泥田	1	0—11	灰黄色	中壤土	小块状	5.5	17.0	1.14	0.41	19.4	14.0	34	6.7	近代河流冲积物	E 119°00′37.3″ N 30°56′24.7″	95
						2	11—19	淡灰色	中壤土	块状	6.0	16.4	1.06	0.41	19.1	15.0	32	6.9			
						3	19—52	棕灰色	重壤土	棱块状	6.7	6.8	0.58	0.52	20.7	16.0	33	8.4			
						W	52—101	黄棕色	中壤土	棱块状	7.0	5.8	0.51	0.44	20.9			7.1			

郎 溪 县

主要土类说明

水稻土是郎溪县主要土壤类型，占本县地域面积的47%，主要分布于郎川河两岸的涛城、建平等地。水稻土是人为水耕熟化的土壤，其成土过程最突出的特点为表层的干湿交替，即氧化与还原交替，土壤淋溶、淀积作用强烈，层段的发育更明显。因水分条件和运动状况的长期附加作用，使水稻土产生了不同类型，如潴育型、淹育型、渗育型、潜育型、漂洗型等。表耕淹水层pH为4.6—6.5，植稻期间阳离子有较高的活化度，受人为耕作管理施肥影响，表层养分矿化度高，干湿交替过程中有机络合体含量高，各种理化过程进行得特别活跃等。随着养分和黏粒的淋溶下移，旱耕期在一定部位上淀积氧化，发育为斑淀层。

红壤是郎溪县第二大土壤类型，占本县地域面积的32%。红壤是在长期富铝化条件下，成岩矿物被彻底分解，盐基大量淋溶，二氧化硅也受到溶解淋失，铁铝相对大量富集过程中形成的具有深厚的红色富铝化壳的土壤。红壤所处环境高温高湿，生物活动旺盛，土壤内各种过程极为活跃。表土层pH为5.5—6.0，淀积层pH为5.0—5.5，母质层因母岩性状而有较大变化，发育在中性岩上的pH多在6.0左右，发育于花岗岩风化母质上的pH多在5.2以下，但表层则多渐趋于微酸。土壤有机质含量越高，pH越向中性移动，黏土矿物以高岭石为主，伴有蛭石、绿泥石、三水铝石及伊利石，硅铝铁率为2.0—2.5，铁的活化度大于10%，盐基饱和度多在40%以下，阳离子交换量在10 cmol/kg以下，黏粒部分的阳离子交换量小于35 cmol/kg。盐基组成虽以钙、镁成分高，但显著低于棕壤、黄棕壤。钾、钠离子含量多低于10%，有的呈痕迹态。淀积层常有小量或中量的铁锰结核。结构面以铁质胶膜为主。

黄褐土是郎溪县第三大土壤类型，占本县地域面积的7%，主要分布于本县北部梅渚、涛城等平缓岗地和河流阶地上。本县地处北亚热带，黄褐土由较细粒的黄土状母质发育而成，多组成丘岗。土体中游离碳酸钙已不复存在，土壤呈灰黄棕色，具A–B–C或A–Bt–C剖面构型，在底部可散见圆形石灰结核。土壤黏化淀积明显，B层黏聚，有时呈黏盘，黏粒硅铝率在3.0左右，表层pH为6.0—6.8，底层pH为7.5，盐基饱和度由表层向底层逐渐趋向饱和。

小于本县地域面积3%的土壤类型还有紫色土、黄棕壤、石灰（岩）土等。

本区域中心区气候特征

本区域中心区气候特征值
Regional climate characteristics in central area of the region

气候带：北亚热带湿润气候 Climate region: North subtropical humid climate	
年平均气温 /℃ Annual average temperature /℃	16.1
年平均最高气温 /℃ Annual average maximum temperature /℃	20.5
年平均最低气温 /℃ Annual average minimum temperature /℃	12.6
年降水量 /mm Annual precipitation /mm	1264
≥10℃的积温 /℃ Daily temperature accumulated in a year（≥10℃）/℃	6011
年日照时数 /h Annual sunshine /h	1876
年平均相对湿度 /% Annual average relative humidity /%	77
干燥度 Dryness	0.77

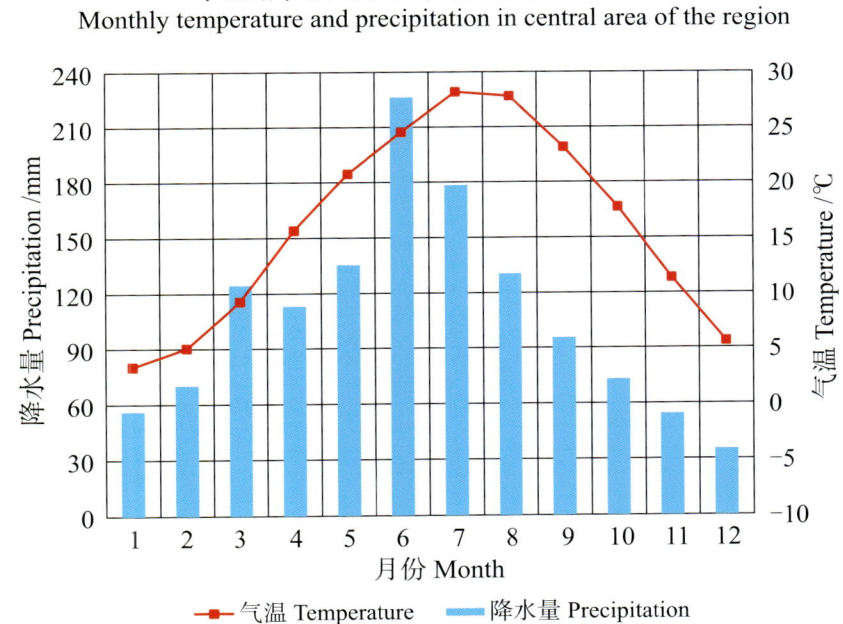

本区域中心区月平均气温与月平均降水量
Monthly temperature and precipitation in central area of the region

郎溪县主要土壤类型与土壤剖面点分布图
1 : 190 000

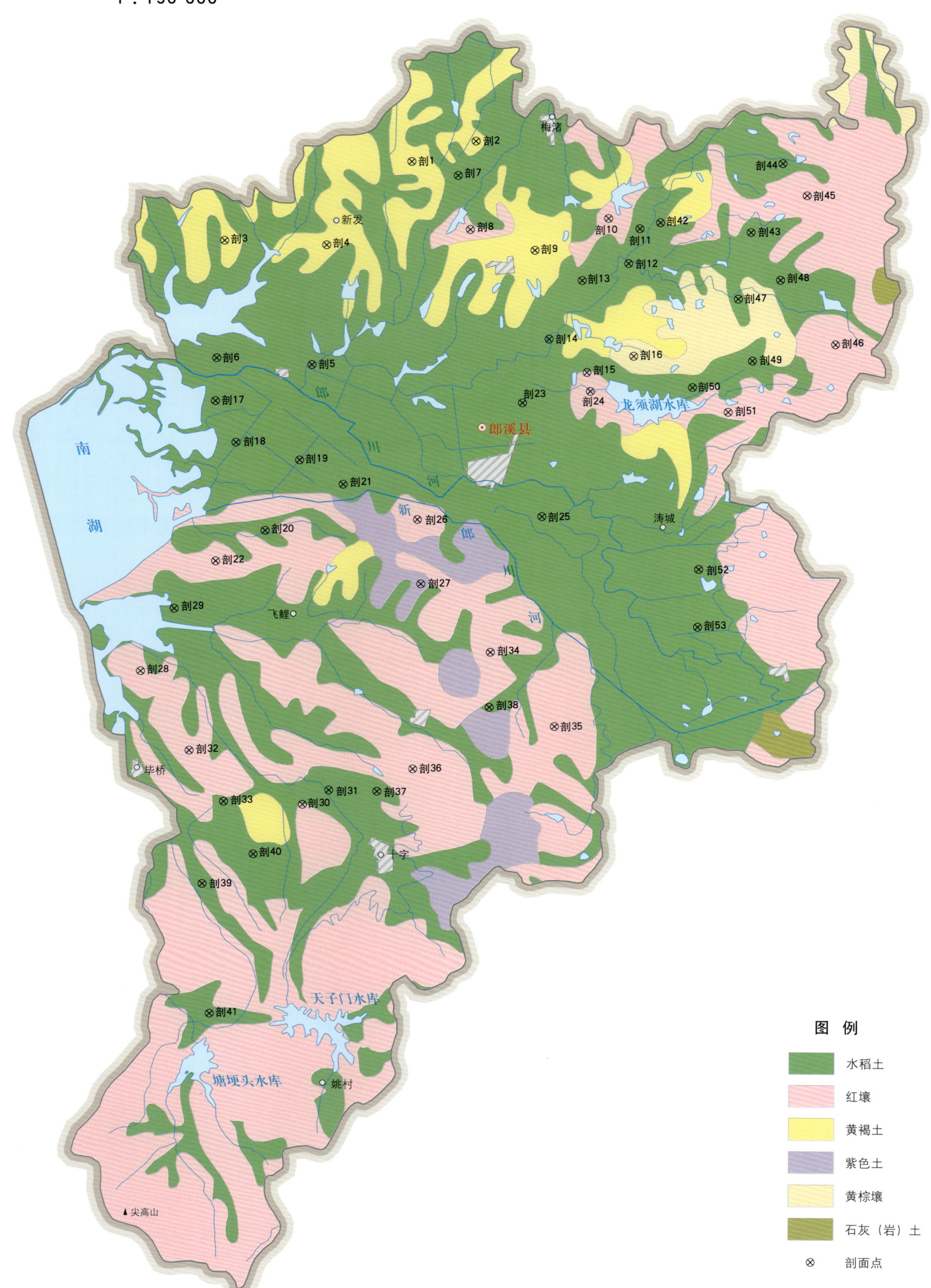

注：本图界线沿用土壤普查时点的行政界线。

郎溪县土壤剖面理化性状表

剖面号 Soil profile	土纲 Soil order	土类 Soil great group	亚类 Soil subgroup	土属 Soil genus	土种 Soil species	土层码 Layer code	土层厚度 Depth/cm	颜色 Soil color	质地 Soil texture	土壤结构 Soil structure	pH	有机质 OM/(g/kg)	全氮 TN/(g/kg)	全磷 TP/(g/kg)	全钾 TK/(g/kg)	有效磷 AP/(mg/kg)	速效钾 AK/(mg/kg)	阳离子交换量CEC/(cmol/kg)	土壤母质 Parent material	剖面点坐标 Profile coordinate	匹配指数 Matching index/%
剖1	淋溶土	黄褐土	黏盘黄褐土	黄白土	下位黏盘黄白土	A	0~11	灰黄色	中壤土	团粒状	4.9	14.5	0.83	0.51	11.5	8.0	92	9.5	下蜀黄土	E 119°08′47.4″ N 31°15′01.2″	74
						P	11~17	灰黄色	中壤土	团粒状	4.5	8.5	0.51	0.28	13.1	≤1.0	50	10.2			
						3	18~24	灰黄色	重壤土	团粒状	5.0	5.7	0.37	0.20	14.0	≤1.0	66	13.8			
						Bv	24~94	棕黄色	中壤土	块状	5.0	5.7	0.37	0.20	14.0	≤1.0	66	13.8			
						5	94~134	褐黄色	中壤土	棱柱状											
剖2	淋溶土	黄褐土	黏盘黄褐土	马肝土	黄马肝土	A	0~16	灰黄褐色	重壤土	团块状	5.1	14.2	0.91	0.31	14.5	2.0	50	8.9	下蜀黄土	E 119°10′29.7″ N 31°15′27.9″	92
						P	16~21	灰褐灰色	重壤土	团块状	5.2	9.5	0.61	0.18	14.1	≤1.0	52	9.0			
						Bv	21~105	淡褐黄色	重壤土	团块状	5.1	2.0	0.27	0.23	13.5	≤1.0	54	9.9			
						C	105~150	黄褐色	黏土	棱柱状											
剖3	淋溶土	黄褐土	黏盘黄褐土	白泥土	白泥土	A	0~23	灰白色	中壤土	粉砂状	5.2	10.9	0.63	0.38	9.3	7.0	34	7.5	下蜀黄土	E 119°03′49.7″ N 31°13′14.0″	74
						P	23~28	灰白色	重壤土	散粒状	5.0	9.8	0.58	0.38	8.2	5.0	26	7.0			
						Bv	28~43	灰棕色	重壤土	小块状	5.2	5.7	0.45	0.35	12.2	≤1.0	41	10.4			
						C	43~90	灰褐色	中壤土	大棱柱状	6.2	4.6	0.40	0.32	13.2			17.9			
剖4	淋溶土	黄褐土	黏盘黄褐土	马肝土	上位黏盘马肝土	A	0~15	灰黄色	中壤土	细团粒状	5.3	12.0	0.74	0.46	11.9	5.0	69	9.9	下蜀黄土	E 119°06′30.8″ N 31°13′05.5″	93
						P	15~21	淡棕色	重壤土	小块状	5.0	6.6	0.60	0.41	11.8	2.0	60	9.7			
						Bv	21~49	淡褐黄色	重壤土	小块状	5.1	8.2	0.54	0.29	12.9	≤1.0	76	14.1			
						C	49~100	淡褐黄色	重壤土	棱柱状	5.1	5.6	0.34	0.28	15.1	5.0	81	15.7			
剖5	人为土	水稻土	潴育水稻土	暗石泥田	暗石泥田	A	0~16	暗灰褐色	重壤土	块状	5.8	30.1	1.85	0.45	13.5	5.0	85	17.3	辉长岩坡积物、洪积物	E 119°06′04.1″ N 31°10′18.9″	95
						P	16~22	淡灰黄色	重壤土	块状	6.2	18.4	1.01	0.44	12.8	6.0	80	16.3			
						W	22~47	浅灰褐色	重壤土	块状	6.4	5.0	0.30	0.30	14.8	5.0	42	14.0			
						Bv	47~102	褐灰黄色	重壤土	柱状	6.3	3.9	0.22	0.31	14.0			16.4			
剖6	人为土	水稻土	脱潜水稻土	砂泥田	死泥青田	A	0~16	灰白色	轻黏土	块状	5.3	18.5	1.16	0.21	16.0	3.0	39	10.1	河流冲积物	E 119°06′34.3″ N 31°10′30.3″	95
						P	16~19	绿灰色	轻黏土	块状	7.2	8.7	0.59	0.29	17.3	4.0	34	11.5			
						W_1	19~30	淡灰黄色	黏土	碎块状	7.2	8.3	0.46	0.31	19.5	5.0	31	11.4			
						W_2	30~46	暗灰黄色	黏土	小块状	7.1	8.1	0.55	0.45	17.8	5.0	38	13.4			
						Bvg_1	46~60	亮黄灰色	重壤土	棱块状	6.1	10.9	0.72	0.44	17.9	2.0	71	18.1			
						Bvg_2	60~111	淡橙色	重壤土	糊状	6.0	4.2	0.32	0.29	15.8			9.7			
剖7	人为土	水稻土	潴育水稻土	黄斑黏田	灰潮砂泥田	Aag	0~17	黄红色	重壤土	团粒状	5.0	18.8	1.20	0.30	18.0	5.0	50	11.5	河流冲积物	E 119°10′00.3″ N 31°14′40.3″	95
						Apg	17~24	暗黄红色	黏土	小块状	5.0	16.1	0.90	0.30	19.1	2.0	32	11.0			
						Gw	24~57	暗棕红色	黏土	棱块状	5.4	10.0	0.60	0.20	19.0	2.0	38	10.1			
						G	57~100	暗棕色	重壤土	棱柱状	5.8	8.2	0.50	0.40	19.8	2.0	71	15.1			
剖8	铁铝土	红壤	黄红壤	普通黄红壤	厚黄红壤	A_1	0~3	黄红色	重壤土	团粒状	4.8	28.7	1.33	0.31	11.7	≤1.0	101	9.0	红土	E 119°10′18.0″ N 31°13′23.8″	75
						A_3	3~90	暗黄红色	轻黏土	黏土	5.0	9.4	0.55	0.27	12.5	≤1.0	57	10.3			
						Bvm	90~140	暗棕红色	黏土	棱柱状											
剖9	淋溶土	黄褐土	黏盘黄褐土	黄白土	中位黏盘黄白土	A	0~15	淡灰黄色	中壤土	团块状	4.7	11.9	0.75	0.33	9.6	5.0	33	7.7	下蜀黄土	E 119°11′59.1″ N 31°12′53.3″	74
						P	15~20	灰黄色	中壤土	块状	4.7	8.0	0.56	0.25	9.9	≤1.0	29	8.0			
						Bv	20~45	淡棕色	重壤土	小块状	4.9	4.5	0.42	0.23	12.5	≤1.0	39	12.1			
						Bvc	45~85	淡黄棕色	重壤土	块状	5.9	3.2	0.42	0.23	13.4			16.6			
剖10	铁铝土	红壤	黄红壤	细粒黄红土	细粒砂黄土	A	0~22	暗黄色	中壤土	团粒状	5.6	12.0	0.73	0.29	19.0	≤1.0	123	7.6	中酸岩类风化物	E 119°13′56.6″ N 31°13′36.2″	75
						P	22~30	暗棕灰色	中壤土	团粒状	5.1	7.5	0.50	0.22	19.1	≤1.0	80	6.7			
						Bv	30~75	暗灰棕色	中壤土	小块状	5.1	4.8	0.40	0.23	18.1	≤1.0	80	8.6			
						Bvc	75~100	灰棕色	中壤土	块状	5.3	6.3	0.40	0.18	17.0						

续表 Continued

剖面号 Soil profile	土纲 Soil order	土类 Soil great group	亚类 Soil subgroup	土属 Soil genus	土种 Soil species	土层码 Layer code	土层厚度 Depth/cm	颜色 Soil color	质地 Soil texture	土壤结构 Soil structure	pH	有机质 OM/(g/kg)	全氮 TN/(g/kg)	全磷 TP/(g/kg)	全钾 TK/(g/kg)	有效磷 AP/(mg/kg)	速效钾 AK/(mg/kg)	阳离子交换量CEC/(cmol/kg)	土壤母质 Parent material	剖面点坐标 Profile coordinate	匹配指数 Matching index/%
剖11	人为土	水稻土	淹育水稻土	浅砂泥田	淹育砂泥田	A	0—17	暗黄灰色	中黏土	团块状	5.1	14.9	1.20	0.42	16.1	8.0	44	11.9	河流冲积物	E 119°14′45.7″ N 31°13′21.2″	75
						P	17—23	暗黄灰色	中黏土	块状	5.4	10.3	9.60	0.47	19.1	3.0	31	14.8			
						Bv	23—105	灰黄色	轻黏土	块状	5.3	7.8	5.90	0.43	15.2	2.0	34	12.1			
剖12	人为土	水稻土	漂洗水稻土	白浆土田	砂底白浆田	A	0—15		重壤土		4.7	20.6	1.24	0.28	18.0	3.0	41	9.0	红土坡积物	E 119°14′26.7″ N 31°12′32.4″	75
						P	15—20		重壤土		5.3	15.5	0.99	0.39	18.1	3.0	35	9.6			
						W	20—31		重壤土		6.5	9.2	0.65	0.23	17.7	3.0	33	8.6			
						Bv	31—62		重壤土		6.8	6.2	0.44	0.38	18.2	2.0	43	9.5			
						Bvs	62—85		重壤土		7.3	2.2	0.32	0.38	18.4			9.8			
剖13	人为土	水稻土	潴育水稻土	硅质泥田	硅质泥田	A	0—18	黄灰色	重壤土	块状	5.6	24.1	1.47	0.39	11.6	≤1.0	71	6.3	石英质砂岩风化坡积物、洪积物	E 119°13′12.9″ N 31°12′10.1″	95
						P	18—23	青黄灰色	重黏土	块块状	6.2	8.1	0.57	0.34	12.9	≤1.0	23	5.5			
						W	23—34	黄灰色	重黏土	棱块状	5.6	19.5	1.20	0.27	9.8	≤1.0	41	5.6			
						Bv₁	34—60	棕黄灰色	重黏土	棱柱状	6.5	4.7	0.42	0.28	11.1	3.0	36	5.8			
						Bv₂	60—97	浅灰黄色	中壤土	棱柱状	6.6	1.7	0.35	0.23	14.2			5.4			
剖14	人为土	水稻土	潴育水稻土	棕红泥田	棕红泥田	Aa	0—19	棕灰色	壤质黏土	块状	5.3	20.0	1.10	0.30	12.1	5.0	64	9.3	第四纪红色黏土	E 119°12′19.1″ N 31°10′48.9″	95
						Ap	19—25	棕灰色	黏土	块状	5.5	18.6	1.30	0.40	13.4	3.0	74	9.3			
						P	25—45	暗棕色	壤质黏土	棱块状	6.9	13.8	0.80	0.30	13.2	≤1.0	54	8.2			
						W	45—100	灰黄色	中质黏土	棱块状	7.1	5.1	0.30	0.30	13.2		54	10.1			
剖15	铁铝土	红壤	黄红壤	黄泥土	中位网纹黄泥土	A	0—28		重壤土		4.8	12.8	0.69	0.21	10.3	≤1.0	75	9.3	石英质砂岩风化坡积物、洪积物	E 119°13′17.8″ N 31°10′02.0″	75
						Bv	28—135		轻壤土		4.7	3.9	0.43	0.32	11.9	≤1.0	52	11.5			
剖16	淋溶土	黄棕壤	普通黄棕壤	暗石黄棕壤	暗石黄棕壤	Ao		棕褐色	中壤土	团粒状	6.1	35.6	1.70	2.57	8.4	6.0	188	22.8	第四纪红色黏土	E 119°14′31.8″ N 31°10′23.4″	75
						A₁		暗棕色	重壤土	团粒状	5.8	25.7	1.48	1.97	8.5	9.0	42	17.9			
						A₃		暗棕色	重壤土	团块状	5.6	17.8	0.98	1.70	6.0		74	28.0			
						B		暗棕褐色	轻壤土	团块状	6.0	6.2	0.36	3.36	2.2			36.4			
剖17	人为土	水稻土	潴育水稻土	红筋黄泥田	红筋黄泥田	A	0—15	黄灰色	重壤土	块状	5.0	27.6	1.84	0.53	13.5	13.0	61	14.0	第四纪红色黏土	E 119°03′30.5″ N 31°09′30.3″	75
						P	15—19	淡黄灰色	重壤土	柱状	6.8	12.2	0.79	0.65	14.4	16.0	67	13.6			
						W	19—30	黄灰色	重壤土	柱状	6.1	20.6	1.43	0.63	13.1	18.0	65	14.9			
						Bv	30—82	黄棕灰色	重壤土	柱状	7.0	5.7	0.50	0.46	12.9	10.0	80	12.7			
						C	82—100	白灰棕色	轻壤土		6.9	7.1	0.50	1.70	12.9			12.5			
剖18	人为土	水稻土	潴育水稻土	砂泥田	黄砂泥田	A	0—15	暗黄灰色	重壤土	棱块状	4.7	16.4	0.99	0.61	14.5	16.0	51	10.7	河流冲积物	E 119°04′02.0″ N 31°08′30.8″	75
						P	15—22	暗黄灰色	重壤土		5.0	11.9	0.77	0.58	14.7	15.0	41	11.1			
						Bv	22—48	灰棕色	重壤土	块状	5.9	4.7	0.43	0.58	14.9	11.0	43	11.2			
						Bv	48—95	灰黄色	重壤土	柱状	5.9	3.0	0.25	0.47	16.0		36	10.6			
剖19	人为土	水稻土	潴育水稻土	砂泥田	砂泥田	A	0—15	淡棕灰色	轻壤土	块状	5.1	15.1	0.99	0.28	14.8	5.0	28	6.9	河流冲积物	E 119°05′41.6″ N 31°08′05.0″	75
						P	15—23	灰棕色	中壤土	散粒状	6.7	7.2	0.93	0.22	18.1	≤1.0	22	7.6			
						Bv	23—43	黄灰色	中壤土	微片状	6.4	4.4	0.67	0.25	15.1	≤1.0	23	6.6			
						C	43—100	暗黄色	中壤土		6.4	3.9	0.33	0.17	15.0	9.0	50	7.0			
剖20	人为土	水稻土	潴育水稻土	马肝田	砂泥马肝田	A	0—15	暗黄色	中壤土	块状	4.6	20.5	1.07	0.33	11.3	16.0	27	7.9	河流冲积物	E 119°04′45.6″ N 31°06′26.7″	95
						P	15—24	暗黄灰色	中壤土	块状	6.6	6.4	0.44	0.20	10.7	15.0	41	7.2			
						Bv	24—41	灰棕色	中壤土	柱状	6.7	3.0	0.39	0.28	11.5	2.0	43	6.5			
						C	41—67	灰黄色	中壤土	柱状	6.2	2.5	0.27	0.22	12.3	≤1.0	31	7.1			
						Ae	67—100	灰黄褐色	轻壤土	块状	6.2	1.6	0.24	0.52	11.6		36	6.7			
剖21	人为土	水稻土	漂洗水稻土	粉白土田	粉白土田	Ae	0—13	灰白色	中壤土	散粒状	5.2	13.3	0.74	0.27	10.8	≤1.0	27	7.1	下蜀黄土	E 119°06′50.2″ N 31°07′29.5″	75
						Pe	13—18	灰白色	中壤土	微片状	6.6	6.4	0.47	0.23	11.2	≤1.0	25	6.8			
						We	18—30	白灰灰色	中壤土	块状	6.5	3.3	0.25	0.21	10.7	≤1.0	27	6.4			
						Bv	30—83	灰黄色	重壤土	块状	6.7	4.3	0.27	0.14	10.7	≤1.0	39	8.3			
						Bvc	83—100	黄灰色	重壤土	块状	6.5	3.3	0.25	0.19	11.9			11.5			

续表 Continued

剖面号 Soil profile	土纲 Soil order	土类 Soil great group	亚类 Soil subgroup	土属 Soil genus	土种 Soil species	土层码 Layer code	土层厚度 Depth/cm	颜色 Soil color	质地 Soil texture	土壤结构 Soil structure	pH	有机质 OM/(g/kg)	全氮 TN/(g/kg)	全磷 TP/(g/kg)	全钾 TK/(g/kg)	有效磷 AP/(mg/kg)	速效钾 AK/(mg/kg)	阳离子交换量CEC/(cmol/kg)	土壤母质 Parent material	剖面点坐标 Profile coordinate	匹配指数 Matching index/%
剖22	铁铝土	红壤	黄红壤	麻石黄红壤	厚层麻石黄红壤	A	0—17	褐棕色	中壤土	团粒状	4.5	3.9	1.19	0.22	30.7	≤1.0	97	6.4	花岗岩	E 119°03′26.6″ N 31°05′45.2″	81
						ABv	17—51	暗红棕色	中壤土	团粒状	4.5	5.6	0.34	0.22	29.6	≤1.0	49	5.9			
						Bv	51—110	淡红棕色	中壤土	块状	4.6	3.9	0.32	0.27	25.5			10.6			
剖23	人为土	水稻土	潴育水稻土	马肝田	中位黏盘马肝田	A	0—15	黄灰色	重壤土	小块状	4.9	23.6	1.38	0.42	11.3	6.0	75	8.8	下蜀黄土	E 119°11′35.0″ N 31°09′20.5″	95
						P	15—19	黄灰色	重壤土	块状	6.2	11.9	0.79	0.34	11.2	2.0	49	7.9			
						W	19—43	灰黄色	重壤土	棱块状	6.8	5.8	0.56	0.29	11.0	≤1.0	44	8.6			
						Bv₁	43—73	淡灰黄色	轻黏土	棱块状	6.8	6.8	0.50	0.31	15.4			27.8			
						Bv₂	73—103	淡黄棕色	重黏土	柱状	6.6	6.1	0.44	0.31	15.1			30.7			
剖24	铁铝土	红壤	黄红壤	麻石黄红壤	中层麻石黄红壤	A	0—31	褐色	轻壤土	团粒状	4.8	24.8	1.12	0.23	31.0	3.0	115	7.2	花岗岩	E 119°13′22.4″ N 31°09′35.3″	75
						Bv	31—69	红橙色	轻壤土	块状	4.5	12.1	0.67	0.24	30.8	≤1.0	97	6.3			
						C	69—140	黄棕色	砂壤土	无结构	4.6	≤1.0	0.23	0.30	31.2			11.8			
剖25	人为土	潴育水稻土		潮黏田	潮泥骨田	Aa	0—14	黄灰色	黏土	块状	5.0	25.4	1.50	0.30	19.3	2.0	58	13.1	河流冲积物	E 119°12′02.1″ N 31°06′40.3″	95
						Ap	14—22	黄灰色	黏土	块状	6.8	17.0	1.10	0.30	19.9	≤1.0	55	13.1			
						W₁	22—56	黄灰色	黏土	棱块状	6.8	7.7	0.60	0.40	17.9	≤1.0	48	11.7			
						W₂	56—100	黄棕色	黏土	块状	5.6	11.1	0.60	0.40	20.0	2.0		19.1			
剖26	铁铝土	红壤	黄红壤	硅质黄红壤	中层高腐硅质黄红壤	A	0—8	褐棕色	中壤土	团粒状	4.8	144.0	6.48	1.87	16.8	12.0	63	26.4	石英质砂岩	E 119°08′45.8″ N 31°06′38.9″	75
						Bv	8—70	灰褐色	轻壤土	团粒状	4.6	111.8	5.95	2.16	16.5	16.0	92	14.8			
						D	70—														
剖27	初育土	紫色土	酸性紫色土	酸性紫色土	酸性紫色土	Ao	0—4	暗红色	中壤土	块状	4.1	16.8	0.74	0.19	7.4	≤1.0	54	6.4	酸性粉砂岩、砂砾岩	E 119°08′49.7″ N 31°05′09.4″	75
						A	4—30	暗红色	中壤土	小块状、块状	4.1	16.8	0.74	0.17	7.4	≤1.0	54	6.4			
						C	30—60	淡红色	轻黏土	小块状、散状	4.4	7.1	0.39	0.18	10.5	≤1.0	57	13.9			
						D	60—110	淡红色	重黏土	块状	4.4	2.9	0.23	0.18	10.2	≤1.0	52	15.0			
						5	110—	淡红色	重黏土		4.5	4.1	0.26	0.18	12.2	≤1.0	89	24.9			
剖28	铁铝土	红壤	黄红壤	麻石黄红壤	厚层麻石黄红壤	A	0—19	暗红橙色	轻壤土	块状	6.1	20.6	1.02	0.61	26.3	26.0	187	6.2	花岗岩	E 119°01′25.2″ N 31°03′11.7″	75
						P	19—23	淡橙棕色	中壤土	块状	5.9	6.8	0.51	0.47	21.4	3.0	103	11.7			
						Bv	23—150	鲜橙色	中壤土	散粒状	5.6	4.7	0.46	0.34	21.5			11.2			
						C	150—160	灰白色	砂壤土	块状	5.4	3.7	0.33	0.37	25.5			11.2			
剖29	人为土	水稻土	潴育水稻土	黄泥田	黄泥田	A	0—19	棕灰色	重壤土	块状	5.3	20.0	1.12	0.35	12.2	5.0	64	9.3	花岗岩	E 119°02′20.2″ N 31°04′39.6″	75
						P	19—25	棕灰色	重壤土	棱块状	5.5	18.6	1.33	0.44	13.1	3.0	74	9.3			
						W	25—45	褐灰色	重壤土	棱块状	5.9	13.8	0.78	0.24	12.4	≤1.0	54	8.2			
						Bv	45—87	褐灰棕色	重壤土	棱柱状	6.5	4.8	0.38	0.30	12.6	2.0		7.5			
						Bvc	87—100	褐灰棕色	重壤土	棱柱状	7.1	5.1	3.30	0.15	12.6			10.1			
剖30	铁铝土	红壤	黄红壤	扁石黄红壤	厚层扁石黄红壤	A₁₀	0—10	淡灰褐色	偏重中壤土	团粒状	5.0	29.0	1.21	0.26	10.5	≤1.0	115	8.9	泥质岩风化物	E 119°05′37.3″ N 31°00′01.3″	75
						A₃	10—44	暗黄棕色	偏重中壤土	团粒状	5.0	17.6	0.76	0.22	11.0	≤1.0	46	8.0			
						Bv₁	44—84	黄灰色	重壤土	大团块状	4.8	5.6	0.33	0.36	11.6	2.0		7.3			
						Bv₂	84—100	橙灰色	重壤土	块状	5.1	3.2	0.30	0.28	12.4			9.0			
剖31	人为土	水稻土	潴育水稻土	白黄泥田	白黄泥田	A	0—15	灰黄色	中壤土	块状									第四纪红色黏土	E 119°02′20.2″ N 31°00′21.1″	95
						P	15—20	灰黄色	中壤土	块状											
						W	20—36	灰黄色	中壤土	块状块状	4.9	46.0	2.46	0.45	20.3	8.0	68	12.3			
						Bv₁	36—70	暗黄棕色	中壤土	块状	4.8	18.0	1.11	0.38	20.8	9.0	88	13.4			
						Bvg	70—81	暗黄棕色	重壤土	块状	4.6	11.0	0.60	0.42	19.8	5.0	74	14.2			
						C	81—100	淡棕褐色	重壤土	块状											
剖32	铁铝土	红壤	黄红壤	硅质黄红壤	中层硅质黄红壤	A	0—20	淡棕褐色	中壤土	块状									石英质砂岩	E 119°06′19.2″ N 31°01′19.1″	75
						ABv	20—60		中壤土	块块状											
						C	60—120		中壤土	棱块状											

续表 Continued

剖面号 Soil profile	土纲 Soil order	土类 Soil great group	亚类 Soil subgroup	土属 Soil genus	土种 Soil species	土层码 Layer code	土层厚度 Depth/cm	颜色 Soil color	质地 Soil texture	土壤结构 Soil structure	pH	有机质 OM/(g/kg)	全氮 TN/(g/kg)	全磷 TP/(g/kg)	全钾 TK/(g/kg)	有效磷 AP/(mg/kg)	速效钾 AK/(mg/kg)	阴离子交换量CEC/(cmol/kg)	土壤母质 Parent material	剖面点坐标 Profile coordinate	匹配指数 Matching index/%
剖33	人为土	水稻土	潜育水稻土	砂泥田	砂心砂泥田	A	0—14	黄灰色	中壤土	块状	5.1	13.3	0.88	0.26	18.5	3.0	28	6.9	河流冲积物	E 119° 03′ 33.2″ N 31° 00′ 07.1″	75
						P	14—18.5	暗黄灰色	轻壤土	块状	5.9	7.6	0.57	0.32	18.1	3.0	23	6.9			
						W	18.5—31	暗黄灰色	轻壤土	块状	6.4	4.6	0.37	0.26	14.1	3.0	23	7.0			
						S	31—57	淡黄色	紧砂土	散粒状	6.1	2.6	0.30	0.37	21.9	9.0	18	4.3			
						Bv	57—97	淡黄橙色	中壤土	块状	6.2	3.6	0.35	0.32	15.6			7.6			
剖34	铁铝土	红壤		黄泥土	中位网纹黄泥土	A	0—20	灰黄橙色	中壤土	细团块状									第四纪红色黏土	E 119° 10′ 36.9″ N 31° 03′ 31.9″	95
						P	20—28	橙黄色	重黏土	块状	4.7	59.0	2.64	0.42	23.1	≤1.0	116	17.0			
						Bv	28—135	黄棕色	轻黏土	块状	5.2	20.0	0.84	0.40	23.6	≤1.0	125	10.6			
						Bvc	135—145	红白黄相间	轻黏土	大块状											
						C	145—														
剖35	铁铝土	红壤		硅质黄红壤	厚层硅质黄红壤	A	0—48	暗褐色	中壤土	团粒状	5.4	14.0	0.84	0.35	12.2	≤1.0	116	9.4	石英质砂岩	E 119° 12′ 16.2″ N 31° 01′ 46.0″	75
						ABv	48—140	淡褐色	中壤土	团粒状	5.4	12.0	0.71	0.30	14.2	≤1.0	54	9.1			
剖36	铁铝土	红壤		普通黄红壤	中层黄红壤	Ao	0—2	灰黄色	中壤土	团粒状	5.3	7.9	0.59	0.30	12.3	≤1.0	44	10.1	红土母质	E 119° 08′ 32.0″ N 31° 00′ 49.3″	95
						Bv₁	2—20	淡橙红色	轻黏土	团粒状	5.3	7.9	0.59	0.30	12.3	≤1.0	44	10.1			
						Bv₂	20—40	淡红棕色	重黏土	核块状	5.5	4.2	0.58	0.28	12.7	≤1.0		12.6			
						C	40—74	暗红棕色	重黏土	块状	5.1	16.7	1.30	0.79	18.7	38.0	42	10.3			
剖37	人为土	水稻土	潜育水稻土	砂泥田	鳝血砂泥田	A	0—18	灰棕色	中壤土	块状	5.8	19.9	1.24	0.72	21.2	32.0	35	11.3	河流冲积物	E 119° 07′ 35.0″ N 31° 00′ 18.5″	75
						P	18—21	棕灰色	中壤土	块状	7.4	5.7	0.46	0.29	16.1	6.0	26	12.5			
						W	21—49	黄棕色	重黏土	柱状	7.2	6.3	0.44	0.33	15.6			11.2			
						Bv	49—106		重黏土		≤3.5	5.7		0.26	17.0			10.9			
						5	106—														
剖38	人为土	水稻土		湖黎田	湖泥田	Aa	0—16	棕黑色	壤质黏土	碎块状	4.8	18.8	1.10	0.30	17.0	4.0	80	13.4	湖积物	E 119° 10′ 33.5″ N 31° 02′ 14.3″	82
						Ap	16—23	棕色	壤质黏土	块状	6.2	9.5	0.60	0.30	16.8	2.0	50	12.1			
						W₁	23—45	棕色	壤质黏土	棱块状	6.5	8.0	0.60	0.30	17.1	3.0	60	9.1			
						W₂	45—100	亮黄棕色	壤质黏土	块状	5.4	6.1	0.40	0.30	16.6	4.0	69	10.4			
剖39	人为土	水稻土	漂洗水稻土	白浆土田	白浆田	Ae	0—14	灰白色	中壤土	块状、层状	4.5	16.6	1.10	0.32	13.6	3.0	27	5.5	红土坡积物	E 119° 02′ 57.5″ N 30° 58′ 12.6″	95
						Pe	14—19	白黄色	中壤土	块状	5.3	9.9	0.70	0.28	19.4	≤1.0	18	5.2			
						We	19—34	黄黄色	重黏土	块状、棱柱状	6.5	4.6	0.29	0.27	18.9	≤1.0	28	7.3			
						W	34—62	淡黄白色	重黏土	柱状	6.8	3.8	0.31	0.29	19.4			11.1			
						Bv	62—103	灰黄色	中壤土	柱状	6.8	3.8	0.31	0.29	19.4			11.1			
剖40	人为土	水稻土	潜育水稻土	青黄泥田	青黄泥田	A	0—17.5	黄黄色	重黏土	无结构	4.5	22.4	1.27	0.35	12.7	2.0	47	10.0	第四纪红色黏土	E 119° 04′ 18.7″ N 30° 58′ 53.6″	75
						P	17.5—23	青黄色	重黏土	无结构	5.0	22.4	1.06	0.45	12.9	≤1.0	44	10.3			
						Bvg	23—72	青黄灰色	重黏土	柱状	6.3	5.9	0.36	0.25	13.1	≤1.0	38	9.4			
						G	72—100	蓝灰色	中壤土	柱状	6.1	3.3	0.25	0.25	13.4			7.5			
剖41	人为土	水稻土	潜育水稻土	砂泥田	黄砂泥田	A	0—15	黄灰色	中壤土	块状	4.6	20.6	1.33	0.36	13.4	4.0	71	5.3	河流冲积物	E 119° 03′ 06.0″ N 30° 55′ 08.4″	81
						P	15—22	棕棕灰色	中壤土	柱状	4.9	11.8	0.79	0.38	12.7	≤1.0	48	4.7			
						Bv	22—48	淡黄灰色	重壤土	柱状	6.3	7.2	0.47	0.41	13.7	≤1.0	38	6.4			
						C	48—68	淡黄黄色	重壤土	柱状	6.7	3.6	0.39	0.27	10.9	≤1.0	36	7.0			
剖42	人为土	水稻土	潜育水稻土	扁石泥田	麻砂扁石泥田	A	0—13	黄灰色	中壤土	块状									泥质岩风化坡积物、洪积物	E 119° 15′ 18.4″ N 31° 13′ 28.8″	75
						P	13—17	黄灰色	中壤土	块状											
						W	17—50	黄灰色	重壤土	块状											
						C	50—92	褐灰黄色	中壤土	块状											

续表 Continued

剖面号 Soil profile	土纲 Soil order	土类 Soil great group	亚类 Soil subgroup	土属 Soil genus	土种 Soil species	土层码 Layer code	土层厚度 Depth/cm	颜色 Soil color	质地 Soil texture	土壤结构 Soil structure	pH	有机质 OM/(g/kg)	全氮 TN/(g/kg)	全磷 TP/(g/kg)	全钾 TK/(g/kg)	有效磷 AP/(mg/kg)	速效钾 AK/(mg/kg)	阳离子交换量CEC/(cmol/kg)	土壤母质 Parent material	剖面点坐标 Profile coordinate	匹配指数 Matching index/%
剖43	人为土	水稻土	潴育水稻土	石灰泥田	黄石灰泥田	A	0—14	黄灰色	重壤土	块状	5.1	23.1	1.43	0.40	13.4	4.0	85	8.5	碳酸岩类风化物	E 119°17′40.9″ N 31°13′13.1″	75
						P	14—20	黄灰色	中壤土	块状	6.0	15.5	1.04	0.28	11.1	2.0	51	13.4			
						W	20—31	黄白灰色	重壤土	块状	7.1	5.6	0.45	0.23	12.1	≤1.0	56	16.2			
						Bv	31—53	黄白灰色	重黏土	核块状	7.2	3.7	0.47	0.22	12.8	≤1.0	66	17.8			
						Bvg	53—94	黄灰色	轻壤土	棱块状	7.3	4.4	0.46	0.32	15.9			24.3			
剖44	人为土	水稻土	潴育水稻土	石灰泥田	鸡屎泥田	A	0—18	暗黄灰色	重壤土	块状	6.3	31.1	1.81	0.39	13.4	5.0	82	17.5	碳酸岩类风化物	E 119°18′34.0″ N 31°14′49.1″	75
						P	18—24	青灰色	重壤土	块状	6.8	24.8	1.50	0.45	12.8	8.0	73	17.4			
						W	24—80	棕灰色	重壤土	柱状	7.2	7.7	0.63	0.35	14.8	7.0	80	13.9			
						Bv	80—95	褐棕灰色	重壤土	柱状	7.0	14.0	0.80	0.32	14.9			13.0			
						Bvg	95—105	深灰色	轻黏土	柱状	7.0	7.9	0.63	0.21	13.4			16.3			
剖45	铁铝土	红壤	黄红壤	硅铝质黄红壤	涛城(耕种)红土	A	0—9	暗棕色	壤质黏土	块状	5.4	14.9	0.86	0.35	12.8	4.0	111	11.0		E 119°19′10.9″ N 31°14′03.7″	95
						Ap	9—13	暗棕色	壤质黏土	块状	6.3	12.7	0.76	0.41	14.3	≤1.0	87	10.9			
						Bv	13—31	鲜棕色	壤质黏土	块状	5.2	9.8	0.64	0.29	14.1	≤1.0	64	10.4			
						C	31—73	淡红棕色	壤质黏土	块状	5.4	4.9	0.39	0.38	16.4	≤1.0	70	13.8			
剖46	铁铝土	红壤	棕红壤	棕红土	十字焦斑棕红土	A	0—20	暗红棕色	壤质黏土	核状	5.4	14.0	0.84	0.35	12.2	4.0	116	9.4		E 119°19′50.9″ N 31°10′34.7″	95
						Bv	20—40	淡橙棕色	壤质黏土	块状	5.4	12.0	0.71	0.30	14.2	≤1.0	54	9.1			
						Bvm₁	40—70	淡红棕色	壤质黏土	块状	5.3	7.9	0.59	0.30	12.3	≤1.0	44	10.1			
						Bvm₂	70—100	暗棕红色	壤质黏土	棱块状	5.5	4.2	0.38	0.28	12.7	≤1.0		12.6			
剖47	人为土	水稻土	潴育水稻土	青砂泥田	青砂泥田	A	0—17	黄灰色	重壤土	块状	5.1	19.2	1.14	0.36	13.1	4.0	69	9.1	第四纪红色黏土	E 119°17′18.4″ N 31°11′40.5″	96
						P	17—23	浅灰色	重壤土	块状	6.4	4.1	0.74	0.47	13.4	4.0	85	11.0			
						Bvg	23—70	灰黄褐色	轻壤土	棱柱状	7.1	4.6	0.37	0.23	17.4	≤1.0	101	18.4			
						G	70—103	青灰棕色	轻壤土	棱柱状	7.4	12.4	0.38	0.37	16.4			19.1			
剖48	人为土	水稻土	潴育水稻土	黄白土田	中位盘盘黄白土田	A	0—18	灰黄色	中壤土	块状	5.2	13.6	0.81	0.44	13.9	7.0	78	5.9	河流冲积物	E 119°18′26.3″ N 31°11′05.9″	95
						P	18—28	暗黄灰色	重壤土	块状	6.6	5.6	0.36	0.42	12.8	4.0	56	5.2			
						Bv	28—58	黄灰色	重壤土	核块状	6.8	6.4	0.38	0.16	15.8	5.0	89	11.5			
						Ag	58—100	黄灰色	重壤土	柱状	6.8	6.4	0.40	0.38	17.8		63	20.0			
剖49	人为土	水稻土	潴育水稻土	砂泥田	次潜泥青田	A	0—19	黄褐色	中壤土	块状	5.7	16.0	1.03	0.34	13.6	2.0	81	14.3	下蜀黄土	E 119°17′39.0″ N 31°09′14.3″	75
						Pg	19—28	暗黄灰色	重壤土	棱块状	6.9	5.1	0.40	0.15	13.2	≤1.0	53	11.7			
						W	28—50	黄灰色	重壤土	柱状	7.0	2.0	0.23	0.24	11.2	≤1.0	39	8.7			
						Bv	50—66	淡黄灰色	重壤土	棱柱状	7.0	2.5	0.28	≤0.10	16.7	≤1.0	83	17.3			
						Bvg	66—100	灰棕色	重壤土	柱状	7.0	3.0	0.28	0.24	15.7			22.6			
剖50	人为土	水稻土	潴育水稻土	扁石泥田	扁石黄粒黄红土	A	0—14	黄灰色	重壤土	块状	4.9	26.1	1.50	0.34	15.3	5.0	124	12.3	泥质岩风化坡积物、洪积物	E 119°18′03.6″ N 31°12′38.4″	95
						P	14—19	黄灰色	重壤土	棱块状	7.0	10.8	0.75	0.26	14.6	3.0	124	12.5			
						W	19—53	黄灰色	重壤土	块状	7.2	4.3	0.47	0.32	15.6	3.0	131	11.2			
						Bv	53—97	黄白灰相间	中壤土	团粒状	7.2	4.6	0.45	0.38	15.8			16.3			
剖51	铁铝土	红壤	黄红壤	细粒黄红壤	中层细粒黄红土	A	0—14	淡灰橙色	重壤土	块状	5.5	13.5	0.73	0.49	11.8	15.0	38	7.6	中性岩类风化物	E 119°16′59.1″ N 31°09′03.0″	75
						B	14—20	淡橙棕色	重壤土	块状	5.2	3.8	0.50	0.63	13.1	15.0	48	7.9			
						C	20—52	淡橙黄色	重壤土	块状	5.1	3.1	0.47	0.58	11.8		55	10.3			
剖52	人为土	水稻土	潴育水稻土	青砂泥田	高位强潜青泥青田	Ag	0—17	青灰色	黏土	块状									河流冲积物	E 119°16′07.9″ N 31°05′23.2″	75
						P	17—27	青灰色	黏土	层结构											
						G₁	27—65	淡蓝灰色	黏土	无结构											
						G₂	65—105	蓝黑灰色	重黏土	无结构											

续表 Continued

剖面号 Soil profile	土纲 Soil order	土类 Soil great group	亚类 Soil subgroup	土属 Soil genus	土种 Soil species	土层码 Layer code	土层厚度 Depth/cm	颜色 Soil color	质地 Soil texture	土壤结构 Soil structure	pH	有机质 OM/(g/kg)	全氮 TN/(g/kg)	全磷 TP/(g/kg)	全钾 TK/(g/kg)	有效磷 AP/(mg/kg)	速效钾 AK/(mg/kg)	阳离子交换量CEC/(cmol/kg)	土壤母质 Parent material	剖面点坐标 Profile coordinate	匹配指数 Matching index/%
剖53	人为土	水稻土	潜育水稻土	青湖泥田	高位弱潜青湖泥田	A	0—15	青黄灰色	轻黏土	块状	5.1	27.2	1.76	0.33	15.9	7.0	63	11.7	湖相沉积物	E 119°16′05.0″ N 31°04′03.1″	75
						Pg	15—22	淡青灰色	轻黏土	块状	5.6	18.4	0.41	0.41	16.9	8.0	79	11.9			
						Bvg₁	22—48	淡黄灰色	轻黏土	块状	5.9	11.4	0.27	0.27	17.0	2.0	45	10.8			
						Bvg₂	48—100	黄灰色	中黏土	块状	5.7	8.7	0.49	0.49	13.8		63	20.0			

泾 县

主要土类说明

红壤是泾县主要土壤类型，占本县地域面积的 29%。红壤主要发生于常绿阔叶林下，呈中度脱硅富铝化特征，土壤黏粒中游离铁占全铁的 50%—60%，黏土矿物以高岭石、赤铁矿为主，黏粒硅铝率为 1.8—2.4，风化淋溶系数小于 0.2，盐基饱和度小于 35%，pH 为 4.5—5.5。红壤具深厚红色土层，淀积层（B 层）底层可见深厚红、黄、白相间网纹红色黏土。

粗骨土是泾县第二大土壤类型，占本县地域面积的 28%，广泛分布在河谷阶地、丘陵、低山和中山等多种地貌单元和地形部位。粗骨土属于 A–C 型，甚至（A）–C 型土壤。A 层发育不明显，与母质土层性状相似，略显有机质累积。有时母质层富含砾石，甚少出现剖面分异与发育特征。

水稻土是泾县第三大土壤类型，占本县地域面积的 20%。水稻土是在长期季节性淹灌、水下翻耕、季节性脱水、氧化还原交替影响下，原来成土母质或母土的特性发生重大改变，形成的新的土壤类型。由于干湿交替，形成糊状淹育层、较坚实板结的犁底层、渗育层、潴育层与潜育层等多种发生层分异。这些不同发生层段是在人为耕作、水浆管理下形成的。

石质土占泾县地域面积的 7%。石质土土壤表层岩石裸露，风化层浅薄，厚度一般小于 10cm，风化度低，富含砾石，多碎屑岩粒；风化层下为坚硬岩层。该土壤广泛分布于侵蚀严重、岩石裸露的石质山地、侵蚀残丘，以及丘顶、山脊、山坡等坡度陡峻的地形部位。

石灰（岩）土占泾县地域面积的 6%，主要分布于本县石灰岩山区。石灰（岩）土是石灰岩经溶蚀风化形成的厚薄不同的钙质饱和或含游离钙质的土壤，多见于石隙、溶洞或峰丛底部。该土壤碳酸钙淋溶程度不一，多黏土，多铁钙质胶结物，风化程度不一，盐基饱和度高，有机质含量及胶结状态有较大差异。

紫色土占泾县地域面积的 6%。紫色土是由热带、亚热带紫红色岩层直接风化形成的 A–C 型土壤。其理化性质与母岩组成直接相关，土层浅薄，剖面层次发育不明显，仍为初育阶段。母岩富含矿质养分，且风化迅速。

小于本县地域面积 3% 的土壤类型还有潮土、黄棕壤等。

本区域中心区气候特征

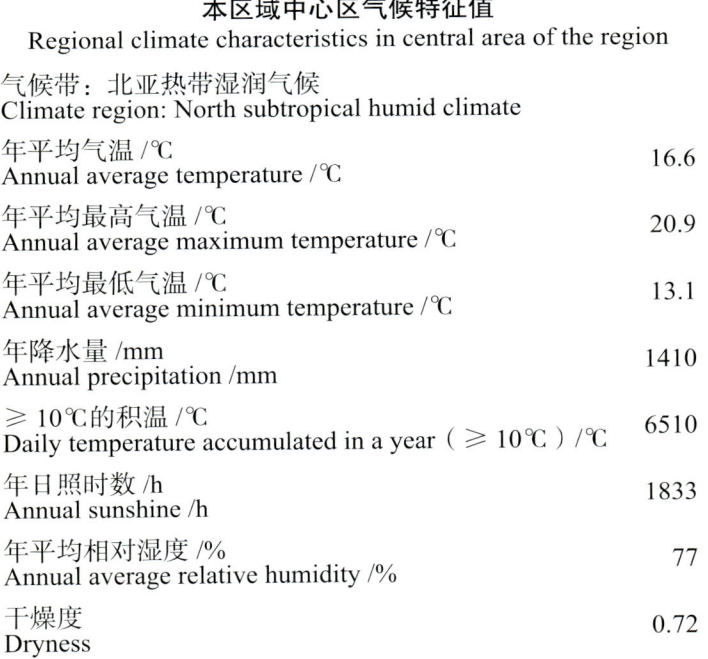

本区域中心区气候特征值
Regional climate characteristics in central area of the region

气候带：北亚热带湿润气候 Climate region: North subtropical humid climate	
年平均气温 /℃ Annual average temperature /℃	16.6
年平均最高气温 /℃ Annual average maximum temperature /℃	20.9
年平均最低气温 /℃ Annual average minimum temperature /℃	13.1
年降水量 /mm Annual precipitation /mm	1410
≥10℃的积温 /℃ Daily temperature accumulated in a year (≥10℃) /℃	6510
年日照时数 /h Annual sunshine /h	1833
年平均相对湿度 /% Annual average relative humidity /%	77
干燥度 Dryness	0.72

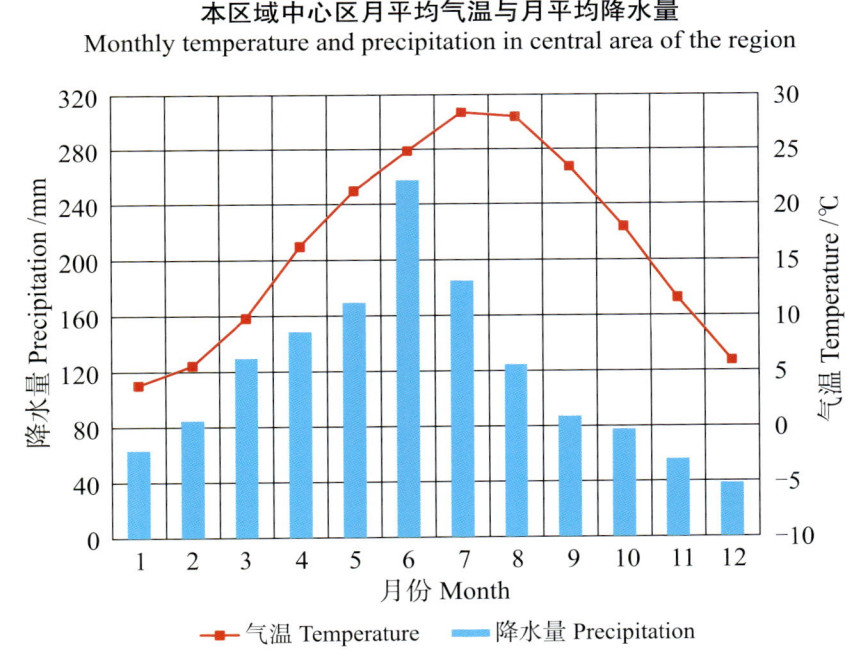

本区域中心区月平均气温与月平均降水量
Monthly temperature and precipitation in central area of the region

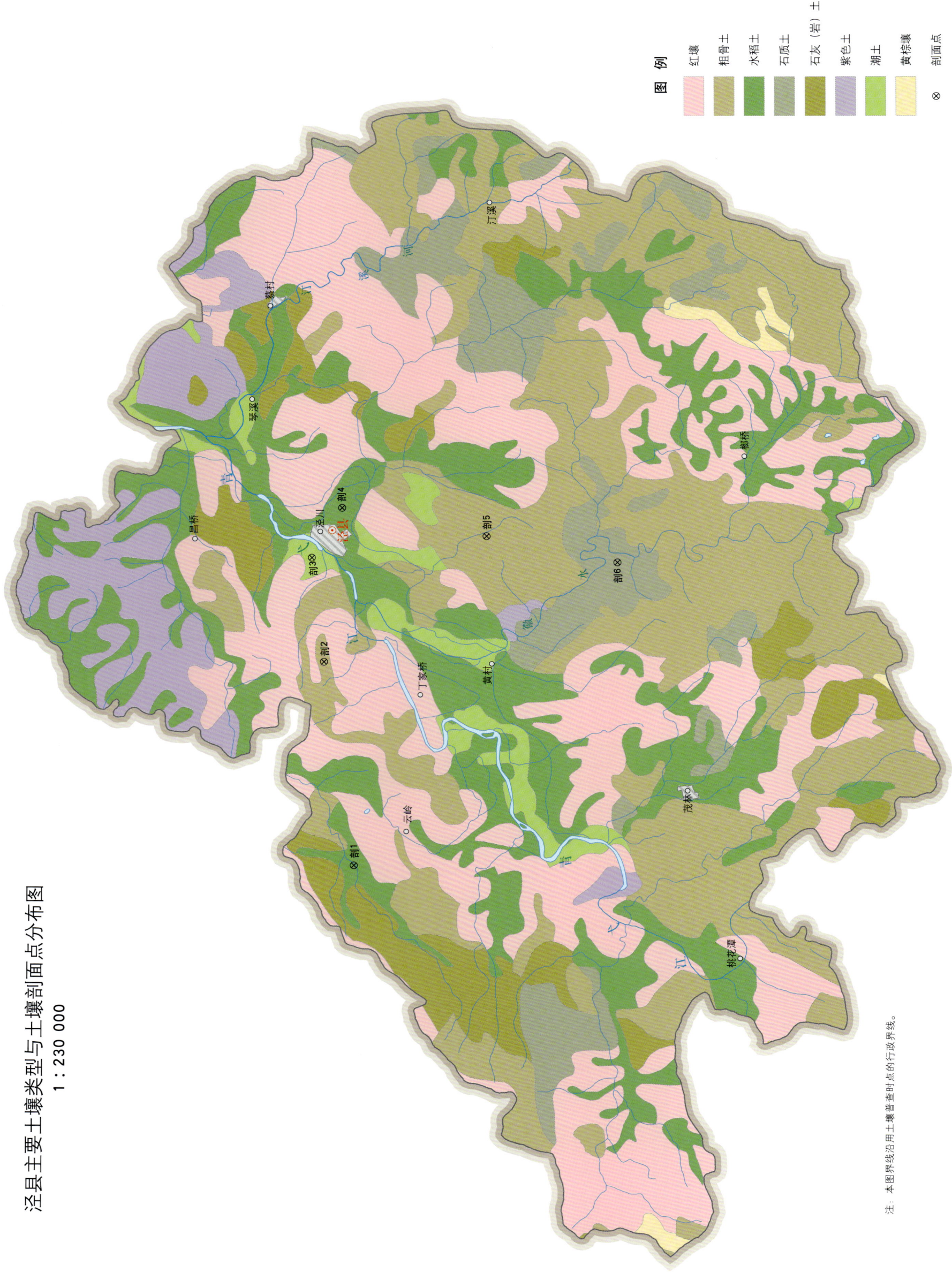

泾县主要土壤类型与土壤剖面点分布图
1∶230 000

泾县土壤剖面理化性状表

剖面号 Soil profile	土纲 Soil order	土类 Soil great group	亚类 Soil subgroup	土属 Soil genus	土种 Soil species	土层码 Layer code	土层厚度 Depth/cm	颜色 Soil color	质地 Soil texture	土壤结构 Soil structure	pH	有机质 OM/(g/kg)	全氮 TN/(g/kg)	全磷 TP/(g/kg)	全钾 TK/(g/kg)	有效磷 AP/(mg/kg)	速效钾 AK/(mg/kg)	阳离子交换量 CEC/(cmol/kg)	土壤母质 Parent material	剖面点坐标 Profile coordinate	匹配指数 Matching index/%
剖1	人为土	水稻土	潜育水稻土	青紫泥田	青紫泥田	Aa	0—17	黄棕色	黏壤土	碎块状	5.5	20.0	1.20	0.40	15.1			9.3	紫色页岩、砂页岩	E 118°12′15.2″ N 30°40′47.9″	95
						Ap	17—30	棕灰色	黏壤土	小块状	5.5	12.0	0.30	0.40	15.7			8.5			
						G₁	30—50	暗灰色	黏壤土	糊状	6.0	4.2	0.40	0.30	14.6			8.4			
						G₂	50—68	暗灰色	黏壤土	糊状	6.9										
剖2	初育土	粗骨土	酸性粗骨土	硅铁质砂砾土	西阳砂砾土	A	0—16	暗黄棕色	砂质黏壤土	粒状	5.5	23.4	1.40	1.46	25.7	5.0	118	7.7	粉砂岩风化残积物	E 118°19′47.7″ N 30°41′39.3″	95
						C	16—58	暗黄棕色	砂质黏壤土		5.0	12.2	0.87	1.34	21.1	4.0	61	5.9			
剖3	半水成土	潮土	灰潮土	砂泥土	砂泥土	1	0—14	浅黄色	粉质黏壤土	屑粒状	5.5	16.6	1.08	0.66	22.7	11.7	54	9.2	近代山河冲积物	E 118°23′37.7″ N 30°41′58.9″	96
						2	14—22	浊黄色	粉质黏壤土	碎块状	5.7	12.1	0.84	0.61	22.0	10.3	61	8.5			
						3	22—72	棕灰色	黏壤土	块粒状	6.0	8.3	0.75	0.46	22.0	7.9	54	8.9			
						4	72—100	灰黄棕色	粉质黏壤土	小块粒状	6.0	10.7	1.25	0.48	22.0			8.5			
剖4	人为土	水稻土	渗育水稻土	渗潮砂泥田	渗潮砂泥田	Ap	0—14	灰棕色	壤土	小块状	5.6	19.6	1.06	0.32	21.0	3.0	25	14.2	山河冲积物	E 118°25′27.6″ N 30°41′02.2″	95
						P	14—20	棕色	黏土	块状	6.5	6.8	0.57	0.44	19.9	5.0	20	10.1			
							20—50	淡黄色	黏壤土		6.9	7.7	0.58	0.42	19.0	5.0	36	10.8			
						C	50—100	浊黄色	黏壤土		7.3	4.1	0.47	0.46	18.5	8.0	35	10.7			
剖5	初育土	粗骨土	酸性粗骨土	酸石砂土	西阳砂砾土	A	0—16	暗灰黄色	砂质黏壤土	屑粒状	5.5	23.4	1.40	0.60	21.3	5.0	118	7.6	粉砂岩风化残积物	E 118°24′21.3″ N 30°36′36.0″	95
						C	16—58	浊黄棕色	砂质黏壤土		5.0	12.2	0.90	0.60	17.5	4.0	61	5.9			
剖6	初育土	石质土	中性石质土	泥页岩砾质土	下湖莲砾质土	Ao	0—0.5												泥质页岩残积物	E 118°23′20.6″ N 30°32′35.1″	95
						A	0.5—9	暗灰棕色	黏壤土	粒状	6.6	44.9	2.05	0.53	21.1	2.0		18.5			

绩 溪 县

主要土类说明

红壤是绩溪县面积最大、分布最广的一种土壤类型，占本县地域面积的 46%，遍布于本县海拔 600m 以下的低山、丘陵和盆缘高阶地上。因所处地形部位较低，人为活动频繁，原生植被基本毁灭殆尽，主要为次生常绿或落叶阔叶林、人工松、杉林及灌木草丛。其成土母质以花岗岩、泥页岩、板岩、千枚状粉砂岩等坡积物、残积物为主。首先，从湿热条件来看，本县年平均气温比中亚热带地区低 1.5—2.0℃，年平均降水量少 200mm 以上。另外，本县红壤均分布在盆谷外围的低山、丘陵地区，随着海拔的上升，湿热条件也会发生变化。其次，从自然植被类型来看，本县以亚热带地区常绿阔叶林的壳斗科为主，而典型中亚热带一般以常绿阔叶林的樟科为主。脱硅富铝化是指红壤中所进行的一种地球化学过程，在此过程中，硅酸盐类矿物强烈分解，硅酸和盐基遭到淋失，黏粒与次生矿物不断形成，铁铝氧化物明显聚积。据歙县清凉峰南坡红壤区土样分析（清凉峰北坡地处本县境内），其硅铝率为 2.38，黏土矿物以 1∶1 型高岭石为主，同时含有 2∶1 型的蛭石和伊利石，与典型红壤相比，其硅铝率较高。从黏土矿物类型来看，本县红壤除具有富铝化特征的高岭石黏土矿物类型之外，还具有黄壤的黏土矿物类型的基本特征。上述现象表明，本县红壤的脱硅富铝化程度较典型红壤弱，本县没有典型红壤，而只分布有黄红壤。红壤的共性是酸、瘦。本县红壤地带多数表现为土壤酸性强，风化壳深厚（花岗岩地区可达数米），水土流失严重，土壤肥力水平低。据化验统计，土壤 pH 一般在 4.5—6.5，多数小于 5.5，表层较薄，部分侵蚀严重的地区表层已剥蚀，母质层裸露。本县红壤含黄红壤和红壤性土两个亚类。

粗骨土是绩溪县第二大土壤类型，占本县地域面积的 19%，广泛分布在河谷阶地、丘陵、低山和中山等多种地貌单元和地形部位。粗骨土属于 A–C 型，甚至（A）–C 型土壤。A 层发育不明显，与母质土层性状相似，略显有机质累积。有时母质层富含砾石，甚少剖面分异与发育特征。

水稻土是绩溪县第三大土壤类型，占本县地域面积的 17%，集中分布在本县山间盆地以及沿河谷地。水稻土是在人类长期栽培水稻的条件下形成的一种特殊土壤，具有独特的形成过程和剖面发育特征。氧化还原过程：水稻土受周期性灌水和排水措施的影响，土壤进行着氧化还原交替作用，灌水时，土壤除表层极薄一层为氧化层外，耕作层的绝大部分以及犁底层的上部均处于还原状态，土壤中的高价铁锰被还原成低价氧化物，致使土壤呈灰色。由于根系附近有一层氧化层，在此层内的铁锰仍为氧化状态，这样就形成了耕作层和犁底层有较多的锈纹、锈管。排水后，土壤又处于氧化状态。不同水分类型水稻土的氧化还原状况是不一样的。淹育水稻土，在水稻生长季节耕作层和犁底层上部呈还原状态，其下仍为氧化状态，主要原因为水源不足，灌溉时间较短。潜育水稻土，水稻生长季节全剖面均呈还原状态，水稻收获后耕作层上部呈氧化状态，下部仍为还原状态。潴育水稻土，随着地下水位季节性的变化处于还原和氧化交替状态。以嫌气性作用为主的有机质腐解过程：水稻土处于还原状态时，介质呈中性，微生物的组成和生化活性发生了变化，从而使有机质分解。不同的氧化还原时间和种植作物类型对有机质累积的影响也各异，一般随土壤淹水时间增长，耗地作物减少，养地作物增加而有机质含量提高。矿物质的淋溶与淀积过程：在淹水还原条件下，随着氧化还原电位的降低，高价铁、锰转化为低价铁、锰，并沿土壤界面向下迁移，产生还原淋溶和氧化淀积。不同土壤类型受水作用的强弱程度不同，其矿物质的淋溶与淀积也有所不同，潴育水稻土由于水分的向下运动大于水分的向上运动，其矿物质向下迁移量高，即矿物质的淋溶和淀积明显；潜育水稻土由于地下水位高，水分向下运动弱，即矿物质的淋溶淀积不明显。在水耕条件下铁、锰活化发生强烈迁移，并伴随着一系列其他元素的活化和迁移，活性强的钾、钠、钙、镁、铁、锰等元素迁移量大，活性弱的铝、硅等元素迁移量小。附加成土过程：淹育、潴育和潜育化过程是水稻土水耕熟化主导成土过程中的附加成土过程。水稻土在长期栽种水稻，年复一年的灌排施肥、水旱轮作、水耕熟化等人为因素的综合作用下，形成了特有的 A–P–C、A–W–B–C 及 A–P–G 等剖面构型。根据水稻土的水分类型，本县水稻土分为淹育型、潴育型和潜育型三个亚类。

石灰（岩）土占绩溪县地域面积的 7%，主要分布在海拔 700m 以下的低山丘陵地带，与本县的黄红壤呈复域分布，互相嵌合。其成土母质为条带灰岩、钙质页岩、灰岩夹页岩等坡积物、残积物。本县植被多属喜钙类型，如蕨类、五节芒、白茅、芭茅等。石灰（岩）土形成过程：石灰岩含有大量的碳酸钙（含量常在 80% 以上），在高温多雨、干湿交替条件下，进行着化学风化，不断释放出碳酸钙。同时，由于强烈的淋溶作用，碳酸钙遭到一定的淋失，使之从高处往低处，从表层向深层移动，从而造成了丘顶或上部土壤无石灰反应，下部或谷地有石灰反应；同一剖面上层无石灰反应，底层有石灰反应。由于石灰岩新风化物和崩解碎屑及富含碳酸钙的地表水不断进入土体，土体中盐基饱和度很高或处于饱和状态。因此，石灰（岩）土仍处于幼年阶段。本县石灰（岩）土只有棕色石灰土一个亚类。

黄壤占绩溪县地域面积的6%，主要分布在海拔600—1000m的中低山区。因受坡度、坡向等影响，同一海拔高度其水热条件有差异，故黄壤分布的上下限也有区别，一般南坡的分布下线较北坡高。黄壤的成土母质有千枚状粉砂岩、板岩、页岩、千枚岩以及花岗岩、花岗闪长岩等坡积物、残积物。黄壤分布在中山中上部，云雾多，日照较少，空气湿度大，干湿季节不明显，这种全年温暖湿润的水热状况是形成黄壤的特殊的气候条件。由于受上述各成土条件的影响，本县黄壤形成有以下特征：脱硅富铝化作用较红壤弱，并伴有水化过程。黄壤形成过程基本上与红壤的形成过程类似，所不同的是黄壤地区的湿度比红壤地区大，几乎全年各月的蒸发量都小于降水量，大气相对湿度往往在80%以上，因此土壤形成过程中矿物质的分解、淋溶和淀积以及养分全量的积累是在湿凉的环境中进行的。据歙县清凉峰南坡黄壤区土样化验，硅铝率为2.49，较红壤大，SiO_2含量增加，Fe_2O_3含量降低，Al_2O_3的含量与红壤基本相同，由此可见，脱硅富铝化程度进行得比红壤弱。从黏土矿物类型来看，以2:1型的蛭石和伊利石为主，尚有中等含量的高岭石及少量的三水铝石。铁的氧化物为褐铁矿和针铁矿，随着水化程度的加强，颜色趋于黄色。土壤生物富集量较高。由于黄壤地区气温比红壤地区低，而湿度又比红壤地区高，有利于土壤有机质累积。表土层有机质含量一般大于4%，有机质层厚度为20—30cm，全氮、全磷和全钾也较红壤高。依据成土条件及发育阶段，本县黄壤分为黄壤和黄壤性土两个亚类。

小于本县地域面积3%的土壤类型还有黄棕壤、石质土和紫色土。

本区域中心区气候特征

本区域中心区气候特征值
Regional climate characteristics in central area of the region

气候带：北亚热带湿润气候 Climate region: North subtropical humid climate	
年平均气温 /℃ Annual average temperature /℃	16.8
年平均最高气温 /℃ Annual average maximum temperature /℃	21.2
年平均最低气温 /℃ Annual average minimum temperature /℃	13.3
年降水量 /mm Annual precipitation /mm	1520
≥10℃的积温 /℃ Daily temperature accumulated in a year (≥10℃) /℃	6990
年日照时数 /h Annual sunshine /h	1815
年平均相对湿度 /% Annual average relative humidity /%	77
干燥度 Dryness	0.67

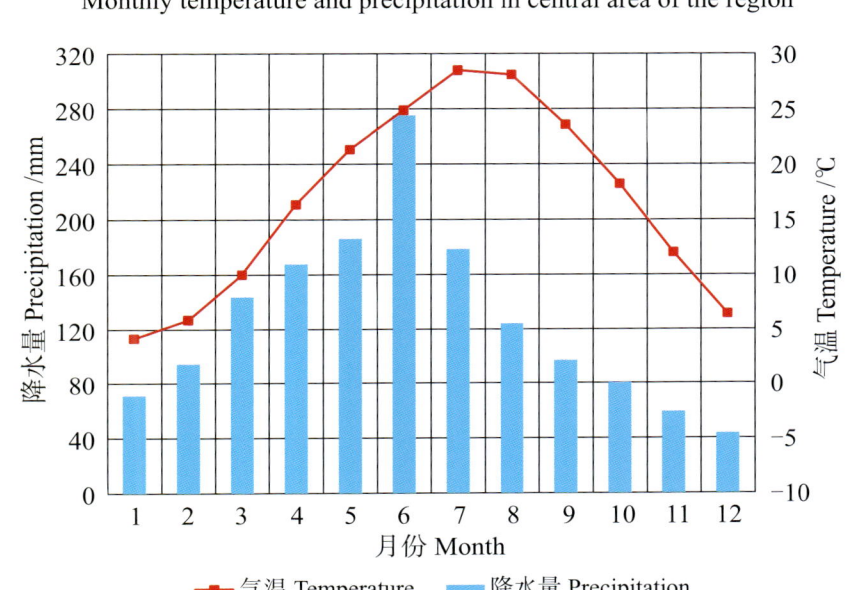

本区域中心区月平均气温与月平均降水量
Monthly temperature and precipitation in central area of the region

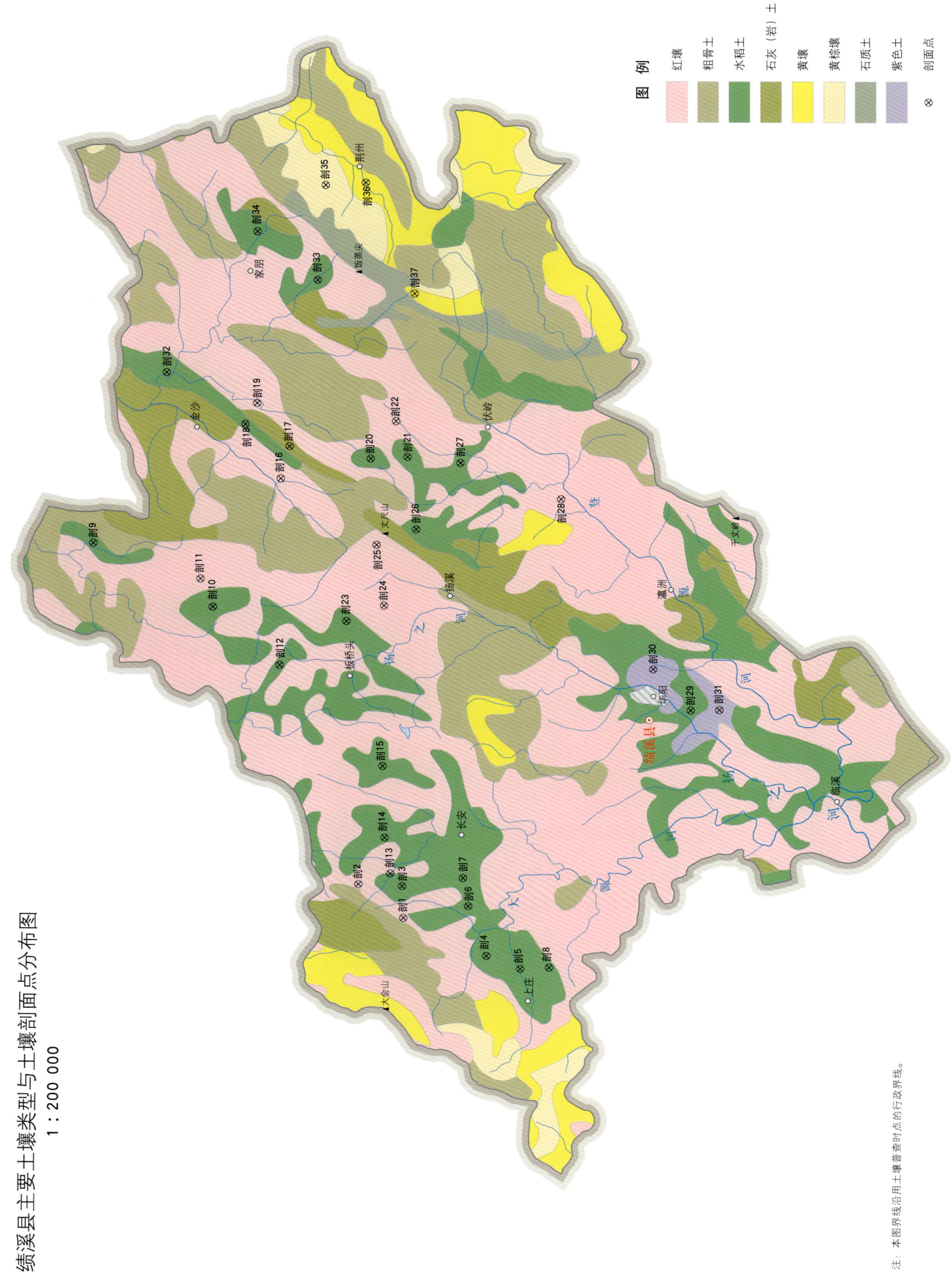

绩溪县土壤剖面理化性状表

剖面号 Soil profile	土纲 Soil order	土类 Soil great group	亚类 Soil subgroup	土属 Soil genus	土种 Soil species	土层码 Layer code	土层厚度 Depth/cm	颜色 Soil color	质地 Soil texture	土壤结构 Soil structure	pH	有机质 OM/(g/kg)	全氮 TN/(g/kg)	全磷 TP/(g/kg)	全钾 TK/(g/kg)	有效磷 AP/(mg/kg)	速效钾 AK/(mg/kg)	阳离子交换量CEC/(cmol/kg)	土壤母质 Parent material	剖面点坐标 Profile coordinate	匹配指数 Matching index/%
剖1	铁铝土	红壤	黄红壤	砾石黄红壤	薄有机质中层砾石黄红壤	A	0—7	黄棕色	重壤土	粒状	5.1	58.3	2.10	0.22	21.4	4.0	110	13.8	花岗岩、闪长岩坡积物、残积物	E 118°28′37.6″ N 30°10′39.8″	75
						Bv	7—32	棕色	重壤土	块状	5.3	12.4	0.78	0.17	31.4	2.0	60	12.2			
						C	32—38	淡红棕色	重壤土	块状	5.0	9.0	0.45	0.19	22.4			10.5			
剖2	铁铝土	红壤	黄红壤	砾石黄红壤	砾石黄红壤	A	0—16	黄棕色	轻壤土	碎块状	6.8	11.2	0.78	0.44	30.5	3.0	130	8.3	花岗岩、闪长岩坡积物、残积物	E 118°29′41.2″ N 30°11′48.8″	75
						Bv	16—44	暗黄橙色	轻壤土	块状	7.5	3.3	0.24	0.32	26.0	2.0	38	8.1			
						C	44—100	黄橙色	轻壤土	块状	6.6	2.9	0.14	0.33	26.6			8.1			
剖3	人为土	水稻土	潜育水稻土	青麻砂泥田	石灰青麻砂泥田	A	0—13	暗灰黄色	中壤土	块状	7.9	23.6	1.33	0.74	24.0	6.0	29	15.5	花岗岩坡积物、洪积物	E 118°29′37.0″ N 30°10′41.1″	95
						Pg	13—30	暗黄灰色	轻壤土	块状	7.9	23.8	1.20	0.79	23.9	5.0	19	15.0			
						G	30—80	暗青灰色	轻壤土	糊状	7.4	22.5	1.14	0.76	23.0	6.0	66	8.4			
剖4	人为土	水稻土	潜育水稻土	石灰泥田	石灰泥田	A	0—14	棕灰色	重黏土	块状	7.6	36.8	2.56	0.54	11.4	3.0	66	1.8	石灰岩、条带灰岩风化物	E 118°27′26.6″ N 30°08′31.8″	75
						P	14—22	棕灰色	中壤土	块状	8.0	22.2	1.48	0.53	10.8	5.0	39	15.5			
						W	22—67	暗黄棕色	轻壤土	棱柱状	7.8	9.7	0.90	0.43	16.6	4.0		14.4			
						C	67—110	黄棕色	轻黏土	块状	7.2	8.9	0.72	0.43	19.0			14.8			
剖5	人为土	水稻土	淹育水稻土	浅麻砂黄泥田	砾砂黄泥田	A	0—15	紫灰色	中黏土	小块状	5.9	21.8	1.22	0.41	24.6	6.0	44	16.6	花岗岩、花岗闪长岩坡积物、残积物	E 118°27′02.5″ N 30°07′39.6″	95
						P	15—25	暗棕色	中壤土	块状	6.9	15.0	1.14	0.39	23.5	5.0	39	16.2			
						C₁	25—80	淡绿色	中壤土	无结构	6.2	2.6	0.24	0.22	30.9	≤1.0	25	11.2			
						C₂	80—	淡棕色	中黏土	无结构	7.2	1.8	0.20	0.21	27.6			11.3			
剖6	人为土	水稻土	潜育水稻土	陷泥田	陷泥田	Ag	0—18	灰棕色	壤质黏土	糊状	6.5	48.5	2.48	0.99	21.6			23.8	紫砂岩、页岩坡积物、残积物	E 118°28′58.4″ N 30°08′59.4″	82
						G	18—100	淡绿灰色	重壤土	块状	5.7	38.4	1.75	0.36	20.5			15.2			
剖7	人为土	水稻土	潜育水稻土	紫泥田	黄泥底石灰紫泥田	P	0—11	暗黄棕色	轻壤土	柱状	8.0	27.8	1.79	0.77	16.4	11.0	30	17.3	紫砂岩、页岩坡积物、残积物	E 118°29′51.8″ N 30°09′06.9″	75
						P	11—23	暗黄棕色	重壤土	柱状	8.1	22.2	1.49	0.58	11.6	8.0	28	13.7			
						W	23—40	棕黄色	中壤土	棱柱状	8.1	5.2	0.44	0.54	17.2	2.0	26	9.4			
						C	40—110	黄棕色	重壤土	块状	8.1	4.2	0.38	0.42	22.6			7.6			
剖8	人为土	水稻土	潜育水稻土	青紫泥田	青紫泥田	A	0—12	灰棕色	重壤土	块状	7.5	37.5	2.26	0.69	14.4	9.0	65	19.3	紫砂岩、砂砾岩坡积物、洪积物	E 118°27′04.8″ N 30°06′54.8″	75
						Pg	12—19	灰棕色	重壤土	块状	7.8	21.5	1.76	0.60	17.1	4.0	54	17.5			
						Wg	19—24	黄棕色	重壤土	棱柱状	8.1	8.2	0.55	0.53	15.1	≤1.0	26	11.1			
						G₁	24—61	暗黄棕色	中壤土	柱状	8.3	7.3	0.48	0.41	14.3	5.0	31	12.4			
						G₂	61—110	黄棕色	重壤土	块状	6.6	3.0	0.22	0.80	13.4			7.0			
剖9	人为土	水稻土	潜育水稻土	黄泥田	黄泥田	A	0—13	灰黄色	中壤土	块状	5.3	26.4	1.53	0.43	18.0	5.0	117	16.3	第四纪红色黏土	E 118°40′16.1″ N 30°18′32.3″	95
						P	13—22	灰黄色	重壤土	块状	6.1	19.5	1.30	0.38	18.6	9.0	73	17.3			
						W	22—58	黄棕色	重壤土	棱柱状	7.6	9.3	0.68	0.29	18.6	11.0	65	14.1			
						C	58—100	灰黄色	中壤土	块状	8.1										
剖10	人为土	水稻土	潜育水稻土	麻砂泥田	麻砂泥田	A	0—13	暗黄棕色	中壤土	块状	4.8	14.0	0.86	0.20	32.2	≤1.0	46	10.7	花岗岩、闪长岩坡积物、残积物	E 118°38′16.3″ N 30°15′29.5″	75
						P	13—20	淡黄棕色	轻壤土	块状	5.4	10.5	0.64	0.17	31.6	3.0	22	9.7			
						W	20—90	灰黄色	轻壤土	散粒状	5.6	8.4	0.50	0.16	34.8	4.0	26	10.0			
						C	90—100	灰黄色	中壤土	块状	5.5	4.4	0.30	0.18	33.0			10.3			
剖11	铁铝土	红壤	黄红壤	扁石黄红壤	砾石中层扁石黄红壤	A	0—7	暗红棕色	中壤土	团粒状	6.2	61.0	3.72	0.69	22.7	≤1.0	112	17.8	花岗岩、闪长岩坡积物、残积物	E 118°39′08.4″ N 30°15′47.8″	95
						Bv	7—35	暗红棕色	中壤土	块状	6.6	29.2	2.35	0.52	25.2	4.0	90	12.4			
						C	35—50	红棕色	中壤土	块状	5.9	25.1	1.64	0.75	18.8	2.0	68	18.1			
剖12	人为土	水稻土	潜育水稻土	紫泥田	紫泥田	A	0—15	紫色	重壤土	粒状	6.7	18.3	1.35	0.80	18.9	21.0	63	17.9	紫色砂岩、页岩坡积物、残积物	E 118°36′27.4″ N 30°13′47.3″	95
						P	15—23	紫棕色	轻黏土	块状	7.8	6.9	0.58	0.96	18.8	18.0	74	12.8			
						W	23—71	暗棕红色	重壤土	棱柱状	7.4	5.0	3.60	0.67	18.1			10.1			
						C	71—115	黄棕色	中壤土	块状											

续表 Continued

剖面号 Soil profile	土纲 Soil order	土类 Soil great group	亚类 Soil subgroup	土属 Soil genus	土种 Soil species	土层码 Layer code	土层厚度 Depth/cm	颜色 color	质地 Soil texture	土壤结构 Soil structure	pH	有机质 OM/(g/kg)	全氮 TN/(g/kg)	全磷 TP/(g/kg)	全钾 TK/(g/kg)	有效磷 AP/(mg/kg)	速效钾 AK/(mg/kg)	阳离子交换量CEC/(cmol/kg)	土壤母质 Parent material	剖面点坐标 Profile coordinate	匹配指数 Matching index/%
剖13	人为土	水稻土	潴育水稻土	砂泥田	上位砂心砂泥田	A	0—18	暗灰黄色	中壤土	块状	5.6	32.7	1.76	0.61	33.0	4.0	51	13.1	河流冲积物	E 118° 30′ 01.0″ N 30° 10′ 59.4″	75
						P	18—29	暗黄棕灰色	中壤土	块状	7.0	8.3	0.65	0.56	29.4	7.0	34	11.5			
						S	29—46	淡棕灰色	砂壤土	无结构	6.9	5.0	0.30	0.44	34.3	4.0	25	5.4			
						W	46—70	暗灰黄色	轻壤土	棱柱状	6.5	9.9	0.60	0.48	34.5			5.7			
						C	70—130	黄黄棕色	重壤土	块状	7.2	14.7	0.83	0.79	27.2			11.7			
剖14	人为土	水稻土	淹育水稻土	浅麻砂黄泥田	石板麻砂黄泥田	A	0—13	灰灰棕色	重壤土	粒状	8.0	33.8	1.94	0.52	16.4	6.0	81	13.9	花岗岩、花岗闪长岩坡积物、残积物	E 118° 31′ 07.6″ N 30° 11′ 07.4″	95
						P	13—22	暗黄棕色	重壤土	块状	8.1	32.9	1.74	0.52	16.7	4.0	65	14.7			
						C	22—45	灰黄棕色	轻黏土	块状	8.1	6.1	0.44	0.29	19.2			12.8			
剖15	人为土	水稻土	潴育水稻土	麻砂泥田	石灰麻砂泥田	A	0—14	淡红棕色	重壤土	粒状	7.9	45.8	2.52	0.76	25.6	20.0	89	22.1	花岗岩、闪长岩坡积物、残积物	E 118° 33′ 19.3″ N 30° 11′ 09.8″	75
						P	14—22	暗黄棕色	中壤土	块状	7.5	38.1	2.20	0.71	22.2	13.0	58	21.0			
						W	22—49	灰黄棕色	中壤土	棱柱状	7.9	9.2	0.45	0.37	26.2	4.0	45	16.4			
						C	49—123	淡黄棕色	中壤土	块状	6.7	4.7	0.44	0.18	29.9			15.1			
剖16	铁铝土	红壤	黄红壤	扁石黄红土	扁石黄红土	A	0—9	暗黄棕色	中壤土	核状	6.5	32.9	2.30	0.84	20.9	3.0	59	14.5	石灰岩、泥质灰岩坡积物、残积物	E 118° 42′ 11.3″ N 30° 13′ 41.9″	75
						Bv	9—20	暗黄棕色	中壤土	小块状	6.5	26.2	1.99	0.70	20.2	4.0	51	11.6			
						C	20—41	黄黄棕色	中壤土	小块状	6.7	18.0	1.52	0.75	19.9	2.0	28	11.6			
剖17	初育土	石灰(岩)土	棕色石灰土	棕色石灰土	中层扁石石灰土	A	0—14	棕色	重壤土	碎块状	6.5	54.7	3.04	0.58	25.5	2.0	88	24.4	石灰岩、泥质灰岩坡积物、残积物	E 118° 43′ 10.5″ N 30° 13′ 27.4″	74
						Bv	10—25	暗黄棕色	轻黏土	小块状	7.0	22.0	1.71	0.56	28.3	≤1.0	50	19.5			
						C	25—50	暗黄棕色	轻黏土	块状	7.6	11.0	1.04	0.57	28.6	≤1.0	45	17.6			
剖18	人为土	水稻土	潴育水稻土	砂泥田	石灰砂泥田	A	0—14	灰黄棕色	中壤土	核状	7.9	42.7	2.51	0.78	25.2	11.0	117	21.7	河流冲积物	E 118° 43′ 53.0″ N 30° 14′ 35.0″	75
						P	14—21	暗黄棕色	中壤土	块状	8.0	34.9	2.13	0.75	24.5	7.0	127	21.6			
						W	21—46	暗黄黄色	重壤土	棱柱状	8.3	10.3	0.68	0.49	19.8	≤1.0	78	19.0			
						C	46—100	暗黄棕色	重壤土	块状	8.4	7.7	0.56	0.57	26.0			11.8			
剖19	铁铝土	红壤	红壤性	麻骨土	园地麻骨土	A	0—19	暗黄棕色	砂壤土	小块状	6.9	10.4	0.60	0.48	36.5	22.0	53	6.6	酸性结晶岩类坡积物、残积物	E 118° 44′ 31.1″ N 30° 14′ 16.6″	75
						Bv	19—58		砂壤土	小块状	7.7	3.4	0.17	0.50	34.9	17.0	46	6.2			
						C	58—65		中壤土	粒状											
剖20	人为土	水稻土	潴育水稻土	砂泥田	上位砂底砂泥田	A	0—11	暗黄棕色	中壤土	小块状	5.5	25.7	1.19	0.52	26.5			15.3	河流冲积物	E 118° 42′ 46.2″ N 30° 11′ 22.6″	75
						Pg	11—19	棕色	中壤土	棱柱状	6.1	17.3	0.85	0.51	25.6			14.6			
						W	19—33	棕色	中壤土	块柱状	7.4	6.9	0.61	0.47	25.1			14.0			
						S	33—70	灰黄棕色	砂壤土	无结构	7.5	4.0	0.28	0.63	25.8			8.3			
剖21	人为土	水稻土	淹育水稻土	砂泥田	下位砂底砂泥田	A	0—12	灰黄棕色	中壤土	块状	4.4	30.1	1.69	0.62	31.1	18.0	46	12.2	河流冲积物	E 118° 43′ 48.6″ N 30° 10′ 25.2″	75
						P	12—20	暗灰黄色	中壤土	块状	5.1	24.5	1.40	0.53	27.8	17.0	33	11.5			
						W	20—60	淡黄棕色	重壤土	棱柱状	7.0	11.8	0.71	0.45	19.8	8.0	38	10.7			
						S	60—90	棕黄棕色	紧砂土	无结构	7.8	3.6	0.27	0.37	29.8			3.7			
剖22	铁铝土	红壤	红壤性	红壤性麻石土	薄层石底石灰扁黄泥田	A	0—12	暗黄棕色	紫砂土	小块状	6.9	41.2	1.65	0.65	9.4	7.0	100	12.5	泥质岩类风化物	E 118° 42′ 46.2″ N 30° 11′ 22.6″	75
						Bvc	12—20	紫棕色	重壤土	粒状	5.1	18.9	0.84	0.59	9.8	10.0	98	10.7			
剖23	人为土	水稻土	淹育水稻土	浅黄石泥田	上位石底石灰扁石黄泥田	A	0—10	暗黄棕色	重壤土	块状	7.9	38.8	2.74	0.60	17.3	10.0	98	14.7	河流冲积物	E 118° 37′ 47.8″ N 30° 12′ 03.3″	75
						P	10—19	灰黄棕色	重壤土	块状	7.2	40.7	2.84	0.64	17.4	4.0	89	14.5			
						Bvc	19—25	棕黄色	重壤土	散粒状	8.0	19.3	1.65	0.46	18.3			9.9			
						C	25—107	棕色	轻壤土	粒状	7.6	17.3	1.08	0.74	15.5			7.5			
剖24	铁铝土	红壤	红壤性	红壤性麻石土	中层粗骨扁石土	A	0—7	灰黄棕色	重壤土	碎块状	5.3	34.6	1.28	0.15	33.6	≤1.0	97	11.4	酸性结晶岩类坡积物、残积物	E 118° 38′ 16.1″ N 30° 11′ 04.5″	75
						Bvc	7—27	暗棕色	中壤土	块状	5.2	19.0	0.60	0.16	32.4	2.0	169	6.4			
						C	27—66	暗棕色	重壤土	小块状											
剖25	铁铝土	红壤	红壤性	红壤性麻石土	粗骨扁石土	A	0—5	淡黄棕色	中壤土	碎块状	5.1	43.3	1.82	0.36	15.6	4.0	98	11.7	酸性结晶岩类坡积物、残积物	E 118° 40′ 07.1″ N 30° 11′ 15.4″	95
						C	5—47	黄黄棕色	重壤土	小块状	4.9	22.7	1.08	0.40	15.4	9.0	43	11.2			

续表 Continued

剖面号 Soil profile	土纲 Soil order	土类 Soil great group	亚类 Soil subgroup	土属 Soil genus	土种 Soil species	土层码 Layer code	土层厚度 Depth/cm	颜色 Soil color	质地 Soil texture	土壤结构 Soil structure	pH	有机质 OM/(g/kg)	全氮 TN/(g/kg)	全磷 TP/(g/kg)	全钾 TK/(g/kg)	有效磷 AP/(mg/kg)	速效钾 AK/(mg/kg)	阳离子交换量CEC/(cmol/kg)	土壤母质 Parent material	剖面点坐标 Profile coordinate	匹配指数 Matching index/%
剖26	人为土	水稻土	潜育水稻土	扁石泥田	石砾底扁石泥田	A	0—14	紫灰色	中壤土	碎块状	6.5	35.4	2.18	0.61	18.5	23.0	65	26.9	泥质岩类风化坡积物、洪积物	E 118°40′34.9″ N 30°10′13.4″	75
						P	14—28	灰棕色	重壤土	块状	6.4	23.3	1.60	0.69	19.8	29.0	60	16.5			
						W	28—53	紫棕色	中壤土	棱柱状	7.7	7.8	0.68	0.43	19.0	5.0	55	15.0			
						C	53—100	紫棕色	轻壤土	散粒状	7.4	5.8	0.60	0.45	22.5		54	9.9			
剖27	人为土	水稻土	潜育水稻土	陷泥田	麻砂陷泥田	Ag	0—16	灰黄棕色	轻壤土	糊泥状	6.2	20.4	1.18	0.36	28.4	2.0	33	12.1		E 118°42′36.2″ N 30°09′04.0″	75
						G	16—90	暗黄灰色	轻壤土	块状	7.3	16.3	0.84	0.41	28.7	4.0		10.2			
剖28	铁铝土	红壤	红黏性土	红壤性麻石土	砂化土	AC	0—18	灰黄棕色	砂壤土		5.0									E 118°41′28.1″ N 30°06′28.6″	95
						C	18—28	橙色	砂壤土		5.0										
剖29	人为土	水稻土	潜育水稻土	扁石泥田	扁石泥田	A	0—13	褐色	重壤土	粒状		30.2	2.19	0.53	21.0	4.0	53	19.7	泥质岩类风化坡积物、洪积物	E 118°34′57.3″ N 30°03′12.1″	95
						P	13—25	灰白色	重壤土	块状		23.5	1.78	0.49	19.5	2.0	40	20.0			
						W	25—60	黄灰棕色	轻黏土	棱柱状		7.9	0.70	0.34	21.0	2.0		11.1			
						C	60—110	灰棕色	重壤土	块状											
剖30	初育土	紫色土	石灰性紫色土	石灰性猪血泥	中层石灰性猪血泥	A	0—12	暗棕红色	中壤土	小块状	8.4	8.1	0.54	0.62	20.6	≤1.0	74	15.9	紫色砂页岩坡积物、残积物	E 118°36′14.2″ N 30°04′09.5″	75
						Bv	12—30	暗棕红色	中壤土	块状	8.3	10.0	0.69	0.60	19.7	≤1.0	72	16.1			
						C	30—40	棕红色	中壤土	块状	8.2	5.2	0.51	0.51	18.1			15.0			
剖31	初育土	紫色土	石灰性紫色土	灰紫泥血	缺树坞猪血泥	A	0—14	暗红棕色	黏壤土	小块状	7.5	14.8	0.90	0.50	17.3	4.0	90	21.4	紫色砂页岩坡积物、残积物	E 118°34′57.7″ N 30°02′27.9″	75
						C₁	14—36	浊红棕色	黏壤土	块状	7.6	12.7	0.80	0.50	21.4	3.0	65	17.0			
						C₂	36—	浊红棕色	黏壤土		7.6	7.4	0.60	0.50	17.9			15.5			
剖32	人为土	水稻土	潜育水稻土	青扁泥田	石灰青扁泥田	A	0—16	淡灰色	中黏土	块状	7.3	23.3	1.66	0.44	23.6	6.0	68	17.8	泥质岩类坡积物、洪积物	E 118°45′30.4″ N 30°16′35.3″	95
						P	16—30	淡灰色	轻黏土	块状	7.6	14.7	1.20	0.42	24.7	2.0	40	16.9			
						G	30—62	灰黄色	重壤土	块状	8.4	7.6	0.70	0.36	24.4		85	13.4			
剖33	人为土	水稻土	潜育水稻土	黄泥田	石灰黄泥田	A	0—13	暗黄棕色	中壤土	小块状	8.1	34.5	2.20	0.54	17.2	9.0		20.0	第四纪红色黏土	E 118°48′16.1″ N 30°12′39.9″	75
						P	13—18	灰黄棕色	轻壤土	块状	8.0	24.8	1.62	0.47	18.0	5.0	47	19.1			
						W	18—45	暗黄棕色	重壤土	棱柱状	8.0	6.2	0.44	0.24	17.6	≤1.0	35	14.0			
						C	45—73	淡灰棕色	中壤土	棱柱状	7.8	8.3	0.54	0.23	19.0			18.2			
剖34	人为土	水稻土	潜育水稻土	黄泥田	上位黄底黄泥田	A	0—11	暗棕色	中壤土	块状	5.5	29.1	1.76	0.36	19.0	7.0	77	14.4	第四纪红色黏土	E 118°49′47.5″ N 30°14′11.6″	75
						P	11—17	灰黄棕色	重壤土	棱柱状	6.4	11.1	0.66	0.34	17.8	2.0	32	14.8			
						W	17—30	暗黄棕色	重壤土	棱柱状	6.8	8.2	0.49	0.28	19.2	3.0	28	10.6			
						C	30—90	淡灰黄色	中壤土	块状	6.5	4.9	0.30	0.34	16.3			8.9			
剖35	淋溶土	黄棕壤	山地黄棕壤	扁石黄棕壤	中有机质中层暗黄棕壤	A	0—9	黑棕色	重壤土	核状	4.6	80.6	3.95	0.52	16.9	5.0	224	24.5	泥质岩类坡积物、残积物	E 118°51′12.0″ N 30°12′25.3″	75
						Bvb	9—32	暗棕色	重壤土	小块状	4.7	56.8	2.71	0.48	21.0	16.0	63	19.7			
						Bv	32—56	灰黄色	轻黏土	小块状	5.6	19.1	1.12	0.31	17.5	≤1.0		17.6			
						C	56—65	淡黄色	中壤土	粒状	5.8	69.6	2.30	0.40	30.7			11.8			
剖36	铁铝土	黄壤	黄壤性土	麻砾山黄泥土	砾质暗黄砂土	A	0—5	暗棕色	砂壤土	碎块状	5.3	24.1	0.90	0.20	26.7	≤1.0		10.3	花岗岩风化残积物、坡积物	E 118°51′15.6″ N 30°11′23.2″	96
						Bv	5—13	亮棕色	砂壤土	碎块状	5.4	17.6	0.80	0.30	28.8	≤1.0		9.6			
						C	13—30	暗棕色	中壤土	小块状	6.9	12.3	0.84	0.23	31.3	≤1.0	113	10.8			
剖37	铁铝土	黄壤	黄壤	麻石黄土	园地麻石黄砂土	A	0—10	淡棕色	重壤土	块状	6.5	11.4	0.73	0.23	23.6	≤1.0	113	10.1		E 118°47′49.3″ N 30°10′10.7″	75
						ABv	10—20	淡棕色	重壤土	块状	6.3	7.9	0.54	0.22	28.2			9.3			
						Bv	20—63	暗棕色	重壤土	块状	5.8	3.6	0.28	0.15	19.2			8.1			
						C	63—100														

旌 德 县

主要土类说明

粗骨土是旌德县主要土壤类型，占本县地域面积的35%，分布在河谷阶地、丘陵、低山和中山等多种地貌单元和地形部位。粗骨土属于A-C型，甚至（A）-C型土壤。A层发育不明显，与母质土层性状相似，略显有机质累积。母质层富含砾石，甚少出现剖面分异与发育特征。

水稻土是旌德县第二大土壤类型，占本县地域面积的31%，广泛分布于盆、冲、塝上，以山间盆地最为集中。水稻土是一种人为土，是自然土壤在水耕熟化和周期性灌排条件下，由于氧化还原、干湿和胀缩交替，在土壤中出现铁锰迁移、有机质的合成和分解、黏粒的累积和淋失、盐基淋溶和复盐基等一系列错综复杂的成土过程，形成了特有的剖面特征和理化性状，如灰色耕作层、紧实的犁底层、明显淋溶的渗育层、铁锰淀积较多的斑淀层以及青灰色的潜育层等基本发生层次。

红壤是旌德县第三大土壤类型，占本县地域面积的28%。其成土母质以花岗闪长岩、砂岩、粉砂岩和页岩为主，其次为硅质岩和第四纪红色黏土等。红壤是在中亚热带气候条件下形成的土壤，具有脱硅富铝化特征。本县红壤除盆缘高阶地和坡麓有少量厚土层分布外，多为薄土层。由于成陆早，侵蚀严重，切割较深，山体较挺拔，坡度大（多在25°—45°），植被破坏较严重，土体中常夹石砾、粗颗粒较多，土层厚度多在40cm以下，土壤向酸、瘦、薄方向发展。土壤剖面层次一般较明显，多为A-AB-B-BC-C或A-（B）-C构型，少数为A-C型。表土层以暗灰色、灰色或黑棕色为主，淀积层以黄橙色、棕色或黄棕色为主，质地为中壤，呈碎块状或块状结构，pH为4.6—5.5，盐基饱和度小于30%，多数在10%—20%，脱硅富铝化作用较弱。

石灰（岩）土占旌德县地域面积的4%，主要分布在俞村、白地、版书、庙首等地。石灰（岩）土是隐域性土壤，受母岩影响强烈。在石灰岩风化过程中，含有碳酸钙的地表水源源不断地进入土体，延缓了盐基成分的淋失和脱硅富铝化作用的进行，土壤处于幼年阶段。土层偏浅，以薄层居多，不少地方母岩裸露，土壤的酸碱度随钙离子的变迁而异，当钙离子淋失量大于补充量时，土壤呈酸性或中性；反之，土壤呈中性或微碱性。

小于本县地域面积3%的土壤类型还有黄壤、黄棕壤和潮土。

本区域中心区气候特征

本区域中心区气候特征值
Regional climate characteristics in central area of the region

气候带：北亚热带湿润气候 Climate region: North subtropical humid climate	
年平均气温 /℃ Annual average temperature /℃	16.7
年平均最高气温 /℃ Annual average maximum temperature /℃	21.1
年平均最低气温 /℃ Annual average minimum temperature /℃	13.2
年降水量 /mm Annual precipitation /mm	1488
≥10℃的积温 /℃ Daily temperature accumulated in a year（≥10℃）/℃	6818
年日照时数 /h Annual sunshine /h	1824
年平均相对湿度 /% Annual average relative humidity /%	77
干燥度 Dryness	0.68

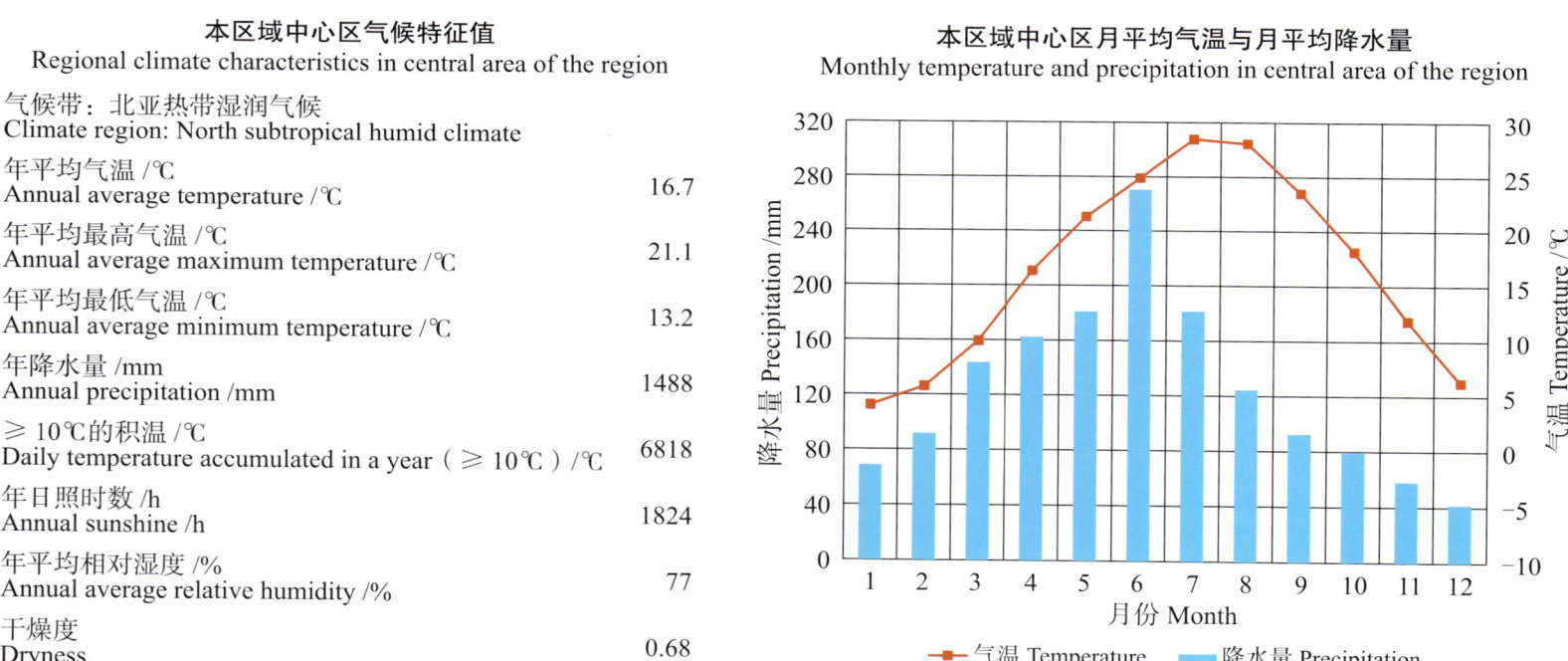

本区域中心区月平均气温与月平均降水量
Monthly temperature and precipitation in central area of the region

旌德县主要土壤类型与土壤剖面点分布图
1∶190 000

图例：粗骨土　水稻土　红壤　石灰（岩）土　黄壤　黄棕壤　潮土　⊗ 剖面点

注：本图界线沿用土壤普查时点的行政界线。

旌德县土壤剖面理化性状表

剖面号 Soil profile	土纲 Soil order	土类 Soil great group	亚类 Soil subgroup	土属 Soil genus	土种 Soil species	土层码 Layer code	土层厚度 Depth/cm	颜色 Soil color	质地 Soil texture	土壤结构 Soil structure	pH	有机质 OM/(g/kg)	全氮 TN/(g/kg)	全磷 TP/(g/kg)	全钾 TK/(g/kg)	有效磷 AP/(mg/kg)	速效钾 AK/(mg/kg)	阳离子交换量CEC/(cmol/kg)	土壤母质 Parent material	剖面点坐标 Profile coordinate	匹配指数 Matching index/%
剖1	人为土	水稻土	潴育水稻土	麻砂泥田	黄泥底麻砂泥骨田	A	0—15	灰黄色	中壤土	小块状	5.0								花岗闪长岩	E 118° 20′ 39.3″ N 30° 22′ 01.0″	95
						P	15—22	灰黄色	重壤土	梭块状	5.1										
						W	22—38	暗黄色	重壤土	块状	6.7										
						Bv	38—49	暗棕色	重壤土	大块状	6.7										
						C	49—100	淡棕黄色	中壤土	大块状	6.8										
剖2	人为土	水稻土	潴育水稻土	麻砂泥田	乌麻砂泥田	A	0—17	暗灰色	中壤土	团块状	4.3								花岗闪长岩	E 118° 20′ 20.6″ N 30° 20′ 24.3″	75
						P	17—23	暗灰色	中壤土	小块状	4.8										
						Bv₁	23—53	淡灰色	中壤土	大块状	6.2										
						Bv₂	53—112	灰黄色	中壤土	大块状	6.2										
剖3	铁铝土	红壤	黄红壤	扁石黄红土	硅质扁石黄红壤	A	0—8	黑黄色	中壤土	小块状	4.7								泥质岩类坡积物、残积物	E 118° 20′ 57.1″ N 30° 20′ 17.5″	75
						ABv	8—15	暗黄棕色	中壤土	小块状	4.7										
						Bv	15—58	暗黄色	中壤土	小块状	4.8										
剖4	人为土	水稻土	淹育水稻土	浅扁石黄泥田	麻砂黄泥田	A	0—12	灰黄色	轻壤土	小块状	4.5								砂岩、页岩和粉砂岩	E 118° 22′ 05.6″ N 30° 21′ 18.8″	95
						P	12—19	灰黄色	轻壤土	大块状	5.1										
						C₁	19—45	黄白褐相间			6.0										
						C₂	45—70														
						C₃	70—130														
剖5	铁铝土	红壤	黄红壤	扁石黄红土	砾质扁石黄红壤	A	0—12	灰棕色	中壤土	小块状	5.3								泥质岩类坡积物、残积物	E 118° 22′ 47.3″ N 30° 23′ 22.7″	75
						ABv	12—22	棕色	中壤土	块状	5.0										
						Bv	22—31	淡棕色	中壤土	梭块状	5.0										
剖6	半水成土	潮土	灰潮土	砂土	白砂土	A	0—19	棕黄色	紧砂土	碎块状	5.6								近代河流沉积物	E 118° 23′ 50.2″ N 30° 24′ 01.8″	75
						So₁	19—47	淡黄色	松砂土	碎块状	5.8										
						Bv	47—72	暗黄棕色	砂壤土	碎块状	5.9										
						So₂	72—103	淡浓黄色	中壤土		5.9										
剖7	人为土	水稻土	渗麻水稻土	渗麻砂泥田	南首砂泥田	Aa	0—15	灰黄色	黏壤土	小块状	5.0	21.0	1.20	0.30	27.7			6.5	泥质岩坡积物、洪积物	E 118° 26′ 11.9″ N 30° 23′ 07.9″	95
						Ap	15—29	黄黄棕色	砂质黏壤土	块状	5.5	15.4	1.00	0.30	28.1			5.0			
						P	29—49	棕黄棕色	砂质黏壤土	梭块状	6.6	8.3	0.50	0.30	23.0			6.8			
						C	49—100	黄棕色	黏壤土	碎块状	6.5	5.7	0.40	0.20	25.1			10.6			
剖8	铁铝土	红壤	黄红壤	扁石黄红壤	砾质厚层扁石黄红壤	A	0—10	黑棕色	中壤土	碎块状	4.8								泥质岩类坡积物、残积物	E 118° 27′ 09.2″ N 30° 21′ 42.7″	75
						ABv	10—20	暗黄棕色	中壤土	团块状	4.5										
						Bv₁	20—41	棕色	中壤土	小块状	4.4										
						Bv₂	41—70	淡棕色	中壤土	小块状	4.8										
						Bvc	70—115	淡棕黄色	中壤土	块状	4.7										
剖9	人为土	水稻土	潴育水稻土	麻砂泥田	麻砂泥骨田	A	0—14	暗灰黄色	重壤土	团块状	4.8								花岗闪长岩	E 118° 27′ 25.3″ N 30° 20′ 02.6″	75
						P	14—20	暗黄色	重壤土	大块状	5.7										
						W	20—50	灰黄色	重壤土	梭块状	5.9										
						Bv₁	50—75	暗黄色	重壤土	大块状	6.4										
						Bv₂	75—130	淡棕黄色	中壤土	大块状	6.4										
剖10	人为土	水稻土	潴育水稻土	麻砂泥田	黄麻砂泥田	A	0—15	暗灰色	中壤土	团块状	4.7								花岗闪长岩	E 118° 29′ 06.3″ N 30° 20′ 57.7″	75
						P	15—22	暗灰色	中壤土	小块状	5.3										
						W	22—44	棕黄色	中壤土	梭柱状	6.2										
						Bv₁	44—80	淡棕黄色	中壤土	块状	6.4										
						Bv₂	80—150	暗黄色	中壤土	块状											

续表 Continued

剖面号 Soil profile	土纲 Soil order	土类 Soil great group	亚类 Soil subgroup	土属 Soil genus	土种 Soil species	土层码 Layer code	土层厚度 Depth/cm	颜色 Soil color	质地 Soil texture	土壤结构 Soil structure	pH	有机质 OM/(g/kg)	全氮 TN/(g/kg)	全磷 TP/(g/kg)	全钾 TK/(g/kg)	有效磷 AP/(mg/kg)	速效钾 AK/(mg/kg)	阳离子交换量CEC/(cmol/kg)	土壤母质 Parent material	剖面点坐标 Profile coordinate	匹配指数 Matching index/%
剖11	铁铝土	红壤	黄红壤	扁石黄红壤	砾质中层扁石黄红壤	A	0~8	暗黄棕色	中壤土	碎块状	4.8								泥质岩类坡积物、残积物	E 118°29′26.4″ N 30°20′19.7″	95
						ABv	8~18	黄棕色	轻壤土	小块状	4.7										
						Bv	18~55	黄棕色	中壤土	块状	4.7										
						Bvc	55~100	黄棕色	中壤土												
剖12	人为土	水稻土	潴育水稻土	麻砂泥田	下位砾底麻砂泥田	P	0~16	淡灰黄色	轻壤土	小块状	5.1								花岗闪长岩	E 118°23′02.5″ N 30°22′21.2″	95
						Bv₁	16~23	暗灰黄色	中壤土	小块状	5.2										
						Bv₂	23~35	淡棕黄色	重壤土	梭块状	6.5										
						Bv₃	35~57	暗黄棕色	重壤土	梭块状	6.6										
							57~109	灰黄色	重壤土	梭块状	5.5										
剖13	铁铝土	红壤	红壤性土	麻骨土	园地麻骨土	A	0~16	暗黄棕色	砂壤土	碎块状	5.9								花岗闪长岩、砂岩、页岩	E 118°23′37.0″ N 30°21′38.0″	95
						Bv	16~22	暗黄棕色	紧砂土	碎块状	6.1										
						C₁	22~39	淡棕黄色			6.0										
						C₂	39~95	灰灰黄色													
剖14	人为土	水稻土	潴潮水稻土	陷泥田	砂身潮砂泥田	Aa	0~14	灰灰黄色	黏壤土	块状	4.8	25.3	1.40	0.70	22.8	13.0	34	9.3	河流冲积物	E 118°24′21.4″ N 30°21′57.8″	95
						Ap	14~20	灰灰色	黏壤土	小块状	4.8	22.2	1.20	0.80	22.6	14.0	21	9.0			
						P	20~41	棕灰色	砂壤土	小块状	6.4	7.0	0.60	0.90	24.8	9.0	24	7.7			
剖15	人为土	水稻土	潴育水稻土	麻砂泥田	上位砾底麻砂泥田	A	0~15	暗黄棕色	中壤土	团块状	4.9								花岗闪长岩	E 118°23′51.4″ N 30°20′35.0″	95
						P	15~21	淡灰黄色	轻壤土	块状	5.1										
						Bv	21~47	淡棕黄色	中壤土	大块状	6.1										
						Bvo	47~100		中壤土												
剖16	人为土	水稻土	潴育水稻土	麻砂泥田	上位砂底麻砂泥田	A	0~15	灰灰黄色	中壤土	大块状	5.2								花岗闪长岩	E 118°25′33.2″ N 30°21′34.4″	75
						P	15~20	灰灰黄色	中壤土	大块状	4.9										
						C	20~98	黄棕黄色	中壤土												
剖17	人为土	水稻土	潴育水稻土	陷泥田	砂身潮砂泥田	A	0~14	灰灰黄色	中壤土	大块状	5.2								花岗闪长岩坡积物、洪积物	E 118°19′19.4″ N 30°19′21.1″	75
						Pg	14~23		重壤土	糊状	5.2										
						G₁	23~37	棕灰色	重壤土	大块状	4.7										
						G₂	37~60	暗青灰色	中壤土	小块状	5.2										
						G₃	60~148	暗青灰色	重壤土	大块状	6.1										
剖18	人为土	水稻土	潴育水稻土	黄泥田	黄泥田	A	0~14	暗青灰色	中壤土	大块状	6.1								第四纪红色黏土	E 118°21′46.2″ N 30°19′51.1″	75
						P	14~21	灰灰黄色	重壤土	大块状	6.4										
						Bv₁	21~35	暗青灰色	重壤土	团块状	5.0										
						Bv₂	35~64	暗青灰色	重黏土	小块状	5.3										
						C	64~100		中壤土	小块状	6.1										
剖19	人为土	水稻土	潴育水稻土	青砂泥田	下位砂底青砂泥田	A	0~15	暗黄棕色	重壤土	小块状	5.0								近代河流冲积物	E 118°22′18.0″ N 30°19′54.9″	75
						Pg	15~21	暗青灰色	重壤土	大块状	5.5										
						Bvg	21~50	暗青灰色	轻黏土	大块状	5.7										
						Gso	50~120	暗青灰色	轻壤土	大柱状	5.6										
剖20	铁铝土	红壤	扁石黄红壤	乌扁石黄红土		A	0~13	暗黄棕色	中壤土	小块状	6.2								泥质岩类坡积物、残积物	E 118°17′20.5″ N 30°15′06.6″	95
						Bv₁	13~25	暗黄棕色	中壤土	团块状	7.3										
						Bv₂	25~56	淡灰黄色	轻壤土	大块状	7.3										
						C	56~98	淡灰黄色	轻壤土	大块状	7.3										
剖21	人为土	水稻土	潴育水稻土	积钙田	麻砂积钙田	A	0~16	暗黄棕色	中壤土	团块状	6.2								花岗闪长岩坡积物、洪积物	E 118°25′09.4″ N 30°18′28.4″	95
						P	16~24	暗黄棕色	轻壤土	梭柱状	7.3										
						W	24~50	淡棕黄色	轻壤土	梭柱状	5.6										
						Bv	50~120	淡棕黄色	中壤土	大块状	7.3										

续表 Continued

剖面号 Soil profile	土纲 Soil order	土类 Soil great group	亚类 Soil subgroup	土属 Soil genus	土种 Soil species	土层码 Layer code	土层厚度 Depth/cm	颜色 Soil color	质地 Soil texture	土壤结构 Soil structure	pH	有机质 OM/(g/kg)	全氮 TN/(g/kg)	全磷 TP/(g/kg)	全钾 TK/(g/kg)	有效磷 AP/(mg/kg)	速效钾 AK/(mg/kg)	阳离子交换量CEC/(cmol/kg)	土壤母质 Parent material	剖面点坐标 Profile coordinate	匹配指数 Matching index/%
剖22	铁铝土	红壤	红壤性土	红壤性麻石土	薄层粗骨麻石土	A	0—9	黑棕色	紧砂土	碎块状	5.6								花岗岩残积物、坡积物	E 118°26′29.8″ N 30°18′41.3″	95
						Bv	9—19	灰黄棕色	紧砂土	碎块状	5.4										
						C	19—44	灰黄色	紧砂土		5.3										
						CD	44—	黄褐白色													
剖23	人为土	水稻土	潜育水稻土	陷泥田	陷泥田	A	0—19	浅棕色	重壤土	大块状	5.3								近代河流静水沉积物	E 118°28′39.5″ N 30°19′09.3″	75
						Pg	19—34	棕灰色	重壤土	大块状	5.6										
						G₁	34—64	暗青灰色	中壤土		7.1										
						G₂	64—127	暗青灰色	重壤土		6.1										
剖24	铁铝土	黄壤	山地黄壤	扁石黄壤	硅质扁石黄泥土	A	0—9	黑色	轻壤土	碎块状	4.4								千枚岩残积物、坡积物	E 118°28′34.3″ N 30°15′43.8″	75
						ABv	9—26	黑棕色	砂壤土	碎块状	4.6										
						Bv	26—45	棕色	轻壤土	小块状	5.1										
						C	45—				5.0										
剖25	人为土	水稻土	潜育水稻土	石灰泥田	上位砾底石灰泥田	A	0—16	黑色	中壤土	团块状	5.8								条带灰岩坡积物、洪积物	E 118°29′35.4″ N 30°16′52.3″	95
						P	16—23	暗灰色	重壤土	块状	6.4										
						So	23—75	暗黑色		无结构	7.2										
剖26	人为土	水稻土	潜育水稻土	青麻砂泥田	青砂泥田	Aa	0—20	浊黄橙色	砂质黏壤土	小块状	5.5	27.0	1.50	0.40	21.0			13.2	花岗岩坡积物、洪积物	E 118°24′17.3″ N 30°15′31.5″	95
						Ap	20—29	棕色	砂质黏壤土	块状	6.0	19.1	1.00	0.50	22.6			12.7			
						G₁	29—54	浊黄棕色	砂质壤土	块状	6.2	17.9	1.10	0.60	21.4			16.3			
						G₂	54—100	棕色	黏壤土	块状	5.4	13.0	1.00	0.40	20.4			13.2			
剖27	人为土	水稻土	潜育水稻土	砂泥田	上位砾底砂泥田	A	0—11	黑色	中壤土	团块状	6.8								河流冲积物	E 118°25′29.0″ N 30°17′03.3″	75
						O	11—18	黑色	中壤土	块状	7.0										
						So	18—80		松砂土												
剖28	人为土	水稻土	潜育水稻土	石灰泥田	下位砾底石灰泥田	A	0—16	黑色	中壤土	团块状	5.5								条带灰岩坡积物、洪积物	E 118°22′08.7″ N 30°11′33.9″	95
						P	16—21	暗灰色	中壤土	大块状	5.8										
						W	21—35	暗灰色	中壤土	棱块状	6.0										
						Bv	35—53	暗灰色	中壤土	大块状	6.0										
						O	53—100			无结构	6.0										
剖29	铁铝土	红壤	黄红壤	硅质黄红壤	硅质黄红壤	A	0—20	暗灰色	中壤土	团块状	5.0								近代河流冲积物	E 118°22′27.0″ N 30°10′31.0″	75
						Pg	20—24	暗灰色	中壤土	小块状	5.1										
						G	24—39	暗灰色	中壤土	粒状	5.2										
						Gso	39—100														
剖30	铁铝土	红壤	黄红壤	硅质黄红壤	硅质黄红壤	A(ABv)	0—7	灰棕色	轻壤土	小块状	4.8								石英岩坡积物、残积物	E 118°23′09.5″ N 30°14′41.8″	95
						Bv₁	7—32	灰红色	砂壤土	块状	4.5										
						Bv₂	32—93	红色	轻壤土	块状	4.7										
剖31	人为土	水稻土	潜育水稻土	青砂泥田	青砂泥田	A	0—19	棕灰色	轻壤土	小块状	5.2								近代河流冲积物	E 118°22′38.4″ N 30°13′36.4″	95
						Pg	19—28	灰黄棕色	轻壤土	小块状	5.4										
						G	28—112	暗灰色	砂壤土		5.0										
剖32	人为土	水稻土	潜育水稻土	砂泥田	上位砂砾底青砂泥田	A	0—16	灰黄色	中壤土	小团块状	4.7								河流冲积物	E 118°22′37.5″ N 30°12′23.5″	95
						P	16—22	灰灰色	中壤土	小块状	4.8										
						W	22—33	淡灰色	中壤土	小块状	5.6										
						So	33—150		轻壤土												
剖33	人为土	水稻土	潜育水稻土	石灰泥田	扁石石灰泥田	A	0—16	黑色	中壤土	团块状	7.9								条带灰岩坡积物、洪积物	E 118°23′32.8″ N 30°10′53.9″	95
						P	16—25	暗灰色	中壤土	大块状	8.1										
						W	25—48	暗灰色	中壤土	棱柱状	8.2										
						C	48—110	暗灰色	中壤土	棱块状	8.0										

续表 Continued

剖面号 Soil profile	土纲 Soil order	土类 Soil great group	亚类 Soil subgroup	土属 Soil genus	土种 Soil species	土层码 Layer code	土层厚度 Depth/cm	颜色 Soil color	质地 Soil texture	土壤结构 Soil structure	pH	有机质 OM/(g/kg)	全氮 TN/(g/kg)	全磷 TP/(g/kg)	全钾 TK/(g/kg)	有效磷 AP/(mg/kg)	速效钾 AK/(mg/kg)	阳离子交换量CEC/(cmol/kg)	土壤母质 Parent material	剖面点坐标 Profile coordinate	匹配指数 Matching index/%
剖34	铁铝土	红壤	红壤性土	麻骨土	中层园地麻骨土	A	0—14	灰黄棕色	轻壤土	碎块状	6.3								花岗闪长岩、砂岩、页岩	E 118°21′56.3″ N 30°09′10.0″	95
						P	14—18	棕色	轻壤土	小块状	5.6										
						Bv	18—55	棕色	中壤土	小块状	6.0										
						C	55—163		砂粒												
剖35	人为土	水稻土	潜育水稻土	砂泥田	石灰砂泥田	A	0—17	黑色	中壤土	小块状	7.9								河流冲积物	E 118°37′14.2″ N 30°25′51.8″	75
						P	17—23	黑色	中壤土	块状	8.2										
						W	23—38	浅灰棕色	重壤土	棱块状	8.3										
						Bv	38—98	暗灰色	中壤土	棱柱状	7.6										
						So	98—125		松砂土												
剖36	人为土	水稻土	潜育水稻土	麻砂泥田	砂泥田	Aa	0—21	棕灰色	黏壤土	团块状	5.1	30.1	1.60	0.80	19.6	10.0	39	17.2	花岗闪长岩坡积物、洪积物	E 118°30′45.6″ N 30°22′42.4″	95
						Ap	21—30	灰黄棕色	砂质黏壤土	块状	6.0	15.4	0.90	0.90	20.9	8.0	30	16.9			
						P	30—49	棕灰色	黏壤土	棱块状	6.7	8.0	0.60	0.90	21.8	9.0	32	16.4			
						W	49—116	灰黄棕色	轻壤土	棱块状	6.8	5.1						17.7			
剖37	人为土	水稻土	潜育水稻土	青麻砂泥田	青麻砂泥田	A	0—16	棕灰色	轻壤土	大块状	5.2								花岗岩坡积物、洪积物	E 118°31′22.2″ N 30°22′41.8″	95
						P	16—22	灰黄棕色	中壤土	大块状	5.4										
						Bv	22—33	暗黄棕色	重壤土	大块状	6.2										
						G₁	33—65	暗灰色	轻壤土	无结构	4.8										
						G₂	65—145	暗青灰色	轻壤土	无结构	4.8										
剖38	人为土	水稻土	潜育水稻土	麻砂泥田	青泥心砂泥田	A	0—13	暗灰色	中壤土	小块状	5.6								花岗岩	E 118°37′15.5″ N 30°20′28.8″	95
						Pg	13—24	暗青灰色	中壤土	大块状	6.7										
						Bv	24—76			大块状											
						Bvg	76—127			大块状											
剖39	人为土	水稻土	潜育水稻土	砂泥田	黄泥心砂泥田	A	0—19	暗灰色	重壤土	团块状	5.3								河流冲积物	E 118°31′05.9″ N 30°21′39.8″	75
						Pg	19—24	淡灰色	轻壤土	大块状	5.7										
						W	24—45	淡灰色	重黏土	大块状	5.6										
						Bvg	45—69	灰黄色	中壤土	棱块状	6.3										
						Bv	69—112	灰黄色	中壤土	块状	4.8										
剖40	人为土	水稻土	潜育水稻土	砂泥田	上位砂底砂泥田	A	0—14	暗黄棕色	中壤土	团块状	4.8								河流冲积物	E 118°30′36.1″ N 30°20′03.5″	75
						P	14—20	暗黄色	轻壤土	小块状	6.4										
						Bv	20—31	棕灰色	中壤土	小块状											
						S	31—100														
剖41	人为土	水稻土	潜育水稻土	砂泥田	下位砂砾底砂泥田	A	0—17	暗黄棕色	中壤土	小团块状	4.8								河流冲积物	E 118°31′50.1″ N 30°20′36.3″	75
						P	17—24	淡灰色	中壤土	小块状	5.9										
						Bv	24—55	淡黄棕色	重壤土	大块状	6.5										
						A	0—11.5	棕橙色	重壤土	碎块状	4.4										
剖42	铁铝土	红壤	红壤性土	红壤性石灰土	薄层粗骨砂壤土	C	11.5—27				4.5									E 118°32′45.3″ N 30°20′33.8″	95
剖43	铁铝土	红壤	红壤性	红壤性石灰土	薄层园地石土	A	0—9	暗黄棕色	重壤土	碎块状	5.1									E 118°38′45.4″ N 30°22′30.3″	75
						Bv	9—17	暗黄棕色	重壤土	碎块状	5.1										
						C₁	17—52	淡黄棕色	重壤土	碎块状	5.0										
						C₂	52—91	黄橙色	重壤土		5.0										
剖44	人为土	水稻土	淹育水稻土	浅浅砂泥田	浅砂泥田	A	0—14	油黄棕色	砂壤土	小块状	4.4	12.5	0.75	0.39	25.6			4.9	花岗岩坡积物、洪积物	E 118°30′32.2″ N 30°18′01.8″	82
						Ap	14—20	油黄棕色	砂壤土	小块状	4.6	7.6	0.38	0.43	25.7			4.0			
						C	20—80	棕色	砂壤土	单粒状	5.0	3.7	0.20	5.10	22.6			7.8			

续表 Continued

剖面号 Soil profile	土纲 Soil order	土类 Soil great group	亚类 Soil subgroup	土属 Soil genus	土种 Soil species	土层码 Layer code	土层厚度 Depth/cm	颜色 Soil color	质地 Soil texture	土壤结构 Soil structure	pH	有机质 OM/(g/kg)	全氮 TN/(g/kg)	全磷 TP/(g/kg)	全钾 TK/(g/kg)	有效磷 AP/(mg/kg)	速效钾 AK/(mg/kg)	阳离子交换量 CEC/(cmol/kg)	土壤母质 Parent material	剖面点坐标 Profile coordinate	匹配指数 Matching index/%
剖45	人为土	水稻土	潴育水稻土	砂泥田	砂泥田	A	0—18	灰黄色	中壤土	团块状	5.0								河流冲积物	E 118°35′37.3″ N 30°18′22.6″	96
						P	18—24	暗灰黄色	中壤土	小块状	5.9										
						W	24—45	淡灰黄色	中壤土	棱柱状	6.8										
						Bv	45—83	淡灰色	轻壤土	小块状	6.9										
						So	83—125														
剖46	铁铝土	红壤	红壤性土	砾红土	砾质红泥土	A	0—9	灰棕色	黏壤土	碎块状	5.1	28.7	0.20	0.30	14.5			10.5	泥质页岩残积物、坡积物	E 118°30′42.2″ N 30°14′14.1″	95
						Bv	9—27	暗棕色	黏壤土	碎块状	5.2	9.7	1.30	0.30	13.8			9.7			
						C	27—91	亮黄棕色	壤质黏土		5.3	6.8	0.70	0.30	16.8			7.7			

宁 国 市

主要土类说明

红壤是宁国市主要土壤类型，占本市地域面积的68%。本市红壤与典型红壤相比，有一定差异，其富铝化程度比典型红壤弱，pH为5.0—5.5，盐基饱和度一般都大于30%，有的达到50%，比典型红壤高，黏粒含量低，淋溶程度较典型红壤略轻，具有红壤向黄棕壤过渡的特征。黏粒部分硅铝铁率为2.15，硅铝率为2.45，比红壤带中心略高，黏土矿物中除高岭石外，尚有少量的蛭石和微量的伊利石。心土层多为黄橙色或橙色，有的为红棕色，比典型红壤颜色淡。

石灰（岩）土是宁国市第二大土壤类型，占本市地域面积的13%。石灰（岩）土是发育在石灰岩上的一种岩成土壤，成土过程主要是碳酸盐的淋溶、残留与淀积过程，此类土壤的特点是富含碳酸钙和腐殖质。本类土壤全县均有分布，地形大部是山岗坡地和山间微起伏地。东部南极等地的低山底部，成土母质为寒武系灰岩，呈青灰色或灰青色，多与页岩互层，土壤一般有石灰反应，pH为6.0—8.0，土体较薄。北部和西部港口等地的山丘，成土母质为灰岩，呈灰白色或锈红色，土壤黏性大，pH为7.0—8.5，土体厚度一般在25cm左右，为A–D、A–AB–D、A–B–C剖面构型。零星分布在低山阴坡或植被较好的岩缝隙的土体较厚，但大部分山体坡度大，侵蚀严重，切割较深，土体中还夹有粗颗粒砾石。

水稻土是宁国市第三大土壤类型，占本市地域面积的7%。水稻土是一种人为水成土壤，发育于本市各种成土母质上，是在长期季节性淹灌、水下翻耕、季节性脱水、氧化还原交替影响下，原来的成土母质或母土的特性发生重大改变，形成的新的土壤类型。由于干湿交替，形成耕作层、犁底层、渗育层、淀积层、潜育层、漂洗层、母土或母质层等多种发生层分异。

粗骨土占宁国市地域面积的5%，广泛分布在河谷阶地、丘陵、低山和中山等多种地貌单元和地形部位。粗骨土属于A–C型，A层发育不明显，与母质土层性状相似，略显有机质累积。母质层富含砾石。

黄棕壤占宁国市地域面积的3%，主要分布于中溪、河沥溪、霞西、胡乐等地的中低山的中上部。黄棕壤具有弱富铝化和黏化作用，心土层黏粒含量比表土层和母质层高，表层有机质含量多为150g/kg以上。表土层颜色为暗棕色，粒状结构，疏松多孔，多根，心土层多为棕色。土壤结构面上有胶膜，有的有锈纹、锈斑，质地偏轻，多为轻壤，pH为5.5—6.0。

小于本市地域面积3%的土壤类型还有紫色土、潮土、黄壤等。

本区域中心区气候特征

本区域中心区气候特征值
Regional climate characteristics in central area of the region

气候带：北亚热带湿润气候 Climate region: North subtropical humid climate	
年平均气温 /℃ Annual average temperature /℃	16.6
年平均最高气温 /℃ Annual average maximum temperature /℃	20.9
年平均最低气温 /℃ Annual average minimum temperature /℃	13.2
年降水量 /mm Annual precipitation /mm	1437
≥10℃的积温 /℃ Daily temperature accumulated in a year (≥10℃) /℃	6465
年日照时数 /h Annual sunshine /h	1822
年平均相对湿度 /% Annual average relative humidity /%	77
干燥度 Dryness	0.70

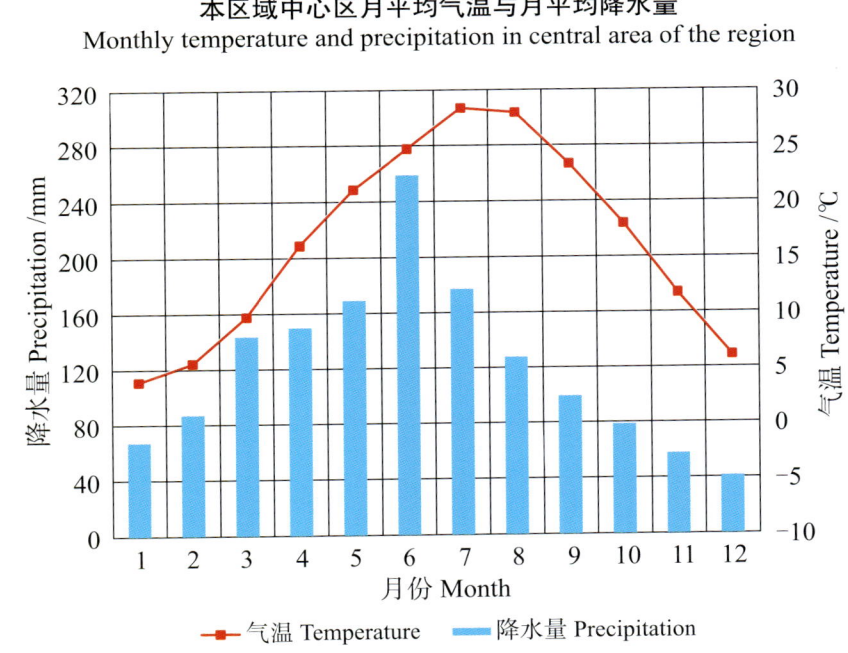

本区域中心区月平均气温与月平均降水量
Monthly temperature and precipitation in central area of the region

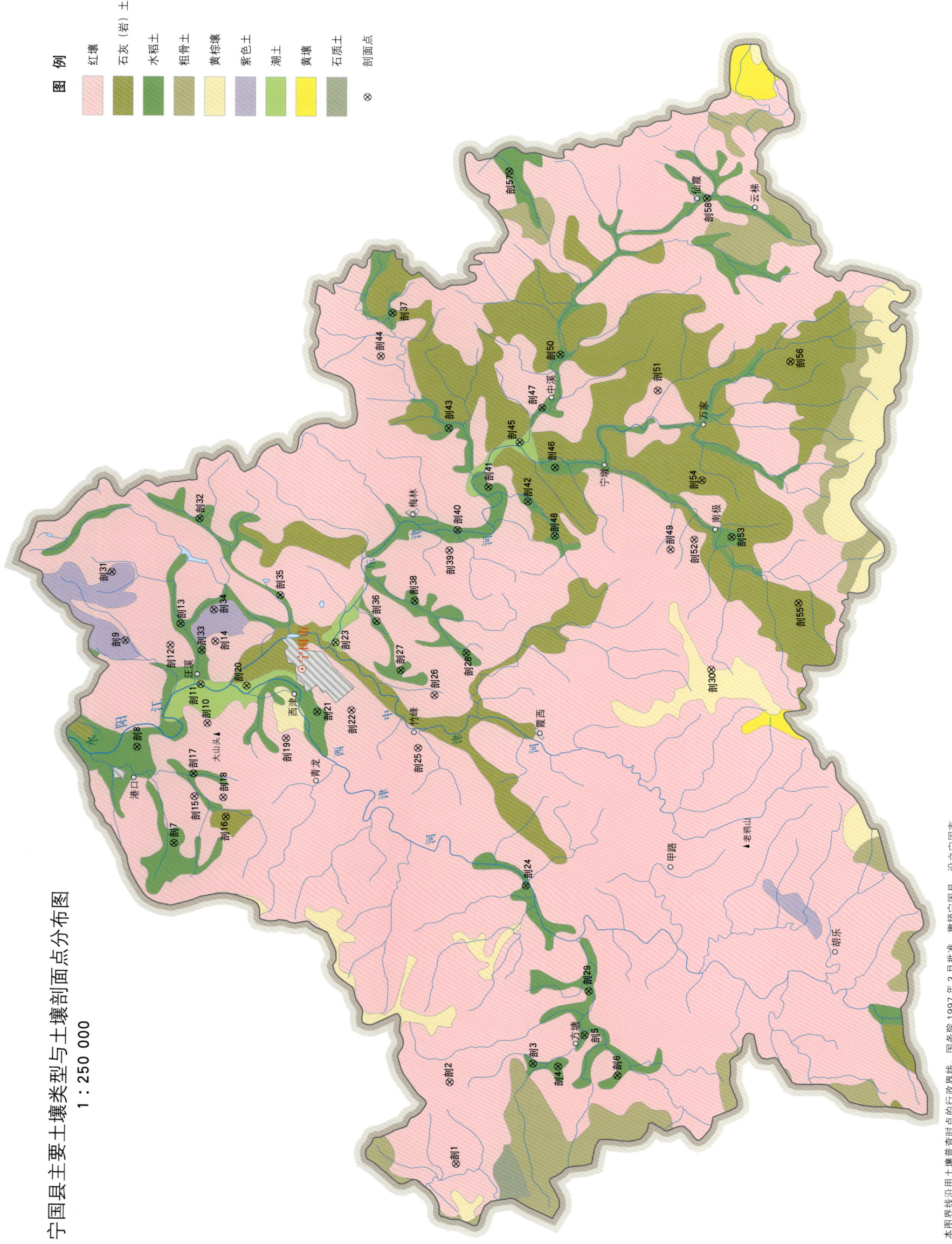

宁国市土壤剖面理化性状表

剖面号 Soil profile	土纲 Soil order	土类 Soil great group	亚类 Soil subgroup	土属 Soil genus	土种 Soil species	土层码 Layer code	土层厚度 Depth/cm	颜色 Soil color	质地 Soil texture	土壤结构 Soil structure	pH	有机质 OM/(g/kg)	全氮 TN/(g/kg)	全磷 TP/(g/kg)	全钾 TK/(g/kg)	有效磷 AP/(mg/kg)	速效钾 AK/(mg/kg)	阳离子交换量CEC/(cmol/kg)	土壤母质 Parent material	剖面点坐标 Profile coordinate	匹配指数 Matching index/%
剖1	铁铝土	红壤	黄红壤	硅质黄红壤	硅质质红壤	A	0—16	暗棕灰色	中壤土	粒状	5.0	40.1	1.40	0.27	10.3	3.0	89	7.5	石英质砂岩类残积物、坡积物	E 118°39′02.9″ N 30°32′45.8″	95
						Bv	16—26	淡棕色	重壤土	块状	5.0	3.6	0.29	0.24	14.8	2.0	47	4.9			
						O	26—136	暗黄棕色	中壤土		3.9							11.1			
剖2	铁铝土	红壤	黄红壤	硅质黄红壤	硅质砂泥田	A	5—14	暗黑色	轻壤土	团粒状	5.6	45.7	2.05	0.30	12.5	4.0	199	10.0		E 118°42′16.5″ N 30°32′57.7″	95
						P	14—22	灰黄棕色	轻壤土	块状	5.3	27.3	1.33	0.32	13.5	2.0	94	9.8			
						Bv	22—35	淡棕色	轻壤土	块状	5.2	19.5	1.28	0.36	14.2	≤1.0	72				
						D	35—														
剖3	人为土	水稻土	潴育水稻土	矿毒田	水污矿毒田	A	0—15	浅黄灰色	重壤土	小块状	4.9	21.4	1.47	0.33	12.6	12.0	38	8.1		E 118°44′10.8″ N 30°30′03.6″	75
						P	15—21	灰色	重壤土	片状、块状	5.4	17.9	1.36	0.27	13.9	6.0	33	7.0			
						Bv₁	21—34	棕灰色	重壤土	片状、块状	6.4	9.5	0.84	0.43	15.3	7.0	29	11.0			
						Bv₂	34—100	黄棕色	轻黏土	块状	6.4	8.1	0.64	0.54	17.2	11.0	32	12.1			
剖4	人为土	水稻土	潴育水稻土	矿毒田	矿渣砂毒田	A	0—15	灰黑色	重壤土	大块状	5.6	30.6	1.49	0.21	10.4	2.0	46	8.5	第四纪红色黏土	E 118°43′54.8″ N 30°29′17.9″	75
						P	17—25	灰黄色	重壤土	大片状	5.7	25.2	1.16	0.19	10.7	2.0	43	9.6			
						Bv₁	25—37	棕黄色	重壤土	片状	6.8	4.9	0.36	0.20	10.5	≤1.0	40	7.6			
						Bv₂	37—100	棕黄色	轻黏土	块状	7.1	4.0	0.45	0.23	11.7	≤1.0	49	8.8			
剖5	人为土	水稻土	潴育水稻土	黄泥田	上位焦斑黄黄泥田	A	0—17	棕灰色	重壤土	块状	5.4	25.4	1.66	0.31	12.5	9.0	49	6.6	第四纪红色黏土	E 118°44′49.0″ N 30°28′16.7″	75
						P	17—25	浅棕灰色	重壤土	块状	5.7	18.5	1.38	0.33	11.4	6.0	33	4.8			
						Bv	25—44	棕黄色	重壤土	棱块状	6.0	10.6	0.75	0.31	11.4	5.0	44	4.7			
						Bvm	44—100	黄棕灰色	轻黏土		6.1	6.8	0.58	0.37	13.5	5.0	81	7.9			
剖6	人为土	水稻土	潴育水稻土	黄泥田	次潜黄黄泥田	A	0—12	灰黑色	重壤土	块状	6.3	27.0	1.60	0.26	11.3	5.0	39	8.5	紫色砂岩、砂页岩坡积物、残积物	E 118°43′33.4″ N 30°27′04.0″	75
						P	12—22	青灰色	重壤土	棱块状	6.4	20.1	1.72	0.32	11.1	4.0	28	8.4			
						Bv₁	22—36	棕褐色	重壤土	块状	6.8	10.3	0.82	0.38	11.2	9.0	31	8.9			
						Bv₂	36—100	棕黄色	重黏土	片状、块状	7.0	6.5	0.50	0.19	10.6	3.0	39	9.8			
剖7	人为土	水稻土	潴育水稻土	紫砂泥田	紫砂泥田	A	0—14	紫色	中壤土	块状	5.7	20.1	1.19	0.23	15.3	3.0	32	6.4		E 118°51′49.9″ N 30°42′03.1″	95
						P	14—22	灰棕色	中壤土	块状	6.4	15.4	0.95	0.15	15.0	≤1.0	27	7.5			
						Bv	22—100	棕红色	中壤土	棱块状	6.1	12.5	0.71	0.20	15.0	18.0	27	7.4			
剖8	人为土	水稻土	潴育水稻土	砂泥田	砂砾身砂泥田	A	0—13	浅黄灰色	轻壤土	小块状	5.2	14.6	0.96	0.40	10.5	18.0	49	12.0	冲积物、洪积物	E 118°56′31.2″ N 30°43′18.3″	95
						P	13—22	黄棕色	轻壤土	块状	5.2	10.9	0.71	0.65	10.2	17.0	55	4.9			
						Bv	22—36	棕褐色	中壤土	块状	5.9	7.3	0.60	0.64	14.0	16.0	48	6.4			
						O	36—100	棕褐色	重壤土	块状	6.1	7.5	0.57	0.82	17.7	15.0	57	7.7			
剖9	紫色土	紫色土	酸性紫色土	酸性紫砂土	薄层酸性紫色土	A	0—9	浅棕色	重壤土	粒状	6.5	36.1	2.00	0.66	19.5	5.0	108	18.5	紫色砂砾岩类坡积物、残积物	E 118°59′56.6″ N 30°43′35.7″	75
						Bv	9—28	橙红灰色	中壤土	块状	6.8	16.7	1.18	0.45	20.4	3.0	69	16.2			
						Ao	0—1														
剖10	铁铝土	红壤	黄红壤	扁石黄红壤	中层石黄红壤	A₁	1—8	灰灰色	中壤土	粒状	5.9	49.6	1.83	0.31	18.1	5.0	201	12.2		E 118°57′02.3″ N 30°40′45.0″	95
						A₃	8—36	灰棕黄色	中壤土	粒状	4.9	19.3	1.97	0.25	17.8	≤1.0	88	7.4			
						Bv	36—52	淡棕黄色	中壤土	小块状	5.7	8.5	0.70	0.24	17.6	≤1.0	80	9.6			
						C	52—70	重棕黄色	重壤土	块状											
剖11	半水成土	潮土	灰潮土	砾石砂土	砾石砂土	O	16—		砂土	粒状									山河冲积物	E 118°58′10.0″ N 30°41′06.7″	75
剖12	铁铝土	红壤	黄红壤	扁石黄红壤	扁砂土	A	6—18	红棕色	重壤土	团粒状	5.1	34.8	2.29	1.25	20.4	5.0	174	12.9		E 118°59′44.9″ N 30°42′06.2″	75
						Bv	18—70	暗棕色	重壤土	块状	5.6	16.4	1.46	1.27	19.5	2.0	68	7.1			

续表 Continued

剖面号 Soil profile	土纲 Soil order	土类 Soil great group	亚类 Soil subgroup	土属 Soil genus	土种 Soil species	土层码 Layer code	土层厚度 Depth/cm	颜色 Soil color	质地 Soil texture	土壤结构 Soil structure	pH	有机质 OM/(g/kg)	全氮 TN/(g/kg)	全磷 TP/(g/kg)	全钾 TK/(g/kg)	有效磷 AP/(mg/kg)	速效钾 AK/(mg/kg)	阳离子交换量CEC/(cmol/kg)	土壤母质 Parent material	剖面点坐标 Profile coordinate	匹配指数 Matching index/%
剖13	人为土	水稻土	潴育水稻土	砂泥田	砂泥田	A	0—13	暗灰黄色	重壤土	小块状	5.3	16.9	1.22	0.51	20.7	6.0	19	5.6	冲积物、洪积物	E 118°59′57.8″ N 30°41′18.4″	75
						P	13—22	暗灰色	重壤土	块状	5.3	13.5	1.14	0.52	20.7	5.0	29	4.9			
						W	22—64	暗黄棕色	重壤土	柱状	6.2	7.8	0.57	0.51	22.4	4.0	38	8.5			
						Bv	64—100	暗黄棕色	重壤土	块状	6.3	6.8	0.48	0.46	16.7	3.0	36	4.8			
剖14	铁铝土	红壤	黄红壤	黄泥土	黄泥土	A	0—15	灰黄色	重壤土	粒状	6.4	19.6	1.99	3.80	10.4	20.0	137	5.7	第四纪红色黏土	E 118°59′52.9″ N 30°40′36.9″	75
						Bv₁	15—32	浅黄黄色	重壤土	小块状	6.3	22.7	2.46	0.29	16.0	5.0	74	6.1			
						Bv₂	32—100	淡红黄色	黏土	片状											
剖15	铁铝土	红壤	黄红壤	砂泥黄红壤	橙泥土	A	0—14	油黄橙色	黏土	屑粒状	4.7	31.6	1.50	0.60	21.5	6.0	112	8.6	泥质页岩	E 118°53′40.9″ N 30°41′22.0″	95
						Bv	14—42	淡黄橙色	黏土	块状	4.7	8.7	0.60	0.60	21.4	2.0	72	7.0			
						C	42—70	亮红橙色	黏土	块状	4.7	6.9	0.50	0.50	19.7			5.8			
剖16	初土	石灰(岩)土	棕色石灰土	灰核泥土	山门鸡肝土	A	0—10	棕灰色	壤质黏土	核粒状	7.0	39.5	2.20	0.50	16.8	6.0	112	18.3	石灰岩残积物、坡积物	E 118°53′07.5″ N 30°40′18.6″	74
						Bv	10—28	棕色	壤质黏土	块状	7.4	21.6	1.60	0.40	20.8	2.0	72	16.9			
剖17	人为土	水稻土	潴育水稻土	麻石砂泥田	中层石砂泥田	A	0—13	暗黄色	中壤土	粒状	6.4	38.0	2.02	0.40	20.4	10.0	133	7.5	花岗岩残积物、坡积物	E 118°54′35.6″ N 30°41′23.0″	95
						P	13—23	青灰色	轻壤土	块状	5.3	13.7	0.97	0.42	20.3	3.0	51	5.9			
						W	23—40	棕灰色	中壤土	棱状	5.8	7.7	0.52	0.16	20.1	6.0	49	5.6			
						C	40—100	棕黄色	紧砂土												
剖18	铁铝土	红壤	黄红壤	黄红壤	上位砾石黄红壤	A	0—5	灰黄色	重壤土	粒状	5.5	40.5	4.71	0.54	7.3	12.0	236	23.8	第四纪红色黏土	E 118°54′05.5″ N 30°40′23.2″	95
						Bv	5—42	黄红黄色	重壤土	片状	5.1	37.6	2.75	0.18	6.1	4.0	53	12.2			
						O	42—100	黑棕色	轻壤土	片状											
剖19	铁铝土	红壤	红壤性土	红壤性硅质土	红壤性硅质土	A	1—8	淡棕色	中壤土	粒状	6.0	24.2	1.29	0.40	18.6	2.0	75	7.2	石英质砂岩残积物、坡积物	E 118°56′29.1″ N 30°38′06.8″	95
						Bv	8—51	浅灰色	砂壤土	块状	6.0	7.8	0.45	0.34	18.5	≤1.0	36	3.7			
						D	51—														
剖20	半成土	潮土	灰潮土	麻砂土	竹园土	A	0—17	灰白色	砂壤土		6.3	7.4	0.39	0.32	18.7	≤1.0	48	3.3	山河冲积物	E 118°58′22.4″ N 30°39′31.9″	75
						S	17—50	黄灰色	轻壤土	块状	7.5	24.4	1.24	0.33	10.3	4.0	36	9.7			
						S₂	50—	暗黄色	砂壤土	棱块状	8.0	19.6	1.02	0.24	9.8	≤1.0	19	4.7			
剖21	人为土	水稻土	潴育水稻土	钙积砂泥田	钙积砂泥田	A	0—19	青灰色	轻壤土	棱柱状	7.8	7.1	0.40	0.12	12.0	≤1.0	30	6.3	山河冲积物	E 118°57′13.6″ N 30°37′10.7″	75
						P	19—27	青灰色	壤质黏土												
						W	27—54	棕灰色	粉黏土	无结构											
						C	54—100	橙色	粉黏土	粒状	5.7	33.6	1.52	0.26	21.6	3.0	147	8.6			
剖22	铁铝土	红壤	黄红壤	硅铁质红壤	青泥(耕种)红壤	A	0—14	暗黄棕色	轻壤土	块状	4.7	26.6	2.05	0.28	21.5	≤1.0	63	7.0	泥质岩残积物、坡积物	E 118°57′05.4″ N 30°36′07.3″	81
						Bv	14—32	亮红棕色	粉壤土	粒状	4.7	9.3	0.75	0.24	19.7	≤1.0	67	5.8			
						C	32—60	暗棕色	粉壤土	小块状	6.9										
剖23	半水成土	潮土	灰潮土	麻砂土	砂泥菜园土	A	0—17	棕灰色	轻壤土	粒状	5.5	33.6	2.07	0.37	18.0	6.0	57	8.6	山河冲积物	E 118°59′52.6″ N 30°36′30.7″	75
						P(g)	17—27	青灰色	轻壤土	棱粒状	5.4	26.6	0.63	0.40	17.8	≤1.0	53	7.0			
						C	27—100	青黄棕色	轻壤土	块状	6.9	9.3	0.75	0.39	17.1	5.0	44	5.8			
剖24	人为土	水稻土	潴育水稻土	石灰泥田	次潜钙积泥田	A	0—13	暗棕色	中壤土	粒状	5.3	41.3	2.76	0.36	11.4	10.0	165	12.8	石灰岩、条带灰岩坡积物、残积物	E 118°50′50.6″ N 30°30′07.5″	95
						P	13—19	绿黄色	中壤土	块状	5.4	26.6	2.05	0.32	17.8	5.0	113	11.7			
						W	19—48	暗黄色	中壤土	块状	6.9	9.3	0.75	0.39	17.1	5.0	44	12.9			
						D	48—														
剖25	铁铝土	红壤	红壤性土	红壤性麻砂壤	砂泥性麻砂土	A	0—15	深黄棕色	中壤土	团粒状	5.9	21.2	1.17	0.37	23.1	4.0	166	9.7	花岗岩风化残积物、坡积物	E 118°55′33.7″ N 30°33′55.2″	95
						Bv	15—22	棕黄色	中壤土	粒状	5.3	17.2	0.83	0.40	25.7	6.0	67	8.8			
						D	22—														
剖26	铁铝土	红壤	黄红壤	麻黄红壤	麻砂土	A	0—5	灰黄色	中壤土	块状	5.6	5.3	0.37	0.45	28.9	4.0	87	9.1	酸性结晶岩残积物、坡积物、洪积物	E 118°57′50.9″ N 30°33′20.3″	93
						Bv	5—29														
						C	29—100														

续表 Continued

剖面号 Soil profile	土纲 Soil order	土类 Soil great group	亚类 Soil subgroup	土属 Soil genus	土种 Soil species	土层码 Layer code	土层厚度 Depth/cm	颜色 Soil color	质地 Soil texture	土壤结构 Soil structure	pH	有机质 OM/(g/kg)	全氮 TN/(g/kg)	全磷 TP/(g/kg)	全钾 TK/(g/kg)	有效磷 AP/(mg/kg)	速效钾 AK/(mg/kg)	阳离子交换量 CEC/(cmol/kg)	土壤母质 Parent material	剖面点坐标 Profile coordinate	匹配指数 Matching index/%
剖27	人为土	水稻土	潴育水稻土	扁石泥田	扁石泥田	A	0—15	浅棕灰色	重壤土	块状	5.0	23.0	1.65	0.20	16.9	3.0	57	6.8	泥质岩类风化坡积物、洪积物	E 118°58′56.5″ N 30°34′30.2″	75
						P	15—23	棕灰色	重壤土	块状	5.7	15.2	0.85	0.26	18.1	≤1.0	36	6.9			
						Bv₁	23—47	浅棕色	重壤土	棱柱状	6.0	8.2	0.68	0.31	20.1	≤1.0	40	8.1			
						Bv₂	47—94	淡棕黄色	重壤土	片状	6.5	6.5	0.56	0.20	17.0	3.0	42	7.5			
剖28	人为土	水稻土	潴育水稻土	扁石泥田	积钙扁石泥田	A	0—13	灰褐色	重壤土	棱块状	5.1	38.9	2.48	0.57	17.6	6.0	41	12.5	泥质岩类风化坡积物、洪积物	E 118°59′44.7″ N 30°32′09.5″	75
						P	13—22	浅黄色	轻黏土	块状	5.6	34.2	2.12	0.59	17.8	6.0	29	10.8			
						W₁	22—47	灰棕黄色	轻黏土	棱片状	6.8	13.7	0.98	0.56	18.0	4.0	30	10.3			
						W₂	47—57	浅黄棕色	轻壤土	块状	6.5	6.9	0.77	0.49	19.5	2.0	33	5.5			
						Bv	57—100		轻壤土		6.6	6.6	0.62	0.40	19.1	2.0	34	7.1			
剖29	人为土	水稻土	潴育水稻土	砂泥田	砂土田	A	0—16	暗灰色	轻壤土	小块状	5.0	22.5	1.02	0.29	20.7	8.0	42	3.5	冲积物、洪积物	E 118°45′55.9″ N 30°28′12.7″	95
						P	16—24	灰棕色	轻壤土	片状、块状	4.9	12.5	0.86	0.18	18.3	8.0	68	4.0			
						Bv	24—100	棕黄色	中壤土	棱块状	5.8	5.6	0.47	0.42	17.3	6.0	45	4.6			
剖30	淋溶土	黄棕壤	山地黄棕壤	扁石山地黄棕壤	扁石黄棕壤	Ao	1—3												泥质岩类坡积物、残积物	E 118°58′37.2″ N 30°24′09.4″	95
						A₁	3—18	黑棕色	中壤土	粒状	4.8	81.5	5.30	0.73	12.8	10.0	282	20.8			
						A₁	18—27	灰棕色	中壤土	粒状	4.8	66.0	4.70	0.72	12.8	8.0	201	19.0			
						Bv	27—45	灰黄色	中壤土	小块状	4.6	29.4	3.17	0.67	13.1	5.0	70	17.5			
						C	45—58	黄灰色	中壤土	块状											
						D	58—														
剖31	初育土	紫色土	酸性紫色土	酸性紫色土	中层酸性潜紫色土	A	0—13	暗紫色	轻壤土	粒状									紫色砂砾岩坡积物、残积物	E 119°02′39.7″ N 30°44′00.5″	75
						Bv	13—50	暗紫棕色	中壤土	碎块状											
						C	50—100														
剖32	人为土	水稻土	潴育水稻土	扁石泥田	积钙沃潜扁石泥田	A	0—16	淡灰色	重壤土	块状	7.4	38.0	2.72	0.59	18.4	7.0	70	16.4	泥质岩类风化坡积物、洪积物	E 119°04′57.9″ N 30°41′10.0″	95
						Pg	16—23	青灰色	轻黏土	块状	7.3	31.1	2.00	0.44	18.5	6.0	68	13.4			
						Bv₁	23—31	棕灰色	轻黏土	块状	7.2	12.0	0.98	0.47	18.0	6.0	68	13.5			
						C	31—45	淡灰色	重壤土	块状	7.7	9.7	0.84	0.54	17.8	8.0	68	10.0			
剖33	人为土	水稻土	潴育水稻土	砂泥田	次潜砂泥田	A	45—80	黄棕色	重壤土	碎块状	4.9	31.3	2.08	0.44	17.3	3.0	53	8.4	冲积物、洪积物	E 119°00′05.6″ N 30°41′04.1″	75
						Bv	0—18	暗灰黄色	轻黏土	小块状	4.9	24.8	1.69	0.46	18.1	9.0	44	7.4			
						C	18—24	青灰色	轻黏土	块状	6.1	10.9	0.90	0.60	19.6	6.0	36	9.2			
							24—74	棕黄色	重壤土	棱块状	6.4	7.7	0.71	0.57	24.0	6.0	35	11.5			
剖34	初育土	紫色土	酸性紫色土	耕种酸性紫色土	耕种酸性紫色土	A	0—14	暗紫棕色	重壤土	粒状	5.2	49.0	2.89	0.45	16.9	≤1.0	10	12.5	紫色砂砾岩坡积物、残积物	E 119°01′08.0″ N 30°40′38.8″	75
						C	14—65	暗紫色	重黏土	碎块状	5.2	15.8	1.33	0.39	18.6	12.0	61	5.7			
剖35	人为土	水稻土	潜育水稻土	青钙泥田	高位青钙泥田	A	0—13	紫灰色	重黏土	黏粒状	7.3	33.2	2.40	0.84	21.2	10.0	79	16.3	石灰岩坡积物、残积物、洪积物	E 119°01′57.6″ N 30°38′21.4″	75
						P(g)	13—19	棕灰色	重黏土	软块状	6.8	27.3	1.90	0.59	18.1	10.0	80	15.6			
						Bv(g)	19—31	棕灰色	重黏土	块状	6.8	21.3	1.68	0.67	21.9	9.0	89	14.6			
						G	31—100	青灰色	重黏土	糊状	6.7	19.3	1.61	0.80	21.6	19.0	99	13.0			
剖36	人为土	水稻土	漂洗水稻土	白浆土田	白浆土田	Ae	0—13	浅灰黄色	重壤土	块状	4.8	25.2	1.28	0.23	11.9	7.0	39	5.5	第四纪红色黏土	E 119°01′05.7″ N 30°35′12.5″	75
						P	13—20	棕灰色	重黏土		6.2	8.6	0.59	0.21	11.7	3.0	26	5.0			
						Bv	20—100	黄棕色	重黏土		6.4	6.2	0.55	0.26	12.0	4.0	20	4.4			
剖37	人为土	水稻土	潴育水稻土	扁石泥田	下位砾石扁石泥田	A	0—14	灰黄色	轻壤土	小块状	5.6	33.7	1.56	0.39	19.9	4.0	35	8.0	泥质岩类风化坡积物、洪积物	E 119°13′54.6″ N 30°35′02.5″	75
						P	14—20	棕灰色	轻黏土	块状	5.0	30.5	1.50	0.49	18.7	≤1.0	42	9.1			
						W	20—56	淡灰黄色	重黏土	块状	6.5	9.3	0.80	0.47	21.0	≤1.0	36	8.6			
						O	56—100	暗黄棕色													

续表 Continued

剖面号 Soil profile	土纲 Soil order	土类 Soil great group	亚类 Soil subgroup	土属 Soil genus	土种 Soil species	土层码 Layer code	土层厚度 Depth/cm	颜色 Soil color	质地 Soil texture	土壤结构 Soil structure	pH	有机质 OM/(g/kg)	全氮 TN/(g/kg)	全磷 TP/(g/kg)	全钾 TK/(g/kg)	有效磷 AP/(mg/kg)	速效钾 AK/(mg/kg)	阳离子交换量CEC/(cmol/kg)	土壤母质 Parent material	剖面点坐标 Profile coordinate	匹配指数 Matching index/%
剖38	人为土	水稻土	潜育水稻土	青扁石泥田	中位强潜青扁石泥田	A	0—15	浅灰黄色	重壤土	大块状	5.2	44.3	2.76	0.29	14.1	9.0	62	8.3	泥质砂页岩坡积物、洪积物	E 119°01′45.5″ N 30°33′46.2″	75
						Pg	15—23	青灰色	重壤土	块状	5.4	22.3	1.42	0.22	18.2	2.0	51	6.3			
						G	23—47	灰白色	重壤土	糊状	5.7	8.3	0.77	0.11	19.3	2.0	33	5.1			
						C	47—80			粒状											
剖39	铁铝土	红壤	黄红壤	麻石黄红壤	中层麻石黄红壤	A	0—15	灰棕色	中壤土	粒状	5.5	56.6	2.65	0.59	27.9	10.0	125	12.4	酸性结晶岩残积物、坡积物	E 119°04′06.9″ N 30°32′43.3″	95
						Bv	15—46	淡黄棕色	中壤土	团粒状	5.3	9.3	0.57	0.27	26.1	4.0	67	4.2			
						D	46—														
剖40	人为土	水稻土	潜育水稻土	砂泥田	次潜砂砾身砂泥田	A	0—15	棕灰色	重壤土	粒状	5.8	26.2	1.58	0.62	21.0	10.0	58	6.9	冲积物、洪积物	E 119°05′00.0″ N 30°32′41.1″	95
						P(g)	15—20	青灰色	重壤土	块状	5.2	23.5	1.68	0.50	21.7	6.0	31	5.0			
						W	20—35	暗黄棕色	重壤土	棱块状	6.6	8.8	0.68	0.42	20.5	3.0	38	4.3			
						Bv	35—44	暗黄灰色	中壤土	块状											
						C	44—70														
剖41	人为土	水稻土	潜育水稻土	钙积扁石泥田	钙积扁石泥田	A	0—16	灰黄色	重壤土	粒状	5.3	32.9	1.93	0.52	19.6	4.0	61	13.1	页岩残积物、坡积物	E 119°06′08.4″ N 30°31′20.1″	75
						P	16—24	灰褐色	重壤土	块状	5.7	31.5	1.83	0.51	18.1	7.0	66	12.8			
						Bv	24—100	棕黄色	重壤土	棱块状	7.8	11.1	0.93	0.36	20.5	3.0	67	9.3			
剖42	人为土	水稻土	潜育水稻土	扁石泥田	上位砾石次潜扁石泥田	A	0—13	暗黄灰色	重壤土	小块状	6.6	35.8	2.20	0.75	16.3	24.0	68	14.5	泥质岩类风化坡积物、洪积物	E 119°06′12.6″ N 30°30′18.2″	75
						Pg	13—20	暗绿灰色	重壤土	块状	7.0	15.1	1.09	0.91	15.6	32.0	66	10.1			
						Bv₁	20—44	棕褐色	重壤土	块状	6.9	10.6	0.80	0.90	16.1	31.0	46	8.5			
						Bv₂	44—100	黄棕色	轻黏土	棱块状	7.0	6.9	0.71	0.78	16.0	22.0	86	6.9			
剖43	人为土	水稻土	潜育水稻土	青扁石泥田	中位弱潜青扁石泥田	A(g)	0—25	青灰色	轻黏土	无结构	5.8	39.6	1.92	0.35	16.0	3.0	123	19.8	石灰岩坡积物、坡积物	E 119°08′54.1″ N 30°32′30.6″	75
						G	25—34	青灰色	轻黏土	无结构	7.3	28.7	1.30	0.58	15.8	3.0	139	15.5			
						C	34—100	黄灰棕色	轻黏土	块状	7.5	16.3	0.88	0.48	15.3	3.0	139	19.2			
剖44	铁铝土	红壤	黄红壤	扁石黄红壤	薄层扁石黄红壤	A	0—14	灰黄棕色	中壤土	核粒状	5.7	31.6	1.52	0.26	21.6	≤1.0	147	8.6		E 119°06′09.1″ N 30°34′58.8″	75
						Bv	14—32	棕色	中壤土	小粒状	4.7	8.7	0.63	2.80	21.5	≤1.0	63	7.0			
						C	32—				4.7	6.9	0.55	0.24	19.7	8.0	67	5.8			
剖45	半成土	潮土	灰潮土		砂土	A	0—14	浅灰黄色	砂壤土	粒状	5.7	42.2	2.83	0.54	19.6	4.0	215	6.9	山河冲积物	E 119°08′26.7″ N 30°30′41.4″	75
						Bv	14—75	灰棕色	砂壤土	粒状	5.7	10.0	1.09	0.43	23.6	4.0	124	5.7			
						E	75—														
剖46	人为土	水稻土	潜育水稻土	麻石砂泥田	弱潜青扁石泥田	A	0—14	灰黄棕色	轻壤土	粒块状	6.5	59.3	3.40	0.61	18.5	12.0	47	16.2	泥质砂页岩坡积物、洪积物	E 119°07′50.2″ N 30°30′00.5″	75
						G	14—34	暗青黄色	轻壤土	软块状	6.1	50.7	2.91	0.54	17.7	6.0	38	15.8			
						Bv₁	34—63	暗棕黄色	中壤土	块状	6.9	5.6	0.52	0.61	16.5	15.0	57	12.8			
						Bv₂	63—100	浅棕黄色	轻壤土	块状	6.9	10.8	0.78	0.52	16.9	10.0	39	9.8			
剖47	人为土	水稻土	潜育水稻土	扁石泥田	薄层扁石次砂泥田	A	0—14	暗黄棕色	轻黏土	小块状	5.3	34.8	2.21	0.41	22.0	8.0	71	11.6	花岗岩坡积物、坡积物	E 119°09′25.6″ N 30°30′08.7″	75
						P	14—19	棕灰色	轻黏土	块状	5.5	24.0	1.54	0.45	23.0	5.0	45	10.5			
						C	19—100	棕黄色	重黏土		6.1	9.0	0.75	0.50	26.7	6.0	47	10.5			
剖48	人为土	水稻土	潜育水稻土	青麻石砂泥田	积钙青麻石砂泥田	A	0—11	暗黄灰色	中壤土	粒状	6.5	33.5	2.14	0.52	21.9	6.0	40	10.0	花岗岩残积物、坡积物	E 119°05′02.3″ N 30°29′21.7″	95
						Bv	11—100	暗绿灰色	中壤土	糊状	7.8	31.2	1.54	0.35	17.8	3.0	45	9.0			
剖49	铁铝土	红壤	黄红壤	扁石黄红壤	薄层扁石黄红壤	A	0—14	重棕色	重壤土	粒状	5.9	42.1	2.86	0.35	15.0	6.0	306	15.2	泥质岩类坡积物、残积物	E 119°03′37.2″ N 30°25′14.4″	95
						Bv	14—37	黄棕色	轻黏土	块状	5.4	15.2	1.18	0.24	14.9	≤1.0	114	7.2			
						D	37—														
剖50	人为土	水稻土	潜育水稻土	陷泥田	陷泥田	A(g)	0—20	暗黄棕色	中壤土	大块状	7.0	40.6	2.41	0.94	17.8	12.0	26	11.5	泥质岩类残积物、残积物、洪积物	E 119°11′59.4″ N 30°29′13.1″	95
						G	20—100	暗绿灰色	中壤土	糊状	6.4	35.9	1.64	1.07	17.7	9.0	34	10.4			
剖51	铁铝土	红壤	黄红壤	麻石黄红壤	薄层麻石黄红壤	A	2—10	黑棕色	重壤土	粒状	5.5	68.3	3.16	0.56	20.2	4.0	107	20.9	酸性结晶岩残积物、坡积物	E 119°10′21.5″ N 30°25′41.4″	95
						Bv	10—20	淡黄棕色	中壤土	块状	4.9	21.5	1.20	0.52	16.4	3.0	133	12.8			
						C	20—30	淡黄灰色	砂壤土	碎块状											

续表 Continued

剖面号 Soil profile	土纲 Soil order	土类 Soil great group	亚类 Soil subgroup	土属 Soil genus	土种 Soil species	土层码 Layer code	土层厚度 Depth/cm	颜色 Soil color	质地 Soil texture	土壤结构 Soil structure	pH	有机质 OM/(g/kg)	全氮 TN/(g/kg)	全磷 TP/(g/kg)	全钾 TK/(g/kg)	有效磷 AP/(mg/kg)	速效钾 AK/(mg/kg)	阳离子交换量CEC/(cmol/kg)	土壤母质 Parent material	剖面点坐标 Profile coordinate	匹配指数 Matching index/%
剖52	铁铝土	红壤	红壤性	红壤性扁石土	红壤性扁砂土	A	0—14	灰棕色	中壤土	粒状	5.9	18.4	1.49	0.34	15.6	4.0	150	6.0	泥质岩类坡积物、残积物	E 119°04′21.2″ N 30°24′37.7″	95
						Bv	14—37	淡棕色	中壤土	粒状	5.5	9.2	0.93	0.31	15.5	≤1.0	111	5.4			
						D	37—														
剖53	人为土	水稻土	潜育水稻土	青砂泥田	中位强潜青砂泥田	A(g)	0—15	灰黄棕色	轻壤土	粒状	5.9	26.5	1.65	0.44	20.0	4.0	41	10.6	河流冲积物	E 119°04′45.7″ N 30°23′21.1″	95
						G	15—28	暗黄棕色	重壤土	软块状	6.6	15.8	0.11	0.50	22.2	4.0	29	8.4			
						Bv	28—100	淡棕黄色	轻壤土	块状	7.1	8.5	0.50	0.50	22.9	5.0	49	9.7			
剖54	初育土	石灰(岩)土	棕色石灰土	棕色石灰土	薄层棕色石灰土	A	0—8	黑棕色	轻黏土	团粒状	7.1	33.8	1.82	0.41	13.8	2.0	146	13.3	石灰岩坡积物、残积物	E 119°06′50.3″ N 30°24′10.9″	92
						Bv	8—17	暗黄棕色	轻黏土	块状	7.3	15.7	0.88	0.34	13.0	≤1.0	88	16.1			
						D	17—														
剖55	初育土	石灰(岩)土	棕色石灰土	扁石鸡肝土	扁石鸡肝土	A	0—14	暗灰棕色	轻黏土	粒状	7.3	42.1	2.99	0.66	14.4	2.0	116	23.7	石灰岩类风化物	E 119°01′30.2″ N 30°21′09.3″	80
						Bv	14—37	红棕色	轻壤土	块状	7.4	10.9	1.10	0.32	14.6	≤1.0	105	21.2			
						D	37—														
剖56	初育土	石灰(岩)土	棕色石灰土	棕色石灰土	中层棕色石灰土	A	0—15	棕色	重壤土	团粒状	6.6	60.9	2.80	0.37	14.4	3.0	129	21.7	石灰岩坡积物、残积物	E 119°11′05.8″ N 30°21′12.4″	92
						Bv	15—38	红棕色	重壤土	碎块状	6.8	14.4	0.99	0.20	15.5	≤1.0	69	20.1			
						C	38—95	淡棕黄色	轻壤土	碎块状	7.0	12.0	0.82	0.24	15.5	≤1.0	69	21.6			
						D	95—														
剖57	人为土	水稻土	潜育水稻土	扁石泥田	次潜扁石泥田	A	0—15	暗黄棕色	轻壤土	粒状	4.1	27.6	1.89	0.26	16.6	3.0	101	7.8	泥质岩类风化坡积物、洪积物	E 119°18′26.2″ N 30°30′36.4″	95
						P(g)	15—20	深უ棕色	轻壤土	块状	4.7	16.2	1.23	0.23	15.0	≤1.0	57	7.8			
						W	20—44	灰白色	轻壤土	棱块状	6.6	9.5	0.89	0.21	17.7	≤1.0	47	6.7			
						Bv	44—100	淡棕色	轻壤土	块状	6.6	4.7	0.60	0.32	15.2	2.0	58	8.5			
剖58	人为土	水稻土	潜育水稻土	麻石砂泥田	麻石砂泥田	A	0—16	棕色	中壤土	粒状	5.0	35.8	1.90	0.52	19.8	7.0	93	7.6	花岗岩残积物、坡积物	E 119°18′25.7″ N 30°24′03.2″	95
						P	16—23	暗黄棕色	中壤土	块状	5.2	13.9	0.72	0.51	19.6	5.0	82	7.8			
						W	23—80	棕色	中壤土	大块状	5.9	9.2	0.66	0.43	22.6	2.0	75	9.0			
						Bv	80—100	淡棕色	中壤土		5.8	7.8	0.51	0.47	20.3	5.0	68	7.8			

广 德 市

主要土类说明

红壤是广德市主要土壤类型，占本市地域面积的 62%，遍布在本市海拔 600m 以下的低山、丘陵、岗地上。本市红壤的富铝化过程较南方红壤略弱，而硅铝率较南方红壤为高，属红壤向黄棕壤过渡的黄红壤。红壤的土体构型为 A–B–C 或 A–B–D，也有少量的 A–（B）–C 构型，心土层呈黄红色或黄橙色，pH 为 5.0—5.5，自上而下呈递减的规律性变化。质地因母质差异，变化幅度较大，多为轻壤土至中壤土。

水稻土是广德市第二大土壤类型，占本市地域面积的 30%，遍布全市，主要分布在盆地中心的沿河畈田，岗丘地带的岗、塝、冲田。人们在种植水稻过程中，改变了植被、地形、水文条件，改变了有机质的合成与分解，改变了矿物质的转化、淋溶、累积，使原来的土壤朝着一个特殊的方向发展，最后成为水稻土。在水耕、旱耕交替熟化的特殊成土过程中，发生有机质的累积和转化、黏粒的累积和迁移、元素的活化与迁移、盐基的淋溶和复盐基等。水稻土水热状况比较稳定，氧化还原电位较低，以嫌气微生物分解为主，有机质累积较多。在不同地形和水热条件下，土体内氧化还原状况不同。水稻土的成土过程中伴有淹育、渗育、潜育、侧渗等，使土壤剖面出现了特殊层次的分化。水稻土的主要发生层次及其特征如下：耕作层，淹水时表土（10—20cm）有一层薄薄的黄棕色氧化层，余下为还原层，结构破碎、土粒分散成糊泥和泥浆水；排水落干后，土壤由还原态转为氧化态，还原物质逐渐氧化，沿根孔和裂隙淀积为黄棕色或红棕色锈纹、锈斑，结构体粒明显，有块状、碎块状等。犁底层，土层紧实致密，为平板的块状结构，沿裂隙和根孔有黄棕色锈纹、锈斑，它对水稻土保水保肥起着重要作用。渗育层，还原态铁锰黏粒随水分下移至下层淀积，或少量淀积此层，干湿交替明显，产生垂直节理，多呈棱块状结构，结构面上有灰胶膜，时有铁锰淀积的锈斑、锈点。淀积层，干湿交替明显，土体上部淋溶下来的物质多淀积此层，铁锰及黏粒大量淀积。潜育层，铁锰呈低价状态，土体为蓝绿色或青灰色，土粒分散。侧渗层，土体内铁锰及黏粒被水淋洗流失，呈淡灰色，养分贫瘠。

小于本市地域面积 3% 的土壤类型还有石灰（岩）土、紫色土、石质土、粗骨土、黄褐土和黄棕壤。

本区域中心区气候特征

本区域中心区气候特征值
Regional climate characteristics in central area of the region

气候带：北亚热带湿润气候 Climate region: North subtropical humid climate	
年平均气温 /℃ Annual average temperature /℃	16.2
年平均最高气温 /℃ Annual average maximum temperature /℃	20.6
年平均最低气温 /℃ Annual average minimum temperature /℃	12.7
年降水量 /mm Annual precipitation /mm	1306
≥10℃的积温 /℃ Daily temperature accumulated in a year（≥10℃）/℃	5958
年日照时数 /h Annual sunshine /h	1853
年平均相对湿度 /% Annual average relative humidity /%	77
干燥度 Dryness	0.74

本区域中心区月平均气温与月平均降水量
Monthly temperature and precipitation in central area of the region

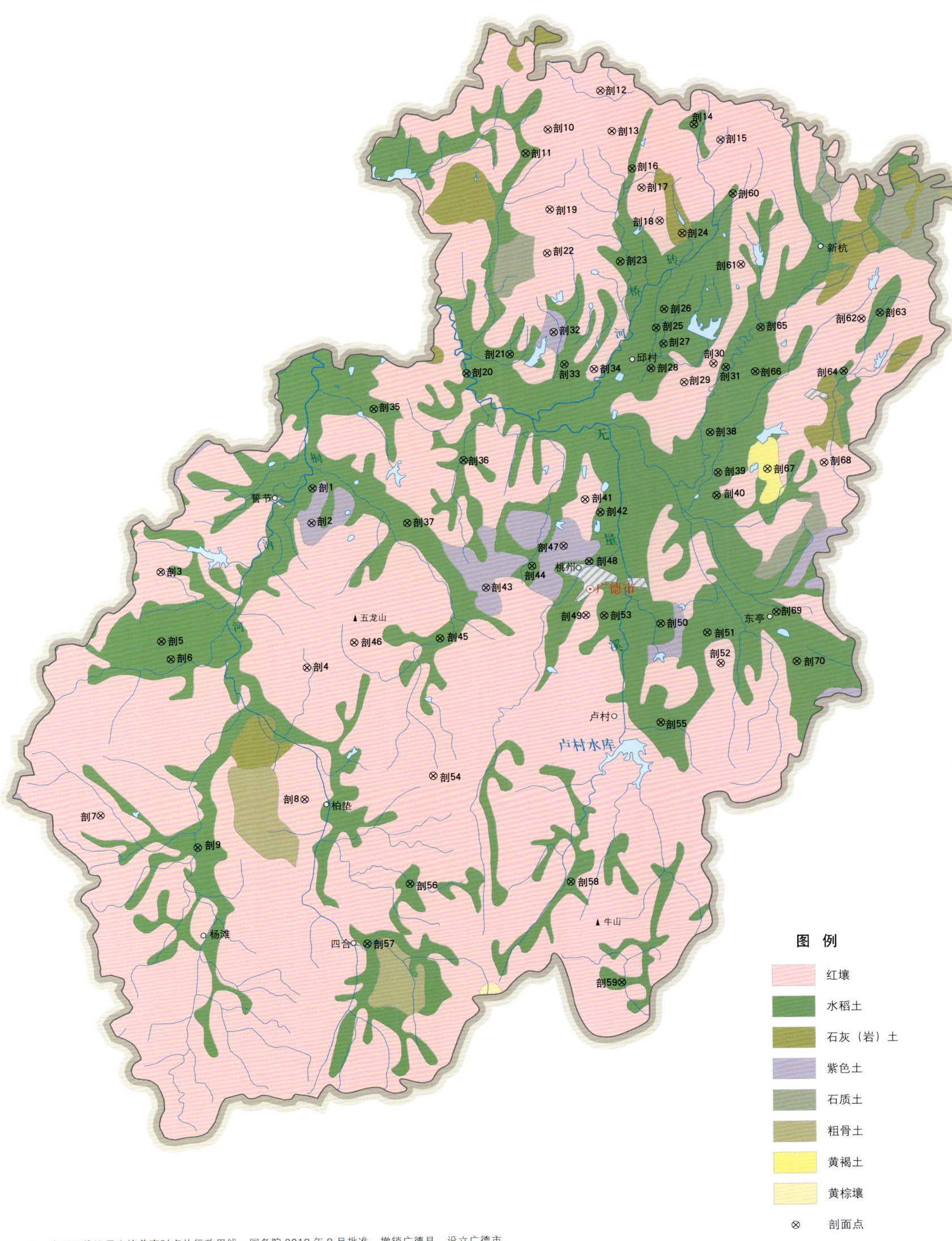

广德县主要土壤类型与土壤剖面点分布图 1∶250 000

广德市土壤剖面理化性状表

剖面号 Soil profile	土纲 Soil order	土类 Soil great group	亚类 Soil subgroup	土属 Soil genus	土种 Soil species	土层码 Layer code	土层厚度 Depth/cm	颜色 Soil color	质地 Soil texture	土壤结构 Soil structure	pH	有机质 OM/(g/kg)	全氮 TN/(g/kg)	全磷 TP/(g/kg)	全钾 TK/(g/kg)	有效磷 AP/(mg/kg)	速效钾 AK/(mg/kg)	阳离子交换量 CEC/(cmol/kg)	土壤母质 Parent material	剖面点坐标 Profile coordinate	匹配指数 Matching index/%
剖1	人为土	水稻土	漂洗水稻土	香灰土田	白香灰土田	Ae	0—14	灰色	中壤土	小块状	6.2	29.4	2.27	0.36	14.7	9.0	85	7.7	泥页岩洪积物、冲积物	E 119°14′31.6″ N 30°56′52.7″	75
						Pe	14—22	浅黄灰色	中壤土	块状	6.4	21.1	1.66	0.37	15.1	5.0	46	7.4			
						W	22—51	褐黄色	轻黏土	棱块状	6.8	4.9	0.41	0.13	14.7	3.0	37	7.7			
						Bv	51—95	橙黄色	中黏土	棱黄状	7.2	6.5	0.46	0.16	16.6	2.0	57	7.6			
剖2	初育土	紫色土	酸性紫色土	酸性紫砂土	厚层酸性紫砂土	A	0—17	棕灰色	中壤土	粒状	5.4								紫色砂岩、砂砾岩和红色砂岩	E 119°14′27.6″ N 30°55′45.0″	75
						ABv	17—48	红棕黄色	轻黏土	块状	5.2										
						Bv	48—62	灰棕黄色	轻壤土	棱块状	5.2										
						D	62—137	棕紫色													
剖3	铁铝土	红壤	黄红壤	黄红土	园地黄红土	A	0—23	棕黄色	轻壤土	粒状	5.6	14.6	0.90	0.23	11.3	5.0	130	9.5	第四纪红色黏土	E 119°08′53.5″ N 30°54′17.8″	95
						ABv	23—54	棕黄色	中壤土	块状	5.6	4.7	0.43	0.19	14.0	2.0	62	7.2			
						Bv$_1$	54—75	棕黄色	中壤土	块状	5.6	4.5	0.33	0.20	12.3	2.0	91	6.4			
						Bv$_2$	75—106	棕黄色	中壤土	粒状	5.6										
						Bv$_3$	106—114	褐黄棕色	中壤土	块状	5.2										
剖4	铁铝土	红壤	黄红壤	黄红土	死黄泥土	A	0—21	橙黄色	重壤土	粒状	5.6	12.1	0.65	0.50	12.3	2.0	91	7.2	第四纪红色黏土	E 119°14′09.7″ N 30°51′01.5″	95
						P	21—34	棕红色	重黏土	小块状	5.2	7.0	0.50	0.46	12.3	2.0	91	8.3			
						Bv	34—55	棕红色	轻黏土	块状	5.2	6.4	0.44	0.35	13.0	2.0	68	8.8			
						C	55—94	橙黄色	中黏土	块状	5.0										
剖5	人为土	水稻土	潴育水稻土	钙积黄泥田	钙积黄泥田	A	0—13	黄灰色	重壤土	粒状	6.8								第四纪红色黏土、坡积物	E 119°08′50.9″ N 30°52′01.3″	95
						P	13—18	棕灰色	重壤土	块状	7.0	26.8	1.99	0.63	13.3	4.0	101	6.9			
						W$_1$	18—32	棕灰色	中壤土	棱块状	7.6	27.4	2.04	0.67	12.7	4.0	98	7.8			
						W$_2$	32—55	棕灰色	重壤土	棱块状	7.8	8.4	0.87	1.79	15.3	7.0	479	6.5			
						C	55—63	灰黄色	中壤土	块状	7.2										
剖6	人为土	水稻土	潴育水稻土	硅质泥田	上位砾石硅质泥田	A	0—15	棕灰色	中壤土	碎块状	6.2	16.7	0.74	0.21	9.5	≤1.0	92	11.1	硅质岩类坡积物、洪积物	E 119°09′10.9″ N 30°51′24.8″	95
						P	15—22	淡棕灰色	壤质黏土	块状	6.2	2.6	0.23	0.18	9.0	≤1.0	58	11.4			
						W	22—44	黄棕色	粉黏土	粒状	6.2										
						O	44—60	灰棕色													
剖7	铁铝土	红壤	红壤性红壤	酸性红黏土	山北网纹红黏土	A	0—8	暗红棕色	重壤土	块状	4.7	21.1	1.29	0.46	11.1	4.0	141	9.6	第四纪红色黏土	E 119°06′28.5″ N 30°46′23.2″	82
						CBv	8—65	红灰色	重壤土	粒状	5.1										
剖8	铁铝土	红壤	黄红壤	硅质黄红土	园地硅质土	A	0—14	褐黄色	重壤土	粒状	6.4	16.7	1.13	0.52	12.3	2.0	130	9.1	第四纪红色黏土	E 119°13′56.7″ N 30°46′44.3″	95
						Bv	14—18	灰黄色	中壤土	块状	6.2	8.0	0.45	0.36	12.4	2.0	39	9.4			
						C	18—36	橙黄色	重壤土	块状	5.6										
						D	36—														
剖9	人为土	水稻土	潴育水稻土	硅质泥田	次潜硅质泥田	Ag	0—17	黄灰色	中壤土	粒状	6.0	30.1	1.46	0.44	15.3	4.0	189	7.8	硅质岩类坡积物、洪积物	E 119°09′59.7″ N 30°45′14.6″	95
						Pg	17—27	青灰色	重壤土	糊状	6.6	25.9	1.21	0.45	14.8	4.0	98	6.8			
						W	27—73	褐青黄色	中壤土	棱块状	7.0	5.4	0.21	0.57	14.2	7.0		6.4			
剖10	铁铝土	红壤	黄红壤	硅质黄红土	硅质黄红土	A	0—15	黄灰色	轻壤土	粒状	6.0								第四纪红色黏土	E 119°23′28.8″ N 31°08′25.2″	96
						P	15—23	黄灰色	轻壤土	块状	5.8										
						Bv$_1$	23—55	浅黄灰色	轻壤土	块状	5.8										
						Bv$_2$	55—90	浅黄灰色	轻壤土	块状	5.8										
剖11	人为土	水稻土	淹育水稻土	浅石灰泥田	浅钙板田	A	0—12	深灰色	重壤土	小块状	7.5	35.4	1.88	0.80	17.1	51.0	189	14.9	石灰岩类残积物、坡积物	E 119°22′38.5″ N 31°07′39.1″	95
						P	12—20	棕灰色	重壤土	块状	7.8	43.1	1.90	0.85	17.4	42.0	161	12.9			
						Bv$_2$	20—65	暗棕色	重壤土	块状	8.0	29.3	1.61	0.75	17.3	36.0	155	11.3			

续表 Continued

剖面号 Soil profile	土纲 Soil order	土类 Soil great group	亚类 Soil subgroup	土属 Soil genus	土种 Soil species	土层码 Layer code	土层厚度 Depth/cm	颜色 Soil color	质地 Soil texture	土壤结构 Soil structure	pH	有机质 OM/(g/kg)	全氮 TN/(g/kg)	全磷 TP/(g/kg)	全钾 TK/(g/kg)	有效磷 AP/(mg/kg)	速效钾 AK/(mg/kg)	阳离子交换量CEC/(cmol/kg)	土壤母质 Parent material	剖面点坐标 Profile coordinate	匹配指数 Matching index/%
剖12	铁铝土	红壤	黄红壤	硅质黄红壤	硅质黄红壤	A	0—10		重壤土		≤3.5	94.2	4.21	0.65	22.0	17.0	286		石英质砂岩类残积物、坡积物	E 119°25′26.5″ N 31°09′38.8″	75
						ABv	10—40	灰黄色	重壤土		5.2	34.0	1.98	0.56	23.7	7.0	136				
剖13	铁铝土	红壤	黄红壤		厚层扁石黄红壤	A	0—29		中壤土	粒状	5.8								页岩、粉砂岩类风化物	E 119°25′49.5″ N 31°08′18.6″	95
						Bv₁	29—54	黄橙色	中壤土	块状	5.6										
						Bv₂	54—79	橙黄色	中壤土	块状	5.6										
						C	79—125	橙黄色	中壤土	块状	5.6										
						D	125—150														
剖14	人为土	水稻土	潴育水稻土	钙积硅质泥田	钙积硅质泥田	A	0—15	黄灰棕色	重壤土	粒状	7.6	37.6	2.12	0.40	13.4	9.0	65	13.8	硅质岩类坡积物、洪积物	E 119°28′50.6″ N 31°08′27.9″	95
						P	15—25	棕灰色	重壤土	块状	7.6	30.0	1.70	0.41	13.8	6.0	60	12.5			
						W	25—49	棕灰色	中壤土	棱块状	7.8	11.9	0.66	0.33	13.8	3.0	67	9.2			
						Bv₁	49—72	棕黄色	中壤土	棱块状	7.8	2.1	0.33	0.21	14.1	4.0	64	10.7			
						Bv₂	72—103	褐黄色	轻壤土	棱块状	7.8	2.4	0.38	0.27	14.8	5.0	82				
剖15	铁铝土	红壤	黄红壤	黄红壤	黄红壤	A	0—14	暗黄棕色	中壤土	粒状	5.8								第四纪红色黏土	E 119°29′48.7″ N 31°07′56.2″	95
						ABv	14—41	浅灰黄色	重壤土	块状	5.8										
						Bv₁	41—64	黄棕色	重壤土	块状	5.6										
						Bv₂	64—105	黄棕色	中壤土	块状	5.6										
剖16	人为土	水稻土	潴育水稻土	马肝田	马肝田	A	0—15	黄灰色	轻壤土	粒状	6.0	21.3	1.29	0.28	17.7	3.0	52	9.1	下蜀黄土	E 119°26′32.3″ N 31°07′04.2″	96
						P	15—20	橙灰色	轻壤土	块状	6.6	16.9	0.95	0.29	17.5	2.0	28	7.1			
						W₁	20—28	灰灰色	中壤土	小块状	7.4	5.6	0.38	0.28	18.6	3.0	31	9.6			
						W₂	28—35	棕灰色	轻黏土	棱块状	7.6	8.5	0.52	0.26	19.2	4.0	90	12.8			
						Bv₂	35—72	棕灰色	重壤土	棱块状	7.8	2.4	0.35	0.31	19.2	6.0	83				
剖17	铁铝土	红壤	红壤性	红壤性砂砾土	红壤性砂砾土	A	0—9	灰灰色	重壤土	粒状	5.6								红色砂砾岩残积物	E 119°26′51.9″ N 31°06′26.0″	75
						C	9—60	橙黄色	轻壤土	块状	5.6										
剖18	铁铝土	红壤	黄红壤	黄红土	黄泥土	A	0—15	灰黄色	重壤土	粒状	6.2	18.0	1.08	0.57	12.0	22.0	88	7.9	第四纪红色黏土	E 119°27′29.9″ N 31°05′20.2″	95
						P	15—38	淡灰黄色	中壤土	小块状	6.0	13.0	0.80	0.49	12.0	13.0	55	7.7			
						Bv	38—100	橙棕色	重壤土	块状	6.0	8.6	0.57	0.52	12.4	32.0	58	6.2			
剖19	铁铝土	红壤	黄红壤	细粒黄红壤	细粒黄红壤	A	0—19	灰黄色	中壤土	粒状	5.6	16.1	0.85	0.38	15.7	6.0	141	11.8	中性结晶岩类残积物、坡积物	E 119°23′28.3″ N 31°05′47.4″	95
						P	19—45	橙灰色	轻壤土	块状	5.2	9.7	0.63	0.20	15.8	2.0	89	11.1			
						Bv	45—72	橙黄色	重壤土	小块状	5.2	5.8	0.44	0.21	16.6	2.0	95	11.0			
剖20	人为土	水稻土	漂洗水稻土	香灰土田	香灰土田	Ae	0—15	黄棕色	黏壤土	粒状	5.3	29.3	1.96	0.31	12.6	5.0	75	6.4	泥页岩洪积物、冲积物	E 119°20′16.4″ N 31°00′30.5″	95
						Ape	15—22	深灰色	黏壤土	小块状	5.8	25.8	1.81	0.34	13.0	4.0	54	7.1			
						W₁	22—36	淡灰黄色	壤质黏土	棱块状	7.6	4.7	0.51	0.25	12.4	4.0	47	7.3			
						W₂	36—65	黄棕色	黏壤土	棱块状	7.0	2.9	0.37	0.28	9.9	3.0	75	10.7			
						C	65—100	黄色	黏壤土	棱块状	7.2	3.7	0.47	0.25	18.1	3.0	102	17.5			
剖21	人为土	水稻土	潴育水稻土	黄泥田	砂黄泥田	A	0—14	黄灰色	中壤土	粒状	5.6								第四纪红色黏土	E 119°21′52.9″ N 31°01′05.9″	96
						P	14—20	深灰色	中壤土	块状	6.2										
						W₁	20—53	黄棕色	中壤土	棱块状	6.8										
						W₂	53—80	棕灰色	重壤土	棱块状	7.0										
						Bv	80—109	紫橙灰色	重壤土		7.2										
剖22	铁铝土	红壤	黄红壤	硅质黄红壤	厚层硅质黄红壤	A₁	0—5		重壤土	棱块状	4.9	44.7	2.22	0.51	13.3	7.0	137	8.4	石英质砂岩类残积物、坡积物	E 119°23′20.8″ N 31°04′22.3″	75
						A₂	5—16		重壤土	棱块状	4.8	14.6	1.10	0.28	16.6	2.0	61	6.5			

续表 Continued

剖面号 Soil profile	土纲 Soil order	土类 Soil great group	亚类 Soil subgroup	土属 Soil genus	土种 Soil species	土层码 Layer code	土层厚度 Depth/cm	颜色 Soil color	质地 Soil texture	土壤结构 Soil structure	pH	有机质 OM/(g/kg)	全氮 TN/(g/kg)	全磷 TP/(g/kg)	全钾 TK/(g/kg)	有效磷 AP/(mg/kg)	速效钾 AK/(mg/kg)	阳离子交换量 CEC/(cmol/kg)	土壤母质 Parent material	剖面点坐标 Profile coordinate	匹配指数 Matching index/%
剖23	人为土	水稻土	潴育水稻土	扁石泥田	扁泥田	A	0-15	淡灰色	重壤土	粒状	5.8	27.6	1.89	0.18	13.0	5.0	107	7.1	泥质岩类坡积物、洪积物、残积物	E 119°26′01.1″ N 31°04′02.5″	95
						P	15-22	灰黄色	中壤土	块状	6.0	20.0	1.40	0.12	13.4	3.0	74	5.9			
						W	22-31	橙灰色	重壤土	棱块状	6.4	8.1	0.73	0.42	12.4	3.0	96	6.2			
						Bv_1	31-56	灰橙黄色	重壤土	棱块状	6.6	3.6	0.49	0.12	14.3	2.0	56	7.2			
						Bv_2	56-90	棕黄色	重壤土	块状	6.8	2.4	0.61	0.54	23.2	2.0	60	8.2			
剖24	初育土	石灰(岩)土	棕色石灰土	陷泥田	陷泥田	A	0-5		轻黏土		7.0	60.0	2.82	0.40	13.9	3.0	155	34.6	石灰岩	E 119°28′18.8″ N 31°04′54.9″	74
						AC	5-15		中黏土		6.8	37.2	1.88	0.35	14.3	2.0	106	29.3			
剖25	人为土	水稻土	潴育水稻土	陷泥田	陷泥田	Ag	0-17	黄蓝灰色	中壤土	糊状	6.2	32.5	1.74	0.94	25.5	11.0	49	11.4	石灰岩	E 119°27′16.7″ N 31°01′50.9″	95
						G	17-100	蓝灰色	重壤土	糊状	6.8	23.2	1.46	0.81	26.2	16.0	36	11.6			
剖26	人为土	水稻土	潴育水稻土	砾砂泥田	上位砾质麻砂泥田	A	0-13	黄灰色	砂壤土	粒状	6.6	36.8	1.81	0.47	30.7	5.0	54	7.9	花岗岩类坡积物、洪积物、残积物	E 119°27′35.3″ N 31°02′27.3″	95
						P	13-18	淡黄灰色	砂壤土	小块状	6.8	37.0	1.25	0.57	28.5	5.0	44	7.1			
						W	18-30	棕黄色	砂壤土	小块状	6.8	15.1	0.54	0.44	29.1	3.0	68	4.9			
						So	30-65	红黄色	轻壤土		7.0	13.5	0.87	0.66	35.4	4.0	30	4.1			
剖27	人为土	水稻土	潴育水稻土	扁石泥田	上位砾质石扁泥田	A	0-17	深黄色	轻壤土	粒状	5.8	25.8	1.14	0.29	14.3	3.0	82	5.5	泥质岩类坡积物、洪积物、残积物	E 119°27′31.6″ N 31°01′19.3″	95
						P	17-29	棕黄色	中壤土	块状	6.4	21.3	0.82	0.25	13.0	2.0	68	4.3			
						W	29-40	棕黄色	重壤土	棱块状	6.8	18.4	0.57	0.36	14.8	2.0	56	4.1			
						O	40-65		砂壤土									3.6			
剖28	人为土	水稻土	潴育水稻土	黄泥田	黄泥田	A	0-17	黄灰色	重壤土	碎块状	5.8	20.1	1.26	0.33	12.8	2.0	54	9.6	第四纪红色黏土	E 119°27′03.0″ N 31°00′31.4″	95
						P	16-25	淡灰色	重壤土	块状	6.2	14.0	0.92	0.30	14.2	3.0	51	10.6			
						W	25-46	褐棕黄色	重壤土	棱块状	6.2	4.2	0.35	0.22	14.0	5.0	39	8.1			
						O	46-107	黄棕色	砂壤土	粒状	6.2	2.5	0.24	0.27	13.2	6.0	46	8.7			
剖29	铁铝土	红壤		红壤性硅质土	红壤性硅质土	A	0-5				6.0								石英质砂岩残积物、坡积物	E 119°28′15.0″ N 31°00′02.1″	75
						C	5-17				5.8										
						D	17—														
剖30	铁铝土	红壤	黄红壤	扁石黄红土	红黄红土	A	0-9	浅灰色	轻黏土	粒状	5.1	27.3	1.51	0.32	11.4	3.0	229	11.4	页岩、粉砂岩类风化物	E 119°29′20.3″ N 31°00′37.7″	75
						P	9-16	浅黄灰色	轻黏土	粒状	4.7	20.8	1.22	0.31	11.7	3.0	122	11.7			
剖31	人为土	水稻土	潴育水稻土	硅质泥田	下位砾石硅质泥田	A	0-17	浅黄灰色	中壤土	粒状	5.6	14.6	1.24	0.38	16.5	10.0	62	6.4	硅质岩类坡积物、洪积物	E 119°29′47.6″ N 31°00′29.9″	95
						P	17-24	浅黄灰色	中壤土	小块状	5.8	8.9	0.58	0.68	16.9	9.0	61	6.1			
						W	24-51	浅棕色	中壤土	棱块状	6.0	11.7	0.73	0.48	17.0	8.0	54	5.6			
						O	51-68	浅棕黄色	轻黏土	块状	6.2	8.1	0.51	0.56	19.1	16.0	98	5.4			
剖32	初育土	紫色土	酸性紫色土	酸性紫砂田	厚层酸性紫砂土	A	0-13		重壤土	粒状	5.5	19.4	0.92	0.30	14.9	2.0	70	9.3	泥质页岩、砂岩残积坡积物	E 119°23′30.5″ N 31°01′47.6″	95
						ABv	13-33		轻黏土		6.7	5.8	0.42	0.24	15.5	10.0	70	6.2			
剖33	人为土	水稻土	淹育水稻土	浅扁泥田	浅扁泥田	A	0-15	淡灰黄色	轻黏土		6.0	26.0	1.59	0.45	15.2	10.0	67	9.6	泥质页岩、砂岩残积坡积物	E 119°23′52.9″ N 31°00′43.6″	95
						Bv	15-20	黄灰色	中黏土	粒状	6.2	19.5	1.19	0.32	14.9	5.0	75	6.8			
						4	20-90	褐棕黄色	中黏土	块状	7.0	5.8	0.42	0.19	17.4	3.0	60	9.9			
							90—		中壤土		6.6	5.8	0.49	0.49	18.3	6.0	69	10.6			
剖34	铁铝土	红壤	黄红壤	扁石黄红壤	厚层扁石黄红壤	A	0-29	灰黄色	轻壤土	粒状	4.9	31.4	1.27	0.46	15.7	2.0	60	9.8	页岩、粉砂岩类风化物	E 119°24′57.5″ N 31°00′33.1″	75
						P	29-54	黄灰色	中壤土	小块状	5.0	21.8	0.89	0.18	17.0	2.0	40	7.4			
						Bv_2	54-72	灰棕色	中壤土	核块状	4.9	18.6	0.62	0.32	17.0	3.0	42	7.0			
剖35	人为土	水稻土	潴育水稻土	砂泥田	泥砂田	A	0-12	灰黄色	中壤土	粒状	5.8	31.4	1.27	0.33	17.9	7.0	56	7.0	近代山河冲积物	E 119°16′50.8″ N 30°59′25.2″	95
						P	12-22	黄灰色	中壤土	小块状	6.0	11.7	0.92	0.38	18.2	3.0	37	7.1			
						W_1	22-48	灰棕色	中壤土	核块状	7.0	7.7	0.86	0.71	19.1	5.0	44	5.6			
						W_2	48-100	黄棕色	中壤土	棱块状	7.4	5.3	0.52			6.0	41	5.4			

续表 Continued

剖面号 Soil profile	土纲 Soil order	土类 Soil great group	亚类 Soil subgroup	土属 Soil genus	土种 Soil species	土层码 Layer code	土层厚度 Depth/cm	颜色 Soil color	质地 Soil texture	土壤结构 Soil structure	pH	有机质 OM/(g/kg)	全氮 TN/(g/kg)	全磷 TP/(g/kg)	全钾 TK/(g/kg)	有效磷 AP/(mg/kg)	速效钾 AK/(mg/kg)	阳离子交换量CEC/(cmol/kg)	土壤母质 Parent material	剖面点坐标 Profile coordinate	匹配指数 Matching index/%
剖36	人为土	水稻土	潴育水稻土	石灰泥田	钙板田	A	0—15	灰黄色	重壤土	粒状	7.6	21.1	1.24	0.51	14.9	4.0	90	11.7	石灰岩类坡积物、洪积物	E 119°20′05.1″ N 30°57′40.0″	95
						P	15—23	黄棕色	重壤土	块状	7.8	13.4	0.87	0.48	15.2	2.0	88	9.2			
						W	23—42	黄棕灰色	重壤土	棱块状	8.3	14.4	0.78	0.30	14.6	2.0	72	11.9			
						Bv	42—103	棕灰色	重壤土	小块状	8.5	14.4	0.83	0.44	14.7	2.0	73	12.2			
剖37	人为土	水稻土	潴育水稻土	青黄黄泥田	中位弱潜黄泥田	Ag	0—14	深灰黄色	重壤土	小块状	6.5	37.8	2.10	0.44	13.5	5.0	78	12.5	第四纪红色黏土	E 119°17′57.8″ N 30°55′40.1″	95
						Pg	14—21	青灰色	轻黏土	粒状	6.5	34.4	1.94	0.38	13.9	2.0	68	8.1			
						G	22—95	蓝灰色	轻黏土	糊状	7.5	11.9	0.72	0.38	14.3	5.0	62	9.2			
						C	95—110	棕黄色	轻黏土		7.5	3.7	0.13	0.49	15.1	6.0	67	6.4			
剖38	人为土	水稻土	潴育水稻土	青麻砂泥田	中位弱潜麻砂泥田	Ag	0—17	黄青灰色	中壤土	粒状	6.0	28.5	1.61	0.76	23.6	6.0	59	12.6	酸性结晶岩类坡积物、洪积物	E 119°29′08.6″ N 30°58′22.0″	95
						Pg	17—24	蓝灰色	中壤土	块状	6.2	≥250.0	1.61	0.76	24.8	6.0	51	11.5			
						G	24—95		中壤土	糊状	7.0	8.3	0.46	1.28	20.8	9.0	59	10.5			
剖39	人为土	水稻土	潴育水稻土	扁石泥田	次潜扁石泥田	A	0—16	灰黄色	轻黏土	粒状	6.0	29.3	2.40	0.47	16.1	8.0	132	10.0	泥质岩类坡积物、洪积物、残积物	E 119°29′23.9″ N 30°57′02.7″	95
						Pg	16—22	青灰色	轻黏土	块状	6.5	22.7	1.92	0.39	17.9	3.0	55	6.2			
						Wg	22—91	青灰色	轻黏土	糊状	6.8	11.7	1.21	0.38	17.7	8.0	83	8.2			
剖40	人为土	水稻土	漂洗水稻土	白浆土田	上位焦斑白鳝田	Ae	0—15	黄灰色	重壤土	粒状	5.2	17.9	1.11	0.30	12.4	5.0	64	9.9	第四纪红色黏土	E 119°29′19.2″ N 30°56′18.2″	95
						Pe	15—22	浅黄灰色	黏土	块状	5.6	14.9	0.94	0.21	12.4	2.0	50	9.5			
						E	22—30	红灰色	黏土	块状	5.6	7.6	0.52	0.21	12.0	5.0	109	8.2			
						Bvm	30—70	灰褐色	轻壤土	块状	6.4	3.3	0.39	2.30	15.2	2.0	94	10.0			
剖41	铁铝土	红壤		紫红泥	网纹紫红泥	A	0—8	暗红棕色	中壤土	碎状	5.2	16.7	0.70	0.20	11.4	2.0		11.1	第四纪红色黏土	E 119°24′30.3″ N 30°56′17.2″	95
						Bvv	8—65	红紫色	黏土	粒状	5.5	2.6	0.20	0.20	10.8			11.4			
剖42	人为土	水稻土	潴育水稻土	砂泥田	砂泥田	P	0—13	棕灰色	中壤土	块状	5.8								近代山河冲积物	E 119°25′02.6″ N 30°55′51.4″	95
						W₁	13—21	棕灰色	中壤土	粒状	7.0										
						W₂	21—45	棕黄色	中壤土	棱块状	6.8										
						Bv	45—70	棕黄色	中壤土	棱块状	6.8										
						Bv	70—98	棕黄色	重壤土	块状	6.8										
剖43	初育土	紫色土	石灰性紫色土	石灰性紫色土	薄层石灰性紫砂土	A	0—12	褐灰棕色	轻壤土	粒状	7.5	11.9	0.52	0.38	12.4	4.0	77	8.5	紫色砂岩	E 119°20′47.0″ N 30°53′29.8″	75
						AC	12—28	浅黄灰色	中壤土	粒状	8.0	5.6	0.34	0.30	17.1	3.0	49	5.7			
剖44	人为土	水稻土	潴育水稻土	青砂泥田	中位弱潜砂泥田	Ag	0—15	棕灰色	中壤土	棱块状	5.6	29.7	1.93	0.39	17.0	9.0	46	9.2	山河冲积物	E 119°22′29.8″ N 30°54′10.6″	95
						Pg	15—21	青灰色	中壤土	块状	6.2	21.6	1.40	0.34	18.0	6.0	45	6.8			
						G	21—100	蓝灰色	中壤土	块状	6.0	12.4	0.74	0.30	19.0	15.0	35	6.6			
剖45	人为土	水稻土	潴育水稻土	扁石黄红田	次潜砂泥田	Ag	0—17	深黄灰色	重壤土	粒状	6.8	24.3	1.14	0.23	13.4	6.0	152		近代山河冲积物	E 119°19′03.2″ N 30°51′52.3″	95
						Pg	17—24	暗黄色	中壤土	糊状	7.4	6.0	0.48	0.26	15.3	3.0	55	8.7			
						W₁	24—37	淡黄灰色	中壤土	棱块状	7.4	2.9		0.20	16.0	2.0	57	5.9			
						W₂	34—68	黄黄灰色	重壤土	粒状	7.4										
						Bv	68—100	黄灰色	重壤土	粒状	7.8										
剖46	铁铝土	黄红壤		扁石黄红壤	扁石黄红壤	A	0—5	浅灰棕色	重壤土	粒状	6.4	38.1	1.95	0.41	13.9	6.0	72	11.3	页岩、粉砂岩类风化物	E 119°15′55.0″ N 30°51′48.7″	96
						ABv	5—26	橙棕色	轻壤土	块状	6.2	8.9	0.69	0.40	15.3	3.0	57	10.6			
						Bv	26—56	橙棕色	重壤土	小块状	6.0	4.2	0.57	0.35	17.3	2.0	48	9.1			
						D	56—120	暗红色			6.8										
剖47	初育土	紫色土	酸性紫色土	酸性紫砂土	酸性紫砂土	A	0—4	棕褐色	重壤土	块状	5.6	6.0	0.48		15.6	2.0			紫色砂岩、砂砾岩和红色砂岩	E 119°23′40.2″ N 30°54′48.0″	95
						C	31—				4.4		0.38								
剖48	人为土	水稻土	漂洗水稻土	白浆土田	下位焦斑白鳝田	Ae	0—13	灰灰色	中壤土	粒状	6.0								第四纪红色黏土	E 119°24′35.6″ N 30°54′16.1″	95
						Pe	13—20	黄灰色	中壤土	小块状	6.6										
						W	20—57	橙黄色	中壤土	块状	7.2										
						Bv	57—100	棕灰色	中壤土	块状	7.2										

续表 Continued

剖面号 Soil profile	土纲 Soil order	土类 Soil great group	亚类 Soil subgroup	土属 Soil genus	土种 Soil species	土层码 Layer code	土层厚度 Depth/ cm	颜色 Soil color	质地 Soil texture	土壤结构 Soil structure	pH	有机质 OM/ (g/kg)	全氮 TN/ (g/kg)	全磷 TP/ (g/kg)	全钾 TK/ (g/kg)	有效磷 AP/ (mg/kg)	速效钾 AK/ (mg/kg)	阳离子 交换量CEC/ (cmol/kg)	土壤母质 Parent material	剖面点坐标 Profile coordinate	匹配指数 Matching index/%
剖49	铁铝土	红壤	黄红壤	麻黄红泥	四合红土	A	0—18	油红棕色	壤质黏土	粒状	5.5	28.6	1.40	0.50	27.8	4.0	108	14.2	花岗岩风化残积物、坡积物	E 119°24′25.6″ N 30°52′30.4″	95
						Bv	18—66	亮红棕色	壤质黏土		5.6			0.50	24.0	5.0	83	13.7			
						C	66—100	亮红棕色	壤质黏土		5.8			0.60	23.0		87	14.0			
剖50	人为土	水稻土	潴育水稻土	紫砂泥田	紫砂泥田	A	0—14	黄灰色	中壤土	粒状	5.8	23.5	1.48	1.43	14.6	7.0	52	7.1	紫色岩、砂砾岩残积物、坡积物	E 119°27′08.9″ N 30°52′09.8″	95
						P	14—22	黄灰色	中壤土	小块状	6.4	12.2	0.80	0.43	14.9	2.0	30	6.3			
						W	22—37	淡棕色	中壤土	小块状	7.0	5.1	0.40	0.44	15.4	12.0	44	4.6			
						Bv	37—100	紫棕色	中壤土	块状	7.0	4.3	0.38	0.46	16.1	3.0	62	5.7			
剖51	人为土	水稻土	漂洗水稻土	白浆土田	白鳝田	Ae	0—14	黄灰色	轻壤土	粒状	6.0								第四纪红色黏土	E 119°28′50.4″ N 30°51′49.8″	95
						Pe	14—21	灰黄色	中壤土	小块状	6.4										
						We	21—45	浅黄色	中壤土	小块状	7.2										
						Bv	45—95	橙黄色	中壤土	块状	7.2										
剖52	铁铝土	红壤	黄红壤	硅质黄红壤	硅质黄红壤	A	0—6	黄灰色	轻壤土	粒状	5.8								石英质砂岩类残积物、坡积物	E 119°29′18.1″ N 30°50′47.9″	95
						ABv	6—30	褐黑黑色	中壤土	小块状	5.4										
						Bv	30—54	橙黄色	中壤土	小块状	5.2										
						D	54—														
剖53	人为土	水稻土	潴育水稻土	麻砂泥田	麻砂泥田	A	0—16	灰黄色	中壤土	粒状	5.6	12.4	1.27	0.33	16.9	14.0	53	6.2	花岗岩类风化物、洪积物	E 119°25′05.0″ N 30°52′28.7″	95
						P	16—23	黄灰色	中壤土	块状	5.8	5.4	0.96			11.0	94	5.9			
						W	23—95	棕灰色	中壤土	棱块状	7.8	3.7	0.57	0.50	16.8	4.0	37	9.1			
						S	60—100	灰黄色	重壤土		6.4		0.40			9.0	31	6.1			
剖54	铁铝土	红壤	黄红壤	扁石黄红土	扁石黄红土	A	0—9	橙黄色	轻壤土	小块状	6.4								页岩、粉砂岩类风化物	E 119°18′40.6″ N 30°47′23.8″	95
						Bv_1	9—16	橙黄色	中壤土	块状	6.8										
						Bv_2	16—60	橙黄色	重壤土	棱块状	7.0										
						So	42—98	浅橙黄色	中壤土	核状	7.0										
剖55	人为土	水稻土	潴育水稻土	砂泥田	砂砾身青砂泥田	Ag	0—14	灰黄色	中壤土	小块状	6.0	33.4	2.30	0.86	24.2	6.0	53	10.7	近代山河冲积物	E 119°27′03.3″ N 30°48′55.3″	95
						Pg	14—21	黄青灰色	轻壤土	糊状	6.4	15.7	1.00	1.10	26.7	9.0	24	9.9			
						G	21—60	青灰色	中壤土	糊状	6.8	10.2	0.76	0.98	26.1	10.0	24	9.1			
剖56	人为土	水稻土	淹育水稻土	浅麻砂田	次潜麻砂泥田	A	0—15	蓝黄灰色	中壤土	粒状	6.0	33.6	1.93	0.80	21.7	5.0	35	8.7	近代山河冲积物	E 119°17′42.7″ N 30°43′50.9″	95
						P	15—23	浅黄灰色	中壤土	块状	6.6	25.6	1.44	0.86	21.9	4.0	28	5.3			
						C	23—40	棕灰色	中壤土	粒状	7.0	6.6	0.45	0.76	21.9	6.0	41	5.2			
剖57	人为土	水稻土	潴育水稻土	麻砂泥田	次潜麻砂泥田	Ag	0—16	淡黄灰色	重壤土	粒状	5.8	41.5	2.33	0.36	24.4	4.0	95	11.2	酸性结晶岩类坡积物、洪积物	E 119°16′05.8″ N 30°41′56.6″	95
						Pg	16—25	青青灰色	重壤土	块状	6.2	29.8	1.89	0.36	25.6	5.0	61	10.4			
						W	25—85	灰棕色	重壤土	块块状	6.4	12.7	0.68	0.43	26.5	7.0	60	8.2			
						G	85—95	暗黄色	重壤土	棱块状	6.4	25.4	1.12	0.15	25.1	3.0	80	9.3			
剖58	人为土	水稻土				Ae	0—14		重壤土	糊状	5.5	22.7	1.40	0.40	13.6	5.0	35	7.6	花岗岩类风化残积物	E 119°23′35.7″ N 30°43′45.8″	95
剖59	人为土	水稻土	漂洗水稻土	白浆土田	白鳝田	Pe	14—21		重壤土		5.9	18.1	1.24	0.22	12.1	2.0	33	7.6	花岗岩类坡积物、洪积物	E 119°25′20.9″ N 30°40′27.5″	95
						We	21—45		轻黏土		7.3	3.2	0.31	0.34	12.3	2.0	26	5.5			
剖60	人为土					Bv	45—95		重壤土		7.5	2.5	0.29	0.39	13.9	3.0	50	6.1	第四纪红色黏土	E 119°30′12.9″ N 31°06′09.6″	75

续表 Continued

剖面号 Soil profile	土纲 Soil order	土类 Soil great group	亚类 Soil subgroup	土属 Soil genus	土种 Soil species	土层码 Layer code	土层厚度 Depth/cm	颜色 Soil color	质地 Soil texture	土壤结构 Soil structure	pH	有机质 OM/(g/kg)	全氮 TN/(g/kg)	全磷 TP/(g/kg)	全钾 TK/(g/kg)	有效磷 AP/(mg/kg)	速效钾 AK/(mg/kg)	阳离子交换量CEC/(cmol/kg)	土壤母质 Parent material	剖面点坐标 Profile coordinate	匹配指数 Matching index/%
剖61	铁铝土	红壤	黄红壤	黄红壤	下位焦斑黄红壤	A	0—14	橙黄色	重壤土	粒状	6.0	13.8	0.75	0.26	14.0	2.0	80		第四纪红色黏土	E 119°30′26.2″ N 31°03′50.8″	95
						ABv	14—60	浅棕黄色	轻壤土	块状	5.6	4.0	0.36	0.22	14.0	2.0	78				
						Bv	60—120	棕黄色	轻黏土	块状	5.4	3.9	0.38	0.22	15.0	3.0	78				
剖62	铁铝土	红壤	黄红壤	麻石黄红壤	麻石黄红壤	A	0—13	灰黄色	轻壤土	粒状	5.5	59.8	3.14	0.98	24.0	6.0	124	12.1	酸性结晶岩残积物、坡积物	E 119°34′47.5″ N 31°01′58.0″	95
						Bv	13—42	淡黄黄色	轻壤土	小块状	5.2	33.6	1.78	0.62	25.3	4.0	123	8.0			
						C	42—100	赤黄色	砂壤土	块状	5.2										
剖63	人为土	水稻土	潴育水稻土	麻砂泥田	麻砂田	P	0—15	棕灰色	轻壤土	粒状	5.8								花岗岩类坡积物、洪积物	E 119°35′29.4″ N 31°02′08.8″	95
						W	15—21	黄灰色	轻壤土	块状	6.4										
						Bv	21—50	棕灰色	轻壤土	棱柱状	6.8										
							50—90	棕黄色	轻壤土	棱块状											
剖64	人为土	水稻土	潴育水稻土	砂泥田	次潜泥砂田	A	0—13		中壤土		5.5	36.9	1.58	0.49	19.0	7.0	52	7.1	近代山河冲积物	E 119°34′06.1″ N 31°00′15.9″	75
						Pg	13—21	黄灰色	轻壤土		5.7	18.6	1.18	0.44	18.3	5.0	46	6.7			
						W	21—49		中壤土		6.4	10.2	0.74	0.44	19.9	4.0	58	6.4			
						Bv	49—80		中壤土		6.1	5.5	0.41	0.44	19.3	11.0	52	5.7			
剖65	人为土	水稻土	潴育水稻土	黄泥田	次潜黄泥田	Ag	0—17	黄青色	轻黏土	粒状	6.4	23.4	1.28	0.30	14.1	5.0	86	10.8	第四纪红色黏土	E 119°31′05.9″ N 31°01′46.7″	95
						Pg	17—29	灰青色	中黏土	块状	6.8	8.9	0.48	0.28	13.7	2.0	100	8.8			
						Bv	29—48	青灰色	重黏土	棱块状	6.8	7.6	0.43	0.29	15.0		62	9.7			
							48—101	棕黄色		棱块状	6.8										
剖66	人为土	水稻土	漂洗水稻土	白浆土田	下位焦斑白鳝田	Ae	0—13		中壤土		5.3	15.4	1.08	0.31	12.1	11.0	61	8.1	第四纪红色黏土	E 119°30′51.5″ N 31°00′19.9″	75
						Pe	13—20		轻壤土	粒状	5.7	8.2	0.64	0.43	12.8	6.0	46	7.6			
							20—57		中壤土	核柱状	6.2	4.5	0.43	0.48	13.0	7.0	77	5.1			
						Bvm	57—100		中壤土	棱柱状	5.5	3.8	0.43	0.52	16.3	14.0	109	5.3			
剖67	黄棕土	黄棕壤	黏盘黄褐土	黏盘黄褐土	下位黏盘黄褐土	A	0—17	灰黄色	中壤土	粒状	6.0	11.2	0.67	0.24	11.6	4.0	143	7.4	下蜀土	E 119°31′12.4″ N 30°57′07.7″	74
						ABv	17—21	浅黄黄色	中壤土	粒状	5.6	11.2	0.67	0.24	11.6	4.0	143	7.4			
						Bv	21—62	褐黄色	重壤土	核块状	6.2	3.8	0.40	0.24	17.5	3.0	62	7.6			
						Bv(2)	62—113	黄棕色	轻壤土	棱块状	6.2	5.3	0.68	0.21	18.7	≤1.0	52	7.5			
剖68	铁铝土	红壤	硅铝质黄红壤	四合红土	A	0—18	暗红棕色	壤质黏土	粒状	4.5	28.6	1.39	0.50	27.9	4.0	108	14.2	花岗岩类残积物、坡积物	E 119°33′17.8″ N 30°57′16.9″	82
						Bv	18—66	浅红棕色	壤质黏土	块状	4.7			0.53	24.1	5.0	83	13.8			
						C	66—100	亮红棕色	壤质黏土	块状	4.8			0.58	23.1		87	14.0			
剖69	人为土	水稻土	漂洗水稻土	淀板田	淀板田	Ae	0—12	黄黄色	黏壤土	小块状	5.3	19.0	1.10	0.24	10.7	7.0	77	7.0	第四纪红色黏土	E 119°31′23.4″ N 30°52′26.3″	83
						Ape	12—20	灰黄色	壤土	小块状	6.2	11.9	0.73	0.20	10.3	2.0	50	7.0			
						W_1	20—29	灰黄色	黏壤土	棱块状	7.0	5.8	0.46	0.20	10.3	2.0	40	7.1			
						W_2	29—47	淡黄色	壤土	棱块状	7.3	3.0	0.30	0.15	10.5	≤1.0	33	6.4			
						C	47—89	灰黄色	黏壤土	碎块状	7.4	4.0	0.26	0.15	9.5	≤1.0	40	8.9			
剖70	人为土	水稻土	潴育水稻土	黄泥田	下位焦斑黄泥田	A	0—15	灰黄色	重壤土	块状	6.0	18.7	1.23	0.34	12.9	5.0	31	7.0	第四纪红色黏土	E 119°32′05.3″ N 30°50′47.9″	95
						P	15—23	灰黄色	重壤土	小块状	6.6	12.4	0.76	0.24	13.1	2.0	39	7.4			
						W	23—57	橙灰色	重壤土	块状	7.0	5.1	0.45	0.33	12.7	4.0	31	6.7			
						Bvm	57—95	橙黄色	重壤土	块状	7.0	≤1.0	0.29	0.21	12.9	4.0	50				

中国土壤剖面数据集·安徽卷

附 录

附录1　安徽省县级行政区及分县主要土壤类型与土壤剖面点分布图地域名对照表

地级行政区划	县级行政区划[1]	分县主要土壤类型与土壤剖面点分布图地域名[2]	地级行政区划	县级行政区划[1]	分县主要土壤类型与土壤剖面点分布图地域名[2]
合肥市	瑶海区	市辖区*	淮南市	大通区	市辖区*
	庐阳区			田家庵区	
	蜀山区			谢家集区	
	包河区			八公山区	
	长丰县	长丰县		潘集区	
	肥东县	肥东县		凤台县	凤台县
	肥西县	肥西县		寿县	寿县
	庐江县	庐江县	马鞍山市	花山区	市辖区*
	巢湖市	巢湖市		雨山区	
芜湖市	镜湖区	市辖区*		博望区	
	弋江区			当涂县	当涂县
	鸠江区			含山县	含山县
	湾沚区	芜湖县		和县	和县
	繁昌区	繁昌县	淮北市	杜集区	市辖区*
	南陵县	南陵县		相山区	
	无为市	无为县		烈山区	
蚌埠市	龙子湖区	市辖区*		濉溪县	濉溪县
	蚌山区		铜陵市	铜官区	市辖区*
	禹会区			义安区	
	淮上区			郊区	
	怀远县	怀远县		枞阳县	枞阳县
	五河县	五河县			
	固镇县	固镇县			

续表

地级行政区划	县级行政区划[1]	分县主要土壤类型与土壤剖面点分布图地域名[2]	地级行政区划	县级行政区划[1]	分县主要土壤类型与土壤剖面点分布图地域名[2]
安庆市	迎江区		阜阳市	阜南县	
	大观区			颍上县	颍上县
	宜秀区			界首市	界首市
	怀宁县	怀宁县	宿州市	埇桥区	市辖区*
	太湖县	太湖县		砀山县	砀山县
	宿松县	宿松县		萧县	萧县
	望江县	望江县		灵璧县	灵璧县
	岳西县	岳西县		泗县	泗县
	桐城市	桐城县	六安市	金安区	市辖区*
	潜山市	潜山县		裕安区	
黄山市	屯溪区	屯溪区		叶集区	
	黄山区	黄山区		霍邱县	霍邱县
	徽州区			舒城县	舒城县
	歙县	歙县		金寨县	金寨县
	休宁县	休宁县		霍山县	霍山县
	黟县	黟县	亳州市	谯城区	市辖区*
	祁门县	祁门县		涡阳县	涡阳县
滁州市	琅琊区	市辖区*		蒙城县	蒙城县
	南谯区			利辛县	
	来安县	来安县	池州市	贵池区	
	全椒县	全椒县		东至县	东至县
	定远县	定远县		石台县	石台县
	凤阳县	凤阳县		青阳县	青阳县
	天长市	天长市	宣城市	宣州区	市辖区*
	明光市	嘉山县		郎溪县	郎溪县
阜阳市	颍州区			泾县	泾县
	颍东区			绩溪县	绩溪县
	颍泉区			旌德县	旌德县
	临泉县			宁国市	宁国县
	太和县	太和县		广德市	广德县

注：1）为民政部于 2022 年 3 月发布的《2021 年中华人民共和国行政区划代码》中的县级行政区名称。该名称也作为本数据集分县目录。分县排序按《2021 年中华人民共和国行政区划代码》中的地级、县级行政区排列。

2）分县主要土壤类型与土壤剖面点分布图地域名是全国第二次土壤普查中分县采样调查、制图的县级行政区名称。分县主要土壤类型与土壤剖面点分布图采用的县级行政区域是从国家测绘局获取的 1∶25 万 DLG（公众版）数据（使用许可协议编号：非 2011—1011）。附录 1 显示了全国第二次土壤普查时的县级行政区域名与《2021 年中华人民共和国行政区划代码》中的县级行政区名称之间的关联。附录 1 中仅有《2021 年中华人民共和国行政区划代码》中的县级行政区名称，而没有对应的分县主要土壤类型与土壤剖面点分布图地域名的分县，表示该县级行政区无土壤剖面数据，未纳入分县目录。

* 在附录 1 中，凡分县主要土壤类型与土壤剖面点分布图地域名表示为"市辖区"的地域，均指在全国第二次土壤普查中，在城市中心区及近郊区完成的采样调查和制图。此时，县级行政区名称与分县主要土壤类型与土壤剖面点分布图地域名不是完全的对应关系。如合肥市市辖区主要土壤类型与土壤剖面点分布图代表土壤调查中合肥市城区及近郊区的土壤分布状况，此时将"市辖区"作为这一节的标题。

附录2　专题图基础地理要素图例

附录3　土壤图土类图例

图例	土类名	色码（RGB）	色码（CMYK）	图例	土类名	色码（RGB）	色码（CMYK）
	砖红壤	253, 139, 149	0, 56, 26, 0		棕钙土	250, 221, 212	2, 17, 13, 0
	赤红壤	253, 160, 170	0, 47, 17, 0		灰钙土	230, 214, 165	11, 15, 40, 1
	红　壤	252, 199, 209	1, 29, 6, 0		灰漠土	246, 237, 182	4, 6, 36, 0
	黄　壤	250, 238, 14	2, 5, 92, 0		灰棕漠土	232, 207, 118	8, 19, 62, 1
	黄棕壤	247, 231, 171	3, 9, 40, 0		棕漠土	238, 220, 86	5, 12, 76, 1
	黄褐土	249, 236, 121	2, 5, 64, 0		黄绵土	249, 223, 2	1, 13, 93, 0
	棕　壤	238, 218, 147	6, 14, 50, 1		红黏土	247, 149, 143	1, 52, 33, 0
	暗棕壤	226, 181, 98	9, 33, 68, 2		新积土	184, 199, 156	30, 11, 44, 2
	白浆土	223, 226, 205	15, 7, 22, 0		龟裂土	254, 252, 55	0, 7, 86, 0
	棕色针叶林土	206, 169, 142	18, 35, 40, 4		风沙土	242, 242, 180	6, 2, 39, 0
	灰化土	183, 169, 182	31, 31, 16, 4		石灰（岩）土	176, 175, 85	28, 21, 75, 9
	漂灰土*	220, 219, 162	15, 9, 44, 1		火山灰土	223, 167, 170	11, 41, 19, 2
	燥红土	250, 161, 9	0, 46, 95, 0		紫色土	199, 177, 221	28, 31, 0, 0
	褐　土	225, 201, 153	12, 21, 43, 1		磷质石灰土	240, 250, 156	7, 1, 51, 0
	灰褐土	228, 219, 186	12, 12, 30, 0		石质土	171, 181, 150	35, 18, 43, 5
	黑　土	142, 164, 151	46, 21, 38, 8		粗骨土	196, 187, 132	23, 21, 53, 4
	灰色森林土	162, 178, 175	40, 19, 27, 4		草甸土	128, 171, 117	51, 14, 63, 7

续表

图例	土类名	色码（RGB）	色码（CMYK）	图例	土类名	色码（RGB）	色码（CMYK）
	黑钙土	230, 188, 50	6, 30, 88, 1		潮　土	169, 219, 118	34, 1, 68, 0
	栗钙土	214, 195, 161	17, 22, 37, 2		砂姜黑土	191, 202, 188	29, 13, 26, 1
	栗褐土	240, 213, 157	5, 18, 43, 1		林灌草甸土	171, 191, 44	31, 12, 93, 5
	黑垆土	201, 204, 125	22, 12, 60, 3		山地草甸土	132, 184, 161	52, 9, 42, 3
	沼泽土	144, 183, 212	49, 14, 8, 2		灌漠土	158, 184, 110	39, 12, 67, 6
	泥炭土	150, 140, 173	46, 41, 10, 6		草毡土	150, 172, 169	45, 20, 29, 6
	草甸盐土	222, 145, 201	21, 49, 0, 0		黑毡土	129, 157, 106	48, 19, 63, 14
	滨海盐土	232, 206, 217	10, 22, 5, 0		寒钙土	198, 214, 203	26, 8, 21, 1
	酸性硫酸盐土	187, 159, 184	29, 38, 9, 3		冷钙土	194, 194, 96	23, 15, 72, 5
	漠境盐土	209, 130, 159	16, 58, 11, 3		冷棕钙土	183, 186, 169	31, 20, 32, 3
	寒原盐土	187, 159, 184	29, 38, 9, 3		寒漠土	235, 223, 181	9, 12, 33, 0
	碱　土	227, 211, 211	13, 18, 11, 0		冷漠土	223, 197, 102	11, 22, 68, 2
	水稻土	107, 176, 107	59, 9, 72, 3		寒冻土	196, 171, 79	19, 29, 77, 8
	灌淤土	136, 146, 47	38, 24, 90, 21				

注：* 漂灰土，《中国土壤分类与代码》（GB/T 17296—2009）中无此土类，在全国第二次土壤普查中完成的中国 1∶100 万土壤图和分县土壤图中含漂灰土，主要分布于西藏自治区南部，总面积约为 112 km²。

附录 4　中国主要土壤类型简表

土纲名[1]	土类名[2]	主要成土条件及特征[3]	分布区域	WRB 土组名[4]	MR[5]/%	百分比[6]/%
铁铝土纲 Ferrallisols	砖红壤 Latosols	热带雨林或季雨林下，强烈脱硅富铝化，游离铁占全铁的 80%，土壤呈砖红色，具 A–Bs–Bv–C 剖面构型	海南、广东等	Acrisols	29	0.46
	赤红壤 Latosolic red soils	南亚热带季雨林下，脱硅富铝化程度次于砖红壤、强于红壤，铁的游离度介于二者之间，土壤呈赤红色，具 A–Bs–C 剖面构型	广东、云南、广西、福建等	Acrisols	40	2.23
	红壤 Red soils	中亚热带常绿阔叶林下，中度脱硅富铝化，具有深厚红色土层，具 A–Bs–Bv 或 A–Bs–C 剖面构型	南部的江西、福建、湖南等	Cambisols	35	6.79
	黄壤 Yellow soils	亚热带湿润气候条件下，多见于海拔 700—1200m 的山区，中度富铝化，土壤有机质累积较多，土壤呈黄色，具 O–A–AB–B–C 剖面构型	贵州、四川、云南、西藏、台湾等	Cambisols	45	2.65
淋溶土纲 Alfisols	黄棕壤 Yellow-brown soils	北亚热带暖湿落叶阔叶林下，弱度富铝化，母质多为砂页岩及花岗岩风化物，黏化特征明显，土壤呈黄棕色，具 A–B–C 或 A–（B）–C 剖面构型	长江中下游沿江低山丘陵区，以及云南、贵州、四川、陕西、西藏等	Cambisols	39	2.37
	黄褐土 Yellow-cinnamon soils	北亚热带地区，黄土状母质，无游离碳酸钙，黏化淀积明显，土壤呈灰黄棕色，具 A–B–C 或 A–Bt–C 剖面构型	河南、安徽面积最大，陕南、鄂北、江苏、川东北、江西等地也有分布	Luvisols	58	0.59
	棕壤 Brown soils	湿润暖温带地区，处于硅铝风化阶段，盐基已淋失，土体见黏粒淀积，土壤呈棕色，具 O–A–Bt–C 剖面构型	辽东至苏北低山丘陵，以及内蒙古、河南、西藏、云南、湖北等地的山地垂直带	Luvisols	51	2.73
	暗棕壤 Dark brown soils	湿润温带地区，针阔叶混交林下，弱酸性淋溶，有机质富集明显，土体 B 层呈棕色，具 O–A–B–C 剖面构型	黑龙江、吉林、内蒙古等	Cambisols	48	4.12

续表

土纲名[1]	土类名[2]	主要成土条件及特征[3]	分布区域	WRB 土组名[4]	MR[5]/%	百分比[6]/%
淋溶土纲 Alfisols	白浆土 Bleached baijiang soils	湿润温带平缓岗地森林草原下，上层土壤周期性滞水，还原铁、锰，漂洗形成灰黄色至灰白色白浆土层 E，具 Ah–E–Bt–C 剖面构型	黑龙江、吉林等	Luvisols	46	0.49
	棕色针叶林土 Brown coniferous forest soils	寒温带针叶林下，酸性淋溶，表层盐基饱和度降低，B 层呈棕色，具 O–A–AB–B–C 剖面构型	内蒙古、黑龙江、四川、云南、吉林、新疆等	Cambisols	47	1.15
	灰化土 Podzolic soils	寒冷湿润针叶林下，表层有机质层深厚，强烈淋溶和 SiO_2 淀积形成灰化层 A_2，具 A_1–A_2–B–BC 剖面构型	西藏	Podzols	100	< 0.01
半淋溶土纲 Semi-alfisols	燥红土 Torrid red soils	热带、亚热带干旱河谷与雨区稀树草原下形成的盐基饱和的红色土壤，具 A–B–C（D）剖面构型	海南、贵州、云南、四川等	Luvisols	100	0.08
	褐土 Cinnamon soils	暖温带半湿润，黏化与钙质淋移淀积，盐基饱和，B 层呈棕褐色，具 A–B–Bk–C 剖面构型	河北、山西、北京等	Cambisols	48	2.88
	灰褐土 Gray-cinnamon soils	温带干旱、半干旱山地云冷杉下，腐殖质累积与钙积作用明显，弱黏淀特征，具 Ao–A–B–C 剖面构型	甘肃、内蒙古、新疆、西藏、青海、宁夏等地的山地垂直带	Cambisols	43	0.65
	黑土 Black soils	温带半湿润草甸草原下，具深厚的腐殖质层，无石灰性的黑色土壤，底层轻度淋溶，具 A–ABh–BhC–C 剖面构型	东北平原	Phaeozems	31	0.68
	灰色森林土 Gray forest soils	温带森林植被下，腐殖质层深厚，弱度淋溶，剖面下部见硅粉，具 O–A–AB 或（B）–BC–C 剖面构型	内蒙古、新疆、河北	Phaeozems	77	0.34
钙层土 Pedocals	黑钙土 Chernozems	温带半湿润草甸草原下，具深厚的腐殖质层、碳酸钙淋溶淀积层	内蒙古、新疆、吉林、黑龙江、青海、甘肃	Chernozems	50	1.51
	栗钙土 Castanozems	温带半干旱草原下，具有栗色腐殖质层和灰白色钙积层	内蒙古、新疆、河北、山西、吉林等	Kastanozems	61	4.18
	栗褐土 Castano-cinnamon soils	暖温带半干旱草原及灌木下，弱度黏化和弱度淋溶，通体有石灰反应	山西、内蒙古、河北	Cambisols	40	0.47
	黑垆土 Dark loessial soils	黄土高原上，由黄土母质发育，有机质含量低，腐殖质层深厚，无明显黏化层	甘肃面积最大，其次为陕北和宁南地区	Cambisols	59	0.21
干旱土 Aridisols	棕钙土 Brown caliche soils	温带干旱草原向荒漠过渡区，具浅棕色薄腐殖质层、灰白色薄钙积层，钙积层接近地表	内蒙古、甘肃、青海、新疆	Cambisols	36	2.81
	灰钙土 Sierozems	暖温带干旱草原下，母质多为黄土，低腐殖质、弱淋溶，具腐殖质层和钙积层	甘肃、宁夏、新疆、青海、内蒙古、陕西	Cambisols	63	0.50

续表

土纲名[1]	土类名[2]	主要成土条件及特征[3]	分布区域	WRB 土组名[4]	MR[5]/%	百分比[6]/%
漠土 Desert soils	灰漠土 Gray desert soils	温带干旱漠境边缘区	宁夏、内蒙古、甘肃、新疆等	Cambisols	44	0.72
	灰棕漠土 Gray-brown desert soils	温带干旱中心	新疆、内蒙古等	Cambisols	78	3.11
	棕漠土 Brown desert soils	暖温带极干旱漠境中心	新疆、甘肃等	Cambisols	65	2.69
初育土 Amorphic soils	黄绵土 Loessial soils	黄土高原上，由黄土母质直接翻耕形成，具 A–C 剖面构型	陕西、甘肃、山西、宁夏等	Cambisols	33	1.97
	红黏土 Red primitive soils	由第三纪红色黏土及部分第四纪老黄土发育	陕西、甘肃、河南、山西、辽宁等	Regosols	48	0.07
	新积土 Neo-alluvial soils	新近冲积、洪积、坡积、塌积或人工堆垫，具 A–C 或 (A)–C 剖面构型	全国各地，以吉林、陕西面积最大，其次为黑龙江、宁夏、四川等	Fluvisols	51	0.57
	龟裂土 Takyr	干旱、漠境地区山前细土洪积微弱发育，表层为不规则龟裂结皮	新疆、甘肃、内蒙古、宁夏	Cambisols	72	0.06
	风沙土 Aeolian soils	半干旱、干旱及滨海地区，由风成沙性母质发育	新疆、内蒙古、甘肃、青海等	Arenosols	75	7.03
	石灰（岩）土 Limestone soils	由热带、亚热带石灰岩母质发育	贵州、广西、四川、湖南等	Cambisols	80	1.73
	火山灰土 Volcanic ash soils	由火山喷发碎屑、粉尘状堆积物发育，具 A–C 剖面构型	黑龙江、江苏、海南等	Andosols	53	0.04
	紫色土 Purplish soils	由热带、亚热带紫红色岩层侵蚀发育，土层浅薄，具 A–C 剖面构型	四川、云南、湖南、贵州、广西等	Cambisols	68	2.44
	磷质石灰土 Phospho-calcic soils	热带珊瑚岛礁上，由海鸟粪与珊瑚礁风化物形成	南海的西沙、南沙、东沙、中沙诸岛	Arenosols	81	< 0.01
	石质土 Lithosols	石质山地岩石风化残积物，风化层厚度一般小于 10cm，具 A–R 剖面构型	西北和华北山地	Leptosols	100	1.87
	粗骨土 Skeletal soils	基岩风化残积物、坡积物，属于 A–C 或 (A)–C 剖面构型	辽宁、内蒙古、山东、浙江等地的河谷阶地、丘陵、低山和中山	Regosols	93	1.76
水成土 Aqueous soils	沼泽土 Bog soils	所处地势低洼，长期地表积水，还原作用形成潜育层 G，泥炭层或腐泥层厚度小于 50cm，具 H–G 剖面构型	黑龙江、青海、内蒙古等地的沟谷、平原河湖滨低洼地区均有分布，主要分布于东北	Gleysols	53	1.53
	泥炭土 Peat soils	泥炭层 H 厚度大于 50cm，其下为潜育层 G，具 H–G 剖面构型	青海、四川、黑龙江、吉林等	Histosols	48	0.06

续表

土纲名[1]	土类名[2]	主要成土条件及特征[3]	分布区域	WRB 土组名[4]	MR[5]/%	百分比[6]/%
半水成土 Semi-aqueous soils	草甸土 Meadow soils	冷湿条件下受地下水浸润并在草甸植被下发育，有明显腐殖质累积，铁、锰氧化还原形成锈纹层 Cu，具 A-Cu 或 A-C-Cu 剖面构型	黑龙江、内蒙古、新疆、四川等	Cambisols	92	3.54
	潮土 Fluvo-aquic soils	河流冲积平原或低平阶地耕作土壤，地下水位高，底土氧化还原交替形成锈纹层 Cu，具 A_{11}-A_{12}-Cu 或 A_{11}-C-Cu 剖面构型	主要分布于黄淮海平原，内蒙古、辽宁、湖北等地的河谷平原，滨湖低地与山间谷地也有分布	Cambisols	85	3.71
	砂姜黑土 Lime concretion black soils	河湖沉积物经脱沼与长期耕作形成，底土见砂姜	主要分布于安徽、河南、山东、江苏等，河北、湖北、广西等地也有分布	Cambisols	79	0.54
	林灌草甸土 Shrubby meadow soils	漠境河谷平原沿河一带的胡杨林下发育，有交替氧化还原作用，具 Ao-AC-C 剖面构型	新疆、内蒙古、甘肃等	Cambisols	87	0.24
	山地草甸土 Mountain meadow soils	中海拔山顶平台草甸植被下发育的薄层土壤，草皮层 As 下见铁锰锈纹、胶膜，具 As-A-C-D 剖面构型	除青藏高原及西北高山区以外，各省、自治区、直辖市均有分布，以西部为多，西南部次之	Cambisols	60	0.04
盐碱土 Alkali-saline soils	草甸盐土 Meadow solonchaks	草甸土、潮土、沼泽土地区，盐分累积量大于 6g/kg，有盐化表土层 Az，具 Az-C 剖面构型	从长江口到松辽平原均有分布	Solonchaks	55	1.21
	滨海盐土 Coastal solonchaks	母质为滨海沉积物，盐分来自海水和高矿化潜水，通常含盐量为 10g/kg，具 Az-Cz 剖面构型	山东、浙江、福建等沿海地区	Solonchaks	47	0.31
	酸性硫酸盐土 Acid sulphate soils	热带、南亚热带滨海低平原的海潮可及处，红树林残体形成的硫化物经氧化形成硫酸，土壤呈强酸性	海南、广东、广西、福建、台湾等	Solonchaks	36	<0.01
	漠境盐土 Desert solonchaks	极端干旱的漠境条件，含盐量通常在 100g/kg 以上	新疆、青海、甘肃等	Solonchaks	50	0.31
	寒原盐土 Frigid plateau solonchaks	青藏高寒地区退缩内陆湖盆、河间洼地	西藏	Solonchaks	88	0.10
	碱土 Solonetzes	碱化度（交换性钠占阳离子交换量百分比）大于 20%	零星分布于东北、华北、西北的内陆地区	Solonetz	50	0.06
人为土 Anthrosols	水稻土 Paddy soils	长期季节性淹灌、排水，水下翻耕，氧化还原交替，形成多种发生层分异：淹育层 Aa、犁底层 Ap、渗育层 P、潴育层 W 与潜育层 G	全国各地，以四川、江西、湖南等地面积为大	Anthrosols	83	4.93
	灌淤土 Irrigated warped soils	引用高泥沙含量灌溉水淤灌，加厚土层大于 50cm	新疆、宁夏、甘肃、河北、青海、西藏等	Anthrosols	70	0.22

续表

土纲名[1]	土类名[2]	主要成土条件及特征[3]	分布区域	WRB 土组名[4]	MR[5]/%	百分比[6]/%
人为土 Anthrosols	灌漠土 Irrigated desert soils	干旱荒漠地区，坎儿井水长期耕灌	新疆、甘肃、宁夏、青海等地的荒漠绿洲地带	Anthrosols	68	0.12
高山土 Alpine soils	草毡土 Felty soils	高寒区平缓高原面上，强度生草腐殖质累积与弱度氧化还原形成草毡层	青海、西藏、四川、新疆等	Cambisols	69	5.46
	黑毡土 Dark felty soils	高寒区略较温湿的原面上，草毡层初步分解，色泽较暗，有机质含量较高	西藏、四川、新疆、甘肃等	Cambisols	61	2.73
	寒钙土 Frigid calcic soils	高寒半干旱区，弱度腐殖质累积，底层积钙	西藏、青海、新疆、甘肃等	Calcisols	70	7.88
	冷钙土 Cold calcic soils	高寒区冷凉半干旱原面下，具弱腐殖质累积与钙积特征	新疆、西藏、甘肃等	Cambisols	45	1.43
	冷棕钙土 Cold brown calcic soils	高寒区温凉的半干旱河谷处，土壤弱腐殖质累积，弱度淋溶与积钙	西藏	Cambisols	67	0.09
	寒漠土 Frigid desert soils	高寒干旱条件下成土	青藏高原西北部海拔4000m 以上地区，涉及新疆、四川、西藏、青海等	Cryosols	87	0.29
	冷漠土 Cold desert soils	亚高山冷凉干旱条件下成土	西藏海拔 4500m 以下的湖盆、河谷及山地中下部	Cambisols	42	0.03
	寒冻土 Frigid frozen soils	高山冰川冰缘地带条件下，以物理风化为主	青藏高原冰缘地区，涉及新疆、西藏、甘肃等	Leptosols	100	3.23

注：1）中国土壤分类系统中土纲名及土纲英译名。
2）中国土壤分类系统中土类名及土类英译名。
3）本栏所用土层及后缀代码释义。
　自然土壤：A 表土层，As 草根层、草毡层，A_2 灰化层，B 母质特征消失的表下层，C 受成土作用少的母质层，D 未成成土作用影响的碎屑层，R 坚硬岩石层，E 漂白层、白浆层，H 泥炭状有机质层，Hi 纤维状泥炭层，He 半分解泥炭层，O 凋落物有机质层。
　旱地土壤：A_{11} 旱耕层，A_{12} 亚耕层，C_1 心土层，C_2 底土层。
　水田土壤：Aa 耕作层（淹育层），Ap 犁底层（淹育层），P 渗育层，W 潴育层，G 潜育层，Gw 脱潜层，M 腐泥层。
　土层后缀代码：d 漂灰特征，c 铁结核或硬结核，f 冰冻特征，h 有机质淀积，k 石灰聚积，n 碱化特征，q 硅聚积，t 黏粒淀积，v 网纹特征，x 脆盘，z 易溶盐聚积，su 硫化物聚积，b 埋藏或重叠，e 漂洗特征，g 潜育特征，i 弱分解有机质，m 胶结或固结，p 人工扰动，s 三氧化二物聚积，u 锈色斑纹，w 色泽或结构发育，y 石膏聚积，mo 铁锰胶膜。
4）世界土壤资源参比基础（world reference base for soil resources，WRB）工作组发布土组名，WRB 土组划分原则与中国土壤分类系统中土纲接近。
5）WRB 土组对中国土壤分类系统中各土类的最大可参比性（maximum referencibility，MR）。
6）该土类面积占各土类总面积的百分比。

附录 5　安徽省主要土壤类型表

土纲名[1]	土类名[2]	WRB 土组名[3]	MR[4]/%	百分比[5]/%
铁铝土纲 Ferrallisols	红壤 Red soils	Cambisols	35	13.0
	黄壤 Yellow soils	Cambisols	45	0.6
淋溶土纲 Alfisols	黄棕壤 Yellow-brown soils	Cambisols	39	3.3
	黄褐土 Yellow-cinnamon soils	Luvisols	58	9.0
	棕壤 Brown soils	Luvisols	51	0.6
初育土 Amorphic soils	石灰（岩）土 Limestone soils	Cambisols	80	3.0
	紫色土 Purplish soils	Cambisols	68	2.1
	石质土 Lithosols	Leptosols	100	0.5
	粗骨土 Skeletal soils	Regosols	93	8.0
半水成土 Semi-aqueous soils	潮土 Fluvo-aquic soils	Cambisols	85	12.2
	砂姜黑土 Lime concretion black soils	Cambisols	79	14.9
人为土 Anthrosols	水稻土 Paddy soils	Anthrosols	83	29.2

注：1）中国土壤分类系统中土纲名及土纲英译名。
2）中国土壤分类系统中土类名及土类英译名。
3）世界土壤资源参比基础（world reference base for soil resources，WRB）工作组发布土组名，WRB 土组划分原则与中国土壤分类系统中土纲接近。
4）WRB 土组对中国土壤分类系统中各土类的最大可参比性（maximum referencibility，MR）。
5）该土类面积占安徽省省域面积的百分比，土类面积不足本省省域面积 0.05% 的土类未列入本表。

附录6　分省土壤有机质含量图有机质含量分级图例

图例	分级序号	色码（CMYK）	色码（RGB）	图例	分级序号	色码（CMYK）	色码（RGB）
	1	2, 2, 17, 0	255, 255, 220		8	38, 0, 74, 0	157, 218, 104
	2	4, 1, 35, 0	248, 255, 190		9	42, 0, 80, 0	146, 210, 90
	3	8, 0, 47, 0	238, 255, 165		10	48, 1, 85, 0	132, 200, 80
	4	17, 0, 53, 0	220, 249, 150		11	52, 4, 89, 1	123, 190, 70
	5	23, 0, 60, 0	203, 242, 135		12	54, 11, 94, 3	115, 175, 55
	6	28, 0, 62, 0	185, 235, 130		13	61, 18, 98, 7	92, 158, 37
	7	34, 0, 68, 0	169, 225, 118		14	64, 24, 100, 15	70, 138, 20

附录 7　安徽省典型剖面 0—20cm 土层土壤理化性状中位数与平均数

土壤理化性状[1]	安徽省[2]			长江中下游地区[3]			全国[4]		
	中位数	平均数	样本量*	中位数	平均数	样本量*	中位数	平均数	样本量*
有机质 /（g/kg）	16.8	19.8	1765	21.8	24.5	14080	18.6	25.4	53243
pH	6.2	6.5	2555	6.2	6.4	15420	6.8	6.8	54014
全氮 /（g/kg）	1.03	1.20	1766	1.24	1.43	12673	1.06	1.37	49409
全磷 /（g/kg）	0.42	0.55	1744	0.63	0.77	13785	0.60	0.78	50185
全钾 /（g/kg）	17.5	18.1	1699	18.3	19.0	8703	18.0	17.5	29736
碱解氮 /（mg/kg）	58	67	34	100	106	3304	90	114	19316
有效磷 /（mg/kg）	4.1	6.1	1444	4.5	7.6	6195	4.4	7.5	23100
速效钾 /（mg/kg）	79	96	1440	80	94	6215	90	110	23841
阳离子交换量 /（cmol/kg）	13.1	14.4	1604	13.0	14.2	5482	13.1	14.8	22361

注：1）土壤全氮、全磷、全钾、碱解氮、有效磷、速效钾含量均以 N、P、K 纯养分量计。
2）本卷收录的安徽省典型土壤剖面共计 2864 个。通过对剖面数据的土层厚度转换，附录 7 给出了这些典型剖面 0—20cm 土层土壤理化性状中位数与平均数。全国第二次土壤普查剖面采样为典型土类采样，而非网格化采样。0—20cm 土层土壤理化性状中位数与平均数不代表本省土壤理化性状平均状况。但全国第二次土壤普查是我国最早的大样本量调查，附录 7 所示的 0—20cm 土层土壤理化性状中位数与平均数对了解安徽省 20 世纪 80 年代土壤肥力性状量化指标具有一定参考价值。
3）长江中下游地区包括上海、江苏、浙江、江西、安徽、湖北和湖南 7 个省（市），本数据集收录该地区的剖面共计 18326 个。
4）本数据集全集收录的剖面共计 63792 个。
*样本量的单位为"个"。

附录 8　安徽省主要土地利用类型 0—30cm 土层土壤有机质含量[1]

土地利用类型	安徽省		长江中下游地区[2]		全国	
	占省域面积百分比 /%[3]	有机质 / (g/kg)	占地域面积百分比 /%	有机质 / (g/kg)	占地域面积百分比 /%	有机质 / (g/kg)
耕地	39.59	15.60	24.22	18.65	13.52	18.65
园地	2.66	16.52	3.63	19.48	2.13	16.68
林地	29.20	23.88	47.41	22.81	30.04	26.96
草地	0.34	12.62	0.59	20.37	27.97	19.18
湿地	0.34	15.96	1.12	19.51	2.48	17.56

注：1）各土地利用类型 0—30cm 土层土壤有机质含量由本卷编制的安徽省土壤有机质含量图和自然资源部土地科学数据中心编制的 2019 年 1:100 万比例尺全国土地利用缩编图通过叠加、计算生成。其中，耕地包括水田、水浇地和旱地；园地包括果园、茶园和其他园地；林地包括有林地、灌木林地和其他林地；草地包括天然牧草地、人工牧草地和其他草地；湿地包括沼泽地、沿海滩涂和内陆滩涂。
2）长江中下游地区包括上海、江苏、浙江、江西、安徽、湖北和湖南 7 个省、直辖市。
3）土地利用类型占安徽省省域面积百分比根据第三次全国国土调查发布的 2019 年土地利用现状分类面积汇总数据计算生成。

附录 9 安徽省耕地、园地、林地和草地中主要土壤类型占比[1]

安徽省								长江中下游地区[2]								全国							
耕地		园地		林地		草地		耕地		园地		林地		草地		耕地		园地		林地		草地	
土类名	占比/%	土类名	占比/%	土类名	占比/%	土类名	占比/%	土类名	占比/%	土类名	占比/%	土类名	占比/%	土类名	占比/%	土类名	占比/%	土类名	占比/%	土类名	占比/%	土类名	占比/%
水稻土	36.4	潮土	37.4	红壤	33.4	石灰(岩)土	68.3	水稻土	45.9	红壤	38.4	红壤	47.6	滨海盐土	23.5	水稻土	14.9	水稻土	14.3	红壤	16.7	寒钙土	21.8
砂姜黑土	24.5	红壤	24.0	粗骨土	22.7	黄褐土	10.7	潮土	17.0	水稻土	29.0	黄棕壤	13.3	水稻土	23.3	潮土	14.3	红壤	13.1	暗棕壤	10.3	草毡土	14.4
潮土	16.8	水稻土	12.3	水稻土	15.6	水稻土	7.5	红壤	12.7	紫色土	8.3	水稻土	10.6	红壤	11.3	草甸土	9.1	砖红壤	11.5	黄壤	7.0	栗钙土	9.7
黄褐土	13.0	粗骨土	9.3	黄棕壤	8.7	粗骨土	7.3	砂姜黑土	7.1	潮土	7.8	黄壤	9.6	黄棕壤	10.6	褐土	6.1	褐土	10.5	黄棕壤	6.3	棕钙土	7.4
红壤	3.2	石灰(岩)土	4.6	石灰(岩)土	7.2	潮土	3.6	黄褐土	5.3	黄棕壤	5.4	石灰(岩)土	6.3	石灰(岩)土	9.5	紫色土	4.8	赤红壤	9.6	棕壤	5.8	寒冻土	5.3
紫色土	1.6	紫色土	4.3	紫色土	3.5	紫色土	0.3	粗骨土	2.7	粗骨土	3.0	黄壤	5.0	黄壤	7.0	红壤	4.7	紫色土	5.6	赤红壤	5.1	风沙土	4.8
粗骨土	1.3	黄褐土	2.7	棕壤	2.1			紫色土	2.6	石灰(岩)土	2.9	粗骨土	3.9	潮土	4.3	黑土	3.4	粗骨土	5.0	褐土	4.6	灰棕漠土	4.4
石灰(岩)土	1.0	黄棕壤	2.2	黄壤	2.0			滨海盐土	2.0	黄壤	2.1	棕壤	1.4	山地草甸土	2.0	黑钙土	3.2	潮土	4.8	紫色土	4.5	黑毡土	4.0
合计	97.8	合计	96.8	合计	95.2	合计	97.7	合计	95.3	合计	96.9	合计	97.7	合计	91.5	合计	60.5	合计	74.4	合计	60.3	合计	71.8

注：1）耕地、园地、林地和草地中主要土壤类型占比由本表编制的安徽省土壤图和自然资源部土地利用缩编图编制2019年1:100万比例尺全国土地利用缩编图通过叠加，计算生成。其中，耕地包括水田、水浇地和旱地；园地包括果园、茶园和其他园地；林地包括有林地、灌木林地和其他林地；草地包括天然牧草地、人工牧草地和其他草地；直辖市中某土地利用类型所含土壤类型较多时，本表仅列出占比较大的土壤类型。

2）长江中下游地区包括上海、江苏、浙江、江西、安徽、湖北和湖南7个省(市)。

附录10 《中国土壤剖面数据集》参编单位

国家科技基础性工作专项重点项目"我国1∶5万土壤图籍编撰及高精度数字土壤构建"主持与参加单位	
中国农业科学院农业资源与农业区划研究所	湖南农业大学
中国科学院南京土壤研究所	西北农林科技大学
中国农业科学院农业环境与可持续发展研究所	沈阳大学
中国科学院地理科学与资源研究所	山东省国土测绘院
国家基础地理信息中心	辽宁省基础测绘院
全国农业技术推广服务中心	黑龙江省农业科学院土壤肥料与环境资源研究所
中国农业大学	海南省农业科学院
华中农业大学	上海市农业科学院生态环境保护研究所
中国地质大学（北京）	城信迪赛（北京）科技有限公司
参加数据集各分卷审核和修订工作的单位	
北京市农林科学院植物营养与资源研究所	广西农业科学院农业资源与环境研究所
河北省农林科学院农业资源环境研究所	重庆市农业技术推广总站
山西省农业科学院农业环境与资源研究所	贵州省农业科学院土壤肥料研究所
辽宁省农业科学院植物营养与环境资源研究所	云南省农业科学院农业环境资源研究所
吉林省农业科学院农业资源与环境研究所	甘肃省农业科学院土壤肥料与节水农业研究所
江苏省农业科学院农业资源与环境研究所	青海省农林科学院土壤肥料研究所
福建省农业科学院	宁夏农林科学院农业资源与环境研究所
江西省土壤肥料技术推广站	新疆农业科学院土壤肥料与农业节水研究所
山东省农业科学院农业资源与环境研究所	西藏自治区农牧科学院
湖南省土壤肥料研究所	

续表

参加分县大比例尺纸质土壤图与土种志收集的单位	
北京市耕地建设保护中心	福建省农田建设与土壤肥料技术总站
天津市农田建设管理处	山东省土壤肥料总站
河北省土壤肥料总站	河南省土壤肥料站
山西省耕地质量监测保护中心	湖北省耕地质量与肥料工作总站（湖北省土壤肥料调查测试中心）
内蒙古自治区土壤肥料和节水农业工作站	湖南省土壤肥料工作站
辽宁省土壤肥料总站	广东省农业科学院农业资源与环境研究所
吉林省土壤肥料总站	河池市土壤肥料工作站
黑龙江八一农垦大学	成都土壤肥料测试中心
上海市农业技术推广服务中心	云南省土壤肥料工作站
江苏省农业科学院	陕西省耕地质量与农业环境保护工作站
扬州市土壤肥料站	甘肃省耕地质量建设保护总站
安徽省土壤肥料总站	

注：表中各参编单位仅出现一次，参与多项工作的单位不重复列出。

参考文献

[1] 张维理，徐爱国，张认连，等.土壤分类研究回顾与中国土壤分类系统的修编[J].中国农业科学，2014，47（16）：3214-3230.

[2] 张维理，KOLBE H，张认连，等.世界主要国家土壤调查工作回顾[J].中国农业科学，2022，55（18）：3565-3583.

[3] MCBRATNEY A B，MENDONÇA SANTOS M L，MINASNY B. On digital soil mapping[J]. Geoderma，2003（117）：3-52.

[4] USDA. Natural Resources Conservation Service[EB/OL]. Soils National Soil Information System（NASIS）[2021-12-01]. http://www.nrcs.usda.gov/wps/portal/nrcs/detail/soils/survey/cid=nrcs142p2_053552.

[5] CSIRO Land and Water. Australian Soil Resource Information System（ASRIS）[EB/OL].[2021-12-01]. http://www.asris.csiro.au/asris.

[6] European Soil Data Centre[EB/OL].[2021-12-01]. http://eusoils.jrc.ec.europa.eu/.

[7] 全国土壤普查办公室.全国第二次土壤普查暂行技术规程[M].北京：农业出版社，1979.

[8] 张维理，张认连，徐爱国，等.中国1:5万比例尺数字土壤的构建[J].中国农业科学，2014，47（16）：3195-3213.

[9] 张维理，傅伯杰，徐爱国，等.中国土壤调查结果的地统计特征[J].中国农业科学，2022，55（13）：2572-2583.

[10] 张维理.海量空间数据提取、整合与制图表达方法概要[J].中国农业科学，2014，47（16）：3231-3249.

[11] 张维理.智能化海量空间信息分析与地图制图软件包IMAT设计及构建[J].中国农业科学，2014，47（16）：3250-3263.

[12]《第一次全国地理国情普查地图集》编纂委员会.第一次全国地理国情普查地图集[M].北京：中国地图出版社，2019.

[13] 中国地图出版社.中国地图集[M].3版.北京：中国地图出版社，2022.

[14] 全国土壤质量标准化技术委员会.土壤制图 1:25 000 1:50 000 1:100 000 中国土壤图用色和图例规范：GB/T 36501—2018[S].北京：中国标准出版社，2018.

[15] 张维理，KOLBE H，张认连.土壤有机碳作用及转化机制研究进展[J].中国农业科学，2020，53（2）：317-331.

[16] 周北燕，石家星.中华人民共和国地形图[M].北京：中国地图出版社，2009.

[17]《中华人民共和国气候图集》编委会.中华人民共和国气候图集[M].北京：气象出版社，2002.

[18] 中国标准化与信息分类编码研究所，全国农业技术推广服务中心.中国土壤分类与代码：GB/T 17296—1998[S].

[19] 中国标准研究中心.中国土壤分类与代码：GB/T 17296—2000[S].

[20] 全国信息分类编码标准化技术委员会.中国土壤分类与代码：GB/T 17296—2009[S].北京：中国标准出版社，2009.

[21] ISSS，ISRIC，FAO. World Reference Base for Soil Resources. Wageningen/Rome，1998.

［22］SHI X Z, YU D S, XU S X, et al. Cross-reference for relating Genetic Soil Classification of China with WRB at different scales［J］. Geoderma, 2010（155）: 344-350.

［23］全国土壤普查办公室. 中国土种志　第一卷［M］. 北京：中国农业出版社，1993.

［24］全国土壤普查办公室. 中国土种志　第二卷［M］. 北京：中国农业出版社，1994.

［25］全国土壤普查办公室. 中国土种志　第三卷［M］. 北京：中国农业出版社，1994.

［26］全国土壤普查办公室. 中国土种志　第四卷［M］. 北京：中国农业出版社，1995.

［27］全国土壤普查办公室. 中国土种志　第五卷［M］. 北京：中国农业出版社，1995.

［28］全国土壤普查办公室. 中国土种志　第六卷［M］. 北京：中国农业出版社，1996.

［29］全国土壤普查办公室. 中国土壤［M］. 北京：中国农业出版社，1998.